TRAITÉ

DE LA

RÉPARATION DES ÉGLISES

PRINCIPES

D'ARCHÉOLOGIE PRATIQUE

PAR

RAYMOND BORDEAUX

TROISIÈME ÉDITION

CONTENANT

Quatre-vingt-dix figures intercalées dans le texte

PARIS

LIBRAIRIE POLYTECHNIQUE BAUDRY ET Cⁱᵉ, ÉDITEURS

15, RUE DES SAINTS-PÈRES, 15

MAISON A LIÈGE, RUE LAMBERT-LEBÈGUE, 19

1888

TRAITÉ

DE LA

RÉPARATION DES ÉGLISES

AVANT-PROPOS

DE LA TROISIÈME ÉDITION

Deux éditions entièrement épuisées du *Traité de la réparation des églises* par M. Raymond Bordéaux attestent à quel point cet ouvrage, devenu introuvable depuis quelques années, répondait à un besoin général. Rien de plus précis, de plus profond, de plus lumineux n'a été écrit sur ce sujet.

Cette troisième édition n'est pas moins opportune que les précédentes. Aujourd'hui, comme au moment de la première publication de ce livre, les artistes et tous ceux qui ont le culte du beau et le pieux respect des monuments du passé ont trop souvent à constater, dans les édifices religieux, des destructions ou des mutilations regrettables, des réparations à contre-sens de tous les principes de l'esthétique, des décorations qui choquent, à l'insu de leurs auteurs, les vraies convenances chrétiennes. Aujourd'hui, comme alors, les *Recueils archéologiques* enregistrent souvent de pareils actes de vandalisme, quoi qu'en moins grand nombre qu'autrefois, grâce à la réaction qui a commencé à se faire parmi les bons esprits.

Cette réaction, à laquelle l'éminent écrivain dont nous rééditons l'ouvrage a puissamment contribué, est loin cependant d'avoir porté tous ses fruits ; les saines traditions ont besoin qu'il soit fait encore bien des efforts avant d'avoir repris la place usurpée par les mauvaises habitudes. Tout récemment M. le comte de Marsy, qui continue si dignement, dans le *Bulletin monumental*, la grande œuvre fondée par M. de Caumont, faisait retentir dans plusieurs congrès un appel pressant sur la nécessité de fonder des cours d'archéologie dans les grands séminaires, et de veiller, avec un inviolable respect, à la conservation des édifices religieux et des objets d'art qu'ils renferment[1].

C'est spécialement à la seconde partie de ce programme que répond le *Traité de la réparation des églises*.

L'auteur se proposait d'augmenter son ouvrage et de le compléter en recherchant, dans le droit canon et dans les règles liturgiques, les principes de l'architecture religieuse, mais la mort est venue l'atteindre avant qu'il ait pu donner suite à ce projet.

Cette nouvelle édition ne sera donc que la reproduction de la précédente ; et, au lieu des additions qu'elle aurait dû contenir, elle ne peut hélas ! renfermer qu'un souvenir et un pieux hommage à la mémoire de son auteur.

Parmi les notices nécrologiques dont M. Raymond Bordeaux a été l'objet, deux surtout ont retracé, avec des

[1] *Bulletin monumental*, année 1885, p. 600.

détails pleins de vérité, toute la valeur du savant, toutes les vertus de l'homme privé. La première, intitulée *Notice biographique sur Raymond Bordeaux*, par un membre de l'Association normande, a paru dans l'annuaire de cette Association (année 1878.). Elle est de M. Charles Vasseur. La seconde, due à la plume de M. Eugène de Beaurepaire, se trouve dans le *Bulletin de la Société des antiquaires de Normandie* (t. IX, p. 8-53).

Ces deux études très intéressantes ont fait connaître son érudition sûre et profonde, ses ouvrages nombreux et remarquables sur les terrains si divers du droit, de l'économie politique et de l'archéologie, et elles ont peint son caractère loyal et franc, son extrême obligeance, sa droiture d'esprit et de cœur, ses inébranlables convictions politiques et religieuses.

C'est là que revit tout entier M. Raymond Bordeaux.

Il serait difficile de trouver une nature plus heureusement et plus libéralement douée par la Providence, une intelligence se ployant avec plus de facilité aux travaux les plus variés : son esprit était ouvert sur tous les horizons.

Encore sur les bancs de l'École de droit, il remportait la médaille d'or du concours de doctorat, et le mémoire qui lui avait valu cette distinction, refondu et complété par lui pendant deux années de travail, forma plus tard un ouvrage important intitulé : *De la Législation des cours d'eau dans le droit français ancien et dans le droit moderne, et des améliorations dont elle serait susceptible.*

En 1853, l'Académie des Sciences morales et politiques appela l'attention des juristes et des économistes sur l'organisation actuelle de la procédure civile, les réformes et les modifications qu'il conviendrait d'y apporter.

Ce sujet tente M. Raymond Bordeaux ; l'étude qu'il envoie à l'Académie est couronnée ; et en 1857 elle est devenue un volume de plus de 600 pages : *La Philosophie de la Procédure civile, Mémoire sur la réformation de la Justice.*

Le succès de ce dernier ouvrage ne se borne pas au pays pour lequel il est écrit : « Le gouvernement piémontais, dit la notice signée *un Membre de l'Association normande*, qui ne songeait pas encore aux conquêtes et bornait ses soucis à gagner l'affection des peuples en améliorant les formes administratives et les lois, s'occupait à cette époque de la rédaction d'un nouveau code de procédure. Le lauréat de l'Académie des Sciences morales et politiques fut appelé par la commission de législation à y collaborer. On retrouve, dans la correspondance échangée à ce sujet, la preuve de la prépondérance qui fut accordée à ses idées dans la rédaction définitive de ce code, alors regardé comme le plus parfait de l'Europe, et qui fut sacrifié, en même temps que les états héréditaires de la maison de Savoie, aux vues ambitieuses dont nous n'avons pas ici à parler. M. Bordeaux reçut, en reconnaissance de son concours, la croix de l'ordre des SS.-Maurice-et-Lazare. »

« En 1864, l'Académie des Sciences morales et politiques eut de nouveau à décerner à M. Raymond Bordeaux une de ses récompenses. Il s'agissait, cette fois, de faire pour l'ensemble de nos règlements administratifs ce qu'il avait fait déjà pour notre code de procédure. Ce mémoire n'a pas été imprimé et le seul manuscrit existant est celui de l'Académie ; l'auteur s'étant décidé tardivement à tenter ce nouveau concours, n'eut pas le temps de faire mettre au net son travail. Quelle sûreté de pensées et d'expression, quelle clarté de divisions et d'exposition ne doit-on pas retrouver dans cette œuvre, si l'Académie a pu la juger digne du prix dans un premier jet ! »

Mais quelles que fussent sa science, sa haute valeur et ses succès comme juriste et comme économiste, sa vraie direction, comme son penchant, le portaient d'un autre côté. Élevé dès sa jeunesse dans un milieu exceptionnellement propre à développer en lui la connaissance et l'attrait des monuments du passé, Raymond Bordeaux était, avant tout, archéologue et antiquaire. Il l'était de cœur et de tempérament.

« A ce point de vue, a dit M. Eugène de Beaurepaire, la ville de Caen (où M. Raymond Bordeaux faisait ses études de droit) était, vers 1840, un centre intellectuel d'une réelle importance et, sous l'impulsion de M. de Caumont et d'un artiste aussi modeste que distingué M. Georges Bouet, notre confrère se lança résolument dans la croisade archéologique... Grâce à ce milieu favorable, à des aptitudes spéciales et à l'entrain passionné qui était dans sa nature, Raymond Bordeaux ne tarda pas à se placer au premier rang. »

Il avait, en tout, l'amour, le culte du passé. Il ressentait en l'étudiant, cette impression profonde et vive, si bien peinte par un savant, comme lui, enlevé trop tôt aux études historiques. « Il y a en effet dans cette recherche curieuse et passionnée des traces que l'humanité a laissées derrière elle un charme plein d'une séduction infinie et comme une sorte de fascination d'autant plus entraînante que l'imagination et la raison, les deux plus grandes forces de l'intelligence y trouvent une égale satisfaction, c'est-à-dire à la fois des résultats positifs, et les émotions les plus vives. » (Lehuerou, *Institutions carolingiennes*, p. 2.)

Ce passé il l'aimait sous toutes ses formes et l'étudiait dans toutes ses manifestations.

Dans la langue que parlaient nos pères ; il écrivait un remarquable mémoire manuscrit qui fut couronné par l'Académie de Rouen, sur l'*Origine et la transformation du dialecte normand et sur la part qui lui revient dans la constitution définitive des langues anglaise et française actuelles.*

Il connaissait à fond l'art du blason et avait étudié avec soin l'architecture des châteaux et des manoirs. Il suivait avec intérêt et recueillait curieusement ce qui avait trait à notre vieille aristocratie, à ses services, à la manière dont s'élevaient autrefois les familles, à la facilité avec laquelle on passait de la bourgeoisie à la noblesse, aux rapports et aux alliances entre la noblesse et la bourgeoisie de province. Les nombreux documents qu'il rencontrait dans ses lectures, voire même dans les journaux, dans les anciennes chartes et dans les manuscrits que ses amis lui communiquaient libéralement, étaient de sa part l'objet d'extraits accompagnés de mille remarques fines et judicieuses. Ces préoccupations et ces recherches donnèrent naissance à ses belles *Etudes héraldiques* sur les monuments religieux et civils de la ville de Caen.

Chez lui l'archéologue était doublé d'un artiste au goût sûr et délicat. Il en donna une preuve éclatante par deux publications des plus curieuses. Son *Mémoire sur les arts et les artistes en Normandie à l'époque de la*

Renaissance, couronné aussi par l'Académie de Rouen, inédit aussi comme tant d'autres travaux de cette vaste intelligence, si sévère pour elle-même, qui voulait creuser et approfondir indéfiniment tous les sujets qu'elle abordait ; — et une publication de luxe éditée en Angleterre, sur *La serrurerie et les ferrures de portes au moyen âge*.

Il n'était pas de ceux qui se bornent à avoir pour l'art ou l'archéologie un culte platonique et stérile, il était du nombre « de ces esprits amoureux de poésie et d'art qui voient avec douleur la dévastation de tout ce que le pays possède de richesses artistiques ». Ce fut un archéologue militant, champion infatigable des monuments d'autrefois.

Une partie de sa vie se passa à défendre dans les congrès archéologiques, dans les réunions des sociétés savantes, le bel héritage des siècles passés, contre le vandalisme du siècle présent. Ce côté de la physionomie de M. Raymond Bordeaux a été heureusement saisi et mis en lumière par M. Eugène de Beaurepaire :

« Personne n'avait collectionné avec un soin plus impitoyable les bévues des architectes officiels, les erreurs liturgiques des desservants, voire même des hauts dignitaires ecclésiastiques. A cet égard sa mémoire était prodigieuse et Dieu sait quelles plaisanteries humoristiques, quels sarcasmes et quelles indignations il mêlait au récit animé de tous ces méfaits archéologiques. Avait-il toujours absolument raison ? Il serait téméraire de l'affirmer. Qui ne se trompe pas dans ce monde au milieu de questions d'art aussi nombreuses et aussi complexes, même avec les intentions les plus droites et la science la plus étendue ? Ce que nous pouvons toutefois affirmer hautement et sans crainte d'être démenti, c'est que, malgré les vivacités de sa polémique et les sévérités de certaines appréciations, il se dégage de toutes ses improvisations un ensemble d'idées saines, de vues esthétiques sérieuses, de considérations élevées qui s'imposent à l'attention et dont il y a à tirer encore un incontestable profit. »

« Cet antiquaire ferrailleur qui aimait le bruit, que la discussion ravissait, apportait d'ailleurs dans toutes ces luttes de la parole, une droiture de sentiments, une netteté d'idées et une sincérité d'opinions propres, sinon à ramener ses adversaires, du moins à se les concilier. Quelle que fût la vigueur intempérante de sa critique, il était difficile, à la longue, de ne pas rendre justice à la loyauté de ses procédés et à la fermeté de ses convictions..... Hélas ce causeur disert, prêt à l'attaque et à la riposte, préparé sur tous les sujets, étourdissant de verve et d'aplomb, est à peu près mort tout entier, et c'est à peine si on peut en retrouver quelques traits dans les procès-verbaux, souvent rédigés par lui, des associations nombreuses dont il fit successivement partie[1]. »

Ce n'est point qu'il fût toujours sur la brèche. En lui, l'artiste et l'érudit goûtaient avec délices le charme tranquille et délicat de la contemplation et de la découverte des anciens monuments. Personne ne sut voyager mieux que lui. Ces congrès scientifiques auxquels il assistait dans les villes de France ou de l'étranger étaient pour lui l'occasion d'une foule d'études et de remarques.

Dessinateur habile autant que fin observateur, il ren-

---

[1] Notice précitée, p. 16-17.

trait chez lui chargé d'albums précieux perpétuant l'exact souvenir de monuments curieux, chargé de notes sur la liturgie, les arts, l'archéologie, l'histoire, l'ethnologie, la linguistique.

« Mais M. Bordeaux n'était pas comme ces voyageurs épris des pérégrinations lointaines et ignorants des sites et des curiosités de leur pays natal. Il consacrait ses jours de loisir, dans le courant de l'année, et une partie de ses vacances à parcourir, le plus souvent à pied, les vallées et les plaines du département de l'Eure, en recherche des monuments d'un autre âge, des lieux pittoresques et des traditions locales. Son cousin, M. Ch. Vasseur, fut le plus souvent le compagnon de ces tournées pédestres à travers les bois et les champs, par les chemins creux, les avenues de chasse ou même les tronçons de voies romaines.

« Quelle jouissance quand la journée avait été fructueuse, quand une ruine pittoresque avait livré son secret, quand un manoir avait fourni ses épis en plomb ou en faïence du Prédauge, des plaques de cheminée armoriées ou une antique boiserie ; quand l'église, fermée et non desservie, au milieu des araignées dont ses murs étaient couverts, avait montré une inscription, une peinture à demi effacée ; quand le clocher, si pénible à escalader, recélait une cloche gothique dont on rapportait l'empreinte, une vieille ferrure de coffre, un saint du xiiiᵉ siècle mis au rebut ; quand on découvrait des murs avec chaînages de briques romaines, comme à l'église supprimée de N.-D. de Rugles, un temple antérieur au xiᵉ siècle, comme à Reuilly !

« Plus de cent vingt paroisses du département de l'Eure, cent trente villes des autres provinces de France, de

Belgique, de Suisse, d'Allemagne et de l'île de Jersey, cette vieille terre normande, avec ses lois normandes, sa langue normande, voilà la nomenclature des lieux parcourus, avec un zèle infatigable, par notre savant confrère.

« Il y avait là matière à rédaction d'une statistique monumentale, comme celle dont M. de Caumont nous donnait alors le modèle, et c'était l'intention de M. Bordeaux de marcher dans cette voie si bien tracée. En attendant, il en esquissa les grandes lignes dans la partie de la *Normandie illustrée* [1] consacrée au département de l'Eure. Ce fut sa part de collaboration à cette publication de plus grande valeur que ses similaires par ses dessins, dus à un habile et consciencieux artiste et par sa rédaction partagée entre des notoriétés normandes [2]. »

Puis, de retour de ces lointains voyages ou de ces courtes excursions, c'était pour lui la jouissance non moins vive des longues heures d'étude dans le calme et le silence de son cabinet de travail d'Evreux, au milieu de ces notes et de ces livres qu'il aimait tant !

« J'emploie mon temps à mettre en ordre mes paperasses et mes dessins, écrivait-il pendant la guerre de 1870. J'ai de quoi m'occuper ; je fais des découvertes dans toute cette accumulation de matériaux et je me rafraîchis la mémoire au milieu de tant de choses oubliées. La seule peur que j'aie c'est que le pillage ou l'incendie ne viennent anéantir ces fruits de longues années de recherches et de patience [3]. »

Qui donc était plus apte, mieux armé que lui pour

---

[1] Paris, Charpentier, 1855, 2 vol., in-f°.

[2] Notice par un membre de l'Association normande, p. 18-19.

[3] Lettre citée par M. de Beaurepaire, p. 31.

écrire le *Traité de la réparation des églises* réédité aujour-
d'hui ?

Ne vaut-il pas mieux prévenir le mal, plutôt que se
borner à le déplorer, ou s'en indigner une fois qu'il
est commis ? — C'était là son seul but.

Le succès de cette œuvre magistrale et classique eut
une double cause : d'un côté le besoin universel auquel
elle répondait ; de l'autre, la merveilleuse sagacité et la
haute compétence avec laquelle l'auteur avait traité ce
sujet.

Ces causes continuent de subsister : le besoin n'est
pas moindre et l'œuvre est restée la même.

Aussi cette troisième édition n'est-elle que la reproduction de la seconde, telle qu'elle avait été revue et
corrigée par l'auteur, et ne comportant, par suite, aucune
modification, ni de fond, ni de forme.

Au fond, rien n'a vieilli dans ces pages qui contiennent les préceptes immuables d'une esthétique toujours
sûre, élevée et spiritualiste.

Quant à la forme, y toucher eût été une double faute.
Eteindre certains tons colorés, émousser quelques traits
piquants et pleins de verve, c'eût été effacer le cachet
propre, le sceau individuel de l'auteur, rendre banale
une pensée originale et vivante. Enfin M. Raymond
Bordeaux, étant entré lui-même dans ce passé qu'il
défendait contre toutes les mutilations, doit revivre tout
entier, et son œuvre doit réapparaître telle qu'il l'avait
composée. Lui seul eût pû lui donner son entier achèvement.

Combien aurait encore gagné le *Traité de la réparation des églises* si, y infusant le fruit de quinze années
d'études et de pérégrinations nouvelles, M. Raymond

Bordeaux, après les préceptes de l'art et des convenances sur chaque détail, chaire, autels, pavage, vitraux, mobilier des églises, etc., en eût signalé les plus beaux spécimens et retracé l'historique.

Les éléments de ces additions sont restés — trop informes pour être utilisés, — dans les riches cartons où il amassait avec amour et par milliers des notes précieuses et variées.

Plusieurs de ces notes lui ont servi à lui-même pour les travaux qu'il a publiés, et il les conservait comme pièces justificatives vis-à-vis lui-même. D'autres, en bien plus grand nombre formaient, les matériaux d'ouvrages déjà composés, mais qu'un scrupule extrême d'écrivain et de savant, qu'un besoin insatiable de perfectionner, l'avaient empêché de livrer à l'impression lorsque la mort l'a surpris. Ce vaste répertoire de notes et de documents, ce résumé des travaux de toute une existence, était généreusement communiqué par lui à quiconque recourait à sa vaste érudition et à son inépuisable libéralité.

La vie de Raymond Bordeaux fut une vie de labeur acharné, incessant, infatigable.

A ses ouvrages principaux que nous venons de citer, il faut ajouter d'innombrables articles sur divers sujets, des compte-rendus de livres, des études littéraires et archéologiques, des rectifications historiques, etc., etc., publiés par lui dans des revues ou dans des journaux. On ne compte pas moins de seize recueils périodiques dont il fut le collaborateur plus ou moins régulier. L'un d'eux, le *Bulletin monumental*, contient de lui quatre-vingts articles plus ou moins étendus. — Joignez à cela les occupations de sa profession d'avocat, et vous aurez une idée de la somme d'érudition acquise et du travail dépensé par lui.

Il semblait s'être voué à saisir et à arracher à l'oubli tout ce qui était une trace ou une manifestation du passé : *Colligite quæ supersunt fragmenta ne pereant*, et les documents de tout genre s'amassaient sans relâche sous sa plume infatigable !

Son joli talent de dessinateur et d'artiste n'était pour lui qu'un moyen de conserver le souvenir d'un vieux manoir, d'un fragment de vitrail, d'une clé de voûte, d'une vieille statue de saint, d'un rétable, d'un écusson, d'une reliure du xvie siècle.

Les distractions de l'art lui étaient un moyen d'étude : *Ut et lusus ipse sit eruditio*[1] était l'épigraphe d'un de ses albums. Sur un autre, on lit cette citation, qu'il s'appliquait avec raison :

> Il allait dessinant portails, clochers et tours.
> Et les vieilles maisons dans les arrière-cours.

Il thésaurisait ainsi, se proposant toujours de revoir, de faire mieux, de creuser, d'élaborer avec plus de soin, mais il semble qu'il lui venait parfois comme un pressentiment de sa fin prochaine et qu'il se demandait s'il ne ferait pas mieux d'exploiter les trésors acquis plutôt que d'en amasser incessamment de nouveaux. *Ne differas de die in diem* (Ecclesiast.), a-t-il écrit en divers endroits, comme pour se stimuler lui-même.

Malheureusement il différait toujours. Ces notes, ainsi que sa belle bibliothèque dont presque chaque volume porte une annotation de sa main, sont pieusement con-

---

[1] (Epist. *S. Hiéronym ad Lætum*.).

servés par sa sœur affectionnée, seul membre de sa famille qui lui restât dans les derniers temps de sa vie; mais hélas ; lui seul pouvait les utiliser ; il a emporté dans la tombe le secret de la place que devait occuper chacune de ces pierres, tantôt informes, tantôt à demi taillées, dans des édifices dont il avait conçu l'ordonnance et le plan.

Ceux qui ont eu la bonne fortune de pénétrer dans ce sanctuaire du travail, et de compulser ces richesses, ressentent une impression d'admiration et de regret : d'admiration pour ce qu'elles représentent de labeurs ; de regret profond qu'elles n'aient pu être employées. Mais les ouvrages seuls que M. Raymond Bordeaux a publiés, les prix que lui a décernés l'Institut suffisent amplement à mettre en relief son érudition, son talent d'écrivain et sa belle intelligence.

Gustave A. Prevost.

PRÉFACE

DE LA DEUXIÈME ÉDITION

La première édition de ce livre parut en 1852 sous le titre de « *Principes d'archéologie pratique appliqués à l'entretien, la décoration et l'ameublement artistique des églises*, à l'usage des curés, des conseils de fabrique et des architectes et ouvriers appelés à réparer les églises rurales ». Ce titre était trop long : je lui ai substitué celui plus simple de *Traité de la réparation des églises*, et c'est le changement le plus considérable que j'aie opéré. Je n'ai fait que peu d'additions, la plupart placées en note. J'aurais pu, sans doute, grossir considérablement cette seconde édition, mais mon plan se fût trouvé altéré par ces développements nouveaux, et l'œuvre, devenue plus diffuse, eût perdu de son utilité pratique, en cessant d'être un manuel d'une lecture aisée et rapide.

Quelques personnes eussent voulu y trouver un plus grand nombre de vignettes et des modèles d'architecture et d'ameublement : ce travail fût devenu alors un nouveau traité d'archéologie ou de construction inutilement ajouté aux bons ouvrages que nous possédons déjà, et il n'eût plus atteint le but en vue duquel il a été écrit. Ceux qui veulent apprendre à distinguer les époques et les styles recourront avec avantage à l'*Abécédaire d'archéologie* de M. de Caumont ; mais la lecture de cet excellent rudiment ne suffit pas lorsqu'il s'agit de restaurer ou mieux de réparer un édifice ancien.

Un traité spécial d'application pratique est utile après la théorie pure : or, personne, il y a peu d'années encore, n'avait songé à écrire ce complément de tous nos livres d'archéologie, d'iconographie et d'esthétique ; aussi, malgré la propagation des connaissances archéologiques, le nombre des actes de vandalisme et de mauvais goût va-t-il croissant. Le désir de faire un nouvel effort en faveur de la conservation intégrale de nos monuments historiques m'a poussé, après l'épuisement de la première édition, à remettre au jour un livre que, sans cela, j'aurais peut-être laissé tomber dans la catégorie des volumes recherchés surtout à proportion de leur rareté. Mais je ne suis pas le seul qui s'attriste de voir ravager la plupart des églises où l'on fait des travaux neufs, et effacer avec une lamentable indifférence les marques de l'ancienne civilisation française. J'ai été pressé de lancer plus avant dans la circulation un travail qui n'avait guère été lu que par des archéologues et des érudits.

Si cet écrit peut contribuer à affaiblir la dévorante activité du vandalisme contemporain, il est grand temps qu'il arrive aux mains de nos bons curés de campagne et de nos administrateurs de tout degré, qui autorisent et encouragent parfois comme des œuvres de progrès et de bon goût les étranges travaux entrepris non seulement dans les bourgades écartées, mais encore dans plusieurs grandes villes. Depuis dix ans que ces *Principes d'archéologie pratique et appliquée* ont paru, des centaines d'églises ont été restaurées à tort et à travers, raclées, barbouillées, plâtrées à l'intérieur et à l'extérieur, avec les fonds des fabriques, des communes, des départements, et, hélas ! souvent aussi avec l'argent des fidèles.

Sans doute, des efforts ont été faits pour arrêter le mal ; mais ces efforts n'ont été ni assez généraux ni assez suivis. Beaucoup d'évêques ont exhorté leur clergé à s'abstenir d'ac-

tes de mauvais goût qui compromettent la réputation du
sacerdoce ; mais de simples invitations échouent souvent contre les résistances d'une ignorante opiniâtreté, et les circulaires émanées de l'autorité ecclésiastique n'ont été efficaces que
dans les diocèses où on leur donne une ferme sanction. Plusieurs préfets ont pris aussi des mesures pour protéger les
églises rurales contre les aberrations architecturales des maires de campagne et des ouvriers qu'ils emploient ; toutefois,
l'autorité administrative a encore beaucoup à faire pour exercer utilement la tutelle qui lui est confiée et pour sauvegarder l'intérêt des communes en empêchant à la fois la dévastation des églises paroissiales et la dilapidation des sommes
destinées à leur entretien. L'éducation artistique des architectes laisse fort à désirer : beaucoup d'entre eux n'ont pas assez
le respect de l'antiquité et manifestent un trop grand penchant
pour les innovations. Malgré cela, l'action d'un architecte
véritable est toujours protectrice et infiniment préférable à
celle de ces constructeurs de rencontre employés encore dans
trop de parties de la France. Nous pourrions citer un préfet,
qui, trouvant que les agents voyers de son département entretenaient bien des chemins, jugea par là qu'ils seraient d'excellents architectes pour les édifices religieux, et, en conséquence, n'admettait que les devis dressés par ces bâtisseurs
improvisés : préférence malheureuse qui a entraîné la mutilation de plusieurs églises intéressantes du centre de la Normandie. Mais je dois dire que, dans un département limitrophe, le préfet, mieux avisé, a précisément interdit aux voyers
ces travaux qui demandent un savoir et des connaissances
artistiques et historiques qu'on ne peut exiger de ces fonctionnaires.

Ce côté administratif de la question prend, au moment où
nous sommes, une importance nouvelle. De toutes parts les
communes et les départements votent des fonds pour les églises, et ce mouvement, qui coïncide avec la reconstruction de
nos grandes cités, reçoit un caractère officiel. Dans sa session
de 1859, le conseil général de l'Eure a émis un vœu en faveur
de la restauration de ces édifices dans les villes et les campa

gnes. L'année suivante, M. Troplong annonçait dans un discours au comice agricole de Cormeilles, qu'une combinaison financière avait été trouvée pour aider, par de larges allocations départementales, les communes qui voudraient effacer dans leurs églises les *injures de la vétusté*. Déjà, en 1859, le même orateur avait proclamé qu'après les routes et les chemins viendraient les églises, que le tour des édifices départementaux était arrivé, que des mesures sont prises pour mettre la main à l'œuvre. « Ces églises, disait-il, datent de six à sept siècles. La vétusté est arrivée pour elles et l'injure du temps se fait sentir. » Bientôt l'impulsion sera générale, car, à l'ouverture de la session de 1861, l'adresse de celle des chambres, où siège M. Troplong, déclare qu'il est question de seconder partout les communes rurales dans la construction et la réparation de leurs églises, de leurs presbytères et de leurs maisons d'école. Enfin, le discours d'ouverture de la session législative de 1862 compte « la *réédification* de nos édifices religieux » au nombre des dépenses qui « ont imprimé à tous les travaux utiles..... une impulsion féconde ».

Nous n'avons pas à traiter ici le côté économique et politique de cette mesure : nous voulons y voir aussi un acte de justice. L'État, oublieux des engagements pris au moment où l'Église de France fut dépouillée de ses antiques propriétés, a laissé trop longtemps dans l'abandon les édifices consacrés au culte. N'est-il pas regrettable d'entendre les curés de certaines paroisses faire appel à la générosité publique pour relever les murs écroulés ou la toiture effondrée qui ne protègent plus leur autel désolé ? Il est donc bon que l'administration entre dans une voie justement réparatrice. Aussi l'auteur d'une récente brochure sur les affaires religieuses, voulant énumérer les titres du gouvernement à la reconnaissance des fidèles, n'a-t-il point oublié de dire : « Nos vieilles cathédrales reçurent des dotations considérables ; les modestes églises de nos campagnes prirent dans le budget de l'État une part jusqu'alors inusitée. » A la vérité, l'argent employé provient de l'impôt payé par les populations catholiques, qui ont bien le droit d'en reprendre leur part, puisque le budget

des cultes leur fut garanti comme l'équivalent des biens con-
fisqués sur l'Église. D'un autre côté, l'État, en satisfaisant à
cette créance, trouve en même temps et d'une façon légitime
le moyen de fournir à l'art un aliment élevé qui ailleurs lui
ferait défaut, d'offrir aux artistes l'occasion d'exécuter des
travaux sérieux, et de donner à nos architectes, sculpteurs,
verriers, décorateurs une cause honorable de rémunération.

Cependant, s'il est juste d'approuver les mesures prises pour
sauver de la ruine matérielle des édifices précieux à plus d'un
titre, il est impossible de ne pas se préoccuper des conséquences que les travaux à exécuter peuvent avoir au point de
vue des convenances religieuses et des souvenirs historiques.
Si l'on n'y prend garde, ces mesures, au lieu d'être conserva-
trices, seront le dernier coup du vandalisme et entraîneront
irréparablement la ruine des plus intéressants monuments de
l'art français. Il ne suffit pas, en effet, de voter des fonds, de
trouver dans le budget des ressources plus ou moins abondantes ; il faut avant tout assurer l'emploi intelligent de ces
ressources, afin qu'elles ne servent pas à défigurer les édifices qu'il s'agit de rendre à leur primitive splendeur. M. Troplong, préoccupé surtout de considérations philosophiques et
sociales, a négligé, dans les discours précités, d'envisager ce côté
de la question. Mais le membre du conseil général de l'Eure,
qui proposa le vœu adopté, reconnaissait que « cette œuvre
de restauration est entourée des plus grandes difficultés ».

En effet, les précédents ne sont point de nature à rassurer
les esprits curieux d'art et de poésie. Il est triste de dire que
plusieurs des églises que l'on a prétendu restaurer sont
aujourd'hui à peu près sans valeur aux yeux des gens instruits, et que trop souvent ces dotations considérables, loin
d'avoir été un service rendu à la religion, ont eu pour résultat de travestir d'une façon lamentable l'œuvre sublime des
architectes de la vieille France. Où en est aujourd'hui l'église
de l'abbaye de Saint-Denis, si largement dotée pourtant ?
Quel bien ont produit à Saint-Ouen de Rouen les millions
votés pour le prétendu achèvement de cette basilique, dont

on a eu le courage de démolir les tours au lieu de les terminer selon le plan primitif ? Et les cathédrales d'Amiens, de
Bayeux, de Poitiers, d'Angoulême, de Périgueux, d'Auch, etc.,
n'étaient-elles pas plus belles et plus dignes d'intérêt avant
les changements qu'on leur a infligés à grands frais ? Ceux
qui distribuent les ressources du budget s'imaginent-ils vraiment que tout ce que l'on fait à Notre-Dame de Paris, par
exemple, soit entièrement à l'abri de la critique, et que ces
coûteuses fantaisies de nos architectes officiels recevront toutes sans exception les éloges de la postérité ?

Il faut bien le reconnaître : la pénurie même dans laquelle
ont été laissés les édifices religieux a contribué plus souvent
qu'on ne le pense à conserver dans leur expression primitive
et complète les œuvres les mieux inspirées des architectes
chrétiens, œuvres que les écus de notre époque n'auraient
aidé qu'à falsifier et à dénaturer. « Quel archéologue, errant
par les campagnes, n'a pas subi, dans de petites églises de
village où il signalait peut-être avec intérêt quelque moulure
délicate ou quelque fine sculpture, cette mélancolique réponse :
« La paroisse n'est pas riche, sans cela tout serait plus propre [1] ? » Mais voici l'argent qui va venir, faut-il laisser sans
résistance et sans protestation le *réalisme* contemporain
détruire toute la poésie de la maison de Dieu ?

Non, il faut tenter un effort et tâcher de diriger un mouvement que les historiens de l'art auront à constater dans l'a-
venir. Il est nécessaire que le clergé profite enfin des travaux
archéologiques de notre époque pour ressaisir le sceptre de
l'art. Et puisque, « avec les meilleures intentions du monde, »
ainsi que l'a si bien dit un écrivain illustre, « on ne restaure
jamais rien, surtout de nos jours, sans préalablement détruire
beaucoup [2] », il faut que nos sociétés académiques donnent,
pendant qu'il en est encore temps, une activité plus grande
à leurs travaux archéologiques ; il faut que tous les amis de

[1] M. E. Rocha. *Le Mouvement archéologique en* 1859. Revue comtem-
poraine, 1860, t. XVII, p. 158.

[2] M. de Montalembert. *Du Vandalisme et du Catholicisme dans l'art.*

nos monuments s'occupent au plus vite de décrire, de dessiner, de photographier, de mesurer, d'inventorier dans leur état actuel et avant l'arrivée des maçons les églises qu il s'agit de restaurer. Qu'ils se hâtent de rassembler les matériaux des monographies et des statistiques monumentales. Le temps presse.

Mais il ne suffit pas de dire, comme le *Misantrophe* :

> Le méchant goût du siècle en cela me fait peur,
> Nos pères tous grossiers l'avaient beaucoup meilleur ;

il vaut mieux, par une bonne direction, tâcher de prévenir le mal, sauf, après le conseil donné, à frapper le vandalisme volontaire du juste châtiment de la publicité ! Sans cela, avec l'impulsion donnée aux travaux publics, avec la fièvre de changement qui tourmente la génération actuelle, avec la cupide fureur de spéculer sur tout, notre époque dissiperait le patrimoine historique accumulé par vingt générations. Si on ne lutte pas contre certaines tendances, si on ne résiste pas à ceux que leurs doctrines poussent à « s'attaquer à tout ce qui est ancien comme suspect et mauvais [1] », le XXᵉ siècle ne verra pas de monuments. Or, « qui ne reculerait devant cette écrasante monotonie, devant cet immense ennui qui menace d'être le caractère distinctif de la civilisation future [2] » ?

Ce serait être injuste, cependant, que de ne pas reconnaître le bon vouloir où il se trouve, et la meilleure manière de profiter de ce bon vouloir est de suggérer à ceux qui peuvent obvier au mal des moyens praticables.

A l'administration, je dirai donc : En matière d'art et de goût, le contrôle du public est essentiellement utile, et la non-publicité des devis et projets a été la cause de bien des fautes irréparables. Pourquoi les architectes continueraient-ils à

---

[1] M. Barthe. *Discours au Sénat.* Mars 1861.

[2] M. de Montalembert. *Le Vrai et le Faux Moyen Age.*

envelopper leurs plans dans un autocratique mystère ? Tous
les travaux devraient obligatoirement être affichés et annon-
cés par des publications préalables. Un exemplaire des affiches devrait rester aux archives de l'évêché et à celles de
la préfecture. Je demanderais enfin que l'état des choses qu'il
s'agit de modifier fût toujours constaté par des photographies
jointes au dossier, et que l'on obligeât les architectes à déposer, après l'exécution des travaux, au moins un calque des
plans et dessins que maintenant ils gardent chez eux et pour
eux.

Au clergé, je dirai : Gardez-vous des restaurations inconsidérées. Ne vous laissez pas entraîner sur la pente qui porte à
tout changer. Résistez à *cette démangeaison d'innover sans fin*,
comme disait Bossuet[1]. Préférez le *statu quo* à des projets
d'un mérite douteux. Procédez avec circonspection et sans
précipitation. En fait d'art religieux comme en fait de dogme,
défiez-vous des nouveautés et des novateurs : *Nova, ergo
falsa.* Rappelez-vous qu'en architecture comme en médecine
il est des maux qu'il ne faut pas guérir !

A l'administration et au clergé, je dirai encore : Préférez
une simple réparation à une restauration radicale, car souvent, comme l'a très justement écrit M. Schmit dans son
Manuel de l'architecte des édifices religieux, « souvent il est
difficile de distinguer les restaurations des mutilations ». Ne
laissez donc jamais supprimer aucune partie de l'édifice sous
prétexte de sauver le reste. Un architecte, comme un médecin, doit tout faire pour éviter une amputation. — Mais, hélas !
un fabuliste moderne l'a dit :

> Les démolisseurs sont nombreux,
> Les bons architectes sont rares[2].

D'ailleurs, avec la même somme d'argent et la même masse
de salaire, on pourrait souvent satisfaire à l'entretien de plusieurs églises dont l'état de ruine se prolonge et s'aggrave,

---

[1] *Oraison funèbre de la reine d'Angleterre.*
[2] Le baron de Stassart. *Fables*, livre VIII, 13.

tandis qu'un seul édifice absorbe à son propre détriment des allocations qui eussent suffi à plusieurs. Au nom des intérêts de l'art et de l'histoire comme au nom des intérêts de la religion, on ne peut donc trop recommander le plus de sobriété possible dans les restaurations. Voilà pourquoi j'ai intitulé ce volume, dont la lecture pourra être utile à nos administrateurs laïques aussi bien qu'au clergé : *Traité de la réparation* et non pas *Traité de la restauration* des églises.

Ainsi, je prie mes lecteurs de ne pas s'y méprendre : cette publication n'a point pour but de pousser aux travaux inutiles et aux faux embellissements qui sont une des formes de l'entraînement de notre temps pour les choses matérielles et le luxe sensuel et trivial. Non, je ne cherche point à exciter le zèle pour les sculptures et les plâtreries en vogue, pour les vitreries bariolées, parodies de nos anciens vitraux historiques, pour les nouveaux autels à clochetons en gothique *troubadour* ou en roman *composite*, pour les toits d'ardoise et les clochers de zinc, ni pour aucune des tristes choses dont les annonces de journaux nous vantent les perfections. Dans ce temps de crise que traverse l'institution temporelle de l'Église, le clergé devrait peut-être se montrer moins facile pour les spéculateurs et les industriels qui vivent à ses dépens. En effet, on reconnaît souvent dans ces embellissements de mauvais goût, dans ces ridicules objets de pacotille, l'œuvre de mains indifférentes ou ennemies, mais empressées de gagner de l'argent. Les ressources du clergé doivent avoir un meilleur emploi, car, pour ranimer les croyances, il est des œuvres plus efficaces que ces décorations sans inspiration et sans enseignement, aussi contraires généralement aux prescriptions liturgiques qu'aux règles de l'art et du bon goût. Sans doute, l'abandon et la ruine du temple matériel sont un symptôme de la décadence et de la misère de l'édifice spirituel ; il faut bien réparer, entretenir, mettre en bon ordre, mais on doit le faire en respectant l'antiquité. Je terminerai donc en répétant à ceux des membres du clergé qui méconnaîtraient encore sur ce point le caractère conservateur et traditionnel de l'Église, ces paroles de Maury à l'As-

semblée nationale : « Le talent de régénérer ne sera-t-il donc
que l'art malheureux de détruire ? Vous l'avez dit vous-
mêmes avec amertume : *Vous êtes environnés de ruines*, et
vous voulez augmenter les décombres qui couvrent le sol où
vous deviez bâtir ! »

Evreux, 15 février 1862.

INTRODUCTION

§ Ier

Nous devons la première pensée de ce traité à une circonstance à peu près fortuite.

En juin 1850, l'Association normande et la Société française d'archéologie pour la conservation des monuments étaient réunies à Lisieux. Par une coïncidence imprévue, la conférence ecclésiastique avait lieu le même jour, et les deux doyens de la ville engagèrent les curés ruraux à assister aux séances scientifiques. Le clergé cantonal se trouva placé ainsi en rapport direct avec les antiquaires attirés par cette réunion. Deux archéologues qui ont contribué à sauver de la destruction beaucoup de débris du passé, M. Billon, docteur en médecine, et M. l'abbé Lalmand[1], correspondant des comités historiques du ministère, amenèrent la discussion sur les travaux entrepris dans plusieurs églises du voisinage. Je me trouvai investi de la parole et encouragé à communiquer quelques idées sur la décoration

---

[1] Mort à Lisieux le 22 février 1852.

artistique des églises rurales. La question du maintien ou de la suppression des porches en bois, celle du choix des vitraux les plus convenables, des peintures décoratives à adopter ou à rejeter furent discutées. Des recommandations pour la conservation des dalles tumulaires, des anciens fonts baptismaux, des vêtements sacerdotaux du moyen âge ; quelques détails sur le choix à faire parmi les tableaux appendus aux murs des églises, et sur les divers genres de mérite qui peuvent motiver leur conservation, reçurent un favorable accueil. Je pris la défense de deux choses qui dans ce pays sont tombées dans un injuste discrédit et disparaissent par suite d'altérations de mauvais goût ou d'une destruction totale. Je veux parler des voûtes en bois de chêne avec poutres sculptées et décorations en couleur, puis des riches retables des règnes d'Henri IV et de Louis XIII, fort lourds sans doute en comparaison des légères broderies de l'architecture gothique, mais qui n'en sont pas moins des chefs-d'œuvre de délicate et précieuse menuiserie. — Je protestai contre cette application erronée de l'archéologie qui fait mettre à la place des beaux objets d'ameublement et des ouvrages de menuiserie, de serrurerie qui nous restent des trois derniers siècles des objets en prétendu style gothique, confectionnés au rabais par des procédés indignes de l'art. Je fis la guerre au carton-pierre, aux moulages détestables qui prennent la place des beaux vieux meubles des églises. Je prétendis que « l'époque claire, loyale et pompeuse de Louis XIV, » comme l'a dit quelque part Victor Hugo, s'entendait mieux que la nôtre en véritable luxe et en convenances religieuses. Je soutins que, sous l'écorce la plus classique des décorations d'églises du xviie siècle, on sent toujours l'empreinte des croyances d'alors et que le reflet des idées chrétiennes illumine malgré tout ces festons et ces astragales.

J'avais été convié à jeter sur le papier les principaux points de cette conversation pour la faire entrer dans le procès-verbal des séances. Mais une improvisation de ce genre n'est pas seulement décousue et hâtée, elle est nécessairement incomplète. J'ai donc préféré reprendre d'une manière plus réfléchie un sujet qui n'est pas sans importance, puisqu'il intéresse à la fois la forme extérieure du culte divin et la popularité de l'art. J'ai rassemblé des matériaux, dont j'ignorais l'existence quand j'abordai sans préparation ces questions multipliées. Mon travail s'est grossi et je le publie avec les développements qu'exclut l'exposition orale, avec la forme plus nette et plus arrêtée qui distingue la pensée écrite de la pensée simplement conçue.

Il eut vu le jour plus tôt si des travaux d'une autre nature ne m'avaient laissé pour celui-ci que d'insuffisants loisirs. Cependant l'ensemble en était déjà presque entièrement terminé lorsque apparurent dans le *Bulletin monumental* les savantes instructions rédigées par M. l'abbé Auber, et adressées au clergé du diocèse de Poitiers par la commission archéologique diocésaine. J'ai préféré, au lieu de prendre les devants, laisser la priorité à M. Auber afin de m'aider de son travail, de corroborer mes idées par les siennes et d'élaguer de mon traité déjà volumineux les détails accessoires compris dans son plan. Je gagnais d'ailleurs à ce délai le temps de réunir et de faire graver des croquis épars dans mon portefeuille, et qui sont un utile accessoire de mon texte.

J'ajouterai qu'en général j'ai traité des questions nouvelles. M. Auber écrivait pour le Poitou et moi pour la Normandie, et on sait combien, d'une province à l'autre, la situation de l'art présente de variétés. D'aileurs, des études spéciales donnaient à M. l'abbé Auber le droit d'aborder certains détails sur lesquels mon crayon laïque se trouvait tout à fait incompétent.

Quoique les applications pratiques de l'archéologie à la décoration artistique des églises n'aient pas encore été traitées à ce point de vue, M. Auber et moi avions eu cependant des prédécesseurs. M. le comte de Mellet, dans une brochure de quelques pages répandue dans la Champagne, avait propagé les plus utiles instructions[1]. Plusieurs Annuaires de l'Association normande contenaient des articles de M. de Caumont sur le même sujet[2]. Le *Bulletin monumental* et les autres recueils archéologiques publient sur ces matières un enseignement quotidien. De son côté, le Comité des arts et monuments près le ministère de l'instruction publique avait annoncé une instruction sur l'ameublement des églises, pour laquelle il a sollicité des matériaux de ses correspondants ; mais l'œuvre se fait attendre depuis longtemps et paraît même abandonnée.

Enfin je ne dois pas omettre un ouvrage important sur la matière, et qui contient en général des doctrines excellentes. Je veux parler du *Manuel de l'architecte des monuments religieux, ou Traité d'application pratique de l'archéologie chrétienne à la construction, à l'entretien, à la restauration et à la décoration des églises,* par M. Schmit[3]. Le clergé y trouvera d'abondants renseignements que je ne puis répéter dans ce traité suc-

---

[1] *De la réparation des églises et de leur entretien,* par le comte de Mellet. Epernay, 15 p. in-8°.

[2] *Actes de mauvais goût signalés par l'Association normande.* Annuaire de l'Association pour 1841. — *Aphorismes de la Société française pour la conservation des monuments,* publiés dans l'Annuaire de l'Association normande, année 1848.

[3] Un vol. in-18 de 550 pages, avec atlas. Paris, Roret, 1845.

cinct, où je me suis même efforcé de ne point discuter
les questions déjà complètement examinées par ceux qui
m'ont précédé, et où d'ailleurs j'ai en vue les églises
rurales plutôt que les cathédrales.

§ II

Je dois compléter ces indications bibliographiques par
un mot sur d'autres publications dont je devrai combattre les tendances, tout en rendant hommage aux
excellentes intentions de leurs auteurs.

Il existe en effet plusieurs manuels destinés à guider
le clergé des campagnes dans l'administration des édifices consacrés au culte, et qui présentent, à côté de
renseignements exacts sur la partie purement administrative, de fâcheuses données en fait d'art. Comme ces
ouvrages sont très répandus entre les mains du clergé
et qu'ils sont inconnus de la plupart des artistes et des
archéologues, je dois, en signalant les dangers qu'ils
offrent, révéler une des causes les plus actives peut-être
des tristes restaurations aujourd'hui à la mode.

Je ne citerai de ces manuels que ceux-là même qui
tirent le plus d'autorité du haut rang de leurs auteurs
et de la science incontestable qu'ils renferment sur d'autres matières.

J'indiquerai d'abord le volume publié par Mgr Devie,
évêque de Belley, sous le titre de *Manuel des connaissances utiles aux ecclésiastiques sur divers objets d'art,
notamment sur l'architecture des édifices religieux anciens*

*et modernes, et sur les constructions et réparations d'é-
glises, avec des plans et dessins, pour faire suite au
rituel de Belley* [1].

Dans cet ouvrage, le vénérable écrivain cite, il est
vrai, comme modèles les plus illustres églises du temps
passé, et venge l'architecture du moyen âge de l'injuste
mépris qui a pesé sur elle. En théorie, son drapeau est
donc le nôtre, et certainement, en parcourant son livre,
nous avons applaudi à une érudition incontestable. Mais
sur le terrain plus humble de la pratique, je n'ai plus
retrouvé le sectateur de l'architecture des époques
croyantes. Partout dans les renseignements qu'il donne,
sur la qualité, la durée, la valeur des matériaux, sur la
manière d'établir les plans et de faire des devis, il n'est
question que des pratiques des artisans contemporains
si éloignées de celles d'autrefois. Nulle recherche des
procédés des vieux architectes, procédés sans lesquels il
est impossible d'imiter leurs chefs-d'œuvre. En fait de
matériaux, le *Manuel* de Mgr de Belley parle sans cesse
du plâtre, du stuc, du carton-pierre, du bitume, du zinc,
ces matériaux vulgaires et peu durables, qui doivent
être bannis de tout monument. En fait de décoration, il
n'est question que de peinture *d'impression à l'huile,* de
pilastres et de colonnes ioniennes ou doriques. S'agit-il
de vitrerie, à peine l'usage des fenêtres carrées à châssis
de bois semblables à celles des maisons est-il blâmé, et
encore à l'article *serrurerie* voit-on indiquer le prix de
revient des *espagnolettes,* comme si ces fermetures triviales pouvaient être admises dans les constructions
ecclésiastiques. On trouve le prix des serrures à ressort,
à boutons de cuivre, des pentures droites et en équerre,
qui se vendent chez le même quincaillier, mais il n'est

[1] Lyon, Pélagaud et Lesne, 1841, 1 vol. in-12.

fait nulle mention de cette belle serrurerie d'autrefois, véritable orfèvrerie, à la fois solide et couverte d'ornements, qui décorait les portes et les boiseries des monuments gothiques.

Mais si la partie pratique du texte de ce livre est éloignée des saines doctrines, les dessins qui l'accompagnent sont encore plus dangereux. J'ai eu le regret d'y voir proposée, comme modèle, l'image de ces tristes églises modernes qu'élèvent les architectes de sous-préfectures. Je n'y ai point trouvé nos pittoresques paroisses rurales, ornement du paysage, à la flèche légère, au pignon aigu, aux contre forts saillants, aux lignes mouvementées. J'y ai vu de prétendues églises, avec des fenêtres de maison, des toits de hangar, un fronton comme celui d'un bureau d'octroi, un clocher semblable à celui d'une usine.

M. Dieulin, vicaire général de Nancy, publia, vers la même époque que celle où parut le *Manuel* de Mgr de Belley, un ouvrage sur l'administration des fabriques, qui depuis la mort de l'auteur est parvenu à sa quatrième édition. Comme recueil de lois, de renseignements administratifs, de formules d'actes, c'est un livre sérieux, mais malheureusement la partie artistique qui y a été jointe, et dont on a cru l'enrichir, ne nous semble pas digne de la même autorité [1].

On sent que, placé par ses fonctions de vicaire géné-

---

[1] *Le Guide des curés, du clergé et des ordres religieux*, dans l'administration des paroisses et dans les rapports avec les fabriques, les communes, les écoles, les diverses autorités ; *ouvrage enrichi de notions d'architecture avec 250 figures* servant de modèles d'églises, autels, confessionnaux, monuments funèbres, colonnes, 61 formules d'actes, 42 lois, ordonnances, etc., par M. Dieulin, vicaire général de Nancy. Quatrième édition, revue et augmentée par M. d'Arbois de Jubainville, ancien magistrat. Lyon, Mothon, 1849, 2 vol. in-8°.

ral en contact perpétuel avec les bureaux du gouvernement, l'auteur a subi l'influence des plans dressés par les agents de la voirie et par tous ces piètres architectes qui enlaidissent officiellement la France. Aussi propose-t-il comme modèles les églises italiennes des XVIe et XVIIe siècles, calquées sur l'architecture païenne, en enseignant nettement que l'architecture grecque est seule classique, et que les autres types (l'architecture chrétienne y comprise) « ne sont employés que sous le rapport de la décoration ».

Mais, comme dans le *Manuel* de Mgr de Belley, ce sont surtout les figures jointes au livre de M. Dieulin qui peuvent avoir, en fait d'art, des résultats déplorables. La première planche de ce livre est consacrée aux ordres grecs et romains, défroque mythologique dont la connaissance est parfaitement inutile à des hommes chargés d'orner des églises. La seconde planche étonne encore davantage dans un *Guide des curés*. Elle renferme pêle-mêle des échantillons de l'architecture *égyptienne, chinoise, indienne, juive, turque, romaine, grecque, moresque, byzantine,* et même du style pompadour et de l'empire. Tous les cultes y trouvent une égale tolérance : un temple d'Apollon y coudoie la cathédrale de Pise, une pagode indienne précède Saint-Marc de Venise, un kiosque chinois rivalise avec la Sainte-Chapelle, et cette série d'édifices se termine par la cathédrale de Nancy et la façade de Saint-Philippe-du-Roule, types de la maçonnerie du XVIIIe siècle et de l'époque impériale.

La troisième planche comprend un bon nombre de portails et de plans d'églises, dont deux en gothique frelaté. J'engage le clergé à ne jamais s'inspirer de ces vilains modèles dont trop déjà ont été exécutés en France.

La quatrième planche donne des élévations d'autels, de fonts baptismaux, chaires, lutrins et confessionnaux. Ce sont des macédoines de tous les styles les plus opposés.

La cinquième planche est consacrée aux monuments funéraires. On y a figuré une infinité de pyramides, d'obélisques, de stèles, de colonnes, de cippes, d'urnes mythologiques, enjolivées de faulx, de flambeaux éteints, de cassolettes, de sabliers. En revanche, les croix ne brillent sur tout cela que par leur absence ou leurs proportions exiguës. Elles sont, en effet, un hors-d'œuvre au milieu de tout ce paganisme.

Au reste, Nancy, ville moderne, qui doit ses monuments les plus saillants au xviii° siècle, ne présentait pas à l'auteur ces types de l'architecture chrétienne qui abondent dans les vieilles cités, telles que Rouen ou Nuremberg. C'est encore à Nancy qu'a été publié un Essai dont j'aurai deux ou trois fois occasion de parler, et qui résume beaucoup d'opinions déjà trop propagées parmi les marguilliers [1].

L'existence de ces ouvrages est le symptôme le plus grave du mal que nous combattons, et ils contribuent à le propager. Mais ils n'en sont pas la cause première. Remontons donc à la source d'une pareille décadence, et voyons comment la barbarie et le mauvais goût ont envahi l'Église.

---

[1] *Essai sur le goût dans les décorations d'églises*, par Gerbaut, trésorier de la fabrique de Saint-Nicolas de Nancy, Hinzelin, 1836. In-13 de 188 p

§ III

A l'époque où l'art chrétien brilla du plus vif éclat en Europe, pendant les xiie, xiiie et xive siècles, le clergé comptait dans ses rangs des architectes capables d'édifier et d'orner les temples. Plus tard, placés au milieu de populations où le sentiment exquis des arts était en harmonie avec les croyances, les évêques et les curés trouvaient pour les seconder des artisans habiles. Mais depuis que la réaction païenne, commencée au xvie siècle, a achevé de produire ses fruits, depuis que les théories artistiques importées chez nous du ciel étranger de la Grèce et de l'Italie ont tari les sources de notre art national, les ouvriers qui avaient reçu les dernières traditions de l'art et des convenances chrétiennes sont restés sans successeurs. Notre clergé lui-même, élevé au milieu des préjugés d'une société occupée à anéantir les vestiges du passé ; accoutumé dès l'enfance à voir chaque propriétaire rajeunir le manoir paternel et lui enlever tout cachet artistique ; entendant le marteau des architectes officiels démolir ou défigurer les édifices qui avaient un aspect ancien ou monacal ; voyant les administrations embellir à leur manière les villes et les campagnes, en rasant ou en dénaturant les abbayes et les couvents : le clergé, dis-je, pressé par les soi-disant hommes de goût de ce siècle, a fini par céder au torrent.

Déjà, au xviiie siècle, la voie avait été ouverte : des hymnes froidement imitées d'Horace avaient pris la

place des chants naïfs et doux des vieilles liturgies. A
côté de la poésie, la musique accourait de l'opéra pour
supplanter le plain-chant. L'orgue partagea le dédain
qui enveloppait les peintures des verrières, et fut réputé
un instrument barbare. Quant à l'architecture et à la
peinture, je n'ai pas besoin de redire quelle fut leur
décadence.

Ces concessions ne suffirent pas, et le clergé, après
avoir adopté lui-même avec empressement ces ncu-
veautés pour se mettre à la hauteur du siècle, dut enfin
résister à des prétentions croissantes et inadmissibles.
La langue latine à son tour paraissait un archaïsme, et
des cantiques sur un rhythme profane, proférés par ces
voix féminines, retentirent jusque dans le sanctuaire.

Mais à mesure que l'Église laissait tomber une des
formes traditionnelles qui recouvraient le culte sacré, à
mesure que les temples devenaient bourgeois, la foule
diminuait dans les nefs sécularisées et privées de la
mystérieuse influence qu'exerçait l'art d'autrefois au
profit des émotions religieuses.

En dehors de l'Église, et abstraction faite des intérêts
du culte, les esprits amoureux de poésie et d'art virent
avec douleur ces tendances aboutir à la dévastation de
tout ce que le pays possédait de richesses artistiques.
L'archéologie, devenue ridicule en la personne des antiquaires de l'empire, qui s'évertuaient à déterrer des
tuiles romaines ou à disserter sur les papyrus et les
momies de l'Égypte, sans se soucier des monuments de
France qui s'écroulaient et qu'on défigurait ; l'archéologie, transformée et appliquée à des sujets moins secs,
fut propagée par une école nouvelle. Les doctrines des
de Caumont, des Montalembert, remplacèrent les asser-
tions de Dulaure et les déclamations de ses émules.

Les exagérations du romantisme ont peut-être en France arrêté l'impulsion donnée, et la cause de l'art français a failli être perdue par ceux qui s'avisèrent d'abord de restaurer les édifices du moyen âge. Rien de plus déplorable en général que les essais qui furent faits il y a quelques années, et qu'on fait encore. La mode multiplia d'une manière risible des objets en prétendu style gothique, où l'ignorance le disputait au mauvais goût. Malgré ces obstacles, l'Angleterre, l'Allemagne, la France ont vu renouer des traditions qu'on proclamait barbares il y a vingt-cinq ans : le feu de l'art n'est pas encore éteint. *Remansit, tanquam scintilla latens in cinere.*

Mais les doctrines du vandalisme ne sont pas dissipées. Les conseils municipaux ont à peine ouvert l'œil à la lumière nouvelle et beaucoup en sont offusqués. Comme un nouveau paganisme, le mauvais goût, la passion des décorations ridicules se sont réfugiés dans les campagnes et y luttent de pied ferme. La routinière Université enseigne dans ses collèges des doctrines désastreuses en fait d'art : l'école primaire suit les mêmes errements et fait copier des modèles de dessin linéaire, qui anéantissent chez les élèves tout sentiment du beau. Fabriciens et maçons, élevés à un tel enseignement, rougiraient de ne pas se conformer à la mode, et, armés de leur savoir dans le système métrique, ils défigurent à qui mieux mieux les pauvres églises qui tombent entre leurs mains.

Le clergé lui-même, qui a laissé s'éteindre ses vieilles traditions sur ce point, s'est trouvé dans l'embarras.

Dans beaucoup de séminaires, il est vrai, l'archéologie est maintenant enseignée, et, d'un autre côté, le clergé d'il y a vingt ans peut, en lisant des traités spéciaux, refaire sur ce point son éducation. Cependant, ces connaissances générales et purement théoriques sont devenues une autre cause de danger. Depuis vingt ans, la fureur de restaurer, d'orner à neuf les églises s'est allumée au souffle de ces notions encore superficielles. Sous prétexte de faire du gothique, on s'est laissé aller à plus d'une innovation. Tel est le résultat ordinaire des connaissances incomplètes, de la science qui n'est pas pratique.

C'est un malheur que les ecclésiastiques ne sachent plus dessiner : car les prêtres de campagne, ceux précisément qui ont le plus de loisirs, restent tout à fait étrangers à la culture des arts et sont forcés de se confier aux plans de l'agent voyer, et de faire exécuter ces plans par des ouvriers qui ont en horreur tout ce qui a quelque caractère, quelque style. Le vitrier du chef-lieu de canton veut produire ses talents en peinture ; le maçon, son habileté à gâcher le plâtre ; le menuisier, écouler ses moulures, ses attributs, ses cœurs en carton-pierre. Ces artisans, d'ailleurs, ne veulent pas faire de raccommodage et n'admettent que des travaux neufs. Pour donner de la besogne à tout ce monde, on défigure la vieille église, et le marchand de chasubles achève d'endoctriner le curé et lui persuade de réformer un mobilier trop antique, pour prendre en place les belles choses qu'il vend, de l'orfèvrerie de pacotille, des chapes empesées et des galons d'or faux !

Voilà ce que produisent trop souvent les velléités de restauration mises à exécution depuis quelques années. Voilà où tant d'aumônes vont se perdre sans profit pour l'avenir, sans honneur pour le culte divin. Voilà comment sont dissipées les richesses artistiques accumulées par nos aïeux. Car, tandis que la cathédrale ou l'église historique pâtit des expériences hasardeuses des architectes en renom, grâce à l'argent que le gouvernement dépense sous prétexte d'enrayer le vandalisme, la modeste paroisse, oubliée au milieu des campagnes, subit aussi, sans que personne s'en doute, l'influence des modes du jour transmises par l'ignorance.

C'est en vue d'être utile au clergé rural de la contrée que j'habite, et aux ouvriers qui sont appelés à réparer ou à décorer les églises, que j'ai publié ce travail, où je me suis efforcé de résumer les principes et les traditions de l'art ancien, le seul qui puisse être avoué par le bon goût lorsqu'il s'agit de monuments religieux.

PREMIÈRE PARTIE

IDÉES GÉNÉRALES

« Odi profanum vulgus et arceo. »

HORACE.

TRAITÉ

DE LA

RÉPARATION DES ÉGLISES

PREMIÈRE PARTIE

IDÉES GÉNÉRALES

CHAPITRE PREMIER

DE LA CONVENANCE

La convenance est la loi suprême de toute espèce d'art : *caput artis decere*[1]. C'est elle qui met « le style en rapport avec la nature de l'idée et l'idée même d'accord avec les lois du beau[2] ».

Mais elle est surtout la condition de l'art chrétien, car elle est le résultat du respect du passé, des traditions et des règles, le fruit de l'idée de la perfection morale.

C'est l'absence de convenance qui rend si cho-

[1] Cic., *De oratore*, lib. I.
[2] M. Laurentie. *De la convenance du style.*

quantes les décorations actuelles des édifices religieux.

C'était par la convenance que l'art des hautes époques avait réuni l'harmonie, la grandeur et la simplicité, la force et l'élégance, la correction et le naturel.

Mais la convenance ne se découvre pas toute seule. L'esprit, pour la trouver, a besoin de réflexion et d'étude et d'une certaine culture qui développe le *tact,* cette faculté des esprits délicats.

Les artistes du moyen âge observaient généralement, en fait d'art religieux, le *quod decet* avec un bonheur que nous ne savons plus atteindre, et les marguilliers qui s'avisent de changer la disposition antique d'une église s'exposent à de lourdes bévues.

Le premier conseil à donner ici, la première maxime qu'il ne faut jamais oublier, c'est d'innover le moins possible, et de ne point prétendre perfectionner ce qui avait été établi par des gens plus habiles que nous.

Il faut bien se rappeler que la plus rustique église de village, pour peu qu'elle soit ancienne, a été bâtie, comme l'abbaye fastueuse, comme la cathédrale splendide, en vue des besoins du culte divin, et avec un sentiment des convenances chrétiennes plus intime que celui qui nous reste aujourd'hui. Il n'y a donc aucune nécessité sérieuse d'en modifier l'arrangement.

La chose la plus certaine en effet, c'est qu'au moyen

âge, à côté du rituel liturgique qui règle les cérémonies, il y avait des traditions inflexibles qui protégeaient les artistes contre les écarts où ceux de notre temps aiment si fort à se jeter.

Voyez toutes les églises anciennes, qu'elles soient bâties comme des chaumières ou que des plombs ciselés et dorés recouvrent leurs faîtes gigantesques, le sanctuaire est invariablement tourné vers le levant, et des fenêtres percées dans le chevet laissent pénétrer la mystérieuse lumière de l'orient[1].

Autre conséquence de ce vieux sentiment des convenances artistiques : c'est que l'église rurale, bâtie avec économie, n'était pas une imitation ambitieuse de la grande église construite des aumônes de toute une contrée. L'art inépuisable des hautes époques avait su se plier à toutes les nécessités ; et les nuances qui distinguent l'architecture d'une église rustique de celle d'une grande église de ville montrent les ressources infinies des constructeurs d'alors, puisqu'on savait faire de la moindre chapelle un tout aussi harmonieux et aussi approprié à sa destination que s'il s'était agi du temple monumental[2].

---

[1] « Ædes sit oblonga orientem versus. » *Constitut. apostol.* — « Sic versi ad orientem, pactum inimus cum Sole justitiæ. » Hieronym., *in Amos* (VI, 15), lib. III.

[2] Qu'on me permette de citer à ce sujet une réflexion plaisante, mais judicieuse, que je trouve dans un compte rendu du salon de 1845 : « M*** a exposé un *Parallèle de projets d'églises en style ogival du* xiiie *siècle*. Il y a des églises pour village, pour chef-lieu de canton, pour chef-lieu d'arrondissement et pour chef-lieu de département, siège de l'évêché. On retrouve partout le même clocher et la même disposition, la grandeur seule diffère, *c'est comme pour les marmites...* » *Revue indépendante*, t. XIX, p. 393.

Il faut conserver cette hiérarchie ; il faut laisser aux églises rurales leur caractère particulier, leur physionomie champêtre, et bien se garder d'ôter l'harmonie de leur disposition première. D'ailleurs, dans l'ameublement spécial aux églises de campagne, on remarque souvent des objets d'art et d'antiquité qui présentent des particularités intéressantes et qu'on ne retrouve pas dans les églises des villes.

CHAPITRE II

La ligne de démarcation entre ce qui est convenable et ce qui ne l'est pas est difficile à tracer théoriquement. C'est surtout par des exemples qu'on peut la faire apprécier.

Posons comme principe que les choses anciennes ont pour elles une présomption de convenance religieuse, et qu'il y a presque toujours du danger à les modifier ; que les modifications sont toujours blâmables quand il s'agit de monuments antérieurs au xvie siècle ; qu'elles sont souvent fâcheuses pour ce qui est plus ancien que le milieu du siècle dernier ; que si des changements sont désirables, c'est surtout pour ce qui a été fait depuis la réouverture des églises.

Protégeons donc d'un respect inviolable les édifices, les décorations, les objets d'art qui nous restent encore du moyen âge ; ne renversons pas, sans mûre réflexion, les créations de la renaissance et du xviie siècle, mais faisons une guerre à outrance aux maçonneries, aux barbouillages, aux prétendus enjolivements de notre époque.

Puis, quand il s'agit de travaux neufs, inspirons-nous des traditions anciennes, et gardons-nous des choses triviales et vulgaires.

En général, les décorations adoptées dans les habitations ordinaires, les ustensiles de la vie matérielle, les objets d'un usage profane ne doivent pas figurer dans les édifices religieux.

Tout doit y être grave, choisi, de nature à porter l'esprit au recueillement et au respect, à isoler l'âme des choses d'ici-bas.

Les ornements ne sont pas là pour le seul plaisir des yeux ; ils doivent agir sur le cœur.

C'est dire que toute l'ornementation d'une église, depuis le pavage jusqu'aux fenêtres, depuis les objets indispensables aux cérémonies jusqu'aux meubles en apparence les plus indifférents, doit présenter un cachet à part.

Une église est un poème architectural, dont tous les mots doivent être également nobles et harmonieux. Nos temples d'autrefois, même les plus humbles, possédaient à un haut degré ce caractère poétique : les églises d'à présent tendent à devenir de plus en plus prosaïques.

Qu'à l'extérieur l'édifice consacré ne ressemble donc jamais à un édifice séculier, à une mairie ou à une usine.

Qu'à l'intérieur surtout le bruit et les habitudes du monde ne pénètrent pas ; qu'aucun meuble n'y rappelle le magasin, la salle à manger ou le théâtre.

Que chaque objet y présente un caractère d'élévation, de dignité et de durée; que toutes les parties de l'édifice aient cette apparence de gravité et de solidité qui constitue le caractère monumental.

Qu'un long passé y soit partout attesté par un aspect antique; que la décoration et l'ameublement paraissent faits en vue des temps futurs; que le présent n'y soit pas manifesté par l'introduction des modes éphémères.

Ce n'est qu'à ces conditions que le temple aura un caractère noble et religieux. Ce n'est qu'avec ce caractère que son ensemble sera d'accord avec les lois de la convenance.

Ce n'est qu'en obéissant aux lois de la convenance que ceux qui ont à cœur de l'orner satisferont à la loi première, souveraine, nécessaire de l'art! *Caput artis decere.*

CHAPITRE III

Tous les peuples, même les plus éloignés de la vérité, ont été d'accord pour environner leur religion d'une forme extérieure, et cette forme, plus choisie et plus noble que celle qui naît des habitudes ordinaires de la vie matérielle, n'est autre que l'art lui-même dans son expression la plus élevée. L'art commence, dans toutes les civilisations, par être d'abord hiératique et religieux. L'art purement profane ne vient que plus tard. Mais l'art religieux ne peut vivre que de sa propre vie, et quand il cherche à se rajeunir par une alliance avec l'art séculier il n'enfante que des produits bâtards ou monstrueux.

La force même de l'art sacré est dans l'observation des traditions.

La puissance des grands artistes ne consiste pas à innover sans cesse, mais bien plutôt à trouver une iné-puisable variété et des effets nouveaux dans des types traditionnels. Des types, en effet, ne sont pas rigor-

4

reusement la forme, et on n'est pas imitateur en s'y conformant.

Les artistes grecs eux-mêmes n'eurent garde de se soustraire à l'observation de ces règles. Eschyle, quand on l'engageait à refaire l'hymne d'Apollon, disait qu'il y avait des traditions sacrées dont on ne pouvait s'écarter sans témérité.

Mais la beauté païenne ne peut être la beauté chrétienne, et les types religieux de l'antiquité n'ont rien de commun avec ceux du catholicisme.

L'art païen est naturaliste, l'art chrétien est spiritualiste et mystique.

Si un artiste de l'antiquité s'était élevé jusqu'au mysticisme de l'art, il fût sorti du type religieux de son époque, et son œuvre, ne répondant pas aux idées mythologiques, eût été repoussée des temples.

De même, la recherche exclusive de la forme matérielle, l'imitation trop exacte de la nature, objet de tant d'efforts de la part des artistes depuis l'époque de Luther, n'a été un progrès que pour l'art séculier, et n'est certainement qu'erreur et décadence en fait d'art religieux.

C'est au moyen âge qu'il faut chercher les types vrais du catholicisme. Les chrétiens des premiers siècles n'ont été des modèles qu'au point de vue des vertus ; ils n'avaient pas encore d'art qui leur fût propre[1]. L'art

---

[1] Les premiers chrétiens s'abstinrent en général de l'usage de la sculpture et de la peinture, parce que ces arts ne leur offraient encore que des formules païennes, et à cause de la haine très logique qu'ils portaient aux monuments de l'art antique. Mais aussitôt que, sous l'influence ecclésiastique, des types propres à la religion chrétienne

antique était si vivace qu'il a fallu dix siècles pour le transformer et mettre à sa place le véritable art chrétien. L'architecture, la peinture, la sculpture survivaient à la mythologie et ont été plus difficiles à convertir au christianisme que les populations elles-mêmes.

C'est surtout au xiiie siècle que les types artistiques de l'Église latine arrivèrent à leur perfection, que les formules mystiques de la peinture, de la sculpture, de l'architecture furent définitivement fixées. L'art chrétien fut si puissant alors qu'il éteignit jusqu'au souvenir de celui de Rome et de la Grèce. A cet apogée de l'art moderne, les ustensiles les plus ordinaires de la vie matérielle revêtirent, quant à la forme, un caractère à part. L'industrie fut absorbée par l'art : les ouvrages des maçons, des menuisiers, des orfèvres furent des œuvres de haut style, et leurs débris sont aujourd'hui recueillis dans nos musées à côté des statues et des plus belles peintures.

Mais, au xvie siècle, le paganisme vaincu prit sa revanche, et de la renaissance de l'art grec et romain sont venus le déclin et la ruine de l'art religieux. Les conséquences de cette invasion étrangère sont aujourd'hui palpables, et il faut refouler de nouveau les doctrines artistiques de l'antiquité.

eurent été formulés, les arts cessèrent d'être proscrits. (Conférez Raoul Rochette, *Discours sur l'origine des types imitatifs qui constituent l'art du christianism.e* Paris, 1834.) Les peintures des catacombes, que les beaux travaux de M. Perret ont fait connaître d'une manière exacte, montrent la transformation qui s'opérait déjà quant à l'expression religieuse. L'art chrétien n'a pu se développer complètement qu'à partir du moment où l'Église eut acquis son indépendance temporelle.

Si nos contemporains n'avaient point perdu de vue
ces vérités, s'ils avaient senti combien le maintien des
types traditionnels propres au christianisme importait
à la dignité du culte sacré, combien la statuaire et
la peinture naturalistes répondaient mal aux idées
chrétiennes, le clergé n'eût pas cherché avec tant
d'ardeur des figures de martyrs qui ressemblent à des
boxeurs, des images de saintes qui ne réveillent que
des pensées mondaines, des décorations qui sentent le
théâtre.

De l'oubli des traditions, autant que des révolutions, est venue la dévastation actuelle des églises. Le
vandalisme auquel nous faisons la guerre est le fruit
des doctrines artistiques propagées depuis deux
cents ans et passées maintenant à l'état de routine
chez le clergé rural et chez les ouvriers auxquels il
s'adresse.

Si nous appliquons ces maximes à la sculpture ou à
la peinture, nous dirons que ce n'est pas à son aspect
plus ou moins classique qu'on jugera du mérite d'un
tableau d'église ou d'une statue, mais à son effet
moral. Qu'importe, par exemple, que je puisse suivre
sur le corps de ce christ les moindres veines et l'indication de tous les muscles si, avec cette exactitude
anatomique, il n'est que l'image vulgaire d'un suppli-
cié ? Je lui préfère ce crucifix abandonné et poudreux,
qui, malgré sa roideur et la grossièreté du travail, me
saisit d'une religieuse impression..

Pourquoi enlever ces statues coloriées et gothiques,
à la figure ascétique et sévère, à la pose calme et

recueillie, aux amples draperies ciselées dans le bois ou dans la pierre, qui depuis des siècles avaient suffi à la piété populaire? Pour mettre sans doute à leur place quelque banale figure de plâtre, froide parodie d'une statue grecque ou romaine qui, dans le jardin public de la ville voisine, s'appelle Cléopâtre, Diane ou Hébé, et dont les marguilliers veulent faire une sainte du paradis, comme si la perfection d'une image religieuse consistait dans la souplesse des cheveux, dans la courbure du nez, l'élégance de la taille ou la régularité des ongles !

Quant à moi, je le déclare, les bonnes âmes qui sont choquées de la désinvolture gaillarde de ces études anatomiques qu'on nous donne pour des tableaux d'église me semblent véritablement plus artistes que les auteurs de ces peintures, car elles ont mieux qu'eux le sentiment de la convenance, qui, malgré tout et toujours, sera la loi première de l'art.

CHAPITRE IV

DU STYLE CONVENABLE POUR LA DÉCORATION
ET L'AMEUBLEMENT DES ÉGLISES

Si, lorsqu'il s'agit de peintures et de statues, il faut se garder de substituer les formes et les données de l'art moderne à celles de l'art du moyen âge, il faut aussi, dans la décoration et l'ameublement, proscrire tout ce qui est trivial et vulgaire : *profanum vulgus*.

Il ne suffit pas d'environner le culte divin des formules consacrées de la liturgie, si éloignées des allures de la littérature séculière, de protéger cette liturgie sous l'inaltérable forme d'une langue morte et savante, de revêtir les ministres du culte de vêtements qui les séparent des personnes du siècle ; il faut, pour obéir aux lois les plus impérieuses du goût, que l'Église ait un art à elle, art grave, durable, régulier, qui la défende contre les spéculations de l'industrie et les variations de la mode.

Les moindres détails, dans la décoration d'une église,

doivent avoir un style particulier, une intention artistique.

Mais où trouver ce style à part? Dans l'observation des modèles laissés par les époques anciennes.

Je sais que l'on a objecté contre le retour à l'architecture gothique qu'au xiiie siècle même l'architecture était une, et on me répondra sans doute que la recherche de ce style à part briserait chez nous l'unité de l'art. On a posé comme fait certain qu'au xiiie siècle, que nous proposons comme modèle, on ne bâtissait point les églises dans un style différent des habitations ordinaires ; que tous les édifices, sacrés ou profanes, procédaient d'un même type ; que ce serait aller contre l'exemple même des artistes du moyen âge que de proscrire des temples les ornements qui caractériseront un jour les constructions du xixe siècle ; que le xiiie ne remontait point en arrière pour chercher dans le passé des types religieux ; qu'il mit au contraire au service du culte ceux qui étaient alors universellement en usage [1].

Cette objection a beaucoup de force apparente, mais tout ce chapitre y servira de réponse.

Sans doute l'art avait au xiiie siècle une puissante unité ; mais c'est qu'alors l'unité était partout, dans la religion et dans la société. Celle-ci était si profondément pénétrée par les idées religieuses qu'elle se modela à leur image. Un seul art était possible, et

[1] Conférez sur l'unité de l'architecture, invoquée contre la résurrection actuelle de l'architectonique du moyen âge, un article de M. de La Quérière, dans la *Revue de Rouen*, vol. de 1847, p. 632.

j'ai déjà remarqué plus haut que l'art religieux ne laissa point de place à un art profane. De ce que nous trouvons dans les châteaux et les maisons de ce temps-là des fenêtres, des voûtes, des colonnes, des moulures semblables à celles des églises d'alors, il ne faut pas conclure qu'on bâtissait les églises comme les maisons vulgaires. C'est l'inverse qu'il faut proclamer, car ce furent les habitations ordinaires qui imitèrent les temples.

Or, à présent, l'unité est brisée, et nous ne pouvons plus dans l'art éclectique et vacillant du xix° siècle trouver des formes pour l'expression religieuse. Nous sommes donc forcés de remonter en arrière, et l'imitation du passé est d'autant plus nécessaire qu'aujourd'hui l'envahissement vient du côté de l'art profane ; car, au lieu de décorer les constructions civiles à l'instar des édifices sacrés, comme du temps de saint Louis, on aura toujours assez de tendance désormais à copier les enjolivements vulgaires de nos maisons modernes pour les introduire dans les églises.

J'affirme donc que la différence entre l'ornementation de nos demeures et celle des édifices destinés au culte doit à notre époque être aussi profonde que possible.

Toute la doctrine artistique contenue en ce traité repose sur ce principe.

C'est en maintenant cette séparation logique que le clergé parviendra à se débarrasser des décorations de mauvais goût qui envahissent les temples.

L'Église n'a rien à y perdre ; car, avec ce divorce,

elle se reconstituera un art qui lui sera propre, et cet art, plus original et plus noble, ne tardera pas à se propager en dehors d'elle. Et dès lors, au lieu de subir les influences séculières, elle recommencera à influencer l'industrie.

Les gens du monde, qui haussent les épaules à la vue des embellissements dont on prétend décorer les temples, ne se rendent pas compte de la cause des impressions fâcheuses qu'ils en éprouvent. S'ils avaient, en fait d'art et d'esthétique, des connaissances suffisantes pour remonter jusqu'à l'origine de leurs sensations, ils reconnaîtraient que si ce lambris, cette peinture, ces objets divers leur paraissent ridicules, c'est parce qu'ils ressemblent aux objets qui frappent à chaque instant leurs yeux dans leurs propres demeures.

Le confort est proche voisin de la vulgarité. Les choses usuelles sont nécessairement triviales. Et il n'y a rien de plus éloigné de l'art que ce qui est *bourgeois*. La rusticité serait plus pittoresque.

Ainsi les fenêtres d'une église ne devront point être carrées, comme celles d'une maison. Surtout elles n'auront pas de châssis en menuiserie à grands carreaux s'ouvrant à deux battants.

On n'y mettra pas d'espagnolettes pour les fermer, ni de rideaux en calicot ou en cotonnade rouge, ni de vitres en verre dépoli comme à une loge de concierge.

On ne lambrissera pas une église avec des panneaux de menuiserie semblables à ceux d'une chambre à coucher.

On n'y introduira pas des pavages qui rappelleraient la rue, et on n'en arrachera pas les anciens pavés pour y mettre de l'asphalte. On ne l'éclairera pas au gaz.

On n'y suspendra pas d'images lithographiées.

Quand on y placera des inscriptions, ces inscriptions ne seront pas semblables à des enseignes par la forme, la couleur et l'arrangement de leurs lettres.

On ne salira pas les murs avec des barbouillages imitant le marbre ou le bois d'ébénisterie, parce que cela est trop en usage pour les devantures de boutique.

Si la voûte est en bois, on ne la masquera pas par un plafond comme celui d'une salle ordinaire, et on ne la fera pas revêtir de lattes et de mortier, parce que ce plafonnage n'est bon que dans un galetas.

Le mauvais goût a pourtant introduit tout cela dans les églises de France, à Paris comme dans les provinces. Il n'y a qu'une chose qui ne soit pas encore venue à l'idée de nos modernes décorateurs d'églises : c'est de les tapisser avec du papier peint. Pourtant, il y a cinquante ans qu'on les badigeonne comme des corridors.

Mais, en revanche, on a posé tout récemment des appareils à gaz dans diverses églises. Et les journaux de Paris ont cité cet acte *de progrès* comme un exemple à suivre. Nous aimons à croire qu'il ne sera pas suivi.

— Puisque j'en suis au style bourgeois, je compléterai cette revue par l'indication de curiosités que j'ai remarquées dans ce genre.

A ....., gros bourg du département de l'Eure, on a posé dans la nef, pour renfermer les bannières, une devanture vitrée semblable à celle d'une boutique.

Ailleurs, un menuisier très goûté des marguilliers arrange des confessionnaux dont la porte est garnie d'une de ces grilles ou panneaux en fonte fort à la mode depuis dix ans pour les portes de maisons bourgeoises.

J'ai admiré aussi quelque part un banc d'œuvre semblable à un comptoir de café, avec. tablette de dessus peinte en marbre gris.

Un curé de village a pris soin de donner au maître-autel de son église l'aspect d'une cheminée de salon ou de chambre à coucher. La forme des chandeliers, les vases de fleurs, une glace moderne derrière le tabernacle, deux médaillons suspendus de chaque côté, tout concourt à cette ressemblance. Le rétable lui-même a l'air d'un trumeau et le tabernacle ressemble beaucoup à une pendule. Je n'exagère rien ; sur l'autel même on avait mis, comme ornement sans doute, deux potiches en porcelaine remplies *de ces allumettes en papier roulé et frisé de couleur rose et blanche,* que les dames appellent, je crois, des *allégradors.*

En revanche, le curé, lorsqu'il prit possession de cette paroisse, avait déblayé l'autel de son antique décoration. Il avait fait reléguer au grenier de superbes chandeliers en bois sculpté, peints et dorés, de l'époque de Louis XIII. Il avait vendu à l'orfèvre de précieux reliquaires en argent, et cédé à un marchand de bric-à-brac des *paix* en ivoire ciselé.

Maintenant il veut faire jouir ses paroissiens de ce grave spectacle. Il économise depuis deux ou trois ans sur la pompe des cérémonies pour faire disparaître la clôture gothique qui sépare le chœur de la nef, et, si une autorité supérieure ne s'y oppose pas, il défigurera, dès qu'il aura de l'argent, une église curieuse pour qu'on le voie officier devant l'autel que nous venons de décrire, et dont il est glorieux.

C'est pourtant là ce que, dans la plupart des petites localités, on appelle *restaurer une église*[1].

[1] Les idées développées ici et en plusieurs autres parties de ce traité ont été résumées et parfois exagérées dans un article sur la restauration des églises reproduit par la *Revue de l'Art chrétien*, tome IV, page 109 et suivantes. Comme le rédacteur de cet article, en m'empruntant même des phrases textuelles, n'a pas jugé à propos d'indiquer le titre du livre où il puisait, je suis obligé de reprendre mon bien, de peur de me trouver soupçonné de plagiat. La *Revue de l'Art chrétien* déclare, au reste, avoir emprunté cet article à l'*Univers*, qui lui-même en fait honneur à la *Revue de la Bretagne et de la Vendée*.

CHAPITRE V

La vulgarité est le danger qui menace l'avenir des inventions nouvelles. L'originalité d'une production récente ne tarde pas à s'évanouir dès qu'elle commence à devenir répandue. Tel objet d'art ou de fantaisie qui séduisait nos sens la première fois qu'il les a frappes devient insipide lorsqu'on le rencontre partout. Que de tableaux qui sont devenus sans charme par suite de reproductions multipliées, que de statuettes ravissantes auxquelles on cesse de faire attention parce que des moulages trop répétés les ont rendues vulgaires. La musique elle-même subit cette loi commune, et des airs applaudis d'abord deviennent fastidieux par cela seul qu'on les entend sans cesse[1].

Sous ce rapport, les procédés imaginés par l'indus-

---

[1] « Rara in pretio sunt, in honore habentur : usu trita quotidiano vilescunt. » Nic. de Clemangis, Bajoc. archidiac., *De novis festivitatibus.*

trie moderne pour reproduire à l'infini les œuvres d'art ont contribué plus qu'on ne pense à avilir l'art lui-même. Les parodies, les pastiches, les imitations de toute espèce dégoûtent promptement des modèles copiés.

En littérature, qui a plus contribué à affadir le style classique du xviiie siècle que les innombrables imitateurs de Rousseau?

Mais, heureusement pour les arts, les imitations, les moulages, les copies ont un vice originel auquel elles ne résistent pas : leur bon marché incompatible avec leur solidité et leur durée; et, au bout de quelques années, les œuvres vraiment belles se débarrassent de l'entourage des reproductions fragiles et vulgaires qui les obscurcissaient.

La vieillesse et la rareté leur rendent une saveur nouvelle.

Que de statues se sont embellies en vieillissant; que de tableaux ont gagné un coloris inimitable avec les tons dorés produits par les années; que d'édifices ont acquis un aspect monumental ou pittoresque en recevant les empreintes du temps !

C'est un bienfait de l'instabilité d'ici-bas d'emporter du monde ce qui n'est pas viable, de ne laisser survivre que les générations saines, d'anéantir les œuvres imparfaites et vulgaires, les produits éphémères de la fantaisie et du caprice. Mais les choses qui ont résisté au temps et aux révolutions, qui ont survécu aux fluctuations de la mode, acquièrent par cela seul un prix particulier.

Les monuments du moyen âge ne nous charment pas seulement par leur beauté propre et par leurs souvenirs; leur rareté actuelle et leur physionomie à part ajoutent à leur mérite. Et comme l'art d'alors était plein d'une sève et d'une vie que n'a point celui de nos jours, nous ne risquons pas d'en affaiblir le caractère en nous mettant à l'imiter.

Or, c'est surtout lorsque l'art veut produire des impressions morales qu'il doit recourir à l'antiquité. La vieillesse communique par elle seule des émotions intimes dont la nature humaine ne se défend pas [1]. Le chêne séculaire, comme l'homme blanchi par les années, ont un caractère vénérable qu'ils n'avaient pas plus jeunes.

C'est là une loi générale à laquelle rien n'échappe, et tel meuble, telle décoration, profanes dans leur nouveauté, ont reçu une sorte de consécration des siècles qu'ils ont traversés.

Les choses qui ont subi sans décrépitude l'épreuve du temps ont donc un mérite qui va toujours croissant.

Elles cessent d'être vulgaires pour devenir monumentales.

Elles se débarrassent des grâces frivoles de la nouveauté pour devenir graves et sévères.

Elles perdent l'éclat trop vif et trop gai de leurs couleurs pour des tons plus calmes et d'une harmonie plus austère.

---

[1] « Quis est enim quem non moveat clarissimis monumentis testata consignataque antiquitas ? » Cicero, *De divin.*, I, c. 40.

C'est quand le temps les a ainsi modifiées que la religion les adopte, parce qu'alors elles disposent mieux l'esprit au recueillement, et cette transformation se retrouve à l'origine de toutes les choses consacrées par les traditions du culte.

Ainsi les églises tirent leur origine des basiliques où les Romains rendaient la justice;

Les vêtements sacerdotaux de certains ornements consulaires ou impériaux;

Les plus antiques morceaux du plain-chant de la musique des Grecs.

A une époque plus rapprochée, les ordres monastiques ont emprunté leurs vêtements aux paysans du temps où ces ordres furent fondés, et plus d'une congrégation de religieuses nous a conservé la toilette sévère des femmes pieuses et des veuves des xvie et xviie siècles. Il y a dans la haute Normandie des confréries dont le costume traditionnel et pittoresque rappelle celui des bourgeois du règne de Louis XI. Les robes moyen âge dont les paroisses fidèles aux vieux usages revêtent encore leurs bedeaux sont celles des appariteurs des universités d'autrefois et des officiers subalternes des tribunaux.

Or, toutes ces choses ont perdu leur caractère séculier, autant par les vicissitudes du temps que par les modifications qu'elles ont subies, à raison de leur nouvelle destination.

Ces réflexions feront comprendre pourquoi il importe de ne pas trop rajeunir les églises, de ne point les badigeonner, de n'en pas ôter les décorations anciennes, même pour les remplacer par des copies exactes.

Elles expliqueront pourquoi nous accorderons plus loin à des statues, à des peintures, à des tapisseries, à des meubles qui sont postérieurs au moyen âge, mais qui ont deux cents ans de date, une faveur que nous refuserions à des objets contemporains.

Il y a en effet des meubles du xvii° siècle, des objets de luxe en usage dans les salons du temps de Louis XIV qui nous semblent être aujourd'hui devenus convenables pour les églises, et dont la convenance augmentera encore avec les années.

Nous recommanderons la conservation de ces objets parce que leur durée atteste suffisamment que c'étaient des objets de choix, des ouvrages précieux, et qu'aujourd'hui leur valeur est augmentée par leur rareté.

Nous approuvons leur usage dans les églises, parce que, ne se trouvant plus dans nos habitations profanes, ils ne rappellent plus d'impressions mondaines, et parce qu'une appropriation religieuse de deux siècles leur a en quelque sorte imposé un caractère nouveau.

Je citerai pour exemple les lustres de cristal taillé à facettes et formés de pendants, de balustres, de globes variés. Ces lustres, dont les branches transparentes s'épanouissent dans l'air en gerbes éblouissantes, ont été empruntés aux salons du xvii° et du xviii° siècle ; mais comme depuis longtemps on ne les voit plus que dans les églises, ils tiennent lieu des couronnes de lumière qui étaient d'usage au moyen âge, et sont infiniment plus convenables que les éclairages modernes qu'on introduit à leur place.

Certes, les églises de province qui ont conservé l'usage de ces vieux lustres ont meilleur air que les églises de Paris, où l'œil est offusqué de girandoles dorées, chargées de lampes à gros globe de verre dépoli, qui ne diffèrent en rien des éclairages des théâtres et des salles de bal ou de concert.

Il faut dire la même chose d'une infinité d'objets de prix qui, délaissés par la mode, décorent convenablement les églises d'où ils disparaissent cependant pour passer chez les marchands de curiosités et enrichir les musées. Tels sont d'anciens cadres de tableaux en bois sculpté et doré dont beaucoup de curés ignorent la valeur intrinsèque, les tapis de Turquie, les étoffes de soie de fabrique orientale, tous les tissus des anciennes manufactures dont on ne fait aucun cas trop souvent, et qu'on livre à l'abandon ou aux usages les plus grossiers.

Laisser périr ou aliéner ces riches ameublements, c'est faire preuve de la plus regrettable incurie, c'est disposer de trésors dont les administrateurs devraient être responsables, c'est attirer au clergé une réputation de vandalisme. La vieillesse même de ces objets, en augmentant leur rareté, a doublé leur valeur, et leur disparition du commerce leur ôte la trivialité ordinaire aux objets qu'on voit exposés chez tous les marchands.

———————

CHAPITRE VI

Les arts d'imitation ont pour condition essentielle la vérité, même dans les fictions.

Ils sont faits pour élever l'esprit et charmer les yeux, non pour les tromper ; pour mettre en saillie et en lumière ce qu'ils représentent, non pour dissimuler.

La vérité a été le caractère commun des hautes époques de l'art, dans l'antiquité comme au moyen âge : les mensonges artistiques, les trompe-l'œil, les surprises sont au contraire en grande faveur aux époques de décadence.

L'art du moyen âge, dont l'esprit doit seul nous guider ici et être l'objet de nos recherches assidues, fut sincère jusqu'à la naïveté : les badigeonneurs de notre temps ne s'étudient qu'à créer de fausses apparences et à forger des illusions.

Quand un ancien architecte élevait un édifice, les moindres accessoires devenaient un ornement ; les fenêtres, les cheminées, les lucarnes, les pignons, étaient rendus aussi saillants et visibles que possible : les portes s'entouraient de moulures caractéristiques ; des cordons et des nervures indiquaient au dehors la hauteur des planchers ; les matériaux eux-mêmes laissaient voir franchement leurs assises et leur nature particulière ; chaque portion du bâtiment accusait nettement sa destination, et de cette vérité persévérante naquit le grand style des édifices d'autrefois.

Si un soi-disant architecte de nos jours dirige une construction, soyez sûr qu'il cherchera instinctivement à en dissimuler la nature. Sous sa direction, les lucarnes se transformeront en ouvertures percées au ras du toit, les cheminées se cacheront autant que possible, loin d'attirer les regards par leur hauteur et leurs ornements. La brique ou le bois, à l'aide d'une chemise de plâtre, chercheront à singer la pierre ; les moulures de la façade, au lieu de correspondre avec les planchers et de séparer les étages, se confondront avec la ligne supérieure ou inférieure des fenêtres. Si la façade est de pierre, on creusera de faux joints qui ne coïncideront pas avec les séparations véritables des assises. On cherchera avec du bois à imiter la fonte, avec de la fonte à imiter le bois ; les portes et les fenêtres deviendront aussi uniformes que possible, et si un architecte découvrait le moyen de dissimuler entièrement ces ouvertures inévitables et de réduire une maison à l'aspect d'une boîte carrée, il croirait avoir atteint la suprême perfection.

Dans toutes les branches de l'industrie la même tendance se fait remarquer, et si quelques ornements viennent rompre la nudité de nos laides productions, ils seront placés ou sans motif raisonnable, ou pour dissimuler une jonction, un assemblage qu'à une époque plus sincère on eût franchement laissé apercevoir.

C'est pour obéir à cette fausse théorie que le serrurier enfonce ses ferrures dans les menuiseries, qu'il cache dans l'épaisseur du bois la serrure et les pentures d'une porte, et qu'il ne laisse plus voir aucun ouvrage de son métier.

C'est pour complaire à ce goût dépravé que le peintre décorateur a cessé d'apprendre à dessiner et a perdu le sentiment de l'harmonie des couleurs, pour s'appliquer simplement à donner au bois, à la pierre et au fer la couleur et l'apparence du marbre, du bois veiné ou du bronze.

L'art chrétien ne peut s'arranger de tous ces mensonges, qui ne sont bons qu'à fausser les yeux et l'esprit des populations, qui sont dans la peinture ce que sont certains romans dans la littérature, et qui ne peuvent être goûtés que des gens de peu de jugement.

C'est ce que les artistes du moyen âge avaient parfaitement compris. Aussi, sous leurs mains intelligentes, chaque chose gardait son caractère véritable. Dans leurs constructions, la pierre, le bois, le fer, le plomb, les matériaux de toute espèce se couvraient de sculptures et d'ornements ; mais jamais la pierre ne revêtait les ciselures usitées pour le bois. Le fer prenait des formes différentes suivant qu'il était forgé ou fondu. La brique n'était point recouverte de fausses sculptures en plâtre : pour la décorer, on se servait d'émaux et de couleurs variées. Chaque matière gardait le rôle qui lui convenait et ne revêtait point l'apparence d'une autre substance[1].

Il me semble donc que les artistes du moyen âge, qui parlaient moins de la nature que les nôtres, la comprenaient davantage.

On devine que, avec cette sincérité artistique, les artistes d'autrefois ne se seraient pas arrangés des imitations, des produits à bon marché dont nous inonde l'industrie, et qu'ils auraient peu admiré les lithochromies, le carton-pierre, les moulages, les fausses sculptures en zinc, en fonte, en pâte, dont notre époque semble si fière. Les inventeurs de ces platitudes à la mode se vantent de découvertes ignorées jusqu'à présent : ne serait-il point plus vrai de dire que si les générations qui nous ont précédés n'ont pas employé ces moyens faciles, c'est qu'elles les ont dédaignés ?

Aussi, avec l'art vrai du moyen âge, il se formait d'innombrables artistes, qui ne pourraient subsister de notre temps, où l'industrie a mis à la place de l'intelligence des moules servis par quelques ouvriers livrés à un travail purement machinal.

Au point de vue de la destinée de l'art, quel qu'il

---

[1] Conférez l'instruction ministérielle du 26 février 1849, pour la conservation, l'entretien et la restauration des édifices diocésains, art. 56, 57 et 58, dans le *Bulletin des comités historiques*, vol. de 1849, p. 150.

soit, sacré ou profane, la fausse doctrine que nous dénonçons conduit nécessairement à la barbarie.

Au point de vue de la décoration des édifices religieux, ces faussetés industrielles, ces falsifications architecturales, ces oripeaux économiques s'opposent à tout effet monumental, et sont le plus sûr moyen de priver les églises de l'aspect mystique et durable qu'elles doivent présenter.

Il faut donc rejeter ce goût de déguisements absurdes pour revenir aux traditions d'un art franc et basé sur la vérité.

CHAPITRE VII

Un principe dont il faut bien se pénétrer, c'est que le choix de telle ou telle nature de matériaux influe considérablement sur l'ensemble d'une œuvre architecturale, et que la présence du marbre ou de la brique, par exemple, suffit pour indiquer l'âge ou l'origine d'un édifice.

Jamais, en effet, ces matériaux n'ont été employés en grandes masses dans les édifices gothiques de la majeure partie de la France. Le marbre et la brique, si en vogue chez les Romains, ont disparu au moyen âge dans les édifices de notre pays [1]. L'imitation de l'antiquité les a remis à la mode à la Renaissance, mais ces matériaux seraient un anachronisme dans un édifice des xiie, xiiie, xive et xve siècles. Je parle des contrées où règne la véritable architecture gothique,

---

[1] La Belgique et le Languedoc possèdent, comme l'Italie, de belles églises du moyen âge bâties en briques, mais elles sont d'un style particulier.

de celles où l'art s'est dégagé entièrement des souvenirs de l'antiquité romaine.

Si l'usage du marbre a été mis ainsi de côté par les architectes des églises du moyen âge, on comprend quel anachronisme commettent les badigeonneurs qui peignent en imitation de marbre les colonnes ou les parois de ces églises, quelle preuve d'ignorance donnent les architectes qui garnissent les piliers et les murs avec des placages de marbre ou des revêtements de stuc.

Les architectes du moyen âge étaient trop jaloux de la solidité pour employer aucuns placages. Les parements de leurs constructions sont toujours formés avec les pierres mêmes de la maçonnerie ; les assises extérieures sont liées avec le mur lui-même, et forment *parpaing* autant que possible. Quand on bâtissait des églises en marbre, c'est que c'était la pierre du pays, et alors on l'employait en blocs entiers, non en décorations superficielles.

A l'époque ogivale, le marbre poli n'était donc pas un ornement, et comme ornement il avait un caractère païen. Il n'a été employé comme décoration qu'en Italie où les souvenirs de Rome antique ne se sont jamais effacés. Mais la France lui préférait la pierre peinte et dorée, ou couverte de patientes sculptures. Les constructeurs des riches abbayes, des somptueuses cathédrales ont dédaigné le marbre en tables ; ils aimaient mieux couvrir de belles histoires enfantées par leur génie, exécutées par leurs mains habiles, les parois des églises que de les cacher sous du marbre.

Ils préféraient dépenser de grosses sommes en sculptures délicates, en peintures brillantes, en main-d'œuvre artistique, plutôt que de tirer des pays lointains des pierres plates et tout unies.

Quand les artistes qui décorèrent les temples du moyen âge employèrent par exception le marbre, ils en firent simplement des fûts de colonnes, ou ils en décuplèrent la valeur par de riches sculptures, pour en faire des tombeaux et des statues. Et alors les marbres durs et propres à la statuaire furent seuls recherchés. Ceux qui n'avaient de mérite que leurs veines et leurs couleurs furent à peu près laissés de côté ou employés en petits fragments avec les verroteries et les pierres précieuses dont on décorait les ouvrages de moindre dimension [1].

Mais les sculpteurs du moyen âge employèrent plus souvent encore la pierre de liais et le bois que le marbre. L'albâtre fut aussi très usité dans la statuaire gothique.

Il est impossible de décorer d'une manière harmonieuse les édifices du moyen âge si on n'observe non seulement le style de l'architecture, mais encore la préférence pour tels ou tels matériaux.

Par exemple, les églises ogivales renferment de superbes morceaux de menuiserie artistique et de sculpture sur bois, mais tous les bois indifféremment ne furent pas employés. Le chêne de premier choix, le merrain, voilà la matière à peu près exclusivement

---

[1] Sur l'incompatibilité de l'emploi du marbre avec l'architecture gothique française, voyez aussi ce que j'ai dit dans le *Bulletin monumental*, t. XVI, p. 55.

adoptée par les huchiers du moyen âge. Des bois plus précieux n'ont jamais servi aux travaux d'église, quoiqu'ils fussent en usage pour la décoration des châteaux et des riches habitations séculières. Le bois de rose, si fort en vogue au xviii siècle, n'a pas pénétré dans les temples. Ni le travail des beaux meubles ornés de cuivre et de marqueterie que Boule inventa sous Louis XIV, ni celui des riches cabinets d'ébène à la mode sous Louis XIII ne furent imités pour les églises. L'ébénisterie, en un mot, industrie qui n'a guère que deux cents ans de date, n'a presque rien fourni au culte, malgré la richesse de ses placages. Elle est restée profane. Le chêne sculpté, gravé, enluminé ou doré resta seul sans rival.

Ce n'est que depuis quelques années que le palissandre, l'acajou, le noyer ont pénétré dans l'église sous forme de pupitres, d'orgues, de sièges, de consoles. Nous croyons que l'emploi de ces bois est déplacé : ils sont trop en usage dans nos demeures vulgaires ; ils sont aussi trop peu durables et trop peu en harmonie avec l'ensemble de nos vieilles églises pour y être convenables. Je proscrirais donc l'art de l'ébéniste avec celui du marbrier quand il s'agit de décorations monumentales. Des ouvrages en bois de chêne sculpté ne coûteraient pas plus cher que de vulgaires meubles en acajou ; et des sculptures sont plus solides et plus artistiques que des placages promptement détériorés par l'humidité.

On comprend que si l'ébénisterie véritable est d'un goût équivoque nous aurons un nouveau motif pour repousser les peintures qui simulent des placages d'acajou ou de palissandre, peintures que nous avons déjà blâmées au nom de la sincérité et de la vérité de l'art.

Les artistes du moyen âge ont eu aussi des métaux à eux. L'or, l'argent, le cuivre pour les travaux de petite proportion, le fer et le plomb; pour les accessoires de l'architecture, ont seuls été employés. L'usage du zinc, d'une solidité contestable d'ailleurs et d'une couleur désagréable aux yeux, est donc un anachronisme lorsqu'il s'agit de travaux apparents dans une église gothique. Je voudrais même qu'un architecte n'employât point le bronze sans quelque attention. Le bronze, tel qu'on le compose aujourd'hui, est différent des alliages de cuivre usités au moyen âge. On sait combien le cuivre, en s'alliant à d'autres métaux, est susceptible de modifications. Or, ces modifications ont une grande influence sur l'aspect des œuvres d'art qui en sont formées. Le bronze dit de Keller et celui appelé florentin, à la mode aujourd'hui, n'ont ni le grain ni la couleur des cuivreries gothiques : ils ont une apparence toute moderne. Le moyen âge avait en propre le *métal de cloche* et une espèce de cuivre jaune appelé *potin;* c'est ordinairement de ces alliages que sont confectionnés tous les anciens ouvrages en métal qui restent dans les églises. Avant la Révolution, les grandes cathédrales possédaient de riches ornements en ce genre, des tombeaux en airain, des grilles et des clôtures de chœur tout en cuivre, des objets nombreux en laiton estampé. Mais l'airain et le cuivre jaune de ce temps-là différaient de composition et surtout d'aspect extérieur avec les cuivres en usage dans notre industrie moderne. Les oxydes qui se formaient à leur surface avaient une teinte particulière. Je crois donc que si un architecte devait faire exécuter pour une église gothique des travaux un peu importants en bronze ou en cuivre jaune il ferait bien de pousser l'attention jusqu'à prescrire au fondeur la composition de l'alliage à employer.

Je ne prétends point, au reste, immobiliser l'art, ni repousser trop absolument les procédés modernes. Mais 'je crois raisonnable, lorsqu'on veut imiter l'art du moyen âge, de l'imiter complètement, de même qu'en imitant l'art antique on a imité avec soin les procédés des architectes grecs ou romains. Il me semble que la loi de l'harmonie impose l'obligation de ne pas employer dans Notre-Dame-de-Paris ou dans Saint-Germain-des-Prés les mêmes matériaux que ceux que réclamait le style architectural de la Madeleine ou du Panthéon. L'architecte qui a copié l'art grec et romain dans ces édifices a pris soin de copier en tout l'antiquité : il s'est gardé, et avec raison, d'employer le cuivre jaune des fondeurs gothiques à la place du bronze, de mettre des carrelages en terre cuite émaillée au lieu des mosaïques de marbre. Il est aussi logique que l'architecte qui se voue à la restauration des édifices du moyen âge ou à leur imitation, mette le même scrupule, et n'emprunte pas aux édifices du style grec ce qui ne s'est jamais vu dans les constructions gothiques.

CHAPITRE VIII

DU MÉRITE HISTORIQUE

Jusqu'ici j'ai fait valoir pour la conservation ou l'imitation des objets anciens que renferment les églises, et pour l'observation scrupuleuse des grandes traditions artistiques du moyen âge, des raisons de convenance et d'esthétique. Il en reste une dernière qui est non moins puissante : je veux dire la raison historique.

Il est impossible de parler d'art chrétien sans invoquer la puissance des souvenirs, de faire de l'art savant sans se préoccuper de l'histoire. Et en intitulant premièrement ce travail *Principes d'archéologie,* j'ai déjà proclamé par avance quelle place je réservais aux intérêts historiques et à l'étude du passé.

Dans la seconde partie de ce volume où je passerai en revue tous les détails des églises, souvent je n'aurai d'autre motif pour réclamer la conservation de choses devenues indifférentes au culte divin et étrangères aujourd'hui à la destination de nos temples que l'intérêt même que ces choses présentent au point de vue de la science.

Les monuments, quels qu'ils soient, dès qu'ils n'ont pas été altérés, sont les preuves, les pièces justificatives de l'histoire, et servent à rectifier les erreurs qui en altèrent la vérité. Or, l'histoire vraie est l'une des plus solides démonstrations de la vérité religieuse[1].

Au nom même des intérêts qu'il a mission de défendre, le clergé doit donc être le conservateur assidu de tout ce qui peut servir à l'histoire. Mais il ne suffit pas de ne point détruire des inscriptions, des blasons, des sculptures, des objets d'art, il faut se garder surtout des restaurations inconsidérées qui enlèvent aux monuments leur force probante et leur caractère d'authenticité.

[1] « Ce n'est pas uniquement dans l'intérêt des arts qu'un prêtre ne doit pas négliger ces recherches archéologiques : il doit élever plus haut ses vues. Souvent la découverte d'un objet d'antiquité, d'une médaille, d'une inscription, d'un vase peut servir à fortifier une croyance, à réfuter une erreur, à jeter une nouvelle lumière sur quelque passage de l'Ecriture, à justifier la chronologie sacrée. » Circulaire de S. E. le cardinal de Bonald, alors évêque du Puy, aux curés de son diocèse, reproduite dans le *Bulletin monumental*, t. V, 1839.

CHAPITRE IX

———

On a dit avec raison que c'est par l'économie que
l'on fait briller sa dépense, et les générations qui nous
ont légué tant de monuments semblent s'être chargées
de la démonstration de cette vérité. Les comptes de
dépenses conservés dans les archives de plusieurs
églises montrent avec quel soin on ménageait les fonds
destinés aux travaux, et avec quelle sagesse ces fonds
étaient distribués.

Je ne crains pas de le dire : depuis cinquante ans,
les administrateurs des églises ont procédé en sens
inverse et ont gaspillé totalement des sommes qui,
mieux employées, auraient suffi, non seulement à entretenir des édifices aujourd'hui profondément dégradés, mais encore à restituer aux monuments religieux
une certaine splendeur.

Il faut bien le proclamer : depuis cinquante ans,
presque toutes les dépenses autres que celles de grosses
réparations et d'entretien des toitures ont été de
l'argent perdu, et les sommes destinées à la décoration

des temples n'ont servi, pour la plupart, qu'à les défigurer.

C'est surtout dans les églises de campagne que ces
dépenses mal entendues ont été trop fréquentes et ont
englouti en pure perte les ressources des fabriques et
des confréries. J'ai visité, comme sujet d'études archéologiques, un grand nombre d'églises de village,
et partout j'ai vu les preuves du plus regrettable gaspillage.

Les églises qui pouvaient disposer de quelque argent ont même en général plus souffert que les autres,
et, d'ordinaire, c'est dans les églises fermées et où on
ne célèbre plus les offices que nous avons retrouvé
des objets d'art. — Les fabriques, composées en général de gens peu versés dans l'archéologie, ont dis-
sipé les richesses artistiques qui leur étaient confiées,
et leur tutelle n'a abouti qu'à la ruine des intérêts
qu'elles devaient défendre [1].

Dans l'immense majorité des églises que j'ai vues,
voici à quoi les ressources ont été affectées :

Changer les portes de place, boucher les fenêtres
anciennes et en percer de nouvelles ;

---

[1] C'est aux marguilliers des églises conservées qu'on doit presque
partout la démolition des églises supprimées et devenues la propriété
des fabriques.

[2] L'équité et la bonne harmonie, qu'il est si important d'entretenir
entre des communes souvent jalouses, exigent que les églises des paroisses supprimées soient maintenues et jamais aliénées ou démolies.
Ce serait une véritable injustice d'en ravir la jouissance aux habitants
des paroisses descendues au rang d'annexes. Il y a en France plus
de dix mille églises non vendues.... Ce serait, de la part des fabriques
paroissiales, s'associer à la confiscation révolutionnaire et la consom-
mer que de les vendre à leur profit. » Dieulin, *Guide des curés*, t. 1er,
p. 220, à la note.

Scier les poutres des charpentes intérieures, sans égard pour leurs sculptures et pour la solidité de l'édifice ;

Faire des plafonnages hideux ;

Badigeonner à l'intérieur et même quelquefois à l'extérieur ;

Placer des lambris inutiles et de mauvais goût ;

Remplacer des fonts baptismaux remarquables par leurs sculptures et où avaient été baptisées un grand nombre de générations, ou du moins les transporter à tous les coins de l'église ;

Oter l'autel de la place qu'il occupait d'une manière immuable depuis l'origine de la paroisse, pour le mettre plus en avant ou plus en arrière ;

Supprimer toute séparation, toute différence entre le chœur et la nef ;

Remplacer des verrières peintes, des chandeliers, des vases, des ornements précieux par des objets modernes et sans valeur aucune ;

Enrichir les vitriers piémontais, les chaudronniers auvergnats, et tous les marchands qui vivent des indignes travaux qu'on fait maintenant dans les églises.

Il y a, en effet, dans beaucoup de nos chefs-lieux de canton, des manœuvres qui entreprennent ces travaux et qui ne craignent pas de se faire payer quatre à cinq fois plus cher qu'un artiste éclairé et capable.

Si toute cette dépense avait été bien entendue, il est certain qu'aujourd'hui la plupart des églises de village posséderaient un ameublement décent et une décoration convenable, et que les églises de bourgs et de petites villes auraient des objets d'art assez nombreux pour assurer la splendeur du culte et réveiller dans le peuple le sentiment des arts [1].

Il faut enfin que je signale comme une occasion incessante d'innovations fâcheuses, les changements de curés dans les paroisses. Beaucoup de nouveaux curés veulent à leur arrivée arranger l'église selon leur goût personnel, et il en résulte que beaucoup d'églises rurales ont, comme les maisons qui changent trop souvent de locataires, subi des remaniements que le zèle et la bonne intention ne sauraient justifier. Or, les novateurs les plus hardis sont précisément ceux qui n'ont aucunes notions d'art et d'archéologie. Les vrais gens de goût s'attachent à conserver aux édifices religieux un caractère sérieusement monumental, et il ne faut point perdre de vue que l'étymologie même du mot monument signifie une chose permanente et destinée à porter témoignage dans la suite des âges.

---

[1] «... Les règles et les avis que l'on peut donner sur le goût ne procurent pas par eux-mêmes des moyens pécuniaires, mais ils peuvent, dans diverses circonstances, contribuer à les faire ménager à propos et à les augmenter.

« Il est certain que le mauvais goût entraîne quelquefois à des dépenses absolument inutiles : il est incontestable encore que, dans beaucoup d'occasions, il n'en coûterait pas plus pour faire avec goût certains embellissements qu'il n'en coûte pour les faire en dépit des règles naturelles du vrai et du beau. » Gerbaut, *Essais sur le goût dans les décorations d'église,* p. 3 et 4.

DEUXIÈME PARTIE

ENTRETIEN DES ÉGLISES A L'EXTÉRIEUR

> « Reverere gloriam veterem et
> hanc ipsam senectutem quæ, in do-
> mine venerabilis, ut urbibus et mo-
> numentis sacra est. »
>
> PLINE LE JEUNE.

DEUXIÈME PARTIE

DE L'ENTRETIEN ET DE L'ORNEMENT DES ÉGLISES
A L'EXTÉRIEUR

CHAPITRE PREMIER

DES ABORDS DE L'ÉGLISE ET DES OBJETS D'ANTIQUITÉ
QUE RENFERMENT LES CIMETIÈRES

Jetons, en commençant notre revue de toutes les parties du temple, un coup d'œil sur ses dépendances.

La paroisse rurale, celle surtout pour laquelle nous écrivons ces conseils, est l'édifice le plus important et le plus pittoresque du paysage. Il convient donc de lui conserver tout ce qui peut lui faire jouer ce rôle principal.

La question de l'isolement, si délicate dans les villes où les maisons se pressent contre les églises[1], ne se présente pas dans les campagnes, où l'église est entourée par le cimetière.

[1] Sur la question de l'isolement, lisez le chapitre X du livre des *Eglises gothiques,* par M. Schmit.

Lorsqu'en effet un parvis ou un cloître silencieux ne protège pas l'église, le cimetière en devient le gardien le plus naturel et le plus convenable.

Mais, dans les localités dont la population s'agglomère, les idées nouvelles, le motif de salubrité, peut-être tout simplement l'imitation non raisonnée de la ville voisine, font supprimer l'antique cimetière qui défendait les abords de l'église de tout contact profane. Dans ce cas, la fabrique doit faire ses efforts pour conserver libre autour du temple l'enceinte du cimetière supprimé. Une pelouse fleurie, un enclos verdoyant sont l'accompagnement indispensable d'une église de campagne. Les églises d'Angleterre, celles de Londres même, sont isolées de la place publique par un cimetière ou un jardin[1]. Mais en France on n'a pas eu autant de tact, l'administration de la ville comme celle du village aime à voir l'église jetée sur la voie publique, comme un bazar ou un café; et la première idée qui germe dans le cerveau des conseillers municipaux d'une bourgade en train de faire du progrès, c'est de changer le cimetière supprimé en un champ de foire ou une place de marché. La conséquence naturelle de cette intelligente mesure est que les murailles du temple saint servent désormais à l'ap-

---

[1] « Certes j'ai admiré souvent en Angleterre ce qui manque presque toujours en France : les libres abords d'une cathédrale plantés d'arbres et verdoyants de gazon. La flèche de Salisbury gagne beaucoup à s'élancer du milieu de la verdure. En France, je ne me rappelle guère que Saint-Ouen, à Rouen, qui soit de la sorte entouré de beaux arbres, et encore Saint-Ouen n'a point à ses pieds ce tapis de verdure veloutée (*velvet green*) sur lequel est posée l'église de Salisbury. . . »
Espagne et Angleterre, article de M. Ampère, dans la *Revue des Deux-Mondes*, t. V (1850), p. 685.

position des affiches de l'huissier ou du notaire de l'endroit, qu'on entasse entre ses contre-forts les charrettes abandonnées, les étaux du marché, que ses abords deviennent le réceptacle de toute sorte d'immondices. Cet ignoble tableau, c'est celui que présentent en général les environs du principal édifice de nos chefs-lieux de canton. On ne s'étonnera pas si nous dénonçons, au nom de l'art, un état de choses aussi inconvenant que menaçant pour la conservation matérielle du temple.

Heureusement l'immense majorité des églises est encore protégée par la paisible enceinte d'un cimetière. L'artiste qui explore une contrée, au point de vue archéologique ou pittoresque, en fait le tour dans l'espérance de quelque découverte. Ce qu'il y cherche, ce sont les vieux tombeaux, les statues jetées hors de l'église par l'ignorance de fabriciens novateurs ; ce sont les croix anciennes en pierre sculptée ou en fer ouvragé.

Nous recommandons donc à messieurs les curés de prendre sous leur protection tout ce qui, aux abords de leur église, porte un cachet d'antiquité. L'enceinte même du cimetière n'est pas toujours formée d'un simple mur de maçonnerie vulgaire, et, sans parler des clôtures monumentales des cimetières de Bretagne, autour de nos églises de Normandie on retrouve souvent des murailles à hauteur d'appui, d'une construction spéciale. Les maçons de village, l'agent voyer qui redresse le chemin jettent volontiers à terre ces murs anciens, pour les remplacer par d'insipides murs de briques ou de cailloutis. Les anciens murs de cimetière dont nous parlons sont généralement, dans la haute Normandie, bâtis en échiquier de pierre blanche et de silex noir, et solidement couverts d'un chaperon en pierres taillées à double égout [1]. Quelquefois aussi la porte du champ des morts est décorée d'architecture, ou ornée d'une image ancienne. Nous citerons pour exemple l'entrée du cimetière de la ville de Verneuil; nous voudrions pouvoir citer encore le portail renaissance du cimetière de Pacy-sur-Eure, et l'arcade ogivale qui précédait celui de la Neuve-Lyre (Eure), mais les indigènes de ces localités se sont imaginé de remplacer ces constructions pittoresques par une porte de basse-cour.

C'est ainsi encore qu'on fait disparaître les images pieuses qui décoraient souvent l'entrée des presbytères. C'est une rareté de rencontrer à présent à la porte d'un curé de petite ville ou de bourgade une de ces niches grillées où une vierge enluminée reposait entre des touffes de fleurs. Le souvenir de ces vieux et pittoresques usages n'existe bientôt plus que dans les peintures ou les croquis des touristes.

Je reviens aux cimetières de village, et j'énumère ce que le crayon d'un artiste aime à y rencontrer. C'est d'abord la vieille croix *boissée*, comme on disait autrefois, c'est-à-dire garnie des rameaux jaunissants du

---

[1] Quand les cimetières n'étaient pas enclos de murs comme ceux dont nous parlons, c'était avec des haies de buis ou d'aubépine qu'on les entourait d'ordinaire autrefois. Le buis faisait de belles clôtures toujours vertes que le bétail n'attaquait jamais.

buis de Pâques fleuries. C'est l'if séculaire au feuillage
funèbre, remplacé dans les cimetières d'aujourd'hui
par le cyprès mythologique et païen. Ce sont les
tombes anciennes en forme de croix couchée, ou celles

Tombe du xvᵉ siècle.

plus récentes en forme d'autel, taillées en grès ou en
pierre du pays.

Les ifs sont très dignes d'être conservés : la plupart
sont d'une dimension considérable ; quelques-uns
même ont sans doute vu rebâtir l'église depuis qu'ils
sont plantés. J'ai cité autre part les deux ifs du cimetière de Boisney, et celui non moins gros de Duranville.
Les ifs de Boisney ont été signalés il y a trente ans
par M. A. Le Prevost, qui donnait, par une inadver-
tance aisée à reconnaître, à l'un la grosseur impossible de vingt pieds de *diamètre*, à l'autre de seize pieds[1].
Depuis que j'ai publié les notes de voyage intitulées
Statistique routière, j'ai eu l'occasion de voir et de
mesurer les ifs de Boisney. L'un, qui est creux, a
plus de vingt pieds de circonférence ; l'autre n'a que

[1] *Mémoire sur quelques monuments du département de l'Eure*, par
M. Auguste Le Prevost, 1829. In-4°.

seize pieds de tour, mais, en revanche, il est intact. Les ifs de la Haye-de-Routot (Eure) sont encore plus gigantesques : l'un a douze mètres cinq centimètres (trente-six pieds), et l'autre huit mètres quatre-vingts centimètres (vingt-quatre pieds) de circonférence. M. Gadebled, dans le *Dictionnaire statistique de l'Eure,* estime qu'ils ont dû, d'après le nombre de couches qui indique leur croissance, être plantés vers 1140, époque approximative de l'église près de laquelle ils s'élèvent. M. Dubreuil, qui a fait graver avec soin une vue de ces deux ifs dans son *Cours d'arboriculture,* va plus loin, et il ne craint pas d'évaluer leur âge à plus de quatorze cents ans, c'est-à-dire que, suivant ce botaniste, ils remonteraient à l'origine de la monarchie française. — On voit quel intérêt présentent, au double point de vue de la science et des souvenirs, ces arbres étonnants, surtout lorsqu'on réfléchit que leur végétation promet encore une durée de plusieurs siècles.

Quoique la manie de tout détruire ait sans doute fait abattre plus d'un de ces monuments du règne végétal, il doit en rester beaucoup qui ne sont pas connus. Mais tous ceux que je puis citer sont énormes et plantés auprès d'églises des xie ou xiie siècles [1]. L'usage de

---

[1] Il y a un if fort gros dans le cimetière de Saint-Pierre de Louviers, près de la station du chemin de fer. La paroisse Saint-Pierre-des-Ifs, près de Pont-Audemer, tire son nom d'arbres semblables : l'un deux a cinq brasses de grosseur. Un arbre non moins monumental se remarque dans le cimetière de Cormeilles (Eure). A Goupillières, dans le même département, on a détruit, il y a vingt-cinq ou trente ans, un if que sa taille gigantesque eût dû protéger ; comme ceux de Saint-Pierre-des-Ifs, il était planté dans le cimetière. M. Billon nous signale l'if de Garnetot, qui a trente-trois pieds de circonférence,

planter ces arbres paraît avoir cessé plus tard, peut-être à cause d'idées superstitieuses qui s'y seraient attachées[1]. Denisart, dans sa *Collection de Juris-prudence*, disait, à la fin du siècle dernier : « On prétend qu'il est défendu de planter des ifs dans les cimetières[2]. » Au reste, l'antiquité ecclésiastique n'admettait que par exception les arbres dans les cimetières.

Les ifs n'avaient pas d'ailleurs un privilège exclusif. On trouve dans le compte rendu de la première session du Congrès scientifique (page 65), l'indication de deux épines blanches, également énormes, remarquées dans un cimetière. Toute la France connaît le chêne-chapelle d'Allouville ; on a cité aussi le chêne de Cany, et ces arbres si curieux, qui existent dans le diocèse de Rouen, ont poussé dans le champ des morts leurs antiques et vivaces racines.

Les CROIX de cimetière, contemporaines de ces ifs, sont introuvables dans nos contrées. M. de Caumont a publié dans sa *Statistique du Calvados* une croix de carrefour du style roman, qui pourrait servir de mo-dèle près d'une église de cette époque. Dans l'évêché

et celui de Barc, dont la grosseur remarquable a été constatée, il y a longtemps déjà par une inscription sur un contre-fort de l'église.

Il existe aussi un if énorme près de l'église de la Roche-Maurice, en Bretagne. (*Voyages pittoresques et romantiques dans l'ancienne France*, Bretagne, p. 285.) L'if de Villy a été cité par M. de Caumont dans sa *Statistique monumentale du Calvados*, t. Ier, p. 195.

[1] Dans *Macbeth* de Shakespeare, Hécate jette dans la chaudière la branche d'if du cimetière avec le filet du serpent, l'œil du lézard, le foie du Juif et les autres ingrédients de l'œuvre de la sorcellerie.

[2] Denisart, v° *Cimetière*. Voyez aussi le *Répertoire de jurispru-dence* de Merlin, au même mot.

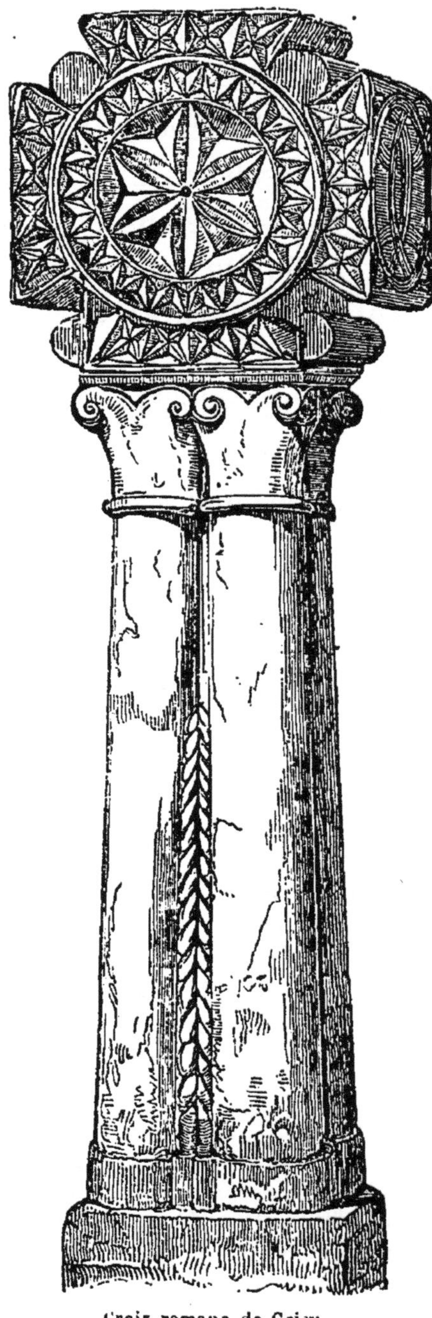

Croix romane de Grisy.

d'Évreux, la croix de Léry est connue et figurée depuis long-temps ; mais nous devons rappeler la croix à personnages de Saint-Étienne-du-Vau-vray, près Louviers, qui est du xvɪᵉ siècle, et celle encore plus remarquable de Saint-Pierre-du-Bosc-gue-rard, entre Elbeuf et le Neubourg. Le xvɪɪᵉ et le xvɪɪɪᵉ siècle ont laissé des croix en pierre et en fer ou-vragé, qui, moins or-nées et moins pré-cieuses que les croix plus anciennes, sont infiniment préférables cependant aux insipi-des croix qu'on établit partout de nos jours. Je n'ai vu nulle part dans ce pays-ci, si ce n'est à Verneuil, de croix qu'on appelait

hosannières, à cause du pupitre de pierre établi à

leur base, et qui servait pour la station à la procession des Rameaux où l'on chante *Hosannah*[1].

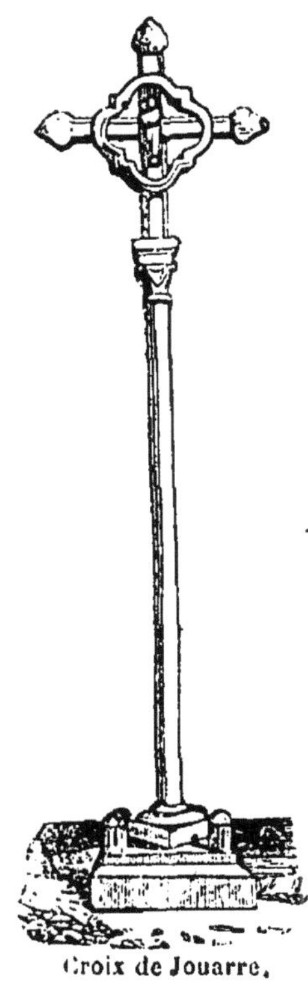
Croix de Jouarre.

Si l'on voulait établir une croix dans le style du XIIIe siècle, on pourrait s'inspirer de celle que M. de Caumont a signalée le premier dans le cimetière de Jouarre, en Brie, et dont voici l'esquisse ci-contre.

Je n'indique ici que pour mémoire les lanternes des morts ou fanaux de cimetière qu'on remarque dans quelques localités, parce que ces monuments, très rares d'ailleurs, ont été, en Poitou et en Touraine, déjà signalés et décrits pour la plupart.

Certaines croix en bois étaient posées sur des socles en pierre élégamment sculptés. Voici le croquis d'une

[1] Mon ami M. Bouet, de l'Académie nationale de Caen, a dessiné, dans l'arrondissement de Vire, plusieurs croix de cimetière, qui sont évidemment des croix *hosannières*. Il y a un pupitre de pierre en avant de ces croix, et d'ordinaire un bénitier aussi en pierre au pied du pupitre. Le pupitre détaché de la croix forme souvent la partie supérieure d'un tombeau. A Vaudry, près Vire, on trouve l'ensemble complet, composé de la croix, d'un tombeau, d'un pupitre et d'un bénitier, sculptés en pierre dans le style du XVIIe siècle. — On rencontre aussi fréquemment du côté de Vire des croix de pierre devant lesquelles il y a un autel.

Mgr Baillès a bien voulu nous signaler l'existence de nombreuses croix *hosannières* dans le diocèse de Luçon.

Il est question des croix *hosannières* dans le *Supplément au Glossaire de du Cange*, par dom Carpentier, v° *Crux osannere*.

base de cette espèce qui gît sur le bord de la grande route près de la Rivière-Thibouville, entre

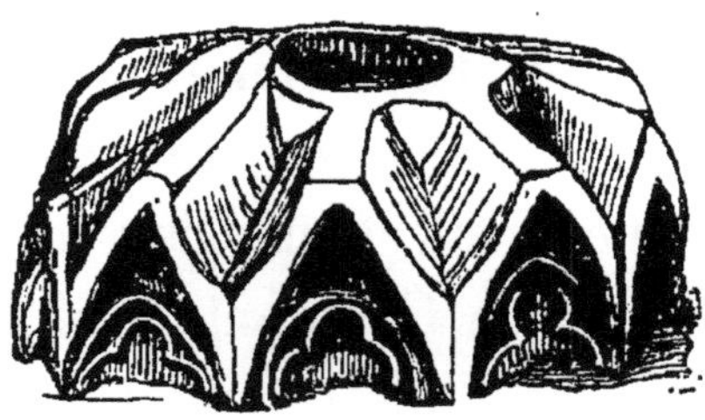

Lisieux et Évreux. Ce piédestal, très mutilé et probablement incomplet dans sa partie inférieure, est dans le style du xive siècle.

CHAPITRE II

Les PORCHES extérieurs en charpente ont été l'objet d'une des questions discutées à Lisieux dans la séance où nous avons été invité à rédiger ce travail. Peut-on supprimer ces porches qui précèdent l'entrée des églises ? En beaucoup d'endroits on n'a pas hésité à le faire. Nous croyons qu'ils doivent être conservés, à moins qu'ils ne masquent des détails d'architecture, qu'ils ne coupent, par exemple, les arcatures plus anciennes de la façade de l'église. Nous donnerons pour motifs de leur maintien : d'abord le principe fondamental qu'en aucun cas, en fait de restaurations d'églises, il ne faut rien supprimer d'ancien ; en second lieu, que l'usage de ces porches de charpente remonte à une haute antiquité ; en troisième lieu, qu'ils contribuent, surtout dans la mauvaise saison, à maintenir la propreté et la décence de l'Église, puisqu'ils forment une espèce de vestibule où les vêtements

mouillés, les chaussures grossières peuvent être
secoués, etc. Enfin, quelques-uns de ces porches ont
un intérêt intrinsèque : il y en a, comme ceux de
Roque, près Lisieux, de Capelles, près de Bernay,
dont la charpente présente des sculptures dignes de
quelque attention. Le porche de l'église de Boise-
mont, dans le Vexin normand, et celui de Ry, dans
le diocèse de Rouen, sont aussi fort curieux.

Des curés ont supprimé quelques-uns de ces porches dans un intérêt religieux, parce qu'au temps des
offices quelques paysans s'y retiraient pour causer à
haute voix. Mais cet inconvénient peut être évité
autrement : dans beaucoup de cas, il suffirait d'empêcher d'y placer les affiches de la mairie, les ventes
de récoltes, etc., qui sont l'objet ordinaire de ces
conversations.

Quelques curés ont détruit le porche de leur église
par un motif moins sérieux, et en s'imaginant donner
par là à leur paroisse un peu de l'apparence des
églises de ville où l'on ne voit point communément de
ces porches, sans songer qu'elles ont des portails à
voussures profondes, des vestibules ou des tambours
intérieurs. Mais, il faut le répéter, l'église de campagne ne peut être la copie du temple de la ville, et ces
porches champêtres nous semblent en parfaite harmonie avec le style des églises rurales et avec les
besoins des populations.

Au reste, cette question de la conservation des
porches en bois n'est pas nouvelle. Leur destruction a
été commencée il y a longtemps. A la fin du XVIIe siècle,

un écrivain, frondeur peut-être, mais qui s'était voué
à la défense des traditions anciennes, le célèbre
liturgiste Jean-Baptiste Thiers, curé de Campron,
au diocèse de Chartres, fit un traité spécial où il prit
leur défense [1]. On les détruisait à cette époque sous
divers prétextes : tantôt pour éviter les frais de leur
entretien, tantôt parce que les seigneurs de village
s'en servaient comme de prétoire pour faire rendre a
justice [2].

En Angleterre, où Pugin, l'architecte catholique
par excellence, a élevé de nombreuses églises dans le
style du moyen âge, les porches sont l'accessoire
obligé de ces constructions nouvelles. Les motifs qui
les font construire sont ceux qu'invoquait Thiers
dans sa *Dissertation* : c'est là que les femmes accompagnées de jeunes enfants assistent aux offices, sans
apporter de trouble ; c'est là qu'en cas d'indisposition
subite les fidèles peuvent se retirer, etc. — C'est
là qu'autrefois les catéchumènes, les pénitents étaient
relégués [3].

Au point de vue monumental, les porches en bois
ont rendu d'autres services, et si les portes romanes
des églises des environs de Caen, par exemple, présentent encore des sculptures bien conservées, il faut

[1] *Dissertation sur les porches des églises*, par J.-B. Thiers. Paris,
Holot, 1679, in-12.

[2] Denisart, v° *Audience*. — Aujourd'hui, un grand nombre de porches en bois et même en pierre sont abattus par les agents de la
voirie et les faiseurs d'alignements.

[3] Voyez le livre de Pugin, intitulé : *The present state of ecclesiastical architecture in England* (with thirty-six illustrations). Repu-
blished from the *Dublin Review*. London, Ch. Dolman, 1843, in-8°.

l'attribuer sans doute aux porches dont l'existence ancienne est attestée presque partout par le profil de la toiture encore visible sur chaque façade d'église.

L'ENTRÉE des églises anciennes n'était pas toujours en face du chœur, dans la muraille de l'ouest. Un grand nombre d'églises rurales, surtout les plus anciennes, ont leur entrée sur le côté de la nef, au bas du mur méridional. Cette disposition est très souvent changée depuis quelques années. Tantôt on ajoute à cette porte primitive une seconde porte dans le mur de façade ; tantôt on supprime même tout à fait la porte latérale. Lorsque l'église est sans architecture et sans caractère, cette modification n'a pas d'autre importance qu'une altération liturgique et historique ; mais lorsque la baie de la porte ancienne est ornée, un pareil déplacement d'ouvertures devient un véritable acte de vandalisme. Dans presque tous les cas, c'est au moins un gaspillage d'argent.

Une mutilation beaucoup plus fréquente dans les églises de ville que dans celles de campagne doit être signalée ici. Nous voulons parler de la suppression du pilier central ou trumeau qui, dans le système de l'architecture ogivale, doit occuper le milieu des grandes portes de toutes les églises importantes. Les églises rurales dont le portail est assez monumental pour être divisé ainsi en une double entrée doivent conserver ce pilier central, dont la signification symbolique a été indiquée par les antiquaires. Ç'a été une grande faute de couper ce pilier pour faire un passage plus large aux énormes dais processionnels à la mode depuis un siècle, et cette faute a déjà été plus d'une fois stygmatisée. Si, par malheur, elle a été commise, « ce sera toujours une excellente restauration que le rétablissement de ce pilier, dont la suppression, comme l'a dit justement un auteur [1], peut être considérée comme une castration véritable ».

Les vantaux ou battants des portes ne doivent pas être changés sans réflexion. Beaucoup, en effet, sont dignes d'attention, et les plus simples ont encore plus de caractère que les menuiseries sans goût que font

Porte de l'abbaye de Pontigny.

les ouvriers de la campagne. Nous n'avons pas besoin de recommander les portes dont les panneaux ont été sculptes, ni d'engager à conserver celles qui ne sont ornées que de panneaux imitant des étoffes plissées : il en est dont la menuiserie toute simple, mais composée de solides membrures, est consolidée par des ferrements intéressants. On sait que les portes des cathédrales de Paris et de Rouen et de plusieurs

[1] M. Schmit, *Manuel de l'architecture des monuments religieux*, p. 155 et 156. — Sur le symbolisme de ce pilier central, voyez le même auteur dans son livre des *Églises gothiques*, p. 53 et 54.

églises des bords du Rhin, quoique sans sculptures, sont de véritables monuments, grâce aux armatures de fer ouvragé dont elles sont recouvertes. Même dans nos campagnes, on trouve sur des portes d'églises de village des ferrements, des entrées de serrure, des pentures qui sont de vrais chefs-d'œuvre de serrurerie. De simples têtes de clous ont été enjolivées avec soin.

Porte bardée.

Voici un exemple de ces portes garnies de ferrements apparents et en saillie qu'on appelle des *portes bardées* [1]. J'ai fait les esquisses suivantes des ferrures des portes latérales de l'église Saint-Georges, à Schelestadt, en Alsace :

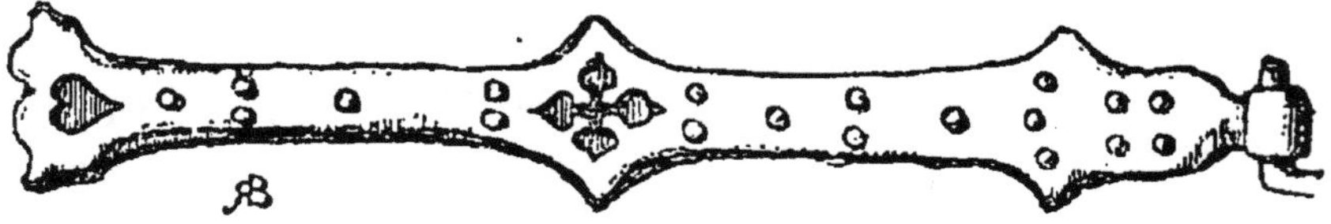

Saint-Georges, à Schelestadt, porte au nord.

Porte au midi.

---

[1] La *Revue de Rouen*, numéro de décembre 1850, a donné le dessin d'une très belle porte du XIIe siècle, barrée à l'extérieur et à l'intérieur.

Depuis la première édition de ce *Traité*, j'ai élaboré, sur les *Ferrures de portes*, un volume in-4°, illustré de 40 planches habilement lithographiées par mon ami M. G. Bouet.

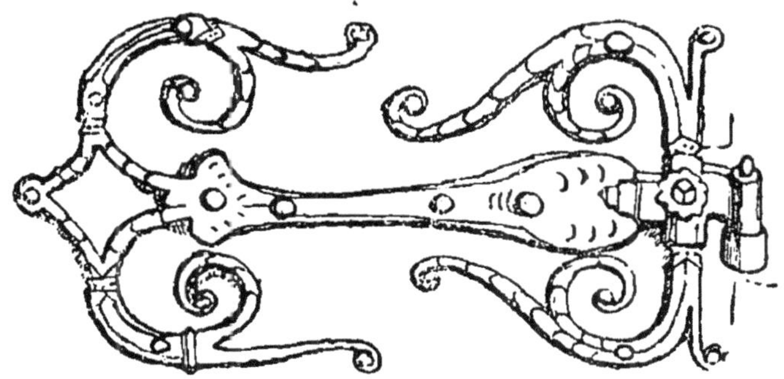

Saint-Georges à Schelestadt, porte au midi.

Voici encore des échantillons de clous ornés qui
ont été dessinés dans nos contrées, et qui pourraient
être imités à peu de frais par un serrurier intelligent :

Clou à la porte de l'église de Croisilles (Calvados).

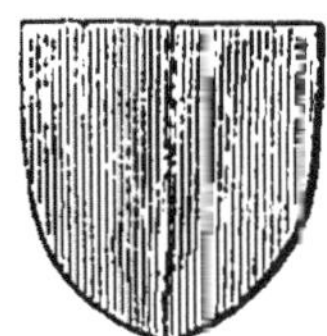

Clous héraldiques sur la porte occidentale de Notre-Dame-de-la-Couture,
à Bernay, en Normandie.

Une petite porte de l'église d'Ajou, près la Ferrière-sur-Risle, était décorée de onze clous pareils à
celui-ci :

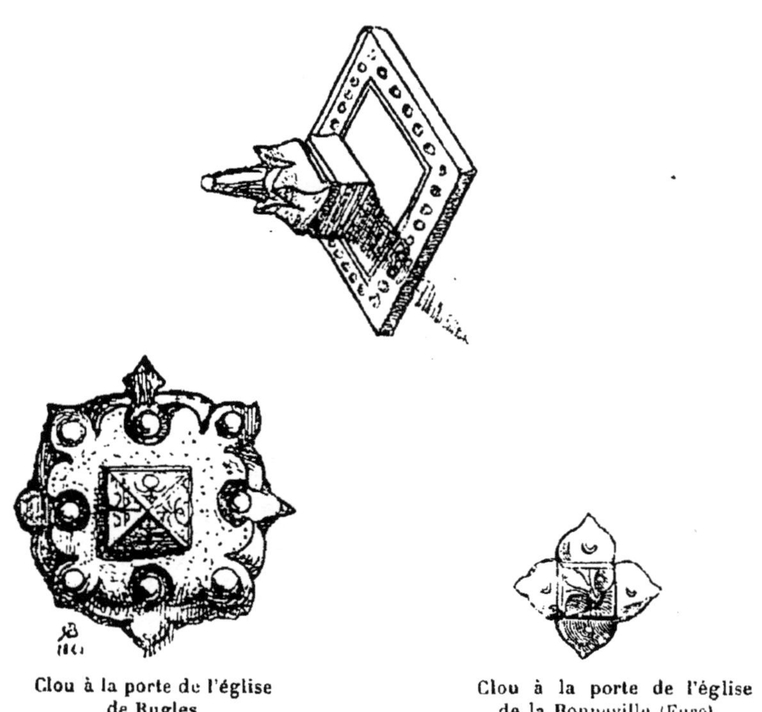

Clou à la porte de l'église
de Rugles.

Clou à la porte de l'église
de la Bonneville (Eure).

Une des portes de l'église paroissiale de Saint-Pierre
de Dreux présentait naguère un curieux exemple de
l'esprit d'invention avec lequel les ouvriers d'autrefois
tiraient parti des moindres accessoires. La porte, dont
les vantaux, dans le goût des xve et xvie siècles, étaient
simplement en menuiserie imitant les étoffes plissées,
avait été décorée d'une manière très originale par le
serrurier chargé de la ferrer. — A l'intérieur, il avait
mis en relief franchement et en les dissimulant le
moins qu'il avait pu, les barres de fer des pentures ;

puis, à l'extérieur, il avait profité des têtes de clous
qui fixaient les ferrements à la menuiserie pour rappeler sous quelle invocation était le temple dont il
fortifiait l'entrée. Chaque tête de clou, dans ses mains
patientes, avait été découpée à jour et était devenue
l'image d'une clef, non pas d'une de ces clefs unies
comme on les fait aujourd'hui, mais d'une belle clef
ouvragée d'autrefois. Et le même modèle n'était pas
indéfiniment répété ; chaque clou prenait une forme
nouvelle. L'ouvrier eût craint, sans doute, d'être ac-
cusé de pauvreté d'imagination s'il n'avait pas varié
son ouvrage ; car toutes ses clefs, différentes de coupe
et d'ornements attestaient qu'un même emporte-pièce
ne les avait pas sèchement découpées. En rappelant à
l'esprit de ceux qui se présentaient à la grande porte
de l'église qu'elle était dédiée à saint Pierre, le vieux
serrurier avait étalé sur la porte même les ressources
de son art. Tous les ornements dont la poignée d'une
clef peut être revêtue, les formes que peut affecter
son anneau : trèfle, losange, ovale, les découpures,
qui sur son *panneton* correspondent aux *gardes* empêchant de crocheter une serrure, y étaient exhibés.
Peut-être même la corporation entière des serruriers
avait-elle contribué à ce singulier travail[1].

Je sais que ces naïves décorations, enfantées par la
vive imagination des artisans d'autrefois, font sourire

[1] Ces clous n'ont pas été replacés lorsqu'en 1850 la porte tombant
de vétusté a été refaite ; mais, grâce à la bienveillante amitié de M. Ch.
d'Alvimare, inspecteur de la Société pour la conservation des monuments dans l'Eure-et-Loir, j'ai pú les voir chez un amateur, M. Job,
qui les a recueillis dans sa collection.

nos esprits sérieux ; mais, avec cette froide raison, quel art pourra susbister ?

Puis tous ces débris du passé, accumulés sur les édifices religieux, rappellent une infinité de souvenirs. Voyez, par exemple, ces fers à cheval qui garnissent d'une manière un peu grossière, mais très pittoresque, la porte de quelques églises. Un ouvrier faiseur, appelé là pour une réparation, se hâtera d'arracher ces morceaux de fer qui lui semblent inutiles, sans se douter de la pensée qui les avait fait clouer sur le vantail du temple. Or, toute une légende se rattachait peut-être à chacun de ces débris, fixés là d'ordinaire en vue d'un voyage lointain. C'est ainsi que jadis un des battants de la porte de l'église Saint-Séverin, à Paris, était couvert de fers à cheval. Saint Martin était un des patrons de cette paroisse, et c'était son assistance que l'on invoquait quand on entreprenait une longue route. Le voyageur attachait un fer à cheval à la porte de l'église ou à celle de la chapelle qui était spécialement consacrée à saint Martin, et partait plus rassuré contre les périls et les hasards qui l'attendaient.

Ainsi les moindres traces du temps passé qui sont restées empreintes sur les parois des églises, et que des esprits curieux déchiffrent aujourd'hui, sont des monuments des croyances d'autrefois. Certes elles environnent les temples d'une incontestable poésie, et ce n'est pas les restaurer ni les embellir que de les dépouiller du prestige de la vétusté.

Un curé soigneux de la conservation de son église ne laissera donc pas renouveler sans motif sérieux ces

vieilles portes de charpente, ni surtout les ferrures un
peu anciennes qu'on y remarque, dès que ces ferrures
ont quelque style [1]. Si des portes doivent être changées,
ce sont celles qui ont été confectionnées dans ces derniers temps, et qui sont au-dessous de beaucoup de
portes de fermes. Mais on se gardera bien de les remplacer par une porte de maison bourgeoise, avec serrure parisienne à bouton de cuivre, comme je l'ai vu
quelque part ; la porte du temple saint sera copiée sur
quelque grave modèle du temps passé et ornée de panneaux sculptés, ou simplement de ferrures apparentes
et saillantes [2].

Si la menuiserie d'une porte d'église est exposée au
fouet de l'eau, il convient de la protéger en la faisant
imbiber d'huile de lin tous les deux ou trois ans. Mais
on se gardera de la faire peindre en imitation de bronze
ou de bois veiné, parce que ces décorations prétendues
sont antimonumentales et du goût le plus vulgaire. Une
simple imbibition d'huile conserve au bois la seule
couleur qui lui convient sans dissimuler son apparence
réelle ; elle est d'ailleurs moins coûteuse et aussi effi-
cace que toute espèce de peinture. On aura soin seulement, si la boiserie est souillée de boue ou couverte
de poussière, de la laver minutieusement avant d'appliquer l'huile ; et si la porte a été longtemps négligée,

[1] Je dois à M. Chassant, ancien bibliothécaire à Evreux, l'indication de la porte de l'église de Muzy, près Ivry-la-Bataille, dont les
ferrures, assez simples d'ailleurs, lui ont paru remonter au xiiie ou
xive siècle.

[2] Voyez plus loin, à la fin du chap. IV, l'art. 57 de l'instruction
ministérielle du 26 février 1849, sur l'entretien des édifices diocésains.

on l'abreuvera complètement en appliquant de l'huile
chaude à plusieurs reprises [1].

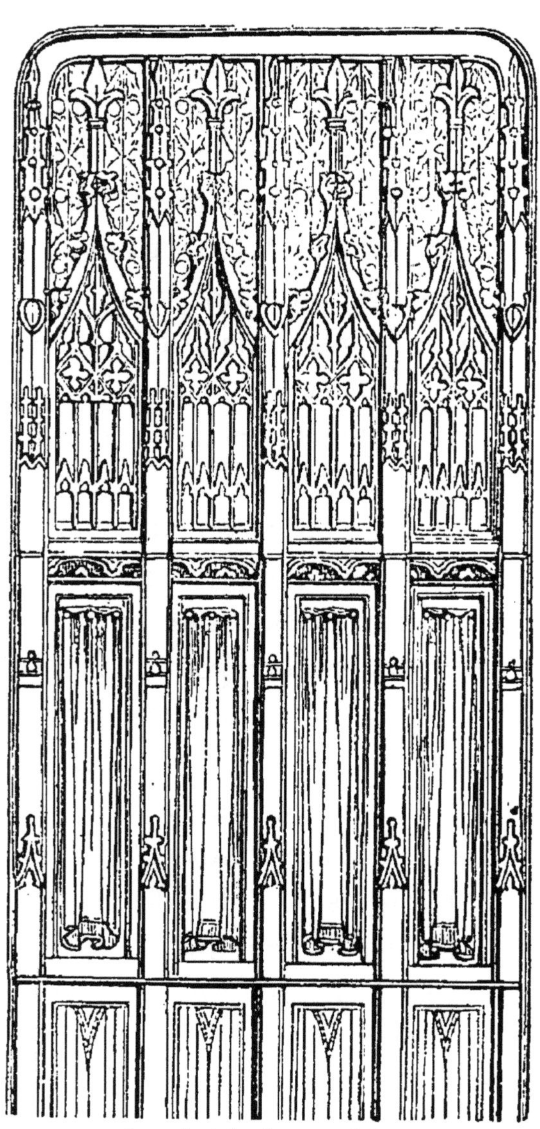

Porte de Saint-Sauveur, à Caen.

[1] Circulaire ministérielle du 26 février 1849, sur la conservation et
l'entretien des édifices diocésains, art. 73.

Un abus qui ne doit pas être toléré, c'est l'usage
d'affecter la porte de l'église à l'apposition des affiches.
Ces placards de toutes couleurs sont la cause d'une
foule de mutilations et d'inconvenances ; des portes
ornées de sculptures précieuses ont été entièrement
défigurées parce qu'on y a toléré l'affichage. Les
vantaux si curieux de l'église Saint-Sauveur, à Caen,
portent les traces de cet usage désastreux, car la
fabrique a poussé l'incurie jusqu'à laisser, pendant de
longues années, les afficheurs enfoncer des clous dans
les délicates découpures de ces boiseries. Nous ne
pouvons donc trop approuver un arrêté du préfet de
l'Eure, en date du 4 juillet 1850, qui défend d'afficher
soit contre les portes, soit contre les murailles des
églises. C'est aux maires, chargés par la loi du
18-22 mai 1791 de désigner les lieux où seront posées
les affiches des lois et des actes de l'autorité publique, de fixer un autre lieu d'affichage. Il ne doit y
avoir d'exception qu'en matière d'expropriation pour
cause d'utilité publique, aux termes de la loi du
3 mai 1841, et pour la liste des jurés, qui doit aussi
être affichée à l'entrée de l'église, conformément au
décret du 7 août 1848. Une troisième loi, adoptée sur
la proposition de M. Favreau, pour le partage des
communaux en Bretagne, prescrit aussi l'apposition
d'affiches aux portes des églises dans les cinq départements bretons.

Au reste, l'abus que nous dénonçons ici remonte
fort loin, puisque déjà, à la fin du xvii° siècle, un
écrivain ascétique, que le clergé d'Évreux s'honore

d'avoir compté dans ses rangs, Henry Boudon, se plaignait dans son curieux livre de la *Sainteté des églises* « des placards ou affiches que l'on met aux « portes et qui donnent avis des choses profanes et « quelquefois ridicules [1] ».

Nous avions à notre tour signalé plusieurs fois les mutilations que cet usage avait entraînées pour certains monuments, quand enfin a été publiée, dans les derniers mois de 1850, une circulaire de M. le ministre de l'instruction publique qui permettra d'y mettre un terme, car elle est tout à fait dans le même sens que celle précitée de M. le préfet de l'Eure.

[1] *Du respect dû à la sainteté des églises...*, par Henry Boudon, grand archidiacre de l'Eglise d'Evreux. Paris, Michallet, 1692, in-32. On trouve dans ce petit livre des particularités intréessantes pour l'histoire des mœurs du xviie siècle.

CHAPITRE III

Il n'est pas besoin de rappeler que, sous aucun prétexte, l'architecture des églises ne doit être altérée. Mais nous devrons entrer dans quelques détails négligés jusqu'ici, peut-être à cause de leur extrême minutie. En effet, dans beaucoup de restaurations où l'on se serait fait scrupule de détruire des arcatures ou de mutiler des sculptures, on a dénaturé des parties anciennes qu'il eût mieux valu conserver.

Essentes découpées.

Les CLOCHERS en bois, par exemple, ont subi des outrages qu'on eût épargnés à des tours en maçonnerie. Nous en connaissons dont la flèche élégante a été défigurée par des ouvertures de mauvais goût, par d'épouvantables cadrans d'horloge en planches mal peintes. Les clochers couverts en bardeau ou en essente sont presque toujours sacrifiés. L'ardoise, quoique moins solide, remplace l'essente, dont la durée est indéfinie, si on prend soin de la goudronner, et qui, toujours pittoresque, présente souvent des ornements intéressants[1].

Beaucoup de clochers étaient décorés d'ornements en plomb qu'on détruit ou qu'on laisse tomber faute de les réparer. La belle flèche en ardoise de Notre-Dame-de-la-Couture, à Bernay, est dans ce cas.

Les clochers de plusieurs églises du pays d'Ouche[2],

où le travail du fer est l'industrie d'une partie des habitants, montrent comment autrefois on savait orner avec goût les moindres accessoires. La plupart sont surmontés de croix en fer, dont les dessins variés font presque des objets d'art. Aujourd'hui, au lieu de ces croix légères qui se dessinent à jour sur

---

[1] M. le docteur Billon nous signale un motif tout particulier qui faisait préférer l'essente à l'ardoise pour les très petits clochers. C'est qu'on suspendait les cloches à la charpente même de la toiture, sans établir intérieurement de beffroi isolé, et que dans ce cas l'oscillation communiquée à la flèche tout entière casse inévitablement les ardoises plus fragiles que l'essente.

[2] *Ouche*, l'un des anciens archidiaconés du diocèse d'Evreux.

le ciel, les chaudronniers de village placent partout
des croix en fonte dont les dessins sont aussi lourds

Croix du clocher des
Baux-Sainte-Croix, près d'Evreux.

que vulgaires[1]. Un clocher revêtu d'ardoise mince et fragile
avec des œils-de-bœuf en zinc
et surmonté d'une boule peinte
en jaune est l'expression de la
mode du jour[2].

Mais les innovations ne se
bornent pas là. L'antique coq
du clocher lui-même, malgré
une possession qui se perd dans
la nuit des temps, malgré une
origine aussi ancienne peut-être
que celle du christianisme dans
notre pays, est aujourd'hui en
butte aux attaques de ceux qui
mettent les églises à la mode. Il a disparu de presque

[1] Dans un recueil de *Dessins pour fers et bronzes, dans le style des
xv* et xvi* siècles*, par Auguste Pugin, publié à Paris, chez Varin, en
1844, on trouve (pl. 15) des *fers en croix pour aiguille d'église*. Ces
croix, imitations modernes, ne valent pas, quoique assez jolies, les
croix véritablement anciennes. Il y manque d'ailleurs un accessoire
indispensable : le coq du clocher.

[2] Comme nous traitons seulement de l'entretien des églises et nullement des constructions nouvelles qu'il pourrait être nécessaire d'y faire,
nous n'entrons point dans le détail des diverses espèces de clochers.
Ceux qui conviennent à une église rurale peuvent se rapporter à
quatre espèces : la tour avec flèche en pierre, la flèche en bois et ardoise ou essente, le clocher à double égout ou en *bâtière*, et le *clocher-
arcade*, le plus simple de tous. On trouvera de bons types de tous ces
clochers dans les gravures de l'*Abécédaire d'Archéologie* de M. de
Caumont. M. Bouet, dans une excellente note publiée dans le t. XIV du
Bulletin monumental, p. 496 et suiv., a attiré l'attention des architectes sur un genre de flèches en encorbellement qui, nécessitant peu
de matériaux, sont éminemment convenables pour de très petites
églises.

toutes les croix nouvellement installées à la pointe
des clochers soi-disant restaurés[1]. L'inoffensif emblème de la vigilance commence à subir à son tour
l'influence des révolutions. L'établissement des paratonnerres est souvent le prétexte de son exclusion,
comme si sa présence était incompatible avec cette
mesure de précaution, excellente d'ailleurs.

Il est certain pourtant que l'usage de mettre des
coqs de cuivre sur la croix des clochers remonte bien
au delà de l'origine même de l'architecture ogivale,
et que les églises qui précédèrent celles que le moyen
âge nous a léguées portaient déjà le coq comme couronnement de leurs tours. On peut consulter à ce
sujet un intéressant mémoire de M. l'abbé Barraud[2],
où, passant en revue les textes anciens, il nous
apprend que, au commencement du ixe siècle, Ram-
bert, évêque de Brescia, en Lombardie, fit placer au
haut du clocher de son église un coq de bronze.
Wolstan, auteur du xe siècle, cité par M. Bouet[3],
parle du coq de la cathédrale de Winchester. Guibert
de Nogent, au xie siècle, fait aussi mention de celui
de l'abbaye de Saint-Germer. Je passe sous silence
plusieurs autres témoignages des siècles subséquents.

Il est aujourd'hui démontré que la présence des

---

[1] Par exemple, on l'a enlevé de la flèche de la jolie église de
Conches, et il manque sur les flèches neuves de Sainte-Clotilde et de
la Sainte-Chapelle, à Paris.

[2] *Recherches sur les coqs des églises*, par M. Barraud, dans le *Bulletin monumental*, t. XVI, p. 277. — Article reproduit quelques mois
plus tard dans le *Bulletin du comité des arts et monuments près le
ministère de l'Instruction publique*, vol. de 1850, p. 268.

[3] *De l'ancienneté des coqs sur les tours d'églises*, par M. G. Bouet,
Bulletin monumental, t. XV, p. 534.

coqs sur les clochers a un sens symbolique. M. l'abbé
Barraud, dans le mémoire précité, y reconnaît l'emblème des prédicateurs et des pasteurs vigilants.
Durand de Mende, Honorius d'Autun justifient son
explication. M. Godard-Saint-Jean, dans un article
sur le symbolisme des églises, publié en 1847 dans
le *Bulletin monumental*[1], a défendu aussi les droits
du coq, « poursuivi par M. le chevalier Jos. Bard,
« comme un symbole tout gaulois, » quoiqu'on le
retrouve certainement jusqu'en Italie.

J'ajouterai aux nombreux textes réunis par MM. Godard-Saint-Jean, Bouet et Barraud, l'indication d'un
poème singulier dont ils ne paraissent pas avoir eu
connaissance.

Il se trouve dans un manuscrit, probablement des
premières années du xie siècle, conservé dans le trésor de la cathédrale d'Œhringen, et publié d'abord
dans le *Serapeum*, puis par M. Duméril, dans ses
Poésies latines du moyen âge. Je ne citerai pas ce
document en entier, puisqu'il contient plus de cent
vers ; je me borne à en reproduire ici quelques strophes, renvoyant les curieux pour le surplus à l'ouvrage même où je l'ai rencontré[2].

> Multi sunt presbyteri qui ignorant quare
> Super domum Domini gallus solet stare ;
> Quod propono breviter vobis explanare,
> Si voltis benevolas aures mihi dare.

[1] Tome XIII, p. 358. — Voyez aussi le *Coq des clochers*, par l'abbé
J.-E. Decorde. Neufchâtel-en-Bray, 1857, in-12.

[2] *Latina carmina quæ, medium per ævum, in triviis necnon mcnasteriis vulgabantur... Poésies latines du moyen âge*, par M. Edélestand
Duméril. Evreux, Tavernier, 1847, in-8°, p. 12.

Gallus est mirabilis Dei creatura
Et rara presbyteri illius est figura,
Qui præest parochiæ animarum cura,
Stans pro suis subditis contra nocitura.

Supra ecclesiam positus gallus contra ventum
Caput diligentius erigit extentum ;
Sic sacerdos, ubi scit dæmonis adventum,
Illuc se obiciat pro grege bidentum.

Gallus, inter cætera altilia cœlorum,
Audit super æthera concentum angelorum ;
Tunc monet nos excutere verba malorum,
Gustare et percipere arcana supernorum.

. . . .

Enfin, sans invoquer l'universelle popularité du
coq des clochers, j'ajouterai qu'il a non seulement
pour lui des coutumes non écrites, mais encore plusieurs prescriptions formelles. M. Barraud a cité ce
texte positif du pastoral de Châlons-sur-Saône : « Il
« doit y avoir au-dessus de chaque clocher une croix
« de fer avec un coq de même métal. » (IVe part.,
tit. 3, chap. XXII.)

La suppression du coq, de la part de ceux qui répa-
rent ou qui font réparer les tours des églises, est donc
la violation de traditions irrécusables [1].

Les facades des églises se terminent par des PIGNONS
plus ou moins aigus, dont l'arrangement et les ornements doivent être scrupuleusement conservés. Dans
toutes les grandes églises, et dans la plupart de celles

---

[1] Ces traditions sont résumées dans un article de Mgr Crosnier,
protonotaire apostolique, intitulé *Dernier mot sur le coq superposé à
la croix*, dans le t. XXV du *Bulletin monumental*, p. 577.

de campagne, le pignon dépasse le toit et se termine par un rampant en pierre qui forme recouvrement sur les tuiles ou les ardoises, à la jonction du toit et du pignon. Mais dans de très petites églises et dans un grand nombre de chapelles, construites dans les pays où la pierre est rare, c'est le toit qui dépasse le pignon, orné alors de pièces de charpente dessinant à l'extérieur une ogive. Ces *pointes* d'églises, construites en partie en bois et assez semblables aux pignons des anciennes maisons de nos vieilles villes, sont communes dans les campagnes de la haute Normandie : on doit en conserver la construction actuelle, qui a souvent du caractère.

Mais les pignons qui, au lieu d'être recouverts par le toit, le dépassent et le recouvrent au contraire en se terminant par un rampant en pierre, sont incontestablement les plus fréquents et les plus monumentaux. Ils conviennent essentiellement à l'architecture religieuse, et très souvent ils sont ornés d'accessoires qui doivent fixer notre attention.

Le pignon des églises les plus anciennes, celles de l'époque romane, est d'ordinaire terminé par une croix en *antéfixe*. Aux époques plus récentes le pignon des églises ogivales se termine par un bouquet de feuillages, une statue ou un ornement en fer, tantôt une croix, tantôt un épi.

Tous ces détails très caractéristiques doivent être conservés avec soin, et quand il faut les restaurer ils demandent des précautions pour ne pas être altérés.

Les croix antéfixes notamment doivent être particulièrement recommandées, à cause de leur antiquité.

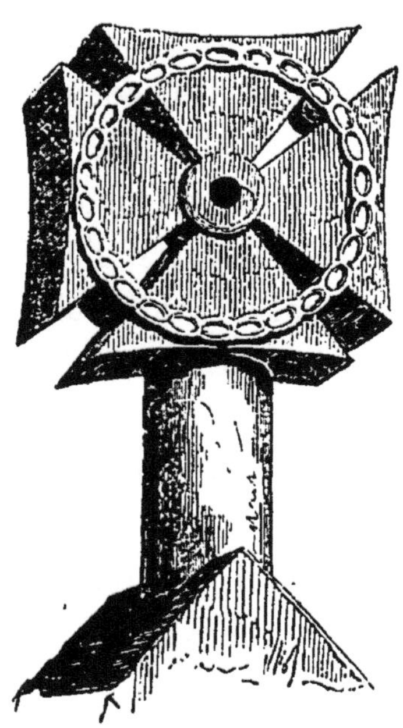

Croix antéfixe de Courcy (Calvados), xiⁿᵉ siècle.

Souvent les rampants des toits sont décorés, au moins à leur partie inférieure, d'animaux fantastiques, lions, léopards, singes, lézards sculptés en pierre. Ces accessoires, adoptés également par toutes les époques du moyen âge, sont d'ordinaire fort curieux : et, ainsi que les gargouilles qui servent de gouttières et les modillons grimaçants qui décorent les corniches à l'époque romane, ils présentent peut-être un sens symbolique. Il est très remarquable en effet que la toiture des églises soit le siège ordinaire de ces représentations d'animaux singuliers, de *magots* plus ou moins cabalistiques. Or, décomposé dans sa signification hébraïque, *Magog*, nom de l'esprit ennemi, signifie *du toit; gog* en hébreu signifiant *toit*[1]. On comprend que cette étymologie a dû porter les architectes du moyen âge à consacrer la toiture des églises à la représentation des esprits mauvais, alors que les anges et les saints garnissaient les portails. Il est question dans l'Apocalypse des peuples des quatre coins du monde, de *Gog* et de *Magog*, séduits par Satan et qui forment son armée. Ce passage de l'Apocalypse, comme beaucoup d'autres, était familier aux populations du moyen âge, et Joinville, dans son *Histoire de saint Louis*, parle des « peuples de *Got* et de *Magot* qui devaient « venir en la fin du monde avec l'Antechrist quand « il viendra pour tout destruire ». Il n'est donc pas étonnant que les constructeurs d'églises, qui cherchaient à figurer la Bible tout entière, aient joué sur le mot *Magog*, et peuplé d'êtres fantastiques les rampants, les gouttières, les corniches des églises. L'étymologie du mot *Magog*, *de tecto*, si ingénieusement rappelée par M. l'abbé Cahier, donne une grande force à sa conjecture. Mais, en supposant même que ces curieuses sculptures ne soient que de simples ornements, sans allusion aucune, elles doivent toujours être scrupuleusement gardées dans leur intégrité.

Nous ne parlons ici que pour mémoire des balustrades, des clochetons, pinacles et autres ornements

---

[1] « *Gog* enim interpretatur *tectum ; Magog*, vero *de tecto*. Brun. Astens. *in Apocalyps*. XX, cité par le R. P. Charles Cahier, dans les *Mélanges d'archéologie, d'histoire et de littérature*, t. Ier, p. 76 : Conjectures sur le symbolisme extérieur des églises.

qui couronnent les murs et garnissent les toits, parce que ces appendices décorent rarement les églises rurales, objet principal de cet écrit, et qu'il est bien entendu qu'ils doivent être intégralement conservés. Nous n'aurions d'ailleurs aucuns détails nouveaux à donner sur ces parties accessoires, depuis longtemps étudiées à fond dans tous les traités d'archéologie.

Les TOITURES doivent fixer aussi notre attention. Une fabrique intelligente ne se bornera pas à les maintenir constamment en bon état, elle veillera à la conservation de certains ornements anciens qu'on y remarque parfois. Elle « observera que sur les vieux combles les « premiers couvreurs ont souvent tracé des compartiments formant des dessins, tels que losanges, che- « vrons, méandres, etc., en disposant sur la volige « des ardoises de diverses nuances ou de reflets diffé- « rents [1] ». On examinera avec soin les faîtières ; il y en a qui sont décorées d'ornements saillants en terre cuite ou en plomb. Toutes ces choses doivent être conservées et entretenues ainsi que les tuiles vernies ou de couleur. Les crêtes ou ornements à jour qu'on trouve quelquefois sur la partie supérieure des toits, les épis, amortissements ou grandes girouettes placées à l'extrémité des toitures, sur la croupe du chœur ou des chapelles, ont aussi beaucoup d'intérêt. Loin de

---

[1] Instruction ministérielle pour la conservation, l'entretien et la restauration des édifices diocésains, art. 53 et 54. Dans le *Bulletin des comités historiques du ministère*, vol. de 1849, p. 131.

faire disparaître ces ornements, il convient, lorsqu'ils ne sont pas connus, de les signaler à l'attention des archéologues, et, s'ils menacent ruine, leur conservation serait d'ordinaire l'objet d'une allocation administrative[1].

Quant aux toits qui n'ont pas d'ornementation, nous devons nous borner à trois recommandations :

1° Ne jamais modifier le système des charpentes si ce système est ancien ;

2° Éviter de changer le mode de couverture ;

3° Se garder toujours de diminuer la pente des toitures et des combles.

Les changements faits aux anciennes charpentes ont entraîné la ruine de plusieurs églises ou notablement défiguré la plupart de celles où ces changements ont été hasardés. Tantôt on a fait poser des pièces de bois sur des voûtes en pierre qui, construites pour ne rien

---

[1] « Lorsque l'architecte devra réparer ou remanier des couvertures de plomb, il s'assurera, avant de déposer les vieux plombs, qu'il n'existe aucune gravure ou peinture, aucun dessin sur les tables ; s'il s'en trouvait, il aurait le soin de faire calquer toutes ces traces, et d'en référer à l'administration avant d'entreprendre le remplacement des tables. Faute d'avoir pris cette précaution, bien des dessins curieux gravés sur d'anciens combles ont été perdus. Il en sera de même pour les faîtages, crêtes, ornements de flèches, de poinçons, etc., et pour toute plomberie ouvrée. Autant que possible, on devra s'appliquer à conserver tels quels ces ornements de couvertures ; mais, lorsque des réparations urgentes devront nécessiter leur dépose, elle sera faite avec assez de soin pour que ces objets puissent être replacés et ressoudés ; lorsqu'il faudra remplacer ces ornements eux-mêmes par suite de leur état de dégradation, les ornements nouveaux devront être faits par les mêmes procédés, avec des matières semblables aux anciennes, et sur des estampages, moules et modèles pris sur les originaux déposés. » (Instruction ministérielle précitée, art. 51.)

supporter, se sont bientôt écroulées sous le poids nouveau qui leur était maladroitement imposé ; tantôt l'équilibre des charpentes, ayant été changé, a entraîné l'écartement des gros murs ou au moins leur déchirement par de profondes lézardes.

On ne doit point modifier non plus le système de couverture sans de graves raisons, c'est-à-dire qu'on ne doit point substituer l'ardoise à la tuile, au plomb, etc. Les toits des églises présentant toujours un grand développement, l'échange d'une espèce de matériaux pour une autre conduit d'ordinaire, sous la main d'ouvriers sans goût, à l'enlaidissement de l'édifice. L'ardoise actuellement en usage est d'ailleurs trop mince pour avoir de la durée, et lorsqu'on doit réparer un édifice anciennement couvert avec cette matière, on doit tout faire pour se procurer des lames d'ardoises aussi épaisses que celles qu'on employait autrefois et qui duraient des siècles sans avoir besoin de réparations.

Mais une matière qui doit être constamment bannie malgré le goût prononcé qu'ont pour elle en ce moment les ouvriers de petite ville, c'est le zinc. Le zinc doit être repoussé par deux raisons : il est trop peu durable pour ne pas nécessiter d'entretien, et surtout sa couleur terne et blafarde, son aspect mesquin doivent le faire écarter de toute construction monumentale.

Les ouvertures, lucarnes, œils-de-bœuf qui existent dans les anciens toits ne doivent pas être supprimés, sans examiner préalablement si leur suppression n'altérera pas, au point de vue pittoresque, la physionomie de l'édifice. Il faut agir avec encore plus

de circonspection lorsqu'il s'agit d'ouvertures nouvelles. On doit alors
s'efforcer de leur donner le caractère qu'elles eussent reçu autrefois, et
ne pas établir à côté de jolies lucarnes
anciennes telles que celle-ci d'affreuses
lucarnes modernes comme cette autre
Je viens de repousser la passion
des ouvriers pour le zinc ; je dois ici
combattre encore davantage une invention qui s'est
répandue sous leur influence, celle de ces ouver-

tures qu'on pratique à Paris dans les toits des maisons et qu'on appelle des *tabatières*. Je n'aurais jamais
songé à protester contre leur emploi à propos d'é-
glises, si déjà elles n'avaient été substituées aux
lucarnes ornées de plusieurs édifices gothiques. Je
veux mettre en garde contre de nouvelles applications de cette mode récente, qui arrive en aide à
la défiguration croissante des monuments de notre
pays.

La pente des anciens combles contrarie vivement les maçons actuels ; elle est contraire à leur intérêt, parce qu'elle ne nécessite presque jamais de réparations ; elle choque leur goût dépravé, parce qu'elle donne aux édifices quelque chose de grave et d'austère ; elle vexe même leurs instincts voltairiens, qui seraient plus satisfaits si les grands toits de l'église ne se distinguaient pas des plates toitures des maisonnettes à la mode[1]. Les combles élevés des anciens châteaux et des vieilles églises ont un caractère très monumental. Partout on les raccourcit, on les mutile au grand regret des artistes et des gens de goût. C'est ainsi qu'à Paris on a vu, il y a quelques années, rogner des toits aigus de l'Hôtel-de-Ville. Dans la province, dès qu'un château tombe dans les mains de la bande noire, la première mutilation qu'on lui fait subir, c'est d'arranger ses toits à la moderne, chose d'autant plus fâcheuse que ces combles, très élevés, sont l'accessoire ordinaire des édifices construits pendant le xvie siècle et la première moitié du xvii[e][2]. Que ceux qui doivent réparer des églises respectent

---

[1] On sait que, pendant la révolution de 1793, un grand nombre de clochers furent démolis au nom du principe d'égalité. Tous ceux du département de l'Ain furent abattus. (*Manuel des connaissances utiles aux ecclésiastiques*, pour faire suite au *Rituel de Belley*, par Mgr Devie, p. 328.)

[2] Lisez dans le *Manuel de l'architecte des monuments religieux*, par M. Schmit, p. 150, le chapitre qu'il a consacré aux combles, et où il démontre « qu'on ne saurait changer la forme apparente de la toiture d'un édifice sans altérer profondément sa physionomie ».

Sur l'entretien des larmiers, gouttières, cheneaux, conduits, gueulards et gargouilles, consultez le chapitre qui traite de l'écoulement des eaux pluviales, dans la circulaire précitée du ministre des cultes du 26 février 1849, art, 54.

donc ces solides toitures si convenables sous notre climat humide. Qu'ils se rappellent qu'au point de vue de l'utilité elles sont une garantie pour la conservation des édifices, et qu'au point de vue de l'art elles furent le luxe de l'ancienne architecture, comme elles sont encore une de ses beautés.

CHAPITRE IV

CONTRE-FORTS, FENÊTRES GRILLES ET ÉTANÇONS

Avant de pénétrer dans l'intérieur du temple, faisons-en le tour pour jeter un coup d'œil sur les gros murs extérieurs et sur ce qu'il convient de faire pour leur entretien. On sait maintenant partout que si l'édifice est construit en pierres de taille son caractère architectonique doit être respecté, que toutes les sculptures doivent rester intactes. Nous n'insisterons donc pas pour les grandes églises, mais pour les églises de campagne nous descendrons dans quelques détails.

Les CONTRE-FORTS, par exemple, ou *piliers butants,* ont souvent été l'objet des envahissements des maçons. Tantôt on les a supprimés, au risque de compromettre la solidité de l'édifice, tantôt on les a défigurés pour les transformer en pilastres de style moderne. Ces suppressions, au lieu de donner de l'agrément à

9

un édifice, tendent au contraire à lui ôter tout caractère. On sait, en effet, que le développement des contre-forts ou *éperons* est d'autant plus grand que l'édifice est plus vaste et plus important, et que la forme, l'épaisseur de ces appendices servent à faire apprécier l'âge d'un édifice. — « Le contre-fort », dit M. Schmit dans son *Manuel de l'architecte des monuments religieux* [1], « est devenu un membre tel-
« lement essentiel de l'architecture gothique qu'il
« entre inévitablement, comme la flèche et l'ogive,
« dans la composition de tous les objets qui emprun-
« tent leur décoration ou leur forme à l'architecture :
« le tombeau d'un autel, une niche, une châsse d'or-
« févrerie ou de bois, une stalle, un chandelier sont
« ornés de contre-forts proportionnés à la délicatesse
« de leur travail ou de leurs proportions. »

Ainsi, supprimer les contre-forts d'une église, c'est réduire celle-ci à la condition des plus humbles chapelles ou des constructions les plus rustiques. Lors donc qu'on répare un contre-fort, on doit éviter d'en altérer la structure, soit dans les ornements, soit dans l'appareil, en substituant par exemple des moellons ou de la brique à la pierre de taille et *vice versa*.

Les FENÊTRES ont été, à toutes les époques, l'occasion d'altérations dans l'architecture des églises. Depuis cinquante ans notamment, l'ouverture de

[1] Page 338.

nouvelles fenêtres ou la fermeture d'anciennes ont été

le grand moyen du vanda-
lisme. Un nombre considé-
rable d'églises de campa-
gne ont été défigurées par
le percement de fenêtres
ou plutôt de trous carrés
semblables aux ouvertures
de la maison la plus vul-
gaire.

Voici les règles qu'il convient de suivre lorsqu'on
désire faire des travaux de maçonnerie aux fenêtres
d'une église :

La fenêtre existe-t-elle déjà? on se gardera bien de
l'agrandir, car le pourtour de la baie présente toujours
quelque caractère. S'il est sans sculptures, il est d'ordinaire composé de claveaux appareillés que l'on doit
respecter. Mais la fenêtre peut avoir déjà subi des
altérations : tantôt on a supprimé des meneaux en
pierre, et alors il convient de les rétablir ; tantôt on a
muré une partie du vide primitif pour économiser
l'entretien de la vitrerie, et alors il faut jeter bas ce
remplissage parasite.

Dans tous les cas, lorsqu'il s'agit de restaurer une
église, une des premières choses à faire, c'est de
rétablir les fenêtres dont le tracé subsiste encore
dans les murailles, mais qui ont été bouchées sans
utilité.

Il est peu d'églises où il n'existe quelques suppressions de ce genre, et dans les murs de la plupart des

églises de campagne où l'on a percé d'affreuses fenêtres modernes sous prétexte que l'on manquait de
jour, on retrouve les baies ornées d'anciennes fenêtres,
fermées on ne sait pourquoi et qu'il eût été plus simple et plus facile d'ouvrir de nouveau.

Une remarque à faire, c'est que très souvent dans
nos églises rurales les fenêtres n'existent que d'un
seul côté : au midi. Ceux qui avaient ainsi placé les
ouvertures avaient vraisemblablement agi en vue de
rendre l'édifice plus salubre et plus commode. Un
grand nombre de curés, depuis quelques années, ont
voulu se montrer sinon plus prévoyants, au moins
plus gens de goût, et, sous prétexte de symétrie, ont
fait percer des fenêtres au nord. Mais quelle symétrie ! Les anciennes fenêtres au midi sont entourées
de chambranles de pierre et divisées par d'élégants
meneaux. Les fenêtres nouvelles, au contraire, sont
presque toujours de grossières trouées percées par un
maçon maladroit.

Dans plusieurs églises du diocèse d'Évreux, où il
n'y a pas actuellement de fenêtres au nord, la muraille
septentrionale est construite en appareil rustique des
xie et xiie siècles, et alors on retrouve souvent la trace
de très anciennes petites fenêtres à plein cintre,
aujourd'hui murées. Cette suppression de fenêtres
paraît remonter à une époque fort reculée, et plusieurs
de ces fausses baies paraissent même quelquefois
n'avoir jamais été ouvertes ni vitrées. Souvent aussi
ces petites fenêtres sont ouvertes dans le chœur, et la
nef seule manque de jour du côté du nord. Cette

absence d'ouvertures dans le mur septentrional de la nef m'a frappé et, depuis que je l'ai remarquée, j'ai pu vérifier qu'autrefois elle a été à peu près générale dans les églises rurales de la contrée que j'habite, et qu'ordinairement les fenêtres ouvertes au nord ne datent que d'une époque assez moderne et sont même presque toujours contemporaines. Mais en vérifiant cette observation, que je n'ai point vue signalée encore, je suis arrivé à remarquer aussi que très souvent il existait une étroite fenêtre entre la chaire à prêcher et l'autel placé à gauche de l'entrée du chœur. Cette fenêtre avait visiblement pour but de fournir une lumière plus abondante et au prédicateur et au prêtre qui célébrait à cet autel : elle atteste que dès l'époque de leur introduction, vers la fin du xve siècle, les chaires à prêcher étaient déjà placées au nord dans la nef, usage général encore dans ce pays-ci et qui tenait sans doute à ce qu'on avait préféré, pour placer la chaire, celui des murs où elle ne devait masquer aucune ouverture, et qui, d'ailleurs, se trouve au côté de l'évangile.

Quoi qu'il en soit, et pour revenir à l'hypothèse où l'on jugerait indispensable d'ouvrir des fenêtres des deux côtés de la nef, nous recommanderons de ne pratiquer de nouvelles embrasures que dans le cas où l'on ne découvrirait pas dans la maçonnerie de traces de fenêtres anciennes, dont on devrait alors se contenter.

Si l'on doit rétablir des fenêtres, soit qu'elles aient été supprimées ou seulement modifiées, il faudra

prendre soin de conserver leur cachet primitif, car à
l'extérieur les fenêtres sont, avec les contre-forts, les
détails les plus caractéristiques des églises. Un curé
doit toujours surveiller les moindres travaux faits à
une partie aussi importante au point de vue historique
et pittoresque, et ne hasarder aucun changement aux
fenêtres de son église sans posséder préalablement
des notions archéologiques tout à fait indispensables
dans ce cas, et qu'il est facile d'acquérir à l'aide de
l'un des nombreux manuels d'archéologie sacrée qui
existent maintenant, et notamment en consultant l'excellent *Abécédaire d'Archéologie* de M. de Caumont.
Avec ces connaissances, on empêchera les ouvriers
d'altérer des moulures ou des ornements intéressants,
d'affadir des profils prononcés et caractéristiques, de
substituer des meneaux du xve siècle à des meneaux
du xive, de dénaturer la physionomie de fenêtres des
xie et xiie siècles, si reconnaissable pour des yeux
exercés. On remarquera, par exemple, que dans les
belles fenêtres de l'époque ogivale l'embrasure est
aussi profonde à l'extérieur qu'à l'intérieur, que les
vitres sont ainsi placées à peu près à motié de l'épaisseur du mur, et qu'un talus existe au bas de la fenêtre à l'extérieur comme à l'intérieur ; tandis que dans
les jours étroits de l'époque plus ancienne les fenêtres
n'ont point en général d'évasement ni de talus extérieur, et que la vitrerie arase presque le parement
extérieur du mur, en sorte que les fenêtres ont tout
leur enfoncement en dedans de l'édifice. On prendra
soin enfin de conserver minutieusement la forme et

l'agencement des claveaux qui ferment la fenêtre par en haut, et on remarquera que pendant tout le moyen âge les claveaux des arcs sont constamment *extradossés*, c'est-à-dire qu'ils sont tous de la même hauteur et qu'ils dessinent, du côté de la maçonnerie, une courbe semblable à celle qui existe du côté du vide.

Si la fenêtre, par l'époque à laquelle elle appartient, comporte des *meneaux*, c'est-à-dire des montants ou traverses de pierre qui divisent son ouverture en compartiments, la réparation ou le rétablissement de ces broderies légères exigera l'entremise d'un ouvrier habile. Et pour sceller ensemble les assises qui les composent, il faudra autant que possible éviter les goujons en fer et même en cuivre, qui feraient éclater la pierre : c'est le plomb fondu qui devra servir de goujon, au moyen de deux trous pratiqués dans les joints. « Les meneaux étant sujets à des tassements, « à cause du peu de surface des lits de pose, il faut « que les goujons qui relient chaque joint soient en « métal très flexible, autrement on ne pourrait éviter « de fréquentes brisures [1]. »

Mais, dans la plupart des églises rurales, les fenêtres n'ont jamais de très grandes ouvertures, et lorsqu'elles sont divisées par des meneaux, ces meneaux n'ont en général que peu de portée et leurs joints peuvent être tout simplement établis en mortier. Si cependant on s'apercevait qu'ils fussent coulés en plomb, on devrait les réparer de même et empêcher

---

[1] Circulaire précitée sur l'entretien des édifices diocésains, art. 42.

que les ouvriers, par une spéculation coupable, ne s'appropriassent l'ancien plomb, en le remplaçant par du mortier [1].

La serrurerie du moyen âge est en même temps si riche et si peu connue que ses moindres détails doivent fixer notre attention. Nous avons déjà parlé des ferrures des anciennes portes : le chapitre des fenêtres doit nous faire signaler les curieuses grilles qui fortifient les jours de certaines églises rurales.

M. Parker, dans son excellent *Glossaire d'architecture*, donne le nom d'*étançons* à ces barres de fer qui, à l'extérieur, protègent les églises isolées, ou dont les fenêtres, placées trop bas, pourraient être escaladées. Le plus généralement on s'est borné alors à griller les fenêtres avec des barres de fer sans ornements et sans caractère particulier. Mais on trouve aussi des exemples de grillages ornés placés en avant de la vitrerie, et ces ouvrages de serrurerie sont aujourd'hui assez rares pour que nous indiquions ici ceux que nous avons remarqués, et pour engager à conserver ceux du même genre qui doivent exister encore aux fenêtres de beaucoup d'autres églises.

M. Parker a figuré dans son Glossaire plusieurs exemples d'étançons du moyen âge, parmi lesquels on peut noter ceux d'Eyworth-Church, dans le Bed-

---

[1] Une partie des balustrades et des légères dentelles de la cathédrale d'Evreux, autrefois scellées avec du plomb fondu, ont été, dans une réparation faite il y a quelques années, liées entre elles avec du mortier ou du plâtre, etc. L'ancien plomb fut enlevé.

fordshire, et surtout ceux de la cathédrale de Win-

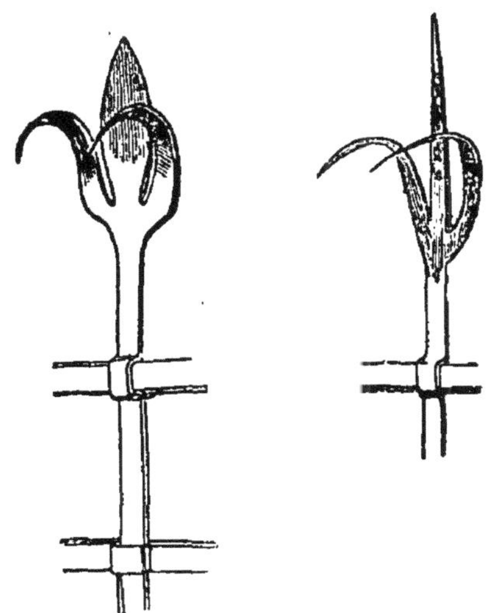

chester : ces derniers sont d'une extrême richesse [1]. Nous pouvons donner ici, grâce à un dessin de notre ami M. Bouet, un spécimen des étançons de Saint-Germain de Pont-Audemer.

Voici encore d'autres étançons que j'ai dessinés, et qui protègent

Grilles de Saint-Germain de Pont-Audemer.

plusieurs fenêtres de l'église de la Neuve-Lyre du côté du midi :

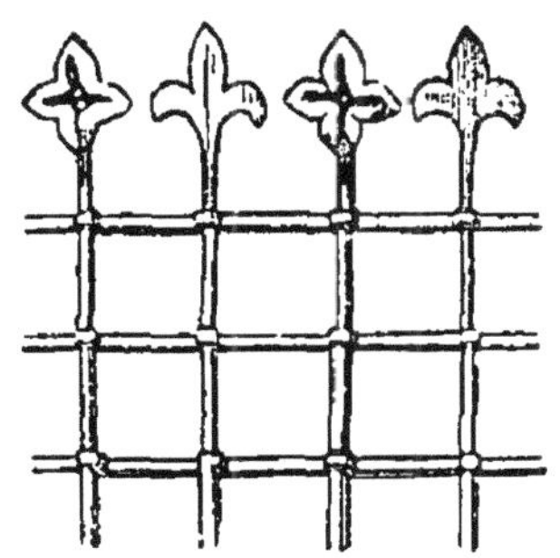
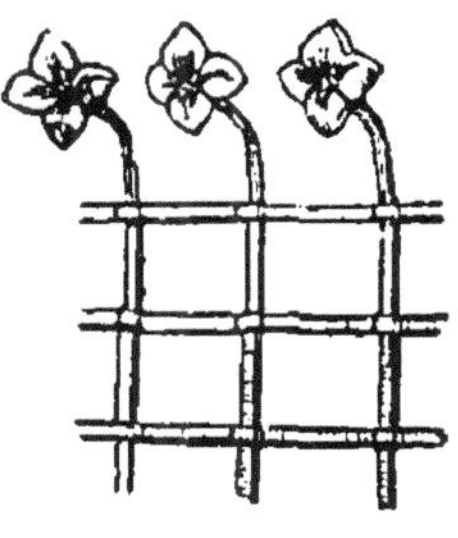

Grilles à l'église de la Neuve-Lyre (Eure).

Une église voisine, celle des Bottereaux, présente

[1] Voici le texte même du *Glossary of architecture*, relatif à ces grillages. « Stanchion, *Stanchel* (old english), *Étançon* (french), *Obirra* (italian) : the upright iron bar between the mullions of a window, screen, etc., they were usually square bars, and were frequently ornamented at the top with fleurs-de-lys, leaves, etc. The name is also sometimes applied to mullions, and apparently to the quarters or studs of wooden partitions. »

aussi à l'une de ses fenêtres une grille annelée qui nous a paru digne d'être représentée ici.

Fleuron au haut
de la grille
des Bottereaux.

Il existe encore un remarquable exemple de ces grilles anciennes à une fenêtre de l'église du Parc, située à peu de distance du bourg de Saint-André, sur la route d'Évreux. Je

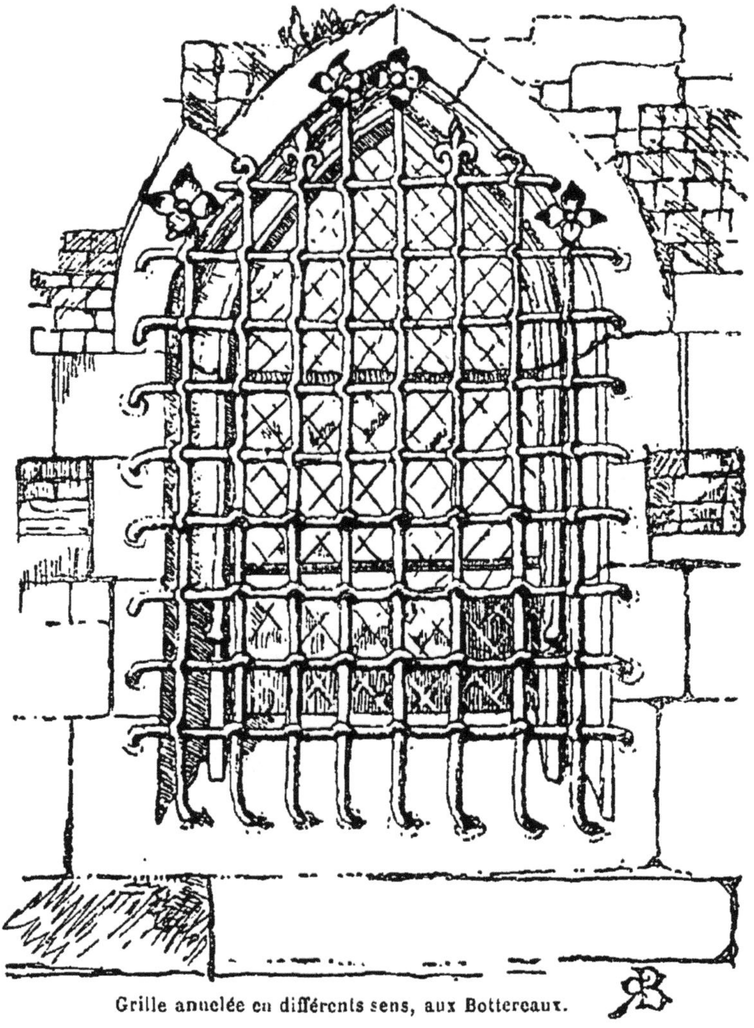

Grille annelée en différents sens, aux Bottereaux.

regrette de ne pouvoir en ce moment figurer ici cet
intéressant échantillon de serrurerie gothique. Comme
celles de la Neuve-Lyre, cette grille est composée
de barreaux ronds, se croisant à angle droit, cou-
dés à leurs extrémités, et couronnés par des fleurons en tôle repoussée et *emboutie*. La courbure des
barreaux projette la grille en avant de la fenêtre
et de la muraille. Il y a deux raisons pour conserver ces grillages dans leur état actuel : leur rareté d'abord, puis l'utilité qu'ils peuvent offrir à des
architectes artistes. Tous les jours on éprouve la
nécessité de fortifier une fenêtre d'église, soit pour la
sûreté du temple lui-même, soit pour conserver des
vitraux de couleur, et alors, faute de bons modèles, on
est réduit à employer soit des barres de fer tout unies,
soit des grilles d'un style tout à fait étranger à celui
de l'édifice. Voyez, en effet, les grillages appliqués
récemment aux fenêtres des églises, à Paris et dans
nos provinces ; ils sont semblables à ceux d'un édifice
séculier. Ce sont simplement des barreaux surmontés
de fers de lance en fonte, qu'on achète au mille pesant
chez le premier quincaillier venu, et qui sont en usage
pour les boutiques de bouchers, de boulangers et de
marchands de vin, pour les fenêtres des maisons de
banque et pour les portes de jardins. Il est évident
qu'un architecte de goût préférera à ces grilles, à la
fois laides et essentiellement profanes comme tout ce
qui est vulgaire, l'imitation des étançons gothiques,
dont le style est en harmonie avec celui des églises et
qui d'ailleurs produisent toujours un effet pittoresque

C'est en faveur des architectes qui élèvent aujourd'hui des églises dans le style du moyen âge, ou de ceux qui sont appelés à en réparer d'anciennes, que j'ai dit un mot de ces grilles, plus intéressantes que ne le supposeraient des personnes étrangères aux arts.

Si on entreprenait d'en établir de semblables, il faudrait faire remarquer au serrurier chargé de ce travail que la serrurerie gothique repose sur des principes différents de notre serrurerie moderne, que les dessins et les ornements ne sont pas seuls à part, mais que la tournure pittoresque dépend encore de certains procédés. Aujourd'hui, lorsque deux barres de fer doivent se rencontrer, il est d'usage de les assembler à mi-fer au moyen d'une entaille pratiquée dans chacune des deux barres, ce qui les affaiblit : on travaille le fer à peu près comme du bois, on le menuise plutôt qu'on ne le forge. Le but est de rendre l'ouvrage aussi uni que possible, d'éviter les ressauts, les saillies, les reliefs. Mais le système des serruriers d'autrefois était précisément l'opposé ; c'étaient les reliefs multipliés, les sinuosités des lignes qui donnaient le cachet artistique qui nous fait préférer les vieilles ferrures à notre serrurerie plate, monotone et froide. Pour établir maintenant des ouvrages de serrurerie qui aient du caractère, on devra donc s'adresser à un ouvrier intelligent et progressiste, qui ne s'entête pas à vouloir employer les procédés modernes auxquels il est accoutumé, en prétendant faire de la serrurerie gothique avec la routine de notre quincaillerie vulgaire.

Enfin, comme résumé de la théorie qui doit le guider dans ce genre de travaux, nous ne pouvons mieux faire que de transcrire ici les deux articles sur la serrurerie contenus dans l'excellente instruction que la commission des édifices religieux près la direction des cultes a adressée aux architectes chargés de l'entretien des cathédrales, instruction que nous avons déjà plus d'une fois citée :

« Sans vouloir repousser les perfectionnements apportés dans l'industrie des métaux, » lit-on dans ce document, « l'architecte chargé de l'entretien de monuments anciens devra bien se garder de modifier le système adopté dans la vieille serrurerie, car ce système est essentiellement rationnel et en rapport avec la nature de la matière à laquelle il s'applique. L'architecte remarquera que les ferrures des verrières, par exemple, ne sont jamais assemblées à *mi-fer*, mais que les traverses et montants conservent toute leur force aux assemblages; que ces montants ou ces traverses se *coudent* et ne s'*entaillent* point; que les fers sont retenus, non par des *goupilles*, mais par des *repos*. Il verra que, dans ces ferrures, lorsqu'elles sont exécutées avec soin et qu'elles n'ont pas été dénaturées, l'assemblage des tringlettes destinées à maintenir les panneaux de verre est simple et solide que celles-ci peuvent toujours se déposer et se reposer facilement, sans qu'il y ait ni vis, ni *goupilles* à briser; que dans la serrurerie tous les assemblages sont apparents; que, sur ces points, les fers, loin d'être affaiblis, sont, au contraire, renforcés; que toutes les pièces se superposent ou s'enchevêtrent, et ne sont jamais maintenues entre elles par des procédés empruntés à la menuiserie ou à la charpente.

« Si, par suite d'une mauvaise exécution première, l'architecte est obligé d'améliorer certaines combinaisons de serrurerie, il devra toujours le faire avec l'esprit rationnel qui guidait les ouvriers anciens. Il ne devra jamais substituer la fonte au fer forgé, et, si l'art du forgeron est négligé de nos jours, avec de la persistance et du soin, l'architecte pourra partout, grâce à l'intelligence de nos ouvriers, qui ne demandent que des difficultés à vaincre, faire produire aujourd'hui à cet art ce qu'il produisait autrefois. »

« S'il s'agit de serrurerie appliquée à la menuiserie, à la charpente, l'architecte ne perdra jamais de vue ce principe : qu'aucune partie de la construction ne doit être dissimulée, mais, au contraire, qu'elle doit concourir à l'ornementation. En conséquence, les gros fers, pentures et ferrures de portes, serrures, verrous, équerres, pattes, charnières, clous et boutons ne sauraient être entaillés et masqués dans l'épaisseur du bois ; ils doivent être apparents, travaillés avec soin, et de manière à indiquer franchement leurs fonctions et usages [1]. »

[1] Instruction ministérielle du 26 février 1849, art. 56 et 57.

CHAPITRE V

Si des fenêtres nous passons aux murailles elles-mêmes, nous aurons encore des recommandations à faire. Avant tout, l'*appareil* doit être scrupuleusement ménagé. On entend par appareil la hauteur, la forme, la coupe et l'ajustement relatif des matériaux qui entrent dans la construction. L'arrangement des pierres est caractéristique; le mode de construction, ayant changé suivant les diverses époques, est l'un des moyens d'apprécier l'âge d'un édifice. Le système de construction forme en outre l'un des principaux traits de la physionomie des monuments, et contribue à donner un même aspect à tous ceux de la même province. C'est l'appareil plus ou moins prononcé qui souvent constitue l'apparence monumentale.

En renvoyant aux traités théoriques d'architecture et d'archéologie pour l'étude des divers appareils, nous nous bornerons à poser comme principe pratique la conservation minutieuse des appareils anciens.

Mais un grand nombre d'églises rurales ne sont pas bâties en pierre de taille, ou du moins n'ont pas un appareil régulier; c'est pourquoi il faut distinguer deux cas, suivant que les murs sont construits en matériaux destinés à rester apparents, ou simplement en blocage revêtu d'un crépi.

Si les murs sont bâtis en matériaux réguliers, il est certain qu'un enduit ne servirait qu'à les enlaidir et à leur enlever leur aspect monumental. Mais quels matériaux devront être considérés comme assez réguliers pour rester apparents?

Nous mettrons au même rang que la pierre de taille non seulement le granit et le grès, dans les contrées où ces matériaux ont été employés, mais encore la brique et les roches qui n'ont pas été posées à l'état brut. Ç'a certainement été un acte de mauvais goût que de revêtir d'un enduit plusieurs églises du département de l'Eure, qui étaient bâties avec ce poudingue brun appelé *grison* dans le Perche et le pays d'Ouche. Il y a dans la haute Normandie beaucoup d'édifices élevés au xvie siècle dont les murs sont appareillés de briques et de pierre, ou de pierre et de silex taillé, de manière à former un damier fort agréable à l'œil et que rien ne doit masquer.

On ne doit donc revêtir que les maçonneries les plus grossières, celles en simple blocage; et la meilleure règle à suivre, c'est de se reporter toujours à

l'ancien état de choses, de laisser sans enduit les
murs qui n'en ont jamais reçu, et de n'en mettre
que dans le cas où des traces certaines attesteraient
qu'un crépi avait été appliqué lors de la construction
première [1].

Dans le cas où un crépi doit être entretenu ou rétabli, on doit le faire avec un mortier solide et éviter
les enduits que des réparations trop fréquentes ren-
draient semblables à un habit d'arlequin. On doit
proscrire particulièrement l'emploi du plâtre ; cette
matière, peu durable, est incompatible avec toute
contruction monumentale. C'est à leurs crépis de
plâtre que les églises des environs de Paris doivent
surtout leur apparence mesquine et chétive.

On emploie souvent les enduits pour refaire des
parements dégradés, en évitant de remplacer la pierre.
C'est un procédé dangereux, qui dissimule souvent la
décomposition des murailles. Si l'on ne peut rempla-

[1] M. de Caumont écrivait dernièrement au sujet des enduits extérieurs les justes observations que voici : « — L'étude des appareils est
importante : telle église qui, au premier abord, ne présente rien d'intéressant peut offrir sous un enduit peu ancien une maçonnerie très
caractéristique. C'est ainsi que j'ai trouvé souvent l'appareil en arête
de poisson dans des murs d'églises dont toutes les ouvertures avaient
été refaites au siècle dernier. Malheureusement les maçons ont, de nos
jours, la manie de recouvrir les murs d'un enduit de chaux qui
masque les pierres et les joints : on ne distingue plus rien. Ces enduits
sont faits d'ailleurs de la manière la moins intelligente et la plus négligée ; c'est de la chaux plaquée à la truelle du haut en bas des murs ;
la blancheur de ces enduits est d'un déplorable effet ; ils n'ajoutent
rien à la solidité des murs. On fait ainsi une dépense non seulement
inutile, mais nuisible, puisqu'elle cache les caractères de l'édifice.
« Nous recommandons à tous les membres de la Société d'archéologie de s'opposer, toutes les fois qu'ils le pourront, à l'application de
ces hideux enduits de chaux, et de ne tolérer que des rejointoyements
faits avec soin et de manière à ne rien cacher des pièces de l'appareil. »
(*Bulletin monumental*, t. XXVI, p. 24.)

cer les pierres dégradées, il est préférable de les laisser visibles plutôt que de les masquer sous une croûte trompeuse. Il vaut mieux aussi « laisser des parements dégradés à la surface que de les remplacer par des *carreaux* de pierre sans profondeur ; car ce serait remplacer une bonne construction par une autre moins durable [1] ». L'état actuel de la belle église des Andelys, dont la solidité a été compromise par des réparations superficielles, est un exemple du danger de ces placages.

Au reste, « dans les travaux de réparation et d'entretien on ne remplacera que les parties des anciennes constructions reconnues pour être dans un état à compromettre la solidité et la conservation du monument. — Les matériaux enlevés seront toujours remplacés par des matériaux de même nature, de même forme, et mis en œuvre suivant les procédés primitivement employés [2] ».

« L'appareil des pierres neuves sera absolument semblable à l'appareil ancien, » porte l'instruction adressée aux architectes chargés des édifices diocésains. « Les arcs seront extradossés, les parements neufs faits en assises de même hauteur que les anciennes ; toutes les vieilles pierres portant moulures ou sculptures seront conservées, si ce n'est en cas d'absolue nécessité [3]. »

On évitera de toutes ses forces les *rapiéçages*, qui

---

[1] Instruction du 26 février 1849, art. 41.
[2] Instruction du 26 février 1849, art. 31 et 33.
[3] Instruction du 26 février 1849, art. 38 et 39.

altèrent toujours la solidité d'un édifice ; on fera tous ses efforts pour que les réparations ne dépassent jamais les exigences de la solidité, et surtout pour qu'elles soient aussi peu apparentes que possible.

« Les jointoyements, » porte encore l'instruction précitée, « ne seront exécutés que quand ils seront jugés indispensables, et, dans ce cas, l'architecte devra les faire exécuter proprement, sans bavures sur les bords des pierres, légèrement enfoncés, de manière à ce que l'appareil soit toujours visiblé et dessiné. Si les pierres vieilles sont *épauffrées* par le temps sur leurs arêtes, les joints en mortier ne devront pas couvrir ces *épauffrures*, mais les laisser visibles et ne remplir que l'intervalle entre les pierres [1]. »

On remarquera enfin que souvent les joints eux-mêmes ont un caractère d'époque ; que, dans beaucoup d'édifices de la fin du XIIe siècle ou du commencement du XIIIe, les joints horizontaux présentent une épaisseur considérable et sont formés d'un mortier à gros grain et très dur qui cesse d'être en usage aux époques postérieures.

Pour juger de l'authenticité d'un mur, on a besoin de voir la trace de l'outil des anciens ouvriers et de retrouver les vieux mortiers. C'est une chose insensée que de faire sauter à coup de marteau les joints primitifs pour y remettre du mortier neuf qui bientôt s'écaille ou se détache. Il ne faut refaire les joints que lorsqu'ils sont salpêtrés ou dégradés.

---

[1] Instruction du 26 février 1849, art. 35.

Je fus fort choqué lorsque je visitai l'église de la Couture, au Mans : on arrachait à grands coups de maillet des joints en mortier primitif à gros grains, pour remplacer ces joints, qui étaient durs comme du fer, par des joints saillants en je ne sais quel ciment nouveau, qui couvrent l'édifice de laides cicatrices. La même chose m'a affligé à Notre-Dame de Châlons-sur-Marne, dont la restauration est d'ailleurs si remarquable, mais où on ne peut plus reconnaître les mortiers indicateurs des assises primitives.

Les architectes d'il y a cinquante ans, qui badigeonnaient les églises à la chaux, étaient certes moins destructeurs, car le badigeon recouvrait l'antiquité mais ne la supprimait pas.

Nous devons prévenir encore de se mettre en garde contre les dégradations que commettent presque constamment les maçons, lorsqu'il s'agit de réparer un édifice un peu élevé. Pour dresser leurs échafaudages, ils ne se font aucun scrupule de percer dans le parement extérieur des murs ce qu'ils appellent des *trous de boulin*, qu'on bouche ensuite avec du mortier ou avec une pièce qui reste à jamais apparente. A chaque réparation nouvelle, on perce de nouveaux trous au lieu d'utiliser les anciens, et bientôt le parement de la plus belle muraille se trouve complètement dégradé. Les assises de pierre perdent leur régularité ; l'appareil le plus soigné est changé en un blocage confus, et l'œil n'est pas moins choqué des taches blanchâtres que ces cavités, après qu'elles sont fermées, laissent sur la pierre grise de nos vieux édifices. On doit donc empêcher les ouvriers de commettre de pareilles dégradations, les forcer d'employer, autant que possible, des échafaudages isolés, et de prendre toujours les trous de scellement inévitables dans une hauteur d'assises, après avoir recherché toutefois s'il n'existe pas des trous anciennement pratiqués, ce qui éviterait d'en ouvrir de nouveaux à côté.

J'insiste d'autant plus sur ce point que plusieurs fois déjà on a protesté avec raison contre les dégradations qui détériorent les monuments auxquels on veut porter secours. On trouve sur ce point dans le *Bulletin du Comité des arts*[1] une intéressante lettre de M. Rostan, inspecteur de la Société pour la conservation des monuments, qui signale les outrages qu'impriment aux églises d'imprévoyants manœuvres, tantôt en brisant une moulure, tantôt en abattant un ornement, tantôt surtout en faisant de profondes entailles aux flancs des contre-forts et au parement des murs pour établir les ais des échafauds.

Quelques mois avant la publication de la lettre de M. Rostan, M. l'abbé Jourdain dénonçait de son côté, dans le *Bulletin monumental*[2], les incroyables dégâts causés par la pose d'échafaudages volants à l'extérieur de la cathédrale d'Amiens. Nous regrettons de ne pouvoir reproduire ici les plaintes éloquentes de M. l'abbé Jourdain; nous avons été témoin de faits semblables. Nous aussi, nous avons vu, pour accrocher en l'air les échafaudages grossiers employés

[1] Tome IV, p. 312.
[2] Tome XIII, p. 79.

à notre époque, des manœuvres entailler à grands coups de maillet et à grands efforts d'instruments de fer les flancs de la cathédrale d'Évreux, et la cribler d'autant de trous qu'un maçon ignorant, laissé sans surveillance, jugeait à propos d'en percer. Nous avons vu, comme le savant chanoine d'Amiens, briser ainsi des moulures intactes, « lacérer les parements de murailles les plus apparents, déshonorer par de hideuses et inutiles trouées des pierres de plus d'un mètre cube et jusque-là inviolées ». Cependant, quand il s'agit de construire une cheminée de machine à vapeur ou tout autre édifice, où cependant on n'a pas à conserver de détails artistiques, les architectes savent s'y prendre autrement, et ils évitent l'emploi de ces échafaudages barbares.

Je n'insiste pas sur les autres recommandations à faire relativement aux surfaces sculptées, sur le danger, par exemple, qu'il y a à vouloir trop restaurer les sculptures, à les restaurer surtout avec des ciments fixés par des pointes de fer ou de cuivre, parce que les sculptures extérieures appartiennent en général à des églises importantes, et que j'ai hâte de revenir à ce qui concerne les églises de village, objet principal de cet écrit.

Que les murs extérieurs d'une église soient construits de matériaux régulièrement appareillés, ou qu'ils soient recouverts d'un crépi, il est bien rare que la main des hommes, pendant une longue suite de générations, n'y ait pas laissé des traces diverses et souvent curieuses au point de vue historique.

Ainsi très souvent on a remarqué à l'extérieur des églises des inscriptions peintes ou sculptées, des épitaphes, des dates commémoratives d'une reconstruction ou d'un travail d'art. Ces chiffres ou ces inscriptions doivent être scrupuleusement conservés, lors même que le temps paraîtrait les avoir rendus illisibles ; car ils peuvent presque toujours être déchiffrés par des hommes exercés à ces sortes d'investigations, et plus d'une fois une inscription fruste ou incomplète a pu être restituée d'une manière parfaitement certaine en la comparant avec d'autres documents du même genre. Souvent encore une inscription dont il ne restait plus que quelques mots a suffi cependant pour mettre sur la voie de l'interprétation d'autres monuments graphiques, inexplicables sans cela. Il ne faut donc rien effacer.

Dans plusieurs églises, et notamment dans certaines cathédrales, les pierres de l'appareil portent des signes singuliers qui paraissent avoir été des moyens de repère pour les ouvriers chargés de la construction. Ces signes lapidaires ont piqué la curiosité, et on en a tiré des inductions utiles pour retrouver les procédés des constructeurs du moyen âge. On a surtout étudié les marques de cette espèce qui existent sur les cathédrales de Poitiers, de Reims et de Strasbourg, sur les châteaux de Vincennes, de Coucy et d'Avignon. Ces signes paraissent surtout avoir été en usage aux xie et xiie siècles ; ils affectent la forme de lettres et d'objets divers : croix, fers de lance, crosses, ancres, outils de maçonnerie, etc. Il est impossible de les confondre avec les figures sans signification creusées sur la pierre par des oisifs ou des enfants. Si un curé s'apercevait donc que des poinçons de cette espèce existassent sur les pierres de son église, il ne laisserait pas commencer des réparations sans faire remarquer ces signes aux ouvriers, pour empêcher de les effacer [1].

Il faut remarquer aussi les cadrans solaires qui ont été établis sur les murs de beaucoup d'églises, soit pour suppléer à l'absence d'horloge, soit pour rappeler à ceux qui approchaient de l'édifice consacré la rapidité du temps et la brièveté de la vie. C'est surtout au xviie siècle que l'on a multiplié ces appareils, la gnomonique ou l'art de construire des cadrans solaires ayant été en grande faveur à cette époque, où parurent plusieurs traités spéciaux. Il y a de ces cadrans qui sont curieux, soit par les difficultés qu'il a fallu vaincre pour les établir sur des surfaces contournées, soit par le tracé singulier de leurs lignes horaires. Beaucoup présentent en outre des sentences morales ou religieuses, telles que cette exhortation, par exemple, tirée d'un poème du xve siècle :

> Scimus quia transit hora ;
> Redeamus sine mora ;
> Redeamus, non tardemus,
> Vitam nostram emendemus, etc.

Il faut donc se garder de confondre avec les sots

---

[1] Sur les signes lapidaires au moyen âge, consultez un article dans les *Annales archéologiques* de Didron, t. III, p. 30. Voyez aussi le *Bulletin du Comité des arts*, t. IV, p. 221.

passe-temps de quelques oisifs les caractères tracés
dans un but sérieux. Ceux qui ont pris la peine de
faire graver une inscription avaient certainement le
désir de rendre la mémoire du fait qu'ils constataient
aussi durable que possible; rien n'est plus dans les
convenances historiques que de respecter leur intention, et il semble que ces marques laissées par les
générations lointaines, comme un testament à l'adresse
de la postérité, contribuent à rendre plus vénérables
les temples qui en sont les dépositaires. Mais parmi
ces caractères, il faut mettre naturellement en première ligne, à raison de la destination même des édifices qui les portent, les signes qui constatent un
véritable événement religieux. Lorque, par exemple,
une église porte encore des traces de croix de consécration peintes sur les murs intérieurs ou extérieurs,
ces traces ne doivent pas être effacées. Cependant
elles disparaissent souvent sous la truelle ou le râcloir
du maçon, lorsqu'on entreprend la moindre répaia-
tion [1].

Il existe aussi à l'entour de la plupart des églises
rurales, tant à l'extérieur qu'à l'intérieur, une ceinture noire peinte à une certaine hauteur et décorée
d'armoiries placées de distance en distance. Ces
espèces de rubans sont ce qu'on appelle des LITRES.
Le droit de les faire peindre appartenait au seigneur
qui avait le patronage de l'église, et on les appliquait
en signe de deuil lorsqu'il passait de vie à trépas.

---

[1] Sur les croix de consécration, voyez ce que dit Maréchal, *Traité
des droits honorifiques*, t. Ier, p. 550, édit. de 1735, in-12.

Cette prérogative, qu'on avait limitée pour que les
églises ne fussent pas défigurées par un trop grand
nombre de ces ceintures funèbres, formait l'un des
droits féodaux les plus recherchés. Le badigeon à l'intérieur, la pluie et l'air à l'extérieur ont à peu près effacé
ces marques contre l'abus desquelles plus d'un écrivain ecclésiastique protesta lorsqu'elles étaient en
usage. Mais aujourd'hui leurs débris ne peuvent plus
blesser personne, ni au point de vue politique, ni au
point de vue religieux ; et, au point de vue historique,
il convient, lorsqu'on répare les murs d'une église, de
ne point faire disparaître ces vestiges. Un antiquaire
un peu versé dans le blason, en comparant entre eux
plusieurs des écussons peints sur une litre, peut dé-
chiffrer les plus effacées de ces peintures. Or, ces
blasons qu'on y voit étant ceux des anciens seigneurs
patrons, c'est-à-dire de ceux qui avaient droit de présentation ou de nomination à la cure lorsqu'elle devenait vacante, les litres funèbres se trouvent fournir
des renseignements historiques qui viennent suppléer
ou compléter les documents écrits [1].

La conservation des traces encore subsistantes des
écussons funéraires peints sur les murs des églises
est d'autant plus aisée que souvent les litres ne sont
plus distinctes que dans les angles des contre-forts,
et qu'elles sont très peu apparentes pour le vulgaire.
Généralement, la couleur noire, ayant été simplement
appliquée en détrempe sur une couche de plâtre ou

---

[1] Dans la cathédrale d'Évreux, par exemple, on retrouve sur certains
piliers les écussons de la plupart des évêques depuis le xvi° siècle.

de mortier, a entièrement disparu, et il ne reste que
les écussons seigneuriaux peints d'une manière plus
solide. Dans l'évêché d'Évreux, la plupart des églises
rurales, bâties en cailloutis, portent, un peu au-dessus
des fenêtres, une ceinture de mortier, haute d'environ
deux pieds et légèrement saillante, que nous avons
parfois entendu désigner sous le nom de *deuil*.
Cette espèce de cordon, dont l'origine est aujour-
d'hui à peu près oubliée, avait pour but de fournir
une surface unie pour peindre la litre seigneuriale,
et souvent c'est tout ce qui reste d'un usage dont les
dernières traces auront disparu dans un temps peu
éloigné.

CHAPITRE VI

La construction des sacristies a été, à notre époque,
une grande cause de mutilation pour les églises monumentales. On sait que l'usage de cette pièce accessoire
ne remonte pas très haut dans ce pays-ci. Pendant tout
le moyen âge il n'y en avait pas auprès des églises
ordinaires [1]. Les cathédrales et les collégiales furent
les premières qui possédèrent des salles distinctes du
temple lui-même. Les églises de couvents n'en avaient
presque jamais, les bâtiments claustraux y suppléant
suffisamment. Dans quelques grandes paroisses, on
trouve une ou deux salles communiquant avec l'église,
mais c'était d'ordinaire une dépendance des presbytères. Il paraît que les ecclésiastiques revêtaient leurs
habits sacerdotaux devant l'autel, comme font encore
les évêques et les chanoines de certaines cathédrales,

[1] L'usage du *diaconicon* ou *secretarium*, espèce de sacristie des églises
primitives d'Italie, ne s'était pas maintenu dans nos contrées. Cancel-
lieri a écrit un livre savant sur les *secretaria*.

ou qu'ils arrivaient avec leurs ornements du presbytère même, ordinairement contigu à l'église. De
grands coffres en bois sculpté ou recouverts de riches
armatures en fer servaient à serrer les ornements et
le trésor. — Les crédences pratiquées dans la muraille,
auprès des autels, recevaient aussi beaucoup d'objets.
Les bannières, les croix restaient sans doute appendues
aux colonnes même du temple, qu'elles contribuaient
à orner : usage pittoresque qui subsiste encore dans
plus d'une église. Des réduits pratiqués aux divers
étages des tours, des chambres hautes pratiquées sur
les voûtes permettaient de loger les meubles qui ne
devaient pas rester exposés d'une manière permanente.
Les porches servaient d'abri aux objets plus grossiers.

L'usage des sacristies au rez-de-chaussée des églises n'a commencé à se répandre en Normandie qu'au
commencement du xviie siècle, et n'est devenu universel qu'à une époque rapprochée de nous. Le
fréquent abandon des porches, vers l'époque de
Louis XIII, et l'établissement de grands rétables au
fond des absides ont amené ce changement. Pendant
le moyen âge, on eût été choqué de voir placer un
réduit semi-profane immédiatement derrière l'autel :
on n'eût pas compris que le sanctuaire servît de chemin pour accéder à un garde-meuble ou à un vestiaire.

Cette innovation a donc été une cause d'altération
pour les édifices du moyen âge, et la plupart des églises, soit romanes, soit gothiques, sont défigurées par

l'établissement intérieur ou extérieur d'une sacristie. Tantôt c'est le rond-point du chœur, le sanctuaire qui a été sacrifié, et l'église, raccourcie d'autant, perd avec ses proportions l'aspect de hautes fenêtres ou d'élégantes colonnettes. Tantôt, au contraire, on a pris l'un des transepts ou une chapelle du chœur, au risque de briser la régularité de l'église, ce qui est arrivé surtout dans la plupart des anciennes abbatiales (Saint-Étienne et Sainte-Trinité à Caen, Saint-Taurin à Évreux, etc.). — Tantôt, enfin, on a confisqué pour cela des chapelles seigneuriales, en en faisant disparaître les monuments, statues, épitaphes, etc.

C'est à ces inconvénients qu'il faut obvier. Chaque année, on bâtit un grand nombre de sacristies, et la place à choisir pour ces excroissances est presque toujours un grave embarras pour les architectes. Il s'agit, en effet, de ne point déformer le monument principal. On sait combien de plans ont été présentés pour les sacristies bâties dernièrement à côté de Notre-Dame de Paris. Les maçons de campagne ne se doutent pas de tout cela : pour eux, la construction de cette dépendance aujourd'hui nécessaire consiste simplement dans l'établissement d'un refend ou d'un appentis communiquant avec le temple par un trou plus ou moins proprement percé. Quant aux colonnettes, sculptures, décorations intérieures ou extérieures, peu leur importe.

Il convient donc de tracer ici quelques règles sur cette difficulté d'architecture pratique. — Pour choisir l'emplacement préférable, on recherchera la partie de l'édifice la moins ornée à l'extérieur. On doit, en effet, respecter les fenêtres garnies d'arcatures ou de meneaux, et éviter de masquer toutes les parois sculptées ou appareillées avec recherche. Si l'extérieur de l'église était enjolivé partout, on devrait alors isoler le bâtiment nouveau et ne le faire adhérer que par une porte et un couloir rendus aussi exigus qu'il sera possible. En général, il vaudra mieux faire un pavillon détaché et éviter d'adosser la toiture à l'église même. Il existe auprès du chœur de la belle église collégiale de Vernon un modèle intéressant d'une annexe de ce genre : ce vestiaire paraît, par son architecture, dater du commencement du xviie siècle, et il est presque isolé de l'église même. A Rouen, les églises de Saint-Vincent, Saint-Nicaise, Saint-Éloi, Saint-Godard ont des sacristies du xvie siècle, groupées avec art à l'édifice principal. On voit aussi auprès du chœur de l'église de Valognes un édicule polygonal dont le plan et la construction sont dignes d'intérêt.

On pourra, dans certains cas, placer la construction de biais, de manière qu'elle ne touche à l'édifice ancien que par un angle seulement, ce qui est parfaitement dans le goût de l'architecture gothique. On suivra l'exemple des architectes du moyen âge, qui ont souvent greffé à l'abside ou aux flancs d'églises déjà complètes des chapelles presque isolées et ne communiquant que par un point de contact très étroit.

On s'efforcera enfin de rendre cette construction nouvelle aussi peu apparente que possible, sauf, dans les paroisses qui ont un mobilier considérable, à uti-

liser comme garde-meuble les salles hautes qui existent souvent à l'intérieur des tours ou au-dessus des
chapelles latérales. Il y a beaucoup d'églises où ces
chambres, laissées ouvertes et sans usage, sont de
véritables monuments construits avec recherche,
voûtés avec élégance, et dont à peu de frais on ferait
une sorte de trésor ou de musée propre à tenir en
bon ordre les archives et les objets précieux qu'on
emploie seulement en certains jours et qui pourrissent
maintenant dans les humides sacristies bâties au rez-
de-chaussée.

Quoique l'usage général soit d'accoler cet édicule au
chevet même de l'église, il nous semblerait plus convenable de placer son entrée sur l'un des côtés de
l'édifice. L'exemple des architectes du moyen âge qui
ne masquaient jamais le chevet des temples, mais qui
ouvraient au contraire de ce côté de vastes fenêtres
dirigées vers l'orient, doit être suivi. On devrait d'ailleurs éviter de faire traverser inutilement le sanctuaire.
Quand les convenances religieuses ne le conseilleraient
pas, l'intérêt même de la conservation des objets
d'art qui environnent l'autel, des tapis et des pavages
ornés devrait encore en faire un principe général.

Nous avons insisté sur ce point parce que les constructions ajoutées aux églises depuis quelques années
ont causé des mutilations incalculables. On peut voir,
en parcourant seulement la *Statistique monumentale
du Calvados* par M. de Caumont, combien d'églises de
campagne ont été défigurées, combien de sculptures
ont été détruites ainsi.

Il peut se faire aussi qu'une église soit devenue insuffisante pour les besoins actuels de la population. Dans ce cas, on fera en sorte de conserver toutes les parties anciennes de l'église qu'il faut agrandir. Tantôt on reconstruira sur de plus vastes proportions un chœur mesquinement bâti aux frais de décimateurs avares, tantôt on sacrifiera une nef sans style ou de construction moderne. Mais si le chœur ou la nef ont du caractère, si leur architecture présente quelque intérêt, on s'efforcera de les laisser intacts, en se bornant à ajouter, par exemple, des transepts ou des chapelles latérales. Généralement cependant ces agrandissements sont aussi inutiles que fâcheux.

Voilà les avis que nous avions à donner, dans l'intérêt de l'art et de l'histoire, sur la direction de travaux qu'on peut projeter à l'extérieur des églises. Ils se résument en deux mots : éviter les changements qui ne seraient pas absolument nécessaires, et respecter surtout l'aspect des édifices anciens *ne deformetur ecclesia.*

Notre revue extérieure étant terminée, franchissons le seuil du portail et pénétrons dans l'intérieur de l'édifice sacré.

TROISIÈME PARTIE

TRAVAUX GÉNÉRAUX A L'INTÉRIEUR

> « En fait de monuments délabrés, il vaut mieux consolider que reparer, mieux réparer que restaurer, mieux restaurer qu'embellir. En aucun cas il ne faut supprimer. »
>
> COMITÉ DES ARTS ET MONUMENTS.

TROISIÈME PARTIE

TRAVAUX GÉNÉRAUX A L'INTÉRIEUR

CHAPITRE PREMIER

DE L'ENTRETIEN INTÉRIEUR

Une des choses qui frappent l'observateur visitant une église de campagne ou de petite ville, c'est le peu d'entente avec laquelle on l'entretient ordinairement. On sollicite, en effet, des subventions de l'administration, on exhorte les fidèles à concourir à la décoration du temple, mais provisoirement on laisse tomber en poussière les objets d'art anciens qui seraient la partie la plus précieuse de cette décoration désirée. Ici on fait de grosses dépenses pour encombrer d'ornements de mauvais goût une église, tandis que les murs imbibés d'humidité verdissent et se corrodent faute d'un assainissement nécessaire. Dans la ville voisine, le curé obtient du gouvernement des tableaux modernes et détestables et laisse pourrir ou s'écailler de rares et précieuses peintures. On suspend avec pompe des lithographies entourées d'un cadre de sapin, sans faire attention que le vent disloque des verrières dont la perte sera irréparable, ou que des cierges maladroitement placés enfument et calcinent un tableau intéressant.

Presque partout on badigeonne à grands frais des murailles dont on n'a point ôté la poussière, on vernit des boiseries qui pourrissent, on dore des autels et on les barbouille de fausses marbrures, mais on n'enlève ni les souillures, ni les araignées accumulées par les ans[1]. La raison prescrirait cependant d'entretenir avant de chercher à embellir, de s'occuper du nécessaire avant de songer à un éclat superflu. Car ce n'est pas une simple maxime de bonne administration que celle-ci, écrite par Montaigne dans son chapitre *de la Gloire* : « Les ornements externes se chercheront « après que nous aurons pourveu aux choses néces- « saires[2]. » Ceux qui s'occupent d'arrangement artistique doivent aussi en faire leur profit.

---

[1] « Item præcipimus sacristis et pulsatori ut scopando ecclesiam de cætero spargant aquam super pavimentum ne pulveres ascendentes valeant imagines, pannos, picturas, vitrinas et alia ornamenta ecclesiæ pulverisare et maculare. » (*Statut du Chapitre d'Évreux à l'octave de saint Pierre et de saint Paul*, 1427.)

[2] Montaigne, *Essais*, livre II, chap. XVI.

CHAPITRE II

DE L'ASSAINISSEMENT

Il n'y a guère d'églises rurales où il n'y ait à faire quant à l'assainissement. L'air y est presque toujours assez chargé d'humidité pour détériorer les objets de décoration ou d'ameublement, et l'odeur de moisi qu'on y respire atteste cette insalubrité.

Les moyens d'assainissement sont extérieurs ou intérieurs. Extérieurement, on écartera les eaux stagnantes des abords de l'église ; on égouttera les chemins creux du voisinage ; on dirigera au loin les eaux de pluie qui descendent des toitures[1]. On examinera si les terres du cimetière ne sont pas accumulées, si les fondations ne sont pas enfouies, et dans ce cas on pratiquera une large tranchée pour remettre à nu le pied des murailles. Si l'église est bornée par un jardin, on s'opposera à l'existence d'espaliers contre

[1] La *Revue de l'Art chrétien*, t. II, p. 521, fait connaître que plusieurs églises du diocèse de Beauvais ont été assainies dans ces dernières années au moyen du drainage.

les murs [1]. En général, on ne tolérera aucune espèce de servitude même précaire qui serait de nature à nuire soit à la décoration, aux sculptures, etc., soit à la conservation matérielle et à la salubrité de l'édifice.

A l'intérieur, on examinera si le sol de l'église n'est pas imprégné d'humidité, si le pavage ne se mouille pas lorsque l'atmosphère devient humide. On verra si les murailles ne sont point salpêtrées ou recouvertes d'enduits ou de crépis en mauvais état.

Dans le cas où le sol paraîtrait chargé de salpêtre, on procéderait à l'enlèvement des terres salpêtrées qu'on remplacerait par du cailloutis. Mais cette opération devra être surveillée, surtout si le pavage existant porte des traces d'antiquité. Dans ce cas on aura soin d'en lever un plan exact, pour faire replacer à l'endroit qu'elles occupaient les dalles tumulaires, les inscriptions, etc., qu'on aurait soulevées. Souvent on reconnaîtra que l'église a été remblayée et on trouvera un pavage plus ancien sous le pavage actuel. On devra rechercher, dans ce cas-là, s'il ne conviendrait pas de rétablir le niveau primitif, si l'édifice n'y gagnerait pas en élévation, en élégance [2], etc.

Quelquefois on découvrira des tombeaux, que l'on s'efforcera de conserver, ou des cavités souterraines,

---

[1] On ne doit souffrir contre les murs ni espaliers, ni plantes parasites. On ne devra donc pas laisser les lierres envahir les murailles. Cependant quelques églises sont enveloppées de lierres séculaires qui leur donnent un aspect vénérable, et qui réellement ne causent aucun préjudice. Je regretterais vivement la disparition de ces manteaux de verdure, qui sont souvent le seul ornement extérieur de petites églises sans valeur architecturale.

[2] Voy. l'art. 76 de l'instruction ministérielle précitée.

sur lesquelles on attirera l'attention des antiquaires.
Au reste, dans tous les cas où l'on jugera utile de
renouveler ainsi le sol d'une église, il sera toujours
bon de prévenir de cette opération, soit la commission
des antiquités départementales ou diocésaines, si les
autorités administratives ou ecclésiastiques ont cons-
titué dans le pays ces utiles commissions, soit les
inspecteurs de monuments établis par la Société française ou par le ministère dans la plupart des départements. Le sol des églises, témoin de bouleversements
opérés à des époques diverses, est ordinairement une
mine de débris précieux. Un curé zélé ne laissera
donc point les ouvriers agir sans contrôle. Il fera conserver tous les objets anciens qu'on pourra découvrir :
monnaies, médailles, objets de cuivre, de fer, d'ivoire,
agrafes de chapes, débris d'ornements sacerdotaux,
de vitraux, de pierres tumulaires, de vases, restes de
pavements ornés, etc. Il constatera le tracé et la situation des constructions qui existeraient sous le pavé,
les amas de cendres qui attesteraient d'anciens incen-
dies, le niveau des pavages primitifs.

J'insiste sur l'attention que méritent ces fouilles,
parce que d'ordinaire elles sont fructueuses pour la
science. Pendant le moyen âge, en effet, on a très
rarement consenti à déplacer les églises, et la plupart
de nos paroisses rurales, quoique rebâties à différentes
reprises, sont élevées sur le lieu même où avaient été
posés les premiers autels du christianisme. Certaines
églises, quoique d'une architecture assez récente, sont
fondées sur les ruines d'établissements romains. La

cathédrale et l'église Saint-Laurent, à Bayeux, recouvrent en partie les débris d'édifices antiques. On
comprend combien les renseignements que procureront
ces fouilles peuvent être importants, même pour
l'histoire ecclésiastique. C'est ainsi qu'en pavant à
neuf l'église abbatiale de Saint-Taurin, à Évreux, dont
le sol avait cependant été bouleversé maintes fois, on
a trouvé dans des décombres un fragment d'inscription romaine, attribuée au temps des premiers apôtres
du christianisme dans le pays. A Notre-Dame d'Évreux,
sous le chœur qui date du xiv° siècle, un antiquaire,
M. Bonnin, a retrouvé le tracé des murailles des
anciennes absides de la cathédrale primitive, et des
pavés de terre cuite vernissée qui avaient fait partie
d'une mosaïque. Dans les fondations de l'église de
Saint-Germain-la-Campagne, près Orbec, dont on a
rebâti la nef en 1846, on a découvert un autel antique
en marbre, avec une inscription où le nom de Mercure
permet de supposer que l'église chrétienne s'était
élevée sur les débris d'un temple du paganisme[1]. Au
dernier siècle, on découvrit dans Notre-Dame de Paris
des vestiges romains d'un grand intérêt. Je ne finirais
pas si j'énumérais les découvertes de ce genre faites
sur toute l'étendue de la France. Et cependant chaque
année on bouleverse le sol d'une grande quantité
d'églises, sans qu'aucune personne éclairée exerce de
surveillance, sans que les curés même aillent visiter
les travaux. J'ai appuyé sur cette recommandation,
parce que les ecclésiastiques sont les seuls représen-

---

[1] Cet autel est aujourd'hui déposé à Évreux, dans le *Musée.*

tants que la science puisse espérer trouver dans la plupart des campagnes.

Mais ces fouilles devront être opérées avec discrétion. Si l'intérêt scientifique est mis en avant, il faudra que cet intérêt soit grave et bien reconnu. Quand l'église possède un pavage enrichi de pierres tombales, de briques peintes ou carreaux émaillés, etc., on devra se refuser à des fouilles qui endommageraient à coup sûr ces pavages intéressants. Si les fouilles n'ont pour but que de renouveler le sol de l'église et de procurer son assainissement en enlevant des terres salpêtrées, on n'agira pas non plus à la légère[1]. Souvent quelques points seulement seront envahis par l'humidité et auront besoin d'être fouillés Une fouille générale. toutefois, sera ordinairement utile dans les églises longtemps privées de toitures, et surtout dans celles changées, à la suite de la Révolution, en étables ou en salpêtrières, et où aucun assainissement n'est possible tant qu'on n'aura pas enlevé jusqu'à la dernière trace des terres et des mortiers saturés de matières animales et azotées.

L'assainissement du sol ne suffit pas toujours. Souvent les murs et même les voûtes sont imprégnés d'humidité sans que la pluie les pénètre actuellement. Les travaux d'assainissement extérieur et intérieur

---

[1] « Mais... que fait-on de la terre bénite et pénétrée, visiblement ou invisiblement, de débris humains? Que fait-on des auges et des couvercles en pierre qui sont souvent de véritables monuments ? » Il faut lire sur toute cette question, l'*Ecole du respect*, par M. Charles Desmoulins, excellent travail publié dans le volume de 1859 de la Société française d'archéologie.

contribuent en général à dessécher les murailles salpêtrées, mais souvent il faut en outre recourir à de
nouveaux remèdes. La plupart des fabriques font
alors les frais d'un lambris, dont le moindre défaut
est de n'être point durable et de ne faire disparaître
le mal qu'en apparence. La marche à suivre dans ce
cas consiste à faire tomber tous les crépis salpêtrés
et à les remplacer. Si la muraille est en pierre de
taille, on en refera le parement avec soin et on
videra les joints de tout le mortier salpêtré. On pourra
alors appliquer à chaud des préparations hydrofuges.
Dans tous les cas, soit que l'on ait un crépi à remplacer, quand le mur est en blocage, soit que les joints
seuls doivent être refaits, le mur ayant un parement,
on veillera à n'employer que d'excellents matériaux.
Le mortier fait avec du sable lavé et de la chaux
hydraulique remplacera le plâtre, qui doit être rigoureusement banni comme attirant l'humidité[1]. On
veillera surtout à ce que les maçons ne mêlent
dans le mortier que de l'eau vive et très propre,
les eaux sales et chargées de matières animales et
salines contribuent inévitablement à la formation du
salpêtre.

On veillera enfin à écarter des murs humides les
objets dont la conservation doit être assurée, et on
laissera un certain espace où l'air puisse circuler entre

---

[1] Rejetons « une matière périssable et avide d'humidité comme le
plâtre, ce générateur du salpêtre et des misères qu'il traîne à sa suite;
employons les meilleurs mortiers de chaux et de sable ». M. César
Daly, *Revue d'architecture*, t. VII, p. 250.

ces murailles et les lambris sculptés, stalles, rétables, tableaux et autres objets d'art.

Les moyens d'assainissement que nous venons d'indiquer ne s'appliquent qu'aux édifices dont l'état est le plus fâcheux. Il y a une dernière précaution à prendre lorsque l'église est à peu près salubre. Nous voulons parler d'une ventilation régulière trop peu en usage dans les églises de campagne, qui ne restent guère ouvertes que le dimanche. Il convient d'y établir des courants d'air de temps à autre. On fera donc ouvrir quelques panneaux des fenêtres, en évitant toujours de placer ces guichets dans les verrières de couleur. L'ouverture de ces ventilateurs, faite à l'heure la plus chaude du jour, empêchera l'édifice d'être glacial en été et humide en hiver; elle contribuera à la commodité des assistants et à la bonne conservation des objets d'art. Mais, en faisant ainsi pénétrer l'air dans les moments propices, on s'opposera à son introduction intempestive, et on tiendra d'ailleurs les fenêtres, les verrières, les ouvertures de toute espèce aussi bien closes que possible.

En un mot, que l'on considère l'église comme un lieu d'assemblée ou comme un édifice décoré d'œuvres d'art, on prendra, pour la rendre salubre, les mêmes soins que s'il s'agissait d'un musée ou d'un lieu de réunion profane. Cette assimilation n'est point de celles qui sont avilissantes pour le culte.

CHAPITRE III

DU BADIGEON, DU GRATTAGE ET DES MOYENS DE NETTOYER LES MURAILLES

La couleur et l'aspect que présentent les murs méritent d'être calculés. Une couleur pittoresque fait souvent valoir un monument aux yeux du peintre plus que des sculptures ou des décorations sans harmonie. Les églises d'autrefois doivent leur poésie à la teinte inimitable que les années ont imprimée à leurs pierres. Les couleurs trop fraîches rétrécissent l'espace et ôtent aux nefs gothiques leur vaporeuse grandeur ; le badigeon, en faisant évanouir le mystère qui règne dans les églises du moyen âge, chasse l'impression religieuse et la révérence qu'inspire à l'âme cette *vastité sombre* [1].

C'est donc un point très important dans une décoration monumentale que le choix de la teinte générale qui doit harmoniser les détails et faire paraître aussi

---

[1] Il n'est « âme si revesché qui ne se sente touchée de quelque révérence à considérer cette vastité sombre de nos églises... ceulx mesmes qui y entrent avecques mespris sentent quelque frisson dans le cœur... » Montaigne, *Essais*, livre II, chap. XII.

éloignés que possible les divers plans de la perspective. Un homme de goût se révèle seulement par la bonne entente de cette coloration. Des nuances criardes et discordantes, des portions d'architecture trop foncées ou trop claires, des enduits faisant tache avec les murailles voisines décèlent au contraire l'absence de sentiment artistique. Le fracas des couleurs et la crudité des tons, qui excitent vivement les yeux, sont surtout déplacés dans les édifices sacrés où tout doit être calme et inspirer le recueillement.

Le ton gris déposé par le temps sur les murailles des églises n'est point d'ailleurs inconciliable avec une propreté rigoureuse. La sévérité des teintes s'allie parfaitement avec un ordre exact, que le badigeon n'assure pas toujours.

Les gens de goût protestent depuis vingt-cinq ans contre la mode de blanchir les églises, et cependant, chaque année, le lait de chaux et les badigeons de toute espèce poursuivent leurs ravages.

Le grattage, plus funeste encore, est pratiqué de temps en temps, malgré la grande dépense qu'il entraîne.

Si les murailles sont souillées de teintes sales ou discordantes, si elles sont couvertes de poussière, un nettoyage à la brosse ou un lavage procureront un brillant pittoresque et une propreté décente. Il s'agit, en effet, de maintenir dans un état de netteté les parois de l'édifice, sans en altérer ni les surfaces ni la couleur [1].

[1] Saint-Jacques de Liége, en Belgique, a été débadigeonné à l'aide de l'eau chaude ; c'est aussi le procédé employé en Italie. Le débadi-

Or, le grattage éraille l'épiderme de la pierre et
dégrade les sculptures : le badigeon remplace par des
tons crus et grossiers la coloration naturelle des murs
ou les peintures dont ils étaient décorés.

Le badigeon appliqué sur des sculptures les empâte
et dérobe aux yeux leur délicatesse ; mais au moins
il ne les détruit pas, et on a la ressource de le
faire disparaître. Le grattage, au contraire, altère à
jamais la forme et le caractère des moulures et des
parties sculptées. Aussi, M. Victor Hugo, à propos de
je ne sais plus quelle église « badigeonnée avec la
propreté la plus déplorable », s'écrie-t-il dans son
livre du *Rhin :* « Pourtant je vous déclare que les
« abominables restaurations qui se font maintenant en
« France finiront par me réconcilier avec le badigeon...
« Le badigeonnage, lui, se contente d'être stupide, il
« n'est pas dévastateur[1]. »

M. Schmit, dans son ouvrage intitulé *les Églises
gothiques,* avait déjà écrit un chapitre contre le badigeonnage et le grattage des églises[2]. M. de Montalembert, dans son volume *du Vandalisme et du Catholicisme dans l'Art*, livre éloquent qui devrait être médité
par tous ceux qui ont à s'occuper de l'entretien et de
la décoration des temples, n'a pas moins vivement

geonnage complet de la cathédrale d'Autun n'a pas coûté plus de
7,000 fr. Quant à l'opportunité du débadigeonnage, on doit distinguer
selon que l'édifice ou ses sculptures sont en pierre dure ou en pierre
tendre. La pierre tendre est beaucoup plus exposée que la pierre dure
à souffrir de cette opération. Schmit, *Manuel de l'architecte*, p. 139.

[1] Victor Hugo, *le Rhin*, t. II, p. 296.

[2] Voyez aussi le *Manuel de l'architecte des monuments religieux* du
même auteur.

stygmatisé l'emploi du badigeon, « sous lequel dispa-
« raissent à la fois les merveilles de la sculpture et le
« prestige de l'antiquité[1] ».

En résumé, les parois d'un édifice bâti en pierre de
taille doivent rester avec leur apparence antique, et
nous ne pouvons trop approuver les trois articles suivants d'une circulaire ministérielle que nous avons
déjà citée :

« 70. Toute espèce de badigeonnage intérieur ou
extérieur est interdit dans les cathédrales et les.
églises.

« 71. Si le débadigeonnage d'une église est autorisé,
cette opération ne pourra être faite qu'au moyen du
lavage ou du brossage, et en n'employant que des
instruments de *bois*. L'emploi des râcloirs en métal
est expressément interdit. Le débadigeonnage des
bas-reliefs ou des sculptures ne devra jamais être
confié qu'à des ouvriers habiles et soigneux, et sévère-
ment surveillés par l'architecte ou son agent. On évitera d'enlever les traces de peintures anciennes qui
peuvent se trouver sous le badigeon, et, s'il s'en trouve,
l'architecte ou son agent devront le constater immédiatement.

« Pour enlever le badigeon sans altérer les peintures qu'il recouvre, on devra l'imbiber avec de l'eau

---

[1] Pendant trop longtemps l'ouvrage de M. de Montalembert intitulé
du Vandalisme et du Catholicisme dans l'Art était resté peu répandu.
Réimprimé en 1856, il vient d'être publié de nouveau dans le sixième
volume des œuvres de l'auteur, où l'on retrouve également deux écrits
excellents : *de l'Etat actuel de l'Art religieux en France*, et *de l'Attitude du Vandalisme*.

chaude et attendre, pour l'enlever avec des râcloirs de bois, qu'il soit boursoufflé, ce qui arrive peu de temps après l'application de l'eau chaude[1].

« 72. Dans certains cas, sous le prétexte de donner une apparence neuve à des constructions anciennes, soit à l'intérieur, soit à l'extérieur ou de les raccorder avec des restaurations récentes, on a souvent ragréé des parements, moulures ou sculptures noircies par le temps. Cette opération, qui altère les tailles primitives, modifie la forme et le caractère des moulures ou sculptures, est formellement interdite. »

Il ne faut pas croire que le badigeon et le grattage appliqués sur des surfaces unies n'aient point d'autre inconvénient que celui de changer la teinte des murailles. Ils altèrent encore le grain et les tailles des parements. L'outil de l'ouvrier dans les travaux soignés d'architecture se fait sentir sur la pierre, comme le ciseau et la râpe du statuaire sur le marbre. Chaque époque, chaque style portent la trace de procédés qui diffèrent. Les tailles antérieures au XIIIᵉ siècle sont faites assez grossièrement et au *taillant droit;* celles

---

[1] M. Capelly a donné dans le *Bulletin monumental*, t. XXV, p. 740, le moyen suivant de faire écailler et d'arracher le badigeon. On prend une bande de calicot, on l'enduit de colle de farine et on la colle sur la boiserie ou la muraille à débadigeonner. On laisse sécher. Le badigeon, sous la colle de pâte, se gerce, se fendille et s'écaille, surtout celui à la chaux, de sorte qu'en arrachant la toile, une fois bien séchée, on enlève avec elle, par écailles, une grande partie du badigeon; un léger coup de brosse enlève le reste, et les anciennes peintures reparaissent sans avoir été imbibées ni détrempées. — Sur des moulures où il serait peu facile d'appliquer le calicot, on donne plusieurs couches de colle de farine; au bout de trois ou quatre jours, dans les temps secs, le badigeon se lève en écailles avec la colle et tombe de lui-même.

du xiii° à la *grosse bretture* et *layées* avec une grande précision ; la surface des pierres, couverte de stries qui se coupent carrément, ressemble alors à du gros canevas et présente un grain aussi régulier que celui des hachures d'une gravure. Les tailles du xiv° siècle sont *layées* à la *bretture fine* avec plus de netteté encore ; celle du xv°, à la *bretture* et au *râcloir*. Les retailles, les grattages faits après coup altèrent la physionomie des parements et la forme des profils. Il n'est pas de plus sûr moyen de discerner les parties restées intactes de celles qui ont été restaurées que de rechercher les tailles primitives conservées sur les points peu accessibles ou masqués. Le grattage, toléré quelquefois sur les parties unies des églises a donc au moins l'inconvénient, en donnant aux murailles un aspect nouveau, de leur ôter tout caractère d'authenticité.

Mais ces prescriptions s'adressent surtout aux grands édifices bâtis en pierre de taille, dont le parement doit rester à nu.

Quant aux églises rurales, leurs murs bâtis en blocage sont quelquefois aussi grossiers que les murs de nos jardins, et on comprend que le principe posé pour les églises monumentales doit être modifié. Dans le département que j'habite, les parois intérieures des églises de campagne sont nécessairement revêtues d'un crépi, et le grattage n'a jamais pu y être employé. Le badigeon seul fait tous les frais de décors. Doit-il être absolument proscrit ?

Quelque répugnance que nous inspirent les bar-

bouillages si chers aux vitriers et aux fabriciens de
campagne, nous croyons qu'une coloration sera presque
toujours rendue nécessaire par la présence des crépis. On ne peut laisser visibles les diverses nuances
des enduits souvent raccommodés, et nous préférons
une église badigeonnée à celles dont les murs laissent
voir des enduits grossièrement rapiécés. Même dans
le cas où la construction est en pierre de taille à parements réguliers, on ne peut conserver apparentes
toutes les réparations que le temps a rendu nécessaires
et qui donnent aux murailles l'aspect d'un habit d'arlequin. « Ces sutures, ces replâtrages visibles, dit un
« auteur déjà cité, tuent l'architecture, dont tous les
« détails disparaissent sous une laide bigarrure qui
« fatigue, distrait la vue et tend à mettre en apparence
« chaque chose hors de son plan, comme les plus
« légères notions de la perspective aérienne suffisent
« pour le démontrer. — Le moyen d'éviter ces incon-
« vénients, c'est de faire raccorder, par des teintes
« étudiées, le ton des plâtres ou des pierres neuves avec
« le ton dominant de l'édifice. Il faut lui laisser son air
« vénérable de vieillesse, et non lui donner l'aspect
« toujours disgracieux et repoussant de la décré-
« pitude [1]. »

Mais ce ne sera point de badigeon épais et boueux
que l'on se servira. On choisira la coloration la moins
voyante, la plus solide, celle qui formera le moins
d'épaisseur. On appliquera sur les enduits et les par-

---

[1] M. Schmit, *les Églises gothiques*, p. 108 et 109.

ties de murailles à raccorder une teinte douce et effacée plutôt qu'une véritable peinture. On se gardera de la blancheur fatigante du lait de chaux et du vulgaire badigeon jaune en usage pour les corridors. On bannira surtout les imitations de marbre et de lambris, si fort en vogue aujourd'hui. On préférera enfin les couleurs mates aux peintures luisantes.

Nous verrons dans un chapitre ultérieur de quelles décorations peintes les murailles des églises sont susceptibles ; nous nous bornons ici à ce qui touche aux grosses réparations et à l'aspect général[1].

[1] M. l'abbé Desrosiers a publié dans le tome XXV du *Bulletin monumental* des *Recherches sur l'usage du badigeon.* Il y démontre que l'usage du badigeon, employé avec réserve et intelligence, est autorisé par l'exemple du moyen âge, qu'il est nécessaire dans quelques cas et préférable à la nudité des mortiers. Il fait une juste guerre au vandalisme de la râpe, et établit que le vandalisme du débadigeonnage est généralement plus redoutable que celui du badigeonnage. Enfin, il conclut qu'il ne faut point proscrire *a priori* toute coloration, et que l'on doit faire une distinction entre le grossier badigeon en usage depuis deux ou trois siècles et un badigeon intelligemment posé, analogue à celui des époques antérieures.

CHAPITRE IV

J'aurai peu de chose à dire des voûtes de pierre. Elles demandent en général les mêmes soins que les murailles. On veillera à conserver toutes les anciennes peintures qui peuvent s'y trouver. On en respectera avec grand soin les nervures et les parties sculptées, et l'on se gardera bien de perforer des clefs de voûte pour suspendre des lustres. Les trous de suspension, qui affaiblissent et peuvent faire éclater les pierres où ils sont pratiqués, ne doivent être percés que dans des parties peu essentielles à la solidité.

La maçonnerie même des voûtes est de deux espèces : le plus souvent en blocage de moellons, recouvert d'un enduit ; plus rarement en petites pierres régulièrement appareillées et sans crépi. Lorsqu'on jugera nécessaire de réparer ces voûtes, on conservera toujours l'état de chose ancien, se bornant à rejointoyer celles dont l'appareil est à nu, rétablissant l'enduit sur celles qui en étaient revêtues, et qui d'ordinaire n'ont pas assez de régularité ni d'épaisseur pour être dépouillées du revêtement que les premiers constructeurs avaient jugé utile.

On rencontre des voûtes en briques dans quelques églises de la renaissance; la conduite la plus sûre à tenir à leur égard est encore d'innover le moins possible s'il est utile de les réparer.

Les voûtes de pierre des églises sont des constructions légères et d'ordinaire très minces. Établies de manière à ne charger que le moins possible les murailles, elles n'ont jamais été destinées à supporter de fardeaux. Leur extrados, formant une surface très inégale, bossuée de reliefs et de creux profonds, se refuse aussi à supporter les pas des serviteurs de l'église ou des curieux. En conséquence, une fabrique soigneuse veillera avec soin à ce que rien de pesant ne soit déposé sur les voûtes, à ce qu'aucune pièce de charpente ne trouve son point d'appui sur elles, à ce que jamais on y laisse de matériaux, à ce que surtout on ne marche pas dessus, les pas rapides leur imprimant un ébranlement très dangereux. Beaucoup de voûtes d'églises ont été compromises parce que des charpentes s'appuyaient sur elles, ou parce que des couvreurs avait déposé sur leurs parties faibles des amas de tuiles ou d'ardoises. Pour parcourir les combles, il doit y avoir des ponts en planches établis sur les pièces inférieures de la charpente, qui, elle, doit être supportée par les murs et les contre-forts. Ces précautions sont surtout indispensables pour les voûtes dont l'appareil est resté à nu du côté des combles ; les voûtes dont l'extrados est couvert d'une chape en mortier sont moins exposées.

On comprend que si les voûtes sont chargées de gravois, de copeaux, il importera de les débarrasser de ce fardeau, et qu'un nettoyage opéré avec prudence sera indispensable sur les voûtes couvertes de détritus. On craindra moins une couche légère de poussière qui, ne dérobant point l'extrados des voûtes à la vue, peut contribuer à garantir leur maçonnerie d'infiltrations subites si une avarie compromettait les toitures.

Je n'insiste pas sur ce point, la plupart des auteurs de traités spéciaux, notamment M. Schmit [1] et M. l'abbé Auber, dans le *Bulletin monumental*, ayant donné les meilleurs conseils quant aux soins à donner aux voûtes et quant à la surveillance à exercer sur les couvreurs.

VOUTES EN BOIS

Je devrai consacrer la plus grande partie de ce chapitre à un système de voûtes dont l'étude a été trop négligée, je veux parler des voûtes ogivales en lambris.

Nous avons, dès l'introduction de cet ouvrage, blâmé la mode si répandue aujourd'hui de défigurer ces voûtes en les masquant sous une couche de plâtre ou de mortier. Beaucoup d'entre elles ont, en effet, un véritable mérite.

---

[1] *Manuel de l'architecte des monuments religieux*, p. 113 et suivantes.

Les anciens architectes, qui comprenaient mieux que nous ce qui faisait l'harmonie de leurs créations, n'avaient pas craint d'employer les voûtes de charpente dans les édifices de premier ordre, où leur légèreté, leur sonorité, leur ampleur leur assuraient une juste préférence. Et maintenant dans la plupart des monuments publics d'Angleterre, et notamment dans les églises, on construit des voûtes de bois, peintes et dorées, dont l'effet est d'une grande richesse.

Il y a en France d'anciennes voûtes en merrain qui sont de véritables chefs-d'œuvre. Nous pouvons citer comme exemple la magnifique voûte de l'ancienne église Saint-Jean de Dijon, et celle de la grande salle du palais de justice à Rouen, qui date des premières années du xvie siècle, et dont la hardiesse surprend toujours, puisque, malgré ses vastes proportions, sa charpente se soutient sans *poinçons* et sans *entraits*.

Les voûtes de bois qui appartiennent à l'époque ogivale ont pour pièces principales d'abord des poutres horizontales, placées sur le sens de l'épaisseur des murs et qu'on nomme *sablières* ou *plates-formes*, puis des *arbalétriers* cintrés en ogive dont l'écartement est maintenu par des poutres horizontales et transversales appelées *entraits* ou *tirants*. Un poteau vertical assemblé sur le milieu de l'entrait, et qui se nomme *poinçon* ou *chandelle*, supporte la poutre *faîtière* et soutient les *arbalétriers* à leur partie supérieure. Ces *maîtresses pièces* font en

même temps partie de la toiture proprement dite.
La voûte, qui cache les chevrons et les pièces secondaires de la charpente, est composée de douves de
merrain. Ces douves forment une voûte en berceau
ogival. Elles dissimulent les *arbalétriers* en laissant
visibles le côté des *sablières* ou *plates-formes*, les
entraits tout entiers et les *poinçons*. Mais les grosses
pièces, exposées ainsi à la vue, n'ont point été laissées sans ornements. Les poinçons ont pris l'aspect de colonnettes, les entraits se sont couverts de
sculptures variées, les sablières chargées de moulures deviennent des corniches souvent très ornées.
Quelquefois le bout de pièces de bois secondaires
destinées à relier les sablières aux madriers de la
charpente extérieure forment de place en place des
modillons ornés de sculptures ; ces pièces accessoires
se nomment des *sabots* ou *blochets*. Enfin, sur la ligne
la plus élevée des voûtes de cette espèce, des rosaces
découpées, des écussons, des enjolivements divers se
trouvent suspendus.

Rouen présente plusieurs spécimens de ces voûtes
en charpente, à Saint-Godard et dans quelques églises
supprimées, au nombre desquelles nous citerons celle
des Augustins, dont la voûte en lambris est un excellent type du genre. A Caen, nous indiquerons la
voûte de l'ancienne église des Carmes et celle de
l'église Saint-Sauveur, au coin de la rue Froide,
récemment altérée par des restaurations où l'esprit
de l'architecture gothique n'a pas été suivi. A Chartres, une église supprimée et livrée à l'administration

de la guerre, Saint-André, je crois, a aussi une voûte
en bois qui est remarquable [1].

Le xvie siècle vit inventer des voûtes en bois à
plein cintre ou d'autres à courbe surbaissée. Philibert
Delorme, le grand architecte de la cour de Henri II,
goûtait si fort les voûtes de charpente qu'il leur con-
sacra une notable partie de ses écrits sur l'architecture. C'est à lui qu'on doit l'invention des voûtes en
anse de panier qui portent son nom et qui, à la fin
du xvie siècle, avaient pris la place des voûtes ogivales
à entraits et poinçons.

Mais les voûtes à la Philibert Delorme n'ont pas
la légèreté et l'élancement des voûtes gothiques ; leur
peu d'élévation les rapproche des plafonds, et leur
inventeur les avait destinées plutôt pour des palais
que pour des églises.

On voit au xvie siècle quelques exemples de voûtes
en bois qui simulaient les riches voûtes à pendentifs
de la renaissance, et qui étaient construites à arêtes,
avec des nervures, des *liernes* et des clefs tombantes
et ouvragées comme les voûtes de pierre. Le chœur
de l'église de Saint-Étienne-le-Vieux, à Caen, en fournit un exemple.

Les voûtes de bois font néanmoins le désespoir de
tous les architectes vulgaires, des amateurs d'églises
badigeonnées et des marguilliers qui veulent du nouveau. Les poinçons et les entraits apparents au-dessous de la voûte blessent leurs yeux délicats, et les

---

[1] Elle a été brûlée en mars 1861.

douves noircies par le temps leur font invoquer le secours du plâtrier. Ils sont enchantés quand celui-ci a arrangé la voûte de l'église comme un galetas ou une mansarde. Mais jamais ils n'ont songé que la laideur de ces voûtes vient des dégradations qu'on leur fait subir, des araignées qui les encombrent, des échelles et des débris de toutes sortes que ces administrateurs *soigneux* ont accrochés à leurs poutres sculptées. C'est alors qu'on s'imagine, sur la proposition d'un maçon, de faire mettre un enduit comme celui que l'on voit aux voûtes de la Madeleine de Verneuil, à celles de Breteuil (Eure), à celles de Saint-Patrice de Rouen, ou que, par un raffinement de mauvais goût, on établit un plafond *orné* de moulures en sapin, comme on l'a fait sottement en 1851 dans l'église de Saint-André, à quelques lieues d'Évreux [1].

Les voûtes de bois n'ont besoin ni du maçon, ni du plâtrier. Pour les restaurer, il faut le concours d'un charpentier ou d'un menuisier au courant de la menuiserie gothique.

On devra d'abord se garder de faire disparaître les poutres apparentes qui soutiennent ces voûtes et en maintiennent l'écartement. Outre que les *poinçons*

---

[1] « Ce n'est pas que les eglises à voûtes de bois soient absolument rares. Il en existe même à qui ce genre de construction, laissé apparent à dessein, donne une physionomie très pittoresque, qu'il faudrait bien se garder de leur ôter par l'établissement d'une méchante voûte en plâtre, sous prétexte d'amélioration, ainsi que je l'ai vu faire. Il n'existe point de termes pour caractériser dignement un semblable vandalisme. » M. Schmit, *Manuel de l'architecture des monuments religieux*, p. 102. — Voyez aussi p. 466.

et les *entraits* sont souvent ornés de sculptures, ils sont caractéristiques et indispensables à la solidité de tout l'édifice. Ils empêchent la charpente de pousser les murs en dehors, et jouent le rôle des contre-forts et des piliers butants qui soutiennent l'effort des voûtes dans les églises voûtées en pierre. Aussi il est à remarquer que les églises voûtées en merrain avec entraits n'ont à l'extérieur que des contre-forts peu importants. La suppression des poutres qui maintiennent les voûtes de bois entraînerait donc la nécessité de remanier les gros murs et de les flanquer de solides piliers butants.

Les désastreux effets de la suppression des poutres sont indubitables [1]. Partout, dans nos campagnes, l'inspection extérieure des murs révèle si la voûte a été privée de ses appuis si utiles; partout où les entraits ont été sciés, les combles s'affaissent et les gros murs se lézardent et surplombent. Il faut alors reprendre les murailles ébranlées et remplacer les poutres supprimées par des barres de fer dont la maigreur produit le plus mauvais effet. Certes, c'est une étrange manière de restaurer que de conduire à une ruine imminente par un affaiblissement certain :

Nam si debilitas redit, instauratio non est [2].

---

[1] Je ne puis énumérer ici toutes les églises tombées par suite de l'enlèvement des entraits; mais tout récemment encore l'église romane de Saint-Aubin-de-Scellon, l'une des plus remarquables de l'arrondissement de Bernay, s'est écroulée à la suite de cette absurde mutilation.

[2] Aurelii Prudentii, *De Resurrectione Carmen*.

Mais si l'on conserve les poutres qui supportent et relient la voûte, qui la divisent en travées, il devient déraisonnable de cacher avec du plâtre les douves de merrain qui constituent cette voûte; car ce plafonnage n'a d'autre but, de l'aveu même de ceux qui l'emploient, que de donner à une voûte de bois un peu de l'apparence d'une voûte de maçonnerie. Or, si des murs de pierre peuvent supporter un couronnement en bois, il serait contre les lois de la stabilité que des madriers supportassent une construction en pierre. Aussi rien n'est plus illogique que ces prétendues restaurations où des entraits conservés forcément trahissent des voûtes en bois masquées sous un enduit postiche.

C'est ici le cas d'appliquer les principes que nous avons formulés dans l'un. des chapitres de notre première partie, où nous avons démontré que rien n'est moins monumental et moins convenable pour une église que ces puérils travestissements [1].

On peut répondre, il est vrai, que si ces voûtes de bois ont été autrefois en harmonie avec les vitraux brillants, avec les boiseries couvertes de sculptures, avec toutes les richesses artistiques des anciens jours, la plupart d'entre elles sont devenues sombres et poudreuses, et que les ravages du temps qui laissent sur la pierre de pittoresques empreintes leur ont causé, à elles, une triste décrépitude; qu'il faut donc forcé-

---

[1] « Toute cette hypocrisie de la matière et de la forme est souverainement déplaisante. Il n'y a pas d'art auquel la sincérité soit plus nécessaire qu'elle ne l'est à l'architecture... » Fortoul, *De l'Art en Allemagne*, t. Ier, p. 199.

ment les cacher et céler sous un enduit protecteur leurs planches disjointes et vermoulues.

L'objection est sans force, car on peut les ramener à leur état primitif. Au lieu du maçon, ce sera un menuisier intelligent que l'on prendra pour les restaurer. La dépense sera moindre et le résultat meilleur.

Si ces voûtes sont complètement pourries, si les poutres en sont grossières, s'il n'y a pas de sculptures, s'il n'existe qu'un lambris informe et moderne, il vaudra mieux ne pas gaspiller d'argent en plâtrages fragiles, en laides barres de fer subtituées aux *fermes* et aux entraits, mais ce sera alors le cas de faire franchement la dépense et de remplacer la voûte de bois qui ne peut être restaurée par une voûte véritable en maçonnerie légère, moins coûteuse qu'on ne le suppose si l'on suit exactement les procédés des architectes gothiques.

Mais, dans la plupart des cas, avec peu de dépense on ramènera les voûtes de merrain à leur état originaire, et on leur restituera l'aspect élégant et pittoresque qu'elles avaient eu d'abord.

On les fera simplement débarrasser des souillures que la négligence y a laissé s'attacher, des superfétations imaginées par le mauvais goût et les racommodages disparates.

Les douves pourries ou vermoulues seront remplacées avec du merrain choisi ; les pièces déjetées ou brisées seront remises en place.

Si le temps et la poussière ont trop noirci la voûte,

si la pluie en pénétrant par places y a fait des taches, un lavage à la brosse restituera au bois une couleur plus soignée. Si l'on a eu le mauvais goût de la faire blanchir à la chaux ou couvrir d'un badigeon à l'huile, l'eau chaude et la lessive en feront justice. Quelquefois un encaustique à la cire ou un vernis transparent pourront être appliqués pour donner du brillant à la voûte restaurée.

Mais cette restauration ne se fera pas sans précaution, car ces voûtes, les plus défigurées en apparence, gardent souvent de curieux débris d'antiquité et des vestiges d'anciennes décorations.

A Tours, les églises de Notre-Dame-la-Riche et de Saint-Saturnin ont des voûtes en bois qui malheureusement ont été plâtrées, mais dont les entraits et les poinçons sculptés sont intéressants.

Il y en a qui ont été couvertes de peintures précieuses. La voûte de l'église des Carmes, à Caen, par exemple, est encore décorée de grandes scènes qui représentent la vie de Jésus-Christ et qui ont été exécutées par un peintre de l'école de Restout, sinon par un membre de cette famille d'artistes. J'indique ici ces peintures ignorées, parce qu'elles s'effacent tous les jours, les curieuses nefs de l'église des Carmes étant aujourd'hui transformées en magasins.

Il y en a d'autres où l'on avait peint des décorations d'un beau style. Telle était la voûte de Saint-Nicolas-le-Peinteur, à Rouen, cette église autrefois fameuse par ses splendides verrières, et qui, changée en atelier à la suite de la Révolution, ne subsiste plus que dans une lithographie des *Voyages dans l'ancienne France*.

Dans la haute Normandie, surtout aux environs d'Évreux et de Lisieux, celles de ces voûtes qui n'ont reçu d'injures ni du temps ni des hommes ont conservé des détails curieux.

On remarquera, par exemple, les sculptures et les moulures des entraits, des poinçons et des sablières, les figures grimaçantes et les feuillages qui terminent ces pièces principales.

. Voici un type d'entrait qui domine surtout dans l'ancien évêché de Lisieux : une guivre gigantesque semble vouloir dévorer entre ses dents formidables le madrier de chêne à l'extrémité duquel elle est sculptée. Nous plaçons à côté un croquis de l'assemblage du

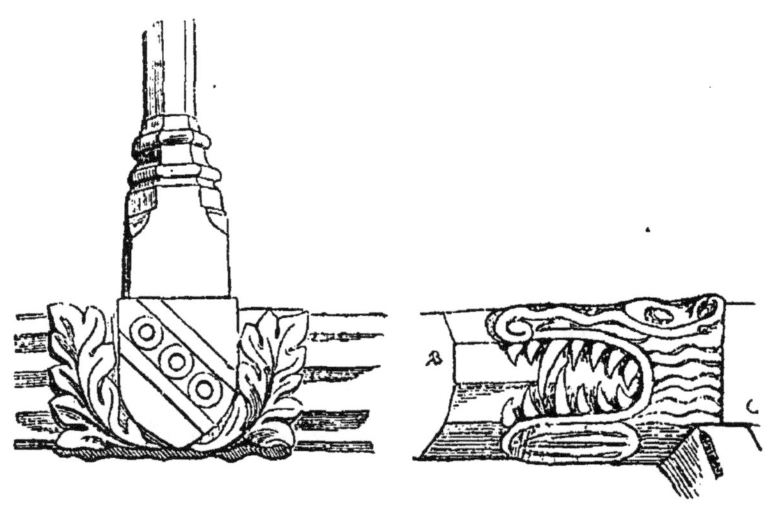

poinçon qui porte sur cet entrait ; nous avons dessiné ces détails de charpente dans l'église de Bois-Anzeray (Eure) :

A l'endroit où le poinçon est greffé sur l'entrait, celui-ci présente un renflement destiné à compenser

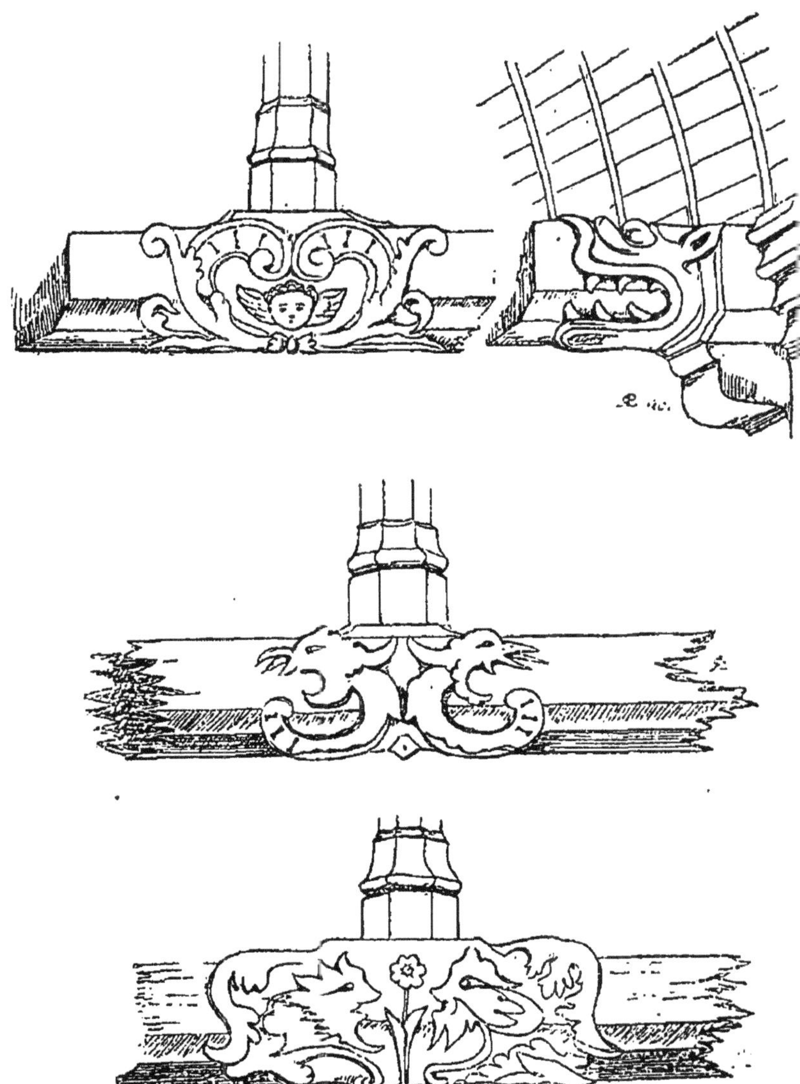

Entraits et poinçons de l'ancienne église de Sotteville-lès-Rouen.

l'affaiblissement produit par la mortaise, et on a profité de cette saillie pour y sculpter des armoiries.

Les entraits étaient ainsi ouvragés de préférence à trois endroits, aux deux bouts et au milieu, c'est-à-dire aux points de jonction avec les sablières et avec le poinçon. Le milieu portait souvent des blasons, placés ainsi en évidence.

Certaines de ces poutres ont été sculptées dans toute leur étendue et enrichies de torsades, d'oves, de perles, etc. M. Bouet en a dessiné une, qui était extrêmement riche, dans le chœur de l'église de Livarot ; elle était décorée de torsades et d'entrelacs avec les armoiries des anciens comtes de ce bourg ; des *rageurs*, ou têtes de requin d'un grand relief, étaient sculptés à chaque extrémité. Malheureusement, cet entrait a été supprimé vers 1850, pour mettre plus en évidence un pitoyable rétable d'autel fraîchement confectionné dans le style soi-disant grec ou romain. Un poinçon également sculpté a forcément disparu par la même occasion. Les poutres de la nef, quoique beaucoup plus simples, peuvent donner une idée de la richesse d'ornementation qui caractérisait celles du chœur. Les églises voisines sont remarquables par des charpentes du même genre. A l'entrée de Livarot, il existe une chapelle de la fin du xve siècle, celle du château de la Pipardière, qui est pleine de boiseries ornées. On y voit une tribune en bois sculpté et des voûtes de bois curieuses. La charpente même du clocher placé sur le milieu de la nef est visible de l'intérieur et couverte d'ornements. L'art du charpentier fut ainsi poussé très loin dans la construction de cette chapelle seigneuriale. On peut aussi citer la voûte en charpente de l'église de Landelle, près de Vire, qui semble avoir été imitée au xvii° siècle dans les églises des environs [1].

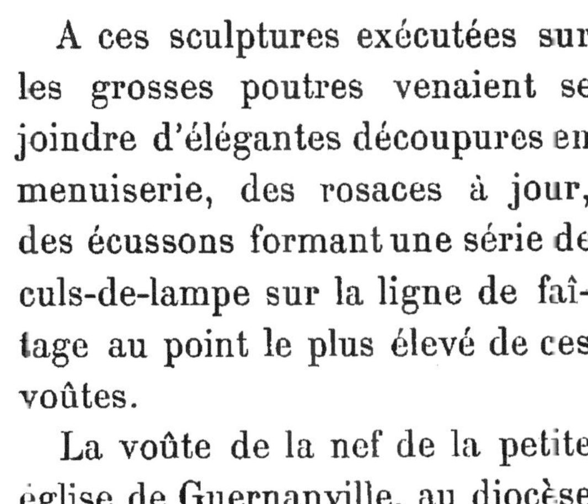

A ces sculptures exécutées sur les grosses poutres venaient se joindre d'élégantes découpures en menuiserie, des rosaces à jour, des écussons formant une série de culs-de-lampe sur la ligne de faîtage au point le plus élevé de ces voûtes.

La voûte de la nef de la petite église de Guernanville, au diocèse d'Évreux, a conservé d'intéressants fragments d'une décoration de ce genre.

La vignette ci-contre représente une portion de la nervure faîtière de cette voûte ogivale. Cette nervure est décorée d'une riche moulure bordée de feuilles de persil, en bois découpé à jour; des rosaces sont placées au point de jonction des baguettes ou couvre-joints qui descendent des deux côtés de cette voûte pour en assembler les douves.

<hr>

[1] Quelques-unes des poutres sculptées de la voûte de l'église Saint-Aubin de Guérande, en Bretagne, ont été lithographiées dans les *Voyages dans l'ancienne France*. Elles sont aussi terminées par des têtes de requins ou de crocodiles.

Des rinceaux sont peints en noir sur ces douves dans l'entre-deux des couvre-joints ou nervures verticales, comme on le voit sur cette figure.

A Guernanville.

On conservera avec soin les écussons suspendus à ces voûtes. Ils fournissent toujours de précieux renseignements pour l'histoire de l'église qui les renferme. En effet, à côté des armoiries seigneuriales, on retrouve la marque des plus humbles bienfaiteurs. A la suite des blasons nobiliaires viennent les chiffres des curés successifs, les emblèmes et les devises des confréries, la trace, en un mot, de tous ceux qui contribuèrent à la construction ou à la décoration du temple.

Quelquefois les nervures ou baguettes qui divisent la voûte en bandes ou voussures verticales ont été rehaussées de vives couleurs ou ciselées d'élégantes guillochures. Quelquefois aussi ces couvre-joints se terminent à leur partie inférieure par un feuillage ou un cul-de-lampe, comme on peut le voir dans cette vignette, où est représentée une portion d'*entrait* sculpté de la voûte de l'église de la Ferrière-sur-Risle (diocèse d'Évreux). On remarquera le riche profil des

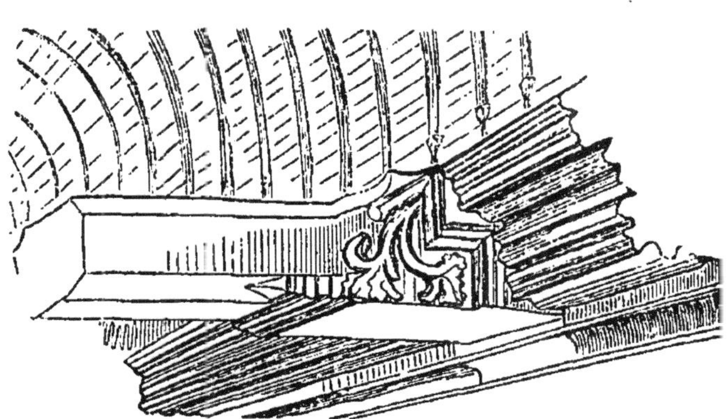

Fragment de la voûte de la Ferrière.

moulures de la *plate-forme* ou *sablière* de cette voûte.

Nous donnons à la page suivante un croquis de la voûte, aujourd'hui très altérée, de la petite église de Saint-Sébastien, près d'Évreux ; les nervures sont guillochées chacune d'un dessin différent.

Aux ornements sculptés venaient se joindre des ornements peints qui, je crois, n'ont encore été signalés nulle part, et qui peut-être n'existent que dans la contrée que j'habite, où j'en ai vu des exemples variés[1]. Ces ornements ont été tracés *à cru* sur le

. [1] M. Bouet nous écrit que l'on voit de beaux dessins du même genre et exécutés avec soin à la voûte de charpente fort curieuse qui couvre l'une des églises de Dijon.

merrain non peint des voûtes, à l'aide d'un emporte-

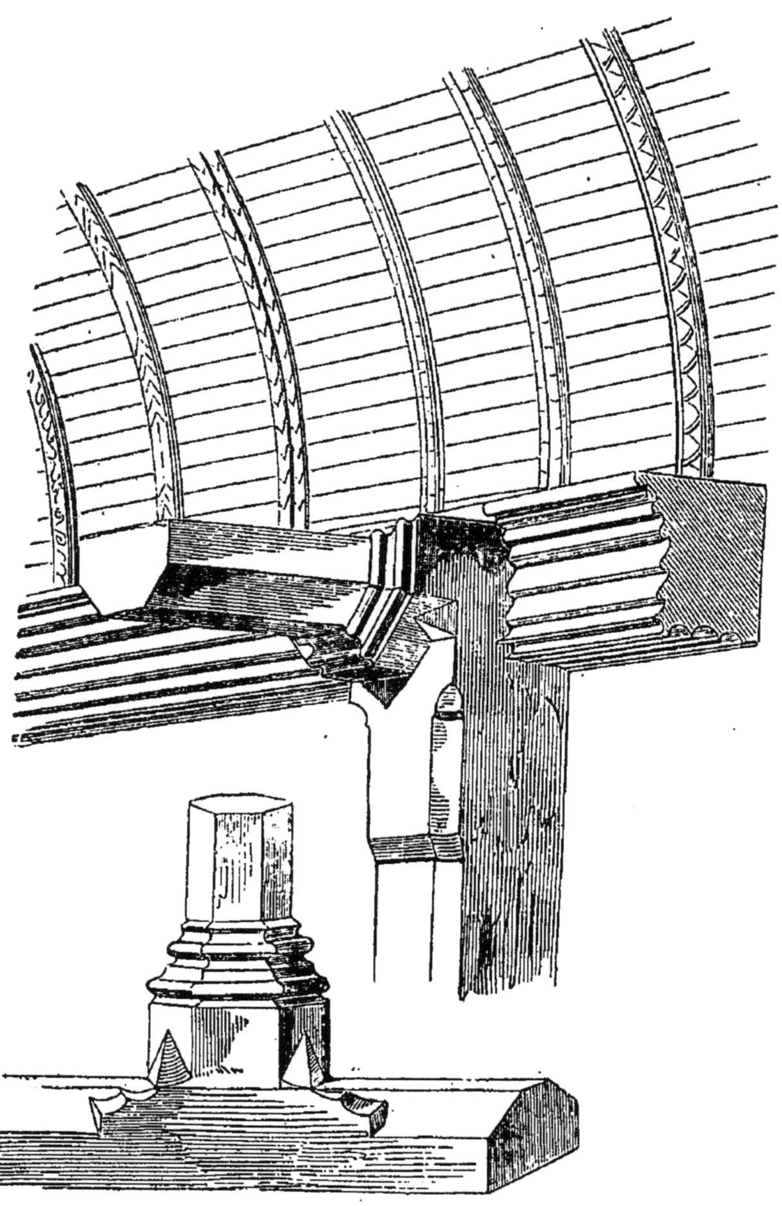

Fragments de la voûte de Saint-Sébastien, près Evreux.

pièce en tôle découpée ou en cuir percé à jour. Ils

font, sur le bois naturel, un effet assez semblable aux dorures que les relieurs exécutent sur le plat des livres.

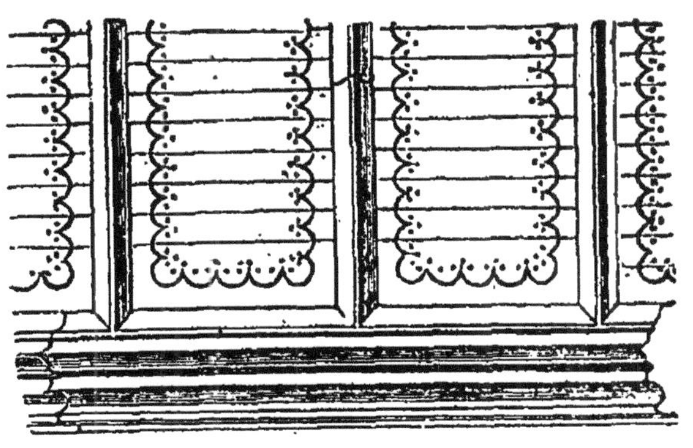

A Boisney.

Voici des fragments de cette ornementation bien simple, mais d'un très bon effet, que j'ai relevés dans deux églises entre Évreux et Lisieux :

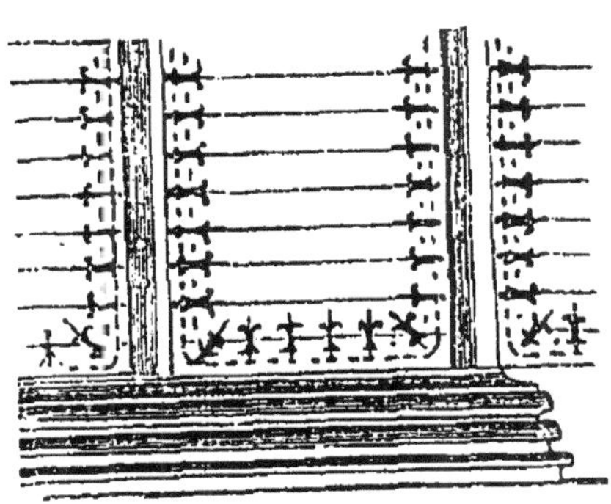

A Fontaine-la-Soret.

J'ai recueilli à Rugles, dans l'église Saint-Germain, cet autre échantillon, qui reparaît de place en place sous le badigeon :

Non loin de là, aussi à Rugles, le lambris de la

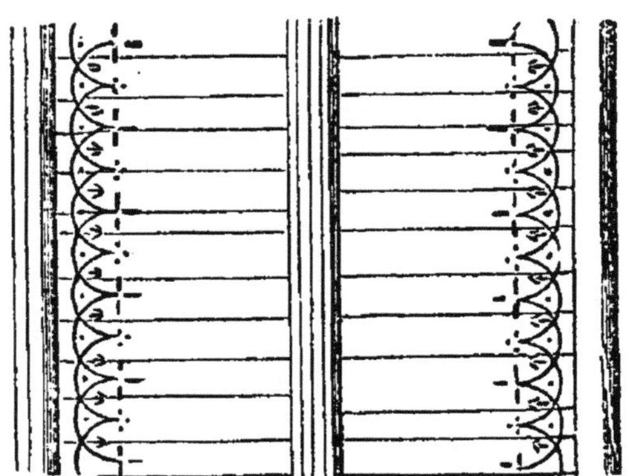

voûte ogivale de l'église abandonnée de Notre-Dame[1]
porte encore les dentelles suivantes, faites de même à
l'aide d'un emporte-pièce ou *pochoir* :

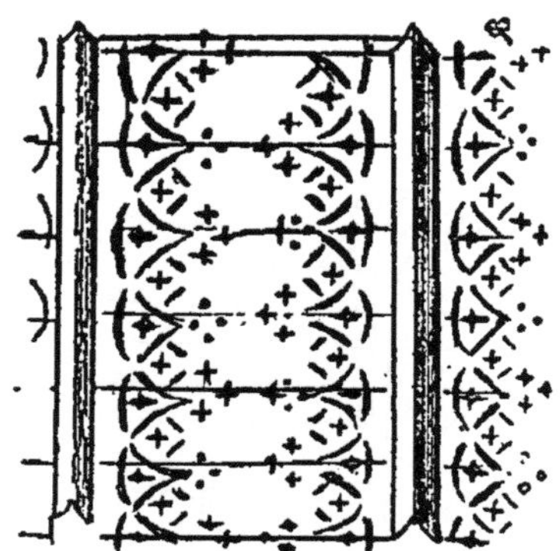

C'est encore avec des emporte-pièces semblables,
frottés de couleur rouge, qu'on a tracé sur la voûte

---

[1] Cette église de Notre-Dame de Rugles est très digne de la visite
des antiquaires, car ses murs en petit appareil romain avec chaînes de
briques en font un des monuments les plus anciens de la haute Normandie. C'est sans doute la plus vieille église du diocèse d'Evreux.

de l'église d'Illiers-l'Évêque (Eure) cet ornement dans le style du xvᵉ siècle :

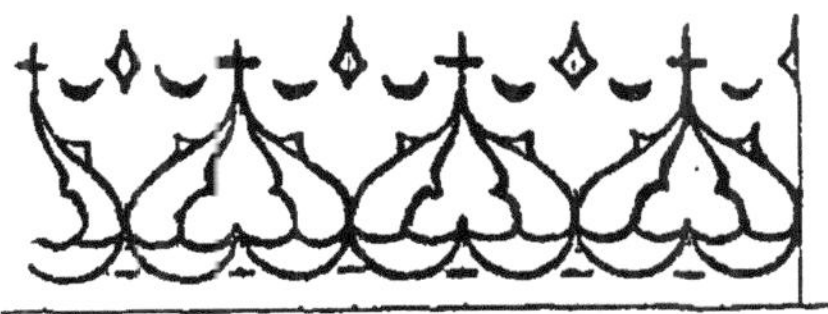

Cet autre type a été relevé dans l'église de Roman, près Damville :

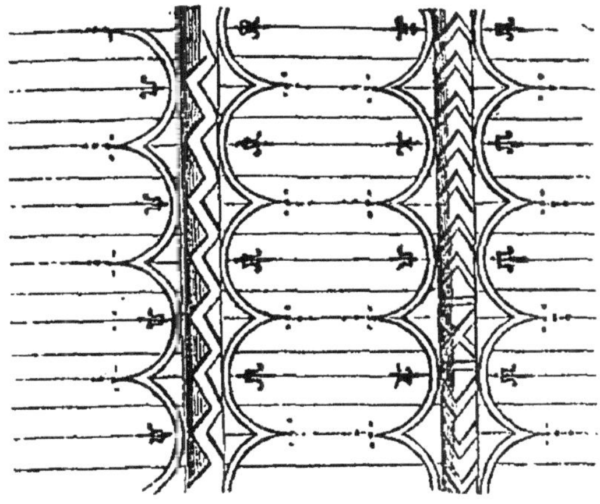

On remarque des broderies du même genre à la voûte de l'église d'Harcourt (Eure).

Parfois les sablières ont été décorées de peintures assez curieuses, par exemple, à Chéronvilliers, où la partie unie de ces pièces de charpente est enjolivée de rubans en zigzag peints en rouge et en noir.

Pour résumer ces détails, on voit que, loin de masquer ces anciennes voûtes, le moyen d'en tirer parti est de les restaurer dans leur style primitif, en conservant tous leurs ornements peints ou sculptés. Les enduits dont on voudrait les charger en compromettraient la solidité et ne tarderaient point à se gercer et à se détacher par lambeaux. D'ailleurs, le plafonnage des voûtes de merrain a un autre défaut, c'est de les rendre extrêmement sourdes et de les priver de leur sonorité, si précieuse pour une église. Les nefs voûtées en bois sont en effet comparables à la caisse sonore d'un grand instrument de musique, et cette raison suffirait à elle seule pour faire proscrire le badigeon et surtout les enduits.

Poutre avec décoration peinte, à Chéronvilliers, diocèse d'Evreux.

PLAFONDS ET VOUTES DIVERSES

Dans beaucoup de contrées, aux environs de Caen notamment et dans le département de la Manche, on s'étonne de rencontrer, dans des églises monumentales d'ailleurs, des plafonds plats en planches brutes et mal assemblées. Ces planchers grossiers remplacent des voûtes de pierre inachevées ou tombées, quelquefois des voûtes de bois disloquées parce qu'on en a coupé les entraits. On comprend que de pareils plafonds ne peuvent être considérés que comme provisoires. Si cependant ils avaient été construits avec soin et d'une manière définitive, s'ils présentaient quelque caractère d'antiquité [1] ou des décorations peintes ou sculptées, on devrait les respecter et les restaurer dans le style de leur construction primitive. Mais, d'ordinaire, on ne voit dans les églises des plafonds de quelque valeur que sous des buffets d'orgue ou des tribunes de peu d'étendue.

Les voûtes, d'ailleurs, conviennent seules aux églises, et la plupart des plafonds sont d'origine récente et sans caractère artistique.

DE QUELQUES VOUTES SIMULÉES

Nous avons posé comme principe que la simulation en matière architecturale devait être repoussée. Mais il n'est pas de règle sans exception, et la nécessité peut quelquefois justifier une dérogation à la maxime qu'en fait d'art il ne faut pas déguiser la nature des matériaux. Il y a, en effet, des cas où nous croyons que l'on fera bien de recourir à des voûtes simulées, faute de quelque chose de mieux. Les architectes anciens nous en ont donné des exemples. C'est ainsi que, il y a deux siècles, une partie des voûtes de la grande nef de l'Abbaye-aux-Dames, à Caen, étant tombée, ces voûtes ont été rétablies simplement en

____

[1] J'ai remarqué que ces plafonds sont fréquents dans les églises très anciennes, bâties probablement à l'époque où la construction des voûtes était encore peu répandue.

plâtre et produisent l'effet de voûtes en pierre. A Saint-Germer, les grandes voûtes de l'église abbatiale, s'étant écroulées dans une partie de la nef, ont été remplacées autrefois par des toiles peintes que, tout récemment, des architectes du gouvernement ont prises pour des voûtes réelles dont la solidité était compromise et qui, menaçant de leur énorme poids les fidèles et le monument lui-même, devaient être démolies en toute hâte. Mais on comprend que de pareils artifices, blâmables dans une construction neuve, ne doivent être employés que pour remplacer d'anciennes voûtes tombées, lorsque le peu de solidité des murs s'oppose au rétablissement d'une voûte en maçonnerie. Ce sont des palliatifs qu'il faut d'ailleurs employer avec discernement. Ces voûtes simulées doivent être établies dans le style de celles qu'elles remplacent et seulement pour remplir un vide et empêcher de voir la toiture. Il est évident que, sagement employées, elles sont préférables aux planchers établis en plusieurs endroits pour tenir lieu des voûtes inachevées ou détruites, et qu'il vaut beaucoup mieux recourir à du plâtre ou à la toile peinte que de démolir peut-être un édifice précieux.

CHAPITRE V

———

Les anciens pavages sont devenus trop rares pour ne point intéresser à un haut degré l'antiquaire et l'artiste ; leur beauté, leur convenance, l'harmonie qu'ils présentent avec les autres parties de la décoration des édifices gothiques les rendent très dignes d'être imités pour remplacer les pavages vulgaires qui déparent aujourd'hui trop de monuments [1].

Nous diviserons ce chapitre en deux sections : nous traiterons d'abord de la conservation des anciens pavages encore subsistants, et, en second lieu, nous formulerons quelques conseils pour le cas où il s'agirait de repaver une église.

[1] Voir sur le pavage des églises un bon article signé Petrus Schmidt, dans la *Revue de l'Art chrétien*, t. Ier, p. 97, et le travail de M. l'abbé Decorde : *Pavage des églises du pays de Bray*, inséré dans le même volume, p. 481.

1° CONSERVATION DES ANCIENS PAVAGES

Deux sortes de monuments se rencontrent encore dans le pavage des églises anciennes : les débris des pavements primitifs, remarquables par leurs ornements, leur matière ou l'arrangement symétrique et calculé des pièces dont ils sont composés ; puis les pierres tombales gravées et décorées de figures et d'inscriptions.

Une des plus brillantes décorations de l'architecture du moyen âge consistait dans les pavés émaillés, employés généralement pour les églises et les châteaux depuis le XIIe siècle jusqu'au XVIIe. Ces pavés émaillés étaient en terre cuite décorée de dessins et couverte d'un glacis ou vernis coloré ; on les combinait de diverses manières, et l'on en composait des rosaces qui rivalisaient avec les vitraux peints par leur éclat, en formant pour ainsi dire des tapis vitrifiés d'une extrême richesse. Comme on en fabriquait de différents échantillons, que leur grandeur et leur forme variaient comme leurs couleurs et leurs dessins, on pouvait obtenir des compartiments de tous genres. Chaque pavé pris isolément était cependant assez simple, et la plupart ne réunissaient que deux couleurs, celle du dessin et celle du fond ; mais, en les combinant ensemble, on arrivait à un effet beaucoup plus brillant que celui des mosaïques antiques, faites à grands frais avec des morceaux de marbre ou de verre coloré. D'ailleurs, chaque atelier où l'on fabri-

quait ces pavés adoptait des dessins particuliers. et
le goût de ces dessins a varié suivant les époqués, en
sorte qu'il serait facile, à l'aide des collections où
l'on a rassemblé des échantillons de ces carreaux de
terre coloriée et des nombreux recueils d'antiquités
où l'on en publie chaque jour des spécimens, de porter à plusieurs milliers peut-être le nombre des
types différents déjà connus en France et en Angleterre.

Si ces pavés, isolés les uns des autres, se rencontrent encore assez souvent, il est beaucoup plus rare
de les retrouver dans leur premier arrangement, c'est-
à-dire formant encore des rosaces et des compartiments réguliers. A peine peut-on citer quelques
églises ayant conservé une portion de leur pavage
primitif; car, en Normandie, le chœur de l'église de
Saint-Pierre-sur-Dives et la salle capitulaire de la
cathédrale de Bayeux sont, je crois, aujourd'hui les
seuls monuments religieux qui puissent donner une
idée de ce qu'étaient ces somptueuses mosaïques.

M. Didron a donné dans les *Annales archéologi-*
ques des planches coloriées représentant les anciens
carrelages de la cathédrale de Saint-Omer et de
l'abbaye de Saint-Denis; ces dessins montrent bien
quel était l'admirable effet de ce mode de pavage.
M. Gailhabaud a publié aussi des planches coloriées
consacrées à la reproduction de carrelages de ce
genre [1].

---

[1] *Les Arts du v⁰ au xvi⁰ siècle.*

Voici un quart de la grande rosace du chœur de Saint-Pierre-sur-Dives :

Les arts du moyen âge étant redevenus l'objet d'une légitime attention, ces carrelages, d'un effet plus grandiose que les pavés de marbre et les parquets usités dans les édifices de nos jours, doivent être conservés avec un soin scrupuleux, et une église n'en eût-elle gardé que quelques fragments, ce serait un acte de vandalisme véritable que de les faire disparaître.

Mais très peu d'églises possèdent encore ces pavés coloriés ; tandis qu'au contraire, au milieu des pavages vulgaires de notre temps, on retrouve souvent des pierres tombales sur lesquelles se remarquent encore des inscriptions et des figures.

Si les pavements de terre cuite émaillée sont d'un grand intérêt pour les arts, ces dalles funéraires ont une immense importance pour l'histoire, à cause des inscriptions qu'on y lit et des renseignements qu'elles procurent. Il en est aussi qui, par la perfection et la richesse de leur dessin, sont réellement des chefs-d'œuvre.

D'ailleurs, la raison d'art et d'histoire n'est pas la seule qui milite en faveur de la conservation des pierres tombales. Si les touristes sont charmés, en entrant dans une vieille église, d'y retrouver « un pavé poudreux, bossué par le relief des tombes[1] », l'ordonnateur qui cherche, en décorant un temple, à lui donner le caractère le plus grave et le plus religieux sait que ces monuments funéraires ont une éloquence particulière. Nous ne sommes plus, heureusement, au temps où les gens d'esprit du XVIIIe siècle conseillaient d'arracher les dalles sépulcrales du pavé des temples pour leur donner de la *gaieté* et en chasser les idées funèbres[2]. On s'aperçoit enfin que l'idée de donner de la gaieté aux églises est une chose ridicule. Tous ceux qui ont traité de la poétique des églises chrétiennes n'ont eu garde d'oublier les tombeaux.

Un architecte qui les ferait disparaître sous le pré-

[1] Victor Hugo, *le Rhin*, t. II, p. 340.
[2] *Bulletin du comité historique*, t. IV, p. 233.

texte de l'établissement d'un pavage neuf, un curé

qui tolérerait leur enlèvement mériteraient donc juste-

ment d'être accusés de vandalisme. Mais dans ce
chapitre nous ne traitons point des tombeaux en eux-

Fragments de la dalle tumulaire d'un prêtre dans l'église du Petit-Andely.

mêmes, nous les considérons seulement comme une
partie intégrante des pavages qui doit être conservée
avec le plus grand soin. Sous ce rapport, des recommandations nouvelles ne sont point superflues, car
dans beaucoup d'églises où l'on commence enfin à prendre soin des vitraux et des sculptures, où l'on tend
même à revenir aux traditions artistiques du moyen
âge, on ne se fait point scrupule de laisser détruire
les dalles funéraires incrustées dans le pavage. C'est

pourquoi nous formulerons ici quelques avis sur la ligne de conduite à tenir à l'égard de ces précieux monuments.

Si, par exemple, une mosaïque ou une dalle funéraire gravée se trouvaient dans un lieu de passage et en danger d'être usées, on devrait aviser, et, comme précaution provisoire, on les couvrirait d'un morceau de tapis ou au moins d'un paillasson. C'est faute d'une précaution pareille que depuis quelque temps deux dalles gravées que l'on remarquait dans la cathédrale de Bayeux, et qui étaient d'une haute valeur, ont été extrêmement dégradées, parce qu'on a placé inconsidérément à côté un confessionnal et le lieu de réunion d'un catéchisme[1].

L'instruction ministérielle pour la restauration des cathédrales, délibérée par la commission des arts et édifices religieux, contient sur ce point les deux articles suivants :

« 75. Lorsqu'il existera parmi les dalles qui couvrent le sol des cathédrales des pierres tombales gravées ou sculptées, et que ces pierres seront dans un lieu de passage, l'architecte proposera à l'administration de les remplacer par des pierres ordinaires, et il disposera ces tombes debout, le long des parements unis des chapelles, des bas-côtés ou des transepts, à l'intérieur, en ayant le soin de les placer sur des socles peu élevés, simplement adossées au mur, et retenues seulement

---

[1] Voyez un article de M. Ch. Bourdon sur les pavages de la cathédrale de Bayeux, dans le *Bulletin monumental*, t. XVII, p. 196.

par quelques pattes en cuivre proprement scellées
dans la muraille et le plus possible entre des joints
d'assises. Il ne pourra, en aucun cas, ni les faire
poncer pour les blanchir, ni faire regraver les parties
usées. Il est invité à les faire estamper en papier, au
moyen de poussière de mine de plomb, suivant le
procédé ordinaire[1], et à faire remettre ces estampages
à l'administration.

« 76. Dans les cathédrales et autres édifices diocésains où se trouveraient des carreaux en *terre cuite
émaillée* formant des pavages ornés ou des mosaïques,
l'architecte prendra des mesures pour les préserver
des dégradations ; et, si ces carreaux étaient placés
dans un lieu de passage, il les fera transporter dans
une chapelle ou tout autre endroit où ils pourraient
être facilement conservés. Dans tous les cas il les fera
dessiner avec soin. S'il y avait lieu de refaire le pavage
dans des chapelles dont l'aire aurait été couverte
autrefois de carreaux émaillés, on s'appliquera à
reproduire avec exactitude les dessins primitifs. A
cette occasion, on invite les architectes à bien constater le niveau primitif des églises toutes les fois qu'ils
auront à refaire des dallages. Les anciens niveaux
doivent être maintenus ou même rétablis s'ils avaient
été modifiés. »

---

[1] Lorsque les dalles ont leurs dessins en creux, il est un moyen d'estampage encore plus facile, c'est d'appliquer dessus du papier peu
collé, humecté préalablement, et de faire pénétrer ce papier dans les
entailles en le frappant avec une brosse molle. Lorsque ce papier est
séché, il reste en quelque sorte gaufré, et l'estampage ne pourrait être
effacé que par une forte pression.

J'ajouterai à ces deux articles quelques observations.

Le déplacement de ces dalles ou de ces pavages ornés doit être, comme toutes innovations, évité autant que possible. Sur ce point, il convient de faire une distinction.

Si le pavage a déjà subi des bouleversements antérieurs, si les pavés vernissés n'occupent plus leur place primitive, si l'on n'apercoit plus aucun vestige de l'arrangement des rosaces, il n'y a aucun inconvénient à les relever. De même, si les pierres tumulaires ne recouvrent plus le tombeau sur lequel elles avaient été posées ; si, comme il arrive souvent, on les a mêlées avec les autres pierres du dallage de l'église, on pourra sans hésitation les déplacer pour soustraire leurs dessins au contact continuel des pieds des passants. Il est même des cas où ce changement permettra de réunir les fragments d'une pierre tombale dispersés en plusieurs endroits du pavage, et de recomposer ainsi un monument brisé. Mais si les pavés ornés occupent encore leur place primitive, s'ils indiquent qu'une chapelle, par exemple, fut autrefois carrelée en couleur, il vaudra mieux les conserver au moyen d'un tapis que de les faire relever. Les dalles tumulaires, notamment, qui recouvriraient encore les restes de ceux dont elles portent l'épitaphe doivent, autant que possible, rester sur ces tombeaux. Ce serait faire de l'archéologie matérialiste que d'enlever ces monuments à leur destination. L'archéologie bien entendue veille, en effet, autant à la conservation des souvenirs qu'à celle des monuments des arts. La dalle funéraire qui au mérite des ornements et des épitaphes qui la décorent, réunit celui d'indiquer encore où sont les restes d'un homme illustre peut-être, est bien plus intéressante que celle qui n'est plus qu'un objet d'art ou de curiosité. Si un tombeau laissé en place était menacé de dégradation, on s'efforcerait donc, s'il était possible, de faire refluer la foule ailleurs, ou l'on recouvrirait le monument d'une natte ou d'une toile.

Enfin, si ces précautions ne paraissaient point suffisantes, ce serait le cas de recourir à un moyen que M. Schmit formule ainsi dans son *Manuel de l'architecte des monuments religieux*[1] : « Enlever les vieilles « pierres et les dresser contre les murailles, au plus « près et autant que possible en regard de la tombe, en « se contentant de mettre sur celle-ci une simple « inscription… renvoyant… à la pierre originale, pour « prévenir toute erreur. »

Voici une autre observation relative à la conservation même des intailles de ces dalles gravées, et cette remarque s'applique à toutes les inscriptions et tous les ornements exécutés en creux. Chaque fois qu'un artiste, au moyen âge, avait terminé un dessin quelconque exécuté par un simple trait, il prenait soin de remplir l'intaille avec un mastic coloré qui l'empêchait de se déformer. Toute gravure en creux exécutée sur métal, sur bois, sur pierre, était ainsi remplie d'une matière de couleur différente qui faisait valoir le trait et s'opposait à ce que le creux se remplît de poussière.

---

[1] Page 143. Ce passage est tiré d'un excellent chapitre sur les tombeaux.

C'était ce qu'on appelle le système des *nielles*. L'art de *nieller* fut très cultivé au moyen âge et il en reste de beaux produits. On sait que c'est à un graveur qui faisait des nielles que fut due l'invention de la gravure en estampes[1]. Les ornements gravés en creux sur les métaux précieux et qui décoraient les vases sacrés, les reliquaires, les bijoux, étaient remplis avec de l'émail noir ou avec des mastics de composition et de couleurs diverses. Les intailles des pierres tombales étaient remplies suivant un procédé analogue avec un mastic gras ou une substance résineuse ; c'est à cet usage que beaucoup d'entre elles ont dû leur conservation. Lors donc que l'on s'occupe de protéger ces monuments contre les avaries qui les menacent, il faut tenir compte de cet usage et se garder, en les nettoyant, de vider les intailles des restes de mastic qui pourraient y rester. Si, au contraire, le temps et l'humidité ont fait disparaître ce remplissage ordinaire, il conviendra, pour rendre les dessins gravés plus apparents, de les dégager des matières terreuses à l'aide d'un lavage exécuté avec prudence. Les dalles qui seraient salpêtrées ou verdies pourraient aussi être débarrassées des moisissures et des matières salines au moyen de lavages à l'eau bouillante.

Il va sans dire que, une fois relevées contre les murs[2], les pierres tombales et inscriptions seront pro-

---

[1] On connaît l'histoire de Tomaso Finiguerra, Florentin, à qui un heureux hasard donna l'idée de tirer sur papier des épreuves d'une *paix* en argent qu'il *niellait*.

Dans le midi de la France et en Italie les dalles tumulaires sont très rares. Au lieu de tombeaux placés dans le pavage on trouve des

tégées contre toutes dégradations, et qu'on n'imitera pas l'exemple donné dans l'une des églises de la ville de Bernay, où deux immenses dalles du xive siècle, provenant de l'abbaye du Bec et couvertes de magnifiques dessins, n'ont été fixées au-dessous de l'orgue que pour disparaître derrière d'immenses piles de chaises entassées chaque semaine contre elles[1].

Il va sans dire aussi que si un architecte ou une fabrique toléraient l'enlèvement de ces pierres tombales pour les remplacer par du pavé neuf ou pour les employer en guise de matériaux, une telle conduite

inscriptions écrites au bas des murs, tout le long des églises. Il existe deux curieuses inscriptions de ce genre au pied de l'abside de l'abbaye de Saint-Etienne, à Caen.

[1] En 1848, l'Association normande, réunie à Bernay, protesta contre cet état de choses et signala le prix de ces superbes pierres tombales. On ne tint point compte de cet avis, et, en novembre 1851, deux ecclésiastiques, amis des arts, me signalèrent le danger qui menaçait toujours ces monuments; ils avaient vu, quelques jours auparavant, le balayeur de l'église jeter les sièges l'un sur l'autre contre la face gravée de ces dalles qui tapissent tout un mur. Des esquilles de pierre se détachaient à chaque fois, et la partie inférieure de l'une des tombes en question est restée profondément dégradée.

Ce désordre n'a cessé qu'en 1857, par suite de la nomination du curé actuel. Les dalles tumulaires de Bernay viennent d'être publiées par M. Léon Le Métayer, dans un volume spécial accompagné de photographies.

Le vandalisme a recours à des moyens si variés qu'on me pardonnera de descendre dans cette note jusqu'aux plus infimes détails. Je ne comprends point pourquoi on a imaginé dans beaucoup d'églises de faire des amas de chaises précisément entre les piliers les plus délicatement sculptés, contre les objets d'antiquité les plus curieux et les plus fragiles. Je ne finirais pas si j'énumérais toutes les statues qui ont été mutilées, tous les bas-reliefs qui ont été brisés, tous les tableaux qui ont été crevés par suite de cet usage. Quel est le voyageur qui n'a pas été choqué de voir dans plusieurs de nos grandes cathédrales, à Bordeaux, par exemple, et jusque dans les églises de Paris, des chapelles ainsi remplies jusqu'en haut? Quel est l'artiste qui n'a pas regretté une sculpture cachée, un effet de perspective ou de couleur gâté par ces hideuses pyramides?

mériterait d'être dénoncée comme un acte de grossier vandalisme.

Cependant, que de dalles précieusement gravées et destinées à conserver la mémoire de personnages éminents, d'évêques, de magistrats, de savants illustres, ont été de nos jours livrées à la scie du tailleur de pierre et transformées en marches d'escalier, en seuils de portes, ou abandonnées à des emplois plus vils encore, sans que ceux qui auraient dû s'opposer à ce vandalisme aient paru songer qu'il était

> Honteux de rabaisser par cet indigne usage
> Les héros dont encore elles portent l'image !

2° DES PAVAGES NEUFS

Nous avons dit que les pavages contemporains de la construction même des églises sont de la plus grande rareté. On comprend, en effet, qu'une partie exposée à tant de frottements n'a pu avoir la même durée que les murailles de l'édifice. Aussi les pavages ont-ils souvent été renouvelés, et l'ancien usage d'enterrer dans les églises a contribué à faire disparaître les premiers pavages ornés. Cette disparition des pavages primitifs a beaucoup embarrassé les architectes qui se sont mis en devoir depuis quelques années de mener à fin des restaurations dans le style du moyen âge. Il était difficile d'admettre, en effet, que les plus vastes basiliques fussent entièrement carrelées avec des pavés vernissés, dont l'émail n'eût point résisté à l'action incessante du contact des pieds et eût présenté en même temps une surface trop glissante sous la lourde chaussure du peuple. Comment donc rétablir aujourd'hui le pavage de ces nombreuses églises où le sol est devenu inégal à force d'être foulé ? La question est toute nouvelle, mais cependant, si dans l'application les architectes sont encore en arrière, les archéologues ont, depuis 1845 environ, assez avancé leurs études sur ce point pour qu'aujourd'hui il soit devenu possible de renouer de ce côté la tradition des artistes du moyen âge.

Deux faits doivent d'abord être posés comme certains :

Premièrement, l'emploi du marbre a été inconnu ou abandonné pendant la période ogivale dans toutes les églises bâties en deçà de la Loire, c'est-à-dire dans les contrées mêmes où l'architecture gothique brilla du plus vif éclat.

Secondement, le sol des églises n'était point pavé d'une manière uniforme dans toute leur étendue. Le sanctuaire était carrelé avec plus de magnificence que le chœur, le chœur avec plus de luxe que la nef, dont l'aire était simplement couverte de vastes dalles de pierre. C'était autour des autels, dans le chœur et dans les chapelles, que les carrelages coloriés étalaient leurs plus riches rosaces.

Il suit de là que les pavages en marbre et en dalles noires et blanches, très convenables pour des monuments de style italien ou flamand, sont peu en harmonie avec le style de nos églises gothiques, et que les pavages de ce genre établis récemment dans la cathédrale de Bayeux et dans l'abbaye de Saint-Etienne, à Caen, ne doivent point servir d'exemples.

Si, en effet, on remarque des pavages en damier noir et blanc dans les vues d'églises peintes au commencement du xviie siècle par Peter Neefs et Steenwick, il ne faut point oublier que ces tableaux représentent des églises étrangères à notre pays. Dans l'ouest de la France, on n'en trouve point d'exemples antérieurs au xviiie siècle.

Les pavages en échiquier noir et blanc sont cependant préférables aux carrelages en pierre blanche à huit pans garnis de petit carreau noir. Ces carrelages, introduits à Paris dans le siècle dernier pour les antichambres et les paliers des grands escaliers, sont trop en vogue de nos jours dans les salles à manger et les boutiques pour être convenables dans les églises.

Conclusion de ceci : les nefs seront dallées en pierre, ou pavées en terre cuite unie si les dalles occasionnent une trop forte dépense. Le chœur, le sanctuaire et les chapelles seront carrelés en pavés vernissés, et tout en conservant les pavages en marbre établis au siècle dernier et dont plusieurs ont un mérite réel, on préférera à l'avenir la terre cuite vernissée ou incrustée pour les églises gothiques.

Mais on devra toujours, dans l'établissement d'un pavage neuf, conserver les dalles funéraires qui ont encore à leur place primitive, lors même que ces dalles seraient complètement effacées. Elles contri-

bueront à rompre l'uniformité d'un pavage entièrement nouveau, et ces vestiges d'antiquité auront
toujours de l'intérêt. D'ailleurs, il faut prendre garde
de trop remettre à neuf les vieilles églises, et rien
n'est plus en harmonie avec leur caractère grave que
la présence de ces pierres creusées par une fréquen-
tation séculaire, et qui, enchâssées dans le pavage
renouvelé, restent comme un témoignage des générations qui y sont venues prier.

Lors de la superbe restauration de Notre-Dame
de Châlons-sur-Marne, on a eu l'excellente idée de
recueillir de toutes parts, pour composer le pavage
des parties les plus notables de l'église, toutes les
pierres tombales complètes ou incomplètes que l'on a
pu retrouver, mais en employant à cet usage seulement celles dont les inscriptions avaient été effacées
par le temps ou mutilées par le vandalisme ou l'ignorance. On est parvenu ainsi à former un pavage très
monumental. Quant aux dalles tumulaires bien conservées, on s'est gardé de les exposer au frottement
des pieds; elles ont été, au nombre de vingt-deux,
redressées et encadrées contre les murs de l'église [1].

Je reviens aux pavés de terre cuite polychromes.
Je ne doute point, en effet, que d'ici à très peu de
temps on ne ressuscite cette branche aujourd'hui
perdue de l'art céramique, comme on a ressuscité la
peinture sur verre. Déjà en Angleterre plusieurs
églises catholiques ont été pavées en carreaux de terre

---

[1] *Congrès archéologique de France*, 1855, p. 316.

cuite coloriés, et en France des essais assez satisfaisants d'une fabrication analogue ont été tentés pour la restauration du château de Blois, où plusieurs carrelages de ce genre ont été rétablis. A Paris, M. Eschbauher a réussi à reproduire ces anciens pavés. Je suis persuadé, que si des commandes étaient faites à un potier intelligent, il serait facile d'établir ces briques coloriées à un prix moins élevé que celui du marbre, et que, si la fabrication était faite un peu en grand et d'une manière continue, les plus ornés de ces carreaux émaillés coûteraient assez peu cher pour redevenir d'un usage général.

Mais dès à présent on peut entrer dans cette voie pour les églises de campagne où un pavage simple suffit. Au lieu de pavés chargés de dessins et de rosaces, on se contenterait de pavés unis, coloriés les uns en vert, les autres en jaune, les autres en brun avec ces couvertes métalliques employées pour vernir les poteries communes. Des pavés en terre cuite ordinaire ainsi vernis, combinés de manière à produire des encadrements, des losanges, des figures géométriques, formeraient un pavage à la fois brillant et peu coûteux. Il serait facile encore de vernir des pavés moitié d'une couleur, moitié d'une autre, et d'obtenir ainsi des carreaux mi-partis de deux triangles, vert et rouge ou jaune et brun, qui composeraient ensuite des mosaïques dans le genre de celles-ci[1] :

---

[1] Duhamel du Monceau, dans son *Traité de l'art du potier*, in-folio, a donné une série de planches représentant des mosaïques de cette espèce, encore en usage au siècle dernier dans quelques provinces.

Quelques centaines de ces pavés coloriés suffiraient pour carreler le sanctuaire d'une église rurale et pour

faire une sorte de tapis monumental et indélébile dans les chapelles, devant les autels latéraux et autour des fonts baptismaux. Quant au chœur proprement dit, on pourrait se borner à combiner ces carreaux de couleur avec des pavés ordinaires, de manière à produire seulement une bordure ou des compartiments. La nef serait moins brillante encore ; on pourrait seulement y faire des encadrements avec des briques coloriées. Des pavés unis peuvent, sous la direction d'un homme de goût, produire des combinaisons d'un effet distingué. On voit encore quelquefois des carrelages anciens en simple terre rouge que des bandes longitudinales et transversales divisent en rectangles de longueurs différentes et de dessins variés. On peut ainsi, avec des matériaux communs, mais de diverses grandeurs, obtenir des pavages moins mesquins que ceux de nos habitations vulgaires. Il y avait autrefois de simples maçons qui savaient faire ainsi à peu de frais d'élégantes rosaces renfermées dans de jolies bordures.

Quant aux choix des dessins qui peuvent être exécutés dans les pavages, on doit se borner à des combinaisons géométriques, à des rosaces ou des arabesques. Les convenances autant que les prescriptions canoniques interdisent de représenter sur les pavages des emblèmes sacrés ou l'image de la croix. C'est par une violation des traditions les plus positives que depuis quelques années on a placé dans certaines églises des pavages en marbre où sont figurés des croix ou des monogrammes religieux [1]. Dans une lettre synodale, Mgr Baillès, évêque de Luçon, a rappelé sur ce point des règles qui n'ont été violées que par suite d'une tolérance toute moderne. « Il ne « suffit pas, dit monseigneur de Luçon, d'éviter « de mettre la croix sur le pavé et sur le marche- « pied des autels, il est encore défendu d'y placer « des images, d'y représenter des traits de nos saints « livres, ou de la vie des saints, ou des emblèmes « sacrés [2]. »

Ces règles ont été généralement observées par les artistes du moyen âge. Aussi les brillants pavages des églises ne représentent-ils point de sujets religieux. On ne gravait par terre que l'effigie des

---

[1] Au congrès de Tours, MM. Tailliar et Didron voulaient que l'on plaçât des croix dans les pavages. M. Daly les a très bien réfutés sur ce point. Voyez la *Revue générale de l'architecture*, t. VII, p. 538, où l'on trouve une histoire du pavage des églises, par M. Sirodot, et le *Congrès archéologique de France*, volume de 1847, p. 292.

[2] « In pavimento, quale illud sit, neque pictura neque sculptura crux exprimatur; nec vero præterea alia sacra imago, historiave, ac ne alia item, quæ sacri mysterii typum gerat. » S. Carol. Borrom. *Instructionum Fabricæ Ecclesiasticæ*, lib. I, c. VI, *de Pavimento*.

morts ensevelis dans les tombeaux. De cette absten-
tion, qui limitait la liberté de l'artiste, il est résulté
une situation assez semblable à celle des artistes
arabes, auxquels le Coran défend la représentation
des créatures animées, et qui ne pouvaient avoir
recours, pour décorer leurs ouvrages, qu'à des
tracés géométriques ingénieux et compliqués. Mais

Pavés coloriés, à Gisors.

l'artiste chrétien avait plus de ressources que l'artiste
musulman, car, outre les figures d'ornement, les
rosaces, les guillochures, les méandres, il pouvait
employer les figures fantastiques du blason, les lions,
les léopards, les griffons, les aigles à deux têtes. En

effet, si un sentiment respectueux interdisait de représenter sur le sol aucun sujet pieux, les mœurs féodales laissaient assez d'indépendance pour que l'on couvrît hardiment le pavé des temples avec les armoiries et les devises des plus redoutés seigneurs. Tandis que l'auréole des saints ne devait briller que sur les verrières et les murailles, le dernier des vassaux pouvait fouler sans crainte les emblèmes de la puissance et de la gloire terrestres. C'est ainsi que les fleurs de lis de France, les léopards normands ou anglais, les châteaux de l'écusson de Castille jonchaient le sol des églises, et formaient le brillant parquet où s'agenouillaient tous les rangs du peuple chrétien.

Nous recommandons ces réflexions au clergé et aux architectes. Dans le Calvados, notamment, on a sous la main les éléments nécessaires pour obtenir quand on le voudra des carrelages coloriés : il existe aux environs de Lisieux des fabriques de poterie où l'on applique sur les vases les plus grossiers des vernis plombifères dont le prix est extrêmement bas. Il serait très facile d'y faire couvrir d'émail vert, jaune, brun ou violet les pavés confectionnés dans les briqueteries. Il n'y a pas un siècle que les fourneaux du dernier fabricant de pavés vernissés se sont éteints à Saint-Désir-de-Lisieux, et les manoirs, les maisons anciennes des environs présentent encore des vestiges de ces brillants carrelages. On y trouverait des modèles de tous les styles et de toutes les époques. — Il dépend donc du clergé et des archi-

tectes de renouveler cette branche d'industrie. Qu'ils
commandent, et à leur voix cette fabrication locale se
ranimera, de même que les ateliers des peintres verriers se sont rouverts le jour où le goût des vitraux
s'est enfin réveillé !

Ce qui précède a été écrit en 1851. Depuis lors,
les espérances que nous manifestions se sont accom-
plies, et mieux que pour les vitraux. La fabrication
des pavés en terre cuite ornée, après quelques échecs
inévitables pour toute industrie qui renaît, produit
aujourd'hui des résultats pratiques. En Angleterre,
les pavés vernissés de Minton ont, par leur éclat et
leur solidité, défié d'abord la fabrication française.
Le chœur de l'église Saint-Jean, à Caen, et celui de
la nouvelle église de Notre-Dame-du-Vœu, à Cherbourg, sont depuis plusieurs années carrelés en pavés
de Minton, et le brillant de ces carrelages ne s'est
pas altéré, tandis que des pavages analogues posés
dans la grande salle du musée de Cluny et dans la
sacristie bâtie par M. Viollet-le-Duc, à Notre-Dame
de Paris, se sont écaillés et usés en peu de temps.
Cependant, dès 1852 ou 1853, la France possédait,
en pleine activité, trois fabriques de carreaux vernissés. Celle de MM. Sertier et Lebert, à Langeais,
en Touraine, en fabriqua une trentaine de mille dès
l'année de sa fondation. Les dessins sont solidement
cuits : la glaçure n'est pas rayée par l'acier, et elle
happe suffisamment pour n'être pas trop glissante
sous les pieds. Le prix de revient est de 5 à 8 francs

le mètre superficiel en carreaux unis, et en carreaux historiés de 5 à 20 francs, suivant la couleur et les dessins. Les pavés de couleur verte sont les plus chers. En moyenne, chaque pavé avec dessin coûte quatre sous environ. On trouvera dans le volume de la dix-neuvième session du congrès archéologique, tenu en 1852 à Dijon, un rapport sur la fabrique que M. Millard venait de fonder à Troyes. M. de Caumont a fait connaître, dans le *Bulletin monumental*, t. XIX, p. 661, les pavés mosaïques de la manufacture royale de Berlin. Ces pavés, composés de morceaux de terre cuite coupés géométriquement, sont d'une grande élégance.

Mais les pavés vernissés ont toujours eu, même à l'époque de leur meilleure fabrication, deux inconvénients : celui d'être plus ou moins glissants, malgré l'emploi d'un procédé spécial, puis celui de perdre tôt ou tard leur vernis L'impossibilité de remplacer les carreaux qui se trouvaient décolorés les premiers, a fait détruire beaucoup de pavages que l'on admirerait aujourd'hui. Des céramistes habiles, MM. Boulanger, à Auneuil, près Beauvais, ont donc imaginé de fabriquer des carrelages où la variété des dessins résulte seulement de la différence de couleur des terres employées, sans aucune glaçure superficielle. Ils ont fait des pavés incrustés et non vernissés, mats et non glissants, tels que le devenaient les pavés des anciennes fabriques quand la glaçure commençait à disparaître. Comme l'incrustation a plusieurs lignes d'épaisseur, et que les diverses terres employées sont très dures, ces

pavés ont une grande solidité. Aujourd'hui la fabrique
de MM. Boulanger, Ponthieux et Cie livre une quantité
considérable de ces séduisants produits. Le prix de
revient varie, suivant le dessin, de 16 à 30 francs le
cent; la couleur noire est la plus chère. Une autre
fabrique de pavés incrustés a été établie par M. Carpentier au Fossé, près de Forges, dans le pays de
Bray, en Normandie. On peut y faire fabriquer également des pavés vernissés.

Les pavés incrustés suffisent pour composer des
mosaïques très riches et d'un charmant effet ; cependant ils ne comportent que trois couleurs : le blanc jaunâtre, le rouge et le noir. Les pavés vernissés peuvent
seuls offrir le vert, le brun et le bleu ; cette dernière
couleur, particulière à la fabrique anglaise de Minton,
est moins harmonieuse que le vert.

Insistons, en terminant, sur le respect de l'antiquité,
et faisons un vœu énergique pour que l'emploi de ces
jolis carrelages ne devienne jamais l'occasion de la
ruine des vieilles dalles funèbres et des anciens pavages historiés!

CHAPITRE VI

M. de Châteaubriand a dit quelque part : « La
« lumière et l'ombre avaient bâti les édifices religieux
« plus que la main des hommes[1]. » Cette remarque
contient une vérité profonde.

Elle explique pourquoi les architectes du moyen
âge ont plus d'une fois dédaigné la symétrie et la
régularité dans l'espacement de leurs fenêtres. Tout
en possédant au plus haut degré l'art de calculer
l'équilibre entre le plein et le vide d'un mur, équilibre qui constitue souvent la plus réelle beauté de
l'architecture, les constructeurs des églises gothiques
n'oubliaient pas non plus de ménager à l'intérieur ces
effets d'ombre et de lumière qui font de leurs nefs
des tableaux véritables, quoique trop souvent l'accord
en soit brisé par des changements inconsidérés ou de
prétendus embellissements. A l'extérieur, en traçant
leurs harmonieux profils, en variant leurs lignes, en

Vie de Rancé.

découpant le galbe de leurs édifices, ils se montraient possesseurs de tous les secrets de l'art du dessin; mais à l'intérieur, sans renoncer au prestige de proportions habilement cadencées, ils se montraient surtout coloristes.

Si, à l'extérieur, il importe de ne pas modifier les fenêtres anciennes, parce qu'elles constituent un des traits les plus caractéristiques de la physionomie architecturale des édifices du moyen âge; à l'intérieur, bien plus encore, il faut prendre garde d'altérer, par des changements dont on n'aurait pas calculé la portée, les effets d'ombre et de lumière d'où dépendent souvent la grandeur apparente et l'aspect religieux.

Rien n'est donc plus capital que l'agencement et la décoration des fenêtres d'une église, car c'est par elles que pénètre la lumière, et c'est dans l'emploi de la lumière que résident tous les secrets de l'art. Position des ouvertures par où elle se dirige; meneaux et réseaux de fer et de plomb qui la divisent; vitraux épais et coloriés qui l'affaiblissent et la rendent mystérieuse; tout cela joue un rôle important.

C'est par les fenêtres surtout que l'architecture religieuse diffère de l'architecture civile et domestique. Dans nos habitations où la vie matérielle et ses nécessités sont seules prises en considération, les fenêtres doivent s'ouvrir larges et nombreuses pour laisser pénétrer l'air et le soleil, pour permettre de contempler à chaque instant les splendeurs de la nature ou l'animation du dehors. — Les ouvertures sont là non pas seulement pour faire entrer une lumière vive et pure, mais encore

pour laisser sortir nos regards et nous mettre en communication avec le bruit et le spectacle du monde.

Mais les fenêtres d'une église, semblables à des yeux
dirigés vers le ciel, sont placées au-dessus de nos têtes :
au lieu de laisser pénétrer le bruit et l'image des choses
terrestres, elles tendent à nous séparer de ces distractions extérieures ; la lumière qu'elles distribuent illumine les objets d'une clarté qui arrive d'en haut et
qui s'est modifiée en traversant l'épaisseur des verrières : au lieu d'offrir à notre curiosité le changeant
aspect de la mobilité d'ici-bas, elles n'offrent à nos
regards que la vision des peintures religieuses[1].

Les fenêtres percées dans le sanctuaire et baignées
des clartés argentines de l'orient, les grandes rosaces
du portail étincelantes des feux du soleil couchant,
sont, au point de vue de l'effet d'ombre et de lumière,
les plus essentielles de toutes ; et l'on comprend quelle
faute commettent ceux qui les font boucher pour
mettre en relief un tableau ou un autre objet secondaire.

Presque toute la poésie des églises chrétiennes
résulte à l'intérieur de ce rôle des fenêtres et de ce
caractère de la lumière. Les temples païens et les
églises modernes, avec leurs soupiraux percés dans

---

[1] « Pénétriez-vous dans le lieu saint, en vérité vous n'étiez plus sur
la terre. Rien qui ressemblât à la lumière qui préside aux travaux des
hommes, rien qui rappelât les humbles demeures ou s'écoule la vie
mortelle, rien qui parlât des passions aux cœurs qu'elles consument...
Comment ne pas se recueillir dans des pensées de foi à la lumière de
ces peintures vivifiées par les rayons du jour, et mystérieuses comme
les lointaines visions d'un monde meilleur?... » *Mélanges d'archéologie
d'histoire et de littérature*, par les RR. PP. Ch. Cahier et Arthur Martin,
t. Ier, p. 2.

les plafonds et les coupoles, sont privés à la fois et des
beaux contours de fenêtres élégamment découpées et
« de ce luxe si bien entendu des vitraux, qui prête un
« jour mystérieux aux solennités religieuses, et qui
« paraît inventé pour l'architecture romantique du
« christianisme[1].:. »

A ces raisons poétiques viennent s'ajouter encore
en faveur du type traditionnel des fenêtres d'église la
raison de solidité et de durée, si puissante quand il
s'agit de constructions monumentales. Les fenêtres
des édifices religieux sont protégées à l'extérieur tout
au plus par une grille ; le motif de sûreté prescrit donc
de les percer plus haut que celles de nos demeures.
Leurs larges vitrages, exposés sans protection à toutes
les intempéries, doivent durer des siècles et se passer
autant que possible de réparations : leurs armures de
fer, leurs verres épais et leurs plombs multipliés
deviennent encore une nécessité.

Mgr Devie a dit dans son *Manuel... pour faire suite
au Rituel de Belley :* « Il est à propos que les fenêtres
« d'église soient grandes et placées à une certaine
« hauteur, parce que les jours qui viennent d'en haut
« font mieux ressortir les tableaux et les autres orne-
« ments[2]. » On voit que cette raison n'est point la
véritable, car s'il s'agissait seulement de faire ressortir
les tableaux, les temples devraient être éclairés comme

---

[1] Charles Nodier. *Voyages pittoresques dans l'ancienne France*, Normandie, t. II, p. 68.

[2] *Manuel des connaissances utiles aux ecclésiastiques sur divers
objets d'art*, p. 317.

un atelier de peinture ou comme un musée, c'est-à-dire d'un petit nombre de jours placés très haut. Mais les églises ne sont point des musées, leur mystérieuse clarté est projetée par des fenêtres multipliées. L'unité de lumière, indispensable dans un atelier de peintre, serait d'un médiocre mérite dans un lieu de prières. Le jour qui règne dans une galerie de tableaux ne peut d'ailleurs être le même que celui des églises, puisque les vitraux peints, si favorables au recueillement, sont inadmissibles pour les musées. Où les tableaux sont le principal, l'édifice leur est subordonné ; mais dans une église les tableaux ne sont qu'un accessoire, et l'effet général du monument doit leur être préféré.

CHAPITRE VII

DE LA CONSERVATION ET DU RÉTABLISSEMENT DES VERRIÈRES
PEINTES

———

Les peintures sur verre du moyen âge sont un des plus précieux trésors des églises. Tous les efforts d'une fabrique doivent donc tendre à conserver intégralement ceux qu'elle peut posséder. Ces brillants monuments d'un art longtemps oublié n'intéressent pas seulement l'antiquaire, l'artiste et l'historien, ils ont intrinsèquement une grande valeur vénale. Les imitations modernes, qui n'ont cependant aucun mérite historique, coûtent de 100 à 500 francs le mètre superficiel ; ces prix peuvent donner une idée de l'importance des vitraux anciens, plus parfaits et si intéressants par les renseignements qu'ils fournissent sur les temps déjà loin de nous. Les moindres fragments doivent donc en être précieusement conservés.

Nous transcrirons ici les articles de l'instruction ministérielle sur l'entretien des cathédrales, relatifs à la vitrerie et aux vitraux coloriés :

« 64. L'entretien et la conservation des verrières de nos églises demandent la plus grande attention.

« Lorsque les verrières sont précieuses sous le rapport de l'art et de l'histoire, on devra, surtout au rez-de-chaussée, les faire garnir à l'extérieur de fins grillages, non point scellés dans l'architecture ou les meneaux, mais maintenus après les ferrures mêmes des fenêtres.

« 65. Lorsque les verrières seront en mauvais état et qu'il deviendra nécessaire de réparer la mise en plomb, l'architecte surveillera cette opération avec soin ; il empêchera qu'il n'y ait de déplacements opérés dans les panneaux lors de la repose, ou qu'aucun fragment des verres anciens ne soit enlevé. Les plombs d'assemblage que l'on sera obligé de remplacer devront avoir une forte épaisseur, conforme à celle des plombs primitifs ; ils seront bien soudés à leur rencontre, mais non point dans toute leur étendue, ce qui rendrait les réparations ultérieures difficiles. Si des fragments de verres viennent à manquer, on les remplacera provisoirement par du verre blanc *dépoli* [1] ou *teinté*, et jusqu'à ce que la restauration puisse être achevée d'une manière convenable.

« 66. Pour éviter l'oxydation des fers, si nuisible à la conservation des verrières, il est essentiel de faire peindre ces fers dès que la rouille se forme à leur surface.

---

[1] Nous verrons plus loin ce qu'il faut penser de l'emploi du verre dépoli.

« 67. Lorsque des panneaux seront en réparation, on devra se garder d'en faire nettoyer ou gratter les verres ; il faudra se borner à les passer dans l'eau pure, bien éponger et sécher, sans employer ni brosses ni linge.

« 68. Jamais un panneau ne devra être démonté sans que préalablement l'architecte n'ait fait ou fait faire un calque parfaitement conforme du panneau ancien, avec l'indication des plombs, du modelé, des couleurs et des cassures. L'architecte sentira la nécessité de cette mesure, destinée à mettre sa responsabilité à couvert ; il comprendra aussi, par la même raison, qu'il ne saurait faire sortir des verrières ou fragments de verrières des localités où elles se trouvent sans une autorisation spéciale de l'administration ; que les réparations et mises en plomb devront toujours être faites dans le monument même ou dans une de ses dépendances, et sous sa surveillance particulière ou celle de son agent. »

Les églises rurales ne possédant pas d'architecte chargé de les surveiller, la conservation des vitraux qui peuvent s'y rencontrer doit être l'objet de l'attention du curé. C'est pourquoi nous compléterons par quelques détails l'instruction que nous venons de citer et qui s'adresse surtout aux architectes de profession.

Si la vitrerie ancienne d'une église n'est pas d'une solidité parfaite, le curé devra, après les orages et les grands vents, la visiter avec soin et la parcourir du regard, pour s'assurer qu'aucune pièce de verre n'est tombée ou ébranlée. Les fragments détachés ou sur le point de sortir de leurs plombs seront précieusement recueillis. On fermera sans retard les moindres ouvertures qui existeraient dans les panneaux, à l'aide d'un morceau de verre ordinaire fixé avec du papier ou du mastic, car un seul trou, en laissant passage au vent, peut devenir la cause de la destruction d'une verrière entière.

Si le vitrail, sans présenter actuellement d'ouvertures dangereuses, n'est soutenu que par des plombs en mauvais état; s'il est, comme cela arrive trop souvent, disloqué jusqu'à un certain point, il sera très prudent de relier les verres entre eux par des bandes de papier collées à l'intérieur, et d'empêcher ainsi le mal de s'aggraver, jusqu'au moment où l'on aura les moyens d'entreprendre une consolidation définitive. C'est faute d'un soin pareil que l'église de Louviers a perdu, il y a quelques années, une de ses plus précieuses fenêtres, effondrée par un ouragan, mais qui eût résisté si ses plombs et ses meneaux avaient été raffermis en temps opportun.

Pour mener à bonne fin une restauration, il ne suffit pas d'avoir des ressources pécuniaires, il faut avoir encore à sa disposition un ouvrier apte à ce travail, et savoir soi-même le diriger. Un homme patient, doué d'adresse manuelle et d'une attention minutieuse, peut seul réussir dans ces travaux délicats. Une exacte probité n'est pas moins nécessaire que l'intelligence et la docilité chez celui à qui l'on confie d'anciennes verrières, car certains vitriers ne se font pas scrupule de dérober des portions des vitres an-

ciennes qu'on leur livre, et qui, remplacées par des
verres de couleur modernes, sont achetées ensuite
un haut prix par des brocanteurs.

Voici quelques conseils que les ecclésiastiques
appelés à faire restaurer des verrières feront bien de
mettre en pratique :

Faire faire autant que possible ces réparations sous
leurs yeux. Il ne faut point exposer à toutes les
chances d'un voyage des objets aussi fragiles.

Faire calquer, comme le prescrit l'instruction que
nous venons de citer, tous les panneaux anciens, et
conserver un double de ce calque, après avoir vérifié
son exactitude et compté le nombre de pièces de
verre. Toute restauration de vitraux doit être précédée d'un inventaire écrit et dessiné [1].

Ne livrer qu'un ou deux panneaux à la fois, afin
d'être maître d'arrêter l'opération si on n'en est point
satisfait, et aussi pour prévenir la confusion et le
mélange des pièces de verre, en empêchant de les
transporter d'un panneau dans un autre.

Veiller au maintien de tous les fragments anciens,
sauf à faire consolider les morceaux trop fracturés en
les fixant entre deux feuilles de verre blanc.

Faire remettre dans leur ordre les pièces visiblement déplacées dans des réparations maladroites, et
ôter les morceaux provenant des verrières étrangères,
qui jettent de la confusion dans le sujet. Cette opé-

---

[1] Il n'est pas besoin d'être habile dessinateur pour exécuter un
calque, et tel curé de campagne ferait un excellent emploi de ses loisirs en calquant les anciens vitraux de son église.

ration très délicate ne peut être entreprise que sous la direction d'un homme ayant étudié sérieusement les sujets à rétablir.

S'opposer à l'emploi de tout mordant, de tout lavage de nature à enlever le travail de peinture appliqué *en apprêt* sur la superficie des verres coloriés, et qui, surtout dans les vitraux des dernières époques, s'efface au moindre frottement. Il faut, en effet, bien se garder de prendre pour de la crasse la couverte appliquée après la cuisson sur certaines parties des verrières pour harmoniser l'ensemble. Les traits les plus délicats du visage, les ramages des étoffes et les broderies des vêtements, les accidents de terrain, toutes les demi-teintes ont presque toujours, et surtout au xvie siècle, été exécutés avec des glacis superficiels très peu solides et qui n'ont résisté qu'autant qu'ils se trouvaient sur le côté intérieur de la verrière [1].

Avoir soin que les vitres ne soient point retournées, c'est-à-dire que la face destinée à se trouver à l'intérieur ne soit point mise en dehors, ce qui exposerait les finesses de la peinture à être effacées par la pluie, et ce qui, de plus, met les sujets à contre-sens et rend les inscriptions illisibles. Si des verres avaient été retournés lors de précédentes restaurations, on les reposerait dans leur sens primitif.

Prohiber toute retaille des pièces de verre, parce que cela déformerait les contours des figures et ren-

---

[1] Voyez aussi le *Bulletin du Comité des arts*, t. IV, p. 238 et 239.

drait incorrectes des peintures jusque-là parfaitement dessinées.

Si les vitraux n'ont pas déjà subi une remise en plomb totale, prescrire la conservation des plombs primitifs qui seraient encore solides. et durables, et ne laisser remplacer que les plombs oxydés et pourris.

Exiger, par la même raison, que les plombs soient d'un calibre semblable aux anciens, afin que l'écartement des pièces de verre reste exactement ce qu'il était primitivement. On doit se défier de certains plombs modernes dont les ailes ou languettes trop minces se courbent au moindre effort. Les plombs du XIIIe siècle poussés au rabot sont d'une solidité remarquable.

Si le vitrail ne présente que quelques lacunes, ne point les remplir avec du verre absolument blanc, parce que des parties blanches au milieu de panneaux coloriés détruisent tout l'effet de ceux-ci et font paraître ternes et sales les peintures les plus brillantes. Mais, en choisissant du verre fortement coloré, on se gardera d'emprunter des fragments provenant d'une autre verrière, selon l'usage malheureusement suivi par trop de vitriers. Si l'on ne peut faire peindre par un peintre verrier le morceau manquant, on mettra simplement une pièce de verre de couleur unie.

La remise en plomb totale ou partielle étant terminée, on confrontera la verrière restaurée avec le calque pris avant l'opération, et on s'assurera, par la superposition, que tous les contours coïncident et que le dessin n'a en rien été altéré.

Enfin, sous aucun prétexte, les verrières ne seront changées de fenêtres ; on ne portera point, par exemple, dans le chœur les vitraux de la nef, mais on respectera toujours l'ancien état de choses, que l'on pourra seulement rétablir si l'on a la certitude qu'il ait été troublé par quelque prétendue restauration contemporaine.

Mais on doit éviter de toucher à ces anciens monuments : « Il ne faut généralement faire que ce qui « est indispensable... Le premier mérite d'un travail « de ce genre, c'est la sobriété [1]. » On doit plutôt se borner à une consolidation intelligente que d'effectuer une restauration complète. Remettre des verres où il en manque, refaire l'armature quand elle est oxydée, la résille de plomb quand elle est pourrie, voilà pour la plupart des cas, le but qu'il ne faut pas dépasser.

Nous avons insisté sur la conduite à suivre quant à l'entretien des verrières, parce que, sur ce point, il y a beaucoup de progrès à réaliser encore. Ici on laisse le vitrier enlever des débris de personnages, des fragments d'inscriptions, des blasons importants pour l'histoire locale, sous prétexte que ces fragments éparpillés dans des vitres blanches ne présentent plus rien de complet. Plus loin, on néglige entièrement des verrières très dignes d'intérêt, parce

[1] Aphorisme du Comité des arts et monuments. *Bulletin*, t. IV, p. 63.

que, dit-on, l'on voit de pareilles peintures dans toutes les églises de la contrée, sans songer que, si certaines régions sont riches en vitraux anciens, il est des départements entiers qui en sont à peu près privés. Enfin, certaines gens déclarent qu'il est inutile de réparer ces vieilles vitres disloquées, puisque, disent-ils, aujourd'hui on a retrouvé le *secret* pour en faire de toutes neuves[1]!

D'ailleurs, le temps où l'on enlevait à la Sainte-Chapelle de Paris et à la cathédrale de Beauvais les deux premiers panneaux du bas des verrières *pour raccommoder le reste* n'est pas encore loin de nous. Si, dans plus d'une église, « les vitraux bouclent ou « sont enfoncés dans certaines parties, dans d'autres « ils sont ajustés de la façon la plus barbare. Ici, « les panneaux sont déplacés ; là, les légendes mises « à l'envers ; des personnages ont une jambe à la « place d'un bras ; la tête de l'un est remplacée par « un obélisque. En un mot, tout révèle, au milieu « des restaurations, la main d'un vitrier maladroit, « plus occupé de boucher les trous que de respecter « le sens commun[2] »

---

[1] « On trouve souvent encore, » dit M. Schmit, « dans les greniers de certaines églises, des débris de vitres peintes, des panneaux de verrières mis au rebut et disloqués. Quelquefois encore une fenêtre restée en place peut se trouver démontée par un coup de vent. » On a grand tort d'abandonner ces débris sous prétexte qu'ils seraient entièrement perdus ; il est presque toujours possible de rétablir ces fragments dans leur ordre primitif et de les remettre en plomb. Un verrier patient arrivera à des résultats surprenants. M. Schmit, page 212 et suivantes de son *Manuel*, est entré dans d'excellents détails sur la manière de s'y prendre pour retrouver l'ordre des pièces et reconstituer les sujets.

[2] M. Jules Fériel. Description des vitraux de l'église de Ceffonds (Haute-Marne), dans le *Bulletin du Comité des arts*, t. IV, p. 137.

Nous avons été très étonné de trouver enseigné dans un écrit sur le *goût* dans les décorations d'églises ce singulier moyen de réparer les vitraux. L'auteur, qui paraît tenir avant tout à la *régularité*, veut, pour rendre les défectuosités moins sensibles, que l'on mette « en réserve les verres coloriés que l'on aurait ôtés, « pour tâcher, avec leurs fragments, de raccommoder « les autres vitraux de couleurs qui, par la suite, « pourraient être cassés. » Il conseille aussi, « lorsque « dans une vitre il existe des lacunes..., de transpor- « ter en certains cas des vitraux coloriés d'une place à « une autre, pour rendre l'aspect de cette vitre moins « irrégulier, ou, dans certains autres cas, de parer « aux défectuosités dont il est question en plaçant un « tableau ou des rideaux devant une partie de cette « vitre[1]. » Nous avions vu de trop fréquents exemples de ces raccommodages déplorables, mais nous ne nous doutions point qu'on les eût enseignés. C'est pour mettre en garde contre des avis de ce genre que nous les avons cités.

Une restauration mal faite équivaut presque à la destruction d'un vitrail, et on ne peut jamais se mettre assez en garde contre les allures expéditives des entrepreneurs de vitraux. — Nous le répétons, une restauration doit être exécutée d'une façon méticuleuse, autant que possible dans le pays même, sous le con-

---

[1] *Essais sur le goût dans les décorations d'églises* (Nancy, 1836), p. 154 et 155. — Il n'est pas besoin de remarquer que leur usage vulgaire et leur peu de durée doivent, en général, faire bannir des fenêtres d'église les rideaux et les stores.

trôle désintéressé d'un antiquaire. Sans doute, un
travail de ce genre est long et fastidieux, et l'ouvrier
devra être payé en proportion du temps qu'il
dépense ; mais c'est un grand tort de marchander en
fait de restaurations : dût-on payer aussi cher pour
faire restaurer avec patience des vitraux anciens que
pour avoir des vitraux entièrement neufs, on ne devrait
pas hésiter, car un vitrail ancien aura toujours, au
point de vue de l'art, de l'histoire et même de l'avenir
une valeur bien plus grande que les vitraux exécutés
de nos jours, qui, en général, laissent énormément à
désirer sous le rapport du style, du sentiment religieux
et de la solidité, et ne doivent, en vérité, être considérés que comme des pis-aller[1].

Nous arrivons au second objet de ce chapitre : le
rétablissement des verrières peintes. Nous disons *réta-*
blissement et non point *établissement*, car il faut rechercher en cela l'ancienne ordonnance de l'architecture. Il
est certaines fenêtres qui n'ont jamais dû recevoir que
des vitres en losange, soit pour ménager une clarté
nécessaire, soit pour faire valoir d'autres verrières.
Si l'on est sûr qu'une fenêtre a été autrefois garnie de
vitraux peints, il faut tâcher de retrouver le sujet de
ces anciennes peintures. Souvent des fragments sub-
sistant encore dans le tympan des fenêtres permettront
à un verrier sérieux de reconstituer le dessin primitif.
Souvent encore l'étude des verrières conservées révélera
quel était l'ensemble iconographique de toute l'église.

---

[1] *Congrès archéologique de France* (1857), t. XX, p. 186.

Nous avons vu des verriers ignorants, ou trop pressés de placer leur marchandise, substituer des sujets choisis au hasard à un ensemble dont on eût pu aisément retrouver le système, et gâter ainsi des églises d'où il faudra tôt ou tard déloger ces décorations parasites. C'est ainsi qu'à Notre-Dame de Louviers on a posé d'assez misérables vitraux neufs, sans s'inquiéter des anciens dont les fragments intéressants sont jetés au rebut dans les greniers.

En un mot, on abuse déjà de la peinture sur verre. Entraînés par l'éloquence des commis voyageurs en vitraux peints, beaucoup de curés font poser des vitres de couleur là où il n'y en a jamais eu, là où il n'y en a jamais dû exister. Du goût excessif pour le grand jour, qui poussait sous l'Empire et la Restauration à détruire d'admirables vitraux pour mettre à la place des carreaux blancs, on est passé à un autre excès. Les mêmes amateurs de nouveauté, soumis aux engouements du moment, veulent à tout prix des vitres bien sombres et bariolées autant que faire se pourra. Ce galimatias translucide empêche d'y voir et n'a pas le sens commun, mais c'est la mode. On vitre en couleurs, à tort et à travers, les sacristies, les salles de catéchisme, et jusqu'aux fenêtres de clocher. L'église de*** a de larges fenêtres ouvertes pour recevoir des vitraux que l'on vient de rétablir sagement; vite le curé voisin, dont l'église à fenêtres étroites n'a jamais comporté cet ornement, veut rivaliser, et le voilà qui commande des verrières d'un coloris tout à fait déplacé, heureux si encore il ne fait pas agrandir et déformer les fenêtres.

Déjà M. de Caumont a réclamé contre cette passion nouvelle de peinture à outrance. « On doit, dit-il, « éviter de répandre trop d'ombre dans les églises et « surtout redouter l'agrandissement des fenêtres pour « y placer de grands sujets. Plusieurs fabriques ont « fait de nouvelles fenêtres ogivales très larges pour « loger des vitres peintes modernes ; c'est un fait contre « lequel a réclamé et réclamera toujours la Société « française pour la conservation des monuments. Quand « donc, en France, restera-t-on dans de sages limites ? « Quand comprendra-t-on que, pour obtenir un effet « agréable à l'œil, il ne faut jamais altérer les monu- « ments ?

« Le chœur, en général, doit seul recevoir des vitraux « dans les petites églises. Quant aux fenêtres de la nef « ou des bas côtés, il serait bon de les vitrer simple- « ment en petits plombs à compartiments imités de « ceux du moyen âge, ou en grisaille[1]. »

Lorsqu'on achète des verrières neuves, il faut se défier des perfectionnements douteux que quelques fabricants modernes ont prétendu apporter. Les expériences nombreuses faites depuis quinze années ont suffisamment démontré ce que valent ces essais. Il est bien reconnu aujourd'hui que les plus beaux de nos vitraux modernes sont ceux qui se rapprochent le plus des gothiques. L'emploi de grandes pièces de verre et la suppression des plombs d'assemblage, préconisés d'abord comme un progrès, sont certainement le plus

---

[1] *Congrès archéologique de Dijon*, p. 104.

grand défaut que puisse présenter une verrière. On s'est enfin aperçu que c'était suivre une fausse voie que de vouloir assujettir la peinture sur verre aux données de la peinture à l'huile. Exécutés sans plombs apparents, les vitraux modernes ne ressemblent qu'à des stores vulgaires. D'ailleurs les verrières peintes en grandes pièces et avec de rares attaches de plomb ne présentent aucune chance de durée ; elles n'ont ni l'aspect grandiose, ni la solidité monumentale de celles du moyen âge. Aussi les premières manufactures de vitraux où l'on s'était avisé de restreindre l'emploi des réseaux de plomb ont-elles été obligées de revenir aux traditions essentielles de cet art spécial ; leurs produits pâles et sans effet n'étaient que la caricature des anciennes verrières. Ces malencontreux essais, placés vers 1840 dans quelques églises, ont démontré qu'ici encore la tradition est la seule voie par laquelle puisse s'avancer le véritable progrès.

Au reste, l'art de la peinture sur verre, oublié encore il y a quarante ans, et très débile dans les premières années de sa résurrection, sera bientôt ramené à la hauteur où l'avaient conduit nos pères. Environ quarante-cinq manufactures de vitraux, disséminées sur tous les points de la France et alimentées par de nombreux travaux, montrent avec quelle faveur ont été accueillies les productions de cet art presque aussitôt son réveil[1]. Une pareille prospérité, secondée

---

[1] Ceci a été écrit en 1851. La Normandie comptait alors seulement deux ateliers de peintres verriers : celui de M. Bernard, à Rouen, et celui de M. Langlois, à Bayeux. La France entière n'en comptait que

par la connaissance plus approfondie du moyen âge et
par l'étude sérieuse des anciennes verrières, permettra
de faire bientôt aussi bien que les vieux peintres
verriers. Mais, pour tenter de nouveaux progrès, il
faudra d'abord avoir été aussi loin qu'eux; jusque-
là, il faut se contenter de marcher sur leurs traces[1].

Les vitraux doivent être en verre très épais. Ceux
de la cathédrale de Chartres, qui sont du XIII° siècle,
ont l'épaisseur d'une forte glace, et leur assemblage
est si solide qu'ils ont résisté plus d'une fois, après six
siècles de durée, à des pierres lancées par des enfants.
Les verres doivent, en outre, être fortement colorés,
plutôt translucides qu'absolument transparents, puisque, en laissant passer la lumière, ils ne doivent point
laisser apercevoir les objets extérieurs. On ne peut

trois en 1835. En 1861, les ateliers se sont multipliés de tous côtés.
Rouen en a deux ou trois; Caen, un; Bayeux, un; Argentan, un.
L'établissement de MM. Marette et Duhamel, à Evreux, a exécuté déjà
un nombre considérable de vitraux, surtout dans le style de la Renaissance, et, ce qui est plus intéressant, on lui doit plusieurs restaurations bien faites à la cathédrale d'Evreux, à Saint-Jacques de Lisieux et ailleurs.

[1] Il faut convenir que l'espérance que nous manifestions lorsque
nous écrivîmes ces lignes, en 1851, ne s'est guère réalisée. En 1861, la
peinture sur verre est encore bien loin de ce qu'elle fut autrefois.
L'exposition universelle de 1855 a constaté la faiblesse de nos verriers
même les plus réputés. Nos vitraux contemporains ne sont que de pâles
pastiches fabriqués d'une manière hâtive et avec de mauvais matériaux. Leur fragilité n'a d'égale que l'insignifiance des sujets. La chimie, à notre époque de sophistication générale, a fait découvrir toutes
sortes de moyens de fabriquer du verre, bon en apparence, mais dé-
testable au fond. Le verre actuel, a dit très justement M. L. Charles,
« est antipathique à la peinture et fait en dépit d'elle... La peinture
vitrifiée, une seconde fois au berceau, ne fait que renaître... Il y a
vingt ans à peine qu'elle est sortie de l'oubli où elle était tombée...
L'expérience, ce grand maître, manque à nos modernes verriers. Evi-
demment, ils feront mieux, mais il leur faut du temps pour arriver...»
La Peinture sur verre au XVI° siècle et à notre époque, par L. Charles.

trop insister sur ce point, parce que la minceur et la trop grande transparence sont les défauts habituels des vitraux de nouvelle fabrication.

Comme exécution pittoresque et comme composition, nos vitraux modernes sont inférieurs aux anciens. Nos peintres habiles dédaignent d'ordinaire la peinture sur verre, avec laquelle, d'ailleurs, ils ne sont pas familiarisés. Nos grands dessinateurs ne sont pas coloristes ; nos coloristes les plus brillants sacrifient la pureté des contours. Or, la perfection des anciennes verrières réside précisément dans cette union du dessin et de la couleur. D'ailleurs, les peintres actuels ignorent trop l'archéologie et l'iconographie chrétiennes. Tout cela constitue de graves causes d'infériorité, et, comme l'a dit un peintre connu par plusieurs verrières de style moderne, « le véritable secret des verrières « réside, comme tous les mystères de l'art, dans la « valeur réelle de l'artiste et non dans telle recette « matérielle peu importante à connaître[1] ».

Quant au style, on se défiera des combinaisons hétérogènes ; en choisissant les dessins de verrières, on exigera que le style soit pur et non mélangé. Plus d'un peintre verrier amalgame toutes les époques ensemble : il faut repousser ces productions bâtardes, car des verrières d'un style franchement moderne seraient préférables à des compositions hybrides.

Les scènes représentées doivent être rigoureusement exactes, théologiquement parlant ; les costumes traditionnels doivent être observés ; les saints seront

[1] M. Galimard, le *Salon de* 1849. Paris, in-12.

nimbés, et les personnes divines couronnées du nimbe crucifère.

La difficulté d'obtenir, dans l'état actuel de la peinture sur verre, des verrières à personnages complètement satisfaisantes, jointe aux minces ressources de la plupart des églises rurales, feront acheter, dans beaucoup de cas, de simples verrières en grisaille. Le XIII° et le XIV° siècle ont laissé en ce genre des modèles charmants : le fond de ces verrières, d'un ton verdâtre ou enfumé, est couvert de broderies noires ou grises. Les cathédrales de Chartres, de Reims, de Coutances et d'Évreux présentent de beaux échantillons de ces grisailles.

Comme les mêmes rinceaux se répètent un grand nombre de fois, ces verrières se composent de pièces faites au mille par de simples ouvriers, et montées ensuite dans un réseau de plomb convenable. Elles coûtent en conséquence infiniment moins cher que les vitraux à personnages, et, pour 40 à 80 fr. le mètre superficiel, on peut aujourd'hui se procurer des grisailles irréprochables[1].

---

[1] Ceux de nos lecteurs qui, avant de faire marché avec un peintre verrier, voudraient étudier plus à fond les questions soulevées dans ce chapitre, afin de n'agir qu'en parfaite connaissance de cause, pourront recourir utilement à la lecture des écrits suivants :

Quelques mots sur la théorie de la peinture sur verre, par Ferdinand de Lasteyrie, 1 vol. in-12.

Des Verrières peintes et de quelques amateurs qui en devisent, par M. l'abbé Auber, dans le *Bulletin monumental*, t. XXIV, p. 525.

De la conservation et de la restauration des anciens vitraux, par M. L. Charles. *Bulletin monumental*, t. XXIV, p. 638.

La Peinture sur verre au XVI° siècle et à notre époque ; Recherches sur les anciens procédés, par L. Charles. Brochure extraite du *Bulletin de la Société d'agriculture de la Sarthe*.

CHAPITRE VIII

——

Les simples grisailles sont encore trop coûteuses pour beaucoup de paroisses. L'introduction des vitraux peints serait d'ailleurs une altération historique dans certaines églises monastiques où l'admission de ces brillantes peintures était prohibée par une règle austère. Il faut donc se contenter souvent de vitraux incolores.

Les vitriers actuels ne semblent point se douter qu'ici encore l'art du dessin ait étalé autrefois ses combinaisons infinies. Si un chapitre général de Cîteaux avait défendu aux Cisterciens, en 1182, le luxe des vitraux peints, il n'avait point interdit de découper le verre en compartiments ingénieux. Aussi, pendant tout le moyen âge et presque jusqu'à nos jours, de simples artisans suppléèrent-ils, autant que possible, aux verrières peintes, en variant de toutes les façons le lacis de leurs résilles de plomb.

Les plus ornés de ces vitraux incolores appartiennent

à l'époque romane. M. l'abbé Texier, auteur de savantes recherches sur l'art de l'émailleur, a signalé les vitraux jusque-là inconnus de l'église d'Obazine, dans la Corrèze, et de l'abbaye cistercienne de Bonlieu, dans le

département de la Creuse. Ces vitraux incolores paraissent remonter à la première partie du XIIe siècle (1140 ou 1143), et leur type s'est perpétué jusqu'au temps de saint Louis.

M. Texier a cru trouver l'origine de la peinture sur verre dans ce système de vitraux romans, mais cette supposition paraît difficile à admettre[1], car il est évident que pendant tout le moyen âge on fit usage des vitres unicolores, concurremment avec les gri-

[1] Voyez le *Bulletin du Comité des arts*, volume de 1851, p. 156. M. Didron, qui a publié la série complète de ces vitraux, en vend de pareils, dans le prix de 50 à 60 fr. le mètre superficiel. — Je crois qu'un vitrier de province les établirait à moins.

sailles et les verrières à personnages coloriés, et que
chaque époque vit naître des combinaisons et des
compartiments nouveaux.

Les verres taillés en losange sont le type élémentaire. Ce système, le plus simple de tous, s'applique
bien à l'architecture de toutes les époques ; les miniatures des manuscrits et les anciennes gravures attestent que, depuis les xiie et xiiie siècles jusqu'à nos
jours, il n'a point cessé d'être en usage. Mais l'emploi exclusif que les vitriers lui donnent depuis quelques années, en faisant disparaître, au fur et à mesure
des réparations, les panneaux qui représentent des
dessins plus riches, aura pour conséquence de substituer une froide uniformité à la variété que l'architecture gothique exige jusque dans ses moindres
accessoires. Sous ce rapport, la plupart des vitriers
actuels font moins bien qu'il y a cinquante ans, car
l'usage des vitres à compartiments s'était maintenu
pendant le xviiie siècle.

Je vais donner ici une collection nombreuse de ces
dessins de vitres incolores, car ce sujet est à peu près
neuf. Personne, je crois, ne s'en est occupé en France
depuis le précieux in-folio publié par le Vieil, en 1774,
sur l'art de la peinture sur verre et de la vitrerie. Cet
ouvrage contenait un certain nombre de modèles de
réseaux de plomb en usage de son temps; mais la
collection qu'il en a donnée est loin d'être complète[1].

---

[1] Félibien (*Principes de l'architecture, de la sculpture et de la peinture*. Paris, 1676, in-4°, fig.) avait donné le premier dans son chapitre xxi, consacré à la vitrerie et à la peinture sur verre, la descrip-

Voici quelques types assez fréquents dans le Calvados, que M. de Caumont a insérés comme spécimen dans

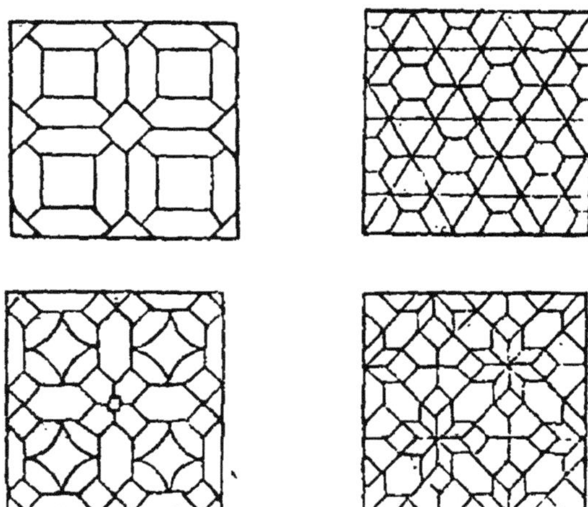

son *Cours d'antiquités*. Les vitriers désignent sous le nom de *bornes* ces vitrages blancs à compartiments.

Quelques ouvrages récemment publiés en Angleterre, où tous les édifices publics sont vitrés en petit plomb, ont cependant touché ce sujet [1].

tion, accompagnée de planches, des principaux modes d'assemblage usités à cette époque pour le verre blanc.

[1] Notamment un livre intitulé : *A Book of ornamental Glazing Quarries, collected and arranged from ancient examples, by Augustus Wollaston Franks, B. A. With* 112 *coloured examples*, in-8°. Ces *glazing quarries* ne sont pas, au reste, de simples morceaux de verre découpé ; le plus souvent ils portent un fleuron peint, et, montés en panneaux, ils forment des espèces de tapis. Mais la variété des réseaux de plomb est la même que pour les vitres unicolores.

On peut consulter aussi l'ouvrage qui a pour titre : *An Inquiry into the difference of style observable in ancient painted glass, with Hints on Glass Painting, illustraded by numerous coloured plates from ancient examples, by an Amateur.* Oxford, 1847, 2 vol. in-8°.

En 1854, M. Emile Amé, architecte, a publié des *Recherches sur les anciens vitraux incolores du département de l'Yonne*, accompagnées de lithographies où il figure douze types de mises en plomb du xiii° au xvi° siècle.

M. Dezitter, peintre, s'est occupé, dans le t. VI des *Annales du comité flamand de France*, des vitraux incolores des églises flamandes.

Les dessins suivants ont été relevés dans diverses églises de la Normandie.

Chacun des carrés ici gravés présente un échantillon tiré d'autant de fenêtres différentes. Il me paraîtrait très convenable d'imiter ces modèles pour la vitrerie des églises rurales qui ne peuvent acheter de vitres peintes.

MM Bourguignon, architectes du département de l'Eure, ont appliqué cette idée dans l'église de Gisay (diocèse d'Évreux), qu'ils ont reconstruite. Les plombs

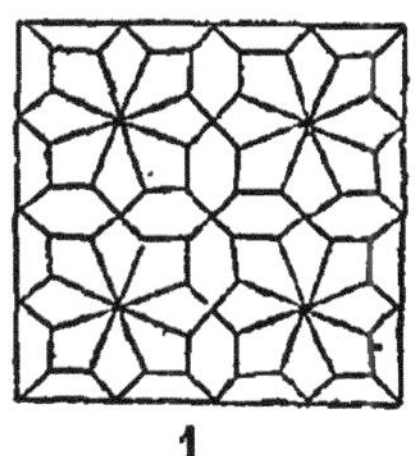 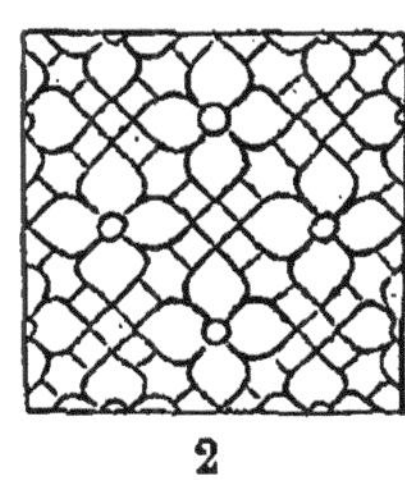 

1   2   3

de la vitrerie forment une sorte d'entrelacs varié à chaque fenêtre. Ces vitres produisent un effet beaucoup plus riche que les losanges ordinaires.

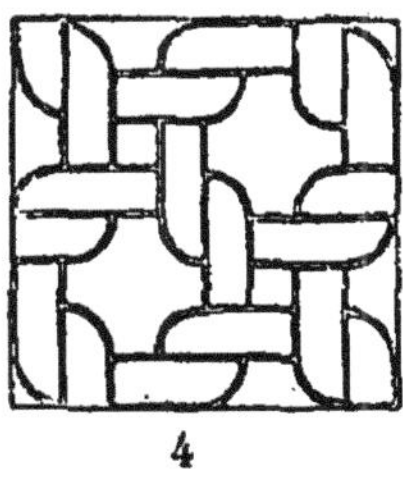 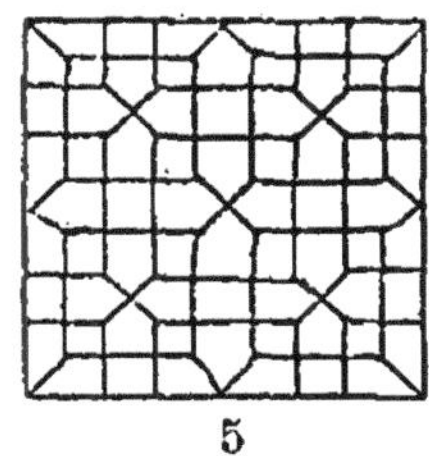 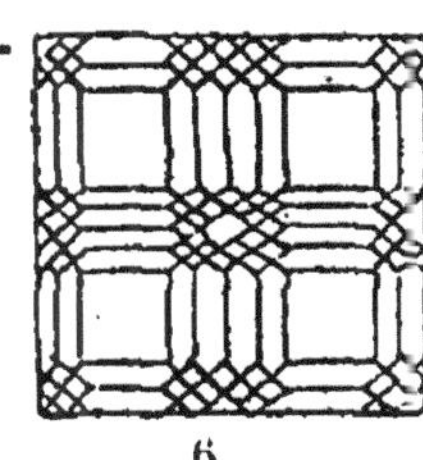

4   5   6

Il serait bon, si l'on diversifiait ces dessins à toutes les fenêtres d'une même église, d'employer ensemble ceux qui ont de l'analogie. En effet, on remarquera

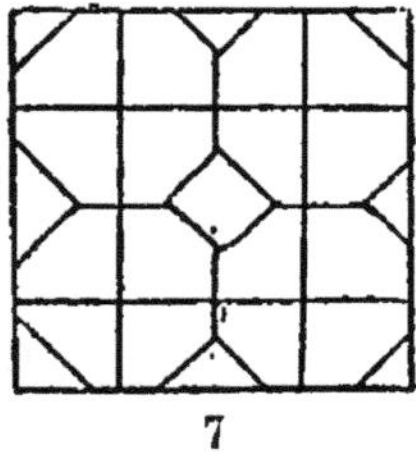
7

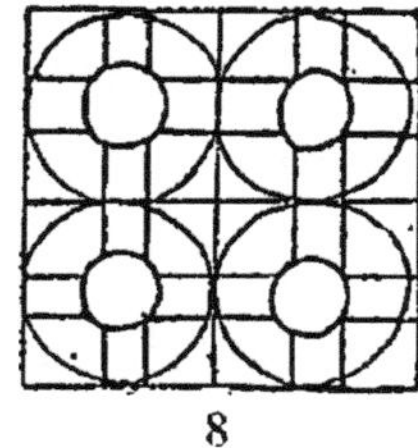
8

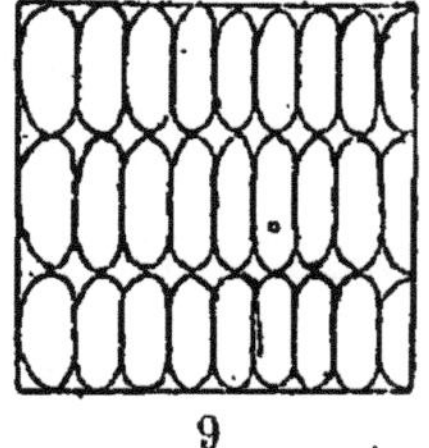
9

que les n°s 13 et 33, 15 et 16, 21 et 22 ont entre eux
un air de famille et procèdent d'un même système.

On remarquera aussi que, posés sur un sens dif-

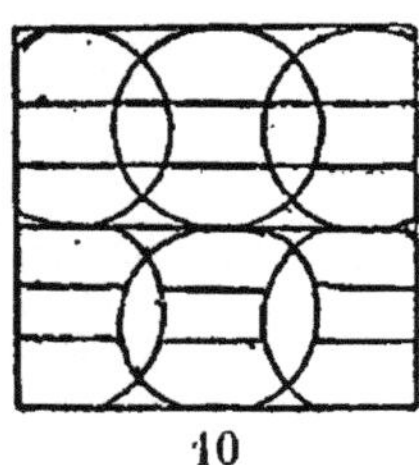
10

11

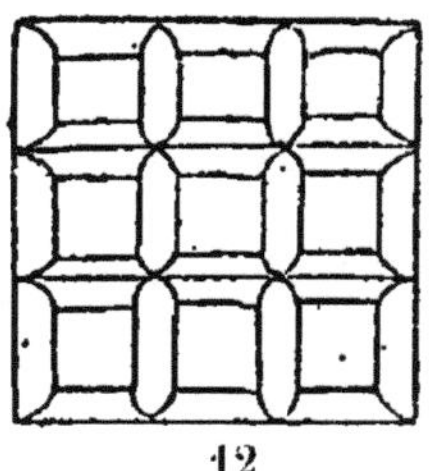
12

férent, ces dessins produisent un effet tout nouveau;
que l'on peut varier leur aspect en les changeant de
côté ou en les plaçant diagonalement.

13

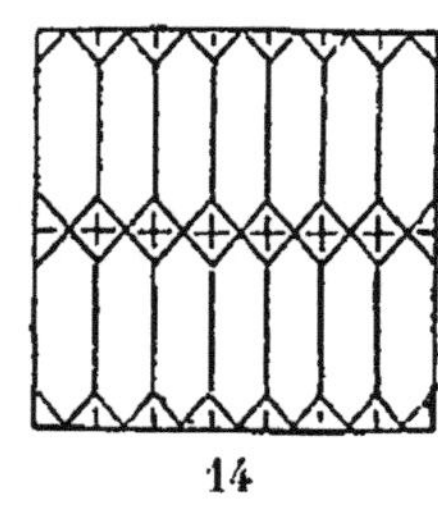
14

15

C'est ainsi que le n° 34 se trouve être le même que
le n° 16 ; seulement il est placé sur le côté. Les n°s 17
et 32 sont aussi à peu près identiques ; leur dif-

férence apparente dépend de ce que le dernier pré-

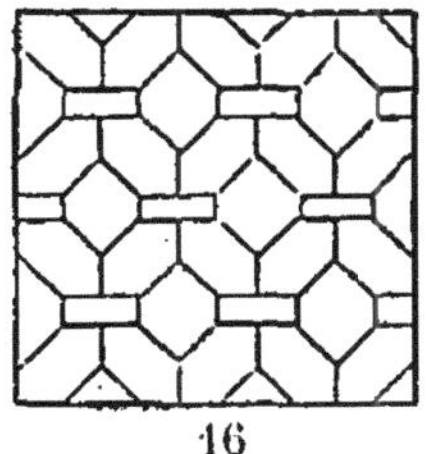
16

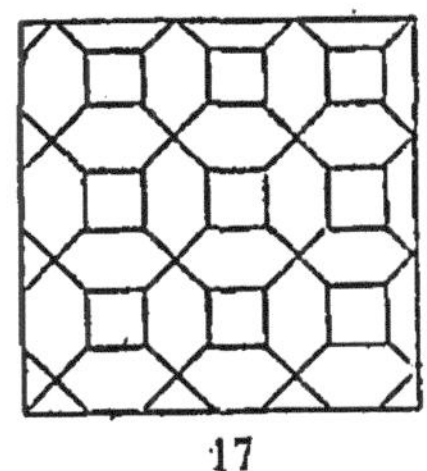
17

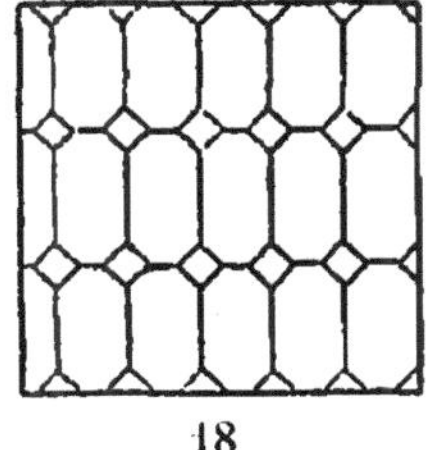
18

sente verticalement et horizontalement des lignes qui
se trouvent en diagonale dans le n° 17.

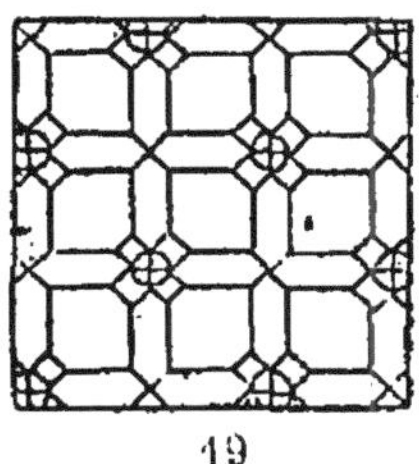
19

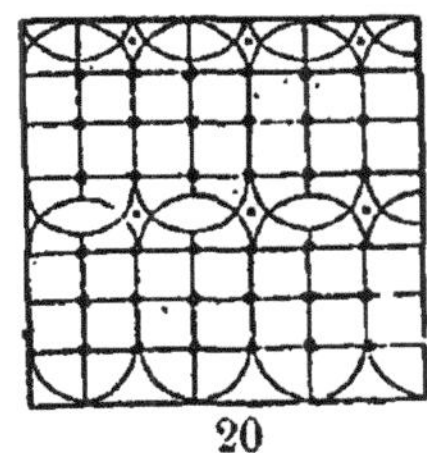
20

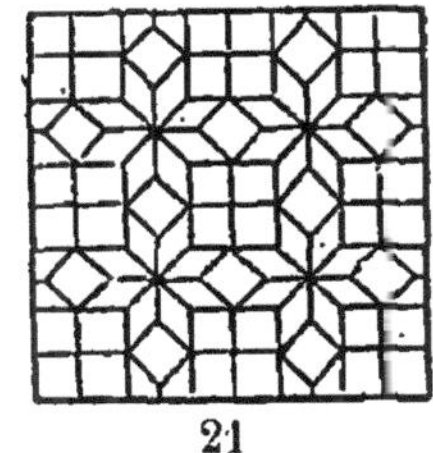
21

Ce n'est pas seulement en Angleterre que ce système
de vitrerie est en vogue : on l'emploi aussi beaucoup
sur les bords du Rhin. J'ai tiré les n°ˢ 14, 19, 20 et 28

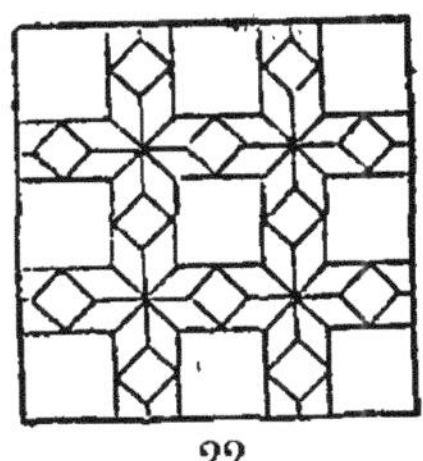
22

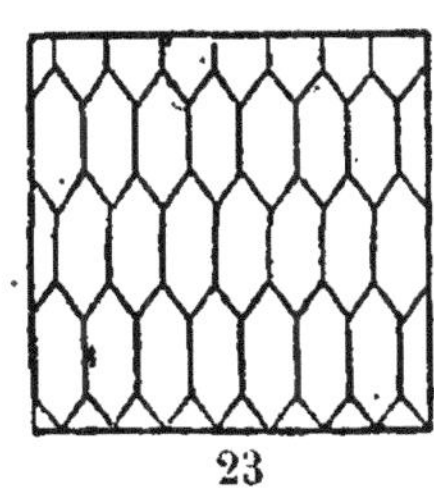
23

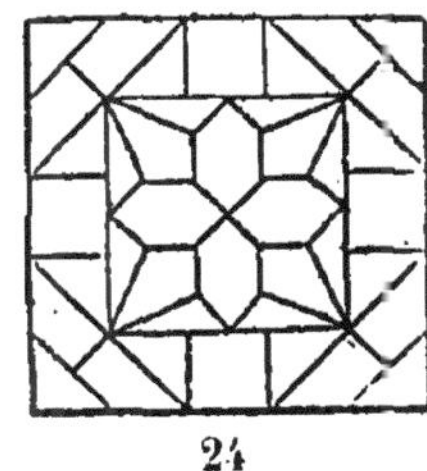
24

d'un ouvrage allemand sur l'architecture du moyen
âge [1].

[1] *Die Holzarchitectur des Mittelalters*, von Botticher. Berlin, 1836,
in-fol. Fig.

Tous les autres ont été dessinés dans des églises de

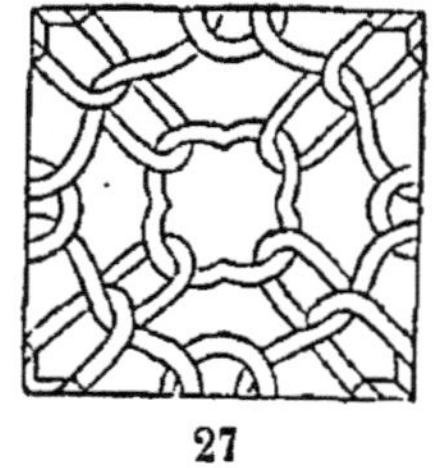

25   26   27

Normandie ou dans celles de Paris. Les n°ˢ 1, 3 et 25 se trouvent dans le *clerestory* de la cathédrale de

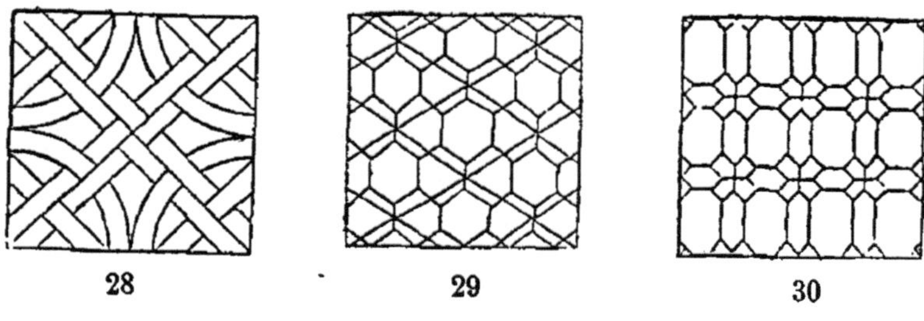

28   29   30

Bayeux ; le n° 6 vient de Saint-Étienne d'Elbœuf ; les n°ˢ 7, 9, 10, 11, 12 et 42 se voient à Saint-Gervais de

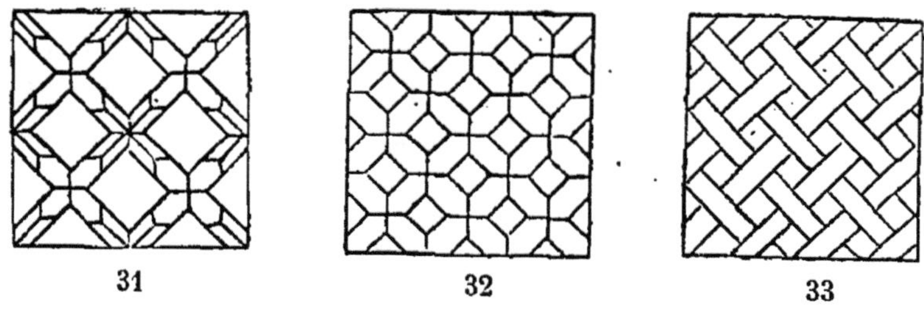

31   32   33

Falaise ; le n° 18 était à Saint-Godard de Rouen, avant la nouvelle vitrerie qu'on y a posée en 1860 ;

le n° 21, de Notre-Dame de Louviers; le n° 22, du

34   35   36

prieuré de Coudres (Eure); le n° 36 existe à Saint-
Severin de Paris. J'ai recueilli le n° 26 à l'abbaye de

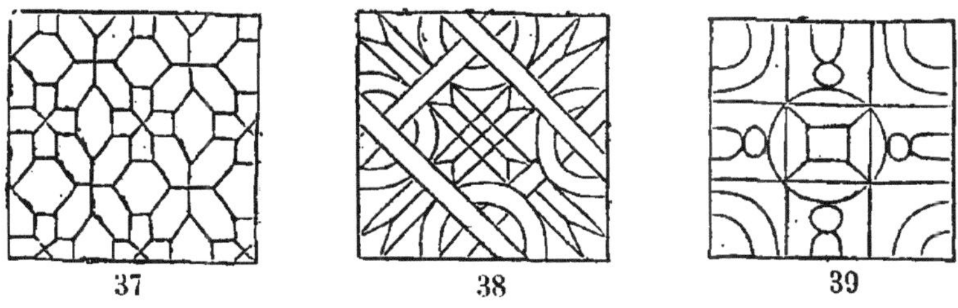

37   38   39

Saint-Germain-des-Prés, et les n°ˢ 33 et 35 dans la
cathédrale de Lisieux; les églises de Caen ont aussi
fourni leur contingent.

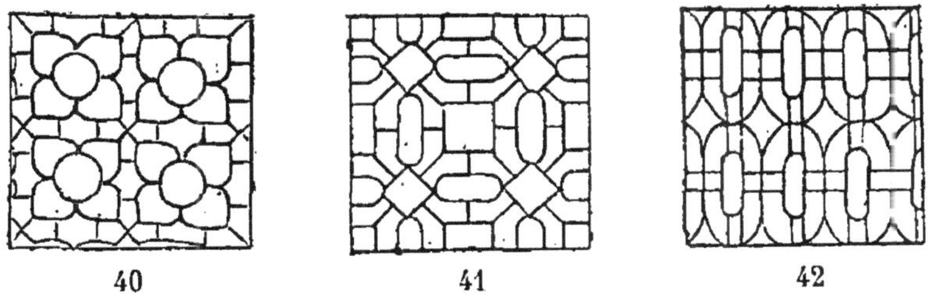

40   41   42

On trouve en Bretagne beaucoup d'autres types,
mais j'ai dû me limiter.

Plusieurs hautes fenêtres en lancettes de l'église

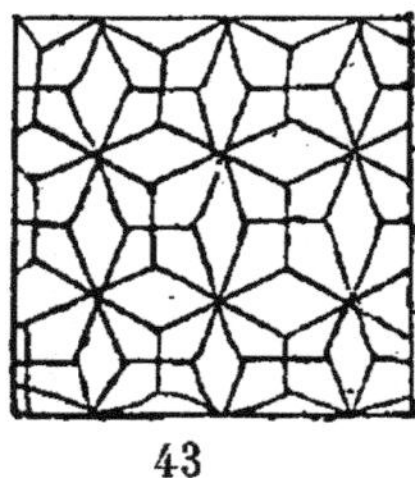

43

44

Saint-Pierre, à Dreux, sont vitrées comme ceci :

Comme les fenêtres de l'église ne doivent fournir qu'un jour doux et tranquille, leurs vitres devant d'ailleurs intercepter la vue des objets extérieurs, comme il faut en outre que ces vitres soient aussi solides que possible, le choix du verre n'est pas indifférent. Le verre de nos fabriques actuelles, mince, fragile, très transparent et absolument incolore, préparé spécialement pour la commodité de nos demeures, est par là même moins convenable pour les églises que les verres fabriqués suivant les anciens procédés, et qui, plus épais, présentaient à la fois peu de transparence et une teinte verdâtre et enfumée. Bien loin d'imposer dans les devis de vitrerie l'emploi de verre

neuf et blanc, on devrait donc plutôt exiger du vieux
verre. Les bulles, les ondulations, les fils, les bouil-
lons, qui sont des vices graves dans le verre destiné à
vitrer des maisons, produisent au contraire des jeux
de lumière d'un bon effet dans les fenêtres placées
très haut et au travers desquelles les regards ne doivent
point passer. Nos architectes modernes ont instinctivement senti que des verres trop transparents, en
laissant apercevoir de l'intérieur les arbres ou les
bâtiments voisins, nuisaient à l'effet de l'architecture
et à son caractère religieux ; ils ont donc employé,
depuis vingt-cinq ans, beaucoup de verre dépoli. Mais
le verre dépoli, complètement inconnu des architectes
du moyen âge, a des usages trop familiers, trop infimes
pour être convenable dans une église, et l'emploi de
ce verre est à la fois une innovation au point de vue
archéologique et un acte de mauvais goût et d'incon-
venance au point de vue artistique.

En Angleterre, où l'architecture gothique est
adoptée à peu près pour tous les édifices publics, on
a reconnu aussi qu'une vitrerie absolument transpa-
rente ne pouvait produire un effet monumental. Aussi
fabrique-t-on, pour tous les bâtiments qui doivent
présenter un caractère grave et imposant, du verre
à vitre d'une nature spéciale. Ce verre éraillé, gon-
dolé, enfumé, et d'une grande résistance, paraîtrait
grossier si on le voyait de près ; mais, employé dans
les hautes fenêtres des monuments publics, il offre
un aspect pittoresque. Il y a, à Londres, dans le fameux *Hall* des avocats appelé *Lincoln's Inn*, un

couronnement de verrière d'un très grand effet, et qui est composé seulement de ces espèces de fonds de bouteilles ou boudines qui se trouvent dans les feuilles de verre d'ancienne fabrication. Ces épaisseurs, d'une couleur verte fort intense, et qu'on ne voit plus en France qu'aux fenêtres de quelques chaumières, étant taillées en rond et montées dans un réseau de plomb à mailles circulaires, font tous les frais des verrières qui garnissent les fenêtres de plusieurs monuments allemands. A Cologne, un édifice gothique appelé, je crois, *Estveiler* est vitré de cette manière.

Au reste, les fenêtres vitrées en verres ronds se remarquent dans tous les anciens édifices des bords du Rhin, et on les voit figurer dans la plupart des gravures allemandes représentant des intérieurs. On peut dire que les vitrages à mailles circulaires sont un des traits de la physionomie architecturale des pays germaniques, et qu'ils sont pour l'Allemagne, y compris l'Alsace, ce que sont pour la France et l'Angleterre les vitres en losange. Mais, ordinairement, chacune de ces pièces rondes n'a point été coupée dans une grande feuille de verre, ce qui eût fait un déchet énorme et eût présenté des difficultés pour la coupe, surtout à une époque où le verre était plus résistant que celui fabriqué à présent, et où l'usage du diamant n'était pas répandu. Chaque morceau de verre, quoique le diamètre n'en excède pas trois à quatre pouces, compose une feuille entière soufflée à part ; l'ouvrier soufflait autant de bulles qu'il voulait faire de ces petites vitres, puis la bulle était fendue et aplatie, ce que démontre l'espèce d'ourlet ou de bord reployé qui existe autour de ces disques à ondulations circulaires. Aujourd'hui que l'industrie a délaissé les vieux procédés pour fabriquer surtout du verre en tables, il faudrait couper ces disques à l'aide de la machine connue dans les ateliers de verriers sous le nom de *tournette*, et conserver les rognures sortant de la coupe, pour garnir, lors de la mise en plomb, les interstices de même forme qui existent forcément lorsqu'on assemble quatre de ces pièces rondes.

Si l'on avait à sa disposition une certaine quantité de verre d'une nuance verte ou bistrée[1], on pourrait avec quelques fragments de verre rouge et bleu produire des mosaïques qui remplaceraient à très peu de frais les grisailles des XIII° et XIV° siècles, en en copiant seulement la mise en plomb. Voici quelques réseaux des grisailles de la cathédrale d'Évreux :

[1] M. Pottier a donné, dans la *Revue de Rouen*, un intéressant article sur « ce verre à vitre de très ancienne fabrication qu'on ne rencontre plus guère aujourd'hui qu'aux fenêtres des vieilles maisons, où il tranche si singulièrement par sa nuance verdâtre avec le verre blanc d'aujourd'hui. »

« Les manufactures actuelles, » dit M. Pottier, « non seulement ne fabriquent plus ce verre, mais même, quelques instances qu'on ait faites auprès d'elles, refusent obstinément d'en fabriquer. Or, ce verre, qu'on pourrait appeler naturel, car il n'est point blanchi par des ingrédients chimiques, possède des propriétés précieuses pour la peinture sur verre qu'aucun autre, de fabrication perfectionnée, ne saurait présenter au même degré. Ainsi, seul il est apte à recevoir et à reproduire avec toute sa transparence et son éclat le jaune d'or... » (*Revue de Rouen*, vol. de 1850, p. 658.) Aussi les plus habiles peintres verriers recherchent-ils ce vieux verre, de même que les dessinateurs préfèrent du papier jaunâtre et non blanchi à du papier trop blanc et satiné.

De petits compartiments d'un rouge ou d'un bleu très intense rehaussent l'effet général.

Les bordures rouges et bleues présentent des losanges où sont encastrés des fleurs de lis ou des feuillages peints en jaune.

Voici enfin trois échantillons de vitres analogues que j'ai dessinées dans l'abbaye de Saint-Pierre-sur-Dives (Calvados). On remarquera le compartiment à losanges, mis-partis de verre gris et de verre rouge

ou bleu. Ces losanges ne sont pas d'une seule pièce :
un plomb curviligne réunit à la partie supérieure
l'espèce d'écaille de couleur intense
qui remplit la pointe inférieure.

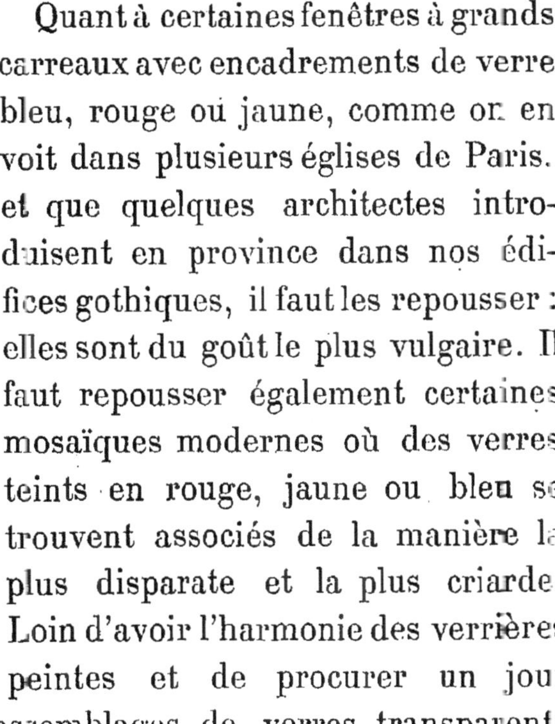

Quant à certaines fenêtres à grands
carreaux avec encadrements de verre
bleu, rouge ou jaune, comme on en
voit dans plusieurs églises de Paris,
et que quelques architectes intro-
duisent en province dans nos édifices gothiques, il faut les repousser :
elles sont du goût le plus vulgaire. Il
faut repousser également certaines
mosaïques modernes où des verres
teints en rouge, jaune ou bleu se
trouvent associés de la manière la
plus disparate et la plus criarde.
Loin d'avoir l'harmonie des verrières
peintes et de procurer un jour

tranquille, ces assemblages de verres transparents

produisent l'effet fatigant du kaléidoscope. Certains vitriers infectent les églises de village de ces détestables marqueteries qui coûtent aussi cher que des grisailles peintes ; or, c'est la dépense perdue, car il faudra tôt ou tard faire disparaître ces grossières imitations des vitraux véritables.

On voit maintenant à Saint-Étienne de Beauvais et dans plusieurs églises du diocèse d'Évreux, notamment à la Ferrière et à Ambenay, des fenêtres ainsi bariolées, et certes on doit regretter l'argent qui a été déboursé pour une si vilaine besogne[1].

[1] Je suis fâché de voir préconisées dans le *Manuel..... pour faire suite au Rituel de Belley* (n° 250, p. 247) des vitres de cette espèce récemment posées dans plusieurs églises de Lyon et dans la chapelle du Rosaire de Belley.

CHAPITRE IX

Les objets en bois antérieurs au xiiie siècle sont de la plus grande rareté. Du xiiie siècle même il ne reste qu'un très petit nombre de boiseries. Nous citerons comme appartenant à cette époque les stalles de la cathédrale de Poitiers et les grandes portes de la cathédrale de Séez.

On peut même douter que les églises romanes ou celles des premiers temps de l'ère ogivale renfermassent beaucoup de menuiseries. Il n'est pas certain que l'usage des stalles remonte au delà du xiiie siècle, et ce n'est qu'au xve que l'invention des jubés amena celle des chaires à prêcher. Les confessionnaux n'ont été adoptés qu'à la fin du xvie siècle, et la plupart des lambris appliqués contre les murs des églises ont une origine encore plus moderne.

Mais l'établissement des jubés, celui des grandes clôtures de chœur et de chapelles, la mode des hauts rétables en bois sculpté, le développement nouveau des

18

buffets d'orgue, l'introduction des chaires de prédication et l'usage des sièges à dossier et à baldaquin pour les dignitaires ecclésiastiques et les seigneurs de paroisse donnèrent une large impulsion à l'art du menuisier et du sculpteur en bois, dans le courant du xve siècle. Quand l'époque de Luther vit renaître les traditions de l'art grec et romain, les artistes gothiques avaient déjà amené le travail du bois à un haut degré de perfection. Les *huchiers,* comme on les appelait alors, remplirent les églises de véritables chefs-d'œuvre. Des coffres magnifiques, des armoires de trésor, des pupitres couverts de sculptures, des barrières de chapelle d'une richesse exquise, des meubles de toute espèce furent exécutés en bois de chêne par leur patient ciseau. Malheureusement, les plus précieux de ces ouvrages, encore dans toute leur fraîcheur, disparurent dans les troubles du xvie siècle ; car les protestants, en saccageant les églises, ne manquaient jamais de briser et d'incendier tout ce qui était combustible.

La nécessité de réparer ces pertes donna un nouvel aliment à l'art de la hucherie, et, quoiqu'on fût déjà loin du beau style de la fin de la période ogivale, le temps de Louis XIII a laissé encore des boiseries d'un grand caractère. La menuiserie proprement dite se sépara plus profondément de la sculpture sur bois, et, tandis que celle-ci devenait lourde, l'autre se distinguait encore par de beaux profils, par des moulures de bon goût et par d'heureuses combinaisons de panneaux. Ce fut vers ce temps que l'art du tourneur, mélangé avec celui du menuisier, amena la mode de colonnes

torses ou cannelées, d'un goût plus bizarre qu'épuré.
Aux colonnettes tordues et guillochées succédèrent
bientôt des gaînes et des balustrades de formes variées
et originales, avec lesquelles on fit de belles grilles de
bois pour fermer le chœur et les chapelles.

Jusqu'au milieu du xviie siècle, la menuiserie avait
conservé un caractère noble et monumental. Si l'absence des ornements propres au style ogival fait qu'elle
est moins en harmonie avec l'architecture des églises
que la menuiserie du xve siècle elle a conservé une
richesse et une tournure qui rachètent ce défaut d'unité.
Mais, à partir de l'époque de Louis XIII, le style des
boiseries, devenu de plus en plus simple et classique,
s'éloigne tout à fait des traditions du moyen âge. Sous
Louis XIV, des têtes d'anges bouffies, des draperies,
des festons, des guirlandes constituent le fond de leur
décoration. Des chicorées, des moulures contournées
et déchiquetées, des volutes bizarres avec des attributs
d'un goût équivoque apparaissent sous Louis XV et
constituent le style *rococo* ou pompadour. Les boiseries
des églises deviennent alors semblables à celles des
salons. L'art de l'ébénisterie, qui produisit tant de
meubles charmants pour l'ornement de nos demeures,
était trop frivole pour contribuer à décorer les édifices
religieux ; ses procédés délicats et minutieux ache-
vèrent la décadence de la menuiserie, considérée
comme art. L'usage du bois de chêne, conservé
jusque-là se perdit, et le ciseau débile des derniers
sculpteurs sur bois, au lieu de tailler dans du merrain
des boiseries monumentales, s'occupa à contourner en

pieds de fauteuils ou en bordures de glaces des planchettes de tilleul, d'orme ou de noyer.

La recherche des procédés économiques, le goût des surfaces unies, l'emploi du bois blanc et l'invention des moulages en pâte a consommé la décadence.

Cependant les études archéologiques, la passion des amateurs pour les bahuts et les vieilles sculptures ont réveillé l'attention. L'examen plus attentif des beaux ouvrages qui restaient des xv° et xvi° siècles a fait prendre en dégoût nos menuiseries plates et grossières. On s'est mis à rechercher le système d'assemblage et les procédés des ouvriers d'autrefois. Des ateliers se se sont ouverts de toutes parts, et, jusque dans nos habitations, l'imitation des menuiseries anciennes commence à devenir fréquente.

Déjà des hommes habiles ont exécuté pour de grandes églises des boiseries vraiment artistiques, et il n'est pas douteux que ce mouvement ne pénètre jusqu'au fond des campagnes les plus reculées. Mais il faut l'activer, car chaque année encore on détruit des boiseries précieuses et l'on défigure les églises avec d'affreux lambris de sapin. Souvent même le désir de revenir à des traditions oubliées fait dépenser de grosses sommes pour de soi-disant menuiseries gothiques, qui ne sont que les caricatures de celles qu'on se proposait d'imiter.

Pour mettre en garde contre de pareilles fautes, nous formulerons ici quelques conseils.

La première règle à suivre est de conserver scrupuleusement les vieilles boiseries encore existantes. —

Les menuiseries en style gothique sont supérieures à celles de la Renaissance ; celles-ci à celles du temps de Louis XIII ; celles de Louis XIII au chantournages du goût pompadour; mais, de quelque école qu'elles soient, toutes doivent être respectées dès qu'elles ont nettement un caractère d'époque, dès qu'elles sont ouvragées et exécutées en matériaux de choix. Trop d'objets manquent encore dans les églises pour songer à remplacer ceux qui portent un cachet artistique.

Seulement, quand il s'agit de rétablir des objets détruits ou de faire disparaître les mesquins lambris confectionnés de nos jours, il faut choisir le style le plus en harmonie avec celui de l'édifice.

Nous verrons dans un chapitre ultérieur s'il convient d'adopter le style du XIIIe siècle pour des objets dont l'usage était alors inconnu, pour des confessionnaux, par exemple. Nous dirons seulement ici que, le maçon travaillant avant le menuisier, la bâtisse précédant toujours l'ameublement, il semble peu raisonnable de faire exécuter des objets en style XIIIe siècle pour meubler une église du XVe, de placer des ornements gothiques dans une construction postérieure à la période ogivale. Quand on possède un objet provenant d'une église plus ancienne, il est très bien de l'utiliser dans un édifice plus nouveau, afin de le conserver; mais quand il s'agit de faire une chose neuve, on a plus d'indépendance. Certes lorsqu'on établit, il y a quelques années, un autel singeant le style gothique dans une des chapelles de l'église Saint-Roch, à Paris, on commit un anachronisme ridicule.

— Les boiseries anciennes peuvent avoir besoin d'être restaurées, d'être mises à l'abri des vers ou de la pourriture. Si ce sont des ouvrages de sculpture plutôt que de menuiserie, et que les parties sculptées aient subi des mutilations, il faudra être très sobre de restaurations. Il vaut souvent mieux les laisser dans l'état où elles se trouvent que de risquer de les gâter.

S'il s'agit simplement de menuiserie proprement dite, on procédera plus hardiment. Mais on tiendra la main à ce que l'ouvrier imite les parties subsistantes ; on veillera à ce qu'il suive exactement le système d'assemblage ancien et qu'il reproduise rigoureusement les profils originaires.

Si des menuiseries sont rongées par des vers, on préviendra leur destruction en les imprégnant d'une dissolution bouillante de sulfate de cuivre (couperose bleue) ou de chlorure de zinc, puis d'huile de lin ou d'essence de térébenthine. Si elles pourrissent, après les avoir isolées du mur ou du pavé, on les imbibera d'huile chaude. Ceci a suffi souvent pour raffermir des panneaux couverts de sculptures.

— Les boiseries ne doivent point, en général, être peintes. La couleur que le temps communique au bois de chêne est la plus belle qu'il puisse avoir. Si l'humidité ou le défaut d'entretien avait rendu des boiseries ternes, on pourrait les huiler et les lustrer à la cire. Dans les cas ordinaires, la brosse suffit pour ôter la poussière et donner un brillant pittoresque.

Si des panneaux neufs se trouvaient en désaccord avec le ton des boiseries anciennes, on pourrait les teinter sans les peindre. Beaucoup d'ouvriers savent aujourd'hui communiquer au bois de chêne une belle couleur. Une dissolution de suie ou une infusion de brou de noix, suivies d'une application d'huile, donnent une teinte convenable. D'autres préfèrent un mélange de potasse d'Amérique et de terre de Cassel dans de l'eau ou de l'huile légèrement colorée avec de la terre de Sienne. Celle-ci a une couleur plus dorée que la terre de Cassel, qui rend le bois un peu foncé et d'un violet presque noir.

Quand les boiseries anciennes ont été peintes en blanc et surtout en imitation de bois veiné ou de marbre, c'est faire acte de bon goût que de les débarrasser de ces barbouillures à l'aide de lessive ou de potasse.

Mais cette opération est délicate et ne doit être confiée qu'à un ouvrier soigneux. S'il s'agit de boiseries sculptées, on exercera une surveillance continuelle. On ne laissera point râcler les parties sculptées, car il vaut mieux laisser quelques traces de peinture que d'altérer le travail primitif de l'artiste.

Il ne faut d'ailleurs rien pousser à l'excès, et la conservation du *statu quo* est souvent préférable au changement. Sans doute, c'est un acte de mauvais goût de peindre des boiseries qui avaient reçu du temps une couleur naturelle incomparable ; mais c'est également une chose mauvaise de faire disparaître des

colorations déjà anciennes. Nos aïeux avaient su utiliser toutes les branches d'industrie pour orner les
édifices consacrés à Dieu, et la peinture n'avait point
été proscrite. Une couche de couleur unie avait souvent servi à protéger des bois de moindre qualité,
qu'il est impossible de remettre à nu. Seulement,
lorsque la nécessité contraindra de repeindre quelque
porte ou quelque lambris, on devra choisir une couleur
unie et proscrire toutes ces imitations d'acajou ou de
vieux chêne que nos barbouilleurs de petite ville propagent avec ardeur, et qui ont passé des cafés et des
maisons vulgaires jusque dans quelques-unes de nos
cathédrales. La peinture blanche ou jaune d'il y a cinquante ans vaut cent fois mieux que ces barbouillages
bronzés, veinés, mouchetés, panachés, œuvres vulgaires d'ouvriers qui se croient des artistes parce qu'ils
imitent d'une manière outrée les défectuosités du
bois, les nœuds, les mailles, les gerçures. Voilà une
belle manière de faire valoir une menuiserie que de lui
donner l'apparence d'être faite de bois de rebut. Et
puis le sens commun veut que du bois peint ait franchement l'air d'être peint, et nous avons montré, dans
notre chapitre sur la vérité en fait d'art, page 49,
l'absurdité de tous ces trompe-l'œil et de ces fausses
apparences. Cette hypocrite dissimulation est la néga-
tion de la peinture, car qui dit peinture dit couleur.
Au point de vue archéologique, ces peintures imitant
les bois veinés ou le bronze sont un grossier anachronisme, car c'est seulement vers 1830 que l'on a imaginé cette pitoyable espèce de décors. Au point de

vue de l'effet, ces nuances, ces veines et ces rayures
en vogue chez les peintres vitriers déforment l'aspect
des moulures dont le relief ne se voit bien que sous
une couleur unie et mate. Au point de vue même de la
mode, il y a déjà longtemps que les architectes instruits se bornent, lorsqu'il y a lieu d'employer la
peinture, à faire donner une couche de rouge de Prusse
ou de couleur brun-marron sans vernis.

Souvent les couches de badigeon moderne cachent
une peinture ancienne qu'on se gardera de détruire.
En effet, les sculpteurs du moyen âge rehaussaient
volontiers leurs ouvrages de dorures et de vives couleurs. Il faut respecter ces enluminures, généralement
fort soignées et d'un riche effet, et ne pas croire que
la couleur du bois de chêne soit préférable. Comme
ces enluminures ont été faites avec des couleurs solides, on arrive assez facilement à les débarrasser des
peintures d'impression plus grossières qui les recouvrent.

Ces rehauts de couleurs sont le complément de la
sculpture. Quand un ouvrage de bois sculpté devait
être colorié, le sculpteur laissait d'ordinaire au peintre
le soin de couvrir de broderies les vêtements des personnages, de blasonner les écussons d'armoiries, et
de tracer les légendes.

Certaines boiseries du xvi° siècle, en outre des sculptures en relief, ont été décorées d'ornements au trait
gravés en creux et *niellés*, c'est-à-dire remplis avec un
mastic noir. L'usage de ce mastic a été général pour
les inscriptions. On doit donc se garder, en débadi-

geonnant, d'arracher ce remplissage, mis avec intention dans le creux des lettres [1].

Il existe aujourd'hui d'habiles sculpteurs sur bois.
La chaire de Vernon, ouvrage considérable dans le
style du xv⁰ siècle, a été sculptée à Gisors par M. Bou-
din. M. Blottière, au Mans, sait couper le bois avec
une adresse extrême. A Rouen, M. Arsène Jouen
sculpte la pierre et le bois. avec un sentiment archéologique distingué. La chaire de Notre-Dame de Bon-
secours, à Rouen, a eu sa partie décorative sculptée
par MM. Lavoie et Kryenbielt, habiles menuisiers de
Paris. M. l'abbé Tournesac a formé à Évron une école
de huchiers gothiques. M. Liénard, de Paris, a exposé
à Londres des ciselures dans le goût de la Renaissance. MM. Laumonnier, à Conches, et M. Léonard,
à Lisieux, sont aussi auteurs de travaux estimables.
Il y a dans les Vosges une fabrique entière de boiseries moyen âge. M. Lefranc, à Honfleur, a exécuté,
sur les dessins de M. Bouet, un lutrin et différentes
boiseries, composées dans le style du xv⁰ siècle, faisant
partie de l'ameublement de l'église de Saint-Julien-

---

[1] J'ai vu débadigeonner la grille en bois sculpté qui décore la chapelle faisant face à celle des fonts dans la cathédrale d'Evreux. Elle
avait été enduite à diverses époques de peinture à l'huile. L'ouvrier,
en enlevant avec un mordant cette croûte qui empâtait les sculptures,
mit bientôt à nu une. coloration d'une nature toute différente. Plusieurs parties de cette belle boiserie avaient été *parées*, c'est-à-dire
rehaussées de couleurs. Les figurines coloriées se détachaient sur le
ton brun général des sculptures courantes. Les carnations étaient très
fines, et les peintures couvertes d'une peinture brillante comme de
l'émail, où le bleu d'outre-mer et le rouge vif dominaient. Une longue
inscription, gravée sur les frises, était *niellée* avec une sorte de cire
à cacheter noire. Tout cela tenait très fort sous le grattoir de l'ouvrier.
Ayant vu par hasard cette besogne, je l'engageai à surseoir et à en
référer à son maître : mais ce fut en vain.

sur-Calonne, que son digne curé, M. l'abbé Lebœuf,
entreprend de décorer complètement dans le goût
du moyen âge, et qui sera bientôt une des plus splendides églises rurales qui se puissent voir, grâce à ses
vitraux, à ses pavements de couleur, à ses boiseries,
à son autel, à ses chandeliers de bois sculpté, à
tous les objets d'art qui viennent l'enrichir chaque
année.

Au reste, toutes les fois qu'il s'agit de faire exécuter, non pas des boiseries sculptées, mais de simples
menuiseries courantes, tous les ouvriers un peu
adroits sont en état de reproduire le style des xve et
xvie siècles. Les portes, les lambris de chêne de cette

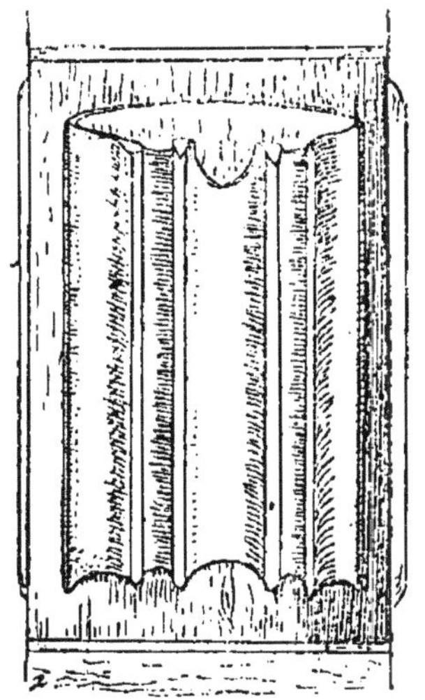

époque sont en résumé fort simples : il suffit de copier exactement les profils pour exécuter
ces panneaux qui représentent
d'ordinaire des étoffes empesées
et godronnées à plis verticaux
et parallèles, ou des feuilles de
carte ou de parchemin pliées en
long et étalées ensuite de manière à présenter des ondulations symétriques.

Quant à la dépense, il y a économie réelle à préférer des boiseries de chêne, qui n'ont point besoin d'être
peintes, à ces menuiseries de sapin dont on encombre
les églises de village, et qui reviennent fort cher en
définitive, grâce aux marbreries ou aux imitations de
bois veiné dont le vitrier du canton se charge de les

enjoliver. Rien n'est au total plus coûteux que les fausses sculptures en plâtre, que les moulures rapportées et fixées avec des clous et de la colle, et qui ont la prétention d'imiter les sculptures taillées en plein bois. Tous ces oripeaux se disloquent et tombent au bout de quelques années ; et ce travail, renouvelé de temps en temps, devient en résumé plus cher qu'un ouvrage durable. Nous avons déjà vu combien toutes ces décorations mensongères et pauvreteuses sont indignes de la majesté du culte.

Il nous reste une dernière remarque à faire : c'est qu'il faut être très sobre de lambris appliqués contre les murs, si l'on veut qu'un édifice ait un caractère monumental. Jamais les lambris ne doivent envelopper les colonnes ou les piliers ; jamais ils ne doivent masquer les détails de l'architecture, les nervures, les colonnettes. Il faut laisser visibles les épitaphes incrustées dans les murs, les peintures murales, les croix de consécration, les crédences, les arcatures, les tombeaux. Si l'on en place de nouveaux, il importe de ne point mutiler l'édifice, de ne jamais faire disparaître aucune saillie, de n'entailler aucune moulure, de respecter en faisant les scellements l'intégrité de l'appareil.

La mode des lambris a contribué depuis un siècle à défigurer beaucoup d'églises. Un grand nombre porte aujourd'hui des cicatrices irréparables. Des consoles de statues délicatement travaillées, des colonnettes légères, des sculptures charmantes ont été détruites pour placer d'odieuses boiseries. Pour lam-

brisser des chapelles on a arraché des statues tumulaires, on a brisé à coup de marteau des crédences et
des rétables en pierre sculptée.

Il est grand temps de mettre un terme à ce vandalisme. Un curé homme de goût, bien loin d'encombrer son église de menuiseries grossières, s'efforcera,
au contraire, de faire disparaître toutes les additions purement modernes qui peuvent masquer
les décorations anciennes et les détails de l'architecture.

CHAPITRE X

Nous répéterons ici un principe déjà rappelé dans
le chapitre précédent, à savoir que si le style du
moyen âge doit seul être imité lorsqu'il s'agit de
remplir des vides, ce retour au style ogival ne doit
jamais servir de prétexte pour détruire les objets
ornés que nous ont laissés le xviie et même le
xviiie siècle.

Il était d'autant plus à propos d'insister ici sur cette
règle que l'art de la serrurerie, moins dépendant de
l'architecture que les autres arts de décoration, garda
une grande sève pendant le xviie et le xviiie siècle et
fut pratiqué par des hommes très habiles ; que, d'un
autre côté, les beaux ouvrages en fer forgé et en tôle
découpée, exécutés pour les églises sous Louis XIV
et Louis XV, s'harmonisent bien avec l'architecture
gothique ; et qu'enfin, à notre époque, il s'est trouvé
des gens si curieux de tout changer qu'ils ont proposé
d'enlever plusieurs belles grilles de ce genre, pour

les remplacer par des barrières en fonte d'un dessin prétendu gothique.

Non contents d'avoir détruit, en 1832, malgré des protestations éclatantes, la grille magnifique de la place Royale, à Paris, et d'avoir ainsi fait disparaître de cette grande ville le plus précieux et presque unique échantillon d'une industrie qui s'était élevée au rang des arts, des architectes officiels ont menacé de leurs malencontreux projets les grilles splendides qui enveloppent le chœur de l'abbaye de Saint-Ouen à Rouen. Importunés sans doute par le voisinage de ce chef-d'œuvre, ils voulaient mettre à sa place une grille économique en fonte de fer, en style soi-disant du XIVe siècle, dont eux, hommes du XIXe, auraient composé et imaginé les dessins. Heureusement, ce beau projet fut éventé à temps par les archéologues. Mais si les grilles de Saint-Ouen, placées dans une église fameuse et visitée sans cesse par les artistes, ont échappé au sort qu'on leur destinait, peut-être que des ouvrages du même genre, moins connus ou moins importants, sont exposés aux mêmes dangers. Il est donc bon de signaler le mérite de ces grilles au clergé, afin que les ecclésiastiques résistent aux projets de destruction qui pourraient être mis en avant par des serruriers faiseurs, des architectes municipaux ou même par quelques archéologues trop exclusifs.

C'est ici le cas de citer les réflexions fort justes que M. Didron faisait valoir pour la défense des grilles de Saint-Ouen :

« Nous regrettons toujours, disait cet archéologue,

que, sous prétexte de ramener les anciens édifices à leur beauté primitive, on détruise des œuvres souvent remarquables de différentes époques et postérieures à la construction même de ces édifices. Quand il n'existe rien et qu'on fait une chaire, un jubé, un autel nouveau, rien de mieux que de mettre cet autel, ce jubé, cette chaire en harmonie avec le monument où on les place ; mais quand tout cela existe, même du xviie siècle, même du xviiie, dans un édifice du xiie ou du xiiie, il faut le conserver avec le plus grand soin. Il y a tel rétable du temps de Louis XIII, telle chaire du temps de Louis XIV, tel jubé du temps de Louis XV qui sont de vrais chefs-d'œuvre ; les détruire pour les remplacer par des œuvres à nous, dans le style que nous croyons roman ou gothique, est un acte véritable de vandalisme... La grande harmonie des choses entre elles, c'est quand une belle œuvre renferme un objet beau ; Saint-Ouen est magnifique et contient une œuvre remarquable. Le beau et le beau se conviennent toujours... L'harmonie qui réside dans des objets équivalents seulement de forme, de style ou d'époque est bien inférieure à l'harmonie de beauté[1]... »

Ces belles grilles ne sont pas, au reste, très com-

---

[1] *Annales archéologiques*, t. III (1845), p. 67 et 68, à la note.
Cette doctrine est celle aussi du Comité des arts et monuments :
« Il ne faut pas, dit-il, malgré la bonne intention qu'on aurait de ra-
« mener les monuments à leur pureté primitive, enlever des ornements
« postérieurs, il est vrai, mais d'un beau caractère. Les magnifiques
« boiseries du chœur de Notre-Dame de Paris, les grilles remarquables
« qui environnent le chœur de Saint-Ouen de Rouen ne doivent, pour
« aucun prix et pour aucun motif, être enlevées de ces monuments,
« quoique postérieures de plusieurs siècles ; *il faut tout conserver*
« *quand rien ne s'y oppose.* »

munes, la Révolution ayant arraché la plupart de celles que l'on voyait dans les églises et devant quelques châteaux. Outre les grilles du chœur de Saint-Ouen de Rouen et de la cathédrale de Beauvais, qui sont des ouvrages hors ligne, nous citerons celles beaucoup plus simples, mais d'un dessin riche encore, qui ferment le rond-point du chœur dans les cathédrales de Bayeux et d'Evreux.

Tous les ouvrages de fer des xviie et xviiie siècles sont ornés de feuillages et d'ornements en tôle *emboutie* et relevée en bosse, genre de travail que les ouvriers d'aujourd'hui ne savent plus exécuter.

Grille des entre-colonnements du chœur à Saint-Germer.

Grille de Saint-Germer.

Détails de la grille de Saint-Germer.

Au contraire, lorsqu'il ne s'agit point de restaurer ou de conserver, mais d'entreprendre des ouvrages neufs pour remplir des lacunes ou pour remplacer les laides grilles en bois ou en fer posées dans les quarante premières années de ce siècle, c'est aux modèles qui nous restent du moyen âge qu'il faut incontestablement recourir.

Nous citerons comme de bons modèles les grilles de l'abbaye de Conques (Aveyron), qui datent peut-être du XIIe siècle[1]; celle de l'abbaye de Saint-Germer, près Beauvais, qui paraissent du XIIIe; une grille provenant de la cathédrale de Rouen, que l'on voit au musée d'antiquités de cette ville et que l'on attribue au XIVe siècle, et surtout les délicieuses grilles de la cathédrale de Fribourg-en-Brisgaw, qui sont du XVe siècle. Les publications de MM. Didron et Gailhabaud renferment de nombreuses planches consacrées à la serrurerie du moyen âge.

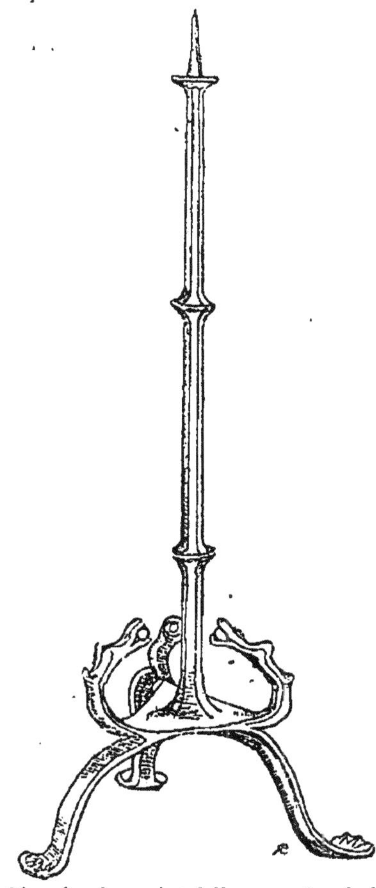

L'un des deux chandeliers en fer de la chapelle de la Vierge dans l'église de Mantes, XIIIe siècle. Hauteur : 3 pieds 5 pouces.

Mais la serrurerie artistique ne fournissait pas seulement des clôtures de

---

[1] M. Alfred Darcel a fait connaître et publié les grilles de l'abbaye de Conques.

chœur et des barrières de chapelles ; les vieux ferronniers d'autrefois ont laissé d'autres ouvrages curieux. Nous avons, dans un précédent chapitre, parlé des objets de serrurerie ancienne que l'on trouve à l'extérieur des églises et que l'on doit conserver. Ceux qui existent à l'intérieur ne méritent pas moins d'attention. On conservera donc avec grand soin, non seu-

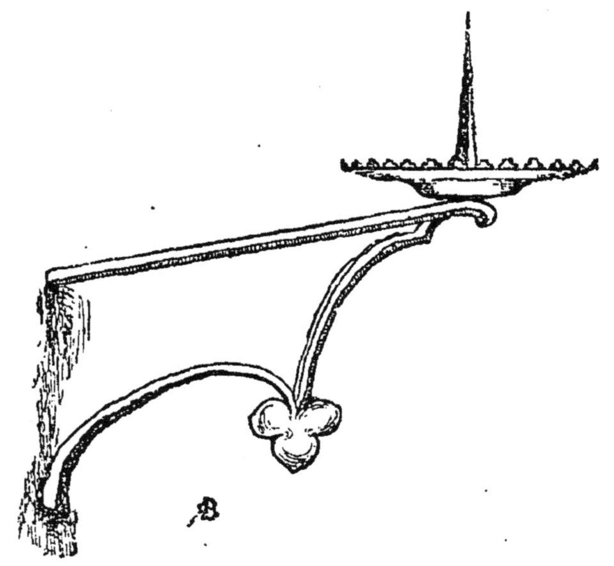

Porte-cierge en fer, à Saint-Georges-de-Bocherville, près Rouen.

lement les anciennes grilles, les pentures et fermetures de portes, tous les ferrements ornés, liés au monument lui-même, mais encore les anciens meubles en fer, tels que pupitres, lutrins, porte-cierges, porte-brasier, etc. Les serrures en bosse et à moraillon, les *vertevelles*, heurtoirs, guichets, loqueteaux, targettes *à panaches*, clous *à rosettes*, poignées à pendants, toutes les menues ferrures ouvragées des anciennes boiseries sont aujourd'hui recherchées, dessinées, imitées.

Si la serrurerie de nos jours a fait de grands progrès au point de vue matériel et de la mécanique, elle a fait une rupture complète avec les arts du dessin et la beauté de la forme. Rien de plus mesquin que ses produits actuels : car nos serruriers contemporains n'ont d'autres ressources pour décorer les ouvrages qui sortent de leurs mains que d'y

Plateau d'un ancien chandelier en fer à la cathédrale d'Evreux.

adapter quelques boules ou quelques viroles de cuivre jaune. L'art d'étamper, de repousser le fer, de le ciseler, de le graver, de l'assouplir, de le revêtir de formes riches et variées, de le découper et de le contourner en lignes élégantes leur est inconnu.

Le goût exagéré pour la ligne droite et pour une simplicité excessive a amené la décadence d'une industrie qui, auparavant, s'était élevée jusqu'à la hauteur d'un art véritable. En trouvant *ridiculement chargées d'ornements bizarres*[2] les belles grilles d'autrefois, les auteurs de traités modernes sur la serrurerie ne trouvent de modèles à citer que la grille monotone des Tuileries, ou la rampe d'escalier de la chaire de Saint-Roch de Paris, qui n'est qu'un type de suprême platitude.

On commence heureusement à revenir de cette sécheresse mesquine. Les publications pittoresques reproduisent à l'envi ce qui subsiste encore de serrurerie ornée, et il n'est pas douteux que d'ici à peu

---

[1] *Manuel du Serrurier*, par le comte de Grandpré, p. 94. Paris, Roret, 1827.

d'années des ouvriers habiles n'exécutent partout, au moins pour les monuments consacrés au culte, des ouvrages moins vulgaires. M. Pugin a publié beaucoup de modèles de ferronnerie dans le style des xvᵉ et xviᵉ siècles, époque où l'art de travailler le fer atteignit presque la délicatesse de l'orfévrerie ; et l'on trouve gravées dans l'un de ses recueils quelques-unes des riches serrures que l'on voit aux portes de plusieurs chapelles de la cathédrale d'Évreux [1].

Nous ne pouvons, d'ailleurs, entrer dans la partie technique de la serrurerie : nous devons nous borner à ce que nous en avons déjà dit dans l'un des chapitres de notre seconde partie. Si l'on voulait faire exécuter des objets en fer dans le goût de la première moitié du xviiᵉ siècle, on devrait recourir au curieux ouvrage du serrurier Mathurin Jousse [2]. Si l'on avait à restaurer des grilles ou des objets décorés de tôles enroulées et embouties dans le style du xviiiᵉ siècle, on consulterait le traité de Duhamel du Monceau.

---

[1] *Dessins pour le fer et le bronze*, dessinés par Auguste Pugin. Paris, Varin, 1844.

Depuis que nous avons écrit les lignes qui précèdent, la serrurerie d'art s'est ranimée. A Rouen, M. Arsène Jouen exécute de charmants objets dans le style des xvᵉ et xviᵉ siècles, et M. Bécaille a fait pour Saint-Ouen une grille neuve avec ornements en fer battu dans le goût des anciennes grilles de cette église. A Paris, M. Everaert, serrurier forgeron, rue du Regard, 2, a monté un atelier spécial, d'où sont sorties les clôtures du pourtour du chœur de la cathédrale de Bordeaux, et où il fabrique d'une manière courante des ouvrages en fer forgé et tôle repoussée souvent moins chers que les objets en fonte. Les ferrures de Saint-Nicolas de Nantes et celles de l'église de Belleville ont été forgées en 1855, chez M. Roy, rue de Miromesnil, 62, à Paris.

[2] *La Fidelle Ouverture de l'art du Serrurier*, où l'on voit les principaux préceptes, desseings et figures touchant les expériences et opérations manuelles dudict art, par Mathurin Jousse, de la Flèche. La Flèche, 1623, petit in-fol., contenant beaucoup de figures.

Mais nous devons mettre en garde contre l'abus qu'on fait aujourd'hui de la fonte de fer, avec laquelle on cherche à reproduire économiquement les anciens ferrements travaillés au marteau. Le fer fondu n'est cependant pas susceptible du même emploi que le fer forgé : ses ornements ne doivent pas être les mêmes. Au moyen âge, les deux procédés, restés parfaitement distincts, produisirent concurremment des ouvrages de types très différents. On a tort de les confondre maintenant, car, au point de vue de l'aspect et des formes qu'ils sont susceptibles de revêtir, le fer et la fonte sont deux matières de propriétés très diverses. La fonte est essentiellement propre aux ouvrages massifs, aux bas-reliefs ; mais jamais elle ne remplacera d'une manière agréable pour les yeux le fer forgé et la tôle, qui seuls ont les qualités nécessaires pour les ouvrages à jour, les filigranes, les découpures et les pièces contournées.

La sincérité, si essentielle à l'art, ne s'oppose pas moins à ce qu'on déguise les ouvrages en fer sous l'apparence du bronze. Le fer, si on ne lui laisse pas sa couleur naturelle, doit être ou doré ou peint en noir. D'ailleurs, la mode de bronzer les objets de fer, devenue universelle depuis 1830, est trop vulgaire pour être adoptée dans les églises ; il faut laisser aux grilles de boutiques et aux balcons de maisons bourgeoises les barbouillages verdâtres qu'affectionnent nos peintres en bâtiments. C'est une chose singulière que les gens à qui du fer rouillé ferait horreur s'amusent à lui donner l'apparence de cuivre couvert

de vert-de-gris. On voit, à Paris, dans l'église Saint-
Germain-l'Auxerrois un bizarre résultat de ces imitations de bronze : l'architecte, pour clore les chapelles,
a fait fondre des grilles sur le modèle qu'il a cru le
plus gothique ; assurément, il voulait qu'elles eussent
une apparence ancienne ; mais est venu le peintre
qui, en les revêtant de la teinte verte à la mode, a
détruit l'illusion. Restées avec leur teinte noire, ces
clôtures eussent pu rappeler celles des vieilles églises ;
mais badigeonnées en couleur de bronze, l'œil les
confond avec les grilles modernes de nos constructions vulgaires.

CHAPITRE XI

DES PEINTURES MURALES [1]

Les églises au moyen âge étaient décorées de peintures faites sur le mur même, et non sur des châssis mobiles comme les tableaux actuels. Souvent on retrouve sur leurs parois des vestiges de ces anciennes peintures qui doivent être scrupuleusement conservées [2].

L'invention de la peinture à l'huile, qui date de la fin du XVᵉ siècle, a été, au point de vue architectural, plus fâcheuse qu'utile, parce qu'elle a conduit à encombrer les églises de tableaux sur toile.

[1] Conférez sur ce sujet, que je ne puis qu'effleurer ici, les instructions de M. l'abbé Auber sur la décoration des églises (*Bulletin monumental*, t. XVII, p. 95 et suiv.), le *Manuel de l'architecte des monuments religieux* et le livre des *Églises gothiques*, par M. Schmit; une discussion sur le même sujet dans le *Bulletin des comités historiques*, t. IV, p. 117, et une autre discussion à laquelle j'ai pris part, dont l'analyse se trouve dans le *Bulletin monumental*, t. XVI, p. 40 et suiv.

[2] Si ces peintures étaient trop dégradées pour rester exposées aux yeux, il ne faudrait ni les gratter, ni les badigeonner; on pourrait seulement les masquer avec un tableau mobile. Si elles occupaient une grande superficie et qu'on voulût absolument les recouvrir de badigeon, on éviterait leur destruction absolue en interposant des feuilles de papier collées seulement par les bords et sur lesquelles l'application du badigeon se ferait ensuite sans danger.

Or, les tableaux mobiles, quel que puisse être d'ailleurs leur mérite, ont l'immense défaut de masquer trop souvent les lignes de l'architecture, d'intercepter la perspective et de briser l'effet d'ensemble du monument. Le mirage du vernis s'oppose à ce qu'on puisse apercevoir de tous les points de l'édifice les sujets représentés : il faut se placer à un endroit donné, et la recherche de ce point ne convient pas à la gravité du lieu. La multiplicité des fenêtres des églises et leurs verreries coloriées donnent aussi un jour défavorable pour les tableaux modernes, qui ont enfin l'inconvénient d'être très peu distincts le soir à la lumière et de noircir avec le temps.

D'ailleurs, les églises rurales, que nous avons toujours en vue, n'ont point en général de ressources suffisantes pour acquérir ou faire exécuter de bons tableaux. Aussi ont-elles été, depuis le rétablissement du culte, enlaidies pour la plupart avec des croûtes barbouillées par ces mêmes peintres d'enseignes qui les salissent de marbrures et de badigeon.

Il convient donc d'abandonner désormais l'usage de la peinture à l'huile et des tableaux mobiles pour la décoration des églises, et de revenir au système des anciennes peintures mates et exécutées sur mur.

Toutefois ces peintures ne doivent être établies qu'avec réserve. On doit, en général, laisser avec la teinte qu'elles ont reçue du temps les pierres de nos grandes églises gothiques, car leurs nefs rembrunies peuvent se passer de parure. Il y aurait un grave danger à décorer en entier de peintures murales des édifices importants du moyen âge, parce que la tradition de la véritable peinture religieuse n'est pas encore renouée d'une manière assez certaine. Ici encore il faut se garder d'innover[1].

Mais quant aux églises de village, où les murs intérieurs n'ont d'autres décorations actuelles qu'un enduit grossier, j'applaudirais fort si on les enluminait en suivant le mieux possible le système du moyen âge[2].

Les anciennes peintures murales étaient de deux sortes : les unes, peintes à pleine muraille et décorées de personnages, étaient de véritables tableaux ; les autres, simples décorations polychrômes, n'étaient souvent composées que d'ornements courants, tracés à cru sur la pierre ou sur l'enduit.

On ne peut guère songer à exécuter des peintures murales à personnages dans nos églises de campagne, mais les simples peintures décoratives peuvent à peu de frais prendre la place des marbrures aujourd'hui en vogue. Sous la direction d'un peintre archéologue, les ouvriers les moins habiles en viendraient facilement à bout. Des enroulements, des lignes géométriques, des arabesques, quelques inscriptions composeraient cette ornementation, dont les anciennes églises fournissent des modèles variés.

En effet, le bleu d'azur, le rouge, des verts de dif-

---

[1] Les malencontreux essais de décoration générale faits à Notre-Dame de Paris attestent l'impuissance de notre temps sur ce point.

[2] M. le comte de Galembert a publié sur ce sujet un travail spécial intitulé : *De la décoration des églises de campagne par la peinture murale.* (Tours, 1860, 32 pages in-8°, Paris, chez Didron.)

férentes nuances se mélangeaient avec des parties dorées sur les murs des églises du moyen âge, en sorte que l'architecture ainsi coloriée rivalisait par son éclat avec les vitraux peints et les pavés émaillés. Dans quelques églises très somptueuses du xiiiᵉ siècle, telle que la Sainte-Chapelle de Paris, on voit même des compartiments de verre de couleur incrustés dans certaines portions de mur, là sans doute où la simple peinture ne paraissait pas assez éclatante.

Mais dans la majorité des églises on n'avait peint que quelques parties principales, les clefs de voûte, les chapiteaux, des portions de chapelle, et les pans de murailles contre lesquelles s'appuyaient les autels. Les croix de consécration peintes ou dorées brillaient sur des disques de couleur azurée. Il existe dans l'église Saint-Vivien, à Rouen, des vestiges de croix de consécration très curieuses : chacune d'elles est accompagnée d'un verset du *Credo* en caractères gothiques. On trouve quelquefois des 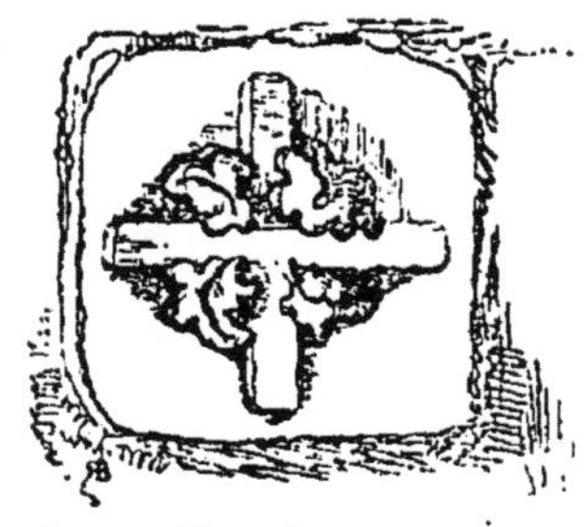 croix de consécration sculptées en relief. Voici l'une des croix de consécration en saillie que l'on remarque encore dans la chapelle du château de Fontaine-Henry, près de Caen, belle chapelle du xiiiᵉ siècle, très digne d'être étudiée.

Si l'on voulait faire exécuter des peintures à personnages, celles à fond d'or ou à fond de couleur unie devraient être préférées à celles qui représentent de grands enfoncements et des perspectives lointaines,

car la peinture monumentale ne doit point être assimilée à un tableau ordinaire. Subordonnée essentiellement à l'architecture, elle doit en respecter les
lignes, et ne point simuler des trous ou des saillies
considérables qui sembleraient perforer les 'murailles.

Les peintures murales, comme celles des verrières,
doivent être peu compliquées. La simplicité de l'ordonnance et la naïveté de la couleur en sont les premières qualités. Les effets d'ombre et de lumière, le
mouvement et les artifices de la peinture moderne
seraient déplacés dans ce cas où l'architecture marche
avant la peinture.

Quant aux procédés matériels, il faut n'employer
que des couleurs inaltérables. Les couleurs préparées
à la cire, suivant les procédés de M. Durosiez ' ou
celui de M. Chérot, sont adoptées aujourd'hui par les
artistes qui exécutent depuis quelques années des
peintures murales dans les églises de Paris. Elles
sont bien préférables aux couleurs à l'huile que l'humidité dévore ; car elles prennent sur la pierre et
les enduits et résistent à l'action du salpêtre.
Exemptes de reflets et d'ombre, elles présentent les
tons mats qui sont indispensables pour la peinture
monumentale.

Pour les plus humbles églises, pour celles qui
peuvent à grande peine acquérir les objets les plus
indispensables, qui n'ont pour décorateur que le

' Place des Francs-Bourgeois-Saint-Michel, à Paris.

peintre en bâtiments du village, les peintures murales
doivent être d'une extrême simplicité. Quelques ornements courants, dont une personne versée dans l'archéologie devra nécessairement fournir les modèles,
suffiront pour ôter la nudité des enduits. Si des couleurs à la cire paraissent d'un prix trop élevé, de
simples couleurs à l'eau ou au silicate de potasse
seront plus durables que des couleurs à l'huile qui se
tachent ou s'écaillent à l'humidité. On pourra même,
comme nous l'avons dit à propos des voûtes,
tracer ces ornements à l'aide d'un emporte-pièce ou
pochoir.

Les anciens décorateurs ont fait beaucoup usage
de ce procédé expéditif. Les murs intérieurs de l'abbaye, aujourd'hui ruinée, de Saint-Sauveur, à Évreux,
et ceux de l'église des Carmes, à Caen, sont encore

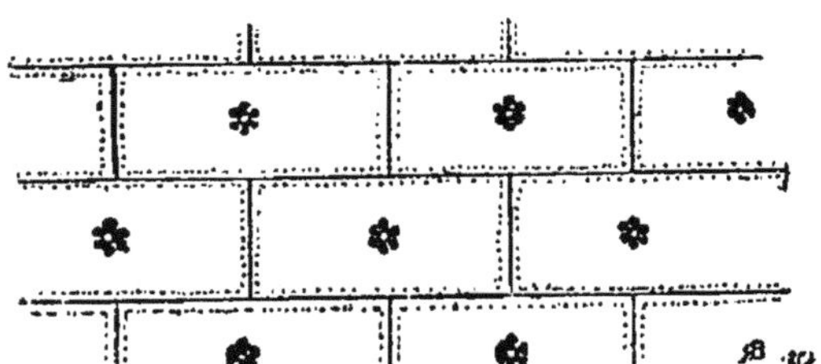

Peinture murale dans les ruines de l'église des Frétils (diocèse d'Évreux).
Fond jaune pâle ; fleurons rouges ;
lignes d'un blanc laiteux avec trait rouge au milieu.

couverts d'un semis de fleurs de lis et de monogrammes ainsi décalqués sur la pierre. Un écrivain
célèbre du XVIᵉ siècle raconte comme il suit la manière
dont on l'employa, en sa présence, pour décorer un
édifice : « Le pavé y fut peint en un instant de divers
« ouvrages en rouge, aiant premièrement enduit le

« planchier de quelque plastre ou chaus, et puis cou-
« chant sur ce blanc une pièce de parchemin ou de
« cuir, façonnée à pièce levée des ouvrages qu'on y
« vouloit ; et puis atout [avec] une époussette teinte
« de rouge, on passoit pardessus ceste pièce et im-
« primoit-on au travers des ouvertures ce qu'on vou-
« loit sur le pavé, et si soudeinemant qu'en deus
« heures la nef d'une église en seroit peinte[1]. »

[1] *Voyage de Montaigne en Italie*, p. 691 de l'édition du *Panthéon littéraire*.

CHAPITRE XII

En signalant dans le chapitre précédent les inconvénients de la peinture à l'huile et des tableaux mobiles, en proclamant la supériorité des peintures qui font corps avec l'édifice et qui suivent la loi de l'architecture sur les cadres de toutes dimensions et diversement inclinés, qui trop souvent masquent les arcades et les fenêtres, nous n'avons point entendu proscrire absolument l'usage de la peinture à l'huile. Nous avons voulu seulement protester contre la présence de ces toiles disproportionnées que le gouvernement envoie maintenant aux églises de province et qui en encombrent désagréablement les nefs, et contre l'achat trop fréquent de tableaux barbouillés par des peintres en bâtiments. Mais ces vues d'avenir doivent être accompagnées de réserves expresses pour le passé. Si les tableaux modernes sont peu dignes des suffrages de l'homme de goût, parce qu'ils s'harmonisent mal avec l'architecture des églises, parce que rarement leur forme, leurs dimensions, leur aspect ont été calculés pour la place qu'ils devaient occuper, parce qu'en général ils attestent ou l'impéritie de leur auteur ou, au moins, son ignorance des choses religieuses ; si, dis-je, les tableaux modernes doivent être plutôt proscrits que recherchés, l'ami des arts est loin de confondre dans la même réprobation les tableaux anciens que renferment les églises.

Je me garderai donc bien de souscrire à la condamnation trop générale prononcée par M. Schmit [1] contre tous les tableaux-meubles, anciens et modernes, qui sont suspendus aux murs des chapelles ou encadrés dans les rétables. Pour motiver le maintien des tableaux dont les xvie, xviie et xviiie siècles ont meublé les églises, il me suffirait d'invoquer les raisons que j'ai exposées pour la conservation des boiseries et des belles grilles des xviie et xviiie siècles. Le principe *qu'il ne faut jamais rien supprimer d'ancien,* souvent proclamé par M. Schmit lui-même, suffit pour faire repousser l'ostracisme qu'il a prononcé contre les œuvres de nos vieux maîtres.

En vain cet auteur objecte-t-il que ces tableaux pourrissent dans les églises, et qu'il vaudrait mieux les transférer dans les musées ; car, pourrait-on lui répondre, les musées, qui regorgent déjà pour la plupart, ne peuvent donner asile qu'à des tableaux remarquables comme peinture et ayant un mérite

[1] Dans son *Manuel de l'architecte des monuments religieux*, p. 203 et suiv.

. artistique intrinsèque. Or, dans les églises, il y a une foule de toiles médiocres, si l'on ne considère que le talent du peintre et l'habileté plus ou moins grande de son pinceau, et qui cependant sont précieuses à d'autres points de vue. Tel tableau extrêmement curieux dans l'église pour lequel il a été fait perd à peu près sa valeur si vous l'en détachez, si vous l'éloignez d'un édifice ou d'un pays à l'histoire desquels il se rapporte, si vous le séparez de l'ensemble d'une décoration dont il fait partie.

Un curé soigneux veillera donc à la bonne conservation des tableaux actuellement existants dans son église, et pour les juger, il ne se placera pas seulement au point de vue de l'art, mais il considérera le caractère religieux de la peinture, l'exactitude théologique du sujet représenté, ainsi que l'antiquité du tableau, son origine, sa provenance, son histoire, les détails accessoires qui peuvent le rendre intéressant.

Les vieux tableaux sur cuivre et sur bois; ceux qui sont entourés de cadres richement sculptés, ceux qui portent des inscriptions, des noms de donateurs, des blasons; ceux où des touches d'or rehaussant la peinture annoncent l'œuvre d'un peintre gothique; les portraits d'évêques, d'abbés ou d'autres personnages connus; certains tableaux du XVIIe siècle représentant des allégories mystiques sont toujours des objets qui méritent d'être conservés.

Les triptyques, ou tableaux en forme de volets assemblés par des charnières, et toutes les peintures du xvie siècle sont aujourd'hui rares et fournissent d'utiles données sur les origines de la peinture à l'huile. En général, on conservera tous les tableaux antérieurs au xviiie sièle, surtout s'ils portent des dates, des monogrammes ou la signature de leurs auteurs. Des peintres aujourd'hui peu connus ont laissé dans les églises des ouvrages qui jettent une grande lumière sur l'histoire de la peinture provinciale en France.

Souvent les artistes anciens ont exécuté dans le fond de leurs tableaux de sainteté des vues de la ville ou du monastère pour lesquels ils étaient destinés. Ces vues anciennes d'édifices détruits ou modifiés aujourd'hui font du tableau où on les retrouve un véritable monument historique.

Les tableaux des églises sont exposés à deux grands fléaux : l'humidité et les retouches entreprises par des barbouilleurs. Le nombre des tableaux anciens qui ont été défigurés par les vitriers de village est incalculable. Il y a des peintres en bâtiments qui jouissent d'une grande vogue auprès des marguilliers campagnards pour leur *adresse* à *remanier* les tableaux d'église, et leur talent, hélas ! consiste uniquement à recouvrir de couleurs grossières les touches les plus fines, les glacis les plus transparents, pour faire disparaître de l'œuvre de l'artiste tout ce qui lui donnait du cachet, tout ce qui avait du style ou un caractère historique. Il est vrai que les villes donnent à nos villageois de détestables exemples, et que souvent le conseil de fabrique du chef-lieu, très dignement composé de rentiers et de gens bien placés dans le gouvernement ou le négoce, n'y voit guère plus clair en fait d'art, et jette à la tête de quelque empirique effronté la somme qu'il eût refusée à un homme habile et compétent.

Ce qui échappe à ces vandales devient la proie de l'humidité. Trop souvent des tableaux anciens restent accrochés dans des lieux sombres, contre des murailles humides, ou sont encastrés dans des lambris derrière lesquels l'air ne circule pas. Qui en prend souci? Personne. J'ai vu à Caen, dans l'église Saint-Étienne, des tableaux anciens et d'une certaine valeur tomber en lambeaux, parce qu'ils recevaient, depuis dix ans peut-être, la pluie qui filtrait au travers de fenêtres disloquées.

Le Congrès des Académies, réuni au Luxembourg en février 1851, a cru devoir s'occuper de cette déperdition organisée de tant de richesses artistiques. On peut recourir à l'instruction spéciale[1] que M. le mar-

---

[1] Le cadre de mon travail ne m'a point permis d'y faire entrer l'exposition des théories constitutives de la peinture religieuse, tombée si bas à notre époque. Ce sujet vaste et en dehors de mon plan a d'ailleurs été supérieurement traité par M. Rio, dans son beau livre *de la Poésie chrétienne*, et par M. de Montalembert dans ses écrits sur les arts, t. VI de ses œuvres complètes.

Je ne ferai ici qu'une réflexion. Les tableaux dans les églises ont un double but, celui d'enseigner et d'émouvoir : la peinture sacrée, par son caractère dogmatique, ne laisse que peu de place à la fantaisie.

Or, voici ce qui se passe. Des peintures empreintes d'une vague religiosité prennent aujourd'hui dans les temples la place des sujets traditionnels. De brumeuses allégories, inspirées par je ne sais quel romantisme indécis plutôt que par la théologie positive du catholicisme, quittent chaque année les salles de l'exposition de peinture pour être installées dans les églises. *Le Christ au milieu des affligés, Jésus protecteur du travail, la Religion bienfaitrice de l'Humanité,* ou tout autre sujet aussi *humanitaire,* sont aujourd'hui à la mode. En

quis de Chennevières, inspecteur des musées, fut chargé de rédiger au nom du Congrès, et dans laquelle on trouve les plus sages conseils.

visitant l'abbaye Saint-Germer, j'ai avisé un tableau fraîchement suspendu près des fonts baptismaux, qui certes peut être donné comme échantillon de peinture fantaisiste. Prévoyant que l'allégorie par lui enfantée serait difficilement comprise, l'artiste a expliqué sa pensée par l'inscription suivante, que je transcris textuellement :

L'ANGE PRÉSENTE A L'ENFANT JÉSUS
LA COURONNE D'ÉPINE
IL DONNE AUX ENFANTS DES HOMMES
DES RAMEAUX D'ÉPINES FLEURIES.

———

E. LAFON, PEINTRE, 1850.

La lecture de ces lignes m'indiqua le sujet ; mais une seconde question se présenta à mon esprit, et je me demandai dans quelle intention était faite cette peinture.

CHAPITRE XIII

———

Pendant le moyen âge et avant l'apparition des tableaux mobiles, les tapisseries furent l'un des moyens de décoration des églises. Les anciens inventaires et les historiens de nos provinces attestent qu'aux jours des grandes solennités ces solides tissus couverts de personnages étaient suspendus aux piliers et venaient seconder l'effet des peintures murales. Au xvii siècle, Farin, dans son intéressante histoire de la ville de Rouen, énumère les belles tentures que possédaient les nombreuses églises de cette cité archiépiscopale[1]. Les protestants avaient détruit les richesses de ce genre qui dataient d'avant le xvi siècle, mais le goût ne s'en était pas perdu, et ces dévastations furent

---

[1] La cathédrale de Rouen a conservé une suite de tapisseries que l'on tend encore autour des piliers de la nef les jours de grandes solennités. Les tapisseries de la cathédrale de Reims et celles de l'église Saint-Remi, de la même ville, sont des monuments du plus haut intérêt. On connaît aussi les célèbres tapisseries de l'abbaye de la Chaise-Dieu, en Auvergne; celles des cathédrales d'Angers et du Mans, celles de Notre-Dame de Vernon, etc.

promptement réparées. La Révolution a arraché une
seconde fois ces parures monumentales dont les débris,
grâce au triste goût de ce siècle, ont été transformés
en tapis de pied ou en emballages. Trop souvent encore
des tapisseries anciennes, échappées au pillage des
mauvais jours, ont été négligées ou vendues par des
fabriques insouciantes et vandales[1], quoique aujour-
d'hui des ouvriers habiles sachent parfaitement restaurer et raviver ces objets précieux.

Il serait désirable que ces décorations redevinssent
d'usage. Le gouvernement ferait mieux d'envoyer des
tentures à sujets sacrés pour décorer les églises que
de les encombrer avec les tableaux de nos entrepreneurs de peintures soi-disant religieuses. Ce serait
à la fois un moyen de ranimer le goût de ces œuvres
vraiment artistiques et de restituer quelque activité aux
manufactures nationales de Beauvais et des Gobelins,
dont les produits, dans l'état actuel des choses, restent à peu près sans emploi, et ont le tort de simuler
les effets de la peinture à l'huile, au lieu de garder
franchement le caractère de tapisseries.

Le *Journal des Beaux-Arts,* publié en Belgique par
M. Ad. Siret, annonçait au commencement de l'année
1861 que les dames de Weimar et d'Eisenach s'étaient
chargées de broder pour les murs de la grande salle
de la Wartbourg des tapisseries dont les dessins ont
été faits par un des habiles peintres de l'Allemagne,

---

[1] Les tapisseries du chœur de la cathédrale de Nevers, qui avaient
échappé à la Révolution, n'ont été enlevées qu'en 1827! Pourquoi ne
restaure-t-on pas les débris qui en existent encore?

M. Welter. Ces tapisseries, d'un style roman sévère, auront quatorze pieds de hauteur et les personnages sept pieds. Déjà les dames d'Eisenach ont brodé un tapis qui passe pour un chef-d'œuvre de dessin et de couleur. Ce genre de dessins demande un talent tout spécial, et nos dames françaises auraient besoin d'être guidées par des artistes sérieux pour rivaliser avec les dames allemandes du duché de Weimar. Du moins, la plupart des tapisseries à la main que l'on voit essayer de loin en loin, dans nos églises pour ornements d'autel, manquent tout à fait de goût et de style.

CHAPITRE XIV

———

Les images n'étaient pas le seul mode d'enseignement et la seule décoration que l'on traçât sur les murailles. Les inscriptions ne furent pas moins répandues, et jusqu'au milieu du xviie siècle les parois des églises furent décorées de légendes et de sentences, de *tableaux d'escripteure,* comme on disait alors. On en plaça sur les vitraux, sur les frises de l'architecture, sur les parties unies des menuiseries, sur la bordure des tableaux et des peintures murales. Des phylactères et des banderoles dans les mains des personnages, portèrent les plus notables paroles sorties de leurs bouches. Les meubles destinés au culte offrirent aux yeux les textes écrits qui rappelaient des pensées en harmonie avec leur destination. Tout parlait ainsi dans les temples, et tandis que la peinture et les arts du dessin présentaient l'expression fidèle de l'histoire sacrée, l'écriture exprimait de son côté les idées plus abstraites de l'ordre moral ou les aspirations du cœur.

Mais depuis l'époque où l'on a commencé à badigeonner leurs murailles, les églises sont devenues muettes, et le catéchisme permanent que les décorateurs anciens y avaient ouvert à tous les âges de la vie a été fermé. Aujourd'hui, l'artiste qui voudrait marcher sur les traces des peintres gothiques trouverait une ample ressource dans des inscriptions ingénieusement disposées. Des légendes peintes en capitales, coloriées suivant le goût du moyen âge, feraient d'excellentes bordures dans la décoration d'une église de village.

Toutefois, le soin de tracer ces inscriptions ne peut être abandonné à un peintre ignorant. C'est un des points où l'archéologie doit venir en aide. La proportion, la forme la couleur relative des lettres et du fond demandent à être calculées avec goût, pour qu'elles aient un caractère monumental. Il faut bannir les lettres de fantaisie qui figurent sur les devantures de boutiques, notamment l'écriture anglaise et la gothique embarrassée de paraphes, si chères aux maîtres d'école.

On demandera donc des modèles à un homme versé dans la paléographie. Sans doute ce serait abuser de l'archéologie que de tracer à notre époque des inscriptions illisibles pour d'autres que des antiquaires, mais il existe d'anciens alphabets que tout le monde lit parfaitement encore et qui ont un style plus noble que les caractères de fantaisie employés par les peintres d'enseignes.

Les inscriptions sont d'ailleurs de deux espèces;

celles qui s'adressent à tout le monde, qui doivent être lues par tous, et qui sont en langue française, seront tracées en capitales romaines. Mais pour les inscriptions en langue latine, destinées seulement à constater un fait historique ou simplement à fournir un motif de décoration, on pourra employer les abréviations et les alphabets du moyen âge. Les peintres d'autrefois ont donné un pareil exemple, en traçant souvent sur les bordures des verrières et sur l'orfroi des draperies de leurs statues des simulacres d'inscriptions en caractères pseudo-arabes ou en lettres bourguignonnes fleuries. On sait quel usage les anciens artistes ont fait des monogrammes et des lettres entrelacées.

Car il faut bien distinguer entre les séries de caractères décoratifs soumises aux nécessités de la peinture et les inscriptions véritables. Dans une inscription purement décorative, le peintre espace ses lettres suivant les besoins de son dessin ; il les entremêle avec des fleurons, des ornements variés ; il coupe les mots si le plaisir des yeux lui paraît l'exiger ; il multiplie à son gré les abréviations. Mais si l'inscription doit être lue avant tout, son premier mérite sera la netteté.

Toute inscription doit être soumise aux règles du style lapidaire. La concision, la noblesse, l'énergie, un certain choix de mots constituent surtout ce style. L'arrangement et la coupure des lignes, l'emploi de certaines abréviations consacrées, le V et l'I substitués à l'U et au J dans les inscriptions latines, un point placé entre chaque mot dans les inscriptions distinguent le style lapidaire de la manière vulgaire d'écrire.

L'observation des règles du style lapidaire donne à elle seule un cachet monumental : c'est par elle qu'une inscription, dans le sens relevé de ce mot, se distingue d'une affiche ou d'une enseigne, et qu'elle devient digne de figurer sur un édifice public.

La langue latine, essentiellement propre au style lapidaire, étant d'ailleurs celle de l'Église, devra naturellement être préférée toutes les fois que l'emploi de la langue vulgaire ne sera pas indispensable. Quant au texte des inscriptions, sa rédaction ne saurait être abandonnée au premier venu, et les projets devraient être revêtus toujours d'une approbation épiscopale.

CHAPITRE XV

Parmi les images sculptées aujourd'hui exposées dans les églises rurales on doit faire deux catégories. La première, composée de statues anciennes en pierre, en bois ou en albâtre, est très digne de l'attention de l'homme de goût ; la seconde comprend certaines figures sans style et à peine dégrossies. Ce sont malheureusement ces dernières images, qui souvent n'ont pas cent ans de date, que préfèrent les villageois, tandis que des statues d'une valeur réelle sont jetées au dehors.

Beaucoup d'ecclésiastiques, frappés du ridicule de ces figures difformes, ont cherché à en débarrasser leurs églises ; mais, confiants dans un goût personnel que n'éclairent pas toujours des connaissances artistiques et archéologiques, ils ont trop souvent compris dans la même réprobation le bon avec le mauvais, et de précieuses statues du moyen âge, parce qu'un barbouilleur les avait engluées de céruse, d'ocre ou de bleu de Prusse, ont été confondues avec leurs pitoyables voisines.

On devra noter comme bonnes à garder et on remettra en place au besoin les statues et figurines en marbre, en albâtre, en ivoire, en métal ou même en terre cuite. Celles qui seraient incrustées d'émaux ou de verroteries, celles qui porteraient des couronnes, des sceptres ou des reliquaires de fabrication ancienne sont particulièrement curieuses. On gardera toutes les sculptures qui auraient le cachet du moyen âge. La forme particulière des draperies, leur arrangement, la cassure des plis, les agrafes et joyaux reproduits par le statuaire, les tissus enrichis de bordures et d'orfrois ouvragés, la présence sur ces orfrois de légendes en caractères gothiques ou d'incrustations en verre de couleur révèlent les statues dignes d'être conservées.

La répartition de ces statues anciennes est très inégale. J'en ai peu remarqué dans les églises des environs de Caen, où les orages du protestantisme les ont sans doute détruites[1], tandis qu'on en retrouve encore fréquemment dans la haute Normandie. Beaucoup d'églises des diocèses de Rouen, d'Évreux, de Séez renferment encore des vierges des xv° et xvi° siècles, qui portent sur leur front une couronne richement

---

[1] J'ai vu dans le cimetière de Saint-Manvieu, près Caen, une précieuse statue du patron de cette église. Cette statue, curieuse par son travail, car l'orfroi de la chasuble représente les scènes de la Passion, a été jetée dehors, sous l'égout des toits, lorsque le curé fit faire un autel *neuf*, vers 1840 ou 1845. Une autre statue, au pied de laquelle était sculpté un blason de donateur, avait subi le même sort.

découpée, et sur la robe desquelles la *Salutation angélique*, sculptée en lettres gothiques ou en capitales
fleuries, forme de curieux orfrois.

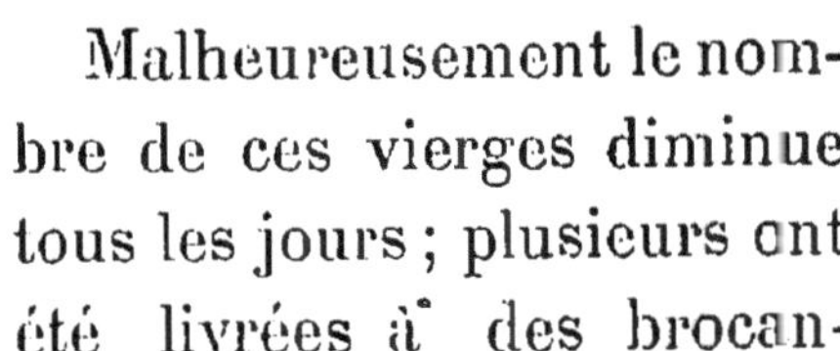

Fragment de l'inscription
de l'orfroi d'une statue de la Vierge,
à Illiers-l'Évêque.

Malheureusement le nom-
bre de ces vierges diminue
tous les jours ; plusieurs ont
été livrées à des brocan-
teurs en échange d'insignifiantes figurines en plâtre
blanc.

J'ai regret de le dire : trop souvent de bonnes statues que n'avaient point brisées les iconoclastes de 93,
ont disparu dans ces dernières années et, si elles n'ont
pas été détruites ou vendues, on les retrouve plutôt
dans quelque recoin du porche ou du clocher qu'à
l'intérieur du temple. Dans le cimetière de la ville de
Bernay, de belles statues, provenant de la célèbre
abbaye du Bec, gisent dans l'herbe depuis vingt-cinq
ans. Ces statues ont été replacées dans l'église Sainte-
Croix. A Illiers-l'Évêque (Eure), j'ai dessiné une grande
statue de saint Docteur, d'un très beau travail, du
commencement du xviᵉ siècle ; cette sculpture, qui
enrichirait un musée, n'a maintenant d'autre asile
que le dessous de l'escalier qui mène à l'horloge. Dans
une autre paroisse du diocèse d'Évreux, deux statues
gothiques, coloriées et dorées, représentant des évêques vêtus de la chasuble antique avec orfrois incrustés de verre de couleur, sont reléguées sous le porche
entre des gravois et des planches pourries, tandis que

de fades moulages modernes sont offerts à la vénération publique [1].

Je sais que, les rituels prescrivant de ne point laisser exposées dans les églises des images gâtées, on alléguera qu'il est nécessaire de faire disparaître les statues mutilées. Mais une réparation est facile à faire sans altérer les parties anciennes, et, d'ailleurs, les sculptures que je viens de signaler étaient intactes lorsqu'on les a rejetées.

Un autre acte de mauvais goût est de faire peindre en blanc ces statues gothiques, presque toujours dorées ou rehaussées de couleurs. Nous avons déjà vu que les sculpteurs du moyen âge, continuant en cela les plus anciennes traditions de l'art grec, ne craignaient point d'appeler le pinceau au secours de leur ciseau. La statuaire coloriée rivalisa, dans l'antiquité même, avec la *toreutique*, c'est-à-dire la sculpture composée de matières diverses, de bois, d'or, d'argent, d'ivoire. Le moyen âge s'efforça toujours de rendre aussi intime que possible l'alliance de la peinture et de la sculpture, de concilier la forme et la couleur, si profondément séparées dans notre art moderne. Il faut donc se garder de confondre avec le bleu de Prusse ou l'ocre

---

[1] « Évitons dans les arts tout *système de mensonge*, indigne d'une religion de vérité, et nous classons dans ce système l'usage de toutes les matières destinées à remplacer la pierre, le bois et l'airain. La *fonte* est la malédiction de l'architecture chrétienne, car ses produits moulés ne sont pas susceptibles d'être perfectionnés par la main de l'homme; ils demeurent tels qu'ils sortent du moule. Quant aux statues en plâtre, il faut les reléguer exclusivement dans les musées : elles sont indignes de la maison du Seigneur. » Allocution de M. Reichensperger aux Associations catholiques allemandes réunies à Cologne, en septembre 1858. *Revue de l'Art chrétien*, t. II, p. 513.

rouge à l'huile d'aujourd'hui les délicates enluminures d'outre-mer ou de vermillon appliquées sur les statues par les anciens sculpteurs. Trop souvent, il est vrai, ces fines et éclatantes colorations ont été ternies par des croûtes de peinture grossière ; mais, avec de l'adresse, il est souvent possible d'arracher ces couches nouvelles et de découvrir l'enluminure primitive. Dans tous les cas, le bleu et le rouge que les peintres de village distribuaient il y a quelques années ne me semblent point plus déplaisants que le blanc de céruse verni qu'ils prodiguent aujourd'hui. Je ne vois aucun inconvénient à laisser coloriées toutes les sculptures qui ne sont pas d'un mérite hors ligne.

J'insiste sur ce point, parce que certains manuels à l'usage du clergé rural enseignent le contraire, et parce que le goût sec et froid du xviiie siècle et de l'Empire tend à remplacer sur ce point encore les traditions les plus pittoresques du moyen âge. On lit même dans le *Guide des Curés* de M. Dieulin ce conseil fâcheux : « On ne doit pas peindre les statues, *excepté* « *celles en bois ;* si cependant on voulait leur donner « une couleur, qu'elle soit d'or, d'argent, de pierre ou « de bronze [1]. »

Le *Guide des Curés* de M. Dieulin et plusieurs autres du même genre invitent aussi à écarter les « statues parées de fleurs, de dentelles et de rubans, « affublées de cinq à six robes, de grands manteaux « roides,... de colifichets dorés, » que M. l'abbé Dieulin

____
[1] Tome 1er, p. 261, à la note

trouve fort ridicules. Je ferai, au nom de l'art même, encore quelques réserves. Sans doute, ces statues, avec leurs ajustements de calicot et de cotonnade, ressemblent trop souvent à des poupées ou à ces « figures de cire que l'on promène par les foires », mais je n'admets point pour cela en entier la tirade de deux pages de cet ouvrage. L'usage de parer ainsi certaines statues remonte à une haute antiquité, et les images les plus anciennement vénérées sont ainsi enveloppées. Seulement, au lieu des grossiers affiquets de nos campagnards actuels et de nos mesquines étoffes modernes, c'était avec des tissus précieux et des étoffes orientales que nos aïeux composaient ces costumes souvent magnifiques [1]. Aussi les artistes habiles auxquels on doit les belles lithographies des *Voyages pittoresques dans l'ancienne France* n'ont-ils point cru indignes de leur crayon les madones fleuries, enrubannées et voilées de la Bretagne et du midi de la France. Si ces parures anciennes, d'un effet piquant et original, font sourire quelques esprits courts, le peintre en garde un souvenir sur son album de voyage. Des gens qui entendaient l'art mieux que nous n'en ont point été choqués : dans les églises d'Espagne, les madones couvertes de robes pailletées sont placées à côté des plus resplendissantes peintures de Murillo et de Velasquez; l'Italie leur donne asile dans ses sanctuaires. L'aspect de ces images, qui scintillent dans leur niche

---

[1] On voit à Jumièges, dans la riche collection de M. Lepel-Cointet, un voile de la Vierge, du xvııe siècle, provenant de l'église de Jumièges, et ce voile est un objet d'art merveilleux.

gothique, entourées d'une ardente ceinture de cierges, communique une impression secrète que des statues plus correctement sculptées ne feront jamais naître. Pour moi, je suis de l'avis du peuple : je préfère ces vierges toutes parées de taffetas, de dentelles et de pompons, aux froides statues de plâtre contemporaines qui, privées du double prestige de l'art et des souvenirs, ne disent rien au cœur ni à l'imagination [1].

[1] J'ai vu avec regret la *Revue de l'Art chrétien* publier sans aucune observation ni restriction les lignes suivantes, signées de M. Schayes, écrivain parfois trop partisan des églises remises à neuf et du gothique en fonte de fer : « En débarrassant la belle et colossale statue de la sainte Vierge, sculptée en 1457, des oripeaux en soie et dentelles dont depuis la domination espagnole une dévotion peu éclairée a la coutume d'affubler toutes les images de la Mère du Sauveur, le respectable curé doyen de Saint-Pierre (à Louvain) a fait preuve de bon goût, et, bravant, non sans de vives réclamations, un préjugé populaire, il a donné un exemple que devraient s'empresser de suivre tous ses confrères. » (*Revue de l'Art chrétien*, t. Ier, p. 312.) C'est sans doute un abus de parer ainsi toutes les statues de la Vierge, mais, avant de suivre le conseil trop radical de M. Schayes, les ecclésiastiques qui seraient tentés d'imiter l'exemple donné à Louvain feront bien de lire une courte mais savante *Note sur les vêtements d'étoffe donnés à certaines statues de la sainte Vierge*, note où M. Charles Des Moulins a traité cette question d'une façon péremptoire. *Bulletin monumental*, t. XXVI, p. 158.

QUATRIÈME PARTIE

DISTRIBUTION ET AMEUBLEMENT

QUATRIÈME PARTIE

DISTRIBUTION ET AMEUBLEMENT [1]

CHAPITRE PREMIER

SÉPARATION DU CHŒUR ET DE LA NEF. — ARC TRIOMPHAL, ETC.

Un des traits les plus caractéristiques du plan des églises est la séparation bien marquée qui existe entre le chœur et la nef. C'était une règle que les architectes du moyen âge observaient avec rigueur. Elle tirait son origine non pas seulement des préceptes liturgiques en vertu desquels l'assistance laïque doit être séparée du clergé, mais encore d'un certain souvenir du sanctuaire de l'ancienne loi. Cela tenait aussi à ce que le chœur ou *chancel* était à la charge du seigneur ou des décimateurs, tandis que la nef était

[1] L'architecte anglais Pugin a traité spécialement de l'ameublement des églises et des costumes ecclésiastiques dans un bel in-4° illustré de figures, intitulé : *Glossary of ecclesiastical ornament and costume.*

construite et réparée aux frais de la communauté des habitants.

L'architecture gothique, dont le principe mouvementé et l'esprit de variété n'admettent que difficilement les lignes droites et inflexibles, et qui tend au contraire à diviser les masses architecturales par des coupures et des saillies, à multiplier les angles, à varier les plans et les surfaces par des rehauts et des enfoncements, l'architecture gothique ne pouvait manquer de faire son profit de la séparation que ces diverses raisons avaient fait établir entre le chœur et la nef. Aussi, du xie au xviie siècle, les architèctes eurent-ils le soin de couper leurs lignes, tant latérales qu'horizontales, par des repos bien accusés, par des angles profonds, à l'endroit où la nef cesse et où le chœur commence. Dans les grandes églises, le clocher central et les transepts marquèrent ce point d'arrêt tant à l'extérieur qu'à l'intérieur ; dans les édifices moins importants, un rétrécissement établi avec intention fit sentir dans le poëme architectural cette césure nécessaire et rhythmique : la nef et le chœur sont d'inégale largeur ; les murs latéraux subissent un coude au point de jonction de ces deux parties du temple ; la ligne supérieure des toits se brise au même endroit, afin que la différence du chœur et de la nef apparaisse au loin, et une sorte de pignon intermédiaire les sépare, même à l'extérieur. Intérieurement, cette brisure des lignes est plus apparente encore : les voûtes du chœur et de la nef sont ordinairement d'une hauteur inégale, en même temps

que le pavé se relève là où commence le chœur; car
le sol lui-même est aussi coupé par un ou plusieurs
degrés. Les murs latéraux subissent une déviation
semblable et se replient pour former une espèce de
nœud entre l'espace où siège le clergé et où se célèbrent les mystères et celui réservé aux simples assistants. Un rétrécissement est en quelque sorte obliga-
toire sur la limite qui sépare ces deux portions de
l'édifice consacré. Dans les églises à une seule nef qui
n'ont pas de transepts, on ne s'est pas contenté, pour
marquer cette coupure, de l'inflexion des murs extérieurs, on a établi au dedans du temple une arcade
en maçonnerie qui sépare plus nettement encore le
chœur de la nef. C'est ce qu'on nomme l'arc triomphal.

L'ARC TRIOMPHAL a une très grande importance dans
les églises anciennes. A l'époque romane, et jusqu'au
XIIIe siècle, il est orné avec luxe, bâti en pierre décorée de riches sculptures, et prend souvent une telle
importance qu'il forme presqu'un refend entre la nef
et le chœur. Au XVe siècle, il s'élargit, n'est plus formé
d'ordinaire que de simples nervures, parce que les
jubés deviennent de mode et que de hautes clôtures
en bois sculpté voilent suffisamment le sanctuaire. Au
XVIe siècle, l'arc triomphal se réduisit souvent à des
découpures en menuiserie, dont les délicates arcatures
ont rarement échappé à la Révolution et aux innovations des décorateurs modernes [1].

---

[1] Le cadre de ce travail ne me permet pas de parler ici des jubés et

On comprend que cette séparation traditionnelle entre le chœur et la nef, tant à l'intérieur qu'à l'extérieur, doive être conservée, et que sa suppression serait un moyen infaillible de défigurer l'édifice d'où on la ferait disparaître. Cependant, la plupart des curés qui s'avisent d'*embellir à la moderne* les églises qui leur sont confiées s'efforcent trop souvent d'effacer la différence que l'architecte avait marquée entre les deux parties du temple. Dans le diocèse de Bayeux, l'arc triomphal de plusieurs églises des xie et xiie siècles a été jeté bas, malgré les riches sculptures dont on avait couvert avec une sorte de préférence cette partie essentielle du monument. Dans la haute Normandie, beaucoup de fabriques ont absorbé leurs économies pour faire retoucher la voûte de leurs églises, en la mettant de niveau dans le chœur et dans la nef, malgré l'intention visible des constructeurs primitifs. Quelquefois même, on a remanié les toits à l'extérieur pour les continuer tout d'un jet, en sorte que l'édifice ainsi travesti justifie parfaitement ces vers d'un poëte contemporain :

> C'est comme un temple grec, tout couvert en tuile ;
> Une espèce de grange avec un péristyle :
> Je ne sais quoi d'informe et n'ayant pas de nom,
> Comme un grenier à foin bâtard du Parthénon.

L'arc triomphal tire son nom de la croix principale

des hautes clôtures de chœur. J.-B. Thiers a écrit contre ceux qui les détruisent un volume curieux intitulé : *Dissertations sur les principaux autels des églises, les jubés et la clôture du chœur*. Paris, Dezallier, 1688, in-12. Voyez aussi les ouvrages de Pugin et les *Églises gothiques* de M. Schmit.

de chaque église, que l'on y a placée dès les temps
les plus anciens, et qui, dans les textes du moyen âge,
est appelée *major crux, crux triumphalis* [1]. Cette
croix majeure, depuis une époque reculée, est une
pièce essentielle de l'ameublement religieux : l'Église
d'Orient l'adopta comme l'Église latine[2]. Elle joue un
rôle indispensable dans la liturgie, les processions
faisant, avant d'entrer dans le chœur, une station
devant ce crucifix. Mais maintenant on répudie ces
traditions. Ici le Christ antique de l'arc triomphal a fait
place à un de ces Christ inventés par les jansénistes et
dont le corps traîne suspendu au bout des bras élevés
au-dessus de sa tête[3] : là on a transplanté ce crucifix
en face de la chaire ; ailleurs on l'a fait disparaître
entièrement, afin, disait-on, de dégager la perspective.

On doit protester, au nom de l'archéologie, contre

[1] « Crux triumphalis, dicta Durando (lib. I. Ration. cap. i, num. 41),
quæ in plerisque locis in medio ecclesiæ ponitur. » *Glossaire* de du
Cange, v° *crux triumphalis*.

De cruce decantare. « Hoc est, ni fallor, de ambone, de pulpito, ubi
major crux etiamnum statuitur. » *Ibid.*, v° *de cruce decantare*.

« Faire dire une messe a note à l'austel du croicefix de la ditte
eglise de Chartres. » Charte de 1388 citée dans le supplément de dom
Carpentier, v° *crucifixum*.

— «..... Pratellis in basilica sancti Petri Apostoli ante crucifixum
sepultus est. » Orderici Vitalis, *Historia*, lib. X, in fine.

[2] Une vue intérieure de l'église Sainte-Catherine au couvent du
mont Sinaï, exposée au Salon de 1851 par M. Dauzats, représente avec
assez de détails le *pegma* de cette église, c'est-à-dire la clôture du
chœur surmontée d'un Christ avec la Vierge et saint Jean. Ce tableau
a été gravé dans le Journal *l'Illustration*, t. Ier de 1851, p. 120.

[3] M. Cahier a donné, dans les *Mélanges d'histoire et d'archéologie*,
un mémoire de critique historique sur la forme de la croix et ses
accessoires et sur la stature et la pose du Christ. Ce travail, plus
savant que celui de Juste-Lipse, *De cruce*, devrait être consulté par
tous les artistes qui ont le crucifiement à peindre ou à sculpter. Il
leur épargnerait plus d'une bévue. M. l'abbé Decorde a traité le même
sujet.

ces fantaisies novatrices qui ont fait anéantir une quantité considérable de statues curieuses. L'art lui-même condamne ces efforts maladroitement faits pour dégager la vue, les principes mêmes de la perspective aérienne justifiant l'emploi de ces objets qui, par leur interposition, séparent les plans et augmentent la profondeur apparente.

Aussi les architectes qui bâtissent actuellement des églises en Angleterre n'omettent-ils point d'établir sur la clôture du chœur ce crucifix traditionnel[1]. Comme dans les vieilles églises de France, la Vierge, accablée de douleur, se tient debout au pied de la croix, et saint Jean, de l'autre côté, appuie sa tête dans sa main pour contenir son affliction. Des inscriptions sont souvent tracées au-dessous de ces personnages : en voici une que j'emprunte à un article de l'architecte Pugin, contre la destruction de ces décorations que les antiquaires anglais désignent sous le nom de *pegma* ou de *rood-loft*[2] :

> Effigiem Christi dum transis pronus honora
> Sed non effigiem sed quem designat adora.

---

[1] Dans son instruction synodale du 16 juillet 1851, Mgr l'évêque de Luçon prescrit impérativement la conservation et le rétablissement, dans chaque église, du Christ de l'arc triomphal. On trouvera dans cette instruction les raisons liturgiques et les textes y relatifs : pour nous, nous n'avions à faire valoir ici que les raisons archéologiques et artistiques.

[2] Publié d'abord dans la *Revue de Dublin*, ce chapitre « *Of destruction of Roods* » se retrouve dans l'excellent volume de Pugin, intitulé : *The present state of ecclesiastical architecture in England*.

L'article *Rood-Loft*, dans le glossaire d'architecture de M. Parker, contient aussi de savants détails sur le même sujet. Les archéologues français ont gardé un silence à peu près complet sur ce point ; toutefois, M. Lassus en a dit un mot dans un article sur les anciens autels publié dans les *Annales archéologiques*, t. IX, p. 96.

Dans l'église Saint-Gervais, à Falaise, au-dessous de cette croix triomphale, on lit :

HIC CHRISTI MORS MORTALIVM VITA.

Voici encore un beau distique sur le même sujet :

Hic mors, vita et amor subeunt certamine. Victrix
Mors victa est, vincit vita, triumphat amor.

Jusqu'à nos jours, on n'exposait guère dans les églises d'autres crucifix que celui-ci et ceux des autels. On pensait sans doute que la rareté était une condition du respect et que l'impression était d'autant plus profonde qu'elle était moins répétée. On n'eût donc jamais songé à faire avec la croix une sorte d'amortissement placé partout où l'on ne trouve rien de mieux à mettre. Mais, aujourd'hui, tout ouvrier embarrassé pour faire un couronnement à un chambranle de porte, à un buffet d'orgues, à une barrière de chapelle, se tire vite d'affaire en y plaçant une croix plantée dans une boule. Avec deux tringles assujetties à angle droit, nos contemporains évitent les frais d'imagination. Or, cet abus, dont le XVIIIᵉ siècle lui-même avait su se garder, blesse surtout les intérêts de l'art. Là, en effet, où une croix maigre et sans ornement témoigne de l'incapacité des artisans modernes, leurs prédécesseurs eussent sculpté une statue, un bouquet de feuillage, un amortissement ingénieux qui fût devenu pour leur talent l'occasion d'une manifestation nouvelle.

CHAPITRE II

Dans ce manuel pratique, nous ne pouvons faire l'histoire des formes des autels aux diverses époques de l'art ; nous devons seulement rappeler et appliquer le principe de la conservation intégrale de tout ce qui porte un caractère d'art ou d'ancienneté.

Les autels les plus précieux sont ceux qui ont une date antérieure au xvi⁰ siècle. Ils n'avaient généralement ni rétables ni tabernacles, et ils ne masquaient point les fenêtres au pied desquelles ils étaient placés. Quant aux autels secondaires qui n'étaient point au bas d'une fenêtre, on décorait le mur auquel ils étaient adossés avec des peintures murales, des bas-reliefs ou des tableaux à volets. Ce fut l'origine des hautes contre-tables. Celles que l'on établit à la fin du xv⁰ siècle se composèrent en général d'arcatures remplies de personnages délicatement sculptés en albâtre ou en bois et rehaussées de couleurs et de dorures. Ces contre-tables, qui représentent ordinairement des scènes de la vie de Jésus-Christ, sont devenues aujourd'hui fort rares, et nous ne pouvons trop en recommander la conservation. Nous citerons dans ce genre les riches sculptures qui existent encore à Rôtes et à la Selle [1], dans le diocèse d'Evreux.

Vers l'époque d'Henri IV apparut la mode des rétables en bois doré simulant des façades de palais, décorés de petites colonnes torses et de niches garnies de statuettes. Ces rétables, qui ne sont pas fort élevés, qui, par conséquent, ne masquent point les fenêtres, présentent au centre un tabernacle formant une sorte de pavillon avancé. Ils paraissent avoir été une imitation de certains *retablos* des églises d'Espagne. Aujourd'hui le nombre en est considérablement diminué, car ce sont eux surtout que l'on sacrifie pour mettre à leur place de mesquines accumulations de planches de sapin ou des massifs de moellon plaqués de marbres vulgaires. Il y en a un fort beau, entièrement doré, qui est relégué dans un coin obscur de l'église Saint-Pierre de Caen, et l'on trouve des débris semblables dans un grand nombre d'églises de campagne [2].

A ces rétables à l'espagnole succédèrent de hautes contre-tables à fronton et à entablements soutenus par de grandes colonnes torses, garnies de feuillages,

---

[1] La curieuse contre-table de la Selle, toute en albâtre, a été figurée dans le *Magasin pittoresque*.

[2] Il y a quelques années, un rétable de ce genre, couvert de bas-reliefs et de riches peintures, gisait exposé à la pluie devant la porte du presbytère de Saint-Pierre de Louviers, près de la station du chemin de fer.

coloriées et dorées. Ces autels, trop massifs, cachent souvent des arcatures ou des détails d'architecture précieux et masquent presque toujours les fenêtres orientales percées au fond du chœur. Mais ils sont d'un fort grand style, et, le mal étant fait, il faut refléchir avant de détruire ces autels du xviie siècle pour les remplacer par des autels modernes. Il faut les conserver dans leur intégrité, et je n'admets leur déplacement que dans le cas où ils défigureraient une abside élégante ou cacheraient de riches fenêtres.

Ils sont cependant en butte à l'action destructive de nos faiseurs de nouveautés, et le clergé est, sous ce rapport, malheureusement excité par certains architectes, qui n'imaginent rien de mieux, pour dépenser l'argent des fabriques, que de mettre à la place de ces œuvres des artistes du xviie siècle [1] leurs pitoyables compositions. Tantôt on démolit ces rétables si richement peints et sculptés, sous prétexte qu'ils ne s'harmonisent pas avec l'architecture gothique, et alors on les remplace par des rétables en gothique équivoque, amalgame de bois marbré, de fonte de fer, de carton-pierre et d'autres matériaux aussi peu homogènes. Tantôt, au contraire, on conserve la partie massive de la contre-table, mais on y exécute des changements maladroits, qui détruisent l'harmonie

---

[1] Le célèbre graveur Abraham Bosse a publié une collection de modèles en ce genre, sous ce titre : *Livre d'architecture d'autels*, etc., de l'invention et dessin de J. Barbet, gravé à l'eau-forte par Ab. Bosse. Paris, 1633, petit in-fol.

de l'œuvre primitive, sous prétexte de la perfectionner et de la mettre à la mode.

Par exemple, à un tabernacle précieusement ciselé,
peint et doré dans le même style que le reste de l'autel, on substitue une espèce de boîte en acajou ou en
sapin, *enrichie* d'ornements en carton.

Ou bien encore, à l'autel formé d'une[1] seule pierre
et revêtu d'un parement en soie ou d'un devant en
bois ouvragé et doré, on préfère un coffre peint en
marbre qui est censé représenter un tombeau.

Au lieu des anciens chandeliers, dont le modèle
avait été composé par le même artiste que l'ensemble
de l'autel, on achète de modernes flambeaux de cuivre
argenté ou de zinc badigeonné en bronze, dont les
formes et les proportions vulgaires contrastent avec
ce qui subsiste encore de l'ancienne décoration.

On renouvelle de même les tableaux, les statues,
tous les accessoires, en un mot, et ainsi il ne reste
bientôt plus du rétable primitif que quelques lambeaux
isolés et désormais sans unité. Le peintre en bâtiments
intervient alors et achève de rajeunir les parties con-

---

[1] On jette volontiers dans le cimetière ou dans le chemin les anciennes tables d'autel en pierre. Voici les justes réflexions écrites à ce
sujet par M. Des Moulins dans son *Ecole du Respect* : « Je voudrais
rappeler le respect évanoui sur les *tables d'autel* en pierre, qui ont
servi tant d'années à renouveler l'immolation de la divine victime.
Elles ne sont pas ou ne sont plus l'AUTEL *proprement dit* dans le langage liturgique, soit parce qu'elles n'ont pas reçu les onctions consé-
cratives, soit parce qu'elles ont perdu le caractère imprimé par cette
consécration et qu'elles ne contiennent plus de reliques. Mais les souvenirs qui les enveloppent ne doivent-ils pas les rendre à jamais
assez respectables pour que tout catholique se sente révolté quand il
les rencontre jetées hors de l'église parmi les décombres, ainsi qu'il
m'est arrivé de le voir, ou même dans l'église, mais sans cesse foulées
aux pieds dans leur nouvel emploi de dalles ou de marches?... »

servées en blanchissant ce qui était colorié, en mettant du faux marbre à la place des dorures[1], en substituant à tort et à travers ses grossiers rechampis aux rehauts de couleurs calculés et distribués avec goût par l'auteur de l'œuvre ainsi mutilée.

Le nombre des autels du xviie siècle restés dans leur intégrité n'est pas très grand aujourd'hui. Nous tenons en grande estime le superbe rétable de la chapelle de la Vierge, dans la cathédrale de Rouen et celui de Saint-Nicaise, dans la même ville. Nous citerons aussi le maître-autel de l'église de Pont-de-l'Arche, dont la somptueuse contre-table a conservé non seulement ses colonnes creuses et découpées à jour, mais encore ses tableaux[2], ses rehauts d'or, ses figurines, son tabernacle, son parement d'étoffe de soie. Cet immense rétable, qui serait déplacé dans une église du xiiie siècle, ne gâte rien à Pont-de-l'Arche, puisqu'il dissimule l'inachèvement de l'abside, et

---

[1] On n'entreprendra pas de faire dorer de nouveau les objets en ancienne dorure sans y avoir réfléchi, car presque toujours les dorures nouvelles sont moins belles et moins solides que les anciennes. La dorure sur bois prend avec les années une solidité qu'elle n'a jamais dans sa nouveauté, et le ton rougeâtre qu'elle acquiert avec le temps a plus de gravité et d'harmonie que celui de l'or nouvellement appliqué. Lorsque des objets dorés sont tellement dégradés qu'ils doivent être restaurés, il faut s'adresser à un ouvrier spécial et ne pas se confier à des peintres en bâtiments qui n'emploient d'ordinaire que de l'or commun et des apprêts grossiers.

[2] M. le marquis de Chennevières a signalé le tableau du rétable de Pont-de-l'Arche dans ses *Recherches sur les Peintres provinciaux de l'ancienne France*, t. Ier, p. 273. — Depuis l'époque où nous avons écrit ces lignes, l'autel de Pont-de-l'Arche a subi, malgré les observations de la Société française d'archéologie, d'inintelligentes altérations. Le parement d'étoffe de soie a été remplacé par une devanture de bahut et des parties de dorure neuve du ton le plus faux ont rompu l'harmonie des dorures primitives.

que, d'ailleurs, il est presque de la même époque que l'édifice qui le renferme. Les colonnes creuses et évidées à jour ont été à la mode au commencement du xviie siècle : on voit des rétables ornés de colonnes analogues dans les églises de Courtonne-la-Meurdrac et du Mesnil-Eudes, aux environs de Lisieux.

Dans le diocèse de Séez, il existe encore certains autels dont l'architecture a été exécutée en terre cuite et présente de très riches ornements.

Quelques-uns de ces rétables du xviie siècle sont accompagnés de menuiseries du même style, de manière à garnir complètement le fond du chœur. Tel est celui de Thiberville (Eure), qui ne manque pas d'un certain caractère.

A Notre-Dame-du-Vaudreuil, l'architecte doit être loué d'avoir conservé un remarquable rétable doré de la fin du xvie siècle. J'ai vu deux beaux autels à colonnes torses dans l'église de Villedieu, en basse Normandie, et je ne passerai point sous silence celui de Notre-Dame-des-Champs, à Avranches. Rien n'est plus magnifique que le rétable en marbre et en pierre, tout rehaussé de cartouches, de colonnes, de statues, d'inscriptions, qui décore le chœur de la charmante église de la Ferté-Bernard. Cette riche composition du xvie siècle vaut certes bien les autels en prétendu xiiie siècle ou en soi-disant style roman, qui sont si fort à la mode, hélas ! depuis l'exposition universelle de 1855.

Il y a aussi de beaux rétables dans plusieurs églises du midi de la France. Nous pouvons citer entre autres le rétable de Saint-Macaire et celui de la chapelle du Mirail, près de Langon, qui, nous l'espérons, seront figurés par M. Jules de Verneilh. A Saint-Front de Périgueux, un immense autel à colonnes torses et à statues en bois brun, de l'époque de Louis XIV, nous a paru, quoique relégué dans un coin, être très digne d'attention. L'intérieur de Saint-Pierre, à Bordeaux, ne doit à coup sûr son effet pittoresque qu'aux trois grands rétables qui terminent heureusement ses trois nefs.

Nous avons dit que tous les accessoires de ces riches fonds d'autels étaient en harmonie avec la décoration principale. Les chandeliers en bois sculpté présentèrent particulièrement des formes extrêmement variées. Ils étaient, en général, peu élevés et peu nombreux, afin de ne point masquer les tableaux et les sculptures placées en arrière. Ils n'étaient point surmontés de ces tuyaux de fer-blanc qui sont censés représenter des cierges effilés et que l'on nomme des *souches*. Au lieu de ces longues baguettes blanches, on plaçait dans les chandeliers des torchères en bois sculpté, peintes et dorées, ou de grosses torches de cire coloriée et façonnée en ornements élégants.

Voici un bel échantillon des torchères qui figuraient au XVIIe siècle sur les autels : M. Bouet l'a dessiné dans l'église de Roques, près de Lisieux. Ses riches sculptures sont rehaussées de vermillon, d'azur et de colorations métalliques de différents tons. Les églises des environs en avaient de semblables, avec des ornements découpés à jour ; mais aujourd'hui ces objets de décoration sont relégués au grenier, parce qu'on leur a préféré les *souches* à la mode, « dont la pointe effilée semble aller chercher on ne sait quelle région élévée pour y répandre une lumière imperceptible[1] ». Au XVIIe siècle encore, on changeait en objets d'art des choses abandonnées aujourd'hui à des ouvriers grossiers. C'est ainsi que les cierges, par exemple, ne sont plus que de laides chandelles, tandis qu'autrefois les ornements dont ils étaient couverts ajoutaient à la pompe du culte. Le clergé rougirait de se servir maintenant de ces torches en cire jaune ou couleur de pourpre que l'on voit re présentées sur quelques tableaux et qui répondaient à la somptuosité des anciennes cérémonies. Dans certaines campagnes de la Normandie, aux environs de Lisieux notamment, les paysans ont conservé l'usage de cierges coloriés et dorés, dont les reliefs présentent souvent plus d'une réminiscence du grand style du XVIe siècle et sont dignes de l'approbation

Torchères du XVIIe siècle, à Roques, près de Lisieux.

[1] M. Schmit, *Manuel*, p. 173.

Torche à Bois-l'Abbé (Eure).

d'un artiste. En effet, c'est en façonnant les objets dont l'usage semble le moins relevé que l'art transforme l'industrie et « atteint vraiment son but, qui est de rappeler sans cesse un ordre d'idées et de sentiments supérieurs à l'inerte et imbécile matière [1] ». Ceci a été bien senti par les décorateurs des églises d'Angleterre, où les *souches* qui surmontent les chandeliers sont non seulement coloriées, mais portent encore écrites en lettres d'or des inscriptions conformes à la destination de ces objets, telles que celle-ci entre autres :

: LVCEM. TVAM. DA. NOBIS. DOMINE :

Les associés des confréries connues dans la haute Normandie sous le nom de *charités* portent à la main des torches autrefois enjolivées avec beaucoup de recherche. Depuis quelques années, ils ont cru bien faire en leur substituant des bâtons presque unis, et quelques charités seulement sont restées fidèles à ces vieux accessoires de leurs costumes moyen âge. Nous

[1] *De l'Art en Allemagne*, t. Ier, p. 110.

Raphaël et Michel-Ange n'avaient point cru indigne d'eux d'entrer en lice pour la composition de candélabres mis au concours par Léon X.

donnons ici une gravure d'une torche dessinée par M. Bouet, dans l'église du Bosc-l'Abbé, près de Bernay ; l'ornementation en est encore toute empreinte des souvenirs de la Renaissance. Les torches de la charité de Broglie-Chambrais, dans la même contrée, sont aussi fort pittoresques.

A Bordeaux, nous avons remarqué, dans l'église Sainte-Eulalie, le bâton de Saint-Roch, probablement du xvie siècle.

Pour revenir aux autels, ces rétables massifs des xvie et xviie siècles, quoique dignes d'être conservés intacts, ne devront cependant pas servir de modèles pour des ouvrages neufs. Ce serait, bien entendu, au moyen âge qu'il faudrait demander des inspirations. Les hauts rétables et les gradins multipliés doivent alors être proscrits, de peur de masquer les fenêtres percées au fond des absides. Ces fenêtres devraient êtres réouvertes si elles avaient été bouchées.

Les traditions de l'architecture ogivale ne permettent pas, en effet, d'admettre la recommandation suivante, écrite par le vénérable Mgr Devie, évêque de Belley, dans son *Manuel* déjà cité : « Nous recom-« mandons instamment de ne pas mettre de fenêtres « à l'abside derrière le grand autel ; il vaut mieux les « mettre de côté, soit pour la commodité du prêtre « célébrant, soit pour que les ornements de l'autel « paraissent mieux, soit pour avoir la place d'un ta-« bleau derrière le grand autel. » — Si ces fenêtres jetaient un jour trop vif, il serait aisé d'en tempérer l'éclat au moyen de vitraux peints.

Pour des autels latéraux adossés à des murs non percés de fenêtres, nous donnons le dessin d'un réta-

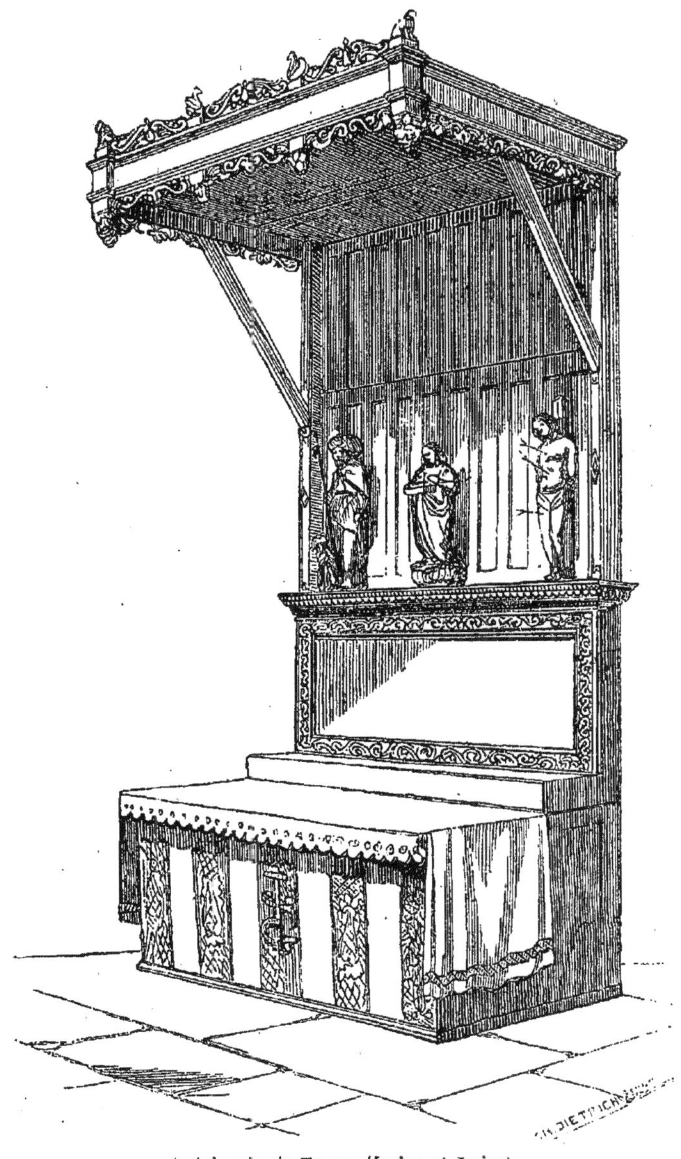

Autel près de Tours (Indre-et-Loire).

ble du commencement du xvi⁰ siècle qui existe dans une église des environs de Tours. Ce type paraît avoir été assez fréquent à la fin de l'époque ogivale, car plusieurs églises de l'arrondissement d'Évreux possèdent encore de chaque côté de l'arc triomphal des autels à peu près semblables et couronnés de même par des baldaquins en bois à découpures. Nous pouvons citer ceux de l'église d'Aulnay, près d'Évreux, ceux de Pîtres, ceux de Bois-Anzeray, de Saint-Élier et de Sébécourt, près de Conches. Ces autels sont aussi très dignes d'être dessinés et conservés ; nous comptons les publier un jour.

Le massif même de l'autel ci-contre est garni d'un parement ou *frontale* en soie ornée de galons.

On a grand tort d'abandonner l'usage de ces devants d'autel en soie ou en broderies. Il existe des choses charmantes en ce genre, et des peintres en renom tels que Tintoret, Zucchero, Vasari, n'ont point dédaigné autrefois de dessiner des sujets pour devants d'autel. Un précieux devant d'autel, appartenant à l'église Saint-Wulfran d'Abbeville, a été publié dans le *Bulletin des comités historiques* en 1850.

Quant au reste de l'ameublement du chœur, nous n'en dirons qu'un mot.

Les LUTRINS et les STALLES seront soigneusement maintenus dans leur intégrité (nous n'avons pas besoin de le dire) dès qu'ils présentent quelque caractère d'art et d'antiquité. Plusieurs beaux lutrins en bois du xvᵉ siècle ont été publiés par MM. de Caumont et Parker. Mais nous croyons qu'on n'a pas encore signalé des lutrins en fer forgé, qui ont la forme

d'un X ou d'un pliant, sur les branches duquel un cuir
tendu permet de poser les volumes. Ces pupitres ˙

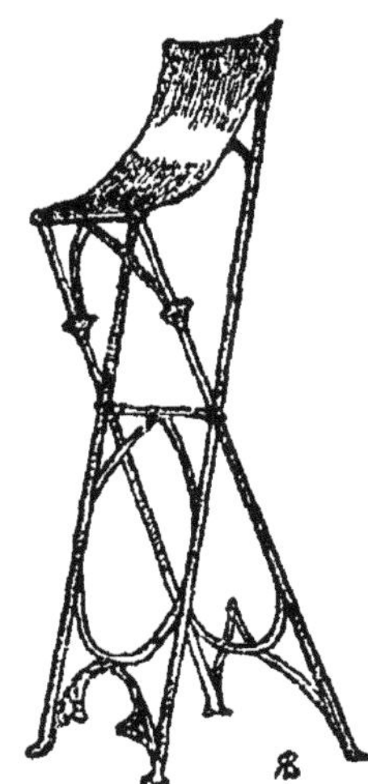

commencent à devenir assez rares.
Il y en a un au musée de Cluny, à
Paris, et j'en ai remarqué plusieurs
du xvᵉ ou xvıᵉ siècle dans les églises
de Rouen. On retrouve aussi de ces
pupitres en fer dans quelques églises
des environs de Lisieux, mais ils son⁊
de fabrication plus moderne. Dans
les églises de Reims, ces pupitres
sont toujours en usage pour la lecture de l'épître et de l'évangile.

Les stalles munies de ce siège s'élevant et s'abais-
sant, connu sous le nom de *miséricorde* ou de *patience*,
ne se trouvaient pas dans toutes les églises, mais
seulement dans celles où il y avait des chanoines ou
un certain nombre d'ecclésiastiques. Dans les petites
paroisses, on s'était généralement borné à établir des
bancs à dossier ayant parfois la forme de grands fauteuils dont la partie inférieure formait souvent un
coffre fermé à clef. Il sera toujours bien de ne pas
détruire ces anciens bancs. Nous avons remarqué à
Avranches, dans l'église Notre-Dame-des-Champs, à
droite et à gauche du bel autel Louis XIII, au lieu de
stalles, une série de chayères à bras, d'une époque
déjà ancienne et d'une forme très originale.

CHAPITRE III

On sait que l'usage des chaires à prêcher ne remonte
qu'au xve siècle, et que les confessionnaux ne datent
que du xviie. L'exemple des hautes époques de l'art
manque donc ici aux artistes.

Il n'y a point de confessionnaux dans les églises
d'Espagne : dans celles d'Italie, ce tribunal, se réduisant à une simple cloison interposée entre le péni-
tent et le ministre, n'a pu être l'objet d'aucune décoration notable. Les églises de France ne fournissent
guère plus de modèles : ce qu'on y voit de mieux
date à peine du xviie siècle, et je ne sais si je dois
indiquer comme un exemple à imiter les confessionnaux, remarquables d'ailleurs, de Saint-Maclou de
Rouen, car ces menuiseries couvertes de volutes et
de chicorées appartiennent au style très équivoque
du règne de Louis XV.

C'est dans les Flandres et sur les bords du Rhin que
l'on trouverait plutôt des modèles. « La plupart des

églises de Belgique renferment, indépendamment de leurs belles chaires, des confessionnaux qui sont ornés de statues et de médaillons où la figure humaine est traitée d'une manière tout à fait élevée [1], » et plusieurs des églises des provinces rhénanes, contrée où, par parenthèse, le style rococo s'est développé avec plus d'exubérance et d'originalité que chez nous, ont conservé des confessionnaux d'un caractère assez ancien.

En présence de cette origine moderne, convient-il de composer de ces meubles dans le style ogival? Convient-il surtout d'en composer dans le style du xiiie siècle, alors que nous ignorons presque absolument quelles étaient les formes de la menuiserie de cette époque reculée, et quelles différences séparaient, quant à l'ornementation, le travail du bois de celui de la pierre, que nous connaissons seul. L'autorité d'antiquaires éminents qui conseillent de faire des chaires de prédication, des bancs d'œuvre, des buffets d'orgues et d'autres boiseries dans le style du xiiie siècle, en copiant les motifs architectoniques exécutés en pierre, ne lève point tous mes doutes. Je crois même que pour les églises rurales, qui souvent à l'intérieur n'ont guère de style prononcé, il vaudrait mieux éviter cet anachronisme et les hasards d'une imitation

---

[1] De l'*Art en Allemagne*, par Fortoul, t. Ier, p. 22.

Le *Journal des Beaux-Arts*, publié en Belgique, a donné deux intéressants articles sur les riches boiseries du pays de Waes, chaires, confessionnaux, etc., œuvres de Verhaeghen et de la famille Nys. (*Journal des Beaux-Arts*, années 1859, p. 103, et 1860, p. 117 ; articles de M. Henry Raepsaet, intitulés : *De la Restauration intérieure des églises*.)

que la science archéologique me semble impuissante à diriger sûrement. J'abandonnerais assez volontiers les confessionnaux aux essais des artistes qui pensent que l'art ogival n'a pas dit son dernier mot, et qu'il est possible de trouver de nouvelles combinaisons en dehors de celles qui sont écloses pendant les trois siècles de sa première durée et de caractériser par des formes nouvelles la phase de son développement actuel. Sur ce terrain, en effet, où il n'y a aucune tradition à violer, l'artiste n'est asservi à respecter que cette unité de décoration qu'exige le bon goût. La composition artistique de ces meubles me semble donc admettre plus de liberté et pouvoir être abandonnée, sans trop d'inconvénients, à ceux qui se plaisent à marcher en dehors des sentiers battus : *haud tritos insistere calles* [1].

Je regarde aussi comme une tentative assez hasardeuse la composition des chaires à prêcher et des buffets d'orgues dans le style des XIIIe et XIVe siècles : mais ici l'artiste est moins dépourvu de modèles, car il reste encore des chaires de style ogival des XVe et XVIe siècles, au nombre desquelles on peut citer celles des cathédrales de Strasbourg, d'Ulm, de Bâle et de Fribourg, et les chaires en pierre placées à l'extérieur de l'église de Saint-Lo et de celle de Vitré.

---

[1] Mais je n'admets pas pour cela ces compositions hybrides où les styles des différentes époques sont confondus et forment un étrange amalgame. Cette confusion, qui dépare trop de travaux neufs, me remet en mémoire un ébéniste du faubourg Saint-Antoine dont l'enseigne annonçait au public qu'il fabriquait *des meubles antiques dans le goût le plus moderne*.

Plusieurs des églises rurales de la haute Normandie possèdent encore des chaires de prédication à panneaux imitant des étoffes godronnées et plissées ou des fenestrages de style ogival : on comprend qu'elles doivent être précieusement conservées ainsi que celles dont la menuiserie serait ornée dans le goût de la Renaissance ou de l'époque de Louis XIII.

C'est un anachronisme de couvrir d'une haute pyramide les chaires que l'on construit en style moyen âge. Les chaires à prêcher n'ont pas reçu de couronnèment avec le xviiᵉ ou le xviiiᵉ siècle, sauf quelques exceptions assez rares, par exemple pour les chaires placées à l'extérieur des églises. Une chaire construite « conformément au droit et au cérémonial ne doit avoir ni dais, ni abat-voix », comme l'a fait remarquer M. l'abbé Barbier de Montault, dans la *Revue de l'Art chrétien*, tome II, page 81.

Les BANCS D'ŒUVRE ne sont pas non plus d'un usage ancien, et ceux que le xviiᵉ et le xviiiᵉ siècles ont laissés à Paris dans Saint-Germain-l'Auxerrois et dans quelques autres églises, très bons à conserver puisqu'ils existent, ne sont pas des exemples à imiter. Leurs hauts dossiers font un mauvais effet, et on a droit de s'étonner que les mêmes architectes qui jetaient bas les jubés et les clôtures de chœur aient établi ainsi de lourds écrans entre la nef et ses collatéraux.

Roubo, auteur d'un grand traité de menuiserie publié en 1770, trouvait ridicule l'introduction alors toute récente dans les églises de ces espèces de comptoirs de marchands « contre l'ordre et le précepte divin ». C'est donc une des bévues commises par M. Henri Martin dans son *Histoire de France* que de mettre les bancs d'œuvre sur le compte du moyen âge. Beaucoup d'églises ont résisté à l'imitation de cet abus d'origine parisienne, et on ne voit point de bancs d'œuvre dans le diocèse de Rouen, dans celui de Strasbourg, ni dans beaucoup d'autres encore. Cependant, dès une époque ancienne il y a eu des coffres sculptés, destinés à exposer des reliquaires.

Il reste encore de nombreux BUFFETS D'ORGUES du xviᵉ siècle, remarquables par leurs fines sculptures, leurs encorbellements hardis et les lignes mouvementées de leurs façades. Autrefois les tuyaux d'étain n'étaient pas tout unis comme ceux que les facteurs modernes établissent : l'art s'était emparé de la surface de ces cylindres métalliques et les avait couverts d'ornements variés. Jusqu'au xviiᵉ siècle on damasquina ces tuyaux, on les enjoliva de rinceaux, de broderies et de dorures. On a vu à l'exposition de Londres de 1851 des tentatives de retour à ce système : quelques orgues avaient des tuyaux décorés de fleurs exécutées en or et en couleur : l'orgue de Westminster en possède d'analogues. Il y a dans l'église de Ploërmel, en Bretagne, un orgue dont les tuyaux d'étain sont comme gaufrés et repoussés à facettes. Le musée d'antiquités de Beauvais possède un tuyau d'orgue du xviᵉ siècle, orné d'arabesques dorées.

Ces riches tuyaux nous paraîtraient très convenables pour les petites églises où les orgues ont besoin de racheter leur peu de développement par quelque magnificence[1].

Les FONTS BAPTISMAUX sont, au point de vue archéologique, une des parties les plus précieuses du mobilier des églises, car on en trouve de toutes les époques du moyen âge, depuis le xi⁰ siècle jusqu'au xvi⁰, et les antiquaires français et anglais en ont fait connaître un grand nombre. En présence de si riches modèles, il est difficile de tolérer les fonts de fabrication contemporaine, qui sont trop souvent des monuments du vandalisme grossier de notre époque. « Rien n'échappe « à ce mépris systématique de la vénérable antiquité, » disait il y a quelques années M. de Montalembert, « mais ce qui semble spécialement exposé à ses coups, « ce sont les anciens fonts baptismaux, objet de l'é-« tude et de l'appréciation toute particulière de nos « voisins les Anglais[2]. » M. de Caumont s'est plaint

---

[1] Les orgues devant rester toujours assez rares dans les églises rurales, nous n'insistons pas. Quant à la partie musicale, nous ne pouvons que renvoyer au volume que M. Regnier, de Nancy, a publié sous ce titre : *l'Orgue, sa connaissance, son administration et son jeu.*

Nous recommanderons, dans la restauration de ces instruments, de se défier des facteurs qui veulent toujours substituer aux anciens jeux des jeux modernes imitant des instruments de nouvelle invention, tels que le cornet à piston, et qui conviennent moins à une église qu'à une salle de bal. Il faut conserver avec soin les anciens jeux, qui sont éminemment propres à la musique religieuse, et auxquels on reviendra comme on revient déjà à la musique et au chant du moyen âge.

Sur la restauration du chant d'église, consulter les travaux de MM. Stanislas de Saint-Germain, Théodore Nisard et Félix Clément.

[2] *De l'Attitude actuelle du Vandalisme en France,* p. 234.

souvent aussi de ce qu'on détruisait ces fonts si vénérables.

Les BÉNITIERS du moyen âge sont plus rares que les fonts, et il n'est pas besoin d'insister pour faire comprendre leur supériorité sur ces coquilles en marbre blanc que les marbriers vendent cependant par centaines.

Une dévotion introduite en France sous la Restauration, et instituée à Rome au siècle dernier par le B. Léonard de Port-Maurice, qui en célébra les stations dans le Colisée, la dévotion du *Chemin de la croix*, fait placer dans presque toutes les églises une série de tableaux ou d'images qui est devenue désormais une partie très apparente du mobilier religieux[1]. Mais ces cadres sont souvent si déplorables que beaucoup d'ecclésiastiques hésitent à établir une pratique dont les avantages pour la piété semblent, dans l'état actuel des choses, contrebalancés par le tort que la laideur de ces exhibitions cause à la splendeur du culte. A l'origine, les stations accrochées aux piliers furent marquées par de modestes images que leur exiguïté rendait moins choquantes. Depuis, des industriels parisiens ont vu là l'occasion d'une excellente affaire. On fabrique aujourd'hui des lithochromies, larges de trois ou quatre pieds, qui sont censées reproduire des tableaux de Rubens, de Lebrun, de Van Dyck, et qui ont l'air de devants de cheminées.

[1] Sur le Chemin de la croix ou *Via crucis*, voyez un article de M. Grimouard de Saint-Laurent, dans la *Revue de l'Art chrétien*, t. III, p. 112, et la même *Revue*, t. V, p. 192.

C'est le même format et le même procédé. La collection de ces lithographies grossièrement imbibées de couleurs et de vernis se vend de 200 jusqu'à 500 francs[1], et ce prix permet d'évaluer la somme totale que ces spéculations ont ravie aux églises victimes de ce trafic. Or, dans vingt-cinq ans, la dépense sera à recommencer, car l'air et l'humidité auront heureusement fait justice de ces produits de pacotille. .

Des efforts ont été faits dans plusieurs églises pour entrer dans une voie meilleure. A Guibray, près Falaise, le chemin de la croix a été peint par M. Hauser, habile imitateur des peintres gothiques. A Saint-Georges de Schelestadt, en Alsace, les scènes de la Passion ont été représentées dans des verrières composées dans le style du xve siècle[2]. Nous croyons que, selon la disposition des lieux, on pourrait recourir tantôt à des bas-reliefs en albâtre ou en bois, comme ceux des anciens rétables, tantôt à des tapisseries ou à des peintures en émail. Exécutés en tapisserie ou en broderie, les tableaux de chemin de la croix s'appliqueraient bien aux piliers de grandes églises, dont ils suivraient les contours; peints en émail, sur lave ou sur faïence, ils conviendraient pour des nefs moins vastes. Dans tous les cas, de simples gravures au burin vaudraient mieux que ce que l'on fait mainte-

---

[1] Les prospectus reproduisent des lettres écrites par des curés « amateurs du beau » qui se sont *empressés* d'acquérir « des tableaux qui représentent aussi bien le naturel », et les journanx religieux propagent ces réclames.

[2] Voyez un article de M. de Caumont dans le *Bulletin monumental*, t. XVII, p. 252.

nant; quoique des gravures n'aient pas non plus un caractère monumental[1].

[1] La *Revue de l'Art chrétien* contient (t. Ier, p. 170) un excellent article de M. Ph. de Chennevière, sur l'*Imagerie d'Eglise au* XVIIe *siècle*, où sont indiqués de bons moyens de remplacer les « tableaux de pacotille que des marchands patentés débitent aux curés de campagne ».

CHAPITRE IV

———

Nous passerons ici rapidement en revue les diverses catégories d'objets sur lesquels il importe d'attirer l'attention.

Les anciens vêtements sacerdotaux du moyen âge sont aujourd'hui curieusement étudiés. La Société française pour la conservation des monuments, ainsi que le Comité des arts près le ministère de l'instruction publique les ont plusieurs fois recommandés à l'attention de leurs membres.

Les tissus de soie d'origine orientale que possèdent encore certaines églises ont été l'objet de travaux d'érudition très intéressants [1].

Parmi les tissus qui ne datent que de la Renaissance, nous signalerons les nappes d'autels brodées à

---

[1] Voyez notamment les articles et les dessins publiés par MM. de Caumont, Ch. Lenormant et Charles Cahier, dans le *Bulletin monumental* et dans les *Mélanges d'histoire et d'archéologie.*

jour en *point coupé*, filet ou guipure. Ces ouvrages, formés de compartiments où sont exécutés des person-

Broderies d'une chasuble en marqueterie, de l'époque de Louis XIII
à Notre-Dame des Andelys.

nages, des dessins variés et curieux, sont trop souvent abandonnés aujourd'hui à des usages grossiers ou vendus à des brocanteurs en échange de quelques aunes de tulle ou de broderies communes. On voit au musée de Cluny, à Paris, de belles nappes d'autel du xviᵉ siècle ainsi travaillées à jour; j'en ai vu de semblables dans plusieurs églises de l'évêché d'É-vreux, notamment à Tillières; mais dans plus d'un endroit elles sont jetées dans un coin ou servent d'emballages.

Des objets curieux et devenus rares, ce sont les pièces de *point coupé* ou de filet à personnages, avec lesquelles on voilait autrefois les tableaux pendant le carême. J'ai remarqué au musée de Limoges une de ces guipures, qui a près de six pieds de large sur plus de huit pieds de haut, et représente tout un arbre de Jessé, composé de treize personnages, avec des inscriptions : EZECHIAM, IOSAPHAT, ASEM. Je me souviens d'avoir vu à Saint-Jean de Caen un tissu du même genre, suspendu en temps de carême devant le grand christ de la nef.

Ces tissus ouvragés, que l'on commence à imiter aujourd'hui jusqu'à un certain point, avaient souvent été exécutés et donnés par des personnes illustres, et les modèles en avaient été composés par des artistes. César Vecellio, que quelques biographes ont supposé frère du célèbre Titien, publia à Venise, à la fin du XVIᵉ siècle, un recueil de ces broderies[1]. Un autre artiste vénitien, Frédéric de Vinciolo, composa à la même époque, pour la cour de France, divers recueils du même genre[2]. On ajoutera donc du prix à la con-

---

[1] Voici le titre de ce rarissime volume : *Corona delle nobili et virtuose donne, nella quale si dimostra in varii dissegni tutte le sorti di punti tagliati, in aria, a reticello, et d'ogni altra sorte, cosi per Freggi, come per Merli et Rosette...*, da Cesare Vecellio. Venetia, 1593-1594, petit in-4º.

Les Singuliers et Nouveaux Pourctraits et ouvrages de lingerie, servant de patrons à faire toutes sortes de *poinct couppé,* lacis et autres, dédiez à la Royne, nouvellement inventez au proffit et contentement des nobles dames et damoiselles et autres gentils esprits... par le seigneur Federic de Vinciolo, venitien. Paris, Jean Le Clerc, 1587.

[2] *Les Secondes Œuvres et subtiles inventions* du seigneur de Vinciolo nouvellement augmentées de plusieurs carrez et bordures... le tout de *poinct conté,* avec autres sortes de carrez... non encore veüs; dediez à Madame, sœur du Roy. Paris, J. Le Clerc, 1613. (61 pl. in-4º.)

servation de ces anciens travaux d'aiguille en *point coupé*, en *lacis* ou filet, ou en *point compté* (tapisserie et broderie).

Sur les autels parés de ces riches tissus on exposait des objets d'art de matière et de travail précieux; des figurines en buis, en ivoire et en albâtre; de petits cadres en ébène ou en lapis-lazuli, qui renfermaient des gouaches ou des miniatures; des reliquaires en cristal de roche, en jaspe ou autres pierres dures, ouvrages délicats de l'art du lapidaire.

Certaines églises possèdent encore des burettes anciennes en verre gravé, taillé ou doré, des coffrets et des reliquaires en verroteries singulières ou en filigrane, des crucifix d'ivoire, des croix en incrustation d'ébène et de nacre, des peintures en émail ou en mosaïque, des vases à fleurs anciens en verrerie de Bohême ou de Venise, en bois sculpté et doré ou en faïence de fabrication aujourd'hui perdue.

Il est peu d'églises en Normandie où l'on ne trouve encore, souvent jetés à l'écart, des vases à fleurs en forme de buire de cette faïence de Rouen ou de Nevers, ornée d'arabesques bleues sur fond blanc, que l'on ne fabrique plus de nos jours. Les amateurs recherchent aujourd'hui ces objets, que beaucoup de curés de campagne s'empressent cependant de remplacer par des potiches en porcelaine de forme triviale.

On sacrifie aussi trop souvent des ustensiles en étain ou en laiton repoussé, que l'on méprise à cause du peu de valeur de leur matière. Cependant il existe en ce genre des choses fort dignes d'être conservées, des lampes et des chandeliers ornés de beaux dessins. Les *bossetiers* de Villedieu, en basse Normandie, ont exécuté, aux xvi° et xvii° siècles, une infinité d'ornements d'église en cuivre frappé et repoussé, d'un type beaucoup moins commun que les croix, les chandeliers, les encensoirs que fournit l'industrie moderne. Il existe encore des plats pour quêter du xvi° siècle, qui sont chargés de figures en relief et d'inscriptions fort curieuses. On trouve aussi des bénitiers portatifs ou *seaux-benoistiers* en potin ou en bronze, dont les ornements et les profils sont pittoresques et accentués.

On se gardera donc bien d'échanger ces précieuses vieilleries contre des objets modernes. On n'oubliera point non plus de conserver certains tapis de pied, tels que les tapis de Turquie et de Perse, et ceux qui seraient décorés d'armoiries ou de sujets anciens. On aurait eu grand tort d'aliéner, comme il en a été question, je crois, le vaste et très curieux tapis oriental que possède la belle église de Mantes.

Certains livres d'église qui ne sont plus d'usage n'en seront pas moins précieusement conservés : par exemple les missels et antiphonaires manuscrits, les exemplaires d'anciennes éditions imprimées en caractères gothiques ; les livres de liturgies locales, particulières à certaines églises ou à certains monastères, et dont, par conséquent, les exemplaires deviennent rares. On n'oubliera pas les volumes décorés de fermoirs ou de plaques ouvragées, ou dont la reliure serait ornée de compartiments, de riches dorures ou d'armoiries.

Je ne puis, au reste, énumérer ici tous les objets dignes d'attention [1]. Une visite dans une collection d'amateur ou dans un musée d'antiquités, tel que celui de Rouen ou celui de Cluny, à Paris, en apprendra plus que tout ce que je pourrais ajouter. Les ec-

Fleuron en marqueterie d'étoffes de soie découpées et rapportées.
Chasuble Louis XIII, de Notre-Dame des Andelys.

clésiastiques chargés de l'administration d'églises riches en meubles et en ornements anciens feront

[1] Dans sa *Notice sur quelques objets mobiliers d'église* (Noyon, 1861), M. Peigné-Delacourt a signalé plusieurs choses curieuses, telles que les *rouets de sonnerie* ou *clochettes du sacrement*, les *chariots porte-brasier*, les *gemellions* ou bassins de *lavabo*, etc.

bien non seulement de veiller à leur conservation
actuelle, mais encore d'en dresser un tableau ou inventaire spécial, afin de les signaler à l'attention et
aux soins de leurs successeurs. L'insouciance, en
effet, a peut-être causé la perte de plus d'objets précieux que les pillages exercés dans les temps de révolutions.

Enfin je remarquerai que les fabriques peuvent
accumuler, mais non point dissiper. Les églises ne
doivent être dépouillées des objets d'antiquité qu'elles
récèlent sous aucune prétexte, même pour gratifier
des musées. Les ecclésiastiques qui aliènent des
objets antiques appartenant à leurs paroisses s'exposent à des poursuites méritées. Une affaire de ce genre
portée devant le tribunal de Tulle, en 1842, fit grand
bruit alors : nous voulons parler de l'affaire de la
châsse de Sainte-Calamine [1]. Le curé et le maire de
Laguenne, paroisse dont l'église renfermait cette
châsse précieuse, l'avaient vendue à un brocanteur de
Limoges, pour la somme de 250 francs. Le brocanteur
la revendit 3,000 francs à un marchand de Paris.
Cette dilapidation produisit du scandale et un procès
s'ensuivit : le curé Laigne et le maire furent condam-
nés à restituer la châsse ou à payer une somme de
2,955 francs. — En 1847, le tribunal de la Seine a
condamné aussi un marchand d'antiquités à restituer
un bas-relief roman provenant de l'église de Carrières-

---

[1] Voyez sur cette affaire le *Cabinet de l'Amateur*, t. Iᵉʳ (1842),
p. 287.

Saint-Denis. Le curé de cette commune avait vendu cette sculpture, et l'acquéreur fut condamné à la réintégrer dans l'église ou à payer 6,000 francs. — Une telle jurisprudence ne peut être ni trop connue ni trop approuvée.

CHAPITRE V

———

Les cloches anciennes, à raison des inscriptions qu'elles portent, sont de véritables monuments historiques. Malgré le nombre énorme de celles qui disparurent dans le gouffre révolutionnaire, presque toutes les églises de France reçurent en partage, lors du rétablissement du culte, une ou plusieurs anciennes cloches. Aujourd'hui, ce que la Révolution avait épargné a été la proie du vandalisme rénovateur des cinquante années qui viennent de s'écouler. Dès le temps de l'Empire on brisa des cloches historiques, telles que celle de l'hôtel de ville de Caen, par exemple, sous prétexte de donner aux sonneries une harmonie plus à la mode.

Aujourd'hui les fondeurs sont en train d'achever la destruction de ce qui reste encore de cloches anciennes. Lorsque ces artisans sont chargés d'ajouter une nouvelle cloche à une sonnerie ou d'en refondre une fêlée, ils persuadent à ceux qui les mettent en besogne

de laisser jeter dans le creuset les cloches restées intactes, afin, disent-ils, de les mettre mieux d'accord.
Ce prétexte, qui serait au moins un aveu d'impéritie
de la part du fondeur, n'est au fond qu'une preuve
d'avidité mercantile [1].

Malheureusement, beaucoup de curés, au lieu d'é-
carter comme indignes de confiance les fondeurs qui
ont recours à ces supercheries, sont les dupes de ces
industriels, et souvent des cloches curieuses par leurs
inscriptions, leur forme ou une sonorité particulière
sont anéanties. A Falaise, on a cassé une cloche
gothique, sous prétexte de mettre d'accord toute la
sonnerie. A Gacé (Orne), on en a brisé une grosse
pour en faire trois petites; et la cloche ainsi sacrifiée
était d'un habile fondeur du XVIIe siècle, Jean Aubert,
de Lisieux.

Il ne suffit pas de ne point détruire les cloches
anciennes, il faut encore empêcher qu'elles ne puissent
être fêlées. Bien que ces instruments sonores soient
peu sujets à se briser lorsqu'ils sont éprouvés par une
longue durée, il arrive souvent que, l'appareil de
suspension de la cloche ou son battant s'étant usés à
force de servir, celle-ci se trouve frappée à faux. Il
importe alors de mettre à l'abri de ces chances de
destruction les cloches qui présenteraient quelque
intérêt historique.

La ville de Rouen a fait restaurer la curieuse cloche
de son beffroi municipal, qui fut fondue en 1260 par

---

[1] M. Dieulin, dans son *Guide des curés*, t. Ier, p. 280, a déjà signalé
cette friponnerie.

Jehan d'Amiens, et qui doit à une forme, à des proportions inusitées aujourd'hui une sonorité particulière. Ce monument, précieux par son antiquité, et dont le tracé savant témoigne des connaissances acoustiques que l'on possédait au xiiie siècle, était menacé d'une destruction plus ou moins prochaine. Le choc du battant, suspendu d'une manière défectueuse, en avait usé le pourtour : cet amincissement s'était fait en outre d'une manière inégale, et de profondes crevasses présageaient une fêlure imminente. Ces causes de destruction ont disparu : un ingénieur qui s'est adonné à faire sortir l'art du fondeur de l'espèce de barbarie où il croupit aujourd'hui, et qui a visité et étudié les sonneries les plus curieuses de l'Europe, M. Louis Chicot, a rétabli le beffroi de Rouen en rectifiant les vices de suspension.

Les oscillations s'accomplissent aujourd'hui avec précision et sans frottements fâcheux. Le battant, dont le choc oblique et irrégulier frappait à faux la cloche, placée presque toujours en dehors de son assiette normale, a été suspendu par une *chappe* ou chaînon compensateur, au moyen duquel il oscille aussi régulièrement qu'un balancier de pendule, tardis qu'auparavant l'anneau de suspension ne consistait qu'en une courroie dont l'allongement inévitable exposait la cloche à être frappée trop bas, et par conséquent à être cassée .

¹ Pour tous les détails de cette restauration du beffroi de Rouen, voyez un intéressant article de M. André Pottier, dans la *Revue de Rouen*, vol. de 1850, p. 441.

Il est impossible de parler des cloches sans citer un excellent travail

Si, malgré ces précautions, une cloche ancienne se trouvait hors d'état de servir, il faudrait, avant de la refondre, relever avec soin ou même faire mouler les inscriptions et les figures qui pourraient la rendre intéressante.

Enfin, la refonte des cloches est souvent une cause de mutilations pour les édifices qui les renferment. On commande aujourd'hui des cloches si disproportionnées que, pour les faire entrer dans le clocher, il faut élargir les fenêtres en dégradant l'architecture, ou bien crever les voûtes intérieures de la tour. En 1851, les journaux du Calvados annonçaient que l'église du bourg de Moyaux venait d'être *enrichie* d'une cloche énorme, et l'auteur de l'article, pour en mieux faire comprendre la superbe grosseur, ajoutait qu'il faudrait sans doute démolir l'ancienne tour, trop étroite désormais, et en rebâtir une nouvelle dans un goût plus moderne !

de M. le docteur Billon, publié dans le *Bulletin monumental*, t. XXIV, p. 142, sous le titre de *Notice sur les cloches et les sonneries considérées principalement sous le rapport harmonique*. — Le même auteur a donné aussi, dans le *Bulletin monumental*, deux articles intitulés : *Epigraphie campanaire*. — M. l'abbé Corblet a écrit, de son côté, dans la *Revue de l'Art chrétien*, de savantes recherches sur les cloches. — On doit à M. l'abbé Straub une *Notice sur deux cloches anciennes de l'Alsace*, publiée en 1859, avec dessins lithographiés, dans la *Revue catholique de Strasbourg*. — M. le comte de Toulouse-Lautrec a bien voulu nous signaler plusieurs cloches curieuses qu'il a découvertes dans les Pyrénées.

CONCLUSION

Je suis au terme de ma tâche. En stigmatisant le
vandalisme, je n'ai exercé qu'une utile justice, car
c'est par la publicité que l'on peut s'opposer au renou-
vellement de fautes commises trop souvent en dépit
de conseils dignes d'être mieux écoutés[1]. Il y a, en
effet, certains esprits qui, professant pour les sciences
historiques, un dédain superbe, méprisent tout ce
qui a été fait avant eux, et pour lesquels la mode du
jour est la souveraine expression du bon goût en fait
d'art. Comme l'a dit M. Lenormant, à l'Académie des
inscriptions, « la vanité des générations nouvelles se
« réserve toujours des illusions de cette nature. C'est
« une opinion commune parmi les gens peu instruits
« que dans tous les genres on n'a jamais mieux fait
« qu'à leur époque. Il est vrai que le langage impé-

[1] Je pourrais citer l'ordonnateur de travaux faits dans une grande
église de la Picardie, qui, en montrant un nouveau vitrail d'une étrange
laideur, répétait : « Heureusement que les archéologues ne m'ont pas
tracassé, et qu'enfin j'ai été libre de faire à mon goût ! »

« rieux des monuments qui ont survécu dissipe parmi
« les hommes éclairés cette illusion complaisante. »

Peut-être ce livre contribuera-t-il à affaiblir ce
préjugé ?

Terminons en disant quelques mots des conséquences que le retour aux traditions de l'art ancien peut
avoir dans l'avenir.

Si le culte divin doit profiter de ce retour, les arts,
l'industrie et ceux qui les pratiquent n'y trouveraient
pas moins d'avantages. Le goût universellement répandu des objets ornés et patiemment embellis par le
dessin forcerait nos artisans à réunir, comme leurs
devanciers, le sentiment intellectuel à l'adresse purement manuelle. Or, aujourd'hui c'est dans les églises
seulement que l'art peut être à la fois solennel et populaire. Elles sont les seuls musées, les seuls monuments ouverts aux populations de nos campagnes,
pour qui ne sont pas faits les coûteux édifices réservés
aux grandes capitales. Avec des églises défigurées, le
spectacle des œuvres du génie devient l'apanage exclusif de l'opulence, tandis qu'autrefois les temples
magnifiques étaient les palais du peuple. Il importe
donc que le clergé ressaisisse son ancienne supériorité
artistique, afin de propager, par l'harmonieuse disposition des églises, le sentiment du beau. Ramener au
goût des arts, à l'architecture, à la sculpture, à l'ornementation, à la poésie dans le travail, n'est-ce pas
rouvrir pour de nombreuses familles les sources du
bien-être, et mettre en même temps en circulation
une foule d'idées élevées ? N'oublions pas que la cul-

ture des facultés de l'esprit et le sentiment artistique
perfectionnent les mœurs sans les énerver :

> Adde quod ingenuas didicisse fideliter artes,
>   Emollit mores, nec sinit esse feros.

TABLE ALPHABÉTIQUE

DES

NOMS DES ÉGLISES CITÉES

TABLE DES MATIÈRES

PREMIÈRE PARTIE

IDÉES GÉNÉRALES

DEUXIÈME PARTIE

DE L'ENTRETIEN DES ÉGLISES A L'EXTÉRIEUR

TROISIÈME PARTIE

TRAVAUX GÉNÉRAUX A L'INTÉRIEUR

QUATRIÈME PARTIE

DISTRIBUTION ET AMEUBLEMENT

ÉVREUX, IMPRIMERIE DE CHARLES HÉRISSEY

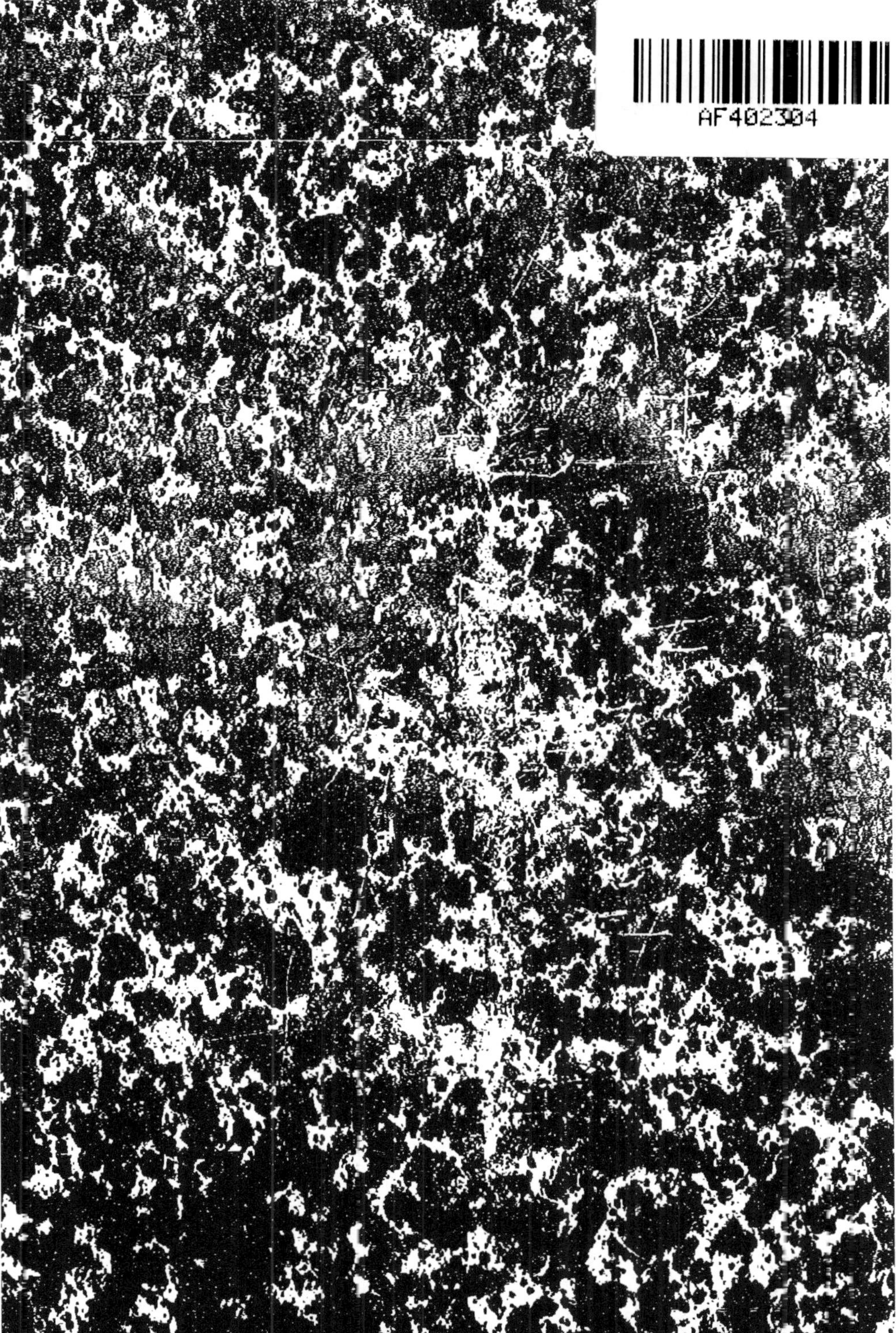

THÉORIE

DE

L'ÉLECTRODYNAMIQUE.

OUVRAGES DE M. ÉMILE MATHIEU.

Dynamique analytique. In-4; 1878 . . . . 15 fr.

Tous les Ouvrages de Mécanique commencent par l'exposition des mêmes principes; mais ils se séparent bientôt selon que l'auteur a voulu faire un Traité de Mécanique rationnelle ou s'est proposé surtout la Théorie des Machines. Quant aux Ouvrages de Mécanique rationnelle, ordinairement ils renferment, surtout comme applications, des problèmes peu réalisables, tandis que la puissance de la Mécanique rationnelle se montre principalement dans l'étude du mouvement des corps célestes. Aussi est-ce vers ce côté que sont dirigées les théories de la *Dynamique analytique* de M. Mathieu, qui pourrait être intitulée *Prodrome de Mécanique céleste*. On peut citer deux Ouvrages qui ont été faits dans le même but : la *Mécanique analytique* de Lagrange et les *Vorlesungen über Dynamik* de Jacobi, qui sont le date beaucoup plus récente. Mais, bien que M. Mathieu ait utilisé tous les résultats acquis à la Science dans cette branche des Mathématiques, c'est avec celui de Lagrange que son Ouvrage a, par l'exposition, le plus d'analogie.

Traité de Physique mathématique.

I. COURS DE PHYSIQUE MATHÉMATIQUE. In-4; 1873 . . . . 15 fr.

II. THÉORIE DE LA CAPILLARITÉ. In-4; 1883 . . . . 10 fr.

III-IV. THÉORIE DU POTENTIEL ET SES APPLICATIONS A L'ÉLECTROSTATIQUE ET AU MAGNÉTISME.

    Première Partie. — *Théorie du potentiel*. In-4; 1885 . . . . 9 fr.

    Deuxième Partie. — *Électrostatique et Magnétisme*. In-4; 1886 . . . . 12 fr.

V. THÉORIE DE L'ÉLECTRODYNAMIQUE. In-4; 1888 . . . . 15 fr.

13673   Paris. — Imprimerie GAUTHIER-VILLARS ET FILS, quai des Grands-Augustins, 55.

THÉORIE

DE

L'ÉLECTRODYNAMIQUE

PAR

M. ÉMILE MATHIEU,

PROFESSEUR A LA FACULTÉ DES SCIENCES DE NANCY.

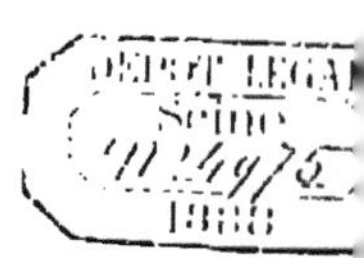

PARIS,

GAUTHIER-VILLARS ET FILS, IMPRIMEURS-LIBRAIRES

DU BUREAU DES LONGITUDES, DE L'ÉCOLE POLYTECHNIQUE,

Quai des Grands-Augustins, 55.

1888

PRÉFACE.

Ce Livre sur l'Électrodynamique forme le cinquième Volume de mon Traité de Physique mathématique. J'espère qu'on reconnaîtra par la lecture de ce Traité que la Physique mathématique, qui ne date guère que du commencement du siècle, est déjà une science très avancée, qui ne s'appuie que sur un très petit nombre d'hypothèses, devenues pour la plupart incontestables, et que toutes les équations différentielles qui régissent les phénomènes en sont des conséquences analytiques rigoureuses.

Ce Livre renferme un principe nouveau, que j'ai toutefois déjà énoncé (*Comptes rendus de l'Académie des Sciences*, octobre 1887). On verra, dans le Chapitre IV, que j'ai été conduit à admettre que, lorsqu'un conducteur est traversé par des courants électriques permanents, sa surface est recouverte d'une double couche d'électricité et non d'une simple couche. Cette double couche se compose de deux couches d'électricité parallèles, extrêmement voisines, et deux éléments de ces couches qui se projettent sur un même élément de la surface du con-

ducteur contiennent des masses d'électricité égales et de signe
contraire.

L'Ouvrage est divisé de la manière suivante :

Dans le premier Chapitre, j'établis quelques principes généraux sur le mouvement de l'électricité à l'intérieur d'un
corps conducteur.

Dans le deuxième, j'expose les lois générales des courants
linéaires permanents. Je commence par y donner les résultats
des recherches de Ohm et les conséquences qui en ont été dé-
duites par Kirchhoff. Le travail de Ohm a été publié en 1827
dans un Livre intitulé : *Die galvanische Kette mathematisch
bearbeitet;* il est par conséquent postérieur aux recherches
d'Ampère sur l'Électrodynamique, qui parurent de 1820 à
1825. Les recherches de chacun de ces physiciens sont complètement indépendantes de celles de l'autre, et il est naturel de
parler d'abord de celles de Ohm, qui reposent sur des considérations plus simples. Cependant le Chapitre II est surtout consacré à l'exposition des résultats obtenus par Ampère. Après
lui, plusieurs savants se sont occupés du même sujet, et, en
particulier, Franz Neumann y a introduit la considération du
potentiel mutuel de deux courants. Néanmoins ces recherches
n'ont donné aucun fait physique nouveau pour les courants
linéaires permanents; mais elles ont servi à présenter d'une
manière purement mathématique les découvertes d'Ampère
et à préparer à l'étude des courants variables.

Le Chapitre III est consacré à l'induction produite dans les courants linéaires. Il renferme les résultats obtenus sur ce sujet par W. Weber, Helmholtz, F. Neumann et Maxwell.

Dans le Chapitre IV, j'expose la théorie de la double couche qui se trouve à la surface d'un conducteur traversé par des courants permanents. Déjà l'on sait que, lorsque deux métaux différents sont en contact, ils sont séparés par une double couche d'électricité, et M. Helmholtz a reconnu en outre la présence d'une double couche à la surface de séparation d'un électrolyte et de l'une au moins des électrodes et de même à la surface de séparation de deux liquides mis en communication avec les deux pôles d'une pile. Ces faits ont été étudiés par MM. Helmholtz, Lippmann et Arthur Kœnig. La substitution d'une double couche à une simple couche à la surface d'un conducteur quelconque traversé par des courants permanents ne modifie pas les principaux faits observables par l'expérience. En effet, dans les deux hypothèses, non seulement les courants qui traversent le conducteur, mais aussi les actions électromagnétiques à l'extérieur restent les mêmes. Cependant la première hypothèse est plus commode pour l'application du calcul; car, pour que le problème soit complètement étudié, il faut encore calculer la couche d'électricité qui recouvre le conducteur. Or, de la connaissance du potentiel des courants on déduit immédiatement la puissance de la double couche, tandis que, dans l'hypothèse d'une simple couche, il faudrait pour déterminer sa densité calculer d'abord son potentiel extérieur, ce qui peut présenter de très grandes difficultés.

b

Je termine ce Chapitre en m'occupant d'une manière particulière des courants qui traversent une sphère et de leur action magnétique.

Dans le Chapitre V, j'examine différents exemples de courants permanents. Plusieurs de ces exemples relatifs aux plaques planes ou courbes ont été pris dans les Mémoires de Kirchhoff. Je mentionne encore ici la détermination que j'ai faite de la force magnétique exercée à l'extérieur par une plaque circulaire traversée par des courants permanents, et les calculs que j'ai employés pour obtenir les courants dans une plaque rectangulaire ou dans un parallélépipède rectangle.

Dans le Chapitre VI, je traite plusieurs problèmes relatifs aux courants d'induction produits dans des plaques ou dans des conducteurs de révolution : en particulier se trouve résolu le problème du disque tournant d'Arago. Je ferai remarquer surtout pour ce Chapitre les intégrations que j'y ai faites.

Le Chapitre VII se rapporte aux unités électriques. Ce sujet est indispensable, dès que l'on veut passer des théories générales aux applications; nous étions donc obligé de l'exposer pour traiter des fils télégraphiques.

Dans le Chapitre VIII, j'établis, suivant une méthode donnée par M. Helmholtz, les équations différentielles qui régissent le mouvement variable de l'électricité dans des conducteurs quelconques laissés en repos. Je regarde toutefois les con-

ducteurs comme recouverts à la fois d'une simple couche
d'électricité et d'une double couche, telle que je l'ai définie ci-
dessus. Je termine en indiquant la marche à suivre pour rechercher les intégrales de ces équations.

Enfin, dans le Chapitre IX, je m'occupe du mouvement de
l'électricité dans les fils télégraphiques. J'ai consacré beaucoup
de temps à cette recherche. M. W. Thomson a obtenu par des
raisonnements empiriques une formule relative à l'intensité
du courant dans les fils télégraphiques sous-marins. Par une
analyse rigoureuse, j'étudie toutes les circonstances du mouvement et je calcule toutes les quantités qui en dépendent ; de la
sorte j'obtiens, en particulier pour le courant longitudinal, une
formule plus compliquée que celle de M. Thomson, mais qui
donne des résultats peu différents, surtout quand le courant a
duré assez longtemps pour qu'on puisse réduire dans les deux
formules les séries de termes variables avec le temps au premier
terme. On sait que déjà l'expérience avait montré l'utilité de
l'emploi de la formule de M. Thomson dans la Télégraphie
sous-marine.

La propagation de l'électricité dans les fils sous-marins est
extrêmement rapide ; mais elle l'est encore bien davantage
dans les fils aériens ; il en résulte que les expériences sur ces
derniers fils sont encore plus difficiles que sur les premiers.
Néanmoins, de l'ensemble des recherches faites par les physiciens, il semble résulter que la durée de l'établissement du
courant dans un fil aérien, estimée avec un appareil donné,

varie avec la longueur du fil dans un rapport très analogue aux carrés de cette longueur. Après avoir retourné la question dans tous les sens, je n'ai pu arriver à ce résultat qu'en tenant compte de la perte de l'électricité par les poteaux qui soutiennent le fil. Je précise alors la manière dont la durée de l'établissement du courant varie avec la longueur du fil.

Nancy, le 3 juillet 1888.

É. MATHIEU.

THÉORIE

DE

L'ÉLECTRODYNAMIQUE.

CHAPITRE I.

PRINCIPES GÉNÉRAUX SUR LE MOUVEMENT DE L'ÉLECTRICITÉ DANS L'INTÉRIEUR D'UN CORPS CONDUCTEUR.

Après la découverte de la pile voltaïque qui sépare et met en mouvement les deux électricités, les premières recherches sur l'Électrodynamique se rapportèrent à des courants linéaires, c'est-à-dire à des mouvements de l'électricité dirigés seulement suivant des fils métalliques, et ce sont de beaucoup les plus faciles à étudier. Il existe cependant quelques principes généraux très simples qui se rapportent à des courants électriques, traversant des conducteurs de forme quelconque, et c'est par l'exposition de ces principes qu'il convient de commencer.

Définitions préliminaires.

1. Supposons que de l'électricité se meuve dans l'intérieur d'un conducteur sous des influences quelconques et considérons le mouvement relatif de cette électricité par rapport à ce corps.

Concevons d'abord que ce mouvement ait en chaque point du corps une grandeur et une direction qui ne varient pas avec le temps. Par un point quelconque A, menons un élément ω de surface perpendiculaire à la direction du mouvement. Menons une normale N à cet élément dans une direction que nous regarderons comme positive. Une certaine quantité d'électricité traversera ω dans l'unité de temps et dans le sens de la normale N; désignons par m cette quantité d'électricité prise avec son signe et par m' la quantité d'électricité qui traverse ω dans le même temps en sens contraire. Nous pouvons regarder $m - m'$ comme la masse *algébrique* d'électricité qui traverse ω dans la direction de la normale positive. Représentons par $i\omega$ cette masse d'électricité; on dit que ω est traversé par un courant dont l'intensité est i et dont la direction est celle de la normale N.

Si le mouvement de l'électricité varie en chaque point du corps avec le temps t, mais d'une manière continue, on peut supposer qu'il reste invariable en grandeur et en direction pendant l'instant dt, et, si l'élément ω de surface est encore mené par le point A normalement au mouvement en ce point, la quantité d'électricité qui traversera ω pendant dt pourra être représentée par

$$d\mu = i\omega\, dt,$$

et i sera encore l'intensité du courant au point A.

2. Cherchons ensuite la quantité d'électricité qui traverse un élément quelconque ν de surface pris dans le corps. Par le contour de cet élément, menons un cylindre parallèle à la direction du mouvement et désignons par ω la section droite de ce cylindre; la quantité d'électricité qui traverse ν pendant l'instant dt est encore représentée par

$$d\mu = i\omega\, dt;$$

désignons par N la normale à ν, nous aurons

$$\omega = \nu \cos(i, N)$$

et, par suite,

$$d\mu = i\nu \cos(i, N)\, dt.$$

Menons une droite de même direction que i et dont la grandeur est représentée par i, et désignons par ξ, η, ζ ses projections sur trois axes rectangulaires liés au corps; soient, de plus, λ, μ, ν les angles de la normale N avec ces trois axes; nous aurons

$$i\cos(i, N) = \xi\cos\lambda + \eta\cos\mu + \zeta\cos\nu$$

et

(α) $$d\mu = (\xi\cos\lambda + \eta\cos\mu + \zeta\cos\nu)\omega\, dt.$$

Menons par le point A trois éléments plans ω_1, ω_2, ω_3, parallèles aux plans de coordonnées; les quantités d'électricité qui les traverseront. $d\mu_1$, $d\mu_2$, $d\mu_3$ se déduiront immédiatement de la formule (α), et nous aurons

$$d\mu_1 = \xi\omega_1\, dt,$$
$$d\mu_2 = \eta\omega_2\, dt,$$
$$d\mu_3 = \zeta\omega_3\, dt,$$
$$i = \sqrt{\xi^2 + \eta^2 + \zeta^2}.$$

Ces formules montrent que les composantes ξ, η, ζ de i au point A, multipliées par un élément de surface ω, sont les quantités d'électricité qui traversent l'élément de surface ω, mené par A parallèlement à chacun des plans de coordonnées, ces quantités d'électricité étant estimées par unité de temps.

3. Dans l'équation

$$i\omega\, dt = d\mu.$$

$d\mu$ est la différence d'une quantité $d\mu'$ d'électricité qui se meut dans la direction positive et d'une quantité $d\mu''$ qui se meut en sens contraire; nous avons donc

(β) $$i\omega\, dt = d\mu' - d\mu''.$$

Regardons comme égales les vitesses de sens contraire de $d\mu'$ et $d\mu''$, et désignons par ds' et ds'' les éléments décrits par $d\mu'$ et $d\mu''$ pendant le temps dt; nous aurons

$$\frac{ds''}{dt} = -\frac{ds'}{dt},$$

et, en multipliant l'équation (β) par $\frac{ds'}{dt}$, nous obtenons

$$i\omega\, ds' = \frac{ds'}{dt}\, d\mu' + \frac{ds''}{dt}\, d\mu''.$$

Nous pouvons diviser $d\mu'$ et $d\mu''$ en éléments d'un ordre plus petit,
que nous désignerons chacun par dm; désignons par v leur vitesse qui
sera positive ou négative, suivant qu'elle sera dirigée dans le sens de
la normale à ω, positive ou négative; nous aurons

$$(\gamma) \qquad\qquad i\,\omega\,ds' = \Sigma v\,dm,$$

le signe sommatoire Σ s'étendant à toutes les molécules électriques dm
qui traversent ω dans le temps dt.

$\omega\,ds'$ représente un élément de volume $d\varpi$; $d\mu'$ est la masse d'électricité qui a parcouru ds' à partir de la base ω dans le temps dt et dans
le sens positif; c'est donc la masse d'électricité qui, se mouvant dans
cette direction, est renfermée dans $d\varpi$; de même, $d\mu''$ est la masse
d'électricité se mouvant dans la direction contraire et renfermée dans $d\varpi$.
Donc, dans l'égalité (γ), dm représente une molécule électrique quelconque renfermée dans $d\varpi$. Écrivons ainsi cette équation

$$i\,d\varpi = \Sigma v\,dm,$$

et il est évident que nous pouvons maintenant supposer à l'élément $d\varpi$
une forme quelconque.

Multiplions cette équation successivement par les cosinus directeurs
de i; nous pouvons représenter par $\dfrac{dx}{dt}, \dfrac{dy}{dt}, \dfrac{dz}{dt}$ les composantes de v,
lesquelles prennent des valeurs égales au signe près pour les diffé-
rentes molécules dm, et nous aurons les équations

$$\xi\,d\varpi = \Sigma \frac{dx}{dt}\,dm, \qquad \eta\,d\varpi = \Sigma \frac{dy}{dt}\,dm, \qquad \zeta\,d\varpi = \Sigma \frac{dz}{dt}\,dm.$$

Force électromotrice.

4. Nous appellerons *force électromotrice* toute force qui donne naissance à des courants. Supposons qu'une telle force agisse d'une manière continue à l'intérieur d'un conducteur. Désignons par P cette
force agissant sur l'unité d'électricité positive au point (x, y, z). Le
fluide neutre qui se trouve dans un élément de volume $d\varpi$, contenant
ce point, est la réunion de quantités d'électricité positive et d'électri-

cité négative que je désigne par $\varepsilon\,d\varpi$ et $-\varepsilon\,d\varpi$. L'électricité $\varepsilon\,d\varpi$ sera sollicitée dans la direction de P par la force P$\varepsilon\,d\varpi$, et l'électricité $-\varepsilon\,d\varpi$ sera sollicitée par une force égale et contraire. Il pourra y avoir, en outre, dans le volume $d\varpi$ de l'électricité libre $\varepsilon'd\varpi$, positive ou négative, qui sera sollicitée par la force P$\varepsilon'd\varpi$ dans la direction de P ou en sens contraire.

Le courant, qui en résulte au point (x, y, z), a la direction de P et son intensité, dans un corps homogène, est proportionnelle à

$$P\,(2\varepsilon \pm \varepsilon')\,d\varpi.$$

Regardons ε' comme très petit par rapport à ε; nous pourrons réduire cette expression à

$$P \cdot 2\varepsilon\,d\varpi.$$

Enfin, si l'on suppose que ε a la même valeur dans toutes les parties du conducteur homogène, le courant, qui a la direction de P, sera aussi simplement proportionnel à P. Désignons par ξ, η, ζ les composantes du courant i suivant trois axes rectangulaires et par X, Y, Z les composantes de P; nous pourrons poser

$$\xi = \varkappa X, \qquad \eta = \varkappa Y, \qquad \zeta = \varkappa Z,$$

et $\varkappa$ s'appelle la *conductibilité* du corps pour l'électricité; c'est une quantité constante pour tous les points d'un conducteur homogène, mais elle varie avec la matière du conducteur. On peut aussi poser

$$X = R\xi, \qquad Y = R\eta, \qquad Z = R\zeta,$$

et R, l'inverse de la conductibilité, s'appelle la *résistance spécifique* du conducteur.

De ce qui précède, il résulte que l'intensité du courant dans un élément de volume du conducteur ne dépend pas de la quantité d'électricité en mouvement dans cet élément, mais de la vitesse de ce mouvement.

On voit aussi que, dans le numéro précédent, il faut supposer $d\mu'$ composé de molécules d'un seul signe et $d\mu''$ composé de molécules de signe contraire et $d\mu''$ doit être à très peu près égal à $-d\mu'$.

Variation de l'électricité libre à l'intérieur d'un conducteur.

5. Un conducteur étant traversé par un courant, formons dans ce corps un parallélépipède rectangle dont les trois côtés dx, dy, dz sont parallèles aux axes de coordonnées. Par la face correspondant à l'abscisse x, il entre dans le parallélépipède pendant le temps dt une masse d'électricité égale à

$$\xi \, dy \, dz \, dt,$$

et, par la face opposée qui correspond à l'abscisse $x + dx$, il sort la quantité d'électricité

$$\left(\xi + \frac{d\xi}{dx} dx \right) dy \, dz \, dt.$$

Il en résulte, dans le parallélépipède, un accroissement d'électricité égal à

$$-\frac{d\xi}{dx} dx \, dy \, dz \, dt.$$

De la même manière les deux autres couples de faces laissent entrer dans le même volume les quantités d'électricité

$$-\frac{d\eta}{dy} dx \, dy \, dz \, dt, \quad -\frac{d\zeta}{dz} dx \, dy \, dz \, dt.$$

D'autre part, si ρ est la densité de l'électricité, l'électricité libre du parallélépipède, qui a pour masse $\rho \, dx \, dy \, dz$, obtient, dans le temps dt, l'accroissement

$$\frac{d\rho}{dt} dx \, dy \, dz \, dt.$$

Égalant ce gain total à la somme des trois gains partiels, on obtient la formule

$$\frac{d\rho}{dt} = -\left(\frac{d\xi}{dx} + \frac{d\eta}{dy} + \frac{d\zeta}{dz} \right).$$

Courants permanents.

6. Si l'on choisit une pile convenable et qu'on relie un corps conducteur homogène aux pôles de cette pile, ce corps, après un temps

très petit, pourra être considéré comme traversé par des courants permanents pendant un temps plus ou moins long.

La force électromotrice, dans ce cas, ne dépend que du potentiel de l'électricité. Désignons par V ce potentiel, c'est-à-dire la somme des masses des molécules de l'électricité divisées par leur distance au point (x, y, z); alors la force électromotrice, que nous avons désignée par P (n° 4), aura pour composantes en chaque point (x, y, z) du corps

$$ X = -\frac{dV}{dx}, \qquad Y = -\frac{dV}{dy}, \qquad Z = -\frac{dV}{dz}. $$

Ohm a reconnu le premier, dans son Livre publié en 1827 (*Die galvanische Kette mathematisch bearbeitet*) que, dans l'état permanent, les composantes de la force électromotrice sont les dérivées par rapport à x, y, z d'une même fonction; mais Kirchhoff paraît avoir remarqué le premier que cette fonction est le potentiel de l'électricité, pris en signe contraire.

Les composantes du courant au point (x, y, z) sont donc

$$ \xi = -\lambda\frac{dV}{dx}, \qquad \eta = -\lambda\frac{dV}{dy}, \qquad \zeta = -\lambda\frac{dV}{dz}. $$

Il est facile de reconnaître qu'il n'y a point d'électricité libre à l'intérieur du conducteur. En effet, si ρ est la densité de l'électricité dans ce corps, comme le mouvement est permanent, on a $\frac{d\rho}{dt} = 0$ et l'équation du n° 5 devient

$$ \frac{d\xi}{dx} + \frac{d\eta}{dy} + \frac{d\zeta}{dz} = 0. $$

Remplaçons dans cette équation ξ, η, ζ par leurs valeurs; le conducteur étant homogène, λ est constant et nous obtenons l'équation

$$ \Delta V = 0, $$

pour les points intérieurs au conducteur. D'ailleurs le potentiel V satisfait à l'équation bien connue

$$ \Delta V = -4\pi\rho; $$

et l'on en conclut que la densité ρ est nulle.

Le conducteur ne renferme donc pas d'électricité libre à son intérieur. Helmholtz et Kirchhoff en ont conclu que le conducteur est recouvert d'une couche d'électricité qui, jointe à de l'électricité extérieure, produit le potentiel V. C'est l'opinion la plus généralement
admise; elle n'a pas été cependant acceptée par tous les physiciens
géomètres. Ainsi, par exemple, Maxwell et Franz Neumann n'ont émis
aucune opinion à ce sujet. On verra, dans le Chapitre IV, que nous
serons conduits à substituer à la couche d'électricité libre qui recouvrirait le conducteur une double couche d'électricité, c'est-à-dire
deux couches d'électricité extrêmement voisines, l'une située à la surface du conducteur, l'autre dans l'air qui enveloppe le conducteur, et
telles que deux éléments de ces couches, dont l'un peut être considéré comme la projection de l'autre, renferment des masses d'électricité égales et de signe contraire. C'est cette double couche, jointe à
l'électricité des corps qui relient le conducteur à la pile, qui produit
le potentiel V. Le système pourra en outre être recouvert d'une couche
électrostatique dont le potentiel sera constant à son intérieur.

7. En chaque point de la surface libre du conducteur, le courant
doit être dirigé tangentiellement à la surface. Donc, si l'on désigne
par λ, μ, ν les angles de la normale intérieure à la surface avec les
axes de coordonnées, on a

$$\xi \cos \lambda + \eta \cos \mu + \zeta \cos \nu = 0$$

ou

$$\frac{dV}{dx} \cos \lambda + \frac{dV}{dy} \cos \mu + \frac{dV}{dz} \cos \nu = 0;$$

on a donc cette condition à la surface libre du conducteur

$$(1) \qquad \frac{dV}{dn} = 0,$$

dn étant l'élément de la normale.

Enfin il y aura des parties τ_1 et τ_2 de la surface du conducteur où
entreront et sortiront les courants. Supposons que le potentiel V ait
une valeur connue en tous les points de τ_1 et τ_2; posons donc

$$(2) \qquad \begin{cases} V = H_1 & \text{sur } \tau_1, \\ V = H_2 & \text{sur } \tau_2; \end{cases}$$

Π_1 et Π_2 sont des constantes ou sont des fonctions données des coordonnées des points de τ_1 et τ_2.

Ainsi la fonction V sera déterminée analytiquement par l'équation

(3) $$\Delta V = 0,$$

qui a lieu en tous les points intérieurs du conducteur, par la condition (1) qui se rapporte à la surface libre et par les conditions (2) qui ont lieu sur les surfaces par lesquelles entrent et sortent les courants.

On peut vérifier qu'il existe une fonction V et une seule qui satisfait à ces équations. En effet, considérons l'intégrale

$$\Omega = \int \left[\left(\frac{dV}{dx}\right)^2 + \left(\frac{dV}{dy}\right)^2 + \left(\frac{dV}{dz}\right)^2 \right] d\varpi,$$

étendue à tous les éléments $d\varpi$ du volume du conducteur et supposons que la fonction V satisfasse aux conditions (1) et (2) à la surface. On peut se proposer de déterminer la fonction V, de manière que Ω soit minimum. Or, si l'on applique le calcul des variations à la détermination du minimum de Ω, on reconnaîtra que la fonction V satisfait à l'équation (3).

On voit donc aussi que le potentiel V est, parmi toutes les fonctions de x, y, z qui satisfont aux conditions aux limites (1) et (2), celle qui rend minimum l'intégrale Ω.

Variation de l'électricité à la surface d'un conducteur.

8. Lorsqu'un conducteur est traversé par des courants variables avec le temps, le conducteur est recouvert à la fois d'une double couche d'électricité et d'une simple couche qui varient aussi avec le temps.

Supposons le corps placé dans un milieu isolant comme l'air et désignons par ε la densité de la couche simple d'électricité. La quantité $\varepsilon \, d\sigma$ d'électricité située sur l'élément $d\sigma$ de la surface du corps obtiendra dans l'instant dt un accroissement $\dfrac{d\varepsilon}{dt} d\sigma \, dt$, ou, autrement dit, un décroissement $- \dfrac{d\varepsilon}{dt} d\sigma \, dt$.

Mais, si le courant est incliné sur $d\sigma$ et que N soit la normale à $d\sigma$ menée intérieurement, il entre par $d\sigma$ dans le corps une quantité d'électricité égale à $i\cos(i,N)\,d\sigma\,dt$, qui ne peut provenir que de la perte d'électricité qui s'est faite sur $d\sigma$; en égalant ces deux expressions de la perte d'électricité éprouvée par $d\sigma$, on obtient

$$\frac{d\varepsilon}{dt} = - i\cos(i,N)$$

ou (n° 2)

$$\frac{d\varepsilon}{dt} = - (\xi\cos\lambda + \eta\cos\mu + \zeta\cos\nu).$$

Si le milieu qui entoure la surface σ n'était pas isolant et que les composantes de l'intensité du courant fussent ξ', η', ζ' en dehors de la surface, on obtiendrait de même la formule

$$\frac{d\varepsilon}{dt} = - (\xi - \xi')\cos\lambda - (\eta - \eta')\cos\mu - (\zeta - \zeta')\cos\nu.$$

Principe de Volta.

9. Si deux conducteurs formés de deux métaux différents A et B sont mis en contact par une surface ω, il se produira une même différence de potentiel dans les deux corps auprès de cette surface. Cette différence de potentiel ne dépendra que de la nature des deux métaux A et B et de leur température; ainsi elle est indépendante de l'étendue des surfaces en contact et de la forme de ces corps. Tel est le principe de Volta.

Il se forme donc à la surface ω, sur chacun des deux corps, une couche d'électricité positive sur l'un A, négative sur l'autre B, les densités des deux couches étant égales et de signe contraire sur deux éléments en contact des surfaces des deux corps. Si les deux corps ne sont soumis qu'à leur action mutuelle, le potentiel total de l'électricité aura une valeur constante dans chacun des deux corps, d'après les principes de l'Électrostatique. Leur différence de potentiel s'appelle la *tension* entre les deux corps.

Considérons ensuite plusieurs métaux A, B, C. .... F dont chacun touche le suivant, et désignons par V_A, V_B, V_C, ..., V_F leurs potentiels.

Volta a démontré par l'expérience que la différence entre les potentiels V_A et V_F est la même que si les deux corps A et F étaient au contact l'un de l'autre. Si donc F est un métal identique à A, il aura le même potentiel que A.

Courants permanents dans deux conducteurs hétérogènes entre eux,
qui se touchent.

10. Supposons deux conducteurs homogènes A et B qui se touchent, formés de deux métaux différents et traversés par des courants permanents. Désignons par V et V_1 le potentiel dans A et B; V et V_1 satisfont aux équations

$$\Delta V = 0, \qquad \Delta V_1 = 0.$$

Désignons par z et z_1 la conductibilité électrique dans A et B, et par dn et dn_1 les éléments de normale à la surface ω de contact dans A et B. La quantité d'électricité qui, dans l'unité de temps, sort de A en traversant $d\omega$ est égale à $d\omega$ multipliée par la composante normale du courant ou à

$$z \frac{dV}{dn} d\omega;$$

d'autre part, la quantité d'électricité qui entre dans B dans le même temps par $d\omega$ est

$$-z_1 \frac{dV_1}{dn_1} d\omega;$$

en écrivant que ces deux quantités sont égales, nous avons l'équation de condition

$$z \frac{dV}{dr} + z_1 \frac{dV_1}{dn_1} = 0 \quad \text{sur } \omega;$$

nous avons aussi, d'après le principe de Volta,

$$V - V_1 = C \quad \text{sur } \omega,$$

C étant la tension entre les deux métaux qui forment les conducteurs.
Ensuite nous aurons sur les surfaces libres de A et B

$$\frac{dV}{dn} = 0, \qquad \frac{dV_1}{dn_1} = 0.$$

Enfin supposons, comme précédemment, que le potentiel soit donné sur les surfaces par lesquelles entrent et sortent les courants. On pourra, à l'aide de toutes les équations obtenues, déterminer V et V_1.

Travail produit par le mouvement de l'électricité.

11. Nous supposons encore les courants permanents. Si nous désignons par dx, dy, dz les composantes du déplacement d'une molécule dm d'une des deux électricités dans le temps dt, nous aurons, pour le travail effectué par cette molécule pendant cet instant,

$$- \frac{dV}{dx} dx\, dm - \frac{dV}{dy} dy\, dm - \frac{dV}{dz} dz\, dm;$$

mais, dans un élément de volume $d\varpi$, il y a des molécules d'électricité des deux signes, animées de vitesses de sens contraire; on a donc pour le travail produit pendant dt sur toutes les molécules situées dans $d\varpi$

$$d\tilde{\tau} = - \frac{dV}{dx} \Sigma\, dx\, dm - \frac{dV}{dy} \Sigma\, dy\, dm - \frac{dV}{dz} \Sigma\, dz\, dm,$$

le signe Σ s'étendant à toutes les molécules situées dans $d\varpi$. Or on a (n° 3)

$$\xi\, d\varpi = \sum \frac{dx}{dt} dm, \qquad \eta\, d\varpi = \sum \frac{dy}{dt} dm, \qquad \zeta\, d\varpi = \sum \frac{dz}{dt} dm,$$

et il en résulte

$$\frac{d\tilde{\tau}}{dt} = - \left(\frac{dV}{dx} \xi + \frac{dV}{dy} \eta + \frac{dV}{dz} \zeta \right) d\varpi.$$

Donc, en désignant par T le travail effectué sur le conducteur entier dans l'unité de temps, on aura

$$(\alpha) \qquad\qquad T = - \int \left(\frac{dV}{dx} \xi + \frac{dV}{dy} \eta + \frac{dV}{dz} \zeta \right) d\varpi,$$

l'intégrale étant étendue à tout le volume du conducteur. Or on a

$$R\xi = - \frac{dV}{dx}, \qquad R\eta = - \frac{dV}{dy}, \qquad R\zeta = - \frac{dV}{dz};$$

il en résulte, pour l'expression de ce travail,

$$T = \int R(\xi^2 + \eta^2 + \zeta^2)\,d\omega$$

ou, plus simplement,

$$T = \int R\, i^2\, d\omega.$$

Cette expression peut aussi s'écrire

$$T = \frac{1}{R} \int \left[\left(\frac{dV}{dx}\right)^2 + \left(\frac{dV}{dy}\right)^2 + \left(\frac{dV}{dz}\right)^2 \right] d\omega.$$

et, d'après ce qui a été remarqué (n° 7), si l'on change la fonction V en l'astreignant toutefois aux conditions aux limites, auxquelles satisfait le potentiel de l'électricité, T sera un minimum quand V représentera ce potentiel.

12. On peut transformer l'équation (2) de la manière suivante

$$T = \int V \left(\frac{d\xi}{dx} + \frac{d\eta}{dy} + \frac{d\zeta}{dz} \right) d\omega + \int V(\xi\cos\lambda + \eta\cos\mu + \zeta\cos\nu)\,d\sigma,$$

la dernière intégrale s'étendant à tous les éléments $d\sigma$ de la surface du conducteur, et λ, μ, ν étant les angles de la normale intérieure n avec les axes de coordonnées.

Comme le mouvement est permanent, on a en tout point de l'intérieur du corps

$$\frac{d\xi}{dx} + \frac{d\eta}{dy} + \frac{d\zeta}{dz} = 0$$

et la première intégrale du second membre est nulle. A la surface libre, on a

$$\xi\cos\lambda + \eta\cos\mu + \zeta\cos\nu = 0,$$

de sorte qu'il suffit d'appliquer la seconde intégrale aux surfaces ω par lesquelles entrent et sortent les courants, et il reste

$$T = \int V(\xi\cos\lambda + \eta\cos\mu + \zeta\cos\nu)\,d\omega$$

ou

$$T = \int V i \cos(i, n)\,d\omega.$$

Considérons le cas où le courant entre et sort normalement à la surface du conducteur. Désignons par ω_1 et ω_2 les surfaces d'entrée et de sortie ; nous aurons $\cos(i, n) = \pm 1$ sur ces deux surfaces, et, en employant les indices 1 et 2 pour les quantités relatives à ces surfaces, nous aurons

$$T = \int V_1 i_1 \, d\omega_1 - \int V_2 i_2 \, d\omega_2.$$

Mais alors la force électromotrice est normale sur les surfaces ω_1 et ω_2, qui sont donc des surfaces de niveau ; par suite, V_1 et V_2 sont constants respectivement sur ω_1 et ω_2 ; $\int i_1 \, d\omega_1$ et $\int i_2 \, d\omega_2$, qui représentent les quantités d'électricité qui traversent ces deux surfaces dans l'unité de temps, doivent être égales à une même quantité Q, et l'on a

$$T = (V_1 - V_2) Q.$$

Échauffement du conducteur.

13. Un corps conducteur étant mis en communication avec une pile constante, il en résultera bientôt dans ce corps un mouvement permanent de l'électricité.

Le travail engendré pendant l'unité de temps dans le conducteur par le mouvement de l'électricité, puisqu'il n'existe aucun travail extérieur, doit être employé entièrement à produire de la chaleur. Or ce travail est représenté par

$$T = \int R i^2 \, d\varpi,$$

où l'intégrale s'étend à tout le volume du conducteur. En divisant cette quantité par l'équivalent mécanique de la chaleur, on aura la chaleur produite dans le conducteur pendant l'unité de temps.

CHAPITRE II.

On appelle *conducteur linéaire* un fil métallique dont deux dimensions sont regardées comme très petites par rapport à la troisième. Ordinairement ces fils sont de section circulaire et leur volume peut être considéré comme engendré par le mouvement d'une sphère dont le centre se meut sur une ligne qu'on appelle l'*axe du fil*; mais, en théorie, on peut supposer que la section du fil a une forme quelconque et que sa grandeur varie le long du fil.

Loi de Ohm.

1. Si le fil, traversé par un courant permanent, se trouve dans un milieu isolant, on peut négliger les composantes de l'intensité du courant, perpendiculaires à l'axe, et ne tenir compte que du courant dirigé suivant l'axe.

Désignons par s la longueur d'un arc, pris sur l'axe du fil à partir d'un point déterminé, et par τ sa section. Si le fil est formé d'un seul métal, l'équation qui donne l'intensité du courant est

$$R i = - \frac{dV}{ds},$$

où i est l'intensité du courant, V le potentiel électromoteur et R la résistance spécifique du métal.

Mais, si le fil présente des passages d'un métal à un autre et n'a pas la même température dans tous ses points, il en résultera en différentes parties du fil une force électromotrice intérieure V' que nous considérerons comme une fonction de s, et nous avons alors l'équation

$$(a) \qquad R i = - \frac{dV}{ds} + \Psi.$$

On a ensuite, pour le travail accompli par le mouvement de l'électricité pendant le temps dt et sur une longueur ds du fil,

$$d\tau = \left(- \frac{dV}{ds} + \Psi \right) \Sigma \, dl \, dm,$$

dm désignant une molécule d'électricité située dans l'élément du fil qui a pour hauteur ds et dl étant la longueur décrite par dm dans dt. Or nous avons (Chap. I, n° 3)

$$\Sigma \frac{dl}{dt} \, dm = i \tau \, ds,$$

$\tau \, ds$ étant l'élément de volume. Nous avons donc

$$d\tau = \left(- \frac{dV}{ds} + \Psi \right) i \tau \, ds \, dt = R i^2 \tau \, ds \, dt.$$

Si nous posons

$$i \tau = I,$$

I représente la somme algébrique de la masse électrique qui traverse τ pendant l'unité de temps dans le sens où s croît; c'est une quantité qui reste constante d'une section à une autre; I s'appelle l'*intensité du courant linéaire*.

D'après cela, si nous désignons par T le travail produit pendant l'unité de temps dans le fil compris entre $s = s_1$ et $s = s_2$, nous aurons

$$(b) \qquad T = I \left(- \int_{s_1}^{s_2} \frac{dV}{ds} \, ds + \int_{s_1}^{s_2} \Psi \, ds \right).$$

D'après la seconde expression de $d\tau$, on a aussi, pour la valeur de T,

$$(c) \qquad T = I^2 \int_{s_1}^{s_2} R \frac{ds}{\tau}.$$

Posons

$$-\int \frac{dV}{ds}\,ds + \int \Psi\,ds = E,$$

$$\int B\frac{ds}{\gamma} = H,$$

les intégrales étant prises entre $s = s_1$ et $s = s_2$. La quantité $-\frac{dV}{ds} + \Psi$ est la force électromotrice en chaque point du fil ; $\frac{1}{l}\,E$ est donc la force électromotrice moyenne le long du fil, et, pour nous conformer à l'usage, nous appellerons E la force électromotrice totale qui agit sur toute la longueur du fil, bien que E ne soit pas homogène avec la quantité précédente. Enfin H est appelé la résistance du fil.

En égalant les deux expressions (b) et (c), on obtient la formule

$$E = HI,$$

qui donne la loi de Ohm :

La force électromotrice totale qui agit sur une portion d'un fil traversé par un courant est égale au produit de l'intensité du courant linéaire par la résistance de cette portion de fil.

C'est à tort que l'on a coutume de restreindre la loi de Ohm à un conducteur homogène ; car Ohm a démontré dans son Livre le théorème précédent avec toute la généralité que nous lui avons donnée.

2. Si le fil est homogène, Ψ se réduit à zéro sur toute la longueur du fil, l'expression de E se réduit à son premier terme, et par conséquent la force électromotrice totale se réduit à $V_1 - V_2$, en désignant par V_1 et V_2 la valeur du potentiel aux deux extrémités du fil, et la résistance du fil sera

$$H = R\int \frac{ds}{\gamma}.$$

Si le fil est composé de parties homogènes, mais hétérogènes entre elles de longueurs $l, l', l'', \ldots$, la quantité Ψ n'aura de valeurs sensibles que dans les environs des contacts de deux métaux où elle aura une valeur extrêmement grande ; ainsi, auprès de ces contacts, Ψ sera

extrêmement grand en comparaison de $R i$, et l'on pourra réduire
l'équation (a) à

$$\frac{dV}{ds} = \Psi.$$

En intégrant dans une étendue très petite d'un point situé en deçà
du contact à un point situé au delà et désignant par V_a et V_b le potentiel en ces deux points, on aura

$$(d) \qquad\qquad V_b - V_a = \int \Psi\, ds = K;$$

K est la force électromotrice due au contact. En désignant par ΣK la
somme de toutes ces quantités prises sur la longueur du fil et par V_1
et V_2 la valeur du potentiel aux extrémités de ce fil, nous aurons

$$E = V_1 - V_2 + \Sigma K.$$

$V_1 - V_2$ peut être considéré comme la force électromotrice qui provient de l'extérieur; si les deux extrémités du fil sont jointes aux
pôles d'une pile, ce sera la force électromotrice produite par la pile.

Si l'on suppose que chaque portion homogène a la même section
qui est désignée par τ, on aura pour la résistance

$$R = \sum R \frac{l}{\tau},$$

le signe Σ s'étendant à toutes les portions homogènes du fil.

D'après la formule (d), K représente la différence de potentiel de
deux métaux en contact aux environs de ce contact; d'après cela,
K doit représenter la tension entre les deux métaux, indiquée par le
principe de Volta. C'est ce qu'admettait Ohm; cependant, suivant
Thomson, l'expérience donnerait en général pour K une quantité plus
petite en valeur absolue que celle-là.

Si certains contacts des métaux sont échauffés à des températures
déterminées, les quantités K changeront et dépendront de ces températures.

Loi de Joule et phénomène de Peltier.

3. D'après l'équation (c), nous avons

$$T = HI^2.$$

Si l'on a un courant permanent traversant un fil homogène, la force électromotrice totale qui agit sur ce fil proviendra de l'extérieur et se réduira à $V_1 - V_2$. Comme il ne se produit aucun travail extérieur, tout le travail produit par cette force se convertira en chaleur. Donc la quantité de chaleur produite dans ce fil pendant l'unité de temps est

$$\frac{1}{G} HI^2,$$

si l'on désigne par G l'équivalent mécanique de la chaleur. Cette expression constitue la loi de Joule.

Supposons ensuite que le fil soit composé comme ci-dessus de différentes parties hétérogènes entre elles.

D'après la formule (b), on a

$$T = EI = I(V_1 - V_2) + I \int \Psi \, ds.$$

Le premier terme du troisième membre représente le travail qui résulte de la force électromotrice $V_1 - V_2$, et le second terme un travail qui se produit aux contacts. Donc, si l'on désigne par E' la force électromotrice $V_1 - V_2$ qui provient de l'extérieur, le travail produit par cette force dans l'unité de temps sera

$$E'I = EI - I \Sigma K = HI^2 - I \Sigma K,$$

et il devra se transformer en chaleur. Le premier terme représente un travail absorbé par le fil d'après la loi de Joule; le second terme indique une absorption ou un dégagement de chaleur à chaque point de soudure, suivant que K est positif ou négatif. On démontre ainsi le phénomène reconnu par Peltier, qui est donc une conséquence de la loi de Ohm et du principe de la conservation de l'énergie. C'est au moyen de cette dernière formule que Thomson a déterminé les quantités K.

Formules de Ohm.

4. Soit une suite de conducteurs linéaires homogènes terminés aux points A et B, où entre et sort un courant. Tous ces conducteurs AD_1B, AD_2B, AD_3B, ... ont le même potentiel en A et aussi en B; donc la force électromotrice relative à chacun de ces fils a la même valeur E. Soient R_1, R_2, ... les résistances de ces fils et I_1, I_2, ... les intensités des courants dans chacun de ces fils; nous aurons donc

$$E = I_1 R_1 = I_2 R_2 = \ldots,$$

et l'on peut aussi écrire

$$E = IR,$$

en désignant par I l'intensité totale des courants et par R la résistance totale du conducteur formé par les conducteurs linéaires précédents. Nous aurons donc

$$I = I_1 + I_2 + \ldots$$

et, en remplaçant I_1, I_2, ... et I d'après les équations précédentes, on a la formule

$$\frac{1}{R} = \frac{1}{R_1} + \frac{1}{R_2} + \frac{1}{R_3} + \ldots$$

Comme exemple, prenons un fil lié aux pôles A et B (*fig.* 1) d'une

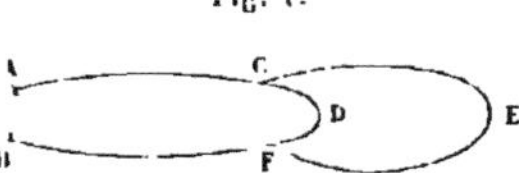

Fig. 1.

pile, et qui se bifurque en C et F suivant CDF, CEF. Soient r et r' les résistances de CDF et CEF, et R la résistance de leur ensemble, on a

$$\frac{1}{R} = \frac{1}{r} + \frac{1}{r'} \qquad \text{ou} \qquad R = \frac{rr'}{r + r'}.$$

Si l'on désigne par R_1 et R_2 les résistances de AC et BF, la résistance totale du conducteur sera $R + R_1 + R_2$, et, en désignant par E la force électromotrice totale et par I l'intensité du courant dans AC et BF, on aura

$$I = \frac{E}{R + R_1 + R_2}.$$

Nous avons ensuite, en désignant par i et i' les intensités des courants qui traversent CDF et CEF,

$$ir = i'r' = IR$$

ou

$$i = \frac{IR}{r}, \qquad i' = \frac{IR}{r'}.$$

On a ainsi déterminé R, I, i, i'.

Ces formules élémentaires ont été données pour la première fois par Ohm.

5. Dans ce qui précède, nous avons considéré des conducteurs linéaires traversés par des courants, en faisant abstraction de la pile qui excite le mouvement de l'électricité. Or Ohm a admis, puis vérifié par l'expérience, qu'une pile hydro-électrique a une résistance constante, c'est-à-dire indépendante de l'intensité du courant. Ainsi, considérons dans un circuit galvanique la pile et deux portions de fil homogène PA et P'B, fixées aux pôles P et P' de la pile, et que nous regardons comme terminées en A et B. Désignons par V_1 et V_2 les potentiels des fils aux points A et B, par E la force électromotrice produite par la pile et par r, r', r'' les résistances des fils PA, P'B et de la pile; $R = r + r' + r''$ sera la résistance de l'ensemble, et nous aurons

$$RI = E + V_1 - V_2.$$

Si l'on considère un circuit entier formé par la pile et un fil, il faudra faire coïncider les points A et B, et l'on aura

$$RI = E,$$

R étant la résistance de la pile et du fil conducteur homogène qui joint les deux pôles.

Sur la distribution des courants dans un réseau linéaire.

6. On a un système de n fils conducteurs, reliés entre eux par leurs extrémités; dans chacun d'eux peut se trouver le siège d'une force électromotrice, et il s'agit de déterminer les intensités I_1, I_2, ..., I_n des courants qui traversent chacun de ces n fils.

Nous allons donner les équations employées par Kirchhoff pour résoudre ce problème.

Étant donnés deux points quelconques C et D pris sur les fils du système, nous admettrons qu'on puisse aller de C à D en suivant les fils. S'il en était autrement, on pourrait diviser le système en deux ou plusieurs qui satisferaient à cette condition et qui seraient indépendants l'un de l'autre.

Rappelons ce théorème de Géométrie élémentaire trouvé par Euler :

Si, dans un polyèdre, on désigne par S *le nombre des sommets, par* F *le nombre des faces et par* A *le nombre des arêtes, on a cette formule*

$$(a) \qquad\qquad S + F = A + 2.$$

On voit facilement que ce théorème revient à celui-ci : Découpons toute la surface d'une sphère en différents polygones sphériques et désignons par F le nombre des polygones, par S le nombre de leurs sommets distincts et par A le nombre de leurs côtés distincts; alors nous aurons encore l'équation (a).

Cela posé, α, β, γ, ... étant les points de croisement dans le réseau des fils, prenons sur la surface d'une sphère des points correspondants α', β', γ', ... et joignons par un arc de grand cercle tout couple de ces points qui correspond à deux points réunis par un fil. Nous pourrons choisir les points α', β', γ', ..., de manière qu'il n'y ait pas d'autres points de rencontre des arcs de grands cercles que α', β', γ', ...

Désignons par N le nombre des fils, par C le nombre des points de croisement du réseau et par P le nombre des polygones sphériques renfermés dans la projection du réseau sur la sphère, ces polygones étant supposés extérieurs les uns aux autres. Puis appliquons le théorème précédent. Les sommets correspondent aux points de croisement;

donc $S = C$. Les côtés sont les images des fils; donc $A = N$. La surface
de la sphère renferme, outre les P polygones, un polygone extérieur à
la projection du réseau; on a donc $F = P + 1$. Ainsi l'équation (a)
donne

$$P = N + 1 - C.$$

On peut aussi définir P comme le plus petit nombre de fils qu'il faut
supprimer dans le réseau pour qu'il n'y ait plus de circuit fermé.

En effet, considérons les circuits qui se projettent sur les polygones
sphériques. Si l'on enlève un fil situé sur le bord extérieur, on supprime
un circuit; si l'on enlève un fil intérieur, deux circuits qui se touchent
par ce fil se changeront en un seul. Et, si l'on ôte successivement un fil
de manière à diminuer à chaque fois d'une unité le nombre des circuits, on voit qu'il faut retirer P fils pour supprimer les P circuits.

On aurait pu considérer P circuits autres que ceux qui ont pour
images les polygones tracés sur la sphère.

7. Énonçons ensuite deux théorèmes employés par Kirchhoff :

THÉORÈME I. — *Si les fils* 1, 2, 3, ... p *aboutissent au même point,
on a*

$$(A) \qquad I_1 + I_2 + \ldots + I_p = 0,$$

$I_1, I_2, \ldots, I_p$ *étant les intensités des courants qui traversent ces fils et
étant pris positifs ou négatifs suivant que les courants vont vers le point
de croisement ou s'en éloignent.*

THÉORÈME II. — *Si les fils* 1, 2, ..., q *forment un circuit fermé; que*
$R_1, R_2, \ldots$ *soient les résistances de ces fils, et* $E_1, E_2, \ldots$ *les forces électro-
motrices qui s'y trouvent, on a l'équation*

$$(B) \qquad R_1 I_1 + R_2 I_2 + \ldots + R_q I_q = E_1 + E_2 + \ldots + E_q,$$

$I_1, I_2, \ldots$ *étant comptés comme positifs dans le même sens du circuit,
ainsi que* $E_1, E_2, \ldots$.

Le théorème I se déduit de ce qu'il sort de chaque point de croisement autant d'électricité qu'il en entre.

Pour démontrer le théorème II, appliquons la loi de Ohm à un des fils du circuit; nous aurons

$$(2) \qquad\qquad R_i I_i = E_i + V_i - V_{i+1},$$

V_i et V_{i+1} étant la valeur du potentiel aux deux extrémités du fil. Si l'on ajoute toutes les équations semblables relatives à chaque côté du circuit, les potentiels disparaissent et il reste l'équation (B).

Il existe autant d'équations semblables à (A) qu'il y a de points de croisement; ainsi il y en a C, mais C — 1 de ces équations seulement sont distinctes; car, si l'on ajoute toutes ces équations, chaque intensité de courant se présentera deux fois, mais avec des signes contraires, et la somme des premiers membres se réduira à zéro.

Appliquons l'équation (B) à P circuits distincts, par exemple aux P circuits qui ont été projetés sur la sphère suivant les polygones sphériques dont nous avons parlé (n° 6).

Les formules (A) et (B) fourniront ainsi un nombre d'équations égal à

$$C - 1 + P = N,$$

c'est-à-dire égal au nombre des inconnues I.

Il est bien aisé de voir que l'équation (B), appliquée à tout autre circuit que les P circuits qui ont été indiqués, rentrera dans les P équations relatives à ces circuits. D'ailleurs ces P équations sont distinctes, car on peut prendre les P circuits dans un ordre tel que chacun renferme un fil qui ne soit pas dans les circuits suivants. Ainsi, chaque équation renfermera une quantité I qui ne se trouvera pas dans les suivantes; par suite, chaque équation ne peut être une conséquence des suivantes : elles sont donc toutes distinctes.

Nous avons cru utile de donner les considérations précédentes. Mais les N équations à résoudre sont de deux formes différentes (A) et (B); de plus, si l'on prend maintenant la lettre I affectée d'indices pour représenter les valeurs positives des intensités des courants, il faudra les faire précéder dans ces équations tantôt du signe $+$, tantôt du signe $-$. Il en résulte que la résolution générale de ces équations présente assez de difficulté et même que la règle donnée par Kirchhoff pour leur résolution n'est pas commode. Aussi est-il préférable de suivre une autre marche pour résoudre le problème actuel.

Autre solution du problème précédent.

8. Au lieu de déterminer d'abord les intensités des courants dans chaque fil du réseau, on peut rechercher les potentiels aux points de croisement et l'on en conclura les intensités des courants dans chaque fil par la formule (2) du n° 7. Mais, pour que les équations se présentent sous la forme la plus commode, ajoutons aux fils du réseau d'autres fils qui joignent tout couple de sommets qui n'étaient pas réunis. Pour revenir au cas précédent, il suffira de supposer que la résistance est infinie ou la conductibilité nulle dans chacun des fils ajoutés.

Nous désignerons les sommets par $1, 2, 3, \ldots, p$; le potentiel au point a sera V_a, l'intensité du courant sera I_{ab} dans le fil qui va du sommet a au sommet b, E_{ab} sera la force électromotrice située dans ce fil et k_{ab} la conductibilité de ce fil, c'est-à-dire l'inverse de sa résistance. D'après ces désignations, on a évidemment

$$ I_{ab} = - I_{ba}, \qquad E_{ab} = - E_{ba}, \qquad k_{ab} = k_{ba}. $$

D'après le théorème I du n° 7, on a à chaque sommet a

$$(1) \qquad I_{a1} + I_{a2} + \ldots + I_{ap} = 0;$$

ensuite, d'après la loi de Ohm, on a, dans chaque fil ab,

$$(2) \qquad I_{ab} = k_{ab}(V_a - V_b + E_{ab}).$$

Substituons cette expression dans l'équation (1), et nous aurons

$$ - (k_{a1} + k_{a2} + \ldots + k_{ap})V_a + (k_{a1}V_1 + k_{a2}V_2 + \ldots + k_{ap}V_p) $$
$$ = k_{a1}E_{a1} + k_{a2}E_{a2} + \ldots + k_{ap}E_{ap}. $$

Le symbole k_{aa} n'a jusqu'ici aucune signification; pour simplifier cette équation, introduisons-le en faisant

$$(3) \qquad k_{aa} = - k_{a1} - k_{a2} - \ldots - k_{ap},$$

et cette équation deviendra

$$(4) \qquad \begin{cases} k_{a1}V_1 + k_{a2}V_2 + \ldots + k_{aa}V_a + \ldots + k_{ap}V_p \\ = k_{a1}E_{a1} + k_{a2}E_{a2} + \ldots + k_{ap}E_{ap}. \end{cases}$$

Si nous faisons successivement $a = 1, 2, \ldots, p$, nous aurons p équations entre $V_1, V_2, \ldots, V_p$; toutefois ces équations se réduisent au nombre $p - 1$; car, si nous les ajoutons, nous obtiendrons zéro pour chaque membre de l'équation résultante. En effet, dans le second membre, tout terme $k_{as} E_{as}$ sera accompagné du terme $k_{sa} E_{sa}$ égal et de signe contraire, et le premier membre est aussi nul d'après l'équation (3).

Résolvons donc les $p - 1$ premières équations (4) par rapport à V_1, $V_2, \ldots, V_{p-1}$. Posons

$$
D = \begin{array}{cccc}
k_{1,1} & k_{1,2} & \ldots & k_{1,p-1} \\
k_{2,1} & k_{2,2} & \ldots & k_{2,p-1} \\
\ldots & \ldots & \ldots & \ldots \\
k_{p-1,1} & k_{p-1,2} & \ldots & k_{p-1,p-1}
\end{array}
$$

et désignons par $D_{r,s}$ le déterminant qui reste quand on supprime dans D la ligne horizontale de rang r et la ligne verticale de rang s; nous aurons

$$
D = k_{r1} D_{r1} + k_{r2} D_{r2} + \ldots + k_{r,p-1} D_{r,p-1}
$$

et, en multipliant les équations (4) respectivement par $D_{r1}, D_{r2}, \ldots, D_{r,p-1}$ et ajoutant, nous aurons

$$
\begin{aligned}
D V_r = {} & (\star + k_{12} E_{12} + \ldots + k_{1p} E_{1p}) D_{r1} - V_p k_{1p} D_{r1} \\
& + (k_{21} E_{21} + \star + \ldots + k_{2p} E_{2p}) D_{r2} - V_p k_{2p} D_{r2} \\
& \ldots \ldots \ldots \ldots \ldots \ldots \ldots \ldots \ldots \ldots \ldots \\
& + (k_{p-1,1} E_{p-1,1} + k_{p-1,2} E_{p-1,2} + \ldots + \star) D_{r,p-1} - V_p k_{p-1,p} D_{r,p-1}.
\end{aligned}
$$

Le coefficient de V_p dans le second membre est

$$
-(k_{1p} D_{r1} + k_{2p} D_{r2} + \ldots + k_{p-1,p} D_{r,p-1}).
$$

Or on a

$$
k_{i,p} = k_{p,i} = -k_{1,i} - k_{2,i} - \ldots - k_{p-1,i}.
$$

Faisons dans cette formule $i = 1, 2, \ldots, p - 1$ et substituons dans le coefficient de V_p, puis supprimons les sommes qui sont nulles; il restera

$$
k_{1r} D_{r1} + k_{2r} D_{r2} + \ldots + k_{p-1,r} D_{r,p-1} = D.
$$

On a donc enfin

$$(5) \quad \begin{cases} D(V_r - V_p) = + (\star + k_{12}E_{12} + \ldots + k_{1,p}E_{1,p})D_{r,1} \\ \quad + (k_{21}E_{21} + \star + \ldots + k_{2,p}E_{2,p})D_{r,2} \\ \quad + \ldots \ldots \ldots \ldots \ldots \ldots \ldots \ldots \ldots \ldots \end{cases}$$

On peut donc déterminer la différence du potentiel de chaque sommet avec celui du sommet p. On peut donc aussi déterminer la différence de potentiel de deux sommets quelconques et, d'après la formule (2), on en déduira l'intensité du courant dans le fil qui joint ces deux sommets.

9. Démontrons le théorème suivant remarqué par Kirchhoff :

Si une force électromotrice agit seule et dans le fil conducteur ab terminé en a et b, elle produira dans le fil rs le même courant que cette force électromotrice mise dans rs produirait dans ab.

Si la force électromotrice E_{ab} agit seule et le long de ab, l'équation (5) appliquée au sommet r ne renfermera que deux termes dans son second membre et l'on aura

$$D(V_r - V_p) = k_{ab}E_{ab}(D_{ra} - D_{rb}) ;$$

on aura de même

$$D(V_s - V_p) = k_{ab}E_{ab}(D_{sa} - D_{sb}).$$

En retranchant ces deux égalités entre elles, on a

$$D(V_r - V_s) = k_{ab}E_{ab}(D_{ra} - D_{rb} - D_{sa} + D_{sb}).$$

et, par suite, le courant produit dans rs sera

$$k_{rs}(V_r - V_s) = \frac{1}{D} k_{rs}k_{ab}E_{ab}(D_{ra} - D_{rb} - D_{sa} + D_{sb}).$$

En permutant dans le second membre a et b avec r et s, on ne changera pas le second membre si l'on suppose $E_{ab} = E_{rs}$: ce qui démontre le théorème.

On voit aussi que la condition pour qu'il n'y ait pas de courant dans le second fil est la suivante

$$D_{ra} - D_{rb} - D_{sa} + D_{sb} = 0.$$

EXEMPLE. — Quand le réseau est peu compliqué, on peut employer indifféremment les deux méthodes. Appliquons, par exemple, les équations de Kirchhoff au pont de Wheatstone. Cet appareil se compose de six fils qui joignent quatre points A, B, C, D (*fig. 2*). Une pile

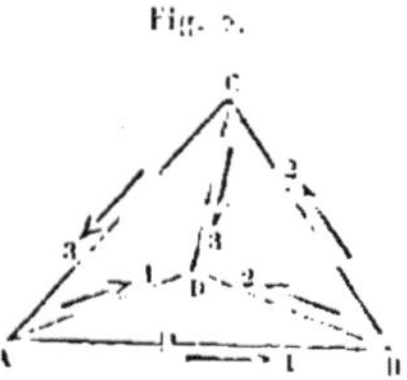

Fig. 2.

est introduite sur le côté AB et y produit la force électromotrice E. Considérons les courants comme positifs sur les six fils quand ils sont dans les directions indiquées par les flèches. Soient i_1, i_2, i_3, I_1, I_2, I_3 les intensités des courants et r_1, r_2, r_3, R_1, R_2, R_3 les résistances respectivement dans les fils AB, BC, CA, AD, BD, CD.

Le théorème I du n° 7 appliqué aux sommets A, B, C donne les équations

$$(1) \qquad i_1 - i_2 - I_2 = 0, \qquad i_2 - i_3 - I_1 = 0, \qquad i_3 - i_1 - I_1 = 0,$$

et le théorème II appliqué aux circuits ABD, BCD, CAD fournit les trois équations

$$(2) \qquad \begin{cases} E = r_1 i_1 + R_2 I_2 - R_1 I_1, \\ 0 = r_2 i_2 + R_3 I_3 - R_2 I_2, \\ 0 = r_3 i_3 + R_1 I_1 - R_3 I_3. \end{cases}$$

De ces équations on tire facilement les six inconnues i et I; en tirant les I des équations (1) pour les porter dans les équations (2), on obtiendra trois équations entre les intensités i.

Action des courants sur les aimants.

10. Il résulte des faits de l'expérience que les courants électriques exercent des actions sur les aimants et que, par conséquent, réciproquement, d'après le principe de la réaction, les aimants agissent sur

les courants. Les actions entre les courants et les aimants sont dites *actions électromagnétiques*.

Considérons un courant linéaire fermé agissant sur l'unité positive de magnétisme située au point (x, y, z): chaque partie élémentaire du courant agira sur ce point. Mais n'examinons d'abord que l'action totale du courant sur ce point. L'hypothèse la plus simple qu'on puisse faire consiste à admettre que les composantes totales X, Y, Z de la force produite par le courant sur ce point sont les dérivées partielles d'une même fonction par rapport à x, y, z, en sorte qu'on peut poser

$$X = -\frac{dP}{dx}, \qquad Y = -\frac{dP}{dy}, \qquad Z = -\frac{dP}{dz};$$

admettons, de plus, que X, Y, Z sont des fonctions continues en dehors du courant et que P satisfait en dehors de ce courant à l'équation du potentiel

$$\Delta P = 0;$$

enfin admettons que P s'annule comme un potentiel à l'infini. R mann a, je crois, reconnu le premier qu'on peut déduire de cette hyp thèse les faits électromagnétiques relatifs aux courants linéaires fermés. Nous appellerons P le potentiel magnétique du courant.

11. Soit ABCD (*fig.* 3) le courant fermé, et soient GIK, GHK deux

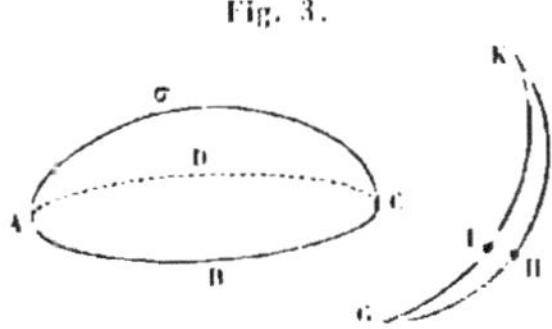

Fig. 3.

courbes infiniment voisines qui se terminent aux points G et K et qui n'enlacent pas le courant. Prenons l'intégrale

$$\Omega = \int (X\,dx + Y\,dy + Z\,dz)$$

le long de chacune des deux lignes GIK et GHK; je dis qu'elle y aura des valeurs égales.

Supposons que non seulement la fonction P soit continue sur les courbes GIK et GHK, mais qu'elle le soit également dans le passage d'un point de l'une des courbes à un point infiniment voisin situé sur l'autre. D'après les valeurs de X, Y, Z, l'intégrale Ω prise le long d'une de ces deux courbes peut s'écrire

$$\Omega = -\int \frac{dP}{ds}\, ds,$$

ds étant un élément de la courbe. Concevons ensuite que les points I et II se meuvent en même temps sur les deux courbes en restant infiniment rapprochés et qu'ils partent ensemble de G et arrivent ensemble en K.

En prenant l'intégrale le long de GI et le long de GII, nous aurons

$$-\int_{GI} \frac{dP}{ds}\, ds = P_G - P_I, \qquad -\int_{GII} \frac{dP}{ds}\, ds = P_G - P_{II},$$

les indices de P indiquant les points où l'on prend le potentiel P. La différence de ces deux intégrales est $P_{II} - P_I$, quantité infiniment petite, puisque I et II sont infiniment voisins; et, quand les points I et II arrivent en K, la différence des deux intégrales est nulle. Ainsi l'intégrale Ω prise le long de GIK est égale à cette intégrale prise le long de GIIK. Enfin, comme on peut supposer qu'une des deux courbes se déforme successivement en s'éloignant de l'autre, l'intégrale, prise le long des deux courbes, aura la même valeur, quand même elles s'écarteront l'une de l'autre d'une manière finie.

12. Dans ce qui précède, la fonction P n'entre que par ses dérivées, et elle n'est pas complètement déterminée par les conditions auxquelles on l'a assujettie. Ajoutons maintenant cette autre condition que la fonction P est partout finie et continue, excepté à travers une certaine surface σ dont le bord est sur la courbe ABCD.

Désignons par P' et par P″ les valeurs de P sur l'un et l'autre côté de la surface σ. Des deux côtés de la surface σ, les dérivées de P' et P″ suivant des directions tangentes à la surface sont égales, et la fonction P varie d'une manière continue sur chaque côté de cette surface. Si donc, en un point de σ et de part et d'autre de σ, on prend pour P des valeurs qui diffèrent de B, les valeurs de P' et P" différeront de B dans toute l'étendue de la surface σ. Ainsi l'on peut poser

$$P - P' = B,$$

B étant une constante quelconque.

La constante B étant supposée donnée, on peut prouver facilement que la fonction P est complètement déterminée.

Expression du potentiel magnétique.

13. Nous allons déterminer une expression du potentiel magnétique du courant.

Soient U et P deux fonctions des coordonnées a, b, c d'un point quelconque de l'espace ϖ, limité par la surface ω; on a l'équation connue

$$\int P \Delta U\, d\varpi - \int U \Delta P\, d\varpi = -\int P \frac{dU}{dn'}\, d\omega + \int U \frac{dP}{dn'}\, d\omega,$$

dn' étant l'élément de normale à ω, menée intérieurement (*Théorie du potentiel*, Chap. I, n° 10).

Prenons $U = \frac{1}{r}$, r étant la distance d'un point (x, y, z) situé dans ϖ à l'élément $d\varpi$ ou $d\omega$, et prenons pour P la fonction du numéro précédent.

Du point (x, y, z) comme centre décrivons une sphère d'un rayon infiniment petit et une autre sphère d'un rayon R extrêmement grand. Ensuite, comme la fonction P est discontinue à travers la surface σ, menons deux surfaces σ_1 et σ_2 infiniment près de σ et de part et d'autre de cette surface. Enfin appliquons cette équation au volume compris entre les deux sphères, diminué de la couche comprise entre σ_1 et σ_2.

Dans tout cet espace, on a $\Delta U = 0$, $\Delta P = 0$, et, en désignant par $d\sigma'$ les éléments de la surface de la sphère infiniment petite et par $d\sigma$ les éléments des autres surfaces limitantes, on obtient

$$0 = -\int P \frac{dr^{-1}}{dn}\, d\sigma + \int \frac{1}{r} \frac{dP}{dn}\, d\sigma$$
$$-\int P \frac{dr^{-1}}{dr}\, d\sigma' + \int \frac{1}{r} \frac{dP}{dr}\, d\sigma'.$$

On trouve ensuite facilement

$$\lim \int \frac{1}{r}\frac{dP}{dr}d\sigma = 0, \qquad \lim \int P\frac{dr^{-1}}{dr}d\sigma = -4\pi P,$$

P désignant dans le dernier membre la valeur de P au point (x, y, z), qu'on déduit donc de la valeur de P donnée, en remplaçant a, b, c par x, y, z. Il reste donc

$$4\pi P = \int P\frac{dr^{-1}}{dn'}d\sigma - \int \frac{1}{r}\frac{dP}{dn'}d\sigma,$$

où les intégrales du second membre s'étendent à la fois à la surface de la sphère de rayon R et aux deux surfaces σ_1 et σ_2. Celles qui se rapportent à la sphère sont nulles pour $R = \infty$, comme on le reconnaît facilement. Il suffit donc de prendre ces intégrales sur les surfaces σ_1 et σ_2. Or, comme les dérivées de P varient partout d'une manière continue et que dn' est mené en sens contraire sur σ_1 et σ_2, $\frac{dP}{dn'}$ y prend des valeurs égales et de signe contraire. Ainsi la dernière intégrale est entièrement nulle et l'on a

$$4\pi P = \int (P - P')\frac{dr^{-1}}{dp}d\sigma,$$

dp étant l'élément de normale à σ_1 mené en dehors de l'espace compris entre σ_1 et σ_2 : dp est donc aussi l'élément de normale mené à σ du côté où $P = P'$.

En remplaçant $P'- P'$ par sa valeur constante P, on obtient

$$P = \frac{B}{4\pi}\int \frac{dr^{-1}}{dp}d\sigma.$$

Cette expression est identique à celle du potentiel d'une double couche magnétique dont la puissance est constante dans toute son étendue et égale à $\frac{B}{4\pi}$ (*Théorie du potentiel*, IIe Partie, Chap. IV, n° 11). On obtient ainsi un théorème donné par Ampère, qui peut s'énoncer ainsi :

L'action d'un courant linéaire fermé sur une particule magnétique peut être remplacée par celle d'une double couche magnétique de puissance con-

stante et limitée à la ligne du courant. La forme de cette double couche est d'ailleurs arbitraire.

14. Les composantes X, Y, Z de l'action du courant sur le point (x, y, z) sont proportionnelles à l'intensité du courant, et, comme elles sont exprimées par les dérivées de P changées de signe, P est aussi proportionnel à I ; donc B est une constante qui contient I en facteur, et l'on peut poser l'égalité

$$\frac{B}{4\pi} = \beta I,$$

où β est indépendant de I.

La constante β dépendra de l'intensité du courant linéaire choisie pour unité. Pour avoir les formules les plus simples, prenons cette unité, de manière que β soit égal à 1 ; nous emploierons ainsi l'unité de courant adoptée par W. Weber et ensuite par la plupart des physiciens. Nous avons donc

$$B = 4\pi I$$

et

$$(a) \qquad P = I \int \frac{d\frac{1}{r}}{dp} d\sigma.$$

Concevons qu'un observateur se tienne normalement sur le côté positif de la double couche magnétique, c'est-à-dire sur le côté qui tend à se diriger vers le nord. Alors, si V est égal à V' sur ce côté, la quantité $B = V' - V''$ sera positive, et l'expérience prouve que, pour l'observateur, le courant tourne de droite à gauche.

Ensuite, d'après un théorème connu sur les doubles couches et qui est d'ailleurs une conséquence facile de la formule (a), on obtient le résultat suivant :

Le potentiel P, pris en un point M ou (x, y, z), est égal à l'intensité I du courant, multipliée par la surface sphérique ω, dont le rayon est l'unité et le centre en M et qui est interceptée par le cône qui, ayant son sommet en M, s'appuie sur la ligne du courant. Et l'on regarde la surface ω comme positive ou négative, suivant que la surface σ tourne le côté positif ou négatif au point M.

5

15. Nous avons mené arbitrairement la surface σ par la ligne ABCD (*fig.* 4) du courant. Mais, si la surface σ, étant déformée, franchit le point M et vient en σ_1, P subit un accroissement égal à $\mp 4\pi I$, suivant que le point M, après avoir été du côté positif de la couche, se trouve du côté négatif ou réciproquement,

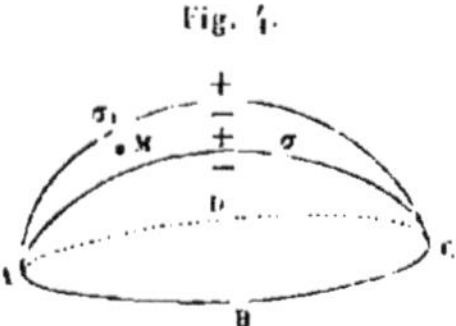

Fig. 4.

Ainsi, quand la surface se change de σ en σ_1, la valeur de la fonction P varie dans l'intervalle de σ à σ_1; mais sa valeur reste la même en dehors de cet intervalle. Quant aux dérivées de P, qui donnent l'action du courant sur le point M, elles ne dépendent pas de la forme de la surface σ.

Décomposons la surface σ en éléments et la couche magnétique en éléments correspondants. L'action de chacun de ces éléments de couche peut être remplacée par celle d'un courant d'intensité I qui passe par le bord de cet élément, et un observateur placé sur le côté positif d'un quelconque de ces éléments de couche magnétique verra le courant correspondant tourner de droite à gauche. Ainsi un courant linéaire fermé S peut être remplacé par un réseau de courants élémentaires de même intensité et qui tournent tous dans le même sens, ce réseau se terminant au contour S. Au reste, il est aisé de voir que chaque côté du réseau qui n'est pas sur la ligne S est traversé par deux courants égaux et de sens contraire, ce qui rend la proposition évidente.

$$\textit{Valeur de } \int \frac{dP}{ds}\,ds.$$

16. Si l'on prend l'intégrale $\int \frac{dP}{ds}\,ds$ le long d'une ligne qui ne traverse pas la surface σ et qu'on désigne par P_1 et P_2 la valeur du poten-

tiel P au commencement et à la fin de cette ligne, on a

$$\int \frac{dP}{ds}\, ds = P_2 - P_1.$$

Cherchons ensuite la valeur de cette intégrale prise le long de la ligne ACDE (*fig.* 5) qui traverse la surface σ limitée au courant. Désignons par P′ et P″ les valeurs que prend P de part et d'autre de la surface au point H, où cette ligne la traverse. L'intégrale, prise le long

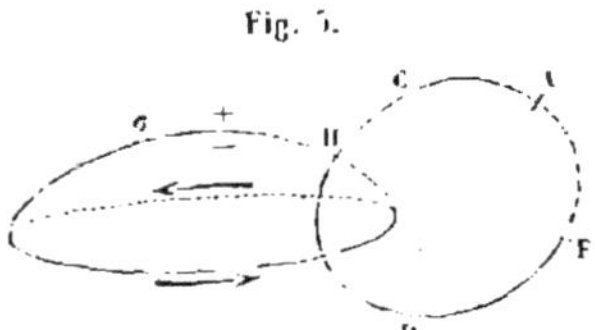

Fig. 5.

de ACH, a pour valeur P′ — P₁ et, prise le long de HDE, elle est égale à P₂ — P″; donc nous obtenons pour la même valeur prise le long de ACHDE

$$\int \frac{dP}{ds}\, ds = (P' - P_1) + (P_2 - P'') = P_2 - P_1 + B,$$

puisque P′ — P″ est égal à B.

Si la ligne S, qui joint le point A au point E, traversait la surface σ toujours dans le même sens un nombre n de fois, on aurait

$$\int \frac{dP}{ds}\, ds = P_2 - P_1 + nB,$$

et, si la courbe était fermée, en sorte que le point E coïncidât avec A, P₂ serait égal à P₁ et l'on aurait

$$\int \frac{dP}{ds}\, ds = nB;$$

cette quantité, changée de signe, représente le travail qu'accomplirait l'unité de fluide positif magnétique en parcourant le circuit fermé que nous venons d'indiquer.

En prenant la même intégrale le long d'une ligne fermée ACDA qui enlace le courant une fois seulement, nous aurons

$$\mathrm{B} = \int \frac{d\mathrm{P}}{ds}\, ds;$$

et, en remplaçant B par sa valeur $4\pi\mathrm{I}$, nous obtiendrons

$$\mathrm{I} = \frac{1}{4\pi} \int \frac{d\mathrm{P}}{ds}\, ds = -\frac{1}{4\pi} \int (\mathrm{X}\, dx + \mathrm{Y}\, dy + \mathrm{Z}\, dz).$$

Si l'on prend l'intégrale en sens contraire, c'est-à-dire le long de ADCA, on aura

$$\mathrm{I} = \frac{1}{4\pi} \int (\mathrm{X}\, dx + \mathrm{Y}\, dy + \mathrm{Z}\, dz),$$

et le chemin d'intégration est ainsi pris le long d'une courbe fermée qui enlace le courant, de manière à traverser la surface σ du côté négatif au côté positif.

17. Il est facile de vérifier que la valeur de $\int \frac{d\mathrm{P}}{ds}\, ds$ prise le long d'une ligne donnée ne dépend pas de la surface menée par le courant. En effet, si l'on prend cette intégrale le long de la ligne AC, en adoptant la surface σ, on a

$$(a) \qquad\qquad \int_{\mathrm{AC}} \frac{d\mathrm{P}}{ds}\, ds = \mathrm{P}_2 - \mathrm{P}_1.$$

Prenons ensuite au lieu de σ une surface σ', telle que le point C (*fig.* 6) se trouve entre σ et σ'; le potentiel en C deviendra $\mathrm{P}'_2 = \mathrm{P}_2 - \mathrm{B}$.

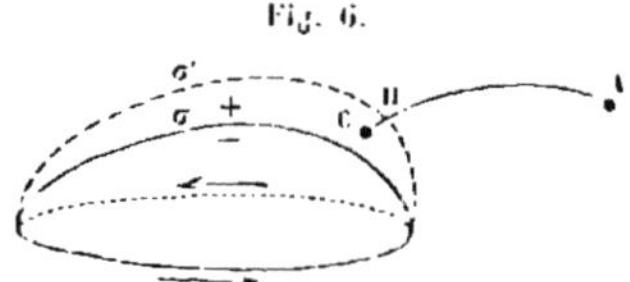

Fig. 6.

Désignons par P_{H} et P'_{H} les valeurs de P au point H sur le côté positif et le côté négatif de σ'; nous aurons

$$\int_{\mathrm{AC}} \frac{d\mathrm{P}}{ds}\, ds = (\mathrm{P}_{\mathrm{H}} - \mathrm{P}_1) + (\mathrm{P}'_2 - \mathrm{P}'_{\mathrm{H}})$$
$$= (\mathrm{P}'_2 - \mathrm{P}_1) + (\mathrm{P}_{\mathrm{H}} - \mathrm{P}'_{\mathrm{H}}) = \mathrm{P}'_2 - \mathrm{P}_1 + \mathrm{B},$$

et, en remplaçant P'_2 par sa valeur, on retrouve pour l'intégrale la valeur (a).

Travail produit sur une double couche par un système magnétique.

18. Soient, en général, deux aimants H et H_1, et représentons par P le potentiel magnétique de H; nous aurons pour le potentiel de l'un des aimants sur l'autre (*Théorie du potentiel,* IIe Partie, Chap. IV, n° 4)

$$W = \int \left(A \frac{dP}{dx'} + B \frac{dP}{dy'} + C \frac{dP}{dz'} \right) d\varpi,$$

A, B, C étant les composantes du moment magnétique dans chaque élément $d\varpi$ de l'aimant H_1; x', y', z' sont les coordonnées de $d\varpi$ et l'intégrale est étendue à tous les éléments du volume de H_1.

Prenons pour l'aimant H_1 une double couche magnétique Γ de puissance constante et désignons par λ, μ, ν les angles directeurs de la normale, menée à la couche du côté positif; nous aurons

$$A\, d\varpi = \varphi\, d\sigma \cos\lambda, \qquad B\, d\varpi = \varphi\, d\sigma \cos\mu, \qquad C\, d\varpi = \varphi\, d\sigma \cos\nu,$$

φ étant la puissance magnétique de la couche et $d\sigma$ son élément de surface. Il en résulte

$$W = \varphi \int \left(\frac{dP}{dx'} \cos\lambda + \frac{dP}{dy'} \cos\mu + \frac{dP}{dz'} \cos\nu \right) d\sigma,$$

l'intégrale étant étendue à toute la surface de Γ.

Désignons par Ψ la composante normale à $d\sigma$ de la force F, qui provient de l'aimant H; cette formule deviendra

$$W = - \varphi \int \Psi\, d\sigma = - \varphi Q.$$

La quantité Q représente le flux de force, provenant de H, qui traverse σ.

19. Supposons que, l'aimant ou système magnétique H restant fixe, la couche Γ éprouve un déplacement infiniment petit; il en résultera un travail égal à

$$- dW = \varphi\, dQ.$$

La couche Γ peut être remplacée par une autre couche quelconque
ayant le même bord et la même puissance magnétique. Si donc Γ s'est
déplacé en Γ' et son bord s en s', nous pouvons imaginer une surface ω
passant par s et s', et remplacer les surfaces de Γ et de Γ' respectivement par les parties de ω comprises dans s et dans s' (il est évident
qu'en général ces deux lignes ne se rencontrent pas).

Ainsi, la ligne s ou ABCD (*fig.* 7) étant venue en s' ou *abcd*, si nous

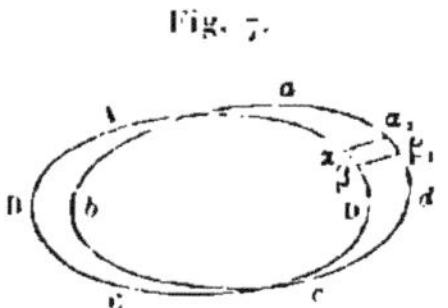

Fig. 7.

désignons par q le flux de force qui traverse la partie annulaire de ω
comprise entre s et s', nous aurons

$$-d\mathbf{W} = qq.$$

Divisons cet anneau en rectangles infiniment petits, dont deux côtés
soient sur s et s'. Le flux de force qui traverse un de ces rectangles
$\alpha\beta\beta_1\alpha_1$ est

$$\mathbf{F}\cos(\mathbf{F}, \mathbf{N})ds \times \alpha\alpha_1,$$

F étant la force magnétique qui provient du système magnétique H,
N la normale positive menée à ω et ds l'élément $\alpha\beta$. Cette expression
représente le volume d'un parallélépipède construit sur le rectangle
$\alpha\beta\beta_1\alpha_1$ et sur F pris pour arête. Désignons par γ l'angle de F avec ds;
ce volume a aussi pour mesure

$$(a) \qquad\qquad\qquad \mathbf{F}\,ds\sin\gamma.h,$$

h étant la perpendiculaire abaissée de α_1 sur le plan mené par ds et
par F.

Imaginons une force qui ait pour grandeur $\mathbf{F}\,ds\sin\gamma$, qui soit parallèle à la ligne h, mais de sens contraire, et qui transporte ds en ds'; le
travail de cette force sera donné par l'expression (*a*). La quantité q

est la somme des quantités (a) et l'on a

$$- d\mathrm{W} = 2 \int \mathrm{F} h \sin\gamma\, ds.$$

Ainsi le travail produit sur la double couche Γ par le système magnétique est le même que celui qui serait produit par des forces fictives $2\,\mathrm{F}\sin\gamma\, ds$, agissant sur chaque élément ds du contour de Γ, perpendiculairement au plan mené par F et ds, pour transporter ds en ds'.

Comme l'action du système magnétique sur la double couche est la même que sur un courant linéaire parcourant la ligne s, ce théorème s'applique aussi à l'action d'un système magnétique sur un courant.

Théorèmes auxiliaires.

20. Une surface σ étant terminée à une ligne S, concevons que cette ligne soit parcourue par un point M dans le sens où il sera convenu qu'on fait croître l'arc s pris sur S à partir d'un point fixe. Menons une normale à σ, commençant à cette surface et dans un sens tel que l'observateur placé suivant la normale, les pieds sur la surface, voie le mouvement du point M s'effectuer de droite à gauche. Cette normale sera dite *positive*, ainsi que le côté correspondant de la surface. Cette définition est nécessaire aux théorèmes suivants :

THÉORÈME I. — *Si u est une fonction qui varie avec la position d'un point (x, y, z) situé sur la surface σ, on a*

$$\int \left(\frac{du}{dz} \cos m - \frac{du}{dy} \cos n \right) d\sigma = \int u \frac{dx}{ds}\, ds,$$

l, m, n étant les angles de la normale positive avec les trois axes. La première intégrale est étendue à tous les éléments de la surface σ et la seconde à tous les éléments ds du contour.

En effet, en projetant l'élément $d\sigma$ sur le plan des xy et celui des xz, nous pouvons poser

$$\cos n\, d\sigma = dx\, dy, \qquad \cos m\, d\sigma = dx\, dz,$$

et, en désignant par A l'intégrale relative à σ, nous avons

$$(a) \qquad A = \int\int \frac{du}{dz}\,dx\,dz - \int\int \frac{du}{dy}\,dx\,dy.$$

Pour fixer les idées, supposons l'angle n aigu pour toute la surface σ, en sorte qu'on puisse regarder dx et dy comme positifs, comme on le fait ordinairement pour de pareilles intégrales.

Soit $Ca_1\,Da_2$ (*fig.* 8) la projection du contour S sur le plan des xy,

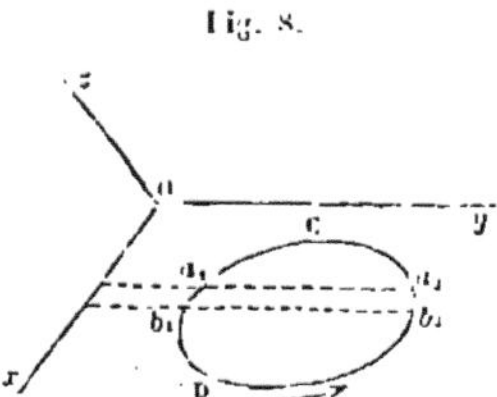

la flèche indiquant le sens du mouvement sur cette courbe. Désignons par u_1 et u_2 les valeurs de u aux points de S qui se projettent en a_1 et a_2, où une droite parallèle à l'axe des y rencontre la courbe projetée; nous aurons

$$\int \frac{du}{dy}\,dy = -u_1 + u_2.$$

Comme dx est regardé comme essentiellement positif dans la seconde intégrale (a), posons

$$dx = d\xi_1, \qquad dx = -d\xi_2,$$

$d\xi_1$ ou $d\xi_2$ étant la variation de x quand le point (x, y) s'avance sur la courbe d'une quantité infiniment petite dans le sens de la flèche; nous aurons donc

$$dx \int \frac{du}{dy}\,dy = -u_1\,d\xi_1 - u_2\,d\xi_2,$$

$$\int dx \int \frac{du}{dy}\,dy = -\int u\,d\xi = -\int u\,\frac{d\xi}{dL}\,dL,$$

en désignant par L la longueur de la projection de s sur le plan des x, y.

Nous pouvons mettre maintenant dx au lieu de $d\xi$, en admettant pour dx l'un ou l'autre signe, et nous aurons

$$\int dx \int \frac{du}{dy}\, dy = -\int u \frac{dx}{dL}\, dL.$$

On trouve de même

$$\int dx \int \frac{du}{dz}\, dz = \int u \frac{dx}{dL_1}\, dL_1.$$

en désignant par L_1 la longueur de la projection de s sur le plan des x, z. On a donc

$$\Lambda = \int u \left(\frac{dx}{dL}\, dL + \frac{dx}{dL_1}\, dL_1 \right).$$

Or la coordonnée x du contour S peut être considérée comme une fonction de s et aussi comme une fonction de L et L_1; on a donc

$$\frac{dx}{ds}\, ds = \frac{dx}{dL}\, dL + \frac{dx}{dL_1}\, dL_1,$$

et il en résulte

$$\Lambda = \int u \frac{dx}{ds}\, ds.$$

Si nous désignons par v et w deux fonctions semblables à u et que nous posions

$$B = \int \left(\frac{dv}{dx} \cos n - \frac{dv}{dz} \cos l \right) ds,$$

$$C = \int \left(\frac{dw}{dy} \cos l - \frac{dw}{dx} \cos m \right) ds.$$

nous obtiendrons de même

$$B = \int v \frac{dy}{ds}\, ds, \qquad C = \int w \frac{dz}{ds}\, ds.$$

Théorème II. — *Soient les expressions*

$$X = \frac{dw}{dy} - \frac{dv}{dz}, \qquad Y = \frac{du}{dz} - \frac{dw}{dx}, \qquad Z = \frac{dv}{dx} - \frac{du}{dy},$$

6

qui satisfont à la condition

$$\frac{dX}{dx} + \frac{dY}{dy} + \frac{dZ}{dz} = 0,$$

on aura

$$\int (X\cos l + Y\cos m + Z\cos n)\,d\sigma = \int\left(u\,\frac{dx}{ds} + v\,\frac{dy}{ds} + w\,\frac{dz}{ds}\right)ds.$$

En effet, si nous remplaçons dans l'intégrale du premier membre les quantités X, Y, Z par leurs expressions, nous trouvons qu'elle est égale à la somme des trois intégrales A, B, C, et, en remplaçant A, B, C par les intégrales prises suivant le contour de σ et trouvées ci-dessus, nous obtenons cette formule.

Potentiel d'une double couche magnétique sur une autre.

21. D'après ce qui a été dit au n° 18, le potentiel d'une double couche magnétique Γ de puissance constante φ sur un système magnétique quelconque a pour expression

$$W = \varphi \int\left(\frac{dP}{dx}\cos\lambda + \frac{dP}{dy}\cos\mu + \frac{dP}{dz}\cos\nu\right)d\sigma;$$

x, y, z sont les coordonnées de $d\sigma$, élément de surface de la double couche; λ, μ, ν sont les angles de la normale positive à $d\sigma$ avec les axes de coordonnées et P est le potentiel du système magnétique au point (x, y, z).

Réduisons d'abord le système magnétique à un aimant infiniment petit; désignons par M son moment, par τ son volume et par l, m, n les angles directeurs de son axe magnétique; nous aurons pour son potentiel

$$p = M\tau\left(\frac{dr^{-1}}{dx}\cos l + \frac{dr^{-1}}{dy}\cos m + \frac{dr^{-1}}{dz}\cos n\right),$$

en désignant par (x', y', z') les coordonnées du centre de cet aimant et par r la distance de ce point au point (x, y, z), où l'on prend le potentiel p. On peut aussi écrire pour cette expression

$$p = -\,\mathrm{M}\tau\left(\frac{dr^{-1}}{dx}\cos l + \frac{dr^{-1}}{dy}\cos m + \frac{dr^{-1}}{dz}\cos n\right).$$

et il en résulte

$$\frac{dp}{dz} = -\,\mathrm{M}\tau\left(\frac{d^2r^{-1}}{dx\,dz}\cos l + \frac{d^2r^{-1}}{dy\,dz}\cos m + \frac{d^2r^{-1}}{dz^2}\cos n\right).$$

Remplaçons $\dfrac{d^2r^{-1}}{dz^2}$ par sa valeur

$$\frac{d^2r^{-1}}{dz^2} = -\,\frac{d^2r^{-1}}{dx^2} - \frac{d^2r^{-1}}{dy^2}$$

et nous obtenons

$$\frac{dp}{dz} = -\,\mathrm{M}\tau\frac{d}{dx}\left(\frac{dr^{-1}}{dz}\cos l - \frac{dr^{-1}}{dx}\cos n\right) + \mathrm{M}\tau\frac{d}{dy}\left(\frac{dr^{-1}}{dy}\cos n - \frac{dr^{-1}}{dz}\cos m\right).$$

Prenons maintenant pour l'aimant infiniment petit un élément d'une couche magnétique l'' de puissance φ' et désignons par $d\sigma'$ la superficie de cet élément; nous devrons remplacer $\mathrm{M}\tau$ par $\varphi'd\sigma'$, et, pour avoir la valeur de $\dfrac{d\mathrm{P}}{dz}$, relative à l'action de la couche l'', il faudra intégrer l'expression précédente sur toute la surface σ'; nous aurons ainsi

$$\frac{d\mathrm{P}}{dz} = +\,\varphi'\frac{d}{dx}\int\left(\frac{dr^{-1}}{dz}\cos l - \frac{dr^{-1}}{dx}\cos n\right)d\sigma'$$
$$-\,\varphi'\frac{d}{dy}\int\left(\frac{dr^{-1}}{dy}\cos n - \frac{dr^{-1}}{dz}\cos m\right)d\sigma'.$$

en remplaçant sous le signe d'intégration les différentiations par rapport à x, y, z par d'autres par rapport à x', y', z', coordonnées de $d\sigma'$. Posons

$$\mathrm{F} = \int\left(\frac{dr^{-1}}{dz'}\cos m - \frac{dr^{-1}}{dy'}\cos n\right)d\sigma',$$

$$\mathrm{G} = \int\left(\frac{dr^{-1}}{dx'}\cos n - \frac{dr^{-1}}{dz'}\cos l\right)d\sigma',$$

$$\mathrm{H} = \int\left(\frac{dr^{-1}}{dy'}\cos l - \frac{dr^{-1}}{dx'}\cos m\right)d\sigma'$$

et nous aurons

$$(a) \quad \begin{cases} -\dfrac{dP}{dz} = \gamma'\left(\dfrac{dG}{dx} - \dfrac{dF}{dy}\right), \\[2mm] -\dfrac{dP}{dx} = \gamma'\left(\dfrac{dH}{dy} - \dfrac{dG}{dz}\right), \\[2mm] -\dfrac{dP}{dy} = \gamma'\left(\dfrac{dF}{dz} - \dfrac{dH}{dx}\right). \end{cases}$$

Ainsi l'expression de W, potentiel de la double couche Γ sur la double couche Γ', devient

$$W = -\gamma\gamma'\int\left[\left(\frac{dH}{dy} - \frac{dG}{dz}\right)\cos\lambda + \left(\frac{dF}{dz} - \frac{dH}{dx}\right)\cos\mu + \left(\frac{dG}{dx} - \frac{dF}{dy}\right)\cos\nu\right]d\sigma$$

et, d'après le théorème II démontré ci-dessus (n° 20),

$$W = -\gamma\gamma'\int\left(F\frac{dx}{ds} + G\frac{dy}{ds} + H\frac{dz}{ds}\right)ds.$$

D'après le théorème I, nous pouvons aussi remplacer F, G, H par des intégrales relatives au contour entier de Γ', et nous aurons

$$F = \int\frac{1}{r}\frac{dx'}{ds'}ds', \qquad G = \int\frac{1}{r}\frac{dy'}{ds'}ds', \qquad H = \int\frac{1}{r}\frac{dz'}{ds'}ds'.$$

Portons ces valeurs dans la dernière expression de W, et nous obtenons

$$W = -\gamma\gamma'\int\int\frac{1}{r}\left(\frac{dx}{ds}\frac{dx'}{ds'} + \frac{dy}{ds}\frac{dy'}{ds'} + \frac{dz}{ds}\frac{dz'}{ds'}\right)ds\,ds'.$$

Enfin, si nous désignons par ε l'angle de ds et ds', nous obtenons

$$W = -\gamma\gamma'\int\int\frac{\cos\varepsilon}{r}ds\,ds'$$

pour le potentiel de la couche magnétique Γ sur la couche magnétique Γ'.

Potentiel d'un courant fermé sur un autre.

22. L'action d'un courant fermé d'intensité γ, en tout point extérieur, est égale à celle d'une couche magnétique de puissance γ et dont le

bord coïncide avec la ligne s du courant. La même chose ayant lieu pour un second courant, il en résulte que l'action réciproque de deux courants linéaires fermés, maintenus constants et dont les intensités sont φ et φ', est la même que l'action réciproque de deux couches magnétiques de puissance φ et φ', et dont les bords coïncident avec les deux lignes de courant.

Ainsi, en désignant par I et I' les intensités des deux courants et posant

(b)
$$W = -II' \int\!\int \frac{\cos\varepsilon}{r}\, ds\, ds',$$

— dW sera le travail élémentaire produit dans un déplacement relatif des deux courants, qui provient de leur action mutuelle.

Franz Neumann a désigné cette quantité W sous le nom de *potentiel mutuel* des deux courants linéaires. Il avait déduit la formule (b) de la connaissance de la loi d'Ampère, dont nous allons bientôt parler.

Remarquons de plus que, d'après les formules (a) du numéro précédent, les composantes de la *force magnétique* du courant s' au point (x, y, z) suivant les axes des x, y, z sont

$$I'\left(\frac{dH}{dy} - \frac{dG}{dz}\right), \quad I'\left(\frac{dF}{dz} - \frac{dH}{dx}\right), \quad I'\left(\frac{dG}{dx} - \frac{dF}{dy}\right);$$

en d'autres termes, ce sont les composantes de la force exercée par le courant s' sur l'unité positive de fluide magnétique placée au point (x, y, z).

23. Concevons, par exemple, que le circuit s' soit fixe et que le circuit s soit rigide et se meuve sous l'influence du circuit s'.

Soit M un point lié au circuit s et dont les coordonnées sont a, b, c. Menons par le point M trois droites parallèles aux axes de coordonnées. Tout déplacement infiniment petit du circuit s peut être considéré comme résultant du déplacement du point M et d'une rotation autour de ce point; da, db, dc étant les composantes du déplacement du point M et $d\varphi$, $d\chi$, $d\psi$ étant les composantes de la rotation des axes que nous avons menés par M, nous avons

$$-dW = -\frac{dW}{da}da - \frac{dW}{db}db - \frac{dW}{dc}dc - \frac{dW}{d\varphi}d\varphi - \frac{dW}{d\chi}d\chi - \frac{dW}{d\psi}d\psi;$$

$- \dfrac{dW}{da}, \ - \dfrac{dW}{db}, \ - \dfrac{dW}{dc}$ sont les composantes de la force qui tend à faire

mouvoir le point M et $- \dfrac{dW}{d\varphi}, \ - \dfrac{dW}{d\psi}, \ - \dfrac{dW}{d\theta}$ sont les composantes de

l'axe du couple qui tend à faire tourner le circuit s autour de ce point.

Les coordonnées des points du circuit s peuvent être désignées par

$$x = a + \xi, \qquad y = b + \eta, \qquad z = c + \zeta,$$

et l'on aura

$$\cos \varepsilon = \frac{d\xi}{ds}\frac{dx'}{ds'} + \frac{d\eta}{ds}\frac{dy'}{ds'} + \frac{d\zeta}{ds}\frac{dz'}{ds'};$$

il en résulte

$$W = - \Pi' \int \int \frac{d\xi\, dx' + d\eta\, dy' + d\zeta\, dz'}{[(a+\xi-x')^2+(b+\eta-y')^2+(c+\zeta-z')^2]^{\frac{1}{2}}};$$

puis nous en concluons

$$- \frac{dW}{da} = - \Pi' \int \int \frac{(a+\xi-x')(d\xi\, dx' + d\eta\, dy' + d\zeta\, dz')}{[(a+\xi-x')^2+(b+\eta-y')^2+(c+\zeta-z')^2]^{\frac{3}{2}}};$$

on obtient de même les deux autres composantes de la force.

Pour former $\dfrac{dW}{d\varphi}$, imaginons une rotation infiniment petite du cir-

cuit s autour de la droite MX menée par le point M parallèlement à

l'axe des x. En désignant par R la distance du point (x, y, z) à la

droite MX, nous pouvons poser

$$y - b = \mathrm{R}\cos\varphi, \qquad z - c = \mathrm{R}\sin\varphi,$$

où R est constant et l'angle φ variable, et nous avons

$$\frac{dx}{d\varphi} = 0, \qquad \frac{dy}{d\varphi} = - \mathrm{R}\sin\varphi = -(z-c), \qquad \frac{dz}{d\varphi} = \mathrm{R}\cos\varphi = y-b;$$

puis nous obtenons

$$\frac{d}{d\varphi}\left(\frac{1}{r}\right) = - \frac{1}{r^3}\left[(x-x')\frac{dx}{d\varphi} + (y-y')\frac{dy}{d\varphi} + (z-z')\frac{dz}{d\varphi}\right]$$

$$= \frac{1}{r^3}\left[(y-y')(z-c) - (z-z')(y-b)\right]$$

et

$$\begin{aligned}\frac{d\cos\varepsilon}{d\varphi}ds' &= \frac{d}{d\varphi}\left(\frac{dx}{ds}dx'+\frac{dy}{ds}dy'+\frac{dz}{ds}dz'\right)\\ &= \frac{d}{ds}\left(\frac{dx}{d\varphi}\right)dx'+\frac{d}{ds}\left(\frac{dy}{d\varphi}\right)dy'+\frac{d}{ds}\left(\frac{dz}{d\varphi}\right)dz'\\ &= -\frac{dz}{ds}dy'+\frac{dy}{ds}dz'.\end{aligned}$$

D'après ces expressions, on conclut, pour le moment des forces autour de la droite MX ou pour l'axe du couple composant suivant MX,

$$-\frac{dW}{d\varphi} = ii'\int\int\left[\frac{-dz\,dy'+dy\,dz'}{r}+\frac{(y-y')(z-c)-(z-z')(y-b)}{r^3}\cos\varepsilon\,ds\,ds'\right].$$

On en conclut, par analogie, les moments autour de deux autres droites menées par M parallèlement aux axes des y et z.

Action mutuelle de deux éléments de courant.

24. Après avoir obtenu l'action mutuelle entre deux courants linéaires fermés, nous pouvons nous proposer de déterminer l'action mutuelle entre deux éléments de courant, en admettant que cette action a lieu suivant la droite qui les joint.

Désignons par $\psi\,ds\,ds'$ la force que les éléments de courant, situés sur ds et ds', exercent l'un sur l'autre, en prenant cette force positive, quand elle tend à faire décroître la droite r qui joint les milieux de ds et ds'. Soit δr l'accroissement de r provenant d'un déplacement virtuel du système des deux courants; il en résultera, par l'action mutuelle de ds et ds', le travail

$$-\psi\,\delta r\,ds\,ds',$$

et le travail produit par l'action mutuelle des deux circuits s'obtiendra en intégrant cette expression le long des contours s et s' des deux courants; ce travail est aussi égal à la variation $-\delta W$, éprouvée par $-W$ (nº 22), et nous obtenons

$$(1)\qquad -\delta W = -\int\int\psi\,\delta r\,ds\,ds'.$$

Calculons ensuite la variation de

$$W = - \mathrm{II}' \int \int \frac{\cos \varepsilon}{r} \, ds \, ds'.$$

En désignant par (x, y, z) et (x', y', z') les centres de ds et ds', nous avons

$$r^2 = (x - x')^2 + (y - y')^2 + (z - z')^2,$$

$$\frac{1}{2} \frac{d^2(r^2)}{ds \, ds'} = - \frac{dx}{ds} \frac{dx'}{ds'} - \frac{dy}{ds} \frac{dy'}{ds'} - \frac{dz}{ds} \frac{dz'}{ds'} = - \cos \varepsilon,$$

et il en résulte

$$W = \frac{1}{2} \mathrm{II}' \int \int \frac{d^2(r^2)}{ds \, ds'} \frac{ds \, ds'}{r}.$$

En prenant la variation de cette expression, on a

$$\delta W = \frac{1}{2} \mathrm{II}' \int \int \left[- \frac{1}{r^2} \delta r \frac{d^2(r^2)}{ds \, ds'} + \frac{1}{r} \frac{d^2 \delta(r^2)}{ds \, ds'} \right] ds \, ds'.$$

Transformons la seconde partie de cette formule. En intégrant sur toute la ligne fermée s', on a

$$\int \frac{1}{r} \frac{d^2 \delta r^2}{ds \, ds'} ds' = - \int \frac{d \frac{1}{r}}{ds'} \frac{d \delta r^2}{ds} ds';$$

multiplions cette équation par ds et intégrons le long de s : nous aurons

$$\int \int \frac{1}{r} \frac{d^2 \delta r^2}{ds \, ds'} ds \, ds' = - \int \int \frac{d \frac{1}{r}}{ds'} \frac{d \delta r^2}{ds} ds \, ds' = \int \int \frac{d^2 \frac{1}{r}}{ds \, ds'} 2 r \, \delta r \, ds \, ds'.$$

Remplaçant dans δW, nous obtenons

$$(2) \qquad - \delta W = - \frac{1}{2} \mathrm{II}' \int \int \left[- \frac{1}{r^2} \frac{d^2(r^2)}{ds \, ds'} + 2 r \frac{d^2 r^{-1}}{ds \, ds'} \right] \delta r \, ds \, ds'.$$

Nous avons ensuite

$$(3) \qquad \left\{ \begin{aligned} &- \frac{1}{r^2} \frac{d^2(r^2)}{ds \, ds'} + 2 r \frac{d^2 r^{-1}}{ds \, ds'} \\ &= \frac{2}{r^2} \left(\frac{dr}{ds} \frac{dr}{ds'} - 2 r \frac{d^2 r}{ds \, ds'} \right) = \frac{2}{r^2} \left[3 \frac{dr}{ds} \frac{dr}{ds'} - \frac{d^2(r^2)}{ds \, ds'} \right]. \end{aligned} \right.$$

Regardons la direction de la droite r (*fig.* 9) comme allant de ds' vers ds et désignons par θ et θ' les angles de la droite r avec les tan-

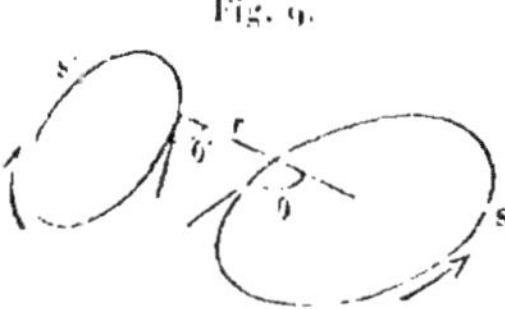

gentes à s et s' menées dans le sens de l'accroissement des arcs s et s'. Nous en concluons les deux premières de ces trois équations

$$\frac{dr}{ds} = \cos\theta, \qquad \frac{dr}{ds'} = -\cos\theta', \qquad \frac{d^2(r^2)}{ds\,ds'} = -2\cos\varepsilon,$$

la dernière ayant été obtenue ci-dessus. Nous avons donc

$$(4) \qquad -\frac{1}{r^2}\frac{d^2(r^2)}{ds\,ds'} + 2r\frac{d^2 r^{-1}}{ds\,ds'} = \frac{2}{r^3}(-3\cos\theta\cos\theta' + 2\cos\varepsilon).$$

Les expressions (1) et (2) devant être égales, quel que soit ∂r, les éléments des deux intégrales doubles doivent être eux-mêmes égaux, et l'on en conclut, en se servant des égalités (3) et (4).

$$(5) \qquad \psi\,ds\,ds' = \frac{1}{r^2}\left(\frac{dr}{ds}\frac{dr}{ds'} - 2r\frac{d^2 r}{ds\,ds'}\right) II'\,ds\,ds'$$

ou

$$(6) \qquad \psi\,ds\,ds' = \frac{II'\,ds\,ds'}{r^2}(2\cos\varepsilon - 3\cos\theta\cos\theta').$$

Cette dernière équation représente la formule trouvée par Ampère pour l'action entre deux éléments de courants $I\,ds$ et $I'\,ds'$. Il l'a obtenue, en 1822, comme résultat de ses expériences combinées avec le calcul ; les travaux d'Ampère en Électrodynamique renferment les premières recherches théoriques faites sur ce sujet.

La formule (5) peut se mettre sous cette forme extrêmement simple

$$\psi\,ds\,ds' = -\frac{4}{\sqrt{r}}\frac{d^2\sqrt{r}}{ds\,ds'} II'\,ds\,ds',$$

qui a été aussi remarquée par Ampère.

25. Si deux éléments de courants sont parallèles et de même sens et de plus perpendiculaires à la droite qui les joint, on fera dans la formule (6) $z = o$, $\cos\theta = \cos\theta' = o$, et l'action entre les deux éléments sera

$$- 2\, \frac{I\,ds.I'\,ds'}{r^2}.$$

Ainsi, d'après le choix que nous avons fait pour la valeur du coefficient β dans le n° 14, nous arrivons à la définition suivante de l'unité de l'intensité de courant linéaire : Si deux éléments de courants de longueur 1, de même intensité, parallèles et de même sens, sont séparés par la distance 1 et perpendiculaires à la droite qui les joint, l'intensité de ces courants sera égale à 1, quand l'action attractive entre ces deux courants sera égale à 2.

Ampère divisait par 2 le second membre de la formule (6); donc, dans la définition précédente, la force entre les deux courants serait égale à 1 au lieu de 2. Ainsi l'intensité de courant adoptée pour unité par Ampère est plus petite que la précédente dans le rapport $1 : \sqrt{2}$.

26. Nous avons admis que l'action entre deux éléments de courants a lieu suivant la droite qui les joint. Faisons cependant une remarque sur la loi d'action la plus générale qu'on puisse concevoir entre ces deux éléments.

Supposons le circuit s' fixe et le circuit s seul mobile, et soient en général δx, δy, δz les projections du déplacement infiniment petit du point (x, y, z) milieu de ds. Désignons par $X\,ds\,ds'$, $Y\,ds\,ds'$, $Z\,ds\,ds'$ les composantes de la force exercée par ds' sur ds; il est évident que les coordonnées x, y, z et x', y', z' des milieux de ds et ds' n'entreront dans X, Y, Z que par leurs différences $x - x'$, $y - y'$, $z - z'$; car X, Y, Z ne changent pas si les axes de coordonnées sont transportés parallèlement à eux-mêmes.

Le travail élémentaire produit dans le déplacement du circuit s est

$$(b) \qquad \int\int (X\,\delta x + Y\,\delta y + Z\,\delta z)\,ds\,ds'.$$

Or, en désignant par ψ la force trouvée par Ampère, ce travail est aussi égal à

$$(c) \qquad -\int\int \psi\, \delta r\, ds\, ds',$$

et δr a pour valeur

$$\frac{1}{r}\left[(x-x')\,\delta x + (y-y')\,\delta y + (z-z')\,\delta z\right].$$

Supposons ensuite que δx, δy, δz restent constants tout le long du circuit s, en sorte qu'il ne subisse qu'un mouvement de translation. Alors, en désignant par U, V, W des fonctions de x, y, z, on aura

$$\int\int \left(\frac{dU}{ds}\,\delta x + \frac{dV}{ds}\,\delta y + \frac{dW}{ds}\,\delta z\right) ds\, ds' = 0;$$

puisque, en effectuant d'abord l'intégration le long du contour fermé s, on aura un résultat nul. Ainsi l'expression (c) peut s'écrire

$$(d) \qquad \left\{ \begin{aligned} &-\int\int \frac{\psi}{r}\left[(x-x')\,\delta x + (y-y')\,\delta y + (z-z')\,\delta z\right] ds\, ds' \\ &\qquad + \int\int \left(\frac{dU}{ds}\,\delta x + \frac{dV}{ds}\,\delta y + \frac{dW}{ds}\,\delta z\right) ds\, ds'. \end{aligned} \right.$$

Maintenant, il est évident qu'on obtiendra l'égalité des formules (b) et (d) en égalant les coefficients de δx, δy, δz pris de part et d'autre, ce qui donne les trois équations

$$(e) \qquad \left\{ \begin{aligned} X\, ds &= -\psi\, ds\, \frac{x-x'}{r} + dU, \\ Y\, ds &= -\psi\, ds\, \frac{y-y'}{r} + dV, \\ Z\, ds &= -\psi\, ds\, \frac{z-z'}{r} + dW; \end{aligned} \right.$$

U, V, W sont des fonctions de $x-x'$, $y-y'$, $z-z'$. Comme $X\,\delta x + Y\,\delta y + Z\,\delta z$ doit rester invariable par un changement des axes de coordonnées, il résulte des formules (e) que l'expression

$$dU\,\delta x + dV\,\delta y + dW\,\delta z$$

est aussi invariable par ce changement. Ainsi U sera symétrique par rapport à $y - y'$ et $z - z'$, et l'on déduira V et W de U, en faisant sur les lettres x, y, z la permutation circulaire (x, y, z).

En ajoutant aux composantes de la force d'Ampère $\psi\, ds\, ds'$ respectivement les expressions $dU\, ds'$, $dV\, ds'$, $dW\, ds'$, on aura les composantes d'une autre action élémentaire de ds' sur ds, d'après laquelle deux courants fermés resteront soumis à l'action mutuelle trouvée précédemment.

On pourra prendre pour U une infinité d'expressions et à chacune correspondra une action particulière.

Seconde expression du potentiel mutuel de deux courants fermés.

27. Nous avons trouvé (n° 24), pour le potentiel de deux courants l'un sur l'autre,

$$W = \frac{1}{2} II' \int \int \frac{d^2(r^2)}{ds\, ds'} \frac{ds\, ds'}{r}$$

ou

$$W = II' \int \int \frac{d}{ds'} \left(r \frac{dr}{ds} \right) \frac{ds\, ds'}{r}.$$

Or, en intégrant par parties tout le long de la ligne fermée s', on a

$$\int \frac{d}{ds'} \left(r \frac{dr}{ds} \right) \frac{ds'}{r} = \int \frac{dr}{ds} \frac{dr}{ds'} \frac{ds'}{r},$$

et, en substituant dans W, on obtient

$$W = II' \int \int \frac{dr}{ds} \frac{dr}{ds'} \frac{ds\, ds'}{r}.$$

Ensuite, on a (n° 24)

$$\frac{dr}{ds} = \cos \vartheta, \qquad \frac{dr}{ds'} = -\cos \vartheta',$$

et il en résulte

$$W = -II' \int \int \frac{\cos \vartheta \cos \vartheta'}{r}\, ds\, ds'.$$

Action d'un courant fermé sur un élément de courant.

28. Ayant trouvé l'action d'un élément de courant sur un élément de courant, on peut, par une intégration, trouver les composantes de l'action d'un courant sur un élément de courant. Nous avons obtenu, pour la force exercée par l'élément de courant I'ds' sur l'élément I ds,

$$\psi\, ds\, ds' = \frac{1}{r^2}\left(\frac{dr}{ds}\frac{dr}{ds'} - 2r\frac{d^2r}{ds\, ds'}\right) \mathrm{II}'\, ds\, ds',$$

et cette force a été prise positive, quand elle tend à diminuer r. Ainsi (x, y, z) et (x', y', z') étant les points milieux de ds et ds', nous avons pour la composante suivant l'axe des x de la force exercée par ds' sur ds,

$$\mathrm{F}_x = -\psi\frac{x - x'}{r}$$

ou

$$\mathrm{F}_x = \mathrm{II}'\, ds\, ds'\left(2\frac{x - x'}{r^2}\frac{d^2r}{ds\, ds'} - \frac{x - x'}{r^3}\frac{dr}{ds}\frac{dr}{ds'}\right);$$

par suite, nous aurons pour la composante suivant l'axe des x de l'action du courant fermé s' sur l'élément ds de courant

$$\mathrm{X} = \mathrm{II}'\, ds\int\left(2\frac{x - x'}{r^2}\frac{d^2r}{ds\, ds'} - \frac{x - x'}{r^3}\frac{dr}{ds}\frac{dr}{ds'}\right) ds'.$$

l'intégrale étant prise sur tout le circuit s'. En intégrant par parties, on obtient

$$\int\frac{x - x'}{r^2}\frac{d^2r}{ds\, ds'}\, ds' = -\int\frac{dr}{ds}\frac{d}{ds'}\left(\frac{x - x'}{r^2}\right) ds',$$

$$-\int\frac{x - x'}{r^3}\frac{dr}{ds}\frac{dr}{ds'}\, ds' = +\int\frac{d}{ds'}\left(\frac{x - x'}{r^3}\frac{dr}{ds}\right) r\, ds'.$$

On en conclut

$$\mathrm{X} = \mathrm{II}'\, ds\int\left[-2\frac{dr}{ds}\frac{d}{ds'}\frac{x - x'}{r^2} + r\frac{d}{ds'}\left(\frac{x - x'}{r^3}\frac{dr}{ds}\right)\right] ds'$$

$$= \mathrm{II}'\, ds\int\left[\frac{1}{r^2}\frac{dx'}{ds'}\frac{dr}{ds} + \frac{x - x'}{r^3}\frac{dr}{ds}\frac{dr}{ds'} + \frac{x - x'}{r^2}\frac{d^2r}{ds\, ds'}\right] ds'$$

$$= \mathrm{II}'\, ds\int\frac{(x - x')^2}{r^3}\frac{d}{ds'}\left(\frac{r}{x - x'}\frac{dr}{ds}\right) ds'.$$

On a ensuite

$$r\frac{dr}{ds} = (x - x')\frac{dx}{ds} + (y - y')\frac{dy}{ds} + (z - z')\frac{dz}{ds};$$

divisons par $x - x'$ et différentions par rapport à s' : nous obtiendrons

$$\frac{d}{ds'}\left(\frac{r}{x - x'}\frac{dr}{ds}\right) = +\frac{1}{(x - x')^2}\left[(y - y')\frac{dx'}{ds'} - (x - x')\frac{dy'}{ds'}\right]\frac{dy}{ds}$$
$$+ \frac{1}{(x - x')^2}\left[(z - z')\frac{dx'}{ds'} - (x - x')\frac{dz'}{ds'}\right]\frac{dz}{ds},$$

et, en substituant cette quantité dans l'expression de X, nous trouvons la formule

$$X = + \Pi' dy \int \frac{1}{r^3}\left[(y - y')\frac{dx'}{ds'} - (x - x')\frac{dy'}{ds'}\right]ds'$$
$$- \Pi' dz \int \frac{1}{r^3}\left[(x - x')\frac{dz'}{ds'} - (z - z')\frac{dx'}{ds'}\right]ds'.$$

Les composantes Y, Z de la même force s'obtiendront par une permutation circulaire sur les lettres x, y, z.

29. Désignons par ϑ' l'angle de ds' et de la droite r qui joint ds' à ds; puis projetons sur les plans de coordonnées le triangle construit sur r et ds'. Menons une normale N au plan de ce triangle, en choisissant sa direction de manière que N, ds' et r se présentent dans le même ordre que les axes des z, des x et des y. Alors, si nous appelons λ, μ, ν les cosinus directeurs de N, nous aurons pour les projections du triangle

$$\lambda\, r\, ds' \sin\vartheta' = (z - z')\, dy' - (y - y')\, dz',$$
$$\mu\, r\, ds' \sin\vartheta' = (x - x')\, dz' - (z - z')\, dx',$$
$$\nu\, r\, ds' \sin\vartheta' = (y - y')\, dx' - (x - x')\, dy'.$$

D'après cela, les expressions de X, Y, Z deviennent

$$X = \Pi' \int \frac{\nu\, dy - \mu\, dz}{r^2}\sin\vartheta'\, ds',$$
$$Y = \Pi' \int \frac{\lambda\, dz - \nu\, dx}{r^2}\sin\vartheta'\, ds',$$
$$Z = \Pi' \int \frac{\mu\, dx - \lambda\, dy}{r^2}\sin\vartheta'\, ds'.$$

Désignons ensuite par A, B, C les quantités suivantes :

$$A = \int \frac{\lambda \sin \theta'}{r^2}\, ds' = \int \frac{1}{r^3}\left[(z - z') \frac{dy'}{ds'} - (y - y') \frac{dz'}{ds'} \right] ds',$$

$$B = \int \frac{\mu \sin \theta'}{r^2}\, ds' = \int \frac{1}{r^3}\left[(x - x') \frac{dz'}{ds'} - (z - z') \frac{dx'}{ds'} \right] ds'.$$

$$C = \int \frac{\nu \sin \theta'}{r^3}\, ds' = \int \frac{1}{r^3}\left[(y - y') \frac{dx'}{ds'} - (x - x') \frac{dy'}{ds'} \right] ds';$$

ces quantités peuvent se mettre encore sous une autre forme. En effet, si l'on pose, comme au n° 21,

$$F = \int \frac{1}{r}\frac{dx'}{ds'}\, ds', \qquad G = \int \frac{1}{r}\frac{dy'}{ds'}\, ds', \qquad H = \int \frac{1}{r}\frac{dz'}{ds'}\, ds',$$

on a aussi

$$(a) \qquad A = \frac{dH}{dy} - \frac{dG}{dz}, \qquad B = \frac{dF}{dz} - \frac{dH}{dx}, \qquad C = \frac{dG}{dx} - \frac{dF}{dy}.$$

Nous avons ensuite pour les composantes X, Y, Z

$$X = H'(C\, dy - B\, dz), \qquad Y = H'(A\, dz - C\, dx). \qquad Z = H'(B\, dx - A\, dy).$$

Désignons par L (*fig.* 10) la droite qui passe par le point (x, y, z)

Fig. 10.

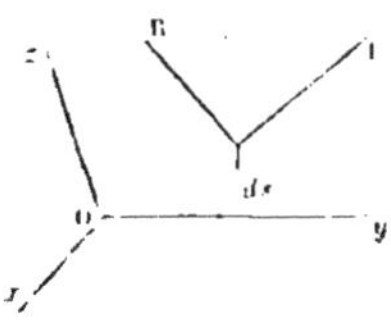

et qui se projette suivant A, B, C sur les axes des coordonnées. Il résulte des expressions de X, Y, Z que la force R que le courant fermé s' exerce sur l'élément *ds* est perpendiculaire à la droite L et à l'élément *ds*. De plus, la direction de la force R est telle que R, *ds* et L se présentent dans le même ordre que Oz, Ox et Oy.

Le plan passant par L et *ds* a été appelé par Ampère *plan directeur* et

la droite L, qui ne dépend pas de la direction de ds, la *directrice* de
l'action du courant s' au point (x, y, z). D'ailleurs, en multipliant A,
B, C par I', on obtient les composantes de la force magnétique du courant s' au point (x, y, z) (n° 22).

En ajoutant les carrés de X, Y, Z, on obtient

$$R^2 = I^2 I'^2 [L^2 ds^2 - (A\, dx + B\, dy + C\, dz)^2]$$

ou

$$R = II'L\, ds \sin(L, ds).$$

30. De cette formule on peut déduire le théorème suivant :

*La composante de la force, qu'un courant fermé exerce sur un élément
de courant ds situé dans un plan P, prise suivant ce plan P, est indépendante de la direction de ds dans le plan.*

Soient MS (*fig.* 11) la position de l'élément ds et R' la projection de

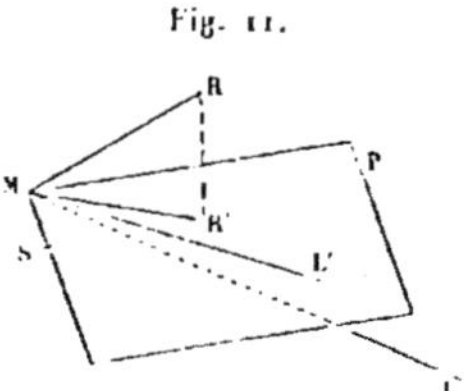

la force R sur le plan P; R est perpendiculaire à MS et à la directrice L, par suite perpendiculaire sur le plan SML. Désignons par α
et β les angles du plan P avec RMS et SML; nous aurons

$$\alpha + \beta = \frac{\pi}{2},$$

$$R' = R \cos\alpha = R \sin\beta.$$

et, en mettant pour R sa valeur,

$$R' = II'L\, ds \sin(L, ds) \sin\beta.$$

Désignons par γ l'angle que L fait avec sa projection L' sur le plan P;

l'angle trièdre MSLL' donne

$$\sin \upsilon = \sin(L, ds) \sin \beta.$$

et il en résulte

$$R' = H'L\, ds \sin \upsilon.$$

Directrice d'un courant fermé infiniment petit.

31. D'après ce que nous avons dit au n° 29, A, B, C sont les composantes de la force magnétique du circuit s', lorsqu'il est traversé par un courant égal à l'unité; on peut donc poser

$$A = -\frac{dP}{dx}, \qquad B = -\frac{dP}{dy}, \qquad C = -\frac{dP}{dz},$$

en désignant par P le potentiel d'une double couche magnétique terminée au circuit s' et de puissance égale à 1.

Supposons ensuite que le circuit s' soit infiniment petit et puisse être considéré comme plan; désignons par ω la surface plane comprise par s', par r sa distance au point (x, y, z) et par dn l'élément de normale à ω mené du côté positif; nous aurons (n° 14)

$$P = \omega \frac{d}{dn} \frac{1}{r},$$

et, par suite,

$$A = -\omega \frac{d^2}{dn\, dx} \frac{1}{r}, \qquad B = -\omega \frac{d^2}{dn\, dy} \frac{1}{r}, \qquad C = -\omega \frac{d^2}{dn\, dz} \frac{1}{r},$$

ou encore, en désignant par (x', y', z') un point de ω,

$$A = \omega \frac{d}{dn} \frac{x - x'}{r^3}, \qquad B = \omega \frac{d}{dn} \frac{y - y'}{r^3}, \qquad C = \omega \frac{d}{dn} \frac{z - z'}{r^3}.$$

Solénoïdes.

32. On appelle *solénoïde* un système, considéré par Ampère, de courants infiniment petits, égaux entre eux, normaux à une même ligne droite ou courbe, qui les traverse et qui est appelée *l'axe du solé-*

noïde; ces courants se suivant à une distance constante infiniment petite, prise sur cet axe. On appelle *pôles du solénoïde* les deux points de l'axe situés sur les plans des deux courants extrêmes.

Dans la pratique, on réalise un solénoïde d'une manière très approchée, en enroulant un fil en hélice sur un cylindre ou une portion d'anneau de petit rayon, les tours du fil étant extrêmement voisins, et l'on fait revenir le fil parallèlement à l'axe, afin de détruire les effets de la projection du solénoïde sur l'axe.

Concevons que l'axe du solénoïde soit rectifié, et qu'un observateur soit placé suivant l'axe du solénoïde, de manière à voir les courants tourner de droite à gauche. L'effet de chacun de ces courants sera le même que celui d'une couche magnétique dont le côté supérieur sera positif; donc il est naturel d'appeler *pôle positif* le pôle qui est du côté de la tête de l'observateur et *pôle négatif* celui qui est dirigé vers ses pieds. On peut aussi les appeler *pôle nord* et *pôle sud* à cause de leur analogie avec les pôles d'un aimant.

Désignons par l la longueur de l'axe du solénoïde comprise entre le pôle sud et un point quelconque de cet axe. En remplaçant dn par dl dans les formules du numéro précédent, nous aurons pour les projections de la directrice du courant élémentaire dont le plan coupe l'axe au point (x', y', z')

$$A = \omega\,\frac{d}{dl}\,\frac{x-x'}{r^3}, \qquad B = \omega\,\frac{d}{dl}\,\frac{y-y'}{r^3}, \qquad C = \omega\,\frac{d}{dl}\,\frac{z-z'}{r^3}.$$

Les courants étant considérés comme infiniment rapprochés, désignons par $h\,dl$ le nombre des courants qui se trouvent sur dl. Pour avoir les projections de la directrice relative à tout le solénoïde, il faudra multiplier les expressions précédentes par $h\,dl$ et les intégrer dans toute la longueur de l'axe, et nous aurons pour ces projections

$$\mathfrak{A} = h\omega\left(\frac{x-x_2}{r_2^3} - \frac{x-x_1}{r_1^3}\right),$$

$$\mathfrak{B} = h\omega\left(\frac{y-y_2}{r_2^3} - \frac{y-y_1}{r_1^3}\right),$$

$$\mathfrak{C} = h\omega\left(\frac{z-z_2}{r_2^3} - \frac{z-z_1}{r_1^3}\right),$$

en désignant respectivement par (x_2, y_2, z_2) et (x_1, y_1, z_1) les pôles positif et négatif P_2 et P_1.

33. D'après le n° 29, les composantes de l'action du solénoïde sur l'élément de courant ds, dont les projections sont dx, dy, dz, ont pour valeurs

$$X = H'(\mathcal{C}\,dy - \mathcal{B}\,dz), \quad Y = H'(\mathcal{A}\,dz - \mathcal{C}\,dx), \quad Z = H'(\mathcal{B}\,dx - \mathcal{A}\,dy).$$

Or cette force peut être regardée comme la résultante de deux actions R_2 et R_1 dont les directrices L_2 et L_1 ont pour projections

$$\mathcal{A}_2 = h\omega\frac{x - x_2}{r_2^3}, \qquad \mathcal{B}_2 = h\omega\frac{y - y_2}{r_2^3}, \qquad \mathcal{C}_2 = h\omega\frac{z - z_2}{r_2^3},$$

$$\mathcal{A}_1 = -h\omega\frac{x - x_1}{r_1^3}, \qquad \mathcal{B}_1 = -h\omega\frac{y - y_1}{r_1^3}, \qquad \mathcal{C}_1 = -h\omega\frac{z - z_1}{r_1^3};$$

ces deux directrices ont donc les grandeurs suivantes

$$L_2 = \frac{h\omega}{r_2^2}, \qquad L_1 = \frac{h\omega}{r_1^2},$$

et elles sont dirigées suivant r_2 et r_1.

On obtient ensuite pour les valeurs de R_2 et R_1 (n° 29)

$$R_2 = H' L_2\,ds \sin(L_2, ds) = H' h\omega\frac{ds}{r_2^2}\sin(r_2, ds),$$

$$R_1 = H' h\omega\frac{ds}{r_1^2}\sin(r_1, ds).$$

Ainsi, l'action du solénoïde sur l'élément de courant ds peut être remplacée par deux forces produites par ses pôles, et ces forces R_2 et R_1 sont perpendiculaires au plan mené par l'élément ds et par la droite r_2 ou r_1. Mais il faut encore définir la direction de ces forces.

La direction de L_1 se confond avec r_1, en allant de l'élément ds vers le pôle P_1 (*fig.* 12). Les directions de R_1, ds et L_1 doivent se présenter dans le même ordre que Oz, Ox, Oy (n° 29). Donc un observateur placé suivant ds et regardant P_1 a la force R_1 à sa gauche.

De même, un observateur placé suivant ds et regardant P_2 aura la force R_2 à sa droite.

Quant à l'action de l'élément *ds* de courant sur le solénoïde, elle est égale et de sens contraire à celle du solénoïde sur *ds*. Ainsi, cette action sera celle qui sera produite par R'_1 et R'_2 égales et contraires respectivement à R_1 et R_2. De plus, un observateur, étant placé suivant

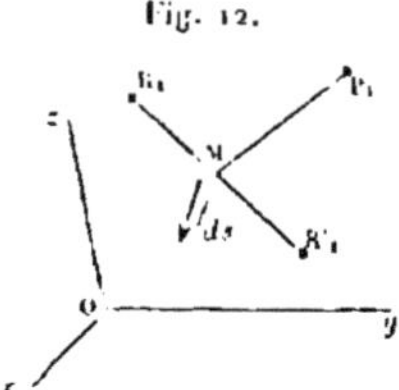

Fig. 12.

ds, s'il regarde P_1, aura R'_1 à sa droite et, s'il regarde P_2, aura R'_2 à sa gauche.

Les deux forces R'_1 et R'_2 sont appliquées à un point M de *ds* supposé lié au solénoïde. On pourra les supposer appliquées respectivement aux pôles P_1 et P_2, en leur adjoignant deux couples situés dans les plans $P_1 M R'_1$ et $P_2 M R'_2$ et dont les moments seront $R_1 r_1$ et $R_2 r_2$.

Ces résultats ont été obtenus par Savary en 1823 ([1]).

Action d'un courant fermé sur un solénoïde.

34. Au lieu de l'action d'un courant fermé sur un solénoïde, on peut chercher l'action égale et directement opposée du solénoïde sur ce courant. Or l'action du solénoïde peut être remplacée par l'action fictive de ces deux pôles. Il suffit donc de chercher l'action d'un pôle de solénoïde sur le courant.

Les composantes de l'action du pôle P_1, par exemple, sur un élément de courant *ds*, sont, d'après le numéro précédent,

$$X_1 = H'(\mathcal{C}_1\, dy - \mathfrak{b}_1\, dz), \qquad \dots$$

En remplaçant $\mathcal{A}_1$, $\mathfrak{b}_1$, $\mathcal{C}_1$ par leurs valeurs et intégrant sur tout le

---

([1]) Voir *Mémoires de la Société française de Physique*, t. II, p. 338.

circuit s, on a, pour les composantes de la force de translation,

$$(z) \qquad \int X_1 = - H' h \omega \int \left(\frac{z - z_1}{r_1^3} \, dy - \frac{y - y_1}{r_1^3} \, dz \right). \qquad \ldots$$

Démontrons ensuite que la somme des moments des forces élémentaires, pris par rapport à toute droite passant par le pôle P_1, est nulle. Pour simplifier, mettons l'origine des coordonnées à ce pôle : nous aurons

$$X_1 = - H' h \omega \frac{z \, dy - y \, dz}{r_1^3},$$

$$Y_1 = - H' h \omega \frac{x \, dz - z \, dx}{r_1^3},$$

$$Z_1 = - H' h \omega \frac{y \, dx - x \, dy}{r_1^3}.$$

Nous aurons donc, pour la somme des moments par rapport à l'axe des z,

$$\int (x Y_1 - y X_1) = - H' h \omega \int \frac{x (x \, dz - z \, dx) - y (z \, dy - y \, dz)}{r^3},$$

et l'intégrale du second membre peut se transformer ainsi :

$$\int \frac{r^2 \, dz - z (x \, dx + y \, dy + z \, dz)}{r^3} = \int \frac{r \, dz - z \, dr}{r^2} = \int d \left(\frac{z}{r} \right);$$

elle est donc nulle, puisqu'elle est prise le long d'un contour fermé. La somme des moments par rapport à l'axe des x ou des y est de même nulle.

Ainsi, l'action d'un pôle de solénoïde sur un courant fermé se réduit à une force unique passant par ce pôle. Donc, aussi réciproquement, l'action d'un courant fermé sur un solénoïde se réduit à deux forces appliquées aux pôles P_1 et P_2 de ce solénoïde. L'une de ces forces a pour composantes les expressions (z) prises en signe contraire et l'autre ces expressions avec le changement de l'indice 1 en 2.

Action d'un courant fermé infiniment petit sur un pareil courant.

35. Pour déterminer l'action mutuelle de deux courants fermés infiniment petits, substituons-y l'action mutuelle de deux couches magnétiques dont les bords sont situés sur les lignes des courants.

Si I et I′ sont les intensités des deux courants, ce sont aussi les puissances des deux couches magnétiques. Désignons par ω et ω' les aires renfermées par ces courants, par $(x,\ y,\ z)$ et $(x',\ y',\ z')$ les centres de ces aires et par dn et dn' les éléments de normale aux couches, menés du côté positif.

r étant la distance des deux centres, on a pour le potentiel du premier aimant au point $(x',\ y',\ z')$ (n° 31)

$$P = I\omega \frac{dr^{-1}}{dn},$$

et le potentiel du second aimant sur le premier est (n° 18)

$$W = I'\omega' \frac{dP}{dn'} = II'\omega\omega' \frac{d^2 r^{-1}}{dn\,dn'}.$$

On a ensuite, pour les composantes de l'action du second aimant sur le premier,

$$- \frac{dW}{dx} = II'\omega\omega' \frac{d^2}{dn\,dn'}\, \frac{x - x'}{r^3},$$

$$- \frac{dW}{dy} = II'\omega\omega' \frac{d^2}{dn\,dn'}\, \frac{y - y'}{r^3},$$

$$- \frac{dW}{dz} = II'\omega\omega' \frac{d^2}{dn\,dn'}\, \frac{z - z'}{r^3}.$$

Action mutuelle de deux solénoïdes.

36. Désignons par l et l' les longueurs des arcs de solénoïdes, comptées à partir des pôles négatifs, et, en général, employons les mêmes lettres qu'au n° 32 pour le premier solénoïde et affectons ces lettres d'un accent pour les quantités correspondantes dans le second solénoïde.

La composante suivant l'axe des x de la force produite par les courants normaux à dl' sur les courants normaux à dl est, d'après le numéro précédent,

$$hh'ii'\omega\omega' \frac{d^2}{dl\,dl'} \frac{x-x'}{r^3}\,dl\,dl',$$

et la composante de la force produite par le second solénoïde sur le premier sera

$$X = hh'ii'\omega\omega' \int\int \frac{d^2}{dl\,dl'} \frac{x-x'}{r^3}\,dl\,dl',$$

les intégrales étant prises le long des axes des solénoïdes depuis le pôle négatif P_1 ou P'_1 jusqu'au pôle positif P_2 ou P'_2. Les deux intégrations se font immédiatement et, en désignant par $r_{i.j}$ la distance du pôle P_i au pôle P'_j, on a

$$X = hh'ii'\omega\omega' \left(\frac{x_2 - x'_2}{r^3_{2.2}} - \frac{x_2 - x'_1}{r^3_{2.1}} - \frac{x_1 - x'_2}{r^3_{1.2}} + \frac{x_1 - x'_1}{r^3_{1.1}} \right),$$

et l'on obtiendra les deux composantes de la même force suivant les axes des y ou des z, en changeant la lettre x en y ou z.

Donc, en ne s'occupant pas d'abord des couples, on peut remplacer cette force par les actions des pôles P'_1 et P'_2 sur les pôles P_1 et P_2, l'action étant répulsive pour des pôles de même nom et attractive pour des pôles de nom contraire; ces forces agissent en raison inverse du carré de la distance, et leur grandeur pour l'unité de distance est

$$hh'ii'\omega\omega'.$$

Tout solénoïde S peut être remplacé par deux solénoïdes infinis S_2 et S_1 qui ont un pôle à l'infini et qui ont pour autre pôle, l'un le pôle positif P_2, l'autre le pôle négatif P_1 de S. On peut de même remplacer un second solénoïde fini S' par deux solénoïdes infinis S'_1 et S'_2. Donc, pour avoir l'action de S' sur S, il suffit de prendre les actions de S_1 et S_2 sur S'_1 et S'_2. Or S'_1 pouvant être considéré comme un système de courants, l'action de S'_1 sur S_1, par exemple, se réduit, d'après le n° 34, à une force unique passant par le pôle P_1; de même cette force passe par P'_1. Il n'y a donc pas d'autres actions que celles qui ont été données ci-dessus entre les pôles.

Action d'un aimant sur un courant.

37. En général, dans les aimants, il n'existe pas véritablement deux pôles, c'est-à-dire deux points tels que l'action extérieure de l'aimant puisse être remplacée par l'action de ces deux points en lesquels on imagine concentrées des masses de magnétisme égales et de signe contraire.

Toutefois on a vu, dans la théorie du Magnétisme (*Théorie du Potentiel*, IIe Partie, Chap. IV), qu'on peut concevoir un corps allongé de section très petite, dans lequel le magnétisme soit distribué uniformément et dont l'action soit équivalente à celles de masses de fluide magnétique égales et de signe contraire, placées sur ces deux bases.

Ces aimants ont été appelés *solénoïdaux simples*, précisément à cause de leur complète analogie avec les solénoïdes d'Ampère, dont l'action, comme nous avons vu, peut être remplacée par celles de deux pôles situés à leurs extrémités. Ainsi, les lois trouvées ci-dessus pour les actions entre les solénoïdes et les courants peuvent être appliquées aux actions entre les aimants solénoïdaux simples et les courants.

Ces aimants solénoïdaux sont à peu près impossibles à réaliser dans la pratique; mais, si l'on emploie des cylindres longs et de petite section, aimantés avec soin à saturation, on peut admettre avec une grande approximation que l'action d'un tel aimant est équivalente aux actions de deux pôles situés vers les extrémités, et que cette action est encore la même que celle d'un solénoïde.

Supposons qu'on remplace deux de ces aimants par deux solénoïdes qui aient respectivement les mêmes pôles que ces aimants. L'action entre les pôles positifs, à l'unité de distance, aura pour grandeur

$$(1) \qquad\qquad hh'll'\omega\omega';$$

désignons par μ et μ' les masses magnétiques des pôles positifs des deux aimants; l'action entre ces deux pôles à la distance 1 est $\mu\mu'$ et, en égalant cette action à la précédente, nous obtenons

$$(2) \qquad\qquad hl\omega = \mu, \qquad h'l'\omega' = \mu'.$$

38. L'action du pôle positif P d'un solénoïde, dont les éléments sont

h, I, ω, sur un élément ds de courant d'intensité j, a pour grandeur
(n° 33)

$$R = h \, \mathrm{I} \, \omega j \, \frac{ds}{r^2} \sin(r, ds),$$

r étant la distance entre P et ds, et cette force est perpendiculaire au plan mené par r et ds. En remplaçant, d'après ce que nous venons de voir, $h\mathrm{I}\omega$ par μ, nous aurons, pour l'action du pôle positif d'aimant sur un élément de courant ds,

$$(3) \qquad R = \mu j \, \frac{ds}{r^2} \sin(r, ds),$$

et la direction de la force reste la même.

On peut remarquer maintenant que le choix qui a été fait (n°° 14 et 25) du coefficient de l'action électrodynamique simplifie un peu les formules précédentes. Si, comme Ampère, on avait divisé la formule de cette action par 2, l'expression (1) eût été multipliée par $\frac{1}{2}$ et l'on aurait eu, au lieu de (2),

$$h\mathrm{I}\omega = \mu\sqrt{2}.$$

39. Cherchons l'action d'un pôle positif P d'aimant sur un courant dont le circuit est formé de deux lignes droites AB, BC, qui font entre elles un angle 2α et supposons le pôle P sur le prolongement de la bissectrice de cet angle.

Désignons par b la distance de P (*fig.* 13) à la droite AB et par u

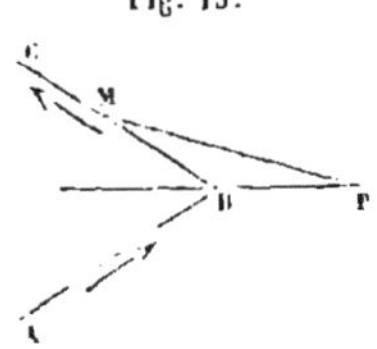

l'angle BMP. Comptons la ligne s à partir de B, et nous aurons

$$s = BM = b \cot u - b \cot\alpha,$$
$$MP = r = \frac{b}{\sin u}.$$

9

Donc, d'après la formule (3), on a. pour l'action du pôle P sur l'élément de courant ds,

$$R = - \frac{\mu j}{b} \sin u \, du.$$

Cette force est perpendiculaire au plan de l'angle et, d'après le n° 33, elle est dirigée en avant du plan de la figure. Donc toutes les actions élémentaires exercées par le pôle P sont parallèles et de même sens, et elles ont pour résultante

$$- \frac{2\mu j}{b} \int_{\alpha}^{0} \sin x \, dx = \frac{2\mu j}{b} (1 - \cos \alpha);$$

en introduisant $BP = a$ au lieu de b, on a, pour la force qui sollicite le courant,

$$(4) \qquad\qquad 2 \frac{\mu j}{a} \tang \frac{\alpha}{2},$$

et cette force est perpendiculaire au plan de l'angle et dirigée en avant de ce plan. La force exercée par le courant sur le pôle P est égale et de sens contraire, et tend à faire mouvoir P en arrière du plan.

La formule (4) a été obtenue par Biot et Savart au moyen de l'expérience, et Laplace en avait conclu la formule (3) pour l'action entre un pôle d'aimant et un élément de courant.

CHAPITRE III.

INDUCTION PRODUITE DANS LES COURANTS LINÉAIRES.

Dans le Chapitre précédent, nous nous sommes occupés seulement des forces mécaniques qui agissent entre des circuits linéaires supposés traversés par des courants constants ou encore entre un tel circuit et des aimants. Ces forces tendent donc à faire mouvoir les aimants ou les conducteurs linéaires qui portent ces courants.

Mais, si l'on déplace effectivement, par rapport à un courant S, un aimant ou un autre courant S', il se produira pendant ce déplacement une modification dans l'intensité du courant S ou, en d'autres termes, le circuit qui porte le courant S sera traversé par un autre courant. On peut aussi laisser fixes les courants S et S', et, si l'on change l'intensité de S', il en résultera encore pendant ce changement une modification dans l'intensité de S.

Ces phénomènes, qui ont été reconnus expérimentalement par Faraday, portent le nom de *phénomènes d'induction*. Nous allons les démontrer et les calculer dans ce Chapitre.

Potentiel d'aimants ou de courants sur un courant linéaire fermé.

1. Considérons un aimant H et un courant électrique fermé S d'intensité I. Construisons une surface σ terminée à la ligne du courant et prenons cette surface pour la surface moyenne d'une couche magnétique de puissance I. Nous avons vu que l'action de l'aimant H est la même sur le courant S que sur la couche magnétique et qu'ainsi le potentiel de H sur le courant S a pour expression (Chap. II, n° 18)

$$I \int \frac{dP}{dn} d\sigma$$

ou

$$(a) \qquad 1\int\left(\frac{dP}{dx}\cos\lambda + \frac{dP}{dy}\cos\mu + \frac{dP}{dz}\cos\nu\right)d\sigma,$$

P étant le potentiel de l'aimant H au point (x, y, z) situé sur $d\sigma$, dn l'élément de la normale à $d\sigma$, menée du côté positif, et λ, μ, ν les angles de cette normale avec les axes de coordonnées.

D'autre part, dans le Chapitre II (n° 21), nous avons vu qu'on a, pour le potentiel d'un courant S' sur un courant S, la formule

$$W = -H'\int(X\cos\lambda + Y\cos\mu + Z\cos\nu)\,d\sigma,$$

l'intégrale étant étendue, comme ci-dessus, à la surface σ limitée à S, et l'on a

$$X = \frac{dH}{dy} - \frac{dG}{dz}, \qquad Y = \frac{dF}{dz} - \frac{dH}{dx}, \qquad Z = \frac{dG}{dx} - \frac{dF}{dy},$$

où F, G, H sont des intégrales prises tout le long de S' et sont fonctions de x, y, z, coordonnées d'un point situé sur S. La fonction W peut aussi s'écrire

$$W = -H'\int\left(F\frac{dx}{ds} + G\frac{dy}{ds} + H\frac{dz}{ds}\right)ds.$$

Si nous avons un nombre quelconque de courants S' définis par les quantités F, G, H, I', posons

$$(b) \qquad \begin{aligned} &\Sigma I'X = \mathcal{A}, \qquad \Sigma I'Y = \mathcal{B}, \qquad \Sigma I'Z = \mathcal{C}, \\ &\Sigma I'F = \mathcal{F}, \qquad \Sigma I'G = \mathcal{G}, \qquad \Sigma I'H = \mathcal{H}, \end{aligned}$$

le signe Σ servant à sommer des quantités semblables pour tous les circuits; $\mathcal{A}$, $\mathcal{B}$, $\mathcal{C}$ sont les composantes de la force magnétique totale exercée par les courants S' (Chap. II, n° 22), et nous aurons

$$(c) \qquad \mathcal{A} = \frac{d\mathcal{H}}{dy} - \frac{d\mathcal{G}}{dz}, \qquad \mathcal{B} = \frac{d\mathcal{F}}{dz} - \frac{d\mathcal{H}}{dx}, \qquad \mathcal{C} = \frac{d\mathcal{G}}{dx} - \frac{d\mathcal{F}}{dy}.$$

Nous obtenons alors pour le potentiel de tous les courants S' sur le courant S les deux formules

$$(d) \qquad W = - I \int (\mathfrak{b} \cos \lambda + \mathfrak{m} \cos \mu + \mathfrak{c} \cos \nu)\, d\sigma,$$

$$(e) \qquad W = - I \int \left(\mathfrak{J} \frac{dx}{ds} + \mathfrak{G} \frac{dy}{ds} + \mathfrak{H} \frac{dz}{ds} \right) ds.$$

Enfin, si nous considérons le potentiel W d'un système d'aimants et de courants sur le courant S, nous poserons, au lieu des équations (b), les trois suivantes :

$$\Sigma I' X - \frac{dP}{dx} = \Lambda, \qquad \dots,$$

en désignant par P le potentiel des aimants; puis nous poserons les formules (c), qui définiront $\mathfrak{J}$, $\mathfrak{G}$, $\mathfrak{H}$, et le potentiel W sera encore donné par les formules (d) et (e).

La force dont les composantes sont Λ, $\mathfrak{m}$, $\mathfrak{c}$ est la force magnétique exercée par les courants S' et par les aimants.

2. *Action électrodynamique sur un élément de courant.* — Nous avons trouvé (Chap. II, n° 29), comme conséquence de la loi d'Ampère, que l'action du courant S' sur un élément de courant Ids a pour composantes

$$(f) \qquad X = H' \left(Z \frac{dy}{ds} - Y \frac{dz}{ds} \right) ds, \qquad \dots$$

Ensuite tout aimant peut être partagé en parties infiniment petites, assimilables à des éléments de doubles couches, et les actions de ces éléments de doubles couches peuvent être remplacées par celles de courants infiniment petits. D'après cela, désignons encore par Λ, $\mathfrak{m}$, $\mathfrak{c}$ les composantes de la force magnétique provenant des courants et des aimants, et, en sommant des expressions telles que (f), nous aurons, pour l'action électrodynamique produite sur un élément de courant par les courants et les aimants, la force dont les composantes sont

$$X = I \left(\mathfrak{c} \frac{dy}{ds} - \mathfrak{m} \frac{dz}{ds} \right) ds, \qquad \mathfrak{Y} = I \left(\Lambda \frac{dz}{ds} - \mathfrak{c} \frac{dx}{ds} \right) ds, \qquad \mathfrak{Z} = I \left(\mathfrak{m} \frac{dx}{ds} - \Lambda \frac{dy}{ds} \right) ds.$$

3. *Idées d'Ampère sur le magnétisme.* — Bien que nous venions de substituer à l'action d'un aimant celle d'un nombre infini de courants fictifs, nous n'admettons nullement les idées d'Ampère sur le magnétisme.

Suivant Ampère, chaque particule d'un barreau aimanté renferme les deux électricités qui se meuvent en un circuit voltaïque permanent dans l'intérieur de cette particule.

Mais nous savons qu'un courant en général éprouve une résistance et, par suite, engendre de la chaleur. Il devrait donc se produire une dépense continuelle d'énergie dans un aimant, ce qui est absurde. Il est vrai que, pour éluder cette difficulté, on a fait la supposition que ces courants ne rencontrent aucune résistance; mais cette hypothèse n'a aucune vraisemblance.

Il faut remarquer aussi qu'on sait maintenant que tout système de courants permanents qui traversent un corps a un potentiel électro-moteur, et nous verrons dans le Chapitre suivant que ce potentiel provient d'une double couche d'électricité qui enveloppe ces courants. Ainsi la théorie du magnétisme d'Ampère n'a pas même pour elle une apparence de simplicité.

Remarquons aussi que la polarisation électrique, que nous avons étudiée (*Théorie du potentiel*, IIe Partie, Chap. III et IV), est un phénomène tout semblable à celui du magnétisme, et le raisonnement d'Ampère ne peut même plus être essayé pour expliquer ce phénomène.

Force électromotrice d'induction.

4. Supposons que des aimants soient déplacés par rapport à un circuit conducteur S traversé par un courant et, pour simplifier, supposons que, pendant un instant dt de ce déplacement, l'intensité I du courant reste constante. Cette intensité I représente l'intensité du courant de la pile modifiée par l'induction.

Comme le potentiel W du courant sur les aimants renferme le facteur I, représentons-le par IH. Le travail électromagnétique qui en provient pendant l'instant dt sera $-\dfrac{dW}{dt}dt$ ou $-I\dfrac{dH}{dt}dt$ (Chap. II, n° 23). Le travail de la force électromotrice E, développé par une pile dans le circuit conducteur, sera $EI\,dt$ (Chap. II, n° 1) et le travail qui produit la chaleur dans ce fil est $I^2R\,dt$, R étant la résistance du fil. Le travail développé par la pile doit être égal au travail absorbé dans les deux autres actions; ainsi l'on a

$$EI\,dt = I^2R\,dt - I\frac{dH}{dt}\,dt$$

ou

$$E + \frac{dH}{dt} = IR.$$

Ainsi la force électromotrice, qui serait E sans le déplacement des aimants, devient $E + \frac{dH}{dt}$; donc $\frac{dH}{dt}$ est la force électromotrice d'induction produite dans l'instant dt par le mouvement des aimants.

Au lieu de déplacer des aimants par rapport au circuit S, faisons mouvoir d'autres courants et admettons qu'on les puisse maintenir constants. Désignons encore par W ou H le potentiel de ces courants sur S; supposons aussi que l'intensité I de S reste constante pendant dt et, par le raisonnement précédent, on obtient encore $\frac{dH}{dt}$ pour la force électromotrice induite dans S pendant cet instant.

La détermination de la force électromotrice d'induction par le principe de la conservation de l'énergie a été donnée, en 1846, par M. Helmholtz (*voir* tome I de ses Mémoires, p. 62).

Recherches de F. Neumann.

5. Franz Neumann a donné le premier, en 1845, une théorie mathématique des courants induits. Il est arrivé à ses résultats d'une manière assez longue, en s'appuyant sur la formule d'Ampère relative à l'action entre deux éléments de courant. Regardant le circuit inducteur comme fixe et le circuit induit comme mobile, il admet que la force électromotrice d'induction produite dans chaque élément du circuit induit est proportionnelle à la vitesse du déplacement de cet élément et à la composante de la force d'Ampère suivant la direction du déplacement.

Mais nous allons employer l'expression trouvée dans le numéro

précédent pour la force électromotrice d'induction à la détermination
des résultats obtenus par Neumann.

Supposons un circuit inducteur S′ traversé par un courant d'intensité constante I′ et un autre circuit S qui n'est d'abord traversé par
aucun courant. Si l'on produit un mouvement relatif entre les deux
circuits, il en résultera dans S une force électromotrice d'induction

$$A = \frac{dH}{dt},$$

H étant le potentiel du courant S′ sur le circuit S supposé traversé par
un courant égal à l'unité. Comme H renferme I′ en facteur, posons

$$H = - MI';$$

alors M sera le potentiel, changé de signe, d'un circuit sur l'autre,
quand ces deux circuits sont traversés par un courant égal à l'unité
et, d'après ce que nous avons vu (Chap. II, n° 22), on a

$$M = \int' \int' \frac{\cos \varepsilon}{r}\, ds\, ds',$$

ε étant l'angle des éléments ds, ds' des deux circuits et r leur distance.
Nous avons donc

$$A = - I' \frac{dM}{dt}.$$

L'intensité j du courant induit a évidemment pour valeur $\frac{A}{R}$, R étant
la résistance du circuit S; ainsi nous avons

$$j = - \frac{I'}{R} \frac{dM}{dt}.$$

Si le circuit S est transporté d'une position connue à une autre, on
aura pour le *courant intégral* induit, c'est-à-dire pour toute la quantité
d'électricité qui traversera une section de ce conducteur pendant son
mouvement,

$$J = \int' j\, dt = - \frac{I'}{R}(M_1 - M_0),$$

l'indice o ou 1 indiquant qu'on prend la valeur de M à l'instant initial
ou final.

6. Neumann passe ensuite de la manière suivante au cas où l'intensité I' est variable :

Si, S restant fixe, nous amenons le courant S' d'une distance infinie, nous aurons le courant intégral qui traversera S, en appliquant la formule précédente et y faisant $M_0 = o$; nous avons ainsi, pour ce courant,

$$(a) \qquad J = -\frac{I'}{R} M_1.$$

Mais nous obtenons une action identique si S', étant resté immobile dans la dernière position, est traversé brusquement par un courant d'intensité I'. Ainsi, dans ce cas encore, le courant intégral induit sera égal à (a).

Supposons ensuite que l'intensité I', d'abord constante, se change brusquement en I'_1, l'intensité I' se sera donc accrue de $I'_1 - I'$, et cet accroissement produira dans S le courant intégral d'induction

$$-\frac{I'_1 - I'}{R} M.$$

Enfin, si l'intensité I' varie d'une manière continue, à l'accroissement dI' produit pendant dt correspondra le courant différentiel induit

$$j \, dt = -\frac{1}{R} M \, dI'.$$

Maintenant produisons simultanément un déplacement relatif des conducteurs et un changement dans l'intensité I', le courant différentiel induit se composera des deux parties, dues à ces deux causes prises séparément, et nous aurons pour ce courant

$$j \, dt = -\frac{1}{R} M \, dI' - \frac{I'}{R} dM$$

ou

$$j \, dt = -\frac{1}{R} \frac{d(I'M)}{dt} dt.$$

Ainsi la force électromotrice d'induction sera $-\dfrac{d(I'M)}{dt}$, et nous

10

aurons pour le courant intégral

$$(b) \qquad\qquad J = -\frac{1}{R}[(FM)_1 - (FM)_0].$$

les indices ayant la même signification que ci-dessus.

On voit donc que le courant intégral, ou la quantité d'électricité qui traverse une section du conducteur induit, ne dépend que de la valeur de FM à l'instant initial et à l'instant final.

Le courant J pourra être constaté par l'aiguille d'un galvanomètre, et, si le temps qui s'écoule entre les deux positions extrêmes du système est très petit par rapport au temps que met l'aiguille du galvanomètre à se déplacer, la grandeur de la déviation ne dépendra que de J.

Les formules précédentes sont encore applicables si le conducteur S subit une déformation qui n'altère pas la grandeur de ses éléments.

Supposons ensuite que le conducteur S change de forme en prenant de nouveaux éléments, ainsi qu'il arriverait si le circuit se composait d'une pièce fixe KFL (*fig.* 14) fermée par une pièce mobile EG qui se

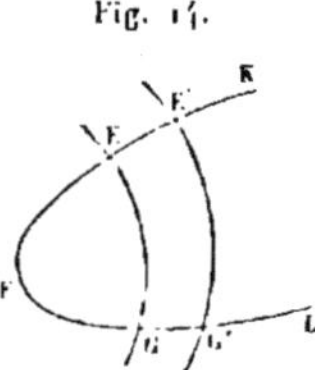

transporterait dans le temps t de EG en E'G'. Alors l'expression trouvée pour J ne serait plus admissible, parce que la résistance R du circuit serait variable et augmenterait par l'accroissement du circuit. Néanmoins, dans le temps dt, R peut être regardé comme constant, et l'on a encore, pour le courant différentiel,

$$j\, dt = -\frac{1}{R} d(FM);$$

on a donc, pour le courant intégral, la formule

$$J = -\int_0^t \frac{1}{R}\frac{d(I'M)}{dt}\,dt,$$

dans laquelle R est considéré comme une fonction donnée de t. La force électromotrice d'induction est encore $-\dfrac{d(I'M)}{dt}$.

7. L'extra-courant est un courant produit par l'action d'un courant sur lui-même. On l'obtient en supposant dans la formule (b) que l'inducteur S' coïncide avec le circuit induit S. On aura ainsi, pour le courant intégral qui provient de cette induction,

$$-\frac{1}{R}(I_1 L_1 - I_0 L_0),$$

en désignant par L le potentiel changé de signe du circuit sur lui-même, quand il est traversé par le courant-unité. La force électromotrice d'induction sera $-\dfrac{d(IL)}{dt}$. Remarquons que L n'est variable qu'autant que le circuit se déforme.

Supposons que le courant soit brusquement intercepté dans le circuit S. Alors l'intensité du courant passera de la valeur I à la valeur o; le courant subit donc un accroissement d'intensité égal à $-$ I, et l'on aura, pour le courant intégral d'induction, l'expression $\dfrac{I}{R}$ L.

Induction mutuelle de deux courants.

8. Soient I l'intensité du courant d'un circuit S, E la force électromotrice donnée que l'on communique à ce circuit, R la résistance du circuit et enfin L le potentiel changé de signe du circuit sur lui-même quand il est traversé par un courant-unité. Désignons les mêmes quantités relatives au second circuit S' par les mêmes lettres accentuées, puis représentons par M le potentiel changé de signe de S sur S' quand ces deux circuits sont traversés par un courant-unité.

La force électromotrice provenant de l'induction de S sur lui-même

est $-\dfrac{d(LI)}{dt}$ et la force électromotrice provenant de l'induction de S'
sur S est $-\dfrac{d}{dt}(MI')$. Ainsi nous avons cette équation relative au premier circuit

$$E - \frac{d}{dt}(LI + MI') = IR,$$

et nous aurons de même, pour le second circuit,

$$E' - \frac{d}{dt}(L'I' + MI) = I'R'.$$

Si l'on suppose que les deux circuits sont de forme invariable et
sont fixés, alors L, L', M sont des quantités constantes qu'on pourra
obtenir, au moyen du calcul, d'après les figures des circuits ou, plus
facilement, au moyen de certaines expériences. Les deux équations
précédentes, qui sont différentielles du premier ordre par rapport à I
et I', pourront donc servir à déterminer ces deux inconnues.

Il en sera encore de même si les déplacements des deux circuits
sont produits par l'expérimentateur, car L, M, L' pourront alors être
considérés comme des fonctions connues de t; mais ces deux équations ne suffiront plus à la détermination de I et I' si les circuits sont
mobiles et abandonnés à leur action électrodynamique.

Théorie de l'action mutuelle des circuits électriques.

9. Concevons un système quelconque de circuits électriques qui
soient mobiles. Les courants agiront les uns sur les autres en dépla-
çant les conducteurs qui les portent et aussi en faisant varier leurs
propres intensités. Enfin ces circuits pourront aussi être sollicités par
des forces mécaniques autres que celles qui proviennent des courants.

On peut, comme l'a fait Maxwell, appliquer à ces mouvements les
équations différentielles de Lagrange relatives à un système soumis à
des liaisons.

Désignons par $q_1, q_2, \ldots, q_k$ les k variables indépendantes qui fixent
à chaque instant un système mobile. Pendant un déplacement infini-

ment petit, le travail de toutes les forces qui agissent sur le système
sera de cette forme

$$Q_1 \delta q_1 + Q_2 \delta q_2 + \ldots + Q_k \delta q_k,$$

le signe δ indiquant la variation des quantités q, et chaque coefficient Q
de cette expression peut être considéré comme une force qui tend à
faire croître la variable q_i. Désignons aussi par T la demi-force vive du
système. Les k équations du mouvement seront renfermées dans la
formule

$$(A) \qquad \frac{d}{dt}\frac{dT}{dq'_s} - \frac{dT}{dq_s} = Q_s,$$

s étant susceptible des valeurs $1, 2, \ldots, k$.

T est, en général, fonction des variables q_i et il est une fonction
homogène et du second degré des quantités q'_i, dérivées des q_i prises
par rapport au temps t.

Adoptons ensuite pour le système en mouvement celui des circuits
et de leurs courants. Nous avons vu dans le Chapitre I (n° 4) que
l'intensité d'un courant est proportionnelle à la vitesse des molécules
électriques. Ainsi nous devrons prendre pour une partie des dérivées q'_i des quantités proportionnelles aux intensités $I_1, I_2, \ldots, I_n$ des
courants qui traversent les circuits, et les quantités q_i correspondantes
n'entreront pas dans T; mais T dépendra, en outre, de r variables q_1,
$q_2, \ldots, q_r$, qui déterminent les positions des circuits, et de leurs dérivées $q'_1, q'_2, \ldots, q'_r$. D'après cela, posons

$$T = + \tfrac{1}{2}L_1 I_1^2 + \tfrac{1}{2}L_2 I_2^2 + \ldots + M_{1,2}I_1 I_2 + \ldots$$
$$+ H_1 q'^2_1 + H_2 q'^2_2 + \ldots + K_{1,2}q'_1 q'_2 + \ldots,$$

les quantités $L_1, L_2, M_{1,2}, \ldots, H_1, H_2, K_{1,2}, \ldots$ étant des fonctions de
$q_1, q_2, \ldots, q_r$. Pour toute la généralité, il faudrait supposer que T renferme aussi des termes de la forme $U q'_i I_i$; mais nous verrons bientôt
que T ne contient pas de pareils termes.

10. *Force électromotrice d'induction.* — Appliquons l'équation (A)
à la détermination de la force électromotrice d'induction produite dans
le circuit S_1, où l'intensité du courant est I_1. Pour cela, dans cette

équation remplaçons q'_s par I_1 et supposons T indépendant de q_s. Alors Q_s représentera la force électromotrice E excitée dans le circuit, diminuée de la force RI_1 de résistance du circuit. Nous aurons donc

$$ E - \frac{d}{dt}\frac{dT}{dI_1} = RI_1. $$

Ainsi la force d'inertie $-\frac{d}{dt}\frac{dT}{dI_1}$ est la force électromotrice d'induction produite dans le circuit S_1.

Nous avons dit que T ne renferme point de termes de la forme $U q'_s I_1$. Et, en effet, il en résulterait dans l'expression de la force électromotrice d'induction des termes de la forme

$$ -\frac{d}{dt}(U q'_s) = -\frac{dU}{dt} q'_s - U\frac{dq'_s}{dt}; $$

par suite, sans l'action d'aucun courant extérieur et par le seul effet des mouvements des circuits, on produirait un courant dans le circuit S_1; ce qui peut être considéré comme contraire à l'expérience.

Nous avons donc pour la force électromotrice d'induction produite dans S_1

$$ -\frac{d}{dt}\frac{dT}{dI_1} = -\frac{d}{dt}(L_1 I_1 + M_{1,2} I_2 + M_{1,3} I_3 + \ldots). $$

Cette expression est toute semblable à celle que nous avons trouvée (n° 8) pour la même quantité. Donc L_1 représente le potentiel changé de signe du circuit S_1 sur lui-même, $M_{1,2}$ le potentiel changé de signe de S_1 sur S_2, etc., quand ces circuits sont traversés par un courant égal à l'unité.

11. *Action électrodynamique.* — Appliquons ensuite l'équation (A) à la détermination de la force électrodynamique, qui tend à faire croître une des variables q qui servent à fixer à chaque instant les positions des circuits.

Soit Q_s la force mécanique appliquée au système et qui tend à faire croître q_s; nous aurons

$$ Q_s - \frac{d}{dt}\frac{dT}{dq'_s} + \frac{dT}{dq_s} = 0. $$

Partageons T en deux parties : l'une T_1 homogène et du second degré par rapport aux intensités I des courants, l'autre T_2 homogène et du second degré par rapport aux dérivées q'. Cette équation deviendra

$$Q_s + \frac{dT_1}{dq_s} - \left(\frac{d}{dt} \frac{dT_2}{dq'_s} - \frac{dT_2}{dq_s} \right) = 0.$$

La force d'inertie se compose donc de deux parties, dont la première, $\frac{dT_1}{dq_s}$, dépend seule des courants et donne la force appelée *électrodyna-mique*. La seconde partie,

$$- \frac{d}{dt} \frac{dT_2}{dq'_s} + \frac{dT_2}{dq_s},$$

se présente dans tout système en mouvement.

Action mutuelle de deux courants.

12. Nous avons trouvé (n° 8) ces deux équations relatives à l'induction de deux circuits

$$(1) \qquad E - IR = \frac{d}{dt}(LI + MI'),$$

$$(2) \qquad E' - I'R' = \frac{d}{dt}(L'I' + MI).$$

Supposons ces deux circuits mobiles et abandonnés à leur action électrodynamique. Désignons par q_1, q_2, ..., q_r les r variables indépendantes qui déterminent les positions des deux circuits. On exprimera L, M, L' au moyen de ces variables; on transformera aussi l'expression de la demi-force vive T_2 des conducteurs dans les variables q et leurs dérivées q', et, d'après le numéro précédent, on aura r équations de cette forme

$$(3) \qquad \frac{d}{dt} \frac{dT_2}{dq'_s} - \frac{dT_2}{dq_s} = \frac{1}{2} \frac{dL}{dq_s} I^2 + \frac{dM}{dq_s} II' + \frac{1}{2} \frac{dL'}{dq_s} I'^2.$$

Il en résultera $r + 2$ équations pour déterminer I, I' et les r variables q.

Multiplions les équations (1) et (2) respectivement par $I\,dt$ et $I'dt$ et ajoutons : nous aurons

$$(3)\qquad (EI + E'I' - RI^2 - R'I'^2)dt = I\,d(LI + MI') + I'd(L'I' + MI).$$

Le premier membre de cette équation représente, pour le temps dt, l'excès du travail des piles sur le travail absorbé par la chaleur, et le second membre, pris avec signe contraire, représente le travail dû aux actions inductrices.

Changeons le signe du second membre de la formule (3) et, en le transformant, nous obtenons pour le travail élémentaire des actions inductrices

$$-\tfrac{1}{2}d(LI^2 + 2MII' + L'I'^2) - \tfrac{1}{2}(I^2dL + 2II'dM + I'^2dL').$$

Le travail élémentaire électrodynamique s'obtiendra en multipliant le second membre de l'équation (3) par dq, et ajoutant toutes les expressions semblables; ce qui donne

$$\tfrac{1}{2}(I^2dL + 2II'dM + I'^2dL').$$

Dans le cas où les deux circuits n'éprouvent pas de déformation et où les intensités I et I' restent constantes, le second membre de l'équation (3) se réduit à $2II'dM$ et le travail électrodynamique est égal à $II'dM$. Les piles doivent donc fournir un travail double du travail électrodynamique, en outre de celui qui est nécessaire pour vaincre la résistance des conducteurs; ce qui a été d'abord remarqué par W. Thomson.

Remarques sur la théorie précédente de l'induction des courants linéaires.

13. Nous verrons dans le Chapitre IV que, lorsqu'un conducteur homogène quelconque est traversé par un courant permanent, il se recouvre d'une double couche d'électricité dont le potentiel, joint au potentiel de l'électricité des fils qui apportent et emmènent le courant, est nul en tout point extérieur.

Or considérons deux circuits électriques et supposons que les cou-

rants soient apportés et emmenés pour chaque circuit par deux fils
parallèles très voisins et très longs, dont les secondes extrémités soient
très éloignées du circuit. L'action extérieure des couples de fils parallèles sera négligeable. Si ces deux circuits sont d'abord fixés et traversés par des courants permanents, ils se recouvriront de doubles
couches et ces doubles couches sont sans action à l'extérieur. Mais, si
l'un des circuits se déplace par rapport à l'autre, les courants seront
modifiés et en même temps les doubles couches d'électricité changeront; de plus, il y aura de l'électricité libre à l'intérieur et à la surface
du fil. Pour plus de commodité, nous donnerons à l'ensemble de la
double couche et de l'électricité libre le nom d'*électricité libre*.

Or, dans la théorie des n°s 9-12, on tient compte seulement de l'action des courants et nullement de l'électricité libre. Cependant, si
l'électricité libre de chacun des fils a une action extérieure, elle doit
modifier l'électricité libre de l'autre fil, et ces deux électricités libres,
modifiées par leurs actions mutuelles, agiraient à leur tour sur les
courants. Les lois de l'induction des courants linéaires seraient donc
plus compliquées que celles que nous avons obtenues. Donc, pour que
la théorie précédente soit exacte, il faut admettre que l'électricité libre,
en se modifiant sur chaque circuit, demeure cependant sans action à
l'extérieur, comme lorsque les circuits sont traversés par des courants
permanents.

Force électromotrice d'induction sur un circuit en mouvement.

14. Nous avons vu (n° 4) que la force électromotrice d'induction
qui agit sur toute la longueur d'un courant fermé S est donnée par la
formule $\frac{d\Pi}{dt}$, où l'on peut prendre pour Π (n° 1) l'expression

$$\Pi = -\int \left(\mathfrak{F}\frac{dx}{ds} + \mathfrak{G}\frac{dy}{ds} + \mathfrak{H}\frac{dz}{ds} \right) ds,$$

l'intégrale étant étendue à tout le circuit S.

Supposons que le circuit S se meuve dans un champ contenant des
aimants et des courants. Pour calculer $\frac{d\Pi}{dt}$, il faudra donc considérer

les points (x, y, z) du circuit S comme variables avec t, et nous aurons

$$(A) \quad \left\{ \begin{aligned} \frac{d\Pi}{dt} = & -\int \left(\frac{d\mathfrak{F}}{dt}\frac{dx}{ds} + \frac{d\mathfrak{G}}{dt}\frac{dy}{ds} + \frac{d\mathfrak{H}}{dt}\frac{dz}{ds} \right) ds \\ & -\int \left(\frac{d\mathfrak{F}}{dx}\frac{dx}{ds} + \frac{d\mathfrak{G}}{dx}\frac{dy}{ds} + \frac{d\mathfrak{H}}{dx}\frac{dz}{ds} \right)\frac{dx}{dt}\, ds - \ldots \\ & -\int \left(\mathfrak{F}\frac{d^2 x}{ds\, dt} + \mathfrak{G}\frac{d^2 y}{ds\, dt} + \mathfrak{H}\frac{d^2 z}{ds\, dt} \right) ds, \end{aligned} \right.$$

les points indiquant deux autres intégrales semblables à la seconde. Dans cette seconde intégrale remplaçons $\frac{d\mathfrak{G}}{dx}$ et $\frac{d\mathfrak{H}}{dx}$ par leurs valeurs tirées des équations (c) du n° 1 ; elle se changera en la suivante :

$$-\int \left(\mathfrak{c}\frac{dy}{ds} - \mathfrak{m}\frac{dz}{ds} + \frac{d\mathfrak{F}}{ds} \right)\frac{dx}{dt}\, ds.$$

Si l'on joint le dernier terme de cette expression au premier terme de la dernière intégrale de (A), on a

$$-\int \left(\frac{d\mathfrak{F}}{ds}\frac{dx}{dt} + \mathfrak{F}\frac{d^2 x}{ds\, dt} \right) ds = -\int \frac{d}{ds}\left(\mathfrak{F}\frac{dx}{dt} \right) ds = 0.$$

On en conclut la première ligne de la formule suivante

$$\begin{aligned} \frac{d\Pi}{dt} = & -\int \frac{d\mathfrak{F}}{dt}\frac{dx}{ds}\, ds - \int \left(\mathfrak{c}\frac{dy}{ds} - \mathfrak{m}\frac{dz}{ds} \right)\frac{dx}{dt}\, ds \\ & -\int \frac{d\mathfrak{G}}{dt}\frac{dy}{ds}\, ds - \int \left(\mathfrak{b}\frac{dz}{ds} - \mathfrak{c}\frac{dx}{ds} \right)\frac{dy}{dt}\, ds \\ & -\int \frac{d\mathfrak{H}}{dt}\frac{dz}{ds}\, ds - \int \left(\mathfrak{m}\frac{dx}{ds} - \mathfrak{b}\frac{dy}{ds} \right)\frac{dz}{dt}\, ds, \end{aligned}$$

et les deux autres lignes s'en déduisent par analogie. Toutes les quantités soumises au signe d'intégration sont multipliées par $\frac{dx}{ds}$, $\frac{dy}{ds}$ ou $\frac{dz}{ds}$, et l'on peut écrire

$$(B) \quad \frac{d\Pi}{dt} = -\int \left(\mathfrak{e}_x\frac{dx}{ds} + \mathfrak{e}_y\frac{dy}{ds} + \mathfrak{e}_z\frac{dz}{ds} \right) ds,$$

en posant

$$\varphi_x = -\frac{d\mathfrak{J}}{dt} + \mathfrak{E}\frac{dy}{dt} - \mathfrak{W}\frac{dz}{dt},$$

$$\varphi_y = -\frac{d\mathfrak{G}}{dt} + \mathfrak{U}\frac{dz}{dt} - \mathfrak{E}\frac{dx}{dt},$$

$$\varphi_z = -\frac{d\mathfrak{H}}{dt} + \mathfrak{W}\frac{dx}{dt} - \mathfrak{U}\frac{dy}{dt}.$$

On obtient ainsi la force électromotrice d'induction produite sur le courant S. Mais, du raisonnement précédent, on ne peut conclure que la force électromotrice d'induction produite sur ds soit

(C) $$-\left(\varphi_x \frac{dx}{ds} + \varphi_y \frac{dy}{ds} + \varphi_z \frac{dz}{ds}\right)ds;$$

car, si l'on augmente les quantités φ_x, φ_y, φ_z respectivement de

$$\frac{d\chi}{dx}, \quad \frac{d\chi}{dy}, \quad \frac{d\chi}{dz},$$

en désignant par χ une fonction arbitraire de x, y, z et t, l'intégrale (B) n'est pas changée. Néanmoins, par d'autres considérations, nous serons conduits plus loin à regarder l'expression (C) comme représentant la force électromotrice d'induction qui agit sur ds.

Loi de Weber.

15. La loi d'Ampère donne l'action électrodynamique entre deux éléments de courants; on peut aussi d'une loi donnée par Wilhelm Weber déduire l'induction entre deux pareils éléments.

Weber a imaginé de considérer l'action de chaque molécule d'électricité positive ou négative d'un des éléments de courant sur chaque molécule d'électricité de l'autre élément de courant, et, par de certaines considérations physiques jointes à la supposition que l'expression analytique de cette action soit d'une forme simple, il fut conduit à la loi qui porte son nom; il vérifia ensuite que cette loi conduit à celle d'Ampère (*Mémoires de la Société Royale des Sciences de Saxe*, 1846).

Soient m et m' deux molécules électriques séparées par la distance r; Weber donne, pour l'action mutuelle qui s'exerce entre ces deux molécules, l'expression

$$(a) \qquad mm'\left(\frac{c^2}{r^2} + \frac{2}{\sqrt{r}}\,\frac{d^2\sqrt{r}}{dt^2}\right),$$

cette force étant dirigée suivant la droite qui les joint et étant regardée comme positive lorsqu'elle est répulsive. Le premier terme de cette formule donne la loi de Coulomb et le second donne les actions électrodynamiques et d'induction. Le premier terme a été affecté d'un coefficient c^2, parce que l'unité de masse électrique n'a pas été prise la même dans l'électrostatique que dans l'électrodynamique. Cette formule peut aussi s'écrire

$$\frac{mm'}{r^2}\left[c^2 - \frac{1}{2}\left(\frac{dr}{dt}\right)^2 + r\,\frac{d^2 r}{dt^2}\right].$$

Pour calculer dans ce qui suit les actions des courants, nous pouvons réduire la formule (a) à son second terme.

16. Désignons par I et I' les intensités des courants et par v et v' les vitesses de l'électricité positive dans les circuits fermés S et S'. Désignons aussi par s et s' des longueurs prises sur S et S' à partir d'un point fixe. La position de chaque molécule d'électricité de S ou S' sera déterminée par s ou s'. et nous pouvons poser

$$\frac{ds}{dt} = v, \qquad \frac{ds'}{dt} = v'.$$

Soient m et m' deux molécules d'électricité positive situées respectivement sur S et S'; leur distance sera fonction de s, s' et t, et nous aurons

$$\frac{d\sqrt{r}}{dt} = \frac{d\sqrt{r}}{ds}\,v + \frac{d\sqrt{r}}{ds'}\,v' + \frac{\partial\sqrt{r}}{\partial t},$$

où le dernier terme indique une différentielle partielle par rapport à t et provient du déplacement relatif des circuits. Pour simplifier, supposons la section la même le long de chaque circuit et différentions l'expression précédente par rapport à t; nous aurons

$$\frac{d^2\sqrt{r}}{dt^2} = \left(c^2 \frac{d^2\sqrt{r}}{ds^2} + 2cc' \frac{d^2\sqrt{r}}{ds\,ds'} + c'^2 \frac{d^2\sqrt{r}}{ds'^2} \right)$$
$$+ 2c \frac{d^2\sqrt{r}}{\partial t\,ds} + 2c' \frac{d^2\sqrt{r}}{\partial t\,ds'} + \frac{\partial^2\sqrt{r}}{\partial t^2}$$
$$+ \frac{d\sqrt{r}}{ds} \frac{\partial c}{\partial t} + \frac{d\sqrt{r}}{ds'} \frac{\partial c'}{\partial t}.$$

En portant cette expression dans la formule

$$\frac{2\,mm'}{\sqrt{r}} \frac{d^2\sqrt{r}}{dt^2},$$

on aura l'action de m sur m'; la masse $-m$, située à la même place que m, exerce sur m' une action qui se déduit de celle-ci en changeant m en $-m$ et aussi c en $-c$, puisque la molécule $-m$ se meut avec une vitesse égale et contraire à celle de m. On en conclut pour l'action de m et $-m$ sur m'

$$(b) \qquad \frac{4mm'}{\sqrt{r}} \left(2cc' \frac{d^2\sqrt{r}}{ds\,ds'} + 2c \frac{d^2\sqrt{r}}{\partial t\,ds} + \frac{d\sqrt{r}}{ds} \frac{\partial c}{\partial t} \right),$$

et, en changeant les signes de m' et c', on obtiendra pour l'action totale de m et $-m$ sur $-m'$

$$(c) \qquad \frac{4mm'}{\sqrt{r}} \left(2cc' \frac{d^2\sqrt{r}}{ds\,ds'} - 2c \frac{d^2\sqrt{r}}{\partial t\,ds} - \frac{d\sqrt{r}}{ds} \frac{\partial c}{\partial t} \right).$$

Donc l'élément du circuit S', qui porte les masses m' et $-m'$, est sollicité de la part de l'élément du circuit S, qui porte les masses m et $-m$, par la force dirigée suivant la droite r

$$\varphi = \frac{16\,mm'}{\sqrt{r}} cc' \frac{d^2\sqrt{r}}{ds\,ds'}.$$

Au lieu de prendre pour m et $-m$ deux molécules seulement, nous pouvons prendre l'électricité positive et l'électricité négative comprises entre deux sections droites de S distantes de ds; faisons de même pour

m' et $- m'$, et, d'après la définition du courant linéaire, nous aurons

$$2\,mv = \mathrm{I}\,ds, \qquad 2\,m'v' = \mathrm{I}'ds',$$

et il en résulte

$$\varphi = \frac{4\,\mathrm{II}'\,ds\,ds'}{\sqrt{r}}\,\frac{d^2\sqrt{r}}{ds\,ds'}$$

pour la force qui s'exerce entre les deux éléments de courants situés sur ds et ds', ce qui est effectivement la loi d'Ampère. (La force φ est ici prise positive dans le sens contraire à celui qui avait été adopté dans le Chapitre II, n° 24.)

Mais, d'après les expressions (b) et (c), nous avons à considérer, en outre, la force

$$\chi = \frac{4\,mm'}{\sqrt{r}}\left(2v\,\frac{d^2\sqrt{r}}{\partial t\,ds} + \frac{d\sqrt{r}}{ds}\,\frac{\partial v}{\partial t}\right),$$

dirigée suivant r et exercée par m et $- m$ sur m', et une force égale et contraire exercée sur $- m'$. Ces deux forces tendent donc à séparer les masses m' et $- m'$, et changent, par conséquent, l'intensité I' du courant S'.

17. Si nous adoptons les notations du n° 24 du Chapitre II, la composante de la force χ qui agit sur m', prise suivant l'arc s', a pour grandeur $- \chi\cos\vartheta'$; le déplacement de m' suivant s' dans l'instant dt est $v'dt$. Ainsi le travail élémentaire de cette force est $- \chi\cos\vartheta'.v'dt$, et la force qui agit sur $- m'$ en sens contraire produit le même travail. On a donc, pour le travail de ces deux forces,

$$d\tilde\varpi = - 2\chi\cos\vartheta'.v'dt = - \frac{8\,mm'}{\sqrt{r}}\left(2v\,\frac{d^2\sqrt{r}}{\partial t\,ds} + \frac{d\sqrt{r}}{ds}\,\frac{\partial v}{\partial t}\right)\cos\vartheta'.v'dt,$$

et, en y faisant

$$2\,mv = \mathrm{I}\,ds, \qquad 2\,m'v' = \mathrm{I}'ds',$$

$$2\,m\,\frac{dv}{dt} = \frac{d\mathrm{I}}{dt}\,ds, \qquad \cos\vartheta' = - \frac{dr}{ds'},$$

on aura

$$d\tilde\varpi = \frac{2\,\mathrm{I}'}{\sqrt{r}}\left(2\mathrm{I}\,\frac{d^2\sqrt{r}}{\partial t\,ds} + \frac{d\mathrm{I}}{dt}\,\frac{d\sqrt{r}}{ds}\right)\frac{dr}{ds'}\,ds\,ds'dt.$$

Si l'on désigne par ε une force électromotrice qui agit sur une portion quelconque de fil traversée par un courant I', son travail élémentaire, en général, est $\varepsilon I' dt$. Nous obtenons donc cette formule pour la force électromotrice produite par l'élément de courant ds sur l'élément de courant ds'

$$\varepsilon = \frac{2}{\sqrt{r}} \left(2 I \frac{d^2 \sqrt{r}}{\partial t\, ds} + \frac{dI}{dt} \frac{d\sqrt{r}}{ds} \right) \frac{dr}{ds'}\, ds\, ds',$$

et cette formule peut aussi s'écrire

$$\varepsilon = \frac{d}{dt}\left(\frac{1}{r}\right) \frac{dr}{ds} \frac{dr}{ds'}\, ds\, ds' + 2 \frac{1}{r} \frac{d^2 r}{ds\, dt} \frac{dr}{ds'}\, ds\, ds'.$$

18. Vérifions ensuite que cette loi élémentaire donne effectivement la loi de l'induction, trouvée précédemment, d'un circuit sur un autre circuit. Nous aurons la force électromotrice totale d'induction produite par le circuit S sur S', en intégrant ε tout le long de chaque circuit; nous aurons ainsi

$$\iint \varepsilon = \iint \frac{d}{dt}\left(\frac{1}{r}\right) \frac{dr}{ds} \frac{dr}{ds'}\, ds\, ds' + 2 I \iint \frac{1}{r} \frac{d^2 r}{ds\, dt} \frac{dr}{ds'}\, ds\, ds'.$$

Or, en intégrant par parties et par rapport à s le dernier terme, on trouve que la valeur de ce terme ne change pas si l'on permute s avec s'. On a donc

$$\iint \frac{1}{r} \frac{d^2 r}{ds\, dt} \frac{dr}{ds'}\, ds\, ds' = \iint \frac{1}{r} \frac{d^2 r}{ds'\, dt} \frac{dr}{ds}\, ds\, ds'$$

et, par suite,

$$\iint \varepsilon = \iint \left[\frac{d}{dt}\left(\frac{1}{r}\right) \frac{dr}{ds} \frac{dr}{ds'} + \frac{1}{r}\left(\frac{d^2 r}{ds\, dt} \frac{dr}{ds'} + \frac{d^2 r}{ds'\, dt} \frac{dr}{ds} \right) \right] ds\, ds'$$

$$= \frac{d}{dt}\left(I \iint \frac{1}{r} \frac{dr}{ds} \frac{dr}{ds'}\, ds\, ds' \right) = -\frac{d}{dt}\left(I \iint \frac{\cos \vartheta \cos \vartheta'}{r}\, ds\, ds' \right).$$

Or on a (Chap. II, n° 27)

$$\iint \frac{\cos \vartheta \cos \vartheta'}{r}\, ds\, ds' = \iint \frac{\cos \varepsilon}{r}\, ds\, ds' = M;$$

il en résulte

$$\int\int \mathcal{E} = -\frac{d(\mathrm{MI})}{dt},$$

ce qui est conforme à ce que nous avons vu (n° 6).

19. Dans un Mémoire publié en 1880 dans les *Annales scientifiques de l'École Normale*, je me suis proposé de rechercher quelle doit être l'action d'une molécule électrique sur un autre, si l'on admet les principes suivants dans les mouvements accomplis par les actions des courants :

I. Le principe de la conservation de l'énergie;

II. Le principe de la réaction égale et directement opposée à l'action;

III. La supposition que les actions mutuelles de deux éléments de courants parallèles, de même sens et perpendiculaires à la droite qui joint leurs milieux, varient en raison inverse du carré de cette distance;

IV. La supposition que les actions mutuelles entre deux éléments de courants linéaires donnés en intensité et en position ne varient pas avec leurs courbures.

Alors, en admettant comme précédemment que chaque courant soit formé par deux mouvements égaux et opposés des deux électricités positive et négative, j'ai trouvé que l'action entre deux molécules électriques se compose de deux parties : l'une qui donne la force de Weber et l'autre qui renferme une fonction arbitraire. Mais cette seconde partie disparait dans l'action de deux éléments de courants, laquelle se trouve être celle que donne la loi d'Ampère. Ensuite, par la condition qu'un courant fermé et constant soit sans action sur de l'électricité statique, la loi de Weber se trouve avoir lieu nécessairement.

Détermination par la loi de Weber de la force électromotrice d'induction produite sur un élément de courant.

20. Supposons d'abord que l'inducteur se réduise à un circuit fixe S, traversé par un courant d'intensité variable I et que l'élément ds' du courant induit soit en mouvement.

Pour avoir la force électromotrice d'induction $F\,ds'$ produite par le courant S sur l'élément ds' du circuit S', il faut intégrer l'expression de ε du n° 17 tout le long du circuit S : ce qui donne

$$F\,ds' = ds' \int \frac{d}{dt}\left(\frac{1}{r}\right) \frac{dr}{ds} \frac{dr}{ds'} ds \div 2\,\mathrm{I}\,ds' \int \frac{1}{r} \frac{d^2 r}{ds\,dt} \frac{dr}{ds'} ds$$

ou

$$F\,ds' = ds' \int \left[\frac{d}{dt}\left(\frac{1}{r}\right) \frac{dr}{ds} \frac{dr}{ds'} + \frac{1}{r} \frac{d^2 r}{ds\,dt} \frac{dr}{ds'} + \frac{1}{r} \frac{d^2 r}{ds'\,dt} \frac{dr}{ds} \right] ds$$

$$+ \mathrm{I}\,ds' \int \frac{1}{r} \left(\frac{d^2 r}{ds\,dt} \frac{dr}{ds'} - \frac{d^2 r}{ds'\,dt} \frac{dr}{ds} \right) ds.$$

La première partie de cette expression se réduit à

$$P\,ds' = ds' \frac{d}{dt}\left(\mathrm{I} \int \frac{1}{r} \frac{dr}{ds} \frac{dr}{ds'} ds \right)$$

$$= ds' \frac{d}{dt}\left[\mathrm{I} \int \left(\frac{1}{r} \frac{dr}{ds} \frac{dr}{ds'} - \frac{d^2 r}{dr\,ds'} \right) ds \right]$$

$$= - ds' \frac{d}{dt}\left(\mathrm{I} \int \frac{\cos \varepsilon}{r} ds \right)$$

$$= - ds' \frac{d}{dt}\left[\mathrm{I} \int \frac{1}{r} \left(\frac{dx}{ds} \frac{dx'}{ds'} + \frac{dy}{ds} \frac{dy'}{ds'} + \frac{dz}{ds} \frac{dz'}{ds'} \right) ds \right].$$

Donc, si l'on pose

$$\mathrm{I} \int \frac{1}{r} \frac{dx}{ds} ds = \mathfrak{F}, \qquad \mathrm{I} \int \frac{1}{r} \frac{dy}{ds} ds = \mathfrak{G}, \qquad \mathrm{I} \int \frac{1}{r} \frac{dz}{ds} ds = \mathfrak{H},$$

on a

$$P\,ds' = - ds' \left(\frac{d\mathfrak{F}}{dt} \frac{dx'}{ds'} + \frac{d\mathfrak{G}}{dt} \frac{dy'}{ds'} + \frac{d\mathfrak{H}}{dt} \frac{dz'}{ds'} \right)$$

$$- ds' \left(\mathfrak{F} \frac{d^2 x'}{dt\,ds'} + \mathfrak{G} \frac{d^2 y'}{dt\,ds'} + \mathfrak{H} \frac{d^2 z'}{dt\,ds'} \right).$$

Désignons par $Q\,ds'$ la seconde partie de $F\,ds'$ et ainsi posons

$$Q = \mathrm{I} \int \frac{1}{r} \left(\frac{d^2 r}{dt\,ds} \frac{dr}{ds'} - \frac{d^2 r}{dt\,ds'} \frac{dr}{ds} \right) ds.$$

Représentons par dl' le déplacement du point (x', y', z') de ds' ; nous

12.

aurons

$$\frac{d^2r}{dt\,ds} = \frac{d^2r}{dt'\,ds}\frac{dt'}{dt}, \qquad \frac{d^2r}{dt\,ds'} = \frac{d^2r}{dt'\,ds'}\frac{dt'}{dt}$$

et, par suite,

$$Q = 1\frac{dt'}{dt}\int\frac{1}{r}\left(\frac{d^2r}{dt'\,ds}\frac{dr}{ds'} - \frac{d^2r}{dt'\,ds'}\frac{dr}{ds}\right)ds.$$

Calculons la partie de Q qui dépend de $\frac{dx'}{ds'}$ et désignons-la par Q_1; comme nous avons

$$\frac{dr}{ds'} = \frac{x'-x}{r}\frac{dx'}{ds'} + \dots$$

$$\frac{d^2r}{dt'\,ds'} = \frac{x'-x}{r}\frac{d^2x'}{dt'\,ds'} - \frac{x'-x}{r^2}\frac{dr}{dt'}\frac{dx'}{ds'} + \frac{1}{r}\frac{dx'}{dt'}\frac{dr}{ds'} + \dots,$$

il en résulte

$$Q_1 = 1\frac{dt'}{dt}\frac{dx'}{ds'}\int\left(\frac{x'-x}{r^2}\frac{d^2r}{dt'\,ds} + \frac{x'-x}{r^3}\frac{dr}{ds}\frac{dr}{dt'} - \frac{1}{r^2}\frac{dr}{ds}\frac{dx'}{dt'}\right)ds$$

$$- 1\frac{dt'}{dt}\frac{d^2x'}{dt'\,ds'}\int\frac{x'-x}{r^2}\frac{dr}{ds}ds.$$

On peut supprimer le dernier terme de la parenthèse, car son intégrale est nulle; puis, en ajoutant et retranchant un même terme, on a

$$Q_1 = 1\frac{dt'}{dt}\frac{dr'}{ds'}\int\left(\frac{x'-x}{r^2}\frac{d^2r}{dt'\,ds} + \frac{x'-x}{r^3}\frac{dr}{ds}\frac{dr}{dt'} + \frac{1}{r^2}\frac{dx}{ds}\frac{dr}{dt'}\right)ds$$

$$+ \frac{dt'}{dt}\frac{dx'}{ds'}\frac{d\tilde{j}}{dt'} - 1\frac{dt'}{dt}\frac{d^2x'}{dt'\,ds'}\int\frac{x'-x}{r^2}\frac{dr}{ds}ds.$$

Q se compose de deux autres séries de termes, telles que Q_1, et qu'on déduit de Q_1 par analogie.

Désignons par P_1 la partie de P qui dépend de $\frac{dx'}{ds'}$ et, en remarquant qu'on a

$$\tilde{j} + 1\int\frac{x'-x}{r^2}\frac{dr}{ds}ds = 1\int\left(\frac{1}{r}\frac{dx}{ds} + \frac{x'-x}{r^2}\frac{dr}{ds}\right)ds = -1\int\frac{d}{ds}\frac{x'-x}{r}ds = 0,$$

nous obtenons

$$P_1 + Q_1 = -\left(\frac{d\bar{\jmath}}{dt} - \frac{d\bar{\jmath}}{dt'}\frac{dt}{dt}\right)\frac{dx'}{ds'}$$
$$+ I\frac{dt'}{dt}\frac{dx'}{ds'}\int\left(\frac{x'-x}{r^2}\frac{d^2r}{dt'ds} + \frac{x'-x}{r^3}\frac{dr}{ds}\frac{dr}{dt'} + \frac{1}{r^2}\frac{dx}{ds}\frac{dr}{dt'}\right)ds.$$

Nous avons ensuite

$$\frac{(x'-x)^2}{r^3}\frac{d}{ds}\left(\frac{r}{x'-x}\frac{dr}{dt'}\right) = \frac{x'-x}{r^2}\frac{d^2r}{dt'ds} + \frac{x'-x}{r^3}\frac{dr}{ds}\frac{dr}{dt'} + \frac{1}{r^2}\frac{dx}{ds}\frac{dr}{dt'},$$

comme on le voit en développant la dérivation du premier membre. Ainsi la dernière intégrale peut s'écrire

$$(a)\qquad \int \frac{(x'-x)^2}{r^3}\frac{d}{ds}\left(\frac{r}{x'-x}\frac{dr}{dt'}\right)ds.$$

Or on a

$$\frac{r}{x'-x}\frac{dr}{dt'} = \frac{dx'}{dt'} + \frac{y'-y}{x'-x}\frac{dy'}{dt'} + \frac{z'-z}{x'-x}\frac{dz'}{dt'},$$

et, en différentiant par rapport à s,

$$\frac{d}{ds}\left(\frac{r}{x'-x}\frac{dr}{dt'}\right) = \frac{1}{(x'-x)^2}\left[(y'-y)\frac{dx}{ds} - (x'-x)\frac{dy}{ds}\right]\frac{dy'}{dt'}$$
$$- \frac{1}{(x'-x)^2}\left[(x'-x)\frac{dz}{ds} - (z'-z)\frac{dx}{ds}\right]\frac{dz'}{dt'}.$$

Remplaçons dans l'intégrale (a), qui devient

$$\frac{dy'}{dt'}\int\frac{1}{r^3}\left[(y'-y)\frac{dx}{ds} - (x'-x)\frac{dy}{ds}\right]ds$$
$$- \frac{dz'}{dt'}\int\frac{1}{r^3}\left[(x'-x)\frac{dz}{ds} - (z'-z)\frac{dx}{ds}\right]ds$$

ou

$$\left(\frac{dU}{dx'} - \frac{dT}{dy'}\right)\frac{1}{I}\frac{dy'}{dt'} - \left(\frac{dT}{dz'} - \frac{dV}{dx'}\right)\frac{1}{I}\frac{dz'}{dt'},$$

ou encore, en introduisant les composantes de la force magnétique (n° 1),

$$\mathfrak{G}\frac{1}{I}\frac{dy'}{dt'} - \mathfrak{H}\frac{1}{I}\frac{dz'}{dt'}.$$

En remplaçant dans l'expression de $P_1 + Q_1$ l'intégrale par cette valeur, on obtient enfin

$$P_1 + Q_1 = -\left(\frac{d\mathfrak{f}}{dt} - \frac{d\mathfrak{f}}{dt'}\frac{dt'}{dt}\right)\frac{dx'}{ds'} + \left(\mathfrak{c}\frac{dy'}{dt} - \mathfrak{w}\frac{dz'}{dt}\right)\frac{dx'}{ds'}.$$

Désignons par $\left(\dfrac{d\mathfrak{f}}{dt}\right)$ la dérivée particlle de $\mathfrak{f}$ relative au circuit s seulement, c'est-à-dire en regardant x', y', z' comme constants, nous aurons

$$\left(\frac{d\mathfrak{f}}{dt}\right) = \frac{d\mathfrak{f}}{dt} - \frac{d\mathfrak{f}}{dt'}\frac{dt'}{dt},$$

et, par suite,

$$P_1 + Q_1 = \left[-\left(\frac{d\mathfrak{f}}{dt}\right) + \mathfrak{c}\frac{dy'}{dt} - \mathfrak{w}\frac{dz'}{dt}\right]\frac{dx'}{ds'}.$$

F contient deux autres expressions semblables, et l'on a

$$F = \left[-\left(\frac{d\mathfrak{f}}{dt}\right) + \mathfrak{c}\frac{dy'}{dt} - \mathfrak{w}\frac{dz'}{dt}\right]\frac{dx'}{ds'} + \dots$$

D'après cela, considérons une force φ qui a pour composantes

$$-\left(\frac{d\mathfrak{f}}{dt}\right) + \mathfrak{c}\frac{dy'}{dt} - \mathfrak{w}\frac{dz'}{dt},$$

$$-\left(\frac{d\mathfrak{g}}{dt}\right) + \mathfrak{a}\frac{dz'}{dt} - \mathfrak{c}\frac{dx'}{dt},$$

$$-\left(\frac{d\mathfrak{h}}{dt}\right) + \mathfrak{w}\frac{dx'}{dt} - \mathfrak{a}\frac{dy'}{dt},$$

et nous obtiendrons la force électromotrice F qui agit en un point de ds', en projetant φ sur la tangente à ds'.

21. Si, au lieu d'un courant inducteur, nous en avons plusieurs, nous poserons

$$\sum \mathfrak{l}\int\frac{1}{r}\frac{dx}{ds}ds = \mathfrak{f}, \qquad \sum \mathfrak{l}\int\frac{1}{r}\frac{dy}{ds}ds = \mathfrak{g}, \qquad \sum \mathfrak{l}\int\frac{1}{r}\frac{dz}{ds}ds = \mathfrak{h},$$

le signe de sommation Σ se rapportant à tous ces courants; nous déterminerons $\mathfrak{a}$, $\mathfrak{w}$, $\mathfrak{c}$, au moyen de $\mathfrak{f}$, $\mathfrak{g}$, $\mathfrak{h}$ comme précédemment, et la force électromotrice exercée sur ds' s'obtiendra par la règle précédente.

Enfin, si, outre les courants S, il y a des aimants inducteurs, on raisonnera comme au n° 2, on pourra concevoir que chaque aimant est remplacé par une série de courants infiniment petits, auxquels correspondront des fonctions telles que $\mathfrak{F}$, $\mathfrak{G}$, $\mathfrak{H}$, et la même règle sera encore applicable pour déterminer la force électromotrice qui agit sur ds'.

Remarquons, en terminant ce sujet, que de la loi de Weber relative à l'action mutuelle de deux molécules électriques on déduit :

1° La loi d'Ampère relative à l'action mutuelle de deux éléments de courants;

2° L'action électrodynamique sur un élément de courant, puisqu'elle est une conséquence de la loi d'Ampère (n° 2);

3° La force électromotrice d'induction produite sur un élément de courant.

CHAPITRE IV.

THÉORIE DES COURANTS PERMANENTS DANS DES CONDUCTEURS DE FORME QUELCONQUE.

1. Si un conducteur homogène, de forme quelconque, est traversé par des courants électriques, provenant d'actions constantes, ces courants seront permanents. Nous nous sommes déjà occupés, dans le Chapitre I, de ces courants dans un conducteur à trois dimensions, et nous avons vu que le potentiel V de l'électricité satisfait en tout point de l'intérieur du conducteur à l'équation

$$\Delta V = 0.$$

Si l'on désigne par $\varkappa$ la conductibilité du corps pour l'électricité, les composantes de l'intensité du courant ont pour valeur en chaque point (x, y, z)

$$-\varkappa \frac{dV}{dx}, \quad -\varkappa \frac{dV}{dy}, \quad -\varkappa \frac{dV}{dz}.$$

L'équation

$$V = \text{const.}$$

représente les surfaces de niveau et les courants sont normaux à ces surfaces.

Pour les surfaces du conducteur qui sont libres, c'est-à-dire au contact de l'air, les courants sont dirigés suivant ces surfaces, et l'on a, en désignant par dn' l'élément de normale intérieure,

$$\frac{dV}{dn'} = 0.$$

*Conducteur traversé par un courant entrant et sortant par deux points
de sa surface.*

2. Plaçons les deux extrémités de deux fils métalliques très fins en
contact avec la surface d'un conducteur aux deux points A et A', le reste
de cette surface étant isolé, et relions ces deux fils aux pôles d'une
pile galvanique.

Le potentiel V doit provenir d'une couche d'électricité située sur la
surface du corps; mais, comme, les contacts des fils étant supposés
réduits aux points A et A', V doit être infini en ces points, il faut supposer aux points A et A' deux masses finies d'électricité C et C' et nous
poserons

$$V = \frac{C}{t} + \frac{C'}{t'} + U,$$

U étant le potentiel d'une couche électrique située sur la surface et t
et t' étant les distances des points A et A' au point (x, y, z). Cette
introduction des deux premiers termes de V peut ne pas paraître parfaitement claire; mais elle sera complètement expliquée plus loin.

Désignons par I l'intensité du courant qui entre par A et sort par A',
et considérons ces deux points comme situés dans le conducteur à une
distance infiniment petite de la surface. Autour du point A, décrivons
une sphère d'un rayon infiniment petit ε et située dans la surface du
conducteur. Sur cette surface, V pourra être réduit à son premier terme
et l'on aura

$$I = - 4\pi\varepsilon^2 \frac{dV}{dt} = 4\pi C.$$

On en conclut pour la constante C la valeur

$$C = \frac{I}{4\pi},$$

et l'on a de même

$$C' = - \frac{I}{4\pi} = - C;$$

l'expression de V devient donc

$$V = \frac{I}{4\pi}\left(\frac{1}{t} - \frac{1}{t'}\right) + U.$$

Sur la couche électrique qui produit le potentiel électromoteur.

3. Un conducteur étant traversé par des courants permanents qui entrent par un point A et sortent par A', le potentiel V est donc exprimé par la formule

$$V = C\left(\frac{1}{t} - \frac{1}{t'}\right) + U,$$

et la fonction U est définie par les conditions suivantes : U est fini et continu, ainsi que ses dérivées du premier ordre, excepté sur la surface σ qui limite le corps; il satisfait dans tout l'espace à l'équation

$$\Delta U = 0$$

et sur la surface σ à la condition

$$(1) \qquad C\frac{d}{dn'}\left(\frac{1}{t} - \frac{1}{t'}\right) + \frac{dU}{dn'} = 0.$$

La fonction U n'est ainsi déterminée à l'intérieur qu'à une constante additive près, qui représentera le potentiel d'une couche électrostatique, dont l'action sur les points intérieurs sera nulle. Faisons abstraction de cette constante.

Considérons une fonction P donnée par la formule

$$P = \int \frac{d\frac{1}{r}}{dn} \varphi \, d\sigma \qquad \text{avec} \qquad \varphi = \frac{1}{4\pi} V_0,$$

où V_0 désigne la valeur de V à la surface et r la distance du point (x, y, z) à l'élément $d\sigma$. La fonction P représente le potentiel d'une double couche d'électricité, analogue aux doubles couches magnétiques que nous avons considérées précédemment et, adoptant un terme déjà employé, nous appellerons φ la puissance de la double couche électrique. Nous allons démontrer qu'à l'intérieur du conducteur P est égal à U.

Remplaçons φ par sa valeur dans P et il s'agit de prouver que l'on a

$$(2) \qquad \frac{C}{4\pi} \int \left(\frac{1}{t} - \frac{1}{t'} \right) \frac{d\frac{1}{r}}{dn'} d\sigma + \frac{1}{4\pi} \int \frac{d\frac{1}{r}}{dn'} U \, d\sigma = U,$$

t et t' étant les distances de $d\sigma$ aux points A et A', et U dans le premier membre désignant la valeur de cette fonction sur $d\sigma$.

Nous avons (Chap. II, n° 13)

$$(3) \qquad 4\pi U = \int U \frac{d\frac{1}{r}}{dn'} d\sigma - \int \frac{1}{r} \frac{dU}{dn'} d\sigma$$

ou

$$(4) \qquad \int U \frac{d\frac{1}{r}}{dn'} d\sigma = 4\pi U + \int \frac{1}{r} \frac{dU}{dn'} d\sigma,$$

ce qui transforme le second terme de la formule (2); mais, pour transformer le premier terme, il est nécessaire de reprendre la démonstration qui a servi à établir (3).

Nous avons la formule générale

$$(5) \qquad \int v \, \Delta w \, d\varpi - \int w \, \Delta v \, d\varpi = - \int v \frac{dw}{dn} d\sigma + \int w \frac{dv}{dn'} d\sigma,$$

les intégrales du premier membre étant étendues à tous les éléments de volume $d\varpi$ du conducteur et celles du second membre à tous les éléments $d\sigma$ de sa surface. Toutefois, si l'on fait $w = \frac{1}{r}$, $v = \frac{1}{t}$, il faudra enlever au volume les éléments dans lesquels ces fonctions deviennent infinies. Nous avons dit (n° 2) que le point A doit être regardé comme intérieur à la surface σ et situé à une distance infiniment petite de cette surface. D'après cela, décrivons une sphère infiniment petite autour du point (x, y, z) et une autre sphère infiniment petite de rayon ε autour de A et située à l'intérieur de σ; puis appliquons la formule précédente au volume du conducteur diminué de ces deux sphères. Désignons respectivement par σ' et σ'' les surfaces de ces deux sphères. En remarquant que le premier membre de l'équation (5)

13

est nul, nous aurons

$$
(\text{A})
\left\{
\begin{aligned}
0 &= -\int \frac{1}{t}\frac{d\frac{1}{r}}{dn'}\,d\sigma + \int \frac{1}{r}\frac{d\frac{1}{t}}{dn'}\,d\sigma \\
&\quad -\int \frac{1}{t}\frac{d\frac{1}{r}}{dr}\,d\sigma' + \int \frac{1}{r}\frac{d\frac{1}{t}}{dr}\,d\sigma' \\
&\quad -\int \frac{1}{t}\frac{d\frac{1}{r}}{d\xi}\,d\sigma'' + \int \frac{1}{r}\frac{d\frac{1}{t}}{d\xi}\,d\sigma''.
\end{aligned}
\right.
$$

Or, on reconnait facilement que les quatrième et cinquième intégrales sont nulles et que les troisième et sixième sont égales à $-4\pi\frac{1}{T}$, T étant la distance du point (x, y, z) à A, et, comme elles entrent avec des signes contraires, elles se détruisent. Ainsi l'équation se réduit à

$$
(6) \qquad \int \frac{1}{t}\frac{d\frac{1}{r}}{dn'}\,d\sigma = \int \frac{1}{r}\frac{d\frac{1}{t}}{dn'}\,d\sigma;
$$

on a de même

$$
(7) \qquad \int \frac{1}{t'}\frac{d\frac{1}{r}}{dn'}\,d\sigma = \int \frac{1}{r}\frac{d\frac{1}{t'}}{dn'}\,d\sigma.
$$

Substituons (1), (6), (7) dans (2) et nous obtenons

$$
\int \frac{1}{r}\left[c\,\frac{d}{dn'}\left(\frac{1}{t} - \frac{1}{t'}\right) + \frac{dU}{dn'} \right] d\sigma = 0;
$$

ce qui est exact d'après l'équation (1).

Ainsi, il est démontré que la fonction P se confond avec U à l'intérieur du conducteur; prouvons maintenant que P se réduit à

$$
-c\left(\frac{1}{t} - \frac{1}{t'}\right)
$$

pour les points extérieurs.

4. Désignons par dn l'élément de normale extérieure; il s'agit de prouver qu'on a

$$(8)\qquad \frac{C}{4\pi}\int\left(\frac{1}{t}-\frac{1}{t'}\right)\frac{d\frac{1}{r}}{dn}d\sigma + \frac{1}{4\pi}\int U\frac{d\frac{1}{r}}{dn}d\sigma = C\left(\frac{1}{t}-\frac{1}{t'}\right).$$

Le point (x, y, z) étant maintenant extérieur, on a, au lieu de l'équation (3),

$$(9)\qquad \int U\frac{d\frac{1}{r}}{dn}d\sigma = \int \frac{1}{r}\frac{dU}{dn}d\sigma.$$

Nous pouvons encore appliquer l'équation (4); mais, comme le point (x, y, z) est situé en dehors du conducteur, nous n'avons plus à mener la surface σ' autour de ce point; il faut donc supprimer les troisième et quatrième intégrales de cette équation; mais la cinquième intégrale sera encore nulle et la sixième égale à $-4\pi\frac{1}{t}$. On a donc, en remplaçant les dérivées par rapport à n' par des dérivées par rapport à n, ce qui change leur signe,

$$(10)\qquad \int \frac{1}{t}\frac{d\frac{1}{r}}{dn}d\sigma = 4\pi\frac{1}{t} + \int \frac{1}{r}\frac{d\frac{1}{t}}{dn}d\sigma;$$

on a de même

$$(11)\qquad \int \frac{1}{t'}\frac{d\frac{1}{r}}{dn}d\sigma = 4\pi\frac{1}{t'} + \int \frac{1}{r}\frac{d\frac{1}{t'}}{dn}d\sigma.$$

Substituons (9), (10) et (11) dans (8) et nous aurons

$$(12)\qquad \int \frac{1}{r}\left[C\frac{d}{dn}\left(\frac{1}{t}-\frac{1}{t'}\right) + \frac{dU}{dn}\right]d\sigma = 0.$$

Tous les résultats précédents sont des conséquences rigoureuses de l'Analyse. Mais, maintenant, admettons que la fonction U, qui se confond avec P à l'intérieur du conducteur, coïncide aussi avec P à l'extérieur; U sera donc le potentiel d'une double couche, il variera d'une manière discontinue à travers la surface σ; mais sa dérivée, suivant la normale, variera d'une manière continue; on aura donc

$$\frac{dU}{dn} = -\frac{dU'}{dn},$$

et la formule (1) pourra s'écrire

$$C\frac{d}{dn}\left(\frac{1}{r} - \frac{1}{t}\right) + \frac{dU}{dn} = 0;$$

l'équation (12) est donc satisfaite.

Ainsi, à l'extérieur, U a la valeur que nous avons indiquée et, par suite, V est nul.

On admet généralement que U est le potentiel d'une couche simple d'électricité; regardons, d'après ce qui précède, U comme le potentiel d'une double couche d'électricité située sur la surface σ, et nous aurons le théorème suivant :

Quand un corps est traversé par des courants permanents, sa surface se recouvre d'une double couche d'électricité dont l'action, jointe à celle des points A et A', produit la force électromotrice sur les points intérieurs, tandis que l'action totale de cette couche et des points A et A' est nulle à l'extérieur. Le corps peut, en outre, être recouvert d'une couche électrostatique dont l'action totale est nulle à l'intérieur.

5. La double couche d'électricité qui recouvre le conducteur est analogue aux doubles couches magnétiques fictives employées par Ampère en Électrodynamique et à la double couche qui se trouve au contact de deux métaux dans le principe de Volta; mais la puissance de la double couche est ici variable et égale à $\frac{1}{4\pi}$ V.

Cette double couche n'est pas plus difficile à concevoir que celle qui se présente sur les surfaces de contact de deux métaux, une couche se trouvant sur le conducteur et l'autre dans l'air à une distance excessivement petite.

Par la substitution d'une double couche à une simple couche électrique, les courants ne sont pas altérés et l'action magnétique de ces courants reste encore la même; mais la double couche sera sans action à l'extérieur et s'obtiendra immédiatement, quand on aura calculé le potentiel V. Au contraire, dans l'hypothèse d'une simple couche électromotrice, la densité D de cette couche est donnée par la formule

$$D = -\frac{1}{4\pi}\left(\frac{dV}{dn'} + \frac{dV'}{dn}\right) = -\frac{1}{4\pi}\frac{dV'}{dn},$$

en désignant par V' le potentiel extérieur de cette couche. Par conséquent, outre la détermination de la fonction V, il faut encore, pour achever la solution du problème, faire celle de V', qui est souvent beaucoup plus difficile. Ainsi, par exemple, nous déterminerons plus loin le potentiel V relatif aux courants qui traversent un parallélépipède rectangle et la recherche de la fonction V', dans ce problème, serait extrêmement difficile.

Ainsi, cette théorie doit être considérée comme plus simple que l'ancienne, et je ferai remarquer, sans que je veuille pourtant trop insister sur cette raison, que l'histoire des Sciences physiques montre que, de deux théories qui semblent d'abord satisfaire également à l'expérience, la plus simple est celle qui a le plus de chance d'être la vraie.

En généralisant le principe de la réaction égale et directement opposée à l'action, on peut s'expliquer cette double couche de la manière suivante. Le potentiel V se compose de deux parties : l'une, V, qui provient d'une couche d'électricité située à la surface du conducteur et d'une autre partie qui provient, comme nous verrons plus loin, de l'électricité qui se trouve sur les électrodes. Or, bien que la cause première du mouvement de l'électricité réside dans la pile, on peut néanmoins, dans les deux théories, regarder la force électromotrice comme émanant de la surface du conducteur et des fils; cette force sépare les deux électricités à l'intérieur du conducteur. Donc, réciproquement, l'intérieur du conducteur doit être le siège de forces qui séparent les deux électricités sur la surface du conducteur, et l'on arrive ainsi à la conception de la double couche située à la surface.

On peut maintenant se proposer d'expliquer le résultat d'expériences de Thomson indiqué Chap. II, nᵒˢ 2 et 3. La force électromotrice au contact de deux métaux est produite par la double couche qui se trouve à ce contact. Or, lorsque le corps formé par ces deux métaux est traversé par un courant permanent, sa surface libre se recouvre d'une double couche d'électricité, et il est naturel de penser qu'en

même temps la double couche, qui se trouve sur la surface de séparation des deux métaux, se modifie; ce qui explique le résultat obtenu
par Thomson.

Détermination de la force magnétique des courants.

6. Nous avons calculé (Chap. II, n° 22) la force magnétique qui
provient d'un courant linéaire fermé. Pour cela, nous avons considéré
les fonctions

$$F = \int \frac{1}{r} \frac{dx'}{ds} ds, \qquad G = \int \frac{1}{r} \frac{dy'}{ds} ds, \qquad H = \int \frac{1}{r} \frac{dz'}{ds} ds,$$

r étant la distance d'un point quelconque (x, y, z) à un point (x', y', z')
situé sur ds et les intégrales étant prises pour tous les éléments ds du
circuit fermé. Désignons par I l'intensité du courant linéaire, par τ la
section du fil qui peut être variable et par i l'intensité du courant par
unité de surface. Posons

$$\mathfrak{F} = IF, \qquad \mathfrak{G} = IG, \qquad \mathfrak{H} = IH,$$

et désignons par u, v, w les composantes de i; nous aurons, en remarquant que I est égal à $i\tau$,

$$\mathfrak{F} = \int \frac{1}{r} i \frac{dx'}{ds} \tau \, ds = \int \frac{1}{r} u \, d\varpi,$$

où $d\varpi$ désigne l'élément de volume $\tau \, ds$. On a de même

$$\mathfrak{G} = \int \frac{v}{r} d\varpi, \qquad \mathfrak{H} = \int \frac{w}{r} d\varpi.$$

Ensuite, d'après ce qu'on a vu à l'endroit cité, les composantes de la
force magnétique du courant linéaire sur le point (x, y, z) sont

$$I\left(\frac{dH}{dy} - \frac{dG}{dz}\right) = \frac{d\mathfrak{H}}{dy} - \frac{d\mathfrak{G}}{dz}, \qquad \frac{d\mathfrak{F}}{dz} - \frac{d\mathfrak{H}}{dx}, \qquad \frac{d\mathfrak{G}}{dx} - \frac{d\mathfrak{F}}{dy}.$$

Prenons dans chacune de ces expressions l'élément d'intégrale qui
est multipliée par $d\varpi$; nous considérerons ces trois éléments d'inté-

grale comme les composantes de la force provenant de l'élément $d\varpi$ et agissant sur l'unité de fluide magnétique placée au point (x, y, z).

7. Passons de là aux courants permanents d'un conducteur quelconque et décomposons-les en courants linéaires; nous pourrons appliquer à chacun de ces courants les formules précédentes. Posons donc

$$\mathfrak{F} = \int \frac{u}{r}\, d\varpi, \qquad \mathfrak{G} = \int \frac{v}{r}\, d\varpi, \qquad \mathfrak{H} = \int \frac{w}{r}\, d\varpi,$$

en étendant les intégrales à tout le volume du conducteur; nous aurons pour les composantes de la force magnétique provenant de tous les courants du conducteur et agissant sur le point (x, y, z)

$$X = \frac{d\mathfrak{H}}{dy} - \frac{d\mathfrak{G}}{dz}, \qquad Y = \frac{d\mathfrak{F}}{dz} - \frac{d\mathfrak{H}}{dx}, \qquad Z = \frac{d\mathfrak{G}}{dx} - \frac{d\mathfrak{F}}{dy}.$$

8. Remarquons que, d'après les expressions de $\mathfrak{F}$, $\mathfrak{G}$, $\mathfrak{H}$, on a, à l'intérieur du conducteur,

$$\Delta\mathfrak{F} = -4\pi u, \qquad \Delta\mathfrak{G} = -4\pi v, \qquad \Delta\mathfrak{H} = -4\pi w,$$

et les premiers membres de ces équations sont nuls en dehors du conducteur.

D'autre part, si l'on désigne par x', y', z' les coordonnées de $d\varpi$, on a

$$\begin{aligned}
\frac{d\mathfrak{F}}{dx} + \frac{d\mathfrak{G}}{dy} + \frac{d\mathfrak{H}}{dz} &= \int \left(u\,\frac{dr^{-1}}{dx} + v\,\frac{dr^{-1}}{dy} + w\,\frac{dr^{-1}}{dz} \right) d\varpi \\
&= -\int \left(u\,\frac{dr^{-1}}{dx'} + v\,\frac{dr^{-1}}{dy'} + w\,\frac{dr^{-1}}{dz'} \right) d\varpi \\
&= -\int (u\cos\lambda + v\cos\mu + w\cos\nu)\,\frac{d\sigma}{r} \\
&\quad + \int \left(\frac{du}{dx'} + \frac{dv}{dy'} + \frac{dw}{dz'} \right) \frac{d\varpi}{r},
\end{aligned}$$

λ, μ, ν étant les angles de la normale extérieure avec les axes des x, y, z.

Le mouvement étant permanent, la seconde intégrale a tous ses éléments nuls et il reste l'équation

$$\frac{d\mathfrak{F}}{dx} + \frac{d\mathfrak{G}}{dy} + \frac{d\mathfrak{H}}{dz} = -\int (u\cos\lambda + v\cos\mu + w\cos\nu)\,\frac{d\sigma}{r}.$$

le point (x, y, z) étant d'ailleurs intérieur ou extérieur.

Si les courants entrent et sortent sur le conducteur par deux points A et A' seulement, l'intégrale précédente n'aura une valeur que par les éléments situés en A et A', et l'on en conclut, en désignant par I l'intensité totale du courant qui entre en A et par t et t' les distances du point (x, y, z) aux points A et A',

$$\frac{d\xi}{dx} + \frac{d\eta}{dy} + \frac{d\zeta}{dz} = I\left(\frac{1}{t} - \frac{1}{t'}\right).$$

9. Les composantes X, Y, Z de la force magnétique peuvent être assimilées à des potentiels. En effet, on a

$$X = \int\left(w\,\frac{dr^{-1}}{dy} - v\,\frac{dr^{-1}}{dz}\right) d\varpi = -\int\left(w\,\frac{dr^{-1}}{dy'} - v\,\frac{dr^{-1}}{dz'}\right) d\varpi$$
$$= \varkappa\int\left(\frac{dV}{dz'}\,\frac{dr^{-1}}{dy'} - \frac{dV}{dy'}\,\frac{dr^{-1}}{dz'}\right) d\varpi.$$

Appliquons l'intégration par parties à chacun des termes ; les intégrales relatives au volume se détruisent et il reste

$$X = \varkappa\int\left(\frac{dV}{dz}\cos\mu - \frac{dV}{dy'}\cos\nu\right)\frac{d\sigma}{r}.$$

X peut donc être considéré comme le potentiel d'une couche distribuée sur σ ; il en est de même de Y et Z. Par suite, on a dans tout l'espace

$$\Delta X = 0, \qquad \Delta Y = 0, \qquad \Delta Z = 0.$$

Expression des composantes du courant au moyen des composantes de la force magnétique.

10. Considérons une courbe plane s. Supposons qu'un courant linéaire fermé S dont l'intensité est J traverse l'espace plan compris par s, et désignons par X, Y, Z les composantes de la force magnétique qui provient de ce courant. D'après ce que nous avons vu (Chap. II, n° 16), nous aurons

$$(1) \qquad J = \frac{1}{4\pi}\int (X\,dx + Y\,dy + Z\,dz),$$

l'intégrale étant prise tout le long de la courbe s. Si l'on a un nombre quelconque de courants linéaires qui passent à travers la courbe s, on pourra appliquer à chacun une équation semblable. Si, en outre, il existe des courants qui ne traversent pas la ligne s, on aura, pour chacun de ces courants,

$$(2) \qquad 0 = \frac{1}{4\pi} \int (X\,dx + Y\,dy + Z\,dz).$$

Donc, en ajoutant toutes les équations semblables à (1) et (2), on aura une équation qu'on peut représenter par (1) et où alors J désignera l'intensité totale des courants qui traverseront s, tandis que X, Y, Z seront les composantes de la force magnétique qui provient de tous les courants, et l'intégrale sera encore prise le long de la courbe s.

Ensuite, au lieu de courants linéaires séparés, supposons des courants continus et permanents, et nous pourrons également appliquer l'équation (1) à ces courants.

11. Cela posé, par un point quelconque (x, y, z) d'un conducteur traversé par des courants permanents, menons un rectangle $dx\,dy$ dont les côtés infiniment petits dx, dy sont parallèles aux axes des x et y. Désignons par u, v, w les composantes de l'intensité du courant au point (x, y, z); le courant, qui traversera ce rectangle dans le sens des z positifs, aura pour valeur

$$w\,dx\,dy,$$

et, si nous appliquons la formule (1), nous aurons

$$w\,dx\,dy = \frac{1}{4\pi} \int (X\,dx + Y\,dy + Z\,dz),$$

l'intégrale étant prise le long du périmètre du rectangle.

Appliquons ensuite ce théorème donné (Chap. II, n° 20) : Si s est une ligne fermée et σ une surface passant par cette ligne et qui y est limitée, on a

$$\int (X\,dx + Y\,dy + Z\,dz)$$
$$= \int \left[l\left(\frac{dZ}{dy} - \frac{dY}{dz}\right) + m\left(\frac{dX}{dz} - \frac{dZ}{dx}\right) + n\left(\frac{dY}{dx} - \frac{dX}{dy}\right) \right] d\sigma,$$

la première intégrale étant prise tout le long de la ligne s et la seconde sur toute la surface σ. Enfin, l, m, n sont les cosinus directeurs de la normale positive menée à σ.

En prenant pour la ligne s le rectangle infiniment petit dont les côtés sont dx et dy, nous aurons à faire $l = 0$, $m = 0$, $n = 1$, et il en résulte

$$\int (X\,dx + Y\,dy + Z\,dz) = \left(\frac{dY}{dx} - \frac{dX}{dy}\right) dx\,dy.$$

Nous en concluons la première des trois équations semblables

$$4\pi w = \frac{dY}{dx} - \frac{dX}{dy},$$

$$4\pi u = \frac{dZ}{dy} - \frac{dY}{dz},$$

$$4\pi v = \frac{dX}{dz} - \frac{dZ}{dx}.$$

Pour démontrer ces équations, nous avons supposé le mouvement permanent, et il est facile de voir qu'effectivement elles ne sont pas vraies dans le cas général ; car on en déduit l'équation

$$\frac{du}{dx} + \frac{dv}{dy} + \frac{dw}{dz} = 0,$$

d'après laquelle la densité de l'électricité est nulle ou au moins indépendante du temps.

Expression du potentiel de l'électricité qui n'est pas sur le conducteur.

12. D'après ce qui précède, les composantes u, v, w du courant peuvent s'exprimer de deux manières : soit par les composantes de la force électromotrice au moyen des formules

$$u = -\varkappa \frac{dV}{dx}, \qquad v = -\varkappa \frac{dV}{dy}, \qquad w = -\varkappa \frac{dV}{dz},$$

soit par les composantes de la force magnétique au moyen des formules du numéro précédent.

Le potentiel V se composera du potentiel V_1 de la double couche située à la surface du conducteur et du potentiel V_2 de l'électricité extérieure. Désignons par u_1, v_1, w_1 les composantes du courant provenant de V_1, et par u_2, v_2, w_2 celles qui proviennent de V_2. Désignons aussi par X_1, Y_1, Z_1 et par X_2, Y_2, Z_2 les composantes électromagnétiques correspondantes. Nous aurons

$$u_1 = -\varkappa \frac{dV_1}{dx} = \frac{1}{4\pi}\left(\frac{dZ_1}{dy} - \frac{dY_1}{dz}\right).$$

Remplaçons X_1, Y_1, Z_1 par leurs valeurs en fonction de $\mathfrak{F}$, $\mathfrak{G}$, $\mathfrak{H}$ données n° 7 et nous aurons

$$-4\pi\varkappa \frac{dV_1}{dx} = \frac{d^2\mathfrak{G}}{dx\,dy} - \frac{d^2\mathfrak{F}}{dy^2} - \frac{d^2\mathfrak{F}}{dz^2} + \frac{d^2\mathfrak{H}}{dx\,dz} = \frac{d}{dx}\left(\frac{d\mathfrak{F}}{dx} + \frac{d\mathfrak{G}}{dy} + \frac{d\mathfrak{H}}{dz}\right) - \Delta\mathfrak{F},$$

les fonctions $\mathfrak{F}$, $\mathfrak{G}$, $\mathfrak{H}$ étant les intégrales de ce numéro étendues au conducteur seulement. Or nous avons

$$\Delta\mathfrak{F} = -4\pi u = 4\pi\varkappa\left(\frac{dV_1}{dx} + \frac{dV_2}{dx}\right),$$

qui, substitué dans l'équation précédente, donne

$$4\pi\varkappa\frac{dV_2}{dx} = \frac{d}{dx}\left(\frac{d\mathfrak{F}}{dx} + \frac{d\mathfrak{G}}{dy} + \frac{d\mathfrak{H}}{dz}\right).$$

Comme on a deux équations semblables pour les dérivées de V_2 par rapport à y et z, on obtient, à une constante additive près, qui peut être supprimée, puisqu'elle est sans influence sur les courants,

$$V_2 = \frac{1}{4\pi\varkappa}\left(\frac{d\mathfrak{F}}{dx} + \frac{d\mathfrak{G}}{dy} + \frac{d\mathfrak{H}}{dz}\right).$$

Mais on a trouvé ci-dessus (n° 8)

$$\frac{d\mathfrak{F}}{dx} + \frac{d\mathfrak{G}}{dy} + \frac{d\mathfrak{H}}{dz} = -\int (u\cos\lambda + v\cos\mu + w\cos\nu)\frac{d\sigma}{r};$$

on a donc aussi

$$V_2 = \frac{-1}{4\pi\varkappa}\int (u\cos\lambda + v\cos\mu + w\cos\nu)\frac{d\sigma}{r}.$$

Le potentiel V_2 est ainsi exprimé au moyen des composantes du courant à son entrée et à sa sortie du conducteur.

Dans le cas où le courant entre et sort par deux points seulement, on a

$$V_2 = \frac{1}{4\pi\alpha}\left(\frac{1}{t} - \frac{1}{t'}\right),$$

conformément à ce que nous avons trouvé (n° 2). Mais le raisonnement qui avait servi à établir cette formule pouvait inspirer des doutes. Nous voyons maintenant que les points A et A′ devaient être pris effectivement non à la surface du conducteur, mais à l'intérieur et à une distance infiniment petite, et qu'il fallait considérer autour de ces points non un hémisphère, mais une sphère infiniment petite.

Potentiel de l'électricité située à la surface d'un conducteur linéaire.

13. Supposons d'abord un conducteur linéaire qui soit rectiligne et un courant qui le parcourt depuis une distance infinie jusqu'à un point A.

Menons l'axe des z suivant le conducteur linéaire, mais dans le sens opposé au courant. Nous pouvons déterminer l'action du courant sur l'unité de fluide magnétique positif au point (x, y, z) par la formule de Laplace. Un point du courant étant désigné par (o, o, z′), l'action d'un élément de courant dz' sur (x, y, z) a pour grandeur (Chap. II, n° 38)

$$\chi\, dz' = I\,\frac{dz'}{r^2}\sin(r,\, dz') = I\,\frac{p\, dz'}{[(z'-z)^2 + p^2]^{\frac{3}{2}}},$$

en désignant par I l'intensité du courant linéaire et par p la distance du point (x, y, z) à l'axe des z; de plus, cette force est perpendiculaire au plan mené par cet axe et par ce point, et ces composantes suivant les trois axes des coordonnées sont

$$\chi\sin\alpha\, dz', \quad -\chi\cos\alpha\, dz', \quad \text{o},$$

α étant l'angle de p avec le plan des zx.

Désignons par c la distance du point A à l'origine des coordonnées et par t la distance du point (x, y, z) à A; nous aurons

$$t = \sqrt{(c - z)^2 + p^2},$$

$$\int_c^z \chi \, dz' = I\frac{1}{p}\left(+ 1 - \frac{c - z}{t}\right) = IT,$$

et les composantes de la force magnétique sur le point (x, y, z) seront (Chap. II, n° 39)

$$X_2 = IT \sin \alpha, \qquad Y_2 = -IT \cos \alpha, \qquad Z_2 = 0.$$

14. Concevons ensuite que le fil apporte au point A son courant dans un conducteur II à trois dimensions. Alors, u_2, v_2, w_2 étant les parties des composantes du courant dans le conducteur II dues à l'action magnétique du fil, nous aurons

$$4\pi u_2 = \frac{dZ_2}{dy} - \frac{dY_2}{dz}, \qquad 4\pi v_2 = \frac{dX_2}{dz} - \frac{dZ_2}{dx}, \qquad 4\pi w_2 = \frac{dY_2}{dx} - \frac{dX_2}{dy}.$$

D'après cela, nous obtenons d'abord

$$4\pi u_2 = -\frac{dY_2}{dz} = I\frac{dT}{dz}\cos\alpha,$$

$$4\pi v_2 = \frac{dX_2}{dz} = I\frac{dT}{dz}\sin\alpha$$

et

$$-\frac{dT}{dz} = \frac{1}{p}\frac{d}{dz}\left(\frac{c - z}{t}\right) = -\frac{p}{t^3},$$

puis, comme on a $\cos\alpha = \frac{x}{p}$, $\sin\alpha = \frac{y}{p}$, il en résulte

$$4\pi u_2 = I\frac{x}{t^3}, \qquad 4\pi v_2 = I\frac{y}{t^3}$$

ou

$$u_2 = -\frac{1}{4\pi}\frac{d}{dx}\left(\frac{1}{t}\right), \qquad v_2 = -\frac{1}{4\pi}\frac{d}{dy}\left(\frac{1}{t}\right).$$

Ensuite nous avons

$$w_2 = -\frac{1}{4\pi}\left(\frac{dT}{dp} + \frac{1}{p}T\right) = -\frac{1}{4\pi}\frac{c - z}{t^3} = -\frac{1}{4\pi}\frac{d}{dz}\left(\frac{1}{t}\right).$$

Ainsi u_2, v_2, w_2 sont les composantes d'un courant qui proviennent d'un potentiel égal à $\dfrac{1}{4\pi\varkappa}\dfrac{1}{t}$, et ce résultat est évidemment indépendant des axes de coordonnées.

Nous pouvons facilement passer de ce théorème à celui qui concerne un courant linéaire de forme quelconque. D'abord, sur le courant rectiligne indéfini, prenons une longueur finie terminée aux deux points B et B', le courant allant de B' vers B; cette portion de courant pourra être considérée comme la différence entre deux courants rectilignes indéfinis terminés en B et B'; donc les composantes du courant qui en résultera dans le conducteur II seront

$$-\frac{1}{4\pi}\frac{d}{dx}\left(\frac{1}{t_{\text{B}}}-\frac{1}{t_{\text{B'}}}\right),\quad\ldots,$$

t_{B} et $t_{\text{B'}}$ étant les distances de B et B' au point $(x,\,y,\,z)$. Prenons ensuite un courant linéaire curviligne entrant au point A du conducteur II. Les composantes du courant dans II, dues à une longueur infiniment petite ds du fil, seront

$$\frac{1}{4\pi}\frac{d}{dx}\left(\frac{d\frac{1}{t}}{ds}\right)ds,\quad\ldots,$$

et celles qui sont dues au fil entier seront

$$\frac{1}{4\pi}\frac{d}{dx}.\int\frac{d\frac{1}{t}}{ds}\,ds=-\frac{1}{4\pi}\frac{d}{dx}\left(\frac{1}{t}-\frac{1}{t_1}\right),\quad\ldots,$$

t et t_1 étant les distances du point $(x,\,y,\,z)$ au point A et à l'autre extrémité du fil.

Ainsi, le potentiel de l'électricité située sur le fil est égal à

$$\frac{1}{4\pi\varkappa}\left(\frac{1}{t}-\frac{1}{t_1}\right)$$

et se réduit à $\dfrac{1}{4\pi\varkappa}\dfrac{1}{t}$, si la seconde extrémité du fil est à une distance qu'on peut regarder comme infinie. Cette électricité se composera d'une double couche qui revêtira le fil. Le potentiel de l'électricité du fil se substitue ainsi au potentiel du point A par lequel entre le courant dans le conducteur, potentiel qui avait été d'abord considéré au n° 2. On aurait à faire une remarque semblable pour le potentiel de l'électricité d'un fil qui emmène l'électricité du conducteur.

Conducteur dans lequel pénètrent les deux électrodes.

15. Au lieu que les extrémités A et A' des deux électrodes viennent en contact avec la surface du conducteur, supposons qu'elles pénètrent dans le conducteur étant revêtues d'une substance isolatrice. Plusieurs savants ont admis, d'après le raisonnement du n° 2, que le potentiel de l'électricité du conducteur est donné encore par la formule de ce numéro

$$V = C\left(\frac{1}{t} - \frac{1}{t'}\right) + C.$$

Mais, d'après ce que nous avons vu, les deux extrémités A et A' ne jouent qu'un rôle fictif, et il faut substituer à leur potentiel celui d'une double couche située sur les fils. Or il n'est pas évident que la double couche se comporte auprès de la substance isolatrice de la même manière qu'auprès de l'air. Concevons, par exemple, que la puissance de la double couche soit multipliée par une constante h sur la substance isolatrice. Désignons par t_1 et t'_1 les distances du point (x, y, z) aux points où les électrodes pénètrent dans le conducteur, et nous aurons pour les potentiels de l'électricité des deux fils les deux expressions

$$C\left(\frac{h}{t} - \frac{h}{t_1} + \frac{1}{t_1}\right), \quad -C\left(\frac{h}{t'} - \frac{h}{t'_1} + \frac{1}{t'_1}\right).$$

Courants permanents dans un conducteur sphérique.

16. Nous allons déterminer le mouvement permanent de l'électricité dans une sphère conductrice homogène, en supposant d'abord que les deux fils électrodes pénètrent dans la sphère, et que les parties des fils situées dans la sphère sont recouvertes d'une matière isolante. Tou-

tefois, pour simplifier, supposons que la quantité h du n° 15 soit égale à l'unité.

Prenons des coordonnées sphériques. Désignons par a le rayon de la sphère et par R, ψ, θ le rayon vecteur, la longitude et le complément de la latitude du point M où l'on prend le potentiel. Représentons aussi par (R', ψ', θ') et (R'', ψ'', θ'') les coordonnées des extrémités A et A' des électrodes. Nous avons, à une constante près,

$$V = C\left(\frac{1}{i} - \frac{1}{i'}\right) + U$$

et, le potentiel U de la double couche qui recouvre la sphère satisfaisant à $\Delta U = o$, nous pouvons poser

$$U = \sum_1^\infty Y_n \frac{R^n}{a^n}.$$

Nous avons à exprimer la condition

$$(1) \qquad \frac{dV}{dR} = o \qquad \text{pour} \qquad R = a;$$

pour cela, développons $\frac{1}{i}$ et $\frac{1}{i'}$ suivant les puissances de $\frac{1}{R}$, en regardant R comme plus grand que R' et R''; alors, si nous désignons par α et α' les angles formés par R avec R' et R'', nous aurons

$$\frac{1}{i} = \frac{1}{R}\left(1 - 2\frac{R'}{R}\cos\alpha + \frac{R'^2}{R^2}\right)^{-\frac{1}{2}} = \frac{1}{R}\sum_0^\infty X_n \frac{R'^n}{R^n},$$

$$\frac{1}{i'} = \frac{1}{R}\left(1 - 2\frac{R'}{R}\cos\alpha' + \frac{R''^2}{R^2}\right)^{-\frac{1}{2}} = \frac{1}{R}\sum_0^\infty X'_n \frac{R''^n}{R^n}.$$

Il en résulte

$$V = C\sum_0^\infty\left(X_n \frac{R'^n}{R^{n+1}} - X'_n \frac{R''^n}{R^{n+1}}\right) + \sum_1^\infty Y_n \frac{R^n}{a^n}.$$

Substituons cette expression dans l'équation (1) et égalons à zéro dans le résultat séparément les fonctions sphériques de chaque ordre ; nous aurons

$$Y_n = \frac{n+1}{na^{n+1}} C(X_n R'^n - X'_n R''^n).$$

et il en résulte

$$(2) \quad \begin{cases} \displaystyle\sum_1^\infty Y_n \frac{R^n}{a^n} = + \frac{C}{a}\left(\sum_1^\infty X_n \frac{R'^n}{a^{2n}} R^n - \sum_1^\infty X'_n \frac{R''^n}{a^{2n}} R^n \right) \\[2ex] \displaystyle \qquad\qquad + \frac{C}{a}\left(\sum_1^\infty \frac{1}{n} X_n \frac{R'^n}{a^{2n}} R^n - \sum_1^\infty \frac{1}{n} X'_n \frac{R''^n}{a^{2n}} R^n \right). \end{cases}$$

Soient (R_1, ψ', θ') et (R_2, ψ'', θ'') les coordonnées des points B et B' conjugués des points A et A', en sorte que $R_1 = \frac{a^2}{R'}$ et $R_2 = \frac{a^2}{R}$; désignons aussi par T et T' les distances des points B et B' au point M : nous aurons

$$T = \sqrt{R^2 + R_1^2 - 2RR_1 \cos z}, \qquad T' = \sqrt{R^2 + R_2^2 - 2RR_2 \cos z'},$$

$$1 + \sum_1^\infty X_n \frac{R^n}{R_1^n} = \frac{R_1}{T}, \qquad 1 + \sum_1^\infty X'_n \frac{R^n}{R_2^n} = \frac{R_2}{T'},$$

ce qui donne la sommation des deux premières séries du second membre de (2). Occupons-nous ensuite de la troisième série

$$J = \sum_1^\infty \frac{1}{n} X_n \frac{R^n}{R_1^n};$$

nous aurons, en différentiant,

$$R\frac{dJ}{dR} = \sum_1^\infty X_n \frac{R^n}{R_1^n} = \frac{R_1}{T} - 1$$

ou

$$dJ = \frac{R_1\, dR}{R\sqrt{R^2 - 2RR_1 \cos z + R_1^2}} - \frac{dR}{R}$$

et, en intégrant,

$$= -\log(R_1 - R\cos z + T) + A$$

où A est une constante. Or J s'annule pour $R = 0$, ce qui détermine A et la valeur de J devient

$$\sum_1^\infty \frac{1}{n} X_n \frac{R^n}{R_1^n} = \log \frac{2R_1}{R_1 - R\cos\alpha + T};$$

on a de même

$$\sum_1^\infty \frac{1}{n} X'_n \frac{R^n}{R_2^n} = \log \frac{2R_2}{R_2 - R\cos\alpha' + T'}.$$

En substituant dans (2), on obtient

$$\sum_1^\infty Y_n \frac{R^n}{a^n} = \frac{C}{a}\left(\frac{R_1}{T} - \frac{R_2}{T'}\right) + \frac{C}{a} \log \frac{R_1(R_2 - R\cos\alpha' + T')}{R_2(R_1 - R\cos\alpha + T)},$$

et enfin

$$V = C\left(\frac{1}{l} - \frac{1}{l'}\right) + \frac{C}{a}\left(\frac{R_1}{T} - \frac{R_2}{T'}\right) + \frac{C}{a} \log \frac{R_1(R_2 - R\cos\alpha' + T')}{R_2(R_1 - R\cos\alpha + T)}.$$

Cette formule a été donnée par M. Helmholtz (t. I de ses Mémoires, p. 496).

Théorèmes sur les fonctions sphériques.

17. Nous allons démontrer des propriétés des fonctions sphériques dont nous aurons besoin dans ce qui va suivre. Posons

$$\Theta_{n,l} = \sin^l\alpha \left[\cos^{n-l}\alpha - \frac{(n-l)(n-l-1)}{2(2n-1)} \cos^{n-l-2}\alpha \right.$$
$$\left. + \frac{(n-l)(n-l-1)(n-l-2)(n-l-3)}{2.4(2n-1)(2n-3)} \cos^{n-l-4}\alpha - \dots\right].$$

La fonction sphérique $R^n\Theta_{n,l}\cos l\psi$, qui est d'ordre n, satisfait à l'équation $\Delta U = 0$, et il en est de même de ses dérivées par rapport à x, y, z qui sont, par suite, des fonctions sphériques d'ordre $n - 1$. Bornons-nous à considérer la fonction sphérique d'ordre n

$$p = R^n\Theta_{n,0};$$

nous aurons

$$\frac{dp}{dx} = \left(\frac{dp}{dR} \sin\alpha + \frac{1}{R} \frac{dp}{d\alpha} \cos\alpha \right) \cos\psi$$
$$= R^{n-1} \left(n\,\Theta_{n,0} \sin\alpha + \frac{d\Theta_{n,0}}{d\alpha} \cos\alpha \right) \cos\psi.$$

Cette expression est une fonction sphérique de l'ordre $n-1$, qui peut donc s'écrire $HR^{n-1}\Theta_{n-1,1}\cos\psi$, H étant une constante; on a donc

$$n\,\Theta_{n,0} \sin\alpha + \frac{d\Theta_{n,0}}{d\alpha} \cos\alpha = H\Theta_{n-1,1};$$

on déterminera la quantité H en calculant le terme en $\cos^{n-2}\alpha \sin\alpha$ du premier membre, qui est celui du degré le plus élevé, et l'on aura définitivement

$$(1) \qquad n\,\Theta_{n,0} \sin\alpha + \frac{d\Theta_{n,0}}{d\alpha} \cos\alpha = -\frac{n(n-1)}{2n-1}\Theta_{n-1,1}.$$

En formant $\frac{dp}{dz}$ et raisonnant de la même manière, on trouve

$$(2) \qquad n\,\Theta_{n,0} \cos\alpha - \frac{d\Theta_{n,0}}{d\alpha} \sin\alpha = \frac{n^2}{2n-1}\Theta_{n-1,0}.$$

En second lieu, considérons la fonction sphérique

$$q = R^{-n-1}\Theta_{n,0};$$

elle satisfait à $\Delta q = 0$; il en est de même de sa dérivée $\frac{dq}{dx}$, et, en raisonnant comme ci-dessus, on obtient

$$(3) \qquad -(n+1)\Theta_{n,0} \sin\alpha + \frac{d\Theta_{n,0}}{d\alpha} \cos\alpha = -(2n+1)\Theta_{n+1,1}.$$

Enfin, en considérant

$$s = R^{-n-1}\Theta_{n,1},$$

puis formant $\frac{ds}{dz}$ et procédant encore de la même manière, on trouve

$$(4) \qquad (n+1)\Theta_{n,1} \cos\alpha + \frac{d\Theta_{n,1}}{d\alpha} \sin\alpha = (2n+1)\Theta_{n+1,1}.$$

*Sphère traversée par un courant permanent qui entre et sort par deux
points situés à l'extrémité d'un diamètre.*

18. Nous allons examiner ce cas particulier avec plus de développement.

Dans les formules précédentes, supposons que les deux points électrodes A et A' soient situés à la surface de la sphère, nous aurons, à l'intérieur de ce corps,

$$\frac{1}{l} - \frac{1}{l'} = \sum_1^\infty (X_n - X'_n) \frac{R^n}{a^{n+1}},$$

$$\sum_1^\infty Y_n \frac{R^n}{a^n} = C \sum_1^\infty \frac{n+1}{n} (X_n - X'_n) \frac{R^n}{a^{n+1}},$$

et par suite

$$V = C \sum_1^\infty \frac{2n+1}{n} (X_n - X'_n) \frac{R^n}{a^{n+1}}.$$

Prenons ensuite les deux points A et A' à l'extrémité de l'axe polaire; nous aurons

$$\alpha' = \pi - \alpha,$$

$$X_n = t_n \left[\cos^n \alpha - \frac{n(n-1)}{2(2n-1)} \cos^{n-2} \alpha + \frac{n(n-1)(n-2)(n-3)}{2.4(2n-1)(2n-3)} \cos^{n-4} \alpha - \dots \right]$$

avec

$$t_n = \frac{1.3.5 \dots (2n-1)}{1.2 \dots n}$$

et

$$X'_n = \pm X_n,$$

suivant que n est pair ou impair. Par suite, V se réduit à

$$2C \sum_{2p-1} \frac{2n+1}{n} X_n \frac{R^n}{a^{n+1}},$$

le signe $\sum$ se rapportant à toutes les valeurs impaires de n.

19. *Calcul de* $\mathfrak{F}$, $\mathfrak{G}$, $\mathfrak{H}$ *à l'intérieur de la sphère.* — Les fonctions $\mathfrak{F}$, $\mathfrak{G}$, $\mathfrak{H}$ sont définies par les formules (n° 7)

$$\mathfrak{F} = \int \frac{u}{r}\, d\varpi, \qquad \mathfrak{G} = \int \frac{v}{r}\, d\varpi, \qquad \mathfrak{H} = \int \frac{w}{r}\, d\varpi.$$

Désignons par V' ce que devient V, quand on y remplace x, y, z par x', y', z', coordonnées de $d\varpi$; nous aurons

$$u = -z \frac{dV'}{dx'}, \qquad v = -z \frac{dV'}{dy'}, \qquad w = -z \frac{dV'}{dz'};$$

par suite,

$$(a) \qquad \mathfrak{F} = -z \int \frac{dV'}{dx'} \frac{d\varpi}{r}, \qquad \mathfrak{G} = -z \int \frac{dV'}{dy'} \frac{d\varpi}{r}, \qquad \mathfrak{H} = -z \int \frac{dV'}{dz'} \frac{d\varpi}{r}.$$

Soient (R', ψ', α') les coordonnées sphériques du point (x', y', z'): on aura

$$V' = 2 C \sum_{2p+1} \frac{2n+1}{n} X'_n \frac{R'^n}{a^{n+1}},$$

X'_n étant ce que devient X_n, quand on y remplace α par α'. Puis on en tire

$$\frac{dV'}{dx'} = \left(\frac{dV'}{dR'} \sin \alpha' - \frac{1}{R'} \frac{dV'}{d\alpha'} \cos \alpha' \right) \cos \psi'$$

$$= 2 C \sum \frac{2n+1}{n} \frac{R'^{n-1}}{a^{n+1}} \left(n X'_n \sin \alpha' - \frac{dX'_n}{d\alpha'} \cos \alpha' \right) \cos \psi'.$$

Ensuite on a

$$X_n = t_n \Theta_{n,0},$$

$$n \Theta_{n,0} \sin \alpha + \frac{d\Theta_{n,0}}{d\alpha} \cos \alpha = - \frac{n(n-1)}{2n-1} \Theta_{n-1,1},$$

et il en résulte

$$\frac{dV'}{dx'} = -2 C \sum \frac{(2n+1)(n-1)}{2n-1} t_n \frac{R'^{n-1}}{a^{n+1}} \Theta_{n-1,1} \cos \psi'.$$

Par le point (x, y, z) menons une sphère concentrique à la sphère donnée et qui divise cette dernière en deux parties : l'une, pour laquelle R' est $< R$; l'autre, pour laquelle R' est $> R$; nous diviserons les intégrales (a) en deux parties correspondantes et nous aurons

$$\frac{1}{r} = \frac{1}{R'} \sum_{q=0}^{\infty} X_q \frac{R^q}{R'^q} \qquad \text{si } R' > R,$$

$$\frac{1}{r} = \frac{1}{R} \sum_{q=0}^{\infty} X_q \frac{R'^q}{R_q} \qquad \text{si } R' < R,$$

X_q désignant ce que devient X_q quand on y remplace $\cos z$ par

$$\cos G = \cos z \cos z' + \sin z \sin z' \cos(\psi - \psi').$$

Posons

$$d\varpi = R'^2\, dR' \sin z'\, dz'\, d\psi',$$

et calculons d'abord la partie de $\int \frac{1}{r} \frac{dV'}{dx'} d\varpi$ qui se rapporte à des valeurs de R' comprises entre o et R; nous aurons pour sa valeur, après avoir effectué l'intégration par rapport à R',

$$-2C\sum \frac{(n-1)(2n+1)}{2n-1} t_n \frac{R^{n+1}}{(n+q+2)a^{n+1}} \int_0^{\pi} \int_0^{2\pi} \Theta'_{n-1,1}\cos\psi' X_q \sin z'\, dz'\, d\psi'.$$

Or, si l'on désigne par Y_n une fonction sphérique d'ordre n par rapport aux variables z, ψ et par Y'_n ce que devient Y_n quand on y remplace z et ψ par z' et ψ', on aura (*Cours de Phys. math.*, Chap. VI, n° 84)

$$\int_0^{\pi} \int_0^{2\pi} Y'_n X_q \sin z'\, dz'\, d\psi' = \frac{4\pi}{2n+1} Y_n \qquad \text{si } q = n,$$
$$= o \qquad \text{sinon;}$$

or $\Theta'_{n-1,1}\cos\psi'$ est une fonction sphérique d'ordre $n-1$; on a donc

$$\int_0^{\pi} \int_0^{2\pi} \Theta'_{n-1,1}\cos\psi' X_{n-1} \sin z'\, dz'\, d\psi' = \frac{4\pi}{2n-1} \Theta_{n-1,1}\cos\psi,$$

et l'on supprimera, dans la série précédente, tous les termes pour lesquels q est différent de $n-1$. D'après cela, en ne considérant que les éléments de l'intégrale, pour lesquels R' est $< R$, on a

$$\int \frac{1}{r} \frac{dV'}{dx'} d\varpi = - 8\pi C \sum_n \frac{n-1}{(2n-1)^2} t_n \frac{R^{n+1}}{a^{n+1}} \Theta_{n-1,1} \cos\psi.$$

Pour calculer la même intégrale depuis $R' = R$ jusqu'à $R' = a$, on emploiera la première expression de $\frac{1}{r}$, et, par un calcul semblable, on trouvera

$$\int \frac{1}{r} \frac{dV'}{dx'} d\varpi = - 4\pi C \sum_n \frac{(n-1)(2n+1)}{(2n-1)^2} t_n \left(\frac{R^{n-1}}{a^{n-1}} - \frac{R^{n+1}}{a^{n+1}} \right) \Theta_{n-1,1} \cos\psi.$$

Ajoutons les deux dernières formules et nous aurons, pour l'intégrale relative à toute la sphère,

$$\int \frac{1}{r} \frac{dV'}{dx'} d\varpi = - 4\pi C \sum_n \frac{(n-1)(2n+1)}{(2n-1)^2} t_n \frac{R^{n-1}}{a^{n-1}} \Theta_{n-1,1} \cos\psi$$
$$+ 4\pi C \sum_n \frac{n-1}{2n-1} t_n \frac{R^{n+1}}{a^{n+1}} \Theta_{n-1,1} \cos\psi,$$

le signe $\sum$ se rapportant à $n = 1, 3, 5, \ldots$ Multiplions par $-z$ et changeons n en $n+1$ sous le signe de sommation; nous aurons, en remplaçant $4\pi z C$ par l,

$$\mathfrak{z} = l \sum_{2p} \frac{n(2n+3)}{(2n+1)^2} t_{n+1} \frac{R^n}{a^n} \Theta_{n,1} \cos\psi - l \sum_{2p} \frac{n}{2n+1} t_{n+1} \frac{R^{n+2}}{a^{n+2}} \Theta_{n,1} \cos\psi,$$

où $n = 0, 2, 4, 6, \ldots$. La dernière série peut être sommée et la seconde partie de $\mathfrak{z}$ peut s'exprimer sous forme finie par l'expression

$$- \frac{1}{2} \frac{R}{a \sin\alpha} \left(\frac{a + R\cos\alpha}{t'} - \frac{a - R\cos\alpha}{t} \right) \cos\psi,$$

t et t' étant les distances du point considéré aux points A et A'.

L'expression de $\mathfrak{G}$ se déduit de celle de $\mathfrak{z}$, en changeant simplement $\cos\psi$ en $\sin\psi$.

20. Ensuite calculons $\mathfrak{H}$: nous avons

$$\frac{dV'}{dz'} = \frac{dV'}{dR'}\cos z' - \frac{1}{R'}\frac{dV'}{dz'}\sin z'$$
$$= 2C\sum_{2p+1}\frac{2n+1}{n}\frac{R'^{n-1}}{a^{n+1}}\left(n X'_n \cos z' - \frac{dX'_n}{dz'}\sin z'\right),$$

et d'autre part

$$n X_n \cos z - \frac{dX_n}{dz}\sin z = t_n\left(n\Theta_{n,0}\cos z - \frac{d\Theta_{n,0}}{dz}\sin z\right) = \frac{n^2}{2n-1}t_n\Theta_{n-1,0}.$$

La partie de $\int\frac{1}{r}\frac{dV'}{dz'}d\varpi$, pour laquelle R' est $<$ R, a pour valeur

$$2C\sum_{n,q}\frac{n(2n+1)}{2n-1}t_n\frac{1}{n+q+2}\frac{R^{n+1}}{a^{n+1}}\int\int\Theta_{n-1,0} X_q \sin z' dz' dy',$$

et, en remplaçant l'intégrale par sa valeur, d'après ce qui a été dit ci-dessus, on a

$$\int\frac{1}{r}\frac{dV'}{dz'}d\varpi = 8\pi C\sum_n\frac{n t_n}{(2n-1)^2}\Theta_{n-1,0}\frac{R^{n+1}}{a^{n+1}}.$$

La partie de la même intégrale, pour laquelle R' variera depuis R jusqu'à a, aura pour valeur

$$\int\frac{1}{r}\frac{dV'}{dz'}d\varpi = 4\pi C\sum_n\frac{n(2n+1)}{(2n-1)^2}t_n\left(\frac{R^{n-1}}{a^{n-1}} - \frac{R^{n+1}}{a^{n+1}}\right)\Theta_{n-1,0}.$$

En ajoutant ces deux expressions, on a pour la même intégrale étendue à tout le volume de la sphère

$$\int\frac{1}{r}\frac{dV'}{dz'}d\varpi = 4\pi C\sum\frac{n(2n+1)}{(2n-1)^2}t_n\frac{R^{n-1}}{a^{n-1}}\Theta_{n-1,0}$$
$$- 4\pi C\sum\frac{n}{2n-1}t_n\frac{R^{n+1}}{a^{n+1}}\Theta_{n-1,0},$$

où n est susceptible des valeurs $1, 3, 5, \ldots$.

Changeons n en $n + 1$ et nous trouvons

$$\mathfrak{H} = -1 \sum_{2p} \frac{2n+3}{2n+1} t_n \frac{R^n}{a^n} \Theta_{n,0} + 1 \sum_{2p} t_n \frac{R^{n+2}}{a^{n+2}} \Theta_{n,0},$$

où n est susceptible des valeurs $0, 2, 4, \ldots$.

On reconnaît facilement que la seconde partie de $\mathfrak{H}$ a pour valeur

$$\frac{1}{2} \mathrm{I} \frac{R^2}{a} \left(\frac{1}{t} + \frac{1}{t'} \right).$$

On peut vérifier que les fonctions $\mathfrak{F}$, $\mathfrak{G}$, $\mathfrak{H}$ satisfont à l'équation du n° 8

$$\frac{d\mathfrak{F}}{dx} + \frac{d\mathfrak{G}}{dy} + \frac{d\mathfrak{H}}{dz} = \mathrm{I} \left(\frac{1}{t} - \frac{1}{t'} \right).$$

21. Calcul de $\mathfrak{F}$, $\mathfrak{G}$, $\mathfrak{H}$ pour un point extérieur. — Désignons par $\mathfrak{F}'$, $\mathfrak{G}'$, $\mathfrak{H}'$ ce que deviennent $\mathfrak{F}$, $\mathfrak{G}$, $\mathfrak{H}$ quand le point (R, ψ, θ) est extérieur à la sphère. Dans le calcul qui a donné la première partie de $\mathfrak{F}$ pour un point intérieur, remplaçons l'intégration par rapport à R' prise de 0 à R par une intégration de 0 à a et nous aurons

$$\mathfrak{F}' = 2\mathrm{I} \sum_{2p} \frac{n}{(2n+1)^2} t_{n+1} \frac{a^{n+1}}{R^{n+1}} \Theta_{n,1} \cos\psi,$$

où $n = 0, 2, 4, \ldots$. On déduit $\mathfrak{G}'$ de $\mathfrak{F}'$, en changeant $\cos\psi$ en $\sin\psi$; ce qui donne

$$\mathfrak{G}' = 2\mathrm{I} \sum_{2p} \frac{n}{(2n+1)^2} t_{n+1} \frac{a^{n+1}}{R^{n+1}} \Theta_{n,1} \sin\psi.$$

De même, on obtiendra pour $\mathfrak{H}'$

$$\mathfrak{H}' = -2\mathrm{I} \sum_{2p} \frac{1}{2n+1} t_n \frac{a^{n+1}}{R^{n+1}} \Theta_{n,0}.$$

On peut vérifier que les expressions trouvées pour $\mathfrak{F}$, $\mathfrak{G}$, $\mathfrak{H}$, $\mathfrak{F}'$, $\mathfrak{G}'$, $\mathfrak{H}'$ satisfont à la surface de la sphère aux conditions

$$\mathfrak{F} = \mathfrak{F}', \qquad \mathfrak{G} = \mathfrak{G}', \qquad \mathfrak{H} = \mathfrak{H}',$$

$$\frac{d\mathfrak{F}}{dR} = \frac{d\mathfrak{F}'}{dR}, \qquad \frac{d\mathfrak{G}}{dR} = \frac{d\mathfrak{G}'}{dR}, \qquad \frac{d\mathfrak{H}}{dR} = \frac{d\mathfrak{H}'}{dR},$$

qu'on reconnait *a priori*; car $\mathfrak{F}$ et $\mathfrak{F}'$, par exemple, représentent le potentiel d'une masse dont la densité u est partout finie, excepté aux points électrodes A et A'; ce potentiel est donc fini et continu, ainsi que ses dérivées du premier ordre, excepté en ces deux points.

On peut encore vérifier que l'on a l'équation

$$\frac{d\mathfrak{F}'}{dx} + \frac{d\mathfrak{G}'}{dy} + \frac{d\mathfrak{H}'}{dz} = l\left(\frac{1}{t} - \frac{1}{t}\right).$$

22. *Calcul des composantes de la force magnétique.* — Les composantes de cette force sur un point extérieur sont

$$X = \frac{d\mathfrak{H}'}{dy} - \frac{d\mathfrak{G}'}{dz}, \qquad Y = \frac{d\mathfrak{F}'}{dz} - \frac{d\mathfrak{H}'}{dx}, \qquad Z = \frac{d\mathfrak{G}'}{dx} - \frac{d\mathfrak{F}'}{dy}.$$

Les valeurs de $\mathfrak{F}'$ et $\mathfrak{G}'$ peuvent s'écrire

$$\mathfrak{F}' = L\cos\psi, \qquad \mathfrak{G}' = L\sin\psi,$$

L étant indépendant de ψ, et l'on en conclut

$$(1) \hspace{6cm} Z = 0.$$

Calculons ensuite X. Les expressions de $\mathfrak{H}'$ et $\mathfrak{G}'$ peuvent s'écrire

$$\mathfrak{H}' = \sum_{2q} k_n \frac{a^{n+1}}{R^{n+1}} \Theta_{n,0}, \qquad \mathfrak{G}' = \sum_{2q} p_n \frac{a^{n+1}}{R^{n+1}} \Theta_{n,1} \sin\psi,$$

en posant

$$k_n = -2I\frac{l_n}{2n+1}, \qquad p_n = 2I\frac{n}{(2n+1)^2} l_{n+1}.$$

On aura ensuite

$$\frac{d\mathfrak{H}'}{dy} = \sum k_n \frac{a^{n+1}}{R^{n+2}} \left[-(n+1)\Theta_{n,0}\sin\alpha + \frac{d\Theta_{n,0}}{d\alpha}\cos\alpha \right] \sin\psi,$$

$$\frac{d\mathfrak{G}'}{dz} = \sum p_n \frac{a^{n+1}}{R^{n+2}} \left[-(n+1)\Theta_{n,1}\cos\alpha - \frac{d\Theta_{n,1}}{d\alpha}\sin\alpha \right] \sin\psi,$$

ou (nº 17)

$$\frac{d\mathfrak{H}'}{dy} = -\sum (2n+1)k_n \frac{a^{n+1}}{R^{n+2}} \Theta_{n+1,1}\sin\psi,$$

$$\frac{d\mathfrak{G}'}{dz} = -\sum (2n+1)p_n \frac{a^{n+1}}{R^{n+2}} \Theta_{n+1,1}\sin\psi.$$

On en conclut

$$X = 2I \sum_{2q} t_{n+1} \frac{a^{n+1}}{R^{n+2}} \Theta_{n+1,1} \sin\psi$$

ou

$$(2) \qquad X = 2I \sum_{2q+1} t_n \frac{a^n}{R^{n+1}} \Theta_{n,1} \sin\psi.$$

On trouve de la même manière

$$(3) \qquad Y = -2I \sum_{2q+1} t_n \frac{a^n}{R^{n+1}} \Theta_{n,1} \cos\psi.$$

Nous avons vu (n° 9) que les composantes de la force magnétique sont assimilables à des potentiels de couches situées sur la surface de la sphère. Donc, des valeurs (1), (2), (3) de ces composantes à l'extérieur, on peut conclure immédiatement leurs valeurs à l'intérieur qui sont

$$Z = 0, \qquad X = 2I \sum_{2q+1} t_n \frac{R^n}{a^{n+1}} \Theta_{n,1} \sin\psi,$$

$$Y = -2I \sum_{2q+1} t_n \frac{R^n}{a^{n+1}} \Theta_{n,1} \cos\psi.$$

23. *Composantes u, v, w du courant.* — Les composantes u, v, w du courant sont données par les formules

$$u = -z\frac{dV}{dx}, \qquad v = -z\frac{dV}{dy}, \qquad w = -z\frac{dV}{dz}.$$

Or, d'après ce que nous avons trouvé (n°ˢ 19 et 20), si l'on pose

$$\sum_{2p} \frac{n(2n+3)}{n+1} t_n \frac{R^n}{a^{n+2}} \Theta_{n,1} = P,$$

on a

$$\frac{dV}{dx} = -2CP \cos\psi, \qquad \frac{dV}{dy} = -2CP \sin\psi.$$

$$\frac{dV}{dz} = 2C \sum_{2p+1} \frac{n(2n+1)}{2n-1} t_n \frac{R^{n-1}}{a^{n+1}} \Theta_{n,1,0}$$

et nous en concluons

$$u = \frac{1}{2\pi} P \cos\psi, \qquad v = \frac{1}{2\pi} P \sin\psi,$$

$$w = -\frac{1}{2\pi} \sum_{2p} (2n+3) l_n \frac{R^n}{a^{n+2}} \Theta_{n,0}.$$

Ces quantités peuvent aussi être mises sous forme finie, en différentiant par rapport à x, y, z l'expression

$$V = 2C\left(\frac{1}{l} - \frac{1}{l'}\right) + \frac{C}{a} \log \frac{a + R\cos\alpha + l'}{a - R\cos\alpha + l},$$

qu'on déduit de la formule du n° 16.

Force magnétique produite par les électrodes fixées à la sphère.

24. Les courants de la sphère sont amenés et emportés par deux fils qui sont fixés aux points A et A' situés aux extrémités de l'axe polaire. Dans ce qui suit, nous supposerons de plus que ces deux fils sont en ligne droite, dirigés suivant l'axe polaire et assez longs pour pouvoir être considérés comme infinis. Prenons, comme précédemment, l'axe des z suivant l'axe polaire; le courant est dirigé en sens contraire de cet axe.

D'après ce que nous avons vu (n° 13), les composantes de l'action magnétique des deux fils seront données par les formules

$$(z) \qquad X = IT \sin\psi, \qquad Y = -IT\cos\psi, \qquad Z = 0,$$

où l'on prend

$$T = \int_{a}^{z} \frac{p\,dz'}{[(z - z')^2 + p^2]^{\frac{3}{2}}} + \int_{-z}^{'-a} \frac{p\,dz'}{[(z - z')^2 + p^2]^{\frac{3}{2}}},$$

et en désignant par ψ l'angle de la perpendiculaire p à l'axe des z avec le plan des zx. On a, d'après cela,

$$T = \frac{1}{p}(2 - \Psi).$$

en posant

$$\Psi = \frac{a - z}{[(a - z)^2 + p^2]^{\frac{1}{2}}} + \frac{a + z}{[(a + z)^2 + p^2]^{\frac{1}{2}}}.$$

En employant les coordonnées sphériques comme ci-dessus, on a

$$p = R \sin\alpha, \qquad z = R \cos\alpha,$$

$$\Psi = \frac{a - R \cos\alpha}{(a^2 - 2aR\cos\alpha + R^2)^{\frac{1}{2}}} + \frac{a + R \cos\alpha}{(a^2 + 2aR\cos\alpha + R^2)^{\frac{1}{2}}}.$$

25. Distinguons ensuite le cas où le point (x, y, z) est extérieur à la sphère et celui où il est intérieur.

Si le point (x, y, z) est extérieur à la sphère, employons le développement

$$\left(1 - 2\frac{a}{R}\cos\alpha + \frac{a^2}{R^2}\right)^{-\frac{1}{2}} = 1 + X_1 \frac{a}{R} + X_2 \frac{a^2}{R^2} + \ldots,$$

et nous aurons

$$T = \frac{1}{R\sin\alpha}(2 - \Psi) = -\frac{2}{R\sin\alpha}\left[-1 + (1 - X_1\cos\alpha)\frac{a}{R} + (X_2 - X_3\cos\alpha)\frac{a^3}{R^3}\right.$$

$$\left. + (X_4 - X_5\cos\alpha)\frac{a^5}{R^5} + \ldots\right]$$

On reconnait facilement que

$$(a) \qquad \frac{X_{2n} - X_{2n+1}\cos\alpha}{\sin\alpha}$$

ne devient pas infini pour $\alpha = 0$. Puis remarquons que x satisfait à l'équation $\Delta x = 0$ (n° 9); il en est donc de même de $T \sin\psi$, et, en raisonnant comme au n° 17, on en conclut que la fonction (a) est égale à $\Theta_{2n+1,1}$ multiplié par une constante qu'on déterminera facilement, et l'on aura enfin

$$\frac{X_{2n} - X_{2n+1}\cos\alpha}{\sin\alpha} = t_{2n+1}\Theta_{2n+1,1}.$$

Ainsi on a la formule suivante

$$(b) \qquad T = \frac{2}{R\sin\alpha} - 2\left(\Theta_{1,1}\frac{a}{R^2} + t_3\Theta_{3,1}\frac{a^3}{R^4} + t_5\Theta_{5,1}\frac{a^5}{R^6} + \ldots\right).$$

dont le premier terme devient infini pour $\alpha = 0$ et $\alpha = \pi$, c'est-à-dire sur les deux fils.

Supposons ensuite que le point (x, y, z) soit intérieur à la sphère. En employant le développement

$$\left(1 - 2\frac{R}{a}\cos\alpha + \frac{R^2}{a^2}\right)^{-\frac{1}{2}} = 1 + X_1\frac{R}{a} + X_2\frac{R^2}{a^2} + \ldots,$$

on trouve

$$T = -\frac{2}{\sin\alpha}\left[(X_2 - X_1\cos\alpha)\frac{R}{a^2} + (X_4 - X_3\cos\alpha)\frac{R^3}{a^4} + \ldots\right].$$

On démontrera encore facilement qu'on a

$$\frac{X_n - X_{n-1}\cos\alpha}{\sin\alpha} = -\frac{n-1}{n}t_{n-1}\Theta_{n-1,1},$$

et, par suite, on obtiendra

$$(c) \qquad T = \Theta_{1,1}\frac{R}{a^2} + \frac{2}{3}t_3\Theta_{3,1}\frac{R^3}{a^4} + \frac{3}{5}t_5\Theta_{5,1}\frac{R^5}{a^6} + \ldots.$$

Suivant que le point sera extérieur ou intérieur à la sphère, on devra remplacer dans les formules (α) T par (b) ou (c).

26. Si l'on désigne par u_2, v_2, w_2, à l'intérieur de la sphère, les composantes du courant qui provient de l'action magnétique des fils, on a

$$4\pi u_2 = \frac{dz}{dy} - \frac{dy}{dz}, \qquad 4\pi v_2 = \frac{dx}{dz} - \frac{dz}{dx}, \qquad 4\pi w_2 = \frac{dy}{dx} - \frac{dx}{dy}.$$

En effectuant le calcul, on trouvera

$$u_2 = \frac{1}{2\pi}\cos\psi\sum_{2p} nt_n\Theta_{n,1}\frac{R^n}{a^{n+1}},$$

$$v_2 = \frac{1}{2\pi}\sin\psi\sum_{2p} nt_n\Theta_{n,1}\frac{R^n}{a^{n+1}},$$

$$w_2 = -\frac{1}{2\pi}\sum_{2n}(n+1)t_n\Theta_{n,0}\frac{R^n}{a^{n+1}}.$$

Ces expressions ont été obtenues en prenant les fils rectilignes et dirigés suivant l'axe des z. Mais, d'après ce que nous avons vu (n° 14), les valeurs de u_2, v_2, w_2 restent les mêmes, quelle que soit la forme des fils, pourvu seulement que leurs secondes extrémités soient très éloignées de la sphère.

Désignons par u_1, v_1, w_1 les composantes du courant qui provient de la double couche située à la surface de la sphère; en les ajoutant respectivement à u_2, v_2, w_2, on obtiendra les composantes u, v, w du courant total.

Force magnétique totale de la sphère et des fils.

27. Supposons d'abord que le point en lequel on cherche l'action magnétique soit à l'extérieur.

La force magnétique produite par la sphère a pour composantes

$$X = M \sin \psi, \qquad Y = - M \cos \psi, \qquad Z = 0,$$

en posant

$$M = \frac{2}{R} \sum_{2p+1} t_n \frac{a^n}{R^n} \Theta_{n,1},$$

et celle qui est produite par les fils a pour composantes

$$\mathcal{X} = T \sin \psi, \qquad \mathcal{Y} = - T \cos \psi, \qquad \mathcal{Z} = 0,$$

en posant

$$T = \frac{2}{R \sin \alpha} - M.$$

On a donc, pour les composantes de la force magnétique totale,

$$X + \mathcal{X} = \frac{2I}{R \sin \alpha} \sin \psi, \qquad Y + \mathcal{Y} = - \frac{2I}{R \sin \alpha} \cos \psi, \qquad Z + \mathcal{Z} = 0.$$

Ainsi, la force magnétique à l'extérieur de la sphère est la même que si la sphère était supprimée et que le fil se continuât à travers la sphère. En d'autres termes, l'action magnétique de la sphère à l'extérieur est égale à celle d'un fil droit traversé par le courant I et qui joindrait les deux points A et A'.

Occupons-nous ensuite de l'action magnétique à l'intérieur de la sphère.

La partie de cette force qui est produite par la sphère a pour composantes

$$X = IM' \sin\psi, \qquad Y = -IM' \cos\psi, \qquad Z = 0,$$

en posant

$$M' = \frac{2}{a} \sum_{2p+1} \iota_n \frac{R^n}{a^n} \Theta_{n,1},$$

et la partie qui provient des fils a pour composantes

$$X = IT \sin\psi, \qquad \mathfrak{Y} = -IT \cos\psi, \qquad \mathfrak{z} = 0,$$

en posant

$$T = -\frac{1}{R \sin\alpha} \left(\frac{a - R\cos\alpha}{\ell} + \frac{a + R\cos\alpha}{\ell'} - 2 \right).$$

Sommons la série M'. Nous avons d'abord

$$M = -T + \frac{2}{R \sin\alpha} = \frac{1}{R \sin\alpha} \left[\frac{a - R\cos\alpha}{(a^2 + R^2 - 2aR\cos\alpha)^{\frac{1}{2}}} + \frac{a + R\cos\alpha}{(a^2 + R^2 + 2aR\cos\alpha)^{\frac{1}{2}}} \right]$$

et, en permutant les lettres a et R, nous obtenons

$$M' = \frac{1}{a \sin\alpha} \left(\frac{R - a\cos\alpha}{\ell} + \frac{R + a\cos\alpha}{\ell'} \right).$$

Détermination des lignes de courant dans la sphère.

28. Les lignes de courant sont données par les deux équations

$$(1) \qquad \psi = \text{const.}, \qquad \frac{dV}{dz} dp - \frac{dV}{dp} dz = 0,$$

en désignant par p la distance au diamètre qui joint les points électrodes A et A'. Or l'équation $\Delta V = 0$ peut s'écrire

$$\frac{d^2V}{dz^2} + \frac{d^2V}{dp^2} + \frac{1}{p} \frac{dV}{dp} = 0.$$

ou

$$\frac{d}{dz}\left(p\frac{dV}{dz}\right) = -\frac{d}{dp}\left(p\frac{dV}{dp}\right);$$

donc, si l'on multiplie la seconde équation (1) par p, on aura l'équation

$$(2) \qquad p\frac{dV}{dz}\,dp - p\frac{dV}{dp}\,dz = 0,$$

dont le premier membre sera une différentielle exacte.

Nous avons trouvé précédemment

$$\frac{dV}{dz} = 2C\sum_{2q}(2n+3)t_n\frac{R^n}{a^{n+2}}\Theta_{n,0};$$

nous avons ensuite

$$p\frac{dV}{dp} = x\frac{dV}{dx} + y\frac{dV}{dy}.$$

Faisons

$$p = R\sin z, \qquad x = R\sin z\cos\psi, \qquad y = R\sin z\sin\psi,$$

et remplaçons $\dfrac{dV}{dx}$, $\dfrac{dV}{dy}$ par les valeurs obtenues précédemment : nous obtiendrons

$$p\frac{dV}{dp} = -2C\sum_{2q}\frac{n(2n+3)}{n+1}t_n\frac{R^n}{a^{n+2}}\Theta_{n,1}\sin z.$$

En remplaçant aussi dp et dz dans (2), nous aurons l'équation

$$0 = \sum_{2q}(2n+3)t_n\left(\Theta_{n,0}\sin z + \frac{n}{n+1}\Theta_{n,1}\cos z\right)\sin z\,\frac{R^{n+1}}{a^{n+2}}\,dR$$

$$+ \sum_{2q}(2n+3)t_n\left(\Theta_{n,0}\cos z - \frac{n}{n+1}\Theta_{n,1}\sin z\right)\sin z\,\frac{R^{n+2}}{a^{n+2}}\,dz,$$

dont le second membre est une différentielle exacte. En intégrant, nous obtenons l'équation

$$\sum_{2q}\frac{2n+3}{n+2}t_n\frac{R^{n+2}}{a^{n+2}}\left(\Theta_{n,0}\sin z + \frac{n}{n+1}\Theta_{n,1}\cos z\right)\sin z = \text{const.}$$

17

Ensuite on vérifie facilement qu'on a

$$\Theta_{n,0} \sin \alpha + \frac{n}{n+1} \Theta_{n,1} \cos \alpha = \frac{2n+1}{n+1} \Theta_{n+1,1},$$

et l'équation des lignes de courant devient

$$\sum_{2q} \frac{(2n+1)(2n+3)}{(n+1)(n+2)} t_n \frac{R^{n+2}}{a^{n+2}} \Theta_{n+1,1} \sin \alpha = \text{const.}$$

ou

$$\sum_{2q} t_{n+2} \frac{R^{n+2}}{a^{n+2}} \Theta_{n+1,1} \sin \alpha = \text{const.}$$

ou encore

$$\sum_{2q+1} t_{n+1} \frac{R^{n+1}}{a^{n+1}} \Theta_{n,1} \sin \alpha = \text{const.}$$

D'autre part, on a vu (n° 27) qu'on a

$$Q = \sum_{2q+1} t_n \frac{R^n}{a^n} \Theta_{n,1} \sin \alpha = \frac{R - a \cos \alpha}{2t} + \frac{R + a \cos \alpha}{2t'};$$

on a aussi

$$\sum_{2q+1} t_{n+1} \frac{R^{n+1}}{a^{n+1}} \Theta_{n,1} \sin \alpha = \frac{2}{a} QR - \frac{1}{a} \int_0^R Q \, dR.$$

Donc l'équation des lignes de courant est enfin

$$\frac{R - a \cos \alpha}{t} + \frac{R + a \cos \alpha}{t'} - \frac{1}{2R}(t + t') = \text{const.}$$

Mouvement permanent de l'électricité dans un ellipsoïde planétaire.

29. L'ellipsoïde étant supposé conducteur et homogène, nous représentons, comme précédemment, le potentiel par la formule

$$V = C \left(\frac{1}{t} - \frac{1}{t'} \right) + U.$$

Si nous posons

$$x = \rho \cos \psi \sin \vartheta, \qquad y = \rho \sin \psi \sin \vartheta, \qquad z = \rho' \cos \vartheta, \qquad \left(\rho' = \sqrt{\rho^2 - c^2} \right)$$

et que nous éliminions ψ et θ entre ces trois équations, nous aurons une famille d'ellipsoïdes planétaires homofocaux au paramètre ρ. L'ellipsoïde correspondant à $\rho' = a$ sera pris pour la surface du conducteur. Désignons par $(\rho_0, \psi_0, \theta_0)$ le point A du conducteur par lequel entre le courant et posons

$$\sqrt{\rho_0^2 - c^2} = \rho'_0;$$

la fonction t^{-1} satisfait à l'équation $\Delta t^{-1} = 0$; donc, si ρ' est $< \rho'_0$, on peut poser (*Cours de Phys. math.*, n° 110)

$$\frac{1}{t} = \sum_{n=0}^{\infty} \sum_{l=0}^{n} C_{n,l} \Theta_{n,l}(\theta) R_{n,l}(\rho') \cos l(\psi - \psi_0),$$

en faisant

$$R_{n,l} = (c^2 + \rho'^2)^{\frac{l}{2}} \left[\rho'^{n-l} + \frac{(n-l)(n-l-1)}{2(2n-1)} c^2 \rho'^{n-l-2} + \cdots \right].$$

Posons aussi

$$F_{n,l}(\rho') = (2n+1) R_{n,l}(\rho') \int_{\rho'}^{\infty} \frac{d\rho'}{R^2(\rho')(\rho'^2 + c^2)};$$

cette fonction satisfera à la même équation que $R_{n,l}$

$$\frac{d}{d\rho'} \left[(c^2 + \rho'^2) \frac{dR}{d\rho'} \right] - \left[n(n+1) - \frac{l^2 c^2}{\rho'^2 + c^2} \right] R = 0,$$

et $R_{n,l}(\rho') F_{n,l}(\rho'_0)$ se réduira à $\rho'^n \rho_0'^{-n-1}$ pour $c = 0$; on pourra donc poser, pour $\rho' < \rho'_0$,

$$\frac{1}{t} = \sum_{n=0}^{\infty} \sum_{l=0}^{n} A_{n,l} \Theta_{n,l}(\theta_0) \Theta_{n,l}(\theta) F_{n,l}(\rho'_0) R_{n,l}(\rho') \cos l(\psi - \psi_0),$$

et cette expression devra se réduire à l'expression semblable relative à la sphère, quand on y fera $c = 0$; or $A_{n,l}$ est un coefficient numérique; il aura donc la même valeur que pour la sphère; on trouve facilement que l'on a

$$A_{n,l} = \frac{1}{2n+1} \frac{1}{K_{n,l}},$$

$K_{n,l}$ ayant la valeur donnée (*Cours de Phys. math.*, n° 86); on peut aussi écrire

$$A_{n,l} = 2 \left[\frac{1.3.5 \ldots (2n-1)}{1.2 \ldots n} \right]^2 \frac{n(n-1) \ldots (n-l+1)}{(n+1)(n+3) \ldots (n+l)}$$

(LAPLACE, *Méc. céleste*, t. II, Liv. III, n° 15). Mais, lorsque $l = 0$, il faut diviser par 2 le second membre.

Nous pouvons aussi poser

$$U = \sum_{n=0}^{\infty} \sum_{l=0}^{n} D_{n,l} \Theta_{n,l}(\theta) R_{n,l}(\rho') \cos l(\psi - \psi_0)$$

$$+ \sum_{n=0}^{\infty} \sum_{l=0}^{n} D'_{n,l} \Theta_{n,l}(\theta) R_{n,l}(\rho') \cos l(\psi - \psi_1).$$

Regardons maintenant ρ' comme plus grand que ρ'_0 et ρ'_1; alors t et t' étant les distances du point (ρ, θ, ψ) aux deux points $(\rho_0, \theta_0, \psi_0)$ et $(\rho_1, \theta_1, \psi_1)$, nous aurons

$$\frac{1}{t} = \sum_{n=0}^{\infty} \sum_{l=0}^{n} A_{n,l} \Theta_{n,l}(\theta_0) \Theta_{n,l}(\theta) R_{n,l}(\rho'_0) F_{n,l}(\rho') \cos l(\psi - \psi_0),$$

$$\frac{1}{t'} = \sum_{n=0}^{\infty} \sum_{l=0}^{n} A_{n,l} \Theta_{n,l}(\theta_1) \Theta_{n,l}(\theta) R_{n,l}(\rho'_1) F_{n,l}(\rho') \cos l(\psi - \psi_1).$$

Ensuite la condition à la surface

$$\frac{dV}{dn} = 0 \qquad \text{pour} \qquad \rho' = a$$

peut s'écrire

$$\frac{dU}{d\rho'} + C \frac{d}{d\rho'} \left(\frac{1}{t} \right) - C \frac{d}{d\rho'} \left(\frac{1}{t'} \right) = 0;$$

ce qui permet d'en conclure le coefficient $D_{n,l}$, et, en posant, pour simplifier,

$$C A_{n,l} \frac{1}{\left[\frac{dR_{n,l}(\rho')}{d\rho'} \right]_a} \left[\frac{dF_{n,l}(\rho')}{d\rho'} \right]_a = H_{n,l},$$

nous aurons

$$U = - \sum_{n=0}^{\infty} \sum_{l=0}^{n} H_{n,l} \Theta_{n,l}(\theta_0) \Theta_{n,l}(\theta) R_{n,l}(\rho_0) R_{n,l}(\rho') \cos l(\psi - \psi_0)$$

$$+ \sum_{n=0}^{\infty} \sum_{l=0}^{n} H_{n,l} \Theta_{n,l}(\theta_1) \Theta_{n,l}(\theta) R_{n,l}(\rho_1') R_{n,l}(\rho') \cos l(\psi - \psi_1).$$

30. Supposons ensuite que les deux points A et A', par lesquels entre et sort le courant, soient situés aux extrémités d'un diamètre de l'équateur, et, en conséquence, posons

$$\psi_0 = 0, \qquad \theta_0 = \frac{\pi}{2}, \qquad \rho_0' = a,$$

$$\psi_1 = \pi, \qquad \theta_1 = \frac{\pi}{2}, \qquad \rho_1' = a.$$

Comme on a

$$\Theta_{n,l}(\theta) = \sin^l \theta \left[\cos^{n-l}\theta - \frac{(n-l)(n-l-1)}{2(2n-1)} \cos^{n-l-2}\theta + \dots \right],$$

$\Theta_{n,l}$ sera nul pour $\theta = \frac{\pi}{2}$ si $n - l$ est impair et se réduira à son dernier terme si $n - l$ est pair. D'après cela, posons

$$b_{n,l} = \pm \frac{1.3.5 \dots (n-l-1)}{(2n-1)(2n-3) \dots (n-l+1)},$$

en prenant le signe $+$ ou $-$ suivant que $n - l$ est de la forme $4p$ ou $4p + 2$, mais en faisant toutefois

$$b = \frac{1}{2} \qquad \text{si} \qquad n - l = 0,$$

et nous aurons

$$\Theta_{n,l}(\theta_0) = \Theta_{n,l}(\theta_1) = b_{n,l}.$$

Les termes de U pour lesquels l est pair se détruisent deux à deux; il ne restera donc aussi que des termes pour lesquels n est impair et l'on aura la formule

$$U = - 2 \sum_{n=2p+1}^{\infty} \sum_{l=1}^{n} H_{n,l} b_{n,l} R_{n,l}(a) \Theta_{n,l}(\theta) R_{n,l}(\rho') \cos l\psi,$$

où n et l n'ont que des valeurs impaires.

On a ensuite pour un point intérieur (ρ, ϑ, ψ)

$$\frac{1}{l} = \sum_{n=0}^{\infty} \sum_{l=0}^{n} \quad A_{n,l} b_{n,l} F_{n,l}(a) \Theta_{n,l}(\vartheta) R_{n,l}(\rho') \cos l\psi,$$

$$\frac{1}{l'} = \sum_{n=0}^{\infty} \sum_{l=0}^{n} \pm A_{n,l} b_{n,l} F_{n,l}(a) \Theta_{n,l}(\vartheta) R_{n,l}(\rho') \cos l\psi,$$

en prenant le signe $+$ ou $-$ suivant que l est pair ou impair, et il n'y aura de termes que pour des valeurs paires de $n - l$. On aura donc

$$\frac{1}{l} - \frac{1}{l'} = 2 \sum_{2p+1}^{n} \sum_{l=1}^{n} A_{n,l} b_{n,l} F_{n,l}(a) \Theta_{n,l}(\vartheta) R_{n,l}(\rho') \cos l\psi,$$

en ne prenant pour n et l que des nombres impairs.

Ainsi, en posant

$$2 b_{n,l} [- H_{n,l} R_{n,l}(a) + C A_{n,l} F_{n,l}(a)] = P_{n,l},$$

on aura, pour un point intérieur, la formule

$$V = \sum_{n=2p+1} \sum_{l=1}^{n} P_{n,l} \Theta_{n,l}(\vartheta) R_{n,l}(\rho') \cos l\psi,$$

où n et l n'ont que des valeurs impaires.

D'après l'expression de $H_{n,l}$, on a

$$P_{n,l} = - 2 C b_{n,l} A_{n,l} \frac{1}{\dfrac{dR_{n,l}}{da}} \left[R_{n,l}(a) \frac{dF_{n,l}}{da} - F_{n,l}(a) \frac{dR_{n,l}}{da} \right];$$

en différentiant la formule donnée ci-dessus

$$\frac{1}{R_{n,l}(\rho')} F_{n,l}(\rho') = (2n+1) \int_{\rho}^{\infty} \frac{d\rho'}{(\rho'^2 + c^2) R^2(\rho')},$$

puis, faisant $\rho' = a$, on a

$$R_{n,l}(a) \frac{dF_{n,l}}{da} - F_{n,l}(a) \frac{dR_{n,l}}{da} = - \frac{2n+1}{a^2 + c^2};$$

il en résulte enfin pour $P_{n,l}$ cette expression beaucoup plus simple

$$P_{n,l} = 2\,C\,b_{n,l}\,A_{n,l}\,\frac{1}{\dfrac{dR_{n,l}}{da}}\,\frac{2\,n+1}{a^2+c^2},$$

et d'où la fonction $F_{n,l}$ est éliminée.

CHAPITRE V.

EXEMPLES DE COURANTS PERMANENTS DANS DES CONDUCTEURS HOMOGÈNES ET EN PARTICULIER DANS DES PLAQUES.

Sur la résistance d'un conducteur.

1. Nous avons défini au Chapitre I le coefficient de conductibilité $\varkappa$ d'un conducteur homogène et nous avons vu que son inverse est ce qu'on appelle la *résistance spécifique* de ce corps. Nous allons ensuite définir ce qu'on entend par la résistance d'un conducteur.

Concevons un conducteur dont toute la surface soit au contact d'un milieu isolant, excepté en deux parties E et E' par lesquelles entre et sort un courant, et admettons que le potentiel ait la même valeur en tous les points de E et une autre valeur commune à tous les points de E'.

Nous pouvons nous représenter tout le volume de ce conducteur comme décomposé en filets dirigés suivant les courants. Ces filets auront tous le même potentiel V_1 sur la base d'entrée et le même potentiel V_2 sur la base de sortie. On obtiendra alors la résistance du conducteur, comme on a fait (Chap. II, n° 4) pour obtenir la résistance d'un conducteur multiple. Si l'on désigne par i_1, i_2, ... l'intensité du courant dans chaque filet et par r_1, r_2, ... la résistance qu'il oppose, nous aurons

$$V_1 - V_2 = r_1 i_1, \qquad V_1 - V_2 = r_2 i_2, \qquad \ldots;$$

par suite,

$$(V_1 - V_2)\left(\frac{1}{r_1} + \frac{1}{r_2} + \ldots\right) = I,$$

en désignant par I l'intensité totale du courant. Posons

$$\frac{1}{r_1} + \frac{1}{r_2} + \ldots = \frac{1}{R};$$

$\mathcal{R}$ est appelé la *résistance du conducteur* et, d'après la formule précédente, on a

$$\mathcal{R} = \frac{V_1 - V_2}{I}.$$

La résistance spécifique R d'un conducteur homogène est la résistance d'un cube dont le côté est l'unité et formé de la matière du conducteur, le courant étant dirigé parallèlement à une des arêtes et réparti uniformément. C'est ce qui résulte de la formule donnée (Chap. II, n° 2) pour la résistance d'un conducteur cylindrique traversé par un courant dans la direction de l'axe.

Courants dans une plaque plane.

2. Concevons une plaque plane, homogène et d'épaisseur constante très petite. Si cette plaque est traversée par des courants permanents, on peut admettre que le potentiel V ne varie pas à l'intérieur de la plaque suivant la normale aux faces. Donc, si l'axe des z est pris suivant la direction de cette normale, V satisfait à l'intérieur de la plaque à l'équation

$$\frac{d^2 V}{dx^2} + \frac{d^2 V}{dy^2} = 0,$$

et, en désignant par dn' l'élément de normale intérieure au contour de la plaque, V est soumis sur ce contour à la condition

$$\frac{dV}{dn'} = 0.$$

Quand la fonction V sera trouvée, les courbes d'égal potentiel seront données par l'équation

$$V = \text{const.},$$

et les courbes de courant par l'équation différentielle

$$\frac{dV}{dy} dx - \frac{dV}{dx} dy = 0.$$

Si la plaque est mise en communication avec une pile par deux fils, nous supposerons que l'extrémité de chaque fil soit une section droite appliquée sur une des faces de la plaque.

Si l'on réduit les extrémités des électrodes à deux points A et A', situés sur le plan moyen de la plaque, l'équation (2) ne sera en défaut qu'en ces deux points; V pourra donc être regardé comme le potentiel logarithmique de deux masses finies, placées en A et A', et d'une certaine masse située sur le bord de la plaque. Ainsi nous aurons

$$V = C \log t + C' \log t' + U,$$

en désignant par C et C' deux constantes, par t et t' les distances du point (x, y) aux points A et A', et par U le potentiel logarithmique d'une masse située sur le bord de la plaque.

Désignons par I l'intensité du courant qui entre dans la plaque, par $\varkappa$ le coefficient de conductibilité et par h l'épaisseur de la plaque. Autour des points A et A', décrivons des cercles infiniment petits que nous prenons pour bases de cylindres droits situés dans la plaque, et, en raisonnant comme au n° 2 du Chapitre précédent, nous trouvons

$$C = \frac{-I}{2 \pi \varkappa h} = - C';$$

nous avons donc

$$(2) \qquad V = \frac{I}{2 \pi \varkappa h} \log \frac{t'}{t} + U.$$

Si la plaque était indéfinie, U serait nul et les courbes d'égal potentiel seraient données par l'équation

$$\frac{t'}{t} = \text{const.};$$

elles forment une série de cercles qui rencontrent chacun la droite AA' et son prolongement en deux points qui sont en moyenne harmonique avec A et A', et les courbes de courant, qui sont les trajectoires orthogonales de ces cercles, sont elles-mêmes des cercles qui passent par les points A et A'.

3. Il est utile de s'expliquer comment l'expression (2) du potentiel peut s'accorder avec celle que nous avons obtenue dans le Chapitre IV

pour la valeur du potentiel à l'intérieur d'un corps à trois dimensions quelconques, traversé par des courants permanents. D'après cette formule, nous devons avoir

$$V = D\left(\frac{1}{l} - \frac{1}{l'}\right) + \vartheta,$$

où ϑ désigne le potentiel d'une double couche située à la surface de la plaque et où $\frac{D}{l}$, $-\frac{D}{l'}$ sont les potentiels de doubles couches situées respectivement sur le fil qui amène et sur le fil qui emporte le courant.

Prenons pour plan des x, y le plan moyen de la plaque; nous aurons

$$\frac{dV}{dn} = 0$$

sur les deux faces de la plaque ou pour $z = \pm \frac{h}{2}$. Aux environs du point A situé sur le plan moyen, $-\frac{D}{l'}$ est négligeable vis-à-vis de $\frac{D}{l}$ et, par suite,

$$\frac{d}{dz}\left(\frac{D}{l} + \vartheta\right)$$

s'annule aux environs du point A pour $z = \pm \frac{h}{2}$, et, à cause de la petitesse de h, la quantité

$$p = \frac{D}{l} + V$$

peut être considérée comme indépendante de z; elle satisfait donc à l'équation

$$(3) \qquad \frac{d^2 p}{dx^2} + \frac{d^2 p}{dy^2} = 0.$$

Or, au point A, p est infini; car, s'il en était autrement, V ne serait pas infini en A et de même en A', et l'on en conclurait facilement qu'il n'y aurait pas de courant.

La fonction p devenant infinie au point A et satisfaisant à (3) aux environs de ce point, on a à ces environs

$$p = \frac{D}{l} + V = C \log l,$$

si l'on désigne par C une constante et par t_0 la valeur de t dans laquelle on a fait $z = 0$.

Ainsi la fonction V renferme le terme $C \log t_0$ par lequel elle devient infinie en A; on voit de même qu'elle renferme le terme $C' \log t'_0$, t'_0 étant la valeur de t', dans laquelle on fait $z = 0$. Puis on reconnaît, comme ci-dessus, qu'on a $C' = -C$ et qu'on peut poser

$$V = C(\log t_0 - \log t'_0) + U,$$

U étant une fonction finie et continue, ainsi que ses dérivées dans toute l'étendue de la plaque et qui satisfait à l'équation

$$(\gamma) \qquad \frac{d^2 U}{dx^2} + \frac{d^2 U}{dy^2} = 0.$$

En égalant les deux expressions de V, on a, pour le potentiel de la double couche,

$$v = -D\left(\frac{1}{t} - \frac{1}{t'}\right) + C \log \frac{t_0}{t'_0} + U,$$

qui ne satisfait donc pas à l'équation (γ); enfin la puissance de la double couche est $\dfrac{V}{4\pi}$ (Chap. IV, n° 5).

Courants dans une plaque circulaire.

4. Le courant entrant et sortant par les points A et A', le potentiel dans la plaque circulaire peut s'écrire comme ci-dessus

$$(b) \qquad V = C \log \frac{t}{t'} + U.$$

Prenons des coordonnées polaires R, θ dont l'origine soit au centre de la plaque et désignons par (R', θ') et (R'', θ'') les points A et A'; puis représentons les angles $\theta - \theta'$ et $\theta - \theta''$ par G et G'; nous aurons

$$t^2 = R^2 + R'^2 - 2RR'\cos G, \qquad t'^2 = R^2 + R''^2 - 2RR''\cos G'.$$

Or, si z est < 1, on a

$$\log(1 - 2z\cos G + z^2) = \log(1 - ze^{G\sqrt{-1}}) + \log(1 - ze^{-G\sqrt{-1}})$$
$$= -2\left(z\cos G + \frac{z^2}{2}\cos 2G + \dots\right).$$

Donc si le point (R, θ) est plus éloigné du centre que les points A et A', on a

$$\log \ell = \log R - \sum_{n=1}^{\infty} \frac{1}{n} \frac{R'^n}{R^n} \cos nG,$$

$$\log \ell' = \log R - \sum_{n=1}^{\infty} \frac{1}{n} \frac{R''^n}{R^n} \cos nG'.$$

Nous pouvons poser, en négligeant une constante,

$$U = \sum_{1}^{\infty} H_n \frac{R^n}{a^n},$$

a étant le rayon de la plaque, et ensuite déterminer le coefficient H_n qui dépend de $\cos n\theta$ et $\sin n\theta$ par la condition

$$\frac{dV}{dR} = 0 \qquad \text{pour} \qquad R = a.$$

Après la substitution de l'expression de V dans cette condition, la réduction ne peut se faire qu'entre des termes qui dépendent du même multiple de θ; on a donc

$$H_n = -\frac{c}{na^n}(R'^n \cos nG - R''^n \cos nG'),$$

par suite

$$\sum_{1}^{\infty} H_n \frac{R^n}{a^n} = -C\sum \frac{1}{n} \frac{R^n R'^n}{a^{2n}} \cos nG + C\sum \frac{1}{n} \frac{R^n R''^n}{a^{2n}} \cos nG'.$$

Désignons par B et B' les points conjugués de A et A', et par R_1 et R_2 leurs distances au centre; nous aurons

$$B_1 = \frac{a^2}{R}, \qquad R_2 = \frac{a^2}{R'},$$

et par suite

$$\sum_1^\varepsilon H_n \frac{R^n}{a^n} = -C \sum \frac{1}{n} \frac{R^n}{R_1^n} \cos nG + C \sum \frac{1}{n} \frac{R^n}{R_2^n} \cos nG'$$

$$= C \log \frac{t_1}{R} - C \log \frac{t_1'}{R},$$

t_1 et t_1' étant les distances de B et B' au point (R, θ) et ayant pour valeurs

$$t_1 = \sqrt{R^2 + R_1^2 - 2RR_1 \cos G}, \qquad t_2 = \sqrt{R^2 + R_2^2 - 2RR_2 \cos G'}.$$

On a donc enfin, à une constante près,

$$(c) \qquad\qquad\qquad V = C \log \frac{t t_1}{t' t_1'}.$$

Si les deux extrémités des électrodes sont sur le bord de la plaque, B et B' coïncident avec A et A' et l'on a

$$V = 2C \log \frac{t}{t'}.$$

On a alors les mêmes lignes d'égal potentiel et les mêmes lignes de courant que pour une plaque infinie.

Kirchhoff est le premier qui se soit occupé de la théorie de la distribution des courants dans une plaque. Il a ensuite prouvé l'accord de la théorie avec l'expérience dans le cas où les extrémités des électrodes sont sur le bord de la plaque. Il employait, de plus, deux fils reliés à un galvanomètre; il laissait fixe sur la plaque l'extrémité d'un des fils et déplaçait sur cette plaque l'extrémité de l'autre fil, de manière que le galvanomètre n'indiquât aucun courant. Il déterminait ainsi une ligne d'égal potentiel, qui était celle qui est indiquée par la théorie.

5. *Résistance de la plaque.* — Pour déterminer la résistance de la plaque, il faut avoir égard au rayon ρ des électrodes. Le potentiel, à l'intérieur du fil et à une petite distance de la plaque, a une valeur constante pour une même section droite. Or on peut admettre aussi, avec une grande approximation, que, dans la surface de contact ou

surface-électrode, le potentiel V a aussi une valeur constante et que, au delà du fil dans la plaque, V est donné par la même expression que lorsque la surface électrode se réduit à un point. D'ailleurs, nous pouvons effectivement supposer que V est donné par cette expression sur le contour même du fil car nous allons voir que V y a une valeur constante.

Si nous mettons le point (R, θ) que nous désignerons par P sur la circonférence de rayon ρ qui a pour centre le point A, la formule (c) deviendra

$$V_1 = - \frac{1}{2\pi \varkappa h} \log \frac{\rho \times AB}{AA' \times AB'},$$

en remplaçant PB, PA', PB' respectivement par AB, AA' et AB'; ce qui modifie très peu l'expression. Ainsi V_1 a une valeur constante sur tous les points de la circonférence de rayon ρ et nous la considérons comme la valeur du potentiel sur la surface-électrode en A.

On a de même, pour le potentiel, sur la surface-électrode en A'

$$V_2 = - \frac{1}{2\pi \varkappa h} \log \frac{AA' \times A'B}{\rho \times A'B'}.$$

On a donc

$$\frac{V_1 - V_2}{I} = \frac{-1}{2\pi \varkappa h} \log \frac{\rho^2 \times AB \times A'B'}{AA'^2 \times A'B \times AB'},$$

et, d'après ce qui a été dit au n° 1, cette formule donne la résistance de la plaque.

Cette méthode, donnée par Kirchhoff pour déterminer la résistance de la plaque, ne sera, dans la pratique, susceptible de quelque précision qu'autant que la plaque sera d'une épaisseur très mince et notablement plus petite que le rayon des fils.

Force magnétique exercée par la plaque à l'extérieur.

6. Kirchhoff a déterminé l'action magnétique de la plaque sur un pôle d'aimant placé à une distance infiniment petite de la plaque. Nous allons résoudre le même problème, en prenant ce pôle dans une position quelconque.

Les composantes du courant sont

$$u = -\varkappa\frac{dV}{dx}, \qquad v = -\varkappa\frac{dV}{dy}, \qquad w = 0,$$

et, en désignant par h l'épaisseur de la plaque, on a, pour les fonctions $\mathfrak{F}$, $\mathfrak{G}$, $\mathfrak{H}$ (Chap. IV, n° 6),

$$\mathfrak{F} = -h\varkappa\int\frac{dV}{dx}\frac{d\sigma}{r}, \qquad \mathfrak{G} = -h\varkappa\int\frac{dV}{dy}\frac{d\sigma}{r}, \qquad \mathfrak{H} = 0,$$

où les intégrales sont étendues à tous les éléments $d\sigma$ de la surface moyenne de la plaque et où r est la distance du point $(x, y, 0)$ situé sur $d\sigma$ au point (ξ, η, ζ) où l'on recherche l'action magnétique. On aura ensuite pour les composantes de la force magnétique en ce point

$$X = -\frac{d\mathfrak{G}}{d\zeta}, \qquad Y = \frac{d\mathfrak{F}}{d\zeta}, \qquad Z = \frac{d\mathfrak{G}}{d\xi} - \frac{d\mathfrak{F}}{d\eta}.$$

Supposons que les deux points A et A′, par lesquels entre et sort le courant, soient situés sur le bord de la plaque; nous aurons

$$V = 2C(\log t - \log t').$$

Réduisons d'abord V à son premier terme et désignons par $\mathfrak{F}_1$, $\mathfrak{G}_1$, $\mathfrak{H}_1$, X_1, Y_1, Z_1 les parties de $\mathfrak{F}$, $\mathfrak{G}$, $\mathfrak{H}$, X, Y, Z correspondantes; il sera facile d'en déduire les parties qui proviennent du second terme de V.

Le point A étant représenté par $(x', y', 0)$, nous aurons

$$\mathfrak{F}_1 = -2h\varkappa C\int\frac{x - x'}{t^2}\frac{d\sigma}{r} = \frac{1}{\pi}\int\frac{x - x'}{t^2}\frac{d\sigma}{r},$$

avec

$$r = \sqrt{(x - \xi)^2 + (y - \eta)^2 + \zeta^2},$$

et nous avons de même

$$\mathfrak{G}_1 = \frac{1}{\pi}\int\frac{y - y'}{t^2}\frac{d\sigma}{r}.$$

Prenons des coordonnées polaires dont l'origine soit au point A et posons en conséquence

$$x - x' = t\cos\alpha, \qquad y - y' = t\sin\alpha, \qquad d\sigma = t\,dt\,d\alpha.$$

Il en résultera

$$\mathfrak{F}_1 = \frac{1}{\pi} \int \cos z \, dz \int \frac{dt}{r},$$

avec

$$r^2 = t^2 + 2[(x' - \xi) \cos z + (y' - \eta) \sin z] t + (x' - \xi)^2 + (y' - \eta)^2 + \zeta^2.$$

L'intégrale, par rapport à t, doit être prise depuis zéro jusqu'à la distance v du point A à un point de la circonférence du cercle. Dans l'équation du cercle

$$x^2 + y^2 = a^2,$$

faisons

$$x = x' + v \cos z, \qquad y = y' + v \sin z,$$

et nous obtenons

$$v = -2 (x' \cos z + y' \sin z).$$

Comme le point (x', y') est sur le cercle, faisons

$$x' = a \cos \varepsilon, \qquad y' = a \sin \varepsilon$$

et nous aurons enfin

$$v = -2 a \cos (z - \varepsilon).$$

Ensuite nous avons

$$\mathfrak{F}_1 = \frac{1}{\pi} \int \cos z \, dz \int_0^v \frac{dt}{r},$$

l'intégrale par rapport à z étant prise entre deux limites distantes de π et correspondant à la direction de la tangente au point A de part et d'autre de ce point. Mais il est aisé de voir qu'on a

$$\cos z \, dz \int_0^v \frac{dt}{r} = \cos (z + \pi) \, dz \int_0^v \frac{dt}{r_1},$$

en désignant par r_1 ce que devient r par le changement de z en $z + \pi$. Donc, en prenant l'intégrale par rapport à z entre 0 et 2π, on double la valeur de $\mathfrak{F}_1$, et l'on a

$$\mathfrak{F}_1 = \frac{1}{2\pi} \int_0^{2\pi} \cos z \, dz \int_0^v \frac{dt}{r}$$

ou encore

$$\mathfrak{F}_1 = \frac{1}{\pi} \int_0^{\pi} \cos z \, dz \int_0^v \frac{dt}{r}.$$

19

L'intégration par rapport à t se fait facilement. Posons

$$A = a\cos(\alpha - \varepsilon) - \xi\cos\alpha - \eta\sin\alpha,$$
$$B = (a\cos\varepsilon - \xi)^2 + (a\sin\varepsilon - \eta)^2 + \zeta^2,$$

nous aurons

$$r^2 = t^2 + 2At + B,$$

puis

$$\mathfrak{F}_1 = \frac{1}{\pi}\int_0^{\pi} \log\frac{A + c + \sqrt{c^2 + 2Ac + B}}{A + \sqrt{B}}\cos\alpha\, d\alpha,$$

et de même

$$\mathfrak{G}_1 = \frac{1}{\pi}\int_0^{\pi} \log\frac{A + c + \sqrt{c^2 + 2Ac + B}}{A + \sqrt{B}}\sin\alpha\, d\alpha.$$

7. Nous calculerons ensuite X_1, Y_1, Z_1 par les formules

$$X_1 = -\frac{d\mathfrak{G}_1}{d\zeta}, \qquad Y_1 = \frac{d\mathfrak{F}_1}{d\zeta}, \qquad Z_1 = \frac{d\mathfrak{G}_1}{d\xi} - \frac{d\mathfrak{F}_1}{d\eta}.$$

$\mathfrak{F}_1$ et $\mathfrak{G}_1$ ne dépendent de ζ que par B et nous obtenons

(1) $$X_1 = -\frac{1}{\pi}\zeta T_1, \qquad Y_1 = \frac{1}{\pi}\zeta T_2,$$

en posant

$$T_1 = \int_0^{\pi} \frac{\sin\alpha\, d\alpha}{\sqrt{c^2 + 2Ac + B}\left(A + c + \sqrt{c^2 + 2Ac + B}\right)} - \frac{1}{\sqrt{B}}\int_0^{\pi}\frac{\sin\alpha\, d\alpha}{A + \sqrt{B}},$$
$$T_2 = \int_0^{\pi} \frac{\cos\alpha\, d\alpha}{\sqrt{c^2 + 2Ac + B}\left(A + c + \sqrt{c^2 + 2Ac + B}\right)} - \frac{1}{\sqrt{B}}\int_0^{\pi}\frac{\cos\alpha\, d\alpha}{A + \sqrt{B}}.$$

D'autre part, on a

$$\frac{d\mathfrak{G}_1}{d\xi} = \frac{1}{\pi}\int_0^{\pi}\mathfrak{P}\sin\alpha\, d\alpha, \qquad \frac{d\mathfrak{F}_1}{d\eta} = \frac{1}{\pi}\int_0^{\pi}\mathfrak{Q}\cos\alpha\, d\alpha,$$

en posant

$$\mathfrak{P} = \frac{-\cos\alpha\sqrt{c^2 + 2Ac + B} - c\cos\alpha + \xi - a\cos\varepsilon}{\sqrt{c^2 + 2Ac + B}\left(A + c + \sqrt{c^2 + 2Ac + B}\right)} + \frac{\cos\alpha\sqrt{B} - \xi + a\cos\varepsilon}{\sqrt{B}\left(A + \sqrt{B}\right)},$$
$$\mathfrak{Q} = \frac{-\sin\alpha\sqrt{c^2 + 2Ac + B} - c\sin\alpha + \eta - a\sin\varepsilon}{\sqrt{c^2 + 2Ac + B}\left(A + c + \sqrt{c^2 + 2Ac + B}\right)} + \frac{\sin\alpha\sqrt{B} - \eta + a\sin\varepsilon}{\sqrt{B}\left(A + \sqrt{B}\right)}.$$

On a donc

$$\mathrm{T} \sin z - \mathrm{Q} \cos z = \frac{\mathrm{P}}{\sqrt{c^2 + 2\mathrm{A}c + \mathrm{B}}\,(\mathrm{A} + c + \sqrt{c^2 + 2\mathrm{A}c + \mathrm{B}})} - \frac{\mathrm{P}}{\sqrt{\mathrm{B}}\,(\mathrm{A} + \sqrt{\mathrm{B}})},$$

en posant

$$\mathrm{P} = (\xi - a \cos \varepsilon) \sin z - (\eta - a \sin \varepsilon) \cos z,$$

et l'on obtient

$$(2) \qquad \mathrm{Z}_1 = \frac{1}{\pi} (\xi - a \cos \varepsilon) \mathrm{T}_1 - \frac{1}{\pi} (\eta - a \sin \varepsilon) \mathrm{T}_2.$$

Il résulte des formules (1) et (2) qu'on peut exprimer Z_1 au moyen de X_1 et Y_1 et qu'on a

$$\mathrm{Z}_1 = - (\xi - a \cos \varepsilon) \frac{\mathrm{X}_1}{\zeta} - (\eta - a \sin \varepsilon) \frac{\mathrm{Y}_1}{\zeta}.$$

8. Simplifions les expressions de T_1 et T_2. Multiplions par

$$\sqrt{c^2 + 2\mathrm{A}c + \mathrm{B}} - \mathrm{A} - c$$

les deux termes de la différentielle de la première intégrale qui compose T_1, et nous aurons

$$\mathrm{T}_1 = \int_0^\pi \frac{-(\mathrm{A} + c) \sin z \, dz}{(\mathrm{B} - \mathrm{A}^2)\sqrt{c^2 + 2\mathrm{A}c + \mathrm{B}}} + \int_0^\pi \frac{\sin z \, dz}{\mathrm{B} - \mathrm{A}^2} - \frac{1}{\sqrt{\mathrm{B}}} \int_0^\pi \frac{\sin z \, dz}{\sqrt{\mathrm{B}} + \mathrm{A}}.$$

Employons la formule

$$\frac{1}{\mathrm{B} - \mathrm{A}^2} = \frac{1}{2\sqrt{\mathrm{B}}} \left(\frac{1}{\sqrt{\mathrm{B}} + \mathrm{A}} + \frac{1}{\sqrt{\mathrm{B}} - \mathrm{A}} \right),$$

et, en posant

$$\int_0^\pi \frac{-(\mathrm{A} + c) \sin z \, dz}{(\mathrm{B} - \mathrm{A}^2)\sqrt{c^2 + 2\mathrm{A}c + \mathrm{B}}} = \mathrm{U}_1,$$

nous aurons

$$\mathrm{T}_1 = \mathrm{U}_1 + \frac{1}{2\sqrt{\mathrm{B}}} \left(\int_0^\pi \frac{\sin z \, dz}{\sqrt{\mathrm{B}} - \mathrm{A}} - \int_0^\pi \frac{\sin z \, dz}{\sqrt{\mathrm{B}} + \mathrm{A}} \right).$$

De même, en posant

$$\int_0^\pi \frac{-(A+v)\cos z\,dz}{(B-A^2)\sqrt{v^2+2Av+B}} = \Psi_2,$$

nous aurons

$$T_2 = \Psi_2 + \frac{1}{2\sqrt{B}}\left(\int_0^\pi \frac{\cos z\,dz}{\sqrt{B}-A} - \int_0^\pi \frac{\cos z\,dz}{\sqrt{B}+A}\right).$$

Calculons les quatre intégrales

$$H_1 = \int_0^\pi \frac{\sin z\,dz}{\sqrt{B}+A}, \qquad H_2 = \int_0^\pi \frac{\cos z\,dz}{\sqrt{B}+A},$$

$$H'_1 = \int_0^\pi \frac{\sin z\,dz}{\sqrt{B}-A}, \qquad H'_2 = \int_0^\pi \frac{\cos z\,dz}{\sqrt{B}-A}.$$

Si l'on pose

$$L = a\cos\varepsilon - \xi, \qquad M = a\sin\varepsilon - \eta,$$

on obtiendra

$$H_1 = \int_0^\pi \frac{\sin z\,dz}{M\sin z + L\cos z + \sqrt{B}}, \qquad H_2 = \int_0^\pi \frac{\cos z\,dz}{M\sin z + L\cos z + \sqrt{B}},$$

et, comme on a

$$\int_0^\pi \frac{dz}{M\sin z + L\cos z + \sqrt{B}} = \frac{2}{\zeta}\operatorname{arc\,tang}\frac{\zeta}{M},$$

on forme immédiatement ces deux équations

$$MH_1 + LH_2 = \pi - \frac{2\sqrt{B}}{\zeta}\operatorname{arc\,tang}\frac{\zeta}{M},$$

$$-LH_1 + MH_2 = \log\frac{\sqrt{B}-L}{\sqrt{B}+L}.$$

Si, dans ces deux équations, nous changeons L et M en $-$ L et $-$ M, H_1 et H_2 se changent en H'_1 et H'_2, et nous en tirons ensuite

$$H'_1 - H_1 = -\frac{2M\pi}{L^2+M^2}, \qquad H'_2 - H_2 = -\frac{2L\pi}{L^2+M^2}.$$

Ainsi, les valeurs de T_1 et T_2 se réduisent à

$$T_1 = \Psi_1 - \frac{1}{\sqrt{B}} \frac{M\pi}{L^2 + M^2}, \qquad T_2 = \Psi_2 - \frac{1}{\sqrt{B}} \frac{L\pi}{L^2 + M^2}$$

9. Les intégrales Ψ_1 et Ψ_2 peuvent être ramenées aux intégrales elliptiques; mais il sera ordinairement plus commode, pour les calculer, d'employer une des méthodes générales de quadrature. Si nous posons

$$p = -(A + c) = (a\cos\varepsilon + \xi)\cos z + (a\sin\varepsilon + \eta)\sin z,$$
$$q^2 = B - A^2 = (L\sin z - M\cos z)^2 + \zeta^2.$$

nous aurons

$$\Psi_1 = \int_0^\pi \frac{p\sin z\, dz}{q^2\sqrt{p^2 + q^2}}, \qquad \Psi_2 = \int_0^\pi \frac{p\cos z\, dz}{q^2\sqrt{p^2 + q^2}}.$$

Les composantes de la force magnétique produite par la plaque circulaire sont

$$X_1 - X_2, \quad Y_1 - Y_2, \quad Z_1 - Z_2,$$

X_2, Y_2, Z_2 se déduisant des formules (1) et (2) qui donnent X_1, Y_1, Z_1 par le changement de l'angle ε en l'angle ε' correspondant à A'. Pour la commodité du calcul, on pourra choisir l'axe polaire de manière que ε' soit égal à $\pi - \varepsilon$.

10. Désignons par X_1, Y_1, Z_1 les composantes de la force magnétique du fil qui apporte le courant en A et par $-X_2'$, $-Y_2'$, $-Z_2'$ les composantes de la force magnétique du fil qui part du point A'. Ces forces se calculeront facilement si les fils sont rectilignes (Chap. IV, n° 13).

Supposons la plaque horizontale et désignons par F_1, F_2, F_3 les trois composantes de la force magnétique terrestre, de sorte que la troisième F_3 est verticale.

Les composantes de la force magnétique totale au point (ξ, η, ζ) seront

$$X_1 - X_2 + X_1' - X_2' + F_1 = \mathfrak{X},$$
$$Y_1 - Y_2 + Y_1' - Y_2' + F_2 = \mathfrak{Y},$$
$$Z_1 - Z_2 + Z_1' - Z_2' + F_3 = \mathfrak{Z}.$$

Supposons une aiguille aimantée très petite dont le centre soit au point (ξ, η, ζ) et libre de tourner autour de ce point. Désignons par δ l'angle que sa projection horizontale fait avec l'axe des x et par I son inclinaison sur l'horizon ; nous aurons

$$\tan\delta = \frac{Y}{X}, \qquad \tan I = \frac{Z}{\sqrt{X^2 + Y^2}},$$

si l'on peut négliger la différence d'action magnétique le long de l'aiguille.

Si l'on veut plus d'approximation, on considérera le magnétisme de la petite aiguille comme concentré en deux pôles, et l'on trouvera encore facilement les angles δ et I.

Courants permanents dans une plaque courbe.

11. La plaque courbe que nous considérons est homogène, isotrope, d'une épaisseur constante extrêmement petite, et elle est traversée par des courants permanents.

Désignons par V le potentiel de l'électricité en un point d'une des faces σ qui terminent la plaque ; nous regarderons V comme constant sur la normale à σ menée à l'intérieur de la plaque. Sur cette surface traçons une série de courbes s_1 dont l'équation est

$$V = \text{const.} ;$$

puis traçons les trajectoires orthogonales s_2 de ces courbes et désignons par

$$\varphi = \text{const.}$$

l'équation de ces lignes de courant. La force électromotrice en chaque point sera dirigée suivant ces dernières lignes et aura pour valeur

$$-\frac{dV}{ds_2}.$$

Comptons la longueur de la ligne s_1 à partir d'un point déterminé de cette ligne et désignons par z la quantité d'électricité qui traverse l'arc s_1 dans l'unité de temps ; alors $\frac{dz}{ds_1} ds_1$ sera le courant qui traversera normalement ds_1, et l'on aura

$$\frac{dz}{ds_2} = 0.$$

Puisque les courants sont permanents, la force électromotrice $-\dfrac{dV}{ds_2}$ doit être égale et de sens contraire à la force de résistance, qui est proportionnelle à l'intensité du courant et qui peut être représentée par l'expression $K\dfrac{dz}{ds_1}$, où K désigne une constante ; ainsi nous avons

$$(1) \qquad \frac{dV}{ds_2} = K\frac{dz}{ds_1}.$$

Faisons

$$(2) \qquad V = K\beta,$$

nous aurons

$$\frac{d\beta}{ds_2} = \frac{dz}{ds_1};$$

nous pouvons donc poser

$$(3) \qquad ds_2 = H\,d\beta, \qquad ds_1 = H\,dz,$$

en désignant par H une fonction de z et β.

Si l'on représente par ds l'élément d'une courbe quelconque tracée sur la surface σ, on a

$$(4) \qquad ds^2 = ds_1^2 + ds_2^2 = H^2(dz^2 + d\beta^2).$$

Réciproquement, si l'on a cette équation, les lignes

$$\beta = \text{const.}, \qquad z = \text{const.}$$

forment pour la plaque courbe un système possible de lignes d'égal potentiel et un système correspondant de lignes de courant.

En effet, de l'équation (4) on déduit les deux équations (3), en faisant successivement $z = $ const. et $\beta = $ const., et, si l'on pose la formule (2), on a l'équation (1), qui exprime que la force électromotrice est dirigée suivant la ligne s_2 ou $z = $ const.

12. Quand on aura obtenu ces deux systèmes de lignes situées sur la surface σ, il sera facile d'en obtenir d'autres semblables ; il suffira de tirer α' et β' de l'équation

$$(5) \qquad \alpha' + \beta'\sqrt{-1} = F(\alpha + \beta\sqrt{-1}),$$

où le second membre représente une fonction quelconque de

$$\alpha + \beta\sqrt{-1}.$$

En effet, on en déduit

$$\sqrt{-1}\left(\frac{d\alpha}{d\alpha'} + \frac{d\beta}{d\alpha'}\sqrt{-1}\right) = \frac{d\alpha}{d\beta'} + \frac{d\beta}{d\beta'}\sqrt{-1},$$

équation qui se sépare dans les deux suivantes :

$$(6) \qquad \frac{d\beta}{d\alpha'} = -\frac{d\alpha}{d\beta'}, \qquad \frac{d\beta}{d\beta'} = \frac{d\alpha}{d\alpha'}.$$

On a donc

$$d\beta = -\frac{d\alpha}{d\beta'}d\alpha' + \frac{d\alpha}{d\alpha'}d\beta',$$

$$d\alpha = \frac{d\alpha}{d\alpha'}d\alpha' + \frac{d\alpha}{d\beta'}d\beta',$$

et, par suite,

$$d\alpha^2 + d\beta^2 = \left[\left(\frac{d\alpha}{d\alpha'}\right)^2 + \left(\frac{d\alpha}{d\beta'}\right)^2\right](d\alpha'^2 + d\beta'^2).$$

Ainsi, on déduit de l'équation (4)

$$ds^2 = H^2\left[\left(\frac{d\alpha}{d\alpha'}\right)^2 + \left(\frac{d\alpha}{d\beta'}\right)^2\right](d\alpha'^2 + d\beta'^2).$$

expression qui est de la forme

$$ds^2 = L^2(d\alpha'^2 + d\beta'^2),$$

où L est une fonction de α' et β'. Il en résulte que des deux systèmes de lignes situées sur σ,

$$\alpha' = \text{const.}, \qquad \beta' = \text{const.},$$

l'un quelconque peut représenter des lignes d'égal potentiel et l'autre les lignes de courant correspondantes.

13. Différentions l'équation (5) par rapport à α ou à β, et nous obtenons les équations semblables à (6)

$$\frac{dx'}{d\alpha} = \frac{d\beta'}{d\beta}, \qquad \frac{dx'}{d\beta} = -\frac{d\beta'}{d\alpha};$$

il en résulte

$$(7) \qquad \frac{d^2x'}{d\alpha^2} + \frac{d^2x'}{d\beta^2} = 0, \qquad \frac{d^2\beta'}{d\alpha^2} + \frac{d^2\beta'}{d\beta^2} = 0.$$

Ainsi, ayant obtenu un système de variables α et β, qui donne un premier système de courants, si l'on adopte α et β comme coordonnées, les quantités α' et β' de tout autre système de courants satisferont aux équations (7).

Concevons que la plaque soit maintenue dans un certain équilibre de température et qu'il n'y ait point de déperdition de chaleur par les surfaces de la plaque; on démontrera facilement que la température U d'équilibre satisfera à l'équation

$$\frac{d^2U}{d\alpha^2} + \frac{d^2U}{d\beta^2} = 0.$$

Il s'ensuit que les lignes $\alpha' = \text{const.}$ ou $\beta' = \text{const.}$ peuvent représenter un système de lignes isothermes. Remarquons aussi la formule facile à obtenir

$$(8) \qquad \Delta V = \frac{1}{H^2}\left(\frac{d^2U}{d\alpha^2} + \frac{d^2U}{d\beta^2}\right).$$

14. Prenons α, β pour les coordonnées rectilignes et rectangulaires d'un point d'un plan. À chaque point (α, β) du plan correspondra un point situé sur σ, qui aura les mêmes coordonnées et qu'on peut appeler l'image du premier point. Si l'on désigne par dl la distance des deux points (α, β) et $(\alpha + d\alpha, \beta + d\beta)$ situés sur le plan, on aura

$$dl^2 = d\alpha^2 + d\beta^2,$$

et, d'après la formule (4), on aura, pour la distance des deux points correspondants sur σ,

$$(9) \qquad ds = H\, dl;$$

Il ne dépend que de α et β; donc la ligne ds, image de dl, est proportionnelle à dl et ne varie pas avec la direction de dl sur le plan. Par suite, les parties infiniment petites du plan ont pour images, sur la surface σ, des figures semblables.

Il résulte évidemment de là que, si sur un plan on trace deux systèmes de lignes rectangulaires et pouvant représenter des lignes d'égal potentiel et des lignes de courant, les images sur la surface σ de ces deux systèmes de lignes, que l'on déduit de la formule (9), pourront aussi représenter des lignes d'égal potentiel et des lignes de courant. Ainsi le problème de la recherche des courants permanents, qui s'écoulent dans une plaque courbe, peut se ramener à celui de la représentation sur une surface courbe de figures tracées sur un plan, de manière que les images de figures infiniment petites leur soient semblables.

Courants dans une coquille sphérique.

15. On a une coquille sphérique fermée et d'épaisseur constante très petite; le courant électrique y entre et en sort respectivement par deux points A et A'. Le potentiel V étant supposé ne pas varier dans l'épaisseur, on a, pour l'équation à laquelle il satisfait,

$$(a) \qquad \Delta V = \frac{1}{a^2 \sin \theta} \frac{d}{d\theta}\left(\sin \theta \frac{dV}{d\theta}\right) + \frac{1}{a^2 \sin^2 \theta} \frac{d^2 V}{d\psi^2} = 0,$$

où a est le rayon moyen de la coquille et où ψ et θ sont la longitude et le complément de la latitude en chaque point de cette coquille. Posons

$$\varepsilon = \log \operatorname{tang} \frac{\theta}{2},$$

et nous aurons

$$\Delta V = \frac{1}{a^2 \sin^2 \theta}\left(\frac{d^2 V}{d\varepsilon^2} + \frac{d^2 V}{d\psi^2}\right);$$

donc, d'après les formules (8) et (9) des n°s 13 et 14, on a, pour le carré d'un arc infiniment petit tracé sur la sphère,

$$(b) \qquad ds^2 = a^2 \sin^2 \theta (d\varepsilon^2 + d\psi^2).$$

Faisons un changement de coordonnées et prenons pour nouvel axe
polaire le diamètre qui aboutit au point A ; puis désignons par ψ', θ', ε'
les quantités analogues à ψ, θ, ε et correspondant à ce nouvel axe. S
l'on suppose le point M, où l'on prend V, très près de A, on pourra
négliger l'influence de A' et V ne dépendra pas de ψ'; on aura donc

$$\frac{d^2V}{d\varepsilon'^2} = 0,$$

et l'on satisfera à cette équation en posant

$$V = C\varepsilon' = C \log \tan g \frac{\theta'}{2},$$

où θ' désigne la distance angulaire du point A au point M. Si donc nous
désignons maintenant par λ et λ' les distances angulaires du point M
aux points A et A', et si nous posons

$$V = C \log \tan g \frac{\lambda}{2} - C \log \tan g \frac{\lambda'}{2},$$

cette expression satisfera à l'équation (a) et se réduira aux valeurs
voulues aux environs des points A et A'. La constante C aura la valeur
donnée au n° 2.

Menons un plan tangent à la sphère à une extrémité de l'axe polaire ;
puis, de l'autre extrémité, menons une droite qui rencontrera le plan
et la sphère en deux points qui seront images l'un de l'autre : c'est le
système de projection stéréographique. Un élément ds de ligne située
sur la sphère sera donné par (b) et la distance dl correspondante sur
le plan aura pour carré

$$dl^2 = 4a^2 \tan g^2 \frac{\theta}{2} (d\varepsilon^2 + d\psi^2);$$

ce qui prouve la similitude des figures infiniment petites avec leurs
images.

Si B et B' sont deux points du plan par lesquels entre et sort un courant, les lignes de courant qui en résultent dans le plan sont des cercles
qui passent par les points B et B', et les lignes d'égal potentiel sont
des cercles orthogonaux sur les premiers (n° 2). Or on sait que, dans

la projection stéréographique, à un cercle du plan correspond un cercle
de la sphère. Donc, A et A' étant les deux points de la sphère qui correspondent aux points B et B', les lignes de courant sur la sphère seront des cercles qui passent par ces deux points et les lignes d'égal
potentiel seront des cercles orthogonaux sur les premiers.

Autres exemples de plaques courbes traversées par des courants permanents.

16. Les exemples suivants de plaques courbes traversées par des
courants permanents ont été donnés par Kirchhoff (*Gesammelte Abhandlungen*, p. 56).

Prenons une plaque dont la surface moyenne soit celle d'un cylindre
circulaire indéfini de rayon a. Menons un plan perpendiculaire aux
génératrices; mettons l'origine des coordonnées polaires au centre de
la section et l'axe des z suivant l'axe du cylindre. Soient r le rayon et
θ l'angle qui représentent ces coordonnées. A chaque point (r, θ, o) du
plan, faisons correspondre un point (a, θ, z) du cylindre en prenant

$$(a) \qquad\qquad z = a \log r.$$

Quand r variera de zéro à l'infini, z variera sur le cylindre de $-\infty$ à
$+\infty$.

Le carré de la distance dl de deux points infiniment voisins du plan
est

$$dl^2 = dr^2 + r^2\, d\theta^2,$$

et, en désignant par ds la distance des deux points correspondants de
la surface cylindrique, on a

$$ds^2 = dz^2 + a^2\, d\theta^2, \qquad ds = \frac{a}{r}\, dl.$$

Ainsi les figures infiniment petites du cylindre sont semblables aux
figures correspondantes du plan.

Soient B et B' deux points du plan par lesquels entre et sort un cou-
rant et dont les coordonnées sont (r', θ'), (r'', θ''); le potentiel électro-

moteur dans le plan sera

$$C \log \frac{r^2 + r'^2 - 2 r r' \cos(\vartheta - \vartheta')}{r^2 + r'^2 - 2 r r'' \cos(\vartheta - \vartheta'')}.$$

Soient A et A' les images de B et B' sur le cylindre, et posons, d'après (a),

$$r = e^{\frac{z}{a}}, \qquad r' = e^{\frac{z'}{a}}, \qquad r'' = e^{\frac{z''}{a}},$$

nous aurons, pour le potentiel électromoteur dans la plaque cylindrique,

$$(b) \qquad V = C \log \frac{e^{\frac{2z}{a}} + e^{\frac{2z'}{a}} + 2 e^{\frac{z+z'}{a}} \cos(\vartheta - \vartheta')}{e^{\frac{2z}{a}} + e^{\frac{2z''}{a}} + 2 e^{\frac{z+z''}{a}} \cos(\vartheta - \vartheta'')},$$

les courants entrant et sortant par les points A et A'.

Changeons la figure de la section du cylindre en conservant leurs longueurs à tous les éléments du contour; le nouveau cylindre sera exactement applicable sur le premier. Donc, si A_1 et A'_1 sont deux points du second cylindre qui viendraient en A et A' dans l'application de ce cylindre sur le premier et qu'on suppose un courant entrant par A_1 et sortant par A'_1 dans une plaque ayant ce cylindre pour surface moyenne, le potentiel sera encore donné par la formule (b), dans laquelle $a\vartheta$ représentera maintenant la longueur de la courbe de section droite à partir d'un point fixe.

17. Supposons ensuite une plaque dont la surface moyenne est celle d'un tore fermé, c'est-à-dire une surface engendrée par la révolution d'un cercle autour d'une droite que nous prendrons pour axe des z.

Si nous posons $x^2 + y^2 = R^2$, l'équation de cette surface est

$$(R - a)^2 + z^2 = b^2,$$

et l'on y satisfait en posant

$$x = (a + b \cos v) \cos u,$$
$$y = (a + b \cos v) \sin u,$$
$$z = b \sin v;$$

d'où l'on déduit

$$ds^2 = (a + b \cos v)^2 du^2 + b^2 dv^2.$$

Prenons les variables z et β liées aux premières u et v par les formules

$$u = \frac{z}{\sqrt{a^2 - b^2}}, \qquad \operatorname{tang} \frac{v}{2} = \sqrt{\frac{a+b}{a-b}} \operatorname{tang} \frac{\beta}{2b},$$

alors nous aurons

$$ds^2 = \frac{a^2 - b^2}{\left(a - b \cos \frac{\beta}{b}\right)^2}(dz^2 + d\beta^2).$$

On a tous les points de la surface du tore en faisant varier u et v de o à 2π ou z de o à $2\pi\sqrt{a^2 - b^2}$, et β de o à $2\pi b$.

Supposons encore que le courant entre par un point A et sorte par un point A'. Le potentiel V satisfait à l'équation

$$(c) \qquad \frac{d^2 V}{dz^2} + \frac{d^2 V}{d\beta^2} = o;$$

il devient infiniment grand aux environs des points A et A', et s'y réduit à $\pm C \log r$, r étant la distance à A ou A'; V a pour période $2\pi\sqrt{a^2 - b^2}$ par rapport à z et $2\pi b$ par rapport à β.

Suivant les notations de Jacobi, écrivons

$$\Theta(x) = 1 - 2q \cos 2x + 2q^4 \cos 4x - 2q^9 \cos 6x + \dots, \qquad q = e^{-\pi \frac{K'}{K}},$$

puis posons

$$(d) \qquad K = m\pi\sqrt{a^2 - b^2}, \qquad K' = m\pi b;$$

q sera donc déterminé par le rapport

$$\frac{K'}{K} = \frac{b}{\sqrt{a^2 - b^2}};$$

on aura ensuite K par la formule

$$\frac{2K}{\pi} = 1 + 4q + 4q^2 + 4q^3 + 8q^3 + 4q^4 + \dots,$$

puis m et K' par les formules (d).

Posons encore, en désignant $\sqrt{-1}$ par i,

$$\gamma = m(\alpha + \beta i),$$

et désignons par γ', β' et γ'', β'' les valeurs de γ et β aux points A et A'; puis écrivons la formule

$$V + \psi i = D\left\{ \frac{\beta' - \beta''}{2b}\frac{\gamma}{K}i + \log\frac{\vartheta\left[\frac{\pi}{2K}(\gamma - \gamma' + iK')\right]}{\vartheta\left[\frac{\pi}{2K}(\gamma - \gamma'' + ik')\right]}\right\} + B,$$

dans laquelle D et B sont deux constantes arbitraires, dont la première est réelle. La fonction $V + \psi i$ satisfait à l'équation (c); cette formule détermine V et ψ, et il est facile de voir que l'expression de V satisfait aux conditions indiquées ci-dessus.

Indiquons comment on pourra calculer la fonction V. Pour cela, posons

$$A = \frac{\pi}{2K}m(\alpha - \alpha'), \qquad B = \frac{\pi}{2K}[m(\beta - \beta') + K'],$$

$$A' = \frac{\pi}{2K}m(\alpha - \alpha''), \qquad B' = \frac{\pi}{2K}[m(\beta - \beta'') + K'];$$

changeons i en $- i$ dans l'équation précédente, pour l'ajouter à l'équation ainsi obtenue ; nous obtenons, à une constante près,

$$2V = -D\frac{\beta' - \beta''}{bK}m\beta + D\log[\vartheta(A' + B'i)\vartheta(A' - B'i)]$$
$$- D\log[\vartheta(A + Bi)\vartheta(A - Bi)].$$

Or on a la formule connue

$$\log\vartheta(x) = -\sum_{r=1}^{\infty}\frac{1}{r}\frac{q^{2r}}{1 - q^{2r}} - 2\sum_{r=1}^{\infty}\frac{1}{r}\frac{q^r}{1 - q^{2r}}\cos 2rx;$$

et on a, par suite, la formule

$$(\text{A}) \qquad \left\{ \begin{aligned} &\log[\vartheta(A + Bi)\vartheta(A - Bi)]\\ &= -2\sum\frac{1}{r}\frac{q^{2r}}{1 - q^r}\\ &\quad - 4\sum\frac{1}{r}\frac{q^r}{1 - q^{2r}}\cos 2rA\cosh\frac{r\pi K'}{K}\left(1 + \frac{\beta - \beta'}{\pi b}\right), \end{aligned}\right.$$

dans laquelle la dernière série sera convergente si $\beta - \beta'$ est négatif.

Lorsque $\beta - \beta'$ est positif, on emploiera les formules

$$\vartheta(x) = e^{-\frac{\pi K'}{K}} e^{2xi} \, \vartheta\left(x + \frac{\pi K'}{K} i\right),$$

$$\vartheta(x) = e^{-\frac{\pi K'}{K}} e^{-2xi} \, \vartheta\left(x - \frac{\pi K'}{K} i\right),$$

dont la seconde se déduit de la première en changeant x en $x - 2i K'$.
Changeons x en $A - Bi$ dans la première de ces formules et en $A + Bi$
dans la seconde, puis multiplions les deux formules entre elles et prenons les logarithmes ; nous obtiendrons

$$\log[\vartheta(A + Bi)\vartheta(A - Bi)] = \frac{2\pi m}{K}(\beta - \beta') + \log\vartheta\left(A + Bi - \frac{\pi K'i}{K}\right)$$
$$+ \log\vartheta\left(A - Bi + \frac{\pi K'i}{K}\right),$$

et, en appliquant la formule (A),

$$(B) \qquad \left\{ \begin{aligned} &\log[\vartheta(A + Bi)\vartheta(A - Bi)] \\ &= \frac{2\pi m}{K}(\beta - \beta') - 2\sum \frac{1}{r}\frac{q^{2r}}{1 - q^{2r}} \\ &\quad - 4\sum \frac{1}{r}\frac{q^r}{1 - q^{2r}}\cos 2rA \cosh \frac{r\pi K'}{K}\left(1 - \frac{\beta - \beta'}{\pi b}\right), \end{aligned} \right.$$

formule où la dernière série est convergente, quand $\beta - \beta'$ est positif.

On calculera de même $\log[\vartheta(A' + B'i)\vartheta(A' - B'i)]$ par les formules
(A) et (B) en remplaçant α' et β' par α'' et β''.

18. Considérons les trois cas particuliers où l'on a

$$v' = iK'$$

avec

$$1° \quad v'' = 0, \qquad 2° \quad v'' = K, \qquad 3° \quad v'' = K + iK'.$$

Désignons par un accent les coordonnées du point A et par deux accents celles de A'; les coordonnées du point A sont

$$u' = 0, \qquad v' = \pi,$$

et celles du point A'

$$1^{\circ} \quad u'' = 0, \qquad v'' = 0,$$
$$2^{\circ} \quad u'' = \pi, \qquad v'' = 0,$$
$$3^{\circ} \quad u'' = \pi, \qquad v'' = \pi.$$

Projetons le tore sur le plan des xy; le contour apparent sera représenté par les deux cercles suivant lesquels le tore est coupé par ce

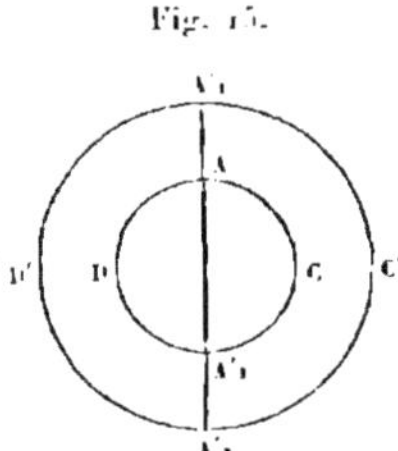

plan. Le point d'entrée A (*fig.* 15) sera sur le cercle intérieur et le point A', selon les trois cas, sera en A'_1, A'_2 ou A'_3.

Dans le premier cas, on a

$$V + \psi i = D \left\{ \frac{\pi v i}{2 k} + \log \frac{\mathfrak{Z}\left[\frac{\pi}{2 k}(v + i k') \right]}{\mathfrak{Z}\left(\frac{\pi v}{2 k} \right)} \right\} + B;$$

or on a

$$\mathfrak{Z}\left(\frac{\pi v}{2 k} + \frac{\pi k'}{2 k} i \right) = i^{-\frac{v \pi i}{2 k}} \frac{1}{\sqrt[4]{q}} \, \mathfrak{Z}_1\left(\frac{\pi v}{2 k} \right), \qquad \sin \operatorname{am} v = \frac{1}{\sqrt{k}} \frac{\mathfrak{Z}_1\left(\frac{\pi v}{2 k} \right)}{\mathfrak{Z}\left(\frac{\pi v}{2 k} \right)};$$

donc, en disposant convenablement de B, on obtient

$$(1) \qquad\qquad V + \psi i = D \log \sin \operatorname{am} v.$$

Dans le deuxième cas, on a

$$V + \psi i = D \left\{ \frac{\pi \omega i}{2K} + \log \frac{\Im\left[\frac{\pi}{2K}(\omega + K + iK')\right]}{\Im\left(\frac{\pi \omega}{2K}\right)} \right\}$$

ou

(II)
$$V + \psi i = D \log \cos \operatorname{am} \omega.$$

Enfin, dans le troisième cas, on obtient

$$V + \psi i = D \log \frac{\Im\left[\frac{\pi}{2K}(\omega + K)\right]}{\Im\left(\frac{\pi \omega}{2K}\right)}$$

ou

(III)
$$V + \psi i = D \log \Delta \operatorname{am} \omega.$$

19. Prenons α, β pour les coordonnées rectangulaires d'un point d'un plan et formons un rectangle (*fig.* 16) dont les côtés correspondent à

(1)
$$\alpha = 0, \qquad \alpha = 2\pi\sqrt{a^2 - b^2}, \qquad \beta = 0, \qquad \beta = 2\pi b,$$

ou à

(2)
$$u = 0, \qquad u = 2\pi, \qquad v = 0, \qquad v = 2\pi.$$

Puis faisons sur le tore une entaille le long du cercle qui se projette sur la droite AA'_1 et le long du cercle $A'_1 C' A'_2 D'$.

Cette figure sera ainsi terminée à quatre côtés qui correspondront aux quatre côtés du rectangle. Néanmoins, quand on connaitra les courants qui traversent la plaque dont la surface moyenne est le tore, on ne pourra en déduire, en général, des courants dans la plaque rectangulaire correspondante; car les courants, dans le tore, traversent les cercles donnés par les équations (1) ou (2), et les courants, dans le rectangle, qui sont les images des premiers, traverseraient également les côtés du rectangle.

Mais, au contraire, dans les trois cas particuliers examinés ci-dessus, les cercles (1) ne sont pas traversés par des courants, comme on le voit immédiatement, sans calcul. Donc, dans le rectangle, image du tore, les quatre côtés qui le terminent ne sont pas non plus traversés par des courants.

La *fig.* 16 ci-jointe représente la plaque rectangulaire. L'image du point A du tore vient sur le rectangle en A et B ; l'image du point A_1

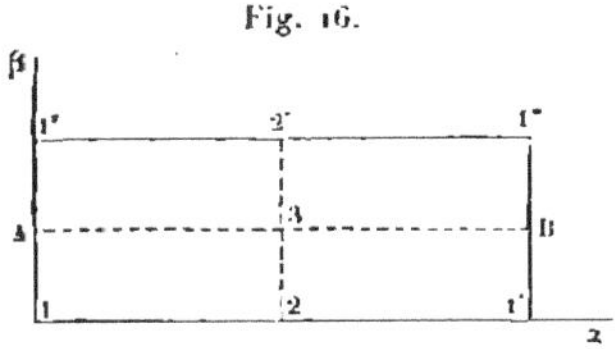

Fig. 16.

est représentée par les quatre points 1, 1', 1″ et 1‴; celle du point A_2 est en 2 et 2'; celle du point A_3 est en un seul point 3. Dans ces trois cas, les formules (I), (II), (III) donneront le potentiel V et les lignes de courant $\psi = $ const. dans la plaque. Dans chacun de ces cas, deux courants égaux entreront en A et B, et ils sortiront dans le premier cas par 1, 1', 1″, 1‴, dans le deuxième, par 2 et 2'; dans le troisième, par 3.

Courants dans une plaque rectangulaire.

20. Un courant entre dans une plaque rectangulaire par le point P et sort par le point P'; de plus, P et P' sont symétriques par rapport à une des deux lignes moyennes du rectangle (*fig.* 17).

Prenons les axes de coordonnées parallèles aux côtés a et b du rectangle et leur origine au centre de la figure ; puis menons l'axe des y positifs du côté des points P et P'. Le potentiel V satisfait à l'intérieur du rectangle à l'équation

$$\frac{d^2 V}{dx^2} + \frac{d^2 V}{dy^2} = 0$$

on a les conditions aux limites

$$\frac{dV}{dx} = 0 \qquad \text{pour } x = \pm \frac{a}{2},$$

$$\frac{dV}{dy} = 0 \qquad \text{pour } y = \pm \frac{b}{2}.$$

Enfin V est infini comme $C \log r$ au point P ou (x', y') et il est infini comme $- C \log r$ au point P' ou $(-x', y')$, r étant la distance à P ou P'.

Prolongeons la droite PP' jusqu'aux points H et H', où elle rencontre le périmètre du rectangle et désignons la fonction V par V_1 ou V_2,

Fig. 17.

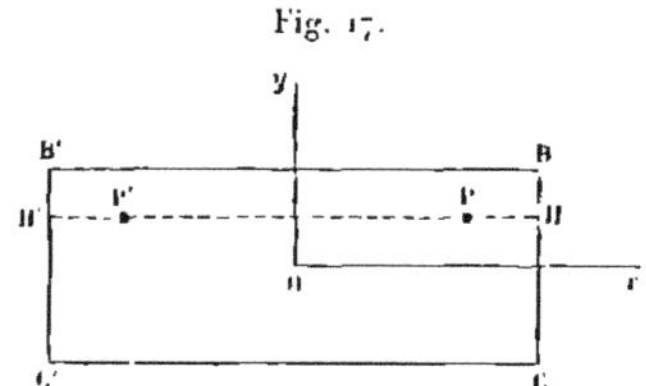

suivant qu'elle appartient à un point de la bande HBB'H' ou de la bande HCC'H'; V_1 et V_2 seront représentés par deux expressions différentes.

Posons d'abord

$$(\alpha) \qquad\qquad m = \frac{p\pi}{a},$$

p étant un nombre entier impair; puis, pour la bande HBB'H', formons le potentiel en posant

$$V_1 = \sum_{p=1}^{\infty} f(y, y', m) \sin m x' \sin m x ;$$

la dérivée de V_1 par rapport à x s'annulera ainsi pour $x = \pm \frac{a}{2}$. Ensuite $f(y, y', m)$ doit être, par rapport à y, de la forme

$$A e^{my} + B e^{-my},$$

et, comme la dérivée de V_1, par rapport à y, doit s'annuler pour $y = \frac{b}{2}$, on a

$$f(y, y', m) = \cosh m \left(\frac{b}{2} - y \right) \varphi(y').$$

D'après cela, on peut poser la première des deux formules

$$V_1 = \sum_{p=1}^{\infty} \varphi_1(y') \cosh m\left(\frac{b}{2} - y\right) \sin m x' \sin m x,$$

$$V_2 = \sum_{p=1}^{\infty} \varphi_2(y') \cosh m\left(\frac{b}{2} + y\right) \sin m x' \sin m x,$$

et l'on obtient de même la seconde.

21. Remarquons maintenant que la fonction V et sa dérivée par rapport à y doivent être continues le long de la droite HH'. Donc, pour $y = y'$, V_1 doit être égal à V_2 et $\dfrac{dV_1}{dy}$ égal à $\dfrac{dV_2}{dy}$. Nous satisfaisons à la première de ces deux conditions, en prenant

$$V_1 = \sum_{p=1}^{\infty} A_p \cosh m\left(\frac{b}{2} + y'\right) \cosh m\left(\frac{b}{2} - y\right) \sin m x' \sin m x,$$

$$V_2 = \sum_{p=1}^{\infty} A_p \cosh m\left(\frac{b}{2} - y'\right) \cosh m\left(\frac{b}{2} + y\right) \sin m x' \sin m x,$$

et nous déterminerons les coefficients A_p par la seconde condition.
Posons
$$\sin m x' \sin m x = \mathrm{T};$$

nous aurons

$$V_1 = \tfrac{1}{2} \Sigma A_p [\cosh m(b - y + y') + \cosh m(y + y')]\,\mathrm{T},$$
$$V_2 = \tfrac{1}{2} \Sigma A_p [\cosh m(b + y - y') + \cosh m(y + y')]\,\mathrm{T},$$

puis

$$\frac{dV_1}{dy} = \tfrac{1}{2} \Sigma m A_p [-\sinh m(b - y + y') + \sinh m(y + y')]\,\mathrm{T},$$

$$\frac{dV_2}{dy} = \tfrac{1}{2} \Sigma m A_p [\;\sinh m(b + y - y') + \sinh m(y + y')]\,\mathrm{T}.$$

Supposons y très peu différent de y' et faisons, dans la première dérivée, $y = y' + \varepsilon$ et, dans la seconde, $y = y' - \varepsilon$; alors, en négligeant une quantité évidemment nulle à la limite $\varepsilon = 0$, nous aurons

$$\frac{dV_2}{dy} - \frac{dV_1}{dy} = \Sigma m A_p \sinh m(b-\varepsilon)\mathrm{T}.$$

Posons

$$m A_p = \frac{\mathrm{D}}{\sinh mb},$$

D étant une constante, et nous aurons

$$\frac{dV_2}{dy} - \frac{dV_1}{dy} = \mathrm{D}\sum \frac{\sinh m(b-\varepsilon)}{\sinh mb}\mathrm{T}.$$

Or on a

$$\frac{\sinh m(b-\varepsilon)}{\sinh mb} = e^{-m\varepsilon} - \frac{2e^{-2mb}}{1-e^{-2mb}}\sinh m\varepsilon,$$

et il en résulte

$$\frac{dV_2}{dy} - \frac{dV_1}{dy} = \frac{\mathrm{D}}{2}\Sigma e^{-m\varepsilon}[\cos m(x-x') - \cos m(x+x')]$$
$$- 2\mathrm{D}\sum \frac{e^{-2mb}}{1-e^{-2mb}}\mathrm{T}\sinh m\varepsilon.$$

La seconde partie de cette expression est évidemment nulle pour $\varepsilon = 0$; la première partie l'est également. En effet, on a

$$e^{-\varepsilon}\cos\alpha + e^{-3\varepsilon}\cos 3\alpha + e^{-5\varepsilon}\cos 5\alpha + \ldots = \frac{1}{4}\frac{\sinh\varepsilon\cos 2\alpha}{\cosh 2\varepsilon - \cos 2\alpha},$$

expression qui tend vers zéro quand ε devient infiniment petit. Ainsi, à la limite $\varepsilon = 0$, on a

$$\frac{dV_2}{dy} = \frac{dV_1}{dy}$$

le long de la ligne HH'.

22. Vérifions ensuite que la fonction obtenue pour V devient infiniment grande comme $C\log r$ aux environs du point (x', y'). Posons

$$x = x' + \rho, \qquad y = y' + \varepsilon, \qquad r = \sqrt{\rho^2 + \varepsilon^2}$$

dans l'expression de V_1, en prenant ε positif; nous aurons

$$V_1 = \frac{D}{2} \sum_{p=1}^{\infty} \frac{1}{m \sinh mb} \left[\cosh m(b - \varepsilon) + \cosh m(2y' + \varepsilon) \right]$$

$$\times \sin m x' (\sin m x' \cos m \varphi + \cos m x' \sin m \varphi).$$

En supprimant dans V_1 des parties qui, évidemment, ne peuvent devenir infinies, on a

$$V_1 = \frac{Da}{2\pi} \sum_{p=1}^{\infty} \frac{1}{p} \frac{\cosh m(b - \varepsilon)}{\sinh mb} \sin^2 m x' \cos m \varphi.$$

On a ensuite

$$\frac{\cosh m(b - \varepsilon)}{\sinh mb} = e^{-m\varepsilon} + \frac{e^{-mb} \cosh m\varepsilon}{\sinh mb},$$

$$\sin^2 m x' = \tfrac{1}{2}(1 - \cos 2 m x'),$$

et l'on peut de même réduire V_1 à

$$V_1 = \frac{Da}{4\pi} \sum_{p=1}^{\infty} \frac{1}{p} e^{-m\varepsilon} \cos m \varphi,$$

où p a les valeurs $1, 3, 5, \ldots.$
  On aura

$$\sum \frac{1}{p} e^{-m\varepsilon} \cos m \varphi = e^{-\frac{\pi}{a}\varepsilon} \cos \frac{\pi \varphi}{b} + \tfrac{1}{3} e^{-\frac{3\pi}{a}\varepsilon} \cos \frac{3\pi\varphi}{b} + \ldots$$

$$= \quad \tfrac{1}{2} \log\left(1 + e^{-\frac{\pi\varepsilon}{a} - \frac{\pi\varphi i}{a}}\right) - \tfrac{1}{2} \log\left(1 - e^{-\frac{\pi\varepsilon}{a} - \frac{\pi\varphi i}{a}}\right)$$

$$+ \tfrac{1}{2} \log\left(1 + e^{-\frac{\pi\varepsilon}{a} + \frac{\pi\varphi i}{a}}\right) - \tfrac{1}{2} \log\left(1 - e^{-\frac{\pi\varepsilon}{a} + \frac{\pi\varphi i}{a}}\right).$$

Le premier et le troisième terme se réduisent à la limite chacun à $\tfrac{1}{2} \log 2$, et la somme des deux autres est

$$- \tfrac{1}{2} \log(\varepsilon^2 + \varphi^2) - \tfrac{1}{2} \log \frac{\pi}{a}.$$

Donc, en négligeant ce qui ne peut devenir infini, on voit que V_1 se réduit, aux environs du point P, à

$$-\frac{D a}{8\pi}\log r.$$

Afin que V_1 se réduise en ce point à $C\log r$, il faut faire

$$D = -\frac{8\pi C}{a};$$

on a donc aussi

$$A_p = -\frac{8C}{p\sinh mb}.$$

On obtient donc enfin

$$V_1 = -8C\sum\frac{1}{p}\frac{\cosh m\left(\frac{b}{2}-y\right)}{\sinh mb}\cosh m\left(\frac{b}{2}+y'\right)\sin mx\,\sin mx',$$

$$V_2 = -8C\sum\frac{1}{p}\frac{\cosh m\left(\frac{b}{2}+y\right)}{\sinh mb}\cosh m\left(\frac{b}{2}-y'\right)\sin mx\,\sin mx',$$

m ayant la valeur (x) et les sommations s'étendant aux valeurs $1, 3, 5, \ldots$, jusqu'à l'infini du nombre p.

On obtient ensuite facilement les lignes de courant; elles sont données par l'équation $\psi = $ const. en prenant pour ψ l'une ou l'autre des expressions

$$\psi_1 = \sum\frac{1}{p}\frac{\sinh m\left(\frac{b}{2}-y\right)}{\sinh mb}\cosh m\left(\frac{b}{2}+y'\right)\sin mx'\cos mx,$$

$$\psi_2 = \sum\frac{1}{p}\frac{\sinh m\left(\frac{b}{2}+y\right)}{\sinh mb}\cosh m\left(\frac{b}{2}-y'\right)\sin mx'\cos mx,$$

suivant que y est plus grand ou plus petit que y'. Les sommes sont prises comme dans les formules précédentes.

23. Les séries qui donnent V_1 et V_2 sont faciles à calculer, pourvu que le point où l'on prend ces quantités ne soit pas très près de P ou P'. Indiquons comment on pourra calculer le potentiel pour un point très voisin de P ou P'.

Calculons V_1 aux environs de P en faisant, comme ci-dessus, $x = x' + \rho$, $y = y' + \varepsilon$; nous aurons

$$- \frac{1}{2C} V_1 = \sum_1^\infty \frac{1}{p} e^{-m\varepsilon} \cos m\rho - \sum_1^\infty \frac{1}{p} e^{-m\varepsilon} \cos 2 m x'$$

$$+ 2 \sum_1^\infty \frac{1}{p} \frac{e^{-mb} \sin^2 m x'}{\sinh mb} + 2 \sum_1^\infty \frac{1}{p} \frac{\cosh 2 m y'}{\sinh mb} \sin^2 m x'$$

en négligeant des quantités très petites. On a ensuite

$$\sum \frac{1}{p} e^{-m\varepsilon} \cos m\rho \;=\; \tfrac{1}{4} \log \frac{\cosh \frac{\pi \varepsilon}{a} + \cos \frac{\pi \rho}{a}}{\cosh \frac{\pi \varepsilon}{a} - \cos \frac{\pi \rho}{a}} \;=\; \tfrac{1}{2} \log \frac{2 a}{\pi r},$$

$$\sum \frac{1}{p} e^{-m\varepsilon} \cos 2 m x' = \tfrac{1}{4} \log \frac{\cosh \frac{\pi \varepsilon}{a} + \cos \frac{2\pi x'}{a}}{\cosh \frac{\pi \varepsilon}{a} - \cos \frac{2\pi x'}{a}} = \tfrac{1}{2} \log \tan \frac{\pi x'}{a}$$

en négligeant encore de très petites quantités. On aura donc la formule

$$\frac{1}{C} V_1 = \log \frac{\pi r}{2a} - \log \tan \frac{\pi x'}{a}$$

$$- 4 \sum_1^\infty \frac{1}{p} \frac{e^{-mb} \sin^2 m x'}{\sinh mb} - 4 \sum_1^\infty \frac{1}{p} \frac{\cosh 2 m y'}{\sinh mb} \sin^2 m x',$$

dont le premier terme n'est variable que par r et dont les trois autres termes sont indépendants de ε et ρ.

On obtiendrait exactement la même valeur pour V_2 aux environs du point P. Enfin V prend des valeurs égales et de signe contraire sur le cercle décrit du point P' comme centre avec un rayon égal à r.

On peut calculer la résistance de cette plaque comme nous avons fait au n° 5. Supposons deux électrodes de rayon r dont les sections qui les terminent ont leurs centres en P et P'; la résistance sera

$$\frac{V_1 - V_2}{I} = \frac{2 V_1}{I} = - \frac{1}{\pi \alpha h} \frac{V_1}{C},$$

puisque $I = - 2 \pi \alpha h C$.

Courants dans un parallélépipède rectangle.

24. Nous considérons un parallélépipède rectangle limité par les plans

$$x = \pm \frac{a}{2}, \qquad y = \pm \frac{b}{2}, \qquad z = \pm \frac{c}{2}.$$

L'électricité entre dans ce corps par un point P et sort par un point P' et nous supposons ces deux points symétriques par rapport au plan des zy. Soient (x', y', z') et $(-x', y', z')$ les coordonnées de P et P'. La fonction V satisfait à l'intérieur du corps à l'équation $\Delta V = o$ et l'on a les conditions aux limites

$$\frac{dV}{dx} = o \qquad \text{pour } x = \pm \frac{a}{2},$$

$$\frac{dV}{dy} = o \qquad \text{pour } y = \pm \frac{b}{2},$$

$$\frac{dV}{dz} = o \qquad \text{pour } z = \pm \frac{c}{2}.$$

Enfin V est infini comme $\dfrac{C}{r}$ au point P et comme $-\dfrac{C}{r}$ au point P', r étant la distance à P ou P'.

25. Avant de résoudre ce problème, considérons d'abord la fonction U de Green, qui satisfait à l'équation $\Delta U = o$ à l'intérieur du parallélépipède, qui y est finie et continue ainsi que ses dérivées du premier ordre, excepté au point (x', y', z') où elle devient infinie comme $\dfrac{1}{r}$ et qui est nulle sur les six faces du corps.

Partageons le parallélépipède en deux parties par le plan $z = z'$ et désignons par U_1 et U_2 la fonction U suivant que z est plus grand ou plus petit que z'.

En général, si la fonction de Green est exprimée sous forme finie, elle ne change pas par la permutation de x, y, z avec x', y', z'. Mais, comme U doit être donné par deux séries distinctes suivant que z est plus grand ou plus petit que z', l'échange de x, y, z avec x', y', z' doit permuter les expressions de U_1 et U_2 l'une dans l'autre. Nous sommes, d'après cela, conduit à poser

$$S = \sin\frac{p\pi}{a}\left(x - \frac{a}{2}\right)\sin\frac{q\pi}{b}\left(y - \frac{b}{2}\right)\sin\frac{p\pi}{a}\left(x' - \frac{a}{2}\right)\sin\frac{q\pi}{b}\left(y' - \frac{b}{2}\right)$$

et à prendre

$$U_1 = \sum_p \sum_q f(z, z')S,$$

$$U_2 = \sum_p \sum_q f(z', z)S,$$

les deux signes sommatoires s'étendant à toutes les valeurs entières et positives de p et q.

De cette manière, les conditions aux limites sont satisfaites sur les plans $x = \pm\frac{a}{2}$, $y = \pm\frac{b}{2}$. Chaque terme de U_1 doit satisfaire à l'équation $\Delta U_1 = 0$ et doit s'annuler pour $z = \frac{c}{2}$; il en résulte qu'on a

$$f(z, z') = A_{p,q}\sin h\, m\left(\frac{c}{2} - z\right)\sin h\, m\left(\frac{c}{2} + z'\right),$$

où $A_{p,q}$ est un coefficient constant et où

$$m = \pi\sqrt{\frac{p^2}{a^2} + \frac{q^2}{b^2}}.$$

Pour déterminer le coefficient $A_{p,q}$ considérons la fonction

$$(\alpha) \qquad u = \sin h\, m\left(\frac{c}{2} + z\right)\sin\frac{p\pi}{a}\left(x - \frac{a}{2}\right)\sin\frac{q\pi}{b}\left(y - \frac{b}{2}\right),$$

qui satisfait à l'équation $\Delta u = 0$ et qui s'annule sur toutes les faces du parallélépipède, excepté sur la face $z = \frac{c}{2}$. Soit $d\sigma$ un élément de la surface de ce prisme; d'après un théorème connu (*Théorie du potentiel*, Ire Partie, Chap. II, n° 18), on a

$$u = \frac{1}{4\pi}\int u\frac{dU}{dn}d\sigma,$$

dn étant l'élément de normale à la surface, mené intérieurement, et l'intégrale s'étendant à tous les éléments de la surface. Il en résulte

$$(3) \qquad u = -\frac{1}{4\pi} \int_{-\frac{a}{2}}^{\frac{a}{2}} \int_{-\frac{b}{2}}^{\frac{b}{2}} \left(u \frac{dU_1}{dz} \right)_{z=\frac{c}{2}} dx\, dy.$$

Pour $z = \dfrac{c}{2}$, on a

$$u = \sinh mc \sin \frac{p\pi}{a} \left(x - \frac{a}{2} \right) \sin \frac{q\pi}{b} \left(y - \frac{b}{2} \right),$$

$$\frac{dU_1}{dz} = - \sum_p \sum_q A_{p,q}\, m \sinh m \left(\frac{c}{2} + z' \right) S.$$

Substituons ces expressions dans (3) et ne conservons que le terme qui n'est pas nul ; il restera

$$u = \frac{ab}{16\pi} A_{p,q}\, m \sinh mc \sinh m \left(\frac{c}{2} + z' \right) \sin \frac{p\pi}{a} \left(x' - \frac{a}{2} \right) \sin \frac{q\pi}{b} \left(y' - \frac{b}{2} \right).$$

Supprimons les accents de cette formule et identifions-la avec (α) ; nous obtiendrons

$$A_{p,q} = \frac{16\pi}{mab \sinh mc}.$$

D'après cela, nous avons

$$U_1 = \frac{16}{ab} \sum_p \sum_q \frac{\pi}{m \sinh mc} \sinh m \left(\frac{c}{2} - z \right) \sinh m \left(\frac{c}{2} + z' \right) S,$$

$$U_1 = \frac{16}{ab} \sum_p \sum_q \frac{\pi}{m \sinh mc} \sinh m \left(\frac{c}{2} + z \right) \sinh m \left(\frac{c}{2} - z' \right) S,$$

où les signes sommatoires se rapportent à toutes les valeurs entières et positives de p et q.

26. Faisons dans U_1

$$z = z' + \varepsilon, \qquad x = x' + \alpha, \qquad y = y' + \beta,$$

ε, α, β étant très petits et ε étant de plus positif. Nous aurons

$$U_1 = \frac{8}{ab} \sum_p \sum_q \frac{\pi}{m \sin h\, mc} [\cosh m(c - \varepsilon) - \cosh m(2z' + \varepsilon)].S,$$

ou, en supprimant une partie qui ne peut devenir infinie,

$$U_1 = \frac{8}{ab} \sum_p \sum_q \frac{\pi}{m \sin h\, mc} \cosh m(c - \varepsilon).S.$$

Remplaçons le produit des premier et troisième facteurs de S et celui des deuxième et quatrième facteurs par une différence de cosinus; puis supprimons encore ce qui ne peut rien donner d'infini dans U_1, et il nous restera

$$U_1 = \frac{2\pi}{ab} \sum_p \sum_q \frac{\cosh m(c - \varepsilon)}{m \sin h\, mc} \cos \frac{p\pi\alpha}{a} \cos \frac{q\pi\beta}{b}.$$

Enfin, pour une raison semblable, on peut réduire cette expression à

$$(\gamma) \qquad U_1 = \frac{2\pi}{ab} \sum_p \sum_q \frac{1}{m} e^{-m\varepsilon} \cos \frac{p\pi\alpha}{a} \cos \frac{q\pi\beta}{b}.$$

La fonction U a pour valeur $\frac{1}{r}$ aux environs du point (x', y', z'). Donc l'expression (γ), dans laquelle les sommations s'étendent à toutes les valeurs entières et positives de p et q et où

$$m = \pi\sqrt{\frac{p^2}{a^2} + \frac{q^2}{b^2}}$$

se réduit à

$$(\delta) \qquad \frac{1}{r} = \frac{1}{\sqrt{\varepsilon^2 + \alpha^2 + \beta^2}},$$

quand ε, α, β sont infiniment petits et ε positif.

Si dans (γ) on change z en $z + a$, on a l'expression

$$\frac{2\pi}{ab} \sum_p \sum_q \frac{1}{m} e^{-m\varepsilon} \cos \frac{p\pi(z + a)}{a} \cos \frac{q\pi\beta}{b},$$

et quand on y fait $p = 1, 2, 3, \ldots$, on obtient des termes alternativement positifs et négatifs : il est donc aisé de voir que cette série double a une valeur finie. On peut donc, d'après cela, retrancher cette série de (γ) sans changer sa partie infiniment grande ; il en résulte que l'expression

$$(n) \qquad \frac{4\pi}{ab} \sum_{p} \sum_{q} \frac{1}{m} e^{-mz} \cos \frac{p\pi x}{a} \cos \frac{q\pi\beta}{b},$$

où q prend encore toutes les valeurs $1, 2, 3, 4, \ldots$ jusqu'à l'infini, mais p seulement les valeurs impaires $1, 3, 5, \ldots$, a encore pour valeur l'expression (δ).

27. Revenons maintenant au problème que nous nous sommes d'abord proposé. Désignons par V_1 et V_2 la fonction V, suivant que z sera plus grand ou plus petit que z', et représentons par m la même quantité que ci-dessus ; puis prenons pour V_1 et V_2 les expressions suivantes :

$$V_1 = \sum_{p} \sum_{q} B_{p,q} \cosh m \left(\frac{c}{2} - z \right) \cosh m \left(\frac{c}{2} + z' \right) T,$$

$$V_2 = \sum_{p} \sum_{q} B_{p,q} \cosh m \left(\frac{c}{2} + z \right) \cosh m \left(\frac{c}{2} - z' \right) T,$$

en faisant

$$T = \cos \frac{q\pi}{b} \left(y - \frac{b}{2} \right) \cos \frac{q\pi}{b} \left(y' - \frac{b}{2} \right) \sin \frac{p\pi x}{a} \sin \frac{p\pi x'}{a} ;$$

les signes de sommation s'étendent à toutes les valeurs entières et positives de q, mais seulement aux valeurs positives et impaires de p. Ces expressions de V_1 et V_2 satisferont aux conditions aux limites.

On voit que l'expression de V_2 est égale à celle de V_1 pour $z = z'$; mais il faut encore que l'on ait

$$\frac{dV_2}{dz} = \frac{dV_1}{dz} \qquad \text{pour } z = z',$$

et l'on pourra vérifier qu'on satisfait à cette condition en posant

$$B_{p,q} = \frac{D}{m \sinh mc},$$

où D a la même valeur pour tous les coefficients.

Cherchons la constante D. Faisons dans V_1

$$z = z' + \varepsilon, \qquad x = x' + \alpha, \qquad y = y' + \beta,$$

ε, α, β étant très petits; nous aurons

$$V_1 = \frac{D}{2} \sum_p \sum_q \frac{1}{m \sinh mc} \left[\cosh m(c - \varepsilon) + \cosh m(2z' + \varepsilon) \right] T.$$

On peut supprimer le second coshyp sans modifier la partie infinie de V_1, et de même on peut réduire T à

$$\tfrac{1}{4} \cos \frac{p\pi\alpha}{a} \cos \frac{q\pi\beta}{b}.$$

Ainsi l'on a

$$V_1 = \tfrac{1}{8} D \sum_p \sum_q \frac{1}{m} \frac{\cosh m(c - \varepsilon)}{\sinh m\varepsilon} \cos \frac{p\pi\alpha}{a} \cos \frac{q\pi\beta}{b}$$

ou encore

$$V_1 = \tfrac{1}{8} D \sum_p \sum_q \frac{1}{m} e^{-m\varepsilon} \cos \frac{p\pi\alpha}{a} \cos \frac{q\pi\beta}{b},$$

où p a des valeurs impaires seulement. Cette expression doit se réduire à $\frac{C}{r}$ et, comme l'expression (η) se réduit à $\frac{1}{r}$, nous en concluons

$$D = \frac{32\pi}{ab} C.$$

Donc nous avons en définitive

$$V_1 = \frac{32\pi}{ab} C \sum_p \sum_q \frac{1}{m} \frac{\cosh m\left(\frac{c}{2} - z\right) \cosh m\left(\frac{c}{2} + z'\right)}{\sinh mc} T,$$

$$V_1 = \frac{32\pi}{ab} C \sum_p \sum_q \frac{1}{m} \frac{\cosh m\left(\frac{c}{2} + z\right) \cosh m\left(\frac{c}{2} - z'\right)}{\sinh mc} T,$$

q ayant toutes les valeurs entières positives et p toutes les valeurs positives impaires.

Ces deux formules proviennent de la division du parallélépipède rectangle par le plan $z = z'$. On pourrait représenter la fonction V d'une seconde manière en partageant le parallélépipède par le plan $y = y'$, et l'on aurait deux formules entièrement semblables aux deux précédentes. En égalant les valeurs de V déterminées des deux manières, on obtient quatre formules de transformation de séries qui sont très remarquables.

Faisons aussi observer que, si les deux points P et P' sont situés sur la face $z = \dfrac{c}{2}$, l'espace relatif à V, s'annule et il n'y a plus qu'une formule pour représenter le potentiel V

$$V = \frac{32\pi}{ab} C \sum_p \sum_q \frac{1}{m} \frac{\cosh m\left(\frac{c}{2} + z\right)}{\sinh mc} T.$$

28. Si les deux points P et P' sont situés aux centres des faces $x = \pm \dfrac{a}{2}$, on fera $y' = 0$, $z' = 0$, $x' = \dfrac{a}{2}$ et l'on aura

$$V_1 = \frac{16\pi}{ab} C \sum_p \sum_q \pm \frac{1}{m} \frac{\cosh m\left(\frac{c}{2} - z\right)}{\sinh \frac{mc}{2}} \cos \frac{q\pi y}{b} \sin \frac{p\pi x}{a},$$

$$V_2 = \frac{16\pi}{ab} C \sum_q \sum_p \pm \frac{1}{m} \frac{\cosh m\left(\frac{c}{2} + z\right)}{\sinh \frac{mc}{2}} \cos \frac{q\pi y}{b} \sin \frac{p\pi x}{a},$$

où le signe de sommation relatif à p s'étend à toutes les valeurs impaires et positives de p et le signe relatif à q à toutes les valeurs paires et positives de q; on prendra en outre chaque terme avec le signe $+$ ou $-$ suivant que p est de la forme $4n + 1$ ou $4n + 3$.

Calculons le potentiel V aux environs du point P dans ce cas particulier. Faisons dans V_1

$$x = \frac{a}{2} - \alpha, \qquad y = \beta, \qquad z = \varepsilon,$$

α, β, ε étant extrêmement petits et ε, z étant positifs ; nous aurons

$$V_1 = \frac{16\pi C}{ab} \sum_p \sum_q \frac{1}{m} \frac{\cosh m\left(\frac{c}{2}-\varepsilon\right)}{\sinh \frac{mc}{2}} \cos \frac{p\pi z}{a} \cos \frac{q\pi \beta}{b}.$$

En appliquant la formule

$$\frac{\cosh m\left(\frac{c}{2}-\varepsilon\right)}{\sinh \frac{mc}{2}} = e^{-m\varepsilon} + e^{-\frac{mc}{2}} \frac{\cosh m\varepsilon}{\sinh \frac{mc}{2}},$$

nous obtenons

$$V_1 = \frac{16\pi C}{ab} \sum \sum \frac{1}{m} e^{-m\varepsilon} \cos \frac{p\pi z}{a} \cos \frac{q\pi\beta}{b} + \frac{16\pi C}{ab} \sum \sum \frac{1}{m} e^{-\frac{mc}{2}} \frac{\cosh m\varepsilon}{\sinh \frac{mc}{2}}$$

ou, en négligeant des quantités de l'ordre de ε, α et β,

$$V_1 = \frac{4C}{r} + \frac{16\pi C}{ab} \sum \sum \frac{1}{m} \frac{e^{-\frac{mc}{2}}}{\sinh \frac{mc}{2}}.$$

V_2 est fourni par la même expression. Or le dernier terme est indépendant de ε, α, β ; il en résulte que la valeur de V est la même sur tout l'hémisphère situé dans le parallélépipède et décrit du point P comme centre avec le rayon r.

CHAPITRE VI.

PROBLÈMES PARTICULIERS RELATIFS A DES COURANTS D'INDUC-
TION PRODUITS DANS DES PLAQUES OU DES CONDUCTEURS DE
RÉVOLUTION.

Dans les Chapitres précédents, nous avons étudié d'abord les actions des courants linéaires, puis nous nous sommes occupé des courants permanents dans des conducteurs de forme quelconque. On pourrait maintenant chercher à exposer une théorie générale des courants variables dans des conducteurs de forme quelconque. Mais nous préférons remettre à plus loin cette théorie qui exige quelques principes nouveaux, et nous allons exposer quelques cas d'induction dans des plaques et des conducteurs de révolution, qui peuvent être traités par les seuls principes des Chapitres précédents.

Courants permanents produits par induction dans une plaque courbe.

1. Nous avons vu, dans le Chapitre V (n°s 11-14), comment on trace, sur la surface d'une plaque courbe, d'épaisseur infiniment petite et constante, deux systèmes de lignes orthogonales entre elles, de manière que l'un de ces systèmes puisse représenter des lignes équipotentielles et l'autre des lignes de courants.

Si ces lignes de courants, quoique permanentes, sont produites par induction, elles seront, en général, fermées et ne se couperont pas mutuellement.

Les lignes de courants étant données par l'équation

$$\alpha = \text{const.},$$

traçons une série de ces lignes obtenues en faisant varier α par degrés infiniment petits. Désignons par ds la longueur d'un élément d'une ligne équipotentielle ; on peut choisir la fonction z, de manière que la quantité d'électricité qui traverse ds soit représentée par $\dfrac{dz}{ds}\,ds$ (Chap. V, n° 11); cette quantité demeure constante entre deux lignes z et $z+dz$, séparées par la distance variable ds. Ainsi la portion annulaire A de la plaque comprise entre les deux lignes z et $z+dz$ peut être assimilée à un courant linéaire ; son effet magnétique est donc le même que celui d'une double couche magnétique A' dont la puissance est dz et qui coïncide avec la partie de la plaque renfermée dans la courbe z (Chap. II, n° 13).

On peut en dire autant de chaque anneau de courant extérieur à A. Donc l'anneau A de courant peut être remplacé, quant à son action extérieure, par la différentielle de la somme de toutes les couches magnétiques superposées, correspondant à ces différents anneaux de courant. Ainsi, comme la puissance magnétique de A' est dz, la puissance magnétique totale de toutes ces couches en un point de l'anneau A est $z+C$, C étant une constante. Les anneaux de courants intérieurs à A ne modifieront pas la puissance magnétique sur A. Donc enfin tous les courants de la plaque peuvent être remplacés par une couche magnétique qui coïncide avec la plaque et dont la puissance est $z+C$ en chaque point.

Sur le contour de la plaque, la puissance magnétique est nulle ; la valeur de C est donc égale à la valeur de z sur ce contour, prise avec un signe contraire.

2. D'après la formule connue pour le potentiel d'une double couche magnétique, si nous remplaçons $z+C$ par p, nous avons, pour le potentiel magnétique de la couche de courants, en un point extérieur,

$$\mathrm{P} = \int \frac{p}{r^{2}} \cos(r, n)\, d\sigma,$$

où r est la distance du point donné à l'élément $d\sigma$ de la surface moyenne de la plaque et n la normale menée du côté positif de la couche, et où l'intégrale s'étend à tous les éléments $d\sigma$. (*Théorie du potentiel*, IIe Partie, Chap. IV, n° 11).

D'après ce que l'on sait sur les couches magnétiques, la fonction P varie d'une manière discontinue à travers la plaque. Désignons par P et P' les valeurs de P sur les faces positive et négative ; nous aurons

$$P = P' + 4\pi p.$$

Mais la composante normale à la plaque de la force magnétique varie d'une manière continue à travers la plaque.

Supposons ensuite la plaque plane et traçons les axes rectangulaires des x, y dans son plan moyen. Désignons, comme au n° 11 du Chapitre V, par

$$\beta = \text{const.}$$

les lignes d'égal potentiel. La quantité d'électricité qui traverse un élément ds d'une de ces lignes est $\frac{d\alpha}{ds}\,ds$ ou $\frac{dp}{ds}\,ds$; ainsi le courant, pris pour l'épaisseur de la plaque, est

$$\frac{dp}{ds} = \Pi \frac{dp}{d\alpha} = \Pi,$$

en posant

$$\Pi = \sqrt{\left(\frac{d\beta}{dx}\right)^2 + \left(\frac{d\beta}{dy}\right)^2} = \sqrt{\left(\frac{d\alpha}{dx}\right)^2 + \left(\frac{d\alpha}{dy}\right)^2}.$$

On aura les composantes du courant, pris dans toute l'épaisseur de la plaque, en multipliant $\frac{dp}{ds}$ par les cosinus des angles du courant avec les axes des x et y ; ces cosinus sont

$$-\frac{1}{\Pi}\frac{d\beta}{dx} = \frac{1}{\Pi}\frac{d\alpha}{dy}, \qquad -\frac{1}{\Pi}\frac{d\beta}{dy} = -\frac{1}{\Pi}\frac{d\alpha}{dx};$$

on obtient donc pour ces deux composantes u, v respectivement $\frac{d\alpha}{dy}$ et $-\frac{d\alpha}{dx}$, et l'on a ces deux équations

$$u = \frac{dp}{dx}, \qquad v = -\frac{dp}{dy}.$$

Plaque plane traversée par des courants induits variables.

3. Nous venons de voir que l'action magnétique extérieure d'une plaque traversée par des courants induits est égale à celle d'une

couche magnétique dont nous avons désigné la puissance par p. Supposons la plaque plane et posons

$$\Pi = \int \frac{p}{r} \, dz.$$

Π représente donc le potentiel d'une couche de matière distribuée sur la surface σ avec la densité p, et le potentiel de la couche magnétique a pour expression

$$P = \int \frac{p}{r^2} \cos(r, dz) \, d\sigma = -\frac{d\Pi}{dz}.$$

Π est une fonction paire en z, P une fonction impaire. La différence des valeurs de P sur les deux faces de la plaque étant égale à $4\pi p$, on a donc

$$P = \quad 2\pi p \quad \text{sur la face positive}$$
$$= -2\pi p \quad \text{sur la face négative.}$$

Soient X, Y, Z les composantes de la force magnétique; nous aurons

$$Z = -\frac{dP}{dz} = \frac{d^2\Pi}{dz^2},$$

et Z possède la même valeur sur les deux faces de la plaque.

Désignons par X_1, Y_1 les valeurs de X, Y sur la face négative de la plaque; nous aurons sur les deux faces

$$X = -\frac{dP}{dx} = -2\pi \frac{dp}{dx}, \qquad X_1 = -X,$$

$$Y = -\frac{dP}{dy} = -2\pi \frac{dp}{dy}, \qquad Y_1 = -Y.$$

D'une manière générale, nous avons

$$(1) \qquad X = \frac{d^2\Pi}{dx\,dz}, \qquad Y = \frac{d^2\Pi}{dy\,dz}, \qquad Z = \frac{d^2\Pi}{dz^2},$$

et si, introduisant trois fonctions nouvelles $\mathfrak{F}$, $\mathfrak{G}$, $\mathfrak{H}$, nous posons

$$X = \frac{d\mathfrak{H}}{dy} - \frac{d\mathfrak{G}}{dz}, \qquad Y = \frac{d\mathfrak{F}}{dz} - \frac{d\mathfrak{H}}{dx}, \qquad Z = \frac{d\mathfrak{G}}{dx} - \frac{d\mathfrak{F}}{dy},$$

nous aurons ces trois équations

$$\frac{d\mathfrak{H}}{dy} - \frac{d\mathfrak{G}}{dz} = \frac{d^2\Pi}{dx\,dz},$$

$$\frac{d\mathfrak{F}}{dz} - \frac{d\mathfrak{H}}{dx} = \frac{d^2\Pi}{dy\,dz},$$

$$\frac{d\mathfrak{G}}{dx} - \frac{d\mathfrak{F}}{dy} = \frac{d^2\Pi}{dz^2} = -\frac{d^2\Pi}{dx^2} - \frac{d^2\Pi}{dy^2},$$

et nous y satisferons en posant

$$\mathfrak{F} = \frac{d\Pi}{dy}, \qquad \mathfrak{G} = -\frac{d\Pi}{dx}, \qquad \mathfrak{H} = 0.$$

4. Il est facile de vérifier que $\mathfrak{F}$, $\mathfrak{G}$, $\mathfrak{H}$ auront les valeurs données au Chap. IV, n° 6.

En effet, nous avons trouvé ci dessus (n° 2)

$$u = \frac{dp}{dy}, \qquad v = -\frac{dp}{dx};$$

désignons par ε l'épaisseur de la plaque et posons

$$u = u_1\varepsilon, \qquad v = v_1\varepsilon, \qquad p = p_1\varepsilon;$$

u_1, v_1 sont les composantes du courant qui traverse normalement l'unité de surface, p_1 est la densité de la plaque dont le potentiel est Π, et nous aurons

$$\Delta\Pi = -4\pi p_1;$$

il en résulte

$$u_1 = \frac{dp_1}{dy} = -\frac{1}{4\pi}\Delta\frac{d\Pi}{dy} = -\frac{1}{4\pi}\Delta\mathfrak{F},$$

ou

$$\Delta\mathfrak{F} = -4\pi u_1;$$

donc, en désignant par $d\varpi$ l'élément de volume de la plaque, nous aurons la première des deux équations semblables

$$\mathfrak{F} = \int\frac{u_1}{r}\,d\varpi = \int\frac{u}{r}\,d\tau,$$

$$\mathfrak{G} = \int\frac{v_1}{r}\,d\varpi = \int\frac{v}{r}\,d\tau,$$

et, comme la composante w du courant suivant l'axe de z est nulle, on peut aussi poser

$$\mathfrak{H} = \int \frac{w}{r}\, dz = 0.$$

5. Supposons ensuite que, outre les courants qui traversent la plaque B située dans le plan des x, y, on ait encore une couche magnétique ou une couche de courants parallèle au plan des x, y. Nous concevrons que cette seconde couche C se meuve parallèlement à elle-même.

Désignons par Π' le potentiel analogue à Π et dû à la plaque C; nous aurons, pour le potentiel magnétique de cette plaque,

$$\mathrm{P}' = - \frac{d\Pi'}{dz},$$

et, si l'on désigne par $\mathfrak{F}'$, $\mathfrak{G}'$, $\mathfrak{H}'$ ce que deviennent $\mathfrak{F}$, $\mathfrak{G}$, $\mathfrak{H}$ pour la plaque C, on obtient

$$\mathfrak{F}' = \frac{d\Pi'}{dy}, \qquad \mathfrak{G}' = - \frac{d\Pi'}{dx}, \qquad \mathfrak{H}' = 0.$$

6. Admettons que la plaque B demeure fixe et désignons par R la résistance spécifique de la matière de la plaque divisée par son épaisseur. D'après ce que nous avons vu (Chap. III, n°s 14 et 20), les composantes de la force électromotrice d'induction sur un courant linéaire de cette plaque sont, suivant les axes des x et y,

$$- \frac{d}{dt}(\mathfrak{F} + \mathfrak{F}'), \qquad - \frac{d}{dt}(\mathfrak{G} + \mathfrak{G}');$$

ajoutons-y les composantes

$$- \frac{d\varphi}{dx}, \qquad - \frac{d\varphi}{dy}$$

de la force électromotrice provenant de l'électricité libre et de l'électricité de la double couche située sur les faces de la plaque dont le potentiel est φ; nous aurons

$$(2) \qquad \left\{ \begin{aligned} \mathrm{R}\,u &= -\frac{d}{dt}(\mathfrak{F} + \mathfrak{F}') - \frac{d\varphi}{dx}, \\ \mathrm{R}\,v &= -\frac{d}{dt}(\mathcal{G} + \mathcal{G}') - \frac{d\varphi}{dy}. \end{aligned} \right.$$

Sur la face positive de la plaque on a (n° 3)

$$2\pi p = -\frac{d\Pi}{dz},$$

et par suite, en prenant Π sur le côté positif, on a

$$(3) \qquad u = -\frac{1}{2\pi}\frac{d^2\Pi}{dy\,dz}, \qquad v = \frac{1}{2\pi}\frac{d^2\Pi}{dx\,dz};$$

donc les équations (2) deviennent

$$(4) \qquad \left\{ \begin{aligned} -\frac{\mathrm{R}}{2\pi}\frac{d^2\Pi}{dy\,dz} &= -\frac{d^2}{dy\,dt}(\Pi + \Pi') - \frac{d\varphi}{dx}, \\ \frac{\mathrm{R}}{2\pi}\frac{d^2\Pi}{dx\,dz} &= \frac{d^2}{dx\,dt}(\Pi + \Pi') - \frac{d\varphi}{dy}. \end{aligned} \right.$$

Différentions ces deux équations respectivement par rapport à x et à y et ajoutons; nous aurons

$$\frac{d^2\varphi}{dx^2} + \frac{d^2\varphi}{dy^2} = 0.$$

Sur le bord de la plaque, p est nul et l'on a la condition

$$(5) \qquad \frac{d\Pi}{dz} = 0.$$

Ensuite, comme les courants ne traversent pas le bord, on a aussi sur ce bord

$$\frac{d^2\Pi}{dy\,dz}\cos\lambda - \frac{d^2\Pi}{dx\,dz}\sin\lambda = 0,$$

en désignant par λ l'angle de la normale avec l'axe des x, et cette équation peut s'écrire

$$\frac{d^2\Pi}{ds\,dz} = 0,$$

en désignant par *ds* un élément du contour de la plaque. Mais cette condition rentre dans (5).

7. Supposons maintenant que la plaque soit infinie dans tous les sens. La fonction φ, étant finie et continue, ainsi que ses dérivées du premier ordre dans tout le plan des $x \cdot y$, se réduira à zéro. Posons

$$\frac{R}{2\pi} = h,$$

et intégrons les deux équations (4) où φ est nul ; nous aurons

$$h\frac{dH}{dz} - \frac{dH}{dt} - \frac{dH'}{dt} = \chi(z, t),$$

$\chi(z, t)$ étant une fonction arbitraire. Mais nous allons voir que la fonction $\chi(z, t)$ doit être supprimée, et cette équation se trouve ainsi réduite à

$$(6) \qquad h\frac{dH}{dz} - \frac{dH}{dt} - \frac{dH'}{dt} = 0.$$

Le problème précédent est ainsi exposé dans le *Traité d'électricité* de MAXWELL ; mais nous traiterons l'intégration d'une manière toute différente de celle qui se trouve dans cet Ouvrage.

8. S'il n'y a pas de force inductrice extérieure agissant sur la plaque B, on aura $H' = 0$ et

$$(7) \qquad h\frac{dH}{dz} = \frac{dH}{dt}.$$

C'est le cas d'un système de courants de la plaque abandonné à lui-même, qui s'affaiblit par l'effet de la résistance. On aura, en intégrant cette équation,

$$(8) \qquad H = f(x, y, z + ht).$$

L'équation (7) est démontrée pour $z = 0$. Mais, en considérant la plaque comme ayant une épaisseur très petite ε, H et $\frac{dH}{dz}$ ont la même valeur de part et d'autre de la face positive de la plaque. Les deux équations (7) et (8) sont donc vraies pour z très petit positif. D'ailleurs H, au-dessus du plan des x, y, satisfait à l'équation $\Delta H = 0$, est fini et continu, ainsi que ses dérivées du premier ordre et s'annule à l'infini. On en conclut que, pour toute valeur positive de z, H est représenté par la formule (8), où $f(x, y, z)$ est une fonction qui satisfait aux conditions précédentes de continuité et à l'équation

$$(9) \qquad \Delta f = 0.$$

Les composantes de la force magnétique en un point (x, y, z) sont données par les formules (1). Si donc on fait passer un système de courants à travers une plaque d'étendue infinie et qu'on l'abandonne ensuite à lui-même, son effet magnétique du côté des z positifs sera le même que si le système de courants avait été maintenu constant et que la plaque eût été mise en mouvement dans la direction des z négatifs et avec une vitesse égale à h.

Prouvons maintenant qu'il n'y avait pas lieu d'ajouter la fonction arbitraire $\chi(z, t)$ au second membre de l'équation (7). En effet, comme cette équation convient à tout l'espace situé au-dessus du plan des x, y, en prenant le Δ des deux membres, nous aurions eu $\Delta\chi = 0$ et par suite $\chi = Az + B$, A et B étant indépendants de x, y, z, et cette fonction ne modifierait pas les valeurs que nous avons trouvées pour u, v et X, Y, Z.

Remarquons que u, v, X, Y, Z s'expriment au moyen de P par les formules

$$u = \frac{1}{2\pi} \frac{dP}{dy}, \qquad v = -\frac{1}{2\pi} \frac{dP}{dx},$$

$$X = -\frac{dP}{dx}, \qquad Y = -\frac{dP}{dy}, \qquad Z = -\frac{dP}{dz}.$$

Ainsi H n'entre que par $\frac{dH}{dz} = -P$ dans les expressions de u, v, X, Y, Z et la fonction P satisfait aussi à l'équation (7), en sorte qu'on peut poser au lieu de (8)

$$P = f(x, y, z + ht),$$

$f(x, y, z)$ étant encore une fonction qui satisfait à l'équation (9). Désignons par $F(x, y)$ la valeur de P sur le plan des xy pour $t = 0$; cette valeur se déduira facilement de l'état donné des courants à l'instant initial. Posons

$$f = H e^{-mz},$$

nous aurons l'équation

$$\frac{d^2 H}{dx^2} + \frac{d^2 H}{dy^2} + m^2 H = 0,$$

qui est satisfaisante en posant

$$H = A \cos p(x - \alpha) \cos q(y - \beta), \qquad m^2 = p^2 + q^2;$$

on en conclut la solution particulière

$$f = A \cos p(x - \alpha) \cos q(y - \beta) e^{-z\sqrt{p^2 + q^2}},$$

puis la solution générale

$$f = \frac{1}{4\pi^2} \int \int \int \int_{-\infty}^{+\infty} F(\alpha, \beta) \cos p(x - \alpha) \cos q(y - \beta) e^{-z\sqrt{p^2 + q^2}} \, dp \, dq \, d\alpha \, d\beta.$$

Pour $z = 0$, cette fonction se réduira à $F(x, y)$. Enfin on aura pour z positif

$$P = \frac{1}{4\pi^2} \int \int \int \int_{-\infty}^{+\infty} F(\alpha, \beta) \cos p(x - \alpha) \cos q(y - \beta) e^{-(z + h)\sqrt{p^2 + q^2}} \, dp \, dq \, d\alpha \, d\beta.$$

Nous avons vu (n° 3) que la fonction P est impaire en z; on obtiendra donc la valeur de P du côté des z négatifs en remplaçant z par $-z$ et en changeant le signe de l'expression.

9. Revenons à la supposition d'un système de courants induits dans la plaque indéfinie B par des courants situés dans la plaque parallèle C que nous mettons du côté des z négatifs. On voit, comme ci-dessus, que l'équation (6) a lieu dans tout l'espace situé au-dessus du plan des xy et qu'on pouvait faire effectivement $\chi(z, t) = 0$.

En différentiant l'équation (6) par rapport à z, nous remplacerons dans cette équation les fonctions Π et Π' par les potentiels magnétiques P et P'; ce qui donne l'équation

$$(a) \qquad h\frac{dP}{dz} - \frac{dP}{dt} = \frac{dP'}{dt},$$

où P' est une fonction donnée $f(x, y, z, t)$ qui provient de l'action des courants inducteurs. On néglige ainsi l'action des courants induits par B sur la plaque C.

Nous ferons commencer l'induction au temps $t = 0$.

Pour intégrer l'équation aux différences partielles (a), qui est linéaire et du premier ordre, on commence par considérer les équations différentielles simultanées

$$\frac{dz}{h} = -\,dt = \frac{dP}{\dfrac{df(x, y, z, t)}{dt}}.$$

On en tire, en désignant par C une constante arbitraire,

$$z + ht = C,$$

$$dP = -\frac{df(x, y, z, t)}{dt}\,dt.$$

La dérivée par rapport à t est une dérivée partielle et l'on peut écrire

$$dP = \frac{df(x, y, z, t - \varepsilon)}{dz}\,dt \qquad \text{pour} \qquad \varepsilon = 0.$$

Pour intégrer cette expression, il faut d'abord y remplacer z par $C - ht$; ce qui donne

$$dP = \frac{df(x, y, C - ht, t - \varepsilon)}{dz}\,dt,$$

et, si nous supposons que P soit nul pour $t = 0$, nous aurons

$$P = \int_0^t \frac{df(x, y, C - ht, t - \varepsilon)}{dz}\,dt.$$

Changeons la lettre t en τ sous le signe d'intégration et la formule devient

$$P = \int_0^t \frac{d f(x, y, C - h z, z - \varepsilon)}{d\varepsilon} \, dz;$$

nous pouvons maintenant en éliminer C et y faire

$$C = z + ht;$$

ce qui nous donnera

$$P = \int_0^t \frac{d f[x, y, z + h(t - z), z - \varepsilon]}{d\varepsilon} \, dz.$$

A la variable z substituons la variable υ, en posant

$$t - z = \upsilon, \qquad dz = - d\upsilon,$$

et nous aurons

$$P = \int_0^t \frac{d f(x, y, z + h\upsilon, t - \upsilon - \varepsilon)}{d\varepsilon} \, d\upsilon.$$

On a maintenant l'avantage de pouvoir supprimer la quantité ε qu'il faut faire nulle après la dérivation; il suffit de remplacer la dérivation par rapport à ε par une autre par rapport à t; on a ainsi

$$(b) \qquad P = - \int_0^t \frac{d f(x, y, z + h\upsilon, t - \upsilon)}{dt} \, d\upsilon.$$

Pour avoir la solution la plus générale de l'équation (a), il faudrait ajouter à cette valeur de P l'expression $F(x, y, z + ht)$, où F est une fonction arbitraire de trois variables; mais, comme P est nul par hypothèse pour $t = 0$, la fonction $F(x, y, z)$ est nulle et P se réduit à (b).

La formule (b) est relative au côté positif de la plaque; on aurait la valeur de P du côté des z négatifs en remplaçant dans cette formule z par $- z$, et changeant le signe de l'expression.

La fonction P ou $f(x, y, z, t)$ n'est pas arbitraire; car elle satisfait à l'équation $\Delta f = 0$. Elle provient de la plaque C située du côté des z négatifs; représentons par

$$z = - l$$

son plan moyen. Si la plaque C est aussi indéfinie, désignons par $F(x, y, t)$ la valeur de f sur le plan $z = -l$, valeur qui se déduira de la connaissance des courants situés dans cette plaque, et nous aurons au-dessus de ce plan

$$f = \frac{1}{4\pi^2}\int\int\int\int_{-\infty}^{\infty} F(\alpha, \beta, t)\cos p(x-\alpha)\cos q(y-\beta)\, e^{-(z+l)\sqrt{p^2+q^2}}\, dp\, dq\, d\alpha\, d\beta,$$

d'après le calcul du n° 8. Ensuite, d'après la formule (b), on aura pour P du côté des z positifs

$$\begin{aligned} P = \frac{-1}{4\pi^2}\int_0^t d\nu \int\int\int\int_{-\infty}^{\infty} \Big\{ & \frac{d}{dt}\left[F(\alpha, \beta, t-\nu)\, e^{-(z+h\nu+l)\sqrt{p^2+q^2}}\right] \\ & \times \cos p(x-\alpha)\cos q(y-\beta)\, dp\, dq\, d\alpha\, d\beta \Big\}. \end{aligned}$$

Si l est une fonction de t, $\chi(t)$, il faudra remplacer dans cette formule l par $\chi(t-\nu)$.

Plaque circulaire tournant autour de son axe et induite par des aimants.

10. Si un disque métallique est mis en mouvement autour de son axe, en même temps qu'un aimant se trouve placé parallèlement à une petite distance au-dessus du disque et mobile autour du même axe, l'aimant subit une action qui tend à lui faire suivre le mouvement du disque.

Ce phénomène, observé d'abord par Arago, provient des courants induits dans le disque par l'aimant, lesquels réagissent ensuite sur l'aimant.

Concevons un nombre quelconque d'aimants agissant sur le disque; mais, pour simplifier, supposons-les très rapprochés du centre et suffisamment éloignés du bord du disque, pour qu'on puisse négliger l'influence de ce bord et regarder la plaque comme indéfinie.

Prenons les aimants fixes et faisons tourner le disque d'un mouvement uniforme. Au bout d'un temps très court, les courants induits dans la plaque arriveront à un état permanent et le champ magnétique demeurera invariable. C'est cet état que nous nous proposons de déterminer.

Menons les axes des x et y dans le plan moyen du disque et par son centre, et employons les considérations et les notations des numéros précédents. L'action extérieure de la plaque peut être remplacée par celle d'une couche magnétique dont nous représentons la puissance par p et nous désignons par P son potentiel magnétique. D'après cela, si U est le potentiel des aimants, nous aurons, pour les composantes de la force magnétique,

$$ X = - \frac{d\mathrm{P}}{dx} - \frac{d\mathrm{U}}{dx}, \qquad Y = - \frac{d\mathrm{P}}{dy} - \frac{d\mathrm{U}}{dy}, \qquad Z = - \frac{d\mathrm{P}}{dz} - \frac{d\mathrm{U}}{dz}. $$

Les composantes u, v du courant, pris pour l'épaisseur de la plaque, sont exprimées comme précédemment par les formules

$$ (1) \qquad u = \frac{1}{2\pi} \frac{d\mathrm{P}}{dy}, \qquad v = - \frac{1}{2\pi} \frac{d\mathrm{P}}{dx}, $$

P étant pris sur le côté positif de la plaque.

11. Désignons par φ le potentiel de l'électricité située à l'intérieur et à la surface de la plaque. Les courants de cette plaque peuvent être assimilés à des courants linéaires fermés et permanents, et, comme le champ magnétique est uniforme, il n'y aura de force électromotrice d'induction que celle qui provient du mouvement du disque, et nous avons pour les composantes de la force électromotrice totale (Chap. III, n° 14)

$$ Z \frac{dy}{dt} - Y \frac{dz}{dt} - \frac{d\varphi}{dx}, $$

$$ X \frac{dz}{dt} - Z \frac{dx}{dt} - \frac{d\varphi}{dy}, $$

$$ Y \frac{dx}{dt} - X \frac{dy}{dt} - \frac{d\varphi}{dz}. $$

Mais, en désignant par ω la vitesse angulaire communiquée au disque, on a pour les composantes de la vitesse en un point quelconque de ce disque

$$ \frac{dx}{dt} = - \omega y, \qquad \frac{dy}{dt} = \omega x, \qquad \frac{dz}{dt} = 0; $$

on a donc pour les composantes de la force électromotrice

$$Z\omega x - \frac{d\varphi}{dx}, \quad Z\omega y - \frac{d\varphi}{dy}, \quad -\omega(Xx+Yy) - \frac{d\varphi}{dz}.$$

Les deux premières composantes sont égales respectivement à Ru et Rv, en désignant par R la résistance spécifique de la plaque divisée par son épaisseur et la troisième composante est nulle, puisque les courants sont parallèles au plan des x, y. En ayant donc égard aux expressions de u, v, X, Y et Z, on obtient les trois équations

$$(2) \qquad \frac{R}{2\pi}\frac{dP}{dy} = -\omega x\left(\frac{dP}{dz} + \frac{dU}{dz}\right) - \frac{d\varphi}{dx},$$

$$(3) \qquad \frac{R}{2\pi}\frac{dP}{dx} = \omega y\left(\frac{dP}{dz} + \frac{dU}{dz}\right) + \frac{d\varphi}{dy},$$

$$(4) \qquad 0 = \omega x\left(\frac{dP}{dx} + \frac{dU}{dx}\right) + \omega y\left(\frac{dP}{dy} + \frac{dU}{dy}\right) - \frac{d\varphi}{dz}.$$

Prenons des coordonnées polaires r et ϑ données par les formules

$$x = r\cos\vartheta, \qquad y = r\sin\vartheta;$$

remarquons l'équation

$$\frac{d^2P}{dx^2} + \frac{d^2P}{dy^2} = -\frac{d^2P}{dz^2},$$

puis différentions les équations (2) et (3) respectivement par rapport à y et x, et ajoutons-les ; nous aurons

$$(5) \qquad \frac{R}{2\pi}\frac{d^2P}{dz^2} - \omega\frac{d^2P}{dz\,d\vartheta} = \omega\frac{d^2U}{dz\,d\vartheta}.$$

Quand on aura déterminé P par cette équation, on en pourra conclure u et v par les formules (1).

L'équation (4) peut s'écrire

$$\frac{d\varphi}{dz} = \omega r\left(\frac{dP}{dr} + \frac{dU}{dr}\right),$$

et, en combinant entre elles les équations (2) et (3), nous aurons

$$r\frac{d\varphi}{dr} = -\frac{R}{2\pi}\frac{dP}{d\vartheta} - \omega r^2\left(\frac{dP}{dz} + \frac{dU}{dz}\right).$$

$$\frac{d\varphi}{d\vartheta} = \frac{R}{2\pi}r\frac{dP}{dr}.$$

12. Ces deux équations ne déterminent la fonction φ que sur la plaque ou pour $z = 0$: on obtiendra φ pour $z = 0$ en intégrant l'expression $\frac{d\varphi}{dr}dr + \frac{d\varphi}{d\vartheta}d\vartheta$, qui est une différence totale d'après l'équation (5). Séparons la fonction φ en deux parties : l'une, φ_1, relative à l'électricité libre, et l'autre, φ_2, relative à une double couche d'électricité. Nous aurons pour la densité ρ de la couche d'électricité libre

$$\rho = -\frac{1}{2\pi c^2}\frac{d\varphi_1}{dz} = -\frac{1}{2\pi c^2}\frac{d\varphi}{dz} = -\frac{1}{2\pi c^2}\omega r\left(\frac{dP}{dr} + \frac{dU}{dr}\right),$$

c étant le nombre de fois que l'unité électrostatique d'électricité est renfermée dans l'unité électromagnétique (*voir* Chap. III, n° 15). L'unité d'électricité ayant été changée, nous devons diviser par c^2 l'expression de la densité trouvée dans la théorie de l'Électrostatique.

De cette formule on peut déduire la valeur de φ_1 pour tout l'espace au moyen de l'intégrale double étendue à tout le plan des x, y

$$\varphi_1 = \int\int\rho\frac{r\,dr\,d\vartheta}{q},$$

q étant la distance d'un élément de la plaque au point où l'on prend le potentiel. En faisant $z = 0$ dans son expression, nous aurons la valeur de φ_1 dans la plaque, qu'il suffira de retrancher de la valeur de φ trouvée pour $z = 0$, pour obtenir la valeur de φ_2 dans la plaque.

La fonction φ_2 doit varier d'une manière brusque à la sortie de la plaque, et, si l'on admet que l'action totale de l'électricité de la plaque est nulle sur de l'électricité statique extérieure, on obtient φ_2 à l'extérieur par l'équation

$$\varphi_1 + \varphi_2 = 0;$$

on aura donc aussi φ_2 en tous les points de l'espace, et φ_2 sera une fonction paire en z.

25

Désignons par γ_2' la valeur trouvée pour γ_2 à l'intérieur de la plaque et par γ_2'' la valeur de γ_2 à l'extérieur pour $z = 0$; la puissance de la double couche située sur chaque face de la plaque sera $\dfrac{\gamma_2' - \gamma_2''}{4\pi}$.

13. Occupons-nous maintenant de l'intégration de l'équation (5). En raisonnant comme au n° 8, on voit que cette équation a lieu dans tout l'espace situé du côté des z positifs, et, en l'intégrant par rapport à z, après avoir posé

$$\frac{R}{2\pi\varpi} = h,$$

on a

(6) $$h\frac{dP}{dz} - \frac{dP}{d\theta} = \frac{dU}{d\theta} + \lambda(r, \theta),$$

λ étant une fonction arbitraire. La fonction P satisfait aussi à l'équation

(7) $$\Delta P = 0.$$

Supposons que tous les aimants inducteurs soient situés du côté des z négatifs; alors le potentiel U de ces aimants satisfera également du côté des z positifs à l'équation

(8) $$\Delta U = 0.$$

Si nous faisons $z = \infty$ dans l'équation (6), les trois premiers termes sont nuls : le quatrième l'est donc aussi et elle se réduit à

(a) $$h\frac{dP}{dz} - \frac{dP}{d\theta} = \frac{dU}{d\theta}.$$

Cette équation est toute semblable à l'équation du n° 9; on peut donc former immédiatement son intégrale; représentons la fonction U par $U(r, z, \theta)$. en indiquant les variables qui y entrent, et nous aurons

$$P = -\int_0^\theta \frac{dU(r, z + h\omega, \theta - \omega)}{d\theta}\, d\omega + F(r, z + h\theta),$$

la dernière fonction étant arbitraire; mais, dans ce problème, il ne faut plus la faire nulle, mais la choisir d'après la condition que la fonction P ait la période 2π par rapport à θ.

14. La fonction U est supposée connue; elle satisfait pour z positif à l'équation (8) et elle a la période 2π par rapport à θ; on pourra donc la développer en une série de cette forme

$$(9) \quad \begin{cases} U(r, z, \theta) = A_0(r, z) + A_1(r, z)\cos\theta + A_2(r, z)\cos 2\theta + \ldots \\ \qquad\qquad + B_1(r, z)\sin\theta + B_2(r, z)\sin 2\theta + \ldots, \end{cases}$$

où les fonctions A_n, B_n ne diffèrent que par un facteur constant.

Il en résulte

$$(10) \quad \begin{cases} \displaystyle\int_0^\theta \frac{dU(r, z+h\omega, \theta-\omega)}{d\theta}\,d\omega = \sum_{n=1}^{\infty} n\int_0^\theta A_n(r, z+h\omega)\sin n(\omega-\theta)\,d\omega \\ \qquad\qquad + \displaystyle\sum_{n=1}^{\infty} n\int_0^\theta B_n(r, z+h\omega)\cos n(\omega-\theta)\,d\omega, \end{cases}$$

formule dans laquelle $A_0(r, z)$ disparaît.

Posons, pour simplifier,

$$\frac{d^p A(r, z)}{dz^p} = A^{(p)}(r, z), \qquad \frac{d^p B(r, z)}{dz^p} = B^p(r, z);$$

nous aurons

$$n\int A_n(r, z+h\omega)\sin n(\omega-\theta)\,d\omega$$

$$= -A_n(r, z+h\omega)\cos n(\omega-\theta) + \frac{h}{n}A_n'(r, z+h\omega)\sin n(\omega-\theta)$$

$$+ \frac{h^2}{n^2}A_n''(r, z+h\omega)\cos n(\omega-\theta) - \frac{h^3}{n^3}A_n'''(r, z+h\omega)\sin n(\omega-\theta) - \ldots$$

et par suite

$$n\int_0^\theta A_n(r, z+h\omega)\sin n(\omega-\theta)\,d\omega$$

$$= -A_n(r, z+h\theta) + \frac{h^2}{n^2}A_n''(r, z+h\theta) - \frac{h^4}{n^4}A^{(4)}(r, z+h\theta) + \ldots$$

$$+ A_n(r, z)\cos n\theta + \frac{h}{n}A_n'(r, z)\sin n\theta - \frac{h^2}{n^2}A_n''(r, z)\cos n\theta - \ldots$$

On a de même

$$n \int_0^{\vartheta} B_n(r, z + h\omega) \cos n(\omega - \vartheta) \, d\omega$$

$$= \frac{h}{n} B_n'(r, z + h\vartheta) - \frac{h^3}{n^3} B_n'(r, z + h\vartheta) + \frac{h^5}{n^5} B_n^{(3)}(r, z + h\vartheta) + \dots$$

$$+ B_n(r, z) \sin n\vartheta - \frac{h}{n} B_n'(r, z) \cos n\vartheta - \frac{h^2}{n^2} B'(r, z) \sin n\vartheta + \dots$$

Ainsi, l'intégrale (10) se compose d'une fonction de la forme $\bar{f}(r, z + h\vartheta)$ et de la fonction périodique suivante

$$\chi = \sum A_n(r, z) \cos n\vartheta + h \sum \frac{1}{n} A_n'(r, z) \sin n\vartheta$$

$$- h^2 \sum \frac{1}{n^2} A'(r, z) \cos n\vartheta - h^3 \sum \frac{1}{n^3} A_n''(r, z) \sin n\vartheta + \dots$$

$$+ \sum B_n(r, z) \sin n\vartheta - h \sum \frac{1}{n} B_n'(r, z) \cos n\vartheta - \dots,$$

dans laquelle toutes les sommations se rapportent aux valeurs entières de n depuis 1 jusqu'à ∞.

Afin que la fonction P ait par rapport à ϑ la période 2π, prenons $F(r, z + h\vartheta)$ égal à $\bar{f}(r, z + h\vartheta)$ et P se réduira à $-\chi$. Remarquons ensuite que les fonctions A_n, B_n et leurs dérivées par rapport à z s'annulent pour $z = \infty$ et nous en concluons que les deux séries

$$\sum n \int_0^{\infty} A_n(r, z + h\omega) \sin n(\omega - \vartheta) \, d\omega, \quad \sum n \int_0^{\infty} B_n(r, z + h\omega) \cos n(\omega - \vartheta) \, d\omega$$

sont égales aux deux parties de χ où entrent respectivement les fonctions A_n et B_n. Il en résulte que la formule qui donne P peut se mettre sous cette forme très simple

$$(b) \qquad P = - \int_0^{\infty} \frac{d U(r, z + h\omega, \vartheta - \omega)}{d\vartheta} \, d\omega.$$

Il est facile de vérifier que cette expression satisfait à l'équation (7). d'après l'équation (8).

Cette valeur de P se rapporte aux valeurs positives de z. La fonction

P doit avoir des valeurs égales et de signe contraire pour deux points symétriques par rapport au plan des x, y. On a donc au-dessous de ce plan

$$(c) \qquad \mathrm{P} = \int_0^{-z} \frac{d\mathrm{U}(r, -z + h\vartheta, \vartheta - \psi)}{d\vartheta}\, d\vartheta.$$

15. Si l'on veut tenir compte de l'induction du disque par l'action terrestre, il faudra ajouter à U la fonction

$$\mathrm{V} = -f_1 x - f_2 y - f_3 z = -r(f_1 \cos\vartheta + f_2 \sin\vartheta) - f_3 z,$$

où f_1, f_2, f_3 sont les composantes de l'action de la Terre. Alors, le second membre de l'équation (a) devra être augmenté de $f_1 y - f_2 x$ et P s'accroîtra de

$$f_1 x + f_2 y.$$

Il en résulterait donc dans la plaque des courants parallèles dont les composantes suivant les x et les y seraient $\dfrac{f_2}{2\pi}$, $-\dfrac{f_1}{2\pi}$. Mais bien que, dans les considérations précédentes, on puisse, avec une approximation assez grande, supposer la plaque indéfinie, si l'aimant inducteur est très petit, a ses pôles très éloignés des bords et s'il est situé parallèlement au disque et très près de ce disque, néanmoins ces bords ne sont pas assez éloignés pour qu'on puisse admettre l'existence de ces courants parallèles.

16. *Cas où les aimants inducteurs se réduisent à une aiguille aimantée.* — Le disque étant pris horizontal, supposons que l'inducteur soit une petite aiguille horizontale peu éloignée du disque et dont le centre O soit sur l'axe de ce disque et regardons le magnétisme de cette aiguille comme concentré en deux pôles p_1 et p_2, symétriques par rapport au point O.

Prenons l'axe des z positifs vertical et dans le sens opposé à celui où se trouve l'aiguille, et menons l'axe des x suivant la projection sur le disque de la ligne moyenne de l'aiguille. Soient

$$(x = a,\ y = 0,\ z = -c), \qquad (x = -a,\ y = 0,\ z = -c)$$

les coordonnées des deux pôles p_1 et p_2 et désignons par μ et $-\mu$ les quantités de magnétisme qu'ils renferment. Nous aurons pour le potentiel U

$$U = \frac{\mu}{\sqrt{r^2 - 2ar\cos\vartheta + a^2 + (z+c)^2}} - \frac{\mu}{\sqrt{r^2 + 2ar\cos\vartheta + a^2 + (z+c)^2}}.$$

La force magnétique provenant du disque, en un point (x, y, z), peut être décomposée suivant r, suivant une seconde horizontale perpendiculaire à r et suivant l'axe des z, et donnera les trois forces

$$-\frac{dP}{dr}, \quad -\frac{1}{r}\frac{dP}{d\vartheta}, \quad -\frac{dP}{dz},$$

et P est donné par les formules (b) ou (c). Si le point (x, y, z) est situé du même côté que l'aiguille, il faut adopter la seconde formule

$$P = \int_0^z \frac{dU(r, -z + h\omega, \vartheta - \omega)}{d\vartheta}\, d\omega.$$

Posons, pour simplifier,

$$T_1 = r^2 - 2ar\cos(\vartheta - \omega) + a^2 + (h\omega - z + c)^2,$$
$$T_2 = r^2 + 2ar\cos(\vartheta - \omega) + a^2 + (h\omega - z + c)^2,$$

et nous aurons

$$\frac{dU(r, -z + h\omega, \vartheta - \omega)}{d\vartheta} = -\frac{\mu ar\sin(\vartheta - \omega)}{T_1^{\frac{3}{2}}} - \frac{\mu ar\sin(\vartheta - \omega)}{T_2^{\frac{3}{2}}},$$

puis

$$P = -\mu ar\int_0^z \frac{\sin(\vartheta - \omega)}{T_1^{\frac{3}{2}}}\, d\omega - \mu ar\int_0^z \frac{\sin(\vartheta - \omega)}{T_2^{\frac{3}{2}}}\, d\omega.$$

Nous pourrons ensuite former les composantes de la force magnétique qui provient de la plaque, en différentiant cette formule par rapport à r, ϑ et z. Ainsi, nous aurons, pour la composante horizontale perpendiculaire à r,

$$-\frac{1}{r}\frac{dP}{d\vartheta} = \mu a \int_0^z \frac{\cos(\vartheta - \omega)}{T_1^{\frac{3}{2}}}\, d\omega + \mu a \int_0^z \frac{\cos(\vartheta - \omega)}{T_2^{\frac{3}{2}}}\, d\omega$$
$$- 3\mu a^2 r \int_0^z \frac{\sin^2(\vartheta - \omega)}{T_1^{\frac{5}{2}}}\, d\omega + 3\mu a^2 r \int_0^z \frac{\sin^2(\vartheta - \omega)}{T_2^{\frac{5}{2}}}\, d\omega.$$

Les composantes du courant suivant r et la perpendiculaire à r seront respectivement $\dfrac{1}{2\pi r}\dfrac{dP}{d\theta}$ et $-\dfrac{1}{2\pi}\dfrac{dP}{dr}$.

17. Aiguille mobile déplacée par le disque. — Désignons par P_1 et P_2 ce que devient P aux deux pôles p_1 et p_2. Le couple horizontal produit sur l'aiguille a pour moment

$$K = -\mu\frac{dP_1}{d\theta} + \mu\frac{dP_2}{d\theta}.$$

Posons

$$\mathfrak{c}_1 = 4a^2\sin^2\frac{\omega}{2} + (h\omega + 3c)^2, \qquad \mathfrak{c}_2 = 4a^2\cos^2\frac{\omega}{2} + (h\omega + 2c)^2,$$

et nous aurons

$$K = 2\mu^2 a^2\int_0^{2\pi}\frac{\cos\omega}{\mathfrak{c}_1^{\frac{3}{2}}}\,d\omega + 2\mu^2 a^2\int_0^{2\pi}\frac{\cos\omega}{\mathfrak{c}_2^{\frac{3}{2}}}\,d\omega$$

$$-6\mu^2 a^4\int_0^{2\pi}\frac{\sin^2\omega}{\mathfrak{c}_1^{\frac{5}{2}}}\,d\omega + 6\mu^2 a^4\int_0^{2\pi}\frac{\sin^2\omega}{\mathfrak{c}_2^{\frac{5}{2}}}\,d\omega.$$

Jusqu'à présent, nous avons supposé que l'aimant était maintenu fixe; regardons maintenant l'aiguille comme mobile sur son pivot.

Si le mouvement uniforme du disque n'est pas trop grand, l'aiguille se déplacera du méridien magnétique pour se placer dans une position fixe.

Prenons encore l'axe des x suivant la projection de l'aiguille; désignons par F la composante horizontale de l'action de la Terre et par α l'angle de F avec Ox, cet angle étant compté dans le même sens que ω. Le couple produit sur l'aiguille par la Terre sera

$$-2\mu Fa\sin\alpha;$$

on aura donc l'équation

$$K - 2\mu Fa\sin\alpha = 0,$$

qui déterminera la déviation α de l'aiguille, pour qu'elle se trouve en équilibre.

Connaissant la vitesse angulaire ω du disque, on pourra calculer les quatre intégrales définies qui entrent dans K par les méthodes générales de quadrature; K grandira en même temps que ω et la déviation de l'aiguille sera fixe, en étant d'autant plus grande que ω sera plus grand, tant qu'on aura

$$K < 2\mu F a.$$

Mais, si ω a une valeur plus grande que celle qui correspond à l'équation

$$K = 2\mu F a,$$

l'aiguille sera entraînée dans un mouvement accéléré, jusqu'à ce que la résistance de l'air et le frottement sur le pivot amènent l'uniformité de son mouvement. A partir de ce moment, l'état des courants du disque pourra être calculé comme si l'aiguille était fixe, pourvu que l'on compte toujours cet état à partir de la projection de l'aiguille et qu'on remplace dans les formules la vitesse angulaire ω par la différence des vitesses angulaires ω et ω' du disque et de l'aiguille.

Conducteur de révolution soumis à l'influence d'aimants, pendant qu'il tourne d'un mouvement uniforme autour de son axe.

18. Supposons un conducteur quelconque de révolution qui tourne autour de son axe de figure d'un mouvement uniforme, tandis qu'il est soumis à l'induction d'aimants fixes. Au bout d'un temps très court, les courants produits dans le conducteur arriveront à un état permanent.

Remarquons que la permanence des courants ne se produirait pas dans un conducteur mis en mouvement autour d'une droite qui ne serait pas un axe de révolution du corps; car l'espace occupé par ce corps ne se présenterait pas constamment de la même manière par rapport aux aimants. L'état des courants serait alors périodique, et la durée de la période serait celle d'un tour fait par le corps.

Désignons, comme au n° 11, par ω la vitesse angulaire communiquée au corps induit, par X, Y, Z les composantes de la force magnétique et par φ le potentiel de l'électricité du conducteur. Les composantes de la force électromotrice dans le conducteur seront

$$Z\omega x - \frac{d\varphi}{dx}, \quad Z\omega y - \frac{d\varphi}{dy}, \quad -\omega(Xx + Yy) - \frac{d\varphi}{dz}.$$

Les courants étant permanents, les composantes de la force magnétique qui provient de ces courants sont (Chap. IV, n° 6)

$$\frac{d\mathfrak{H}}{dy} - \frac{d\mathfrak{G}}{dz}, \quad \frac{d\mathfrak{F}}{dz} - \frac{d\mathfrak{H}}{dx}, \quad \frac{d\mathfrak{G}}{dx} - \frac{d\mathfrak{F}}{dy},$$

en posant

$$\mathfrak{F} = \int \frac{u}{r}\, d\varpi, \qquad \mathfrak{G} = \int \frac{v}{r}\, d\varpi, \qquad \mathfrak{H} = \int \frac{w}{r}\, d\varpi$$

et désignant par u, v, w les composantes du courant. Si donc on désigne par U le potentiel des aimants, on aura, pour les composantes de la force magnétique totale,

$$X = \frac{d\mathfrak{H}}{dy} - \frac{d\mathfrak{G}}{dz} - \frac{dU}{dx},$$
$$Y = \frac{d\mathfrak{F}}{dz} - \frac{d\mathfrak{H}}{dx} - \frac{dU}{dy},$$
$$Z = \frac{d\mathfrak{G}}{dx} - \frac{d\mathfrak{F}}{dy} - \frac{dU}{dz}.$$

Si l'on représente par h la résistance spécifique du conducteur, on a

$$h u = Z\omega x - \frac{d\psi}{dx},$$
$$h v = Z\omega y - \frac{d\psi}{dy},$$
$$h w = -\omega(Xx + Yy) - \frac{d\psi}{dz}.$$

On a ensuite les trois équations

$$4\pi u = -\Delta\mathfrak{F}, \qquad 4\pi v = -\Delta\mathfrak{G}, \qquad 4\pi w = -\Delta\mathfrak{H}.$$

En égalant les composantes u, v, w du courant tirées de ces deux systèmes d'équations, on obtient

$$(1) \qquad \frac{h}{4\pi}\Delta\mathfrak{F} = -\omega x\left(\frac{d\mathfrak{G}}{dx} - \frac{d\mathfrak{F}}{dy}\right) + \omega x\,\frac{dU}{dz} + \frac{d\psi}{dx},$$

$$(2) \qquad \frac{h}{4\pi}\Delta\mathfrak{G} = -\omega y\left(\frac{d\mathfrak{G}}{dx} - \frac{d\mathfrak{F}}{dy}\right) + \omega y\,\frac{dU}{dz} + \frac{d\psi}{dy},$$

$$(3) \qquad \frac{h}{4\pi}\Delta\mathfrak{H} = \omega x\left(\frac{d\mathfrak{H}}{dy} - \frac{d\mathfrak{G}}{dz} - \frac{dU}{dx}\right) + \omega y\left(\frac{d\mathfrak{F}}{dz} - \frac{d\mathfrak{H}}{dx} - \frac{dU}{dy}\right) + \frac{d\psi}{dz}.$$

On a aussi l'équation

$$(4) \qquad \frac{d\mathfrak{F}}{dx} + \frac{d\mathfrak{G}}{dy} + \frac{d\mathfrak{H}}{dz} = 0$$

(Chap. IV, n° 8).

Désignons par $\mathfrak{F}'$, $\mathfrak{G}'$, $\mathfrak{H}'$, φ' ce que deviennent $\mathfrak{F}$, $\mathfrak{G}$, $\mathfrak{H}$, φ à l'extérieur du conducteur; nous aurons

$$(5) \qquad \begin{cases} \Delta\mathfrak{F}' = 0, \qquad \Delta\mathfrak{G}' = 0, \qquad \Delta\mathfrak{H}' = 0, \qquad \Delta\varphi' = 0, \\ \dfrac{d\mathfrak{F}'}{dx} + \dfrac{d\mathfrak{G}'}{dy} + \dfrac{d\mathfrak{H}'}{dz} = 0. \end{cases}$$

Enfin, nous aurons à la surface du conducteur les conditions

$$(6) \qquad \begin{cases} \mathfrak{F} = \mathfrak{F}', \qquad \mathfrak{G} = \mathfrak{G}', \qquad \mathfrak{H} = \mathfrak{H}', \\ \dfrac{d\mathfrak{F}}{dn} = \dfrac{d\mathfrak{F}'}{dn}, \qquad \dfrac{d\mathfrak{G}}{dn} = \dfrac{d\mathfrak{G}'}{dn}, \qquad \dfrac{d\mathfrak{H}}{dn} = \dfrac{d\mathfrak{H}'}{dn}, \end{cases}$$

en désignant par dn un élément de normale mené à la surface du conducteur.

19. Nous allons transformer les équations précédentes. Posons

$$\frac{d\mathfrak{G}}{dx} - \frac{d\mathfrak{F}}{dy} = \mathrm{P},$$

et adoptons les coordonnées r, ψ données par

$$x = r\cos\psi, \qquad y = r\sin\psi.$$

Différentions (2) par rapport à x, (1) par rapport à y et retranchons: nous aurons cette équation, qui ne contient que l'inconnue P,

$$(\Lambda) \qquad \Delta\mathrm{P} = a\frac{d\mathrm{P}}{d\psi} - a\frac{d^2\mathrm{U}}{dz\,d\psi},$$

en posant

$$\frac{4\pi\omega}{h} = a.$$

Désignons ensuite par P' ce que devient P à l'extérieur du corps;
nous aurons

$$\Delta P' = 0,$$

et, d'après les secondes équations (6), nous avons cette condition à
la surface

$$P = P'.$$

Différentions les équations (1), (2), (3) respectivement par rapport
à x, y, z et ajoutons. D'après l'équation (4), le premier membre de
l'équation qui en résultera sera nul et l'on aura

$$0 = -2\omega\left(P - \frac{dU}{dz}\right) - \omega\left(x\frac{dP}{dx} + y\frac{dP}{dy}\right)$$
$$+ \omega x\left(\frac{d^2\beta}{dy\,dz} - \frac{d^2 G}{dz^2}\right) + \omega y\left(\frac{d^2 F}{dz^2} - \frac{d^2\beta}{dx\,dz}\right) + \Delta\varphi.$$

Éliminons β de cette équation au moyen de la formule

$$\frac{d\beta}{dz} = -\frac{dF}{dx} - \frac{dG}{dy},$$

et, après les réductions, nous aurons

$$\Delta\varphi = \omega(x\,\Delta G - y\,\Delta F) + 2\omega\left(P - \frac{dU}{dz}\right).$$

Multiplions l'équation (2) par y, (1) par x et retranchons; nous aurons

$$x\,\Delta G - y\,\Delta F = \frac{4\pi}{h}\frac{d\varphi}{dy}.$$

Substituons dans l'équation précédente et nous aurons ainsi une équation qui ne renferme plus que l'inconnue φ

$$(B) \qquad\qquad \Delta\varphi - a\frac{d\varphi}{dy} = 2\omega\left(P - \frac{dU}{dz}\right);$$

φ satisfait de plus à l'extérieur à la quatrième équation (5).

Il résulte de l'équation (B) que la densité de l'électricité à l'intérieur du conducteur est donnée par l'expression

$$- \frac{a}{4\pi c^2} \frac{d\varphi}{d\gamma} - \frac{\omega}{2\pi c^2}\left(P - \frac{dU}{dz}\right),$$

c ayant la valeur indiquée au n° 12.

20. Indiquons maintenant comment on pourra procéder aux intégrations. Considérant d'abord l'équation (A), posons

$$P = \frac{dH}{dz},$$

nous aurons

$$\Delta H - a\frac{dH}{d\gamma} = - a\frac{dU}{d\gamma}.$$

Comme on a $\Delta U = 0$, on satisfait à cette équation en faisant $H = U$; désignons donc par H_1 la solution générale de l'équation

$$(a) \qquad\qquad \Delta H_1 - a\frac{dH_1}{d\gamma} = 0,$$

et nous aurons, pour l'expression générale de H,

$$H = H_1 + U.$$

Examinons ensuite l'équation (B), qu'on peut écrire

$$\Delta\varphi - a\frac{d\varphi}{d\gamma} = 2\omega\frac{dH_1}{dz},$$

et, en posant

$$\varphi = \frac{a\Phi}{dz},$$

on aura

$$(b) \qquad\qquad \Delta\Phi - a\frac{d\Phi}{d\gamma} = 2\omega H_1.$$

La valeur de Φ se composera de deux parties : l'une H'_1, qui satisfera à (a), aura la même forme que H_1, sauf que les coefficients indéterminés y seront remplacés par d'autres et, en y ajoutant une solution particulière Φ_1 de l'équation (b), on aura

$$\Phi = H'_1 + \Phi_1.$$

Il est à remarquer que cette expression a été déterminée indépendamment de la fonction U.

Ensuite on a, pour les composantes u, v du courant,

$$hu = \frac{dH_1}{dz}\,\omega x - \frac{d^2\Phi}{dx\,dz},$$

$$hv = \frac{dH_1}{dz}\,\omega y - \frac{d^2\Phi}{dy\,dz}.$$

Posons

$$u = \frac{du_1}{dz}, \qquad v = \frac{dv_1}{dz},$$

et nous obtenons

$$hu_1 = H_1\omega x - \frac{d\Phi}{dx},$$

$$hv_1 = H_1\omega y - \frac{d\Phi}{dy};$$

puis, de l'équation

$$\frac{du}{dx} + \frac{dv}{dy} + \frac{dw}{dz} = 0,$$

nous tirerons

$$w = -\frac{du_1}{dx} - \frac{dv_1}{dy}.$$

Enfin on se servira de la condition à la surface

$$u\cos\lambda + v\cos\mu + w\cos\nu = 0,$$

où λ, μ, ν désignent les angles de la normale à la surface du corps avec les trois axes de coordonnées.

Les expressions de u, v, w renferment des coefficients indéterminés. On pourra néanmoins former $\mathfrak{F}$, $\mathfrak{G}$, $\mathfrak{H}$ d'après les formules

$$\mathfrak{F} = \int \frac{u}{r}\,d\varpi, \qquad \mathfrak{G} = \int \frac{v}{r}\,d\varpi, \qquad \mathfrak{H} = \int \frac{w}{r}\,d\varpi.$$

Jusqu'à présent, l'expression du potentiel U qui produit l'induction n'est pas entrée dans le calcul des quantités φ, u, v, w, $\mathfrak{F}$, $\mathfrak{G}$, $\mathfrak{H}$; mais, d'après l'équation (3), on a

$$hw = -\omega x\left(\frac{d\mathfrak{H}}{dy} - \frac{d\mathfrak{G}}{dz}\right) - \omega y\left(\frac{d\mathfrak{F}}{dz} - \frac{d\mathfrak{H}}{dx}\right) - \frac{d\varphi}{dz} + \omega r\frac{dU}{dr},$$

et les coefficients indéterminés qu'on a introduits dans φ et qui se retrouvent dans w, $\mathfrak{F}$, $\mathfrak{G}$, $\mathfrak{H}$ pourront être déterminés au moyen des coefficients de la fonction connue U.

Problème précédent dans le cas où la distribution magnétique
est symétrique autour de l'axe du conducteur.

21. Lorsque la distribution du magnétisme inducteur est symétrique autour de l'axe de révolution du conducteur, il ne se produit pas de courants d'électricité dans ce conducteur par suite de son mouvement uniforme de rotation, ainsi que l'a remarqué Jochmann (*Journal de Crelle*, t. 63); mais il se trouve à l'intérieur du corps de l'électricité libre qui, jointe à l'électricité de la surface, fait équilibre à la force électromotrice d'induction.

Nous avons, comme au n° 18, les équations

$$hu = Z\omega x - \frac{d\varphi}{dx},$$

$$hv = Z\omega y - \frac{d\varphi}{dy},$$

$$hw = -\omega(Xx + Yy) - \frac{d\varphi}{dz};$$

il s'agit de démontrer qu'on peut choisir φ de manière que u, v, w soient nuls. Alors les fonctions $\mathfrak{F}$, $\mathfrak{G}$, $\mathfrak{H}$ sont nulles; la force magnétique ne provient plus que des aimants dont le potentiel est U, et l'on tire des équations précédentes

$$(1) \quad \begin{cases} \dfrac{d\varphi}{dx} = -\omega x \dfrac{dU}{dz}, \\[2mm] \dfrac{d\varphi}{dy} = -\omega y \dfrac{dU}{dz}, \\[2mm] \dfrac{d\varphi}{dz} = \omega\left(x \dfrac{dU}{dx} + y \dfrac{dU}{dy}\right). \end{cases}$$

Prenons des coordonnées polaires r et ψ, et il en résultera

$$\frac{d\varphi}{dr} = -\omega r \frac{dU}{dz}, \qquad \frac{d\varphi}{d\psi} = 0, \qquad \frac{d\varphi}{dz} = \omega r \frac{dU}{dr}.$$

La fonction U satisfait à l'intérieur du conducteur à l'équation $\Delta U = 0$, qui se réduit à

$$\frac{d}{dr}\left(r\frac{dU}{dr}\right) + r\frac{d^2 U}{dz^2} = 0,$$

puisque, par hypothèse, U est indépendant de ψ. On aura ensuite

$$(2) \qquad \varphi = \omega \int \left(r\frac{dU}{dr}\,dz - r\frac{dU}{dz}\,dr\right),$$

expression intégrable, comme il résulte de l'équation précédente.

Si l'on différentie les équations (1) respectivement par rapport à x, y, z, et qu'on ajoute, on a

$$\Delta\varphi = -2\,\omega\,\frac{dU}{dz}.$$

Séparons la fonction φ en deux parties : l'une, φ_1, relative à l'électricité libre située à l'intérieur et à la surface du conducteur, et l'autre, φ_2, relative à une double couche située à la surface. Nous aurons

$$\Delta\varphi_2 = 0, \qquad \Delta\varphi_1 = -2\,\omega\,\frac{dU}{dz},$$

et, d'après cela, si D est la densité de l'électricité libre à l'intérieur du corps, nous obtenons

$$(3) \qquad D = \frac{\omega}{2\pi c^2}\,\frac{dU}{dz}.$$

22. Supposons que le conducteur n'ait pas été chargé d'électricité; l'action extérieure de l'électricité de ce conducteur sera nulle et, en désignant par φ_1' et φ_2' ce que deviennent φ_1 et φ_2 à l'extérieur, nous aurons

$$(4) \qquad \varphi_1' + \varphi_2' = 0.$$

La densité à la surface sera

$$\rho = -\frac{1}{4\pi c^2}\left(\frac{d\varphi_1}{dn'} + \frac{d\varphi_1'}{dn}\right),$$

dn' et dn étant les éléments de normale intérieure et extérieure. Or on a

$$\frac{d\varphi'_1}{dn} = -\frac{d\varphi_1}{dn};$$

donc, d'après (1),

$$\frac{d\varphi'_1}{dn} = -\frac{d\varphi'_2}{dn} = \frac{d\varphi_1}{dn'},$$

et, par suite, ρ devient

$$\rho = -\frac{1}{4\pi c^2}\left(\frac{d\varphi_1}{dn} + \frac{d\varphi_1}{dn'}\right) = -\frac{1}{4\pi c^2}\frac{d\varphi}{dn'}.$$

Ainsi ρ peut être calculé par la valeur (2) de φ, sans qu'on soit obligé de calculer φ'_1 à l'extérieur.

Connaissant D et ρ, on peut en déduire φ_1 à l'intérieur et à l'extérieur; on aura ensuite φ_2 à l'intérieur par l'équation

$$\varphi_2 = \varphi - \varphi_1.$$

Enfin, on aura φ_2 à l'extérieur par l'équation

$$\varphi'_2 = -\varphi'_1.$$

Si l'on met sur le conducteur une masse M d'électricité, elle s'ajoutera à l'électricité précédente en se plaçant à la surface suivant les lois de l'Électrostatique.

23. Appliquons ce problème au cas d'une sphère qui tourne autour d'un diamètre en même temps qu'elle est soumise à l'influence d'une force magnétique constante et parallèle à l'axe de rotation.

En désignant par H une quantité constante, nous aurons

$$\frac{dU}{dz} = H, \qquad \frac{dU}{dr} = o,$$

et, d'après l'équation (2),

$$\varphi = -\tfrac{1}{4}\omega H r^2 + C,$$

C étant une constante arbitraire. Désignons par R la distance d'un point

au centre de la sphère et par α l'angle que fait R avec l'axe de rotation ;
nous aurons

$$\varphi = -\tfrac{1}{2}\,\omega \mathrm{H}\mathrm{R}^2 \sin^2 \alpha + \mathrm{C}.$$

De la formule (3) on tire

$$\mathrm{D} = \frac{\omega}{2\pi c^2}\,\mathrm{H},$$

et nous aurons ensuite pour la densité à la surface

$$\rho = \frac{1}{4\pi c^2}\,\frac{d\varphi}{d\mathrm{R}} = -\frac{1}{4\pi c^2}\,\omega \mathrm{H} a \sin^2 \alpha.$$

Si nous désignons par X_2 la fonction sphérique du second ordre

$$\tfrac{3}{2}\left(\cos^2 \alpha - \tfrac{1}{3}\right),$$

nous pouvons aussi écrire

$$\rho = -\frac{1}{6\pi c^2}\,\omega \mathrm{H} a(1 - \mathrm{X}_2).$$

Nous pouvons partager φ_1 en deux parties : l'une relative à l'électricité intérieure et l'autre relative à l'électricité superficielle, et poser

$$\varphi_1 = c^2 \int \frac{\mathrm{D}}{r}\,d\varpi + c^2 \int \frac{\rho}{r}\,d\sigma.$$

Désignons par J et J′ la valeur de la seconde intégrale à l'intérieur et à l'extérieur ; nous aurons, d'après la valeur de ρ,

$$\mathrm{J} = -\tfrac{1}{3}\,\omega \mathrm{H} a^2\left(1 - \frac{\mathrm{R}^2}{5a^2}\,\mathrm{X}_2\right),$$

$$\mathrm{J}' = -\tfrac{2}{3}\,\omega \mathrm{H} a^3\left(\frac{1}{\mathrm{R}} - \frac{a^2}{5\mathrm{R}^3}\,\mathrm{X}_2\right).$$

La première intégrale qui entre dans φ_1 a pour valeur, à l'intérieur,

$$2\pi \mathrm{D} a^2 - \tfrac{2}{3}\pi \mathrm{D}\mathrm{R}^2 ;$$

à l'extérieur,

$$\tfrac{4}{3}\pi \mathrm{D}\frac{a^3}{\mathrm{R}}.$$

27

On a donc, à l'intérieur de la sphère,

$$\varphi_1 = \tfrac{1}{3}\,\omega H (a^2 - R^2) + \tfrac{2}{15}\,\omega H R^2 X_2,$$

et, à l'extérieur,

$$\varphi_1' = \tfrac{2}{15}\,\omega H \frac{a^5}{R^3} X_2.$$

On a ensuite

$$\varphi_2 = \varphi - \varphi_1 = C - \tfrac{1}{3}\,\omega H a^2 + \tfrac{1}{3}\,\omega H R^2 X_2.$$

La partie constante de cette expression correspond à une couche de puissance constante et dont le potentiel est nul à l'extérieur; on peut annuler cette partie constante en faisant

$$C = \tfrac{1}{3}\,\omega H a^2,$$

et nous aurons

$$\varphi_2 = \tfrac{1}{3}\,\omega H R^2 X_2, \qquad \varphi_2' = -\,\tfrac{2}{15}\,\omega H \frac{a^5}{R^3} X_2.$$

Le problème est ainsi complètement résolu.

CHAPITRE VII.

SUR LES UNITÉS ÉLECTRIQUES.

1. Toutes les quantités considérées en Mécanique et dans les sciences physiques ne dépendent que de trois sortes de quantités : espace, temps et masse. Par conséquent, on peut les évaluer au moyen des trois unités de longueur, de temps et de masse. Ces unités sont dites *fondamentales*.

Suivant une notation assez employée maintenant, nous désignerons respectivement par $[L]$, $[T]$, $[M]$ les unités de longueur, de temps et de masse.

On appelle unités *dérivées* des unités qui s'expriment au moyen des unités fondamentales. Toute unité dérivée est par sa nature le produit de puissances déterminées des unités fondamentales, affecté d'un coefficient, et, pour simplifier son expression, on réduit ce coefficient à l'unité.

Si a est la valeur numérique d'une quantité, c'est que cette quantité est égale à $a[A]$, en désignant par $[A]$ l'unité choisie pour évaluer cette quantité. Si donc, en choisissant une autre unité $[B]$, la valeur numérique de la même quantité est b, on aura

$$a[A] = b[B],$$

et, par conséquent, le rapport de deux valeurs numériques d'une quantité est l'inverse du rapport des unités auxquelles on la compare.

Unités dérivées en Mécanique.

2. La vitesse est le rapport d'un espace parcouru par un mobile au temps mis à le parcourir; nous prendrons donc pour unité de vitesse

$[L]:[T]$ ou $[LT^{-1}]$, c'est-à-dire le rapport de l'unité de longueur à l'unité de temps.

L'accélération est le rapport d'un accroissement de vitesse à l'accroissement correspondant du temps; c'est donc le rapport d'une vitesse à un temps. On prendra $[LT^{-2}]$ pour unité d'accélération.

La masse d'un corps est le rapport d'une force quelconque à l'accélération qu'elle imprimerait à ce corps, si elle lui était appliquée. La force est donc une masse multipliée par une accélération, et son unité sera prise égale à $[MLT^{-2}]$.

Pour la troisième unité fondamentale, on prend ordinairement, en Mécanique, l'unité de force au lieu de l'unité de masse. Cette unité de force est le plus souvent le poids du kilogramme ou une subdivision de ce poids. Mais ce poids éprouve de petites variations, selon le lieu de la Terre où l'on se trouve. La masse du kilogramme reste, au contraire, invariable, soit qu'on la regarde comme celle d'un litre d'eau à la température de 4°, soit qu'on la considère comme celle d'un étalon conservé aux Archives de Paris. C'est pour cette raison que, dans les calculs sur l'électricité, on préfère prendre pour la troisième unité fondamentale l'unité de masse, de laquelle on conclut l'unité de force.

Le travail d'une force sur un point matériel est le produit d'une force par une longueur, et l'on prend pour unité de travail $[ML^2T^{-2}]$.

Unités de masse électrique.

3. En Électrostatique, on a défini l'unité de masse électrique une quantité d'électricité positive qui repousse une pareille masse avec l'unité de force, quand ces deux masses sont séparées par l'unité de distance. En partant de cette définition, on obtient un système d'unités électriques dérivées qui est appelé *système électrostatique*.

Mais l'unité de masse électrique a une autre valeur par suite d'une convention faite dans le Chapitre II (n° 14) et de laquelle nous avons conclu, au n° 25 de ce Chapitre, l'unité d'intensité d'un courant linéaire permanent. Comme, en général, l'intensité d'un tel courant est la quantité d'électricité qui traverse une section du fil dans l'unité de temps, l'unité de masse électrique se trouve elle-même déterminée, dès qu'on se donne l'unité de temps, puisque c'est la quantité d'électricité qui traverse une section du fil dans un courant égal à l'unité pendant l'unité de temps.

Le système d'unités électriques, qui dérive de cette unité de masse électrique, s'appelle *système électromagnétique,* et c'est celui que nous avons adopté dans les Chapitres précédents.

Déterminons le rapport entre ces deux unités de masse électrique.

4. Laissons d'abord arbitraires ces deux unités pour exprimer les lois de Coulomb et d'Ampère; il faut alors multiplier par un coefficient chacune des formules qui expriment ces lois. Ainsi, d'après la loi de Coulomb, l'action entre les quantités q et q' d'électricité, séparées par la distance r, sera exprimée par la formule

$$(a) \qquad h\frac{qq'}{r^2},$$

où h désigne un coefficient constant, et, si nous adoptons les notations du n° 24 du Chapitre II, l'action entre deux éléments de courants sera

$$(b) \qquad k\,\mathrm{II}'\,\frac{ds\,ds'}{r^2}\,(2\cos\varepsilon - 3\cos\vartheta\cos\vartheta'),$$

k étant un coefficient constant.

En faisant $q' = q$ dans la formule (a), on voit que $h\dfrac{q^2}{r^2}$ est une force. Dans la formule (b), $k\mathrm{II}'$ est multiplié par une quantité sans degré; donc $k\mathrm{II}'$ et aussi $k\mathrm{I}^2$ est également une force. D'après cela, le rapport

$$\left(h\frac{q^2}{r^2}\right) : (k\mathrm{I}^2) = n$$

est un nombre abstrait. Comme I désigne le rapport d'une quantité q' d'électricité à un temps t, on aura

$$\mathrm{I} = \frac{q'}{t}, \qquad \frac{h}{k} = n\frac{q'^2}{q^2}\frac{r^2}{t^2};$$

$n\dfrac{q'^2}{q^2}$ est un nombre abstrait, et $\dfrac{r}{t}$, étant le rapport d'une longueur à un temps, exprime une vitesse; donc on peut poser

$$\frac{h}{k} = c^2,$$

c étant une vitesse dont la grandeur est indépendante des unités fondamentales employées.

Si nous adoptons le système électrostatique, nous devrons faire $h = 1$ dans la formule (a), qui se réduira à

$$(c) \qquad\qquad \frac{qq'}{r^2};$$

il en résultera $k = \frac{1}{c^2}$, et nous aurons, pour la formule (b),

$$\frac{1}{c^2} \iint \frac{ds\,ds'}{r^2} (2\cos\varepsilon - 3\cos\vartheta\cos\vartheta').$$

Si nous employons le système électromagnétique adopté dans le Chapitre II et les suivants, nous ferons $k = 1$ dans la formule (b), et, par suite, nous aurons $h = c^2$. Désignons par Q et Q' ce que deviennent les quantités q et q' d'électricité, exprimées dans ce système d'unités; la formule (a) deviendra

$$(d) \qquad\qquad c^2 \frac{QQ'}{r^2}.$$

Les expressions (c) et (d) étant celles d'une même force, nous en concluons

$$q = cQ.$$

Désignons donc par $[q]$ et $[Q]$ les unités de masse électrique dans les systèmes électrostatique et électromagnétique; nous aurons

$$[q] = \frac{1}{c}[Q].$$

Ainsi la quantité c est le nombre de fois que l'unité électrostatique d'électricité est renfermée dans l'unité électromagnétique; ce nombre change évidemment avec les unités de longueur et de temps.

5. La quantité c a été définie pour la première fois par W. Weber ; il en a déterminé aussi le premier la valeur avec Kohlrausch. Ces physiciens mesuraient la charge d'une bouteille de Leyde de deux manières. Ils l'obtenaient en mesure électrostatique par le produit de la capacité de la bouteille par la différence de potentiel des deux armatures. Ils l'évaluaient en mesure électromagnétique par les effets de la décharge de la bouteille dans le circuit d'un galvanomètre.

Weber et Kohlrausch ont trouvé, par ces expériences,

$$c = 310740000 \text{ mètres par seconde.}$$

Cette recherche a été ensuite reprise par différents physiciens. Suivant les expériences les plus récentes, on a

$$c = 293 \times 10^6 \text{ mètres par seconde,}$$

vitesse qui peut être considérée comme égale à celle de la lumière ($300,4 \times 10^6$ d'après M. Cornu).

6. Toute quantité employée dans les calculs sur l'électricité peut être regardée comme le produit d'un nombre abstrait par une expression $[L^a T^b M^c]$. La détermination des dimensions a, b, c est très utile. En particulier, elle peut servir à constater immédiatement une faute de calcul ou même de raisonnement, si l'erreur entraîne dans les équations un manque d'homogénéité. Nous allons déterminer les dimensions des quantités électriques dans les deux systèmes électrostatique et électromagnétique.

MM. Mercadier et Vaschy ont cherché à démontrer que le système électromagnétique est seul rationnel. Ils se fondent d'abord sur ce que le coefficient h de la formule (a) de Coulomb, que l'on fait égal à l'unité dans l'air si l'on adopte le système électrostatique, varie dans les liquides transparents proportionnellement au carré de la vitesse de la lumière. Puis, ils prouvent, par des expériences, que le coefficient k de la formule (b) d'Ampère reste le même, quand on remplace l'air dans lequel se trouvent ordinairement les circuits électriques, par différents liquides.

Système électrostatique.

7. Représentons par de petites lettres, mises entre crochets, les unités dans le système électrostatique; nous adopterons les mêmes lettres, prises majuscules, pour le système électromagnétique.

Unité de quantité d'électricité $[q]$. — Dans ce système, la force F qui agit entre deux masses q d'électricité, séparées par la distance r, a pour expression

$$F = \frac{q^2}{r^2};$$

donc

$$q = r\sqrt{F},$$

et, en se reportant à l'expression de l'unité de force (n° 2), on a

$$[q] = [L^{\frac{3}{2}} M^{\frac{1}{2}} T^{-1}];$$

on aura ensuite, pour unité de densité cubique électrique,

$$[d] = [L^{-\frac{3}{2}} M^{\frac{1}{2}} T^{-1}]$$

et, pour unité de densité électrique superficielle,

$$[\rho] = [L^{-\frac{1}{2}} M^{\frac{1}{2}} T^{-1}].$$

Unité de potentiel d'une masse électrique $[\varphi]$. — Cette quantité sera le potentiel de l'unité de masse électrique, pris à l'unité de distance, et l'on a

$$[\varphi] = [L^{\frac{1}{2}} M^{\frac{1}{2}} T^{-1}].$$

Si, dans un courant linéaire permanent, une quantité q d'électricité est transportée le long d'une courbe AB d'un point A, où le potentiel est φ_1, à un point B où le potentiel est φ_2, le travail qui en résultera sera $(\varphi_1 - \varphi_2)q$ ou $\varphi_1 q$ seulement si φ_2 est nul. Réciproquement, le potentiel ou la force électromotrice le long du courant AB peut être défini comme le travail effectué par la masse q, divisé par q. Nous pouvons donc poser

(e) $$qq = \varepsilon,$$

ε étant homogène avec le produit d'une force par une longueur, et nous retrouvons de cette manière l'expression de $[\varphi]$.

Unité de capacité $[a]$. — La capacité d'un condensateur est le rapport de sa charge à la différence de potentiel des armatures; on a donc
$$[a] = [L];$$

ainsi la capacité est une longueur; celle d'une sphère, par exemple, est représentée par son rayon.

Unité d'intensité de courant linéaire $[i]$. — L'intensité d'un courant linéaire est la quantité d'électricité qui traverse une section du fil dans l'unité de temps; on a donc
$$[i] = [L^{\frac{1}{2}} M^{\frac{1}{2}} T^{-2}].$$

Dans un conducteur à trois dimensions, les composantes du courant, désignées en général dans ce Livre par u, v, w, sont de l'homogénéité de $L^{-\frac{1}{2}} M^{\frac{1}{2}} T^{-2}$.

Unité de résistance $[r]$ *d'un conducteur linéaire*. — D'après la loi de Ohm, la résistance est le rapport de la force électromotrice entre deux points à l'intensité du courant; on a donc

$$[r] = [L^{\frac{1}{2}} M^{\frac{1}{2}} T^{-1}] : [L^{\frac{3}{2}} M^{\frac{1}{2}} T^{-1}] = [L^{-1} T];$$

ainsi cette résistance est l'inverse d'une vitesse.

La résistance spécifique du métal d'un conducteur est du degré de $[r][L] = [T]$ (Chap. II, n° 1), et sa conductibilité spécifique est du degré de $[T^{-1}]$.

Unité de magnétisme $[\mu]$. — Nous avons vu (Chap. II, n° 38) que la force F produite par le pôle μ d'un aimant sur un élément de courant $j\,ds$ est perpendiculaire au plan mené par μ et par cet élément, et qu'elle a pour expression

$$(J) \qquad\qquad F = \mu j \frac{ds}{r^2} \sin(r, ds);$$

le second membre est égal à μj multiplié par l'inverse d'une ligne l; on a donc

$$\mu = \frac{Fl}{j},$$

$$[\mu] = \left[L^{\frac{1}{2}} M^{\frac{1}{2}} \right].$$

Unité de potentiel d'une masse magnétique. — Elle sera égale à l'unité de masse magnétique divisée par l'unité de distance ou à $\left[L^{-\frac{1}{2}} M^{\frac{1}{2}} \right]$.

Unité de coefficient d'induction d'un diélectrique. — Dans un diélectrique dont le coefficient d'induction est p, on a (*Théorie du potentiel,* IIe Partie, Chap. III, n° 11)

$$p \Delta_2 = -4\pi d,$$

en désignant par d la densité de l'électricité dans le diélectrique; on en conclut que p est sans degré ou

$$[p] = 1.$$

Système électromagnétique.

8. Dans le système électromagnétique, l'action entre deux masses électriques égales à Q a pour grandeur (n° 1)

$$F = c^2 \frac{Q^2}{r^2}, \qquad \text{d'où} \qquad Q = \frac{1}{c} r \sqrt{F},$$

et, comme c est une vitesse, on a pour l'unité de masse électrique

$$[Q] = \left[L^{\frac{1}{2}} M^{\frac{1}{2}} \right],$$

et l'on en conclut, pour les densités électriques cubique et superficielle,

$$[D] = \left[L^{-\frac{1}{2}} M^{\frac{1}{2}} \right], \qquad [P] = \left[L^{-1} M^{\frac{1}{2}} \right].$$

Intensité d'un courant linéaire. — Son unité sera

$$[I] = [L^{\frac{1}{2}} M^{\frac{1}{2}} T^{-1}].$$

Dans un conducteur à trois dimensions, les composantes u, v, w du courant sont des dimensions de $L^{-\frac{3}{2}} M^{\frac{1}{2}} T^{-1}$.

Potentiel d'une masse électrique. — La formule (e) devient

$$\Phi Q = e,$$

et l'on en conclut, pour l'unité de ce potentiel,

$$[\Phi] = [L^{\frac{3}{2}} M^{\frac{1}{2}} T^{-2}].$$

Résistance d'un courant linéaire. — En divisant $[\Phi]$ par $[I]$, on obtient
$$[R] = [LT^{-1}];$$

cette résistance est, par conséquent, une vitesse.

La résistance spécifique d'un conducteur est homogène avec $L^2 T^{-1}$, et sa conductibilité spécifique avec $L^{-2} T$.

Capacité d'un condensateur. — On a pour l'unité

$$[A] = [L^{-1} T^2].$$

Quantité de magnétisme. — Pour déterminer son unité, nous emploierons encore la formule (f), et nous obtiendrons $[L^{\frac{3}{2}} M^{\frac{1}{2}} T^{-1}]$.

Potentiel d'une masse magnétique. — Il a pour unité $[L^{\frac{1}{2}} M^{\frac{1}{2}} T^{-1}]$.

Coefficient d'induction d'un diélectrique. — Son unité a pour expression $[L^{-2} T^2]$.

Coefficient d'induction magnétique. — Le moment magnétique est homogène avec une masse magnétique divisée par le carré d'une ligne. Donc, d'après les équations de l'induction magnétique (*Théorie du potentiel*, IIe Partie, Chap. IV, n°s 19 et 21), le coefficient d'induction magnétique γ est sans degré.

Sur différentes expressions de la vitesse c.

9. Pour une portion de courant linéaire permanent, désignons dans le système électrostatique par i l'intensité du courant, par q la quantité d'électricité qui traverse une section dans le temps t, par r la résistance et par φ la force électromotrice. Puis, dans le système électromagnétique, désignons les mêmes quantités par les mêmes lettres, prises majuscules; nous aurons

$$q = c\mathrm{Q}, \qquad q = it, \qquad \mathrm{Q} = \mathrm{I}t,$$
$$\varphi = ir, \qquad \Phi = \mathrm{IR}, \qquad \varphi i = \Phi\mathrm{I}.$$

On tire de ces équations les valeurs suivantes de c :

$$c = \frac{q}{\mathrm{Q}} = \frac{i}{\mathrm{I}} = \frac{\Phi}{\varphi} = \sqrt{\frac{\mathrm{R}}{r}}.$$

On a aussi, pour le rapport des valeurs de la capacité d'un condensateur dans les deux systèmes,

$$\frac{a}{\mathrm{A}} = c^2.$$

On a donc, pour les rapports des unités correspondantes,

$$\frac{[q]}{[\mathrm{Q}]} = \frac{[i]}{[\mathrm{I}]} = \frac{[\Phi]}{[\varphi]} = \frac{1}{c},$$
$$\frac{[\mathrm{R}]}{[r]} = \frac{[a]}{[\mathrm{A}]} = \frac{1}{c^2}.$$

A chacun de ces rapports correspond une méthode d'expériences pour déterminer la quantité c, et toutes les recherches qui ont été faites à ce sujet ont donné à très peu près pour c la même valeur.

Remarque. — Si nous désignons par φ le potentiel d'une masse électrique située à l'intérieur d'un corps où sa densité est ∂ et à la surface de ce corps où sa densité est ρ, nous avons les formules de l'électrostatique

$$\varphi = \int \frac{\rho}{r}\, d\sigma + \int \frac{\partial}{r}\, d\varpi,$$
$$\Delta\varphi = -4\pi\partial, \qquad \frac{d\varphi}{dn} + \frac{d\varphi}{dn'} = -4\pi\rho,$$

qui deviennent dans le système électromagnétique

$$\Phi = c^2 \int \frac{P}{r}\, ds + c^2 \int \frac{D}{r}\, d\varpi,$$

$$\Delta\Phi = -4\pi D c^2, \qquad \frac{d\Phi}{dn} + \frac{d\Phi}{dn'} = -4\pi c^2 P.$$

Système C.G.S. et système pratique.

10. On est convenu maintenant de prendre pour unités théoriques de longueur, de masse et de temps le centimètre, le gramme et la seconde; on désigne, pour abréger, le système électromagnétique correspondant par C.G.S. La valeur de c est alors

$$c = 298 \times 10^8.$$

L'unité de force dans ce système est la force qui, agissant sur le gramme pendant une seconde, lui communique une vitesse d'un centimètre. Or le poids d'un gramme communique à ce gramme une vitesse égale à $980^{cm},88$; donc l'unité de force est égale à $\dfrac{1^{gr}}{980,88}$; on l'appelle une *dyne*.

11. Un Congrès international des électriciens, tenu à Paris en 1881, a choisi des unités plus commodes pour les applications de l'électricité. Il a adopté les unités fondamentales suivantes :

Unité de longueur $[L] = 10^9$ centim. ou le quart du méridien terrestre,

Unité de masse $[M] \quad = \dfrac{1}{10^{11}}$ masse du gramme,

Unité de temps $[T] \quad = 1$ seconde.

Adoptant de plus le système électromagnétique, le Congrès en a conclu les unités suivantes de résistance, de force électromotrice, d'intensité de courant, de quantité d'électricité et de capacité dont les valeurs sont données en unités du système C.G.S. :

$$[R] = [LT^{-1}] \qquad = 10^9 \quad \text{appelé} \quad \textit{ohm.}$$

$$[\Phi] = [L^{\frac{1}{2}} M^{\frac{1}{2}} T^{-2}] = 10^3 \qquad \text{»} \qquad \textit{volta.}$$

$$[I] = [L^{\frac{1}{2}} M^{\frac{1}{2}} T^{-1}] = 10^{-1} \qquad \text{»} \qquad \textit{ampère.}$$

$$[Q] = [L^{\frac{1}{2}} M^{\frac{1}{2}}] \qquad = 10^{-1} \qquad \text{»} \qquad \textit{coulomb.}$$

$$[A] = [L^{-1} T^2] \qquad = 10^{-9} \qquad \text{»} \qquad \textit{farad.}$$

L'ampère est ainsi le courant produit par la force électromotrice d'un volta dans une longueur de fil qui a une résistance d'un ohm.

Le coulomb est la quantité d'électricité qui, dans une seconde, traverse la section d'un fil parcouru par un courant égal à un ampère.

Le farad est la capacité d'un condensateur dont la charge est un coulomb et dont la différence de potentiel des armatures est un volta.

Dans ce système, on a pour l'unité de force

$$[MLT^{-2}] = \frac{1}{100} \text{ dyne} = \frac{1}{98088} \text{ gramme.}$$

Les noms de *volta* et de *ohm* sont justement employés ; car Volta a donné le premier la notion de la force électromotrice et Ohm celle de la résistance. Les découvertes d'Ampère sur les courants justifient le mot d'*ampère* attribué à l'unité de courant. Mais le nom de Coulomb, dont les découvertes se rapportent à l'Électrostatique et au Magnétisme, ne paraît pas aussi bien appliqué à une unité d'électricité qui est définie par la considération d'un courant. Le nom de W. Weber, d'après ses recherches, semble, au contraire, indiqué pour cette unité.

CHAPITRE VIII.

SUR LE MOUVEMENT VARIABLE DE L'ÉLECTRICITÉ DANS LES CONDUCTEURS DE FORME QUELCONQUE.

Nous avons étudié d'une manière générale le mouvement variable de l'électricité dans les conducteurs linéaires ; nous avons aussi considéré pour des cas particuliers ce mouvement variable dans des plaques minces. Maintenant, dans ce Chapitre, nous allons nous occuper, dans toute leur généralité, des équations du mouvement variable de l'électricité dans des conducteurs à trois dimensions, supposés immobiles.

Force électromotrice d'induction sur un courant linéaire.

1. D'après ce que nous avons vu (Chap. III, n° 14), la force électromotrice d'induction, produite par des courants sur un courant linéaire fermé immobile s, est donnée par la formule

$$(a) \qquad \frac{d\mathrm{H}}{dt} = \int \left(\gamma_x \frac{dx}{ds} + \gamma_y \frac{dy}{ds} + \gamma_z \frac{dz}{ds} \right) ds,$$

où γ_x, γ_y, γ_z se réduisent à $-\dfrac{d\mathrm{F}}{dt}$, $-\dfrac{d\mathrm{G}}{dt}$, $-\dfrac{d\mathrm{H}}{dt}$, si l'on désigne par F, G, H les fonctions suivantes

$$\mathrm{F} = \sum i' \int \frac{1}{r} \frac{dx'}{ds'} ds', \qquad \mathrm{G} = \sum i' \int \frac{1}{r} \frac{dy'}{ds'} ds', \qquad \mathrm{H} = \sum i' \int \frac{1}{r} \frac{dz'}{ds'} ds',$$

dans lesquelles i' est l'intensité d'un courant linéaire inducteur, ds' un élément linéaire de ce courant, r la distance du point (x', y', z') de ds' au point (x, y, z) de ds et le signe de sommation $\sum$ s'étendant à tous les courants inducteurs. Si les courants inducteurs sont distribués d'une manière continue dans des conducteurs à trois dimensions, on remplacera, comme au Chapitre IV (n° 6), les dernières expressions par les suivantes

$$F = \int \frac{u'}{r}\, d\varpi', \qquad G = \int \frac{v'}{r}\, d\varpi', \qquad H = \int \frac{w'}{r}\, d\varpi',$$

u', v', w' étant les composantes du courant au point (x', y', z'), situé dans l'élément de volume $d\varpi'$.

Il résulte de la formule (a) que la force électromotrice, produite sur l'élément ds d'un courant fermé, peut être représentée par l'expression

$$\left(\chi_x \frac{dx}{ds} + \chi_y \frac{dy}{ds} + \chi_z \frac{dz}{ds} \right) ds,$$

où χ_x, χ_y, χ_z ont les valeurs indiquées ci-dessus; mais, plus généralement, on peut prendre

$$\chi_x = -\frac{dF}{dt} - \frac{d^2\psi}{dx\,dt},$$

$$\chi_y = -\frac{dG}{dt} - \frac{d^2\psi}{dy\,dt},$$

$$\chi_z = -\frac{dH}{dt} - \frac{d^2\psi}{dz\,dt},$$

ψ étant une fonction de x, y, z et t; car l'expression (a) conservera la même valeur, quelle que soit la fonction ψ; mais, si le courant s n'était pas fermé, l'expression (a) changerait avec cette fonction.

Toutefois, d'après la signification physique de χ_x, χ_y, χ_z, la fonction ψ doit satisfaire à certaines conditions; elle doit être une intégrale étendue aux corps inducteurs, dont chaque élément est proportionnel à l'intensité du courant inducteur. Il est aussi naturel de supposer que les dérivées de ces éléments par rapport à x, y, z varient, de même que les éléments de F, G, H, avec la distance r et proportionnellement à $\frac{1}{r}$.

Pour nous conformer aux notations de M. Helmholtz, posons

$$\psi = \frac{1-k}{2}\Psi,$$

k étant une constante ; M. Helmholtz est ainsi conduit à prendre

$$\Psi = \int \mathrm{I}' \frac{dr}{ds'}\, d\varpi'.$$

I' étant l'intensité du courant au point $(x',\, y',\, z')$ et ds' étant l'arc infiniment petit, suivant lequel se meut le courant. Nous aurons donc

$$(\mathrm{1})\qquad
\begin{cases}
\Psi = \displaystyle\int \mathrm{I}'\left(\frac{dr}{dx'}\frac{dx'}{ds'} + \frac{dr}{dy'}\frac{dy'}{ds'} + \frac{dr}{dz'}\frac{dz'}{ds'} \right)d\varpi' \\[2ex]
 = \displaystyle\int \left(u'\frac{dr}{dx'} + v'\frac{dr}{dy'} + w'\frac{dr}{dz'} \right)d\varpi' :
\end{cases}$$

et il en résulte

$$\frac{d\Psi}{dx} = \int \left(u'\frac{d^2r}{dx\,dx'} + v'\frac{d^2r}{dx\,dy'} + w'\frac{d^2r}{dx\,dz'} \right)d\varpi'$$

ou

$$\frac{d\Psi}{dx} = \int \left[-u' + \frac{x-x'}{r}\left(u'\frac{x-x'}{r} + v'\frac{y-y'}{r} + w'\frac{z-z'}{r} \right) \right]\frac{d\varpi'}{r}.$$

Posons

$$(\mathrm{2})\qquad \mathfrak{F} = \mathrm{F} + \frac{1-k}{2}\frac{d\Psi}{dx}, \qquad \mathfrak{G} = \mathrm{G} + \frac{1-k}{2}\frac{d\Psi}{dy}, \qquad \mathfrak{H} = \mathrm{H} + \frac{1-k}{2}\frac{d\Psi}{dz},$$

et nous aurons, pour les composantes de la force électromotrice d'induction au point $(x,\, y,\, z)$,

$$\mathcal{Z}_x = -\frac{d\mathfrak{F}}{dt}, \qquad \mathcal{Z}_y = -\frac{d\mathfrak{G}}{dt}, \qquad \mathcal{Z}_z = -\frac{d\mathfrak{H}}{dt}.$$

Équations du mouvement variable de l'électricité.

2. Supposons maintenant des courants distribués d'une manière continue à l'intérieur de corps conducteurs homogènes, et conservons les notations du numéro précédent. Les expressions de F, G, H et Ψ seront ainsi des intégrales étendues à tous les volumes des conducteurs traversés par les courants.

Ces conducteurs possèdent, en général, de l'électricité libre à leur intérieur et à leur surface : désignons par φ le potentiel de cette électricité. Les surfaces de ces conducteurs seront, en outre, recouvertes de doubles couches, dont nous désignerons le potentiel par θ.

Si l'on appelle D la densité de l'électricité à l'intérieur d'un des conducteurs, on aura l'équation

$$\Delta\varphi = -4\pi c^2 D$$

(Chap. VII, n° 9), et, d'après une formule démontrée (Chap. I, n° 5), si l'on désigne par u, v, w les composantes du courant au point (x, y, z), on obtient

$$-\frac{dD}{dt} = \frac{du}{dx} + \frac{dv}{dy} + \frac{dw}{dz}.$$

Désignons par σ la surface d'un des conducteurs, par dn et dn' les éléments de normale à cette surface menés extérieurement et intérieurement, enfin par ρ la densité de l'électricité sur la surface σ; nous aurons

$$-4\pi c^2\rho = \frac{d\varphi}{dn'} + \frac{d\varphi}{dn}.$$

Ensuite, si λ, μ, ν sont les angles de la normale intérieure à la surface σ avec les axes de coordonnées, nous obtiendrons (Chap. I, n° 8).

$$\frac{d\varphi}{dt} = -u\cos\lambda - v\cos\mu - w\cos\nu.$$

3. Intégrons l'expression (1) de Ψ par parties, et nous aurons

$$\Psi = -\int (u'\cos\lambda + v'\cos\mu + w'\cos\nu)r\,d\sigma - \int r\left(\frac{du'}{dx'} + \frac{dv'}{dy'} + \frac{dw'}{dz'}\right)d\varpi'$$

ou

$$\Psi = \int \frac{d\varphi}{dt}r\,d\sigma + \int \frac{dD}{dt}r\,d\varpi';$$

ainsi Ψ représente le second potentiel d'une masse superficielle et d'une masse distribuée dans les conducteurs (*Théorie du potentiel*, Chap. III, n° 18). On en déduit

$$\frac{d\Psi}{dx} = \int \frac{d\varphi}{dt}\frac{dr}{dx}d\sigma + \int \frac{dD}{dt}\frac{dr}{dx}d\varpi',$$

et $\dfrac{dr}{dx}$ est égal à $\cos\alpha$, α étant l'angle de r avec l'axe des x. Si le point (x, y, z) est à une distance très grande, $\cos\alpha$ sera à très peu près constant, et, par suite, cette dérivée de Ψ sera nulle à l'infini, si la masse totale de l'électricité est nulle, quel que soit t.

La formule précédente peut s'écrire ainsi

$$\frac{d\Psi}{dx} = \frac{1}{4\pi c^2} \int \frac{dr}{dx'} \left(\frac{d^2\varrho}{dt\,dn} + \frac{d^2\varrho}{dt\,dn} \right) d\varsigma + \frac{1}{4\pi c^2} \int \frac{dr}{dx'} \frac{d\Delta\varrho}{dt} d\varpi',$$

et la dernière intégrale peut être étendue en dehors des volumes renfermés dans les surfaces ς, puisqu'on ne lui ajoutera de cette façon que des éléments nuls. Or soient, en général, A et B deux fonctions finies et continues des coordonnées x', y', z' d'un point de l'espace, et don les dérivées peuvent être discontinues à travers les surfaces fermées ς. De l'origine des coordonnées comme centre, décrivons une sphère S d'un rayon très grand R, qui renferme toutes ces surfaces; nous aurons l'équation

$$\int A \left(\frac{dB}{dn'} + \frac{dB}{dn} \right) d\varsigma + \int A\,\Delta B\,d\varpi - \int A \frac{dB}{dR} dS$$
$$= \int B \left(\frac{dA}{dn'} + \frac{dA}{dn} \right) d\varsigma + \int B\,\Delta A\,d\varpi - \int B \frac{dA}{dR} dS,$$

où les secondes intégrales des deux membres s'étendent à tout le volume renfermé dans la sphère. On obtiendra cette équation en appliquant une formule bien connue à chaque espace renfermé dans une surface ς et aussi à l'espace renfermé entre les surfaces ς et la surface S, puis ajoutant toutes ces équations. On pourra supposer que le rayon R de la sphère devient infini, et négliger les troisièmes intégrales si le facteur, qui multiplie l'élément dS dans les troisièmes intégrales, est de l'ordre de $\dfrac{1}{R^3}$. D'après cela, ϱ étant de l'ordre de $\dfrac{1}{R}$ sur S, on obtient

$$\frac{d\Psi}{dx} = \frac{1}{4\pi c^2} \int \frac{d\varrho}{dt} \frac{d\Delta r}{dx} d\varpi',$$

l'intégrale étant étendue à tout l'espace. Or on a $\Delta r = \dfrac{2}{r}$, et il en résulte

$$(3) \qquad \frac{d\Psi}{dx} = -\frac{1}{2\pi c^2} \int \frac{d\rho}{dt} \frac{d}{dx}\left(\frac{1}{r}\right) d\varpi';$$

on a de même les dérivées de Ψ par rapport à y et z.

Il semble résulter de là qu'on ait

$$\Psi = -\frac{1}{2\pi c^2} \int \frac{1}{r} \frac{d\rho}{dt} d\varpi' + \text{const.};$$

mais cette intégrale étendue à tout l'espace serait infinie ou indéterminée. Néanmoins, l'équation (3) étant exacte, ainsi que les deux équations semblables, on en conclut

$$(4) \qquad \Delta\Psi = \frac{1}{c^2}\frac{d\rho}{dt}.$$

L'intégrale (3) étant étendue à tout l'espace, on peut la transformer en la suivante :

$$\frac{d\Psi}{dx} = -\frac{1}{2\pi c^2} \int \frac{d^2\rho}{dt\,dx'} \frac{1}{r} d\varpi'.$$

Ainsi cette dérivée de Ψ peut être considérée comme le potentiel d'une masse dont la densité est $-\frac{1}{2\pi c^2}\frac{d^2\rho}{dt\,dx'}$ en tout point (x', y', z') de l'espace. Cette densité sera, en général, partout finie ; on en conclut que les dérivées secondes de Ψ sont partout continues.

En se servant des expressions (2) de $\mathfrak{F}$, $\mathfrak{G}$, $\mathfrak{H}$ et en ayant égard à l'équation (4), on obtient

$$(5) \qquad \begin{cases} \Delta\mathfrak{F} = \dfrac{1-k}{c^2}\dfrac{d^2\rho}{dx\,dt} - 4\pi u, \\[2mm] \Delta\mathfrak{G} = \dfrac{1-k}{c^2}\dfrac{d^2\rho}{dy\,dt} - 4\pi v, \\[2mm] \Delta\mathfrak{H} = \dfrac{1-k}{c^2}\dfrac{d^2\rho}{dz\,dt} - 4\pi w. \end{cases}$$

Des mêmes expressions (2), il résulte

$$\frac{d\mathfrak{F}}{dx} + \frac{d\mathfrak{G}}{dy} + \frac{d\mathfrak{H}}{dz} = \frac{1-k}{2}\Delta\Psi - \int\left(u'\frac{dr^{-1}}{dx'} + v'\frac{dr^{-1}}{dy'} + w'\frac{dr^{-1}}{dz'}\right)d\varpi';$$

la dernière intégrale, précédée de son signe, peut se transformer de la manière suivante

$$\int (u'\cos\lambda + v'\cos\mu + w'\cos\nu)\frac{d\sigma}{r} + \int \left(\frac{du'}{dx'} + \frac{dv'}{dy'} + \frac{dw'}{dz'}\right)\frac{d\varpi'}{r}$$

$$= -\int \frac{d\sigma}{dt}\frac{d\sigma}{r} - \int \frac{dD}{dt}\frac{d\varpi}{r} = -\frac{1}{c^2}\frac{d\sigma}{dt},$$

s'il n'entre aucun courant par les surfaces du conducteur. En se servant de l'équation (4), on obtient donc

$$\frac{dF}{dx} + \frac{dG}{dy} + \frac{dH}{dz} = -\frac{h}{c^2}\frac{d\sigma}{dt}.$$

4. Désignons par R la résistance spécifique dans chaque conducteur; la force électromotrice en un point de ce conducteur a pour composantes Ru, Rv, Rw, et elle se compose de la force qui provient de l'électricité libre, de la force qui provient des doubles couches dont le potentiel est θ, et enfin de la force électromotrice d'induction dont les composantes sont

$$-\frac{dF}{dt}, \quad -\frac{dG}{dt}, \quad -\frac{dH}{dt};$$

nous avons ainsi les trois équations suivantes :

$$(a)\quad \begin{cases} Ru = -\dfrac{d\psi}{dx} - \dfrac{d\theta}{dx} - \dfrac{dF}{dt}, \\[2mm] Rv = -\dfrac{d\psi}{dy} - \dfrac{d\theta}{dy} - \dfrac{dG}{dt}, \\[2mm] Rw = -\dfrac{d\psi}{dz} - \dfrac{d\theta}{dz} - \dfrac{dH}{dt}. \end{cases}$$

En portant ces valeurs de u, v, w dans les équations (5) et posant

$$1 - k = h,$$

nous aurons les équations suivantes à l'intérieur des conducteurs que nous appellerons A :

$$(b)\quad\begin{cases}\Delta\mathfrak{I} - \dfrac{h}{c^2}\,\dfrac{d^2\varphi}{dx\,dt} = \dfrac{4\pi}{R}\left(\dfrac{d\varphi}{dx} + \dfrac{d\mathfrak{I}}{dx} + \dfrac{d\mathfrak{I}}{dt}\right),\\[3ex] \Delta\mathfrak{G} - \dfrac{h}{c^2}\,\dfrac{d^2\varphi}{dy\,dt} = \dfrac{4\pi}{R}\left(\dfrac{d\varphi}{dy} + \dfrac{d\mathfrak{G}}{dy} + \dfrac{d\mathfrak{G}}{dt}\right),\\[3ex] \Delta\mathfrak{H} - \dfrac{h}{c^2}\,\dfrac{d^2\varphi}{dz\,dt} = \dfrac{4\pi}{R}\left(\dfrac{d\varphi}{dz} + \dfrac{d\mathfrak{H}}{dz} + \dfrac{d\mathfrak{H}}{dt}\right).\end{cases}$$

Dans certains conducteurs B, les courants peuvent être regardés comme donnés s'ils sont produits par des piles hydro-électriques de très grande intensité et si la résistance des conducteurs B est très grande par rapport à celle des conducteurs A, en sorte que l'induction des conducteurs A sur les conducteurs B soit négligeable. Supposons, par exemple, que les conducteurs B se réduisent à des fils excités par des piles hydro-électriques; on pourra commencer par étudier le mouvement de l'électricité dans ces fils, d'après ce qu'on a vu au Chapitre III. Désignons par u_1, v_1, w_1 les composantes du courant dans les conducteurs B, puis représentons par $\mathfrak{I}_2$, $\mathfrak{G}_2$, $\mathfrak{H}_2$ les parties de $\mathfrak{I}$, $\mathfrak{G}$, $\mathfrak{H}$ relatives aux courants des conducteurs B, et par $\mathfrak{I}_1$, $\mathfrak{G}_1$, $\mathfrak{H}_1$ les parties correspondantes dans les conducteurs A. On calculera $\mathfrak{I}_2$, $\mathfrak{G}_2$, $\mathfrak{H}_2$ d'après les valeurs de u_1, v_1, w_1, et il restera à déterminer les parties restantes $\mathfrak{I}_1$, $\mathfrak{G}_1$, $\mathfrak{H}_1$.

Si l'on fait mouvoir des aimants aux environs des conducteurs A, les fonctions $\mathfrak{I}$, $\mathfrak{G}$, $\mathfrak{H}$ prendront des parties correspondant à ce mouvement (Chap. III, n° 1), parties qui pourront aussi être considérées comme données.

Désignons par $\mathfrak{I}'$, $\mathfrak{G}'$, $\mathfrak{H}'$, φ', ψ' ce que deviennent $\mathfrak{I}$, $\mathfrak{G}$, $\mathfrak{H}$, φ, ψ en dehors des conducteurs. Nous aurons, d'après le calcul qui a conduit aux équations (b),

$$(c)\quad\begin{cases}\Delta\mathfrak{I}' - \dfrac{h}{c^2}\,\dfrac{d^2\varphi'}{dx\,dt} = 0,\\[3ex] \Delta\mathfrak{G}' - \dfrac{h}{c^2}\,\dfrac{d^2\varphi'}{dy\,dt} = 0,\\[3ex] \Delta\mathfrak{H}' - \dfrac{h}{c^2}\,\dfrac{d^2\varphi'}{dz\,dt} = 0.\end{cases}$$

Puis, d'après la dernière équation du n° 3, nous obtenons

$$(d) \qquad \begin{cases} \dfrac{d\mathfrak{F}}{dx} + \dfrac{d\mathfrak{G}}{dy} + \dfrac{d\mathfrak{H}}{dz} = -\dfrac{k}{c^2}\dfrac{d\varphi}{dt}, \\[2mm] \dfrac{d\mathfrak{F}'}{dx} + \dfrac{d\mathfrak{G}'}{dy} + \dfrac{d\mathfrak{H}'}{dz} = -\dfrac{k}{c^2}\dfrac{d\varphi'}{dt}. \end{cases}$$

En outre, sur les surfaces des conducteurs, nous aurons

$$\mathfrak{F} = \mathfrak{F}', \qquad \mathfrak{G} = \mathfrak{G}', \qquad \mathfrak{H} = \mathfrak{H}',$$

$$\frac{d\mathfrak{F}}{dn} = \frac{d\mathfrak{F}'}{dn}, \qquad \frac{d\mathfrak{G}}{dn} = \frac{d\mathfrak{G}'}{dn}, \qquad \frac{d\mathfrak{H}}{dn} = \frac{d\mathfrak{H}'}{dn},$$

et $\mathfrak{F}'$, $\mathfrak{G}'$, $\mathfrak{H}'$, à une distance infiniment grande r, sont de l'ordre de $\dfrac{1}{r}$, r étant pris à partir d'un point quelconque des conducteurs.

Toutes ces équations ont été données par M. Helmholtz ([1]), sauf l'introduction que j'ai faite du potentiel ϑ des doubles couches, qui satisfait, dans les conducteurs, à l'équation

$$\Delta\vartheta = 0.$$

Les fonctions φ et ϑ satisfont sur les surfaces σ des conducteurs aux conditions

$$\varphi = \varphi', \qquad \frac{d\vartheta}{dn} = \frac{d\vartheta'}{dn}.$$

Enfin, en dehors des conducteurs, nous admettons que le potentiel de toute l'électricité est nul ou qu'on a

$$\varphi' + \vartheta' = 0,$$

et φ' et ϑ' satisfont séparément aux équations

$$\Delta\varphi' = 0, \qquad \Delta\vartheta' = 0;$$

φ' et ϑ' sont d'ailleurs de l'ordre de $\dfrac{1}{r^2}$ à l'infini.

([1]) *Wissenschaftliche Abhandlungen* von Helmholtz. t. I, p. 545.

Énergie de toutes les actions électriques.

5. D'après le raisonnement qui a été fait (Chap. I, n° 11), on reconnaît que le travail élémentaire produit pendant l'instant dt, dans l'élément de volume $d\varpi$ d'un conducteur, est égal à

$$(\psi_x u + \psi_y v + \psi_z w)\, d\varpi\, dt,$$

en désignant par ψ_x, ψ_y, ψ_z les composantes de la force électromotrice dans cet élément. Si l'on remplace ψ_x, ψ_y, ψ_z par leurs valeurs Ru, Rv, Rw, cette expression peut aussi s'écrire

$$R(u^2 + v^2 + w^2)\, d\varpi\, dt.$$

Substituons à ψ_x, ψ_y, ψ_z les valeurs (a) du n° 4 et intégrons dans toute l'étendue des conducteurs; nous aurons, pour le travail élémentaire effectué dans tous les conducteurs,

$$(e)\quad \left\{\begin{aligned} & dt\int R(u^2+v^2+w^2)\,d\varpi \\ & = -dt\int\left(u\frac{d\mathfrak{F}}{dt}+v\frac{d\mathfrak{G}}{dt}+w\frac{d\mathfrak{H}}{dt}\right)d\varpi \\ & \quad -dt\int\left[u\frac{d(\varphi+\theta)}{dx}+v\frac{d(\varphi+\theta)}{dy}+w\frac{d(\varphi+\theta)}{dz}\right]d\varpi. \end{aligned}\right.$$

Cette quantité, prise avec un signe contraire, représente la variation élémentaire de l'énergie.

Posons

$$(f)\qquad \Phi = \frac{1}{2}\int(\mathfrak{F}u + \mathfrak{G}v + \mathfrak{H}w)\,d\varpi,$$

l'intégrale étant étendue à tous les conducteurs. D'après les expressions de $\mathfrak{F}$, $\mathfrak{G}$, $\mathfrak{H}$ (n° 1), celle de Φ reste invariable quand on permute u, v, w, x, y, z respectivement avec u', v', w', x', y', z'. Il en résulte qu'on obtient le même résultat en différentiant Φ par rapport à t, soit qu'on regarde u, v, w comme seuls variables, soit qu'on regarde comme tels seulement u', v', w'. Ces six quantités varient toutes en même temps;

on a donc

$$\int\left(u\,\frac{d\mathfrak{F}}{dt}+v\,\frac{d\mathfrak{G}}{dt}+w\,\frac{d\mathfrak{H}}{dt}\right)d\varpi=\int\left(\mathfrak{F}\,\frac{du}{dt}+\mathfrak{G}\,\frac{dv}{dt}+\mathfrak{H}\,\frac{dw}{dt}\right)d\varpi=\frac{d\Phi}{dt},$$

ce qui donne la première intégrale du second membre de (e); ainsi Φ représente l'énergie des courants.

6. Transformons l'expression (f) de Φ. Pour cela, remplaçons les quantités u, v, w par leurs valeurs tirées des équations (5) [n° 3]; nous aurons

$$\Phi=-\frac{1}{8\pi}\int\left[\mathfrak{F}\,\Delta\mathfrak{F}+\mathfrak{G}\,\Delta\mathfrak{G}+\mathfrak{H}\,\Delta\mathfrak{H}-\left(\frac{1-k}{c^2}\right)\left(\mathfrak{F}\,\frac{d^2\varphi}{dx\,dt}+\mathfrak{G}\,\frac{d^2\varphi}{dy\,dt}+\mathfrak{H}\,\frac{d^2\varphi}{dz\,dt}\right)\right]d\varpi,$$

cette intégrale étant étendue aux volumes de tous les conducteurs; mais, d'après les équations (c), nous pouvons l'étendre à tout l'espace. Intégrons par parties et appuyons-nous sur les conditions aux limites auxquelles satisfont $\mathfrak{F}$, $\mathfrak{G}$, $\mathfrak{H}$, φ et sur l'équation

$$-\frac{k}{c^2}\,\frac{d\varphi}{dt}=\frac{d\mathfrak{F}}{dx}+\frac{d\mathfrak{G}}{dy}+\frac{d\mathfrak{H}}{dz};$$

nous obtiendrons

$$\Phi=\frac{1}{8\pi}\int\left[\left(\frac{d\mathfrak{F}}{dx}\right)^2+\left(\frac{d\mathfrak{F}}{dy}\right)^2+\left(\frac{d\mathfrak{F}}{dz}\right)^2+\left(\frac{d\mathfrak{G}}{dx}\right)^2+\left(\frac{d\mathfrak{G}}{dy}\right)^2\right.$$
$$\left.+\left(\frac{d\mathfrak{G}}{dz}\right)^2+\left(\frac{d\mathfrak{H}}{dx}\right)^2+\left(\frac{d\mathfrak{H}}{dy}\right)^2+\left(\frac{d\mathfrak{H}}{dz}\right)^2\right]d\varpi$$
$$+\frac{1-k}{8\pi k}\int\left(\frac{d\mathfrak{F}}{dx}+\frac{d\mathfrak{G}}{dy}+\frac{d\mathfrak{H}}{dz}\right)^2 d\varpi.$$

La quantité entre crochets dans cette expression peut se mettre sous la forme

$$\left(\frac{d\mathfrak{F}}{dy}-\frac{d\mathfrak{G}}{dx}\right)^2+\left(\frac{d\mathfrak{G}}{dz}-\frac{d\mathfrak{H}}{dy}\right)^2+\left(\frac{d\mathfrak{H}}{dx}-\frac{d\mathfrak{F}}{dz}\right)^2$$
$$+\left(\frac{d\mathfrak{F}}{dx}\right)^2+\left(\frac{d\mathfrak{G}}{dy}\right)^2+\left(\frac{d\mathfrak{H}}{dz}\right)^2+2\,\frac{d\mathfrak{G}}{dz}\,\frac{d\mathfrak{H}}{dy}+2\,\frac{d\mathfrak{H}}{dx}\,\frac{d\mathfrak{F}}{dz}+2\,\frac{d\mathfrak{F}}{dy}\,\frac{d\mathfrak{G}}{dx}.$$

En remplaçant dans Φ, on a

$$\Phi = \frac{1}{8\pi}\int\left[\left(\frac{d\mathfrak{F}}{dy}-\frac{d\mathfrak{G}}{dx}\right)^2+\left(\frac{d\mathfrak{G}}{dz}-\frac{d\mathfrak{H}}{dy}\right)^2+\left(\frac{d\mathfrak{H}}{dx}-\frac{d\mathfrak{F}}{dz}\right)^2\right]d\varpi$$

$$+\frac{1}{8\pi}\int\left[\left(\frac{d\mathfrak{F}}{dx}\right)^2+\left(\frac{d\mathfrak{G}}{dy}\right)^2+\left(\frac{d\mathfrak{H}}{dz}\right)^2+2\frac{d\mathfrak{G}}{dz}\frac{d\mathfrak{H}}{dy}\right.$$

$$\left.+2\frac{d\mathfrak{H}}{dx}\frac{d\mathfrak{F}}{dz}+2\frac{d\mathfrak{F}}{dy}\frac{d\mathfrak{G}}{dx}+\frac{1-k}{k}\left(\frac{d\mathfrak{F}}{dx}+\frac{d\mathfrak{G}}{dy}+\frac{d\mathfrak{H}}{dz}\right)^2\right]d\varpi.$$

Or on a

$$\int\frac{d\mathfrak{F}}{dy}\frac{d\mathfrak{G}}{dx}\,d\varpi=\int\frac{d\mathfrak{F}}{dx}\frac{d\mathfrak{G}}{dy}\,d\varpi,$$

comme on le voit en intégrant par parties et en se servant des conditions aux limites. Il en résulte qu'on peut remplacer la seconde intégrale renfermée dans Φ par la suivante :

$$\frac{1}{8\pi k}\int\left(\frac{d\mathfrak{F}}{dx}+\frac{d\mathfrak{G}}{dy}+\frac{d\mathfrak{H}}{dz}\right)^2 d\varpi.$$

On a donc enfin

$$\Phi=\frac{1}{8\pi}\int\left[\left(\frac{d\mathfrak{F}}{dy}-\frac{d\mathfrak{G}}{dx}\right)^2+\left(\frac{d\mathfrak{G}}{dz}-\frac{d\mathfrak{H}}{dy}\right)^2+\left(\frac{d\mathfrak{H}}{dx}-\frac{d\mathfrak{F}}{dz}\right)^2+\frac{k}{c^2}\left(\frac{d\varphi}{dt}\right)^2\right]d\varpi$$

pour l'expression de l'énergie des courants; cette formule a été donnée par M. Helmholtz.

7. Examinons ensuite la seconde partie de la formule (e), où l'intégrale

$$\frac{dP}{dt}=\int\left[u\frac{d(\varphi+\psi)}{dx}+v\frac{d(\varphi+\psi)}{dy}+w\frac{d(\varphi+\psi)}{dz}\right]d\varpi;$$

en ajoutant P à Φ, on aura l'énergie totale des actions électriques.

Cette formule peut se transformer de la manière suivante :

$$\frac{dP}{dt}=-\int(\varphi+\psi)(u\cos\lambda+v\cos\mu+w\cos\nu)\,d\sigma-\int(\varphi+\psi)\left(\frac{du}{dx}+\frac{dv}{dy}+\frac{dw}{dz}\right)d\varpi$$

$$=\int(\varphi+\psi)\frac{d\sigma}{dt}\,d\sigma+\int(\varphi+\psi)\frac{dD}{dt}\,d\varpi$$

$$=\frac{-1}{4\pi c^2}\int(\varphi+\psi)\left(\frac{d^2\varphi}{dn'dt}+\frac{d^2\varphi'}{dn\,dt}\right)d\sigma-\frac{1}{4c^2}\int(\varphi+\psi)\frac{d\Delta\varphi}{dt}\,d\varpi.$$

Ensuite, l'électricité dont le potentiel est $\varphi + \theta$ n'ayant pas d'action extérieure, on a sur la surface σ

$$\frac{d\varphi'}{dn} + \frac{d\theta'}{dn} = 0;$$

on a aussi sur cette surface

$$\frac{d\theta'}{dn} + \frac{d\theta}{dn'} = 0;$$

il en résulte

$$\frac{d\varphi'}{dn} = \frac{d\theta}{dn'},$$

et la formule précédente devient

$$\frac{dP}{dt} = -\frac{1}{4\pi c^2} \int (\varphi + \theta) \frac{d^2(\varphi + \theta)}{dn'\,dt}\,d\sigma - \frac{1}{4\pi c^2} \int (\varphi + \theta) \frac{d\Delta(\varphi + \theta)}{dt}\,d\varpi$$

$$= \frac{1}{4\pi} \int \left[\frac{d(\varphi+\theta)}{dx} \frac{d^2(\varphi+\theta)}{dx\,dt} + \frac{d(\varphi+\theta)}{dy} \frac{d^2(\varphi+\theta)}{dy\,dt} + \frac{d(\varphi+\theta)}{dz} \frac{d^2(\varphi+\theta)}{dz\,dt} \right] d\varpi.$$

On en conclut enfin

$$P = \frac{1}{8\pi} \int \left\{ \left[\frac{d(\varphi+\theta)}{dx} \right]^2 + \left[\frac{d(\varphi+\theta)}{dy} \right]^2 + \left[\frac{d(\varphi+\theta)}{dz} \right]^2 \right\} d\varpi;$$

cette intégrale est étendue à tous les volumes des conducteurs, mais on peut aussi la supposer étendue à tout l'espace, puisque $\varphi + \theta$ est nul en dehors des conducteurs.

Système unique de solutions des équations du mouvement
de l'électricité.

8. On peut démontrer que les équations précédentes n'admettent qu'un système de solutions, lorsque la quantité k est positive.

Supposons l'état initial donné; ainsi f, g, h, φ, θ sont donnés pour $t = 0$.

S'il existe deux systèmes différents de solutions, désignons par f_1, g_1, h_1, φ_1, θ_1 les valeurs des fonctions f, g, h, φ, θ pour un système et par f_2, g_2, h_2, φ_2, θ_2 les valeurs des mêmes fonctions pour l'autre système. Alors, si nous posons

$$\mathfrak{F}_1 - \mathfrak{F}_2 = \mathfrak{F}, \qquad \mathfrak{G}_1 - \mathfrak{G}_2 = \mathfrak{G}, \qquad \mathfrak{H}_1 - \mathfrak{H}_2 = \mathfrak{H}, \qquad \varphi_1 - \varphi_2 = \varphi, \qquad \theta_1 - \theta_2 = \theta,$$

ces différences satisferont aux mêmes équations, et, d'après l'hypothèse, elles sont nulles pour $t = 0$. Donc les fonctions Φ et P des numéros précédents seront aussi nulles à cet instant. Nous avons d'ailleurs

$$\frac{d\Phi}{dt} + \frac{dP}{dt} = -\int \mathrm{R}(u^2 + v^2 + w^2)\, d\varpi\,;$$

$\Phi + P$ est nul pour $t = 0$, et, comme l'énergie $\Phi + P$ est toujours positive, $\dfrac{d(\Phi + P)}{dt}\, dt$, valeur de $\Phi + P$ après le premier instant, est positif, à moins qu'il ne soit nul; or il ne peut être positif d'après l'équation précédente; donc $\dfrac{d(\Phi + P)}{dt}$ est nul; ainsi $\Phi + P$ reste nul après l'instant dt, et l'on voit, de même, qu'il sera nul dans tous les instants suivants. Comme, de plus, Φ et P ne peuvent être négatifs, on a séparément

$$\Phi = 0, \qquad P = 0.$$

De l'expression obtenue pour $\Phi(n° 6)$, on conclut

$$\frac{d\mathfrak{F}}{dy} = \frac{d\mathfrak{G}}{dx}, \qquad \frac{d\mathfrak{G}}{dz} = \frac{d\mathfrak{H}}{dy}, \qquad \frac{d\mathfrak{H}}{dx} = \frac{d\mathfrak{F}}{dz}, \qquad \frac{d\varphi}{dt} = 0,$$

et des équations (d) du n° 4 on déduit

$$\frac{d\mathfrak{F}}{dx} + \frac{d\mathfrak{G}}{dy} + \frac{d\mathfrak{H}}{dz} = 0.$$

On a donc

$$\frac{d^2\mathfrak{F}}{dx^2} + \frac{d^2\mathfrak{F}}{dy^2} + \frac{d^2\mathfrak{F}}{dz^2} = \frac{d}{dx}\left(\frac{d\mathfrak{F}}{dx} + \frac{d\mathfrak{G}}{dy} + \frac{d\mathfrak{H}}{dz}\right) = 0$$

et, par suite,

$$\Delta\mathfrak{F} = 0, \qquad \Delta\mathfrak{G} = 0, \qquad \Delta\mathfrak{H} = 0.$$

Or $\mathfrak{F}$, $\mathfrak{G}$, $\mathfrak{H}$ et leurs dérivées premières sont partout continus; ils sont infiniment petits de l'ordre $\dfrac{1}{\mathrm{R}}$ à une distance R infiniment grande;

par suite, on a, dans tout l'espace,

$$\mathfrak{f} = 0, \qquad \mathfrak{g} = 0, \qquad \mathfrak{h} = 0$$

(*Théorie du potentiel*, Chap. I, n° 15). La fonction P étant nulle, on a aussi

$$\frac{d(\varphi + \vartheta)}{dx} = 0, \qquad \frac{d(\varphi + \vartheta)}{dy} = 0, \qquad \frac{d(\varphi + \vartheta)}{dz} = 0.$$

φ est nul pour $t = 0$ et, d'après l'équation $\dfrac{d\varphi}{dt} = 0$, φ est constamment nul. Par suite aussi ϑ est nul, d'après les équations précédentes. Ainsi les deux systèmes de solutions des équations du mouvement de l'électricité ne peuvent différer l'un de l'autre.

La quantité k est nécessairement positive, comme on vient de le supposer; car l'énergie totale $\Phi + P$ des actions électriques doit être positive, et, si k était négatif, on pourrait disposer de la fonction φ, de manière que $\Phi + P$ fût négatif.

Force magnétique des courants.

9. Les composantes de la force magnétique seront données, comme dans le cas d'un mouvement permanent, par les formules

$$X = \frac{dH}{dy} - \frac{dG}{dz}, \qquad Y = \frac{dF}{dz} - \frac{dH}{dx}, \qquad Z = \frac{dG}{dx} - \frac{dF}{dy},$$

en posant

$$F = \int \frac{u}{r}\, d\varpi, \qquad G = \int \frac{v}{r}\, d\varpi, \qquad H = \int \frac{w}{r}\, d\varpi$$

(Chap. IV, n° 7). Or on a, d'après les notations du Chapitre actuel (n° 1),

$$\mathfrak{f} = F + \frac{1-k}{2}\frac{dF}{dx}, \qquad \mathfrak{g} = G + \frac{1-k}{2}\frac{dF}{dy}, \qquad \mathfrak{h} = H + \frac{1-k}{2}\frac{dF}{dz};$$

par conséquent les expressions de X, Y, Z peuvent aussi s'écrire

$$X = \frac{d\mathfrak{h}}{dy} - \frac{d\mathfrak{g}}{dz}, \qquad Y = \frac{d\mathfrak{f}}{dz} - \frac{d\mathfrak{h}}{dx}, \qquad Z = \frac{d\mathfrak{g}}{dx} - \frac{d\mathfrak{f}}{dy}.$$

Sur l'intégration des équations du mouvement de l'électricité.

10. Si nous désignons par $\varkappa$ la conductibilité spécifique du conducteur, les équations (b) du n° 4 deviennent

$$(1)\quad\begin{cases}\Delta\mathfrak{f}-\dfrac{h}{c^2}\dfrac{d^2\varphi}{dx\,dt}=4\pi\varkappa\left(\dfrac{d\varphi}{dx}+\dfrac{d\vartheta}{dx}+\dfrac{d\mathfrak{f}}{dt}\right),\\[2ex]\Delta\mathfrak{g}-\dfrac{h}{c^2}\dfrac{d^2\varphi}{dy\,dt}=4\pi\varkappa\left(\dfrac{d\varphi}{dy}+\dfrac{d\vartheta}{dy}+\dfrac{d\mathfrak{g}}{dt}\right),\\[2ex]\Delta\mathfrak{h}-\dfrac{h}{c^2}\dfrac{d^2\varphi}{dz\,dt}=4\pi\varkappa\left(\dfrac{d\varphi}{dz}+\dfrac{d\vartheta}{dz}+\dfrac{d\mathfrak{h}}{dt}\right),\end{cases}$$

et nous avons, en outre,

$$(2)\quad\frac{d\mathfrak{f}}{dx}+\frac{d\mathfrak{g}}{dy}+\frac{d\mathfrak{h}}{dz}=-\frac{k}{c^2}\frac{d\varphi}{dt},$$

s'il n'entre pas d'électricité par la surface du conducteur.

Différentions les équations (1) respectivement par rapport à x, y, z et ajoutons ; nous aurons l'équation

$$(3)\quad\Delta\frac{d\varphi}{dt}+4\pi\varkappa c^2\,\Delta\varphi-4\pi\varkappa k\frac{d^2\varphi}{dt^2}=0,$$

qui ne contient que φ, et la fonction ϑ satisfait à l'équation

$$\Delta\vartheta=0.$$

11. Pour déterminer la forme des fonctions $\mathfrak{f}$, $\mathfrak{g}$, $\mathfrak{h}$, posons d'abord

$$\mathfrak{f}=\frac{d\chi}{dx},$$

et la première équation (1) deviendra

$$\Delta\frac{d\chi}{dx}-4\pi\varkappa\frac{d^2\chi}{dx\,dt}=\frac{h}{c^2}\frac{d^2\varphi}{dx\,dt}+4\pi\varkappa\frac{d(\varphi+\vartheta)}{dx};$$

on satisfera d'ailleurs à cette équation si l'on prend pour χ une solution de la suivante :

$$(4)\qquad \Delta\chi - 4\pi\varkappa\frac{d\chi}{dt} = \frac{h}{c^2}\frac{d\varphi}{dt} + 4\pi\varkappa(\varphi + \theta).$$

Si nous faisons

$$\varphi = e^{\alpha t}\varphi_1, \qquad \theta = e^{\alpha t}\theta_1, \qquad \chi = e^{\alpha t}\tau,$$

nous aurons, au lieu de l'équation (3),

$$\Delta\varphi_1 - m\varphi_1 = 0,$$

en posant

$$m = \frac{4\pi k\varkappa\alpha^2}{\alpha + 4\pi\varkappa c^2}.$$

Si nous posons de plus

$$4\pi\varkappa\alpha = s, \qquad \frac{h\alpha}{c^2} + 4\pi\varkappa = b,$$

l'équation (4) deviendra

$$(5)\qquad \Delta\tau - s\tau = b\varphi_1 + 4\pi\varkappa\theta_1.$$

Posons

$$N = \frac{bc^2 + k\alpha}{c^2 s} = \frac{\alpha + 4\pi\varkappa c^2}{c^2 s},$$

et nous aurons une solution particulière de l'équation (5), en prenant

$$(6)\qquad \tau_1 = -N\varphi_1 - \frac{1}{\alpha}\theta_1;$$

comme on le vérifie en substituant cette expression dans (5) et en se servant des équations auxquelles φ_1 et θ_1 satisfont.

Pour avoir la solution la plus générale de (5), il faudra ajouter à l'expression (6) la solution la plus générale de l'équation

$$(7)\qquad \Delta\lambda - s\lambda = 0,$$

et l'on voit aussi que, si τ_1 a la valeur (6) et que λ, λ_1, λ_2 soient des solutions de l'équation (7), on aura

$$\mathfrak{f} = \left(\lambda + \frac{d\tau_1}{dx}\right)e^{\alpha t}, \qquad \mathfrak{g} = \left(\lambda_1 + \frac{d\tau_1}{dy}\right)e^{\alpha t}, \qquad \mathfrak{h} = \left(\lambda_2 + \frac{d\tau_1}{dz}\right)e^{\alpha t}.$$

En substituant ces fonctions dans l'équation (2), nous obtenons

$$\frac{d\Omega}{dx} + \frac{d\Omega_1}{dy} + \frac{d\Omega_2}{dz} = - \Delta z_1 - \frac{k}{c^2} x \varphi_1 = - s z_1 - N s \varphi_1 - 4 \pi x \varphi_1$$

ou

$$\frac{d\lambda}{dx} + \frac{d\lambda_1}{dy} + \frac{d\lambda_2}{dz} = 0.$$

Si $\mathfrak{F}$, $\mathfrak{G}$, $\mathfrak{H}$ se composent, comme nous avons dit au n° 4, de parties connues $\mathfrak{F}_2$, $\mathfrak{G}_2$, $\mathfrak{H}_2$ et de parties inconnues $\mathfrak{F}_1$, $\mathfrak{G}_1$, $\mathfrak{H}_1$, représentons par

$$\mathfrak{F}_1 = e^{zt} f_1, \qquad \mathfrak{G}_1 = e^{zt} g_1, \qquad \mathfrak{H}_1 = e^{zt} h_1,$$
$$\mathfrak{F}_2 = e^{zt} f_2, \qquad \mathfrak{G}_2 = e^{zt} g_2, \qquad \mathfrak{H}_2 = e^{zt} h_2,$$

les parties de $\mathfrak{F}_1$, $\mathfrak{G}_1$, $\mathfrak{H}_1$ et de $\mathfrak{F}_2$, $\mathfrak{G}_2$, $\mathfrak{H}_2$ qui renferment e^{zt} en facteur, et nous aurons

$$f_1 = \lambda + \frac{dz_1}{dx} - f_2, \qquad g_1 = \lambda_1 + \frac{dz_1}{dy} - g_2, \qquad h_1 = \lambda_2 + \frac{dz_1}{dz} - h_2.$$

Si z est imaginaire et égal à $p + q\sqrt{-1}$, il existera une autre valeur de z égale à $p - q\sqrt{-1}$ et, en additionnant les deux systèmes de solutions correspondant à ces deux valeurs de z, on obtiendra un système de solutions réelles pour les quantités φ, $\mathfrak{F}$, $\mathfrak{G}$, $\mathfrak{H}$.

12. Considérons ensuite les autres équations du n° 4

$$(9) \qquad \left\{ \begin{array}{l} \Delta \mathfrak{F}' - \dfrac{h}{c^2} \dfrac{d^2 \varphi'}{dx\,dt} = 0, \\[2ex] \Delta \mathfrak{G}' - \dfrac{h}{c^2} \dfrac{d^2 \varphi'}{dy\,dt} = 0, \\[2ex] \Delta \mathfrak{H}' - \dfrac{h}{c^2} \dfrac{d^2 \varphi'}{dz\,dt} = 0; \end{array} \right.$$

$$(10) \qquad \frac{d\mathfrak{F}'}{dx} + \frac{d\mathfrak{G}'}{dy} + \frac{d\mathfrak{H}'}{dz} = - \frac{k}{c^2} \frac{d\varphi'}{dt}.$$

Si nous différentions les équations (9) respectivement par rapport à x, y, z, et si nous ajoutons, en nous servant de (10), nous aurons

$$\frac{d\,\Delta\varphi'}{dt} = 0;$$

mais, comme le potentiel φ' satisfait à l'équation

$$\Delta\varphi' = 0,$$

l'équation précédente doit être supprimée.

Posons

$$\mathfrak{F}' = \frac{d\chi'}{dx};$$

la première équation (9) deviendra

$$\Delta\chi' - \frac{h}{c^2}\frac{d\varphi'}{dt} = 0;$$

puis faisons

$$\varphi' = e^{\alpha t}\varphi'_1, \qquad \chi' = e^{\alpha t}\tau',$$

et nous aurons

(11) $$\Delta\tau' - \frac{h\alpha}{c^2}\varphi'_1 = 0.$$

Désignons par τ'_1 une solution particulière de cette équation et par λ', λ'_1, λ'_2 des solutions de l'équation $\Delta\lambda' = 0$; nous pourrons poser

$$\mathfrak{F}' = \left(\lambda' + \frac{d\tau'_1}{dx}\right)e^{\alpha t}, \qquad \mathfrak{G}' = \left(\lambda'_1 + \frac{d\tau'_1}{dy}\right)e^{\alpha t}, \qquad \mathfrak{H}' = \left(\lambda'_2 + \frac{d\tau'_1}{dz}\right)e^{\alpha t}.$$

Ensuite, de l'équation (10), nous concluons

(12) $$\frac{d\lambda'}{dx} + \frac{d\lambda'_1}{dy} + \frac{d\lambda'_2}{dz} = -\frac{\alpha}{c^2}\varphi'_1.$$

Dans le cas où h sera nul ou k égal à 1, on fera $\tau'_1 = 0$. Dans le cas général, on déduit de (11)

$$\Delta\Delta\tau' = 0;$$

donc τ' est la somme du premier potentiel de couches distribuées sur les surfaces σ des conducteurs et du second potentiel d'autres couches situées sur les mêmes surfaces; ainsi l'on peut poser

$$\tau'_1 = \int\frac{\mu}{r}\,d\sigma + \int\mu_1 r\,d\sigma.$$

La fonction τ'_1 peut être réduite à la seconde intégrale; elle n'entre que par ses dérivées par rapport à x, y, z, qui doivent s'annuler, quand le point (x, y, z) va à l'infini; ce qui exige que la masse $\int \mu_1 \, d\sigma$ relative au second potentiel soit nulle.

Si l'on admet que le potentiel total extérieur $\varphi' + \theta'$ est nul, on aura

$$\theta'_1 = - \varphi'_1.$$

On aura ensuite à appliquer les conditions aux limites. De ces conditions, on déduira une équation qui donnera pour la constante z une infinité de valeurs, et la solution générale du problème sera la somme des solutions particulières en nombre infini qui correspondent à ces valeurs de z. Si l'état électrique tend vers un état permanent, il faudra ajouter à la solution ainsi obtenue la solution relative à cet état permanent et qui sera indépendante de t.

13. Remarquons que la densité ϱ de la simple couche située sur la surface τ est exprimée par deux formules. On a d'abord

$$- 4\pi\varrho = \frac{1}{c^2}\left(\frac{d\varphi}{dn'} + \frac{d\varphi'}{dn}\right) = \frac{1}{c^2}\frac{d(\varphi + \theta)}{dn'}$$

(n° 7); ϱ est ensuite donné par la formule

$$\frac{d\varrho}{dt} = - (u \cos\lambda + v \cos\mu + w \cos\nu),$$

et, en remplaçant u, v, w par leurs valeurs (n° 4),

$$\frac{d\varrho}{dt} = z \frac{d(\varphi + \theta)}{dn'} + z\left(\frac{df}{dt}\cos\lambda + \frac{dg}{dt}\cos\mu + \frac{dh}{dt}\cos\nu\right).$$

En égalant les deux valeurs de ϱ, on obtient cette équation à la surface

$$- \frac{1}{4\pi c^2}\frac{d^2(\varphi + \theta)}{dn'\,dt} = z \frac{d(\varphi + \theta)}{dn'} + z\left(\frac{df}{dt}\cos\lambda + \frac{dg}{dt}\cos\mu + \frac{dh}{dt}\cos\nu\right),$$

qu'il pourra être utile de considérer.

CHAPITRE IX.

FILS TÉLÉGRAPHIQUES.

Pour l'envoi d'une dépêche, l'extrémité du fil télégraphique, à la station de départ, est mise en communication alternativement avec le pôle positif d'une pile ou avec la Terre, tandis que le pôle négatif de cette pile est toujours lié avec le sol. D'autre part, la seconde extrémité du fil télégraphique est en communication avec la Terre, et elle fait mouvoir à la station d'arrivée un fer doux par l'intermédiaire d'un électro-aimant; elle produit ainsi des indications correspondant aux signaux de la station de départ.

Du mouvement variable de l'électricité dans un fil extrêmement long.

1. Nous allons nous occuper des équations du mouvement de l'électricité dans un fil conducteur homogène extrêmement long, comme le sont les fils télégraphiques. Nous prenons le fil rectiligne et d'une section circulaire constante, dont nous désignerons le rayon par a, et nous placerons l'axe des z des coordonnées rectangulaires suivant l'axe du fil. Toutefois, les calculs que nous allons faire sont également applicables à un fil courbe, pourvu que la courbure de son axe soit partout très petite par rapport à $\frac{1}{a}$ et que le fil ne soit pas replié, de manière que des parties éloignées dans l'état rectiligne du fil puissent s'influencer mutuellement. Alors la coordonnée z désignera la longueur de l'axe du fil, comptée à partir de l'extrémité par laquelle entre le courant.

Nous avons obtenu dans le Chapitre précédent les équations suivantes, pour le mouvement de l'électricité dans un conducteur,

$$(1)\quad\begin{cases} \Delta\mathfrak{F} - \dfrac{h}{c^2}\,\dfrac{d^2\varphi}{dx\,dt} = 4\pi\varkappa\left(\dfrac{d\gamma}{dx} + \dfrac{d\vartheta}{dx} + \dfrac{d\mathfrak{F}}{dt}\right), \\[2ex] \Delta\mathfrak{G} - \dfrac{h}{c^2}\,\dfrac{d^2\varphi}{dy\,dt} = 4\pi\varkappa\left(\dfrac{d\varphi}{dy} + \dfrac{d\vartheta}{dy} + \dfrac{d\mathfrak{G}}{dt}\right), \\[2ex] \Delta\mathfrak{H} - \dfrac{h}{c^2}\,\dfrac{d^2\varphi}{dz\,dt} = 4\pi\varkappa\left(\dfrac{d\varphi}{dz} + \dfrac{d\vartheta}{dz} + \dfrac{d\mathfrak{H}}{dt}\right), \end{cases}$$

auxquelles il faut ajouter une quatrième équation que nous avons obtenue (n° 3), en supposant qu'il n'entre pas d'électricité par la surface
du conducteur. Mais, si l est la longueur du fil, il entre un courant par
l'extrémité $z = 0$, et il en sort un autre par l'extrémité $z = l$; puis il
résulte du raisonnement même qui a été fait en cet endroit qu'il faut
ajouter deux termes au second membre de cette équation, qui devient

$$(2)\quad \frac{d\mathfrak{F}}{dx} + \frac{d\mathfrak{G}}{dy} + \frac{d\mathfrak{H}}{dz} = -\frac{k}{c^2}\frac{d\varphi}{dt} + \int w_0\frac{d\omega_0}{r} - \int w_1\frac{d\omega_1}{r},$$

si l'on désigne par w_0 et w_1 les valeurs de la composante w du courant
aux deux extrémités du fil, et par $d\omega_0$ et $d\omega_1$ l'élément des deux surfaces des sections qui terminent le fil.

2. Nous allons montrer comment on peut remplacer le système des
équations (1) et (2) par un autre qui n'en différera que par la suppression des deux derniers termes de l'équation (2). Pour cela, posons

$$(3)\quad\begin{cases} \mathfrak{F} = (\mathfrak{F}_1 + \mathfrak{F}_2)e^{\varkappa t}, & \mathfrak{G} = (\mathfrak{G}_1 + \mathfrak{G}_2)e^{\varkappa t}, & \mathfrak{H} = (\mathfrak{H}_1 + \mathfrak{H}_2)e^{\varkappa t}, \\[1ex] \varphi = (\varphi_1 + \varphi_2)e^{\varkappa t}, & \vartheta = (\vartheta_1 + \vartheta_2)e^{\varkappa t}, \\[1ex] w_0 = W_0 e^{\varkappa t}, & w_1 = W_1 e^{\varkappa t}; \end{cases}$$

puis faisons

$$\varphi_2 = \frac{c^2}{k\varkappa}\left(\int W_0\frac{d\omega_0}{r} - \int W_1\frac{d\omega_1}{r}\right).$$

Comme nous serons conduits plus loin à faire $h = 0$ ou $k = 1$, faisons cette supposition qui simplifie le calcul actuel. Alors nous pourrons partager le système des équations (1) et (2) en deux autres. Le premier sera

$$\Delta \vec{\jmath}_1 = 4\pi\varkappa\left(\frac{d\varphi_1}{dx} + \frac{d\theta_1}{dx} + \varkappa\vec{\jmath}_1\right),$$

$$\dots\dots\dots\dots\dots\dots\dots\dots\dots,$$

$$\frac{d\vec{\jmath}_1}{dx} + \frac{dG_1}{dy} + \frac{dH_1}{dz} = -\frac{\varkappa}{c^2}\varphi_1,$$

c'est-à-dire les équations (1) et (2) dans lesquelles on a supprimé les deux derniers termes. Le second système se composera des équations

$$(4)\quad\left\{\begin{aligned}&\Delta\vec{\jmath}_2 = 4\pi\varkappa\left(\frac{d\varphi_2}{dx} + \frac{d\theta_2}{dx} + \varkappa\vec{\jmath}_2\right),\\&\dots\dots\dots\dots\dots\dots\dots\dots\dots,\end{aligned}\right.$$

$$(5)\quad\frac{d\vec{\jmath}_2}{dx} + \frac{dG_2}{dy} + \frac{dH_2}{dz} = 0,$$

dans lesquelles φ_2 est une fonction connue. Il s'agit de trouver un système de solutions particulières des équations (4) et (5).

Comme les fonctions φ_2 et θ_2 satisfont aux équations

$$\Delta\varphi_2 = 0, \qquad \Delta\theta_2 = 0,$$

on obtiendra pour solutions des équations précédentes

$$(6)\quad\left\{\begin{aligned}\vec{\jmath}_2 &= -\frac{1}{\varkappa}\left(\frac{d\varphi_2}{dx} + \frac{d\theta_2}{dx}\right),\\G_2 &= -\frac{1}{\varkappa}\left(\frac{d\varphi_2}{dy} + \frac{d\theta_2}{dy}\right),\\H_2 &= -\frac{1}{\varkappa}\left(\frac{d\varphi_2}{dz} + \frac{d\theta_2}{dz}\right).\end{aligned}\right.$$

Les fonctions $\vec{\jmath}_2$, G_2, H_2 satisfont ainsi elles-mêmes aux équations

$$\Delta\vec{\jmath}_2 = 0, \qquad \Delta G_2 = 0, \qquad \Delta H_2 = 0;$$

il n'y a donc pas de courants intérieurs au fil, qui correspondent à ces valeurs de $\vec{\jmath}_2$, G_2, H_2, qui ne peuvent donc se rapporter qu'à des courants superficiels. D'ailleurs, les formules (6) expriment que la force électromotrice d'induction produite par le courant superficiel fait équilibre à la force électromotrice produite par le potentiel $\varphi_2 + \theta_2$.

En dehors du fil, les équations (1) et (2) sont remplacées par les suivantes, si l'on suppose $h = o$,

$$(7) \quad \left\{ \begin{array}{l} \Delta \mathfrak{F}' = o, \qquad \Delta \mathfrak{G}' = o, \qquad \Delta \mathfrak{H}' = o, \\[2mm] \dfrac{d\mathfrak{F}'}{dx} + \dfrac{d\mathfrak{G}'}{dy} + \dfrac{d\mathfrak{H}'}{dz} = - \dfrac{1}{c^2}\dfrac{d\varphi'}{dt} + \displaystyle\int w_2 \dfrac{d\omega_2}{r} - \int w_1 \dfrac{d\omega_1}{r}. \end{array} \right.$$

Posons encore les formules (3), en accentuant les lettres $\mathfrak{F}$, $\mathfrak{G}$, $\mathfrak{H}$, φ, θ; puis, faisons

$$\varphi'_2 = \dfrac{c^2}{2}\left(\int \dfrac{W_2}{r}\, d\omega_2 - \int \dfrac{W_1}{r}\, d\omega_1 \right).$$

Alors le système des équations (7) pourra se partager en deux autres. Le premier système sera

$$\Delta \mathfrak{F}'_1 = o, \qquad \Delta \mathfrak{G}'_1 = o, \qquad \Delta \mathfrak{H}'_1 = o,$$
$$\dfrac{d\mathfrak{F}'_1}{dx} + \dfrac{d\mathfrak{G}'_1}{dy} + \dfrac{d\mathfrak{H}'_1}{dz} = - \dfrac{2}{c^2}\varphi'_1.$$

et donne les équations (7), dont on a supprimé les deux derniers termes. Le second système sera

$$\Delta \mathfrak{F}'_2 = o, \qquad \Delta \mathfrak{G}'_2 = o, \qquad \Delta \mathfrak{H}'_2 = o,$$
$$\dfrac{d\mathfrak{F}'_2}{dx} + \dfrac{d\mathfrak{G}'_2}{dy} + \dfrac{d\mathfrak{H}'_2}{dz} = o.$$

Nous satisferons à ce dernier système en posant

$$\mathfrak{F}'_2 = \dfrac{dp}{dx}, \qquad \mathfrak{G}'_2 = \dfrac{dp}{dy}, \qquad \mathfrak{H}'_2 = \dfrac{dp}{dz},$$

p étant une fonction qui satisfait à $\Delta p = o$. Posons ensuite l'équation

$$\varphi'_2 + \theta'_2 = o,$$

et θ'_2 sera une fonction connue.

La fonction θ_2 sera donc une fonction déterminée à une constante près par l'équation

$$\Delta \theta_2 = o$$

et par la condition à la surface

$$\frac{d\vartheta_2}{dR} = \frac{d\vartheta'_2}{dR} \qquad \text{pour } R = a.$$

Si l'on calcule ϑ_2, on aura ensuite $\mathfrak{J}_2$, $\mathfrak{q}_2$, $\mathfrak{H}_2$ d'après les équations (6).

La fonction p n'est pas déterminée par ce calcul; de sa valeur on conclurait la nature de la couche de courant.

Pour $R = a$, on a

$$\frac{d\vartheta_2}{dR} = \frac{d\vartheta'_2}{dR}, \qquad \frac{d\varphi_2}{dR} = \frac{d\varphi'_2}{dR};$$

donc

$$\frac{d(\varphi_2 + \vartheta_2)}{dR} = 0;$$

il en résulte que $\mathfrak{J}_2$ et $\mathfrak{q}_2$ sont nuls pour $R = a$. On voit de même qu'on a

$$\frac{d\mathfrak{H}_2}{dR} = 0 \qquad \text{pour } R = a.$$

3. Maintenant que nous avons remplacé les systèmes d'équations (1). (2) et (7) par d'autres semblables, dans lesquelles les termes relatifs à l'entrée et à la sortie des courants ont disparu, nous pouvons appliquer la méthode d'intégration donnée aux n°ˢ 10, 11 et 12 du Chapitre précédent.

Expression du potentiel φ. — La fonction φ est donnée par l'équation (3) (Chap. VIII, n° 10).

Pour avoir une solution particulière de cette équation, nous posons. comme en cet endroit,

$$\varphi = e^{\alpha t}\varphi_1, \qquad m = \frac{4\pi k\alpha z^2}{\alpha + 4\pi\alpha c^2},$$

et nous avons

$$\Delta\varphi_1 - m\varphi_1 = 0.$$

Désignons par R la distance à l'axe des z, et regardons φ_1 comme ne dépendant que de R et z; alors, en posant

$$\varphi_1 = (H\sin pz + H'\cos pz)\psi.$$

nous aurons l'équation

$$\frac{d^2\psi}{dR^2} + \frac{1}{R}\frac{d\psi}{dR} - (m + p^2)\psi = 0.$$

La fonction qui satisfait à cette équation, sans être infinie pour $R = 0$, est une fonction de Bessel, et, en posant

$$m + p^2 = g^2,$$

on a

$$\psi = 1 + \frac{g^2 R^2}{4} + \frac{g^4 R^4}{1^2.2^2} + \frac{g^6 R^6}{1^2(2.3)^2} + \ldots = J(gR)$$

ou

$$\psi = \frac{2}{\pi}\int_0^{\frac{\pi}{2}} \cos h(gR\cos\omega)\,d\omega.$$

En dehors du fil, on a

$$\Delta\varphi' = 0,$$

et la solution qui correspond à l'expression précédente de ψ est

$$\varphi' = \varphi'_1 e^{xt} = \psi' e^{xt}(H\sin pz + H'\cos pz),$$

ψ' étant une solution de l'équation

$$(b) \qquad \frac{d^2\psi'}{dR^2} + \frac{1}{R}\frac{d\psi'}{dR} - p^2\psi' = 0.$$

La fonction ψ' ne se rapporte qu'à des valeurs de R plus grandes que le rayon a du fil; elle n'est donc pas assujettie à être finie pour $R = 0$; mais nous la choisirons de manière qu'elle s'annule pour $R = \infty$. Désignons par $G\,Q(pR)$ cette fonction, et nous aurons

$$\varphi' = G\,Q(pR)e^{xt}(H\sin pz + H'\cos pz).$$

Nous déterminerons la constante G d'après la condition

$$\varphi' = \varphi \qquad \text{pour } R = a,$$

et nous aurons ainsi

$$G = \frac{J(ga)}{Q(pa)}.$$

4. *Expression de* $Q(R)$. — La fonction $Q(R)$ satisfait à l'équation

$$(c) \qquad \frac{d^2 Q}{dR^2} + \frac{1}{R}\frac{dQ}{dR} - Q = 0,$$

qui a pour solution particulière $J(R)$ et dont la solution la plus générale est, par suite,

$$C'J + CJ \int_R^\infty \frac{1}{RJ^2}\, dR,$$

en désignant par C et C' deux constantes arbitraires. Pour que cette fonction ne soit pas infinie pour $R = \infty$, il faut faire $C' = 0$. Faisons donc

$$Q(R) = J \int_R^\infty \frac{1}{RJ^2}\, dR,$$

et, en remplaçant la fonction J par sa valeur,

$$1 + \frac{R^2}{4} + \frac{R^4}{4^2.2^2} + \cdots,$$

on en conclura

$$(d) \qquad \int_R^\infty \frac{dR}{RJ^2} = -\log R + \frac{R^2}{4} - \frac{5}{32}\frac{R^4}{4} + \frac{23}{4^2.3^2}\frac{R^6}{6} + \cdots$$

On ne doit pas ajouter une constante au second membre, car la fonction J peut aussi se mettre sous la forme

$$J = \frac{2}{\pi} \int_0^{\frac{\pi}{2}} \cosh(R\cos\omega)\, d\omega;$$

donc, quand R est très grand, J est de l'ordre de e^{lR}, en désignant par l une constante positive; par suite, $\frac{1}{RJ^2}$ est de l'ordre de $\frac{e^{-2lR}}{R}$. Il n'y a donc pas lieu d'ajouter au second membre de (d) une constante correspondant à la limite supérieure de l'intégrale.

En multipliant l'intégrale (d) par J, nous obtenons

$$Q(R) = -J(R)\log R + \frac{R^2}{4} + \frac{3}{2.2^2}\frac{R^4}{4^2} + \frac{11}{2^2.3^2}\frac{R^6}{4^3} + \cdots$$

On ne reconnait pas ainsi facilement la loi des coefficients de cette série ; mais on pourra l'obtenir de la manière suivante. L'expression

$$(c) \qquad -\frac{2}{\pi} \int_0^{\frac{\pi}{2}} \cos h(\mathrm{R}\cos\omega) \log(\mathrm{R}\sin^2\omega)\, d\omega$$

est solution de l'équation (c), et l'on peut la transformer dans une série de même forme que la précédente et dont on déterminera les coefficients en s'appuyant sur les formules

$$\int_0^{\frac{\pi}{2}} \log\sin\omega\, d\omega = -\frac{\pi}{2}\log 2, \qquad \int_0^{\frac{\pi}{2}} \cos 2n\omega \log\sin\omega\, d\omega = -\frac{\pi}{4n},$$

où n est un nombre entier. Or l'intégrale (c) ne peut différer de $Q(\mathrm{R})$ que par $J(\mathrm{R})$ multiplié par une constante, et l'on déduit de cette comparaison

$$Q(\mathrm{R}) = -J(\mathrm{R})\log\mathrm{R} + \frac{\mathrm{R}^2}{4} + \frac{1+\frac{1}{2}}{2^2}\frac{\mathrm{R}^4}{4^2} + \frac{1+\frac{1}{2}+\frac{1}{3}}{(2.3)^2}\frac{\mathrm{R}^6}{4^3} + \cdots$$

5. *Détermination du potentiel ϑ.* -- On a l'équation

$$\Delta\vartheta = 0 \qquad \text{ou} \qquad \frac{d^2\vartheta}{d\mathrm{R}^2} + \frac{1}{\mathrm{R}}\frac{d\vartheta}{d\mathrm{R}} + \frac{d^2\vartheta}{dz^2} = 0.$$

Posons, pour abréger,

$$\mathrm{T} = e^{zt}(\mathrm{H}\sin pz + \mathrm{H}'\cos pz)$$

et faisons

$$\vartheta = \vartheta_1\mathrm{T},$$

ϑ_1 satisfera à l'équation (b) ; nous aurons donc

$$\vartheta_1 = \mathrm{C}\,J(p\mathrm{R}).$$

La fonction ϑ prise à l'extérieur, ou ϑ', satisfait à la même équation qu'à l'intérieur, et l'on a

$$\vartheta' = \vartheta_1'\mathrm{T}, \qquad \vartheta_1' = \mathrm{K}\,Q(p\mathrm{R}).$$

Enfin, on obtient une relation entre les deux constantes C et K, d'après la condition

$$\frac{d\mathfrak{J}}{d\mathrm{R}} = \frac{d\mathfrak{J}'}{d\mathrm{R}} \qquad \text{pour } \mathrm{R} = a;$$

ce qui donne

$$\mathrm{K} = \frac{\mathrm{J}'(pa)}{\mathrm{Q}'(pa)}\,\mathrm{C},$$

les accents des lettres J et Q indiquant des dérivées.

6. *Détermination de* $\mathfrak{H}$. — Après avoir posé (Chap. VIII, n° 11)

$$\mathrm{N} = \frac{\alpha + 4\pi z c^2}{c^2 s}, \qquad s = 4\pi z z,$$

nous avons considéré la fonction

$$\tau_1 = -\,\mathrm{N}\varphi_1 - \frac{t}{\alpha}\,\mathfrak{J}_1,$$

et nous avons obtenu pour $\mathfrak{J}$, $\mathfrak{G}$, $\mathfrak{H}$ le système de valeurs

$$\mathfrak{J} = \left(\lambda + \frac{d\tau_1}{dx}\right)e^{zt}, \qquad \mathfrak{G} = \left(\lambda_1 + \frac{d\tau_1}{dy}\right)e^{zt}, \qquad \mathfrak{H} = \left(\lambda_1 + \frac{d\tau_1}{dz}\right)e^{zt},$$

λ, λ_1, λ_2 étant des solutions de l'équation

$$\Delta\lambda - s\lambda = 0.$$

Occupons-nous d'abord de $\mathfrak{H}$. Posons

$$\lambda_2 = \varkappa p(\mathrm{H}\cos pz - \mathrm{H}'\sin pz),$$

et nous aurons

$$\frac{d^2\varkappa}{d\mathrm{R}^2} + \frac{1}{\mathrm{R}}\frac{d\varkappa}{d\mathrm{R}} - (p^2 + s)\varkappa = 0;$$

donc, en désignant par L_2 une constante et posant

$$p^2 + s = q^2,$$

nous aurons

$$\varkappa = \mathrm{L}_1\,\mathrm{J}(q\mathrm{R})$$

et

$$\lambda_2 = \mathrm{L}_1\,\mathrm{J}(q\mathrm{R})\,p(\mathrm{H}\cos pz - \mathrm{H}'\sin pz).$$

D'autre part, nous avons

$$\frac{d\tau_1}{dz} = -\left[N\,J(g\mathrm{R}) + \frac{1}{\alpha}\,C\,J(p\mathrm{R}) \right] p(\mathrm{H}\cos pz - \mathrm{H}'\sin pz),$$

et nous obtenons enfin

$$\mathfrak{z} = \left[-N\,J(g\mathrm{R}) - \frac{1}{\alpha}\,C\,J(p\mathrm{R}) + L_1\,J(q\mathrm{R}) \right]\frac{d\mathrm{T}}{dz}.$$

Occupons-nous ensuite de $\mathfrak{z}'$. Désignons, comme en l'endroit cité, par τ' une solution particulière de l'équation

$$\Delta\tau' - \frac{h\alpha}{c^2}\,\tau'_1 = 0$$

et par λ', λ'_1, λ'_2 trois solutions de $\Delta\lambda' = 0$; nous aurons

$$\mathfrak{z}' = \left(\lambda' + \frac{d\tau'}{dx}\right)e^{\alpha t}, \qquad \mathfrak{z}' = \left(\lambda'_1 + \frac{d\tau'}{dy}\right)e^{\alpha t}, \qquad \mathfrak{z}' = \left(\lambda'_2 + \frac{d\tau'}{dz}\right)e^{\alpha t}.$$

Posons

$$\tau' = \sigma(\mathrm{H}\sin pz + \mathrm{H}'\cos pz),$$

et nous aurons

$$(f) \qquad\qquad \frac{d^2\sigma}{d\mathrm{R}^2} + \frac{1}{\mathrm{R}}\frac{d\sigma}{d\mathrm{R}} - p^2\sigma = \frac{h\alpha}{c^2}\frac{J(ga)}{Q(pa)}Q(p\mathrm{R}).$$

Pour intégrer cette équation, considérons d'abord celle-ci

$$\frac{d^2\sigma}{d\mathrm{R}^2} + \frac{1}{\mathrm{R}}\frac{d\sigma}{d\mathrm{R}} - p^2\sigma = B\,Q(p'\mathrm{R}),$$

qui diffère de la précédente en ce que $Q(p\mathrm{R})$ est remplacé par $Q(p'\mathrm{R})$; posons

$$\sigma = D\,Q(p'\mathrm{R})$$

et substituons dans l'équation précédente, nous obtiendrons cette solution particulière

$$\sigma = \frac{B}{p'^2 - p^2}\,Q(p'\mathrm{R}),$$

de laquelle nous déduisons cette autre

$$\sigma = B\,\frac{Q(p'R) - Q(pR)}{p'^2 - p^2}.$$

Alors, pour avoir une solution de l'équation (f), faisons tendre p' vers p et remplaçons B par sa valeur; nous aurons

$$\sigma = \frac{h\alpha}{c^2}\,\frac{J(ga)}{Q(pa)}\,\frac{R\,Q'(pR)}{2p}.$$

Prenons ensuite

$$\lambda_2 = C'Q(pR)p\,(H\cos pz - H'\sin pz),$$

et nous aurons en définitive

$$\mathfrak{H}' = \left[C'Q(pR) + \frac{h\alpha}{2pc^2}\,\frac{J(ga)}{Q(pa)}\,R\,Q'(pR)\right]\frac{dT}{dz}.$$

Il nous reste à exprimer les deux conditions

$$\mathfrak{H} = \mathfrak{H}', \qquad \frac{d\mathfrak{H}}{dR} = \frac{d\mathfrak{H}'}{dR} \qquad \text{pour } R = a;$$

ce qui nous donne ces deux relations entre les coefficients

$$(\mathrm{A})\quad\left\{\begin{aligned}&-N\,J(ga) - \frac{1}{\alpha}C\,J(pa) + L_1 J(qa)\\[4pt]&\quad = C'Q(pa) + \frac{h\alpha}{2pc^2}\,\frac{J(ga)}{Q(pa)}\,a\,Q'(pa),\end{aligned}\right.$$

$$(\mathrm{B})\quad\left\{\begin{aligned}&-N\,g\,J'(ga) - \frac{1}{\alpha}C\,p\,J'(pa) + L_1 q\,J'(qa)\\[4pt]&\quad = C'p\,Q'(pa) + \frac{h\alpha}{2pc^2}\,\frac{J(ga)}{Q(pa)}\,[ap\,Q''(pa) + Q'(pa)].\end{aligned}\right.$$

7. *Calcul de $\mathfrak{F}$ et $\mathfrak{G}$.* — Posons

$$P = \mathfrak{F}\,\frac{x}{R} + \mathfrak{G}\,\frac{y}{R}, \qquad P_1 = \mathfrak{F}\,\frac{y}{R} - \mathfrak{G}\,\frac{x}{R},$$

et, au lieu de $\mathfrak{F}$ et $\mathfrak{G}$, considérons les deux quantités P et P_1, dont la dernière sera trouvée nulle.

D'après les expressions de $\mathfrak{F}$ et $\mathcal{G}$ données ci-dessus, on a

$$P = \left(\frac{\lambda x + \lambda_1 y}{R} + \frac{d\tau_1}{dR} \right) e^{xt},$$

et cette expression ne doit dépendre de x et y que par R. Ensuite λ et λ_1 satisfont à l'équation

$$\Delta\lambda - s\lambda = 0,$$

dont on obtient une solution en prenant l'expression

$$L J(q R)(H \sin p z + H' \cos p z),$$

où L est constant. Les dérivées de cette expression par rapport à x et y satisfont à la même équation, et nous prendrons

$$\lambda = L q J'(q R) \frac{x}{R}(H \sin p z + H' \cos p z),$$

$$\lambda_1 = L q J'(q R) \frac{y}{R}(H \sin p z + H' \cos p z);$$

nous obtenons ainsi, pour P,

$$P = \left[L q J'(q R) + \frac{d\tau_1}{dR} \right] T$$

ou

$$P = \left[- N g J'(g R) - \frac{1}{\alpha} C p J'(p R) + L q J'(q R) \right] T.$$

On a, de plus,

$$P_1 = \left(\lambda + \frac{d\tau_1}{dx} \right) \frac{y}{R} - \left(\lambda + \frac{d\tau_1}{dy} \right) \frac{x}{R} = 0.$$

Pour les points extérieurs au fil, posons de même

$$P' = \mathfrak{F}' \frac{x}{R} + \mathcal{G}' \frac{y}{R}, \qquad P'_1 = \mathfrak{F}' \frac{y}{R} - \mathcal{G}' \frac{x}{R} = 0.$$

D'après les expressions de $\mathfrak{F}'$ et $\mathcal{G}'$ (n° 6), si nous posons

$$\lambda' = \frac{d\mu}{dx}, \qquad \lambda'_1 = \frac{d\mu}{dy},$$

nous aurons

$$P'' = e^{\varkappa t}\left(\frac{d\mu}{dR} + \frac{d\tau'}{dR}\right).$$

La fonction μ satisfait à l'équation $\Delta\mu = 0$, et, en désignant par M une constante, on a

$$\mu = MQ(pR)(H\sin pz + H'\cos pz);$$

la fonction τ' a été déterminée ci-dessus, et l'on en conclut

$$P'' = \left\{\left[Mp + \frac{h\varkappa}{2pc^2}\frac{J(ga)}{Q(pa)}\right]Q'(pR) + \frac{h\varkappa}{2c^2}\frac{J(ga)}{Q(pa)}RQ''(pR)\right\}T.$$

Exprimons maintenant les conditions aux limites

$$P = P', \qquad \frac{dP}{dR} = \frac{dP''}{dR} \qquad \text{pour} \qquad R = a,$$

et nous aurons ces deux relations entre les coefficients

$$(C)\ \left\{\begin{aligned} &-Ng\,J'(ga) - \frac{1}{\alpha}Cp\,J'(pa) + Lq\,J'(qa)\\ &= \left[Mp + \frac{h\varkappa}{2pc^2}\frac{J(ga)}{Q(pa)}\right]Q'(pa) + \frac{h\varkappa}{2c^2}\frac{J(ga)}{Q(pa)}\,aQ''(pa)\end{aligned}\right.$$

$$(D)\ \left\{\begin{aligned} &-Ng^2\,J'(ga) - \frac{1}{\alpha}Cp^2\,J''(pa) + Lq^2\,J''(qa)\\ &= \left[Mp + \frac{h\varkappa}{2pc^2}\frac{J(ga)}{Q(pa)}\right]pQ''(pa) + \frac{h\varkappa}{2c^2}\frac{J(ga)}{Q(pa)}[Q''(pa) + apQ'''(pa)].\end{aligned}\right.$$

8. *Équation entre λ, λ_1, λ_2*. — Nous avons à l'intérieur du fil l'équation

$$(g)\qquad \frac{d\lambda}{dx} + \frac{d\lambda_1}{dy} + \frac{d\lambda_2}{dz} = 0.$$

Or, d'après les valeurs trouvées pour λ et λ_1, on a

$$\frac{d\lambda}{dx} + \frac{d\lambda_1}{dy} = L\left[q^2\,J''(qR) + \frac{q}{R}J'(qR)\right]Te^{\varkappa t},$$

et, la fonction $J(qR)$ satisfaisant à l'équation

$$q^2 J''(qR) + \frac{q}{R} J'(qR) - q^2 J(qR) = 0,$$

il en résulte

$$\frac{d\lambda}{dx} + \frac{d\lambda_1}{dy} = L q^2 J(qR) T e^{-\alpha t}.$$

On a ensuite

$$\lambda_2 = L_1 J(qR) p (H \cos pz - H' \sin pz).$$

$$\frac{d\lambda_2}{dz} = - L_1 p^2 J(qR) T e^{-\alpha t};$$

donc l'équation (g) devient

(E)
$$L_1 = \frac{L q^2}{p^2}.$$

D'autre part, nous avons à l'extérieur du fil l'équation

(h)
$$\frac{d\lambda'}{dx} + \frac{d\lambda'_1}{dy} + \frac{d\lambda'_2}{dz} = - \frac{\alpha}{c^2} \gamma'_1.$$

Or on a

$$\frac{d\lambda'}{dx} + \frac{d\lambda'_1}{dy} = \frac{d^2\mu}{dx^2} + \frac{d^2\mu}{dy^2} = \frac{d^2\mu}{dR^2} + \frac{1}{R}\frac{d\mu}{dR}$$

$$= M[p^2 Q''(pR) + \frac{p}{R} Q'(pR)] T e^{-\alpha t}$$

$$= M p^2 Q(pR) T e^{-\alpha t},$$

puisque $Q(pR)$ satisfait à l'équation

$$p^2 Q''(pR) + \frac{p}{R} Q'(pR) - p^2 Q(pR) = 0.$$

On a aussi

$$\frac{d\lambda'_2}{dz} = - C' p^2 Q(pR) T e^{-\alpha t},$$

$$\gamma'_1 = \frac{J(qa)}{Q(pa)} Q(pR) T e^{-\alpha t}.$$

L'équation (h) devient donc

(F)
$$M - C' = - \frac{\alpha}{p^2 c^2} \frac{J(qa)}{Q(pa)}.$$

9. *Force magnétique.* — Les composantes de la force magnétique sont données par les formules

$$X = \frac{d\mathfrak{H}}{dy} - \frac{d\mathfrak{G}}{dz}, \qquad Y = \frac{d\mathfrak{F}}{dz} - \frac{d\mathfrak{H}}{dx}, \qquad Z = \frac{d\mathfrak{G}}{dx} - \frac{d\mathfrak{F}}{dy}.$$

Comme nous avons

$$\mathfrak{F} = P\frac{x}{R}, \qquad \mathfrak{G} = P\frac{y}{R},$$

il en résulte $Z = 0$.

On trouve ensuite

$$X = (L_2 - L)\,q\,J'(qR)\frac{y}{R}\frac{dT}{dz},$$

et, d'après la valeur de L_2, on a, à l'intérieur du fil,

$$X = Lq\,\frac{4\pi\varkappa z}{p^2}\,J'(qR)\frac{y}{R}\frac{dT}{dz},$$

puis

$$Y = -Lq\,\frac{4\pi\varkappa z}{p^2}\,J'(qR)\frac{x}{R}\frac{dT}{dz}.$$

De même, à l'extérieur du fil, Z est nul et l'on trouve

$$X = \frac{\alpha}{pc^2}\,\frac{J(ga)}{Q(pa)}\,Q'(pR)\frac{y}{R}\frac{dT}{dz},$$

$$Y = -\frac{\alpha}{pc^2}\,\frac{J(ga)}{Q(pa)}\,Q'(pR)\frac{x}{R}\frac{dT}{dz}.$$

Ainsi, la force magnétique est perpendiculaire à l'axe du fil et à son rayon.

10. *Calcul des coefficients.* — Les quatre premières des équations (A), (B), (C), (D), (E) (F), qui ont lieu entre les coefficients C, C', L, L_2, M, sont assez compliquées. Essayons maintenant de supposer que les quantités pa, ga, qa soient très petites, ce qui simplifiera beaucoup ces équations. En effet, en général, si b est très petit, on

peut faire

$$J(b) = 1, \qquad J'(b) = \frac{b}{2}, \qquad J''(b) = \frac{1}{2},$$

$$Q(b) = \log b, \qquad Q'(b) = \frac{1}{b}, \qquad Q''(b) = -\frac{1}{b^2}.$$

D'après cela, les deux équations (C), (D) donnent les deux suivantes :

(1)
$$M = 0,$$

(i)
$$C = \frac{L q^2 - N g^2}{p^2} z.$$

Les deux équations (A) et (B) deviennent

(k)
$$-N - \frac{1}{2} C + L_2 = C' \log pa + \frac{hz}{2 p^2 c^2} \frac{1}{\log pa},$$

(l)
$$-N \frac{g^2 a}{2} - \frac{1}{2} C \frac{p^2 a}{2} + L_2 \frac{q^2 a}{2} = \frac{C'}{a}.$$

Dans l'équation (k) remplaçons C par sa valeur (i), et L_2 par sa valeur (E), nous obtiendrons

$$C' \log pa = N \frac{g^2 - p^2}{p^2} - \frac{ha}{2 p^2 c^2} \frac{1}{\log pa}.$$

Or on a

$$N(g^2 - p^2) = Nm = \frac{kz}{c^2};$$

donc :

$$C' = \frac{kz}{p^2 c^2 \log pa} - \frac{hz}{2 p^2 c^2 (\log pa)^2}.$$

D'autre part, d'après l'expression (F), où M est nul, on a

(2)
$$C' = \frac{z}{p^2 c^2 \log pa}.$$

Ces deux expressions de C' coïncident si $k = 1$, ce qui entraine $h = 0$. Ainsi la supposition que ga et qa soient très petits n'est possible que si k est égal à 1; ce qui, d'une manière générale, est l'hypothèse la plus simple; car alors la fonction Ψ considérée au n° I du Chapitre VIII disparaît.

En remplaçant aussi C et L_2 dans l'équation (l), on obtient

$$L = \frac{2p^2}{q^2 a^2 s} C'$$

ou

$$(3) \qquad L = \frac{1}{2\pi\varkappa q^2 a^2 c^2 \log pa}.$$

Enfin, nous aurons

$$(4) \qquad L_2 = \frac{1}{2\pi\varkappa p^2 a^2 c^2 \log pa},$$

$$(5) \qquad C = \frac{\varkappa}{2\pi\varkappa p^2 a^2 c^2 \log pa} - \frac{N g^2}{p^2} \varkappa.$$

Les formules (1), (2), (3), (4), (5) déterminent les coefficients; mais elles renferment une quantité inconnue $\varkappa$, qu'il reste encore à trouver.

Les quantités ga et qa ont été supposées très petites; il faudra donc examiner si ces quantités le sont effectivement dans les cas où nous appliquerons les formules précédentes.

11. *Composantes du courant.* — On a, pour la composante w du courant suivant l'axe des z,

$$w = -\varkappa \left(\frac{d\varphi}{dz} + \frac{d\theta}{dz} + \frac{d\psi}{dt} \right).$$

En remplaçant φ, θ, ψ par leurs valeurs, on obtient

$$w = -\varkappa[(1-\alpha N)J(gR) + L_2 \varkappa J(qR)]\frac{dT}{dz},$$

$$= \left[\frac{\alpha}{4\pi c^2} J(gR) - L_2 \varkappa\varkappa J(qR) \right]\frac{dT}{dz}$$

ou, en supposant gR et qR très petits,

$$w = \frac{\alpha}{4\pi c^2} \left(1 - \frac{2}{a^2 p^2 \log pa} \right)\frac{dT}{dz}.$$

On a ensuite, pour la composante υ du courant suivant le rayon

$$\upsilon = -\kappa\left(\frac{d\varphi}{dR} + \frac{d\theta}{dR} + \frac{dP}{dt}\right) = \left[\frac{\alpha}{4\pi c^2} g J'(gR) - Lq\kappa\alpha J'(qR)\right] T$$

ou, en supposant gR et qR très petits,

$$\upsilon = \frac{\alpha R}{4\pi c^2}\left(\frac{g^2}{2} - \frac{1}{a^2 \log pa}\right) T.$$

Fil télégraphique sous-marin.

12. Dans les calculs précédents sur le mouvement de l'électricité dans un fil télégraphique, nous avons vu (n° 10) qu'il reste encore à déterminer une quantité α qui entre dans une exponentielle relative au temps. Or cette détermination se fait d'une manière plus facile pour les fils sous-marins que pour les fils aériens, et, pour cette raison, nous commencerons par nous occuper des premiers.

Dans les lignes sous-marines, le fil conducteur est toujours en cuivre; il ne subit donc pas de magnétisation sensible. Il est recouvert d'une enveloppe isolante de gutta-percha ou de caoutchouc, et l'épaisseur de cette enveloppe doit être assez grande pour qu'il ne se produise pas de perte d'électricité sur la ligne télégraphique.

Nous devrons faire subir une légère modification aux équations des numéros précédents, parce que la substance isolatrice renfermera de l'électricité de polarisation. Désignons par ω le potentiel de cette électricité à l'intérieur du fil : nous aurons

$$(1) \qquad \Delta\omega = 0$$

et, en faisant $h = 1$, $k = 0$, selon ce que nous avons vu (n° 10), les équations (1) du n° 1 seront remplacées par

$$(2) \qquad \begin{cases} \Delta f = 4\pi\kappa\left(\dfrac{d\varphi}{dx} + \dfrac{d\theta}{dx} + \dfrac{d\omega}{dx} + \dfrac{df}{dt}\right), \\ \dots\dots\dots\dots\dots\dots\dots\dots\dots\dots, \end{cases}$$

et nous aurons encore l'équation

$$(3) \qquad \frac{df}{dx} + \frac{dg}{dy} + \frac{dh}{dz} = -\frac{1}{c^2}\frac{d\rho}{dt}.$$

Les expressions de φ, φ', θ, θ' resteront les mêmes que précédemment. La fonction ω sera de la forme

$$\omega = \mathrm{E}\,\mathrm{J}(p\mathrm{R})\mathrm{T},$$

et, en posant $\omega = \omega_1 e^{\alpha t}$, nous trouvons que l'expression désignée par τ_1 devient

$$\tau_1 = -\mathrm{N}\varphi_1 - \frac{4\pi\alpha}{s}(\theta_1 + \omega_1).$$

Il en résulte que le seul changement à faire aux expressions de β et P doit consister à remplacer C par C + E, et que les valeurs de β' et P' restent

$$\beta' = \mathrm{C}' \log p\mathrm{R}\frac{d\mathrm{T}}{dz}, \qquad \mathrm{P}' = \frac{\mathrm{M}}{\mathrm{R}}\mathrm{T}.$$

Donc enfin, dans les équations (A), (B), (C), (D) des n°s 6 et 7, il n'y aura à changer que C en C + E.

13. Le raisonnement qui a servi à établir l'équation

$$\mathrm{L}_1 = \mathrm{L}\frac{q^2}{p^2}$$

ne subit aucun changement. On en conclut les cinq équations suivantes :

$$(4)\qquad \left\{\begin{aligned} &\mathrm{L} = \frac{1}{2\pi\alpha q^2 a^2 c^2 \log pa}, \qquad \mathrm{L}_1 = \mathrm{L}\frac{q^2}{p^2}, \qquad \mathrm{M} = 0,\\ &\mathrm{C} + \mathrm{E} = \frac{\mathrm{L}q^2 - \mathrm{N}g^2}{p^2}\alpha, \qquad \mathrm{C}' = \frac{2}{p^2 c^2 \log pa}.\end{aligned}\right.$$

On peut encore obtenir la première de ces formules en se servant d'une remarque faite (Chap. VIII, n° 13) et, en égalant entre elles deux expressions de ρ, la densité de la couche électrique qui se trouve à la surface du fil. D'après la formule de l'électrostatique, on a

$$(5)\qquad \rho = \frac{-1}{4\pi a c^2}\left(\frac{1}{\log pa} - \frac{g^2 a^2}{2}\right)\mathrm{T}.$$

D'autre part, $\frac{d\rho}{dt}$ est égal à la valeur de υ, composante normale du courant prise à la surface, et l'on obtient ainsi

$$\frac{d\rho}{dt} = \left(\frac{g^2 a \varkappa}{8\pi c^2} - \frac{a\varkappa}{2} L q^2 a \right) T$$

ou

$$\rho = \left(\frac{g^2 a}{8\pi c^2} - \frac{\varkappa}{2} L q^2 a \right) T;$$

en égalant ces deux valeurs de ρ, on obtient l'expression de L.

On obtient encore, pour les composantes du courant,

$$w = \frac{\varkappa}{4\pi c^2} \left(1 - \frac{2}{a^2 p^2 \log pa} \right) \frac{dT}{dz},$$

$$v = \frac{\alpha R}{4\pi c^2} \left(\frac{g^2}{2} - \frac{1}{a^2 \log pa} \right) T.$$

14. Désignons par η le coefficient d'induction du diélectrique (*Théorie du potentiel*, t. II, Chap. III, n° 10). Si l'on désigne par V le potentiel total à l'intérieur du diélectrique, par V_1 sa valeur pour $R = a$ correspondant à sa surface intérieure, et par V_2 sa valeur pour $R = b$ correspondant à sa surface extérieure, nous obtiendrons, d'après le calcul du n° 16 du Chapitre cité, pour les densités ρ et ρ_1 sur les surfaces intérieure et extérieure,

$$\rho = \eta \frac{V_1 - V_2}{4\pi a \log \frac{b}{a}}, \qquad \rho_1 = \eta \frac{V_2 - V_1}{4\pi b \log \frac{b}{a}}.$$

Dans le problème actuel, le potentiel total est représenté par $\varphi + \vartheta + \omega$ et il doit être nul pour $R = b$. On a donc, pour la densité à la surface $R = a$,

$$\rho = \eta \frac{\varphi + \vartheta + \omega}{4\pi a \log \frac{b}{a}},$$

et, en remplaçant φ, ϑ, ω par leurs valeurs, on obtient

$$\rho = \eta \frac{1 + (C + E)}{4\pi a \log \frac{b}{a}} T.$$

D'ailleurs, nous avons pour ρ l'expression (5) ou, très approximativement,

$$\rho = -\frac{1}{4\pi a c^2 \log pa}\,T.$$

En égalant ces deux valeurs de ρ, nous obtenons

$$C + E = -\frac{1}{\eta c^2}\,\frac{\log\frac{b}{a}}{\log pa} - 1.$$

Désignons par K la capacité du fil par unité de longueur, c'est-à-dire la quantité d'électricité que posséderait cette unité de longueur pour un potentiel égal à l'unité; K est égal à $2\pi a$ multiplié par la densité relative au potentiel 1. Donc, d'après ce qui précède, on a

$$(\alpha) \qquad K = \frac{\eta}{2\log\frac{b}{a}},$$

et la valeur de C + E peut s'écrire

$$C + E = -\frac{1}{2Kc^2 \log pa} - 1.$$

15. Nous avons une autre expression de C + E renfermée dans les formules (4),

$$C + E = \frac{Lq^2 + Ng^2}{p^2}\,\alpha = \frac{\alpha}{2\pi\kappa p^2 a^2 c^2 \log pa} + \frac{\alpha^2}{c^2 p^2} - \frac{\alpha}{4\pi\kappa c^2} - 1.$$

En égalant ces deux expressions de C + E, nous obtenons l'équation

$$\alpha^2 + \left(\frac{1}{2\pi\kappa a^2 \log pa} - \frac{p^2}{4\pi\kappa}\right)\alpha + \frac{p^2}{2K\log pa} = 0$$

ou, en supprimant un terme négligeable,

$$\alpha^2 + \frac{1}{2\pi\kappa a^2 \log pa}\,\alpha + \frac{p^2}{2K\log pa} = 0.$$

On en tire

$$\alpha = -\frac{1}{4\pi\kappa a^2 \log pa} \pm \sqrt{\frac{1}{16\pi^2\kappa^2 a^4 (\log pa)^2} - \frac{p^2}{2K\log pa}}.$$

Comme $\log pa$ est négatif, si ces deux racines sont réelles, elles sont négatives et la plus petite a pour grandeur

$$(\beta) \qquad -\frac{1}{K}\cdot\frac{2\pi z a^2 p^2}{1+\sqrt{1+\dfrac{8 p^2 \pi^2 z^2 a^4 \log pa}{K}}}\cdot$$

Si, de plus, le second terme de la quantité située sous le radical peut être considéré comme très petit par rapport à l'unité, cette racine se réduira à très peu près à

$$(\gamma) \qquad -\frac{\pi a^2 z p^2}{K}\cdot$$

L'autre racine qu'on déduit de la formule (β) par le changement du signe du radical sera excessivement grande par rapport à la première; elle correspondra à un mouvement qui s'éteindra incomparablement plus vite que celui qui est donné par la première racine, et ce mouvement peut être négligé.

16. Il s'agit maintenant d'examiner si dans les applications les racines z seront effectivement réelles et si la quantité

$$-\frac{8 p^2 \pi^2 z^2 a^4 \log pa}{K}$$

pourra être considérée comme très petite par rapport à l'unité. On voit immédiatement que, le cuivre pur étant le métal le meilleur conducteur de l'électricité parmi les métaux usuels, c'est celui pour lequel cette condition sera le moins facile à remplir. On y satisferait, par exemple, beaucoup mieux pour un fil de laiton, dans lequel la conductibilité spécifique z est environ cinq fois plus petite que dans le cuivre pur.

Comme exemple, prenons, pour un fil de cuivre recouvert de gutta-percha, les données suivantes :

$$\text{Rayon } a = 1^{mm}, \qquad \text{Longueur } l = 1000 \text{ kilom.},$$

$$\frac{b}{a} = 2,92.$$

Dans le système d'unités électromagnétiques C.G.S. (Chap. VII, n° 10), on aura

$$a = 0,1, \qquad l = 1000 \times 10^5 = 10^8, \qquad z = \frac{1}{1652}.$$

Suivant Fl. Jenkin, le coefficient d'induction η de la gutta-percha est égal à 4,2; donc on a

$$\eta = \frac{4,2}{c^2}$$

dans le système d'unités adopté, et d'après la formule (z)

$$K = \frac{2,1}{c^2 \log 2,92} = \frac{1,96}{c^2}.$$

On verra ci-dessous que le nombre p, qui s'obtient d'après des conditions relatives aux extrémités du fil, est de la forme $\frac{n\pi}{l}$, n étant un quelconque des nombres 1, 2, 3, ...

Examinons ensuite la quantité

$$N = \frac{8\,p^2\pi^2 z^2 a^4 \log pa}{K} = n^2 \times \frac{8\pi^4 z^2}{K}\,\frac{a^4}{l^2} \times \log pa.$$

Faisant $c = 31.10^9$, on obtient ce nombre

$$P = \frac{8\pi^4 z^2}{K}\,\frac{a^4}{l^2} = 0,001404.$$

La quantité $\log pa$ prend les valeurs suivantes :

$$\log \frac{\pi a}{l} = \frac{-9 + 0,49715}{0,43429} = -19,58,$$

$$\log \frac{2\pi a}{l} = -18,89, \qquad \log \frac{3\pi a}{l} = -18,48, \qquad \log \frac{4\pi a}{l} = -18,19,$$

$$\log \frac{5\pi a}{l} = -17,97, \qquad \log \frac{6\pi a}{l} = -17,79, \qquad \log \frac{7\pi a}{l} = -17,63,$$

et le nombre N pour les valeurs de n égales à 1, 2, 3, ... a pour valeur

$$N_1 = -0,0274, \qquad N_2 = -0,1058, \qquad N_3 = -0,2329, \qquad N_4 = -0,4025,$$

$$N_5 = -0,6289, \qquad N_6 = -0,8966, \qquad N_7 = -1,2095.$$

Ainsi les racines z sont réelles depuis $n = 1$ jusqu'à $n = 6$, et elles sont imaginaires à partir de $n = 7$. On trouve ensuite pour le dénominateur du second facteur de (β) les valeurs suivantes, correspondant à $n = 1, 2, \ldots, 6$:

$$1,9862, \quad 1,9456. \quad 1.8758, \quad 1,7730. \quad 1,6692, \quad 1,3415,$$

tandis que l'on passe de (β) à (γ) en faisant ce dénominateur égal à 2. L'approximation n'est assez grande que pour ses trois premières valeurs.

Toutefois remarquons que, lorsqu'on lance un courant dans un fil sous-marin, l'intensité du courant dans le fil est donnée par la somme de plusieurs termes contenant l'exponentielle e^{zt}, où z a les valeurs qui correspondent à $n = 1, 2, 3, \ldots$, et, comme ces exponentielles décroissent d'une manière extrêmement rapide, il en résulte que, après un temps très petit par rapport à la durée sensible de l'état variable, on pourra réduire à 2 le dénominateur des racines z, sans changer sensiblement la valeur de l'intensité du courant.

Si le fil était en laiton, en conservant les mêmes dimensions, le nombre N devrait être divisé par 25 environ et l'emploi de la formule (γ), pour représenter les racines z, pourrait être tout à fait admis.

On obtient, pour les valeurs de z qui correspondent aux valeurs $n = 1, 2, \ldots, 6,$

$$z_1 = -\ 9,267, \quad z_2 = -\ 37,831, \quad z_3 = -88,295, \quad z_4 = -166,13,$$
$$z_5 = -285,97, \quad z_6 = -501,58.$$

17. Occupons-nous ensuite du mouvement de l'électricité à l'intérieur du fil télégraphique dans les conditions où il a coutume de se produire. Supposons donc que l'extrémité du fil $(z = o)$ soit mise brusquement au potentiel A et maintenue à ce potentiel constant par sa communication avec une pile. L'autre extrémité du fil $(z = l)$ est en communication avec la Terre et se trouve au potentiel zéro. Alors le fil sera traversé par des courants variables qui tendront rapidement vers l'état permanent. Examinons cet état variable.

Désignons par z_n la racine z correspondant au nombre entier n. La fonction continue de t

$$\frac{l-z}{l} - \frac{2}{\pi} \sum_{n=1}^{\infty} \frac{1}{n} e^{\alpha_n t} \sin \frac{n\pi z}{l}$$

s'annule pour $t = 0$, quel que soit z; donc la dérivée par rapport à z de cette fonction s'annule aussi pour $t = 0$ ou encore la limite de la série

$$1 + 2 \sum e^{\alpha_n t} \cos \frac{n\pi z}{l},$$

quand t tend vers zéro, est nulle. De plus, la dérivée par rapport à z de cette dernière expression s'annule pour $z = 0$ et $z = l$.

Or les termes de w renferment en facteur

$$\frac{dT}{dz} = p\,(\mathrm{H}_n \cos pz - \mathrm{H}'_n \sin pz)\,e^{\alpha_n t},$$

et w doit satisfaire aux conditions suivantes : il s'annule pour $t = 0$, quel que soit z; il se réduit à $\dfrac{Az}{l}$ pour $t = \infty$; enfin on a

$$\frac{dw}{dz} = 0 \qquad \text{pour} \qquad z = 0 \qquad \text{et} \qquad z = l.$$

Il en résulte que w peut être mis sous cette forme

$$(a) \qquad w = \frac{zA}{l} + \frac{2zA}{l} \sum_{n=1}^{\infty} \cos \frac{n\pi z}{l}\, e^{\alpha_n t}.$$

et l'intensité du courant pour toute la section du fil sera $\pi a^2 w$. On voit aussi très facilement que si, après que le courant est devenu permanent, on supprime le contact avec la pile, la composante w du courant sera donnée par la formule

$$w = -\frac{2Az}{l} \sum_{n=1}^{\infty} \cos \frac{n\pi z}{l}\, e^{\alpha_n t}.$$

Nous avons, pour le terme simple de w (n° 13),

$$w = \frac{\alpha_n}{4\pi c^2} \left(1 - \frac{2}{a^2 p^2 \log pa} \right) p\,\mathrm{H}_n \cos pz\, e^{\alpha_n t}.$$

ou, en négligeant une partie très petite par rapport à celle que nous conservons,

$$w = - \frac{z_n}{2\pi c^2 a^2 p \log pa} H_n \cos pz \, e^{z_n t};$$

cette expression doit représenter le terme général de (a); en exprimant cette égalité, on obtient

$$H_n = - \frac{4\pi^2 A a^2 c^2 z}{l^2} \frac{n \log pa}{z_n}.$$

Si l'on adoptait l'expression (γ) du n° 15 pour les racines z_n, la formule (a) s'accorderait entièrement avec celle qui a été admise par W. Thomson pour représenter le mouvement longitudinal de l'électricité à l'intérieur d'un fil télégraphique sous-marin.

18. Pour avoir la composante transversale du courant, nous considérons d'abord la solution simple (n° 13)

$$v = - \frac{z R}{4\pi c^2 a^2 \log pa} T = - \frac{z R}{4\pi c^2 a^2 \log pa} H_n \sin pz \, e^{z_n t}$$

et, en remplaçant H_n par sa valeur,

$$v = \frac{\pi A z}{l^2} n R \sin pz \, e^{z_n t}.$$

Nous aurons ensuite, pour la valeur complète de v,

$$v = \frac{\pi A z}{l^2} R \sum_{n=1}^{z} n \sin \frac{n\pi z}{l} e^{z_n t},$$

quantité qui peut être considérée comme nulle, à cause de la petitesse du coefficient et à cause de celle de la série.

On calculera aussi facilement les composantes de la force magnétique exercée par le courant sur un point extérieur. On emploiera les formules

$$X = \frac{d\beta'}{dy} - \frac{d\gamma'}{dz}, \qquad Y = \frac{d\gamma'}{dz} - \frac{d\beta'}{dx}, \qquad Z = 0,$$

et l'on trouvera

$$X = \Phi \frac{y}{R^2}, \qquad Y = - \Phi \frac{x}{R^2}, \qquad Z = 0,$$

en posant

$$\Phi = - \frac{2\pi a^2 z \Lambda}{l} - \frac{4\pi a^2 z \Lambda}{l} \sum_{n=1}^{\infty} \cos \frac{n\pi z}{l} e^{z_n t}$$

ou

$$\Phi = - 2\pi a^2 w,$$

et, en remplaçant Φ dans X, Y, on obtiendrait des formules identiques à celles qu'on avait trouvées pour le mouvement permanent.

19. Le mouvement de l'électricité sera considéré comme arrivé à l'état permanent dès que, avec des instruments donnés, on ne pourra plus constater la variabilité de ce mouvement. Si nous remarquons que, vers la fin de cet état variable, la série qui entre dans w peut être réduite à son premier terme à cause du décroissement rapide des exponentielles, nous reconnaissons que la durée sensible T de cet état variable sera donnée par l'équation

$$z_1 T = - \beta,$$

β étant une quantité constante pour des instruments donnés. La valeur de z_1 est toujours représentée d'une manière très approchée par l'expression (γ) du n° 15, en sorte qu'on peut poser

$$z_1 = - \frac{\pi^3 a^2 z}{K l^2}, \qquad T = \frac{K l^2}{\pi^3 a^2 z} \beta.$$

Ainsi T est proportionnel à l^2, ce qui est conforme aux expériences de Varley et de Jenkin ; T est aussi proportionnel au coefficient d'induction K de l'isolateur et en raison inverse de la section et de la conductibilité spécifique du métal.

D'après les formules qui ont été obtenues, on ne peut dire que l'électricité ait une vitesse déterminée dans le fil télégraphique. Cette vitesse, en effet, serait la longueur de ce fil divisée par le temps de la transmission de l'électricité d'une station à l'autre, aussitôt après qu'on a établi le contact à la première. Or ce temps n'a pas une valeur déterminée. En effet, la formule de l'intensité du courant pour $z = l$ est

$$I = \pi e^2 \frac{z \Lambda}{l} \left(1 + 2 \sum_{n=1}^{\infty} (-1)^n e^{z_n t} \right).$$

et, quelque petit que soit le temps t, pourvu qu'il ne soit pas nul, I aura une valeur différente de zéro ; cette valeur sera d'abord insensible pour tous les instruments ; elle sera reconnue d'autant plus tôt que les instruments seront plus délicats. Enfin l'intensité paraîtra ne plus subir de changement, quand t aura obtenu la valeur T déterminée ci-dessus.

Fil télégraphique aérien.

20. Après la théorie exposée dans les onze premiers numéros de ce Chapitre, toute la difficulté de la recherche du mouvement de l'électricité dans un fil aérien se réduit à déterminer la quantité z qui entre dans l'exponentielle relative au temps.

D'après ce que nous avons admis en général pour un conducteur traversé par des courants, le potentiel de l'électricité située à l'intérieur du fil et à sa surface est nul à l'extérieur ; mais, en considérant ce principe comme admissible en général, s'il est susceptible de quelque perturbation ordinairement insensible, on peut craindre que, dans un corps dont une dimension est énorme par rapport aux deux autres, cette perturbation joue un rôle qui ne soit plus négligeable.

Admettons néanmoins que le potentiel extérieur est nul, et posons en conséquence

$$\varphi' + \psi' = 0.$$

En remplaçant φ' et ψ' par leurs valeurs (n°s 3 et 5), nous obtenons

$$\frac{J(ga)}{Q(pa)} + \frac{J'(pa)}{Q'(pa)}C = 0.$$

La quantité pa est certainement très petite ; mais, comme les suppositions que ga et qa soient aussi très petits simplifient beaucoup les formules, essayons de les faire, et cette équation deviendra

$$(3) \qquad\qquad C + \frac{2}{a^2 p^2 \log pa} = 0.$$

Remplaçons C par la valeur du n° 10, calculée d'après ces suppositions, et nous avons

$$z^2 - \left(\frac{1}{2\pi z\, a^2 \log pa} - \frac{p^2}{4\pi z} \right) z + p^2 c^2 - \frac{2c^2}{a^2 \log pa} = 0,$$

et, en supprimant des termes négligeables devant ceux qui sont conservés, nous obtenons enfin

$$z^2 - \frac{1}{2\pi z a^2 \log pa} z - \frac{2c^2}{a^2 \log pa} = 0.$$

On en tire

$$z = \frac{1}{4\pi z a^2 \log pa} \pm \sqrt{\frac{1}{16\pi^2 z^2 a^4 (\log pa)^2} + \frac{2c^2}{a^2 \log pa}};$$

or on reconnaît facilement que, sous le radical, le premier terme est très petit par rapport au second, en sorte qu'on peut réduire les racines z à

$$z = -\varepsilon \pm \varepsilon_1 \sqrt{-1},$$

en posant

$$\varepsilon = \frac{-1}{4\pi z c^2 \log pa}, \qquad \varepsilon_1 = \sqrt{\frac{-2c^2}{a^2 \log pa}}.$$

D'après ces formules, on trouve

$$\frac{\varepsilon^2 a^2}{4} = \frac{-1}{2 \log pa},$$

qui est en général assez petit; mais on aurait

$$q^2 = 4\pi z z + p^2$$

ou, en négligeant le second terme,

$$\frac{q^2 a^2}{4} = \pi z \varepsilon a^2 \pm \pi z \varepsilon_1 a^2 \sqrt{-1},$$

dont la partie imaginaire est très grande. Donc les approximations que nous avons employées ne sont pas admissibles, et il faut procéder autrement.

21. Essayons donc maintenant de reprendre les calculs en supposant ga très petit et qa très grand.

Pour intégrer l'équation

$$\frac{d^2 J}{dr^2} + \frac{1}{r} \frac{dJ}{dr} - J = 0,$$

quand r est très grand, nous poserons

$$J = e^r T,$$

et nous développerons T suivant les puissances descendantes de r; nous aurons ainsi la formule

$$J = \frac{e^r}{\sqrt{r}} \left(1 + \frac{1}{8}\frac{1}{r} + \frac{1}{8^2}\frac{9}{2}\frac{1}{r^2} + \ldots \right),$$

que nous réduirons à son premier terme. La même équation est aussi satisfaite par l'expression

$$\frac{e^{-r}}{\sqrt{r}} \left(1 - \frac{1}{8}\frac{1}{r} + \frac{1}{8^2}\frac{9}{2}\frac{1}{r^2} + \ldots \right).$$

En prenant

$$J(qR) = \frac{e^{qR}}{\sqrt{qR}},$$

nous avons, pour les équations (C) et (D) du n° 7,

$$-\frac{1}{2}Ng^2 a - \frac{1}{2\alpha}Cp^2 a + Lq\frac{e^{qa}}{\sqrt{qa}} = \frac{M}{a},$$

$$-\frac{1}{2}Ng^2 - \frac{1}{2\alpha}Cp^2 + Lq^2\frac{e^{qa}}{\sqrt{qa}} = -\frac{M}{a^2},$$

et nous en tirerons

$$(c) \qquad 2M = -Lq^{\frac{1}{2}}a^{\frac{1}{2}}e^{qa},$$

$$(d) \qquad -Ng^2 a - \frac{1}{\alpha}Cp^2 a + Lq^{\frac{3}{2}}a^{\frac{1}{2}}e^{qa} = 0.$$

Nous avons ensuite, pour les deux équations (A) et (B) [n° 6],

$$(a) \qquad -N - \frac{1}{\alpha}C + L_1\frac{e^{qa}}{\sqrt{qa}} = C'\log pa,$$

$$(b) \qquad -\frac{1}{2}Ng^2 a - \frac{1}{2\alpha}Cp^2 a + L_1 q\frac{e^{qa}}{\sqrt{qa}} = \frac{C'}{a}.$$

Nous avons encore l'équation (E) ou

$$L_2 = L\frac{q^2}{p^2}$$

(n° 8), et l'on tire de (d)

$$\frac{1}{z}C = L\frac{q^2}{p^2}\frac{e^{qa}}{\sqrt{qa}} - \frac{Ng^2}{p^2}.$$

Substituons ces valeurs dans (a), et nous trouverons

$$C' = \frac{N(g^2 - p^2)}{p^2 \log pa} = \frac{z}{p^2 c^2 \log pa}.$$

D'après l'équation (F) du n° 8, on a

$$(f) \qquad M = C' - \frac{z}{p^2 c^2 \log pa} = 0.$$

Remplaçons C, C' et L_2 dans (b), et nous aurons

$$L = \frac{z e^{-qa}}{q^2 c^2 \sqrt{qa}\,\log pa},$$

puis

$$C = \frac{z^2}{p^2 c^2 qa \log pa} - \frac{Ng^2 z}{p^2}.$$

D'après (f), M est nul; il faut donc, pour que ce calcul soit admissible, que l'expression (c) soit assez petite pour être regardée comme nulle. Or on a $q^2 = 4\pi zz$; z sera trouvé imaginaire et q renfermera une quantité réelle très grande qu'il faudra choisir négative, en sorte que l'expression (c) soit effectivement très petite par le facteur e^{qa}.

22. Pour obtenir maintenant l'équation en z, appliquons l'équation (β) ou

$$Cp^2 + \frac{2}{a^2 \log pa} = 0;$$

en remplaçant C par la valeur précédente, nous obtiendrons

$$\frac{z^2}{c^2 qa \log pa} - \frac{z^2}{c^2} - p^2 \cdot \frac{z}{4\pi zc^2} - p^2 + \frac{2}{a^2 \log pa} = 0$$

et, en supprimant deux termes négligeables,

$$x^2 + \frac{p^2}{4\pi z}\,x - \frac{2c^2}{a^2 \log pa} = 0.$$

En ayant égard à la petitesse de $\frac{p^2}{4\pi z}$, on obtient

$$z = -\varepsilon \pm \varepsilon_1 \sqrt{-1}$$

avec

$$\varepsilon = \frac{p^2}{8\pi z}, \qquad \varepsilon_1 = \frac{c\sqrt{2}}{a}\,\frac{1}{\sqrt{-\log pa}}.$$

Vérifions que, d'après cette valeur de z, $g^2 a^2$ est très petit et $q^2 a^2$ très grand. Nous avons, d'une manière très approchée,

$$g^2 = m + p^2 = \frac{4\pi z x^2}{z + 4\pi z c^2} = \frac{x^2}{c^2} = -\frac{\varepsilon_1^2}{c^2} = \frac{2}{a^2 \log pa},$$

quantité en général suffisamment petite ; nous avons de même

$$q^2 = 4\pi z x = -4\pi z \varepsilon \pm 4\pi z \varepsilon_1 \sqrt{-1},$$

dont la partie imaginaire est très grande et la partie réelle très petite, et la quantité q a sa partie réelle très grande aussi bien que sa partie imaginaire.

Nous avons, pour la densité de la simple couche située à la surface du fil,

$$\varrho = \frac{1}{4\pi c^2}\,\frac{d(\varphi + \psi)}{dR} \qquad \text{pour } R = a,$$

et, en remplaçant φ et ψ par un terme simple, nous avons

$$\frac{d(\varphi + \psi)}{dR} = \frac{1}{2}(g^2 + Cp^2)aT = \frac{1}{2}\left(g^2 - \frac{2}{a^2 \log pa}\right)aT = 0.$$

Il en résulte qu'il n'y a pas de couche simple d'électricité à la surface du fil et qu'il ne s'y trouve qu'une double couche.

23. *Expressions du potentiel et de l'intensité du courant.* — On a trouvé (n° 11) comme solution simple, pour la composante du courant

suivant l'axe du fil

$$w = \left[\frac{1}{4\pi c^2} J(gR) - L_2 \alpha J(qR)\right] \alpha \frac{d\Gamma}{dz},$$

et nous avons, pour l'intensité du courant total correspondant,

$$I = 2\pi \int_0^a w R\, dR$$

ou

$$I = \left[\frac{a^2}{2\pi c^2} - 2\pi L_2 \alpha \int_0^a J(qR) R\, dR\right] \alpha \frac{d\Gamma}{dz}.$$

Calculons l'intégrale renfermée dans cette expression. La fonction $J(qR)$ satisfait à l'équation différentielle

$$R \frac{d^2 J(qR)}{dR^2} + \frac{dJ(qR)}{dR} = q^2 R J(qR)$$

ou

$$\frac{d}{dR}\left[R \frac{dJ(qR)}{dR}\right] = q^2 R J(qR).$$

On en tire

$$q^2 \int_0^a J(qR) R\, dR = \left[R \frac{dJ(qR)}{dR}\right]_a - \left[R \frac{dJ(qR)}{dR}\right]_0.$$

Quand qR est très petit, on a

$$J(qR) = 1 + \frac{q^2 R^2}{4}, \qquad \text{par suite} \qquad \left[R \frac{dJ(qR)}{dR}\right]_0 = 0;$$

quand qR est très grand, on a

$$J(qR) = \frac{e^{qR}}{\sqrt{qR}}, \qquad \frac{dJ(qR)}{dR} = q \frac{e^{qR}}{\sqrt{qR}};$$

par suite

$$\left[R \frac{dJ(qR)}{dR}\right]_a = \sqrt{qa}\, e^{qa},$$

et l'on a, pour l'intégrale cherchée,

$$\int_0^a J(qR) R\, dR = \frac{1}{q^2} \sqrt{qa}\, e^{qa}.$$

Ainsi, l'expression de I devient

$$I = \left(\frac{a^2}{2\pi c^2} - \frac{3\pi}{q^2} L_2 z \sqrt{qa}\, e^{qt} \right) z \frac{dT}{dz},$$

et, en remplaçant L_2 par sa valeur et q^2 par $4\pi z z$, puis négligeant le premier terme, qui est très petit par rapport au second,

$$I = \frac{-z}{2 p^2 c^2 \log pa} \frac{dT}{dz}.$$

Nous avons ensuite, comme solution simple, pour l'expression du potentiel Ψ,

$$\Psi = \varphi + \vartheta = (1 + C)T = \left(1 - \frac{2}{a^2 p^2 \log pa} \right) T,$$

ce qui peut être réduit à

$$\Psi = -\frac{2}{a^2 p^2 \log pa} T.$$

Or on a

$$T = (H \sin p z + H' \cos p z) e^{2t};$$

en exprimant que T s'annule pour $z = 0$ et $z = l$, on a

$$H' = 0, \qquad p = \frac{n\pi}{l},$$

où n représente un nombre entier, et, si l'on fait

$$H = H_1 + H_2 i,$$

où i désigne $\sqrt{-1}$, on a

$$T = (H_1 + H_2 i)(\cos \varepsilon_1 t + i \sin \varepsilon_1 t) e^{-zt} \sin p z.$$

Donc, en supprimant la partie imaginaire, on obtient

$$\Psi = -\frac{2}{a^2 p^2 \log pa} (H_1 \cos \varepsilon_1 t - H_2 \sin \varepsilon_1 t) e^{-zt} \sin p z.$$

24. Formons ensuite la solution générale. La fonction Ψ doit s'annuler pour $z = l$ et conserver une valeur constante A pour $z = 0$. On

a donc

$$\Psi = A\frac{l-z}{l} - \frac{2}{a^2}\sum_{n=1}^{\infty}\frac{1}{p^2\log pa}(H_1\cos\varepsilon_1 t - H_2\sin\varepsilon_1 t)e^{-\varepsilon t}\sin pz.$$

Cette fonction doit être nulle pour $t = 0$; on a donc

$$A\frac{l-z}{l} - \frac{2}{a^2}\sum_{n=1}^{\infty}\frac{H_1}{p^2\log pa}\sin pz = 0,$$

et l'on en conclut

$$H_1 = A\,n\pi\,\frac{a^2}{l^2}\log pa.$$

Revenant à l'expression de I, nous aurons, pour la solution simple,

$$I = \frac{-1}{2pc^2\log pa}(-\varepsilon + \varepsilon_1 i)(H_1 + H_2 i)\cos pz\, e^{-\varepsilon t}(\cos\varepsilon_1 t + i\sin\varepsilon_1 t),$$

et, en supprimant la partie imaginaire,

$$I = \frac{1}{2pc^2\log pa}[(H_1\varepsilon + H_2\varepsilon_1)\cos\varepsilon_1 t + (H_1\varepsilon_1 - H_2\varepsilon)\sin\varepsilon_1 t]e^{-\varepsilon t}\cos pz.$$

Nous avons donc, pour l'expression générale de I,

$$I = \pi a^2\frac{Az}{l} + \frac{l}{2\pi c^2}\sum\frac{1}{n\log pa}[(H_1\varepsilon + H_2\varepsilon_1)\cos\varepsilon_1 t + (H_1\varepsilon_1 - H_2\varepsilon)\sin\varepsilon_1 t]e^{-\varepsilon t}\cos pz.$$

Cette expression doit être nulle pour $t = 0$; on a donc

$$\pi a^2\frac{Az}{l} + \frac{l}{2\pi c^2}\lim\sum\frac{1}{n\log pa}(H_1\varepsilon + H_2\varepsilon_1)e^{-\varepsilon t}\cos pz = 0,$$

quand t tend vers zéro; cr la limite de

$$1 + 2\sum_{n=1}^{\infty}e^{-n^2 t}\cos pz,$$

quand t tend vers zéro, est nulle, quel que soit z. Nous avons donc

$$\frac{l}{2\pi c^2 n\log pa}(H_1\varepsilon + H_2\varepsilon_1) = 2\pi a^2\frac{Az}{l};$$

par suite,

$$H_2\varepsilon_1 = \frac{Aa^2}{l^2}\, n \log pa \left(4\pi^2\varkappa c^2 - \frac{p^2}{8\pi\varkappa}\right)$$

ou simplement

$$H_2\varepsilon_1 = \frac{4A\pi^2\varkappa c^2 a^2}{l^2}\, n \log pa.$$

On a aussi

$$H_1\varepsilon_1 - H_2\varepsilon = A n\pi \frac{a^2}{l^2}\varepsilon_1 \log pa,$$

en négligeant le second terme, qui est très petit par rapport au premier.

Les quantités H_1 et H_2 étant calculées, nous pouvons former les expressions générales de φ et de I, et nous obtiendrons

$$\varphi = A\frac{l-z}{l} - \frac{2A}{\pi}\sum_n \frac{1}{n} e^{-\varepsilon t}\cos\varepsilon_1 t \sin pz$$
$$+ 4\sqrt{2}\, A\varkappa c a \sum_n \frac{1}{n}\sqrt{-\log pa}\; e^{-\varepsilon t}\sin\varepsilon_1 t \sin pz.$$

$$I = \pi a^2 \frac{A\varkappa}{l} + 2\pi a^2 \frac{A\varkappa}{l}\sum_n e^{-\varepsilon t}\cos\varepsilon_1 t \cos pz$$
$$+ \frac{Aa}{lc\sqrt{2}}\sum_n \frac{1}{\sqrt{-\log pa}} e^{-\varepsilon t}\sin\varepsilon_1 t \cos pz.$$

La dernière partie de I peut être négligée, car le rapport du coefficient de la seconde série à celui de la première est $\frac{1}{2\sqrt{2\varkappa ac}}$, quantité extrêmement petite. Mais, dans l'expression de φ, le rapport des coefficients des *deuxième* et *première* séries est l'*inverse* du *premier*.

On peut donc réduire I à l'expression suivante

$$(p) \qquad I = \pi a^2 \frac{A\varkappa}{l}(1 + 2\Sigma e^{-\varepsilon t}\cos\varepsilon_1 t \cos pz);$$

en particulier, pour $z = l$, on a la formule

$$(q) \qquad I = \pi a^2 \frac{A\varkappa}{l}[1 + 2\Sigma(-1)^n e^{-\varepsilon t}\cos\varepsilon_1 t],$$

dont les termes décroissent extrêmement peu à cause de la petitesse de ε. Mais ces formules paraissent inadmissibles. En effet, le temps qui désigne la période de chacun des $\cos\varepsilon$, t est si petit et les termes des séries (p) et (q) changent de signe si rapidement, que ces séries ne semblent pas correspondre à un phénomène accessible à l'expérience. Le courant dans le fil, d'après la formule (p), paraîtrait atteindre presque immédiatement sa valeur définitive. MM. Lœwy et Stephan, en 1874, dans des expériences nombreuses pour déterminer la différence de longitude entre Marseille et Paris, ayant employé un fil télégraphique aérien de 1^{mm} d'épaisseur et d'une longueur égale à 863^{km}, ont trouvé $0,024$ de seconde pour le retard du signal entre ces deux villes. Ce temps serait incomparablement plus petit, d'après la formule (q).

25. Remarquons que la difficulté à admettre la solution précédente provient de ce que la racine z obtenue (n° 22) n'est pas réelle, et surtout de ce que sa partie imaginaire est extrêmement grande. Or, z est véritablement fourni par une équation transcendante, que nous avons réduite par approximation à une équation du second degré. Il faut donc examiner si, en employant une approximation plus grande, on n'obtiendra pas une racine négative outre les deux racines imaginaires que nous avons calculées (n° 22).

Reprenons l'équation qui détermine z

$$(r) \qquad \frac{\mathrm{J}(ga)}{\mathrm{Q}(pa)} + \frac{\mathrm{J}'(pa)}{\mathrm{Q}'(pa)} C = 0,$$

dans laquelle pa est très petit; mais laissons quelconques les grandeurs de ga et qa. Les équations (C) et (D) du n° 7 sont

$$- N g\,\mathrm{J}'(ga) - \frac{1}{z} C p\,\mathrm{J}'(pa) + L q\,\mathrm{J}'(qa) = \frac{M}{a},$$

$$- N g^2\,\mathrm{J}'(ga) - \frac{1}{z} C p^2\,\mathrm{J}'(pa) + L q^2\,\mathrm{J}'(qa) = - \frac{M}{a^2};$$

éliminons M entre ces deux équations, en nous servant de l'équation du second ordre à laquelle satisfait la fonction J, et nous aurons

$$- N g^2 J(ga) - \frac{1}{2} C p^2 J(pa) + L q^2 J(qa) = 0;$$

d'où nous tirons

$$C = \frac{\alpha L q^2}{p^2} J(qa) - \frac{\alpha N g^2}{p^2} J(ga).$$

D'après un calcul fait au n° 13, en laissant encore ga et qa quelconques, on a

$$L = \frac{1}{4 \pi \varkappa c^2 aq} \cdot \frac{J(ga)}{\log pa\, J'(qa)}.$$

Remplaçons aussi $N g^2$ par $\frac{\varkappa}{c^2}$, et nous aurons

$$C = \frac{q \varkappa J(qa) J(ga)}{4 \pi \varkappa c^2 ap^2 \log pa\, J'(qa)} - \frac{\varkappa^2}{p^2 c^2} J(ga).$$

Substituons dans l'équation (r), puis divisons par $J(ga)$; nous aurons l'équation

$$(s) \qquad \frac{1}{\log pa} - \frac{a^2}{2 c^2} \varkappa^2 + \frac{aq \varkappa J(qa)}{8 \pi \varkappa c^2 \log pa\, J'(qa)} = 0.$$

Telle est l'équation transcendante qui détermine $\varkappa$; la quantité g en a disparu et qa a été laissé quelconque. Cette équation est assez difficile à discuter, si on laisse arbitraires les quantités l, a, $\varkappa$; néanmoins elle ne parait pas avoir des racines négatives dans les conditions ordinaires d'un fil télégraphique.

26. D'après les expériences de Guillemin, faites en 1860, la durée T de l'établissement du courant dans un fil aérien augmente avec sa longueur, toutes choses égales d'ailleurs, et varie dans un rapport compris entre celui des longueurs l et celui de leurs carrés. Depuis cette époque, plusieurs physiciens se sont occupés de la propagation de l'électricité dans un fil aérien. Hagenbach a résumé les expériences faites sur ce sujet (*Annalen der Physik*, von G. Wiedemann, t. XXIX; 1886), et il a exposé de plus celles qu'il avait entreprises, en 1885, entre Bâle et plusieurs autres villes de Suisse. Suivant lui, la durée T varie

avec l dans un rapport très analogue à celui de l^2; mais il y a lieu de penser que la manière dont T varie avec l n'est pas si simple.

Remarquons que la propagation de l'électricité est beaucoup plus rapide dans les fils aériens que dans les fils sous-marins; les expériences sont, par conséquent, beaucoup plus difficiles pour les premiers que pour les seconds.

Il convient de rechercher si l'on n'obtiendrait pas une propagation sensible de l'électricité en tenant compte de certaines influences perturbatrices.

Les fils aériens sont ordinairement en fer, métal qui s'aimante sous l'influence des courants; mais, d'après des calculs que j'ai faits à ce sujet, il n'en résulterait pas de modification pour la formule de l'intensité du courant.

Remarquons ensuite que, dans cette théorie, j'ai supposé que la courbure du fil est partout extrêmement petite (n° 1); cette condition est toujours remplie dans les fils sous-marins, mais pas toujours dans un fil aérien auprès des poteaux qui le soutiennent.

Mais la perte de l'électricité sur la ligne télégraphique doit avoir une influence. Celle qui a lieu par l'air est probablement insensible; au contraire, celle qui se produit par les poteaux ne doit pas être négligeable. Si cette influence est prépondérante, comme le degré d'isolement des fils peut varier beaucoup suivant les lignes télégraphiques, les expériences faites sur différentes lignes donneront des résultats peu comparables, comme cela paraît avoir lieu effectivement.

Nous allons donc rechercher l'influence du défaut d'isolement des poteaux.

Perte d'électricité par les poteaux.

27. Nous supposerons que les poteaux qui supportent le fil se suivent à des distances égales et que la perte d'électricité sur chacun soit la même, et, comme la distance de deux poteaux consécutifs est très petite par rapport à la longueur totale du fil, nous pourrons, pour appliquer le calcul, regarder cette perte comme s'effectuant tout le long du fil.

La perte d'électricité doit être proportionnelle au potentiel total de

36

l'électricité pris à la surface, et, si nous désignons par ρ la densité de l'électricité à la surface, par υ la composante du courant suivant le rayon, nous aurons

$$(\alpha)\qquad \frac{d\rho}{dt} = \upsilon_a + \mu(\varphi_a + \theta_a),$$

μ étant une constante et l'indice a indiquant que les quantités sont prises pour $R = a$.

D'après le raisonnement qui a servi à établir les équations (d) du n° 1 du Chapitre VIII, nous aurons

$$\frac{d\mathfrak{F}}{dx} + \frac{d\mathfrak{G}}{dy} + \frac{d\mathfrak{H}}{dz} = -\frac{1}{c^2}\frac{d\varphi}{dt} + \mu\int(\varphi + \theta)\frac{d\tau}{r}.$$

L'équation qui donne φ sera aussi modifiée (Chap. VIII, n° 10) et deviendra

$$(\beta)\qquad \Delta\frac{d\varphi}{dt} + 4\pi\alpha c^2\Delta\varphi - 4\pi\alpha\frac{d^2\varphi}{dt^2} + 4\pi\alpha\mu c^2\int\frac{d(\varphi+\theta)}{dt}\frac{d\tau}{r} = 0.$$

Posons

$$(\gamma)\qquad \varphi = \Phi + \frac{\mu c^2}{\alpha}\int(\varphi + \theta)\frac{d\tau}{r} = \Phi + \psi;$$

comme ψ satisfait à l'équation $\Delta\psi = 0$, l'équation (β) sera remplacée par

$$\Delta\frac{d\Phi}{dt} + 4\pi\alpha c^2\Delta\Phi - 4\pi\alpha\frac{d^2\Phi}{dt^2} = 0$$

et reprendra la forme qu'elle avait précédemment; mais les équations qui donnent $\mathfrak{F}$, $\mathfrak{G}$, $\mathfrak{H}$ deviendront

$$(\delta)\qquad \begin{cases} \Delta\mathfrak{F} = 4\pi\alpha\left(\dfrac{d\Phi}{dx} + \dfrac{d\theta}{dx} + \dfrac{d\mathfrak{F}}{dt}\right) + 4\pi\alpha\dfrac{d\psi}{dx}, \\ \Delta\mathfrak{G} = 4\pi\alpha\left(\dfrac{d\Phi}{dy} + \dfrac{d\theta}{dy} + \dfrac{d\mathfrak{G}}{dt}\right) + 4\pi\alpha\dfrac{d\psi}{dy}, \\ \Delta\mathfrak{H} = 4\pi\alpha\left(\dfrac{d\Phi}{dz} + \dfrac{d\theta}{dz} + \dfrac{d\mathfrak{H}}{dt}\right) + 4\pi\alpha\dfrac{d\psi}{dz}. \end{cases}$$

28. Occupons-nous maintenant d'un système de solutions simples

et calculons la partie correspondante de la fonction ψ. Cette partie de ψ aura à l'intérieur et à l'extérieur les formes suivantes

$$\psi = \mathrm{D}\,\mathrm{J}(p\mathrm{R})\mathrm{T},$$

$$\psi' = \mathrm{D}\frac{\mathrm{J}(pa)}{\log pa}\log p\mathrm{R}.\mathrm{T},$$

où D désigne une constante. Cette fonction représente le potentiel d'une couche superficielle dont la densité est

$$-\frac{\mathrm{D}}{4\pi}\left(-p\,\mathrm{J}'(pa)+\frac{\mathrm{J}(pa)}{a\log pa}\right)\mathrm{T};$$

mais, d'après la formule (γ), cette densité est aussi égale à

$$\frac{\mu c^2}{\alpha}(\varphi+\theta)=\frac{\mu c^2}{\alpha}(1+\mathrm{C})\mathrm{T}.$$

En égalant ces deux expressions et supprimant une partie négligeable, on obtient

$$\mathrm{D}=-\frac{4\pi a\mu c^2}{\alpha}(1+\mathrm{C})\log pa,$$

et, en remplaçant C par sa valeur,

$$\mathrm{C}=\frac{\alpha}{2\pi\varkappa a^2 p^2 c^2\log pa}-\frac{\alpha^2}{p^2 c^2}-1,$$

on trouve

$$\mathrm{D}=\frac{4\pi\mu a}{p^2}\left(\alpha\log pa-\frac{1}{2\pi\varkappa a^2}\right).$$

29. Nous pouvons ensuite compléter les fonctions $\mathfrak{F}$, $\mathfrak{G}$, $\mathfrak{H}$ trouvées (n°s 6 et 7) par des fonctions F, G, H satisfaisant aux équations

$$\Delta\mathrm{F}=0,\qquad \Delta\mathrm{G}=0,\qquad \Delta\mathrm{H}=0,$$

et les équations (δ) donneront

$$\frac{d\psi}{dx}+\frac{d\mathrm{F}}{dt}=0,\qquad \frac{d\psi}{dy}+\frac{d\mathrm{G}}{dt}=0,\qquad \frac{d\psi}{dz}+\frac{d\mathrm{H}}{dt}=0$$

ou

$$\mathrm{F}=-\frac{1}{\alpha}\frac{d\psi}{dx},\qquad \mathrm{G}=-\frac{1}{\alpha}\frac{d\psi}{dy},\qquad \mathrm{H}=-\frac{1}{\alpha}\frac{d\psi}{dz}.$$

A l'extérieur, nous avons les équations

$$\Delta \vec{\mathfrak{F}}' = 0, \qquad \Delta \mathfrak{G}' = 0, \qquad \Delta \mathfrak{H}' = 0,$$

$$\frac{d\vec{\mathfrak{F}}'}{dx} + \frac{d\mathfrak{G}'}{dy} + \frac{d\mathfrak{H}'}{dz} = -\frac{1}{c^2}\frac{d\varphi'}{dt} + \mu \int (\rho + \sigma)\frac{d\sigma}{r},$$

et l'on y satisfera en posant

$$\varphi' = \Phi' + \frac{\mu c^2}{\alpha} \int (\rho + \sigma)\frac{d\sigma}{r} = \Phi' + \Psi',$$

prenant pour Φ' la valeur trouvée précédemment pour φ' et conservant les expressions de $\vec{\mathfrak{F}}'$, $\mathfrak{G}'$, $\mathfrak{H}'$ trouvées (n°s 6 et 7).

Les expressions de θ et θ' seront celles qui ont été données au n° 5.

Les expressions de $\mathfrak{H}$, $\mathfrak{H}'$, P, P' des n°s 6 et 7 deviennent

$$\mathfrak{H} = \left[- N J(gR) - \frac{C}{\alpha} J(pR) + L_1 J(qR) \right]\frac{d\Gamma}{dz} - \left(\frac{4\pi\mu a}{p^2}\log pa - \frac{2\mu}{p^2 \varkappa a \varkappa} \right)\frac{d\Gamma}{dz},$$

$$\mathfrak{H}' = C' \log pR \frac{d\Gamma}{dz},$$

$$P = \left[-N g J'(gR) - \frac{C}{\alpha} J'(pR) + L q J'(qR) \right]T - 2\pi\mu a \left(\log pa - \frac{1}{2\pi\varkappa a^2 \alpha} \right)RT,$$

$$P' = \frac{M}{R} T.$$

30. Essayons maintenant de satisfaire à la surface, ou pour $R = a$, aux conditions

$$\mathfrak{H} = \mathfrak{H}', \qquad \frac{d\mathfrak{H}}{dR} = \frac{d\mathfrak{H}'}{dR}, \qquad P = P', \qquad \frac{dP}{dR} = \frac{dP'}{dR}.$$

Si l'on suppose ga et qa très petits, ces conditions deviennent, en négligeant des quantités très petites,

$$(\text{A}) \qquad -N - \frac{1}{\alpha}C + L_1 = C' \log pa + \frac{4\pi\mu a}{p^2}\log pa - \frac{2\mu}{p^2 \varkappa a \varkappa},$$

$$(\text{B}) \qquad -N g^2 a - \frac{1}{\varkappa}C p^2 a + L_1 q^2 a = \frac{2C'}{a},$$

$$(\text{C}) \qquad -N g^2 a - \frac{1}{\varkappa}C p^2 a + L q^2 a = \frac{2M}{a},$$

$$(\text{D}) \qquad -N g^2 - \frac{1}{\varkappa}C p^2 + L q^2 = -\frac{2M}{a^2}.$$

Nous avons encore les équations obtenues au n° 8,

(E)
$$L_2 = L \frac{q^2}{p^2},$$

(F)
$$M - C' = \frac{-\alpha}{p^2 c^2 \log pa}.$$

Les équations (B), (C), (D), (E), (F) sont exactement celles que nous avons obtenues précédemment; leur résolution donne donc les valeurs de M, C, C', L, L_2 obtenues au n° 10; mais alors on ne pourra plus satisfaire à l'équation (A).

La suppression de l'équation (A) indique que $\mathfrak{H}$ ne varie pas d'une manière continue à travers la surface du fil; comme on a

$$\mathfrak{H} = \int \frac{w}{r} d\varpi,$$

il en résulte que, à la surface du fil, il y aura deux couches de courant qui se mouvront parallèlement à la surface du fil et en sens contraire.

31. Pour obtenir l'équation en α, posons encore

$$\varphi' + \vartheta' = o,$$

nous aurons

$$\frac{J(ga)}{\log pa} + \frac{D}{\log pa} + \frac{a^2 p^2}{2} C = o$$

ou

$$\frac{a^2}{2c^2} \alpha^2 - \left(\frac{4\pi\mu a}{p^2} + \frac{1}{4\pi\alpha c^2 \log pa} \right) \alpha + \frac{2\mu}{\alpha a p^2 \log pa} - \frac{1}{\log pa} = o.$$

Les termes qui contiennent c^2 en dénominateur peuvent être négligés, et l'équation du second degré se réduit à

$$\alpha = \frac{1}{2\pi\alpha a^2 \log pa} - \frac{p^2}{4\pi\mu a \log pa};$$

l'autre racine aura une valeur négative extrêmement grande et qui correspondra à un mouvement qui peut être regardé comme s'éteignant immédiatement.

32. *État permanent.* — Le courant électrique tend vers un état permanent qu'il faut connaître pour l'ajouter à la somme des solutions simples qui expriment la variabilité du mouvement. Pour cet état, on a les équations

$$(p) \quad \begin{cases} \Delta \mathfrak{f} = 4\pi\varkappa\left(\dfrac{d\varphi}{dx} + \dfrac{d\vartheta}{dx}\right), \\[2mm] \Delta \mathfrak{G} = 4\pi\varkappa\left(\dfrac{d\varphi}{dy} + \dfrac{d\vartheta}{dy}\right), \\[2mm] \Delta \mathfrak{H} = 4\pi\varkappa\left(\dfrac{d\varphi}{dz} + \dfrac{d\vartheta}{dz}\right), \end{cases}$$

$$(q) \quad \Delta\vartheta = 0,$$

$$(r) \quad \frac{d\mathfrak{f}}{dx} + \frac{d\mathfrak{G}}{dy} + \frac{d\mathfrak{H}}{dz} = \mu \int' (\varphi + \vartheta)\frac{d\sigma}{r}.$$

En différentiant les équations (p) respectivement par rapport à x, y, z et ajoutant, puis ayant égard aux équations (q) et (r), on obtient

$$\Delta\varphi = 0.$$

D'après cela, posons

$$\varphi = \vartheta(\tau R)\,\xi,$$

en faisant

$$(s) \quad \xi = \mathfrak{A}\,e^{\tau z} + \mathfrak{B}\,e^{-\tau z},$$

et prenant, par suite, pour $\vartheta(\tau R)$ une solution de l'équation

$$\frac{d^2\vartheta}{dR^2} + \frac{1}{R}\frac{d\vartheta}{dR} + \tau^2\vartheta = 0$$

ou

$$\vartheta(\tau R) = 1 - \frac{\tau^2 R^2}{4} + \ldots.$$

Nous avons ensuite, en supposant τa très petit,

$$\varphi' = \frac{1}{\log\tau a}\log\tau R.\xi.$$

En appliquant l'équation

$$\varphi' + \vartheta' = 0,$$

nous obtenons

$$\vartheta' = -\frac{1}{\log\tau a}\log\tau R.\xi.$$

Les dérivées de θ et θ' par rapport à R doivent être égales pour $R = a$, et l'on en conclut

$$\theta = \frac{2}{a^2 \tau^2 \log \tau a} \vartheta(\tau R)\tilde{c}.$$

Nous pouvons maintenant calculer les composantes longitudinale et transversale du courant; elles sont

$$w = -\varkappa \frac{d(\varphi + \theta)}{dz} = -\varkappa \left(1 + \frac{2}{a^2 \tau^2 \log \tau a} \right) \vartheta(\tau R) \frac{d\tilde{c}}{dz},$$

$$\upsilon = -\varkappa \frac{d(\varphi + \theta)}{dR} = -\varkappa \left(1 + \frac{2}{a^2 \tau^2 \log \tau a} \right) \tau \vartheta'(\tau R)\tilde{c}.$$

Puis l'équation (α) du n° 27 nous fournit la condition à la surface

$$\upsilon_a + \mu(\varphi_a + \theta_a) = 0,$$

qui donne

$$\mu = -\frac{\varkappa a \tau^2}{2}.$$

Cette relation entre τ et μ permettra de calculer une de ces quantités si l'on connait l'autre. D'après le raisonnement du n° 27, μ est indépendant de la longueur l du fil; donc, d'après cette formule, τ l'est aussi.

Le potentiel $\varphi + \theta$ doit s'annuler pour l'extrémité $z = l$ du fil; donc $\tilde{c}$ est le produit d'une constante par

$$\sinh[\tau(l - z)];$$

$\varphi + \theta$ doit de plus se réduire au potentiel donné A pour $z = 0$; on en conclut

$$\varphi - \theta = A \frac{\sinh[\tau(l - z)]}{\sinh(\tau l)},$$

puis

$$w = \varkappa A \tau \frac{\cosh[\tau(l - z)]}{\sinh(\tau l)}.$$

33. Supposons, par exemple, que, le courant étant devenu permanent, son intensité au point d'arrivée soit les $\frac{2}{10}$ de son intensité au

point de départ; nous aurons

$$\frac{1}{\cosh(\tau l)} = \frac{9}{10},$$

et il en résulte

$$\tau l = 0,4669.$$

Si nous nous donnons encore la longueur l du fil égale à 400^{km} et son rayon égal à 2^{mm}, nous aurons

$$l = 4.10^{7}, \qquad a = 0,2,$$

par suite

$$\tau = \frac{1167}{10^{11}}, \qquad \tau a = \frac{2334}{10^{11}}.$$

Prenons pour la conductibilité spécifique du fer du fil $\varkappa = \frac{1}{9294}$, et nous aurons

$$\mu = -\frac{1465}{10^{24}}.$$

34. *Solution générale.* — En ajoutant la solution du mouvement permanent à la somme des solutions simples relatives au mouvement variable, nous obtiendrons la formule suivante pour la composante w du courant

$$w = \varkappa A \tau \frac{\cosh[\tau(l-z)]}{\sinh(\tau l)} + \sum_{n=0}^{\infty} B_n \cos \frac{n\pi z}{l} e^{\alpha_n t},$$

les coefficients B_n devant être déterminés de manière que w s'annule pour $t = 0$; les quantités α_n ont la valeur trouvée au n° 31, et, si l'on y remplace μ par $-\frac{\varkappa a \tau^2}{2}$, on obtient

$$\alpha_n = \frac{1}{2\pi\varkappa a^2 \log pa} + \frac{p^2}{2\pi\varkappa a^2 \tau^2 \log pa},$$

quantité négative, puisque $\log pa$ est négatif.

D'après cela, on a

$$w = \varkappa A \left[\tau \frac{\cosh[\tau(l-z)]}{\sinh(\tau l)} + \frac{2\pi^2}{l} \sum_{n=1}^{\infty} \frac{n^2}{n^2\pi^2 + \tau^2 l^2} \cos \frac{n\pi z}{l} e^{\alpha_n t} \right].$$

La série n'a pas une valeur déterminée pour $t = o$; mais elle tend vers une valeur déterminée quand t tend vers zéro, de sorte que w, étant regardé comme une fonction continue de t, est nul, d'après la formule précédente, pour $t = o$.

35. La quantité $\log pa$, dans laquelle p est égal à $\frac{n\pi}{l}$, varie peu d'un terme au suivant. D'autre part, si l'on considère plusieurs fils qui ne diffèrent que par la longueur et pour lesquels les rapports des longueurs ne soient pas trop grands, $\log \frac{\pi a}{l}$ pourra être regardé sans grande erreur comme le même pour tous les fils, parce que $\frac{l}{a}$ est un nombre extrêmement grand. Nous avons vu aussi que τ est indépendant de l.

D'après cela, désignons par T le temps après lequel le mouvement paraîtra permanent à la station d'arrivée pour un appareil donné; on aura

$$z_1 T = - \gamma,$$

γ étant un nombre fixe, si l'on considère comme très petits le deuxième terme et les suivants vis-à-vis du premier pour cette valeur de t. Ainsi T peut s'écrire

$$T = - 2\pi\kappa\gamma \frac{\pi^2 l^2}{\pi^2 + \pi^2 l^2} a^2 \log \frac{\pi a}{l}.$$

D'après le calcul du n° 33, on voit que τl sera petit par rapport à π, sans quoi le fil serait certainement mal isolé. Donc T variera à peu près proportionnellement à l^2, quoique dans un rapport moindre. Nous arrivons ainsi à un résultat très conforme aux expériences.

La quantité μ, introduite au n° 27, doit varier en raison inverse de a et, d'après la valeur de μ, $a\tau$ est indépendant de a. Donc T dépend très peu de la grandeur du rayon.

La quantité z_1 a pour valeur

$$z_1 = - \frac{\pi^2}{2\pi\kappa a^2 \log \frac{l}{\pi a}} \left(1 + \frac{\pi^2}{\pi^2 l^2} \right).$$

Calculons cette quantité dans les conditions indiquées au n° 33, sans choisir toutefois la longueur l. Désignons par $\log_v$ les logarithmes vulgaires et par M leur module; nous aurons

$$z_1 = - \frac{929400\,M}{8\pi\left(\log_v l + \log_v \frac{10}{2\pi}\right)}\left(1 + \frac{10^{22}\pi^2}{116_7^{-2}}\frac{1}{l^2}\right)$$

ou

$$z_1 = - \frac{16060}{\log_v l + 0,2018}\left(1 + \frac{7247 \times 10^{16}}{l^2}\right).$$

Mais le second terme de la parenthèse pourra devenir beaucoup plus petit si la perte d'électricité est plus grande que nous ne l'avons supposé dans cet exemple particulier.

Suivant Varley, sur une ligne de 640^{km} convenablement isolée, l'intensité du courant reçu ne doit pas être moindre que les $0,46$ de l'intensité du courant émis. D'après cela, prenons la longueur du fil égale à 640^{km}, le rayon $a = 2^{mm}$ et supposons que l'intensité du courant à l'arrivée soit les $0,46$ de l'intensité au départ; nous aurons

$$\frac{1}{\cos h(\tau l)} = 0,46, \qquad \tau l = 1,4120, \qquad \tau = \frac{2,2062}{10^5}.$$

Considérons ensuite un fil semblable au précédent, isolé de la même manière, mais de longueur l quelconque. Désignons par l' la longueur du fil précédent; nous aurons, pour la quantité z_1,

$$z_1 = - \frac{16060}{\log_v l + 0,2018}\left(1 + 4,9503\,\frac{l'^2}{l^2}\right).$$

Alors la proportionnalité de T à l^2 ne pourra être admise approximativement que pour des valeurs de l notablement plus petites que l'.

Théorie de Kirchhoff.

36. Kirchhoff a publié, en 1857, deux Mémoires sur la propagation de l'électricité dans un fil télégraphique aérien, qui méritent d'autant plus d'être cités qu'ils sont le premier essai qui ait été fait pour résoudre ce problème (*Mémoires de Kirchhoff*, p. 131 et 154).

Suivant Kirchhoff, le fil est recouvert d'une simple couche d'électricité. Appliquons les formules des n°ˢ 1 à 10 en supprimant la double couche que nous avons admise. Le potentiel θ de la double couche est donc nul et l'on doit faire $C = o$ (n° 5); cette condition déterminera z.

En supposant ga et qa très petits, on a donc (n° 10)

$$C = \frac{z}{4\pi z a^2 p^2 c^2 \log pa} - \frac{N g^2}{p^2} z = o;$$

en remplaçant

$$N g^2 = \frac{z}{c^2} + \frac{1}{4\pi z c^2} p^2 + \frac{p^2}{z}$$

et négligeant un terme très petit, on obtient l'équation

$$z^2 - \frac{1}{2\pi z a^2 \log pa} z - p^2 c^2 = o.$$

Bien que les formules de Kirchhoff ne soient pas complètement d'accord avec les miennes, il trouve une équation en z qui ne diffère de la précédente qu'en ce que $\log pa$ ou $\log\frac{n\pi a}{l}$ est remplacé par $\log\frac{\pi a}{l}$; mais, si l'on procède convenablement aux approximations, c'est bien $\log pa$ que l'on doit trouver dans cette équation.

La partie réelle des racines z est très petite par rapport au coefficient de $\sqrt{-1}$, et on peut les écrire

$$z = \frac{1}{4\pi z a^2 \log pa} \pm pc\sqrt{-1} = -\varepsilon \pm pc\sqrt{-1},$$

ε étant positif.

On a, pour un terme simple de la composante w du courant (n° 11),

$$w = \frac{-z}{2\pi c^2 a^2 p \log pa} \, H \cos pz \, e^{zt},$$

où H a une valeur imaginaire, et, en réduisant w à sa partie réelle, on peut le mettre sous cette forme

$$(a) \qquad w = e^{-\varepsilon t}(C \cos pct + D \sin pct) \cos pz,$$

où C et D sont deux constantes réelles. Or on a

$$\cos pct \cos pz = \tfrac{1}{2} \cos p(z + ct) + \tfrac{1}{2} \cos p(z - ct),$$
$$\sin pct \sin pz = \tfrac{1}{2} \sin p(z + ct) - \tfrac{1}{2} \sin p(z - ct);$$

il en résulte que l'expression (a) indique un mouvement de l'électricité qui se propage en deux ondes de sens contraire avec la vitesse c, qui est celle de la lumière.

Dans les calculs de Kirchhoff, $\log pa$ étant remplacé par $\log \frac{z''}{l}$, z ne varie pas d'un terme de ϖ à l'autre; tous les termes de la partie variable de l'expression générale de ϖ sont donc multipliés par la même exponentielle e^{-zt}, et il en résulte que les séries renfermées dans l'expression générale de ϖ peuvent être sommées facilement; mais l'exponentielle e^{-zt} doit réellement varier d'un terme à l'autre, et il s'ensuit que le mouvement tendrait beaucoup plus rapidement vers l'état permanent que ne l'indique la solution de Kirchhoff.

Mais, soit qu'on adopte la théorie de Kirchhoff ou cette théorie modifiée comme je viens de l'indiquer, on obtient des résultats en opposition avec les expériences.

FIN.

TABLE DES MATIÈRES.

CHAPITRE III.

INDUCTION PRODUITE DANS LES COURANTS LINÉAIRES.

CHAPITRE IV.

THÉORIE DES COURANTS PERMANENTS DANS DES CONDUCTEURS DE FORME QUELCONQUE.

CHAPITRE V.

EXEMPLES DE COURANTS PERMANENTS DANS DES CONDUCTEURS HOMOGÈNES ET EN PARTICULIER DANS DES PLAQUES.

CHAPITRE VI.

PROBLÈMES PARTICULIERS RELATIFS A DES COURANTS D'INDUCTION PRODUITS DANS DES PLAQUES OU DANS DES CONDUCTEURS DE RÉVOLUTION.

CHAPITRE VII.

SUR LES UNITÉS ÉLECTRIQUES.

CHAPITRE VIII.

SUR LE MOUVEMENT VARIABLE DE L'ÉLECTRICITÉ DANS LES CONDUCTEURS DE FORME QUELCONQUE.

CHAPITRE IX.

FILS TÉLÉGRAPHIQUES.

ERRATA.

Page 33, 11ᵉ et 12ᵉ ligne en montant. Changer quatre fois la lettre V en P.

Page 55, dernière ligne. Ce plan est naturellement nommé plan directeur. Toutefois, Ampère appelle *plan directeur* un plan perpendiculaire à la directrice (Voir *Mémoires de la Société française de Physique*, t. III, p. 37).

Page 81, Ôter le signe — dans la formule (B).

Page 83. Ôter le signe — dans la formule (C).

Page 193, ligne 11 en montant. Mettre le facteur c' en avant de l'intégrale.

Envoi franco, contre mandat de poste ou valeur sur Paris, dans tous les pays faisant partie de l'Union postale.

EXTRAIT DU CATALOGUE

DE LA

LIBRAIRIE GAUTHIER-VILLARS,

SUCCESSEUR DE MALLET-BACHELIER,

IMPRIMEUR-LIBRAIRE

Du Bureau des Longitudes; — des Observatoires de Paris, Montsouris, Bordeaux, Marseille, Nice et Toulouse; — du Bureau Central Météorologique; — de l'École Polytechnique; — de l'École Normale supérieure; — de l'École Centrale des Arts et Manufactures; — de la Société Météorologique; — du Comité international des Poids et Mesures; — de la Société française de Photographie; etc.

Le Catalogue général est envoyé aux personnes qui en font la demande par lettre affranchie.

ABDANK-ABAKANOWICZ. — Les Intégraphes. La courbe intégrale et ses applications. *Étude sur un nouveau système d'intégrateurs mécaniques.* In-8 raisin, avec 94 figures dans le texte; 1886. 5 fr.

ABEL (Niels-Henrik). — Œuvres complètes d'Abel. Nouvelle édition, publiée aux frais de l'État norvégien, par *L. Sylow* et *S. Lie.* 2 beaux volumes in-4; 1881. 30 fr.

ANDRÉ et RAYET, Astronomes adjoints de l'Observatoire de Paris, et **ANGOT,** Professeur de Physique au Lycée Fontanes. — L'Astronomie pratique et les Observatoires en Europe et en Amérique, depuis le milieu du XVIIe siècle jusqu'à nos jours. In-18 jésus, avec belles figures dans le texte et planches en couleur.

Ire Partie : *Angleterre;* 1874............ 4 fr. 50 c.

IIe Partie : *Écosse, Irlande et Colonies anglaises ;* 1874..................... 4 fr. 50 c.

IIIe Partie : *Amérique du Nord;* 1877... 4 fr. 50 c.

IVe Partie : *Amérique du Sud* et Météorologie américaine; 1881.............. 3 fr.

Ve Partie : *Italie;* 1878 .... 4 fr. 50 c.

ANNALES DE LA FACULTÉ DES SCIENCES DE TOULOUSE pour les Sciences mathématiques et les Sciences physiques, publiées par un *Comité de rédaction composé des Professeurs de Mathématiques, de Physique et de Chimie de la Faculté,* sous les auspices du Ministère de l'Instruction publique et de la Municipalité de Toulouse, avec le concours des Conseils généraux de la Haute-Garonne et des Hautes-Pyrénées. In-4, trimestriel. Tome II; 1888.

L'abonnement est annuel et part de janvier.

Prix pour un an (4 fascicules) :

Paris. .... 25 fr.

Départements et Union postale. 28 fr.

In-4; PP.

ANNALES SCIENTIFIQUES DE L'ÉCOLE NORMALE SUPÉRIEURE, publiées sous les auspices du Ministère de l'Instruction publique, par un *Comité de Rédaction composé des Maîtres de Conférences.* In-4, mensuel, avec figures dans le texte et planches sur cuivre (¹).

1re Série, 7 volumes, années 1864 à 1870. 150 fr.

2e Série, 12 volumes, années 1872 à 1883. 250 fr.

Table des matières et noms d'auteurs contenus dans les 2 premières Séries. In-4; 1887............. 2 fr.

La 3e Série, commencée en 1884, paraît, chaque mois, par numéro contenant 4 à 5 feuilles in-4, avec figures dans le texte et planches.

En outre, les *Annales* font paraître, depuis 1872, suivant les ressources dont dispose le Recueil, des numéros supplémentaires contenant soit des thèses d'un mérite exceptionnel, soit des travaux dont la publication présente un certain caractère d'urgence, et qui ne peuvent trouver place dans les numéros en cours d'impression. Les numéros supplémentaires ont une pagination spéciale et viennent se classer, dans le Volume, à la suite des douze numéros mensuels.

L'abonnement est annuel et part de janvier.

Prix pour un an (12 numéros) :

Paris........................... 30 fr.

Départements et Union postale.......... 35 fr.

Autres pays .... 40 fr.

ANNALES DE L'OBSERVATOIRE DE PARIS, fondées par *Le Verrier,* et publiées par l'Amiral *Mouchez,* Directeur. Partie théorique, Tomes I à XVIII. In-4, avec planches ; 1855-1885.

Les Tomes I à X, XII, XIII et XV à XVIII se vendent séparément. 27 fr.

---

(1) On peut se procurer l'une des Séries ou les deux au moyen de payements mensuels de 20 fr.

Le Tome XI (1876) et le Tome XIV (1877) comprennent deux *Parties* qui se vendent séparément.   20 fr.
Le Tome XIX est *sous presse.*

ANNALES DE L'OBSERVATOIRE DE PARIS, fondées par U.-J. Le Verrier, et publiées par l'Amiral *Mouchez*, directeur. **Observations.** Tomes I à XXXVII, années 1800 à 1882. 37 volumes in-4 (en tableaux); 1858 à 1885. Chaque Volume se vend séparément.   10 fr.

Voir Catalogue de l'Observatoire de Paris.

ANNALES DU BUREAU DES LONGITUDES. Travaux faits à l'observatoire astronomique de Montsouris, et Mémoires divers; Tome I. In-4, avec une planche sur acier donnant la vue de l'Observatoire; 1877. (*Rare.*) 40 fr.
      Tome II. In-4; 1883.   25 fr.
      Tome III. In-4; 1883.   25 fr.

ANNALES DE L'OBSERVATOIRE DE BORDEAUX, publiées par *Rayet*, Directeur de l'Observatoire.
      Tome I. In-4, avec figures et un plan de l'Observatoire; 1885.   30 fr.
      Tome II, avec figures; 1887.   30 fr.

ANNALES DE L'OBSERVATOIRE ASTRONOMIQUE, MAGNÉTIQUE ET MÉTÉOROLOGIQUE DE TOULOUSE. Tome I, renfermant les travaux exécutés de 1873 à la fin de 1878, sous la direction de *F. Tisserand,* ancien Directeur de l'Observatoire de Toulouse, Membre de l'Institut, etc.; publié par *Baillaud,* Directeur de l'observatoire, Doyen de la Faculté des Sciences de Toulouse. In-4, avec planche; 1881. 30 fr.
      Tome II, renfermant les travaux exécutés de 1879 à 1884, sous la direction de *B. Baillaud.* In-4; 1886. 30 fr.

ANNALES DE L'OBSERVATOIRE DE NICE, publiées sous les auspices du *Bureau des Longitudes,* par M. *Perrotin,* Directeur (FONDATION R. BISCHOFFSHEIM).
      Tome I. .... (*Sous presse.*)
      Tome II. Grand in-4, avec 7 belles planches, dont 3 en couleur; 1887 .... 30 fr.

ANNALES DU BUREAU CENTRAL MÉTÉOROLOGIQUE DE FRANCE, publiées par *Mascart,* Directeur.
I. — **Etudes des orages en France. Mémoires divers.**
      Année 1878. Grand in-4, avec 37 pl.; 1879. (*Épuisé.*)
      Année 1879. Grand in-4, avec 20 pl.; 1880.   15 fr.
      Année 1880. Grand in-4, avec 39 pl.; 1881.   15 fr.
      Année 1881. Grand in-4, avec 40 pl.; 1883.   15 fr.
      Année 1882. Grand in-4, avec 38 pl.; 1884.   15 fr.
      Année 1883. Grand in-4, avec 34 pl.; 1885.   15 fr.
      Année 1884. Grand in-4, avec 56 pl.; 1886.   15 fr.
      Année 1885. Grand in-4, avec 32 pl.; 1887.   15 fr.

II. — **Bulletin des Observations françaises. Revue climatologique.**
      Année 1878. Grand in-4, avec 40 pl.; 1880.   15 fr.
      Année 1879. Grand in-4, avec 41 pl.; 1880.   15 fr.
      Année 1880. Grand in-4, avec 40 pl.; 1881.   15 fr.
      Année 1881. Grand in-4, avec 40 pl.; 1883.   15 fr.
      Année 1882. Grand in-4, avec 34 pl.; 1885.   15 fr.
      Année 1883. Grand in-4, avec 40 pl.; 1886.   15 fr.
      Année 1884. *Ire Partie :* Observations. — *IIe Partie :* Revue climatologique (*sous presse*). 1 vol. grand in-4, avec 40 pl.; 1887 .... 15 fr.

III. — **Pluies en France. Observations** publiées avec la coopération du Ministère des Travaux publics et le concours de l'Association scientifique.
      Année 1877. Grand in-4, avec 5 pl.; 1880.   15 fr.
      Année 1878. Grand in-4, avec 5 pl.; 1880. (*Épuisé.*)
      Année 1879. Grand in-4, avec 7 pl.; 1881.   15 fr.
      Année 1880. Grand in-4, avec 7 pl.; 1881.   15 fr.
      Année 1881. Grand in-4, avec 5 pl.; 1883.   15 fr.
      Année 1882. Grand in-4, avec 5 pl.; 1884.   15 fr.
      Année 1883. Grand in-4, avec 5 pl.; 1885.   15 fr.

      Année 1884. Grand in-4, avec 5 pl.; 1886.   15 fr.
      Année 1885. Grand in-4, avec 5 pl.; 1887.   15 fr.

IV. — **Météorologie générale.**
      Année 1878. In-plano. avec 6 pl.; 1879   15 fr.
      Année 1879. Grand in-4. avec 38 pl.; 1880.   15 fr.
      Année 1880. In-plano, avec 15 pl.; 1881.   25 fr.
      Année 1881. Grand in-4, avec 24 pl.; 1883.   25 fr.
      Année 1882. Grand in-4, avec 20 pl.; 1884.   15 fr.
      Année 1883. Grand in-4, avec 26 pl.; 1885.   15 fr.
      Année 1884. Grand in-4, avec 16 pl.; 1886.   15 fr.
      Année 1885. Grand in-4, avec 14 pl.; 1887.   15 fr.

Voir Bureau central.

ANNUAIRE DE L'OBSERVATOIRE MÉTÉOROLOGIQUE DE MONTSOURIS pour 1888; Météorologie, Agriculture, Hygiène (contenant le résumé des travaux de l'Observatoire durant l'année 1887). 17e année. In-18 de 300 pages, avec figures. (*Paraîtra en février 1888.*)
      Broché .... 2 fr. »
      Cartonné .... 2 fr. 50 c.

ANNUAIRE pour l'an 1888, publié par le Bureau des Longitudes, contenant une Note sur la *Construction pratique des Cadrans solaires,* par M. CORNU, Membre de l'Institut, et les Notices suivantes : *L'âge des étoiles;* par M. JANSSEN, Membre de l'Institut. — *Notice sur le Congrès astrophotographique international réuni à l'observatoire de Paris en avril 1887 pour l'exécution de la Carte photographique du Ciel;* par l'Amiral MOUCHEZ, Membre de l'Institut, Directeur de l'observatoire de Paris. — *Récit d'un voyage magnétique en Orient,* par M. D'ABBADIE, Membre de l'Institut. In-18 de 820 pages, avec figures dans le texte.

      Broché .... 1 fr. 50 c.
      Cartonné .... 2 fr. »

Pour recevoir l'Annuaire franco par la poste, dans tous les pays faisant partie de l'Union postale, ajouter 35 c.

ANNUAIRE pour l'an 1887, publié par le Bureau des Longitudes, contenant la Notice suivante : *La Photographie astronomique à l'Observatoire de Paris et la Carte du Ciel;* par l'amiral MOUCHEZ, Membre de l'Institut, Directeur de l'observatoire de Paris. In-18 de 890 pages, avec figures dans le texte, deux nouvelles Cartes magnétiques et trois Planches hors texte, dont deux en héliogravure.   1 fr. 50 c.

AOUST (l'Abbé), Professeur à la Faculté des Sciences de Marseille. — Analyse infinitésimale des courbes tracées sur une surface quelconque. In-8; 1869.   7 fr.

AOUST (l'Abbé). — Analyse infinitésimale des courbes planes, contenant la résolution d'un grand nombre de problèmes choisis, à l'usage des candidats à la licence. In-8, avec 80 fig. dans le texte; 1873.   8 fr. 50 c.

AOUST (l'Abbé). — Analyse infinitésimale des courbes dans l'espace. In-8, avec 40 fig. dans le texte; 1876. 11 fr.

ARAGO (F.). — Œuvres complètes. 17 volumes in-8, avec nombreuses figures.   127 fr. 50 c.

On vend séparément :

Astronomie populaire. 4 volumes, avec un portrait d'Arago et 362 figures, dont 80 gravées sur acier et 482 gravées sur bois.   30 fr.

Notices biographiques. 3 volumes, avec une Introduction aux *Œuvres d'Arago,* par A. DE HUMBOLDT.   22 fr. 50 c.

Notices scientifiques. 5 volumes, avec 35 figures sur bois.   37 fr. 50 c.

Voyages scientifiques. 1 volume.   7 fr. 50 c.
Mémoires scientifiques. 2 volumes, avec 53 figures sur bois.   15 fr.

Mélanges. 1 volume. 7 fr. 50 c.

Tables analytiques. 1 volume d'environ 900 pages, précédé du Discours prononcé aux funérailles d'Arago et d'une *Notice chronologique sur ses OEuvres.* 7 fr. 50 c.

ATLAS DES ANNALES DE L'OBSERVATOIRE DE PARIS. Ire, IIe, IIIe, IVe, V^e, VIe, VIIe, VIIIe et IXe Livraisons, comprenant **54 cartes écliptiques.**

Chaque livraison, composée de 6 cartes, se vend séparément. 12 fr.

BABINET, Membre de l'Institut (Académie des Sciences.) — **Études et Lectures sur les Sciences d'observation et leurs applications pratiques.** 8 vol. in-12.

Chaque Volume se vend séparément. 2 fr. 50 c.

BABU (L.), Ingénieur des Mines. — **Précis d'analyse qualitative.** *Recherche des métalloïdes et des métaux usuels dans le mélange des sels, les produits d'art et les substances minérales.* In-18 jésus; 1888. 2 fr.

BACHET, sieur de MÉZIRIAC. — **Problèmes plaisants et délectables qui se font par les nombres.** 5e éd., revue, simplifiée et augmentée par *A. Labosne.* Petit in-8, caractères elzévirs, titre en deux couleurs; 1884.

Tirage sur papier vélin............ 6 fr.
Tirage sur papier vergé........... 8 fr.

BELLANGER (C.-A.), Professeur d'Hydrographie. — **Petit Catéchisme de Machine à vapeur,** à l'usage des candidats aux grades de la marine de commerce et de toutes les personnes qui veulent acquérir sur ce sujet des connaissances élémentaires. 4e édition. Petit In-8, avec Atlas de 6 planches. 3 fr.

BENOIT (P.-M.-N.). — **La Règle à Calcul expliquée,** ou Guide du Calculateur à l'aide de la Règle logarithmique à tiroir. Fort volume in-12 avec pl. 5 fr.

BENOIT (P.-M.-N.). — **Guide du Meunier et du Constructeur de Moulins.** 1re *Partie :* Construction des moulins. 2e *Partie :* Meunerie. 2 vol. in-8 de 916 pages, avec 22 planches contenant 638 figures; 1863. 12 fr.

BENOIT (René), Docteur ès sciences, adjoint au Bureau international des Poids et Mesures. — **Construction des étalons prototypes de résistance électrique du Ministère des Postes et Télégraphes.** In-4; 1885. 4 fr. 50 c.

BERTHELOT (M.), Membre de l'Institut, Président de la Commission des substances explosives. — **Sur la force des matières explosives, d'après la Thermochimie.** 2 beaux vol. gr. in-8, avec figures; 1883. 30 fr.

Cet Ouvrage contient le résultat des expériences faites par l'auteur depuis treize ans. Il les a groupées à l'aide d'une théorie générale, fondée sur la seule connaissance des métamorphoses chimiques et des chaleurs de formation des composés qui y concourent. On y trouve la mesure de toutes ces quantités de chaleur, l'étude de l'onde explosive, celle de la fixation électrique de l'azote, la classification des explosifs et l'examen spécial des plus importants; l'histoire de l'origine de la poudre, suivie par des Tables et des Index développés, termine l'Ouvrage.

BERTHELOT (M.). — **Leçons sur les Méthodes générales de synthèse en Chimie organique.** In-8; 1864. 8 fr.

BERTRAND (J.), de l'Académie française, Secrétaire perpétuel de l'Académie des Sciences. — **Thermodynamique.** Grand in-8, avec figures; 1887. 10 fr.

BERTRAND (J.). — **Traité de Calcul différentiel et de Calcul intégral.**

CALCUL DIFFÉRENTIEL. In-4; 1864............ (*Rare.*)
CALCUL INTÉGRAL (*Intégrales définies et indéfinies*). In-4 de 720 p., avec 88 fig. dans le texte; 1870... (*Rare.*)

BICHAT (E.), Professeur à la Faculté des Sciences de Nancy, et **BLONDLOT (R.).** Maître de conférences à la Faculté des Sciences de Nancy. — **Introduction à l'étude de l'Électricité statique.** In-8, avec 67 figures dans le texte; 1885. 4 fr.

BILLET, Professeur de Physique à la Faculté des Sciences de Dijon. — **Traité d'Optique physique.** 2 forts vol. in-8, avec 14 pl. composées de 337 fig.; 1858-1859. 15 fr.

BIOT. Membre de l'Académie des Sciences. — **Traité élémentaire d'Astronomie physique.** 3e édition, corrigée et augmentée. 5 vol. in-8, avec 94 planches; 1857. 40 fr.

BJERKNES (C.-A.), Professeur à l'Université de Christiania. — **Niels-Henrik Abel.** *Tableau de sa vie et de son action scientifique.* Traduction française, revue et considérablement augmentée par l'Auteur. Grand in-8, de IV-368 pages, avec un portrait de l'auteur; 1885. 7 fr.

BLÉTRY (Frères), Ingénieurs civils, anciens élèves des Arts et Métiers, et **MOREAU (George),** Ingénieur civil des Mines, ancien élève de l'École Polytechnique. — **Manuel-Formulaire des Ingénieurs.** Manufacturiers, Entrepreneurs, Chefs d'usines, Directeurs de travaux, Agents voyers et Contremaîtres. 2e édition. In-32 oblong, cart.; 1885. (Ouvrage honoré d'une souscription du Ministère des Travaux publics.) 8 fr.

BLONDLOT. — **Introduction à l'étude de la Thermodynamique.** Grand in-8 avec figures; 1888. 3 fr. 50 c.

BONNAMI (H.), Conducteur des Ponts et Chaussées. — **Manuel de l'opérateur au tachéomètre,** suivi d'une Note sur l'emploi de l'instrument dans l'application des tracés. In-8, avec 19 figures et tableaux dans le texte (Ouvrage honoré d'une importante souscription du Ministère des Travaux publics); 1885. 3 fr.

BOSET, Professeur de Mathématiques supérieures à l'Athénée royal de Namur. — **Traité de Géométrie analytique à deux dimensions,** précédé des *Éléments de la Trigonométrie rectiligne et sphérique.* In-8, avec 322 figures dans le texte; 1878. 10 fr.

BOSET. — **Traité élémentaire d'Algèbre.** In-8; 1880. 7 fr. 50 c.

BOUCHARLAT (J.-L.). — **Théorie des courbes et des surfaces du second ordre,** ou Traité complet d'application de l'Algèbre à la Géométrie. 3e édition, revue, corrigée et augmentée de Notes et des Principes de la Trigonométrie rectiligne. In-8, avec planches; 1845. 8 fr.

BOUCHARLAT (J.-L.). — **Éléments de Calcul différentiel et de Calcul intégral.** 8e édition, revue et annotée par *Laurent,* Répétiteur à l'École Polytechnique. In-8, avec planches; 1881. 8 fr.

BOUCHARLAT (J.-L.). — **Éléments de Mécanique.** 4e édition. 1 volume in-8, avec 10 planches; 1861. 8 fr.

BOULANGER (J.), Capitaine du Génie. — **Sur les Progrès de la Science électrique et les nouvelles machines d'induction.** In-8, avec belles figures dans le texte; 1885. 3 fr. 50 c.

BOULANGER (J.). — **Sur l'emploi de l'Électricité pour la transmission du travail à distance.** In-8, avec belles figures dans le texte; 1887. 2 fr. 75 c.

BOUR (Edm.), Ingénieur des Mines. — **Cours de Mécanique et Machines,** professé à l'École Polytechnique.

Cinématique. 2e édition. In-8, avec Atlas de 30 planches in-4 gravées sur cuivre; 1887. 10 fr.

Statique et travail des forces dans les machines à l'état de mouvement uniforme, publié par *Phillips,* Professeur de Mécanique à l'École Polytechnique, avec la collaboration de *Collignon* et K-etz. In-8.

avec Atlas de 8 planches contenant 106 figures, 1868.   6 fr.

Dynamique et Hydraulique, avec 125 figures dans le texte; 1874.   7 fr. 50 c.

BOURDON, ancien Examinateur d'admission à l'École Polytechnique. — **Éléments d'Arithmétique.** 36° édit. In-8 ; 1878. (*Adopté par l'Université.*)   4 fr.

BOURDON. — **Application de l'Algèbre à la Géométrie,** comprenant la Géométrie analytique à deux et à trois dimensions. 9° édit., revue et annotée par *G. Darboux.* In-8, avec pl.; 1880. (*Adopté par l'Université.*) 9 fr.

BOURDON. — **Éléments d'Algèbre,** avec Notes de *Prouhet.* 16° éd. In-8 ; 1887. (*Adopté par l'Univ.*) 8 fr.

BOURDON. — **Trigonométrie rectiligne et sphérique.** 2° éd., revue et annotée par *Brisse.* In-8, avec figures dans le texte; 1877. (*Adopté par l'Université.*)   3 fr.

BOUSSINESQ, Professeur à la Faculté des Sciences de Lille. — **Application des potentiels à l'étude de l'équilibre et du mouvement des solides élastiques,** avec des notes étendues sur divers points de Physique mathématique et d'Analyse. Grand in-8 de 722 pages; 1885.   18 fr.

BOUSSINESQ. — **Cours élémentaire d'Analyse infinitésimale,** à l'usage des personnes qui étudient cette Science *en vue de ses applications mécaniques et physiques.* 2° édition. 2 volumes grand in-8, avec figures dans le texte.

   Tome I. — Calcul différentiel; 1887...... 17 fr.
   Tome II. — Calcul intégral............... (*S. pr.*)

On vend séparément.
Tome I.

Partie élémentaire .... 7 fr. 50 c.
Partie complémentaire.. .... 9 fr. 50 c.

BOUSSINGAULT, Membre de l'Institut. — **Agronomie, Chimie agricole et Physiologie.** Tomes I à VII. 7 volumes in-8, avec planches sur cuivre et figures dans le texte. 2° édition: 1886-1886-1864-1868-1874-1878-1884.   42 fr.

   Les Tomes I et II (3° édition) et les Tomes III à VII (2° édition) se vendent séparément.   6 fr.

BOUSSINGAULT. — **Les secousses souterraines dans les Andes.** In-8; 1887.   1 fr.

BOUTY. — **Notes sur les progrès récents de la Physique.** In-8, avec 58 belles figures; 1882.   1 fr. 50 c.

BRAND (E.), Docteur ès Sciences physiques et mathématiques. — **Notice sur la théorie de la fonction** X_n **de Legendre.** In-8 ; 1887.   3 fr. 50 c.

BREITHOF (N.), Professeur à l'Université de Louvain, Membre des Académies royales des Sciences de Madrid, de Lisbonne, etc. — **Traité de Géométrie descriptive.** 2° édition, 3 volumes grand in-8, avec trois Atlas. (*Voir* pour les détails le Catalogue général.)

Chaque Volume se vend séparément :
Tome I. — **Projections diédriques et projections cotées.** *Point, Droite et Plan.* Grand in-8, avec Atlas in-4 de 32 planches. 2° édition; 1880-1881.   9 fr.
Tome II. — **Surfaces courbes.** Grand in-8 de 333 pages avec Atlas in-4 de 42 planches. 2° édition; 1883.   12 fr.

   Les tomes I et II sont à l'usage des candidats à l'École Polytechnique, à l'École Centrale, aux élèves de ces Écoles, aux élèves des Universités, des Écoles des Beaux-Arts, des Collèges et Athénées.

Tome III. — **Projections axonométriques. — Projections obliques et Projections centrales.** *Point, Droite et Plan.* — (A l'usage des élèves des Écoles Polytechniques, des Écoles supérieures des Arts et Manufactures, des Écoles Normales des Sciences, etc.) Grand in-8, avec Atlas in-8 de 30 planches. 2° édition; 1883.   9 fr.

BREITHOF (N.). — **Traité de perspective cavalière.** — Méthode conventionnelle de dessin présentant les avantages de la perspective linéaire et ceux de la méthode des projections orthogonales, à l'usage des Officiers du Génie, des Ingénieurs, Architectes, Conducteurs de travaux, Chefs d'atelier, Appareilleurs, Tailleurs de pierre, etc.; des Académies et Écoles de dessin, Écoles industrielles, Écoles des Arts et Métiers, etc. Grand in-8, avec Atlas de 8 planches in-4; 1881.   3 fr. 75 c.

BREITHOF (N.). — **Guide pratique du dessinateur.** *Graphique linéaire. Principe du lavis. Principe du dessin technique.* Grand in-8, avec atlas de même format, contenant 16 pl. montées sur onglet; 1885.   10 fr.

BRENET (Michel). — **Histoire de la symphonie à orchestre,** *depuis ses origines jusqu'à Beethoven inclusivement.* (Ouvrage couronné par la Société des Compositeurs de musique.) Petit in-8, caractères elzévirs, titre en deux couleurs; 1882.   3 fr.

BRENET (Michel). — **Grétry, sa vie et ses œuvres.** In-8; 1884. (Ouvrage couronné par l'Académie royale de Belgique.)   3 fr.

BRESSE, Membre de l'Institut, Professeur de Mécanique à l'École des Ponts et Chaussées. — **Cours de Mécanique appliquée professé à l'École des Ponts et Chaussées.**
   1re Partie : *Résistance des matériaux et stabilité des constructions.* In-8, avec figures dans le texte. 3° édition, revue et beaucoup augmentée; 1880.   13 fr.
   II° Partie : *Hydraulique.* In-8, avec figures dans le texte et une planche. 3° édition; 1879.   10 fr.

BRESSE. — **Cours de Mécanique et Machines professé à l'École Polytechnique.** 2 beaux volumes in-8, se vendant séparément :
   Tome I : *Cinématique. — Dynamique d'un point matériel. — Statique.* In-8, avec 236 figures dans le texte; 1885.   12 fr.
   Tome II : *Dynamique des systèmes matériels en général. — Mécanique spéciale des fluides. — Étude des machines à l'état de mouvement.* In-8, avec 154 figures dans le texte; 1885.   12 fr.

BREWER (Dr). — **La Clef de la Science,** ou *Explication vraie des faits et des phénomènes des sciences physiques.* 6° édition, revue, transformée et considérablement augmentée, par l'*Abbé Moigno.* In-18 jésus, VIII-704 p.; 1881.   4 fr. 50 c.

BRIOT (Ch.), Professeur à la Faculté des Sciences de Paris. — **Théorie des fonctions abéliennes.** Un beau volume in-4; 1879.   15 fr.

BRIOT (Ch.). — **Théorie mécanique de la chaleur.** 2° édition, publiée par Mascart, Professeur au Collège de France, Directeur du Bureau Central météorologique. In-8, avec fig. dans le texte; 1883........ 7 fr. 50 c.

BRIOT (Ch.) et BOUQUET. — **Théorie des fonctions elliptiques.** 2° édition. In-4, avec figures; 1875.   30 fr.

BRISSE (Ch.), Professeur de Mathématiques spéciales au lycée Fontanes, Professeur de Géométrie descriptive à l'École des Beaux-Arts, Répétiteur de Géométrie descriptive et de Stéréotomie à l'École Polytechnique. — **Cours de Géométrie descriptive.**
   1re Partie, à l'usage des élèves de la classe de Mathématiques élémentaires. Grand in-8, avec figures dans le texte; 1882.   5 fr.
   II° Partie, à l'usage des élèves de la classe de Mathématiques spéciales. Grand in-8, avec nombreuses figures dans le texte; 1887. Prix pour les souscripteurs.   7 fr.
   Un premier fascicule a paru.

BRISSE (Ch.). — **Cours de Géométrie descriptive,** professé à l'*École des Beaux-Arts.* Grand in-8, avec figures dans le texte; 1882.   5 fr.

BROCH (Dr O.-J.), Professeur de Mathématiques à l'Université royale de Christiania. — **Traité élémentaire des fonctions elliptiques.** In-8; 1867.   6 fr.

BROCH (Dr O.-J.). — **Table des Carrés des nombres,** arrangée d'après la méthode des Tables de logarithmes. In-4. Édition stéréotypée; tirage de 1881.   2 fr.

BROWN (Henry-T.). — **Cinq cent et sept mouvements mécaniques.** Traduit de l'anglais par HENRI STEVART, ingénieur. Petit in-4 cartonné percaline, avec 507 fig. dans le texte; 1880.   3 fr.

BUELS (Ed.), Fonctionnaire à l'Administration des Télégraphes de l'État belge. — **Téléphonie et Télégraphie simultanées.** Exposé théorique et pratique du système de Téléphonie à grande distance de *P. van Rysselberghe,* dans ses rapports avec la Télégraphie, précédé de Notions préliminaires sur l'induction électrique, le téléphone et le microphone. Petit in-8, avec 20 figures dans le texte et 7 planches; 1885.   5 fr.

BULLETIN DES SCIENCES MATHÉMATIQUES, rédigé par *Gaston Darboux* et *Jules Tannery,* avec la collaboration de *Ch. André, Battaglini, Beltrami, Bougaief, Brocard, Brunel, Goursat, A. Harnack, Ch. Henry, G. Kœnigs, Laisant, Lampe, Lespiault, S. Lie, Mansion, A. Marre, Molk, Potocki, Radau, Rayet, Raffy, S. Rindi, Sauvage, Schoute, P. Tannery, Em.* et *Ed. Weyr, Zeuthen,* etc., sous la direction de la Commission des Hautes Études. In-8, mensuel. IIe Série, TOME XII; 1888.

Publication fondée en 1870 par G. DARBOUX et J. HOÜEL et continuée de 1876 à 1886 par G. DARBOUX, J. HOÜEL et J. TANNERY.

Le Bulletin des Sciences mathématiques, fondé en 1870, a formé par an, jusqu'en 1872, un volume grand in-8 (TOMES I, II, III). — A partir de cette époque, jusqu'en décembre 1876, le Journal s'est composé de 2 volumes grand in-8 par an (1 volume par semestre, avec Tables).

La 1re Série, Tomes I à XI, 1870 à 1876, suivie de la Table générale des onze volumes, se vend.   90 fr.
Chaque année de cette 1re Série se vend séparément. 15 fr.

Table générale des matières et noms d'auteurs, contenus dans la 1re Série. Grand in-8; 1877.   1 fr. 50 c.

La 2e Série, qui a commencé en janvier 1877, continue à paraître par livraisons mensuelles et comprend chaque année deux Parties ayant une pagination spéciale et pouvant se relier séparément. La première Partie contient : 1° *Comptes rendus de Livres et Analyses de Mémoires*; 2° *Traductions de Mémoires importants et peu répandus, Réimpression d'Ouvrages rares et Mélanges scientifiques.* La deuxième Partie contient : *Revue des Publications périodiques et académiques.*

Les 10 premières années de la 2e Série (1877 à 1886) se vendent ensemble.   120 fr.
Chacune des 10 premières années de la 2e Série (1877 à 1886) se vend séparément.   15 fr.

L'abonnement est annuel et part de janvier.
Prix pour un an (12 numéros) :
Paris...................... 18 fr.
Départements et Union postale...... 20 fr.
Autres pays.................. 24 fr.

La TABLE *d'un des volumes du* Bulletin *est envoyée franco, comme spécimen, à toute personne qui en fait la demande par lettre affranchie.*

BULLETIN ASTRONOMIQUE, publié sous les auspices de l'Observatoire de Paris, par *F. Tisserand,* membre de l'Institut, avec la collaboration de *G. Bigourdan, O. Callandreau* et *R. Radau.* Grand in-8, mensuel. Tome V; 1888.
Ce Bulletin mensuel, fondé en 1884, forme par an un beau volume grand in-8, avec figures et planches, de 30 à 35 feuilles.

In-4°; PP.

L'abonnement est annuel et part de janvier.
Prix pour un an (12 numéros) :
Paris...................... 16 fr.
Départements et Union postale...... 18 fr.
Autres pays.................. 20 fr.

BULLETIN DE LA SOCIÉTÉ INTERNATIONALE DES ÉLECTRICIENS.
Ce BULLETIN, fondé en 1884, paraît chaque année, en dix ou douze numéros, formant un beau volume de 30 feuilles environ, grand in-8 jésus. Tome V; 1888.
L'abonnement est annuel et part de janvier.
Prix pour un an :
Paris...................... 25 fr.
Départements et Union postale..... 27 fr.
Autres pays.................. 30 fr.
Prix du numéro : 2 fr. 50 c.

BULLETIN DE LA SOCIÉTÉ MATHÉMATIQUE DE FRANCE, publié par les Secrétaires. Grand in-8; 6 numéros par an. TOME XVI; 1888.
Prix pour un an :
Paris...................... 15 fr.
Départements et Union postale...... 16 fr.
Autres pays.................. 18 fr.

BUREAU CENTRAL MÉTÉOROLOGIQUE DE FRANCE. — **Instructions météorologiques,** suivies de *Tables diverses pour la réduction des observations.* 2e édition. In-8, avec belles figures dans le texte; 1881.   2 fr. 50 c.

BUREAU CENTRAL MÉTÉOROLOGIQUE DE FRANCE. — **Atlas de Météorologie maritime,** publié à l'occasion de l'Exposition maritime internationale du Havre. In-4 cartonné, avec 33 Planches; 1887.   9 fr.

BUREAU INTERNATIONAL DES POIDS ET MESURES. Procès-verbaux des Séances. In-8.
ANNÉES 1875-1876.   2 fr.
ANNÉES 1877 à 1886. Chaque année.   5 fr.
Travaux et Mémoires du Bureau international des Poids et Mesures, publiés par le Directeur du Bureau. Grand in-4.
TOME I, avec fig. et 2 planches; 1881.   30 fr.
TOME II, avec fig. et 3 planches; 1883.   30 fr.
TOME III, avec fig. et 3 planches; 1884.   30 fr.
TOME IV, avec fig. et 1 planche; 1885.   30 fr.
TOME V, avec fig.; 1886.   30 fr.

CABANIÉ, Charpentier, Professeur du Trait de Charpente, de Mathématiques, etc. — **Charpente générale théorique et pratique.** 3 volumes in-folio avec 165 planches.   75 fr.
On vend séparément (port non compris) :
TOME I : *Bois droit,* avec 52 planches..........   25 fr.
TOME II : *Bois croche,* avec 52 planches........   25 fr.
TOME III : *Géométrie descriptive et Haute Charpente,* avec 61 planches.   25 fr.

CAHOURS (Auguste), Professeur à l'École Polytechnique. — **Traité de Chimie générale élémentaire.** Leçons professées à l'École Centrale des Arts et Manufactures et à l'École Polytechnique. (*Autorisé par décision ministérielle.*)
Chimie inorganique. 4e édition. 3 volumes in-18 jésus avec plus de 200 figures et 8 planches; 1873.   15 fr.
Chaque Volume se vend séparément.   6 fr.
Chimie organique. 3e édition, 3 volumes in-18 jésus, avec figures; 1874-1875.   15 fr.
Chaque Volume se vend séparément   6 fr

CARNOT. — **Réflexions sur la métaphysique du Calcul infinitésimal.** 5e édition. In-8; 1882.   4 fr.

CARNOT (Sadi), ancien Élève de l'École Polytechnique. — **Réflexions sur la puissance motrice du feu et sur**

1.

les machines propres à développer cette puissance. In-4, suivi d'une *Notice biographique sur Sadi Carnot*, par CARNOT, Sénateur, et de *Notes inédites de Sadi Carnot sur les Mathématiques, la Physique et autres sujets*. 2ᵉ édition, contenant un beau portrait de Sadi Carnot et un fac-simile; 1878.   6 fr.

CARNOY, Professeur à l'Université de Louvain. — **Cours de Géométrie analytique.** 2 volumes grand in-8, avec figures dans le texte.

On vend séparément :

Géométrie plane. 4ᵉ édition, 1885............. 11 fr.
Géométrie de l'espace. 3ᵉ édition, 1882........ 11 fr.

CATALAN (E.), Professeur émérite à l'Université de Liège. — **Mélanges mathématiques.** 2 volumes gr. in-8, se vendant séparément.

    TOME Iᵉʳ, avec figures dans le texte; 1885. 10 fr.
    TOME II, avec figures dans le texte; 1887. 10 fr.

CATALAN (E.). — **Traité élémentaire des Séries.** Grand in-8, avec figures; 1860.   5 fr.

CATALAN (E.). — **Cours d'Analyse** de l'Université de Liège. *Algèbre, Calcul différentiel, Iʳᵉ Partie du Calcul intégral*. 2ᵉ édition, revue et augmentée. In-8, avec figures dans le texte; 1879.   12 fr.

CATALOGUE [DE] L'OBSERVATOIRE DE PARIS. Positions observées des étoiles (1837-1881). TOME I (0ʰ à vⁱʰ). Grand in-4; 1887.   40 fr.

    Catalogue des étoiles observées aux instruments méridiens (1837-1881). TOME I (0ʰ à vⁱʰ). Grand in-4; 1887.   40 fr.

CAUCHY (A.). — **Œuvres complètes d'Augustin Cauchy,** publiées sous la direction scientifique de l'ACADÉMIE DES SCIENCES et sous les auspices du MINISTRE DE L'INSTRUCTION PUBLIQUE, avec le concours de *Valson* et *Collet*, docteurs ès sciences. 26 volumes in-4.
Iʳᵉ Série. — MÉMOIRES, NOTES ET ARTICLES EXTRAITS DES RECUEILS DE L'ACADÉMIE DES SCIENCES. 11 volumes in-4.
IIᵉ Série. — MÉMOIRES EXTRAITS DE DIVERS RECUEILS, OUVRAGES CLASSIQUES, MÉMOIRES PUBLIÉS EN CORPS D'OUVRAGE, MÉMOIRES PUBLIÉS SÉPARÉMENT. 15 volumes in-4.

    VOLUMES PARUS.

    Iʳᵉ Série. — TOME I, 1882 : *Théorie de la propagation des ondes à la surface d'un fluide pesant, d'une profondeur indéfinie. — Mémoire sur les intégrales définies*.   25 fr.

    TOME IV, 1884 : *Extraits des Comptes rendus de l'Académie des Sciences*.   25 fr.

    TOME V, 1885 : *Extraits des Comptes rendus de l'Académie des Sciences*.   25 fr.

    TOME VI, 1888 : *Extraits des Comptes rendus de l'Académie des Sciences*.   25 fr.

    IIᵉ Série. — TOME VI, 1887 : *Anciens Exercices de Mathématiques*.   25 fr.

    SOUSCRIPTION.

    IIᵉ Série. — TOME VII : *Anciens Exercices de Mathématiques* (2ᵉ volume).   25 fr.

Ce volume, qui paraîtra en 1888, est mis en souscription. Le prix est réduit, pour les souscripteurs qui feront leur versement à l'avance, à   20 fr.

(Les anciens souscripteurs, qui désirent continuer leur souscription sans avoir à se préoccuper des dates d'apparition des diverses parties de la Collection, n'auront qu'à envoyer, lorsqu'ils recevront un Volume, la somme de 20 fr. pour leur souscription au Volume suivant, et celui-ci leur sera expédié *franco* dès son apparition.)

    EXTRAIT DE L'AVERTISSEMENT.

« L'Académie des Sciences a décidé la publication des *Œuvres de Cauchy* et l'a confiée aux Membres de la Section de Géométrie. Cette publication comprendra, dans une première Série, les Mémoires extraits des Recueils de l'Académie, et, dans une seconde Série, les Mémoires publiés dans divers Recueils, les Leçons de l'Ecole Polytechnique, l'Analyse algébrique, les anciens et les nouveaux Exercices d'Analyse et de Physique mathématique, enfin les Mémoires séparés.

» Pour répondre à un désir souvent exprimé, l'Académie a voulu publier immédiatement, à la suite du premier Volume, les articles insérés dans les *Comptes rendus* de 1836 à 1857, que leur dispersion rend si difficiles à retrouver, et dont la réunion sera comme une œuvre nouvelle où revivra le génie du grand Géomètre et qui ajoutera encore à l'éclat de son nom. Leur reproduction sera faite en suivant l'ordre chronologique, sans notes ni commentaires, mais après avoir été revue avec le plus grand soin, pour les corrections indispensables, par les Membres de la Section de Géométrie, auxquels ont été adjoints MM. *Valson* et *Collet*.

» En entreprenant cette publication des Œuvres de Cauchy, l'Académie n'a pas été guidée seulement par le désir de faire une œuvre utile à la Science: elle a pensé rendre, à l'un de ses plus illustres Membres, un hommage qui témoignerait mieux que tout monument funèbre de son respect pour sa mémoire. »

    Nota. — Les volumes ne sont pas publiés d'après leur classement numérique; on suivra l'ordre qui intéressera le plus les souscripteurs.

    LISTE DES VOLUMES.

Iʳᵉ Série. — TOME I : Mémoires extraits des *Mémoires présentés par divers savants à l'Académie des Sciences*. — TOMES II et III : Mémoires extraits des *Mémoires de l'Académie des Sciences*. — TOMES IV à XI : Notes et articles extraits des *Comptes rendus hebdomadaires des Séances de l'Académie des Sciences*.

IIᵉ Série. — TOME I : Mémoires extraits du *Journal de l'Ecole Polytechnique*. — TOME II : Mémoires extraits de divers Recueils : *Journal de Liouville, Bulletin de Férussac, Bulletin de la Société philomathique, Annales de Gergonne, Correspondance de l'École Polytechnique*. — TOME III : *Cours d'Analyse de l'École Polytechnique*. — TOME IV : *Résumé des leçons données à l'École Polytechnique sur le Calcul infinitésimal. — Leçons sur le Calcul différentiel*. — TOME V : *Leçons sur les applications du Calcul infinitésimal à la Géométrie*. — TOMES VI à IX : *Anciens Exercices de Mathématiques*. — TOME X : *Résumés analytiques de Turin. — Nouveaux Exercices de Mathématiques, de Prague*. — TOMES XI à XIV : *Nouveaux Exercices d'Analyse et de Physique*. — TOME XV : *Mémoires séparés*.

CAUCHY (le Baron Aug.), Membre de l'Académie des Sciences. — **Sa Vie et ses Travaux,** par *Valson*, Professeur à la Faculté des Sciences de Grenoble, avec une Préface de *Hermite*, Membre de l'Académie des Sciences. 2 vol. in-8; 1868.   8 fr.

CAZIN, Docteur ès Sciences, ancien Professeur au Lycée Fontanes, et **ANGOT**, Agrégé de l'Université, Docteur ès Sciences. — **Traité théorique et pratique des piles électriques.** *Mesure des constantes des piles. Unités électriques. Description et usage des différentes espèces de piles*. In-8, avec 105 belles figures dans le texte; 1881.   7 fr. 50 c.

CHARLON (H.). — **Théorie mathématique des Opérations financières.** 2ᵉ édition. Grand in-8, avec Tables numériques relatives aux emprunts par obligations. Tables numériques relatives aux calculs d'intérêts composés et d'annuités, et Tables logarithmiques de Fédor Thoman relatives aux calculs d'intérêts composés et d'annuités; 1878.   12 fr. 50 c.

CHARLON (H.). — **Théorie élémentaire des Opérations financières.** Grand in-8, avec Tables; 1880.   6 fr. 50 c.

CHASLES. — **Traité des Sections coniques,** faisant suite au Traité de Géométrie supérieure. *Première Partie.*

In-8, avec 5 planches gravées sur cuivre, et contenant
133 figures ; 1865. 9 fr.

CHASLES. — Aperçu historique sur l'origine et le développement des méthodes en Géométrie, particulièrement de celles qui se rapportent à la Géométrie moderne, suivi d'un *Mémoire de Géométrie sur deux principes généraux de la Science, la Dualité et l'Homographie.* Seconde édition, conforme à la première. Un beau volume in-4 de 850 pages ; 1875. (*Rare.*) 60 fr.

CHASLES. — Traité de Géométrie supérieure. Deuxième édition. Grand in-8, avec 12 planches ; 1880. 24 fr.

CHEVALLIER et MÜNTZ. — Problèmes de Physique, avec leurs solutions développées, à l'usage des Candidats au Baccalauréat ès Sciences et aux Écoles du Gouvernement. 2ᵉ édition. In-8 ; 1885. 6 fr.

CHEVILLARD, Professeur à l'École des Beaux-Arts. — Leçons nouvelles de Perspective. 2ᵉ édit. In-8, avec Atlas in-4 de 32 planches gravées sur acier ; 1878. 12 fr.

CHOQUET, Docteur ès Sciences. — Traité d'Algèbre. (*Autorisé.*) In-8 ; 1856. 7 fr. 50 c.

CLAUSIUS (R.), Professeur à l'Université de Bonn, Correspondant de l'Institut de France. — Théorie mécanique de la chaleur. 2ᵉ édition refondue et complétée, traduite sur la 3ᵉ édition de l'original allemand par *F. Folie* et *E. Ronkar.*

Tome I : *Développement des formules qui se déduisent des deux principes fondamentaux, avec différentes applications.* In-8, avec figures dans le texte ; 1888. 10 fr.
Le Tome II est sous presse.

CLAUSIUS (R.). — De la fonction potentielle et du potentiel ; traduit de l'allemand, sur la 2ᵉ édition, par *F. Folie.* In-8 ; 1870. 4 fr.

CLEBSCH (Alfred). — Leçons sur la Géométrie, recueillies et complétées par *Ferdinand Lindemann,* Professeur à l'Université de Fribourg en Brisgau, et traduites par *Adolphe Benoist,* Docteur en droit. 3 vol. grand in-8, avec figures dans le texte ; 1879-1880-1883.

Tome I : *Traité des sections coniques et Introduction à la théorie des formes algébriques.* 12 fr.
Tome II : *Courbes algébriques en général et courbes du troisième ordre.* 14 fr.
Tome III : *Intégrales abéliennes et connexes.* 16 fr.

CLOUÉ (Vice-amiral), Membre du Bureau des Longitudes. — Le Filage de l'huile. Son action sur les brisants de la mer. *Aperçu historique, expériences, mode d'emploi.* 3ᵉ édition. In-16 colombier, avec figures dans le texte ; 1887. 2 fr. 50 c.

COLLET (J.), Professeur à la Faculté des Sciences de Grenoble, Membre de la Société des touristes du Dauphiné. — Les Cartes topographiques. — La Carte dite de l'État-Major. *Historique. Projection. Géodésie. Hypsométrie. Topographie. Critique et lecture.* Grand in-8, avec fig. dans le texte et 4 planches ; 1887. 2 fr. 50 c.

COLLIN (J.). — Traité d'Algèbre élémentaire, à l'usage des candidats au Baccalauréat ès Sciences et aux Écoles du Gouvernement. In-8 ; 1882. 5 fr.

COLSON (R.), Capitaine du Génie. — Traité élémentaire d'Électricité, avec les principales applications. 2ᵉ édition. In-18 jésus, avec 91 fig. ; 1888. 3 fr. 75 c.

COLSON (R.). — Procédés de reproduction des dessins par la lumière. In-18 jésus ; 1888. 1 fr.

COMBEROUSSE (Charles de), Ingénieur, Professeur à l'École Centrale des Arts et Manufactures et au Conservatoire des Arts et Métiers, ancien Professeur de Mathématiques spéciales au collège Chaptal. — Cours de

Mathématiques, à l'usage des Candidats à l'École Polytechnique, à l'École Normale supérieure et à l'École centrale des Arts et Manufactures. 6 vol. in-8, avec fig. dans le texte et planches.

Chaque Volume se vend séparément :

Tome Iᵉʳ : *Arithmétique* et *Algèbre élémentaire* (avec 38 figures dans le texte). 3ᵉ édition ; 1884. 10 fr.

On vend à part :
Arithmétique. 4 fr.
Algèbre élémentaire. 6 fr.

Tome II : *Géométrie élémentaire, plane et dans l'espace ; Trigonométrie rectiligne et sphérique,* avec 342 figures dans le texte. 2ᵉ édition ; 1882. 12 fr.

On vend à part :
Géométrie élémentaire, plane et dans l'espace. 7 fr.
Trigonométrie rectiligne et sphérique, suivie de Tables des valeurs des lignes trigonométriques naturelles. 5 fr.

Tome III : *Algèbre supérieure.* Iʳᵉ Partie : *Compléments d'Algèbre élémentaire (Déterminants, fractions continues, etc.).* — *Combinaisons.* — *Séries.* — *Étude des Fonctions.* — *Dérivées et Différentielles.* 2ᵉ édition ; 1887. 15 fr.

Tome IV : *Algèbre supérieure.* IIᵉ Partie : *Étude des imaginaires. Théorie générale des équations.* 2ᵉ édition ; 1888. (*Sous presse.*)

Tome V : *Géométrie analytique, plane et dans l'espace. Éléments de Géométrie descriptive.* 2ᵉ édit. (*Sous presse.*)

Tome VI : *Éléments de Géométrie supérieure, Notions sur la résolution des problèmes.* 2ᵉ édition. (*En préparation.*)

COMBEROUSSE (Ch. de). — Histoire de l'École Centrale des Arts et Manufactures, depuis sa fondation jusqu'à ce jour. Un beau volume grand in-8, orné de 4 planches à l'eau-forte, tirées sur chine ; 1879. 12 fr.

COMMINES DE MARSILLY (de), Ancien Élève de l'École Polytechnique. — Recherches mathématiques sur les lois de la matière. In-4 ; 1868. 9 fr.

COMMINES DE MARSILLY (de). — Les lois de la matière. Essais de Mécanique moléculaire. In-4 ; 1884. 9 fr.

COMPAGNON (P.-F.), ancien Professeur de l'Université. — Éléments de Géométrie. Cet Ouvrage est surtout destiné aux jeunes gens qui se préparent aux Écoles du Gouvernement. 2ᵉ édit. In-8, avec fig. ; 1876.
Broché. 7 fr.
Cartonné. 7 fr. 75 c.

COMPAGNON (P.-F.). — Abrégé des Éléments de Géométrie. Cet Ouvrage s'adresse particulièrement aux Élèves des différentes classes de Lettres et aux candidats au Baccalauréat ès Lettres et ès Sciences, ou aux Élèves de l'Enseignement secondaire spécial. 2ᵉ édition. In-8, avec figures ; 1876. (*Autorisé par le Conseil supérieur de l'Enseignement secondaire spécial.*)
Broché. 4 fr. 50 c.
Cartonné. 5 fr. 25 c.

COMPAGNON (P.-F.). — Questions proposées sur les Éléments de Géométrie, divisées en Livres, Chapitres et paragraphes, et contenant quelques indications *Sur la manière de résoudre certaines questions.* In-8, avec figures dans le texte ; 1877. 5 fr.

COMPOSITIONS données aux examens de licence ès Sciences mathématiques. Grand in-8 ; 1884.

Iʳᵉ Partie : Faculté de Paris, années 1869 à 1880, et Facultés des Départements, année 1880. 1 fr. 50 c.
IIᵉ Partie : Faculté de Paris, années 1881 à 1883, et Facultés des Départements, année 1883. 1 fr. 25 c.
IIIᵉ Partie : Facultés des Départements, année 1884. 1 fr.
IVᵉ Partie : Facultés des Départements, année 1885. 1 fr. 25 c.

CONNAISSANCE DES TEMPS ou des mouvements célestes, à l'usage des Astronomes et des Navigateurs, pour l'an 1889, publiée par le *Bureau des Longitudes*. Grand in-8 de plus de 950 p., avec 3 cartes en couleur.

Broché................ 4 fr. »
Cartonné.............. 4 fr. 75 c.

Pour recevoir l'Ouvrage franco dans les pays de l'Union postale, ajouter 1 fr.

Depuis le Volume pour l'an 1879, la *Connaissance des Temps* ne contient plus d'*Additions*, et son prix a été abaissé à 4 fr. Les Mémoires qui composaient autrefois les *Additions* sont publiés dans les Annales du Bureau des Longitudes et de l'Observatoire astronomique de Montsouris.

Le volume pour l'année 1890 paraîtra en octobre 1888.

— **EXTRAIT DE LA CONNAISSANCE DES TEMPS**, à l'usage des Écoles d'Hydrographie et des marins du Commerce, pour l'an 1889, publié par le *Bureau des Longitudes*. Grand in-8; 1887.   1 fr. 50 c.

Par arrêté ministériel en date du 11 juillet 1857, l'emploi de cet Extrait ou de la Connaissance des Temps est prescrit comme base des calculs effectués par les aspirants aux grades de Capitaine au long cours et de Capitaine au cabotage.

CORNU (A.), Membre de l'Institut. — Étude des bandes telluriques α, B et A du spectre solaire. In-8, avec figures dans le texte et 1 planche; 1886.   2 fr. 50 c.

COURTIN, Ingénieur en chef au chemin de fer de l'État, Professeur à l'École des Mines de Mons. — Éléments de la Théorie mécanique de la Chaleur, contenant les formules nouvelles pour le calcul des machines à air chaud, des machines à air comprimé et des machines à vapeur. In-8° de 166 pages et un Tableau hors texte; 1882.   6 fr.

CREMONA (L.) et BELTRAMI. — Collectanea mathematica, nunc primum edita cura et studio *L. Cremona* et *E. Beltrami*, in memoriam Dominici Chelini. Un beau volume in-8, avec un portrait de Chelini et un fac-simile du testament inédit de Nicolo Tartaglia; 1881.   25 fr.

CREMONA (L), Directeur de l'École d'application des Ingénieurs, à Rome. — Les Figures réciproques en Statique graphique. Ouvrage précédé d'une *Introduction* du Dr *Giuseppe Jung*, Professeur à l'Institut mécanique de Milan, et suivi d'un *Appendice* extrait des Mémoires et du Cours de Statique graphique de Ch. Saviotti, Professeur à l'École des Ingénieurs à Rome. Traduit par L. Bosset, Capitaine du Génie. Grand in-8, avec un atlas de 34 planches; 1885.   5 fr. 50 c.

CROOKES (William). — Sur la viscosité des gaz très raréfiés. In-8, avec fig. dans le texte; 1881.   2 fr.

CROULLEBOIS. Professeur à la Faculté des Sciences de Besançon. — Théorie des lentilles épaisses. *Interprétation géométrique et Exposition analytique des résultats de Gauss.* In-8; 1882.   3 fr. 50 c.

CULLEY (R.-S.). — Manuel de Télégraphie pratique. Traduit de l'anglais (7ᵉ édition), et augmenté de *Notes sur les appareils Breguet, Hughes, Meyer et Baudot, sur les transmissions pneumatiques et téléphoniques*, par Henri Berger, ancien Élève de l'École Polytechnique, Directeur-Ingénieur des lignes télégraphiques, et Paul Bardonnaut, ancien Élève de l'École Polytechnique, Directeur des postes et des télégraphes. Un beau volume gr. in-8, avec plus de 200 fig. dans le texte et 7 pl.; 1882.

Broché.............. 18 fr. »
Cartonné à l'anglaise.. 20 fr.

DARBOUX (G.), Membre de l'Institut, Professeur à la Faculté des Sciences. — Leçons sur la Théorie générale des surfaces et les applications géométriques du Calcul infinitésimal. 2 vol. grand in-8, avec figures dans le texte, se vendant séparément :

Iʳᵉ Partie : *Généralités. — Coordonnées curvilignes. — Surfaces minima;* 1887.   15 fr.

IIᵉ Partie : *Théorie des systèmes de rayons rectilignes. — Formules de Codazzi. Lignes géodésiques. Théorie des surfaces applicables sur une surface donnée.*   (*Sous presse.*)

DARCY. — Recherches expérimentales relatives au mouvement des eaux dans les tuyaux. In-4, avec 12 planches; 1857.   15 fr.

DAUGE (F.), Professeur ordinaire à la Faculté des Sciences de Gand. — Leçons de Méthodologie mathématique. Grand in-4, lithographié; 1883.   12 fr.

DAVANNE. — La Photographie. Traité théorique et pratique. 2 volumes grand in-8, avec figures, se vendant séparément :

Iʳᵉ Partie : *Notions élémentaires. — Historique. — Épreuves négatives. — Principes communs à tous les procédés négatifs. — Épreuves sur albumine, sur collodion, sur gélatinobromure d'argent, sur pellicule, sur papier.* Avec 120 figures dans le texte et 2 planches de photographie instantanée; 1886.   16 fr.

IIᵉ Partie : *Épreuves positives : Daguerréotype. — Épreuves sur verre et sur papier. — Épreuves aux sels de platine, de fer, de chrome (procédé au charbon). — Impressions photo-mécaniques. — Divers : Agrandissements. — Micrographie. — Stéréoscope. — Les couleurs en Photographie. — Notions élémentaires de Chimie; vocabulaire;* 1888.

DECANTE, Lieutenant de vaisseau. — Tables du cadran solaire azimutal pour tous les points situés entre les cercles polaires. *Variation automatique. Détermination instantanée du relèvement vrai. Contrôle de la route.* 2 vol. in-8; 1882.   5 fr.

Cet Ouvrage a été approuvé par le Comité hydrographique et autorisé par le Ministre de la Marine et des Colonies.

DELAISTRE (L.), Professeur de Dessin général. — Cours complet de Dessin linéaire, gradué et progressif, contenant la Géométrie pratique, élémentaire et descriptive; l'Arpentage, le Levé des Plans et le Nivellement; le Tracé des Cartes géographiques, des Notions sur l'architecture; le Dessin industriel; la Perspective linéaire et aérienne; le Tracé des ombres et l'étude du Lavis.

Atlas cartonné, in-4 oblong, contenant 60 planches et 70 pages de texte. 4ᵉ édit., revue et corrigée; 1885. 15 fr.

Ouvrage donné en prix, par la Société d'Encouragement pour l'Industrie nationale, aux CONTREMAÎTRES des Établissements industriels, et choisi par le Ministre de l'Instruction publique pour les Bibliothèques scolaires.

DELAMBRE, Membre de l'Institut. — Traité complet d'Astronomie théorique et pratique. 3 vol. in-4, avec planches; 1814.   40 fr.

DELAMBRE. — Histoire de l'Astronomie ancienne. 2 vol. in-4, avec planches; 1817.   15 fr.

DELAMBRE. — Histoire de l'Astronomie du moyen âge. 1 vol. in-4, avec planches; 1819.   (*Rare.*)

DELAMBRE. — Histoire de l'Astronomie moderne. 2 vol. in-4, avec planches; 1821.   30 fr.

DELAMBRE. — Histoire de l'Astronomie au XVIIIᵉ siècle, publiée par *Mathieu*, Membre de l'Académie des Sciences. In-4, avec planches; 1827.   20 fr.

DELIGNE (A.), Ingénieur civil des Mines, Directeur de l'École des Arts et Métiers d'Aix, Membre du Conseil supérieur de l'Enseignement technique. — Notions complémentaires de Mathématiques. *Géométrie analytique. Dérivées. Premiers principes de Calcul différentiel et intégral.* Rédigées conformément aux nouveaux programmes des cours des Écoles nationales d'Arts et Métiers. 2 volumes in-8, avec nombreuses figures dans le texte, se vendant séparément.

Ire Partie : *Géométrie analytique*; 1887. 6 fr. 50 c.

IIe Partie : *Dérivées. Premiers principes de Calcul différentiel et intégral*; 1887. 7 fr. 50 c.

DELISLE (A.), Examinateur pour l'admission à l'École Navale, et **GÉRONO**, Professeur de Mathématiques. — **Géométrie analytique.** In-8, avec planches; 1854. 5 fr.

DELISLE et GERONO. — **Éléments de Trigonométrie rectiligne et sphérique.** 7e édition. In-8, avec planches; 1876. 3 fr. 50 c.

DENFER, Chef des travaux graphiques de l'École Centrale des Arts et Manufactures. — **Album de Serrurerie**, conforme au Cours de Constructions civiles professé à l'École Centrale par E. Muller, et contenant *l'emploi du fer dans la maçonnerie et dans la charpente en bois, la charpente en fer, les ferrements des menuiseries en bois, la menuiserie en fer, les grosses fontes et articles divers de quincaillerie.* Gr. in-4, contenant 100 belles planches lithographiées; 1872. 13 fr.

DEROUSSEAU (J.), Professeur de Mathématiques à l'Athénée royal de Liège. — **Algèbre pure et appliquée aux Sciences commerciales.** à l'usage des élèves s'adonnant aux Sciences commerciales et des personnes s'occupant d'opérations financières. In-8; 1887. 4 fr.

D'ÉTROYAT (Ad.). — **De la carène du navire et de l'Échelle de solidité.** In-4, avec 5 planches; 1865. 4 fr.

DEVILLEZ (A.), Directeur et Professeur de constructions civiles à l'École provinciale d'Industrie et des Mines du Hainaut. — **Éléments de constructions civiles.** *Art de bâtir. Composition des édifices. l'aide-mecum de construction,* à l'usage de l'entrepreneur, du constructeur et du propriétaire qui veut faire bâtir ou restaurer ses propriétés. 4e tirage. 2 vol. in-8, dont un Atlas de 214 dessins; 1882. 16 fr.

DIAMILLA-MULLER. — **Memorie e Lettere scientifiche. Astronomia, Magnetismo terrestre.** Grand in-8, avec 35 figures dans le texte et deux cartes magnétiques; 1885. 15 fr.

DIEN et FLAMMARION. — **Atlas céleste,** comprenant toutes les Cartes de l'ancien Atlas de Ch. Dien, rectifié, augmenté et enrichi de 5 Cartes nouvelles relatives aux principaux objets d'études astronomiques, par C. Flammarion, avec une *Instruction* détaillée pour les diverses Cartes de l'Atlas. In-folio, cartonné avec luxe, de 31 planches gravées sur cuivre, dont 4 doubles. 6e édition; 1885

Prix { En feuilles, dans une couverture imprimée.. 40 fr.
{ Cartonné avec luxe, toile pleine............ 44 fr.

Les Cartes composant cet Atlas sont les suivantes :
A. Constellations de l'hémisphère céleste boréal (*Carte double*).
B. Constellations de l'hémisphère céleste austral (*Carte double*).
1. Petite Ourse, Dragon, Céphée, Cassiopée, Persée.
2. Andromède, Cassiopée, Persée, Triangle.
3. Girafe, Cocher, Lynx, Télescope.
4. Grande Ourse, Petit Lion.
5. Chevelure de Bérénice, Lévriers, Bouvier, Couronne boréale.
6. Dragon, Carré d'Hercule, Lyre, Cercle mural.
7. Hercule, Ophiuchus, Serpent, Taureau de Poniatowski, Écu de Sobieski.
8. Cygne, Lézard, Céphée.
9. Aigle et Antinoüs, Dauphin, Petit Cheval, Renard, Oie, Flèche, Pégase.
10. Bélier, Taureau (Pléiades, Hyades, Mouche).
11. Gémeaux, Cancer, Petit Chien.
12. Lion, Sextant, Tête de l'Hydre.
13. Vierge.
14. Balance, Serpent, Hydre.
15. Scorpion, Ophiuchus, Serpent, Loup.
16. Sagittaire, Couronne australe.
17. Capricorne, Verseau, Poisson austral.
18. Poissons, Carré de Pégase.
19. Baleine, Atelier du Sculpteur.
20. Éridan, Lièvre, Colombe, Harpe, Sceptre, Laboratoire.
21. Orion, Licorne.
22. Grand Chien, Navire, Boussole.
23. Hydre, Coupe, Corbeau, Sextant, Chat.
24. Constellations voisines du pôle austral (*Carte double*).
25. Mouvements propres séculaires des étoiles (*Carte double*).

In-4; PP.

26. Carte générale des étoiles multiples, montrant leur distribution dans le Ciel (*Carte double*).
27. Étoiles multiples en mouvement relatif certain.
28. Orbites d'étoiles doubles et groupes d'étoiles les plus cu ieu du Ciel.
29. Les plus belles nébuleuses du Ciel.

On vend séparément un Fascicule contenant :

Les 5 *Cartes nouvelles*, n°s 25 à 29 de l'Atlas céleste, par C. Flammarion. Ces Cartes sont renfermées dans une couverture imprimée, avec l'*Instruction* composée pour la nouvelle édition de l'Atlas. 15 fr.

DISLERE. — **La Guerre d'escadre et la Guerre de côtes.** (*Les nouveaux navires de combat.*) Un beau volume grand in-8, avec nombreuses figures, gravées sur bois, dans le texte. 2e édition, augmentée d'un Appendice par Guichard, Ingénieur de la marine; 1883. 7 fr.

DORMOY (Émile). — **Théorie mathématique des assurances sur la vie.** Deux volumes grand in-8; 1878. 20 fr.
Chaque volume se vend séparément. 10 fr.

DOSTOR (G.), Docteur ès Sciences, Professeur honoraire à la Faculté des Sciences de l'Institut catholique de Paris. — **Éléments de la théorie des déterminants,** avec application à l'Algèbre, la Trigonométrie et la Géométrie analytique dans le plan et dans l'espace, à l'usage des classes de Mathématiques spéciales. 2e éd. In-8; 1883. 8 fr.

DOSTOR (G.). — **Théorie générale des Polygones étoilés.** In-4; 1881. 2 fr.

DUBRUNFAUT. — **L'Osmose et ses Applications industrielles ou Méthodes d'analyse nouvelle appliquées à** *l'épuration des sucres et sirops.* In-8; 1873. 2 fr

DUBRUNFAUT. — **Le Sucre dans ses rapports avec la Science, l'Agriculture, l'Industrie, le Commerce, l'Économie publique et administrative, ou** *Études faites depuis 1866 sur la question des Sucres.* Deux vol. in-8. 10 fr

On vend séparément :
Tome I; 1873....................... 5 fr.
Tome II; 1878 .... 5 fr.

DUBRUNFAUT. — **Mémoire sur la saccharification des fécules.** In-8; 1882. 5 fr.

DUCOM. — **Cours complet d'observations nautiques** avec les notions nécessaires au Pilotage et au Cabotage, augmenté de la puissance des effets des ouragans, typhons, tornados des régions tropicales. 3e édit.; 1858. 1 vol. in-8. 12 fr

DUGUET (Ch.), Capitaine d'Artillerie. — **Déformation des corps solides. Limite d'élasticité et résistance à la rupture.** 2 volumes in-8 :
Ire Partie : *Statique spéciale,* avec 103 figures dans le texte; 1882. 6 fr.
IIe Partie : *Statique générale,* avec 110 figures dans le texte; 1885. 7 fr. 50 c.

DUHAMEL, Membre de l'Institut. — **Éléments de Calcul infinitésimal.** 4e édit., revue et annotée par *J. Bertrand*, Membre de l'Institut. 2 vol. in-8, avec planches. 1888. 15 fr

DUHAMEL. — **Des Méthodes dans les sciences de raisonnement.** 5 vol. in-8. 27 fr. 50 c
Ire Partie : *Des Méthodes communes à toutes les sciences de raisonnement.* 3e édition. In-8; 1885. 2 fr. 50 c
IIe Partie : *Application des Méthodes à la science des nombres et à la science de l'étendue.* 2e édition. In-8; 1877. 7 fr. 50 c
IIIe Partie : *Application de la science des nombres à la science de l'étendue.* 2e édit. In-8, avec fig.; 1882. 7 fr. 50 c.
IVe Partie : *Application des Méthodes générales à la science des forces.* 2e édit. In-8, avec fig.; 1886. 7 fr. 50 c.
Ve Partie : *Essai d'une application des Méthodes à la science de l'homme moral.* 2e édit. In-8; 1879. 2 fr. 50 c.

DULOS (Pascal), Professeur de Mécanique à l'École d'Arts et Métiers et à l'École des Sciences d'Angers. — **Cours de Mécanique**, à l'usage des Écoles d'Arts et Métiers et de l'enseignement spécial des Lycées. 5 vol. in-8, avec belles figures gravées sur bois dans le texte; 1885-1886-1887-1879-1882. (*Ouvrage honoré d'une souscription des Ministères de l'Instruction publique, de l'Agriculture et des Travaux publics.* 37 fr. 50 c.

On vend séparément :

Tome I : *Composition des forces. — Équilibre des corps solides. — Centre de gravité. — Machines simples. — Ponts suspendus. — Travail des forces. — Principe des forces vives. — Moments d'inertie. — Force centrifuge. — Pendule simple et composé. — Centre de percussion. — Régulateur à force centrifuge. — Pendule balistique. 2e édition.* 7 fr. 50 c.

Tome II : *Résistances nuisibles ou passives. — Frottement. — Application aux machines. — Roideur des cordes. — Application du théorème des forces vives à l'établissement des machines. — Théorie du volant. — Résistance des matériaux. 2e édition.* 7 fr. 50 c.

Tome III : *Hydraulique. — Écoulement des fluides. — Jaugeage des cours d'eau. — Établissement des canaux à régime constant. — Récepteurs hydrauliques. — Travail des pompes. — Bélier hydraulique. — Vis d'Archimède. — Moulins à vent. 2e édition.* 7 fr. 50 c.

Tome IV : *Thermodynamique. — Machines à vapeur. — Principaux types de machines à vapeur. — Chaudières à vapeur. — Machines à air chaud et à gaz. — Calcul des volants. — Appareils dynamométriques.* 9 fr. 50 c.

Tome V : *Distribution de la vapeur dans les cylindres. — Mouvement des tiroirs. — Distributions simples. — Distributions à deux tiroirs. — Diagrammes rectangulaires. — Diagrammes polaires. — Application aux détentes les plus usuelles.* 5 fr. 50 c.

DUMAS (J.-B.), Membre de l'Académie française, Secrétaire perpétuel de l'Académie des Sciences. — **Éloges et discours académiques.** Deux beaux volumes in-8, avec un portrait de *Dumas*, gravé par *Henriquel Dupont*; 1885. Chaque volume se vend séparément :

Tirage sur papier vélin.... .... 6 fr. 50 c
Tirage sur papier vergé......... 8 fr. •

DUMAS. — **Études sur le Phylloxera et sur les Sulfocarbonates.** In-8, avec planche; 1876. 3 fr.

DUMAS. — **Leçons sur la Philosophie chimique** professées au Collège de France en 1836, recueillies par *Bineau*. 2e édition. In-8 ; 1878. 7 fr.

DU MONCEL (Th.), Ingénieur électricien de l'Administration des Lignes télégraphiques. — **Traité théorique et pratique de Télégraphie électrique**, à l'usage des employés télégraphistes, des ingénieurs, des constructeurs et des inventeurs. Vol. in-8 de 642 pages, avec 156 figures dans le texte et 3 planches sur cuivre, imprimé sur carré fin satiné; 1864. 10 fr.

DU MONCEL (Th.). — **Exposé des Applications de l'Électricité.** *Technologie électrique.* 3e édition, entièrement refondue ; 5 volumes grand in-8 cartonnés, avec 775 fig. et 21 planches; 1872-1878. 72 fr.

On vend séparément :

Tome V : Broché : 14 fr. — Cartonné : 16 fr.

DUPLAIS (aîné). — **Traité de la fabrication des liqueurs et de la distillation des alcools**, suivi du *Traité de la fabrication des eaux et boissons gazeuses.* 4e édition, revue et augmentée par *Duplais jeune.* 2 vol. in-8, avec 15 planches. 2e tirage ; 1882. 16 fr

DUPRÉ (Ath.), Doyen de la Faculté des Sciences de Rennes. — **Théorie mécanique de la Chaleur.** In-8, avec figures dans le texte; 1869. 8 fr.

EBELMEN. — **Chimie, Céramique, Géologie, Métallurgie.** Ouvrage revu et corrigé par *Salvétat.* 3 forts vol. in-8, avec fig. dans le texte (2e tirage); 1861. 15 fr.

ÉCOLE CENTRALE. — **Portefeuille des travaux de vacances des élèves**, *publiés par la Direction de l'École.* Années 1875 à 1881. 7 volumes de texte in-8 et 7 Atlas in-folio de 50 planches chacun. 140 fr.
Chaque année se vend séparément. 25 fr.

Cette collection sur la Mécanique, la Construction, la Métallurgie et la Chimie industrielle a été réunie par la Direction de l'École centrale dans le but de fournir à ses Ingénieurs des renseignements et des modèles pour l'établissement de leurs projets. Elle donne, par ses plans cotés et ses textes explicatifs, une grande quantité de documents puisés aux sources mêmes, dans les grands chantiers et dans les usines les plus importantes. Aussi, cette collection, qui n'avait pas été mise jusqu'à ce jour à la disposition du public, est-elle appelée à rendre de sérieux services aux Ingénieurs, aux Constructeurs et aux Directeurs d'usines. La Table des Planches est envoyée franco sur demande.

ÉCOLE NAVALE. — **Types de Calculs nautiques.** *Navigation par l'estime et Navigation astronomique.* In-folio couronne, avec figures dans le texte et un Planisphère céleste; 1887. 7 fr.

La Commission, qui, d'après les ordres de M. le Ministre de la Marine, a élaboré ce Recueil de types de calculs, s'est attachée à en rendre la lecture facile aux marins n'ayant pas suivi les cours de l'École. Les types sont en effet précédés de toutes les explications théoriques qu'ils comportent, et l'Ouvrage peut être considéré comme le vade-mecum des officiers des montres.

ENDRÈS (E.), Inspecteur général honoraire des Ponts et Chaussées. — **Manuel du Conducteur des Ponts et Chaussées**, d'après le dernier *Programme officiel des examens.* Ouvrage indispensable aux Conducteurs et Employés secondaires des Ponts et Chaussées et des Compagnies de Chemins de fer, aux Gardes-Mines, aux Gardes et Sous-Officiers de l'Artillerie et du Génie, aux Agents voyers et à tous les Candidats à ces emplois. *Honoré d'une souscription des Ministères du Commerce et des Travaux publics, et recommandé pour le service vicinal par le Ministère de l'Intérieur.* 7e édition, *conforme au Programme du 7 sept. 1880.* 3 volumes in-8. 27 fr.

On vend séparément :

Tome Ier, *Partie théorique*, avec 407 figures dans le texte ; et Tome II, *Partie pratique*, avec 346 figures dans le texte. 2 vol. in-8 ; 1884. 18 fr.

Tome III, *Applications.* Ce dernier volume est consacré à l'exposition des doctrines spéciales qui se rattachent à l'*Art de l'ingénieur* en général et au service des Ponts et Chaussées en particulier. In-8, avec plus de 250 fig. dans le texte ; 1887. 9 fr.

ERMEL. — *Voir* Ferniquo.

EVERETT, Professeur de Philosophie naturelle au Queen's College de Belfast. — **Unités et constantes physiques.** Ouvrage traduit de l'anglais par Jules *Raynaud*, Docteur ès sciences, Professeur à l'École supérieure de Télégraphie, avec le concours de *Thévenin, de la Touanne et Massin*, sous-ingénieurs des télégraphes. In-18 Jésus; 1883. 4 fr.

EXPÉRIENCES faites à l'Exposition d'électricité par Allard, Le Blanc, Joubert, Potier et Tresca. — *Méthodes d'observations. — Machines et lampes à courant continu, à courants alternatifs. — Bougies électriques. — Lampe à incandescence. — Accumulateur. — Transport électrique du travail. — Machines diverses.* — In-8 avec planches; 1883. 3 fr.

FAA DE BRUNO (le Chevalier Fr.), Docteur ès Sciences, Professeur de Mathématiques à l'Université de Turin. — **Théorie des formes binaires.** In-8, 1876. 16 fr.

FAA DE BRUNO (le Chevalier Fr.). — **Théorie générale de l'élimination.** Grand in-8 ; 1859. 3 fr. 50 c.

FAA DE BRUNO (le Chevalier Fr.). — **Traité élémentaire du Calcul des Erreurs, avec des Tables stéréotypées.**

Ouvrage utile à ceux qui cultivent les Sciences d'observation. In-8 ; 1869.							4 fr.

FABRE (C.). — Aide-Mémoire de Photographie pour 1888, 13e année. In-8, avec spécimen.
    Prix : Broché.						1 fr. 75 c.
        Cartonné.						2 fr. 25 c.
Les volumes des années précédentes de l'*Aide-Mémoire*, sauf 1877, 1878, 1879, 1880, 1883, 1884 et 1886, se vendent aux mêmes prix.

FATON (le P.). — Traité d'Arithmétique théorique et pratique, en rapport avec les nouveaux *Programmes* d'enseignement, terminé par une petite Table de Logarithmes. Chaque théorie est suivie d'un choix d'Exercices gradués de calcul et d'un grand nombre de Problèmes. 10e édition, revue et corrigée. In-12 ; 1884. (*Autorisé par décision ministérielle.*) Broché.			2 fr. 75 c.
        Cartonné.						3 fr. 10 c.

FATON (le P.). — Premiers éléments d'Arithmétique. 7e édition. In-12 ; 1881. Broché.		1 fr. 50 c.
        Cartonné.						1 fr. 85 c.

FAURE (H.), Chef d'escadron d'Artillerie. — **Théorie des indices.** In-8 ; 1878.				5 fr.

FAURE (H.). — Recueil de Théorèmes relatifs aux sections coniques. In-8 ; 1867.			2 fr. 50.

FAVARO (Antonio), Professeur à l'Université royale de Padoue. — **Leçons de Statique graphique,** traduites de l'italien par PAUL TERRIER, Ingénieur des Arts et Manufactures. 3 beaux volumes grand in-8, avec nombreuses figures, se vendant séparément :
  Ire PARTIE : *Géométrie de position ;* 1879.		7 fr.
  IIe PARTIE : *Calcul graphique,* avec Appendices et Notes du Traducteur. Grand in-8, avec 212 figures et 2 planches dans le texte ; 1885.			12 fr.
  IIIe PARTIE : *Statique graphique,* Théorie et applications.						(*Sous presse.*)

FAYE (H.), Membre de l'Institut et du Bureau des Longitudes. — **Cours d'Astronomie nautique.** In-8, avec figures dans le texte ; 1880.				10 fr.

FAYE (H.). — Cours d'Astronomie de l'École Polytechnique. 2 beaux volumes grand in-8, avec nombreuses figures et Cartes dans le texte.
  Ire PARTIE : *Astronomie sphérique. — Géodésie et Géographie mathématique ;* 1881.		12 fr. 50 c.
  IIe PARTIE : *Astronomie solaire. — Théorie de la Lune. — Navigation ;* 1883.			14 fr.

FAYE (H.). — Sur l'origine du Monde, *Théories cosmogoniques des anciens et des modernes.* 2e édition. Un beau volume in-8, avec figures dans le texte ; 1885.	6 fr.

FAYE (H.). — Sur les Tempêtes. *Théories et discussions nouvelles.* Grand in-8, avec figures ; 1887.	2 fr. 50 c.

FERNIQUE (A.), Chef des travaux graphiques, Répétiteur du Cours de construction de machines à l'École centrale des Arts et Manufactures. — **Album d'Éléments et organes de machines,** composé et dessiné d'après le Cours professé par F. Ermel, et suivi de planches relatives aux machines soufflantes, d'après des documents fournis par *Jordan.* 2e édition, revue et corrigée. Portefeuille oblong contenant 19 planches de texte explicatif ou tableaux, et 102 planches de dessins cotés ; 1882.		16 fr.

FLAMMARION (Camille), Astronome. — **Études et Lectures sur l'Astronomie.** In-12 avec fig. et cartes ; tomes I à IX ; 1867 à 1880.
    Chaque volume se vend séparément.		2 fr. 50 c.

FLAMMARION (Camille). — Catalogue des Étoiles doubles et multiples en mouvement relatif certain, comprenant *toutes les observations* faites sur chaque couple depuis sa découverte et les *résultats conclus* de l'étude des mouvements. Grand in-8 ; 1878.		8 fr.

FLAMMARION (Camille). — L'Astronomie, Revue mensuelle d'Astronomie populaire, de Météorologie et de Physique du globe, donnant l'exposé permanent des découvertes et des progrès réalisés dans la connaissance de l'Univers ; publiée par CAMILLE FLAMMARION, avec le concours des principaux Astronomes français et étrangers. La *Revue* paraît le 1er de chaque mois, par numéros de 40 pages, avec nombreuses figures. Elle est publiée annuellement en volume, à la fin de chaque année.

PRIX DE L'ABONNEMENT :

Paris : 12 fr. — Départements : 13 fr. — Étranger : 14 fr.
Prix du numéro : 1 fr. 20 c.

PRIX DES ANNÉES PARUES :

TOME Ier, 1882 (10 nos, avec 134 figures). — Broché. 10 fr.
                  Relié avec luxe. 14 fr.
TOME II, 1883 (12 nos, avec 172 figures). — Broché. 12 fr.
                  Relié avec luxe. 16 fr.
TOME III, 1884 (12 nos, avec 172 figures). — Broché. 12 fr.
                  Relié avec luxe. 16 fr.
TOME IV, 1885 (12 nos, avec 160 figures). — Broché. 12 fr.
                  Relié avec luxe. 16 fr.
TOME V, 1886 (12 nos, avec 150 figures). — Broché. 12 fr.
                  Relié avec luxe. 16 fr.
TOME VI, 1887 (12 nos, avec 150 figures). — Broché. 12 fr.
                  Relié avec luxe. 16 fr.

La Revue a pour but de tenir tous les amis de la Science au courant des découvertes et des progrès réalisés dans l'étude générale de l'Univers. Elle donne au jour le jour, le tableau vivant des conquêtes rapides et grandioses de la plus belle et de la plus vaste des Sciences, l'état du ciel et les observations les plus intéressantes à faire, soit à l'œil nu, soit à l'aide d'instruments de moyenne puissance. Chaque numéro est illustré de nombreuses figures explicatives sur les grands phénomènes célestes. Absolument correcte au point de vue scientifique, la Revue est néanmoins populaire, et ses rédacteurs suivent la voie de M. Camille Flammarion qui a toujours su présenter la Science sous une forme agréable ; aussi peut-on dire que sa lecture est aussi intéressante pour les gens du monde que pour les savants. Cette publication forme la suite naturelle de l'*Astronomie populaire* et des *Étoiles.*
Un numéro est envoyé gratuitement, comme spécimen.

FLAMMARION (Camille). — Astronomie populaire. *Description générale du Ciel.* Un volume grand in-8, illustré de 300 figures, planches en chromolithographie, Cartes célestes, etc. ; 1884. (Ouvrage couronné par l'Académie française, et adopté par le Ministre de l'Instruction publique pour les Bibliothèques populaires.)
Broché : 12 fr. — Cartonné : 16 fr. — Relié : 17 fr.

FLAMMARION (Camille). — Les étoiles et les curiosités du ciel. *Description complète du ciel visible à l'œil nu et des objets célestes les plus faciles à observer.* Un volume grand in-8, illustré de 400 gravures, chromolithographies, Cartes célestes, etc. ; 1882.
Broché : 12 fr. — Cartonné : 16 fr. — Relié : 17 fr.

FLAMMARION (Camille). — Les Terres du Ciel. *Voyage astronomique sur les autres mondes et description des conditions actuelles de la vie sur les diverses planètes du système solaire.* Un volume grand in-8, illustré de photographies célestes, vues télescopiques, Cartes et 324 figures ; 1884.
Broché : 12 fr. — Cartonné : 16. — Relié : 17 fr.

FOUCAULT (Léon), Membre de l'Institut. — **Recueil des travaux scientifiques de Léon Foucault,** publié par Mme Ve FOUCAULT, sa mère, mis en ordre par GARIEL, Ingénieur des Ponts et Chaussées, Professeur agrégé de Physique à la Faculté de Médecine de Paris, et précédé d'une Notice sur les Œuvres de L. Foucault, par J. BERTRAND, Secrétaire perpétuel de l'Académie des Sciences. Un beau volume in-4, avec un Atlas de même format contenant 19 planches sur cuivre ; 1878.		40 fr.

FOURIER. — Œuvres de Fourier, publiées par les soins de *Gaston Darboux*, Membre de l'Institut, sous les auspices du Ministre de l'Instruction publique.

> Tome I : *Théorie analytique de la chaleur*. In-4; 1888.   25 fr.
>
> Tome II : *Mémoires divers*. In-4.   (*Sous presse*.)

FRANCŒUR (L.-B.). — Uranographie ou Traité élémentaire d'Astronomie, à l'usage des personnes peu versées dans les Mathématiques, des Géographes, des Marins, des Ingénieurs, accompagné de planisphères. 6e édit. 1 vol. in-8, avec pl. ; 1853.   10 fr.

FRANCŒUR (L.-B.). — Traité de Géodésie, comprenant la Topographie, l'Arpentage, le Nivellement, la Géomorphie terrestre et astronomique, la Construction des Cartes, la Navigation ; augmenté de Notes sur la mesure des bases, par *Hossard*, et de deux Notes : l'une Sur la méthode et les instruments d'observation employés dans les grandes opérations géodésiques ayant pour but la mesure des arcs de méridien et de parallèle terrestres ; l'autre Sur la jonction géodésique et astronomique de l'Espagne et de l'Algérie, par le Colonel *Perrier*, Membre de l'Institut et du Bureau des Longitudes. 7e édition. In-8, avec figures dans le texte et 11 planches ; 1887.   12 fr.

FRENET (F.). — Recueil d'Exercices sur le Calcul infinitésimal. Ouvrage destiné aux Candidats à l'École Polytechnique et à l'École Normale, aux Élèves de ces Écoles et aux personnes qui se préparent à la licence ès Sciences mathématiques. 4e édition. In-8, avec figures dans le texte; 1882.   8 fr.

FREYCINET (Charles de), Sénateur, Ingénieur en chef des Mines. — De l'Analyse infinitésimale. Étude sur la métaphysique du haut calcul. 2e édition, revue et corrigée par l'Auteur. In-8, avec fig.; 1881.   6 fr.

FREYCINET (Charles de), Chef de l'exploitation des chemins de fer du Midi. — Des Pentes économiques en Chemins de Fer. Recherches sur les dépenses des rampes. In-8; 1861.   6 fr.

FROLOW, Ingénieur. — Le problème d'Euler et les carrés magiques. Traduit du russe. In-8, avec atlas de 36 pl. ; 1884.   2 fr. 50 c.

FROLOW. — Les Carrés magiques. *Nouvelle étude* suivie de Notes de *Delannoy* et *Éd. Lucas*. Grand in-8, avec 7 planches de types de carrés magiques; 1886.   3 fr.

GÉRARD (A.), Sous-Contrôleur dans l'Administration des accises de Belgique. — Manuel complet et pratique du cubage des bois, à l'usage des négociants en bois, constructeurs de navires, entrepreneurs, agents forestiers, employés des douanes, de l'octroi, charpentiers, menuisiers, ébénistes, etc., comprenant des exemples sur toutes les méthodes de mesurage et de nombreuses applications sur le mécanisme des Tables et Tarifs. 4e édition. Petit in-8 de 151 pages, dont 71 de Tables; 1884. 3 fr. 50 c.

GEYMET. — Traité pratique de Galvanoplastie et d'Electrolyse, avec *applications pratiques fondées sur les dernières découvertes*. In-18 jésus; 1888. 4 fr. 50 c.

GÉRARDIN (H.), Ingénieur en chef des Ponts et Chaussées. — Théorie des moteurs hydrauliques. Application et travaux exécutés pour l'alimentation du canal de l'Aisne à la Marne par les machines. In-8, avec Atlas in-folio raisin de 25 planches ; 1872.   20 fr.

GILBERT (Ph.), professeur à l'Université catholique de Louvain. — Cours de Mécanique analytique. *Partie élémentaire*. 2e édit. Grand in-8, avec fig. ; 1882. 9 fr. 50 c.

GILBERT (Ph.). — Cours d'Analyse infinitésimale. *Partie élémentaire*. 3e édition. Grand in-8; 1887.   11 fr.

GILBERT (Ph.). — Preuves mécaniques de la rotation de la Terre. Grand in-8; 1883.   1 fr. 50 c.

GILBERT (Ph.). — Mémoire sur l'application de la méthode de Lagrange à divers problèmes du mouvement relatif. In-8, avec figures; 1883.   3 fr. 50 c.

GINOT-DESROIS (Mlle). — Planisphère mobile, au moyen duquel on peut apprendre l'Astronomie seul et sans le secours des Mathématiques. 7e éd., 1847; sur carton.   4 fr.

GINOT-DESROIS (Mlle). — Planisphère astronomique ou Calendrier astronomique perpétuel, donnant le quantième des mois, les jours de la semaine, les phases de la Lune, la place du Soleil dans l'écliptique pour un jour donné, le lever, le passage au méridien, le coucher de ces astres et des étoiles, etc. 2e édition, 1861; sur carton, avec une brochure in-8 donnant la description et les usages du Calendrier perpétuel.   5 fr.

GIRARD (Aimé), Professeur au Conservatoire des Arts et Métiers et à l'Institut agronomique. — Recherches sur le développement de la betterave à sucre. Grand in-8, avec 10 planches en héliogravure; 1887.   6 fr.

GIRARD (Aimé). — Mémoire sur l'hydrocellulose et ses dérivés. In-8, avec une belle planche en héliogravure; 1881.   2 fr. 50 c.

GIRARD (Aimé). — La fabrication de la bière (Rapport au jury de l'Exposition universelle de Vienne). Grand in-8; 1876.   1 fr. 50 c.

GIRARD (Aimé). — Composition chimique et valeur alimentaire des diverses parties du grain de froment. In-8; avec 3 pl.; 1884.   3 fr.

GIRARD (L.-D.). — Chemin de fer glissant, nouveau système de locomotion à propulsion hydraulique. In-4, avec Atlas de 6 planches in-plano ; 1864.   8 fr.

GIRARD (L.-D.). — Élévation d'eau pour l'alimentation des villes et distribution de force à domicile.

> N° 1. Grand in-4, avec fig. dans le texte; 1868.   3 fr.
> N° 2. Grand in-4 (Texte seul); 1869.   2 fr. 50 c.
>
> *Le prospectus détaillé des Ouvrages de* L.-D. Girard *est envoyé aux personnes qui en font la demande par lettre affranchie.* (La librairie Gauthier-Villars vient d'acquérir la propriété de tous les ouvrages de L.-D. Girard et en a diminué les prix de vente.)

GRAËFF (A.), Ancien Vice-Président du Conseil général des Ponts et Chaussées. — Traité d'Hydraulique, précédé d'une introduction sur les *principes généraux de la Mécanique*.

> Tome I. — *Partie théorique*; 1882.
> Tome II. — *Partie pratique*; 1882.
> Tome III. — *Notes, tables numériques* et planches; 1883.
> 3 beaux volumes grand in-8; 1882-1883.
> Broché...... 50 fr. | Relié demi-chagrin. 62 fr.

GRANDEAU (L.) et TROOST (L.). — Traité pratique d'analyse chimique, par F. WOEHLER, Associé étranger de l'Institut de France. Édition française, publiée avec le concours de l'Auteur. 1 volume in-18 jésus, avec 76 figures dans le texte et une planche; 1866.   4 fr. 50 c.

HALLAUER (O.). — Étude expérimentale comparée sur les moteurs à un et à deux cylindres. *Influence de la détente*. Grand in-8; 1879.   2 fr. 50 c.

HALLAUER (O.). — Analyses expérimentales comparées sur les machines fixes et les machines marines. Grand in-8; 1880.   2 fr. 50 c.

HALLAUER (O.). — Étude critique sur les essais de moteurs à vapeur. Grand in-8; 1881.   1 fr. 25 c.

HALLAUER (O.). — Moteurs à vapeur. — Étude pratique sur l'échappement et la compression de la vapeur dans les machines. Grand in-8; 1883.   1 fr. 50 c.

HALLAUER (O.). — *Voir* Hirn et Hallauer.

HALPHEN (G.-H.), Membre de l'Institut. — **Traité des fonctions elliptiques et de leurs applications.** 3 volumes grand in-8 se vendant séparément.

   I^e PARTIE : *Théorie des fonctions elliptiques et de leurs développements en séries; 1886.*   15 fr.

   IIe PARTIE : *Applications à la Mécanique, à la Physique, la Géométrie et au Calcul intégral; 1888. (Sous presse.)*

   IIIe PARTIE : *Théorie de la transformation; applications à l'Algèbre et à la Théorie des nombres. (S. pr.)*

HATON DE LA GOUPILLIÈRE (J.-N.). — **Traité des Mécanismes,** renfermant la théorie géométrique des organes et celle des résistances passives. In-8, avec 16 pl. gravées sur cuivre ; 1864. (*Rare.*)   15 fr.

HÉLIE, Professeur à l'École d'Artillerie de la Marine. — **Traité de Balistique expérimentale.** 2e édition considérablement augmentée, avec la collaboration de M. Hugoniot, Capitaine d'Artillerie de la Marine. 2 vol. in-8, avec figures et nombreux tableaux dans le texte. Ouvrage publié sous les auspices du Ministre de la Marine; 1884. (*Honoré d'un grand prix en 1885, par l'Académie des Sciences.*)   18 fr.

HERMITE (Ch.), Membre de l'Institut. — **Sur la fonction exponentielle.** In-4; 1874.   2 fr. 50 c.

HERMITE (Ch.). — **Sur quelques applications des fonctions elliptiques.** Premier fascicule. In-4; 1885.   7 fr. 50 c.

HIRN (G.-A.), Correspondant de l'Institut. — **Théorie mécanique de la Chaleur.**

   I^e PARTIE. — *Exposition analytique et expérimentale de la Théorie mécanique de la Chaleur.* 3e édition, entièrement refondue. In-8, grand raisin, avec figures dans le texte.   TOME I; 1875.   12 fr.
                    TOME II; 1876.   12 fr.

   IIe PARTIE (formant Ouvrage séparé). — *Conséquences philosophiques et métaphysiques de la Thermodynamique.* Analyse élémentaire de l'Univers. In-8, grand raisin; 1868.   10 fr.

HIRN (G.-A.). — **Mémoire sur la Thermodynamique.** In-8, avec 2 planches; 1867.   5 fr.

HIRN (G.-A.). — **Mémoire sur les conditions d'équilibre et sur la nature probable des anneaux de Saturne.** In-4, avec planches; 1872.   4 fr.

HIRN (G.-A.). — **Mémoire sur les propriétés optiques de la flamme des corps en combustion et sur la température du Soleil.** In-8; 1873.   1 fr. 25 c.

HIRN (G.-A.). — **Théorie analytique élémentaire du Planimètre Amsler.** Grand in-8, avec planches; 1875.   2 fr. 50 c.

HIRN (G.-A.). — **La Musique et l'Acoustique.** *Aperçu général sur leur rapport et sur leurs dissemblances* (Extrait de la *Revue d'Alsace*). Grand in-8; 1878.   2 fr. 50 c.

HIRN (G.-A.). — **Recherches expérimentales sur la relation qui existe entre la résistance de l'air et sa température.** *Conséquences physiques et philosophiques qui découlent de ces expériences.* Grand in-4, avec 4 planches; 1882.   6 fr.

HIRN (G.-A.). — **Recherches expérimentales et analytiques sur les lois de l'écoulement et du choc des gaz en fonction de la température.** *Conséquences physiques et philosophiques qui découlent de ces expériences, suivies de Réflexions générales au sujet des Rapports de MM. les Commissaires examinateurs de ce Mémoire.* In-4, avec 3 planches; 1886.   8 fr.

   In-4; PP.

HIRN (G.-A.). — **L'Avenir du Dynamisme dans les Sciences physiques.** *Réflexions générales au sujet d'un Rapport lu à l'Académie royale des Sciences de Belgique par Folie, examinateur de ce Mémoire.* In-4; 1886.   3 fr. 50 c.

HIRN (G.-A.). — **Nouvelle réfutation générale des Théories appelées cinétiques.** In-4; 1886.   3 fr.

HIRN (G.-A.). — **Recherches expérimentales sur la limite de la vitesse que prend un gaz quand il passe d'une pression à une autre plus faible.** In-8; 1886.   2 fr. 75 c.

HIRN (G.-A.). — **La Cinétique moderne et le Dynamisme de l'avenir.** Réponse à diverses critiques faites par *Clausius.* In-4, avec 2 planches; 1887.   5 fr.

HIRN (G.-A.). — **La Thermodynamique et l'étude du travail chez les êtres vivants.** In-4; 1887.   2 fr.

HIRN (G.-A.). — **Théorie et application du pendule à deux branches.** In-4; 1887.   7 c.

HIRN (G.-A.). — *Voir* Catalogue général, pages 70, 71, 151, 4 (IIe supplément).

HIRN (G.-A.) et HALLAUER (O.). — **Thermodynamique appliquée.** Réfutation d'une critique de M. G. Zeuner. *concernant les travaux des ingénieurs alsaciens sur les machines à vapeur.* Grand in-8; 1882.   2 fr.
— **Réfutation d'une seconde critique de M. G. Zeuner.** Grand in-8; 1883.   2 fr.

HOMMEY, Capitaine de frégate en retraite. — **Tables d'angles horaires.** 2 vol. grand in-8 en tableaux.   15 fr.

HOÜEL (J.), Professeur de Mathématiques à la Faculté des Sciences de Bordeaux. — **Cours de Calcul infinitésimal.** Quatre beaux volumes grand in-8, avec figures dans le texte; 1878-1879-1880-1881.

             On vend séparément :
             TOME I . . . .   15 fr.
             TOME II . . . .   15 fr.
             TOME III . . . .   10 fr.
             TOME IV . . . .   10 fr.

HOÜEL (J.). — **Tables de Logarithmes à cinq décimales pour les nombres et les lignes trigonométriques, suivies des Logarithmes d'addition et de soustraction ou Logarithmes de Gauss et de diverses Tables usuelles.** Nouvelle édition, revue et augmentée. Grand in-8; 1888. (*Autorisé par décision ministérielle.*)   2 fr. Cartonné.   2 fr. 75 c.

HOÜEL (J.). — **Recueil de formules et de Tables numériques.** 3e édit., grand in-8; 1885.   2 fr. 50 c.

HOÜEL (J.). — **Essai critique sur les principes fondamentaux de la Géométrie élémentaire ou Commentaire sur les XXXII premières propositions des Éléments d'Euclide.** 2e édit. In-8, avec fig.; 1883. 2 fr. 50 c.

HOÜEL (J.). — **Sur le développement de la fonction perturbatrice,** suivant la forme adoptée par Hansen dans la théorie des petites planètes. In-8; 1875.   3 fr.

HOUZEAU (J.-C.), Directeur de l'Observatoire royal de Bruxelles, et **LANCASTER (A.)**, bibliothécaire de cet établissement. — **Bibliographie générale de l'Astronomie, ou Catalogue méthodique des Ouvrages, des Mémoires et des Observations astronomiques publiés depuis l'origine de l'imprimerie jusqu'en 1880.** 3 forts volumes grand in-8, à 2 colonnes, se vendant séparément.

   TOME I. — Ouvrages séparés.

   I^e Partie. Sections I et II : *Ouvrages historiques; Aérologie* (XVI-878 pages, dont 559 à deux colonnes); 1887. 25 fr.

   IIe Partie. Sections III à XI : *Biographies et Commerce épistolaire; Ouvrages didactiques; Astronomie sphérique*

*Astronomie théorique; Mécanique céleste; Physique astro-
nomique; Astronomie pratique; Astronomie descriptive;
Systèmes.*   (*Sous presse.*)
    Tome II : Mémoires (LXXXIX-2225 pages, avec plan-
ches) : 1885.   40 fr.
    Tome III : Observations.   (*Sous presse.*)
    (*Le Tome II forme un très fort volume pesant plus
de 3ᵏ. Lorsqu'on est obligé de l'envoyer par poste ou
par colis postal, il faut séparer le volume en deux et
faire deux paquets séparés. Pour recevoir franco dans
toute l'Union postale, ajouter 2 fr.*)

    Pour recevoir le tome II franco, ajouter 1 fr.

**HOUZEAU (J.-C.) et LANCASTER (A.). — Traité élé-
mentaire de Météorologie.** 2ᵉ édition. In-12, avec
figures et 3 planches : 1883.   3 fr.

**INSTITUT DE FRANCE. — Comptes rendus hebdoma-
daires des Séances de l'Académie des Sciences.**

    Ces Comptes rendus paraissent régulièrement tous les
dimanches, en un cahier de 32 à 40 pages, quelquefois de
80 à 120. L'abonnement est annuel, et part du 1ᵉʳ janvier.
              Prix de l'abonnement pour un an :
    Paris.   20 fr. ‖ Départements. 30 fr.
              Union postale. 34 fr.
    La *Collection complète*, de 1835 à 1887, forme 105 vo-
lumes in-4.   787 fr. 50 c.
    Chaque année, sauf 1844, 1845, 1870, 1873 à 1883, se
    vend séparément.   15 fr.
— **Table générale des Comptes rendus des Séances de
l'Académie des Sciences**, par ordre de matières et par
ordre alphabétique de noms d'auteurs. 2 volumes in-4,
savoir :
    Tables des tomes I à XXXI (1835-1850). In-4, 1853.
                                                        15 fr.
    Tables des tomes XXXII à LVI (1851-1865). In-4, 1870.
                                                        15 fr.
    Tables des tomes LVII à XCI (1866 à 1880). (*Sous pr.*)
— **Supplément aux Comptes rendus des Séances de
l'Académie des Sciences.**
    Tomes I et II, 1856 et 1861, *séparément.*   15 fr.

**INSTITUT DE FRANCE. — Mémoires de l'Académie des
Sciences.** In-4; tomes I à XLII; 1816 à 1883.
    *Chaque Volume, à l'exception des Tomes ci-après indi-
    qués, se vend séparément.*   15 fr.
    Le Tome XXXIII, avec Atlas, se vend séparément. 25 fr.
    Les Tomes VI et XXI ne se vendent pas séparément.
— **Mémoires présentés par divers savants à l'Académie
des Sciences**, et imprimés par son ordre. 2ᵉ série. In-4;
tomes I à XXVIII; 1827-1884.
    *Chaque volume, à l'exception des tomes I à IX, se
    vend séparément.*   15 fr.
— **Tables générales des Travaux contenus dans les
Mémoires de l'Académie des Sciences et dans les
Mémoires présentés par divers savants**, publiées par
les SECRÉTAIRES PERPÉTUELS. Ces Tables générales comprennent pour chacune des Collections (*Mémoires de
l'Académie* et *Mémoires présentés par divers savants*)
les Tables par *volumes*, par noms *d'auteurs* et par *ordre
de matières.* 2 volumes in-4, savoir :
    *Tables générales des travaux contenus dans les Mémoires
    de l'Académie.* Iʳᵉ Série, tomes I à XIV (an VI-1815)
    et IIᵉ Série, tomes I à XI. (1816-1878); 1881.   6 fr.
    *Tables générales des travaux contenus dans les Mémoires
    présentés par divers Savants à l'Académie.* Iʳᵉ Série,
    tomes I et II (1806-1811), et IIᵉ Série, tomes I à XXV
    (1827-1877); 1881.   2 fr. 50 c.

**INSTITUT DE FRANCE. — Recueil de Mémoires, Rap-
ports et Documents relatifs à l'observation du passage de Vénus sur le Soleil, en 1874.**
    Tome I. — Iʳᵉ PARTIE. *Procès-verbaux des séances
tenues par la Commission.* In-4; 1877.   12 fr. 50 c.

— 2ᵉ PARTIE, avec SUPPLÉMENT. *Mémoires divers.* In-4,
avec 7 planches, dont 3 en chromolithographie; 1876.
                                                     12 fr. 50 c.
    Tome II. — Iʳᵉ PARTIE. *Mission de Pékin. Rapport de
Fleuriais. — Mission de Saint-Paul* (Astronomie).
Rapport de *Mouchez.* In-4, avec 26 planches, dont
13 chromolith. et 2 photoglypties; 1878.   25 fr.
    — 2ᵉ PARTIE. *Mission de Saint-Paul* (Météorologie, Géo-
logie, etc.). Rapports du Dᵉ *Rochefort* et de *Ch. Vélain.*
— *Mission du Japon.* Rapports de *Janssen, Tisserand,
Delacroix* et *Picard.* — *Mission de Saïgon.* Rapport de
Héraud. — *Mission de Nouméa.* Rapport de *André.* In-4,
avec figures dans le texte, et 36 planches, dont 5 chromolithographies et 8 photoglypties; 1880.   15 fr.
    Tome III. — Iʳᵉ PARTIE. *Mission de l'île Campbell.*
Rapport de *Bouquet de la Grye.* In-4 avec 6 pl.; 1882.
                                                     12 fr. 50 c.
    — 2ᵉ PARTIE. *Mission de l'île Campbell* (Zoologie, Bo-
tanique et Géologie). Rapport de *H. Filhol.* In-4 et
Atlas contenant 68 pl. dont 18 col.; 1885.   25 fr.
    — 3ᵉ PARTIE. *Mesures des plaques photographiques*,
publiées sous la direction de *Fizeau*, par *Cornu, Baille,
Mercadier, Gariel* et *Angot.* In-4 avec 2 planches; 1882.
                                                     12 fr. 50 c.

**INSTITUT DE FRANCE. — Mémoires relatifs à la nou-
velle maladie de la vigne**, présentés par divers savants
à l'Académie des Sciences. (*Voir*, pour le détail de ces
Mémoires, le CATALOGUE GÉNÉRAL, ou le PROSPECTUS SPÉCIAL
qui est envoyé sur demande.)
    La Librairie Gauthier-Villars a seule, depuis le 1ᵉʳ jan-
vier 1877, le dépôt des diverses publications de l'Académie
des Sciences.

INSTITUT DE FRANCE. — Mission du Cap Horn (Voir
Ministères de la Marine et de l'Instruction publique).

INSTRUCTION sur les paratonnerres. (*Voir* POUILLET et
GAY-LUSSAC.)

JACQUIER, Professeur de l'Université, Membre du Conseil supérieur de l'Instruction publique. — **Problèmes
de Physique, de Mécanique, de Cosmographie et
de Chimie**, à l'usage des Candidats aux Baccalauréats
ès Sciences, au Baccalauréat de l'Enseignement spécial
et aux Écoles du Gouvernement. In-8, avec figures
dans le texte; 1884.   6 fr.

JAMIN (J.), Secrétaire perpétuel de l'Académie des
Sciences, Professeur de Physique à l'École Polytechnique,
et **BOUTY (E.)**, Professeur à la Faculté des Sciences. —
Cours de Physique de l'École Polytechnique. 3ᵉ édition, augmentée et entièrement refondue par E. BOUTY.
4 forts vol. in-8 de plus de 4000 pages, avec plus de
1500 figures dans le texte et 14 planches sur acier, dont
2 en couleur; 1881-1888. (*Autorisé par décision ministérielle.*)
                      On vend séparément :
                     TOME I. — 9 fr.
    (*) 1ᵉʳ fascicule. — *Instruments de mesure. Hydrosta-
tique*; avec 150 fig. dans le texte et 1 planche.   5 fr.
    2ᵉ fascicule. — *Actions moléculaires*; avec 92 figures
dans le texte.   4 fr.
                     TOME II. — CHALEUR. — 15 fr.
    (*) 1ᵉʳ fascicule. — *Thermométrie. Dilatations*; avec
93 figures dans le texte; 1885.   5 fr.
    (*) 2ᵉ fascicule. — *Calorimétrie*; avec 48 fig. dans le
texte et 2 planches; 1885.   5 fr.
    3ᵉ fascicule. — *Théorie mécanique de la chaleur. Pro-
pagation de la chaleur*; avec 47 figures dans le
texte; 1885.   5 fr.
                     TOME III. — ACOUSTIQUE; OPTIQUE. — 22 fr.
    1ᵉʳ fascicule. — *Acoustique*; avec 123 figures dans
le texte; 1887.   4 fr.
    (*) 2ᵉ fascicule. — *Optique géométrique*; avec 139 fig.
dans le texte et 3 planches; 1886.   4 fr.

3e fascicule. — *Étude des radiations lumineuses, chimiques et calorifiques. Optique physique*; avec 249 fig. dans le texte et 5 planches, dont 2 planches de spectres en couleur; 1887.   14 fr.

TOME IV (1re Partie). — ÉLECTRICITÉ STATIQUE ET DYNAMIQUE. — 12 fr.

1er fascicule. — *Gravitation universelle. Électricité statique*; avec 110 fig. dans le texte et 1 pl.; 1888. 6 fr.

2e fascicule. — *La pile. Phénomènes électrothermiques et électrochimiques*, avec 157 fig.; 1888.   6 fr.

TOME IV (2e Partie). — MAGNÉTISME; APPLICATIONS.   14 fr.

3e fascicule. — *Les aimants. Magnétisme. Électromagnétisme. Induction*; avec 230 fig. dans le texte et 1 planche.   9 fr.

4e fascicule. — *Applications de l'électricité. Complément sur les principales découvertes faites pendant la publication de l'Ouvrage. Table générale par noms d'auteurs, et Table générale des matières par ordre alphabétique*; avec 56 fig. dans le texte et 1 planche.   5 fr.

(*) Les matières du programme d'admission à l'École Polytechnique sont comprises dans les parties suivantes de l'Ouvrage: TOME I, 1er fascicule; TOME II, 1er et 2e fascicules. TOME III, 2e fascicule. Les élèves de Mathématiques spéciales qui possèderont ces quatre fascicules auront ainsi entre les mains le commencement d'un grand Traité qu'ils pourront compléter ultérieurement, si, poursuivant l'étude de la Physique, ils se préparent à la Licence ou entrent dans une des grandes Écoles du Gouvernement.
On peut aussi se procurer ces fascicules réunis en deux volumes. (Voir *Cours de Physique à l'usage de la Classe de Mathématiques spéciales*.)

JAMIN et BOUTY. — Cours de Physique à l'usage de la classe de Mathématiques spéciales. 2e édition. Deux beaux volumes in-8, contenant ensemble plus de 1660 pages, avec 458 figures géométriques ou ombrées dans le texte et 6 planches sur acier; 1886.   20 fr.

On vend séparément :

TOME I. — *Instruments de Mesure. Hydrostatique. — Optique géométrique. Notions sur les phénomènes capillaires.* In-8, avec 312 figures dans le texte et 4 planches.   10 fr.

TOME II. — *Thermométrie. Dilatations. — Calorimétrie.* In-8, avec 146 fig. dans le texte et 2 pl.   10 fr.

JAMIN. — Appendice au Cours de Physique de l'École Polytechnique: *Thermométrie, Dilatation, Optique géométrique, Problèmes et Solutions*; rédigé conformément au nouveau programme d'admission à l'École Polytechnique. In-8 de VIII-214 pages, avec 132 belles figures dans le texte; 1879.   3 fr. 50 c.

JAMIN (J.). — Petit Traité de Physique, à l'usage des Établissements d'Instruction, des aspirants aux Baccalauréats et des candidats aux Écoles du Gouvernement. Nouveau tirage, augmenté de *Notes sur les progrès récents de la Physique*, par BOUTY. In-8, avec 746 figures dans le texte et un spectre; 1882.   (*Rare.*)

JAYS (L.), Professeur de Physique, ancien Météorologiste adjoint de l'Observatoire de Lyon, et ancien chef des travaux de Physique à la Faculté de Médecine de Lyon. — Problèmes de Physique et de Chimie, choisis parmi les sujets de compositions proposés dans les concours et par les diverses Facultés dans ces dernières années. In-8, avec figures; 1886.   6 fr.

JENKIN (Fleeming), Professeur de Mécanique à l'Université d'Édimbourg. — Électricité et Magnétisme. Traduit de l'anglais sur la 8e édition par H. BERGER, Directeur-Ingénieur des lignes télégraphiques, ancien Élève de l'École Polytechnique, et CROULLEBOIS, Professeur à la Faculté des Sciences de Besançon, ancien Élève de l'École Normale supérieure. Édition française augmentée de Notes importantes sur les *lois de Coulomb, la déperdition électrique, le potentiel, les tubes de force, l'énergie électrique, la transmission de la force*, etc....

Un fort volume petit in-8, avec 270 figures dans le texte; 1885.   11 fr.

JONQUIÈRES (de), Lieutenant de vaisseau. — Mélanges de Géométrie pure. In-8, avec planches; 1856. 5 fr.

JORDAN (Camille), Membre de l'Institut, Professeur à l'École Polytechnique. — Cours d'Analyse de l'École Polytechnique. 3 volumes in-8, avec figures dans le texte, se vendant séparément :

TOME I. — CALCUL DIFFÉRENTIEL; 1882.   11 fr.

TOME II. — CALCUL INTÉGRAL (*Intégrales définies et indéfinies*); 1883.   14 fr.

TOME III. — CALCUL INTÉGRAL (*Équations différentielles*); 1887.   17 fr.

JORDAN (W.), Docteur ès Sciences, Professeur à l'École Polytechnique de Hanovre. Tables Tachymétriques. In-8; 1887.   10 fr.

JOUBERT (J.), Professeur de Physique au Collège Rollin. — Étude sur les machines magnéto-électriques. In-4; 1881.   2 fr. 50 c.

JOUFFRET (E.), Chef d'escadron d'Artillerie. — Introduction à la Théorie de l'énergie. Petit in-8; 1885.   3 fr. 50 c.

JOURNAL DE L'ÉCOLE POLYTECHNIQUE, publié par le Conseil d'instruction de cet établissement. 57 cahiers in-4, avec figures et planches.   1000 fr.

Prix d'un des derniers cahiers jusqu'au LIVe inclus.   10 fr.

Prix de chacun des cahiers suivants (LVe à LVIIe).   14 fr.

Table des matières et noms d'auteurs des Cahiers I à XXXVII, formant 21 volumes. In-4; 1858.   2 fr.

Table des matières et noms d'auteurs des Cahiers XXXVIII à LVI, formant 16 volumes. In-4; 1887.   75 c.

Le LVIIe Cahier, qui vient de paraître, contient : Mémoire sur la propagation du mouvement dans les corps et spécialement dans les gaz parfaits; par H. Jugon. — L'énergie libre et les changements d'état; par J. Moutier. — Développement des fonctions implicites; par David. — Sur les arcs des courbes planes algébriques; par G. Humbert. — Sur quelques équations linéaires; par R. Liouville.

Le LVIIIe Cahier est *sous presse.*

JOURNAL DE MATHÉMATIQUES PURES ET APPLIQUÉES, ou Recueil de Mémoires sur les diverses parties des Mathématiques, fondé en 1836 et publié jusqu'en 1874 par J. LIOUVILLE; — publié de 1875 à 1884, par H. RESAL. — A partir de 1885, le *Journal de Mathématiques* est publié par CAMILLE JORDAN, Membre de l'Institut, avec la collaboration de G. Halphen, M. Lévy, A. Mannheim, E. Picard, H. Poincaré, H. Resal. In-4, trimestriel (*).

1re Série, 20 volumes in-4, années 1836 à 1855 (au lieu de 600 francs).   400 fr.
Chaque volume pris séparément (au lieu de 30 fr.) 25 fr.

2e Série, 19 volumes in-4, années 1856 à 1874 (au lieu de 570 fr.)   380 fr.
Chaque volume pris séparément (au lieu de 30 fr.) 25 fr.

3e Série, 10 volumes in-4, années 1875 à 1884 (au lieu de 300 fr.)   200 fr.
Chaque volume pris séparément, au lieu de 30 fr., 25 fr.

La 4e Série, commencée en 1885, se publie, chaque année, en 4 fascicules de 12 à 15 feuilles, paraissant au commencement de chaque trimestre.

(*) On peut se procurer l'une des Séries ou les trois Séries au moyen de payements mensuels de 40 fr.

L'abonnement est annuel, et part de janvier.

Prix pour un an (4 fascicules) :

Paris.................................... 30 fr.
Départements et Union postale............ 35 fr.
Autres pays.............................. 40 fr.

— Table générale des 20 volumes composant la 1re Série. In-4. ... 3 fr. 50 c.

— Table générale des 19 volumes composant la 2e Série. In-4. ... 3 fr. 50 c.

— Table générale des 10 volumes composant la 3e Série. In-4. ... 1 fr. 75 c.

JOURNAL DE PHYSIQUE THÉORIQUE ET APPLIQUÉE, fondé par *d'Almeida* et publié par *E. Bouty*, *A. Cornu*, *E. Mascart*, *A. Potier*, avec la collaboration de plusieurs savants. Grand in-8, mensuel.

1re Série, 10 volumes in-8, années 1872 à 1881. ... 150 fr.
Chaque volume se vend séparément. ... 15 fr.

La 2e Série, commencée en 1882, continue à paraître chaque mois et forme par an un volume grand in-8 de 36 feuilles avec figures dans le texte.

Paris et Union postale.............. 15 fr.
Autres pays......................... 17 fr.

JULLIEN (A.), Licencié ès Sciences mathématiques et physiques. — **Méthode nouvelle pour l'enseignement de la Géométrie descriptive (Perspective et Reliefs).** La Méthode se compose d'un Cours élémentaire et d'une Collection de Reliefs, qui se vendent séparément, savoir :

Cours élémentaire de Géométrie descriptive, conforme au programme du Baccalauréat ès Sciences. 3e édition. In-18 jésus, avec figures et 143 planches intercalées dans le texte ; 1882. Cartonné. 3 fr. 50 c.
Collection de Reliefs à pièces mobiles se rapportant aux questions principales du Cours élémentaire :
Petite boîte, comprenant 30 reliefs, avec 118 pièces métalliques pour monter les reliefs. (*Port non compris.*) 10 fr.
Grande boîte, comprenant les mêmes reliefs tout montés (*Port non compris.*) 15 fr.

KEMPE (H.-R.), Ingénieur des Télégraphes. — **Traité pratique des mesures électriques.** Traduit de l'anglais, sur la troisième édition (1884) ; par *H. Berger*, Directeur-ingénieur des lignes télégraphiques, ancien élève de l'École Polytechnique. Un beau volume in-8 de 650 pages, avec 176 figures dans le texte et nombreuses tables ; 1885. 12 fr.

KIAËS, Chef des travaux graphiques à l'École Polytechnique et ancien Élève de cette École. — **Arithmétique élémentaire**, approuvée par le Ministre de la Guerre pour l'enseignement des caporaux et sapeurs dans les Écoles régim. du Génie. 2e édit. In-12 cart. ; 1874. 1 fr. 20 c.

KIAËS. — **Traité d'Arithmétique**, approuvé par le Ministre de la Guerre pour l'enseignement des sous-officiers dans les Écoles régim. du Génie. 3e édit. In-12 ; 1885.
Broché. 2 fr. 75 c.
Cartonné. 3 fr. 10 c.

KŒHLER (J.), Répétiteur à l'École Polytechnique, ancien Directeur des Études à l'École préparatoire de Sainte-Barbe. — **Exercices de Géométrie analytique et de Géométrie supérieure.** *Questions et solutions.* À l'usage des candidats aux Écoles Polytechnique et Normale et à l'Agrégation. 2 volumes in-8, avec figures.

On vend séparément :
Ire Partie : *Géométrie plane* ; 1886. 9 fr.
IIe Partie : *Géométrie de l'espace* ; 1888. 9 fr.

LABOSNE. — **Instruction sur la Règle à calcul**, contenant les applications de cet instrument au calcul des expressions numériques, à la résolution des équations du deuxième et du troisième degré, et aux principales questions de Trigonométrie. In-8 ; 1872. 4 fr.

LACAILLE, Conducteur des Ponts et Chaussées. — **Tables synoptiques des calculs d'intérêts composés, d'annuités et d'amortissements.** Un fort vol. grand in-8 ; 2e édition ; 1885. (*Ouvrage honoré d'une souscription des Ministères des Travaux publics, des Finances, de l'Agriculture et du Commerce, etc.*) 15 fr.

LACOMBE. — **Nouveau manuel de l'escompteur, du banquier, du capitaliste et du financier, ou Nouvelles Tables de calculs d'intérêts simples, avec le calendrier de l'escompteur.** Nouvelle édition, précédée d'une *Instruction sur les Calculs d'intérêts et l'usage des Tables*, par *Laas d'Aguen*, éditeur des Tables de Violeine, et terminée par un Exposé des lois sur les intérêts, les rentes, les effets de commerce, les chèques, etc., par B., Docteur en Droit. Un fort vol. in-18 jésus ; 1877. 6 fr.

LACROIX. — **Éléments de Géométrie**, suivis de *Notions sur les courbes usuelles*. 23e édition, revue par *Prouhet*. In-8, avec 220 figures dans le texte ; 1887. (*Autorisé par décision ministérielle.*) 4 fr.

LACROIX. — **Éléments d'Algèbre.** 24e édit., revue par *Prouhet*. In-8 ; 1879. 6 fr.

LACROIX. — **Complément des Éléments d'Algèbre.** 7e édition In-8 ; 1863. 4 fr.

LACROIX. — **Traité élémentaire de Trigonométrie rectiligne et sphérique, et d'Application de l'Algèbre à la Géométrie.** In-8, avec planches ; 1863. 11e édition, revue et corrigée. 4 fr.

LACROIX. — **Introduction à la connaissance de la sphère.** 4e édition. In-18, avec planches ; 1872. *Ouvrage choisi par S. Exc. le Ministre de l'Instruction publique pour les Bibliothèques scolaires.* 1 fr. 25 c.

LACROIX. — **Traité élémentaire de Calcul différentiel et de Calcul intégral.** 9e édition, revue et augmentée de Notes par *Hermite* et *J.-A. Serret*, Membres de l'Institut. 2 vol. in-8, avec pl. ; 1881. 15 fr.

LACROIX. — **Traité élémentaire du Calcul des Probabilités.** 4e édition. In-8, avec planches ; 1864. 5 fr.

LACROIX. — **Introduction à la Géographie mathématique et critique et à la Géographie physique.** In-8, avec planches ; 1847. 7 fr.

LA GOURNERIE (de), Membre de l'Institut. — **Traité de Géométrie descriptive.** 2e édition. In-4, publié en trois Parties avec Atlas ; 1873-1880-1885. 30 fr.
Chaque Partie se vend séparément. 10 fr.

La Ire Partie contient tout ce qui est exigé pour l'admission à l'École Polytechnique. Elle est suivie d'un *Supplément contenant la solution de deux problèmes et des figures cavalières pour l'explication des constructions les plus difficiles.*
La IIe Partie et la IIIe Partie sont le développement du *Cours de Géométrie descriptive* professé à l'*École Polytechnique.*

LA GOURNERIE (de). — **Supplément au** *Traité de Stéréotomie* de *Leroy.* Théorie et construction de l'appareil hélicoïdal des arches biaises ; rédigés par *Ernest Leroy*, Agrégé de l'Université, Professeur de mathématiques au Lycée Charlemagne. In-4, avec 2 planches in-folio ; 1887. (On a tiré des exemplaires à part de ce Supplément pour les acquéreurs des précédentes éditions du Traité de Leroy. *Voir* plus loin LEROY, *Traité de Stéréotomie.*) 3 fr.

LA GOURNERIE (de). — **Traité de perspective linéaire.** 1 vol. in-4, avec atlas in-folio de 40 planches dont 8 doubles. 2e édition, entièrement revue ; 1884. 25 fr.

LA GOURNERIE (de). — **Études économiques sur l'exploitation des chemins de fer.** Grand in-8 ; 1880. 4 fr. 50 c.

LAGRANGE. — Œuvres complètes de Lagrange, publiées par les soins de *J.-A. Serret* et *G. Darboux*, Membres de l'Institut, sous les auspices du MINISTRE DE L'INSTRUCTION PUBLIQUE. In-4, avec un beau portrait de Lagrange, gravé sur cuivre par Ach. Martinet.

La Ire Série comprend tous les *Mémoires* imprimés dans les *Recueils des Académies de Turin, de Berlin et de Paris*, ainsi que les *Pièces diverses* publiées séparément. Cette Série forme 7 volumes (TOMES I à VII: 1867-1877), qui se vendent séparément.   30 fr.

La IIe Série, qui est en cours de publication, se compose de 7 vol., qui renferment les Ouvrages didactiques, la Correspondance et les Mémoires inédits; savoir:

TOME VIII : *Résolution des équations numériques;* 1879.   18 fr.

TOME IX : *Théorie des fonctions analytiques;* 1881.   18 fr.

TOME X : *Leçons sur le calcul des fonctions;* 1884.   18 fr.

TOME XI : *Mécanique analytique,* avec Notes de J. BERTRAND et G. DARBOUX (1re PARTIE).   (Sous presse.)

TOME XII : *Mécanique analytique,* avec Notes de J. BERTRAND et G. DARBOUX (2e PARTIE).   (Sous presse.)

TOME XIII : *Correspondance inédite de Lagrange et d'Alembert,* publiée d'après les manuscrits autographes et annotée par LUDOVIC LALANNE. In-4; 1882.   15 fr.

TOME XIV : *Correspondance avec divers Savants, et Mémoires inédits.* In-4.   (Sous presse.)

Le Tome XIII contient des Lettres inédites qui sont publiées d'après les manuscrits autographes de d'Alembert et de Lagrange conservés à la Bibliothèque de l'Institut de France. Dans le Tome XIV, on donnera, entre autres, la Correspondance inédite de Lagrange avec Condorcet, Euler, Laplace, etc. Ce Tome sera précédé d'une Notice destinée à compléter celle que l'on doit à Delambre, et qui a été reproduite en tête du premier Volume de la Collection.

LAGUERRE, Membre de l'Institut. — Notes sur la résolution des équations numériques. In-8; 1880.   2 fr.

LAGUERRE. — Théorie des équations numériques. Ire Partie. In-4; 1884.   2 fr. 75 c.

LAGUERRE. — Recherches sur la Géométrie de direction. *Méthodes de transformation. Anticaustiques.* In-8; 1885.   2 fr.

LAISANT (C.-A.), Député, Docteur ès Sciences, ancien Élève de l'École Polytechnique. — Introduction à la méthode des quaternions. In-8, avec fig.; 1881. 6 fr.

LAISANT (C.-A.). — Théorie et applications des Équipollences. In-8, avec 74 figures; 1887.   2 fr. 50 c.

LALANDE. — Tables de Logarithmes pour les Nombres et les Sinus à CINQ DÉCIMALES; revues par le baron *Reynaud.* Nouvelle édition, augmentée de *Formules pour la Résolution des Triangles,* par *Bailleul,* typographe. In-18; 1881. (*Autorisé par décision du Ministre de l'Instruction publique.*)   Broché...   2 fr.
Cartonné.   2 fr. 40 c.

LALANDE. — Tables de Logarithmes, étendues à SEPT DÉCIMALES, par *Marie,* précédées d'une Instruction par le baron *Reynaud.* Nouvelle édition, augmentée de *Formules pour la Résolution des Triangles,* par *Bailleul,* typographe. In-12; 1888.   Broché.   3 fr. 50 c.
Cartonné.   3 fr. 90 c.

LAMÉ (G.), Membre de l'Institut. — Leçons sur les fonctions inverses des transcendantes et les Surfaces isothermes. In-8, avec figures dans le texte; 1857.   5 fr.

LAMÉ (G.). — Leçons sur les Coordonnées curvilignes et leurs diverses applications. In-8, avec figures dans le texte; 1859.   5 fr.

LAMÉ (G.). — Leçons sur la théorie analytique de la chaleur. In-8, avec fig. dans le texte; 1861.   6 fr. 50 c.

LAPLACE. — Œuvres complètes de Laplace, publiées sous les auspices de l'ACADÉMIE DES SCIENCES, par les *Secrétaires perpétuels,* avec le concours de *Puiseux,* Membre de l'Institut, de *F. Tisserand,* Membre de l'Institut, de *J. Hoüel,* professeur à la Faculté des Sciences de Bordeaux, et *Souillard,* professeur à la Faculté des Sciences de Lille. Nouvelle édition, avec un beau portrait de Laplace, gravé sur cuivre par *Tony Goutière.* In-4; 1878-1886.

Extrait de l'Avertissement.

« L'Académie, sur le Rapport de la Section d'Astronomie et de la Commission administrative, après avoir pris connaissance des conditions dans lesquelles devait s'accomplir le travail et des soins dont il était entouré, a décidé, dans sa séance du 16 juillet 1877, que la nouvelle édition serait publiée sous ses auspices et sous sa responsabilité. »

Les éditions précédentes, qui sont devenues très rares, ne contenaient que 7 volumes, savoir : *Traité de Mécanique céleste* (5 volumes), *Exposition du système du Monde* et *Théorie analytique des probabilités.* La nouvelle édition comprendra de plus 7 volumes renfermant tous les autres Mémoires de Laplace, dont la dissémination dans de nombreux Recueils académiques et périodiques rendait jusqu'à ce jour l'étude si difficile.

TRAITÉ DE MÉCANIQUE CÉLESTE. Tomes I à V (1878-1882).

Tirage sur papier vergé, au chiffre de Laplace; 5 vol. in-4.   90 fr.
Tirage sur papier de Hollande, au chiffre de Laplace (à petit nombre); 5 vol. in-4.   110 fr.

Les Volumes du *Traité de Mécanique céleste* ne se vendent plus séparément, sauf le tome V (papier vergé, au chiffre de Laplace) dont le prix est de   20 fr.

EXPOSITION DU SYSTÈME DU MONDE. Tome VI (1884).

Tirage sur papier vergé, au chiffre de Laplace.   20 fr.
Tirage sur papier de Hollande, au chiffre de Laplace.   25 fr.

THÉORIE DES PROBABILITÉS. Tome VII (1886).

Tirage sur papier vergé fort, au chiffre de Laplace.   35 fr.
Tirage sur papier de Hollande, au chiffre de Laplace.   45 fr.

Ce volume, qui comprend 8 pages sur papier fort, est d'un maniement peu facile pour les lecteurs qui veulent faire une longue étude de la *Théorie des probabilités;* aussi nous avons divisé un certain nombre d'exemplaires en deux fascicules. Pour permettre de relier ultérieurement ces deux fascicules en un volume unique, nous avons joint au premier fascicule un titre de l'Ouvrage complet. — Les fascicules se vendent séparément:

Premier fascicule.

Tirage sur papier vergé fort, au chiffre de Laplace.   18 fr.
Tirage sur papier de Hollande, au chiffre de Laplace.   15 fr.

Second fascicule.

Tirage sur papier vergé fort, au chiffre de Laplace.   20 fr.
Tirage sur papier de Hollande, au chiffre de Laplace.   15 fr.

MÉMOIRES DIVERS, Tomes VIII à XIII (1887 à   .)
Le Tome VIII est sous presse.

LAPLACE. — Essai philosophique sur les Probabilités. 6e édition. In-8; 1840.   5 fr.

LAPLACE. — Précis de l'Histoire de l'Astronomie. 2e édition. In-8; 1863.   3 fr.

L'ASTRONOMIE. — Revue mensuelle. (*Voir* FLAMMARION.)

LAURENT (A.), Correspondant de l'Institut. — Méthode de Chimie, précédée d'un *Avis au Lecteur,* par *Biot.* In-8, avec figures; 1854.   8 fr.

LAURENT (H.), Examinateur d'admission à l'École Polytechnique. — Traité d'Analyse. 6 volumes in-8, avec figures dans le texte.

TOME I : Calcul différentiel. *Applications analytiques et géométriques;* 1885.   10 fr.

TOME II : Calcul différentiel. *Applications géométriques;* 1887.   12 fr.

TOME III : Calcul intégral. *Intégrales définies et indéfinies;* 1888.   10 fr.

Le Tome IV est *sous presse.*

Ce Traité est le plus étendu qui soit publié sur l'Analyse. Il est destiné aux personnes qui, n'ayant pas le moyen de consulter un grand nombre d'ouvrages, ont le désir d'acquérir des connaissances étendues en Mathématiques. Il contient donc, outre le développement des matières exigées des candidats à la Licence, le résumé des principaux résultats acquis à la Science. (Des astérisques indiquent les matières non exigées des candidats à la Licence.) Enfin, pour faire comprendre dans quel esprit est rédigé ce Traité d'Analyse, il suffira de dire que l'Auteur est un ardent disciple de Cauchy.

LAURENT (H.), Répétiteur à l'École Polytechnique. — **Traité d'Algèbre**, à l'usage des Candidats aux Écoles du Gouvernement. Revu et mis en harmonie avec les derniers Programmes, par J.-H. MARCHAND, ancien Élève de l'École Polytechnique. 4ᵉ édition. 3 vol. in-8; 1887.

   Iʳᵉ Partie : ALGÈBRE ÉLÉMENTAIRE, à l'usage des *Classes de Mathématiques élémentaires.*   4 fr.

   IIᵉ Partie : ANALYSE ALGÉBRIQUE, à l'usage des *Classes de Mathématiques spéciales.*   4 fr.

   IIIᵉ Partie : THÉORIE DES ÉQUATIONS, à l'usage des *Classes de Mathématiques spéciales.*   4 fr.

LAURENT (H.). — **Théorie élémentaire des Fonctions elliptiques.** In-8, avec fig. dans le texte; 1882. 3 fr. 50 c.

LAURENT (H.). — **Traité de Mécanique rationnelle** à l'usage des Candidats à l'Agrégation et à la Licence. 2ᵉ édit. 2 vol. in-8, avec figures; 1878.   12 fr.

LAURENT (H.). — **Traité du Calcul des Probabilités.** In-8; 1873.   7 fr. 50 c.

LÉAUTÉ (H.), Docteur ès Sciences, Ingénieur des Manufactures de l'État. — **Théorie générale des transmissions par câbles métalliques.** — *Règles pratiques.* In-4, avec figures dans le texte; 1882.   10 fr.

LÉAUTÉ (H.), Docteur ès sciences, Répétiteur à l'École Polytechnique. — **Mémoires sur les oscillations à longues périodes dans les machines actionnées par des moteurs hydrauliques, et sur les moyens de prévenir ces oscillations.** In-4, avec figures dans le texte et 3 planches; 1885.   7 fr.

LEBON (Ernest). — (*Voir* La Gournerie.)

LECOQ DE BOISBAUDRAN. — **Spectres lumineux**, Spectres prismatiques et en longueurs d'onde, destinés aux recherches de Chimie minérale. Grand in-8, avec atlas contenant 29 belles planches sur acier; 1874.   20 fr.

LEFÉBURE DE FOURCY, Examinateur pour l'admission à l'École Polytechnique. — **Leçons d'Algèbre.** 9ᵉ édition. In-8; 1880.   7 fr. 50 c.

LEFÉBURE DE FOURCY. — **Leçons d'Algèbre** *à l'usage des classes de Mathématiques élémentaires*; 1870. 4 fr. 50 c.

LEFÉBURE DE FOURCY. — **Traité de Géométrie descriptive**, précédé d'une Introduction qui renferme la Théorie du plan et de la ligne droite considérée dans l'espace. 8ᵉ édition. 2 vol. in-8, dont un composé de 32 planches; 1881.   10 fr.

LEFÉBURE DE FOURCY. — **Leçons de Géométrie analytique**, comprenant la Trigonométrie rectiligne et sphérique, les lignes et les surfaces des deux premiers ordres. 9ᵉ édition. In-8, avec planches; 1881.   2 fr.

LEFÉVRE. — **Abrégé du nouveau traité de l'Arpentage, ou Guide pratique et mémoratif de l'Arpenteur**, particulièrement destiné aux personnes qui n'ont point étudié la Géométrie. Gros volume in-12, avec 18 pl., dont une coloriée.   7 fr.

LEFORT (F.). — **Tables des surfaces de déblai et de remblai, des largeurs d'emprise et des longueurs des talus**, relatives à un chemin de fer à deux voies ou à une *Route de* 10 *mètres* de largeur entre fossés, pour des cotes sur l'axe de 0ᵐ à 15ᵐ et pour des déclivités sur le profil transversal de 0ᵐ à 0ᵐ,25. Gr. in-8 jés.; 1861. 3 fr.

MÊMES TABLES relatives à un chemin de fer à une voie ou à une *Route de* 6 *mètres*, etc. Grand in-8 sur jésus; 1861.   3 fr.

MÊMES TABLES relatives à une *Route de* 8 *mètres.* Grand in-8 sur jésus; 1863.   3 fr.

LEHAGRE, Chef de bataillon du Génie. — **Cours de Topographie**, professé à l'École d'application de l'Artillerie et du Génie. Grand in-8 jésus :

   Iʳᵉ PARTIE : *Instruments et procédés de Lever (Planimétrie, Altimétrie, Dessin topographique).* 2ᵉ édition, revue, corrigée et augmentée. Avec 312 figures dans le texte; 1881.   15 fr.

   IIᵉ PARTIE : *Méthodes de Levers (Levers à grande échelle; Levers d'une grande étendue; Levers de reconnaissance).* Avec 9 modèles de carnets pour les différents levers, et 22 grandes planches, dont 3 en couleur; 2ᵉ édition.   (*Sous presse.*)

   IIIᵉ PARTIE : *Opérations trigonométriques; Lever de la triangulation; Nivellement.* Avec 12 modèles de carnets pour l'enregistrement des observations, 8 types de calculs de triangulation et 12 grandes planches.   (*Sous presse.*)

LEMSTRÖM, Professeur de Physique à l'Université d'Helsingfors. — **L'Aurore boréale.** *Étude générale des phénomènes produits par les courants électriques de l'atmosphère.* Grand in-8, avec figures dans le texte et 14 pl. dont 5 en chromolithographie; 1886. 6 fr. 50 c.

LEONELLI. — **Supplément logarithmique**, précédé d'une NOTICE SUR L'AUTEUR, par *J. Houël*, Professeur de Mathématiques pures à la Faculté des Sciences de Bordeaux. 2ᵉ édition. In-8; 1876.   4 fr.

LEPRIEUR, Trésorier de l'École Polytechnique. — **Répertoire de l'École Polytechnique de 1855 à 1865**, faisant suite au *Répertoire de Marielle.* In-8; 1867.   3 fr.

LEROY (C.-F.-A.), ancien Professeur à l'École Polytechnique et à l'École Normale supérieure. — **Traité de Géométrie descriptive**, suivi de la *Méthode des plans cotés* et de la *Théorie des engrenages cylindriques et coniques.* 12ᵉ édition, revue et annotée par *Martelet.* In-4, avec Atlas de 71 pl.; 1885.   16 fr.

LEROY (C.-F.-A.). — **Traité de Stéréotomie**, comprenant les Applications de la Géométrie descriptive à la Théorie des Ombres, la Perspective linéaire, la Gnomonique, la Coupe des Pierres et la Charpente. 11ᵉ édition, revue et annotée par *E. Martelet*, ancien élève de l'École Polytechnique, professeur de Géométrie descriptive à l'École centrale des Arts et Manufactures. Augmentée d'un Supplément : Théorie et construction de l'appareil hélicoïdal des arches biaises, par J. DE LA GOURNERIE, rédigées par *Ernest Lebon*, Agrégé de l'Université, professeur au Lycée Charlemagne. In-4, avec Atlas de 76 pl. in-folio; 1887.   26 fr.

LE TELLIER (le Dʳ). — **Nouveau système de Sténographie.** In-8 raisin, avec 37 pl.; 1869.   2 fr. 50 c.

LÉVY (Maurice), Membre de l'Institut, Ingénieur en chef des Ponts et Chaussées, Professeur au Collège de France et à l'École Centrale des Arts et Manufactures. — **La Statique graphique et ses applications aux constructions.** 2ᵉ édition. 4 vol. grand in-8, avec 4 Atlas de même format :

   Iʳᵉ PARTIE. — *Principes et applications de Statique graphique pure.* Grand in-8 de xxviii-549 pages, avec Atlas de 20 planches; 1886.   22 fr.

   IIᵉ PARTIE. — *Flexion plane. Lignes d'influence. Poutres droites.* Gr. in-8 de xiv-345 pages, avec fig. dans le texte et un Atlas de 6 pl.; 1886.   15 fr.

   IIIᵉ PARTIE. — *Arcs métalliques. Ponts suspendus rigides. Coupoles et corps de révolution.* Grand in-8 de ix-418 pages, avec fig. dans le texte et un Atlas de 8 pl.; 1887. 17 fr.

IV* Partie. — *Ouvrages en maçonnerie. Systèmes réticulaires à lignes surabondantes. Index alphabétique des quatre Parties.* Grand in-8 de ix-350 pages, avec figures dans le texte et un Atlas de 4 planches; 1888. 15 fr.

LÉVY (Maurice). — **Sur le principe de l'Énergie.** In-18 jésus; 1888. 1 fr. 50 c.

LIAGRE (J.-B.-J.), Lieutenant-Général, Secrétaire perpétuel de l'Académie Royale de Belgique. — **Calcul des probabilités et Théorie des erreurs,** avec des applications aux Sciences d'observation en général et à la Géodésie en particulier. 2e édition, revue par le capitaine *C. Pemy,* professeur à l'École militaire. In-8; 1879. 10 fr.

LIONNET (E.), Agrégé de l'Université, examinateur suppléant d'admission à l'École Navale. — **Éléments d'Arithmétique.** 3e édition. In-8; 1857. (*Autorisé par l'Université.*) 4 fr.

LONCHAMPT (A.), Préparateur aux baccalauréats ès Lettres et ès Sciences, et aux Écoles du Gouvernement.

— **Recueil de Problèmes** tirés des *compositions données à la Sorbonne,* de 1853 à 1875-1876, pour les *Bacca lauréats ès Sciences,* suivis des compositions de Mathématiques élémentaires, de Physique, de Chimie. 2e édition. In-18 jésus, avec figures dans le texte et planches; 1876-1877 :

Ire Partie : **Arithmétique. — Algèbre. — Trigonométrie.** *Questions.* 1 fr. » *Solutions.* 1 fr. 80 c.

IIe Partie : **Géométrie.** *Questions.* 1 fr. » *Atlas.* 60 c. *Solutions.* 2 fr. 80 c.

IIIe Partie : **Approximations numériques** (THÉORIE ET APPLICATIONS). — **Maxima et minima** (THÉORIE ET QUESTIONS). — Courbes usuelles, Géométrie descriptive, Cosmographie, Mécanique. *Théorie et Questions.* 1 fr. 50 c. *Solutions.* 1 fr. 50 c.

IVe Partie : **Physique. — Chimie.** (Les *Solutions* sont précédées d'un *Précis sur la résolution des Problèmes de Physique,* par H. Bertot, ancien Élève de l'École Polytechnique.) *Questions.* 1 fr. » *Solutions.* 2 fr. 50 c.

LOYAU (Achille), Ingénieur des Arts et Manufactures. — **Album de charpentes en bois,** renfermant différents types de *planchers, pans de bois, combles, échafaudages, ponts provisoires,* etc. Grand in-4, contenant 110 planches de dessins cotés; 1873. 25 fr.

LUCAS (Édouard), Professeur de Mathématiques spéciales au Lycée Saint-Louis. — **Récréations mathématiques.**

Tome I. — *Les Traversées. — Les Ponts. — Les Labyrinthes. — Les Reines. — Le Solitaire. — La Numération. — Le Baguenaudier. — Le Taquin;* 1882.

Tome II. — *Qui perd gagne. — Les Dominos. — Les Marelles. — Le Parquet. — Le Casse-tête. — Les Jeux de demoiselles. — Le Jeu icosien d'Hamilton.* 1883.

Deux vol. petit in-8, caractères elzévirs, titres en deux couleurs; chaque volume se vend séparément :

Tirage sur papier vélin. 7 fr. 50 c.
Tirage sur papier hollande. 12 fr. »

LUTSCHAUNIG (V.), Ingénieur et Professeur de construction navale à l'Académie du commerce et de la navigation de Trieste. — **La théorie du navire.** Traduit sur la 2e édition allemande par *Auradou,* Ingénieur de la marine en retraite. Grand in-8°, avec 85 fig.; 1881. 10 fr.

MACQUET (A.), Ingénieur au corps des Mines, Professeur de Physique expérimentale et d'Électricité à l'École d'Industrie et des Mines du Hainaut. — **Cours de**

Physique industrielle à l'usage des élèves des Écoles spéciales, contenant les *applications de la chaleur aux usages industriels.*

Ire Partie. — *Combustion et combustibles. — Foyers. — Chaudières à vapeur.* 2 volumes in-4 autographiés, avec 750 figures dans le texte et un atlas de 40 pl. Mons, E. Dacquin; 1886. 35 fr.

MAHISTRE, Professeur à la Faculté de Lille. — **L'art de tracer les Cadrans solaires,** à l'usage des Instituteurs et des personnes qui savent manier la règle et le compas. (*Approuvé par le Conseil de l'Instruction publique.*) 4e édit. In-18, avec fig. dans le texte; 1884. 1 fr. 25 c.

MAHISTRE. — **Cours de Mécanique appliquée.** In-8, avec 211 figures dans le texte; 1858. 8 fr.

MAINDRON (E.). — **Les fondations de prix à l'Académie des Sciences.** LES LAURÉATS DE L'ACADÉMIE (1714-1880). In-4; 1881. 8 fr.

MANNHEIM (A.), Colonel d'Artillerie, Professeur à l'École Polytechnique. — **Cours de Géométrie descriptive de l'École Polytechnique,** comprenant les ÉLÉMENTS DE LA GÉOMÉTRIE CINÉMATIQUE. 2e édition. Grand in-8, avec 256 fig. dans le texte; 1886. 17 fr.

MANNHEIM (A.). — **Premiers éléments de la Géométrie descriptive.** In-8; 1882. 1 fr. 25 c.

MANSION (P.), Professeur à l'Université de Gand. — **Résumé du cours d'Analyse infinitésimale de l'Université de Gand.** *Calcul différentiel et principes du Calcul intégral.* Grand in-8, avec figures dans le texte; 1887. 10 fr.

MANSION (P.). — **Éléments de la théorie des déterminants,** avec de nombreux exercices. 4e éd. In-8; 1883. 3 fr.

MARIE (F.-C.-M.). — **Géométrie stéréographique,** ou *Relief des polyèdres,* pour faciliter l'étude des corps, avec 25 planches gravées et découpées de manière à reconstituer les polyèdres. In-8. 5 fr.

MARIE (Maximilien), Répétiteur de Mécanique et Examinateur d'admission à l'École Polytechnique. — **Histoire des Sciences mathématiques et physiques.** Petit in-8, caractères elzévirs, titre en deux couleurs.

Tome I : 1re Période. *De Thalès à Aristarque.* — 2e Période. *D'Aristarque à Hipparque.* — 3e Période. *D'Hipparque à Diophante;* 1883. 6 fr.

Tome II : 4e Période. *De Diophante à Copernic.* — 5e Période. *De Copernic à Viète;* 1883. 6 fr.

Tome III : 6e Période. *De Viète à Kepler.* — 7e Période. *De Kepler à Descartes;* 1883. 6 fr.

Tome IV : 8e Période. *De Descartes à Cavalieri.* — 9e Période. *De Cavalieri à Huygens.* 6 fr.

Tome V : 10e Période. *De Huygens à Newton.* — 11e Période. *De Newton à Euler;* 1884. 6 fr.

Tome VI : 11e Période. *De Newton à Euler* (suite); 1884. 6 fr.

Tome VII : 11e Période. *De Newton à Euler* (suite); 1883. 6 fr.

Tome VIII : 11e Période. *De Newton à Euler* (suite et fin). — 12e Période. *D'Euler à Lagrange;* 1886. 6 fr.

Tome IX. — 12e Période : *D'Euler à Lagrange* (fin). — 13e période : *De Lagrange à Laplace;* 1886. 6 fr.

Tome X. 13e Période : *De Lagrange à Laplace* (fin). — 14e Période : *De Laplace à Fourier;* 1887. 6 fr.

Tome XI. — 15e Période : *De Fourier à Arago;* 1887. 6 fr.

Tome XII. — 16e Période : *D'Arago à Abel et aux géomètres contemporains;* 1888. 6 fr.

MARIE (Maximilien). — **Théorie des fonctions des variables imaginaires.** 3 volumes grand in-8, de 280 à 300 pages; 1874-1875-1876. 20 fr.

Chaque volume se vend séparément. 8 fr.

MARIELLE. — Répertoire de l'École Polytechnique depuis l'époque de sa création en 1794 jusqu'en 1855 inclusivement. (*Voir* LEPRIEUR, pour la suite du Répertoire.) In-8; 1855.   5 fr.

MARINE A L'EXPOSITION UNIVERSELLE DE 1878 (La). — Ouvrage publié par ordre du Ministre de la Marine et des Colonies. 2 beaux volumes grand in-8, avec 102 figures dans le texte, et 2 Atlas in-plano contenant 161 planches; 1879.   80 fr.

MASCART. — *Voir* Moureaux.

MASSAU (J.), Ingénieur des Ponts et Chaussées, Professeur à l'Université de Gand. — Mémoire sur l'intégration graphique et ses applications. In-8, avec atlas in-4 de 24 planches, 1887.   20 fr.

MASSAU (J.). — Calcul des cotisations des Sociétés de secours mutuels. In-8, avec 1 planche; 1887.   1 fr.

MATHIEU (Émile), Professeur à la Faculté des Sciences de Nancy. — Cours de Physique mathématique. In-4; 1873.   15 fr.

MATHIEU (Émile). — Dynamique analytique. In-4; 1878.   15 fr.

MATHIEU (Émile). — Théorie de la capillarité. In-4; 1883.   10 fr.

MATHIEU (Émile). — Théorie du Potentiel et ses applications à l'Electrostatique et au Magnétisme. In-4.
Ire PARTIE : *Théorie du Potentiel;* 1885.   9 fr.
IIe PARTIE : *Électrostatique et Magnétisme;* 1886.   12 fr.

MAXWELL (James Clerk), Professeur de Physique expérimentale à l'Université de Cambridge. — Traité de l'Electricité et du Magnétisme. Traduit de l'anglais sur la 2e édition, par SELIGMANN-LUI, ancien Élève de l'École Polytechnique, Ingénieur des Télégraphes, avec *Notes et Eclaircissements,* par CORNU, POTIER et SARRAU, Professeurs à l'École Polytechnique. Deux forts volumes grand in-8, avec fig. et 20 pl.; 1885-1888.
Prix pour les souscripteurs.   25 fr.

Ce prix de 25 fr., qui sera augmenté une fois l'Ouvrage complet, se paye, savoir : 12 fr. 50 en souscrivant et 12 fr. 50 à la réception du dernier fascicule du second Volume.
Le Tome I et les deux premiers fascicules du Tome II ont paru.

MAXWELL (James Clerk). — Traité élémentaire d'Électricité, précédé d'une *Notice sur ses travaux en Électricité,* par *William Garnett.* Traduit de l'anglais par Gustave RICHARD, Ingénieur civil des Mines. In-8, avec figures dans le texte; 1884.   7 fr.

MEISSAS (N.). — Tables pour servir aux Études et à l'exécution des chemins de fer, ainsi que dans tous les travaux où l'on fait usage du cercle et de la mesure des angles. 2e édition; 1867. Broché.   8 fr.
Cartonné.   9 fr.

MÉMORIAL DE L'OFFICIER DU GÉNIE, ou Recueil de Mémoires, expériences, observations et Procédés généraux propres à perfectionner la fortification et les constructions militaires, rédigé par les soins du Comité des Fortifications avec l'approbation du Ministre de la Guerre. In-8, avec planches et nombreuses figures dans le texte. Chaque volume, à partir du n° 21, se vend séparément   7 fr. 50
Le n° 27 (1887) vient de paraître. Le n° 28 est sous presse.
Une collection complète (n°s 1 à 28) est à vendre.

MÉMORIAL DES POUDRES ET SALPÊTRES, publié par les soins du SERVICE DES POUDRES ET SALPÊTRES, avec l'autorisation du Ministre de la Guerre. Recueil paraissant, autant que possible, par livraisons semestrielles de 400 à 500 pages, et formant un volume grand in-8 de 900 à 800 pages par an. *Prix de l'abonnement par volume :*
Paris et Départements.   5 fr.

Le premier fascicule du 2e volume a paru.
Les Officiers des armées de terre et de mer en activité de service et les Ingénieurs du gouvernement sont seuls admis de droit à souscrire au *Mémorial des poudres et salpêtres.* Les souscriptions individuelles ou collectives doivent être adressées à M. Gauthier-Villars. Elles doivent indiquer le nom, le grade et l'adresse du destinataire.

MÉRAY (Ch.), Professeur à la Faculté des Sciences de Dijon. — Exposition nouvelle de la Théorie des formes linéaires et des déterminants. In-4; 1884. 3 fr.

MICHAUT, Commis principal à la Direction technique des Télégraphes de Paris, et **GILLET,** Commis principal au poste central des Télégraphes de Paris. — Leçons élémentaires de Télégraphie électrique. *Système Morse. Manipulation. Notions de Physique et de Chimie. Piles. Appareils et accessoires. Installation des postes.* In-18 jésus, avec 81 figures dans le texte; 1885.   3 fr. 75 c.

MINISTÈRES DE LA MARINE ET DE L'INSTRUCTION PUBLIQUE. — Mission scientifique du Cap Horn. (1882-1883.)
TOME I. *Histoire du voyage,* par *L.-F. Martial,* Capitaine de frégate. In-4, de 508 pages avec 12 planches; 1888.   25 fr.
TOME II : *Météorologie,* par *J. Lephay,* Lieutenant de vaisseau. In-4 de 534 pages, avec 12 planches; 1885.   25 fr.
TOME III : *Magnétisme terrestre,* par *F.-O. Le Cannellier,* Lieutenant de vaisseau. — *Recherches sur la constitution chimique de l'atmosphère,* d'après les expériences du Dr *Hyades,* par *Müntz* et *Aubin.* In-4, de 456 pages avec 11 planches; 1886.   25 fr.
TOME IV : *Géologie,* par le Dr *P. Hyades,* Médecin principal de la Marine. In-4 de 360 pages avec 33 planches; 1887.   25 fr.
TOME V : *Botanique.*   (*Sous presse.*)
Cryptogamie : Algues, avec 9 planches; par *Hariot. Diatomées,* avec 1 planche, par *Petit. Hépatiques,* avec 5 planches; par *Bescherelle. Mousses,* avec 6 planches; par *Bescherelle.* — *Phanérogamie,* avec 12 planches; par *Franchet.*
TOME VI : *Zoologie.* Ce Tome sera publié en 12 fascicules se vendant séparément :
A. *Mammifères,* par *A. Milne Edwards,* avec 6 planches coloriées à la main.
B. *Oiseaux,* par *E. Oustalet,* avec 6 planches coloriées à la main.
C. *Poissons,* par *L. Vaillant,* avec 6 planches dont 1 en couleur.
D. *Insectes (Coléoptères,* par *L. Fairmaire; Hémiptères,* par *Signoret; Névroptères,* par *J. Mabille; Lépidoptères,* par *P. Mabille; Diptères,* par *J.-M.-F. Bigot,* avec 10 planches en taille-douce coloriées à la main; 1888.   20 fr.
E. *Arachnides,* par *E. Simon.* In-4 avec 2 planches en taille-douce coloriées à la main; 1887.   4 fr.
F. *Crustacés,* par *Milne-Edwards,* avec 4 planches.
G. *Annelides,* par *J. de Guerne,* avec 2 planches.
H. *Mollusques,* par *de Rochebrune* et *J. Mabille,* avec 9 planches.
I. *Bryozoaires,* par *J. Jullien,* avec 13 planches; 1888. 6 fr.
K. *Échinodermes,* par *E. Perrier,* avec 4 planches.
L. *Protozoaires,* par *A. Certes,* avec 6 planches.
M. *Anatomie comparée,* par *H. Gervais,* avec 4 planches.
TOME VII : *Anthropologie, Ethnographie;* par le Dr *P. Hyades* et *J. Deniker.* In-4, avec 35 planches. (*S. pr.*)

MIQUEL (P.), Docteur ès Sciences, Docteur en Médecine, Attaché à l'Observatoire de Montsouris. — Les Organismes vivants de l'atmosphère. Étude sur les semences aériennes des moisissures et des bactéries, sur les procédés usités pour récolter, compter et cultiver ces deux classes de microbes et sur l'application de ces recherches à l'hygiène générale des villes et des asiles hospitaliers. Un beau volume grand in-8, avec 86 figures dans le texte et 2 planches en taille-douce; 1883.   9 fr. 50 c.
Quelques exemplaires pour bibliophiles ont été tirés sur papier vélin, *format in-4.*   20 fr.

MOIGNO (l'Abbé). — Calcul des Variations, rédigé en collaboration avec LINDELÖF. In-8; 1861.   6 fr.

MOIGNO (l'Abbé). — Leçons de Mécanique analytique, rédigées principalement d'après les méthodes d'*Augustin Cauchy* et étendues aux travaux les plus récents. Statique. In-8, avec planches; 1868.   12 fr.

MOIGNO (l'Abbé). — **Actualités scientifiques.** Volumes in-18 jésus, ou petit in-8 se vendant séparément :

PREMIÈRE SÉRIE.

1° Traité élémentaire d'Électricité, avec les principales applications ; par R. Colton, Capitaine du Génie. 2° éd. In-18 jésus. 91 fig.; 1888. 3 fr. 75 c.

2° Calorescence. — Influence des couleurs; par Tyndall. 1 fr. 50 c

3° La Matière et la Force ; par Tyndall. 1 fr. 50 c.

4° Impossibilité du nombre actuellement infini. — La Science dans ses rapports avec la Foi; par l'abbé Moigno. 1 fr.

5° Sept Leçons de Physique générale ; par A. Cauchy. 2° tirage; 1885. 1 fr. 50 c.

6° Leçons élémentaires de Télégraphie électrique. Système Morse. Manipulation. Notions de Physique et de Chimie. Piles. Appareils et accessoires. Installation des postes; par Michaut et Gillet, avec 81 belles fig. dans le texte; 1885. 5 fr. 75 c.

7° Chaleur et Froid; par Tyndall. (Sous presse.)

8° Sur la radiation; par Tyndall. 1 fr. 25 c.

9° Sur la force de combinaison des atomes; par Hofmann. 1 fr. 25 c.

10° Faraday inventeur; par Tyndall. 2 fr.

11° Saccharimétrie optique, chimique et mélassimétrique; par l'Abbé Moigno 3 fr. 50 c.

12° La Science anglaise, son bilan en 1868 (réunion à Norwich); par l'Abbé Moigno. 2 fr. 50 c.

13° Mélanges de Physique et de Chimie pures et appliquées ; par Frankland, Graham, Macquorn-Rankine, Perkin, Sainte-Claire Deville, Tyndall. 3 fr. 50 c.

14° Les Aliments; par Letheby. 3 fr.

15° La Photographie en ballon; par Gaston Tissandier, avec une épreuve photoglyptique du cliché obtenu par MM. Gaston Tissandier et Jacques Ducom, à 600m au-dessus de l'île Saint-Louis, à Paris. In-8, avec figures; 1886. 2 fr. 25 c.

16° Esquisse historique de la Théorie dynamique de la Chaleur; par Tait. 2 fr. 50 c.

17° Théorie du Vélocipède. — Sur les lois de l'écoulement de la vapeur; par Macquorn-Rankine 1 fr. 25 c.

18° Les Métamorphoses chimiques du Carbone; par Odling. 2 fr.

19° Programme d'un cours en sept leçons sur les phénomènes et les théories électriques; par Tyndall. 1 fr. 50 c.

20° Géologie des Alpes et du tunnel des Alpes; par Elie de Beaumont et Sismonda. 2 fr.

21° La Science anglaise, son bilan en 1869 (réunion à Exeter); par l'abbé Moigno. 3 fr. 50 c.

22° La Lumière ; par Tyndall. 2 fr.

23° Les agents explosifs modernes et leurs applications; par l'Abbé Moigno. 2 fr

24° Religion et Patrie, vengées de la fausse science et de l'envie haineuse; par l'Abbé Moigno. 1 fr. 50 c.

25° La Thermodynamique et ses principales applications; par J. Moutier. 2° édition. Un fort volume petit in-8, avec 96 fig. dans le texte. 12 fr.

26° La Photographie instantanée; par A. Londe. In-18 jésus, avec belles figures dans le texte; 1886. 2 fr. 75 c.

27° Sursaturation des solutions gazeuses; par Tomlinson. 2 fr.

28° Optique moléculaire. Effets de précipitation, de décomposition, d'illumination produits par la lumière; par l'Abbé Moigno. 2 fr. 50 c

29° L'Architecture du monde des atomes, avec 100 fig. dans le texte; par Gaudin. 5 fr.

30° Étude sur les éclairs, avec figures dans le texte; par P. Perrin. 2 fr. 50 c.

31° Manuel pratique militaire des chemins de fer, avec nomb. fig.; par le capitaine Issalène. 2 fr. 50 c.

32° Instruction sur les Paratonnerres; par Pouillet et Gay-Lussac; avec 58 fig. et planche. 2 fr. 50 c.

33° Tables barométriques et hypsométriques pour le calcul des hauteurs, précédées d'une Instruction; par R. Radau. (Nouveau tirage.) 1 fr. 25 c.

34° Les passages de Vénus sur le disque solaire, avec figures; par Edm. Dubois. 3 fr 50 c.

35° Manuel élémentaire de Photographie au collodion humide, avec fig.; par Dumoulin. 1 fr. 50 c.

36° Problèmes plaisants et délectables qui se font par les nombres; par Bachet, sieur de Méziriac. 5° éd., revue par Labosne. Un joli vol. petit in-8 elzévir, titre en deux couleurs. 6 fr.

37° La Chaleur considérée comme un mode de mouvement ; par Tyndall. 2° édition française, avec nombreuses figures; 1887. Nouveau tirage. 8 fr.

38° L'Astronomie pratique et les Observatoires en Europe et en Amérique, depuis le milieu du XVIIe siècle jusqu'à nos jours; par André et Rayet, astronomes, et Angot, professeur de Physique au Lycée Fontanes; avec belles figures dans le texte et planches en couleur.
  Ire PARTIE : Angleterre. 4 fr 50 c.
  IIe PARTIE : Ecosse, Irlande et Colonies anglaises. 4 fr 50 c.
  IIIe PARTIE : Amérique du Nord. 4 fr 50 c.
  IVe PARTIE : Amérique du Sud, et Météorologie américaine. 3 fr.
  Ve PARTIE : Italie. 4 fr. 50 c.

39° La question des engrais, d'après des expériences récentes ; par le Dr Paul Wagner, Directeur de la station agricole de Darmstadt. 2 fr.

40° Premières Leçons de Photographie, avec figures; par Perrot de Chaumeux. 4e édition. 1 fr. 50 c.

41° Les Mines dans la guerre de campagne. — Exposé des divers procédés d'inflammation des mines et des pétards de rupture. — Emploi de préparations pyrotechniques et emploi de l'électricité, avec 51 fig. dans le texte; par le capit. Picardat. 2 fr. 50 c.

42° Essai sur une manière de représenter les quantités imaginaires dans les constructions géométriques, par R. Argand. 2e édition, précédée d'une préface par J. Houël. 5 fr.

43° Essai sur les piles, par A. Callaud. 2e édition, avec 2 planches. (Ouvrage couronné par la Société des Sciences de Lille.) 2 fr 50 c.

44° Matière et Éther; Indication d'une méthode pour établir les propriétés de l'Éther, par Kretz Ingénieur en chef des Manufactures de l'État. 1 fr. 50 c.

45° L'Unité dynamique des forces et des phénomènes de la nature, ou l'Atome tourbillon; par F. Marco. 2 fr. 50 c.

46° Physique et Physique du Globe. Divers Mémoires de Tyndall, Carpenter, Ramsay, Raphaël de Rossi, Félix Plateau. Traduit par l'Abbé Moigno. 2 fr. 50 c.

47° Formation des principaux hydrométéores : Brouillard, Bruine, Pluie, Givre, Neige, Grésil. NOUVELLE THÉORIE DE LA GRÊLE ; par Plumandon; 1885. 1 fr. 25 c.

48° Lois et origines de l'Électricité atmosphérique; par Luigi Palmieri, Directeur de l'observatoire du Vésuve. Traduit de l'italien par Paul Marcillac et A. Brunet. Petit in-8, avec figures; 1885. 1 fr. 50 c.

49° Les insuccès en Photographie; causes et remèdes, suivis de la retouche des clichés et du gélatinage des épreuves; par Cordier. 5e édit. 1 fr. 75 c.

50° La Photolithographie, son origine, ses procédés, ses applications; par C. Fortier. Petit in-8, orné de planches, fleurons, culs-de-lampe, etc., obtenus au moyen de la Photolithographie. 3 fr. 50 c.

51° Procédé au Collodion sec; par F. Boivin. 2e édit., augmentée des formulaires de Th. Sutton, des tirages aux poudres inertes (procédé au charbon), ainsi que de notions pratiques sur la Photolithographie, l'électrogravure et l'impression à l'encre grasse. 1 fr. 50 c.

52° **Les Pandynamomètres de torsion et de flexion.** *Théorie et application;* avec 2 grandes planches; par *G.-A. Hirn.* 2 fr.

53° **Notice sur les Aréomètres employés dans l'industrie, le commerce et les sciences,** avec figures dans le texte; par *Baserga,* constructeur d'instruments. 1 fr. 50 c.

54° **Manuel du Magnanier,** application des théories de Pasteur à l'éducation des vers à soie; par *L. Roman.* Un beau volume, avec nombreuses figures ombrées dans le texte et 6 planches en couleur. 4 fr. 50 c.

55° **Les Couleurs reproduites en Photographie;** Historique, théorie et pratique; par *Eug. Dumoulin.* 1 fr. 50 c.

56° **Progrès récents de l'Astronomie stellaire;** par *R. Radau.* 1 fr. 50 c.

57° **Les Observatoires de montagne** (avec figures dans le texte); par *R. Radau.* 1 fr. 50 c.

58° **Les poussières de l'air,** avec figures dans le texte et 4 planches; par *Gaston Tissandier.* 2 fr. 25 c.

59° **Traité pratique de Photographie au charbon,** complété par la description de divers *Procédés d'impressions inaltérables* (*Photochromie et tirages photomécaniques*); par *Léon Vidal.* 3° éd., avec une pl. spécimen de Photochromie et 2 pl. spécimens d'impressions à l'encre grasse. 4 fr. 50 c.

60° **Le procédé au gélatino-bromure,** suivi d'une *Note de* Milson *Sur les clichés portatifs* et de la traduction des *Notices de* B. Kennett et Rév. H.-G. Palmer, avec fig.; par *H. Odagir.* 1 fr. 50 c.

61° **La Science des nombres d'après la tradition des siècles;** Explication de la table de Pythagore, par l'Abbé *Marchand.* 3 fr.

62° **La Lumière et les climats;** par *R. Radau.* 1 fr. 75 c.

63° **Les Radiations chimiques du Soleil;** par *R. Radau.* 1 fr. 50 c.

64° **L'Actinométrie;** par *R. Radau.* 2 fr.

65° **Traité pratique complet d'impressions photographiques aux encres grasses, de phototypographie et de photogravure;** par *Moock.* 2° éd. 3 fr.

66° **La Spectroscopie,** avec nombreuses gravures dans le texte; par *Cazin.* 2 fr. 75 c.

67° **Formulaire pratique de la Photographie aux sels d'argent;** par *Huberson.* 1 fr. 50 c.

68° **Leçons sur l'Électricité,** par *Tyndall;* traduit de l'anglais par *Francisque Michel.* 2° édition; 1885. 2 fr. 75 c.

69° **Traité élémentaire et pratique de Photographie au charbon;** par *Aubert.* 2° édit. 1 fr. 50 c.

70° **La prévision du temps;** par *W. de Fonvielle.* 1 fr. 50 c.

71° **La Photographie et ses applications scientifiques;** par *R. Radau.* 1 fr. 75 c.

72° **L'Ozone;** ce qu'il est, ses propriétés physiques et chimiques, son existence et son rôle dans la nature; par l'Abbé *Moigno.* 3 fr. 50 c.

73° **Les Microbes organisés;** leur rôle dans la fermentation, la putréfaction et la contagion; Mémoires de Tyndall et Pasteur; par l'Abbé *Moigno.* 3 fr. 50.

74° **Le R. P. Secchi,** sa Vie, son Observatoire, ses Travaux, ses Écrits; ses titres à la gloire, ses grands Ouvrages; par l'Abbé *Moigno;* avec un portrait et 3 planches. 3 fr. 50 c.

75° **Cartes du temps et Avertissements de tempêtes,** par *Robert H. Scott.* Traduit de l'anglais par *Zurcher* et *Margollé.* Petit in-8, avec 2 planches et nombreuses figures. 4 fr. 50 c.

76° **La Photographie appliquée à l'Archéologie :** Reproduction des *Monuments, OEuvres d'art, Mobiliers, Inscriptions, Manuscrits;* par *E. Trutat,* avec cinq photolithographies. 2 fr. 50 c.

77° **La Photographie des peintres, des voyageurs et des touristes.** *Nouveau procédé sur papier huilé,* simplifiant le bagage et facilitant toutes les opérations, avec indication de la manière de construire soi-même la plupart des instruments nécessaires; par *Pélegry;* avec un spécimen. 1 fr. 75 c.

78° **Comment on observe les nuages pour prévoir le temps;** par *André Poëy.* Petit in-8, avec 17 planches chromolithographiques. 4 fr. 50 c.

79° **Traité pratique de Phototypie ou Impression à l'encre grasse sur couche de gélatine;** par *Léon Vidal;* avec belles figures dans le texte et spécimens. 8 fr.

80° **Observations météorologiques en ballon;** Résumé de vingt-cinq ascensions aérostatiques; par *Gaston Tissandier;* avec fig. 1 fr. 50 c.

81° **Précis de Microphotographie,** par *G. Huberson;* avec figures dans le texte et une planche en photogravure. 2 fr.

82° **Constitution intérieure de la Terre;** par *R. Radau.* 1 fr. 50 c.

83° **Le rôle des vents dans les climats chauds; la pression barométrique et les climats des hautes régions;** par *R. Radau.* 1 fr. 50 c.

84° **La Photographie sur plaque sèche. — Emulsion au coton-poudre avec bain d'argent;** par *Fabre.* 1 fr. 75 c.

85° **La machine de Gramme. — Sa théorie et ses applications,** avec figures; par *Antoine Béguet.* 2 fr.

86° **Traité d'analyse chimique complète des potasses brutes et des potasses raffinées;** par *Berth.* 2 fr.

87° **La Météorologie appliquée à la prévision du temps.** Leçon faite à l'École supérieure de Télégraphie, par *E. Mascart;* recueillie par *Moureaux,* météorologiste au Bureau central; avec 16 planches en couleur. 2 fr.

88° **Traité pratique de la retouche des clichés photographiques,** suivi d'une méthode très détaillée *d'émaillage* et de *formules* et *procédés divers;* par *Piquepé;* avec 2 photoglypties. 4 fr. 50 c.

89° **Notions élémentaires d'analyse chimique qualitative;** par *Th. Swarts;* avec figures. 2 fr.

90° **Le gaz et l'électricité comme agent de chauffage,** par le D' *Siemens.* Traduit de l'anglais par *Gustave Richard;* avec figures. 1 fr. 50 c.

91° **Traité pratique de Photoglyptie;** par *Léon Vidal;* avec nombreuses figures dans le texte et 2 planches photoglyptiques. 7 fr.

92° **Les agents explosifs appliqués dans l'Industrie;** par *Abel.* Traduit de l'anglais, par *Gustave Richard.* 1 fr. 50 c.

93° **Récréations mathématiques;** par *Ed. Lucas.* Deux jolis volumes, petit in-8 elzévir, titres en deux couleurs. Chaque volume se vend séparément. 7 fr. 50 c.

94° **Les courants atmosphériques d'après les nuages, au point de vue de la prévision du temps;** par *André Poëy;* 1882. 2 fr.

95° **Histoire de la symphonie à orchestre;** par *Michel Brenet.* Un joli volume, petit in-8 elzévir, titre en deux couleurs; 1882. 3 fr.

96° **Éléments de construction de machines;** par *Cauthorn Unwin.* Traduit sur la 2° édition anglaise par *Bocquet,* et suivi d'un Appendice par *Léauté;* avec 237 fig. dans le texte; 1882. Broché. 7 fr. Cart. à l'anglaise. 8 fr.

97° **Nouvelle théorie du Soleil; conservation de l'énergie solaire;** par *C.-W. Siemens.* — Reconcentration de l'énergie de l'Univers; par *Macquorn Rankine.* Traduit de l'anglais par *G. Richard;* 1882. 1 fr.

98° **Détermination des éléments de construction des électro-aimants;** par *du Moncel,* membre de l'Institut. 2° édition; 1882. 2 fr.

99° **Traité élémentaire du microscope;** par *E. Trutat,*

Conservateur du musée d'Histoire naturelle de Toulouse. Un joli volume petit in-8, avec 71 figures dans le texte; 1882. Broché. 8 fr.
Cartonné à l'anglaise. 9 fr.

100° **Unités et constantes physiques**; par *Everett*. Ouvrage traduit de l'anglais par *Jules Reynaud*. avec le concours de *Thévenin, de la Touanne* et *Massin*. In-18 jésus; 1882. 4 fr

101° **Traité des impressions photographiques**; par *Poitevin*, suivi d'Appendices par *Léon Vidal*. 2° édition, avec un portrait photographique de Poitevin; 1883. 5 fr.

102° **Introduction à la théorie de l'énergie**; par *Jouffret*, Chef d'escadron d'artillerie. Petit in-8; 1883. 3 fr. 50 c.

103° **La Météorologie nouvelle et la prévision du temps**, par *Radau*; 1883. 1 fr. 75 c.

104° **Les vêtements et les habitations dans leurs rapports avec l'atmosphère**, par *Radau*; 1885. 1 fr. 75 c.

105° **La Platinotypie**, *Nouveau procédé photographique aux sels de platine*; par *Pizzighelli* et *Hübl*. Traduit de l'allemand par *Henry Gauthier-Villars*. 2° édit., d'après la 2° édit. allemande; 1887. 3 fr. 50 c.

106° **Calcul des temps de pose et Tables photométriques**; par *Léon Vidal*; 1884. 2 fr. 50 c.
Cartonné à l'anglaise. 3 fr.

107° **La Photographie appliquée à l'Histoire naturelle**; par *E. Trutat*; avec 59 figures et 5 planches phototypiques; 1884. 4 fr. 50 c.

108° **Les Unités électriques de mesure**; par *Sir William Thomson*; traduit de l'anglais par *G. Richard*; 1884. 1 fr.

109° **Manuel du touriste photographe**; par *Léon Vidal*. Deux volumes in-18, avec nombreuses figures et 2 planches spécimen, se vendant séparément.
  I™ Partie; 1884......... 6 fr.
  II° Partie; 1885......... 4 fr.

110° **Les Ballons dirigeables. Application de l'Électricité à la navigation aérienne**; par *Gaston Tissandier*. In-18 jésus, avec 35 figures dans le texte et 4 planches; 1885. 2 fr. 50 c.

111° **Essai d'une théorie générale des lampes à arc voltaïque**; par *Guéroult*. In-18 jésus, avec figures; 1886. 1 fr. 50 c.

112° **Les mouvements généraux de l'atmosphère** (d'après les Mémoires américains de W. Ferrel); par *J.-R. Plumandon*. In-18 jésus, av. figures; 1887. 1 fr.

113° **Les courants de l'Océan** (d'après les Mémoires américains de W. Ferrel); par *J. R. Plumandon*. In-18 j., av. une carte en deux couleurs; 1887. 1 fr.

114° **La Photographie astronomique à l'Observatoire de Paris et la Carte du Ciel**; par l'Amiral *Mouchez*, Directeur de l'Observatoire. In-18 jésus, avec fig. dans le texte et 7 planches hors texte (photographie, héliogravure, photoglyptie); 1887. 3 fr. 50.

115° **Le Nitrate de soude**. *Son importance et son emploi comme engrais*; par le Dr *A. Stutzer*. Ouvrage édité et augmenté par le Dr *Paul Wagner*. Professeur et Directeur de la Station agricole de Darmstadt. Petit in-8; 1887. 2 fr.

116° **Le Phosphate Thomas**. *Son importance et son emploi comme engrais*; par le Dr *Paul Wagner*. Édition française par *C.-P. Gieseker*, à Liège, Directeur du journal *L'Agriculture rationnelle*. Petit in-8, avec deux planches; 1887. 2 fr.

117° **Le Filage de l'huile**. *Son action sur les brisants de la mer. Aperçu historique, expériences, mode d'emploi*; par M. le vice-amiral *Cloué*. Membre du Bureau des Longitudes. 3e édition. Petit in-8, avec figures dans le texte; 1887. 2 fr. 50 c.

118° **La Genèse des éléments**. Mémoire lu le 18 février 1887, à l'Institution royale, par *William Crookes*, traduit, avec autorisation de l'auteur, par GUSTAVE

Ricard, Ingénieur civil des Mines. In-18 jésus avec figures dans le texte; 1887. 1 fr. 50 c.

119° **Sur le principe de l'Énergie**; par *Maurice Lévy*, membre de l'Institut. Petit in-8; 1888. 1 fr. 50 c.

120° **Précis d'analyse qualitative**. *Recherche des métalloïdes et des métaux usuels dans les mélanges de sels, les produits d'art et les substances minérales*; par *L. Babu*, Ingénieur des mines. In-18 jésus; 1888. 3 fr.

DEUXIÈME SÉRIE.
La Science illustrée. — L'enseignement de tous.

1° **L'Art des projections**, par l'Abbé *Moigno*, avec 103 figures dans le texte. 2 fr. 50 c.

2° **Photomicrographie en 100 tableaux pour projections**; texte explicatif avec 29 figures dans le texte; par *Girard*. 1 fr. 50 c.

3° **Les Accidents**, secours en l'absence de l'homme de l'art; avec 36 fig. dans le texte; par *Smée*. 1 fr. 25 c.

4° **L'Anatomie et l'Histologie**, enseignées par les projections lumineuses; par le Dr *Le Bon*. 1 fr.

5° **Manuel de Mnémotechnie**, *Application à l'histoire*; par l'Abbé *Moigno*. (*Épuisé.*)

6° **Le latin pour tous**; par l'Abbé *Moigno*. 2 fr.

7° **La poésie pour tous**; par l'Abbé *Moigno*. 2 fr.

8° **Instructions pratiques sur l'emploi des appareils de projection**, lanternes magiques, fantasmagories, polyoramas, appareils pour l'enseignement, par *Molteni*. 3e édit. In-18 jésus, avec figures. 2 fr. 50 c.

MOIGNO (l'Abbé). — *Voir* Lecointre, *Campagne de Moïse.*

MOLLET (J.). — Gnomonique graphique, ou Méthode facile pour tracer les cadrans solaires sur toutes sortes de Plans, en ne faisant usage que de la règle et du compas. 7e édit. In-8, avec pl.; 1884. 3 fr. 50 c.

MOLTENI (A.). — Instructions pratiques sur l'emploi des appareils de projection, lanternes magiques, fantasmagories, polyoramas, appareils pour l'enseignement. 3e édit. In-18 jésus, avec figures dans le texte. 2 fr. 50 c.

MONACO (Prince de). — Sur le Gulf-Stream. *Recherches pour établir ses rapports avec les côtes de France (campagne de l'Hirondelle).* Grand in-8, avec 2 Cartes; 1886. 2 fr. 50 c.

MOUCHEZ (Amiral), Membre de l'Institut et du Bureau des Longitudes, Directeur de l'Observatoire de Paris. — La Photographie astronomique à l'Observatoire de Paris et la Carte du Ciel. In-18 jésus, avec figures dans le texte et 7 planches hors texte, dont six photographies de la Lune, de Jupiter, de Saturne, de l'amas des Gémeaux, etc., reproduites par l'héliogravure, la photoglyptie, etc., et une planche sur cuivre; 1887. 3 fr. 50.

MOUCHOT. — La chaleur solaire et ses applications industrielles. — Deuxième édition, revue et considérablement augmentée. In-8, avec figures; 1879. 6 fr.

MOUREAUX (Th.), Météorologiste adjoint au Bureau central, chargé du service magnétique à l'observatoire du Parc de Saint-Maur. — Détermination des éléments magnétiques en France. Ouvrage accompagné de *nouvelles Cartes magnétiques* dressées pour le 1er janvier 1885. Grand in-4, avec figures dans le texte et 4 planches; 1886. 16 fr.

MOUREAUX (Th.). — La Météorologie appliquée à la prévision du temps. Leçon faite à l'École supérieure de Télégraphie par *E. Mascart*, Directeur du Bureau central météorologique de France, recueillie par *Th. Moureaux*. In-18 avec 16 planches en couleur; 188.. 2 fr.

MOUTIER (J.), Examinateur de l'École Polytechnique. — La Thermodynamique et ses principales applications. Un fort volume petit in-8, avec 94 figures dans le texte; 1885. 12 fr.

NAUDIER, Docteur en droit, conseiller de préfecture de l'Aube. — **Traité théorique et pratique de la Législation et de la Jurisprudence des Mines, des Miuières et des Carrières.** In-8; 1877.   10 fr.

NEVEU et HENRY, Ingénieurs de forges. — **Traité pratique du laminage du fer.** In-8, avec 10 Tableaux et un Atlas cartonné de 117 planches; 1881.   40 fr.

NOUVELLES ANNALES DE MATHÉMATIQUES. Journal des Candidats aux Écoles Polytechnique et Normale, rédigé par *Ch. Brisse*, Professeur de Mathématiques spéciales au Lycée Condorcet, Répétiteur à l'École Polytechnique, et *E. Rouché*, Examinateur de sortie à l'École Polytechnique, Professeur au Conservatoire des Arts et Métiers. (Publication fondée en 1842 par *Gerono* et *Terquem*, et continuée par *Gerono, Prouhet, Bourget et Brisse*.) In-8, mensuel (¹).

1re Série, 20 vol. in-8, années 1842 à 1861.   300 fr.
   Les tomes I à VII, X et XVI à XX (1842-1848, 1851 et 1857 à 1861) ne se vendent pas séparément. Les autres tomes de la 1re Série se vendent séparément. 15 fr.

2e Série, 20 vol. in-8, années 1862 à 1881.   300 fr.
   Les tomes I à III et V à VIII (1862 à 1864 et 1866 à 1869) de la 2e Série ne se vendent pas séparément. Les autres tomes se vendent séparément.   15 fr.

La 3e Série, commencée en 1882, continue de paraître chaque mois par cahier de 48 pages.

Les abonnements sont annuels et partent de janvier.

Prix pour un an (12 numéros) :

Paris............................... 15 fr.
Départements et Union postale .... 17 fr.
Autres pays........................ 20 fr.

OBSERVATOIRE DE PARIS. *Voir* Annales et Catalogue.

OCAGNE (Maurice d'), Élève Ingénieur des Ponts et Chaussées. — **Coordonnées parallèles et axiales.** *Méthode de transformation géométrique et procédé nouveau de calcul graphique*, déduits de la considération des coordonnées parallèles. In-8, avec figures et 1 planche; 1885. 3 fr.

OGER (F.), Professeur d'Histoire et de Géographie, Maître de Conférences au Collège Sainte-Barbe. — **Géographie de la France et Géographie générale, physique, militaire, historique, politique, administrative et statistique,** *rédigée conformément au Programme officiel*, à l'usage des Candidats aux Écoles du Gouvernement et aux Aspirants aux Baccalauréats ès Lettres et ès Sciences 8e édition. In-8; 1883.   3 fr.
   Cet Ouvrage correspond à l'Atlas de Géographie générale du même Auteur.

OGER (F.). — **Atlas de Géographie.**

Atlas de Géographie générale à l'usage des Lycées, des Collèges, des Institutions préparatoires aux Écoles du Gouvernement et de tous les établissements d'Instruction publique. 14e édition. In-plano cartonné, contenant 33 Cartes coloriées; 1887.   14 fr.

Atlas géographique et historique à l'usage de la classe de QUATRIÈME. 3e édition. In-plano cartonné, contenant 16 cartes coloriées; 1882.   8 fr. 50 c.

Atlas géographique et historique à l'usage de la classe de CINQUIÈME. In-plano cartonné, contenant 18 cartes coloriées; 1875.   8 fr. 50 c.

Atlas géographique et historique à l'usage de la classe de SIXIÈME. In-plano cartonné, contenant 10 cartes coloriées; 1875.   6 fr.

Atlas géographique et historique à l'usage des CLASSES ÉLÉMENTAIRES (7e, 8e et 9e). In-plano cartonné, contenant 13 cartes coloriées; 1875.   6 fr.

OGER (F.). — **Cours d'Histoire générale à l'usage des Lycées, des établissements d'instruction publique, des candidats aux Écoles du Gouvernement et aux baccalauréats**, rédigé conformément aux programmes officiels. Classes de troisième, seconde, rhétorique, philosophie.

   I. *Histoire de la France et de l'Europe depuis l'invasion des Barbares jusqu'au* XIVe *siècle.* (*Cours de troisième.*) 2e édition. In-8; 1875.   3 fr. 50 c.

   II. *Histoire de la France et de l'Europe depuis le* XIVe *jusqu'au milieu du* XVIIe *siècle.* (*Cours de seconde.*) 2e édition. In-8; 1875.   3 fr. 50 c.

   III. *Histoire de la France et de l'Europe depuis la fin du* XVIe *siècle jusqu'à la Révolution,* 1589-1789 (*Cours de Rhétorique*). Rédigé conformément aux programmes de la classe de Rhétorique, de l'École militaire, des baccalauréats ès Lettres (1re partie) et ès Sciences, du Baccalauréat de l'enseignement secondaire spécial (3e année) et des Écoles supérieures de la Ville. 4e édition. In-8; 1887.   3 fr. 50 c.
   Histoire de l'Europe de 1848 à 1875. In-8; 1882. 1 fr.

   IV. *Histoire contemporaine,* 1789-1886 (*Cours de Philosophie*). Rédigé conformément aux programmes de la classe de Philosophie, de l'École militaire, des baccalauréats ès Lettres (2e partie) et ès Sciences, du baccalauréat de l'enseignement secondaire spécial (3e année) et des Écoles supérieures de la Ville. 4e édition. In-8; 1887.   7 fr.

   V. *Histoire de l'Europe de* 1610 *à* 1815 (*Cours spécial de Rhétorique*). 2e édition. In-8; 1875.   7 fr. 50 c.

OPPOLZER (le chevalier Théodore d'), Professeur d'Astronomie à l'Université de Vienne, Membre de l'Académie des Sciences de Vienne, Correspondant de l'Institut de France, etc. — **Traité de la détermination des orbites des Comètes et des Planètes.** Édition française, publiée, d'après la deuxième édition allemande, par *Ernest Pasquier*, Docteur en Sciences physiques et mathématiques, Professeur d'Astronomie à l'Université de Louvain, etc. Un beau volume petit in-4 (500 pages de texte et plus de 200 pages de Tables); 1886.   30 fr.

ORTOLAN (J.-A.), mécanicien en chef de la marine. — **Mémorial du mécanicien d'usine et de navigation.** Calculs d'application; Tables et tableaux de résultats pour la construction, les essais et la conduite des machines à vapeur. In-18 de 520 pages, avec plus de 200 figures dans le texte; 1878. Broché.   4 fr. 50 c.
                Cartonné.   5 fr. 50 c.

PARIS (Vice-Amiral), Membre de l'Institut et du Bureau des Longitudes, Conservateur du Musée de Marine. — **Souvenirs de Marine.** — **Collections de plans ou dessins de navires et de bateaux anciens et modernes, existants ou disparus,** *avec les éléments nécessaires à leur construction.* Trois beaux albums reliés de 60 pl. in-folio, se vendant séparément.
   Ire PARTIE; 1882............ 25 fr.
   IIe PARTIE; 1884............ 25 fr.
   IIIe PARTIE; 1886............ 25 fr.

PASTEUR (L.). — **Études sur la maladie des Vers à soie;** *moyen pratique assuré de la combattre et d'en prévenir le retour.* Deux beaux volumes grand in-8, avec figures dans le texte et 38 planches; 1870.   20 fr.

PASTEUR (L.). — **Études sur la Bière;** *ses maladies, causes qui les provoquent, procédé pour la rendre inaltérable,* avec une THÉORIE NOUVELLE DE LA FERMENTATION. Grand in-8, avec 85 figures dans le texte et 12 planches gravées; 1876.   20 fr.

PASTEUR (L.). — **Examen critique d'un écrit posthume de Claude Bernard sur la fermentation.** In-8; 1879.   5 fr.

(¹) On peut se procurer l'une des Séries ou les deux Séries, au moyen de payements mensuels de 30 fr.

PASTEUR (L.). — Résultats de l'application de la méthode pour prévenir la rage après morsure, suivis des observations de MM. *Jurien de la Gravière, Vulpian et de Freycinet.* In-4; 1886. 75 c.

PASTEUR (L.). — Note complémentaire sur les résultats de l'application de la méthode de prophylaxie de la rage après morsure. In-4; 1886. 50 c.

PASTEUR (L.). — Nouvelle communication sur la rage. *Résultats statistiques. Modifications à la méthode. Résultats d'expériences nouvelles sur les animaux.* In-4; 1886. 60 c.

PEIGNÉ (M.-A.). — Conversion des mesures, monnaies et poids de tous les pays étrangers en mesures, monnaies et poids de la France. In-18 jésus; 1867. 2 fr. 50 c.

PEREIRE (Eugène). — Tables de l'intérêt composé, des annuités et des rentes viagères. 3e édit., augmentée de 8 *Tableaux graphiques.* In-4; 1882. 16 fr.

PERRODIL (Gros de), Ingénieur en chef des Ponts et Chaussées. — Mécanique appliquée.
Ire PARTIE : *Résistance des voûtes et arcs métalliques employés dans la construction des ponts.* 7 fr. 50 c.
IIe PARTIE : *Mécanique moléculaire des milieux solides homogènes cristallisés quelconques.* In-8; 1885. 2 fr. 50 c.

PERROTIN, Directeur de l'observatoire de Nice. — Visite à divers observatoires de l'Europe. In-8; 1883. 2 fr. 50 c.

PETERSEN (Julius), Membre de l'Académie royale danoise des Sciences, professeur à l'École royale polytechnique de Copenhague. — Méthodes et théories pour la résolution des problèmes de constructions géométriques, *avec application à plus de 400 problèmes.* Traduit par O. Chemin, Ingénieur des Ponts et Chaussées. Petit In-8, avec figures; 1880. 4 fr.

PETIT (F.). — Traité d'Astronomie pour les gens du monde, avec des *Notes complémentaires* pour les Candidats au Baccalauréat, aux Écoles spéciales et à la Licence ès Sciences mathématiques. 2 volumes in-18 jésus, avec 286 figures dans le texte et une Carte céleste; 1866. 7 fr.

PIARRON DE MONDÉSIR, Ingénieur des Ponts et Chaussées. — Dialogues sur la Mécanique; *Méthode nouvelle* pour l'enseignement de cette Science, résultats scientifiques nouveaux. In-8, avec figures; 1870. 6 fr.

PIZZIGHELLI et HÜBL. — La Platinotypie. *Exposé théorique et pratique d'un procédé photographique aux sels de platine permettant d'obtenir rapidement des épreuves inaltérables.* Traduit de l'allemand par *Henry Gauthier-Villars.* 2e édition, d'après la 2e édition allemande. In-8; 1887. 3 fr. 50 c.

PLATEAU (J.), Correspondant de l'Institut de France, Professeur à l'Université de Gand. — Statique expérimentale et théorique des liquides soumis aux seules forces moléculaires. 2 vol. grand in-8, d'environ 950 pages, avec figures dans le texte; 1873. 15 fr.

POËY (André), Fondateur de l'Observatoire physique et météorologique de la Havane. — Comment on observe les nuages pour prévoir le temps. 3e édition, revue et augmentée. Petit in-8, contenant 17 planches chromolithographiques et 3 planches sur bois; 1879. 4 fr. 50 c.

POËY (André). — Les courants atmosphériques d'après les nuages. *Observation de ces courants en vue de la prévision du temps.* Petit in-8; 1882. 2 fr.

POINSOT. — Éléments de Statique, précédés d'une *Notice sur Poinsot,* par J. Bertrand, Membre de l'Institut. 12e édition; 1877. 6 fr.

PONCELET, Membre de l'Institut. — Applications d'Analyse et de Géométrie qui ont servi de principal fondement au Traité des Propriétés projectives des figures, suivies d'Additions par *Mannheim* et *Moutard,* anciens Élèves de l'École Polytechnique. 2 vol. in-8, avec figures dans le texte; 1864. 20 fr.
Chaque volume se vend séparément. 10 fr.

PONCELET. — Traité des Propriétés projectives des figures. Ouvrage utile à ceux qui s'occupent des applications de la Géométrie descriptive et d'opérations géométriques sur le terrain. 2e édition; 1865-1866. 2 beaux volumes in-4 d'environ 450 pages chacun, avec de nombreuses planches gravées sur cuivre. 40 fr.
Le second volume se vend séparément. 20 fr.

PONCELET. — Introduction à la Mécanique industrielle, physique ou expérimentale. 3e édit., publiée par *Kretz,* ingénieur en chef, inspecteur des manufactures de l'État. In-8 de 757 pages, avec 3 pl.; 1870. 12 fr.

PONCELET. — Cours de Mécanique appliquée aux Machines, publié par *Kretz.* 2 volumes in-8.
Ire PARTIE : *Machines en mouvement, Régulateurs et transmissions, Résistances passives,* avec 117 figures dans le texte et 2 planches; 1874. 12 fr.
IIe PARTIE : *Mouvement des fluides, Moteurs, Ponts-Levis,* avec 111 figures; 1876. 12 fr.

PONTHIÈRE (A.), Ingénieur, Professeur d'Électricité appliquée à la métallurgie à l'Université de Louvain. — Applications industrielles de l'Électricité. — *Principes et électrométrie.* In-8, avec 80 fig.; 1885. 6 fr.

PONTHIÈRE (A.). — Applications industrielles de l'Électricité. *L'Électrochimie et l'Électrométallurgie.* In-8, avec figures dans le texte et 1 planche en couleurs; 1886. 7 fr.

POUILLET et GAY-LUSSAC. — Instruction sur les paratonnerres, adoptée par l'Académie des Sciences. In-18 jésus, avec 58 figures dans le texte et une planche; 1874. 2 fr. 50 c.

PRÉFECTURE DE LA SEINE. — Assainissement de la Seine. Épuration et utilisation des eaux d'égout. 4 beaux volumes in-8 jésus, avec 17 planches, dont 10 en chromolithographie; 1876-1877. 26 fr.
On vend séparément :
Les 3 premiers volumes (*Documents administratifs.* — *Enquête.* — *Annexes*). 20 fr.
Le 4e volume (*Documents anglais*). 6 fr.

PROCTOR (Richard A.), Sociétaire honoraire de la Société royale astronomique, auteur de divers Ouvrages astronomiques. — Nouvel Atlas céleste, comprenant 14 Cartes, précédé d'une Introduction sur l'étude des constellations, augmenté de quelques études d'astronomie stellaire. Traduit de l'anglais sur la 6e édition, par *Philippe Gérigny,* Rédacteur de la Revue *l'Astronomie populaire.* In-8, avec figures dans le texte, 12 cartes célestes et 2 planches; 1886.
Broché.. 6 fr. | Cartonné avec luxe. 7 fr.

PUISSANT. — Traité de Géodésie, ou Exposition des Méthodes trigonométriques et astronomiques, applicables soit à la mesure de la Terre, soit à la confection du canevas des cartes et des plans topographiques. 3e édit. 2 vol. in-4, avec 13 pl.; 1842. (*Rare.*) 80 fr.

REGNAULT (J.-J.). — Traité de Géométrie pratique et d'Arpentage, comprenant les Opérations graphiques et de nombreuses Applications aux Travaux de toute nature, à l'usage des Écoles professionnelles, des Écoles normales primaires, des employés des Ponts et Chaussées, des Agents voyers, etc. 2e édition, revue et augmentée. In-8, avec 14 pl.; 1860. 5 fr.

REGNAULT (J.-J.). — Cours pratique d'Arpentage, à l'usage des Instituteurs, des Élèves des Écoles primaires, des Propriétaires et des Cultivateurs. In-18 jésus, avec figures dans le texte. 2e édition; 1870. 1 fr. 50 c.

RÉMOND (A.), Ancien Élève de l'École Polytechnique, Licencié ès Sciences, Professeur de Mathématiques à l'École préparatoire de Sainte-Barbe. — Exercices élémentaires de Géométrie analytique à deux et à trois dimensions, avec un EXPOSÉ DES MÉTHODES DE RÉSOLUTION, suivis des *Énoncés des problèmes donnés pour* les compositions d'admission aux Écoles Polytechnique, Normale et Centrale, et au Concours général. 2 volumes in-8, avec figures dans le texte, se vendant séparément :

Ire Partie : *Géométrie à deux dimensions*; 1887. 8 fr.

IIe Partie : *Géométrie à trois dimensions. Énoncés*; 1887. *(Sous pr.)*

RESAL (H.). — **Traité de Mécanique générale**, comprenant les *Leçons professées à l'École Polytechnique et à l'École des Mines*. 6 vol. in-8, se vendant séparément :

Mécanique rationnelle.

Tome I : *Cinématique. — Théorèmes généraux de la Mécanique. — De l'équilibre et du mouvement des corps solides*. In-8, avec 66 fig. dans le texte; 1873. 9 fr. 50 c.

Tome II : *Frottement. — Équilibre intérieur des corps. — Théorie mathématique de la poussée des terres. — Équilibre et mouvements vibratoires des corps isotropes. — Hydrostatique. — Hydrodynamique. — Hydraulique. — Thermodynamique, suivie de la Théorie des armes à feu*. In-8, avec 56 figures dans le texte; 1874. 9 fr. 50 c.

Mécanique appliquée (moteurs et machines).

Tome III : *Des machines considérées au point de vue des transformations de mouvement et de la transformation du travail des forces. — Application de la Mécanique à l'Horlogerie*. In-8, avec 213 belles figures dans le texte; 1875. 11 fr.

Tome IV : *Moteurs animés. — De l'eau et du vent considérés comme moteurs. — Machines hydrauliques et élévatoires. — Machines à vapeur, à air chaud et à gaz*. In-8, avec 200 belles figures dans le texte, levées et dessinées d'après les meilleurs types; 1876. 15 fr.

Construction.

Tome V : *Résistance des matériaux. — Constructions en bois. — Maçonneries. — Fondations. — Murs de soutènement. — Réservoirs*. In-8, avec 308 belles figures dans le texte, levées et dessinées d'après les meilleurs types; 1880. 12 fr. 50 c.

Tome VI : *Voûtes droites et biaises, en dôme, etc. — Ponts en bois. — Planchers et combles en fer. — Ponts suspendus. — Ponts-levis. — Cheminées. — Fondations de machines industrielles. — Amélioration des cours d'eau. — Substruction des chemins de fer. — Navigation intérieure. — Ports de mer*. In-8, avec 519 fig. et 5 pl. chromolithographiques; 1881. 15 fr.

RESAL (H.), Membre de l'Institut, Professeur à l'École Polytechnique et à l'École des Mines. — **Physique mathématique.** *Électrodynamique, Capillarité, Chaleur, Électricité, Magnétisme, Élasticité*. In-4; 1884. 15 fr.

RESAL (H.). — **Traité de Physique mathématique.** Deuxième édition, augmentée et entièrement refondue. Deux beaux volumes in-4. 27 fr.

On vend séparément :

Tome I : *Capillarité. Élasticité. Lumière*; 1887. 15 fr.

Tome II : *Chaleur. Thermodynamique. Électrostatique. Courants électriques. Électrodynamique. Magnétisme statique. Mouvements des aimants et des courants*; 1888. 12 fr.

RESAL (H.), Membre de l'Institut, Professeur à l'École Polytechnique et à l'École supérieure des Mines. — **Traité élémentaire de Mécanique céleste.** 2e édition. Un beau volume in-4; 1884. 25 fr.

RESAL (H.). — **Traité de Cinématique pure.** In-8, avec 78 figures dans le texte; 1862. 6 fr.

RESAL (H.). — **Éléments de Mécanique,** rédigés d'après les Leçons de Mécanique physique professées à la Faculté des Sciences de Paris par Poncelet. Nouvelle édition, revue et corrigée. In-8, avec planches; 1862. 4 fr. 50 c.

REUSCHLE (C.), Docteur ès sciences, Professeur à l'École Polytechnique de Stuttgart. — **Appareil grapho-mécanique** pour la résolution d'équations numériques, avec des explications à la portée de tous. Grand-in-4, avec Atlas grand in-folio cartonné; 1887. 4 fr. 50 c.

REX (F.-G.). — **Tables de Logarithmes à cinq décimales.**

Ier Fascicule. — Tables I-III : *Logarithmes des nombres et des fonctions géométriques*. Grand in-8; 1887. 2 fr. 50 c.

IIe Fascicule. — Tables IV-XI : *Les Logarithmes d'addition et de soustraction; Logarithmes des valeurs* $\frac{1+x}{1-x}$; *Logarithmes naturels; valeurs naturelles des fonctions goniométriques et des longueurs d'arcs; cordes et flèches; Tables des puissances; circonférences et aires des cercles pour les rayons depuis 0 jusqu'à 100; Table des carrés; Table des valeurs réciproques; Appendice*. Grand in-8; 1887. 2 fr. 50 c.

ROGER (M.-E.), Inspecteur général des mines, Docteur ès sciences mathématiques, Licencié ès sciences physiques. — **Théorie mécanique des phénomènes capillaires.** In-4; 1887. 20 fr.

ROMAN (L.). — **Manuel du Magnanier.** *Application des théories de Pasteur à l'éducation des vers à soie*. Un beau volume in-18 jésus, avec nombreuses figures dans le texte et 6 planches en couleur; 1876. 4 fr. 50 c.

ROUCHÉ (Eugène), Professeur à l'École Centrale, Examinateur de sortie à l'École Polytechnique, etc., et **COMBEROUSSE (Charles de),** Professeur à l'École Centrale et au Conservatoire des Arts et Métiers, etc. — **Traité de Géométrie,** conforme aux Programmes officiels, renfermant un très grand nombre d'Exercices et plusieurs Appendices consacrés à l'exposition des Principales méthodes de la Géométrie moderne. 5e édition, revue et notablement augmentée. In-8 de XLIX-966 pages, avec 616 figures dans le texte, et 1095 questions proposées; 1883. 16 fr.

Prix de chaque Partie :

Ire Partie. — *Géométrie plane*. . . . . 7 fr.

IIe Partie. — *Géométrie de l'espace; Courbes et Surfaces usuelles*. . . . . 9 fr.

ROUCHÉ (Eugène) et COMBEROUSSE (Charles de). — **Éléments de Géométrie,** entièrement conformes aux derniers programmes d'enseignement des classes de troisième, de seconde, de rhétorique et de philosophie, suivis d'un **Complément** à l'usage des Élèves de Mathématiques élémentaires et de Mathématiques spéciales, et de *Notions sur le Lever des plans, l'Arpentage et le Nivellement*. 4e édit., revue et augmentée. In-8 de XXXV-540 pages, avec 464 figures dans le texte et 543 questions proposées et exercices; 1888. 6 fr.

Ces nouveaux Éléments de Géométrie (qu'il ne faut pas confondre avec le Traité de Géométrie des mêmes auteurs) sont entièrement conformes aux derniers programmes officiels. Ils renferment toutes les parties de la Géométrie enseignées successivement dans les établissements d'instruction publique, depuis la classe de troisième jusqu'à celle de Mathématiques spéciales inclusivement, et sont destinés aux élèves appelés à suivre ces différents Cours.

ROUCHÉ (Eugène). — **Éléments d'Algèbre,** à l'usage des Candidats au Baccalauréat ès Sciences et aux Écoles spéciales. (*Rédigés conformément aux Programmes.*) In-8, avec figures dans le texte; 1857. 4 fr.

SAINT-EDME, Professeur de Sciences physiques aux Écoles municipales d'Auteuil, Lavoisier, Turgot, et à l'École supérieure du Commerce. — **L'Électricité appliquée aux Arts mécaniques, à la Marine, au Théâtre.** In-8, avec belles fig. dans le texte; 1871. 4 fr.

SAINT-GERMAIN (de), Professeur de Mécanique à la Faculté des Sciences de Caen, ancien Maître de Conférences à l'École des Hautes Études de Paris. — **Recueil d'Exercices sur la Mécanique rationnelle,** à l'usage des candidats à la Licence et à l'Agrégation des Sciences mathématiques. In-8, avec figures dans le texte; 1877. 8 fr. 50 c.

SAINT-GERMAIN (de). — **Résumé de la Théorie d'un mouvement d'un solide autour d'un point fixe,** à l'usage des candidats à la licence. In-8; 1887. 1 fr. 50 c.

SALMON (G.), Professeur au Collège de la Trinité, à Dublin. — Traité de Géométrie analytique à deux dimensions (Sections coniques); traduit de l'anglais par *H. Resal* et *Vaucheret*. 2ᵉ édition française, publiée d'après la 6ᵉ édition anglaise, par *Vaucheret*, ancien Élève de l'École Polytechnique, Lieutenant-Colonel d'Artillerie, Professeur à l'École supérieure de Guerre. In-8, avec 124 figures dans le texte; 1884. 12 fr.

SALMON (G.). — Traité de Géométrie analytique (Courbes planes), destiné à faire suite au *Traité des Sections coniques*. Traduit de l'anglais, sur la 3ᵉ édition, par *O. Chemin*, Ingénieur des Ponts et Chaussées, Professeur à l'École nationale des Ponts et Chaussées, et augmenté d'une *Étude sur les points singuliers des courbes algébriques planes*, par *G. Halphen*. In-8, avec figures dans le texte; 1884. 12 fr.

SALMON (G.). — Traité de Géométrie analytique à trois dimensions. Traduit de l'anglais, sur la quatrième édition, par *O. Chemin*.
Iʳᵉ Partie: *Lignes et surfaces du 1ᵉʳ et du 2ᵉ ordre*. In-8, avec figures dans le texte; 1882. 7 fr.
IIᵉ Partie: *Théorie générale des lignes et surfaces courbes*. In-8, avec fig. dans le texte. (*Sous presse.*)

SALMON (G.). — Traité d'Algèbre supérieure. 2ᵉ édition française, publiée d'après la 4ᵉ édition anglaise, par *O. Chemin*. In-8; 1886.
Un premier fascicule a paru. Prix de l'Ouvrage complet pour les souscripteurs. 9 fr.

SALVÉTAT (A.), Chef des travaux chimiques à la Manufacture de Sèvres. — Leçons de Céramique, professées à l'École centrale des Arts et Manufactures. 2 vol. in-18, avec 479 figures dans le texte; 1857. 12 fr.

SALVÉTAT (A.).—Album du cours de Technologie chimique (Céramique. — Couleur, Blanchiment, Teinture et impressions. — Métallurgie). Portefeuille in-4, cartonné, de 70 planches doubles; 1874. 25 fr.

SCHŒNTJES (H.), Professeur à l'Athénée royal de Gand. — Les Grandeurs électriques et leurs unités. 2ᵉ édition, revue et augmentée. Grand in-8; 1884. 4 fr.

SCHRÖN (L.). — Tables de Logarithmes à sept décimales pour les nombres depuis 1 jusqu'à 108 000, et pour les fonctions trigonométriques de 10 en 10 secondes; et Table d'Interpolation pour le calcul des parties proportionnelles; précédées d'une Introduction par *J. Houël*. 2 beaux volumes grand in-8 jésus. Paris; 1888.

PRIX :

	Broché.	Cartonné.
Tables de Logarithmes............	8 fr.	9 fr. 75 c.
Table d'Interpolation.............	2	3 25
Tables de Logarithmes et Table d'interpolation réunies en un seul volume................	10	11 fr. 75

SCOTT (Robert-H.), Directeur du Service météorologique de l'Angleterre. — Cartes du temps et avertissements de tempêtes. Ouvrage traduit de l'anglais par *Zurcher* et *Margollé*. Petit in-8, avec nombreuses figures et 2 planches en couleur; 1879. 4 fr. 50 c.

SECCHI (le P. A.), Directeur de l'Observatoire du Collège Romain, Correspondant de l'Institut de France. Le Soleil. 2ᵉ édition. Deux beaux volumes grand in-8, avec Atlas; 1875-1877.
Broché. 30 fr. | Relié. 40 fr.

On vend séparément :
Iʳᵉ Partie. Un volume grand in-8, avec 150 figures dans le texte et un Atlas comprenant 6 grandes planches gravées sur acier (I. *Spectre ordinaire du Soleil Spectre d'absorption atmosphérique.* — II. *Spectre de diffraction*, d'après la photographie de Henry Draper. — III, IV, V et VI. *Spectre normal du Soleil*, d'après Angström,

et *Spectre normal du Soleil, portion ultra-violette*, par A. Cornu); 1875. 18 fr.
IIᵉ Partie. Un beau volume grand in-8, avec nombreuses figures dans le texte, et 13 planches, dont 12 en couleur (I à VIII. *Protubérances solaires.* — IX. *Type de tache du Soleil.* — X et XI. *Nébuleuses*, etc. — XII et XIII. *Spectres stellaires*); 1877. 18 fr.

SERPIERI (Alessandro).—Traité élémentaire des mesures absolues, mécaniques, électrostatiques et électromagnétiques, *avec applications à de nombreux problèmes*. Traduit de l'italien, et annoté par *Paul Marcillac*. In-8; 1886. 3 fr. 50 c.

SERRET (J.-A.), Membre de l'Institut. — Traité d'Arithmétique, à l'usage des candidats au Baccalauréat ès Sciences et aux Écoles spéciales. 7ᵉ édition, revue et mise en harmonie avec les derniers Programmes officiels par J.-A. Serret et par Ch. de Comberousse, Professeur de Cinématique à l'École Centrale et de Mathématiques spéciales au Collège Chaptal. In-8; 1887. (*Autorisé par décision ministérielle.*)
Broché....... 4 fr. 50 c.
Cartonné .... 5 fr. 25 c.

SERRET (J.-A.). — Traité de Trigonométrie. 7ᵉ édition, revue et augmentée. In-8, avec figures dans le texte; 1888. (*Autorisé par décision ministérielle.*) 4 fr.

SERRET (J.-A.). Cours d'Algèbre supérieure. 5ᵉ édition. 2 forts volumes in-8, avec figures; 1885. 25 fr.

SERRET (J.-A.). — Cours de Calcul différentiel et intégral. 3ᵉ édit. 2 forts vol. in-8, avec fig.; 1886. 24 fr.

SERRET (Paul). — Théorie nouvelle géométrique et mécanique des lignes à double courbure. In-8, avec 67 figures dans le texte; 1860. 8 fr.

SERRET (Paul). — Géométrie de Direction. APPLICATIONS DES COORDONNÉES POLYÉDRIQUES. *Propriété de dix points de l'ellipsoïde, de neuf points d'une courbe gauche du quatrième ordre, de huit points d'une cubique gauche.* In-8, avec figures dans le texte; 1869. 10 fr.

SOCIÉTÉ FRANÇAISE DE PHYSIQUE. — Collection de Mémoires relatifs à la Physique, publiés par la Société française de Physique.
Tome I : *Mémoires de Coulomb* (publiés par les soins de A. Potier). Un beau volume grand in-8, avec figures et planches; 1884. 12 fr.
Tome II : *Mémoires sur l'Électrodynamique*. Iʳᵉ Partie (publiés par les soins de J. Joubert). Grand in-8, avec figures et planches; 1885. 12 fr.
Tome III : *Mémoires sur l'Électrodynamique*. IIᵉ Partie (publiés par les soins de J. Joubert). Grand in-8, avec figures; 1887. 12 fr.
Tome IV : *Mémoires de Borda, Bessel, Kater, etc., sur le pendule et la détermination de la pesanteur* (publiés par les soins de C. Wolf). Grand in-8, avec figures et planches. (*Sous presse.*)

SONGAYLO (E.), Examinateur d'admission à l'École centrale des Arts et Manufactures, Chef de travaux graphiques et Répétiteur à la même École, Professeur au collège Chaptal et à l'École Monge. — Traité de Géométrie descriptive. Un volume in-4 de VI-140 pages, et un Atlas, même format, de 72 planches; 1882. 35 fr.

SOUCHON (Abel), Membre adjoint du Bureau des Longitudes, attaché à la rédaction de la *Connaissance des Temps*. — Traité d'Astronomie pratique, comprenant l'exposition du calcul des éphémérides astronomiques et nautiques, d'après les méthodes en usage dans la composition de la *Connaissance des Temps* et du *Nautical Almanac*, avec une Introduction historique et de nombreuses notes. Grand in-8, avec figures; 1883. 15 fr.

SPARRE (le comte Magnus de), Docteur ès sciences, Professeur aux Facultés catholiques. — Cours sur les fonctions elliptiques, professé aux Facultés catholiques de Lyon pendant l'année 1886.

Ire Partie. Grand in-8; 1886. 2 fr.

IIe et IIIe Parties. (*Sous presse.*)

SPARRE (le comte Magnus de). — Sur la détermination géométrique de quelques infiniment petits. Grand in-8, avec figures dans le texte; 1875. 1 fr. 50 c.

SPARRE (le comte Magnus de). — Mouvement des projectiles oblongs dans le cas du tir de plein fouet. Grand in-8, avec 3 planches; 1875. 3 fr.

STURM, Membre de l'Institut. — Cours d'Analyse de l'École Polytechnique, publié, d'après le vœu de l'Auteur, par *Prouhet* et augmenté de la Théorie élémentaire des Fonctions elliptiques, par *H. Laurent*, Répétiteur à l'École Polytechnique. 8e édition, mise au courant des nouveaux programmes de la Licence, par *A. de Saint-Germain*, Professeur à la Faculté des Sciences de Caen. 2 vol. in-8, avec figures dans le texte; 1887. 14 fr.

Cartonné. 15 fr. 50 c.

STURM. — Cours de Mécanique de l'École Polytechnique, publié, d'après le vœu de l'Auteur, par *E. Prouhet*. 5e édition, revue et annotée par *de Saint-Germain*, Professeur à la Faculté des Sciences de Caen. 2 volumes in-8, avec 189 figures dans le texte; 1883. 14 fr.

SWARTS (Th.), Professeur à l'Université de Gand. — Principes fondamentaux de Chimie. Grand in-8, avec 145 figures dans le texte; 1884 (Ouvrage couronné par l'Académie Royale de Belgique et approuvé comme manuel classique et comme livre destiné aux Bibliothèques scolaires, aux distributions de prix, etc.); 1885. 3 fr.

SWARTS (Th.). — Notions élémentaires d'Analyse chimique qualitative. 3e édition, revue et augmentée. In-8, avec figures dans le texte; 1887. 2 fr.

TAIT (P.-G.), Professeur de Sciences physiques à l'Université d'Édimbourg. — Traité élémentaire des Quaternions. Traduit sur la 2e édition anglaise, avec *Additions de l'Auteur et Notes du Traducteur*, par G. Plarr, Docteur ès Sciences mathématiques. Deux beaux volumes grand in-8, avec figures dans le texte, se vendant séparément :

Ire Partie : *Théorie. Applications géométriques;* 1882. 7 fr. 50 c.

IIe Partie : *Géométrie des courbes et des surfaces. Cinématique. Applications à la Physique;* 1884. 7 fr. 50 c.

TAIT (P.-G.). — Conférences sur quelques-uns des progrès récents de la Physique. Traduit de l'anglais sur la 3e édition, par *Krouchkoll*, licencié ès sciences physiques et mathématiques. Grand in-8, avec figures dans le texte; 1887. 7 fr. 50 c.

TANNERY (J.), Maître de conférences à l'École Normale supérieure. — Deux Leçons de Cinématique. In-4, avec figures dans le texte; 1886. 2 fr. 50 c.

TANNERY (Paul). — La Géométrie grecque. *Comment son histoire nous est parvenue et ce que nous en savons.* Grand in-8 avec figures dans le texte; 1887. 4 fr. 50 c.

TARNIER, Inspecteur de l'Instruction primaire à Paris. — Éléments de Géométrie pratique, conformes au programme de l'enseignement secondaire spécial (année préparatoire, Sciences) à l'usage des Écoles primaires et des divers établissements scolaires. In-8, avec figures dans le texte, accompagné d'un Atlas in-folio contenant 1 planche typographique et 7 belles planches coloriées gravées sur acier; 1872. Prix du texte broché, avec l'Atlas en feuilles dans une couverture imprimée. 6 fr.

Prix du texte cartonné et de l'Atlas cartonné sur onglets. 8 fr. 75 c.

On vend séparément :

Le texte, broché, 2 fr. 50 c.; cartonné, 3 fr. 25 c.

L'Atlas, en feuilles, 3 fr. 50 c.; cart. sur ongl., 5 fr. 50 c.

THIERRY fils. — Méthode graphique et géométrique, ou le Dessin linéaire appliqué aux arts en général, et en particulier à la projection des ombres, à la pratique de la coupe des pierres, à la perspective linéaire et aux cinq ordres d'Architecture. 2e éd., revue et corrigée par *C.-F.-M. Marie*. Grand in-8 oblong, avec 50 planches; 1846. (*Ouvrage choisi par le Ministère de l'Instruction publique pour les Bibliothèques scolaires.*) 6 fr.

THOMAN (Fédor). — Théorie des intérêts composés et des annuités, suivie de Tables logarithmiques. Ouvrage traduit de l'anglais par l'Abbé *Bouchard*, et précédé d'une préface de *J. Bertrand*, Secrétaire perpétuel de l'Académie des Sciences. (Cette édition française renferme plusieurs Tables inédites de *Fédor Thoman*.) Grand in-8 ; 1878. 10 fr.

TIMMERMANS, Professeur à la Faculté des Sciences de l'Université de Gand. — Traité de Mécanique rationnelle. 2e édit. Grand in-8 ; 1862. 9 fr.

TISSERAND (F.), Membre de l'Institut. — Recueil complémentaire d'Exercices sur le Calcul infinitésimal, à l'usage des candidats à la Licence et à l'Agrégation des Sciences mathématiques. (Cet Ouvrage forme une suite naturelle à l'excellent *Recueil d'Exercices* de Frenet.) In-8, avec figures dans le texte ; 1877. 7 fr. 50 c.

TISSOT (A.), Examinateur d'admission à l'École Polytechnique. — Mémoire sur la représentation des surfaces et les projections des Cartes géographiques, suivi d'un *Complément* et de *Tableaux numériques* relatifs à la déformation produite par les divers systèmes de projection. In-8; 1881. 9 fr.

TRESCA. — *Voir* Expériences faites à l'Exposition d'Électricité.

TRUTAT (E.), Conservateur du Musée d'Histoire naturelle de Toulouse. — Traité élémentaire du microscope. Un joli volume petit in-8, avec 171 figures dans le texte; 1883.

Broché. 8 fr. | Cartonné. 9 fr.

TYNDALL (John). — La Chaleur, considérée comme un *mode de mouvement*, 2e édition française, traduite sur la 4e édition anglaise, par l'Abbé *Moigno*. Un fort volume in-18 jésus, avec figures; 1887. (*Nouveau tirage.*) 8 fr.

TYNDALL (John). — Leçons sur l'Électricité, professées en 1875-1876 à l'Institution royale; Ouvrage traduit de l'anglais par *Francisque Michel*. In-18, avec 58 figures dans le texte. 2e édition ; 1885. 2 fr. 75 c.

TZAUT et MORF, Professeurs à l'École industrielle cantonale à Lausanne. — Exercices et Problèmes d'Algèbre (*Première Série*); Recueil gradué renfermant plus de 3800 Exercices sur l'Algèbre élémentaire jusqu'aux équations du premier degré inclusivement. In-12; 1877. 3 fr.

— Réponses aux Exercices et Problèmes *de la première Série*. In-12 ; 1877. 2 fr.

TZAUT (S.). — Exercices et problèmes d'Algèbre (*Deuxième Série*); Recueil gradué renfermant plus de 6200 exercices sur l'Algèbre élémentaire, depuis les équations du premier degré exclusivement jusqu'au binôme de Newton et aux déterminants inclusivement. In-12; 1881. 3 fr. 50 c.

— Réponses aux Exercices et Problèmes *de la deuxième Série*. In-12; 1881. 3 fr. 75 c.

UNWIN (W.-Cauthorne), Professeur de Mécanique au Collège Royal Indien des Ingénieurs civils. — Éléments de construction de machines, ou *Introduction aux principes qui régissent les dispositions et les proportions des organes des machines*, contenant une collection de formules pour les constructeurs de machines. Traduit de l'anglais, avec l'approbation de l'Auteur, sur la deuxième édition, par *Bocquet*, ancien Élève de l'École Centrale, Chef des travaux à l'École municipale d'apprentis de la Villette (Paris); et augmenté d'un *Appendice sur les transmissions par les câbles métalliques, sur le tracé des engrenages et sur les régulateurs;* par LÉAUTÉ, Répétiteur du cours de Mécanique à l'École Polytechnique. In-18 jésus, illustré de 237 figures dans le texte; 1882.

    Broché. 7 fr. | Cartonné à l'anglaise. 8 fr.

VALÉRIUS (B.), Docteur ès Sciences. — Traité théorique et pratique de la fabrication du fer et de l'acier, accompagné d'un *Exposé des améliorations dont elle est susceptible,* principalement en Belgique. — 2ᵉ édition originale française, publiée d'après le manuscrit de l'Auteur, et augmentée de plusieurs articles par H. VALÉRIUS, Professeur à l'Université de Gand. Un volume grand in-8, de 880 pages, texte compact, avec un Atlas in-folio de 45 planches gravées (dont deux doubles); 1875. 75 fr.

VALÉRIUS (H.), Professeur à l'Université de Gand. — Les applications de la Chaleur, avec un exposé des meilleurs systèmes de chauffage et de ventilation. 3ᵉ édition. Grand in-8, avec 122 figures dans le texte et 14 planches; 1879. 18 fr.

VALLÈS (F.), Inspecteur général des Ponts et Chaussées. — Des formes imaginaires en Algèbre.

    Iʳᵉ PARTIE : *Leur interprétation en abstrait et en concret.* In-8; 1869. 5 fr.

    IIᵉ PARTIE : *Intervention de ces formes dans les équations des cinq premiers degrés.* Grand in-8, lithographié; 1873. 6 fr.

    IIIᵉ PARTIE : *Représentation à l'aide de ces formes des directions dans l'espace.* In-8; 1876. 5 fr.

VASSAL (le major Vladimir), ancien Ingénieur. — Nouvelles Tables donnant avec cinq décimales les logarithmes vulgaires et naturels des nombres de 1 à 10800, et des fonctions circulaires et hyperboliques pour tous les degrés du quart de cercle de minute en minute. Un beau vol. in-4; 1872. 12 fr.

VÉLAIN (Ch.), Docteur ès Sciences, Maître de Conférences à la Sorbonne. — Les Volcans, *ce qu'ils sont et ce qu'ils nous apprennent.* Un beau volume grand in-8, avec nombreuses figures dans le texte; 1884. 3 fr.

VIDAL (l'Abbé). — L'Art de tracer les cadrans solaires par le calcul, et le mètre à la main, mis à la portée des ouvriers et de ceux qui ne savent faire que l'addition et la soustraction. In-8, avec 2 planches; 1875. 2 fr. 50 c.

VIEILLE (J.), Inspecteur général de l'Instruction publique. — Éléments de Mécanique, rédigés conformément au Progr. du nouveau plan d'études des Lycées. 4ᵉ édit.; 1 vol. In-8, avec 146 fig. dans le texte; 1882. 4 fr. 50 c.

VILLIÉ (E.), ancien Ingénieur des Mines, Docteur ès sciences, Professeur à la Faculté libre des Sciences de Lille. — Compositions d'Analyse et de Mécanique données depuis 1869 à la Sorbonne pour la *Licence ès Sciences mathématiques,* suivies d'EXERCICES SUR LES VARIABLES IMAGINAIRES. Énoncés et Solutions. L'Ouvrage se termine par les énoncés des Questions d'Astronomie proposées depuis 1869 à la Sorbonne. In-8, avec figures dans le texte; 1885. 9 fr.

VILLIÉ (E.). — Traité de Cinématique à l'usage des candidats à la licence et à l'agrégation. In-8, avec figures dans le texte; 1888. 7 fr. 50 c.

VINCENT, Répétiteur de Chimie industrielle à l'École Centrale. — Carbonisation des bois en vases clos et utilisation des produits dérivés. Grand in-8, avec belles figures gravées sur bois; 1873. 5 fr.

VIOLEINE (A.-P.). — Nouvelles Tables pour les calculs d'Intérêts composés, d'Annuités et d'Amortissement. 4ᵉ édition, revue et augmentée par *Laes d'Aguel,* gendre de l'Auteur. In-4; 1885. 15 fr.

WALQUE (de), Ingénieur des Arts et Manufactures et des Mines, Professeur ordinaire à l'Université de Louvain. — Manuel de manipulations chimiques ou de Chimie opératoire. 3ᵉ édition, enrichie de 360 gravures intercalées dans le texte et d'un Tableau colorié; 1887. 4 fr. 50 c.

WEST (Émile). — Exposé des Méthodes générales en Mathématiques. *Résolution et intégration des équations. Applications diverses,* d'après **Hoëné Wronski.** Un fort volume in-4; 1856. 12 fr.

WEYHER (C.-L.). — Sur les tourbillons, trombes, tempêtes et sphères tournantes. Études et expériences. Grand in-8 avec 40 figures dans le texte et 1 planche; 1887. 2 fr. 50 c.

WITZ (Aimé), Docteur ès Sciences, Ingénieur des Arts et Manufactures, Professeur aux Facultés catholiques de Lille. — Cours de manipulations de Physique, *préparatoire à la Licence.* Un beau volume in-8, avec 166 figures dans le texte; 1883. 12 fr.

WITZ (Aimé). — Etude sur les moteurs à gaz tonnant. In-8, avec fig. dans le texte et pl.; 1884. 2 fr. 50 c.

WOLF (C.), Membre de l'Institut, Astronome de l'Observatoire. — Les hypothèses cosmogoniques. *Examen des théories scientifiques modernes sur l'origine des mondes,* suivi de la traduction de la *Théorie du Ciel* de KANT. In-8; 1886. 6 fr. 50 c.

WRONSKI (Hoëné). — Application nautique de la nouvelle théorie des marées. OEuvre posthume, propriété de M. *Ladislas Zamoyski de Kornick.* In-4; 1885. 10 fr.

WRONSKI (Hoëné). — *Voir* West.

YVON VILLARCEAU, membre de l'Institut, et **AVED DE MAGNAC,** lieutenant de vaisseau. — Nouvelle navigation astronomique. (L'heure du premier méridien est déterminée par l'emploi seul des chronomètres.) Théorie et Pratique. Un beau volume in-4, avec planche; 1877. 20 fr.

    On vend séparément :
    THÉORIE, par *Yvon Villarceau*............. 10 fr.
    PRATIQUE, par *Aved de Magnac*.......... 12 fr.

ZEUNER. — Théorie mécanique de la Chaleur, avec ses APPLICATIONS AUX MACHINES. 2ᵉ édition, entièrement refondue, avec fig. dans le texte et tableaux. Ouvrage traduit de l'allemand et augmenté d'un *Appendice* comprenant les travaux postérieurs à la publication du texte allemand, en particulier les importantes Recherches de Zeuner sur les propriétés de la vapeur d'eau surchauffée, par *Arnthal.* Un fort volume in-8; 1869. 10 fr.

------o------

CATALOGUE DE PHOTOGRAPHIE.

Abney (le capitaine), Professeur de Chimie et de Photographie à l'École militaire de Chatham. — *Cours de Photographie.* Traduit de l'anglais par LÉONCE ROMMEL. 3ᵉ éd. Gr. In-8, avec planche photoglyptique; 1877. 5 fr.

Agle. — *Manuel pratique de Photographie instantanée.* In-18 jésus, av. nombr. fig. dans le texte; 1887. 2 fr. 75 c.

Aide-Mémoire de Photographie pour 1888, publié sous les auspices de la Société photographique de Toulouse, par C. FABRE. Treizième année, contenant de nombreux renseignements sur les procédés rapides à employer pour portraits dans l'atelier, les émulsions au coton-poudre, à la gélatine, etc. In-18, avec fig. et spécimen.

    Broché.................. 1 fr. 75 c.
    Cartonné................ 2 fr. 25 c.

Les volumes des années précédentes, sauf 1877, 1873, 1879, 1880, 1883, 1884, 1885 et 1886 se vendent aux mêmes prix.

Annuaire photographique, par *A. Davanne.* 2 vol. in-18, années 1867 et 1868. Chaque volume se vend séparément :
Broché... 1 fr. 75. | Cartonné.. 2 fr. 25.

Aubert. — *Traité élémentaire et pratique de Photographie au charbon.* 3e édition. In-18 jésus; 1888. (*Sous presse.*)

Audra. — *Le gélatinobromure d'argent.* Nouveau tirage. In-18 jésus; 1887.   1 fr. 75 c.

Baden-Pritchard (H.). Directeur du *Year-Book of Photography.* — Les ateliers photographiques de l'Europe (Descriptions, Particularités anecdotiques, Procédés nouveaux, Secrets d'atelier). Traduit de l'anglais sur la 2e édition, par Charles Baye. In-18 jésus, av. figures dans le texte : 1885.   5 fr.

On vend séparément :
Ier Fascicule : *Les ateliers de Londres*..... 2 fr. 50 c.
II* Fascicule : *Les ateliers d'Europe*....... 3 fr. 50 c.

Batut (Arthur). — *La Photographie appliquée à la reproduction du type d'une famille, d'une tribu ou d'une race.* In-18 jésus avec 2 pl. phototypiques; 1887. 1 fr. 50 c.

Blanquart-Evrard. — *Intervention de l'art dans la Photographie.* In-12, avec une photographie; 1864. 1 fr. 50 c.

Boivin (F.). — *Procédé au collodion sec.* 3e édition, augmentée du formulaire de Th. Sutton, des tirages aux poudres inertes (procédé au charbon), ainsi que de notions pratiques sur la Photographie, l'Electrogravure et l'Impression à l'encre grasse. In-18 jés.; 1883. 1 fr. 50 c

Bulletin de la Société française de Photographie. Grand in-8, mensuel. 2e Série, 4e année; 1888.
1re Série, 30 volumes, années 1855 à 1884.   250 fr.
On peut se procurer les années qui composent la 1re Série, sauf 1855. 1856, 1881, 1883, 1885, au prix de 12 fr. l'une, les numéros au prix de 1 fr. 50 c., et la Table décennale par ordre de matières et par noms d'auteurs des Tomes I à X (1855 à 1864), au prix de 1 fr. 50 c.
La 2e Série, commencée en 1885, continue de paraître chaque mois.
Prix pour un an : Paris et les départements.   12 fr.
Étranger.   15 fr

Bulletin de l'Association belge de Photographie. Grand in-8, mensuel, 15e année; 1888.
Prix pour un an : France et Union postale. 27 fr.
1re Série, 10 volumes, années 1874 à 1883. 250 fr.
Les volumes des années précédentes se vendent séparément. 25 fr.

Burton (W.-K.). — *A B C de la Photographie moderne*, contenant des instructions pratiques sur le *Procédé sec à la gélatine.* Traduit sur la 3e édition anglaise par G. Huberson. In-18 jésus, avec fig.; 1884. 2 fr. 25 c.

Chardon (Alfred). — *Photographie par émulsion sèche au bromure d'argent pur* (Ouvrage couronné par le Ministre de l'Instruction publique et par la Société française de Photographie). Gr. in-8, avec fig.; 1877. 4 fr. 50 c.

Chardon (Alfred). — *Photographie par émulsion sensible, au bromure d'argent et à la gélatine.* Grand in-8, avec figures; 1880. 3 fr. 50 c.

Clément (R.). — *Méthode pratique pour déterminer exactement le temps de pose en Photographie*, applicable à tous les procédés et à tous les objectifs, indispensable pour l'usage des nouveaux procédés rapides. 2e édition. In-18; 1884. 1 fr. 50 c.

Colson (R.). — *La Photographie sans objectif.* In-18 jésus, avec planche spécimen; 1887. 1 fr. 75

Colson (R.). — *Procédés de reproduction des dessins par la lumière.* In-18 jésus; 1888. 1 fr.

Cordier (V.). — *Les insuccès en Photographie; causes et remèdes.* 6e édit. avec fig. In-18 jésus; 1887. 1 fr. 75 c.

Davanne. — *La Photographie. Traité théorique et pratique.* 2 beaux volumes grand in-8, avec nombreuses figures, se vendant séparément.

Ire Partie : Notions élémentaires. — Historique. — Épreuves négatives. — Principes communs à tous les procédés négatifs. — Épreuves sur albumine, sur collodion, sur gélatinobromure d'argent, sur pellicules, sur papier, avec 2 planches spécimens et 120 figures dans le texte; 1886.   16 fr.
IIe Partie : Épreuves positives : Daguerréotype. — Épreuves sur verre et sur papier. — Épreuves aux sels de platine, de fer, de chrome (procédé au charbon). — Impressions photomécaniques. — Divers : Agrandissements. — Micrographie. — Stéréoscope. — Les couleurs en Photographie. — Notions élémentaires de Chimie; vocabulaire; 1888.

Davanne. — *Les Progrès de la Photographie.* Résumé comprenant les perfectionnements apportés aux divers procédés photographiques pour les épreuves négatives et les épreuves positives, les nouveaux modes de tirage des épreuves positives par les impressions aux poudres colorées et par les impressions aux encres grasses. In-8; 1877.   6 fr. 50 c.

Davanne. — *La Photographie, ses origines et ses applications.* Grand in-8, avec figures; 1879.   1 fr. 25 c.

Davanne. — *La Photographie appliquée aux Sciences.* Grand in-8; 1881.   1 fr. 25 c.

Davanne. — *Notice sur la vie et les travaux de Poitevin.* In-8, avec figures; 1882.   75 c.

Davanne. — *Nicéphore Niepce inventeur de la Photographie.* Conférence faite à Chalon-sur-Saône pour l'inauguration de la statue de Nicéphore Niepce, le 22 juin 1885. Grand in-8, avec un portrait de Niepce, en phototypie; 1885.   1 fr. 25 c.

Dumoulin. — *Manuel élémentaire de Photographie au collodion humide.* In-18 jésus, avec fig; 1874.   1 fr. 50 c.

Dumoulin. — *Les Couleurs reproduites en Photographie.* Historique, théorie et pratique. In-18 jésus; 1876.   1 fr. 50 c.

Dumoulin. — *La Photographie sans laboratoire* (Procédé au gélatinobromure. Agrandissement simplifié). In-18 jésus; 1886.   1 fr. 50 c.

Fabre (C.). — *La Photographie sur plaque sèche. — Émulsion au coton-poudre avec bain d'argent.* In-18 jésus; 1880.   1 fr. 75 c.

Fortier (G.). — *La Photolithographie, son origine, ses procédés, ses applications.* Petit in-8, orné de planches, fleurons, culs-de-lampe, etc., obtenus au moyen de la Photolithographie; 1876.   3 fr. 50 c.

Geymet. — *Traité pratique de Photographie* (Éléments complets, Méthodes nouvelles, Perfectionnements), suivi d'une Instruction sur le *procédé au gélatinobromure.* 3e édition. In-18 jésus; 1885.   4 fr.

— *Traité pratique du procédé au gélatino-bromure.* In-18 jésus; 1885.   1 fr. 75 c.

— *Éléments du procédé au gélatinobromure.* In-18 jésus; 1882.   1 fr.

— *Traité pratique de Photolithographie.* 3e édition. In-18 jésus : 1888.   2 fr. 75 c.

— *Traité pratique de Phototypie.* 3e édition. In-18 jésus : 1888.   2 fr. 50 c.

— *Procédés photographiques aux couleurs d'aniline.* In-18 jésus; 1888.   2 fr. 50 c.

— *Traité pratique de gravure héliographique et de galvanoplastie.* 3e édit. In-18 jésus : 1885.   3 fr. 50 c.

— *Traité pratique de Photogravure sur zinc et sur cuivre.* In-18 jésus; 1886.   4 fr. 50 c.

— *Traité pratique de gravure et d'impression sur zinc par les procédés héliographiques.* 2 volumes in-18 jésus, se vendant séparément :
Ire Partie : Préparation du zinc : 1887.   2 fr.
IIe Partie : Méthodes d'impression. — Procédés inédits; 1887.   3 fr.

Geymet. — *Traité pratique de gravure en demi-teinte par l'intervention exclusive du cliché photographique.* In-18 jésus; 1888. 3 fr. 50 c.

— *Traité pratique de gravure sur verre par les procédés héliographiques.* In-18 jésus; 1887. 3 fr. 75 c.

— *Traité pratique des émaux photographiques. Secrets* (tours de main, formules, palette complète, etc.) à *l'usage du photographe émailleur sur plaques et sur porcelaines. 3e édition.* In-18 jésus; 1885. 5 fr.

— *Traité pratique de Céramique photographique. Épreuves irisées or et argent* (Complément du *Traité des émaux photographiques*). In-18 jésus; 1885. 2 fr. 75 c.

Godard (E.), Artiste peintre décorateur. — *Traité pratique de peinture et dorure sur verre. Emploi de la lumière; application de la Photographie. Ouvrage destiné aux peintres, décorateurs, photographes et artistes amateurs.* In-18 jésus; 1885. 1 fr. 75 c.

Hannot (le capitaine), Chef du service de la Photographie à l'Institut cartographique militaire de Belgique. — *Exposé complet du procédé photographique à l'émulsion de WARNERCKE, lauréat du Concours international pour le meilleur procédé au collodion sec rapide, institué par l'Association belge de Photographie en 1876.* In-18 jésus; 1880. 1 fr. 50 c

Huberson. — *Formulaire de la Photographie aux sels d'argent.* In-18 jésus; 1878. 1 fr. 50 c.

Huberson. — *Précis de Microphotographie.* In-18 jésus avec figures dans le texte et une planche en photogravure; 1879. 3 fr.

Joly. — *La Photographie pratique.* Manuel à l'usage des officiers, des explorateurs et des touristes. In-18 jésus; 1887. 1 fr. 50 c.

Journal de l'Industrie photographique, *Organe de la Chambre syndicale de la Photographie.* Grand in-8, mensuel. 9e année; 1888.

Prix pour un an : Paris, France, Étranger. 7 fr.
Les volumes des années précédentes se vendent séparément. 5 fr.

Klary, Artiste photographe. — *Traité pratique d'impression photographique sur papier albuminé.* In-18 jésus, avec figures; 1888. 2 fr. 50 c.

— *L'Art de retoucher en noir les épreuves positives sur papier.* In-18 jésus avec figures; 1888. 1 fr.

— *L'Art de retoucher les négatifs photographiques.* In-18 jésus; 1888. 2 fr.

— *Traité pratique de la peinture des épreuves photographiques avec les couleurs à l'aquarelle et les couleurs à l'huile, suivi de différents procédés de peinture appliqués aux photographies.* In-18 jésus; 1888. 3 fr. 50 c.

— *L'Éclairage des portraits photographiques. 6e édition,* revue et considérablement augmentée par HENRY GAUTHIER-VILLARS. In-18 jésus, avec figures dans le texte; 1887. 1 fr. 75

Liesegang (Paul). — *Notes photographiques. Le procédé au charbon. Système d'impression inaltérable. 4e édition.* Petit in-8, avec figures dans le texte; 1886. 2 fr.

Londe (A.), Chef du service photographique à la Salpêtrière. — *La Photographie instantanée.* In-18 jésus, avec belles figures dans le texte; 1886. 1 fr. 75 c.

Martens (J.). — *Traité élémentaire de Photographie,* contenant le procédé au collodion humide, le procédé au gélatinobromure d'argent, le tirage des épreuves positives aux sels d'argent, le tirage des épreuves positives au charbon. In-16; 1887. 1 fr. 50 c.

Monckhoven (Dr Van). — *Traité général de Photographie,* suivi d'un Chapitre spécial sur le gélatinobromure d'argent. 7e éd., nouveau tirage. Grand in-8, avec planches et figures intercalées dans le texte; 1887. 16 fr.

Moock. — *Traité pratique d'impression photographique aux encres grasses de phototypographie et de photogravure. 3e édition,* entièrement refondue par GRAVELL. In-18 jésus; 1888. 3 fr.

Mouchez (Amiral). — La Photographie astronomique à l'Observatoire de Paris et la Carte du Ciel. In-18 jésus, avec figures dans le texte et 7 planches hors texte, dont 6 photographies de la Lune, de Jupiter, de Saturne, de l'amas des Gémeaux, etc., reproduites par l'héliogravure, la photoglyptie, etc., et une planche sur cuivre; 1887. 3 fr. 50 c.

Odagir (H.). — *Le Procédé au gélatino-bromure,* suivi d'une Note de MILSON sur les clichés portatifs et de la traduction des Notices de KENNETT et du Rév. G. PALMER. In-18 jésus, avec figures. 3e tirage; 1885. 1 fr. 50 c.

O'Madden (le Chevalier C.). — *Le Photographe en voyage.* Emploi du gélatinobromure. — Installation en voyage. Bagage photographique. In-18; 1883. 1 fr.

Pélegry, l'peintre amateur, Membre de la Société photographique de Toulouse. — *La Photographie des peintres, des voyageurs et des touristes. Nouveau procédé sur papier huilé,* simplifiant le bagage et facilitant toutes les opérations, avec indication de la manière de construire soi-même les instruments nécessaires. 2e tirage. In-18 jésus, avec un spécimen; 1885. 1 fr. 75 c.

Perrot de Chaumeux (L.). — *Premières Leçons de Photographie. 4e édition,* revue et augmentée. In-18 jésus, avec figures; 1882. 1 fr. 50 c.

Pierre Petit (Fils). — *Manuel pratique de Photographie.* In-18 jésus, avec figures dans le texte; 1883. 1 fr. 50 c.

Pierre Petit (Fils). — *La Photographie artistique. Paysages. Architecture. Groupes et Animaux.* In-18 jésus; 1883. 1 fr. 25 c.

Pierre Petit (Fils). — *La Photographie industrielle.* Vitraux et émaux. Positifs microscopiques. Projections. Agrandissements. Linographie. Photographie des infiniment petits. Imitations de la nacre, de l'ivoire de l'écaille. Éditions photographiques. Photographie à la lumière électrique, etc. In-18 jésus; 1883. 2 fr. 25 c.

Piquepé (P.). — *Traité pratique de la Retouche des clichés photographiques,* suivi d'une *Méthode très détaillée d'émaillage et de Formules et Procédés divers.* 2e tirage. In-18 jésus, avec deux photoglypties; 1885. 4 fr. 50 c.

Pizzighelli et Hübl. — *La Platinotypie. Exposé théorique et pratique d'un procédé photographique aux sels de platine, permettant d'obtenir rapidement des épreuves inaltérables.* Traduit de l'allemand par HENRY GAUTHIER-VILLARS. 2e édit., revue et augmentée. In-8, avec figures et platinotypie spécimen; 1887.

> Broché.......................... 3 fr. 50 c.
> Cartonné avec luxe........ 4 fr. 50 c.

Poitevin (A.). — *Traité des impressions photographiques,* suivi d'Appendices relatifs aux procédés usuels de Photographie négative et positive sur gélatine, d'héliogravure, d'hélioplastie, de photolithographie, de phototypie, de tirage au charbon, d'impressions aux sels de fer, etc.; par LÉON VIDAL. In-18 jésus, avec un portrait phototypique de Poitevin. 2e édition, entièrement revue et complétée; 1883. 5 fr.

Rayot (G.). — *Notes sur l'histoire de la Photographie astronomique.* Grand in-8; 1887. 2 fr.

Robinson (H.-P.). — *De l'effet artistique en Photographie. Conseils aux Photographes sur l'art de la composition et du clair obscur.* Traduction française de la 3e édition anglaise, par HECTOR COLARD. Grand in-8, avec figures; 1885. 3 fr. 50 c.

Robinson (H.-P.). — *La Photographie en plein air. Comment le photographe devient un artiste.* Traduit de l'anglais par HECTOR COLARD. 2 volumes grand in-8, se vendant séparément.

Ire PARTIE : Des plaques à la gélatine. — Nos outils. — De la composition. — De l'ombre et de la lumière. — A la campagne. — Ce qu'il faut photographier. — Des modèles. — De la genèse d'un tableau. — De l'origine des idées. Avec figures dans le texte et 2 planches; 1886.   2 fr. 75 c.

IIe PARTIE : Des sujets. — Qu'est-ce qu'un paysage? — Des figures dans le paysage. — Un effet de lumière. — Le Soleil. — Sur terre et sur mer. — Le Ciel. — Les animaux. — Vieux habits! — Du portrait fait en dehors de l'atelier. — Points forts et points faibles d'un tableau. — Conclusion. Avec figures et 2 planches photolithographiques; 1886.   2 fr. 50 c.

Rodrigues (J.-J.), Chef de la Section photographique et artistique (Direction générale des travaux géographiques du Portugal). — *Procédés photographiques et méthodes diverses d'impressions aux encres grasses,* employés à la Section photographique et artistique. Grand in-8; 1879.   2 fr. 50 c.

Roux (V.), Opérateur. — *Traité pratique de la transformation des négatifs en positifs servant à l'héliogravure et aux agrandissements.* In-18; 1881.   1 fr.

— *Manuel opératoire pour l'emploi du procédé au gélatinobromure d'argent.* Revu et annoté par STÉPHANE GEOFFRAY. 2e édition, augmentée de nouvelles Notes. In-18; 1885.   1 fr. 75 c.

— *Traité pratique de Zincographie.* Photogravure, Autogravure, Reports, etc. In-18 jésus; 1885.   1 fr. 25 c.

— *Traité pratique de gravure héliographique en taille-douce, sur cuivre, bronze, zinc, acier, et de galvanoplastie.* In-18 jésus; 1886.   1 fr. 25 c.

— *Manuel de Photographie et de Calcographie,* à l'usage de MM. les graveurs sur bois, sur métaux, sur pierre et sur verre. (Transports pelliculaires divers. Reports autographiques et reports calcographiques. Réductions et agrandissements. Nielles.) In-18 jésus; 1886.   1 fr. 25 c.

— *Traité pratique de Photographie décorative appliquée aux arts industriels.* (Photocéramique et lithocéramique. Vitrification. Émaux divers. Photoplastie. Photogravure en creux et en relief. Orfèvrerie. Bijouterie. Meubles. Armurerie. Épreuves directes et reports polychromiques.) In-18 jésus; 1887.   1 fr. 25 c.

— *Formulaire pratique de Phototypie,* à l'usage de MM. les préparateurs et imprimeurs des procédés aux encres grasses. In-18 jésus; 1887.   1 fr.

— *Photographie isochromatique.* Nouveaux procédés pour la reproduction des tableaux, aquarelles, etc. In-18 jésus; 1887.   1 fr. 25 c.

Schaeffner (Ant.). — *Notes photographiques,* expliquant toutes les opérations et l'emploi des appareils et produits nécessaires en Photographie. Petit in-8; 1886.   1 fr. 75 c.

Spiller (A.). — *Douze Leçons élémentaires de Chimie photographique.* Traduit de l'anglais par HECTOR COLARD. Grand in-8; 1883.   2 fr.

Tissandier (Gaston). — *La Photographie en ballon,* avec une épreuve photoglyptique du cliché obtenu à 630^m au-dessus de l'île Saint-Louis, à Paris. In-8, avec figures; 1886.   2 fr. 25 c.

Trutat (E.). — *La Photographie appliquée à l'Archéologie;* Reproduction des *Monuments, OEuvres d'art, Mobilier, Inscriptions, Manuscrits.* In-18 jésus, avec cinq photolithographies; 1879.   2 fr. 50 c.

Trutat (E.). — *La Photographie appliquée à l'Histoire naturelle.* In-18 jésus, avec 58 belles figures dans le texte et 5 planches spécimens en phototypie, d'Anthropologie, d'Anatomie, de Conchyologie, de Botanique et de Géologie; 1884.   4 fr. 50 c.

Trutat (E.). — *Traité pratique de Photographie sur papier négatif par l'emploi de couches de gélatinobromure d'argent étendues sur papier.* In-18 jésus, avec figures dans le texte et 2 planches spécimens; 1883.   3 fr.

Viallanes (H.), Docteur ès sciences et Docteur en médecine. — *Microphotographie. La Photographie appliquée aux études d'Anatomie microscopique.* In-18 jésus, avec une planche phototypique et figures; 1886.   2 fr.

Vidal (Léon), Officier de l'Instruction publique, Professeur à l'École nationale des Arts décoratifs. — *Traité pratique de Photographie au charbon,* complété par la description de divers *Procédés d'impressions inaltérables* (Photochromie et tirages photomécaniques). 3e éd. In-18 jésus, avec une planche de Photochromie et 2 planches d'impression à l'encre grasse; 1877. 4 fr. 50 c.

Vidal (Léon). — *Traité pratique de Phototypie, ou Impression à l'encre grasse sur couche de gélatine.* In-18 jésus, avec belles figures sur bois dans le texte et spécimens; 1879.   8 fr.

Vidal (Léon). — *Traité pratique de Photoglyptie,* avec et sans presse hydraulique. In-18 jésus, avec 2 planches photoglyptiques hors texte et nombreuses gravures dans le texte; 1881.   7 fr.

Vidal (Léon). — *Calcul des temps de pose et Tables photométriques,* pour l'appréciation des temps de pose nécessaires à l'impression des épreuves négatives à la chambre noire, en raison de l'intensité de la lumière, de la distance focale, de la sensibilité des produits, du diamètre du diaphragme et du pouvoir réducteur moyen des objets à reproduire. 2e édition. In-18 jésus, avec tables; 1884.   Broché.......... 2 fr. 50 c.
         Cartonné........ 3 fr. 50 c.

Vidal (Léon). — *Photomètre négatif,* avec une Instruction. Renfermé dans un étui cartonné.   5 fr.

Vidal (Léon). — *Manuel du touriste photographe.* 2 volumes in-18 jésus, avec 2 planches spécimens et nombreuses figures, se vendant séparément :

Ire PARTIE : Couches sensibles négatives. — Objectifs. — Appareils portatifs. — Obturateurs rapides. — Pose et Photométrie. — Développement et fixage. — Renforçateurs et réducteurs. — Vernissage et retouche des négatifs; 1885.   6 fr.

IIe PARTIE : Impressions positives aux sels d'argent et de platine. — Retouche et montage des épreuves. — Photographie instantanée. — Appendice indiquant les derniers perfectionnements. — Devis de la première dépense à faire pour l'achat d'un matériel photographique de campagne et prix courant des produits les plus usités; 1885.   4 fr.

Vidal (Léon). — *La Photographie des débutants.* Procédé négatif et positif. In-18 jésus, avec figures dans le texte; 1886.   2 fr. 50 c.

Vidal (Léon). — *Cours de reproductions industrielles. Exposé des principaux procédés de reproductions graphiques, héliographiques, plastiques, hélioplastiques, galvanoplastiques.* In-18 jésus.   3 fr. 50 c.

Vieuille (G.). — *Guide pratique du photographe amateur.* In-18 jésus; 1885.   2 fr.

Vogel. — *La Photographie des objets colorés avec leurs valeurs réelles.* Traduit de l'allemand par HENRY GAUTHIER-VILLARS. In-8, avec figures dans le texte et 4 planches; 1887.

Broché.......... 6 fr. | Cartonné avec luxe. 7 fr.

(Décembre 1887.)

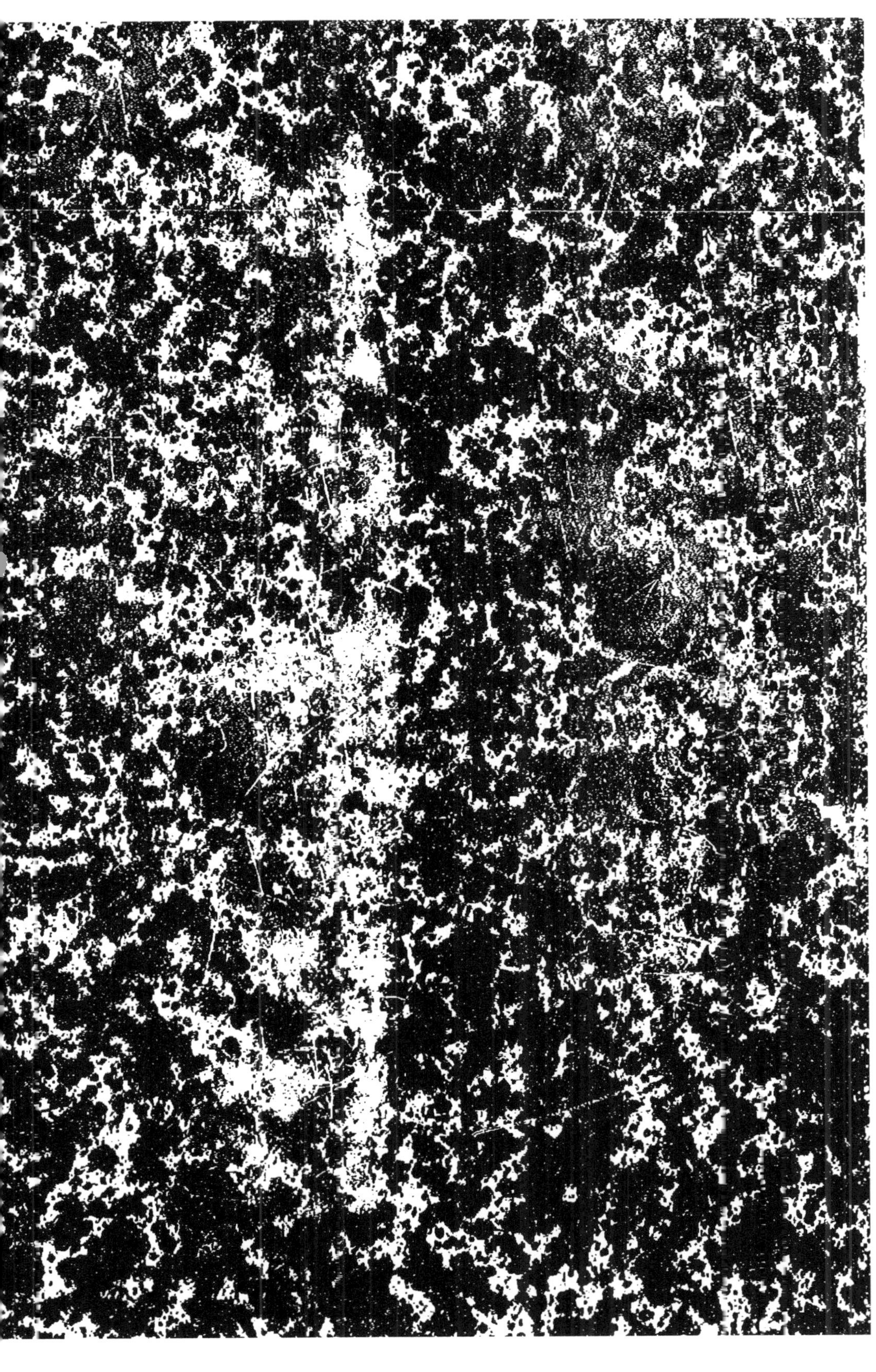

L'EUROPE

AU

MOYEN AGE

ÉTUDES DE MŒURS

PAR

Mme LA COMTESSE DROHOJOWSKA

(NÉE SYMON DE LATREICHE)

Auteur des *Femmes illustres de l'Europe*, et des *Femmes illustres de la France*

ILLUSTRÉ DE DESSINS PAR HADAMARD

PARIS

LIBRAIRIE LOUIS JANET

MAGNIN, BLANCHARD ET Cie

59, Rue Saint-Jacques

L'EUROPE

AU

MOYEN AGE

ANGERS, IMPRIMERIE DE COSNIER ET LACHESE

L'EUROPE

AU

MOYEN AGE

ÉTUDES DE MŒURS

PAR

Mme LA COMTESSE DROHOJOWSKA

(NÉE SYMON DE LATREICHE)

Auteur des Femmes illustres de l'Europe, et des Femmes illustres de la France

ILLUSTRÉ DE DESSINS PAR HADAMARD

PARIS

LIBRAIRIE LOUIS JANET

MAGNIN, BLANCHARD ET Cie

59, Rue Saint-Jacques

1853

LE ROI D'YVETOT.

CHRONIQUE.

I.

Tout le monde connaît cette fière prétention d'une de nos petites villes de Normandie à une antique royauté, et que de gens ont souri en entendant les vieilles ballades porter haut la gloire et la puissance du *roi d'Yvetot*, sans se douter que cette souveraineté ait jamais pu exister ailleurs que dans l'imagination féconde des trouvères ou des romanciers !

Cependant, les archives du moyen âge sont là pour justifier de l'existence de ce royaume, dont la capitale était l'unique ville, et dont le territoire formerait à peine une des communes de notre France; petit État indépendant, enclavé dans un État puissant et prospère, et se soutenant néanmoins plusieurs siècles sans être dévoré par lui.

Mais, laissons parler les chroniqueurs : — C'était au temps du roi Clotaire; la France de Clovis existait encore dans toute sa splendeur, dans toute sa force, malgré les dissensions de

ses enfants, les intrigues des seigneurs, et les sourdes menées des Gaulois depuis longtemps vaincus, mais non encore
soumis.

Parmi les leudes favoris du roi, se faisait remarquer par
ses vertus, son intégrité, sa vaillance à la guerre et son dévouement inaltérable, un jeune seigneur que la chronique
appelle Gaultier.

Gaultier était jeune et beau; le roi avait en lui toute confiance, et bien souvent le *fidèle* avait arrêté son maître au
bord de l'abîme, bien des fois il lui avait évité une injustice,
un crime nouveau. Certes, dans une cour aussi corrompue
que celle de Clotaire, il en fallait moins pour amasser sur la
tête d'un favori toutes les colères, toutes les haines des courtisans; bientôt on jura sa perte, et tous les efforts tendirent
à diminuer son influence sur l'esprit du roi; des insinuations
perfides furent lancées contre lui et lorsque les voies furent
ainsi préparées, la catastrophe ne tarda pas à éclater.

Le soir d'une magnifique fête donnée par Clotaire au jour
anniversaire de la naissance de son fils premier né, une
grande rumeur remplit tout à coup le palais; des femmes,
les cheveux épars et poussant de grands cris, s'élancent dans
la salle du festin : on vient d'arrêter dans la chambre du
jeune prince un esclave que l'on a surpris versant dans une
coupe de lait destinée à l'enfant, le contenu d'une fiole que
les *mires* déclarent, en frémissant, être un poison mortel.

Le coupable est amené en présence de Clotaire et toute la
cour reconnaît en lui un des esclaves de Gaultier. Frémissant
d'indignation et de colère, le roi écoute la défense de cet
homme, qui rejette sur son maître le crime affreux qui lui est
imputé. Etouffant la voix de son cœur qui prend le parti de

Gaultier, Clotaire n'entend que les clameurs de ses leudes qui lancent l'anathême sur le coupable, et appellent sur lui les malédictions du Ciel et toutes les rigueurs de la justice humaine.

Mais le Ciel veillait sur l'innocence. Profitant du tumulte soulevé dans l'assemblée par la scène qui vient de se passer, un ami, le seul peut-être que Gaultier ait à la cour, l'entraîne de force et l'oblige à fuir. Il se dirige en hâte vers Yvetot, sa bonne ville, y enlève sa femme, ses enfants et abandonnant patrie, fortune, honneurs, avenir, il quitte la France, et va loin, bien loin chercher un asile.

Bientôt il n'est bruit dans tous les pays chrétiens que du courage et de la vaillance du proscrit. Partout où il s'agit de combattre pour la gloire de Dieu et l'honneur du nom français, Gaultier est au premier rang; son bras est invincible, et toujours la victoire suit sa bannière.

Dix années s'écoulent ainsi, chaque jour est marqué par un triomphe nouveau, par une gloire nouvelle, et cependant le vaillant guerrier est sombre et triste; il apporte au milieu des joyeuses réunions un front pensif; les douces caresses de ses enfants, les tendres soins de son épouse, au lieu d'amener un sourire sur ses lèvres pâles, font briller une larme au bord de sa paupière.

Hélas! le proscrit ne peut oublier sa patrie. Ni le bonheur, ni la gloire ne lui peuvent rendre sa France bien aimée, sa petite seigneurie d'Yvetot, en un mot, sa vie d'autrefois; ou plutôt, hors de la patrie, il n'y a plus ni vrai bonheur, ni vraie gloire.

Un désir immense, profond, auquel il ne peut plus résister, embrase le cœur de Gaultier. A tout prix, il reverra son pays; la mort en France lui sera plus douce que l'existence

la plus brillante loin d'elle. D'ailleurs, le jugement de Dieu
est évident et doit l'avoir lavé de toute imputation criminelle;
le Ciel aurait-il rendu invincible la lance d'un homicide !

Vainement la douce Zedvige veut détourner son époux de
ce dangereux dessein; tout ce qu'elle peut obtenir, c'est qu'a-
vant de se rendre à la cour de Clotaire, Gaultier ira auprès
du Saint-Père lui demander sa bénédiction, ses conseils, et
aussi une pressante recommandation aux bontés du roi.

II.

La douloureuse mémoire de la mort du Dieu vivant avait
amené une grande foule de peuple dans la cathédrale de Scis-
sons. En cette solennité du Vendredi-Saint, nul n'eût voulu
manquer à la réunion des fidèles. Clotaire, la couronne en
tête, le sceptre en main, et revêtu du manteau royal, occupait son trône en face de celui de l'évêque; les chantres
psalmodiaient les psaumes de l'Église; et de temps à autre,
de quelque partie reculée de l'édifice, éclataient des sanglots
étouffés, pieux résultat des méditations de quelqu'âme chrétienne. C'était un grand et sublime spectacle, fait pour atten-
drir le cœur le plus dur, pour porter à la miséricorde et à la
mansuétude le maître le plus absolu.

Cependant, le recueillement est troublé par un mouvement
inaccoutumé. Un homme au costume de guerrier, soigneusement enveloppé dans un riche manteau, a fendu les flots
pressés des fidèles et s'est approché du roi. Mettant un genou en terre, il tend au monarque un paquet auquel est

appendu un sceau bien connu. Le roi reçoit le message avec respect, et la nouvelle circule rapidement que cette lettre vient de Rome, et qu'elle est de la main même du Saint-Père.

Mais Clotaire ne la lit pas; en rompant le sceau, il a levé son regard sur l'envoyé du Saint-Siége, et une soudaine colère a fait bouillonner son sang. Furieux, indigné, il oublie et le caractère sacré d'ambassadeur et le respect dû au saint lieu, il ne se souvient que de l'offense. Un voile sanglant passe sur ses yeux, une sorte de frénésie l'anime; il tire son glaive royal, et sa main n'hésite pas à le plonger dans le cœur de sa victime, qui chancelle et roule sanglante sur les marches mêmes de l'autel. Un mouvement d'horreur circule dans l'assemblée, le nom de Gaultier se mêle aux mots terribles de sacrilége, impiété! Le peuple a hâte de quitter le sanctuaire profané; les prêtres ne peuvent achever l'office; le pontife, la crosse en main, semble prêt à maudire et n'est retenu que par le prestige attaché à la royauté.

O puissance de la tendresse d'une épouse et d'une mère! Zedvige, tes pressentiments ne t'avaient pas trompée, Clotaire devait faire de tes fils des orphelins!

III.

La nouvelle de cet attentat sacrilége se répand de proche en proche, la chrétienté en frémit, et le Père commun des fidèles prend la sainte et courageuse résolution d'en tirer réparation ou vengeance.

Il choisit parmi les prélats qui l'entourent celui que sa prudence et sa fermeté rendent le plus recommandable, et il l'envoie à la cour de France avec le titre auguste et vénéré de légat.

L'énergie d'Agapet fait trembler Clotaire sur son trône; le monarque orgueilleux et puissant courbe la tête devant la menace des foudres de l'Eglise, et pour satisfaire aux justes désirs du Saint-Père, il n'hésite pas à désavouer sa conduite, à en faire pénitence, et à la réparer par tous les moyens possibles.

Un de ces moyens fut l'érection de la royauté d'Yvetot.

Il vous souvient sans doute qu'au moment de la fuite de Gaultier, il était seigneur d'Yvetot. Clotaire ne se contenta pas de rétablir ses fils dans ses titres et possessions, il les déclara indépendants, les dispensant de tout tribut et de toute obligation de foi, d'hommage et de service.

A dater de ce jour, la royauté d'Yvetot existait en fait et en droit. Les descendants de Gaultier se maintinrent sur ce trône, qui semblait, par son peu d'importance, devoir être si éphémère; ils virent trois races distinctes se succéder sur celui de France; ils virent les guerres et les conquêtes changer cent fois la face de l'Europe, et eux, sans autre ambition que celle de bien gouverner leur petit État, ils restèrent toujours debout au milieu de tant de débris.

Quand ces rois disparaissent-ils de la scène du monde? L'histoire ne le dit pas; la dernière trace qui prouve leur existence d'une manière authentique remonte à 1428. Alors que le duché de Normandie, ce beau fleuron de la couronne de France, gémissait sous le joug des Anglais, on raconte que Jean Rolland, ayant voulu exiger foi et hommage du seigneur d'Yvetot, et en ayant appelé à la cour des pairs, fut condamné, sur la présentation des lettres-patentes délivrées aux fils de Gaultier par Clotaire, et que le roi d'Yvetot fut déclaré prince souverain et confirmé dans son indépendance.

La bonne cité normande a-t-elle conservé le nom et la mémoire de Gaultier? Je l'ignore; mais ce que l'on peut assurer, c'est qu'elle se souvient avec un légitime orgueil du temps où elle était au nombre des capitales, et que ses bons bourgeois aiment à évoquer le souvenir de sa vieille royauté. Ne sourions plus désormais en chantant les vieilles ballades; mais souvenons-nous que bien souvent l'histoire la plus vraie est consignée dans les chants populaires, qui ne sont autres que d'antiques traditions quelquefois un peu altérées, mais toujours véridiques dans le fond.

NOËL 800.

━━━━━⟞⟡⟝━━━━━

I.

La Ville éternelle s'est émue; elle renferme des hommes de toute nation, et voilà qu'aujourd'hui ces hommes, revêtus de leurs vêtements de fête, se pressent dans les rues, se groupent sur les places, animés tous du même sentiment d'impatiente curiosité.

On dirait l'entrée triomphale d'un des héros de l'antiquité. L'imagination se plaît à évoquer les souvenirs des César et des Auguste, traînant derrière leurs chars des légions de rois vaincus; il semble à l'oreille, entendre tonner encore les foudres de Jupiter, planant du haut du Capitole sur le monde entier!

Et cependant les *dieux s'en sont allés,* Jupiter est tombé devant le *labarum,* et la croix de Jésus-Christ brille depuis des siècles sur la ville des empereurs. Quel événement glorieux vient donc ainsi réveiller aujourd'hui les antiques réjouissances de la reine du monde! Où courent ces flots pressés et tumultueux? Pourquoi ces acclamations et ces vivats?

Oh! mêlez votre voix à ces voix nombreuses pour répéter avec elles : *Noël! Noël!* car Rome salue en ce jour une des plus pures gloires de notre glorieuse patrie, c'est celui dont le nom a trouvé l'Europe trop petite pour le contenir. et dont l'épée victorieuse a tout soumis sur son passage; celui que les puissants potentats de l'Asie proclament eux-mêmes très illustre, et qui n'eut pour rivaux dans l'antiquité que César et Alexandre; celui enfin qui a fait le nom de Franc si grand, que toute puissance tremble et s'incline devant lui, saisie de crainte et d'admiration. C'est Charlemagne!...

— Noël! Noël!

II.

Au loin se déroule un magnifique cortége ; les armes rendent en éblouissants scintillements les rayons du soleil d'Italie ; les riches bannières. les gonfalons brodés, les banderolles des lances mêlent les teintes de la soie au reflet de l'or et de l'argent, et en tête de ces merveilles de l'art, empruntées au luxe de toutes les parties du monde, on porte le plus précieux des étendards, celui qui sauva le monde, la croix du Sauveur.

Tout à l'heure nous disions : Salut à l'empereur, au grand homme; hâtons-nous d'ajouter : Salut et gloire au fervent chrétien, à celui que l'Eternel a placé parmi ses élus! Salut à celui qu'on peut appeler Charles-le-Saint, à aussi juste titre que Charles-le-Grand! Le peuple se précipite en avant, et le faîte des palais, la plate-forme des tours et des monuments disparaissent sous des milliers d'hommes. Le vêtement brillant de l'Orient étale ses broderies précieuses à côté de la robe sénatoriale d'un Romain; l'armure d'un soldat heurte le sayon de peau d'un pâtre des montagnes; une robe de moine frôle le manteau court d'un jeune étudiant; tous les pays de la terre, toutes les classes de la société semblent avoir leurs représentants dans une assemblée générale pour célébrer et saluer l'entrée du roi franc dans la ville des Césars.

— Le voilà! s'écrie-t-on de toutes parts, le voilà! Et tous les bras s'agitent en signe d'allégresse, tous les fronts se découvrent; les femmes effeuillent leurs bouquets en pluie odorante pour parfumer le chemin qu'il va suivre; tous les cœurs répètent :

— Noël! Noël!

III.

Mais dans cette cour de chevaliers, lequel est Charles? Est-ce ce fier cavalier au manteau de pourpre, au beau palefroi blanc..., ou bien ce guerrier à l'armure éclatante, au casque d'or, qui a peine à maîtriser l'impatience de son fougueux coursier?... Est-ce plutôt ce noble vieillard au mantel de velours fourré d'hermine, à l'aspect imposant et sévère?.... Est-ce?....

Silence et respectueuse admiration! Voyez-vous cet homme

qui descend de son cheval et s'agenouille dans la poussière du chemin; respect et admiration, dis-je, car c'est le plus grand roi du monde qui rend un solennel et public hommage au Roi du ciel; c'est la force et la puissance humaine arrivées à leur apogée, qui s'inclinent humblement devant le signe auguste et régénérateur du Golgotha.

Une croix portée par un simple prêtre, en tête d'une pauvre procession de moines, a traversé le chemin que suivait Charles, et Charles n'a pas voulu rester à cheval et couvert devant l'étendard du Seigneur. Ce n'est ni le manteau, ni l'armure, qui désignent à l'admiration du monde le héros franc. c'est la ferveur du chrétien!

Charles, dédaigneux d'ailleurs du luxe romain des ducs et des comtes qui l'entourent, porte un simple pourpoint de peau de loutre sur une tunique de laine brodée de soie; un sayon de couleur bleue recouvre ses épaules, et des banderolles de toutes couleurs, croisées les unes sur les autres, lui servent de chaussure.

Tout décèle en lui le noble type franc; on lit le génie dans ses yeux vifs et brillants, la force dans sa large carrure, l'habitude du commandement dans son attitude fière et imposante. Dieu l'a créé pour dominer les nations; il est le soldat du Ciel, c'est l'épée d'une main et l'Evangile de l'autre qu'il combat pour le bon droit et le triomphe de la vérité; l'ange du Seigneur est avec lui et lui communique je ne sais quel reflet céleste qui l'illumine et le fait apparaître aux yeux éblouis, entouré d'éclat et de majesté.

Salut au vainqueur des Lombards, des Saxons, des Sarrasins, des Slaves, des Vandales, des Huns, des Avares!.... Salut au père des sciences et des lettres, au régénérateur de

la civilisation, au noble protecteur des Alcuin, des Claude-
Clément, des Eginhard; au fondateur des écoles!.... Salut à
Charles-le-Grand !

— Noël! Noël!

IV.

C'est à pied que le roi s'achemine maintenant vers la grande
basilique romaine. Naguère encore il y venait, pour la troisième fois, offrir à l'Eternel ses hommages, mais alors c'était
en simple pèlerin, tandis qu'aujourd'hui, pour satisfaire à une
sollicitation pressante du père des chrétiens, c'est au milieu
de la pompe royale, c'est entouré de tous ses *fidèles* qu'il
s'avance.

Revêtu de ses habits pontificaux, coiffé de sa tiare, le Pape
l'attend dans le parvis; une sainte impatience anime son regard, à son gré le cortége est bien lent à arriver.

Enfin, Charles franchit le seuil de la maison du Tout-
Puissant, il courbe le front sous la bénédiction du chef de
l'Eglise et ensuite les deux représentants de Dieu sur la terre,
monarque et pontife, confondent leur puissance dans un pieux
embrassement, et leurs deux autorités n'en font plus qu'une.

Les cloches mêlent leurs voix triomphantes au murmure
d'admiration de la foule; on entend retentir l'hymne sacrée :
Béni soit celui qui vient au nom du Seigneur. Des flots de lumière inondent l'église, l'encens monte vers le ciel en colonne
parfumée, les fleurs ornent l'autel, l'or, les pierreries, les

étoffes les plus splendides ajoutent à la pompe de la solennité, et au milieu de ce grandiose énivrant, le Pape donnant la main à Charles, le guide vers le sanctuaire où l'attend un simple prie-Dieu de velours. Dans l'enceinte sacrée, le roi franc n'a pas besoin de trône : il est assez grand de sa gloire et de ses vertus. Et les prêtres et le peuple répètent : Béni soit celui qui vient au nom du Seigneur!

Noël! Noël!

V.

Humblement agenouillé, le vainqueur des barbares, le vaillant guerrier, le législateur fameux, prie avec ferveur. Qu'il est noble et grand de voir ainsi recueilli devant le saint autel, celui qui fait trembler le monde! Admirable hommage rendu par la terre au Ciel, victoire suprême remportée par l'humilité chrétienne sur l'orgueil humain.

Tout à coup, sous le rayonnement des cierges, ont brillé l'or et les diamants d'un diadème, il descend avec lenteur de l'autel et semble, enveloppé dans les flots de fumée qui s'échappent des encensoirs, marcher vers Charles; le roi absorbé dans sa prière, est le seul de cette assemblée qui ne le voit point arriver à lui.

— Au nom de Dieu, je vous couronne empereur, s'écrie le Pontife d'une voix inspirée.

A ces paroles, au contact du diadème sur son front, Charles tressaille et se rejetant en arrière :

— Que faites-vous, mon père!

— Mon fils, cet honneur vous est dû. Vous êtes le bras de l'Occident, avec l'épée il vous faut le diadème. C'est l'Eglise, c'est le monde entier, ou plutôt c'est Dieu qui vous le décerne aujourd'hui par mon entremise. Charles, empereur des Romains, je vous salue, et le premier je reconnais votre gloire et votre autorité.

Et Léon incline la tiare du chef de l'Eglise devant le chef de l'empire qui, à son tour, courbe devant lui son diadème, sollicitant bénédiction et amour. Symbole sublime de l'harmonie des deux puissances spirituelle et temporelle, dont l'union devait rendre si grandes les destinées du monde chrétien.

Charles qui n'a jamais pâli au jour du danger, tremble et chancelle sous cette couronne d'or; c'est qu'il comprend qu'avec elle il vient d'accepter la responsabilité du bonheur et de la gloire de la moitié du monde; que les destinées de l'Europe sont en sa main, et avec ce bonheur, cette gloire, il voit la barbarie à vaincre, la civilisation à faire sortir de la tombe et à ressusciter par un effort vigoureux de sa volonté, mission gigantesque que son esprit pouvait seul rêver et son génie exécuter.

Les chants cessent pour faire place aux acclamations du peuple qui répète avec transport et enthousiasme :

A Charles-Auguste, couronné de Dieu, grand et pacifique empereur des Romains, vie et victoire !

Noël! Noël!

VI.

Et dans un coin obscur de l'église, quelques hommes penchés à la balustrade d'une tribune, montraient, à demi cachés par l'ombre des piliers, le turban et le large vêtement oriental; certes ce costume, cette longue barbe, ces figures hâlées par le soleil de l'Asie et exprimant un étonnement plein d'admiration, avaient lieu de surprendre dans un tel moment; la présence de ces disciples de Mahomet était étrange dans une église de Jésus-Christ.

A celui qui exprimait son étonnement on répondait : — En effet, ce sont des fils de l'Orient, des sectateurs du Coran! Le grand calife de Bagdad, l'immortel Haroun-al-Raschild, les a envoyés au roi Charles, comme autrefois la reine de Saba à Salomon, avec de somptueux présents, et mission de lui dire qu'il est, lui le roi franc, le plus grand monarque de l'univers.

Noble et irrécusable témoignage rendu au génie! La présence de ces étrangers imprimait un caractère de solennité expressive à ce couronnement auguste. Il semblait que le vieil Orient venait abdiquer entre les mains du nouvel empereur, toute la civilisation brillante qui jusqu'à ce jour avait été son partage.

C'était un public hommage que cette civilisation si forte en apparence et cependant si impuissante dans ses œuvres parce qu'elle n'avait pas pour base l'immuable vérité, rendait à la société chrétienne qui venait de prendre naissance et qui allait grandir si vite, que bientôt elle absorberait toutes les gloires qui l'avaient précédée.

Ces hommes de l'Orient, saisis d'admiration, répétaient dans leur langage poétique et imagé : — Honneur, honneur, vie et gloire au puissant empereur des Romains!

Et de retour dans leurs féeriques palais de Bagdad, ils y incrustèrent sur le marbre, pour être conservée-à la postérité, cette date dont devait être si fière l'Europe :

Noël 800!

LA LANCE D'ANTIOCHE.

LÉGENDE.

I.

La brillante armée des Croisés venait d'arriver devant Antioche. Le souvenir des fatigues de la marche avait fait place aux glorieuses espérances du triomphe. Déjà ces fiers enfants de la Chrétienté se rappelant Nicée et Iconium, voyaient les murs d'Antioche, comme autrefois ceux de Jéricho devant le chef d'Israël, tomber devant eux. Ils se voyaient victorieux dans la cité des Antiochus, arborant la croix à la place du croissant, et proclamant, dans la ville syrienne, Jésus-Christ le seul Dieu de l'univers.

Peut-être dans leurs espérances, les Croisés comptaient-ils trop sur leur valeur, et Dieu voulut les rappeler à plus d'humilité, car malgré leurs efforts, les remparts d'Antioche demeurèrent debout, fiers et inébranlables, sous l'étendard du Prophète.

Parmi la foule des pèlerins, un œil attentif eût distingué

un homme au cœur simple et pur, à l'âme chrétienne et énergique, à la foi courageuse et ardente, un de ces hommes comme Dieu les aime et les choisit pour ses missions les plus saintes. Pierre, c'était son nom, avait quitté la demeure de ses pères, et, seul et inconnu, était venu joindre l'armée. Nul ne savait son pays ni sa famille; son costume plutôt pauvre que modeste, semblait indiquer un homme sans naissance et sans fortune, et cependant quand il parlait de Jérusalem, son œil flamboyant, sa taille haute, sa voix vibrante commandaient le respect. Ses compagnons se sentaient intimidés de sa supériorité morale et n'osaient le traiter avec familiarité. Il vivait seul, à l'écart de la foule, employant son temps à prier pour la délivrance complète de la Terre-Sainte.

Quel était donc cet homme? Les soldats et les chefs, Godefroy lui-même, s'étaient souvent posé cette question sans jamais pouvoir la résoudre.

Les décrets de la Providence, qui se préparait en lui un instrument, voulaient l'entourer de mystère pour que l'intervention de la main de Dieu fût plus frappante, plus incontestable.

Un soir il y avait conseil sous la tente de Godefroy. Adhémar de Monteil venait proposer aux chefs de nouvelles prières publiques pour appeler les bénédictions du Ciel sur l'assaut qui se préparait. Bohémond, une fois encore, offrait de prendre Antioche, pourvu qu'à l'avance on le reconnût souverain de cette ville et de son territoire; Raymond de Toulouse jurait sur son épée de ne laisser échapper aucun de ces infidèles maudits; enfin Godefroy de Bouillon, le saint et noble chef, modérait toutes ces impatiences, ramenait à un but unique tous ces vouloirs divers, remplissant ainsi la plus difficile de toutes les missions, celle de pacifier et de concilier tant d'opinions et d'ambitions contradictoires.

Ce soir-là, disons-nous, Pierre veillait à l'entrée du camp. La nuit avait ce charme magique qui n'appartient qu'à l'Orient et qui fait si volontiers rêver de l'idéal et de l'impossible. Pierre, appuyé au tronc centenaire d'un palmier, songeait à la France, à Jérusalem, à Dieu! Malgré sa vigilance accoutumée, ses yeux se voilèrent, ses pensées devinrent plus vagues et plus éloignées, il s'endormit d'un sommeil calme et profond.

Deux hommes approchèrent de lui. Le plus âgé, celui qui marchait en avant, posa le doigt sur son bras, et d'une voix forte et brève :

— Suis-moi, lui dit-il.

Pierre se leva. On le conduisait vers la ville assiégée. Durant la marche il put détailler le costume et le visage de ses conducteurs.

Tous deux portaient le costume oriental. Celui qui lui avait parlé avait une longue tunique bleue et un manteau rouge, sa barbe blanche tombait sur sa poitrine, sa tête était chauve et largement dessinée, une sorte d'auréole entourait son front.

Son compagnon était jeune et admirablement beau, sa barbe et sa chevelure blonde flottaient à larges boucles; son sourire avait un charme indéfinissable, et son regard fascinait et attirait avec une telle force qu'il était impossible de résister à son geste. Il portait une robe de pourpre, un manteau bleu, et l'air qui le touchait s'enflammait et brillait comme une nouvelle colonne de feu.

Pierre suivit les deux étrangers en silence. A leur arrivée devant Antioche, les portes s'ouvrirent sans bruit et ils continuèrent la même marche grave et recueillie jusqu'à la porte de la principale mosquée; cette porte s'ouvrit comme celles de la ville et tous trois entrèrent.

Alors les insignes du culte d'Allah se détachèrent des murs, des colonnes, et s'abîmèrent dans le sol entr'ouvert; une flamme purificatrice traversa la vaste basilique, répandant sur son passage les parfums de l'encens et effaçant toute trace d'un culte impie. L'autel de la vieille cathédrale, la croix de Jésus-Christ, la bannière et les cierges reparurent soudain, inondant l'église d'une sainte clarté; et dans le lointain, des concerts ineffables chantaient un *Hosanna* céleste.

Pierre arrêté sur le seuil, se sentait indigne d'approcher d'aussi saintes merveilles.

— Viens, lui dit le vieillard, viens.

Et il obéit. Il marcha ainsi jusqu'à la troisième colonne après l'autel. Son guide s'arrêta.

— C'est ici : Compte les colonnes et remarque la veine noire qui traverse horizontalement cette dalle. Tu sauras la reconnaître, n'est-ce pas?

Pierre fit un signe affirmatif, et pendant que son oreille écoutait la voix du vieillard, son œil se posait avec délice sur son compagnon qui s'était avancé jusqu'à l'autel. Il lui semblait que son cœur voulait quitter sa poitrine pour voler à lui.

— Maintenant, ajouta le vieillard, va trouver Godefroy et Raymond, dis-leur ce que tu as vu, et ajoute que c'est ici où les anges de Dieu ont caché à tout regard profane la lance d'Antioche. Dis encore à Adhémar de Monteil, de continuer avec foi et persévérance ses prières, l'assurant qu'elles sont agréables au Seigneur. Va, et que la grâce de Dieu soit toujours avec toi!

Les deux inconnus disparurent, les cierges s'éteignirent, le concert céleste fit taire ses accents. Pierre s'éveilla; il était toujours au pied du palmier solitaire. Sa vision est-elle un rêve ou une apparition? Parfois, il veut se persuader que ce sont des envoyés célestes qui lui ont parlé; mais son humilité s'alarme à cette pensée.

— Qui suis-je, s'écrie-t-il, pour que les secrets du Ciel me soient ainsi révélés?

Et il mortifie son corps, il s'irrite contre son esprit, sans pouvoir éloigner de lui le souvenir des merveilles dont il a été témoin; néanmoins il n'ose en parler à personne. C'est un combat terrible que celui qui se livre dans cette âme, partagée entre la crainte de résister à la voix de Dieu, et la crainte de s'écarter de cette humilité enseignée par le divin Maître. A la fin, il dompte ce qu'il appelle le cri de l'orgueil, et se résigne au silence.

II

Les jours ont succédé aux jours, les combats aux combats, et Antioche résiste encore.

Raymond s'irrite; Adhémar continue de prier avec ferveur; Godefroy, toujours disposé aux volontés divines, courbe le front devant cette rigueur qu'il reconnaît mériter par ses offenses, et, plein de foi en l'avenir, parce que toute sa confiance est en la Providence, il attend sans impatience et sans crainte.

Le beau ciel de la Syrie ne peut faire oublier aux Croisés

la terre de la patrie. Tous pensent avec amour à la France et beaucoup, dans le secret de leur cœur, souhaitent déjà de la revoir. Certes, ce désir ne peut qu'augmenter lorsqu'aux regrets de l'absence se joignent les fatigues sans nom d'une saison désastreuse, amenant avec elle la maladie, la faim et des dangers de toutes sortes.

A peine s'est-il glissé dans quelques cœurs, le découragement grandit avec rapidité; il se répand de proche en proche, et bientôt ses progrès sont tels que l'on parle hautement de lever le siége.

Parmi ceux qui combattent le plus énergiquement cette faiblesse, on remarque surtout Pierre. Sous l'influence de sa vision, que ce soit rêve ou voix divine, il trouve des paroles brûlantes pour ramener le courage dans les cœurs abattus il semble se multiplier et être partout à la fois : on l'écoute les masses le comprennent, et c'est avec un frémissement de saint orgueil que, volant de groupe en groupe, il entend partout répéter après lui : Dieu le veut! Dieu le veut!

Il arrive ainsi jusqu'à la tente de Godefroy. On entend à l'intérieur le bouillonnement des voix qui agitent la grave question; les chefs, comme les guerriers tout à l'heure, opinent en grande majorité pour la levée du siége; mais lorsque du dehors arrive à eux la voix de Pierre redisant: Dieu le veut! Godefroy saisit la bannière qu'un écuyer tient ployée derrière lui, et, l'agitant avec véhémence, il la fait ondoyer sur toutes les têtes.

— Ne l'entendez-vous pas, messires, la nature semble prendre une voix pour vous indiquer ce qu'exigent de vous l'honneur et le devoir. Ecoutez!... Dieu le veut!!...

Et sa main rapide écarte la portière de la tente et montre

aux yeux de l'armée accourue tout entière vers ses chefs, le conseil uni dans un commun accord.

— Avec l'aide de Dieu, mes frères, et votre courageux concours, nous prendrons Antioche, et bientôt l'étendard que la Chrétienté confia à notre foi et à notre courage, flottera, non-seulement sur cette ville, mais sur le tombeau de notre divin Rédempteur! Ce soir dans Antioche, et demain... demain à Jérusalem!

Le soir même, pendant que l'armée faisait ses préparatifs pour un assaut général, Pierre prenait, en attendant le combat et pour s'y mieux préparer, quelques instants de repos.

La même vision qui l'avait conduit naguère dans l'église d'Antioche se renouvela dans tous ses détails. Ce sont les mêmes inconnus, ils suivent la même route; le vieillard lui indique la même colonne, lui adresse les mêmes paroles, mais avant de disparaître :

— Pourquoi, lui dit-il, as-tu désobéi aux ordres de Dieu? Qui t'a empêché de parler à Godefroy et à Raymond?

— Comment oserais-je, moi, pauvre inconnu sans nom et sans gloire, porter un tel message à nos chefs? Sur quoi appuierais-je mon témoignage? On me prendrait pour un insensé et on se rirait de moi et de ma mission.

Le vieillard sourit d'un triste et doux sourire.

— Etrange aveuglement des hommes! As-tu donc oublié qui le divin Maître a choisi pour annoncer sa parole! Ne te souvient-il plus que ce furent de pauvres pêcheurs qu'il destina à cette éclatante mission, de pauvres ignorants, lorsqu'il aurait pu choisir parmi les plus puissants et les plus savants de la terre. Oui, plus Dieu veut manifester sa puissance, plus il choisit petits et infimes ceux qu'il prend pour intermédiaires entre son amour et les hommes. Va donc, Pierre, et fidèle à la voix de Celui qui commande à toute la nature, répète à Godefroy mes paroles; dis-lui encore qu'en mémoire des douze Apôtres, il faut que douze hommes travaillent en même temps à soulever cette dalle et à creuser la terre, jusqu'à ce qu'ils trouvent la lance d'Antioche.

Après cette seconde vision, les incertitudes de Pierre reparurent dans son esprit, sans qu'il trouvât, plus que la première fois, la force de les vaincre. Il garda donc encore le silence.

Cependant la lutte devint si forte que, ne pouvant plus en supporter les angoisses, il se résolut à revenir en Europe; il quitta l'armée des assiégeants et alla s'embarquer pour l'île de Chypre. A peine sur mer, un mal subit le saisit; il crut qu'il allait mourir. Bientôt au mal se joignit l'appréhension d'un danger terrible, immédiat. Battu par la tempête, le vaisseau allait sombrer, lorsqu'un coup de vent, que les passagers durent considérer comme un bienfait de la Providence, le fit échouer sur le sable de la côte, à peu près au même lieu qu'il venait de quitter.

Pierre débarque; à ces heures pleines d'anxiété et de souffrance qui viennent de s'écouler, succède un sommeil réparateur. Pendant qu'il dort, la vision d'Antioche reparaît plus impérative encore cette fois que par le passé.

— Au moment où je te parle, les Croisés sont maîtres d'Antioche, ajoute le vieillard; hâte-toi d'aller vers Godefroy avant que l'armée ne quitte la ville.

Ne pouvant plus résister à l'autorité de cette parole, Pierre veut satisfaire un désir qui dévore son âme depuis sa première vision, et il ose, à son tour, questionner le mystérieux visiteur.

— A la couronne de feu qui rayonne sur votre front, j'ai reconnu un saint du paradis; mais votre compagnon, dont je n'ai pas encore entendu la voix, qui ne ressemble en rien aux autres hommes; cet inconnu dont le regard seul fait tressaillir tout mon être, quel est-il? dites-moi son nom?

— Prosterne-toi devant lui, répond le vieillard avec une douce bonté, il te permet de baiser ses pieds.

Pierre obéit avec empressement.

Oh! bonheur! Oh! miracle! ces pieds portent le signe vénéré que nul chrétien ne peut méconnaître; les clous de la croix les ont percés de part en part!

— Seigneur! Seigneur! s'écrie Pierre dans un violent transport de reconnaissance et d'amour.

Le Seigneur abaisse sur lui son ineffable regard, il étend les bras, il bénit!...

Tout avait disparu... Pierre, en s'éveillant, sent que le mal a fui loin de lui, et plein de zèle pour l'exécution d'un ordre, qu'il sait maintenant émaner de Dieu lui-même, il n'hésite plus, et met à obéir la même ardeur qu'il mettait naguère à résister.

III.

Les hymnes de reconnaissance retentissent dans toutes les rues d'Antioche; ce sont les Croisés qui célèbrent leur victoire et en remercient le Seigneur.

Réunis dans la cathédrale, les chefs offrent au Dieu des armées les bannières enlevées à l'ennemi.

A leur tête est Godefroy : sa taille haute et bien prise, son air noble et martial, l'énergie et la puissance de son regard exercent un tel ascendant qu'il commanderait à tous, quand bien même tous ne l'auraient pas reconnu pour chef. Près de lui on remarque l'intrépide et ambitieux Bohémond, nouveau prince d'Antioche.

Autour d'eux, mêlés et confondus dans une sainte égalité, les princes et les barons de la croisade laissent éclater la joie du triomphe. L'espoir est dans tous les cœurs, Jérusalem sur toutes les lèvres.

—Jérusalem! Jérusalem! ville déicide et cité sainte, réjouis-toi. Bientôt arrachée aux mains des Infidèles, tu relèveras le front sous l'ombre régénératrice de la croix de Jésus-Christ.

Telles sont les paroles prophétiques que prononce à l'autel Adhémar qui officie pontificalement.

Le service divin est terminé, et les guerriers n'ont pas quitté l'église. Adhémar et Godefroy ont pensé que nulle autre part ils ne pourraient mieux délibérer sur les affaires de la croisade, que sous l'œil de Dieu et dans son temple.

Au moment où Raymond de Saint-Gilles vient d'exalter tous les esprits par un discours plein d'énergie et d'enthousiasme; au moment où, cédant à son éloquente ardeur, tous les chefs viennent de s'écrier avec lui :

— Allons à Jérusalem, c'est Dieu qui nous y appelle!

— Oui, allez au tombeau de Notre Divin Sauveur, c'est là le but, mais pas avant de m'avoir entendu, s'écrie une voix forte et solennelle.

Et un homme écartant la foule des barons, s'avance jusqu'au pied du siége épiscopal. On s'interroge avec étonnement; on se demande quel est cet inconnu, et quelques voix, dans la foule, disent un nom : c'est celui de Pierre.

— Illustre Adhémar, noble Godefroy, puissant Raymond, et vous tous, vaillants guerriers qui m'entourez, écoutez-moi, car, pour vous tous, j'ai une importante mission.

— Une mission, et de quelle part?

— De la part de Notre Seigneur Jésus-Christ.

A ces paroles, dites avec fermeté, toutes les têtes s'inclinent, et alors Pierre raconte ses trois visions. Lorsqu'il a achevé de parler :

— C'est ici, ajoute-t-il, en frappant du pied une des nombreuses dalles de l'église, c'est ici.

Aussitôt, tous les spectateurs de cette scène imposante s'élancent à l'envi; mais il ne faut que douze travailleurs, Godefroy est obligé de maîtriser l'ardeur générale et de confier au sort le soin de nommer les douze privilégiés.

On se met immédiatement à l'œuvre et ce n'est qu'après trente-trois heures d'un travail opiniâtre et persévérant, que l'on découvre enfin l'arme bénie.

Quelques gouttes d'un sang ineffaçable en marquent encore le fer; prosternez-vous, fervents chrétiens, priez, priez, ce sang est celui qui a sauvé le monde, cette lance est celle qui a percé sur le Golgotha, le côté sacré du Rédempteur!

IV.

Tandis que les Croisés remplissent la cathédrale ou se pressent à ses abords, une armée s'est avancée jusque sous les murs d'Antioche.

Les rayons de feu du soleil d'Orient font étinceler dans la

plaine les riches armures, les cimeterres terribles. Jamais les Turcs n'ont présenté de rangs aussi serrés, de masses aussi compactes; l'élite de leurs guerriers, les plus illustres de leurs chefs sont avec eux.

Malgré leur ardent courage, les Croisés ont frémi, Antioche pourra-t-elle résister? Leur nombre et leurs fatigues leur permettent-ils d'espérer une nouvelle victoire? — Dieu seul, ils le reconnaissent humblement, Dieu seul peut les sauver.

Ils n'attendront pas l'attaque des Infidèles, ils ne resteront pas enfermés dans les murs de la ville; mais armés de la lance miraculeuse, ils marcheront, et le Dieu de la victoire marchera avec eux. La lance est donc confiée au bras le plus fort et le plus digne, à celui de Godefroy; Adhémar exhorte et bénit l'armée. Puis les portes s'ouvrent, les bataillons sacrés défilent en chantant les louanges du Seigneur. Et tout à coup le cri terrible aux Musulmans, ce cri venu du Ciel et qui retourne chaque fois à lui, retentit sur les remparts, c'est Adhémar le premier qui le prononce :

— Dieu le veut! Dieu le veut!

Animée d'un saint enthousiasme, toute l'armée le répète avec transport, et la lutte s'engage.

La mêlée est terrible, les morts et les mourants jonchent le sol avide de sang. Les Musulmans ont à satisfaire leur vieille haine contre le nom chrétien et à venger de cruelles et récentes défaites. Ils l'ont juré au nom de leur Prophète : ils mourront tous plutôt que de laisser une fois encore la victoire aux chrétiens. C'est un combat de géants où, malgré tout leur courage, les soldats de Jésus-Christ succomberaient sans le secours de la lance d'Antioche; mais partout où elle apparaît, elle opère des prodiges : les bataillons entiers tom-

bent devant elle ; les cimeterres échappent aux mains musul-
manes, et le coucher du soleil éclaire, de ses derniers rayons,
un nouveau triomphe à enregistrer dans les annales de la
croisade. La lance demeure entre les mains de Godefroy
comme une égide protectrice, un bouclier céleste, un gage
de la bénédiction et de l'aide du Seigneur.

Pierre, sorti un moment de son obscurité pour servir les
mystérieux desseins de la Providence, y rentre immédiatement,
et les chroniques de l'époque ne prononcent plus jamais son
nom.

Je crois Seigneur … aux pieds … Dieu des Chrétiens.

UNE DAMOISELLE

AU MOYEN AGE

OU

CHRÉTIENNE ET MUSULMAN.

NOUVELLE.

I.

Les clameurs des assiégeants, le bruit des armes, le sifflement des pierres et des lourds madriers que lançaient les
mangonneaux, les gémissements des blessés, les ordres répétés à haute voix et avec précipitation, tous ces bruits sans
nom qui s'échappent de la bataille, couraient dans l'air et
faisaient tressaillir et trembler d'effroi un groupe de femmes
et d'enfants réunis dans la chapelle gothique d'un noble manoir du pays de Bretagne.

Leur terreur était grande, et elle était fondée. Le baron

Bertram, le puissant seigneur du manoir, était parti depuis huit jours pour aller à Nantes revêtir les insignes du croisé; il avait emmené avec lui ses plus vaillants hommes d'armes, ne laissant au castel que son vieil écuyer, quelques archers et un jeune page. Or, un de ces seigneurs pillards, comme en possédait en trop grand nombre le moyen âge, avait jugé l'occasion belle pour s'emparer du manoir et d'un trésor plus précieux encore, de la charmante Jeanne, fille unique du baron, pour laquelle le chevalier déloyal savait bien qu'il obtiendrait rançon de princesse.

Au milieu de ces femmes désolées, Jeanne avait conservé de l'empire sur elle-même. Il était aisé de voir au tremblement de ses lèvres, à la pâleur de ses joues, qu'elle aussi pleurait dans son âme, mais telle était l'énergie que Dieu lui avait départie et que l'éducation chevaleresque des damoiselles de son temps avait amplement développée; telle était, dis-je, cette énergie, que son regard avait gardé sa fermeté, sa voix, son calme habituel, et toute sa contenance cette dignité simple et noble de la châtelaine.

Après avoir parcouru les remparts, adressant à chaque soldat un doux sourire, une parole encourageante, veillant elle-même à ce que les blessés fussent transportés dans l'intérieur; après avoir, de sa main délicate et habile, posé le premier appareil sur leurs blessures, Jeanne était venue rejoindre ses femmes.

A peine s'était-elle mise en prière, que René, le jeune page, s'élança dans la chapelle, oubliant dans sa précipitation le respect dû au saint lieu.

— Noble damoiselle, dit-il en s'inclinant vers le prie-Dieu de velours, noble damoiselle, tout est perdu.

— Silence ! interrompit Jeanne avec vivacité, silence ! suivez moi. Et soulevant une portière de damas placée près d'elle, elle entra dans un petit oratoire attenant à la chapelle.

— Vous pouvez parler maintenant.

— Un miracle seul peut nous sauver, ma noble maîtresse. De nouvelles forces viennent d'arriver aux assaillants, ils se sont divisés en deux troupes, et tout annonce qu'ils vont tenter un assaut simultané sur les deux points opposés de nos murailles.

— Eh! bien, qu'a donc cette nouvelle de si effrayant? demanda Jeanne.

— Hélas! damoiselle, ce qu'il y a là d'effrayant? Oh! en vérité, rien du tout, si les hommes d'armes du baron votre père étaient aux remparts; mais ils sont à quinze bonnes lieues d'ici. Yvon que nous lui avons envoyé pour lui faire connaître notre détresse a été arrêté en route, ainsi que nous l'avons su, en voyant promener sa tête au pied de nos murs.

La moitié de nos hommes sont blessés, l'autre moitié est presque insuffisante pour repousser un assaut; divisée sur deux points, elle ne le pourra infailliblement. Vous voyez bien, que j'avais raison de le dire : tout est perdu.

— Non pas, s'il vous plaît, sire page, rien n'est perdu, Dieu et Notre-Dame-de-Bon-Secours nous protégeront. Montez aux remparts, disposez vos hommes le mieux que vous pourrez pour la défense; et surtout de manière à dissimuler notre faiblesse à l'ennemi; prenez toutes les précautions possibles; moi, je vais vous envoyer les femmes les plus fortes pour faire le service des mangonneaux et des pierriers, il ne faut pas prodiguer nos bons serviteurs aux postes où ils peuvent être suppléés, ils ont assez de besogne ailleurs. Allez, sire page, dites à nos braves défenseurs que je vais monter moi-même les remercier de leur zèle et leur en demander la continuation.

— Vous, damoiselle, vous exposer sur les remparts! Songez au danger.

— Avant tout, je dois songer que je suis châtelaine, et qu'en l'absence de mon noble père, c'est moi qui commande ici.

— Mais les flèches pleuvent comme la grêle au jour d'orage, et....

— Allez, sire page, on vous attend là-haut.

Le ton de ces paroles coupa court à toute observation.

Jeanne tomba à genoux.

— Un miracle peut nous sauver, s'écria-t-elle! Oh! accordez-moi ce miracle, mon Dieu, et, je vous en fais ici le serment, pendant un an et un jour je me ferai la servante de vos serviteurs; j'irai soigner sur la terre de Palestine les guerriers blessés en combattant pour vous.

Après cette courte et fervente prière, Jeanne rentra dans la chapelle et appela quelques femmes, moins accablées par la douleur que leurs compagnes. Suivie par elles, elle monta sur les remparts, les plaça aux endroits où leurs services pouvaient être utilisés, et ne se décida à redescendre que lorsque chacun lui eût promis de mourir à son poste plutôt que de l'abandonner.

Laissons-la renouveler son vœu, réciter pieusement son rosaire et passer tour à tour de la confiance à la crainte, de la crainte au découragement. Laissons son caractère de noble damoiselle dominer sa faiblesse de femme et parfois aussi en être dominé. Laissons les hommes d'armes désespérer, malgré leur résolution, du succès de la défense, et dans la presque

certitude d'un prochain trépas, recommander leur âme à Dieu ;
et nous transportant à une distance de quinze lieues, voyons
ce qui se passait à Nantes la veille du jour où nous sommes.

II.

Sept heures sonnaient au beffroi de la vieille capitale de
l'Armorique. Il y avait grand festin au palais du duc de Bretagne. Les barons et seigneurs qui venaient de recevoir le signe
vénéré du croisé, avaient pris place autour d'un splendide
banquet, dans la grande salle, tandis que leurs hommes
d'armes, réunis dans la cour d'honneur, avaient leur part de
réjouissance et de festin.

Déjà les hanaps, pleins jusqu'au bord des généreux vins de
Gascogne, circulaient gaiement de main en main. Déjà les
nobles chevaliers portaient tour à tour de brillants toasts qui,
s'échappant par les croisées ouvertes, couraient dans la foule
et leur revenaient chargés d'applaudissements et d'acclamations plus ou moins prolongés, selon qu'ils étaient plus ou
moins populaires. Déjà les troubadours et les trouvères avaient
saisi leurs harpes, et s'étaient répandus dans la salle, pendant
que les jongleurs et les baladins s'apprêtaient dans la cour à
réjouir hommes d'armes et varlets, lorsqu'un événement inattendu vint tout à coup arrêter l'élan de la joie, faire expirer
sur les lèvres entr'ouvertes le mot commencé.

Un homme fort et vigoureux, couvert de poussière, les
vêtements en désordre, les cheveux épars, le front ruisselant

de sueur, se précipita dans la cour. Écartant la foule d'un bras de fer, il se dirigea, sans hésiter, vers le perron qui conduisait à la salle des chevaliers. Au moment où, après en avoir monté les marches, il se préparait à en franchir le seuil, une hallebarde s'abaissa brusquement devant lui et lui barra le passage.

— On n'entre pas ainsi, l'ami, que veux-tu?.... qui demandes-tu?

— Laissez-moi passer, sur le salut de votre âme, ne me retenez pas; il faut que je parle à mon noble maître.

Et le paysan cherchant à écarter la hallebarde :

— Arrière, te dis-je.

— Arrière, vous-même, reprit le paysan, en faisant sauter par dessus son épaule la malencontreuse hallebarde, et il pénétra, sans plus de façon, dans la salle du festin.

A peine entré, il s'arrêta moitié par un sentiment instinctif de respect à la vue de si brillante compagnie, moitié pour se donner le temps de se reconnaître et pour chercher du regard le seigneur auquel il avait affaire. Il l'aperçut bientôt, assis à une des places d'honneur, au haut bout de la table.

Les pages qui faisaient le service restaient immobiles d'étonnement. Nul ne pensait à arrêter cet homme qui arriva, sans obstacle, derrière le siége de messire Bertram.

— Alerte! Monseigneur, s'écria-t-il, hâtez-vous si vous ne voulez pas arriver trop tard.

— Qu'est-ce? dit Bertram, en se levant avec vivacité. Qu'y a-t-il? — Que viens-tu faire ici, vassal?

— Je viens, Messire, vous apporter cette triste nouvelle que votre castel est assiégé par des forces nombreuses, et qu'à l'heure qu'il est....

— Mon castel assiégé!.... Jeanne!.... ma fille.... Ah! tu te trompes, c'est impossible.

— C'est la vérité, Messire.

— Que saint André me protége! que Dieu m'accorde le temps d'arriver! continua le baron. Et s'approchant d'une croisée ouverte : — En selle, mes enfants, en selle, cria-t-il à ses gens. Vive Dieu! il ne sera pas dit que mon manoir tombera entre les mains d'un lâche ravisseur, sans que je l'en empêche ou que je me venge.

Cependant on s'était levé de table, on entourait le baron. Chaque chevalier mettait à sa disposition son bras et sa lance.

— Peut-être cet homme apporte-t-il une fausse nouvelle, hasarda une voix. Qui nous assure de la vérité de son assertion?

Le baron saisit avidement cet espoir, tout peu probable qu'il parût :

— Qui t'envoie, dit-il au paysan, et où est le message que l'on a dû te remettre?

— Personne ne m'envoie, Messire, je n'ai nul message. Je suis venu de mon propre mouvement.

— Comment se fait-il qu'on ne m'ait envoyé du castel aucun avis de tout ceci, et que tu te sois chargé, toi-même, de m'en avertir?

— Si votre indulgence le permet, je vais, Messire, vous expliquer tout cela. Yvon l'archer avait été dépêché vers vous; en passant au moulin il me dit où il allait, nous fîmes quelques pas ensemble; à peine l'avais-je quitté qu'il tomba dans un parti de cavaliers qui le firent incontinent prisonnier et s'emparèrent du message qu'il portait. J'avais tout vu, je compris que c'en était fait du manoir et de noble damoiselle

Jeanne, puisque vous ne pourriez être prévenu. Alors, j'ai pris le meilleur cheval de mon écurie et je suis arrivé sans débrider.

— Merci, mon ami, merci de ton dévouement. Si Dieu et saint André mon patron me conservent, je te récompenserai comme tu le mérites. Et vous, Messeigneurs, vous l'avez entendu? Mort au traître et au félon qui s'attaque à un castel sans soldats, à une femme sans défenseurs.

L'écuyer du baron vint le prévenir que ses hommes d'armes étaient prêts à se mettre en route. Prenant à la hâte son casque qu'il avait déposé pour se mettre à table, l'impétueux Bertram courut à la tête de ses gens qui l'attendaient déjà, et la troupe, grossie de bon nombre de seigneurs et de chevaliers, se mit en route.

Malgré toute la diligence qu'elle fit, les chemins étaient si mauvais et le trajet si long, qu'elle n'avait pas encore paru en vue du château le lendemain, au moment où les préparatifs d'un double assaut effrayaient si fort René le page, c'està-dire vers midi.

Cependant l'heure du danger était arrivée, l'impétuosité des assaillants ne pouvait être comparée qu'au sang-froid et au courage des assiégés. Les fossés étaient comblés, des échelles étaient à chaque instant dressées contre les murailles, les plus ardents à l'attaque arrivaient même aux plus hauts échelons, alors on voyait soudain partir un trait si bien visé que l'homme chancelait, s'affaissait et entraînait dans sa chute ceux qui venaient après lui; puis, une main ferme saisissait la cime de l'échelle, la remuait comme si c'eût été jeu d'enfant, et la rejetant au loin écrasait et tuait bon nombre d'ennemis. D'autres fois, une énorme pierre apportée à grand peine sur le bord du parapet se détachait, poussée par une force invisible, et portait avec elle la mort au pied des murs.

Cette héroïque résistance continuait toujours. Néanmoins, elle se faisait de moment en moment plus faible et moins redoutable. Chaque homme blessé laissait une place vide que nul autre ne venait remplir, et chaque place vide pouvait donner accès à l'ennemi.

Vainement le vieil écuyer et le jeune page qui comprenaient le danger, se multipliaient-ils pour ne rien laisser à découvert; ils ne parvenaient pas à tromper l'œil exercé des ennemis, et les clameurs joyeuses qui s'élevaient parmi eux disaient assez qu'ils comptaient sur un prompt succès.

Préoccupés, les uns par l'ardeur de l'attaque, les autres par les soins de la défense et l'imminence du péril, ni assiégés, ni assiégeants ne recueillirent dans l'air ce bruit régulier et métallique que fait entendre au loin un corps de cavalerie en marche, personne ne remarqua le nuage de poussière qui voilait l'horizon, et lorsque de nombreuses bannières se déployèrent dans la plaine, nul encore ne les vit ni ne salua leur approche. Ce ne fut que lorsqu'un cri de guerre bien connu retentit fort et terrible comme la voix de la foudre, ce ne fut qu'alors, dis-je, que les combattants des deux partis relevant la tête au même instant, aperçurent le baron Bertram avec sa suite brillante de chevaliers et d'hommes d'armes.

Aussitôt les choses changèrent d'aspect. Attaqués à leur tour les assaillants se préparèrent à se défendre. Mais pris ainsi à l'improviste ils ne purent résister longtemps. Mis en fuite, dispersés ou tués, ils abandonnèrent le champ de bataille; et le manoir, sauvé par un miracle, d'un danger qui semblait inévitable, ouvrit avec acclamations ses portes à ses libérateurs.

III.

Quinze jours s'étaient écoulés depuis le moment où le baron Bertram était arrivé si heureusement à point au secours de son manoir. Les chevaliers qui l'avaient accompagné avaient tous quitté le castel après y avoir séjourné plus ou moins longtemps.

Le noble baron songeait sérieusement à mettre d'accord ses nouveaux devoirs de croisé et ses devoirs de châtelain, s'occupant en même temps à rassembler et à équiper les hommes d'armes qui devaient l'accompagner en Palestine et ceux qui devaient assurer la défense de son manoir. Peut-être, en pensant à l'attaque déloyale dont il avait failli être victime, regrettait-il de s'être engagé à partir, mais son honneur et sa conscience ne lui permettant pas d'essayer de se faire relever de son engagement, il ne laissait voir son regret à personne.

Quoiqu'il en soit de ces réflexions tardives, toujours est-il que son front, si serein d'habitude, s'était obscurci; que ses yeux avaient perdu leur joyeux regard et sa bouche son franc sourire. Il était soucieux, et la vue de Jeanne, au lieu, comme naguère, d'épanouir sa physionomie, semblait l'assombrir encore.

La jeune fille, elle aussi, n'était plus la même; sa gracieuse insouciance l'avait abandonnée et l'on eût dit que ses vingt ans s'étaient subitement envolés pour faire place à l'âge mûr, tant la transformation était complète.

A toute autre époque, le baron n'eût pas manqué de s'apercevoir de ce changement, et, sa tendre sollicitude s'en alarmant, d'en demander la cause. Cette fois les préoccupations de son esprit voilèrent son regard paternel. Il ne dit rien, ne s'enquit de rien, et partant ne vint nullement au secours de Jeanne.

La damoiselle, forcée de prendre l'initiative, se décida enfin à parler. Le jeune page vint donc un matin trouver messire Bertram, et lui demander, au nom de Jeanne, quelques instants d'entretien.

Le baron n'était pas habitué à une semblable étiquette. Devenu veuf pendant que Jeanne était encore au berceau, il avait élevé cette fille chérie, cette unique enfant, avec toute la tendresse d'un père, mettant de côté pour elle la rigidité et le cérémonial de l'époque. Aussi ce fut avec un sentiment de profond étonnement et de crainte vague, qu'il attendit qu'elle vînt le rejoindre dans la grande salle.

Nous n'essaierons pas de raconter la scène qui se passa entre eux, les larmes qu'ils répandirent, les paroles qu'ils échangèrent. Nous nous bornerons à répéter les derniers mots du baron, lorsque, à la suite d'un entretien de plus d'une heure, ils se séparèrent.

— Allez, mon enfant, lui dit-il, allez, et que votre vœu s'accomplisse. Loin de moi la pensée de vous en détourner. Je sais trop bien ce que vaut une promesse faite en toute liberté de conscience. Si vous m'eussiez consulté avant de vous engager, certes j'aurais employé toute mon autorité paternelle pour vous en empêcher. Mais puisque c'est un fait accompli, je n'ai plus qu'à vous faciliter les moyens et à écarter de vous tout obstacle et tout danger. Puisse Dieu nous conduire l'un et l'autre et nous garder toujours!

A dater de ce moment, Jeanne reprit sa gaieté accoutumée; elle avait déchargé son cœur du secret qui lui pesait, elle se reposait sur la Providence pour le reste. D'ailleurs qu'aurait-elle craint ou regretté? Elle ne devait plus quitter son père, et son père n'était-il pas, après Dieu, ce qu'elle aimait le plus au monde?

Le baron, dès lors, se montra moins préoccupé des soins à prendre pour défendre le manoir en son absence, et tout au contraire plus désireux d'augmenter le nombre de ceux qui l'accompagnaient, plus difficile surtout pour ses équipages et les objets de luxe ou de commodité destinés aux besoins du voyage et du campement. Il semblait ne plus regretter autant sa patrie, il pressait le moment du départ et le voyait arriver sans tristesse; seulement lorsque quelque troubadour racontait les périls et les souffrances du guerrier ou du pèlerin en Palestine, ses yeux se levaient pleins d'anxiété sur sa chère Jeanne, et quand ils s'en détachaient ils étaient remplis de larmes.

Il se passa un mois entier entre le jour de la conversation dont nous venons de parler et le jour du départ. Mais employé à des apprêts de toutes sortes, aussi bien par ceux qui restaient que par ceux qui partaient, employé surtout à obtenir la bénédiction céleste par la prière et les bonnes œuvres de toute nature, il s'écoula comme un rêve.

Oh! qu'il était touchant de voir ces fiers hommes d'armes, avant de partir pour aller combattre au tombeau de Jésus-Christ, tendre la main à leurs ennemis et leur dire : « Au

nom de Celui qui mourut pour nous, soyons frères; » ou bien encore : « Mon frère, tout est oublié entre nous; ma femme, mes enfants, ce que j'ai de plus précieux au monde, je le donne en garde à votre foi, à votre honneur. »

Qu'il était beau et magnifique cet élan, qui, de toutes les voix n'en faisait qu'une pour répéter ce cri de foi et de ralliement, ce cri d'amour et de belliqueuse espérance : *Dieu le veut! Dieu le veut!* Qu'il était grand et noble de voir ces hommes abandonner ainsi patrie, famille, fortune, tout, pour marcher à la conquête d'un lieu béni et vénéré, pour marcher à la délivrance de frères inconnus et souffrants!

Cette pensée et ce mot : *Dieu le veut!* suffit à tous, aux riches comme aux pauvres, aux savants comme aux simples, aux seigneurs et aux vassaux. Jeté dans la balance, il la fait immédiatement tomber de son côté. Il est proféré pour la première fois au milieu d'une assemblée indécise et incertaine, et à peine formulé, toute indécision cesse, tous les esprits sont résolus. Il est jeté au vent des campagnes et les paysans le recueillent avec respect et enthousiasme. Il tombe au milieu de profondes haines et de sanglantes querelles, et il fait naître la Trève de Dieu. Oh! qu'il y aurait de choses à dire sur ce vaste et inépuisable sujet, si un mot ne les contenait et ne les résumait toutes : la puissance de la parole religieuse!

Le jour du départ du baron Bertram était donc arrivé. Derrière sa bannière flottaient, nobles et fiers, les pennons de plusieurs chevaliers ses vassaux. Les armures brillaient au soleil; les chevaux, couverts de fer, hennissaient avec un frémissement d'orgueil, comme si leur instinct les eût avertis de la glorieuse entreprise à laquelle ils marchaient; les gardiens du manoir considéraient comme une mauvaise fortune le choix du maître qui les enchaînait aux murailles pendant que leurs compagnons allaient travailler à la cause sainte. Ils couvraient les remparts, répondant aux cris de guerre des Croisés par des cris de guerre, à leurs paroles d'affection et d'adieu par des acclamations bruyantes.

Cependant, au milieu du groupe des chevaliers, à la droite du baron Bertram, une blanche haquenée portait une femme silencieuse et voilée. Le brillant costume des damoiselles de son temps avait disparu pour faire place à un costume sombre, sévère, presque monacal. Plus de velours ni d'hermine, plus de corsage richement brodé, plus de bijoux ni de dentelles, mais en place une robe d'étoffe commune, une longue pèlerine dissimulant la taille, un rosaire à la ceinture et un voile tombant presque aussi bas que la robe.

Cette femme n'était autre que damoiselle Jeanne, qui accompagnait son père en Palestine où l'appelait le vœu dont nous avons parlé en commençant cette histoire.

A peine avait-on perdu de vue le château, qu'à un détour de la route, une autre femme, revêtue d'un costume à peu près semblable, se montra inopinément. Poussant bravement son palefroi au milieu du noble groupe, elle alla droit à Jeanne et, soulevant à demi son voile, se plaça près d'elle.

— Quoi, Rose, s'écria la noble damoiselle, toi ici?

— Oui, damoiselle, moi près de vous toujours et malgré toutes les défenses. Je n'oublie pas, moi, ajouta-t-elle du ton d'une suivante habituée à parler librement à une maîtresse qui l'aime, je n'oublie pas que le même lait a nourri notre enfance. Je ne puis vivre sans vous; vous partez, je pars, personne ne peut m'en empêcher, pas même vous.

Et, par un mouvement plein d'une mutine résolution, elle

arrêta son cheval pour se mettre quelques pas en arrière de
Jeanne. Un sourire plein de bonté et un geste bienveillant et
approbateur du baron Bertram la remercièrent de son dévouement.

Après cet incident, plus rien ne marqua la marche de la
petite troupe, si ce n'est les acclamations et l'enthousiasme
des habitants des campagnes qui venaient sur le bord de la
route saluer les soldats de Jésus-Christ, leur demander une part
dans leurs prières et appeler sur eux toutes les bénédictions
du Ciel. Bientôt le baron rejoignit le corps d'armée du duc
de Bretagne. Nous ne le suivrons pas dans son lointain et
périlleux voyage; nous nous contenterons d'aller retrouver
quelque temps après leur arrivée en Palestine, les principaux
personnages de cette histoire.

IV.

Les tentes des Croisés, dispersées çà et là sur le sol et soigneusement fermées, ne laissaient échapper ni cliquetis d'armes, ni joyeux propos, ni rapides exclamations. La chaleur
du milieu du jour avait invité au sommeil chevaliers, pages
et écuyers, et tout était plongé dans le plus profond silence.

A droite du camp et un peu isolée des autres, une tente
se faisait remarquer par sa forme et ses dimensions. Sur le
devant elle avait l'aspect des autres et n'était pas plus grande;
mais à celle-ci en était adossée une seconde, la dépassant des
deux côtés, et s'étendant en arrière de manière à former un

vaste parallélogramme habilement recouvert de toile d'abord et ensuite de branches de palmier.

La première de ces deux tentes, qui de prime-abord semblaient n'en former qu'une, était celle du baron Bertram. Dans la seconde, damoiselle Jeanne exécutait fidèlement son vœu, en recueillant et soignant les malades et les blessés.

Ici, comme dans le reste du camp, tout le monde dormait, tout le monde, sauf Jeanne, qui rêvait de sa chère Bretagne. Un léger bruit attira tout à coup son attention, elle écouta et reconnut le frôlement d'un corps qui rampait sur le sable. Etonnée et inquiète, elle entr'ouvrit avec précaution la portière de coutil qui la séparait de son père, et son œil parcourut d'un regard rapide l'intérieur de la pièce. Couché sur le sol, devant la porte d'entrée de la tente, l'écuyer de confiance, le compagnon fidèle du baron, dormait la main sur le pommeau de son épée, prêt au moindre signal d'alarme à défendre généreusement son noble maître. D'autres écuyers et quelques pages, étendus sur des nattes, dormaient aussi; enfin le baron, débarrassé de son armure et enveloppé d'une ample robe orientale, s'était jeté sur un lit de repos, sorte de divan recouvert d'étoffe de Perse.

Le bruit continuait toujours. Il semblait à Jeanne qu'un homme cherchait à s'ouvrir un passage, entre le sol et la toile fortement tendue qui formait les parois de la tente.

Au même moment cette toile céda, et en face d'elle une tête parut, puis un corps tout entier. Certes, il fallait avoir le courage de Jeanne pour maîtriser un cri d'effroi à la vue de l'homme qui s'introduisait ainsi sous la tente du baron. Ses yeux brillants et mobiles, son teint presque noir, ses bras énormes et musculeux, le haut de son corps entièrement nu, tandis qu'une draperie rouge bizarrement attachée en couvrait la partie inférieure, tout cela formait un ensemble tellement étrange, que l'imagination elle-même, avec sa merveilleuse facilité, ne saurait créer un autre être qui ressemblât à celui-ci.

Cet homme s'était relevé. Il avait tiré un petit poignard du pli de son vêtement et en avait examiné rapidement la pointe; puis il s'apprêta à agir. Déjà comme la panthère altérée de sang, il avait pris son élan vers la couche du baron Bertram, lorsqu'un obstacle se précipita entre lui et sa victime. Cet obstacle c'était Jeanne. La courageuse damoiselle, sans se laisser arrêter par le danger, n'avait pas hésité, elle faible femme, à essayer de la lutte.

Le farouche enfant du désert recula d'un pas; la présence de cette femme lui sembla miraculeuse; ses yeux éblouis à l'aspect de l'angélique beauté de Jeanne, crurent voir une apparition céleste et se fermèrent dans un pieux recueillement. Sa main laissa échapper son poignard.

— O Mahomet! murmura-t-il, est-ce une houri de ton paradis qui vient protéger ce chrétien?

Jeanne s'était approchée.

— Malheureux, dit-elle, que veux-tu? — Que viens-tu faire ici?

— Ce que je veux, reprit l'inconnu avec un indicible étonnement, ce que je veux? — Du sang!

— Du sang, répondit avec fermeté Jeanne qui s'était aperçue de l'effet produit par elle sur celui qu'à sa sauvage réponse elle reconnaissait pour un de ces fameux assassins, pour un de ces hommes vendus corps et âme au célèbre *Vieux de la montagne.* — Tu veux du sang, et tu oses me le dire, à moi qui suis maintenant maîtresse de la vie?

Et Jeanne lui montrait son arme qu'elle avait relevée lors-que, dans un moment de stupeur, il l'avait laissée échapper.

— Malédiction! rugit sourdement l'assassin.

— Dis plutôt : bénédiction sur l'incident qui vient de t'é-pargner un crime.

— Un crime, jeune chrétienne!... Oh! non, sur la foi de l'Alcoran, non, pas un crime, mais bien une œuvre méritoire et bonne, qui m'ouvrait les portes du Ciel. J'étais lié par un serment... j'avais juré... Rends-moi mon arme, jeune fille, rends-moi mon poignard, ou malheur!...

— Mon père! s'écria Jeanne, en cherchant à échapper à l'étreinte du fanatique.

A ce cri tout le monde se réveilla sous la tente. Plus ra-pide que l'éclair, le fidèle écuyer s'élance au secours de sa maîtresse, sous sa puissante main l'assassin fut forcé de ployer; il vit l'épée chrétienne s'abaisser sur son front courbé et il ne sourcilla pas.

Frappé de ce courage, le baron ne put s'empêcher de join-dre sa voix à celle de Jeanne qui venait de s'écrier :

— Grâce!

— Fais don de la vie à ce misérable, mon brave Raymond, dit-il.

A cette prière qui équivalait à un ordre pour lui, l'écuyer repoussa du pied l'Arabe, comme on chasse loin de soi un animal nuisible et venimeux.

— Si je t'épargne, chien d'infidèle, ce n'est ni par pitié, ni par merci, c'est tout simplement par respect pour messire Bertram. D'ailleurs, tu es un vrai gibier de potence, et ce serait, vive Dieu, avilir et souiller ma bonne lame que de la tremper dans ton sang maudit.

Sans s'inquiéter ni du danger qu'il venait de courir, ni du sort qui lui était réservé, l'Arabe était exclusivement occupé d'une idée fixe; son œil fauve ne se détachait pas du baron, sa main crispée froissait convulsivement la gaîne vide de son poignard, ses lèvres serrées exprimaient la colère et en même temps une fière menace.

— Mon serment! mon serment! ne cessait-il de répéter dans la langue de sa nation.

Cependant Jeanne avait sollicité de son père qu'il voulût bien lui abandonner la vie et le sort de l'assassin.

— Qu'il soit fait comme vous le désirez, répondit le baron.

Alors la damoiselle se rapprocha de l'enfant du désert.

— Tu as mérité la mort, ta vie est entre mes mains, veux-tu la racheter?

— Pour cela que faut-il faire? demanda simplement l'Arabe.

— Me promettre de ne rien tenter ni contre mon père, ni contre aucun chrétien.

— Je puis mourir, mais non manquer à un serment; je ne promettrai pas.

— Et pourquoi manquerais-tu à un serment?

— Pourquoi? parce que tenir celui-ci, ce serait en violer un autre. Ecoute, jeune chrétienne, Ali n'a jamais menti, n'a jamais donné sa parole en vain; eh bien! Ali, il n'y a pas encore douze heures, a juré à son chef, au ministre de Dieu sur la terre, au grand et illustre Hassan-Ben-Sabbah-Iomaïri qu'il immolerait ton père. Et cela, il l'a juré sur ce que l'homme a de plus sacré au monde, sur les ossements blanchis de ses pères. Réponds toi-même maintenant : puis-je faire la promesse que tu exiges pour prix de ma vie?

— Mais tu ne songeais donc pas que ton serment allait

faire de toi un meurtrier d'abord et ensuite une victime; car tu ne pouvais croire qu'on laissât sans vengeance la mort du baron Bertram?

— Est-ce donc être victime que de mourir en servant son Dieu et sa cause? Est-ce être victime que d'être martyr? Et qu'importent pour un fils du Vieux de la montagne les supplices et la mort; ne voit-il pas ouvertes les portes du paradis? Oh! si tu voyais avec mes yeux, tu ne parlerais pas de victime. Tiens, au moment où je te parle, je vois notre grand Mahomet!... L'entends-tu? il m'appelle : — Ali! Ali!... dit-il. — Je viens, je viens, mais... malédiction! Allah m'a rejeté; il n'a pas voulu se servir de mon bras. Oh! père des fidèles, tu te trompes, ce n'est pas Ali qu'il faut appeler; c'est un autre, un autre plus heureux...

Jeanne, le baron Bertram, les écuyers, les pages écoutaient Ali avec un silencieux étonnement. Cette exaltation leur semblait inexplicable Ils n'auraient pu croire, malgré tout ce qu'ils en avaient entendu dire, que le fanatisme des assassins pût aller jusque-là. Ils admiraient cet extraordinaire renoncement à soi-même, cette foi aveugle, ce désintéressement complet, ce dévouement à un chef poussé jusqu'à ses dernières limites, enfin la profondeur de ce sentiment religieux, et ils ne pouvaient s'empêcher de déplorer au fond du cœur que tout cet héroïsme fût perdu pour la bonne cause, pour la vraie religion.

—Quel dommage que ce soit un infidèle! dit le baron à Jeanne. Celle-ci tressaillit.

—C'est une nature énergique et vraie, reprit-elle, l'homme qui préfère la mort au parjure mérite la vie. D'ailleurs, c'est une âme à sauver.

Puis, élevant la voix, elle s'adressa à Ali :

— Mais tu es relevé de ton serment, puisque tu as essayé de l'exécuter et que la volonté du Ciel t'en a seule empêché...

— L'exécution et la réussite relèvent seules d'un serment; j'ai échoué, je suis donc encore lié par le mien.

— Et bien! je ne te demande plus rien qui lui soit contraire. Je ne veux pas que tu meures aujourd'hui. Tu ne connais pas les chrétiens, Ali! Si tu les connaissais, je suis sûre que tu rougirais de ton serment et que tu regarderais comme le premier des devoirs d'y renoncer. Ne m'interromps pas, écoute-moi jusqu'au bout. Ce n'est plus une promesse illimitée que je te demande, c'est une simple trève. Jure de ne rien faire contre nous d'ici à un mois, et de passer ce mois sous notre tente : et nous, nous te jurons de te rendre ta liberté sans chercher à tirer vengeance de ce qui s'est passé aujourd'hui.

Ali réfléchit quelques instants.

— Je le jure, dit-il enfin. Par tout ce qu'il a de plus sacré au ciel et sur la terre, je le jure!... Mais à une condition : je ne prendrai ni pain, ni sel chez toi, ma bouche ne s'approchera d'aucune coupe t'appartenant, car je ne pourrais plus m'acquitter ensuite de mon serment, et, tu l'as dit, ce n'est qu'une trève.

Le baron, dont l'excessive bravoure se plaisait à chercher et à créer le danger pour avoir le périlleux honneur de le dompter, le baron applaudissait du regard et du geste à ce que faisait Jeanne. Les écuyers et les pages enthousiastes et avides de ce qui était extraordinaire et romanesque applaudissaient aussi; seul le brave et dévoué Raymond hochait la tête d'un air de crainte et de doute :

— J'aurais mieux fait de l'occire tout à l'heure, murmurait-il. Se fier à la promesse d'un mécréant semblable! J'aimerais autant avoir confiance en maître Lucifer lui-même. Et puis accorder la vie sauve à un assassin, pour qu'au bout d'un mois il puisse tout à son aise vous faire goûter de son poignard? Merci de moi, si ce n'est pas tenter le Ciel!... C'est égal, je veillerai, et... on n'échappe pas deux fois au bras de Raymond.

<h2 style="text-align:center">V.</h2>

Trois semaines s'étaient écoulées depuis le jour où Ali avait voulu frapper le baron Bertram. Fidèle à sa résolution, l'Ismaëlite avait refusé tout ce qui aurait pu s'appeler hospitalité de la part des chrétiens. Ainsi il se contentait, pour toute nourriture, des fruits qu'il cueillait à l'arbre des champs, ou qu'il demandait aux gens de la campagne qui venaient les vendre aux Croisés; la source voisine lui fournissait sa boisson; il couchait sur le sable en dehors des tentes; enfin il préparait en plein air la substance précieuse, sacrée parmi les siens, le merveilleux haschisth, dont il faisait un abondant usage.

Parfois, après en avoir pris une forte dose, il lui était arrivé de se précipiter l'œil en feu, la poitrine haletante, le geste menaçant dans la tente du baron, et sous l'influence d'une fanatique et sombre ivresse il semblait avoir tout oublié pour ne se souvenir que de son premier serment. Alors, Dieu seul sait ce qui serait arrivé sans l'intervention de Jeanne, dont

la seule présence suffisait à le calmer, à le rappeler à la vie
réelle.

Du reste, à mesure que le temps marchait, ces accès devenaient de plus en plus rares; le tigre s'apprivoisait, une
expression nouvelle remplaçait la férocité de son regard, la
transformation se faisait de jour en jour plus sensible, plus
complète.

— Je crois, ma fille, disait en riant le baron à Jeanne, je
crois que Dieu veut se servir de vous pour opérer un miracle.
Sur mon âme, vous finirez par faire de ce farouche Ali un
enfant docile.

— Dieu veuille surtout, mon père, que de l'infidèle je fasse
un chrétien.

— Oui, Dieu le veuille. Je m'intéresse à cet homme plus
qu'on ne saurait croire. Comme vous le disiez le premier jour
où nous l'avons vu, c'est une nature énergique et vraie.

— Et aujourd'hui j'ajoute : c'est une nature grande et noble, capable des plus beaux dévouements, des plus héroïques
actions !

Je disais donc que trois semaines s'étaient écoulées depuis
qu'Ali passait une grande partie de son temps auprès de Jeanne
et du baron. C'était le soir, une brise douce et parfumée ra-
fraîchissait les premières heures de la nuit. Jeanne avait
achevé son service journalier auprès de ses malades. Béatrix
l'avait accompagnée, et toutes deux assises au pied d'un palmier séculaire, aspiraient avec bonheur le moindre souffle du
vent, qui leur semblait arriver à elles tout chargé des éma-
nations de la patrie.

Les deux jeunes filles étaient rêveuses. A quelques pas
d'elles, adossé au tronc d'un arbre, Ali les contemplait en

silence. La damoiselle leva les yeux et en voyant le regard de l'Arabe obstinément fixé sur elle :

— A quoi pensez-vous, Ali, demanda-t-elle?

— A quoi je pense, noble dame? — Ali avait abandonné le tutoiement et l'appellation familière qu'il employait les premiers jours. — A quoi je pense? vous le dirai-je? — Mon esprit et mon cœur sont d'accord pour me faire admirer tout ce que je vois ici. Une femme jeune, belle, riche et noble comme vous l'êtes, qui se dévoue si admirablement à soigner, à panser des malades et des blessés; oh! c'est une chose qui surpasse tout ce que j'aurais pu rêver. C'est merveille, en vérité, merveille et miracle.

— Ce n'est, Ali, ni merveille, ni miracle; c'est tout simplement le résultat de l'inspiration et de la protection de Dieu qui seul, *seul*, entendez le bien, soutient mes forces. anime mon courage.

—Dieu! dit Ali en souriant avec une expression de dédain, tempéré cependant par un sentiment secret et inavoué à lui-même. Dieu! mais il n'y a de Dieu qu'Allah, et vous ne l'invoquez pas.

— Par respect pour moi, ne blasphémez pas. Ah! vous refusez de croire au Dieu des chrétiens, lorsque tout devrait vous confirmer sa puissance. Croyez-vous donc qu'une voix humaine aurait eu la force d'entraîner loin de l'Occident tant de généreux athlètes; croyez-vous que pour la cause d'un Dieu faux et mensonger le père aurait abandonné ses enfants, le fils sa mère, l'époux son épouse, le riche ses trésors, le pauvre ses moissons et ses travaux; croyez-vous?.... Mais à quoi bon amasser preuve sur preuve, à quoi bon chercher tant de confirmation, lorsque tout autour de nous parle à notre âme de la toute-puissance, de la grandeur, de la bonté, de l'appui de Dieu. Regardez et voyez; vous ne pourrez douter.

— Si pour croire à votre Dieu, il ne fallait que reconnaître la bravoure et la loyauté de vos chevaliers et le zèle qui les anime, personne, il est vrai, ne pourrait douter; mais pour nous, enfants de l'Islam, pour nous à qui il est dit : « Allah seul est Dieu, et Mahomet est son prophète, » il faut d'autres preuves. Savez-vous que reconnaître le Dieu des chrétiens, c'est apostasier celui d'Abraham, d'Ismaël et de Mahomet; savez-vous que c'est trahir et renoncer sa foi; savez-vous que c'est en même temps impiété, honte et lâcheté; savez-vous encore que c'est briser violemment avec son passé, renoncer à ses ancêtres? Oh! jamais, jamais!

En parlant ainsi, la voix d'Ali s'était animée, son geste s'était fait rapide et expressif. Il n'y avait pas à en douter, il répondait à une pensée encore timide et voilée, mais qui devait grandir et se développer. Il y avait déjà lutte dans son cœur, la lumière s'y faisait jour malgré lui et par sa seule force. Jeanne comprit tout cela; elle en bénit le Seigneur, et pensant qu'il valait mieux laisser ce premier germe fructifier par lui-même que de s'exposer par trop de hâte à le faire avorter, elle détourna l'entretien de ce sujet.

— Comme la soirée est belle! dit-elle après quelques secondes de silence.

— Oh! oui, bien belle, reprit Ali en s'abandonnant à une poétique exaltation, plus belle n'est-ce pas que dans votre froid Occident? Oh! notre Orient! notre Orient! c'est la terre des merveilles. Allah l'a créée pour ses élus, il l'a réservée à ses enfants. C'est la patrie des fleurs et des fruits; c'est là que la nature revêt ses plus riches formes, se pare de ses

plus séduisantes parures. L'Orient! c'est la perle du monde,
le bouquet de la création : c'est l'image de ce paradis que le
Ciel avait donné pour demeure à nos pères. Ce n'est pas l'Eden
mais c'est ce qui y ressemble le plus ici-bas. Vous le trouvez
beau, n'est-ce pas? et cependant vous ne connaissez pas tous
ses enchantements, vous n'avez jamais erré libre et sans projet
arrêté dans les profondeurs du désert, vous ignorez ce silence
complet de tous les bruits du monde, cet horizon sans limites,
cette immensité qui fait presque comprendre Dieu. Vous ne
savez pas le charme indéfinissable de se sentir seul dans l'espace, seul entre le sable et le ciel; vous ne connaissez pas la
volupté sans nom d'une heure de repos sous la fraîche oasis,
la délicieuse extase que produit l'aspect du palmier et de la
source pure au moment où le soleil et la soif faisaient sentir
l'approche de la mort. Vous ne pouvez comprendre le redou-
blement de vie, d'intelligence et d'amour pour le Créateur,
que provoque le plus léger indice, la trace d'un pas de cha-
meau aux trois quarts effacée par le vent, une parcelle d'étoffe
arrachée aux vêtements du voyageur et à demi enterrée dans
le sable, que sais-je encore; enfin tout ce qui vient dire à
l'homme : — Tu n'es pas le seul qui a passé ici, un pied
humain a déjà foulé ce sol, une voix ici a déjà frappé l'air;
comme la tienne sans doute elle priait, elle avouait l'impuissance de la créature, elle exaltait la puissance du Créateur,
et elle a passé; nul écho n'a retenu ses paroles, nul ne les
redira; le souffle divin les a emportées, un livre les a reçues
en caractères éternels et ineffaçables; mais ce souffle est invisible pour toi, ce livre est fermé à l'œil humain. O homme!
tu te crois fort, tu es superbe et cependant!... cependant que
tu es faible et petit en face des grandes choses de la nature,

que tu es impuissant devant la puissance infinie, toi qui ne peux rien par toi-même et dont toutes les actions, bonnes ou mauvaises, sont soumises à une volonté supérieure qui en a marqué la nature, le cours et le dénouement, avant le jour où tes yeux se sont ouverts à la lumière, et cela d'une manière si rigoureuse et si précise que rien ne peut te faire dévier de la voie qui t'est tracée..... Mais ce que je dis vous étonne, Madame, ajouta-t-il, ce n'est peut-être pas ainsi que parlerait un chevalier, un chrétien ; ce sont les sentiments de tous les enfants d'Ismaël.

— Je ne suis point étonnée de vos impressions ; certes elles ne seraient point déplacées dans la bouche d'un chrétien, sauf cependant vos dernières paroles, nées du fatalisme, et que rejette notre croyance au libre arbitre. Ce qui me surprend, c'est la facilité avec laquelle vous les exprimez dans la langue de ma nation.

— Vous n'en serez plus étonnée, Madame, lorsque vous saurez que j'ai habité une année entière avec des chrétiens. Le sort de la guerre m'ayant fait prisonnier des chevaliers du Temple, je suis demeuré auprès du noble Hugues des Payens, jusqu'au jour où un échange de prisonniers m'a rendu la liberté. Pendant cette année j'ai beaucoup vu, beaucoup observé ; l'héroïsme des chrétiens, loin d'attiédir mes sentiments religieux, les exaltait encore. — « Nous laisserons-nous dépasser par des infidèles ? me disais-je. » — Et cette pensée enflammait mon courage. Aujourd'hui je sens mon dévouement s'affaiblir ; si je me demande pourquoi, je suis forcé de m'avouer que l'on ne voit, que l'on ne trouve que parmi vous ces vertus du foyer domestique, ce dévouement et ces perfections de la femme que je pourrais appeler héroïsme de la charité. D'où provient cette glorieuse exception? Serait-ce que votre nature différerait de celle de nos femmes d'Orient, où serait-il donc vrai que vous soyez guidées et inspirées par un Dieu?...

A peine Ali achevait-il ces paroles, qu'un murmure d'étonnement, d'effroi et de colère interrompit le calme de la nuit. Un homme avançait à grands pas vers le palmier; à sa suite marchaient une foule d'hommes d'armes qui le poursuivaient de leurs huées et de leurs menaces, tout en ayant soin de laisser entre eux et lui une certaine distance. Ali fit quelques pas en avant, mais à l'aspect de l'inconnu il recula avec horreur; Béatrix imita ce mouvement, Jeanne au contraire continua d'approcher.

— Que le Seigneur soit avec vous, dit-elle.

Des voix nombreuses s'élevèrent.

— Prenez garde, damoiselle, c'est un lépreux.

— Dieu vous garde, mon frère, répéta Jeanne, et en signe de fraternité elle tendit la main au malheureux paria.

A ce geste un cri d'épouvante, et peut-être de blâme, s'échappa de toutes les bouches.

Cependant l'inconnu n'osait prendre la main qu'on lui offrait; alors Jeanne l'appuya sur son épaule. L'étranger se laissa tomber à genoux.

— Je ne suis donc pas abandonné et rejeté de tous, s'écriat-il. Ah! pardonnez-moi, mon Dieu, d'avoir blasphêmé votre saint nom; pardonnez-moi, et vous ange de la terre, qui avez eu pitié de moi, soyez bénie!...

— Béni soyez-vous plutôt, vous que le Ciel éprouve et qui allez par votre présence sanctifier ces lieux. Soyez le bienvenu, mon frère, sous la tente du chrétien.

A ces derniers mots, les assistants s'éloignèrent instinctivement, agrandissant ainsi l'espace laissé vide autour du lépreux et de Jeanne.

Cette dernière voyant que ces paroles ne rencontraient ni assentiment ni appui, mais au contraire soulevaient une répulsion et un mécontentement général, ajouta :

— Les disciples de Celui qui a dit : « Aimez vous et soulagez vous les uns les autres, » n'auront-ils ni hospitalité, ni secours pour leur frère souffrant?

Telle était la force du préjugé qui rejetait en dehors de la société le malheureux lépreux, ce paria du moyen âge, que nul ne répondit autrement que par ces mots de réprobation :

— C'est un lépreux! c'est un lépreux!

Jeanne voyant qu'elle ne vaincrait pas ce sentiment, se tourna vers l'inconnu.

— Que mon frère m'excuse si je ne puis lui offrir un abri ce soir; s'il veut bien passer la nuit sous ce palmier, je lui promets pour demain un asile et des soins.

Les assistants se retirèrent étonnés et surpris de ce qu'ils venaient de voir et d'entendre, et Jeanne ne quitta le pauvre lépreux qu'après lui avoir procuré elle-même tout ce qui pouvait lui être nécessaire.

Le lendemain au point du jour, des ouvriers conduits et dirigés par damoiselle Jeanne, se mirent à l'œuvre, et bientôt une tente assez vaste et parfaitement aérée fut dressée au pied du palmier. Puis un ministre du Seigneur vint y répandre l'eau bénite, en prononçant les paroles consacrées. Dès le jour même, un hérault annonçait à son de trompe dans toutes les parties du camp, que tout homme atteint de la lèpre, chrétien ou infidèle, eût à se rendre à la tente du Palmier, où il serait reçu et soigné.

Dieu adoucissait les rigueurs de sa justice par les mains de la charité. Après avoir infligé le châtiment ou envoyé l'épreuve, il inspirait le dévouement qui devait en tempérer l'amertume. La première *maladrerie* était fondée, le lépreux avait enfin un asile.

VI.

Le nouvel hospice fondé par Jeanne en faveur des lépreux, ne nuisait en rien à celui des malades et des blessés la damoiselle suffisait à tout. Béatrix, que l'exemple de sa jeune maîtresse n'avait pu amener à vaincre sa répugnance, partageait avec dévouement et ardeur les soins donnés aux derniers, mais rien au monde ne l'eût décidée à franchir la barrière, que par une sage et louable prudence messire Bertram avait fait élever autour de la maladrerie. Jeanne n'avait donc là aucun aide dans son double office de médecin et d'infirmière, ou plutôt elle y avait pour seul aide, Dieu et les anges du ciel.

Un jour, tous les lépreux avaient quitté la tente et s'étaient répandus dans le préau qui l'entourait. Agenouillée devant le grand Christ que ses soins pieux avaient fait placer dans l'asile de la souffrance, Jeanne priait avec ferveur, lorsqu'une voix se fit tout à coup entendre non loin d'elle. Cette voix basse et tremblante sollicitait la permission d'entrer.

— Que la paix du Seigneur soit avec vous, mon frère, vous êtes ici le bien venu, répondit Jeanne en se levant pour s'avancer à la rencontre du nouvel hôte qui lui arrivait.

Après avoir soulevé la portière, elle ne vit point un lépreux, comme elle s'y attendait, mais bien Ali, que depuis une semaine elle n'avait pas aperçu.

— Daignerez-vous, damoiselle, dit l'Arabe avec émotion, daignerez-vous permettre à un malheureux infidèle de franchir ce seuil béni, de vous aider et de vous servir dans la tâche sainte que vous vous êtes imposée?

— Est-ce bien vous, Ali, qui me faites cette demande? vous, un musulman?... Le lépreux n'est-il donc plus à vos yeux un être impur, dont le contact souille et porte malheur?

— L'homme sait-il ce que Dieu a créé pur ou impur? Mahomet le savait-il lui-même?... Mais ne m'en demandez pas davantage, prenez pitié de moi, de ma souffrance; soutenez-moi de vos conseils; achevez de m'éclairer!...

— Ce n'est pas moi qui puis vous éclairer, Ali, c'est Dieu, Dieu qui est partout et dont l'image vénérée est là. Venez donc prier à ses pieds, venez... Et Jeanne cherchait à l'entraîner vers le Crucifix.

— C'est impossible, damoiselle, impossible, ma prière serait une offense, car je lutte contre des éclairs de foi qui illuminent ma pensée, qui traversent mon cœur. C'est impossible, vous dis-je, je ne suis pas encore chrétien.

— Est-ce donc là un motif pour refuser de prier? La foi est-elle si peu de chose qu'elle ne vaille pas la peine qu'on la demande à Dieu?

En ce moment un lépreux étant entré sous la tente, Jeanne quitta l'Arabe pour aller à lui.

— Puis-je demeurer, dit humblement Ali?

— Oh oui! restez, répondit Jeanne. Et puisque Dieu nous réunit devant le malheur et la souffrance, ajouta-elle avec un sourire de sublime espérance, c'est qu'il ne veut point nous séparer au jour de sa justice. Dès ce moment, Ali, nous sommes frères.

En outre de la maladie qui le défigurait complétement, ce lépreux était atteint d'un affreux ulcère. C'était chose horrible à voir.

Après l'avoir fait asseoir sur une pile de coussins, Jeanne découvrit ses plaies, les lava dans une eau parfumée, les pansa avec précaution, puis rattacha elle-même les sandales de corde que le malade portait aux pieds. Pendant qu'elle lui rendait ces charitables soins, de douces et saintes paroles sortaient de ses lèvres et tombaient comme une rosée bienfaisante sur le cœur du lépreux.

Ali écoutait et regardait avec une admiration toujours croissante. Les derniers mots que Jeanne lui avait adressés : *Dès ce moment nous sommes frères*, lui parurent une prophétie dictée par Dieu lui-même; avant qu'elle eût achevé sa pieuse tâche, il était aux pieds de la jeune chrétienne.

— C'en est fait, s'écriait-il, Mahomet est vaincu! La charité triomphe du croissant et d'Allah. Oui! vous aviez raison, nous sommes frères, car moi aussi je veux être chrétien.

A cette confession, si ardemment désirée et déjà prévue par elle, Jeanne joignit les mains dans un sentiment de muette reconnaissance, ses regards se levèrent vers le ciel, son cœur pria. Le lépreux fléchit le genou pour rendre grâce à l'Éternel, pendant qu'Ali, le front dans la poussière, répétait avec transport :

— Je crois, Seigneur, je crois! Ayez pitié de moi, Dieu des chrétiens!

La nouvelle de cette étonnante conversion se répandit rapidement dans le camp et bientôt il ne fut bruit que de la piété, du zèle, de la ferveur du néophyte.

Parmi les lépreux était un clerc de haut savoir, à la parole éloquente et facile. Ali passait auprès de lui tous les instants que lui laissait libres sa charge d'infirmier. Il écoutait avidement et gravait dans son âme tous ses enseignements, aussi fut-il bientôt en état de recevoir le signe de la régénération, le sceau du chrétien, le saint baptême.

Ce fut un grand jour, beau et béni entre tous, que celui où l'assassin, où le fils du Vieux de la montagne, où le musulman fanatique, après avoir solennellement rénoncé la foi du Coran, renié Allah et Mahomet, et sollicité devant tous le baptême, le reçut au milieu d'un immense concours de prélats, de chevaliers, d'hommes d'armes de tout rang et de toutes nations.

A peine l'eau sainte avait-elle régénéré le nouveau chrétien, que le duc de Bretagne, parrain d'Ali, tira son épée, en toucha son filleul à l'épaule, et lui donnant l'accolade, l'arma chevalier. Les yeux d'Ali s'animèrent d'un noble orgueil; il saisit vivement l'épée que son illustre parrain lui tendait, et la considéra attentivement. Puis il tressaillit, et faisant un violent effort sur lui-même, il la déposa sur l'autel, après en avoir dévotement baisé la poignée en croix.

— Le temps de la gloire mondaine est passé pour moi, dit-il. J'ai bien des erreurs, bien des crimes à expier, je dois donc rompre avec tout ce qui se rattache à mes passions d'autrefois. La charité m'a sauvé du malheur éternel, ma vie sera employée à l'exercice de la charité. Le musulman Ali, le libre enfant du désert, avec sa croyance mensongère, abdique sa liberté pour se faire l'esclave et le serviteur de ses nouveaux frères, les chrétiens. Je jure donc ici devant Dieu et devant les hommes, de consacrer au service des lépreux jusqu'à la dernière heure de mon existence.

Le Ciel entendit ce serment, il le bénit et lui fit porter immédiatement ses fruits.

Comme l'exemple de Jeanne avait éclairé Ali, l'exemple d'Ali entraîna bon nombre de chevaliers, et, lorsque la cérémonie terminée il se dirigea vers la tente des lépreux, il n'était plus seul. Au moment de franchir la barrière jusqu'à ce jour redoutée par tous, il remercia ses compagnons. Mais ceux-ci la franchirent avec lui.

La maladrerie n'avait plus un seul hospitalier, elle en comptait dix.

Jeanne laissait à Ali et à ses compagnons le soin de diriger la maladrerie; de temps à autre cependant elle y faisait une visite, et c'était des jours de fête pour tous. A sa vue les malades oubliaient leurs souffrances et les hospitaliers leurs fatigues; aussi l'appelait-on *le bon Ange, la sainte Damoiselle*.

Un jour elle y vint moins souriante que de coutume; bientôt la douce joie qu'avait fait naître sa présence se changea en tristesse, voire même en larmes. Elle partait, elle quittait la Palestine. La terre de France la réclamait, la Bretagne revendiquait un de ses plus précieux trésors.

Les adieux furent longs et touchants.

— Songez, mes frères, dit-elle en les terminant, songez que le fléau a passé les mers, que l'Occident aussi a ses lépreux, et que là nul encore ne les soigne, ne les console. Ne déplorez pas mon départ, mais priez pour moi et surtout priez pour vos frères d'infortune et de souffrance, qu'avec l'assistance de Dieu je tâcherai de soulager.

A ces derniers mots, Ali se rapprocha de Jeanne :

— Noble damoiselle, dit-il, mes frères ici n'ont nul besoin de moi, ailleurs je pourrai vous être utile. Daignez me le permettre et je vous suivrai dans le pays de Bretagne, je vous suivrai partout où mon aide pourra vous servir. Malgré les observations de Jeanne, qui comprenait combien le nouveau sacrifice que voulait s'imposer l'Arabe devait être pénible pour lui, malgré les prières de ses compagnons dont il était le chef et l'ami, Ali persista.

Le lendemain le baron Bertram, damoiselle Jeanne, leur suite et leurs hommes d'armes quittaient le camp et se dirigeaient vers Saint-Jean-d'Acre, où ils devaient s'embarquer. Un peu en arrière, Ali chevauchait, absorbé dans de profondes méditations. Sa main avait lâché la bride de soie de son beau cheval qu'il laissait marcher sans songer à le diriger.

— Orient! disait-il, Orient! je vais te quitter. Seigneur Jésus, donnez-moi le courage d'accomplir ce sacrifice et daignez l'agréer favorablement. O mon brillant soleil, mes belles nuits, ma riche nature, adieu! adieu! Ali rêvera souvent de vous, son esprit se reportera vers vous, son cœur vous aimera toujours. Terre natale, tombeau de mes pères, magnifique Orient, je te pleure et pourtant je ne puis te regretter; je vais où Dieu m'appelle!...

VII.

Le manoir du baron Bertram a repris le mouvement et l'activité d'autrefois. Les archers veillent aux remparts, les jeunes pages prennent leurs ébats sur la terrasse de la grande cour, et une foule d'hôtes, nobles dames, brillants chevaliers, pèlerins et troubadours se succèdent sans relâche dans le castel hospitalier. Messire Bertram en fait seul les honneurs ; damoiselle Jeanne s'est vouée à la retraite et à l'exercice de la charité.

Vainement les chevaliers les plus en renom ont-ils sollicité l'honneur de devenir son époux. A chaque demande, Jeanne oppose un nouveau refus.

— Si vous l'exigez, mon père, j'obéirai, car votre volonté sera toujours la mienne, mais ce sera par force et contrainte. Oh ! laissez-moi, libre de tout devoir d'épouse, m'adonner entièrement à mes devoirs de fille et de chrétienne. Songez que le jour où je quitterai mes pauvres ils perdront leur mère.

En écoutant ces paroles le baron faisait taire l'orgueil du sang, la voix de la nature qui lui répétait sans cesse :

— Ta race s'arrêtera là ; il te serait cependant bien doux de voir grandir autour de toi de nobles et gracieux rejetons, et il se disait :

— Je puis bien renoncer à ce bonheur, puisque j'ai celui, plus grand encore, d'être le père d'une sainte.

Un an s'était écoulé ainsi depuis le retour de Palestine, lorsque le château prit un aspect inaccoutumé. Depuis huit jours de grands préparatifs animaient ses environs ; les serviteurs, les paysans allaient et venaient avec empressement : des voitures lourdement chargées amenaient des provisions et des objets de toute sorte. Le sommelier avait grande besogne ; depuis longtemps les vieilles caves n'avaient reçu pareilles visites. Les bouteilles poudreuses, les lourdes barriques étaient montées à force et disposées d'avance pour satisfaire largement aux besoins d'un grand concours d'hôtes.

Le jour de ce concours était arrivé. Pas une illustre maison de toute la Bretagne, voire même de tout le royaume de France, qui n'y soit représentée, pas une noble dame qui ait hésité à faire plusieurs journées de marche pour s'y rendre, pas un troubadour de quelque renom qui n'y soit accouru.

C'était magnifique à voir que cette immense réunion. C'était admirable que d'entendre le majordome annoncer tous les noms célèbres de la chevalerie de l'époque, et lorsque, après l'évocation d'un de ces noms si souvent répétés par la voix des héraults dans les camps et les tournois, et par celle de la renommée dans tous les pays du monde, on voyait paraître, sur le seuil de la grande salle, un chevalier armé de toutes pièces, sauf le casque, un murmure circulait dans les rangs, respectueux et contenu si le chevalier touchait déjà à la vieillesse, admirateur et bruyant s'il était jeune et beau.

Partout brillaient l'or et les diamants, partout s'étalaient l'hermine et les riches fourrures. Là c'est une dague à la poignée éblouissante ; ici encore les pierreries de l'Orient scintillent au cimier de ce chevalier ; plus loin, les tissus de la Perse s'enroulent en écharpe autour d'un corselet damasquiné en Syrie. Partout enfin le luxe et la richesse révèlent des trophées enlevés à un ennemi plus riche, plus habile dans les arts que les seigneurs d'Occident. Tout, parmi cette brillante noblesse, parle de gloire et de vaillance ; tout et surtout ces nombreuses devises gravées sur les boucliers, brodées sur les écharpes, et dans lesquelles se retrouvent toujours la même pensée, formulée de cent manières différentes : *Dieu, l'honneur et ma dame,* pensée qui résume admirablement la chevalerie tout entière. Triple culte, si je peux m'exprimer ainsi, qui eût été une idolâtrie, si les deux derniers, émanés du premier, ne lui eussent été toujours subordonnés; mais dans le cœur du chevalier, comme dans sa devise, Dieu passait le premier et sa foi était si vive et si forte, qu'elle éclairait, animait et épurait tous ses autres sentiments.

L'heure de la cérémonie qui avait attiré si nombreuse compagnie au manoir de messire Bertram, sonna enfin. Un nombreux clergé, comptant dans ses rangs plusieurs prélats et abbés, sortit de la chapelle; à sa suite marchaient d'abord les moines des couvents voisins, ensuite les nobles invités, puis les hommes d'armes, les serviteurs et les paysans accourus en grand nombre pour prendre leur part de la fête.

A peine la tête de la colonne eut-elle fait quelques pas en dehors du pont-levis, qu'un magnifique spectacle s'offrit à sa vue. Aux deux extrémités opposées de la riante plaine qui se déroulait verte et fertile au pied de la montagne sur laquelle était bâti le castel, s'élevaient deux vastes bâtiments nouvellement construits. Leurs murailles blanches et percées de larges fenêtres, au lieu de ces étroites meurtrières, si tristes à l'œil, en usage à cette époque, les cloîtres spacieux et bien aérés qui les entouraient d'une ceinture d'arcades, leur forme carrée, leurs dimensions, tout était semblable. Chacun d'eux aussi avait son petit clocher sculpté et sa cloche de bronze qui, au moment où nous sommes, sonnait à toute volée. On eût dit deux frères agissant sous une impulsion commune et animés de la même pensée.

C'était deux hôpitaux que le baron Bertram avait fait élever à la prière de damoiselle Jeanne.

A la porte du premier, destiné aux infirmes, aux malades et aux voyageurs, la noble damoiselle attendait la pieuse procession, qu'elle introduisit dans l'intérieur après avoir reçu à genoux une première bénédiction. Cette bénédiction se répéta dans chaque pièce de la nouvelle demeure, dortoir, réfectoire, petite cellule, et fut en dernier lieu donnée en grande pompe dans la chapelle.

Le même cérémonial devait se renouveler dans le second bâtiment, disposé de manière à servir d'asile aux lépreux, déjà en grand nombre dans le pays de France, notamment dans les provinces du littoral. La curiosité animait tous les esprits. Chacun se disait qu'il allait enfin voir le nouveau chrétien, cet Ali, sur lequel tout le monde avait ouï de merveilleux récits, et que bien peu avaient pu entrevoir. Cette attente ne fut pas trompée; Ali remplissait ici le même rôle que Jeanne tout à l'heure.

Sur sa large robe de couleur foncée, Ali portait un ample vêtement blanc, sorte de burnous à peu près semblable à ceux des Arabes de l'Algérie. Ses pieds nus étaient chaussés de sandales de corde; le capuchon de son burnous couvrait sa tête rasée et faisait ressortir, d'une manière admirable, les traits fortement prononcés de son visage, les chaudes nuances de son teint et l'indicible expression de son regard; son aspect était saisissant et le souvenir ne devait jamais s'en effacer de la mémoire. C'était bien le type le plus parfait de l'enfant des déserts, que le christianisme avait perfectionné et régénéré, tout en lui laissant son caractère distinctif d'énergie, de grandeur naturelle et à demi barbare. C'était bien toujours cet Ali prêt à tout sacrifier, à tout vaincre, à tout dompter pour accomplir un devoir ou une promesse, pour aller au bien.

En rentrant au manoir, les hôtes de messire Bertram

prirent place à un splendide banquet, servi avec toute la profusion en usage à cette époque. Ni Jeanne, ni Ali n'y assistèrent. Leur sacrifice et leur renoncement étaient désormais consommés. Bien qu'ils ne fussent liés par aucun vœu, assujettis à aucune règle, leur séquestration était complète et définitive. Leur vie devait s'écouler constamment utile aux malheureux, dévouée au Seigneur. La pieuse chrétienne avait pressenti et devancé les vertus, le dévouement et l'abnégation, dont des congrégations de femmes devaient un peu plus tard donner l'exemple au monde. Ali avait su comprendre et apprécier ce grand et noble exemple; il avait mieux fait, il avait eu le courage de l'imiter. La Bretagne leur devait leur premier hospice, les lépreux leur premier asile.

A la mort du baron Bertram, tous les revenus de ses biens furent consacrés aux pauvres de damoiselle Jeanne. Le manoir perdit ses bruyants convives, ses illustres visiteurs; mais en revanche, il devint le rendez-vous des pauvres de Jésus-Christ, la succursale de l'hospice de la Plaine. Tout le royaume de France retentit du bruit de la charité et des vertus de la *sainte damoiselle* et de celui que, bien qu'il fût un fervent et zélé chrétien, on ne cessa d'appeler le *musulman Ali,* comme pour perpétuer à tout jamais la mémoire de sa merveilleuse conversion.

. . . .

Les chroniqueurs ont longuement raconté cette histoire; le récit en a été conservé dans les archives poudreuses de maint couvent ou castel. Mais elle est restée plus vivante encore au cœur des bons et fidèles Bretons.

Avant la révolution de 1789, le vieux manoir de messire Bertram, quoique abandonné, subsistait toujours; l'antique girouette grinçait encore sur la tourelle féodale, et dans la plaine les deux hospices à demi ruinés offraient encore un abri, pendant l'orage, au voyageur attardé. Le temps avait passé là, comme partout, destructeur et impitoyable; il n'y avait entièrement respecté que deux tombeaux, sur lesquels étaient couchées deux statues de pierre. Il n'était pas un paysan qui passât devant ces tombes sans s'agenouiller quelques minutes.

Il se relevait plein de courage et d'espérance; la *chrétienne* et le *musulman* le protégeaient du haut du Ciel.

Le souvenir des grandeurs et des exploits passe et s'évanouit comme toute chose d'ici-bas; seul le souvenir des vertus chrétiennes ne meurt jamais, parce qu'elles ont leur source non sur la terre, mais au Ciel.

LA
ROSE DE JÉRUSALEM.

LÉGENDE.

I.

Seul dans la vallée solitaire, un pèlerin sans guide et exposé à toute la rigueur du froid, chemine péniblement. Bien souvent, depuis que le soleil s'est couché à l'horizon, sa voix affaiblie a demandé secours et asile; mais telle est la crainte des bohémiens et des bandits qui depuis quelque temps, infestent le beau pays d'Aquitaine, que nul n'a écouté sa demande et pris sa misère en pitié.

Cependant celui qui donne la nourriture à tout ce qui vit sur la terre, abandonnera-t-il un de ses serviteurs?..... Voici qu'à quelques pas de lui brille une lumière; il approche, et de l'intérieur arrive à son oreille une fraîche et pure voix de jeune fille chantant un cantique saint.

Le pèlerin frappe à la porte avec confiance; jamais de douces paroles ne portèrent autant de calme et d'espoir dans une âme découragée.

— Qui frappe? dit une voix effrayée.

— Un ami, un chrétien, qui va mourir de froid et de faim, si votre charité ne lui vient en aide.

— Seigneur Dieu, délivrez-nous de tout danger!

— Mère, faut-il ouvrir? répond d'une voix d'ange la même jeune fille qui vient d'interrompre ses chants.

— Ouvrir! mon bon Jésus! as-tu donc envie d'être brûlée ou écorchée vive par ces Jacques maudits, qui ne laisseront aux honnêtes gens ni paix ni trève, tant que la main de Dieu et celle du roi, notre sire, ne les auront exterminés.

— Par grâce, ouvrez, ouvrez, je me sens mourir!

— Mère, entendez-vous?

— Ruse de brigands, mon enfant, ferme bien les verroux.

— Au nom de Notre-Seigneur mort pour nos péchés sur le Calvaire, ayez pitié de moi!

— Mon Dieu, mère, écoutez ces accents plaintifs?

— Ouvrez, vous dis-je, pendant qu'il est temps encore!

— Mère, mère, si un chrétien allait faute de secours mourir à notre porte, comment au jour du jugement oserions-nous paraître devant le Seigneur?

La vieille femme hésitait, lorsqu'un long et terrible gémissement vint porter l'épouvante dans son cœur comme dans celui de la jeune fille. Elle raviva sa lampe et se dirigea, silencieuse et incertaine, vers la porte. La jeune fille l'avait précédée.

— J'ouvre, n'est-ce pas, mère, répétait-elle d'une voix suppliante, en retirant avec précipitation les lourds verroux et les barres de fer que les troubles du temps forçaient à employer jusque dans la plus pauvre demeure.

La grand' mère avait posé son doigt sur le loquet qui restait seul à lever.

— Je n'ose, sainte bonne Vierge!... ah! comme j'ai grand peur!

L'impatiente enfant lui écarte vivement la main. La porte s'ouvre, et, affaissé sur la marche de pierre qui en forme le seuil, le malheureux pèlerin semble près de mourir.

A cette vue, les deux femmes, animées maintenant de la même ardeur, s'empressent de lui porter assistance.

Quelques minutes après, assis près d'un foyer pétillant, le pèlerin oubliait déjà ses souffrances passées. La bonne grand' mère lui préparait un cordial réputé infaillible pour dissiper sur-le-champ la faiblesse de la faim et l'engourdissement du froid, tandis que la jeune et charmante Thérèse, les mains jointes et les yeux levés au ciel, rendait grâce à Dieu de la salutaire inspiration qu'il lui avait envoyée.

— Vous venez donc de Jérusalem, sire pèlerin?

— Oui, directement de Jérusalem.

— Et vous avez vu le tombeau de Notre-Seigneur?

— Comme je vous vois, ma bonne femme.

— Seigneur Jésus! que vous êtes heureux! Je donnerais bien le reste de ma vie pour avoir le même bonheur!

— J'ai là sur mon cœur un morceau de la pierre du saint sépulcre, un peu de terre du Golgotha et d'autres souvenirs aussi saints de mon pèlerinage, et puis dans cette petite corbeille de palmier que voici soigneusement suspendue près de ma gourde, voyez cette plante verdoyante malgré la rigueur de la saison, ce sont des roses de Jérusalem dont j'ai obtenu un pied à force d'or et d'instances. Je l'aime, cette fleur bénie venue dans une terre arrosée par le sang de Jésus-Christ, comme un père aime son enfant.

Jeanne s'était mise à genoux près du petit rosier qu'elle admirait avec une pieuse vénération.

— Ces roses ne sont-elles donc pas comme celles d'Europe?

— Je n'en ai vu de pareilles autre part qu'au tombeau du Sauveur, et il semble à mon cœur que c'est aux merveilles qui ont immortalisé et sanctifié ce lieu, qu'elles doivent la teinte rouge vif qui les distingue de toutes les autres roses. Jamais avare n'a été jaloux d'un précieux trésor comme je le suis de cette fleur, que le premier je ferai connaître à l'Europe, et que longtemps, je l'espère, je posséderai seul.

Le pèlerin conta ce soir-là bien d'autres merveilles encore, dont la chronique n'a point conservé le souvenir.

Lorsqu'après trois jours passés dans cette humble demeure, il voulut partir pour continuer son voyage :

— Je ne puis rien vous offrir en échange des services que vous m'avez rendus, dit-il, car ici je ne possède rien; mais en mon pays je pourrais vous témoigner, en vous donnant richesse et bonheur, toute ma gratitude.

— Sous le beau ciel de France je suis née et je veux mourir, messire. Ma pauvre chaumière, avec le champ et le jardin qui l'entourent, suffira à Thérèse comme elle a suffi à nos pères et à moi-même. Celui-là qui est sage sait se contenter de peu, et lorsqu'il trouve encore le moyen de faire du bien autour de lui, il est toujours assez riche !

— Et vous, Thérèse, ne désirez-vous rien non plus?

— Si, messire, un don bien grand et bien précieux : une

de ces feuilles à demi-flétries qui tiennent encore à votre rosier de Jérusalem.

Le pèlerin écarta légèrement la terre qui remplissait la corbeille de palmier, et après s'être bien assuré qu'une seconde tige poussée au pied de l'arbuste avait des racines à elle, il la détacha avec la pointe de son poignard, et l'offrant à Thérèse :

— Voici non pas une feuille, mais un jeune pied qui ne peut manquer de pousser vigoureusement, si vous savez le soigner et le diriger.

— Eh quoi! messire, le trésor dont vous êtes si jaloux, vous daignez le partager avec moi. En vérité, je n'ose accepter!...

— Prenez, mon enfant, prenez, soignez-le bien, car un jour peut-être une de ces fleurs pourra vous sauver d'un danger ou d'un besoin.

« Ecoutez-moi et gardez mes paroles dans votre cœur. Je ne puis vous dire qui je suis; j'ai promis au Seigneur de garder le silence sur mon nom jusqu'au jour où je rentrerai dans ma famille; mais si jamais vous aviez besoin d'un défenseur ou d'un ami dévoué, que vous ou un des vôtres se rende sans retard à Aix-la-Chapelle, et qu'un bouquet de roses de Jérusalem à la main, vous vous placiez sur le passage de l'empereur lorsqu'il se rendra à la cathédrale, je serai là, et à ce signe, qui ne pourra me tromper, je vous reconnaîtrai, quelle que soit la foule. Alors mon bras et mon pouvoir ne vous feront pas défaut. »

Il y avait une énergie si imposante dans le ton et le geste qui accompagnaient ces paroles, que Thérèse et sa mère, ne doutant pas qu'elles fussent en présence d'un haut personnage, osèrent à peine répondre aux gracieuses et reconnaissantes paroles d'adieu qu'il leur adressa avant de les quitter.

II.

La nature avait revêtu ses plus beaux ornements de fête pour célébrer dignement le glorieux souvenir de l'Ascension du Sauveur. Toutes les maisons de la vieille cité impériale étaient pavoisées et ornées de banderoles et de riches tapisseries. On se sentait heureux au milieu de cette atmosphère de foi et d'amour, et le peuple, avide d'assister aux saints mystères et de recueillir la parole de Dieu, se pressait en foule aux portes des églises, trop petites en ce jour solennel pour donner accès à tous.

Partout de la joie, partout des fleurs; naguère on pleurait sur des souffrances divines, aujourd'hui on prend part à un événement glorieux, tous les cœurs débordent. Riche ou pauvre, tout le monde a revêtu ses plus belles parures; l'or et le diamant resplendissent au front de la grande dame; le linon, à la blancheur éclatante, voile l'humble beauté de la jeune bourgeoise; la bure ou la grosse toile est la seule parure de la pauvre femme; mais toutes ont eu l'intention de se faire bien belles et toutes le sont, tellement l'allégresse et le contentement du cœur ont d'influence sur la beauté physique.

A voir cet empressement, ces figures joyeuses et animées, on a peine à reconnaître le calme traditionnel, trait distinctif des mœurs germaniques ; l'aspect de la ville offre rarement une telle animation. Le mouvement augmente encore lorsque le bourdon de la cathédrale annonce, de sa voix grave et tonnante, que l'empereur quitte son palais pour se rendre, entouré de sa cour, à l'office du matin.

On se pousse, on se heurte, chacun veut être au premier rang afin de contempler de plus près un noble maître, aimé de tous parce qu'il est le père et le protecteur naturel de tous.

— Vive, vive notre très gracieux empereur ! crie-t-on avec enthousiasme de toutes parts.

La noblesse de la démarche, la pompe des vêtements, la beauté du corps, se réunissent pour distinguer au milieu des seigneurs qui l'entourent le chef de l'empire. Tout l'orgueil du vieux sang germain brille sur le front des seigneurs de son escorte. Ici c'est le duc de Saxe qui marche la main fièrement appuyée au pommeau de son épée ; là l'électeur de Brandebourg, au visage noblement balafré par le fer des infidèles ; plus loin le duc de Bavière, fier de sa jeunesse et de sa vaillance ; puis encore les princes du sang, les nobles barons, les comtes de l'empire et les grands dignitaires de la cour.

Certes, c'était un magnifique spectacle à contempler, et le peuple était enorgueilli de tant de splendeur et de noblesse, dont l'éclat rejaillissait sur lui et faisait sa gloire en même temps que sa grandeur et sa force. Au moment où la tête du cortége atteignait les premiers degrés de la cathédrale, deux femmes, écartant tous les obstacles, se présentent en face de l'empereur. Une d'elles porte, attachée au corsage de sa robe, une rose aux teintes de pourpre, et à la main une autre rose semblable.

— Oh! ma mère, le pauvre pèlerin, c'était..... non, je ne me trompe pas..... c'était l'empereur!

Et la jeune fille, tremblante d'émotion, n'ose ni avancer ni faire un signe pour se faire reconnaître.

Mais Dieu qui dirige toutes les choses à l'avantage de ceux qui mettent leur confiance entière en lui, Dieu fait tomber un regard de l'empereur sur la rose rouge.

Une rose de Jérusalem! s'écrie-t-il.... et il ajoute au même instant : Thérèse, c'est Thérèse !

Et pour faire plus d'honneur à deux pauvres femmes, le cortége impérial s'arrête; l'empereur s'avance vers elles, les conduit à l'impératrice, près de laquelle il veut qu'elles prennent place.

Et tout bas dans la foule on se dit :

— Ce sont les deux femmes d'Aquitaine qui ont recueilli et sauvé du froid et de la faim notre gracieux seigneur, alors qu'il s'en revenait de Palestine où il était demeuré longtemps prisonnier des Sarrazins.

III.

Le bruit des toasts énergiques se mêle aux bruits de la foule, aux acclamations joyeuses du dehors. Dans les salles du palais, les seigneurs réunis dans un grand festin se réjouissent avec l'empereur; sous le péristyle et dans les vastes cours, des barriques entières de vin et de bière allemande sont défoncées et distribuées au peuple!

Dès que le cérémonial germanique le lui permet, l'empereur quitte la table du festin et vient retrouver Thérèse et sa mère, qui, auprès de l'impératrice, traitées avec les plus grands honneurs, attendent qu'il puisse à son tour les entretenir.

— Ah! sire, pourrez-vous jamais nous pardonner notre manque d'égards, notre familiarité?

— Pourrez-vous oublier que vous prenant pour un *Jacques*, j'hésitai si longtemps à vous donner asile?

— Sur mon âme, je me souviendrai toujours que sans votre généreuse hospitalité, j'allais passer de vie à trépas. Vive Dieu! lorsqu'on sait rendre son existence quelque peu utile à sa patrie, ce sont des souvenirs qu'on n'oublie pas! Mais quels motifs, après trois ans de silence, vous ont décidées à venir enfin me retrouver?

— De bien grands malheurs, sire.

— Dites plutôt que c'est la main de Dieu, pour vous récompenser et vous assurer jusqu'à la fin de vos jours bonheur et abondance.

— Hélas! sire, il y a trois mois de cela; c'était par une nuit de vent et de neige, comme celle où nous vous entendîmes frapper à notre humble porte. Une bande de *Jacques*, ivres de sang et de pillage, s'en revenaient d'un couvent voisin qu'ils avaient dévasté et incendié; ils s'arrêtèrent devant notre chaumière.

— Essayons si nos torches mordraient dans cette toiture de paille aussi bien que dans les poutres de chêne du vieux cloître, s'écria l'un d'entre eux.

A cette proposition toute la troupe infernale bondit de joie, cent torches sont lancées à la fois, et de tous côtés aussitôt siffle le feu et tourbillonne la flamme.

Vainement j'implore leur pitié.

— Enfermons la sorcière dans sa tanière, en attendant qu'elle aille rôtir toute vive dans les cuisines du sabbat, répondent à ma prière des voix impitoyables et railleuses.

Cependant Dieu veillait sur nous. Parmi ces hommes il en était un que Thérèse avait sauvé, en lui donnant asile un jour que condamné et poursuivi, il fuyait les atteintes de la justice. Cet homme ayant conservé le souvenir du bienfait, parvint à éloigner ses compagnons, et, nous ouvrant un passage au péril de sa vie, il nous fournit ainsi un moyen de salut.

Sans asile, sans ressources, n'ayant préservé de la fureur de l'incendie que notre précieux et bien aimé rosier de Jérusalem, nous songeâmes à vos bonnes paroles, à vos bonnes promesses. Alors nous prîmes à pied et en mendiant, la route d'Aix-la-Chapelle. Nous avons marché bien longtemps, souvent je me suis arrêtée, désespérant de pouvoir aller plus loin, mais le désir d'assurer une protection à ma chère Thérèse, que je laisserai bientôt seule sur la terre, a chaque fois ranimé mon courage.

— O grandeur et puissance de la protection divine! Le Ciel vous a envoyé le malheur afin qu'il servît de moyen à tout le bonheur dont vous allez jouir; il a eu recours à une simple fleur pour servir d'instrument à ses bontés éternelles et récompenser le dévouement, l'abnégation et la charité d'une jeune fille.

IV.

La vieille grand'mère vécut encore longtemps comblée
des bienfaits de l'empereur, et après sa mort Thérèse, en-
noblie et richement dotée, épousa un des grands dignitaires
de l'empire, qui, à l'occasion de son mariage, ajouta à ses
armoiries trois roses épanouies, afin que le souvenir ne se
perdît jamais chez ses descendants, de la *rose de Jérusalem*.

La famille et l'écusson existent encore dans la vieille Allemagne, et les arrière-petits neveux de Thérèse aiment à
redire l'histoire que nous venons de raconter. Puisse aucun
d'entre eux n'oublier jamais qu'un bienfait rendu est la plus
sûre et la plus grande bénédiction appelée sur une famille,
et que Dieu ne fait jamais défaut à celui qui sait s'oublier
lui-même et, au risque des plus grands dangers, secourir la
souffrance, alléger le malheur.

Si donner aux pauvres c'est prêter à Dieu, assister et
servir ceux qui souffrent c'est assister et servir Dieu lui-
même.

27 NOVEMBRE 1226.

I.

L'airain sacré appelle le peuple dans le temple du Seigneur. Un sentiment de regret, mêlé d'espoir, répand sur cette journée une teinte solennelle et pieuse qui pénètre l'âme et la fait tressaillir. Il semble qu'au-dessus de ce recueillement populaire plane une cohorte céleste, dont les doux chants d'amour et d'allégresse arrivent faibles et indistincts à la terre.

— Hosanna ! hosanna ! répètent tous les cœurs avec elle, et cependant la tristesse est grande, tous les fronts sont douloureusement inclinés. Le peuple que n'a pas égaré l'erreur et l'ambition est juste et bon appréciateur des vertus de ceux qui le gouvernent. Or, le peuple pleure; il vient de perdre un grand roi. Montpensier a vu mourir le *Lion pacifique.*

Et au milieu de sa douleur, le peuple élève vers le ciel d'ardentes prières. Sur son lit de mort, Louis VIII a désigné

la reine pour régente du royaume, et au moment de tomber
sous la domination d'un enfant et d'une femme, la France
tremble.

Oh! si l'un de tes fils, ô ma patrie! saisi tout-à-coup de
l'esprit prophétique, eût pu te montrer l'avenir, tu te serais
réjouie, et avec les anges tu aurais entonné ton plus beau
cantique. Cet enfant, c'était saint Louis! Cette femme, c'était
Blanche de Castille!

Saint Louis, Blanche, noms à jamais saints et immortels,
que la calomnie n'a pu ternir, et dont le souvenir fait encore
vibrer tous les cœurs vraiment français!

II.

Les cloches continuent de sonner, de grave et triste qu'elle
était, leur voix s'est faite brillante et joyeuse : l'Église veut
oublier qu'elle doit prier sur un cercueil, pour ne se ressouvenir en ce moment que des bénédictions qu'elle doit appeler
sur un front d'enfant.

A ces mots murmurés dans la foule :

— La reine! le roi! le peuple se hâte. En effet, les portes
du palais archiépiscopal viennent de s'ouvrir, et la reine
Blanche est apparue sur le seuil, tenant le jeune Louis par
la main.

Les litières de la cour sont là qui attendent; la reine
refuse.

— Mais, lui dit-on, au milieu de cette affluence de populaire, le jeune roi peut craindre...

— Au milieu de Français, le roi mon fils ne craint rien. Il ne veut d'autre bouclier et d'autre égide que l'amour de son peuple.

A ces mots, qui se répètent de proche en proche, les acclamations éclatent de toutes parts, et partout le peuple s'incline et reçoit à genoux, comme une bénédiction du Ciel, les saluts gracieux que le jeune Louis distribue sur son passage.

La journée qui s'était levée triste et brumeuse, s'éclaire tout-à-coup, un brillant soleil prête ses rayons à cette fête nationale; et, à l'aspect de ce sourire de la nature, tous les cœurs, devinant d'instinct ce que leur réserve l'avenir de ce règne qui va tout-à-l'heure s'ouvrir sous l'œil de Dieu, oublient les craintes qui les assaillaient naguère, et la faiblesse d'une femme, et l'ambition des partis, et les querelles des seigneurs.

— Vive, vive Louis IX! s'écrie la foule, avec un de ces enthousiasmes vrais et sincères qui ne peuvent être que l'expression d'un sentiment profond et inaltérable.

Le jeune prince mêle sa voix à toutes ces voix :

— Vive la France et bonheur à mon peuple! dit-il avec émotion, en découvrant son jeune front.

III.

Un trône était élevé au milieu du chœur de cette vieille basilique dont un des priviléges les plus précieux était de voir, sous ses voûtes majestueuses, les fils de France

s'incliner princes et se relever rois, par la puissance de la
consécration divine. Devant le trône, des prie-Dieu attendaient la reine et son fils.

A droite s'appuyait le comte de Boulogne, Philippe, frère
de Louis VIII et son exécuteur testamentaire.

A gauche était Jean de Brienne, puis Hugues IV, duc de
Bourgogne, jeune homme de quatorze ans à peine, dont la
figure d'enfant contrastait singulièrement avec le costume
guerrier et les traits mâles et brunis au soleil d'Orient du
roi de Jérusalem. Puis encore c'était la comtesse de Flandre
et la comtesse douairière de Champagne, représentant, l'une
son époux prisonnier, l'autre son fils absent ; les comtes de
Dreux, de Blois et de Bar, trois nobles frères de l'illustre
maison de Coucy ; un grand nombre d'évêques, des seigneurs,
des guerriers, et dans la nef toute cette foule de peuple que
nous voyions tout à l'heure proclamer son jeune souverain
dans les rues de la cité.

Cependant la reine et son royal fils avaient pris place ; la
physionomie de Blanche s'obscurcit en remarquant l'absence
des pairs du royaume ; parmi eux, le seul duc de Bourgogne
était présent.

Un coup-d'œil qu'elle jeta sur le cardinal de Saint-Ange,
dont le dévouement et les talents l'avaient surtout guidée
dans cette difficile occurrence, joint à une fervente élévation
de son âme vers Dieu, lui rendit toute sa sérénité.

Louis n'avait que onze ans et demi, mais il était robuste
et bien pris en sa taille, et son esprit et son intelligence,
nourris aux sources pures de la tendresse et des vertus
maternelles, étaient déjà grands et forts.

A ces paroles qui commencent la messe : *Ad te levavi*

animam meam, l'enfant se sentit soudain grandir, et de toute la puissance de son cœur il fit monter vers le ciel ces mots de l'Écriture, et ne cessa de les répéter pendant toute la cérémonie. Dieu accueillit cette âme qui voulait se donner à lui, et lui envoya son esprit pour le vivifier et le conduire toujours.

Le moment solennel du couronnement était arrivé, les cloches et les chants sacrés avaient fait silence, on n'entendait dans la vaste enceinte que les pas du Pontife s'avançant solennellement vers le trône. Tout-à-coup, au milieu de ce silence, éclata un faible sanglot étouffé aussitôt par une volonté déjà énergique, et l'on vit le royal enfant trembler sous le contact de la couronne d'or, on vit ses yeux se mouiller de larmes, son cœur palpiter dans sa jeune poitrine, et tout son être s'absorber un instant dans un recueillement si vif, si entier, qu'il semblait à tous qu'une auréole céleste glissait sur son front en même temps que le diadème terrestre.... Et au même moment aussi s'accomplissait dans cette âme privilégiée une révolution : par une intuition mystérieuse l'enfant avait à jamais disparu, il n'y avait plus là qu'un roi, qu'un saint!

Les paroles du Pontife furent nobles et sublimes comme sa mission. Au nom du Père, du Fils et du Saint-Esprit il avait sacré le monarque. Au nom du même Dieu, au nom de l'Eglise, au nom de la France, il appela sur lui la sagesse, la gloire et le bonheur. Puis il prononça la formule du serment. En écoutant la voix de Louis, en entendant cette accentuation forte et craintive à la fois, cette émotion frémissante qui faisait trembler chaque syllabe et communiquait à tous les cœurs les impressions profondes du cœur du roi, l'assistance fut frappée d'étonnement. Quelle âme Dieu avait-il donc donnée à ce corps d'enfant?

Sous l'impression d'un juste et pieux orgueil, la reine enveloppait d'un regard d'amour ce fils objet de tant de soins, de tant d'alarmes, et dont son cœur de mère admirait au-dessus de sa royale destinée, de sa précoce beauté, la piété et la raison.

Malgré le respect dû au saint lieu, un murmure d'amour parcourut la foule, et si le peuple n'osa laisser éclater ses transports, du moins au mouvement de toutes les lèvres était-il facile de voir que la même pensée s'élevait de tous les cœurs.

— Amour, fidélité et dévouement à notre roi!

Et lorsque le cortége royal défila devant les stalles du chœur, le cardinal de Saint-Ange s'adressant à la reine :

— Dieu protége la France, lui dit-il, votre fils saura être roi !

IV.

La parole du légat fut parole de vérité. Dieu protégeait la France et était avec Louis et avec Blanche de Castille. Tous les orages vinrent se briser à leurs pieds, et, malgré la ligue formidable que les princes mécontents et les seigneurs ambitieux formèrent autour d'eux, la France put enregistrer à la plus belle page de ses annales, cette date à jamais glorieuse et bénie :

27 novembre 1226.

Mon Dieu ! je vais mourir !

NOTRE-DAME-DES-NEIGES.

LÉGENDE.

I.

— Il fait froid, j'ai peur, et je ne puis quitter ce lieu désert, car je n'ai plus la force de me soutenir. La nuit arrive;... mon Dieu! je vais mourir comme l'année passée est mort mon petit frère : de froid et de faim..... O sainte Vierge Marie, vous qui êtes la mère des enfants qui n'ont plus de mère ici-bas, protégez-moi comme les mères de la terre protégent leurs petits enfants!

Ainsi parlait un jeune orphelin, couché sur la neige du sentier. Pauvre enfant, courage, celle que tu implores n'abandonna jamais les malheureux!

Un bruit léger soudain a retenti ; l'enfant soulève péniblement sa tête qu'alourdissent déjà les premières atteintes du dernier sommeil. Il écoute ·.... c'est bien la neige qui grince en s'affaissant sous un pied d'homme.

Et l'enfant bientôt entend, mêlé à ce bruissement de neige,

une voix qui murmure : *Ave Maria!* et cette parole consolante et bénie ranime tout son être, et il répète avec joie : *Ave Maria!*

Ave Maria! car il est sauvé. Le voyageur est un saint religieux qui recueille l'orphelin, l'enveloppe dans les plis de sa robe de bure et le conduit au couvent voisin.

II.

Et l'enfant grandit; et dans son cœur et sur ses lèvres se retrouve sans cesse cette suave parole : *Ave Maria!* Et la Vierge sainte qui l'entend, purifie son cœur et imprime sur son front le sceau immortel du génie.

L'enfance a fui bien loin. L'orphelin est un homme. Sa main puissante pétrit l'argile, façonne le marbre et enfante des chefs-d'œuvre. L'enfant de Marie, l'élève du bon moine, est devenu un artiste fameux.

Cependant un projet mystérieux absorbe sa pensée, et un travail secret sillonne son front de rides précoces.

Un jour enfin, jour de sublime et pur triomphe, le mystère de tant de veilles et d'efforts est révélé. Devant une réunion nombreuse et choisie, devant tous les bons pères du couvent, le voile qui couvrait le chef-d'œuvre se déchire, et, aux yeux éblouis de tous, apparaît la Reine du ciel, éclatante de beauté et de majesté.

Pour qui sera cette œuvre merveilleuse? Quel prince de la terre assez riche pour l'acheter? Aucun, car l'enfant de Marie ne l'eût point créée aussi parfaite, s'il n'eût travaillé pour sa mère, pour elle seule!...

III.

En vain les riches cathédrales, les royales chapelles briguent-elles à l'envi l'œuvre sublime; l'artiste veut bien qu'on l'admire, mais il ne consent à la céder à personne.

— Laissez-lui prendre place au rang des merveilles de l'art; nouveau Capitole, le Vatican lui est ouvert, lui disent ses amis, ses disciples. Mais dédaigneux de ce triomphe :

— Je veux pour elle, répond-il, un piédestal plus haut.

Et un jour les portes du couvent font place à un cortége solennel. La Vierge de marbre, portée sur une litière magnifique, semble sourire à tous sur son passage, tandis que sa main bénit et console.

L'artiste la suit, portant un cierge en main, et après lui marchent tous les bons religieux, leur abbé en tête. Où va la pieuse cohorte, la sainte milice; où va ce flot populaire qui l'escorte en silence et avec recueillement?...

Honneur à l'artiste! la gloire ne lui a point fait oublier le bienfait, l'enivrement des triomphes n'a pas éteint la reconnaissance. Il se souvient toujours et il veut éterniser son souvenir.

IV.

Dans le sentier solitaire, la neige comme autrefois est aujourd'hui amoncelée; mais l'orphelin qui pleurait a fait place à l'homme qui bénit. Les plaintes de l'enfant se sont transformées en un *Te Deum* solennel, et ce n'est plus une voix plaintive qui murmure *Ave Maria,* mais des voix nombreuses qui le chantent en chœur.

— *Ave Maria!* Reine du ciel, mère de l'orphelin, consolation de l'affligé, je te salue. O douce madone, que ton nom soit à jamais béni? Puisse cette image inspirer ton amour, révéler ta puissance, et alors, mais alors seulement, je pourrai m'écrier avec un saint orgueil : — J'ai fait un chef-d'œuvre !...

Et lorsque la foule toujours recueillie s'éloigna du sentier, la Vierge, elle, y demeura comme un ex-voto sublime, ou plutôt comme une vivante protectrice, intermédiaire saint entre la Mère de Dieu, pleine de gloire au ciel, et les enfants des hommes.

Et les basiliques des grandes cités purent envier au sentier jadis ignoré et aujourd'hui devenu un pieux pèlerinage, la Vierge célèbre, honorée par les simples villageois et les fervents religieux sous ce nom caractéristique et si naïvement sublime : *Notre-Dame-des-Neiges !*

V.

Les frimas et les neiges, les vents brûlants de l'été et la froide bise des hivers, ternirent rapidement le poli du marbre, altérèrent son éclatante blancheur. Lorsque à chaque année de sa délivrance, l'artiste célèbre venait, reconnaissant pèlerin, apporter un cierge et une prière à Notre-Dame-des-

Neiges, ses amis, ses élèves lui faisaient remarquer ces altérations en les déplorant.

— Laissez, répondait-il, laissez sans regret le temps imprimer à mon œuvre son cachet d'inévitable grandeur. Qu'importe que ses contours perdent de leur suavité! Ne sera-t-elle pas toujours la même Notre-Dame vénérée, avec cette différence qu'elle dira en caractères que nul ne saura méconnaître, le néant et la vanité de toutes les choses d'ici-bas, que la puissance de Dieu, par les mains du temps, sait toujours bien atteindre.

Mon œuvre passera. La fureur des éléments la rendra informe et méconnaissable. Mais ce qui ne passera pas, ce sera la puissance de Marie, son amour pour les hommes. Elle sera toujours la providence de toutes les douleurs, de toutes les souffrances. Égide du soldat, ressource du faible, conseil du puissant, son nom sera la sauvegarde et la force du monde: *Ave Maria!*

L'œuvre sainte est demeurée debout. Elle a résisté au temps, elle a résisté aux révolutions, moyens destructeurs plus sûrs et plus rapides que le temps, dont le Seigneur se sert au jour de sa colère! Elle est toujours debout, dominant le sentier, la vallée, et appelant à Dieu les brebis égarées qui passent à ses pieds.

— *Ave Maria!* soyez bénie Notre-Dame-des-Neiges!

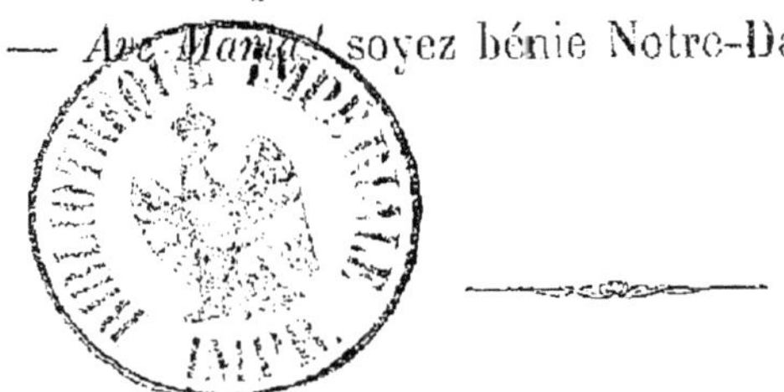

UNE

COURONNE DE ROSES.

NOUVELLE.

I.

Deux jeunes filles penchées au petit balcon de la tourelle de l'ouest d'un antique manoir, contemplent le coucher du soleil qui disparaît à l'horizon, joyeusement escorté de beaux nuages empourprés.

L'une de ces jeunes filles, blonde enfant au pâle et doux visage, semble absorbée dans son admiration. L'expression de son regard annonce qu'en présence des merveilles de la création, elle reconnaît et adore la puissance et la merveilleuse bonté du Créateur.

Sa compagne, frappe d'un pied mutin la large dalle du balcon; ses doigts froissent avec impatience les longues barbes de sa coiffure de dentelle, et ses grands yeux noirs se détachent souvent du tableau magnifique, qui ne peut cependant captiver toute son attention, pour se porter sur l'étroit sentier qui sillonne la montagne au pied de la tour.

Soudain sa figure s'épanouit, elle pousse un cri de joie; un cavalier vient d'apparaître à l'extrémité du sentier! Un mantel de velours remplace l'armure d'acier du chevalier; une toque au long panache laisse échapper les boucles soyeuses d'une abondante chevelure; une épée frêle et mignonne annonce une arme de parade plutôt qu'une arme de combat; enfin, un luth suspendu à l'arçon de la selle ne laisse aucun doute sur la qualité et la profession de l'étranger.

— Dieu soit loué, ma sœur, voici venir un troubadour!

— Alice! Alice! vous songez trop à vous réjouir. Convient-il donc à une damoiselle qui vient de perdre l'appui et le guide de sa vie, sa mère, de rechercher ainsi la distraction et le plaisir?

— Parce que vous êtes parfaite, Jeanne, il faudrait que je la fusse aussi; je le voudrais, mais hélas! je ne le puis. A vos calmes désirs suffisent les joies tranquilles du foyer domestique, tandis que mon esprit inquiet et mobile, sans cesse à la recherche de pensées nouvelles, s'élance bien loin au-delà de cet horizon étroit qui limite notre existence. Vous, vous vivez de la vie qui vous entoure : moi, je ne vis que par la pensée.

— Dites plutôt, ma sœur, que je vis réellement, et que vous vous rêvez sans cesse.

— Appelez mes pensées des rêves, j'y consens. Mais un jour, je n'en saurais douter, elles deviendront des réalités, et alors je serai bien heureuse.

— Prenez garde, Alice, que cette vie d'héroïne que vous désirez ne vous soit plus tard une source de larmes intarissable. Croyez-moi, il y a plus de gloire et de bonheur à être une bonne et douce fille, une digne épouse, une tendre mère, qu'il n'y en saurait avoir à soulever autour de soi les applaudissements et l'étonnement du monde, ou à devenir le sujet des ballades et des chants des troubadours.

— Est-ce là sérieusement votre pensée, Jeanne? Croyez-vous donc qu'il y ait du mal à rêver mille projets pour l'avenir?

— Du mal, je l'ignore; mais à coup sûr il y a du malheur, beaucoup de malheur à attendre pour l'avenir. Que feras-tu, pauvre enfant, le jour où le devoir et la famille feront appel à toute la force, à toute la puissance de ton énergie. Cette énergie, usée par les émotions factices que t'aura procurées le travail de l'imagination, te fera défaut. Ton âme, préparée à des événements en dehors de la vie ordinaire, se trouvera sans défense et sans armes pour lutter dans le danger, pour soutenir l'épreuve, et parce que tu auras occupé ton cœur de rêves impossibles, il sera inhabile aux pures et saintes affections de la famille.

— L'histoire des femmes ne compte-t-elle donc pas de nobles et grandes pages? N'y rencontre-t-on pas d'héroïques actions, d'illustres dévouements?

— Je crois que les femmes dont le renom est à envier et la gloire à désirer sont celles qui bien loin d'aller au devant des événements qui les ont illustrées, se sont trouvées surprises par eux après y avoir été préparées par l'exercice des vertus domestiques. La femme ne peut être conduite que par la main de Dieu dans une voie exceptionnelle; elle ne saurait sans danger et sans crime s'y lancer elle-même.

Ces paroles de Jeanne furent interrompues par l'appel du cor, qui annonçait la présence d'un visiteur devant la grande porte.

— En l'absence de notre père, nous sommes maîtresses en ce manoir; allons, ma sœur, allons recevoir dignement notre hôte.

— Soyez prudente, Alice, et devant un étranger ne laissez point trop paraître l'exaltation de votre esprit. Songez à la devise favorite de notre bonne mère : « Le silence et la modestie sont les plus précieuses vertus d'une jeune fille. »

II.

Dans la salle des chevaliers, la lampe d'argent posée sur une petite table sculptée prête une douce clarté aux travaux des deux sœurs qui brodent avec ardeur les armoiries de leur maison aux extrémités d'une écharpe d'azur. Elles se hâtent, car le noble baron leur père doit arriver après une longue absence, et elles veulent la lui offrir à son retour, comme gage de tendresse et de souvenir.

La croisée ouverte laisse entrer le parfum des fleurs, le murmure du vent dans le feuillage et le doux chant des oiseaux. Le chapelain vient de terminer une pieuse lecture, chacun médite silencieusement.

Assis près des deux sœurs, le jeune troubadour admire la gracieuse adresse de leurs jolis doigts et la perfection de la broderie.

— Il n'a jamais vu, dit-il, nobles châtelaines ouvrer si bien l'or et la soie.

— Si vous n'avez pas connu de dames nous égalant sur ce point, vous en avez rencontré dont la vie plus agitée que la nôtre a dû fournir à votre talent maint sujet de lais ou de sirventes; vous plairait-il, messire troubadour, de nous faire juger de votre talent?

Blanche ayant ajouté à ces paroles d'Alice un geste d'assentiment, le troubadour accorda son luth. Il chanta la puissance et la magnificence des comtes de Toulouse, ces Médicis de la France; il dit les richesses et la gloire de la noble cité, célébrant à la fois la vaillance de ses chevaliers, la beauté de ses femmes, la probité et la science de ses capitouls et le talent de ses troubadours.

Il trouva de poétiques accents, de sublimes inspirations pour décrire les fêtes brillantes du Collége du gai-savoir, les bienfaits de Clémence Isaure et la gloire de ceux qui savaient cueillir la violette d'or ou l'églantine d'argent.

Alice, toute palpitante sous la puissance de ces paroles, avait laissé tomber sa broderie et l'écoutait avec enthousiasme.

— Heureux, heureux, s'écria-t-elle, les poètes et les guerriers pour qui la victoire tresse des couronnes!

— Les poètes et les guerriers, noble damoiselle, ne sont pas les seuls qui puissent aspirer aux honneurs du triomphe. Raymond nous a donné mission de dire aux nobles et gentes damoiselles qu'à l'occasion du tournoi qui va réunir à Toulouse les plus illustres chevaliers de la langue d'Oc, une couronne de roses sera décernée à la plus belle, en même temps que la couronne de lauriers sera offerte au plus brave.

L'œil noir d'Alice brille à ces mots, et il fallut l'autorité d'un geste de reproche que lui adressa Blanche pour arrêter une exclamation prête à s'échapper de ses lèvres.

Le troubadour reprit ses chants, il raconta de touchantes histoires, de féeriques légendes; mais elle ne l'écoutait plus, elle pensait à la couronne de roses. Ses doigts distraits ne savaient plus mêler l'or à la soie dans les savantes combinaisons de la broderie, et parfois son aiguille, à demi tirée, restait immobile dans ses mains : c'est qu'elle rêvait, elle voyait la couronne de beauté se poser sur son front rougissant; elle entendait les acclamations de la foule, les éloges des chevaliers; elle assistait à toutes les phases de son triomphe. Puis sa pensée se détournant brusquement du résultat, rêvait des moyens à employer, des couleurs qui siéraient le mieux à son teint et à sa taille... Pauvre, pauvre Alice!

III.

Malgré les instances de Blanche, malgré le souvenir encore si poignant d'une perte douloureuse, Alice triomphe, et le baron cédant au désir de son enfant chérie, a consenti à la conduire au tournoi de Toulouse. Les Lombards les plus célèbres par leur talent d'orfèvres, les marchands d'étoffe les plus en vogue, ont été mis à contribution, et jamais beauté de jeune damoiselle ne resplendit sous de plus riches parures; aussi, avec quelle joie Alice fait ses préparatifs! Blanche au contraire est triste et inquiète; sa sœur obtiendrat-elle ce triomphe qu'elle ambitionne, et, s'il lui est refusé, quelle déception! Alice est belle, nul mieux qu'elle ne le reconnaît; mais tant d'autres femmes aussi belles qu'elle lui disputent le prix! D'ailleurs, elle est effrayée de ce désir de briller, de cet amour de l'éclat et du bruit que son cœur ne comprend pas et que désavouent ses principes. Il lui semble qu'une jeune fille doit craindre de quitter sa retraite, surtout lorsqu'elle n'a plus pour la protéger et la guider l'égide protectrice d'une mère. — Restons, ma sœur, restons, il en est temps encore, répète-t-elle à sa sœur au moment du départ, alors que les chevaux piaffent dans la cour d'honneur, que les pages, en vêtements neufs, font retentir l'air de leurs cris de joie, et que les gens d'armes, richement équipés, déploient au vent la bannière seigneuriale.

— On n'attend plus que nous, Blanche, partons!

Et l'impatiente jeune fille, appuyant sa petite main soigneusement gantée sur l'épaule d'un page, s'élance sur le beau palefroi blanc qu'on lui a amené au pied de l'escalier. Blanche l'imite à regret, et, placées toutes deux aux côtés du baron, elles franchissent le pont-levis, précédées et suivies d'une troupe brillante et joyeuse.

IV.

Jamais Toulouse n'avait vu une plus grande affluence en ses murs. Toute la noblesse de la langue d'Oc, toute celle de France s'y étaient donné rendez-vous. Les rives du Tibre, les bords enchanteurs de l'Arno, les sombres montagnes et les

plages magnifiques de la vieille Ibérie, avaient voulu y être
représentés par l'élite de leur chevalerie; tous les blasons de
la chrétienté y brillaient de leur noble et pur éclat. Tel
écusson germain venait s'y heurter contre un écusson méridional, étonnés de se rencontrer tous deux si loin de leur
patrie. Les chevaliers se considéraient d'abord avec surprise
et bientôt se reconnaissaient l'un l'autre : ils se souvenaient
de s'être déjà vus en Palestine et s'embrassaient avec effusion.
Prestige et pouvoir de cette grande unité catholique, devant
laquelle disparaît toute différence de nationalité, de mœurs
et de langage, pour faire place à une simple et sublime
fraternité.

Jamais aussi les nobles châtelaines ne s'étaient entourées
d'autant de luxe et de splendeur; bien qu'aucune n'avouât
qu'elle espérait obtenir la couronne de roses, il était aisé de
voir que chacune y prétendait.

Les joûtes durèrent neuf jours, pendant lesquels la lice
fut ouverte à tout venant. Bien des lances y furent brisées,
bien des vainqueurs y furent vaincus à leur tour. Seul, un
chevalier à tournure martiale, à l'épée invincible, résista à
tous ses adversaires, sans que sa vaillance et son bras fail-
lissent jamais. Comme son écu ne portait d'autre signe distinctif qu'une croix sur un champ d'azur et qu'il n'avait point
dit son nom, on l'appelait le *chevalier de la Croix*. Ce nom
était dignement porté et bien mérité, car il était évident, en
voyant son cheval arabe harnaché à la turque, l'acier de son
armure bruni par le soleil de la Syrie, et les perles de l'O-
rient briller à la poignée de son épée et s'enrouler autour de
sa chaîne d'or, il était évident que, noble champion du
Christ, il arrivait depuis peu de Palestine.

Lorsque toutes les voix, d'accord avec celles des juges du camp, l'eurent proclamé vainqueur; lorsque, incliné sous l'estrade de la comtesse de Toulouse, il eût été couronné par elle, alors les hérauts annoncèrent à la noble assemblée que l'heure était venue de décerner à son tour la couronne de roses.

Un frémissement de crainte et d'espoir parcourut les galeries; les femmes dissimulèrent leurs émotions sous leur plus doux sourire, et, le cœur tout palpitant, elles attendirent.

Il avait été facile de désiguer le plus brave, il fut impossible de proclamer la plus belle : c'est que la bravoure, comme la vertu, comme le savoir, se reconnaît à ses œuvres, tandis que la beauté, fragile don de la nature, est appréciée par chacun suivant ses impressions et ses goûts.

Chaque chevalier qui avait rompu une lance avant d'être vaincu avait droit de donner sa voix.

Plusieurs fois Alice entendit son nom s'élever au milieu de mille discussions. D'une main frémissante elle saisit le bras de sa sœur :

— Entends-tu, Blanche, murmure-t-elle à son oreille, entends-tu? Oh! la couronne! la couronne!

Puis un autre nom succédait au sien; son front pâlissait, et derrière le sourire qui crispait ses lèvres on devinait un soupir.

Chaque minute, en faisant surgir un nom nouveau, rendait une décision plus difficile, lorsqu'un incident inattendu fit succéder au tumulte le silence et l'étonnement.

La couronne de roses était posée sur un coussin de velours, et au-dessus une banderolle qu'agitait le vent portait ces mots : *A la plus belle*. Or, pendant l'animation de la discussion, l'inscription avait été changée, la banderolle portait : *A la vertu*. Une acclamation approbative accueillit ce changement, malgré les murmures des femmes qui espéraient la palme de beauté.

Le *chevalier de la Croix*, debout à côté de la couronne, prit la parole : — Qu'est-ce que la beauté? s'écria-t-il d'une voix forte et persuasive. — Un don du ciel que nous n'avons rien fait pour mériter et qui est entièrement indépendant et de notre volonté et de nos efforts. Est-il donc juste de couronner une femme pour un avantage qui ne lui a coûté pour l'obtenir ni soins, ni travail, et que peut-être elle ne mérite pas? — Qu'est-ce, au contraire, que la vertu, cette beauté de l'âme mille fois plus précieuse que la beauté du corps? — C'est encore un don du ciel, mais un don qu'il n'octroie qu'à celle qui sait le gagner au prix de pénibles sacrifices, de glorieux combats, de nobles dévouements. La beauté séduit, la vertu attache. La beauté fait espérer le bonheur, la vertu le donne. La beauté, c'est le premier rayon du soleil qui réjouit la terre; la vertu, c'est le feu brûlant qui la réchauffe et la vivifie. La beauté est l'œuvre de Dieu; la vertu est l'œuvre de l'homme sous l'œil et avec l'aide de Dieu. La beauté est éphémère et périssable, un souffle la flétrit, un orage l'effeuille et la fait disparaître; la vertu est immortelle, émanée d'un souffle divin elle doit retourner à Dieu, source éternelle où elle a été puisée, et durer autant que lui. Admirons donc la beauté comme nous admirons toutes les œuvres de la création ; mais ne nous inclinons que devant la vertu qui seule, après Dieu, mérite nos hommages. Que cette couronne, que vous aviez destinée à la plus belle, orne le front de la plus vertueuse. Je suis sûr que votre indécision disparaîtra aussitôt, car s'il est difficile de s'entendre sur un point où tout est convention, et par conséquent où tout est discutable, la vertu répand autour d'elle un tel parfum de pureté modeste, ses fruits sont si abondants, si réels, que les yeux ni le cœur ne peuvent s'y tromper.

Une bruyante adhésion accueillit ces paroles. Les chevaliers étrangers déclarèrent s'en remettre à la décision de ceux de la Langue d'Oc, ou plutôt du pays toulousain, seuls juges compétents puisque seuls ils connaissaient les *damoiselles* présentes au tournoi.

Aussitôt tous les yeux se portèrent vers Blanche et Alice. La vertu est simple et modeste, elle s'ignore; Blanche ne rougit pas, parce qu'elle ne crut pas possible que ce fût elle qui attirât les regards. Alice tressaillit de bonheur. — Ce doit être moi, pensa-t-elle.

Pouvait-elle supposer, la vaniteuse jeune fille, que les vertus domestiques et toujours cachées de sa sœur eussent dépassé l'horizon de leur castel? Savait-elle que la voix du peuple, quand elle éclate pour bénir, est la voix de Dieu qui traverse les montagnes et se fait entendre partout?

Toutes les voix n'en forment qu'une pour prononcer le même nom. Ce n'était pas celui d'Alice, c'était celui de Blanche!

La jeune fille poussa un cri dans lequel se confondirent l'étonnement et le bonheur : appuyée toute tremblante au bras de son père, fier d'un suprême orgueil, Blanche s'approche de la tribune où elle doit recevoir la couronne et occuper une place d'honneur près de la comtesse de Toulouse.

Le chevalier de la Croix, toujours debout contre l'estrade, s'approcha de la jeune fille, et mettant un genou à terre, il baissa la visière de son casque.

— Blanche, me reconnaissez-vous? demanda-t-il simplement.

Le baron, debout derrière sa fille, ne lui laissa pas le temps de répondre.

— Godefroid! s'écria-t-il.

— Mon cousin! ajouta Blanche.

— Oui, votre cousin, Blanche, ou plutôt votre fiancé, qui après avoir fait vœu de ne point révéler son nom avant de vous avoir vue, revient tout exprès de Terre-Sainte pour cueillir le même jour que vous les palmes du triomphe. Mystérieux rapprochement qui nous prouve que Dieu a exaucé nos prières et béni nos promesses. Je viens vous les rappeler ces promesses, aujourd'hui que vainqueur des infidèles et victorieux parmi mes frères, je puis placer à côté de votre précieuse couronne de roses de nobles trophées et une couronne de lauriers.

— Pendant votre absence, Godefroid, j'ai demandé chaque jour à Notre-Dame-de-Bon-Secours de vous garder et de vous protéger.

— Agenouillé aux lieux bénis où Notre-Seigneur a souffert et est mort pour nous, j'ai prié, moi aussi, pour vous, Blanche.

— Le Ciel a écouté cette double prière, mes enfants, et dignes l'un de l'autre vous serez heureux, n'en doutez pas. Vertu et vaillance sont des trésors qu'aucune puissance humaine ne peut détruire.

VI.

Les préparatifs du mariage mettent en grande joie et en mouvement les habitants du manoir. Tout le monde y est joyeux et content, parce que tout le monde aime Blanche et le baron et partage leur bonheur.

Alice est appuyée à ce même balcon où nous avons trouvé les deux sœurs en commençant cette histoire.

— Eh! bien, Alice, s'écrie Blanche en venant l'y rejoindre. Eh! bien, est-ce là ce que vous m'avez promis?

— Ma sœur!

— Ne vous êtes-vous pas engagée à ne plus rêver, et voici cependant que le front dans la main, vous laissez votre imagination marcher à l'aventure.

— Vous vous trompez, ma sœur, je ne rêve pas, je médite.

— Ah! c'est différent, je ne gronde plus, au contraire je suis prête à vous louer.

— Ne me grondez, ni ne me louez, mais écoutez, ma chère Blanche : je songe à ce jour où vous avez recueilli la juste récompense de vos vertus et où j'ai gagné plus encore, puisque ma vanité y a reçu une leçon qui m'a, je n'ose dire corrigée car je ne le suis pas encore, mais qui m'a donné le plus ardent désir de vous imiter. Comment se peut-il que, vivant auprès de vous, plus à même par conséquent que nulle autre d'apprécier vos vertus, il ne me soit pas même venu à la pensée que le prix pouvait vous être décerné, pendant que tout le monde déjà vous nommait dans son cœur? Tenez,

Blanche, je me reproche cela comme une injustice, et mon cœur épouvanté se demande s'il est digne de la tendresse du vôtre.

— Quelle pensée, Alice, ne sommes-nous pas deux bonnes sœurs qui nous aimons tendrement? Tout cela d'ailleurs est facile à expliquer. L'habitude que vous aviez prise de donner essor à votre imagination, de rêver chimère enfin, vous entraînait à l'égoïsme, sans que vous vous en doutiez; accoutumée à arranger sans cesse les épisodes chimériques de votre avenir, vous vous isoliez du présent, vous ne le voyiez pas, et quoique votre cœur restât bon, votre esprit devenait personnel. Encore un peu de temps et le *moi* absorbait tout autre pensée, vous seriez devenue...

— Tout à fait égoïste. Oh! je frémis quand je songe vers quel abîme je marchais, mais il est impossible que la tendance de mon imagination vers la rêverie en soit la seule cause. Soyez franche avec moi; n'ai-je pas quelque grand défaut que je cherche sans pouvoir le découvrir?

— Aucun, Alice; seulement je vois que vous n'êtes pas tout à fait guérie, puisque vous ne comprenez pas toute l'importance du mal... Et voilà déjà que je vous surprends en flagrant délit.

— Moi! je cherche le moyen de vous imiter en tout et de devenir parfaite.

— Prenez garde d'aller chercher ce moyen si loin que vous ne le puissiez trouver. Mais voulez-vous que je vous indique le seul qui existe pour vous : ne laissez pas courir votre esprit et ne vous abandonnez jamais à un ordre de pensées qui n'ait un but réel; me le promettez-vous?

— Je vous le promets

VII.

Grâce à sa fidélité à tenir sa promesse, Alice devint une charmante jeune fille qui eût certes mérité une couronne de roses, si les comtes de Toulouse en eussent décerné une seconde. Elle vécut heureuse auprès de Blanche qu'elle ne voulut jamais quitter.

Lorsque le baron mourut, Godefroid, héritier de son nom, de sa fortune et de sa puissance, continua dignement ses vertus. La vie, au manoir, s'écoula douce et pure, partagée entre les joies de la famille, les devoirs de chrétien et ceux de chevalier.

— Méritez un jour une récompense comme celle-là, disait Godefroid à ses filles, en leur montrant la couronne de roses depuis longtemps desséchée, mais toujours précieuse.

— Jouissez du présent, ayez foi en l'avenir ; mais si vous voulez être heureuses, gardez, gardez-vous de rêver chimères, ajoutait Alice en souriant doucement.

Mon père ! mon père ! s'écria Consuelo.

LES

CLEFS DE POITIERS.

I.

Des jours néfastes s'étaient levés sur la France ; la folie de
son roi, l'odieuse trahison d'une reine et la haine jalouse des
partis avaient jeté le royaume aux mains de l'étranger. Partout s'étaient cachés nos nobles et glorieux étendards ; partout avaient été arborées les couleurs de l'Angleterre. La
France désormais semblait n'être plus Française !... Seules,
quelques villes du centre se montraient encore fidèles au
descendant de saint Louis et refusaient d'accepter le joug
humiliant de l'Anglais. Parmi elles et en première ligne on
comptait Poitiers.

La noble et loyale ville luttait fièrement contre des forces
nombreuses réunies sous ses murs. En vain tous les fléaux

qui accompagnent un siége long et opiniâtre s'étaient-ils abattus sur elle ; forte de son droit, elle ne se lassait ni de la résistance, ni des maux qu'elle entraînait. Et cependant ces maux étaient grands ! La faim et la maladie décimaient ses habitants, qu'accablaient encore les rudes travaux de la défense et les combats journaliers livrés sur les murs. Certes, jamais courage humain n'eût supporté si vaillante lutte ; mais au ciel veillait une puissante protection : Radegonde, la sainte reine, émue au milieu des félicités éternelles, à l'aspect des malheurs qui assaillaient ce beau royaume de France, ce trône si noble qu'elle avait partagé, veillait sur la ville fidèle et lui obtenait le concours des milices célestes. Dieu lui-même était avec ces derniers défenseurs de la patrie.

Pendant que tous les hommes, fidèles à leur poste d'honneur, garnissaient les remparts, les femmes, les vieillards, les enfants, tantôt partageant leurs soins et leurs dangers, amassaient autour d'eux les matériaux nécessaires à repousser l'assaut, relevaient les blessés, emportaient les morts, ayant pour tous de touchantes consolations, de pieuses et éloquentes exhortations ; tantôt encore pressés en foule au pied des autels, ils mêlaient à leurs prières l'hymne de la reconnaissance pour la protection déjà accordée, et de ferventes demandes pour l'avenir. Partout retentissait ce cri suppliant :

— Sainte Radegonde, priez, priez pour nous !

Mais de se rendre, nul n'en parlait, nul n'eût osé même y songer dans le secret de son cœur. Dieu, le roi et la patrie ! n'était-ce pas la devise de tous ?

Jamais, dans aucun temps de crise violente, le cœur de l'Église ne s'était montré plus tendre et plus compatissant. Le clergé, son évêque en tête, se montrait sans cesse aux lieux les plus exposés, et maintes fois on avait vu la robe vénérée d'un moine apparaître soudain aux côtés d'un homme que venait d'atteindre un trait mortel, et le soutenant de son bras puissant, le prêtre affronter cent fois la mort jusqu'à ce que le blessé fût à l'abri du danger, ou eût trépassé pieusement en recevant, sur le lieu même du combat, le sacrement de la réconciliation.

Les clefs de la ville étaient entre les mains de l'évêque qui, chaque soir, les portait avec solennité sur le tombeau de sainte Radegonde, priant la bienheureuse reine de protéger et de garder elle-même la ville de toute trahison ou surprise pendant les ténèbres de la nuit. Quatre religieux se relevant d'heure en heure, veillaient sur le précieux dépôt et continuaient tour à tour une prière non interrompue.

Or, un soir, le prélat venait de se retirer, les gardiens priaient dévotement, et dans le fond de la nef un des sacristains, humblement agenouillé sur la dalle, priait aussi. La nuit était sombre et orageuse, les rayonnements de la lampe qui éclairait le tombeau ne dépassaient pas l'enceinte de la chapelle, et la nef, plongée dans une obscurité profonde, n'était illuminée parfois que par le rapide passage d'un éclair. Le vent mugissait sous les voûtes de l'église; on eût dit des voix surhumaines parlant aux hommes de choses mystérieuses et inconnues. Le sacristain, courbé sous une violente impression de terreur, précipitait les paroles saintes de sa prière. Tout à coup il tressaillit, et comprima, par respect pour le saint lieu, une exclamation de frayeur. Il venait de sentir une main s'appuyer sur son épaule.

— Vive Dieu, mon maître, les habitants de la bonne ville de Poitiers font leur purgatoire sur la terre!

Le sacristain inquiet et troublé n'osait répondre, lorsque la lueur d'un éclair lui montrant son interlocuteur, lui permit de distinguer dans l'inconnu le costume et les armes d'un homme de guerre.

— Que le Ciel permette que nos souffrances nous comptent au jour de la justice! répondit-il en se signant dévotement.

L'inconnu, s'appuyant au massif pilier, s'était courbé vers lui :

— Ne te semblerait-il pas que ce serait grande gloire et grand honneur pour celui qui mettrait fin aux malheurs qui nous entourent?

— Dieu seul le peut, messire.

— Dieu!... Dieu n'a-t-il pas dit lui-même : aide-toi et le ciel t'aidera?

— Aussi nous aidons-nous de tout notre pouvoir, car c'est merveille que de voir la vaillance de nos hommes de guerre et....

— Eh! il s'agit bien vraiment de la vaillance de vos soldats, lorsque chaque jour votre armée s'amoindrit, tandis que les ennemis reçoivent à tout instant des renforts qui les décuplent; croyez-moi, la résistance est impossible. Dieu lui-même s'est prononcé contre vous en permettant que les provinces les plus dévouées se soient données à l'Angleterre. Aussi moi, tout fidèle serviteur du Dauphin que je sois, je crois fermement que ce serait acte de sagesse et de compassion que de faciliter aux Anglais l'entrée de la ville, car....

— Mais c'est une trahison cela, messire!

— Ce serait une trahison si les Anglais n'étaient point

comme nous bons et féaux catholiques, si le dauphin Charles avait une demi-chance de succès, mais en l'état où sont les choses, par le sang du Christ, c'est charité pure.

— Poitiers ne serait plus la ville fidèle par excellence.

— Poitiers ne verrait plus tomber chaque jour des centaines de ses enfants.

— La cause du Dauphin serait tout-à-fait perdue.

— Lorsqu'un prince n'a plus guère en France que Poitiers et Bourges, sa couronne est bien aventurée.

— Mais ce serait trahison et félonie.

— Arracher un peuple à sa perte lorsque tout espoir de succès lui est enlevé, ce n'est pas être traître et félon, c'est être libérateur.

— Mais enfin, messire, que voulez-vous de moi?

— Ton salut et celui de tous tes concitoyens.

Le sacristain ne répondit pas; son corps tremblait, ses lèvres balbutiaient des mots sans suite.

Minuit sonnait au beffroi.

— Réfléchis à mes paroles, et si tu consens à être le libérateur de tout un peuple, demain à la même heure, incliné sur les remparts à l'endroit qui regarde la route de Paris, jette par dessus les murs les clefs qui sont là, sur la tombe de notre sainte patronne. Un ami les ramassera, et tu auras fait, en même temps, le bonheur de ton pays et.... la fortune de la gentille Rose, ta fille chérie; j'en jure par le sang du Christ et par le morceau béni de la croix du Sauveur déposé ici sur cet autel.... Adieu.... à demain!

Les dernières vibrations du beffroi s'étaient éteintes, les pas de l'inconnu s'étaient perdus dans les profondeurs de la nef, le sacristain était seul, seul avec la voix de son âme et

le cri de sa conscience! Ses lèvres balbutiaient machinale-
ment la continuation de sa prière, et son esprit rêvait de
malheurs sans nombre, de délivrance, de liberté!.... Puis,
dans un vague avenir, il voyait sa fille, sa Rose bien aimée,
riche, heureuse, honorée. Elle avait quitté ses humbles vêtements. Oh! comme elle était radieuse sous les habits de
drap fin de la riche bourgeoise! quelle joie, quelle paix autour d'elle! et tout ce bonheur, tout cela c'était entre ses
mains, il était le seul, le suprême arbitre de cette destinée
que toute l'ardeur de son âme désirait si brillante! .....Cepen-
dant la voix de sa conscience lui disait : prends garde, cet
inconnu n'est-il point l'esprit du mal, le serpent tentateur.

Mais aussitôt la voix secrète de l'ambition et de la cupidité reprenait :

— Non, non, c'est bien plutôt un messager du ciel qui
vient de t'apporter une grande, une glorieuse mission.

II.

La journée s'écoula dans une cruelle anxiété; lorsque vint
la nuit, toute incertitude sembla disparue. Comme la veille,
le sacristain demeura seul dans la nef, mais sa prière ne
montait plus, comme celle de la veille, pure et agréable aux
pieds du Seigneur. Vainement voulait-il se persuader à lui-
même que l'acte qu'il allait commettre, loin d'être une dam-
nable action, était une œuvre méritoire, sa conscience se
révoltait et son bon ange lui répétait que toujours une trahison est un crime. Cependant, au milieu de cette alternative

de pensées contradictoires, sa résolution se conservait iné-
branlable, et lorsque sonnèrent onze heures, il se leva doucement et s'approchant de la tombe vénérée, il raviva la lampe
et enleva soigneusement quelques gouttes d'huile répandues
sur le marbre. A son approche, les religieux interrompant
leurs prières, avaient relevé la tête; puis, en le reconnaissant,
ils lui avaient adressé en remerciement un fraternel signe de
tête, et reposant leurs fronts sur leurs mains jointes, ils avaient
repris leur sainte occupation. Ils récitaient les litanies, et à
ce moment même un d'entre eux disait d'une voix profondément émue :

— Du joug des Anglais, préservez-nous, Seigneur!

Cette simple prière, cependant si familière à son oreille,
impressionna vivement le sacristain. Sa main lâcha les clefs
qu'elle tenait déjà et peut-être allait-il renoncer à son fatal
projet, lorsqu'un violent coup de tonnerre, en lui apportant
la voix de la tempête, vint lui rappeler la désolation et les
souffrances de la ville.

— C'est assez de malheurs! murmura-t-il. Plutôt les Anglais que les calamités qui nous assiégent!

Et prenant les clefs sans bruit, il les cacha sous les plis de
sa robe et s'éloigna rapidement. Avant de se diriger vers le
lieu du rendez-vous il voulut rentrer en son logis; montant
sans bruit dans la chambre de sa fille, il dirigea sur elle la
lumière incertaine de sa petite lampe et se prit à la regarder
attentivement. Rose avait les yeux à demi-fermés, elle semblait dormir. De peur d'inquiéter son père en lui laissant
apercevoir qu'elle aussi veillait en songeant aux maux de sa
patrie, la charmante enfant ne bougea pas. Son père, la
croyant endormie, ne contraignit aucune des impressions qui

le dominaient. Rose vit le feu sombre qui brillait dans son regard ; elle vit sa main presser convulsivement, sous ses vêtements, un objet dont elle ne put distinguer ni la forme, ni la nature ; puis, au moment de quitter sa chambre, elle sentit ses lèvres se poser sur son front, elle vit couler ses larmes, elle entendit des sanglots, et lorsqu'arriva à elle le bruit de la porte extérieure se refermant mystérieusement, et des pas pressés qui s'éloignaient, sans hésitation elle s'élança de sa couche, et se revêtant à la hâte de sa mante, elle se précipita, à demi-vêtue, sur les pas de celui qu'elle aimait le plus au monde. Le sillonnement d'un éclair le lui montra au moment où il disparaissait à un détour de la rue.

Dire les émotions qui assaillirent la jeune fille dans cette course incertaine, au milieu de la violence d'un ouragan, serait impossible. Son corps tremblait sous la pluie qui le glaçait, et elle ne sentait pas le froid ; l'inquiétude la dévorait. Elle guidait sa marche sur celle de son père, précipitant ses pas quand il se hâtait, s'arrêtant soudain lorsqu'il hésitait. Elle arriva ainsi à un point des remparts que l'impossibilité d'une attaque faisait négliger de garnir de sentinelles. Sur aucun autre point la ville n'était aussi bien fortifiée. Cet endroit regardait la route de Paris, c'était bien le lieu désigné.

Le sacristain s'agenouilla ; Rose, légère comme une ombre, se glissa jusqu'auprès de lui ; elle l'entendit prier en ces termes :

« Si c'est un crime que je vais commettre, pardonnez-le moi, Seigneur, car mes intentions sont bonnes ; je veux, vous le savez, rendre le calme et la paix à une ville désolée par la guerre.... Puis aussi, mon Dieu ! si dans mon action se mêle une pensée personnelle, pardonnez-la-moi encore, car ce n'est pas pour moi, c'est pour.... ma fille! ·

Alors Rose vit soudain briller au-dessus de l'abîme un objet qui lui révéla tout; elle reconnut le trousseau de clefs déposé chaque soir sur le tombeau de sainte Radegonde. Sa pensée s'épouvanta à ce seul mot qui vint expirer sur ses lèvres, et prompte comme l'éclair, elle enlaça de ses faibles bras, le corps robuste du sacristain :

— Mon père! mon père! s'écria-t-elle. ·

A ce mouvement dont il ne se rendait pas compte, le sacristain avait rapidement caché les clefs dans son sein. En reconnaissant sa fille, il la repoussa rudement, et par un geste rapide il avança une seconde fois la main par dessus la muraille. Rose, en voyant ce geste, comprit que tout était fini; mais elle sentit aussi qu'il était toujours temps au Ciel d'arrêter l'accomplissement d'une action mauvaise.

— Sainte Vierge Marie! s'écria-t-elle, vous qui avez toujours remplacé pour moi la mère que Dieu m'a enlevée, ne permettez pas que mon père soit un traître!

Au moment où ces paroles s'échappaient de ses lèvres, les clefs quittaient les mains du sacristain et descendaient rapidement dans l'abîme.

III.

Malgré la violence de l'orage; Rose et son père n'avaient pas quitté le rempart; ils n'avaient pas échangé une parole. Immobiles et inquiets, ils écoutaient le moindre bruit et tressaillaient à chaque cri échangé entre les soldats de garde. Le sifflement du vent leur semblait la marche d'une armée; les éclats de la foudre les faisaient frémir. Déjà oppressé sous le poids du remords, le sacristain n'osait tourner vers sa fille un regard que voilait la honte, et Rose, malgré sa tendresse, ne se sentait ni la force, ni le courage d'adresser à son malheureux père des consolations que n'avouait pas son cœur.

C'est ainsi que s'écoulèrent les heures de la nuit, longues et tristes comme toutes les heures passées à attendre un événement fatal, sans que nulle d'entre elles amenât le dénoûment redouté.

Aux premières clartés de l'aurore, à demi rassurés pour le moment, les deux veilleurs quittèrent leur poste d'observation et rentrèrent chez eux. Bientôt l'heure de l'*Angelus* appela le sacristain à l'église. En revoyant le pilier témoin de sa conversation avec l'inconnu, il sentit un frisson parcourir ses membres, et il allait se détourner pour l'éviter, lorsqu'apparut dans le demi-jour que laissait entrer dans l'église la porte à demi-ouverte, une ombre vague et indécise, en laquelle le battement de son cœur lui fit reconnaître, dès l'abord, le tentateur de la veille.

— Tu as manqué à ta promesse, murmura d'une voix menaçante l'ombre qui s'effaça aussitôt; prends garde à ma vengeance !

— J'ai manqué à ma promesse !... Mais ai-je rêvé tous les événements de cette nuit?... Ma raison s'égare-t-elle?... Mon Dieu ! soyez loué et béni, je ne suis donc pas... un traître !

Cependant l'heure était sonnée à laquelle on venait prendre les clefs. Grands furent l'étonnement et l'émoi, lorsqu'on ne les trouva pas à leur place accoutumée. La nouvelle de cet événement étrange et inexplicable se répandit rapidement, et lorsqu'arriva l'évêque que l'on était allé avertir en hâte, il circulait déjà dans la ville une foule de versions diverses : L'Archange saint Michel, disaient les uns, était venu les prendre lui-même, afin de s'en faire le gardien. — Dieu les avait fait disparaître, disait un autre groupe, pour montrer au peuple sa volonté de préserver lui-même la ville des forces ennemies.

L'évêque fit venir tous les religieux qui avaient veillé la nuit précédente, aucun d'eux ne put donner d'éclaircissement, nul étranger n'était entré dans l'église, nul ne s'était approché du tombeau. Le fait semblait devoir être toujours inexplicable, lorsque les regards du prélat tombèrent par hasard sur le sacristain, qui, pâle et tremblant, n'avait osé ni se mêler aux recherches ni faire entendre sa voix. Sous le regard de son évêque s'alluma dans son cœur un suprême courage ; il s'approcha, et fléchissant le genou :

— Je puis, dit-il, si Monseigneur me le permet, lui dire ce que sont devenues les clefs des portes de la ville.

— Où sont-elles? s'écria-t-on de toutes parts.

— Où, je l'ignore ; mais daignez m'écouter attentivement, Monseigneur, car ce que je vais vous révéler est une confession, et une confession qu'en expiation je dois rendre publique.

Alors le sacristain raconta tous les faits que nos lecteurs savent déjà. Il n'omit rien, pas même la rencontre de l'inconnu dans l'église quelques instants auparavant. Qu'étaient donc devenues ces clefs, quel pouvoir mystérieux les avait détournées de leur voie, puisque lancées au pied de la muraille à l'endroit indiqué, elles n'étaient point arrivées aux mains qui les attendaient? Telles étaient les questions que chacun se posait à soi-même, sans que personne y pût répondre.

Alors l'évêque, sous l'impression d'un pieux pressentiment, décida qu'on allait sur l'heure se rendre au lieu même où les clefs avaient été lancées, afin d'y remercier le Ciel de sa protection miraculeuse. La ville entière suivit les pas de son pasteur; seuls, les hommes de garde, obligés de rester à leur poste, ne vinrent pas grossir le cortége.

— C'est ici, ici même, dit le sacristain, en désignant un point du parapet, car j'étais appuyé au dessus de Notre-Dame-du-Rempart. En disant ces mots, il se pencha pour voir s'il ne se trompait pas, et si la statue de la sainte Vierge, connue sous le nom de Notre-Dame-du-Rempart, était bien au-dessous de l'endroit où il se trouvait. A peine y eut-il jeté un regard, qu'il poussa un cri d'étonnement, et que se laissant glisser à genoux :

— Voyez! voyez, Monseigneur! dit-il d'une voix étouffée, et son doigt s'étendait vers la madone vénérée. L'évêque et les assistants se penchèrent à leur tour, et tous, d'un commun accord, entonnèrent un cantique d'actions de grâces.

Les clefs, reliées entre elles par une chaînette de fer, avaient rencontré comme obstacle dans leur chute, le bras étendu de Marie. Leur poids aurait dû cent fois briser le bras de pierre; mais par un miracle que l'on ne put s'expliquer que par la haute protection de la reine du ciel, loin de le briser, elles y étaient demeurées suspendues. Là était le secret du salut inespéré de la ville.

Certes, protégés par cette intervention providentielle de Marie, les bons habitants de Poitiers ne pouvaient ni perdre courage ni succomber. Quelques jours plus tard, les Anglais levaient le siége. Nul ne songea à blâmer et à punir le sacristain qui se repentait sincèrement et disait bien haut que la sainte Vierge avait sûrement entendu le cri suppliant de Rose, au moment où il accomplissait son crime. Se trompait-il? Comme nous, les habitants de Poitiers crurent que non, puisque la reconnaissance publique attribua en partie son salut à cette prière de jeune fille, et que depuis lors ils eurent coutume de dire, comme maxime favorite, que la plus grande richesse et la plus grande force d'un père est la piété et la vertu de sa fille.

Le souvenir de ce fait fut consigné dans les archives de la ville, la madone miraculeuse soigneusement conservée, ainsi que les clefs que nul n'osa reprendre à sa main protectrice. Il n'a fallu rien moins que la tourmente révolutionnaire pour disperser et détruire cette pieuse et nationale relique. La fureur des partis a bien pu faire disparaître les preuves matérielles de cette céleste sauvegarde; mais ce que par bonheur elle n'a pas pu atteindre, c'est le souvenir populaire, la vieille et sainte tradition, les sentiments de pieuse reconnaissance encore vivants dans le cœur du bon peuple de Poitiers, de cette population si chrétienne au milieu de l'indifférence de notre époque, qu'habiter au milieu d'elle quelques jours seulement, c'est réveiller dans son âme je ne sais quelles pensées d'autrefois, quels élans de foi et d'amour qu'on ne saurait trouver ailleurs. Tout y est chrétien, disions-nous, tout y est patriarchal, nous empressons-nous d'ajouter, et la franche et noble hospitalité qui y accueille l'étranger, et l'aspect des églises, toujours animées par le concours et l'attitude grave et recueillie des fidèles qui se pressent dans leur vaste enceinte, et la majesté de ces monuments si bien conservés, qu'on les dirait construits d'hier, s'ils n'étaient empreints de cette grandeur mystique attachée aux restes du moyen âge.

— Ne croyez pas, lecteurs, que cette légende soit un récit fait à plaisir. Cette intervention protectrice de Marie est un fait non-seulement consigné dans les annales du Poitou et dans les archives de la ville, mais encore le ciseau d'un artiste en a retracé le souvenir sur la pierre, et les habitants de Poitiers conservent son œuvre dans une de leurs églises.

Et il... une couronne en la posant sur leurs têtes les déclarant tous deux... en... triomphale...

DOUBLE COURONNE.

I.

Toulouse, la belle et savante ville, s'épanouissait bruyante et joyeuse, sous les rayons vivifiants de son riche soleil. La cité gracieuse et coquette étalait à l'envi sa splendeur et le souvenir de ses gloires, comme si les nombreux visiteurs que recélait son sein n'eussent pas à admirer assez de merveilles, assez de séduction, dans la fête poétique qui se préparait.

Toutes les fenêtres ouvertes laissaient pénétrer dans le Capitole les douces et vagues senteurs qu'apporte la brise, et répandaient dans les vastes salles, magnifiquement décorées, de larges flots de lumière qui prêtaient à cet ensemble si majestueux et si noble, une vigueur de teintes, une netteté de détails aussi loin de l'élégance vaporeuse de nos jours, que les mœurs d'alors étaient loin de ressembler aux nôtres.

Dans l'immense salle du Capitole, des estrades avaient été dressées; l'une en forme de tribune, surmontée des armes de la ville entrelacées de lauriers, était destinée aux joûteurs qui se proposaient d'entrer en lice. Chacun d'eux devait à son tour en franchir les degrés; heureux, trois fois heureux celui qui les descendrait vainqueur. Sur la seconde estrade, plus grande et plus élevée que la première, était placé un triple rang de fauteuils autour d'une table recouverte d'un tapis magnifique et chargée de trois écrins renfermant le *souci d'argent*, la *violette* et l'*amaranthe d'or* des jeux floraux.

Une couronne de lauriers, une seule, devait accompagner le don de l'amaranthe. Dans un espace respectueusement réservé, au centre de l'estrade, une statue de marbre, couverte encore d'un long voile tissé de gaze et d'argent, semblait destinée à présider la réunion.

Soudain, les fanfares éclatent, les acclamations populaires montent jusqu'aux nues; les frêles barrières qui interdisaient à la foule empressée les abords du Capitole viennent de tomber; l'accès est libre pour tous. Et une masse humaine, compacte, souriante et parée, s'avance confondant dans un joyeux tumulte la barrette de l'étudiant, le casque du chevalier, la toque nationale de l'ouvrier et les mille costumes des étrangers.

C'était un féerique spectacle, tout empreint de je ne sais quelle naïve et poétique grandeur, que cette réunion d'hommes de tout âge, de tout état, se pressant sans confusion et sans que chacun perdît rien de sa dignité et de son respect envers autrui et envers soi-même, aspirant tous au même but : une place à la fête, et y accourant tous avec le même sentiment de fier et juste orgueil national ou de respectueuse curiosité.

Cependant, la première enceinte franchie, un mouvement s'opéra dans cette foule, mouvement qui remit sans efforts et sans récrimination chacun en sa place. Le peuple continua d'envahir les corridors et se massa dans un éloquent silence dans les salles qui lui étaient ouvertes; les gentilshommes et les nobles dames gravirent l'escalier qui conduisait aux tribunes qui leur étaient réservées; les étudiants, par un étroit couloir, allèrent prendre place dans l'enceinte préparée pour le corps universitaire; enfin, les membres de chacun des corps constitués de la ville, se dirigèrent vers la place que, au milieu des leurs, leur marquait la baguette d'ébène du maître des cérémonies.

Le flot vivant s'était écoulé; quelques retardataires seuls se hâtaient en maugréant contre les embarras ou les importuns qui leur valaient une place éloignée, se demandant avec une crainte impatiente si leur oreille serait assez exercée pour recueillir les sons de la lyre du poète, et leur œil assez sûr pour suivre chaque mouvement d'émotion de ses juges.

Le soleil brillait toujours. N'éclairant plus seulement les parois brillantes de la grande salle, ses riches tentures et ses patriotiques trophées, ses rayons s'arrêtaient sur une quadruple rangée de nobles et charmantes femmes, s'étalant en amphithéâtre derrière le velours et l'or de la tribune, et au-delà ils faisaient resplendir les colliers d'or des chevaliers, leurs armes étincelantes, les agrafes de diamant de leurs élégants manteaux, puis au-dessous, ils s'ébattaient dans la vaste enceinte, pavée de têtes brunes et expressives; étrange et pittoresque mosaïque sur laquelle un observateur pouvait lire l'histoire poétique et nationale de ce noble peuple, dont Toulouse était aussi fière pour le moins que lui était fier d'elle.

Simples, graves et presque recueillis, les Capitouls s'étaient rangés sur l'estrade aux énergiques *Noël!* de la foule. Avec un sourire moins austère, une dignité moins magistrale, ils avaient rejoints les juges naturels du champ-clos, les membres de la gaie science. Une nouvelle salve d'applaudissements avait salué leur entrée. Parmi eux, en mémoire de Clémence Isaure sans doute, brillaient du double attrait de la grâce et du talent, plusieurs femmes, savantes et illustres Toulousaines.

Alors s'ouvrit la séance ; à chaque concurrent prenant possession de la tribune, un nom était jeté à la foule, qui le recevait avec plus ou moins d'ivresse, selon qu'il était déjà plus ou moins illustre, plus ou moins populaire.

Bien des athlètes, après avoir rompu leur vaillante lance littéraire, s'étaient rejetés dans la foule, attendant impatiemment que vînt les en sortir l'honneur du triomphe, ou que les y laissât le silence de la défaite, lorsqu'apparut aux premières marches de l'estrade un jeune homme de vingt ans à peine.

— Messire Thibault, troubadour de la Langue d'Oc! proclama une voix retentissante.

A ce nom qui, tout à fait inconnu, ne présentait à l'esprit des assistants ni souvenirs, ni espérances, toutes les voix se turent, mais en recueillant la modeste inclination qui semblait chez l'inconnu protester contre le titre pompeux de troubadour, en admirant la mâle fierté qui se mêlait en lui à tous les attraits suaves et purs de la première jeunesse, nul cœur n'hésita, et les transports de l'enthousiasme firent passer un éclair de bonheur dans son regard déjà si éclatant.

Le troubadour ne tenait en ses mains ni manuscrit ni parchemin; il allait improviser; la mémoire du poète n'a pas besoin qu'on le fasse ressouvenir lorsqu'il veut retracer des pensées de gloire, de patriotisme et de reconnaissance.

Sa voix s'éleva bientôt dans le silence, voix pure et en même temps pleine de force et d'éclat.

« — O ma lyre, s'écria-t-il, tressaille de joie et d'allégresse, ou plutôt tais-toi, fais silence. Qui donc t'a donné le droit de t'élever dans cet asile de la gloire et du génie?

» Souviens-toi et regarde..... dans les siècles passés, Clémence Isaure et les annales glorieuses de l'Académie de la gaie science, et devant toi tous les fils de la poétique Toulouse.

» O! mon luth, je te sens faiblir et trembler dans ma main; je sens ton impuissance et ma faiblesse; j'ai peur de mon audace et cependant je parlerai!

» Oui, j'élèverai ma faible voix pour chanter à ma patrie mes souvenirs de pèlerin, j'élèverai ma voix pour lui redire la vaillance et le dévouement de ses fils au pays de l'Infidèle.

» Et mes chants, parce qu'ils viennent de par-delà les mers; et mes émotions, parce qu'elles ont fait palpiter mon cœur aux rives bénies du Jourdain, aux flancs sacrés du Calvaire, seront reçus avec indulgence et faveur.

» Partout est grand, partout est vénéré et redouté le doux pays de France. Ses chevaliers ont si vaillamment combattu aux rives lointaines que, pour désigner les chrétiens, les Musulmans ne savent qu'un nom digne d'eux : *les Francs*.

> Ecoutez, écoutez, c'est la gloire de la patrie, c'est la grandeur de ses enfants, c'est le témoignage même de leurs ennemis que j'invoque ici. Ecoutez et avec moi bénissez le ciel : vous êtes Français !

> J'ai vu le palmier courbant son front sous la brise que vous lui envoyez; j'ai vu le sycomore prêtant ses ombrages aux héros de la France; j'ai vu la cavale du désert emportant son cavalier frémissant de crainte et de rage à leur seul aspect.

> J'ai vu la fille des plaines embaumées de l'antique Syrie, comme autrefois Rébecca à Eliézer, épancher vers moi l'urne qu'elle venait d'emplir aux fontaines de l'oasis; j'ai entendu sa voix murmurer une ardente reconnaissance au Dieu d'Israël !....

» Mais j'ai vu aussi de sombres tableaux; j'ai vu l'Infidèle souiller et profaner le tombeau du Dieu sauveur; j'ai vu la désolation et le sacrilége, et j'ai entendu des cris d'épouvante et de terreur.

» Alors dans l'ombre sans ténèbres des nuits de l'Orient, des hommes se sont élancés, une croix brillait à leurs poitrines, une épée brillait en leurs mains. L'Occident les envoyait; l'opprimé les recevait avec une magnifique espérance.

» Cependant, pleure mon luth, pleure, car l'Infidèle est encore aux saints lieux; et les nobles poitrines de nos frères, grandies un instant par l'enthousiasme, sont encore brisées par les gémissements de la douleur.

» Qu'ai-je dit? Suis-je ici pour parler de larmes et de deuil? Oh! non! Mon luth, réveille-toi, redis à la patrie la vaillance de ses enfants, et avec elle réjouis-toi, car si Dieu ne leur a pas donné une victoire complète, du moins ne leur a-t-il ménagé ni la gloire ni les triomphes.... »

Alors, dans une brillante et solennelle épopée, le poète pèlerin chanta, en une langue rapide et imagée, les prouesses et le dévouement d'un chevalier, son départ de France, son séjour en Palestine et son retour sous le ciel natal...

Et lorsqu'il eut achevé, lorsque tous les regards fixés sur le sien, toutes les poitrines haletantes, tous les fronts fièrement inclinés, lorsqu'enfin l'émotion de tous lui eut bien dit que tous les cœurs, suspendus à ses lèvres, n'attendaient plus qu'un nom pour le louer et l'exalter avec lui, alors ce nom, dans un véritable élan, s'échappa de son cœur :

« — Gloire et honneur, ajouta-t-il, gloire, gloire au nom impérissable du héros que je viens de chanter, gloire et immortalité au vaillant champion en Terre-Sainte de la vaillante Toulouse! Gloire à messire Raymond de Francastel! »

La salle tout entière s'anima : ce n'était plus seulement une fête poétique, c'était une fête guerrière. Des tonnerres d'acclamations mêlèrent le nom du héros au nom du poète, il semblait que toutes ces voix n'en formaient plus qu'une pour confondre, avec une force surhumaine, la double gloire du pays : vaillance et poésie. Un souffle, nous dit-on, passa sur la tête de Clémence Isaure, et animant le marbre d'un reflet céleste, fit briller le feu de sa paupière éteinte. N'était-ce point l'ange protecteur de la ville savante et fidèle, qui réveillait un instant l'ombre endormie de l'illustre Toulousaine?

II.

Absorbé par son triomphe, le jeune poète, immobile sur l'estrade, froissait d'une main tremblante et convulsive le velours de sa toque, dont le long panache balayait la terre. Sa tête nue s'inclinait au vent de l'enthousiasme, comme si ses sens égarés eussent voulu se rendre un compte exact des sons bruyants qu'ils entendaient. L'orgueil et la gloire combattaient en son âme la défiance de soi et la douce vertu de modestie, et ce combat se peignait sur son front, en de rapides et éloquents éclairs.

Soudain, sans qu'il y fût appelé, sans que son nom fût sorti de la bouche du hérault, un homme franchit les marches de l'estrade et se dressa à son côté. Cet homme, lui aussi, était jeune et beau, il semblait qu'ils fussent frères. — Il portait l'éperon d'or de chevalier et la vaillance était écrite dans son regard. La main dans la main de Thibault, il fit signe qu'il voulait parler, et aussitôt tous les bruits divers s'éteignirent dans un solennel silence :

— « Je suis un soldat, dit-il d'une voix vibrante, je ne possède ni le luth du troubadour, ni la lyre du poète, mais en revanche la voix de l'honneur, la voix de l'amitié parlent à mon cœur; écoutez donc, écoutez les accents de la justice : « Le poète vous a dit de nobles faits, d'héroïques actions. Il a peint en traits de flammes les prouesses du guerrier. Eh bien! son récit n'est pas vrai, sur mon épée j'en nie l'exactitude. »

Un murmure de mécontentement grandit dans la foule.

— « Silence, ajouta avec force l'étranger, silence, écoutez-moi. Au pays de l'Infidèle, ce n'est pas un chevalier qui ainsi combattait, c'étaient deux frères d'armes. L'un se nommait bien Raymond de Francastel, mais le nom oublié c'était celui..... »

Cette fois, et au regard échangé entre les deux jeunes gens, le peuple avait deviné.

L'étranger n'acheva pas, toutes les voix s'élevèrent pour dominer et prévenir la sienne.

— « C'était, dirent-elles, c'était messire Thibault, le chevalier troubadour, et de toutes parts :

— Noël ! Noël ! répétait-on. Longue gloire et grande liesse à messires Thibault et Raymond ! »

Les deux compagnons, les deux frères d'armes s'embrassaient tendrement, la foule les confondait toujours dans ses clameurs triomphales, pendant que les juges du camp délibéraient au milieu du tumulte.

Tout-à-coup la baguette d'ivoire s'éleva pour réclamer silence et attention, et une voix émue proclama les vainqueurs. La violette, le souci furent d'abord décernés ; quand vint le tour de l'amaranthe, alors le doyen des Capitouls descendit lentement les marches de l'estrade et, s'approchant avec respect de la statue du comte Raymond de Toulouse, il détacha de son front la couronne de palme de Syrie, dont l'avait jadis orné la reconnaissante fierté nationale, puis, reprenant sa place, il la déposa solennellement à côté de la fleur d'or et de la couronne de laurier.

Raymond et Thibault, toujours la main dans la main, étaient restés sur l'estrade ; la volonté du peuple ne leur avait pas permis de la quitter.

Le Capitoul fit un geste de la main.

— Toulouse aujourd'hui doit double récompense, dit-il : récompense de bravoure, récompense de talent. Une palme cueillie aux saints lieux et toute palpitante de la gloire d'avoir reposé si longtemps sur la tête d'un héros, couronnera la vaillance ; ce laurier tressé par de poétiques mains couronnera le génie du troubadour !... Mais sur quelle tête poserai-je chacune d'elles, alors que les deux jeunes têtes se ressemblent si étrangement, alors que ces deux jeunes cœurs battent si bien des mêmes pulsations, que mon œil et ma pensée les confondent et ne peuvent les séparer ? Comment, comment distribuer avec justice cette double couronne ?

Le Capitoul semblait attendre une décision du peuple. Alors une voix s'éleva qui disait :

— L'amour du frère d'armes ne souffre aucun partage, ce qui est à l'un est par cela même à l'autre : que les deux couronnes soient à tous deux.

— Noël ! Noël ! ratifia le peuple, les deux couronnes à tous deux ! Triomphe et gloire au double vainqueur !

Et les deux jeunes chevaliers, agenouillés tous deux aux pieds de la reine des jeux floraux, sentirent glisser dans leurs doigts entrelacés l'amaranthe d'or, pendant que la double couronne, en se posant sur leurs nobles têtes, les confondait toutes deux en une triomphale étreinte.

La savante dame les enlaçait en même temps dans les replis soyeux de sa longue écharpe d'azur.

— Ceci seul sera partagé, Madame, s'écrièrent les deux vainqueurs, afin que chacun de nous, au champ du combat, puisse arborer vos couleurs.

— Merci, dit une douce voix.

— Noël! Noël! cria-t-on de toutes parts avec ivresse.

. . . .

. . . .

Pour immortaliser le glorieux incident de cette remarquable séance, l'Académie des jeux floraux, pour cette fois, fit effacer de ses annales le mot de fête annuelle, qu'elle remplaça par celui de fête des deux couronnes. La ville de Toulouse, par lettres patentes, permit aux frères d'armes d'ajouter à leurs blasons deux couronnes entrelacées, avec cette simple devise: *Toutes deux à tous les deux.*

UNE REVANCHE.

1415 - 1450.

PROLOGUE.

Monté sur un de ces chevaux de race normande *inaccessibles* à la fatigue et persévérants à vaincre tous les obstacles, un paysan revêtu de grossières chausses de toile que recouvrait presque entièrement un sayon de peau de chèvre, suivait, aussi vîte que le permettaient les inégalités et les escarpements de la route, un étroit sentier taillé au flanc d'une montagne inculte et rocailleuse.

Le petit castel qui occupait le point culminant de la montagne semblait le but de cette ascension rapide, et il n'était pas besoin de remarquer le soin extrême avec lequel le voyageur ramenait avec soin sur son visage son capuce de laine, chaque fois que le vent de la mer ou un brusque mouvement de son cheval le rejetait en arrière, pour deviner un mystère dans ce costume de paysan, dont la simplicité rustique contrastait d'une manière saisissante avec la tenue martiale de l'étranger et son rare talent dans l'art difficile de l'équitation.

Malgré ces signes non équivoques qui indiquaient un déguisement, l'inconnu avait déjà mené à bien un long voyage, si on en jugeait par la poussière qui ternissait la robe brillante de son cheval et par la fatigue que dénotait l'allure alourdie du noble animal. A mesure que l'on approchait du castel, le sentier devenait plus difficile, mais excitée peut-être par cette difficulté même, l'impatience du paysan semblait augmenter en proportion ; aussi, animant son cheval de la voix et du geste, il lui faisait sentir de plus en plus souvent l'éperon de fin acier qui se cachait sous un pli de la guêtre de cuir.

Peu d'instants après, les gens d'armes du château s'assemblaient curieusement autour de la poterne de l'est, et, sur l'ordre du noble baron d'Aiglemont, le pont-levis s'abaissait bruyamment devant l'étranger, qu'un mot magique et tout puissant en ces temps de loyauté chevaleresque, le nom du roi, venait de grandir soudain à tous les yeux.

L'inconnu écarta alors le sayon qui couvrait ses vêtements, et les regards éblouis s'arrêtèrent sur le tabard fleurdelisé qui indiquait sa charge de hérault d'armes du roi Charles VI.

Après avoir refusé de descendre de cheval, il s'avança jusqu'au centre de la cour d'honneur et, s'inclinant respectueusement devant le jeune baron qui était venu à sa rencontre, il s'écria d'une voix forte et mâle :

— Au nom du roi ! sachez, seigneurs et vassaux, que vous êtes convoqués à vous réunir tous aux puissances de Sa Majesté, qui s'assemblent en ce moment dans les plaines de l'Artois pour soutenir contre l'Anglais, la renommée de la chevalerie de France, la gloire et les intérêts de la couronne!.... Montjoie Saint-Denis!... Vive le roi Charles!

— Vive le roi! répondit le châtelain en se découvrant avec respect.

— Vive le roi! répétèrent après les hommes d'armes tous les échos de la montagne.

Malgré les instances qui lui furent faites, le hérault s'arrêta à peine le temps d'accepter le coup de l'étrier et de prendre un nouveau cheval, et, refermant avec soin son vêtement de peau sur son tabard, il reprit sa marche aventureuse au travers de ce beau duché de Normandie, alors presque tout entier soumis aux armes des Anglais.

— Monseigneur le roi compte sur tous ses fidèles serviteurs. N'oubliez donc, messire, ni le jour, ni le lieu du rendez-vous, dit-il encore en s'éloignant au jeune baron qui le suivait du regard.

— Dans huit jours sous les murs de Saint-Pol! répondit le gentilhomme avec un accent d'enthousiasme auquel il n'y avait pas à se tromper.

Et après une dernière acclamation en l'honneur du roi qui retentit jusque dans les gorges les plus reculées de la montagne, tout, dans le manoir, rentra dans le silence accoutumé.

Une semaine presque entière s'est écoulée depuis que le messager du roi a fait retentir les échos fidèles d'Aiglemont du cri de guerre de la France; réunis dans la grande cour, groupés au pied des remparts, disséminés sur les bords du sentier, les hommes d'armes et les vassaux attendent le passage de leurs jeunes seigneurs, les uns pour suivre leur marche et grossir leur belliqueux cortége, les autres pour saluer leur départ d'un respectueux adieu et leur souhaiter bonne et glorieuse chance.

Tous s'entretiennent de cette *puissance du roi*, convoquée en Artois et où est accourue, dit-on, de tous les points du royaume, la plus brillante et la plus nombreuse chevalerie que la France, depuis bien des années, ait vue réunie sur un même point.

On raconte avec admiration comment les seigneurs d'Aiglemont, frères jumeaux de cœur et de sang, se sont empressés de répondre à l'appel de leur suzerain ; comment l'un d'entre eux, à peine entré en convalescence à la suite d'une longue et dangereuse maladie, a soudain et miraculeusement secoué toutes faiblesses et souffrances en entendant le cri de gloire et de vaillance qui vient de faire tressaillir la France.

Aussi lorsque les deux frères, les bras enlacés, la tête haute et les lèvres souriantes, paraissent enfin au milieu de leurs serviteurs, une acclamation enthousiaste accueille leur présence. Jeunes, beaux et de noble tournure, ils ont entre eux une si parfaite ressemblance que leurs vassaux eux-mêmes ont de la peine à les distinguer. Chevaliers sans peur et sans reproches, chrétiens fidèles, ils présentent le type parfait du héros au moyen âge.

L'honneur est un besoin de leur fière nature ; tout ce qui leur promet de la gloire les réjouit et les exalte ; tout ce qui s'appelle devoir est pour eux une obligation qu'aucun motif humain ne saurait les forcer à enfreindre.

Le sénéchal du castel, revêtu des insignes de sa charge, descend près d'eux l'escalier de pierre et les accompagne à la poterne où les attendent leurs pages et leurs écuyers. Le

vieux serviteur revendique l'honneur de tenir l'étrier de ses
jeunes maîtres, et le cœur ému d'une double pensée de regret de ne pouvoir partager les périls de leur noble entreprise
et d'anxiété sur les hasards de la guerre, il reçoit leurs derniers ordres et leur renouvelle ses dernières promesses. C'é-
tait alors une singulière marque de confiance que celle que
le châtelain donnait à son vassal, en lui confiant le commandement de son castel ; il remettait ainsi à sa loyauté et à son
courage, en même temps que la garde de son honneur, celle
de sa fortune et de sa puissance.

Le sénéchal, brave écuyer, vieilli sous le harnais de la
guerre, sentait d'autant plus vivement la preuve d'estime qui
lui était accordée, que, en outre de son antique réputation de
forteresse imprenable qu'avait à conserver le château d'Aiglemont, un précieux trésor était confié à son dévouement
dans la personne de la jeune Alice, charmante enfant de quatorze ans à peine, orpheline et sœur chérie de Guillaume et
de Robert.

Pendant qu'entraînés par l'appel du devoir et la douce
voix de l'espérance, les sires d'Aiglemont s'abandonnaient à
toute l'ardeur de leur jeunesse et ne songeaient au départ
que pour prévoir par avance les joies d'un retour triomphal,
Alice priait et pleurait. Elle priait le Ciel de bénir les armes
de ses frères, et elle pleurait en songeant que leur père, brave
comme eux, était parti aussi joyeux et entreprenant, et que
les murs du castel n'avaient en retour reçu qu'un corps mutilé et sanglant.

Cependant des rumeurs menaçantes étaient arrivées jusqu'à
Aiglemont. Le roi d'Angleterre avait, disait-on, levé le camp
d'Honfleur ; il s'avançait à travers la Normandie en si bon

ordre, que malgré les escarmouches incessantes des petits
corps de troupes françaises qui s'étaient portés à sa rencontre,
rien n'avait pu jusqu'alors arrêter la rapidité de sa marche et
le détourner de la route qu'il avait choisie pour gagner les
rives de la Somme.

La fortune devait-elle donc le favoriser comme en pareille
circonstance elle avait favorisé Edouard III, son bisaïeul, et
l'action qui se préparait devait-elle renouveler le désastre de
Crécy?

Ces pensées, qui se présentent naturellement à notre esprit, étaient bien loin de troubler les rêves de gloire des sires
d'Aiglemont; cependant la prudence, ou plutôt l'ardent désir
d'arriver promptement et sans encombres au lieu désigné
pour le rendez-vous de l'armée, décida les deux frères à
abandonner les routes fréquentées pour s'engager dans des
sentiers détournés, à coup sûr inconnus aux Anglais....

Neuf mille seulement de ces derniers étaient débarqués à
Honfleur; la noblesse de France devait fournir cent mille défenseurs au moins au roi Charles; la crainte, le doute étaient
donc impossibles. Robert et Guillaume, présageant par avance
la victoire, voyaient déjà le roi Henri vaincu, prisonnier peut-
être, et la France effaçant ainsi en un jour le funeste souvenir de Crécy et de Poitiers. Ils se demandaient comment
l'histoire appellerait cette mémorable journée, au nom de
laquelle ils comptaient bien mêler le souvenir de leurs propres exploits.

Cette espérance était celle de toute la chevalerie française.
Le Ciel devait en réaliser une partie et devait anéantir l'autre.
Ce n'était point une victoire qui attendait nos armes, c'était
une défaite, une défaite complète et sanglante, mais, hâtons-

nous de le dire, cette défaite allait procurer à nos armes autant, plus de gloire peut-être que bien des triomphes. La
journée qui se préparait devait se nommer la bataille d'Azincourt.

PREMIÈRE PARTIE.

1415.

I.

LA PUISSANCE DU ROI.

Toujours fière et indépendante quand il s'agissait de maintenir ses priviléges contre les empiétements de la royauté, la
noblesse de France était toujours prête aussi à obéir à la voix
de son suzerain, quand cette voix faisait entendre un cri de
guerre et de vaillance. Partout donc où passaient les héraults du roi Charles, les chemins se couvraient, comme par
enchantement, de chevaliers et d'hommes d'armes, tous se
dirigeant vers le même but, tous ayant sur les lèvres le
même mot d'ordre et de ralliement : *Vive le roi et mort aux
Anglais!*

Bientôt le comté de Saint-Pol, en Artois, que le connétable,
ainsi que nous l'avons vu précédemment, avait choisi pour

centre d'opérations, se trouva transformé en un camp immense et magnifique, où chaque jour voyait arriver une armée nouvelle. L'ivresse de la victoire n'avait pas attendu le combat, elle l'avait devancé, et il n'était pas un seul chevalier qui conservât en son cœur assez de calme pour prévoir l'insuccès ou pour songer à la prudence.

Et certes cet enthousiasme était basé sur de légitimes motifs de confiance. Jamais plus vaillante réunion n'avait fait onduler au beau soleil de France de plus glorieuses bannières; jamais autant de nobles lances ne s'étaient rassemblées en un même lieu pour défendre une cause aussi chère à tous les cœurs. Le nom du roi, les droits inviolables de sa race, l'avenir de la France, sa nationalité, son existence, en un mot tout ce qui pouvait intéresser au plus haut point l'honneur et les affections d'un véritable gentilhomme, se trouvait à la fois mis en jeu. Plus que cela encore : tous les cœurs aspiraient à la gloire d'une éclatante revanche. La France avait une date néfaste à arracher des feuillets de son histoire; Crécy, avec ses souvenirs de deuil et de douleur, demandait une réparation solennelle.

Chevaliers et hommes d'armes, princes et officiers du roi, tous étaient animés de la même ardeur; cette exaltation, aux yeux de messire Charles de Labreth, alors connétable de France, était une preuve certaine de succès, et cependant un observateur attentif, surtout s'il n'eût pas été sous l'influence des rêves de son cœur et de son ambition, eût peut-être découvert, dans cette ardeur elle-même, un motif de crainte et d'insuccès. Chacun, en effet, comptait sur soi et nul ne s'occupait de l'ensemble. Chacun était jaloux de ses droits personnels; nul ne se souciait d'obéir à plus haut que soi. Le dévouement, le zèle étaient portés à leur plus haut degré ; mais la discipline semblait inconnue à tous.

Le jeudi, vingt-quatrième jour d'octobre de l'année 1415, *la puissance du roi* se trouva définitivement réunie sur le territoire d'Azincourt. Les divers corps d'armée qui s'étaient ébranlés les jours précédents, les uns pour se porter au devant des Anglais, d'autres pour camper isolément et suivant le caprice de leurs chefs, s'étaient groupés enfin autour des fleurs de lis, symbole de la victoire, et avaient abaissé devant elles, en signe de vassalité et d'hommage, leurs bannières et leurs pennons.

Parmi la foule des seigneurs, se faisaient remarquer les jeunes châtelains d'Aiglemont. Robert avait entièrement oublié les souffrances de la maladie. La pâleur et la faiblesse de la convalescence avaient disparu pour faire place à l'animation du courage. Il semblait avoir hâte de confirmer par de nouveaux exploits, une réputation de bravoure qui avait, pour les deux frères, devancé l'âge. Guillaume, avec le même enthousiasme, se sentait inquiet et troublé. En expliquant cette étrange sensation par la crainte naturelle que lui inspirait l'état de santé de son frère et le danger pour lui des fatigues de la guerre, peut-être se faisait-il illusion à lui-même, et son trouble n'était-il autre chose que ce sentiment instinctif envoyé, plus souvent qu'on ne pense, aux hommes pour les préparer aux désastres qui les menacent.

Assis tous deux sur un tronc d'arbre, un peu en avant des dernières lignes du camp, les deux frères ne s'étaient pas aperçus que le jour baissait rapidement. Déjà les premières ombres de la nuit s'épaississaient autour d'eux, que tout entiers à l'effusion de leurs épanchements, ils causaient encore d'Alice, de leur tendresse mutuelle et de l'avenir brillant qui s'ouvrait devant eux.

Les heures passent vite pour qui rêve de l'avenir. Guillaume et Robert ne sentaient ni le besoin, ni la nécessité du repos, lorsqu'un incident inexplicable les rappela soudain à eux-mêmes. Au bruit monotone et familier de la feuille sèche emportée et roulée par le vent, s'ajouta tout à coup un son léger et craintif. Les deux jeunes gens échangèrent un geste pour se recommander réciproquement l'attention et le silence.

Immobiles et la tête penchée en avant, ils écoutaient, cherchant à trouver jusque dans les vibrations de l'air, qui venaient mourir autour d'eux, l'explication du bruit mystérieux qui les avait frappés. Cette anxiété ne fut pas de longue durée; après un instant d'hésitation et de repos, le même bruit se fit entendre et se rapprocha en augmentant, jusqu'à ce qu'il ne fût plus permis de douter de la cause qui le produisait : un homme avançait avec précaution vers le camp; arrivé à la lisière du bois il s'arrêta un instant et reprit bientôt sa marche, se dirigeant en droite ligne vers les deux frères, que l'obscurité de la nuit et la position qu'ils occupaient ne lui permettaient pas de voir.

Mais au moment où, quittant le terrain découvert qu'il lui avait fallu parcourir, l'inconnu touchait aux arbres coupés et entassés qui avaient fourni un siége aux sires d'Aiglemont et qui allaient lui permettre de se glisser d'abri en abri jusqu'aux palissades du camp, deux ombres menaçantes se dressèrent tout à coup à ses côtés. Son premier mouvement fut de chercher son salut dans la fuite, mais il reconnut aussitôt que la retraite lui était impossible. Alors il releva fièrement la tête et, croisant ses bras sur sa poitrine :

— Je suis votre prisonnier, murmura-t-il d'une voix émue, et il ajouta plus bas : Prisonnier la veille d'une bataille!..... Privé de la gloire du combat!.... Ah! maudite soit ma folle imprudence!

— Vous êtes Français? s'écria Guillaume.

— Je suis un chevalier de Normandie, vassal de Henri d'Angleterre, je combats sous sa bannière, mais mon cœur ne peut oublier que les Français sont mes frères. Il en est un surtout que j'aime d'une affection si tendre, qu'avant de le rencontrer demain en ennemi, la lance au poing, sur le champ de bataille, j'ai voulu ce soir l'embrasser en ami, en frère... Vous savez le reste, messires.

Celui qui parlait était un homme de même âge, de même tournure noble et martiale que les deux frères; ceux-ci avaient d'ailleurs dans le parti ennemi, des parents, des amis auxquels ils étaient sincèrement attachés. Ils comprirent cette puissance de l'amitié qui pouvait entraîner un cœur ardent et généreux à affronter les plus grands dangers pour revoir un instant un frère d'armes et, par un mouvement tout chevaleresque, il leur vint en pensée qu'il serait peu loyal de profiter de cet entraînement pour mettre un adversaire hors d'état de se mesurer le lendemain avec eux. Guillaume ne doutant point que ces sentiments ne fussent partagés par son frère tendit la main à l'étranger.

— Si un moment nous avons pu croire à une trahison, lui dit-il, excusez-nous, et pour preuve de notre confiance en votre parole de chevalier, reprenez, messire, votre liberté. Nous nous retrouverons demain dans le combat qui s'apprête, alors nous nous souviendrons que nous sommes ennemis; en attendant, si nous pouvons vous servir, disposez de nous.

— J'ai eu un instant, je vous l'ai dit, la pensée d'entrer dans votre camp pour y voir un ami, messire Guillaume de Launoy. Le danger que je viens de courir, la crainte surtout de vous compromettre dans une dangereuse entreprise me font renoncer à ce projet. Que Dieu vous garde, messires.....

— Mais, interrompit Robert, tout péril n'est point passé pour vous; vous pouvez rencontrer des rondes d'hommes d'armes, et sans le mot d'ordre...

— Nous allons vous accompagner, messire, ajouta avec empressement Guillaume. Sous la sauvegarde de notre nom et de notre fidélité bien connue vous ne courrez aucun danger et, au retour, nous nous chargerons avec bonheur de tous les messages que vous voudrez bien nous confier pour messire de Launoy que nous avons l'honneur de connaître comme un des plus braves chevaliers de France.

Les trois chevaliers reprirent gaiement le chemin qu'avait suivi tout à l'heure l'étranger avec tant de précaution. Lorsqu'ils se quittèrent, ils étaient si loin des Français que si un danger eût été possible, il eût plutôt menacé les sires d'Aiglemont que leur aventureux compagnon.

La jeunesse est confiante et expansive; les trois jeunes gens, quand ils se séparèrent, semblaient déjà de vieux amis; ils échangèrent de franches protestations de dévouement et il fut convenu, qu'adversaires redoutables sur le champ de bataille, ils seraient en temps de paix amis jusques à la mort.

II.

LE SERVITEUR DE MESSIRE CHARLES DE LABRETII.

Laissons l'armée française se préparer à la bataille du lendemain et, faisant quelques pas rétrogrades, accompagnons l'armée anglaise dans sa marche à travers la Normandie.

Le premier soin du roi Henri, après avoir pourvu à la garde de la ville de Harfleur qu'il venait de prendre aux Français, avait été de réunir tout ce qu'il avait pu de gentilshommes et d'archers, d'ordonner ses batailles et de les diriger sur Calais.

Cette marche rapide ne s'exécuta point sans obstacles. Grâce à Dieu, si dans notre beau pays de France les dissensions des grands, l'anarchie dans l'État, ont fait quelquefois grande et belle place à l'ambition de nos voisins d'outre-mer, jamais du moins l'Anglais ne s'est avancé dans nos riches provinces sans se heurter à de nobles efforts, impuissants à l'arrêter parce qu'ils étaient trop partiels, mais suffisants pour protester dignement contre l'occupation étrangère.

La garnison de la ville d'Eu se montra vaillante et dévouée; elle ne se contenta point de conserver le drapeau de la France sur ses murailles, elle opéra encore une sortie pour inquiéter l'armée anglaise. Ce fut dans cette occasion que se signala le vaillant Lancelot Pierre, lequel, raconte la chronique · alla à l'encontre d'un Anglais de grand courage, tous

» deux couchèrent la lance et se prirent de telle rondeur que
» le Français traversa le corps de l'Anglais et pareillement
» l'écuyer anglais assiet un coup sur le Français, si rude-
» ment qu'il le traversa outre. Ainsi finirent leur vie, ces
» deux gentilshommes, lesquels furent fort plaints de ceux qui
» les connaissaient. »

Des scènes semblables exaltaient le courage dans les deux partis. Les chevaliers français se disposaient à transformer le champ de bataille en un champ de tournoi où, luttant corps à corps, leur triomphe ferait également honneur à leur vaillance de chevalier et à leur devoir de citoyen.

Plus porté, au contraire, vers les idées et la tactique nouvelles, Henri cherchait à faire de ses chevaliers des capitaines plutôt que des soldats. Il leur montrait le succès bien plus dans la combinaison des forces de l'armée que dans la bravoure exercée individuellement. Il se souvenait, lui aussi, de Crécy, et dédaignant les préjugés chevaleresques, il mettait sa plus grande confiance dans l'habileté de ses archers et dans le service de son infanterie.

C'est ainsi que, s'abandonnant à leur caractère distinctif, les deux nations se préparaient par avance à cette journée d'Azincourt, où l'ardeur et l'impatience allaient amener une défaite désastreuse, tandis que la force de la discipline et le calme de la réflexion devaient être couronnés de la victoire.

Cependant le roi Henri se dirigeait vers le gué de Blanquetaches, passage si heureusement effectué par Edouard, son bisaïeul, la veille de Crécy, lorsque dans une escarmouche qui faillit mettre en déroute son avant-garde, un gentilhomme gascon, serviteur de messire Charles de Labreth, connétable

France, fut fait prisonnier. Par un de ces mystérieux décrets de la Providence, qui nous montrent souvent les circonstances les plus décisives résultant de causes infiniment minimes, cette capture d'un pauvre gentilhomme sans nom, et sans position dans l'armée devait amener un des plus graves événements du xve siècle.

Ce gentilhomme que « *plusieurs Français contemporains appellent diable et non pas homme* » ayant été conduit devant le chef de l'avant-garde, lui déclara sous serment que le gué de Blanquetaches était gardé par les Français. Ces renseignements furent reportés au roi qui voulut voir et interroger lui-même le prisonnier.

— Qui es-tu? lui demanda-t-il.

— Un gentilhomme, serviteur de messire le connétable.

— Ton pays?

— La Gascogne.

— D'où viens-tu?

— D'Abbeville, où j'ai laissé le connétable entouré de forces imposantes.

— Que sais-tu du gué de Blanquetaches?

— Je sais, sire roi, que plusieurs seigneurs gardent la rive opposée, avec six mille combattants, prêts à vous couper le passage et à mettre en déroute votre armée.

— Et cette nouvelle, l'affirmerais-tu par serment?

— Je l'affirmerais sur mon honneur de gentilhomme et *j'en jurerais la vérité par ma tête à couper.*

— C'est bien, murmura le roi.

Et après quelques secondes de silence :

— Qu'on emmène le prisonnier, dit-il, et qu'on assemble mon conseil.

Le conseil du roi dura deux heures entières pendant lesquelles on discuta vivement le degré de croyance que l'on devait accorder à la parole du prisonnier. S'il était capable de trahir sa patrie, un ennemi pouvait-il à bon droit et sans imprudence, avoir foi en son assertion?... Malgré ces craintes exprimées par la majeure partie des membres du conseil, le roi persista dans la résolution que lui avait inspirée la parole du prisonnier, et il fut décidé qu'on suivrait en amont la rivière de Somme jusqu'à ce que l'on trouvât un passage convenable.

Quel jugement l'histoire doit-elle porter sur cette circonstance ? Doit-elle flétrir le gentilhomme gascon comme un traître, ou maudire sa fatale imprudence? Il serait assurément difficile à notre époque de porter un jugement sur ce fait, lorsque nous voyons un historien du temps, le sieur de Saint-Rémy, témoin oculaire de la bataille d'Azincourt, craindre de se prononcer. « Il est à présumer, dit-il, que le Gascon affir-
» mait les choses sus-dites être vraies, par le grand désir
» qu'il avait de la bataille, car à cette heure où il parlait,
» les Français n'étaient pas assemblés et ne le furent bien que
» huit jours après. »

Quoi qu'il en soit de cette supposition et lors même que son témoignage eût eu pour but de les écarter de leur route directe, et de les forcer ainsi à une bataille qui ne pouvait, dans sa pensée, être désastreuse que pour eux, toujours est-il que le serviteur de messire Charles de Labreth, s'il affirma un fait qu'il croyait vrai, se rendit coupable d'un acte d'inique trahison, comme s'il appuya par un serment une fausse indication, il oubliait son devoir de chrétien, son honneur de gentilhomme.

Les Anglais cotoyaient toujours la Somme; ils passèrent sous les murs d'Amiens et traversèrent enfin, entre Péronne et Saint-Quentin, le passage qu'ils cherchaient.

Le roi Henri fit démolir le moulin et toutes les maisons qui s'élevaient sur la rive. — Echelles, portes, fenêtres, charpentes, tout fut utilisé pour jeter à la hâte un pont sur la rivière. La journée presque entière fut employée à ces préparatifs, et ce ne fut que bien avant dans l'après-midi que l'armée put passer, si bien que la nuit était tout à fait venue lorsque le roi se mit en marche pour aller loger assez près d'Athis.

III.

PRÉPARATIFS.

La nouvelle du passage de la Somme hâte les préparatifs des Français et porte dans tous les cœurs l'espoir d'un triomphe prochain et assuré. Les ducs d'Orléans et de Bourbon, de concert avec le connétable, s'empressèrent d'envoyer au roi d'Angleterre trois héraults d'armes chargés de régler avec lui le jour et le lieu du combat. Afin de donner à cette mission le retentissement et l'éclat que réclamait la toute puissance des deux rois engagés dans la lutte, les officiers d'armes furent accompagnés d'une escorte d'honneur, uniquement composée de chevaliers de renom, au nombre desquels Robert et Guillaume obtinrent les premières places.

Une réception vraiment royale fut faite par Henri aux envoyés français. Il les reçut avec une splendide magnificence, comblant les hérauts d'armes de présents de toutes sortes et manifestant hautement l'estime en laquelle il tenait la chevalerie française. Il se montra satisfait du défi que contenait la lettre des princes et parut désireux d'y répondre. Malgré cet empressement apparent à accepter des propositions de guerre, empressement qui avait fait supposer aux envoyés du connétable que tous les arrangements du combat seraient immédiatement réglés, le roi les congédia sans leur donner de réponse. Mais presque en même temps qu'eux arrivèrent au camp français des officiers d'armes anglais, chargés de faire savoir aux princes qu'en quittant Harfleur, le roi leur maître avait prétendu, comme il le prétendait encore, être en son royaume et non sur terre étrangère; que par conséquent il n'était pas dans son intention de refuser la bataille à quiconque contesterait ses droits; mais que n'étant ici en ville fermée ni en forteresse, il ne voyait aucune nécessité de fixer jour et place, puisque tous les jours on pouvait le trouver à travers champs, sans fortification aucune.

Dès ce moment les mesures furent prises de part et d'autre. Tout en continuant de se porter en avant, Henri fit préparer ses chevaliers et ses hommes d'armes; il disposa surtout ses archers, qu'il arma en outre de leurs arcs et de leurs traits, d'un pieu aiguisé aux deux bouts, arme qui devait leur être, en cette occasion surtout, d'un usage inappréciable.

C'est ainsi que l'armée ennemie se préparait à cette mémorable journée du 25 octobre, dont nous avons vu lever l'aurore en accompagnant, dans le précédent chapitre, le retour des sires d'Aiglemont au camp français.

Mais cette nuit même où les Français se livraient au repos

et attendaient avec une trompeuse sécurité les événements qui se préparaient, une scène toute différente animait le camp des Anglais. Henri appréciait le courage et la bravoure des ennemis qu'il allait combattre; il savait l'infériorité numérique de son armée; il pouvait même croire la différence plus grande qu'elle ne l'était, ses espions ayant renoncé à compter les nombreux soldats du roi Charles.

Il comprit qu'il ne pouvait, dans une semblable circonstance, avoir recours et espérance qu'en Dieu, et convaincu qu'il devait mourir ou vaincre par l'aide du Ciel, il voulut mériter cette aide en s'apprêtant à mourir en chrétien. Non-seulement il se confessa et passa la nuit en prières, mais par ses exhortations et son exemple, il engagea la plupart de ses officiers à imiter sa conduite.

Les deux armées passèrent toute la journée du jeudi en présence; rangées en bataille, elles semblaient se défier à qui donnerait la première le signal. Les Français, en grande liesse et joyeux ébats, faisaient entendre des cris de joie et comprimaient à grande peine leur impatience, forcés qu'ils étaient d'attendre l'arrivée du connétable avant d'engager l'action. Les Anglais, au contraire, calmes et résignés, songeaient bien plutôt à se rendre favorable le souverain Juge qu'à penser à un avenir sur lequel ils osaient à peine compter.

Au soleil couchant, le roi d'Angleterre fit replier *ses batailles* sur Maisoncelles, village près d'Azincourt, où il voulut passer la nuit. Mais avant de se retirer sous sa tente, il fit assembler les nombreux prisonniers faits soit à Harfleur, soit pendant sa marche à travers la Normandie. Lorsqu'ils furent tous réunis, il parut au milieu d'eux.

— Messires et hommes d'armes, leur dit-il, par ma volonté et la grâce de Dieu, je vous tiens libres d'aller où bon vous semblera, à la condition toutefois que vous vous abstiendrez de prendre part au combat de demain. Si Dieu me donne la victoire, je vous tiens tous obligés, sur votre honneur, de revenir vers moi; mais si je viens à perdre la bataille, alors, et pour le temps à venir, je vous tiens quittes de votre foi et vous déclare par avance et pour toujours libres de tout engagement.

Une longue acclamation accueillit ces paroles, et, après que les prisonniers eurent juré d'être fidèles aux obligations qu'elles leur imposaient, ils furent libres de s'éloigner du camp.

Le matin, dès les premières lueurs de l'aube, les deux armées se réveillèrent à la fois, et, de part et d'autre, le premier soin fut de s'agenouiller au pied de l'autel du Dieu des armées, pour y assister au saint sacrifice. Ensuite les trompettes sonnèrent, et l'agitation, le tumulte, précurseurs d'une bataille, animèrent les deux camps.

Ce fut alors que l'on put admirer la magnifique attitude de l'armée française. Il y avait là, outre les grands officiers de la couronne, outre les princes du sang, les plus notables chevaliers de France. Pas un nom de la vieille noblesse des croisades qui n'y eût son représentant; pas un blason de toutes nos vastes provinces qui n'y montrât son emblème glorieux. Partout des armures, des lances couronnées de banderolles éclatantes, partout la confiance et l'ardeur. Les cris de guerre, les ordres se croisaient et se mêlaient; les officiers du connétable parcouraient les rangs au grand galop de leurs chevaux, faisant ondoyer les panaches de leurs casques et resplendir les fleurs de lis gravées sur leur écu; à chaque bannière qui se déployait et venait prendre le rang qui lui était assigné pour la bataille, de nouvelles acclamations éclataient avec transport : — Vive, vive le roi! Montjoie Saint-Denis! Gloire et triomphe aux armes de la France!

Et pendant que cet enthousiasme se développait et grandissait parmi les Français, pendant que le maréchal de Boucicault achevait d'armer chevaliers le comte de Nevers et *beaucoup d'autres puissants seigneurs et nobles hommes*, le roi Henri se revêtait de son harnais de guerre dont faisait partie *une très riche couronne d'or, cerclée comme impériale couronne.* Puis montant un petit cheval gris, il ordonna lui-même ses batailles dont il parcourait les rangs, exhortant chacun à bien faire, leur disant que l'honneur de l'Angleterre était entre leurs mains, et ajoutant, pour animer le courage de ceux qui pouvaient ne point comprendre la voix de l'honneur aussi bien que l'intérêt propre, que les Français se vantaient que tous les archers anglais qui seraient pris, auraient trois doigts de la main droite coupés, afin que leurs traits ne pussent jamais plus tuer ni hommes, ni chevaux.

Que de fois de semblables paroles n'ont-elles pas été employées avec succès pour agir sur les masses! N'est-ce pas presque toujours par ces craintes puériles, par ces menaces sans fondement que les hommes se laissent animer et exalter?

Les Français, ainsi que nous l'avons dit, n'avaient pas douté un instant du résultat de la journée. Néanmoins chacun d'eux, sachant que la victoire lui serait chèrement vendue, se disposait aux éventualités de la bataille.

Lorsque l'armée fut divisée en compagnies et que chacun eut pris place près de sa bannière, on dut attendre encore

les Anglais. Chevaliers et soldats mirent ce temps à profit
pour repasser en leur cœur le mal qu'ils avaient fait et le mal
qu'ils avaient souffert; ils se pardonnaient, ils s'embrassaient
les uns les autres, et *toutes haines et discordes qu'ils avaient
eues du temps passé, étaient transmuées en ce moment en un
grand et véritable amour.*

Cette scène touchante et sublime se continua pendant plusieurs heures, jusqu'à ce que les ennemis fussent eux-mêmes
rangés en bataille. Il était alors dix heures du matin, le ciel
était sombre et couvert de nuages. Il avait plu pendant la
nuit et le sol détrempé s'affaissait sous les pieds des chevaux
chargés en outre de leurs harnais de fer du poids de leur cavalier et de sa lourde armure. Cette circonstance retardait et
embarrassait l'ordonnance de l'armée française, presque entièrement composée de grosse cavalerie, tandis qu'elle favorisait
l'armée anglaise, d'autant plus forte de son infanterie que la
plupart des chevaliers, suivant l'exemple du roi, avaient mis
pied à terre et s'étaient débarrassés des parties les plus
lourdes et les plus fatigantes de leur armure. D'autre part,
les pieux effilés des archers leur servaient tour à tour de chevaux de frise pour défendre le front de l'armée, et de point
d'appui pour hâter et assurer leurs mouvements.

Telle était la position respective des deux partis lorsque
retentit le signal du combat. Aussitôt les héraults et officiers
d'armes se détachèrent de la bataille, et se réunissant, Anglais et Français, en un seul groupe, s'éloignèrent un peu des
combattants, de manière à assister à l'action comme spectateurs, ou plutôt comme ces juges du camp qui, dans un
tournoi, étaient appelés à décider de la loyauté de l'attaque
et de la défense et à proclamer le vainqueur.

IV.

LA BATAILLE.

Français et Anglais se battent en héros; à peine l'action est engagée et déjà cependant on peut en prévoir l'issue. Toujours la même précipitation, la même vaillance aveugle; toujours les mêmes résultats.

« Comme à Crécy, les soldats de l'avant-garde se sont encore hâtés de combattre, de peur que l'ennemi ne leur échappe; ils ont fondu sur lui avec une impétuosité aveugle, sans aucune discipline, se culbutant les uns les autres et rompant leurs propres bataillons pour arriver les premiers à l'attaque. Comme à Poitiers, et par de mauvaises dispositions du connétable, ils avaient été resserrés dans un terrain étroit où les archers anglais, placés avantageusement, les choisissaient à leur aise et les perçaient à leur gré; enfin comme à Courtray, ils s'entassèrent dans une vallée fangeuse si près les uns des autres qu'ils ne pouvaient remuer. »

Plusieurs, assure-t-on, ne purent faire usage de leurs armes; d'autres blessaient et tuaient leurs compagnons les plus proches en cherchant à charger les ennemis. Ce fut une affreuse confusion, où la valeur et le courage de notre brillante armée se débattaient vainement contre les entraves que lui avaient créées ses propres fautes. Le désordre commença par l'inexécution de quelques ordres du connétable que des officiers inférieurs se permirent de contrôler et de modifier. Il devint irréparable par l'insubordination de chevaliers indociles à toute discipline, qui abandonnèrent leur poste, non pour fuir le danger, mais pour venir, au contraire, au premier rang, chercher auprès des princes des périls qu'ils croyaient plus honorables; ils n'y apportaient avec eux que la gêne, la confusion et la mort.

Une charge, faite à propos par les Anglais, augmenta le désordre et décida de la journée, mais elle ne finit point la lutte.

Henri d'Angleterre, par son sang-froid et la précision de ses ordres, était l'âme de son armée; sa mort pouvait donc changer à l'instant la face du combat. C'était là une vérité évidente à tous les yeux, aussi sa couronne d'or devint-elle le point de mire de tous les guerriers de l'armée. Pour les uns elle était une sorte de talisman, emblème et sûr garant de la victoire, pour les autres elle devait être le but de tous les efforts, de tous les coups.

Mais retranché derrière la triple muraille de ses archers, entouré de sa noblesse, le roi Henri était presque inaccessible à l'atteinte de ses ennemis. Il fallait pour arriver à lui traverser une armée déjà victorieuse; la pensée de cet acte d'héroïque dévouement vint à deux jeunes chevaliers, les sires de Mazinghen et de Bournonville. Ils appellent à eux des cœurs de bonne volonté, et tous ceux qui les entendent, quinze gentilshommes, tous les quinze jeunes et vaillants, s'empressent de répéter le serment de mourir s'il le faut, mais de joindre le roi d'Angleterre de si près qu'ils puissent abattre sa couronne.

A peine ce serment est-il prononcé, que, réunis dans une phalange serrée, ils s'élancent vers l'ennemi. Au même moment deux guerriers, qu'on a vus jusqu'à cette heure apparaître partout où le danger était le plus pressant, se précipitent vers eux. Ils ont entendu leur serment, ils le répètent avec enthousiasme et veulent se joindre à leur noble entreprise, portant ainsi à dix-neuf le nombre des jeunes héros.

Déjà les archers ont faibli; déjà la chevalerie du roi s'est écartée devant l'impétuosité de la petite troupe; encore un effort et Henri est en son pouvoir, lorsqu'un seigneur anglais s'avance à sa rencontre.

— Je vous retrouve enfin, Messieurs, s'écrie-t-il en s'adressant aux deux chevaliers venus les derniers; vous souvient-il de l'engagement que nous avons pris cette nuit?

Les deux jeunes gens se regardent indécis. — Un obstacle arrête en ce moment leur entreprise; un des deux ne peut-il en profiter pour remplir une dette d'honneur? Quelques instants d'ailleurs suffiront à rompre une lance. Tous deux s'y préparent à la fois.

— C'est mon droit! s'écrie Robert en s'avançant vers le chevalier anglais.

Comme il prononçait ces paroles, un mouvement des troupes entraîna ses compagnons et son frère dans une direction opposée, le laissant seul auprès du chevalier qu'il allait combattre, bien que loin de lui porter haine et mauvais vouloir, il fût prêt à voir en lui un ami. Telles sont les exigences de la guerre; telles étaient notamment les idées de la chevalerie, que l'on tenait surtout à grand honneur de combattre ceux que l'on estimait, que l'on appréciait le plus parmi les ennemis du moment.

Après quelques passes sans résultat sérieux, les chevaliers furent tout à coup entourés par un groupe de soldats furieux contre les Français qui venaient de tuer plusieurs des leurs et qui menaçaient, disait-on, la vie du roi.

Dans leur colère, ils se précipitèrent sur Robert, bien décidés à se venger sur lui. C'en était fait de sa vie lorsqu'un moyen de salut, le seul possible peut-être, se présenta à la pensée de son généreux adversaire :

— Rendez-vous, lui dit-il rapidement et à voix basse, sur l'honneur je n'abuserai pas de votre position ; mais rendez-moi votre épée, ou tout mon pouvoir ne suffira pas à empêcher ces furieux de vous massacrer.

Robert comprit qu'il était perdu. Il songea que la mort qui le menaçait ne lui apporterait ni gloire, ni honneur, et cette idée l'épouvanta plus que le danger lui-même. Il n'hésita point : prisonnier d'un chevalier, il devint sacré pour les soldats.

Pendant que se passait cet épisode qui ravissait à Robert sa liberté, mais qui du moins lui sauvait la vie, les dix-huit gentilshommes, conduits par Mazinghen et Bournonville, étaient parvenus jusqu'au roi. Ils avaient été devancés par le duc d'Alençon, prince du sang de France, qui commandait un corps de bataille et qui s'était flatté de rétablir le combat. Le prince, après avoir étendu à ses pieds le duc d'York, frère du roi, venait de s'approcher de Henri.

Les dix-huit chevaliers l'entendirent se nommer, défier le monarque ; puis ils virent sa hache briller au-dessus de la tête royale, et abattre la moitié de la fière couronne qui surmontait le casque de Henri ; le roi tomba sur ses genoux. — Un second coup allait sauver la France ; la hache était prête à retomber lorsque, du revers de son épée, Henri détourna le coup et vengea son frère.

Les chevaliers français s'élancèrent alors avec une nouvelle ardeur; leur entreprise avait un double but, rétablir le combat et venger la mort d'un noble prince que les soldats anglais avaient achevé au moment même où le roi l'avait renversé.

— Montjoie Saint-Denis! s'écrièrent-ils en chœur, et ils entourèrent le roi de si près que l'un d'eux, d'un coup d'épée, abattit le fleuron que le duc d'Alençon avait laissé sur la couronne.

Cependant de nombreux chevaliers anglais sont accourus à l'annonce du danger qui menace leur souverain, et, accablés par le nombre, les dix-huit dévoués, après la plus héroïque lutte, sont tombés sous les coups de leurs ennemis.

Une fois encore le noble Mazinghen, debout près des corps sanglants de ses frères d'armes, agite son épée et fait retentir le cri de guerre de la France, puis il s'affaisse à son tour, et tout est fini sur la terre pour ces dix-huit jeunes gens si brillants naguère d'énergie et d'avenir. Tout est fini pour eux, avons-nous dit. — Certes nous nous sommes trompés :

— Une vie glorieuse a commencé pour eux; leurs noms, leur souvenir seront chers et précieux à la France, et Dieu vient de leur décerner la couronne qu'il réserve au dévouement à la patrie!

Mais voici tout à coup que la joie, le triomphe des Anglais se changent en cris d'épouvante, en clameurs de colère. Un immense incendie éclaire l'horizon et dévore le camp des vainqueurs. Des émissaires, envoyés en toute hâte, reviennent bientôt apprendre à Henri que, pendant que leurs maîtres combattaient et mouraient avec une si noble opiniâtreté dans le combat, *les valets et les goujats* de l'armée française avaient surpris, pillé et incendié le camp.

Le calme, le sang-froid de Henri, la générosité qu'il avait jusqu'alors montrée, tout disparaît et s'efface devant la violence de sa colère. Saisi d'un vertige furieux, il oublie les devoirs que lui inspire son double titre de chevalier et de chrétien, et donne l'ordre barbare de massacrer sans pitié les prisonniers, presque égaux en nombre à ses soldats.

A cet ordre la chevalerie anglaise hésite et s'indigne; mais malgré cette résistance passive, la volonté royale, exécutée par une soldatesque avide de sang et de pillage, s'accomplit à la honte du monarque vainqueur, qui assurément ne dut pas tarder à se repentir d'avoir ainsi souillé son triomphe.

On compta dix mille morts sur le champ de bataille, tous chevaliers et gentilshommes, si bien, disent les historiens, qu'il y a peu de familles nobles de France qui ne trouvent dans la liste funéraire de l'historien Daniel, le nom de quelqu'un de leurs ancêtres. A peine si seize cents prisonniers échappèrent à la mort. Parmi eux était Robert d'Aiglemont, que le dévouement de son loyal adversaire avait, au risque de sa propre vie, sauvé du massacre ordonné par le roi.

V.

LE MANOIR.

Que nos lecteurs veuillent bien abandonner le champ de bataille et l'armée anglaise victorieuse, pour se transporter, par la pensée, dans le manoir d'Aiglemont que quittaient naguères ces deux jeunes et beaux gentilshommes, si avides de gloire, si impatients de combats.

Aujourd'hui l'anxiété et la douleur habitent la noble demeure; Alice a appris l'issue de la bataille, elle a vu les fuyards accourir en foule sous les murs du castel; elle a interrogé vassaux et étrangers, et nul n'a pu lui dire le sort de ses frères.

Inquiète, désolée, elle forme les projets les plus impraticables; tantôt elle veut se rendre auprès du roi d'Angleterre afin de savoir de lui si ses frères sont vivants, et en ce cas offrir pour leur rançon tout ce qu'elle possède; tantôt se laissant dominer par la faiblesse et la timidité de son sexe, elle s'abandonne à la crainte et croit voir dans l'éloignement, dans le silence des sires d'Aiglemont, une preuve certaine de leur mort, alors elle ne sait plus que prier et pleurer.

Plus calme, plus maître de lui, le fidèle sénéchal, gouverneur du château, avise aux moyens de venir en aide à ses jeunes maîtres, et déjà des messagers ont été envoyés par lui au camp anglais afin d'y traiter de leur rançon. Sur le soir du troisième jour de cette vie d'incertitude et d'attente douloureuse, les murs du manoir retentirent de cris de joie accueillant l'apparition, dans le lointain, de la bannière d'Aiglemont.

Alice se précipita sur les remparts; elle agitait son écharpe blanche avec impatience et allégresse, bien longtemps avant que les joyeux signaux pussent être aperçus par les arrivants. Mais tout à coup son front pâlit, ses forces l'abandonnèrent; un des derniers rayons du soleil couchant venait d'éclairer la bannière, et ses yeux avaient vu ou plutôt son cœur avait deviné la banderolle de crêpe qui la surmontait en signe de deuil et de mort.

Cependant le sénéchal et la garnison du château s'étaient portés au-devant de la petite troupe, et le silence qui succéda inopinément à leurs cris de guerre et de joie confirma les craintes de la malheureuse Alice. — A genoux dans son oratoire où ses femmes l'ont entraînée, elle demande au Ciel de lui laisser au moins une espérance, et son cœur répète les noms chéris de Guillaume et de Robert, comme pour interroger par avance l'impression que produira sur elle la révélation qui l'attend; elle se demande lequel des deux lui était le plus cher et ne se rend pas compte que l'ami que l'on perd est toujours celui que l'on semble avoir aimé davantage.

Etait-ce donc ainsi, à pied, le front découvert et accompagnant un cercueil, que le vaillant Robert devait revoir le château de ses pères? Qu'étaient devenus et les espérances du départ et l'enthousiasme de la gloire! Un instant les avait anéantis et remplacés par le deuil et la tristesse.

Robert s'arrêta sous le pérystile, et pendant que le chapelain se hâtait de revêtir ses ornements sacerdotaux afin de recevoir en chrétien et en chevalier celui qui venait de mourir pour la défense de son pays, on dressa rapidement une estrade funèbre sur laquelle fut déposé le corps mutilé de Guillaume.

Bientôt on n'entendit plus s'élever de cette foule, pénétrée cependant d'une douleur si profonde, que la voix de la prière demandant paix et salut pour le frère, le maître et l'ami que l'on pleurait.

La première pensée de Robert avait été pour Alice; son premier regard l'avait cherchée à travers la foule. En ne la voyant pas, il comprit que prévenue de leur malheur commun, elle était retenue loin de lui par les instances des cœurs fidèles qui l'entouraient, et il bénit et remercia le ciel qui leur évitait à tous deux la douloureuse émotion de se revoir pour la première fois au milieu de scènes aussi déchirantes.

Ce n'était certes pas volontairement qu'Alice consentait à rester éloignée de ce frère bien-aimé qui lui était rendu et surtout de celui dont elle venait d'acquérir la conviction qu'elle était séparée à tout jamais, et à peine le corps fut-il déposé dans la chapelle qu'il devint impossible de la retenir plus longtemps.

Ce fut donc sous l'œil de Dieu seul, et en présence de ce frère, de cet ami qu'ils avaient perdu sans retour, que pressés dans les bras l'un de l'autre, Robert et Alice mêlèrent pour la première fois leurs regrets et leur douleur; ce fut là que, tenant dans leurs mains enlacées la main de Guillaume raide et froide sous le gantelet de fer qui la couvrait encore, les deux jeunes gens se promirent de garder toujours l'amour et le souvenir de leur frère aimé et prononcèrent ensemble pour lui les plus ardentes prières.

Robert raconta ensuite le vaillant épisode auquel Guillaume avait mêlé son nom; il dit par quelle merveilleuse intervention de la Providence, arrêté lui-même dans sa marche, il avait évité le sort glorieux mais fatal de Mazinghen et de ses compagnons. En écoutant ce récit, la douleur d'Alice fit place un instant à un élan de reconnaissance envers le Ciel. Dieu qui avait été sur le point de lui ravir tout ce qu'elle chérissait sur la terre, lui avait laissé un frère pour l'aimer et la protéger; avait-elle encore le droit d'accuser la Providence?

Mais cette pensée de justice et de gratitude s'effaça promptement; le cœur humain oublie si aisément que le Ciel ne lui doit rien, que la présence du malheur absorbe tout autre impression et efface sans peine le souvenir des plus grands bienfaits. On cherche des compensations au chagrin dans le bruit, la distraction, le plaisir; on ne les demande jamais aux vrais et seuls motifs de gratitude que la Providence ne manque cependant jamais de placer auprès des épreuves qu'elle nous envoie.

— Vous souvient-il, ma sœur, ajouta Robert, de la visite du hérault d'armes du roi de France? Malade, accablé par la fièvre, je n'osais espérer endosser pour la guerre qui se préparait mon armure de chevalier... — Vous souvient-il encore du jour de notre départ? A peine en convalescence, je chancelais en descendant les dernières marches du perron. Vous et Guillaume, inquiets et soucieux de ma faiblesse, vous ne vouliez pas me laisser partir, vous ne pensiez pas qu'il me fût possible de supporter les fatigues de la route, les émotions du combat. Et cependant, Alice, me voici de retour plein de force et de santé, tandis que lui, notre beau et noble Guillaume, lui si fort, si robuste, si vaillant, il est là, immobile et froid comme cette dalle qui recouvrira bientôt son cercueil. Etait-ce donc là ce que nous devions supposer, ce que nous devions craindre?

— Les décrets de la Providence sont impénétrables, mon frère; aussi, bien insensé est l'homme qui s'appuie sur des probabilités, sur des apparences. Puissance, force, jeunesse, qu'est-ce aux yeux de Celui qui peut tout dissiper, tout anéantir d'un souffle? — C'est pourquoi, Guillaume, mon cœur s'arrête avec enthousiasme à une pensée qui me semble venir du Ciel lui-même. — Tout est néant sur la terre, tout est vanité dans le monde. Dieu seul peut tenir tout ce qu'il nous promet, parce que seul il possède la stabilité et la toute-puissance. Mon frère, le service du Seigneur est l'unique abri où l'on peut trouver bonheur et sécurité.

— Eh! quoi, Alice, serait-ce au moment où je viens de perdre un des liens chéris qui me rattachaient au monde, que vous voudriez briser la seule affection qui me reste? Vous, encore une enfant par l'âge, vous que j'aime à la fois comme une sœur et comme une fille chérie, vous m'abandonneriez à l'heure des larmes et de la profonde amertume?

— Vous ne m'avez pas compris, Robert! s'écria la jeune fille avec tout l'entraînement de la douleur et de l'exaltation religieuse. En parlant de quitter le monde, en parlant d'une vie consacrée à Dieu, sans partage et sans réserve, je songeais à vous aussi bien qu'à moi-même..... Croyez-vous que deux âmes froissées et déchirées comme le sont les nôtres aujourd'hui, puissent espérer jamais le calme, la paix, le bonheur, au milieu des souvenirs que laisse après soi la mort?

— Le bonheur, dites-vous? Peut-être, et je l'espère, car moi non plus je ne désire pas oublier; il faudra du temps avant qu'il revienne parmi nous. Quant au calme et à la paix, Dieu, ma sœur, ne les refuse jamais, même pendant les plus dures épreuves, au cœur de bonne volonté qui s'incline humblement sous sa main puissante mais toujours miséricordieuse. Croyez-moi, pour trouver ce calme, cette paix, il n'est pas toujours nécessaire de se réfugier à l'ombre du cloître. La foi, la charité, la patience peuvent les assurer aussi bien derrière les murs opulents d'un palais que dans l'humble cellule d'un monastère; aussi bien dans les plus pauvres cabanes que sur les marches mêmes du sanctuaire.

» Certes, si je ne consultais que mon cœur et mes désirs, si je n'avais en vue que ce bonheur et cette sécurité dont vous parliez tout à l'heure, je n'hésiterais pas à suivre votre conseil, à fortifier votre résolution; mais, Alice, il est un devoir auquel vous n'avez pas songé, devoir sacré et impérieux qu'une vocation toute spéciale et clairement indiquée par la voix divine, peut seule faire méconnaître et oublier. Ce devoir, Alice, n'est autre chose que l'honneur, que la gloire du nom, que les obligations de la famille! Honneur sacré, obligations saintes, transmises comme un dépôt sacré par nos ancêtres, et qui ne doivent point s'altérer et péricliter entre nos mains. Seuls et derniers héritiers d'un nom chrétien et illustre, nous n'avons pas le droit de briser une noble filiation et de rejeter dans l'oubli le souvenir et la foi de nos aïeux. Nous devons à leur gloire passée, nous devons aux espérances de l'avenir, nous devons à nous-mêmes et à nos vassaux de conserver intactes et de transmettre à de nouvelles générations les traditions de fidélité et d'honneur qui nous ont été confiées, non comme une propriété aliénable à notre gré, mais comme un dépôt dont nous sommes responsables.... Vous le voyez, chère sœur, nous ne pouvons, je ne puis du moins, comme un lâche et un félon, déserter le poste que la Providence m'a confié et surtout le déserter au moment de la défaite et du découragement.... Peut-être ne serait-il pas mieux à vous de quitter le manoir de vos pères le jour où un de vos frères y rentre seul, condamné par un serment solennel à une inaction temporaire et... le cœur profondément blessé.

— Vous laisser, mon frère, sans appui moral, sans affection, au milieu du monde? Ah! vous savez bien que je ne pourrais jamais y songer. Seulement ne craignez-vous pas que ces liens d'honneur, de gloire, de devoir même qui vous retiennent, ne cachent habilement un sentiment dangereux de vanité et d'orgueil?

— De vanité? Non. Je dirai même que la juste appréciation de ce que l'on doit à son nom et à la mémoire de ses ancêtres est, après l'humilité chrétienne, le meilleur contre-poids que l'on puisse opposer à une coupable vanité, à la futile admiration de ses avantages physiques, à l'amour excessif de la parure et des vains éloges du monde. La noblesse bien entendue entraîne nécessairement des vertus et un sentiment de dignité et de dévouement incompatibles, soyez-en sûre, avec cette faiblesse de l'esprit et du cœur que vous venez de désigner sous le nom de vanité. L'orgueil pourrait plus aisément servir de mobile aux pensées que je viens de vous exprimer, parce que l'orgueil, tout coupable qu'il soit, a du moins une apparence brillante, une certaine grandeur qui éblouit et entraîne et peut se confondre avec l'honneur et la gloire véritables. Un esprit généreux se tient par conséquent moins en garde contre lui, parce qu'il ne se sent ni blessé ni révolté à ses premières atteintes; néanmoins, comme toutes les passions humaines, l'orgueil implique nécessaire-ment un certain égoïsme; on se complaît en soi-même, on s'attribue, ou du moins on fait rejaillir sur soi, tout ce que l'on trouve de grand et d'honorable autour de soi, et si l'on rêve de l'avenir, c'est encore pour désirer de nouveaux motifs de s'illustrer aux yeux de la postérité.

Or, un homme véritablement pénétré des principes de notre sainte religion et de l'ordre glorieux de la chevalerie, a un autre but, d'autres espérances. Il ne rapporte rien à lui : il rapporte tout à son nom, à la juste renommée de sa famille, non pas dans un sentiment personnel, mais en vue de la grandeur et de la prospérité de son pays, en vue du bonheur et de la sage administration des hommes qui relèvent de sa puissance et vivent sous sa protection. Avec ses titres de noblesse, une partie de l'honneur comme une partie du gouvernement de sa patrie lui a été déléguée; il en doit compte à Dieu, au roi et au peuple et il ne peut permettre, qu'en aucun cas et pour aucun motif, la plus légère atteinte soit portée à ce précieux dépôt.

Il faut qu'il s'estime assez fort, assez vertueux, avec l'aide de Dieu s'entend, pour porter ce fardeau sacré sans faiblir. Ce sentiment que nous pouvons appeler une juste fierté, est aussi éloigné de l'orgueil que de ce découragement, de cette facilité à se laisser entraîner, qui est un malheur pour tout le monde et qui devient un vice, presque un crime chez l'homme appelé à gouverner, à dominer d'autres hommes et à tenir en ses mains le souvenir du passé, le bonheur du présent, la gloire de l'avenir.

— Vous êtes un noble cœur, Robert, et je vous remercie de m'avoir fait comprendre que le titre de gentilhomme n'est point une vaine dignité, mais qu'il implique des obligations saintes et sérieuses, imposées et consacrées par le Ciel. Le même sang coule dans nos veines, mon frère; si le vôtre fait si noblement battre votre cœur qu'il vous révèle de si magnifiques obligations, vous ne sauriez me trouver froide et insensible à des sentiments aussi généreux. Nous ne nous séparerons jamais et veuille le Ciel qu'en vivant près de vous j'arrive à apprécier et à comprendre comme vous le faites combien noblesse oblige!

— Votre vie alors, chère Alice, sera toute dévouée à nos

vassaux. Vous songerez à assurer leur bonheur pendant que trop souvent mon épée sera consacrée aux combats et à la gloire; mais au milieu de nos soins divers, nos cœurs se réuniront pour penser à Guillaume et prier pour lui, pour la France.....

— Pour demander à Dieu, mon frère, un glorieux lendemain au désastre d'Azincourt, une revanche éclatante pour nos armes.

— Hélas! la France a perdu ses meilleurs chevaliers, l'élite de sa jeunesse. Quand pourra-t-elle à son tour triompher?.... Ce jour glorieux nous ne le verrons pas, Alice.

— J'ai meilleure espérance en la bonté divine, mon frère. Faut-il donc que ce soit à moi maintenant de réveiller vos souvenirs, de vous rappeler combien Dieu aime et protége la France? Pensez-vous que ces familles si nombreuses qui, frappées de la même affliction que nous, sont comme nous aujourd'hui penchées sur un cercueil entr'ouvert, ne se promettent pas de venger le deuil d'une aussi sanglante défaite? Croyezmoi, mon frère, des serments semblables, prononcés sur le sang même des victimes, font surgir de toute part des hommes, je me trompe, des héros! Une génération ne s'éteint pas avant d'en avoir vu des preuves.

— Ma tendresse pour Guillaume, mon amour pour la France, mon cœur en un mot ont besoin de vous croire, Alice. A bientôt donc, à bientôt notre revanche!

DEUXIÈME PARTIE.

1450.

I.

TOAST ET SERMENT.

La chevalerie tout entière du pays d'Artois a été convoquée à des fêtes brillantes par lesquelles le châtelain d'Aiglemont veut célébrer le vingt-quatrième anniversaire de la naissance de Guillaume, son fils aîné.

Une chasse à l'oiseau est le premier plaisir que le baron ait offert à ses hôtes, et voici que les ombres de la nuit envahissent la montagne, voici que l'heure du souper a sonné sans que les chasseurs, emportés sans doute par l'ardeur de la poursuite, aient regagné le castel. Déjà le majordome s'étonne et s'inquiète, lorsque parvient à son oreille attentive l'écho d'une brillante fanfare, dont les sons deviennent de minute en minute plus distincts et plus rapprochés. Bientôt seigneurs et nobles dames arrivent en foule, les ponts-levis s'abaissent, pages et valets se hâtent, et, au milieu des rires joyeux, des gais propos, la salle du festin est envahie.

Les alarmes du majordome se transforment en un légitime et naïf orgueil, en entendant les convives se récrier sur la magnifique ordonnance du banquet, en admirant l'empressement avec lequel chacun rend justice à l'excellence des mets.

Les coupes d'hydromel, les hanaps de vin généreux ont longuement circulé, le moment est venu où chaque cœur laisse éclater ses désirs et ses pensées les plus intimes dans un toast spontané et sincère.

— Au baron Robert, longue vie et inaltérable prospérité! s'écrient toutes les voix.

Et à peine les coupes se sont-elles vidées, que d'un accord également unanime, un second souhait est formé :

— Bonheur et gloire à messire Guillaume!

Ensuite se croisent en tous sens des vœux, des santés, tantôt accueillis avec transport, tantôt passant inaperçus, tantôt encore soulevant des interruptions, des murmures même, que le respect dû à l'hospitalité du baron suffit à peine à comprimer.

Les voix s'animent, les têtes s'exaltent, la joie est partout. Seul le sire d'Aiglemont semble préoccupé. Son regard s'est arrêté sur ses deux fils, jeunes gens vaillants et braves dont à bon droit il peut être fier, mais dont la confiance, le bonheur lui rappellent cette jeunesse et ces espérances qu'il partageait avec Guillaume au jour où a commencé cette histoire.

Ce souvenir donné à un frère bien aimé, a retracé en même temps à l'esprit du vieux soldat tout un ordre d'idées bien étrangères à l'exaltation qui l'entoure. Il se souvient de cette vaillante chevalerie, ensevelie tout entière dans les champs d'Azincourt, il se souvient de son retour à Aiglemont après avoir été miraculeusement sauvé. En songeant qu'il dut alors la vie à la générosité d'un ennemi, devenu depuis son ami le plus fidèle, et aujourd'hui son convive, il ne peut s'empêcher de se lever de son siége d'honneur, de faire quelques pas vers lui et de lui serrer affectueusement la main.

A ce geste, à ce mouvement dont ils ne comprennent ni le motif, ni l'intention, les hôtes d'Aiglemont voient une adhésion au vœu de la France méridionale qui souhaite la continuation de la paix entre la France et l'Angleterre, et qui espère que les conférences de Louviers, de Pont-de-l'Arche et de l'abbaye de Bonport, transformeront l'armistice près de finir, en une alliance durable. Alors une voix s'élève, et dans la grande salle retentit un cri jusqu'alors inconnu à l'antique et fidèle manoir :

— A l'union, à la prospérité de la France et de l'Angleterre !

Quelques coupes se heurtent, beaucoup demeurent immobiles entre les mains des vieux guerriers. Leurs regards étonnés se cherchent et s'interrogent.

Le baron Robert a tressailli ; sa main a quitté celle de Hugues de Trécy ; par un mouvement rapide il saisit la coupe que vient de remplir son page et s'écrie :

— A la prospérité de la France ! à celle même de l'Angleterre ; soit ! nous sommes chrétiens avant d'être ennemis, mais à l'union de nos deux pays, par mes ancêtres, jamais !

« Jamais, tant que l'Anglais aura le pied dans nos belles provinces !... jamais tant qu'Azincourt ne sera pas effacé dans les annales du monde par l'éclat d'une date glorieuse pour nos armes.

Animés par cette bouillante énergie, les convives se sont levés, et debout, une main posée sur leur cœur et l'autre sur le pommeau de leur épée, tous, même ceux qui ont porté l'imprudent toast, répètent avec enthousiasme :

— Jamais! jamais!

Cependant messire Robert s'aperçoit de ce qu'un incident semblable, s'il se prolongeait, pourrait avoir de blessant pour Hugues de Trécy, et soulevant de nouveau sa coupe :

— Au noble comte de Trécy, fidèle serviteur du roi d'Angleterre et mon ami le plus cher! dit-il d'une voix pénétrée.

Toutes les coupes se rapprochent, toutes les voix répètent le même nom, le même vœu, et, à son tour, Hugues de Trécy vient prendre et serrer la main du baron.

— En attendant que nous redevenions ennemis, songeons, messires, à jouir gaiement de la gracieuse et loyale hospitalité de notre hôte, ajoute-t-il en répondant par une inclination profonde à la santé qui vient de lui être portée.

Et comme si on n'attendait que cette invitation pour revenir à des sentiments plus en harmonie avec une soirée de fête et de réjouissance, le sourire reparaît sur toutes les lèvres, les fines et délicates plaisanteries, les vives et spirituelles reparties s'échangent gaiement au milieu des rires bruyants provoqués par quelques naïvetés bien simples ou par quelques forfanteries par trop exagérées.

A ce délassement de l'esprit, si cher et si précieux aux Français, et dont le nom, *conversation*, n'a d'équivalent exact en aucune autre langue, succèdent les chants héroïques de plusieurs ménestrels alors en renom, et enfin le récit vif et imagé d'un trouvère racontant les aventures merveilleuses d'un chevalier, dont les hauts faits glorieux pénètrent les cœurs d'admiration et d'enthousiasme.

Au moment le plus intéressant de ce récit, la voix du conteur s'arrête tout à coup. Au milieu du calme de la nuit vient de retentir le son aigu du cor d'appel.

— Un hôte nouveau à pareille heure! en vérité c'est chose étrange! Et le baron, s'excusant près de ses hôtes, quitte la table, impatient de savoir quel est le visiteur que lui envoie le Ciel.

Après quelques secondes d'attente silencieuse, les portes de la salle se rouvrent enfin, et messire Robert paraît conduisant par la main un écuyer couvert de poussière et haletant de fatigue.

Toute trace de préoccupation avait disparu du visage du baron. Un éclair de bonheur et d'espoir brillait dans son regard; il portait la tête haute et ferme.

— Par saint Denis, s'écrie-t-il, écoutez la nouvelle que nous apporte cet homme. Elle vaut les plus beaux récits des trouvères de France et d'Angleterre réunis. Et s'adressant à l'étranger :

— Videz cette coupe, sire écuyer, et répétez-nous les bonnes paroles que vous venez de me dire.

L'écuyer repousse le hanap par un geste respectueux.

— Je n'accepterai rien, messire, avant d'avoir accompli mon vœu; j'ai promis de ne point m'arrêter en mon chemin et de ne boire que de l'eau que je puiserai moi-même aux ruisseaux qui traverseront ma route, jusqu'à ce que je trouve une réunion de chevaliers qui veuillent bien recevoir mes bonnes nouvelles et répéter mon cri de guerre. Dieu m'a conduit vers vous, messires, écoutez donc et bénissez le Ciel.

« J'ai quitté ce matin, au point du jour, l'abbaye de Bonport. La paix que désirait le roi notre sire, est devenue, grâce au Ciel, impossible. L'Angleterre a refusé nos conditions et la conférence a été close. A l'heure où je vous parle la guerre est déclarée et, vive Dieu! cette guerre sera la délivrance de nos belles provinces, dont une partie est occupée par les Anglais, dont les autres parties seront sans cesse menacées tant que nous ne les auront pas forcés à repasser la Manche. La guerre c'est donc l'expulsion de l'étranger, c'est.....

— La revanche d'Azincourt, s'écrie le vieux baron.

— Montjoie Saint-Denis! Vive la France! interrompit-on de toute part.

— Il y a trente-cinq ans, reprit messire Robert, dix-neuf gentilshommes de la province d'Artois jurèrent de vaincre ou de mourir pour la France; dix-huit ont péri comme ils l'avaient juré; un de ces dix-huit braves repose dans la chapelle de ce manoir; le dix-neuvième, celui que la Providence et non la lâcheté a sauvé, est ici au milieu de vous, messires. Les années ont blanchi ses cheveux, affaibli son bras, mais elles ne lui ont point fait oublier sa promesse. Le compagnon de Mazinghen et de Bournonville, le frère de Guillaume d'Aiglemont, vous adjure de la répéter avec lui cette promesse de dévouement à la patrie. Jurez donc, jurez de ne déposer vos épées que le jour où nous serons vainqueurs, et si cette gloire nous était refusée, jurons de mourir tous sur le prochain champ de bataille pour la France et pour le roi!

— Nous le jurons, s'écrièrent ensemble tous les assistants.

Et cette nuit, commencée par une fête, se transforma soudain en une sorte de conseil de guerre, où, sauf décision royale, chaque seigneur exposa les ressources dont il pouvait disposer et les moyens qui lui semblaient les plus convenables à assurer le succès d'une entreprise décisive.

II.

ROUEN ET HARFLEUR.

Avant de poursuivre ce récit, que nos lecteurs nous permettent de nous arrêter un instant et de jeter avec eux un coup-d'œil rapide sur les trente-cinq ans qui se sont écoulés entre le jour où nous avons laissé Robert et Alice près de l'estrade où reposait le corps mutilé de Guillaume, et le moment où nous sommes revenus ensemble, tout à l'heure, assister à un banquet donné au même manoir d'Aiglemont.

Pendant ces trente-cinq ans bien des événements ont passé sur la France ; après la période désastreuse et humiliante de l'influence d'Isabeau de Bavière ; après la honte et les malheurs du traité de Troyes, voici que tout à coup, grâce à une héroïne inspirée, la victoire a enfin relevé les cœurs abattus et prouvé une fois de plus, combien le Ciel aime et protége la France !

Charles VII, *le gentil Dauphin* comme l'appelaient Dunois, Xaintrailles et Jeanne d'Arc, *le roi de Bourges*, comme disaient par dérision les Anglais, est vraiment redevenu le roi de France. L'épée de Fierbois lui a rendu son royame ; il est rentré dans sa bonne ville de Paris et son triomphe serait complet, s'il ne gardait en son cœur le souvenir du bûcher de Rouen, et si l'Artois et la Normandie n'étaient encore en partie aux mains des Anglais.

Après de longues et sanglantes dissensions, après les succès et la ruine de partis puissants, disparus aussi vite qu'ils s'étaient élevés; après qu'Armagnacs et Bourguignons ont tour à tour dominé la France, la puissance royale, en se raffermissant, a enfin rappelé à elle et absorbé tous ces éléments de guerre et de discorde.

Charles le Victorieux mérite plus encore que la reconnaissance du peuple, il a droit à son amour. Il a fait mieux que chasser l'étranger, il a rétabli dans toute son intrégrité la puissance de la loi, les libertés et les priviléges des corps d'état. Enfin il a su, par sa sagesse et sa fermeté, conserver la paix dans l'Église de France, et après avoir ainsi garanti son royaume du schisme, il a eu la gloire de contribuer par son influence, à en préserver le reste de l'Europe.

Ces résultats rapides, obtenus malgré les embarras et les chances de la guerre, ont donné au roi la mesure de ce qu'il pourrait faire en temps de paix pour le bonheur de son peuple, et c'est sûrement cette pensée qui a désarmé son bras victorieux et qui lui faisait désirer si vivement la fin des hostilités avec l'Angleterre. Nous avons vu comment furent déjoués ces projets; la Providence prit soin de le forcer elle-même à mener à bonne fin, en dépit de sa prudence, l'œuvre si bien commencée à Orléans.

« Cependant, disent les chroniques, les Anglais de Mantes » et de Verneuil s'en allaient sur le chemin d'Orléans et de » Paris couper la gorge aux bonnes gens et marchands qui » passaient leur chemin; et de même faisaient les Anglais de » Gournay, Neufchâtel et de Gerberoy, sur les chemins de

« Paris et d'Amiens. Ils allaient la nuit par le plat pays sur-
» prendre et tuer dans leurs lits les gentilshommes de l'o-
» béissance du roi, et se faisaient appeler les *faux visages*,
» parce qu'ils avaient soin de se déguiser de telle sorte qu'on
» ne pût les reconnaître. »

Vainement le roi Charles avait-il envoyé des ambassadeurs aux Anglais, il n'avait pu obtenir justice de ces déloyales agressions. Aussi, à peine les conférences furent-elles rompues, qu'ayant hâte de faire cesser ces brigandages, il envoya de toutes parts des héraults chargés d'appeler sous la bannière royale le ban et l'arrière-ban de ses vassaux. Lui-même fit sur-le-champ ses préparatifs en la ville de Bourges, où il se trouvait, et annonça l'intention de se porter de sa personne en Normandie.

Nous ne raconterons pas l'accueil que reçut au château d'Aiglemont le messager du roi; il nous suffira de dire qu'il y avait été déjà devancé par les convives qui avaient participé quelques jours auparavant au banquet et au serment du vieux baron, et qui, après l'avoir choisi pour chef, n'attendaient plus que le bon plaisir de Charles pour se mettre en campagne.

Cet appel ardemment désiré fut donc accueilli avec enthousiasme, et dès le lendemain à l'aube du jour, se déroulèrent et se rangèrent en ordre de bataille les bannières et les gens d'armes des vaillants gentilshommes.

Alice, après le premier moment d'angoisse et de faiblesse que lui arracha la crainte des dangers qu'allaient courir un frère bien-aimé et des neveux qu'elle aimait d'un amour de mère, avait puisé sur la tombe de Guillaume tout le courage nécessaire à un héroïque sacrifice. Elle assista calme et résignée aux apprêts du départ, et lorsque l'heure de la séparation fut arrivée, ce fut elle qui détachant du marbre funéraire l'armure et l'épée du héros d'Azincourt, partagea entre les deux jeunes chevaliers ces reliques précieuses dont le prestige, elle n'en doutait pas, suffirait à donner la force et le succès à leurs armes.

— Souvenez-vous de votre serment, leur dit-elle, en recevant leurs derniers adieux.

— Vaincre ou mourir! s'écrièrent Guillaume et Geoffroy.

— Non, interrompit la noble femme avec un sourire inspiré, non, pas mourir; mais vivre glorieusement après avoir vengé Azincourt.

A ces mots prononcés d'une voix assurée et acceptés par tous les assistants comme la décision de Dieu, les bannières furent agitées, les lances s'inclinèrent, et un long cri de joie s'éleva vers le ciel en signe de remerciement et de promesse. Ensuite les ponts-levis ayant été abaissés, les flancs de la montagne semblèrent s'agiter sous les pas pressés des chevaux. Aussi longtemps que l'œil put distinguer une bannière ou une armure, Alice demeura sur le rempart, agitant son écharpe et priant en son cœur pour le bonheur de la France et pour ceux qu'elle aimait.

Dieu entendit cette double prière. A mesure qu'ils s'éloignaient du castel, les sires d'Aiglemont et leurs compagnons apprenaient de glorieuses nouvelles qui faisaient battre leurs cœurs d'impatience et de joie. Plus d'une fois aussi, rencontrant quelques partis anglais, ils durent interrompre leur marche et combattre en vaillants chevaliers. Nous ne dirons point ici les brillants faits d'armes qui signalèrent leur courage, ni par quels succès constants le Ciel semblait vouloir proclamer combien le bon droit était avec eux. Nous ne les suivrons pas non plus dans les contre-marches qui bien souvent, à leur grand déplaisir, entravèrent et retardèrent leur route, car ils avaient hâte de se réunir aux puissances du roi pour prendre une part plus réelle et plus active aux victoires que remportait chaque jour l'armée française. Seulement, nous asseyant parfois au milieu d'eux pendant le repos d'une halte, nous joindrons notre sympathie et notre enthousiasme aux leurs en recueillant le récit de nos triomphes.

Ainsi, nous admirerons par quelle merveilleuse assistance de la Providence, notre première conquête, la prise de Verneuil, nous fut facilitée par un humble paysan, un meunier, mécontent de l'exigente oppression du fisc anglais.

Nous verrons ensuite comment, marchant de victoire en victoire, et conduits par leur nouveau lieutenant-général l'invincible Dunois, les Français prennent Pont-Audemer, « où il fut longuement et vigoureusement combattu, car les Anglais y firent bien leur devoir. »

A peine Verneuil et Pont-Audemer étaient-ils en notre pouvoir, que Mantes, Neufchâtel et Lisieux nous ouvrirent leurs portes. Ce fut à Lisieux que le baron Robert rejoignit l'armée royale. Le comte Dunois le reçut avec honneur et distinction. Sa bravoure, celle de son ami étaient aussi bien connues que leurs nobles naissances, et d'ailleurs le souvenir de Mazinghen et de ses nobles compagnons encore présents à tous les cœurs, faisait doublement apprécier la chevalerie d'Artois.

Vernon-sur-Seine, Gournay, le château d'Essay, Fécamp; les châteaux d'Harcourt, de Chambrois et de la Roche-Guyon; Coutances, Saint-Lô, Alençon et Argentan furent tour à tour assiégés et enlevés à l'étranger. Partout combattaient au premier rang les nobles hôtes d'Aiglemont; partout leurs bannières étaient les plus promptes à se dresser au sommet des remparts.

La présence du roi, qui avait passé la rivière d'Oise, traversé Vernon et Evreux, où il avait été reçu avec de grands honneurs et un enthousiasme impossible à décrire, était venu grandir toutes les espérances, animer tous les efforts.

Quel homme d'armes, en effet, chevalier ou soldat, ne se fût senti prêt à faire son devoir, plus même que son devoir, en admirant avec quel sang-froid, quel mépris du danger le roi Charles combattait parmi les plus intrépides, et en même temps avec quelle prudence, avec quelle sagesse il savait ordonner ses batailles et ménager le sang de ses soldats?

Ce fut alors que le roi s'étant retiré à Amiens, y fut rejoint par René, roi de Sicile, et Charles d'Anjou, ses deux beaux-frères, amenant avec eux « la plus noble seigneurie de leurs provinces, barons, chevaliers et écuyers, au nombre de plus de deux cents lances. »

Toutes ces compagnies étant venues se mettre à la disposition du roi de France, Charles alla assiéger Château-Gaillard, réputé jusqu'alors pour être une forteresse imprenable.

Gisors s'étant rendue bientôt après, le roi décida en son conseil de frapper au cœur la domination anglaise en attaquant sa meilleure, sa plus importante cité. Aussitôt les troupes furent mandées de toutes parts et les rois de France et de Sicile s'étant réservés le commandement des deux batailles principales, vinrent prendre position aux portes de Rouen.

Les Anglais avaient refusé d'admettre les héraults du roi et d'écouter leur message. Talbot, debout à l'endroit le plus périlleux des remparts et entouré de ses meilleurs chevaliers, attendait les Français de pied ferme. A peine Dunois et les siens l'eurent-ils aperçu que mettant pied à terre ils marchèrent contre la muraille, dressèrent leurs échelles et montèrent à l'assaut. Mais Talbot fit tant par sa vaillance que les Français, après avoir longtemps combattu et glorieusement fait leur devoir, se retirèrent, se sentant trop peu nombreux sur les murailles pour continuer la lutte avec succès.

Les rois de France et de Sicile, qui ne s'étaient point ménagés dans le combat, s'en allèrent prendre position au Pont-de-l'Arche, et les gens de guerre se logèrent comme ils purent dans les villages qui bordent la Seine.

Cependant les bonnes gens de Rouen avaient gardé leur cœur au roi de France et leurs vœux secrets étaient pour lui. Le lendemain de l'assaut ils lui envoyèrent les principaux de leurs nobles et de leurs bourgeois, pour l'assurer de leur fidélité et lui promettre leur concours. Bientôt après, en effet, et malgré la résistance des Anglais, ils apportèrent au Port-Saint-Ouen les clefs de la vieille cité qu'ils remirent solennellement à Dunois, lui disant qu'il lui plût de leur donner telle garnison qui lui conviendrait.

Malgré cette soumission des habitants, les Français n'entrèrent point sans combat dans la ville. Les Anglais tinrent ferme et il fallut que le roi employât l'artillerie pour les déloger des points fortifiés ; ils se réfugièrent alors au palais et au château, dont ils demeurèrent les maîtres. Le roi les fit assiéger, et au bout de douze jours de résistance ils capitulèrent, laissant Talbot en ôtage.

Plus rien ne s'opposa alors à l'entrée de Charles VII dans la ville, dont les habitants portaient avec enthousiasme la croix blanche qu'ils avaient attachée à leur chaperon en signe de réjouissance et de triomphe. — Ce fut le vingt et unième jour de novembre 1449 que cette entrée eut lieu, entourée de toute la magnificence, de tout l'éclat que comportaient les mœurs de cette époque.

Les chroniqueurs, après avoir minutieusement détaillé le nombre, les dignités et les habillements des seigneurs qui entouraient le roi, nous le montrent lui-même armé de toutes pièces et monté sur un cheval couvert jusqu'aux pieds de velours d'azur semé de fleurs de lis d'or. Sa tête était couverte d'un chaperon de velours vermeil surmonté de sa couronne d'or. Ses pages, vêtus de velours tout brodé d'or, portaient son casque et ses armes.

A sa droite était le roi de Sicile, à sa gauche Charles d'Anjou, armés de toutes pièces et dont les chevaux étaient richement harnachés et couverts de croix blanches, comme ceux de tous les seigneurs du cortége. Nous n'en finirions pas d'énumérer les noms glorieux des gentilshommes qui formaient cette magnifique et vraiment nationale escorte ; nous aimons mieux nous arrêter à écouter les cris de joie et d'amour qui saluent le roi victorieux et qui s'élèvent avec ardeur vers le Ciel, comme pour faire oublier au Dieu de toute justice, le crime commis dix-huit ans auparavant dans ces mêmes murs. Mais tout à coup les acclamations populaires cessent ; des voix plus graves et plus saintes, quoique toujours triomphantes, leur succèdent ; c'est le *Te Deum* chanté par tout ce que Rouen compte de prêtres et de religieux, procession imposante qui s'avance, croix et bannières en tête, à la rencontre du monarque.

Le roi alla directement à la cathédrale, où il rendit hommage au Dieu des armées ; de là il alla à l'hôtel de l'arche-

vêque où lui était préparée une réception splendide. Les réjouissances durèrent plusieurs jours et se terminèrent par
une réunion solennelle des notables, venant offrir à Charles
de l'aider de leurs *corps* et de leurs *biens* à combattre les
Anglais, le priant de ne point se laisser arrêter dans cette
œuvre si *juste* et si *désirable* par la rigueur de la saison.

Quelques gentilshommes se récrièrent tout d'abord et aussi
modestement que le permettait la présence du roi, assis sur
un trône couvert de riche drap d'or, sur ce que cette demande pouvait avoir de contraire aux usages de la guerre;
mais le roi arrêta par un geste toute observation, et portant
un regard significatif sur le baron Robert, debout non loin
de lui :

— Vive Dieu! dit-il, je me garderais de forcer mes féaux
sujets à manquer à leur serment, et, pour le leur prouver, je
répète ici certaines paroles dites naguère en un fidèle manoir : — « Je jure de ne pas remettre l'épée au fourreau
avant que je sois le seul maître de mon royaume! » — Sachez donc, messires, qu'un roi de France qui combat avec
et pour son peuple, ne connaît ni saison ni obstacles.

Comme le roi achevait ces mots, un grand tumulte se fit
dans la salle, un hérault aux armes de Bretagne, se frayant
passage à travers la foule, vint s'agenouiller au pied du
trône.

— Sire, dit-il, le duc mon maître m'envoie vers vous
pour vous offrir ses hommages et vous mander comment
Gournay, Brenneville, Pont-deVire, et Valognes ont été
pris par ses armes et attendent votre bon plaisir et vos
ordres.

Le roi se leva, et quittant son chaperon de velours :

— Béni soit *celui* qui devance mes désirs et mes projets, dit-il avec une pieuse reconnaissance, remercions-le de suite par l'hymne de la gratitude.

Et tous les fronts s'étant inclinés, l'archevêque entonna une nouvelle fois le *Te Deum*. Le peuple, assemblé en foule aux environs du palais, entendit le chant sacré; il n'en savait pas le motif, mais il comprenait qu'on célébrait un événement auquel il devait s'associer, et sa voix puissante se réunit aux voix de l'intérieur pour rendre gloire à Dieu.

Parmi les villes qui restaient encore sous la domination anglaise, il en était une dont l'importance devait attirer en premier lieu l'attention des Français : c'était Harfleur, point important vers lequel le roi, en quittant Rouen, dirigea son armée.

Malgré des pluies torrentielles qui n'étaient interrompues que pour laisser prise à une gelée rigoureuse, le siége de cette ville commença immédiatement, et le roi logé à Monstervilliers, à une demi-lieue à peine de Harfleur, donnait lui-même l'exemple de la résistance à la colère des éléments; on le voyait chaque jour visiter les tranchées et les mines, encourageant les travailleurs et se faisant adorer des soldats. Les jours de combat, on le voyait encore aux postes les plus périlleux « *la salade en tête et son pavois à la main,* » se battre en simple et vaillant chevalier.

Et l'armée, électrisée par cette énergie et cette bravoure, ne sentait plus ni fatigue, ni souffrance; elle ne voyait que le but : — une victoire assurée. Ce but, elle l'atteignit malgré la résistance vigoureuse de la garnison et la force de la ville.

A peine maître de Harfleur, Charles apprit que les succès

du comte de Foix en Guyenne et en Béarn avaient forcé les Anglais à se rembarquer et à abandonner entièrement leurs tentatives sur ces provinces. Bientôt après, et pendant que le roi était à Jumièges, le comte Dunois prit Honfleur et Fresnay se soumit entièrement.

C'était depuis des siècles un fait merveilleux dans les annales de la guerre, que des victoires aussi rapides et que n'avait interrompues aucun revers. Certes le succès était plus complet que n'eussent pu le rêver les cœurs les plus avides de gloire; et cependant beaucoup dans l'armée, et avec eux les sires d'Aiglemont et les gentilshommes d'Artois, se disaient :

— L'Anglais est encore en France, et d'ailleurs, fût-il ainsi chassé de ville en ville jusque par delà la mer, l'honneur français ne saurait se déclarer satisfait tant que, dans une bataille rangée, la chevalerie de France n'aura pas fait oublier Azincourt.

Nous verrons dans le prochain chapitre ce que devait produire ce désir chevaleresque.

III.

FORMIGNY.

Le 13 avril de l'an 1450, six mille Anglais en belle ordonnance et de vaillant renom venaient de passer le gué de Saint-Clément, au-dessous de Bayeux, lorsqu'un faible parti de Français, conduit par messire Joachim de Rouault, Geoffroi de Coudrai et Robert d'Aiglemont, s'élança avec audace à leur poursuite.

Le lendemain, au point du jour, nos braves Français attaquaient l'arrière-garde ennemie qu'ils mettaient complétement en déroute. Les plus entreprenants parlaient de poursuivre sans hésitation ni retard le succès d'une journée si bien commencée.

— La promptitude et l'audace assurent le succès, disaient-ils, et déjà ils excitaient de la voix et du geste leurs fougueux coursiers.

Les sires de Rouault et d'Aiglemont arrêtèrent avec peine cet élan chevaleresque. Ils ne se lassaient pas de répéter :

— Aujourd'hui la patience et la retraite, afin d'assurer pour demain le combat et le triomphe!

Entraînant enfin leurs compagnons par la double autorité du commandement et de l'exemple, ils se retirèrent près d'un petit village voisin, pendant qu'un messager sûr et fidèle allait en toute hâte informer le connétable de France, en ce moment à Saint-Lô, de la position des Anglais, de la victoire partielle qu'on venait de remporter sur eux et de l'urgence de ne pas leur permettre d'avancer davantage.

L'armée française aspirait avec ardeur à une bataille; tous les cœurs et toutes les voix saluèrent donc avec enthousiasme l'espoir d'un prochain combat. En un instant tout fut disposé pour le départ, et la faible armée ne tarda pas à se grossir en sa marche, de tout ce qu'elle rencontra de détachements et de gentilshommes isolés.

Le triomphe rapide de nos armes en Normandie; ces villes nombreuses entrant chaque jour sous notre domination sans qu'un seul revers se mêlât à tant de succès, en un mot ce bonheur non interrompu, en pénétrant l'armée de la certitude que Dieu marchait avec elle, avait communiqué à la bravoure de nos soldats une exaltation et une confiance qu'on ne saurait décrire.

Lorsqu'au matin du 15 avril, les trois mille hommes d'élite qui composaient l'armée du connétable aperçurent enfin les Anglais retranchés près du petit village de Formigny, dans une position que la nature semblait avoir pris soin de fortifier elle-même en prévision de la journée qui s'apprêtait, ils ne songèrent point à remarquer la précaution prise par l'ennemi pour mettre à profit la disposition déjà si favorable du terrain. Ils ne s'inquiétèrent ni des fossés dont les Anglais s'étaient entourés, ni des chevaux de frise qui formaient à leur camp un rempart redoutable, ni enfin de l'attitude fière et martiale de leurs adversaires.

Les airs retentirent tout à coup d'un formidable cri de guerre auquel répondirent les hourras des Anglais. L'avant-garde française allait s'ébranler sans attendre aucun ordre lorsqu'un homme se précipita devant les rangs :

— Souvenez-vous d'Azincourt! s'écria-t-il d'une voix si retentissante qu'elle se fit entendre sur tout le front de l'armée.

Telle fut la puissance de ce mot, jeté par Robert d'Aiglemont comme un avis et en même temps comme un reproche, qu'il suffit à calmer toute exaltation prématurée et funeste. Les cavaliers de l'avant-garde eurent la patience de demeurer immobiles jusqu'à ce que le comte de Richemont eût disposé ses batailles.

Mais alors notre brave chevalerie se dédommagea à plein cœur, de son repos forcé. — Jamais, disent les chroniqueurs du temps, on ne vit plus merveilleuse bataille. Les armées étaient peu nombreuses, mais elles se composaient l'une et l'autre de l'élite des deux nations; c'était d'ailleurs un des derniers soupirs de la lutte, l'effort suprême de la puissance anglaise en Normandie.

Le choc fut terrible. Les Anglais, moitié plus nombreux que nos braves soldats et favorisés par leur position, se croyaient sûrs de la victoire; ils ne songeaient pas à la force que communique à de grands cœurs la pensée d'une défaite à venger; le souvenir d'Azincourt leur semblait un sujet de confiance, ils devaient au contraire y trouver l'élément le plus actif de leur perte.

Stimulée en effet par le baron d'Aiglemont et ses amis qui avaient pris ce jour-là pour cri de guerre *Azincourt! Azincourt!* l'armée française devint invincible. On eût dit que des légions d'anges combattaient avec elle. Deux jeunes chevaliers se montraient sans cesse aux endroits les plus périlleux..... Azincourt! répétaient-ils avec plus d'enthousiasme encore que le vieux baron, et leurs bras semblaient d'acier.

Guillaume et Robert, car c'étaient eux, protégés par les prières d'Alice, se servirent vaillamment de leurs armes bénies, et lorsqu'ils revinrent les suspendre au tombeau d'Aiglemont, elles étaient devenues un des plus nobles trophées du plus beau triomphe militaire de l'époque.

Après une journée tout entière d'un combat que marquèrent un grand nombre d'actions héroïques, trois mille huit cents Anglais étaient demeurés sur le champ de bataille et douze cents étaient prisonniers. Le reste, conduit par Mathieu God, avait pris la fuite pendant le combat. Français et Anglais se réunirent plus tard pour blâmer cette retraite précipitée.

— Bonne fuite vaut mieux que mauvaise attente, répondit froidement le capitaine anglais.

Cette logique, fort juste peut-être, porta néanmoins une irréparable atteinte à l'honneur de ce gentilhomme ; le caractère martial et chevaleresque de l'époque ne pouvait, en effet, admettre sous aucun de ses points de vue, un raisonnement aussi prudent.

Vers le soir, et comme la bataille touchait à sa fin, le vieux baron, l'épée haute et le cheval couvert de sang et d'écume, s'élança vers un point de la plaine où l'énergie et le courage d'un chevalier tentaient de rallier quelques soldats épars et de reformer un noyau de résistance. Plusieurs gentilshommes suivirent le baron d'aussi près que le leur permettait la rapidité de la marche de l'impétueux guerrier.

— Azincourt ! Azincourt ! répéta-t-il en chargeant vivement la petite troupe qui se débanda aussitôt laissant son chef exposé seul à cette attaque. Déjà le chevalier anglais se mettait en garde ; déjà la lance d'Aiglemont effleurait la visière de son casque, lorsque celui-ci se jeta tout-à-coup en arrière.

— Hugues de Trécy ! s'écria-t-il avec étonnement, et il ajouta aussitôt : — Mettez bas les armes, messire, deux frères ne sauraient sans crime combattre l'un contre l'autre.

Mais Hugues de Trécy, d'autant plus ardent au combat qu'il sentait la honte de la défaite, ne se laissa point convaincre.

— Défendez-vous, messire Robert, dit-il avec calme, car ainsi que vous l'avez dit vous-même, nous devons être amis dans la paix et ennemis sur le champ de bataille.

— Comte de Trécy, nous sommes déliés de cet engagement, répondit avec enthousiasme le vieux baron, en laissant échapper sa lance et en mettant son épée dans le fourreau ;

nous sommes déliés de cet engagement comme vous êtes déliés de votre serment de foi et hommage envers le roi d'Angleterre, et cela par la volonté de Dieu lui-même, qui veut qu'à dater de ce jour il n'y ait plus en France qu'un seul roi, le roi Charles-le-Victorieux !

Les gentilshommes qui s'étaient arrêtés autour des deux chevaliers, dans l'espoir d'assister à un vaillant combat, accueillirent avec acclamation ces paroles prophétiques qui, se répandant de proche en proche, suspendirent en un instant les derniers efforts des combattants.

Hugues de Trécy laissa tristement retomber son bras armé et par un geste douloureux il tendit son épée au baron, mais celui-ci au lieu de la recevoir secoua doucement la tête :

— Gardez-la messire, lui dit-il, elle ne saurait reposer dans une main plus digne de s'en servir, promettez seulement de ne la tirer désormais du fourreau que pour la défense de notre souverain légitime.

— Renoncer à son parti un jour de défaite, ce serait félonie et lâcheté ! répliqua fièrement le comte.

Robert d'Aiglemont s'inclina avec une respectueuse courtoisie.

— Gardez-la sans condition, ajouta-t-il ; mais bientôt, j'en suis sûr, vous ferez volontairement cette promesse que vous me refusez aujourd'hui, car, je vous le répète, la France appartient au roi Charles. Le Ciel lui-même vient de décider en sa faveur. Dieu le veut ! Dieu le veut !...

Et cet antique cri de gloire et d'honneur marqua la fin du dernier épisode de cette décisive journée de Formigny qui devait, selon la prévision du sire d'Aiglemont, chasser à tout jamais les Anglais de la France.

Trois mille Français avaient suffi à venger Azincourt, et à réparer les désastres de cette fatale journée..... Mais quelle puissance humaine pouvait effacer le souvenir de deuil et de tristesse de ce champ de bataille couvert des corps mutilés de tant de nobles et vaillants chevaliers?..... Les regrets vivaient encore dans trop de cœurs brisés!.....

ÉPILOGUE.

Les succès de nos armes, si prompts avant la bataille de Formigny, devaient être bien plus rapides encore après cette action décisive. Les sires d'Aiglemont ne demeurèrent point inactifs pendant les conquêtes qui suivirent : Bayeux, Vire, Caen, Falaise, Cherbourg et Domfront admirèrent tour à tour leur intrépide courage et les virent entrer vainqueurs dans leurs murs.

Mais lorsque avec Domfront les Anglais eurent perdu la dernière place qu'ils occupaient sur le territoire normand, les trois héros revinrent à Aiglemont où les attendait la courageuse tendresse d'Alice. Après avoir été serrés dans ses bras, ils se rendirent à la chapelle, non plus pour y saluer la tombe de Guillaume avec des larmes de regret et de honte, mais pour s'agenouiller près d'elle avec une légitime fierté. Arrivés au seuil, ils s'arrêtent saisis d'une puissante émotion.

Au dessous de cette inscription bien connue : *1415.* — *Guillaume d'Aiglemont, tué à Azincourt,* — une main pieuse avait ajouté : — *Et vengé à Formigny, 1450.*

Aujourd'hui quatre siècles ont passé sur ces deux dates célèbres ; mais si le peuple en a perdu le souvenir, combien de pierres tumulaires l'ont gardé à travers les ruines du temps !..... Combien de familles peuvent chercher sur une tombe, à cette funeste date de 1415, un de leurs titres de noblesse les plus glorieux !

Heureuses celles qui ont pu, comme le frère et les neveux de la douce Alice, y ajouter le souvenir de la revanche de Formigny ! Revanche heureuse, éclatante, que consacre encore de nos jours une chapelle élevée en action de grâces sur le lieu même du combat !

Cette chapelle, réparée il y a quelques années seulement, est peut-être un des monuments les plus humbles et les moins connus de notre France, et cependant peu d'événements plus glorieux que celui qu'elle rappelle, ont pris place dans nos annales.

MARGUERITE D'ANJOU

ou

LA GUERRE DES DEUX ROSES.

I.

HANNY LA BOHÉMIENNE.

La chaleur accablante d'un beau jour d'été venait de faire place à cette douce brise de mer qui rend les après-midi si délicieuses sur les rives françaises de la Méditerranée. L'antique colonie phocéenne, l'opulente Marseille secouait les dernières torpeurs de la sieste et reprenait toute sa bruyante agitation.

Dans le port se pressaient les types les plus opposés de l'humanité, s'échangeaient d'un groupe à l'autre tous les idiomes du monde connu, s'agitaient et se mêlaient les passions et les mœurs de tous les climats, s'arrêtaient enfin un instant, pour se répandre ensuite dans toute l'Europe, les merveilles de l'industrie et des arts de la riche et puissante Asie.

Certes elle avait le droit de prétendre au titre de reine de la mer, cette noble continuatrice de Tyr et de Carthage qui, au milieu de la simplicité de mœurs du moyen âge, assurait à la France les moyens de rivaliser avec l'industrieuse Italie et de partager avec elle le monopole des richesses du Levant.

Au moment où commence cette histoire, une femme dont le costume et l'attitude indiquaient à première vue l'origine bohémienne et la prétention à l'art, pris si fort au sérieux à cette époque, de lire dans le livre mystérieux du destin, réunissait autour d'elle, sur une des principales places de la ville, une foule compacte qui se grossissait de moment en moment de nombreux matelots inoccupés et de quelques marchands assez curieux d'interroger la Pythonisse, pour oublier le prix du temps et négliger les soins de leur négoce.

Déjà des monnaies de toute espèce, de gros sous de cuivre, des deniers et des sous d'argent, voire même des roupies et des besans d'or, s'étonnaient de se trouver réunis sur le petit tapis turc que Hanny la magicienne avait étendu à ses pieds; déjà maint spectateur, charmé de ses présages, s'était retiré du groupe afin de méditer à l'aise sur le succès qui lui était promis; plus d'un matelot avait payé libéralement la certitude qui lui était donnée que sa vieille mère et sa douce fiancée pensaient à lui sur la rive lointaine; plus d'un soldat de fortune caressait dans son cœur le profit et la gloire que lui réservait l'avenir, car l'habile Hanny se donnait de garde de lire jamais autre chose que d'heureuses assurances dans le livre mystérieux, dont elle prétendait tourner les feuillets à son gré. Aussi pouvait-on douter si c'était à son talent où à cette tendance de l'humanité à rechercher la flatterie aux dépens même de la vraisemblance, qu'elle devait une renommée qui s'étendait bien au-delà du beau duché de Provence.

Attentive à flatter toutes les passions, à ménager tous les amours-propres, à servir peut-être toutes les ambitions, Hanny était partout accueillie et aimée, et pendant que les autres femmes s'attiraient le fatal surnom de sorcières et étaient pour les populations craintives un objet de répulsion et d'effroi, Hanny, bien qu'inspirant une confiance entière dans son talent de divination, se trouvait merveilleusement à l'abri de toute haine, de toute accusation, et ainsi, grâce à sa prudente étude du cœur humain, tout en réalisant les avantages de sa dangereuse profession, elle avait su en éviter les inconvénients et les périls.

Dans la force de l'âge et dans la splendeur d'une éclatante beauté, Hanny n'avait rien de ce caractère astucieux et cupide qui frappe tout d'abord dans les individus de sa race. Son front large et élevé, ses beaux yeux bruns pleins de feu et de douceur en même temps, ses lèvres minces et légèrement dédaigneuses, la courbe antique et pure de son profil, donnaient à l'ensemble de ses traits une expression noble et majestueuse que relevait et faisait ressortir encore la bizarre richesse de son costume.

Sa robe de soie du Levant était retenue par une large ceinture de velours constellée de pierreries disposées en figures mystérieuses et hiéroglyphiques. Un grand manteau de pourpre flottait sur ses épaules, et une bandelette, également de pourpre, retenait à demi sa longue chevelure. Sa taille était haute et bien prise; son attitude majestueuse, sans affectation et sans efforts, semblait révéler une royale origine et faisait songer à ces grands types effacés de l'Orient, qu'un nom, celui de Sémiramis, résume dans l'histoire.

Dans tout le royaume de France il n'y avait qu'une autre femme, qu'une seule, qui possédât au même degré le double partage de la beauté et de la majesté royale, cette femme était la fille du bon roi René, l'illustre Marguerite d'Anjou. Mais avec la même noblesse dans l'attitude et la démarche, avec une égale perfection de traits et le même type de grandeur et de dignité, Marguerite possédait en plus ce charme tout-puissant que communiquent les vertus chrétiennes. A une énergie au-dessus de son sexe, à une fermeté d'âme qui n'attendait que le contact de l'épreuve pour se montrer dans toute sa splendeur, à un courage où se retrouvait le souvenir de l'illustration de sa race, la fille de René joignait les vertus que la fille de la race nomade et proscrite ne pouvait connaître. Car, par le plus déplorable abus de l'influence de famille, l'éducation qui avait développé et ennobli les qualités de Marguerite, était tout à fait, au contraire, pour corrompre la riche nature d'Hanny. La première, vivant à la cour la plus civilisée, la plus noble et en même temps la plus simple de l'Europe, avait dû à la tendresse de son père une jeunesse exempte de chagrins, d'inquiétudes et de tout contact avec le mal. Jamais la pureté de son âme n'avait été troublée par une pensée mauvaise; elle était la compagne, l'amie de son père, elle partageait ses goûts, ses loisirs artistiques et son âme, initiée ainsi à l'amour du beau et du bien, cédait sans efforts et sans luttes aux inspirations d'une noble nature.

Hanny, au contraire, entourée d'exemples funestes, pliée dès son enfance à la ruse et à la dissimulation, vivant au milieu d'hommes grossiers et sans frein, forcée de s'adonner à une profession qui répugnait à son caractère franc et loyal, avait dû combattre sans cesse contre l'instinct du bien que Dieu avait placé dans son âme. Aucune croyance religieuse ne lui était venue en aide dans cette difficile lutte, et, si ce n'avait été sa vague confiance dans un art que tantôt elle regardait elle-même comme un hochet avec lequel elle pouvait à son gré amuser ou émouvoir les passions humaines, et dont parfois, dupe de sa propre imagination, elle prenait au sérieux la réalité, elle n'eût connu sous la voûte immense aucune puissance supérieure au droit de la force et de la ruse, mais habituée à lire dans les astres, à étudier les possibilités de l'avenir, à sonder les mystères du cœur humain, son esprit avait acquis une portée qu'atteint rarement l'intelligence d'une femme, et ce développement de la pensée l'avait conduite peu à peu à deviner et à reconnaître l'existence d'un être tout-puissant, créateur et conservateur de l'univers.

L'idée qu'elle avait de la divinité, toute vague qu'elle fût, était donc cependant assez parfaitement nette pour remplacer dans son esprit les superstitieuses croyances de son peuple, et pour imprimer dans son cœur de précieuses notions de vérité et de justice. C'est à cette même cause qu'elle avait dû sans nul doute de se garder de la corruption qui l'entourait, et de conserver ce caractère de noblesse véritable qui non-seulement la faisait bénir dans sa tribu, mais lui assurait en outre un empire incontestable sur tous les esprits.

Cependant l'affluence augmentait autour de la célèbre

bohémienne et, avec toute la fougue du caractère méridional, plus d'une querelle sur le droit de préséance s'était bruyamment élevée parmi les curieux admirateurs de sa science, qui tous eussent voulu la consulter à la fois. L'arrivée sur la place du roi René et de sa cour, concentra un instant sur un nouveau point l'attention générale.

René, suivi à quelques pas d'un groupe nombreux de gentilshommes, causait gaiement avec Marguerite qui s'appuyait sur son bras. A la vue de la foule qui entourait Hanny il s'arrêta, et avec cette affabilité enchanteresse qui en faisait le plus populaire des princes, il commençait à interroger un matelot sur l'objet du rassemblement qui piquait sa naïve curiosité, lorsque Hanny, fendant la foule, se présenta elle-même à ses regards.

Marguerite et René connaissaient tous deux la bohémienne, et avec cet amour d'artiste et de poète qui les distinguait, ils respectaient en quelque sorte en elle la beauté de son type oriental et la supériorité de son esprit élevé. Marguerite se sentait en outre attirée vers elle par un singulier pressentiment qui, malgré tous les efforts de sa raison, lui montrait l'influence de la bohémienne liée à sa destinée. Par une impulsion non moins étrange, une secrète sympathie portait Hanny à éprouver pour la jeune princesse un sentiment d'intérêt, d'admiration, on pourrait presque dire de tendresse et d'orgueil maternel.

Cependant, à la faveur du mouvement qui s'était opéré à l'approche du roi, un homme que sa haute taille, ses cheveux blonds, la blancheur de sa peau et l'éclat de son teint faisaient reconnaître pour un descendant de la noble race normande, s'était approché d'Hanny et lui avait rapidement dit quelques mots qu'il avait voulu accompagner d'une bourse pleine, don qu'Hanny accueillait d'ordinaire, mais que cette fois elle refusa vivement, ne voulant, dit-elle, dans une affaire de cette nature, d'autre récompense que le bonheur de celle pour qui elle allait travailler. Après ce court entretien l'étranger disparut dans la foule.

Ce fut alors qu'Hanny se montra aux regards de René et de sa charmante compagne. Un gracieux sourire de Marguerite devança le salut respectueux de la bohémienne. Selon l'étiquette qui ordonne d'attendre le bon plaisir des grands avant de leur adresser la parole, elle allait lui parler avec bonté lorsque Hanny redressant encore sa haute taille, s'écria d'une voix ferme et sonore :

— Que le Ciel protége la noble fille de notre souverain bien aimé, celle qui bientôt sera une des plus illustres reines du monde.

Marguerite sourit et murmura à demi-voix :

— Illustre reine! jamais, sans nul doute! mais heureuse fille, toujours... et cela me suffit.

Hanny fit quelques pas en avant et saisissant la main de Marguerite, elle attacha son regard scrutateur non sur les lignes de cette belle main, mais sur les nobles traits de son visage, et comme si cet examen lui eût découvert tous les secrets de l'avenir, elle continua d'une voix basse mais si expressive qu'il semblait qu'elle eût quelque chose d'inspiré :

— Une grande, une glorieuse destinée vous est réservée... Un trône, un diadème vous attendent à Paris... Ah! madame, la fortune a son moment; ne le laissez pas échapper.... Si ce n'est pas pour vous, que ce soit pour des milliers d'individus dont vous pourrez faire le bonheur...... pour une nation qui vous devra sa gloire....

Comme Hanny achevait ces mots, les gentilshommes de la suite de René rejoignirent ce prince et sa fille. La magicienne se tut, et saluant en silence rentra dans le cercle qu'elle avait quitté un instant.

Plus émus qu'ils ne voulaient se l'avouer à eux-mêmes, René et Marguerite abrégèrent leur promenade et ne tardèrent pas à rentrer au palais, où, en leur courte absence, un courrier était arrivé, apportant un message du roi Charles qui priait son royal cousin de vouloir bien se rendre à Paris le plus promptement possible, pour y recevoir une communication importante. La missive ne parlait nullement de Marguerite, et d'ailleurs le départ devait être si prompt qu'il semblait impossible que le temps pût suffire aux préparatifs de voyage d'une femme de son rang, à une époque surtout où il fallait prévoir et assurer d'avance tous les besoins d'une longue route, à travers des pays peu habités et n'offrant aucune ressource. Mais d'autre part, les paroles mystérieuses d'Hanny avaient frappé trop profondément le bon René pour qu'il n'éprouvât point un double désir de ne pas se séparer de sa chère Marguerite ; ce ne fut donc qu'après une longue hésitation qu'il fut convenu qu'à défaut de pouvoir partir dès le lendemain comme son père, elle le suivrait du moins de fort près sous la garde de chevaliers dévoués et vaillants.

Cette résolution venait d'être définitivement arrêtée, lorsque la voix d'Hanny retentit fière et impérieuse sous le balcon du cabinet où René et sa fille prenaient leurs derniers arrangements. La bohémienne ordonnait à un page d'aller prévenir

sa noble maîtresse qu'elle demandait à être introduite sans retard auprès d'elle.

Le page, partagé entre le sentiment de respect mêlé de crainte que lui inspirait Hanny et l'appréhension de déplaire à sa maîtresse qui lui avait donné l'ordre positif de ne la déranger pour quel motif que ce pût être, ne savait trop quel parti prendre, lorsque Marguerite soulevant la tente qui voilait le balcon, mit fin à son embarras en lui ordonnant d'introduire Hanny.

Nul ne sut jamais ce qui se passa dans cette entrevue; mais à peine Hanny eut-elle quitté la demeure royale, qu'un mouvement inaccoutumé en troubla l'ordre et le paisible silence. René et Marguerite se multipliaient pour surveiller et presser eux-mêmes l'exécution des ordres nombreux qu'ils donnaient.

Les lumières ne s'éteignirent pas la nuit suivante dans le palais, et cependant ses murs ne retentissaient d'aucun chant joyeux, d'aucun bruit de fête. Peu d'instants avant le lever du soleil les portes s'ouvrirent pour donner passage à une brillante escorte. René ne se rendait pas seul à l'invitation du roi de France : Marguerite partait avec lui.

II.

UNE COURONNE ROYALE.

Dans un petit salon du Louvre, meublé avec toute la recherche et l'élégance que comportaient les mœurs du temps, le roi René, debout devant son chevalet, copiait avec tout le soin possible, un charmant bouquet de fleurs posé devant lui sur une console de marbre.

Arrivé seulement la veille, il avait trouvé, bien que le roi Charles fût absent pour quelques jours, un appartemen; préparé pour lui au Louvre, où on l'avait reçu avec la plus brillante hospitalité.

Cependant le but de son voyage n'était pas encore atteint; n'ayant pas vu Charles, il ignorait de quelle nature étaient les communications annoncées et tremblait que les espérances qui berçaient son cœur et sa pensée ne se réalisassent point. Inquiet, soucieux, il lui semblait que l'arrivée de son royal cousin pourrait seule éloigner ses appréhensions paternelles; mais ses goûts d'artiste ne le laissant jamais longtemps sous l'empire des mêmes pensées, il arriva qu'en admirant les belles fleurs qui lui servaient de modèle et le vif éclat que son art leur donnait sur la toile, son front se dérida et ses lèvres souriantes s'entr'ouvrirent pour murmurer à demi voix les joyeuses paroles d'une chanson provençale.

Marguerite vint le surprendre dans cette occupation chérie, et après avoir admiré la vérité du dessin et la richesse du coloris, elle posa doucement la main sur l'épaule de son père et avec une expression presque enfantine dans la voix :

— Ne voulez-vous pas, mon père, pénétrer à votre tour le mystère dont Hanny a entouré ses prédictions?....

A ces mots, René jeta loin de lui ses pinceaux, et déposant sa palette, il entoura la taille de sa fille chérie d'un bras caressant :

— Parle, enfant; parle vite.... Que sais tu? qui t'a appris?...

— Le comte de Sulfolk, qui me faisait tout à l'heure ses confidences.....

— Et il te disait?...

— Il me disait, mon père, le motif de sa présence à Paris... Il vient chercher une épouse pour Henri, son royal maître.

René pressa sa fille sur son cœur et comprima à demi un cri de joie... mais hochant tout à coup la tête, il dit tristement :

— Reine d'Angleterre! enfant, ce ne peut être qu'un rêve. Marguerite, tu oublies que ton père, souverain titulaire de sept royaumes et de plusieurs duchés et comtés, est cependant le plus pauvre gentilhomme du royaume de France... Tu oublies qu'il ne saurait te donner en dot ni provinces, ni castels...

— Je n'oublie rien, mon père, et c'est pour cela que je sais aussi que si je n'ai pas de dot, je m'appelle Marguerite d'Anjou. Je sais que le plus noble sang du monde, celui de la maison de France, coule dans mes veines... Je sais que je suis votre fille, que je suis jeune, on ajoute belle et aimable et... je crois possible tout ce que la Providence voudra.

Le roi René ne répondit pas, sa tête reposait appuyée sur l'épaule de sa fille, son regard était fixé sur la terre et son front pensif.

— Hanny aurait-elle dit vrai?... murmura-t-il enfin. Et une fois encore il embrassa tendrement Marguerite.

Le soir de ce même jour, le roi Charles, de retour en son palais du Louvre, s'entretenait seul à seul dans son oratoire avec René d'Anjou.

Il lui contait longuement comment le comte de Sulfolk

était venu en France dans le seul dessein d'offrir à Marguerite la couronne d'Angleterre; comment, non-seulement il ne demandait pas de dot, mais encore il offrait à la France, en échange de cette alliance, de magnifiques avantages.

— La plus grande hâte est nécessaire, continua Charles, et je ne saurais trop bénir la Providence que Marguerite ait eu l'heureuse inspiration de vous suivre ici, car la plus légère hésitation, le moindre retard pourrait tout perdre. Un parti puissant veut, il est vrai, ce mariage, mais justement parce qu'il le désire, un autre parti non moins puissant le repoussera. Il est donc essentiel que les ennemis de Sulfolk et de l'alliance française, n'apprennent cette union que lorsqu'il sera trop tard pour s'y opposer.

Charles développa ensuite, avec toute l'éloquence que lui inspirait son imagination vive et brillante, les avantages de cette union, non-seulement pour les deux États, mais encore et surtout pour Marguerite qu'il aimait avec une tendresse presque paternelle.

Il crut cependant devoir montrer les difficultés que pourrait rencontrer la jeune princesse. Il rappela la position d'Henri, petit-fils du comte de Derby, jouissant par conséquent d'un trône usurpé par son aïeul, et vivant au milieu de factions, de luttes continuelles.

— Mais, ajouta-t-il, cette circonstance qui me semblerait un danger pour tout autre, me paraît au contraire l'indication que la volonté du Ciel est que Marguerite accepte. Pourquoi, en effet, la Providence l'aurait-elle douée d'une âme au-dessus des faiblesses de son sexe, s'il ne la destinait à une mission spéciale? — Une voix secrète me dit qu'il lui est réservé de consolider une dynastie, de rendre la sécurité et le bonheur à une noble nation, d'assurer enfin la paix entre deux peuples, ennemis jusqu'à ce jour, bien qu'ils soient faits pour s'apprécier et s'estimer.

Ces espérances du roi Charles étaient trop favorables à l'avenir de Marguerite, elles s'accordaient trop bien d'ailleurs avec les prédictions d'Hanny, pour ne pas être partagées entièrement par le roi René. Ce prince quitta Charles, impatient de communiquer à sa fille les offres qui lui étaient faites et de presser sa décision.

Cette décision fut conforme aux désirs des deux princes. Marguerite, qui eût refusé peut-être d'accepter sans dot la faveur de toute autre alliance royale, n'hésita point à partager un trône environné de difficultés et de périls. Elle sentait que sa tendresse, ses soins, son courage ne seraient point inutiles à son époux dans la lutte qu'il soutenait déjà et qui menaçait de devenir un jour plus sérieuse, et elle avait la conscience que les services qu'elle pourrait lui rendre, joints à l'aide que lui prêterait en sa faveur le roi de France, compenseraient, et au-delà, les richesses et les provinces que lui aurait apportées une autre princesse.

Certes, si Suffolk avait pu écarter un instant le voile de douceur et de simplicité qui recouvrait cette fière et énergique nature; s'il avait pu lire dans ce cœur qu'il croyait tout absorbé par l'amour de l'étude et la culture des arts, il eût brisé lui-même, pendant qu'il en était temps encore, ces mêmes liens qu'il prenait tant de soins à former. En choisissant à son royal maître une épouse sans fortune, il croyait, et tout son parti le pensait avec lui, il croyait placer sous sa main un instrument docile qui lui devant tout, en conserverait de la reconnaissance et ne se servirait que sous sa direction et à son gré, de l'influence que sa beauté et son esprit lui assuraient d'avance sur son faible époux.

Marguerite, néanmoins, ne se faisait pas illusion sur les dangers probables de la nouvelle existence qui allait remplacer la vie si calme et si douce qui jusqu'alors avait été son partage, « mais son âme était trop courageuse, trop grande pour que la crainte pût y trouver accès. Pourquoi se laisserait-elle épouvanter par la lutte? n'a-t-elle pas en elle assez d'énergie pour la soutenir jusqu'au bout? »

Heureuse de la joie de son père, dont l'imaginaton de poète ne voyait que le diadème sans songer à en écarter les fleurons pour chercher la couronne d'épines qu'ils cachaient; Marguerite consentit à tout, et il fut convenu que le mariage serait célébré sous peu de temps.

III.

ESPÉRANCES. — DÉCEPTIONS.

Le roi René, l'idole du peuple et de la noblesse, le maître révéré de tous, a choisi pour y célébrer le mariage de sa fille chérie, la capitale de son fidèle duché de Lorraine.

Fière et reconnaissante de ce précieux privilége, l'aristocratique cité s'est parée de toute sa splendeur. De riches tentures décorent les élégantes façades de ses palais, de blanches draperies, ornées de feuillages et de fleurs, revêtent les murailles plus humbles des pauvres quartiers, et partout des tapis et des jonchées de verdure cachent le sol.

Les habitants en habits de fête, se pressent sur les bords
des rues où doit passer le cortége, la vieille cathédrale est
pleine jusque dans ses plus obscures retraites, on dirait que
tous les habitants du duché sont accourus dans l'heureuse
cité pour y applaudir au bonheur de leur prince et y saluer
une dernière fois sa fille bien-aimée, leur noble et chère
maîtresse.

Le roi Charles a voulu se charger lui-même de toutes les
fêtes du mariage pour lesquelles il déploie une magnificence
merveilleuse. L'entrée du comte de Suffolk, le matin même
de la cérémonie, ressemble plutôt à un triomphe qu'à une
ambassade. Tous les cœurs débordent d'allégresse, la joie se
manifeste avec un élan qui ferait pâlir l'enthousiasme méridional lui-même. Enfin un soleil radieux qui pourrait rivaliser
avec celui de la belle Provence, éclaire cette scène splendide et semble à tous les cœurs un présage favorable.

L'évêque de Toul, Louis d'Harancourt, officie en présence
de Charles VII, de Marie d'Anjou, de René, d'Isabelle de
Lorraine, de Charles d'Orléans, de Jean d'Anjou, de Marie
de Bourbon, des ducs d'Alençon et de Bretagne, de sept
comtes, douze barons, vingt évêques et de la plus nombreuse
chevalerie que la cité lorraine ait jamais vue rassemblée
dans ses murs.

Les fêtes, après avoir duré plusieurs jours, se terminent
par un pas d'armes dont René et Charles sont les principaux
tenants. Au milieu des nobles dames accourues de tous les
points de la France et parées avec la plus grande splendeur,
les trois reines, Marie d'Anjou, Isabelle de Lorraine et Marguerite, distribuent elles-mêmes les couronnes aux vainqueurs,
ajoutant par les charmes de leur gracieuse beauté à l'éclat et

au prix du triomphe. Mais toute cette pompe, tout ce prestige de la vaillance, de la gloire et de la beauté, s'effacent en quelque sorte devant l'enthousiasme qu'inspire la supériorité incontestable de Marguerite, qui brille au milieu de tout ce qui l'entoure, comme brille le lys au milieu des plus riches fleurs d'un parterre.

Aussi lorsque sonne l'heure du départ, la tristesse et les regrets se manifestent avec plus de vivacité encore que ne se manifestaient quelques heures auparavant l'allégresse et la joie. Le peuple perd la digne fille de son excellent roi, son ange tutélaire, la consolation de toutes les douleurs, en un mot la princesse la plus accomplie de l'Europe.

— Heureuse, disent toutes les voix, heureuse la nation à qui le Ciel a choisi une telle souveraine!

Etrange mystère que celui du cœur humain! Cette même Marguerite, objet de tant d'amour, de tant d'admiration, ne rencontrera bientôt autour d'elle que préventions, mauvais vouloir... mais ne troublons pas la douce émotion d'adieux si tendres, par de cruelles prévisions.

Le comte de Suffolk, après avoir solennellement reçu comme un dépôt sacré l'épouse de son maître, vient de quitter Nancy, entouré des chevaliers anglais qui l'ont accompagné, et suivi par une brillante escorte de gentilshommes et d'hommes d'armes français.

Marguerite s'est séparée des deux reines avec un douloureux pressentiment. Elle a reçu les tendres caresses d'Isabelle, les souhaits affectueux de Marie d'Anjou, et montée sur sa blanche haquenée, elle s'efforce de chasser le nuage qui obscurcit son front; mais c'est en vain qu'elle espère retrouver son doux sourire d'autrefois, pour répondre aux vœux et aux saluts empressés du peuple; elle fait l'expérience déjà, des soucis et des angoisses attachés aux couronnes d'ici-bas!...

Suffolk se tient quelques pas en arrière; mais près, bien près d'elle chevauchent deux cavaliers devant lesquels s'inclinent toutes les têtes : Charles-le-Victorieux et le bon René ont voulu accompagner la jeune et belle épouse. Ils ne peuvent se résoudre à la quitter. Plusieurs lieues les séparent cependant déjà de Nancy, et ils ne songent pas au retour. Marguerite leur rappelle que l'heure de la séparation ne peut être différée plus longtemps.

Charles donne alors le signal, l'escorte s'arrête, Marguerite et les deux rois mettent pied à terre. La jeune reine s'agenouille et sollicite une double et royale bénédiction. René ne peut dominer son émotion, il bénit en silence. Charles fait un effort sur lui-même, et d'une voix qu'il s'efforce en vain de raffermir :

— Ah! ma fille, s'écrie-t-il, je fais peu pour vous en vous plaçant sur un des plus beaux trônes de l'Europe, puisqu'il n'en est pas qui soit digne de vous posséder!

Marguerite s'arrache enfin aux tendres caresses qui succèdent à ces adieux et, toute tremblante, elle se précipite dans sa litière afin de cacher à tous les regards ses larmes et les angoisses de son cœur.

Stimulées par la voix de leurs conducteurs et le cliquetis des armes des chevaliers, les fringantes mules d'Espagne attelées à la litière s'élancent au galop; l'escorte les suit et les paysans accourus sur le bord de la route voient fuir rapidement, devant leurs regards étonnés, un nuage de poussière au sein duquel brillent comme d'éblouissants éclairs les lances et les casques.

Ce mouvement violent et le bruit qui l'accompagne arrachent Marguerite à ses tristes pensées :

— Ne serait-ce pas là, se dit-elle, le symbole de la vie qui m'attend? N'aurais-je pas dit adieu pour jamais à la paix, au calme de ma jeunesse, et après tant de jours sereins dois-je me préparer à d'impétueux ouragans?

Cependant les arbres fuient à droite et à gauche de la litière; les montagnes s'effacent à l'horizon et font place à des collines non moins pittoresques. Marguerite admire les points de vue divers qui se succèdent avec une promptitude merveilleuse, et son âme d'artiste et son cœur de chrétienne s'exaltent à la vue de ces magnificences de la nature.

— La patrie est partout où se manifeste la bonté créatrice du Seigneur, s'écrie-t-elle enfin, et quel est l'homme qui pourrait se dire étranger et abandonné là où brille un rayon de soleil, où vit et s'agite une créature de Dieu?

Et animée d'une force inconnue, elle sent ses larmes se sécher soudain; la douleur de la séparation s'éteint, l'espérance colore l'horizon d'une auréole toute puissante; la fille des rois ne veut plus songer qu'à la gloire ou plutôt qu'aux nouveaux devoirs qui l'attendent.

En quelques heures on touche aux frontières de la Lorraine, et sur l'ordre de Marguerite le cortége s'arrête. La jeune reine descend de sa litière, et franchissant les marches de gazon d'un calvaire rustique élevé sur la limite du duché par la piété de ses habitants, elle paie un dernier hommage d'amour et de prière à ce beau pays, où le nom et les vertus de son père sont si tendrement vénérés.

Au moment où elle achève de remplir ce devoir du cœur, une femme sortant, comme une apparition surnaturelle, du champ de blé auquel est appuyé le tertre béni, approche elle aussi de la croix de pierre. Sulfolk et ses chevaliers font un mouvement pour se précipiter au secours de leur souveraine; mais Marguerite qui reconnaît l'étrangère au premier regard, fait un signe et demeure seule avec elle.

Alors, faisant tomber la grosse cape de bure qui cache ses vêtements, Hanny apparaît dans toute la richesse de son costume oriental. La joie, le bonheur adoucissent l'éclat de son regard. Ce n'est plus la fière souveraine d'une horde indépendante; ce n'est plus la sybille soulevant avec mystère le voile du destin; c'est une femme tremblante, émue, qui s'agenouille humblement aux pieds de Marguerite, embrasse le bas de sa robe, et d'une voix douce et caressante lui souhaite bonheur et prospérité.

Marguerite la relève avec bonté, et retenant sa main dans la sienne :

— Je n'oublierai jamais, lui dit-elle, que c'est à vous que je dois la première annonce de ma prospérité et peut-être ma prospérité elle-même... Je ne saurais d'ailleurs séparer votre souvenir de celui de ma chère Provence que... je ne reverrai jamais sans doute...

— Et moi, madame, je veillerai sur vous; et mon art serait impuissant si... Mais pourquoi songer à la possibilité du malheur; pourquoi vouloir assombrir l'éclat de ce beau soleil dont je vois les rayons briller sur votre tête?.... Vous serez heureuse, madame, et la pauvre Hanny, de loin comme de près, se réjouira de votre bonheur.

Marguerite tirant de son doigt un riche anneau l'offrit à l'Égyptienne.

Hanny le reçut en s'inclinant, et sortant de son sein un

petit sachet de velours brodé d'or, elle l'y glissa à côté de plusieurs objets

— Il ne quittera cette place sur mon cœur, murmura-t-elle à demi-voix, que le jour où j'aurai l'occasion de l'en tirer pour le service ce votre majesté.

Et avant que Marguerite, émue malgré elle par ces paroles mystérieuses, eût pu l'interroger, elle avait jeté sa cape sur son bras et s'était éloignée rapidement.

Marguerite donna un dernier regard sur ce beau pays où, à ce même moment, pleurait sa famille chérie, et reprenant sa place dans la litière, elle partagea ses pensées entre ses regrets et l'étonnement que lui causait sa singulière entrevue avec Hanny.

IV.

En épousant un roi, Marguerite avait cru trouver dans son époux un homme digne de sa naissance et de son rang; dès le jour de son arrivée à Londres, elle s'aperçut que Henri VI n'était qu'un corps sans âme et sans énergie, un prince qui se laissait dominer non par faiblesse ou indolence, mais par incapacité absolue. Cette conviction était la plus cruelle des épreuves qui pût atteindre Marguerite.

Accoutumée à vénérer, à respecter son père et à admirer en Charles VII le héros et le grand roi, elle n'avait jamais songé à la possibilité de gouverner un mari, un monarque. A ses yeux le père de famille, le souverain surtout, devait être pour tout ce qui l'approchait un être supérieur aux autres êtres, que le respect et l'amour entouraient constamment d'une auréole presque céleste.

En envisageant par avance les devoirs que lui imposerait son titre de reine, elle les avait acceptés en chrétienne et en femme vraiment supérieure.

— Je serai soumise, obéissante, s'était-elle dit; mon époux sera mon guide, mon protecteur et mon maître; je ne vivrai, je n'agirai que par lui; au moment du danger seulement, alors je lui prouverai ce que peuvent le courage et l'énergie d'une femme de la maison de France. Je deviendrai la compagne fidèle de ses peines comme de ses joies; je gagnerai sa confiance: je serai un second lui-même, et si je cherche jamais à acquérir quelque influence sur son esprit, ce sera pour exciter ses nobles penchants, calmer la fougue de ses passions... pour redoubler en un mot l'ardeur qui le portera au bien et l'arrêter, au contraire, si jamais de funestes conseils l'entraînaient au mal.

Mais cette mission sainte d'ange gardien et consolateur qui appartient à la femme, qu'elle soit fille, épouse ou mère, ne peut prendre sa source que dans un sentiment vrai d'affection; et si pour un cœur tendre et aimant comme celui de Marguerite, aimer et être aimée était le premier des besoins, l'estime et l'admiration étaient pour sa fière nature l'unique base sur laquelle elle pût appuyer sa tendresse...... La triste découverte qu'elle venait de faire brisait donc en même temps tous les rêves brillants de son esprit, toutes les chères espérances de son cœur.

Et lorsqu'après le tumulte des fêtes qui avaient accueilli son arrivée, elle se trouva enfin libre de réfléchir à sa position et de compter avec ce qui lui restait d'illusions et d'espérances, elle se sentit mortellement découragée. Cette couronne, dont les diamants éblouissaient l'œil et faisaient palpiter la vanité de toutes les femmes, cette couronne qui l'avait un instant séduite elle-même, lui parut alors un joug écrasant. Il lui sembla que le ciel brumeux de l'Angleterre s'était encore obscurci pour elle, et en le comparant à l'astre radieux qui baigne de ses rayons la belle Provence, elle se demanda si quelque joie ou bonheur pouvait se trouver jamais au sein de ces sombres brouillards.... L'enthousiasme, l'amour du peuple lui manquaient; où étaient ces saluts joyeux, ces acclamations qui naguère accueillaient partout sa venue?... Reçue avec froideur, elle prenait pour une prévention personnelle la défaveur que lui attirait son titre de Française, et, désespérant de vaincre jamais la réserve et l'éloignement de ses nouveaux sujets, peut-être ne cherchat-elle pas assez à leur plaire et à gagner leur confiance.

D'autre part, elle était douée d'une âme qui ne pouvait désespérer ni hésiter longtemps. Elle avait vu d'un seul coup d'œil tous les aspects de sa position; elle avait compris que tous les rêves de sa jeunesse étaient à jamais évanouis, et avec cette promptitude de résolution qu'aucune femme peutêtre ne posséda jamais à un plus haut degré, elle changea brusquement de voie, et, imposant silence à tous les besoins, à tous les désirs de son cœur, elle substitua violemment des passions presque masculines aux douces qualités qui jusqu'alors avaient fait le charme de sa vie. La tendresse, les liens de famille lui faisant défaut, elle appela l'ambition à son aide. La transformation fut aussi prompte que complète : en quelques heures la princesse sans dot devint la reine la plus indépendante de la chrétienté, faisant succéder sans transition à la jeune fille douce et modeste la femme la plus absolue dont l'Histoire ait gardé le souvenir.

Mais il est rare qu'un caractère sorte ainsi subitement de la voie que la nature et l'éducation lui avaient assignée, sans dépasser le but nouveau qu'il se propose. Nos lecteurs ne s'étonneront donc pas de voir cette même jeune fille qui se disposait à faire chérir ses vertus privées, à se montrer épouse soumise et modeste, prenant tout à coup en main toute l'autorité, dominer du même coup le faible Henri et l'Angleterre tout entière.

Le comte de Sulfolk, après lui avoir indiqué les premières victimes à sacrifier à son ambition, ne tarda donc pas à s'apercevoir qu'au lieu d'un instrument docile qu'il avait cru acquérir, il s'était donné un maître ferme et despote.... Mais n'anticipons pas sur la suite de ce récit.

V.

LE COMTE DE GLOCESTER.

Dans un des plus riches palais de Londres, une femme bien loin déjà de la jeunesse, mais dont la beauté imposante conserve encore un charme tout puissant, est entourée de quelques intimes avec lesquels elle déplore amèrement l'empire incontestable que l'habile Française a su prendre déjà sur le faible monarque. Faisant retomber sur l'ambitieux et détesté Sulfolk tout le poids de sa colère, elle critique en même temps et l'odieux mariage qui a mis sur le trône d'Angleterre une princesse sans dot, et l'aveuglement du comte qui ne lui a pas permis de juger de prime abord du caractère véritable de la fille de René, aventurant ainsi doublement les intérêts de la couronne.

Les portes étaient soigneusement closes, aucune oreille indiscrète n'était à redouter, et la comtesse de Glocester ne contraignant ni sa haine, ni ses audacieux projets, s'étendait longuement sur la nécessité d'arrêter à son début une influence qui menaçait l'autorité qu'elle avait jusqu'alors exercée elle-même, grâce à la faveur sans limites dont jouissait le comte son mari, oncle du roi.

Déjà les plaintes et les doléances avaient tourné à la conspiration, et l'éloquente comtesse, faisant un appel direct au courage de ses amis, allait leur révéler ses plans secrets :

— Le comte de Glocester, depuis bien des années, véritable roi d'Angleterre, bien que, ne s'arrogeant de l'autorité souveraine que les fatigues et les tracas, il en laissât le titre et les honneurs à son neveu, pouvait-il...... devait-il même abandonner le pouvoir à une femme, à une Française?.... Ses amis, la nation elle-même, ne devaient pas le permettre. Glocester avait toujours fait un noble emploi de l'autorité que lui donnait le roi, et d'ailleurs si Marguerite triomphait, que deviendraient ceux qui devaient tout au comte?... N'était-il pas probable que l'ambition et la vengeance de la reine poursuivraient tous ceux qui avaient été les amis du prince? — Il s'agissait de prévenir une ruine certaine.....

Ce discours où étaient habilement mis en jeu l'égoïsme et l'intérêt personnel des amis qui l'entouraient, fut tout-à-coup interrompu par un grand bruit de chevaux dans la cour et par les pas lourds et bruyants d'hommes d'armes dans l'escalier. La comtesse s'arrêta, étonnée que ses gens eussent enfreint l'ordre positif qu'elle avait donné de ne laisser personne arriver jusqu'à elle.

Avant qu'aucun de ses pages eût pu répondre au coup de sifflet impérieux qui traduisait son mécontentement, la porte s'ouvrit et sur le seuil s'arrêtèrent plusieurs chevaliers du roi. L'un d'eux, le capitaine de ses gardes, fit quelques pas en avant, et d'une voix que dominaient le respect et l'émotion :

— Au nom du roi, dit-il, que Votre Grâce veuille bien me suivre.

Pâle d'indignation et d'effroi la comtesse de Glocester cherchait autour d'elle un geste, un mouvement qui lui indiquât un ami, un défenseur; mais ce simple mot *au nom du roi!* avait glacé le courage dans tous les cœurs. Par suite de l'heureux prestige de l'autorité souveraine, ces hommes au cœur vaillant, ces hardis chevaliers qui sans hésiter eussent tous offert leur vie pour la défense d'une femme exposée à n'importe quel autre danger, demeurèrent immobiles, sans même éprouver un sentiment d'indécision.

Un sourire de dédain passa comme un éclair sur les traits de la comtesse; elle releva fièrement la tête et congédiant les assistants par un geste d'une indicible hauteur, elle réclama quelques instants pour faire ses préparatifs de départ.

Le capitaine des gardes se retira sur-le-champ, mais non sans avoir auparavant fait garder toutes les issues de l'appartement et toutes les portes du palais.

Une demi-heure plus tard une litière couverte quittait l'hôtel de Glocester; le capitaine des gardes, suivi par une escorte imposante, se tenait lui-même à la portière; toutes les mesures semblaient avoir été prises contre la possibilité d'une résistance armée, mais rien ne vint justifier cette crainte.

Les appréhensions de la comtesse n'allaient pas au-delà de la pensée d'un exil temporaire, et elle s'attendait à être conduite dans une de ses terres ou au pis aller dans une des demeures royales qui lui serait assignée pour prison. Mais quand elle vit qu'au lieu de se diriger vers les faubourgs de la ville, la litière s'engageait dans des rues tortueuses et étroites, l'effroi commença à pénétrer dans son cœur.

La Tour de Londres, avec ses cachots sombres et humides; les tortures, la mort même que tant d'illustres prisonniers y avaient déjà subies, tous ces souvenirs se présentèrent en même temps à son esprit, et elle songeait avec effroi à l'accusation de sortilège et de magie que depuis longtemps elle avait laissé peser sur elle, espérant ainsi augmenter son crédit et consolider le pouvoir de son mari.

Vainement cherchait-elle à se faire illusion sur la réalité du sort qui l'attendait; elle ne put méconnaître bientôt les lieux où elle se trouvait, la Tour elle-même lui apparut avec ses sinistres horreurs, les ponts-levis s'abaissèrent bruyamment, sa litière s'engagea sous la voûte obscure, et lorsque la portière s'ouvrit, ce fut le gouverneur qui lui offrit la main pour descendre.

Quelques instants plus tard la princesse élégante et accoutumée à toutes les jouissances du luxe et du bien-être, était seule dans une vaste pièce aux murailles humides et noires ayant pour unique décoration les maximes pieuses ou les blasphèmes insensés que le repentir et le désespoir de plusieurs générations de prisonniers y avaient inscrits. Une petite lampe de fer suspendue au plafond, jetait une clarté douteuse et lugubre sur cet aspect déjà si triste par lui-même. — Un escabeau de bois, un billot servant de table, un crucifix suspendu au-dessus et un pauvre lit composaient tout l'ameublement de ce triste lieu, et cependant la comtesse de Glocester bénit le Ciel en son âme. Cette pauvre chambre lui semblait une demeure princière lorsque dans sa pensée elle la comparait aux cachots infects que renfermait l'antique donjon.

Cependant, avant même que la comtesse fût arrivée à la Tour, son mari prévenu de son arrestation était accouru se jeter aux pieds du roi. Vainement il supplie, vainement il menace, Henri demeure inflexible; au-dessus de son pouvoir jusqu'à ce jour tout puissant, s'est élevée une influence rivale; cette influence, exercée par une femme belle et aimée, doit l'emporter.

Le comte épouvanté de ce premier échec de sa volonté contre celle du monarque, prend la résolution de prévenir le danger en s'éloignant de la cour, en quittant sa patrie.

Les préparatifs sont faits à la hâte, tout est prêt pour le départ; Glocester se croit sauvé et rêve déjà aux moyens de délivrer sa femme et de se venger de Marguerite. Son beau cheval hennit d'impatience, son fidèle écuyer est déjà en selle, la porte dérobée est ouverte, encore un instant et tout danger sera passé..... Mais la prudente surveillance de Marguerite ne s'était pas endormie, et quelque promptes et secrètes qu'eussent été les démarches du comte, elles n'avaient pu échapper à ses fidèles agents. Au moment où il franchissait le seuil de son palais, un détachement des gardes envahissait la ruelle isolée et un officier lui demandait son épée au nom du roi.

D'un caractère violent et audacieux qu'avait développé encore le pouvoir absolu dont l'avait fait jouir la faveur de Henri, Glocester ne pouvait supporter patiemment et la perte de la liberté et celle surtout de cette activité qui lui était plus chère que la vie. D'autre part, un sentiment d'affection pour son neveu s'était mêlé au mépris et à la pitié que lui inspiraient sa faiblesse et son incapacité, et la certitude qu'aucun sentiment semblable n'avait jamais animé pour lui un cœur dont il se croyait le maître, froissait en même temps son amour-propre et sa sensibilité.

Il supporta néanmoins fièrement sa disgrâce, et lorsque le gouverneur de la Tour le vit, le sourire sur les lèvres, le regard hautain, la démarche calme et assurée, franchir la porte fatale qui allait le séparer du monde vivant, certes il ne put prévoir les funestes conséquences de la lutte secrète qui déchirait son âme.

Mais une nature indomptable comme la sienne n'avait pu acheter l'empire sur soi-même, que lui avait inspiré un orgueil plus indomptable encore, qu'au prix d'un effort surhumain. Soit qu'à peine livré à lui-même il se fût abandonné à toute la fougue de ses passions, soit qu'épuisé par la contrainte qu'il s'était imposée, il eût succombé à l'accablement et à la douleur; toujours est-il que le lendemain, lorsque le gouverneur, porteur d'un ordre du roi qui l'autorisait à se réunir, s'il le désirait, dans un même appartement avec la comtesse, entra dans sa prison, un corps privé de vie gisait sur l'humble couche. Glocester n'était plus justiciable de ce monde; il avait rendu compte de son ambition et de ses desseins à Celui qui lit dans les cœurs et connaît le mobile de toutes les actions.

Marguerite, en entrant dans la carrière de la politique et du pouvoir, n'avait pas songé peut-être aux moyens qui la conduiraient à son but, et certes, en apprenant cette mort soudaine et imprévue, son cœur de femme dut se troubler et s'émouvoir. — La mort venait de frapper pour sa cause, et bien qu'elle ne l'eût ni donnée ni fait donner, néanmoins elle ne pouvait se dissimuler qu'elle en était responsable, sinon devant les hommes, du moins devant Dieu. Elle fut saisie d'épouvante, de regrets, et s'humiliant devant le Seigneur, elle se demanda avec angoisse, si la puissance ne pouvait ici-bas, s'acquérir sans être étayée sur des victimes humaines?...

Une voix céleste répondit à ce cri de l'âme; Marguerite l'entendit et la paix rentra dans son cœur. Elle se promit la modération, la mansuétude, la douceur. — Périssent toutes mes espérances, périsse l'avenir que j'ai rêvé, se dit-elle, plutôt que d'acheter à ce prix sa réalisation!

Et, empressée de quitter la voie sanglante où, sans y songer, elle s'était si fatalement engagée, la jeune reine, heureuse de cette satisfaction que donne toujours le sentiment d'un devoir difficile accompli, se rendait dans l'appartement du roi, afin de lui demander comme premier acte de repentir l'élargissement de la comtesse de Glocester, lorsque des clameurs inaccoutumées arrêtent tout à coup ses pas. Se précipitant à une croisée ouverte, elle écoute, et pour mieux entendre elle comprime jusqu'aux battements de son cœur. Alors arrive jusqu'à elle son nom, ce doux nom qu'on ne prononçait en France que pour l'exalter et le bénir, mêlé à de furieuses menaces, à des accusations qu'elle comprend à peine; elle ne saurait s'y méprendre, cependant, elle est pour la foule enivrée de colère, un objet d'horreur et de malédiction.

Le sentiment de justice et de magnanimité qui s'est em-

paré de Marguerite, tiendra-t-il contre l'odieuse injustice du
peuple qui l'accuse d'un crime d'assassinat, dont l'idée seule
ne saurait entrer un instant dans sa pensée? Son bon ange
doit lui dire que ce serait un héroïsme dont la fille du roi
René aurait droit d'être fière, et peut-être persuadera-t-il
cette généreuse nature qui se passionne si aisément pour
toutes les grandes entreprises..... Mais l'orgueil aussi fait entendre sa voix.

— Si tu uses d'indulgence, dit-il, on t'accusera de faiblesse; on dira que la colère du peuple t'a fait peur!...

Et Marguerite tressaillant à cette voix secrète, repousse toute
idée de clémence, et relevant fièrement son beau front :

— Advienne que pourra, s'écrie-t-elle, ma route est tracée,
je vois le but, j'y arriverai ou je périrai à la tâche !

VI.

UN CHAPITRE D'HISTOIRE.

« Le peuple avait vu dans la mort de Glocester un crime
de Marguerite, et malgré la fréquence à cette époque de ces
sortes de scènes violentes, il s'était indigné contre l'étrangère.
Il avait oublié l'arrogant despotisme de Glocester pour ne se
souvenir que de son titre d'oncle du roi, de premier prince
du sang.

« A ce même moment, une nouvelle circonstance vint augmenter le mécontentement général. Non-seulement en sollicitant la main de Marguerite, Suffolk n'avait pas demandé de

dot, mais encore, pour décider le roi de France à cette union, il avait consenti, au nom d'Henri, à restituer à la maison d'Anjou la ville du Mans et le comté du Maine. Cette clause était demeurée secrète; sa ratification la divulgua quelques jours plus tard. La trève conclue entre les deux royaumes étant expirée, Charles VII se mit en devoir de reconquérir la Guyenne et la Normandie. Ces événements se traduisirent à Londres, par l'explosion d'une haine furieuse contre Marguerite.

Le duc d'York, descendant direct de Richard II, mettant à profit l'incapacité d'Henri VI et la haine qu'inspire Marguerite, lève ouvertement l'étendard de la révolte. Deux partis rivaux sont en présence, et, contraste étrange avec leurs projets sanglants, c'est à la douce et calme nature qu'ils vont demander un emblème et un nom. La faction d'York choisit la rose blanche, celle de Lancastre prend par opposition la rose rouge. Ne semble-t-il pas que ces deux factions qui vont s'entre-déchirer se préparent aux plaisirs d'un bal ou aux joies pacifiques d'un tournoi?

La rose blanche est forte de l'énergie de ses chefs, le duc d'York, Warwick et Salisbury; elle a pour elle le Dauphin et les mécontents de France. La rose rouge ne compte qu'un seul chef, une femme! mais cette femme s'appelle Marguerite d'Anjou; le roi Charles et la France sont pour elle.

La lutte s'engage avec une violence, une opiniâtreté inouies; chaque jour voit de nouveaux combats, sans qu'aucun d'entre eux amène un résultat et permette de prévoir l'avenir, tellement sont partagés les succès et les défaites, lorsqu'enfin la rose blanche vient échouer aux portes de Londres, dans une tentative du duc d'York, pour s'emparer

de cette ville. Il se retire alors dans ses possessions du pays
de Galles, et cette retraite donne quelques instants de repos
à la malheureuse Angleterre (1). »

Pendant ces émotions et ces alternatives incessantes, Marguerite est devenue mère, et un amour nouveau, immense,
a dominé dans son cœur, mais sans l'effacer, la seule affection
réelle et ardente qu'elle ait jamais éprouvée, son amour pour
son père. — C'est en son fils que se concentrent désormais
toutes ses pensées, toutes ses espérances; cet amour centuple ses forces, son courage. Son ambition n'a plus ce besoin de mouvement et d'action qui l'entraînait naguère; elle
s'est épurée de tout sentiment personnel; ce n'est plus pour
elle, pour sa gloire qu'elle travaille, c'est pour cet enfant au
berceau dont le bonheur, l'avenir, la gloire même sont en ses
mains. Et son cœur se passionne, une ardeur guerrière lui
ouvre une nouvelle vie; ce n'est plus dans le silence du cabinet qu'elle travaille à soutenir sa cause, c'est sur le champ
même de l'action, c'est au milieu du péril; c'est en un mot
partout où les besoins et l'intérêt de son parti l'appellent.

Et l'Europe proclame son héroïque courage, et ses ennemis eux-mêmes admirent son génie; le peuple anglais seul
gémit et souffre; mais le temps est bien loin où la fille du
bon René s'apitoyait sur les souffrances du peuple : l'ambition et la pitié ne sauraient habiter le même cœur.

Tout entière en apparence aux soins de sa gloire et au
triomphe de son parti, Marguerite, avec cette infatigable activité et cette puissance d'action qui caractérisent le génie,
n'oubliait pas cependant que la femme est créée avant toutes

____

(1) *Voir* les Femmes illustres de la France, par le même auteur.

choses pour la vie intérieure, et elle savait mener de front
les affaires de l'État, les soins de la guerre, la surveillance
et le bon ordre de son intérieur. A défaut de cette tendresse,
de cette admiration qu'elle aurait voulu vouer à son mari et
qu'avait repoussées la complète insignifiance morale et intel-
lectuelle de Henri, elle avait su du moins, s'enveloppant
dans sa dignité d'épouse, s'astreindre à lui rendre person-
nellement tous les soins, tous les égards qu'exigeait ce titre
sacré. Irréprochable dans sa conduite, attentive à remplir
tous ses devoirs, elle cherchait à dissimuler l'incapacité de
Henri et à faire rejaillir sur lui une partie du prestige qui
l'environnait elle-même. Jamais femme ne prit plus de peine
pour voiler son mérite et pour dissimuler les défauts et la
faiblesse de son époux.

Cette conduite, qui sauvegardait en même temps et son
orgueil froissé par la faiblesse de Henri et ses intérêts mêmes,
ne lui devint cependant bientôt plus possible. Soit que l'esprit fatigué du roi ne pût supporter plus longtemps les incertitudes et les anxiétés de cet état de lutte, soit plutôt la
marche naturelle de l'infirmité morale dont il était atteint, il
tomba tout à coup dans un état d'idiotisme tellement complet, que tous les efforts et tout le talent de la reine ne
purent le dissimuler plus longtemps.

L'épreuve prenait ainsi de jour en jour un caractère plus
accablant, et comme si la Providence ne voulait laisser à cette
femme qui avait cherché la consolation dans une vie agitée
et bruyante, aucune des compensations du foyer domestique,
il ne lui resta même pas la satisfaction de se savoir utile à
celui dont jusqu'alors ses soins avaient fait le bonheur. Insensible à tout ce qui l'entourait, Henri avait oublié en même

temps et qu'il eût jamais porté la couronne et qu'il fût époux et père.

Mais si cette dernière infortune acheva de briser le cœur de Marguerite, en revanche, en donnant une impulsion nouvelle à son exclusive tendresse pour son fils au berceau, elle exalta son courage et sa ferme résolution de soutenir énergiquement des intérêts et un avenir dont elle se sentait maintenant le seul gardien.

Une circonstance qui eût découragé une âme moins ardente, vint bientôt forcer Marguerite de joindre aux mâles vertus qu'avait développées en elle la venue du malheur, le tact et l'habileté diplomatiques. L'état moral de Henri ayant porté l'indécision et le découragement parmi les partisans de la rose blanche, quelques-uns se détachèrent de Lancastre pour arborer la rose rouge. Ces défections, bien que peu nombreuses, étaient d'autant plus inquiétantes que Sommerset, ministre et conseiller de la reine, devenait de jour en jour plus impopulaire. Marguerite vit le danger et n'hésita pas pour le conjurer, à sacrifier du même coup et une longue haine et une juste confiance.

Le même jour vit un messager royal quitter le palais de Westminster, pour aller porter au duc d'York, de la part de la reine, le titre et les pouvoirs de *protecteur du royaume*, et la Tour de Londres s'ouvrir devant Sommerset disgracié.

Le duc d'York accepte avec empressement les avances de la reine ; il accourt à Londres, il s'empare du pouvoir, et le peuple salue avec ivresse le retour de la paix et du bonheur.

Marguerite avait agi sans arrière-pensée en appelant York au pouvoir ; elle savait qu'il n'était pas homme à se contenter d'un titre sans en revendiquer les priviléges, mais elle pen-

sait aussi que, lié par la reconnaissance et par le sentiment
de ce qu'il devait à l'épouse de son maître et à la mère de
l'héritier du trône, il ne lui contesterait pas le droit de partager avec lui l'autorité royale.

Indépendant et ambitieux, avide de gloire et d'honneurs et
se défiant de Marguerite dont il détestait l'origine française
et craignait le génie, York, bien loin de réaliser cette espérance, sembla prendre à tâche de l'éloigner des affaires et de
mettre en évidence le discrédit de son influence.

En s'apercevant qu'au lieu d'un allié qu'elle avait voulu
acquérir à la cause de son fils, elle s'était donné un maître,
Marguerite s'indigne, et pour premier acte de protestation et
d'hostilité, elle ouvre la prison de Sommerset et lui rend sa
faveur. York s'irrite à son tour; Sommerset est l'ennemi particulier de sa famille, et sa disgrâce a été la première condition de sa réconciliation avec la reine; son retour à la cour
devient le signal d'une rupture. Le duc quitte Londres, et
sans cacher son mécontentement et ses projets ultérieurs, il
gagne son fidèle comté de Galles. La tige un instant réunie
des deux roses, va pour la seconde fois pousser deux branches
rivales et ennemies.

Pendant que le duc d'York lève une armée parmi ses
braves Gallois, armée qui se grossit rapidement de partisans
accourus de tous les points du royaume, Marguerite ne demeure pas inactive : « Elle se met elle-même à la tête de son
parti, et traînant le malheureux Henri à sa suite, elle va demander aux occupations de la guerre, aux dangers des batailles, ces émotions refusées à son âme ardente et à sa vive
imagination par une cour sans poésie et une existence sans
tendresse. »

La guerre alors prend un nouveau caractère; ce ne sont plus des escarmouches de faction à faction, des joûtes d'adresse et de politique, ce sont des batailles rangées, c'est une lutte d'armée à armée, où va couler le sang le plus pur de l'Angleterre; c'est enfin une guerre à outrance avec toutes ses péripéties et tous les fléaux qui l'accompagnent.

Ne semble-t-il pas que l'héroïne d'Orléans, emportant dans la tombe le dernier soupir des luttes et des factions qui ont si longtemps désolé la France, ait légué à ses meurtriers le sanglant héritage de la guerre civile, héritage de malheur et de souffrance qui s'est abattu sur les rivages britanniques et va y acquérir rapidement les proportions effrayantes qui ont signalé si longtemps sa présence dans notre malheureuse patrie !

Après plusieurs combats dont l'issue demeura douteuse, les deux armées se rencontrèrent près de Saint-Albans, dans le Herfordshire. La mêlée fut sanglante; de part et d'autre on se battit avec la plus intrépide vaillance; Marguerite, prenant la place d'Henri, incapable d'agir, y montra l'âme d'un héros et le talent d'un grand capitaine. Bravant le danger, dédaignant toute crainte et toute faiblesse, elle était partout au premier rang, commandant elle-même les manœuvres et exaltant le courage des siens par son éloquence entraînante et rapide.

La victoire semblait suivre en tous lieux sa bannière et la rose rouge s'élevait déjà triomphante et glorieuse, lorsque le roi Henri, qui assistait inactif à la bataille, fut blessé par hasard et tomba ensuite aux mains des soldats d'York. Ce fatal événement changea soudain la face du combat, et malgré les efforts de Marguerite pour éloigner le découragement qui s'é-

tait emparé de tous les esprits, la rose blanche triompha
bientôt sur tous les points.

Marguerite s'attendait à de cruelles représailles. Elle voyait
par avance Henri détrôné à son tour et la race autrefois
vaincue de York remontant sur le trône de ses pères. Déjà
elle pleurait sur la tête si chère de son fils, sur cette tête
destinée à porter le diadème et qu'elle voyait humiliée et
proscrite. Ces tristes prévisions cependant ne se réalisèrent
pas. « Aussi modéré après le succès que bouillant dans l'action, York victorieux refusa le titre de roi, et conservant à
Henri tous les honneurs et tous les dehors de la puissance,
il se contenta du titre de *protecteur*. Marguerite dissimula et
porta, le front calme mais le cœur bouillonnant d'impatience,
le joug de son ennemi, » joug abhorré qu'elle se promit de
secouer à la première occasion.

Cette occasion se présenta enfin; Henri recouvre une lueur
de raison, York est absent de Londres; Marguerite n'hésite
pas à frapper un coup décisif. — Pendant une séance du
parlement et alors que nul ne savait encore l'heureuse amélioration survenue dans l'état du roi, les portes de la salle des
séances s'ouvrent tout à coup et Henri, dans toute la splendeur de la dignité royale, ayant auprès de lui Marguerite
triomphante et le jeune Édouard son fils, se présente aux
regards étonnés et déclare, d'une voix haute et ferme, que sa
santé lui permet de gouverner lui-même l'État et que par
conséquent les fonctions de protecteur deviennent inutiles et
sont supprimées.

Quelques pairs applaudissent à l'énergie nouvelle du monarque, mais la plupart en gémissent et mesurent d'un œil
inquiet les résultats probables de cet acte soudain d'autorité.

York, en effet, en apprenant ce qui s'est passé, lève l'étendard de la révolte; son fils, le comte de la Marche et Warwick, bientôt le *faiseur de rois*, marchent sur Londres; Marguerite ne les attend pas; elle vient en toute hâte leur offrir la bataille.

Son activité, son courage, la savante disposition de ses forces sont prêts de triompher; déjà les défenseurs de la rose blanche plient de toutes parts et Marguerite bénit le Ciel et se prépare par un coup décisif à compléter la victoire, lorsqu'une trahison infâme change tout à coup l'issue de la journée : lord Grey, qui commande l'avant-garde, passe à l'ennemi, et à leur tour les bataillons victorieux de Lancastre sont forcés de fuir.

Henri, demeuré dans sa tente pendant l'action, tombe pour la seconde fois au pouvoir d'York.

VII.

FAUTES ET PRESSENTIMENT.

Sur le soir d'une courte journée d'automne, une petite troupe traversait rapidement une forêt peu fréquentée du nord de l'Angleterre. Le vent faisait tourbillonner les feuilles sèches sous les pas des voyageurs; les branches, dépouillées de leur riche parure, s'agitaient en gémissant sur leurs têtes, et de moment en moment un daim ou un chevreuil effrayé traversait le sentier qu'ils suivaient, faisant entendre un cri plaintif qui pouvait sembler un reproche ou une menace. —

Parfois les sentiers se mêlaient et se croisaient en labyrinthes inextricables et tous, si étroits, si peu fréquentés, qu'ils paraissaient se perdre à quelques pas dans les broussailles épaisses. Mais malgré ces difficultés apparentes, les voyageurs avançaient rapidement, grâce à la parfaite connaissance qu'avait du pays le guide qui marchait à leur tête.

Ce guide, dont les vêtements de paysan laissaient apercevoir à un regard observateur certains signes qui indiquaient que celui qui les portait pouvait avoir l'habitude de revêtir parfois un autre costume, était un homme de moyenne taille, dont le capuchon de bure ne pouvait entièrement dissimuler les formes agiles, le teint brun, le regard de feu et la noire chevelure. Du reste, il ne montrait pas la moindre incertitude et avançait si vite que les cavaliers qu'il précédait, arrêtés à chaque pas par les obstacles de la route, avaient peine à le suivre.

En outre de ce guide, la petite troupe se composait d'une femme enveloppée dans un grand manteau brun et dont toutes les pensées, toute la sollicitude, étaient absorbées par les soins qu'elle donnait à un enfant de sept à huit ans placé sur le même cheval qu'elle et presque dans ses bras. Chaque fois que l'allure de son cheval se ralentissait un instant, elle en profitait pour caresser l'enfant, pour ramener sur lui les pans de son manteau et s'informer d'une voix pleine d'une indicible tendresse s'il ne souffrait pas trop de la fatigue ou du froid. Et chaque fois une voix douce, harmonieuse, mais déjà ferme et presque mâle, répondait avec non moins d'amour à ces tendres questions.

Un peu en arrière venait un groupe de cinq personnes, dont deux chevaliers, deux écuyers et un page.

Cependant, après une courte consultation entre eux, un des cinq cavaliers, franchissant au galop la légère distance que ce temps d'arrêt avait mis entre eux, s'approcha du premier groupe :

— Sur mon honneur, madame, s'écria-t-il, ou cet homme ne connaît pas le pays aussi bien qu'il le prétend ou il nous trahit.

Et de son poignard il menaçait le guide qui, au lieu de chercher à fuir, s'était arrêté immobile, soutenant sans trembler la colère du chevalier et, ce qui était plus difficile, le regard scrutateur de l'étrangère.

Le chevalier continua :

— Notre route, dit-il, est vers le nord, et depuis près d'un demi mille nous marchons vers l'est.

Le guide répondit avec un mélange d'emphase et de mystère :

— Lorsque l'aigle fend les airs, il peut marcher en droite ligne à son but, mais l'homme, alors même qu'il porte le sceptre et la couronne, est forcé de suivre la voie battue et de marcher de détours en détours.

L'étrangère et le chevalier se regardèrent en tressaillant et par un mouvement instinctif portèrent la main, l'une sur un poignard italien caché dans sa poitrine, l'autre sur la garde de son épée.

Le guide continua :

— Je le jure sur la couronne de Henri, notre roi légitime d'Angleterre, dans moins d'une heure vous serez, madame, au milieu d'amis et de défenseurs.

Et sans attendre de réponse il se remit en marche.

L'étrangère hésita pendant une seconde, puis pressant son fils sur son cœur :

— A la garde de Dieu, murmura-t-elle; et elle lâcha la bride à son cheval qui s'engagea rapidement sur les pas du guide mystérieux.

Une nuit sombre et obscure succéda bientôt au crépuscule si court dans cette saison de l'année. L'heure de marche annoncée par le guide touchait à son terme lorsque tout à coup, à un brusque détour du sentier, un spectacle inattendu et imposant s'offrit aux regards des voyageurs. Dans une gorge profonde qui s'ouvrait sous leurs pieds, deux grands feux allumés répandaient dans une vaste clairière assez de clarté pour que l'on pût distinguer deux groupes nombreux; l'un était composé de chevaliers et d'hommes d'armes; l'autre, formé d'une de ces bandes de bohémiens, alors si nombreux en Europe et surtout en Angleterre, présentait l'aspect le plus pittoresque. On y voyait comme un échantillon des costumes de tous les pays et de toutes les classes de la société; des enfants à demi nus rampaient sur les limites du feu, épiant l'occasion de dérober quelques morceaux dans les marmites où achevait de cuire le repas du soir; des groupes de joueurs se querellaient sur un coup de dés; des jeunes filles dansaient au son d'une musique étrange; de vieilles femmes maugréaient contre la lenteur du feu et la bruyante joie de la jeunesse, et faisaient, en attendant le souper, circuler parmi les groupes quelques cruches d'eau-de-vie; des jeunes gens essayaient de la lutte; des hommes nonchalamment couchés, fumaient dans de grandes pipes orientales. Mais malgré ce désordre, cette confusion à demi sauvage, tous ces hommes conservaient dans leurs traits, dans leur attitude un charme puissant, un type de force et de grandeur qui attachaient et captivaient. Ainsi vus à distance, ils avaient surtout un prestige merveilleux; la vulgarité de leurs oripeaux, la vanité presque burlesque avec laquelle ils se surchargeaient de clinquants et de couleurs tranchées, disparaissaient dans l'éloignement, tandis que la force, la souplesse de leurs membres et surtout l'expression de leur physionomie et les riches tons de leur teint basane, ressortaient admirablement à la clarté mouvante et résineuse du vaste foyer.

La première impression des voyageurs fut donc l'étonnement, la surprise; mais la pensée d'une trahison lui succéda presque aussitôt; les cinq cavaliers mirent l'épée à la main et s'apprêtèrent à défendre chèrement la vie de leur compagne. Ils s'assurèrent du guide qui n'avait pas cherché à fuir et se disposèrent à s'en servir comme ôtage ou, selon les circonstances, à venger sur lui la trahison dont ils se croyaient victimes.

Ce moment de crainte et de confusion ne dura qu'un instant pendant lequel l'enfant, s'échappant de l'étreinte maternelle et se laissant glisser par terre, avait sorti lui aussi sa petite épée, et se tenant fièrement près de sa mère, portait le front haut et calme.

Un nouveau personnage apparut alors; c'était une femme à la taille imposante et noble; d'un geste impérieux elle écarta les chevaliers qui s'étaient précipités entre elle et l'étrangère, et s'approchant de celle-ci, elle mit un genou en terre :

— Gloire et salut à la reine d'Angleterre, s'écria-t-elle d'une voix qui fit tressaillir Marguerite, et en employant cette douce langue provençale toujours si chère à la malheureuse reine.

— Est-ce ainsi, Madame, que je devais vous revoir, continua-t-elle avec tristesse, fugitive, errante avec votre fils de castel en castel, implorant la pitié de vos sujets?....

Est-ce là ce que j'espérais, ce que je prévoyais lorsque je vous prédisais l'avenir?... Mais oubliez, Madame, oubliez les jours mauvais..... Voyez, ajouta-t-elle en se relevant et en étendant le bras vers la clairière, voyez ces hommes, tous vous attendent, tous vous sont dévoués.... Ils mourront s'il le faut pour vous, et des milliers d'autres mourront après eux.... Une cause sainte et noble ne manque jamais de défenseurs; une femme comme Marguerite d'Anjou ne saurait être vaincue ni par les hommes ni par l'adversité! »

Marguerite avait reconnu Hanny au premier son de sa voix. L'étonnement de rencontrer ainsi, travaillant à sa cause, une femme qu'elle croyait à plusieurs centaines de lieues d'elle; la reconnaissance surtout que lui inspirait cette aide inattendue du Ciel, avait dominé un instant son empire sur elle-même; elle se sentait trop vivement émue pour répondre; elle saisit la main d'Hanny et la serra fortement.

Le jeune prince s'approcha alors de la bohémienne.

— Ce sont là des amis, s'écria-t-il en étendant à son tour le bras vers la clairière; mais vous, qui donc êtes-vous?

— Une femme que votre grand-père a protégée et qui paie aujourd'hui à sa fille sa dette de reconnaissance. Une descendante d'une race autrefois illustre et royale, mais aujourd'hui proscrite et méprisée......

— Cette femme, interrompit Marguerite, cette femme, mon fils, est cette Hanny dont je vous ai si souvent raconté la grandeur mystérieuse et les prédictions plus mystérieuses encore.

Ce fut au tour de Hanny à tressaillir :

— Eh! quoi, madame, mon nom aurait-il vécu dans vos pensées, dans votre souvenir? Cette certitude me paie en un instant et au centuple, de tout ce que j'ai senti de respectueux dévouement pour vous, de tout ce que je voudrais, de tout ce que j'espère faire pour votre glorieuse cause..... Mais les amis qui, grâce à cet anneau, royal souvenir dont votre bonté honora la pauvre bohémienne, ont obéi à mon appel, vous attendent avec impatience. Venez donc, madame, récompenser par votre présence leur fidèle empressement.

Quelques instants plus tard, Marguerite et Édouard étaient assis au milieu du groupe de chevaliers dont nous avons déjà parlé. Tous les bruits s'étaient tus autour du feu des bohémiens qui hommes, femmes et enfants se pressaient en un grand cercle autour des gentilshommes, et laissaient voir sur leurs figures expressives le dévouement et l'admiration que leur inspirait la grande reine.

Pour la première fois depuis le jour où Warwick l'avait vaincue, Marguerite éprouva un sentiment de joie que n'assombrissait aucune arrière-pensée. Pour la première fois l'espoir d'une revanche prochaine entra dans son âme et elle put regarder son cher et bien aimé Édouard sans qu'une larme montât de son cœur à sa paupière. Son fils... il avait montré ce soir-là un courage d'homme, et elle se sentait fière de penser qu'il était son enfant et par le sang et par la vaillance : elle le voyait entouré d'amis, de défenseurs; elle entendait nommer les gentilshommes prêts à se déclarer pour lui; enfin une superstitieuse pensée lui montrait dans la présence d'Hanny une protection mystérieuse qui la rassurait sur l'avenir.

Le lendemain, dès le point du jour, commencèrent à arriver de nombreux chevaliers convoqués par Hanny et au nom de Marguerite, et avant que le soleil de midi n'eût percé les nuages amassés sur les cimes des arbres, une petite armée impatiente de combattre, sollicitait cette même reine qui ne comptait la veille que cinq défenseurs, de la conduire au combat... à la victoire.

Cette ardeur était trop bien d'accord avec les propres désirs de Marguerite pour qu'elle cherchât à la calmer. Après avoir traversé dans une sorte de marche triomphale ces mêmes comtés du Nord, où naguère elle errait en proscrite, presque en mendiante, elle marcha rapidement sur Londres.

Les démarches d'Hanny avaient été tenues si secrètes, les mouvements de la reine avaient été si bien combinés et si prompts, que ni York ni Warwick n'eurent le temps de réunir leurs forces et de se porter à sa rencontre. Pris à l'improviste et n'ayant à sa disposition qu'un faible corps de cinq mille hommes, le duc d'York ne vit d'autre ressource que la retraite, et quittant Londres, il se replia à la hâte sur le château de Sandal, près de Wakefield, dont les solides remparts lui offraient un abri inexpugnable et lui permettaient d'attendre sans danger, l'armée du comte de la Marche, son fils, et de ses fidèles Gallois.

Mais cette tactique prudente dérangeait tous les plans, frustrait toutes les espérances de Marguerite, qui sentait l'importance de ne pas donner au zèle de son armée le temps de se refroidir, et songeant à la nécessité d'entraîner les suffrages, l'élan des habitants de Londres par un succès éclatant, elle résolut d'amener à tout prix York à accepter la bataille.

Connaissant le caractère impatient et l'ardente bravoure du

duc, elle lui adressa plusieurs messages ironiques, chargés tantôt de lui demander ce que penserait l'Europe d'un guerrier refusant de répondre au défi d'une femme, tantôt de lui proposer d'échanger son épée contre cette quenouille que sa tendresse de mère et ses devoirs de reine lui avaient fait déposer à elle-même pour venir le combattre.

York se contenta de répondre à ces différents messages par de cruelles accusations et de sanglants outrages; la querelle devenait ainsi personnelle entre eux, et ils s'irritaient d'autant plus réciproquement, que le duc, avant le mariage de Marguerite, l'ayant vue à la cour de France, l'avait beaucoup admirée et avait songé un instant, grâce au sang royal qui coulait dans ses veines, à solliciter sa main. Marguerite n'ignorait pas cette circonstance qui avait flatté son cœur, et la haine succédant à ce double sentiment d'admiration et d'estime, ne pouvait être qu'ardente et passionnée.

Les jours se passaient cependant, et malgré les efforts de la reine, le château de Sandal n'abaissait point ses ponts-levis; le duc, doué tout à coup d'une patience inaccoutumée, semblait décidé à dédaigner toutes les injures plutôt que de compromettre sa fortune.

Marguerite a recours alors à un nouveau moyen. Quinze mille hommes quittent son camp avec une grande apparence de mystère, mais de manière cependant que leur départ ne puisse être ignoré à Sandal. Peu d'instants après ce départ, une lettre plus offensante, plus dédaigneuse qu'aucune de celles qu'il ait encore reçues, est remise au duc, qui, songeant avec joie que l'imprudence de Marguerite a rendu les chances sinon égales, du moins telles que grâce à un renfort de courage et de bravoure, il peut sans trop de témérité essayer de la lutte, n'hésite pas à répondre à ce nouveau défi; il rassemble à la hâte l'élite de la garnison, se fait ouvrir les portes, et malgré les prières et les instances du comte de Salisbury, qui plus calme et plus expérimenté soupçonne quelque piége, il s'élance dans la plaine.

Marguerite de son côté s'apprête à le recevoir selon que le mérite sa vaillance; tout est mouvement et agitation dans le camp de la rose rouge; York impatient devance tous les siens; un chevalier, un vieillard le suit de près; c'est Salisbury. Plus de soixante années ont passé sur sa tête, et, ardent au combat, il compte encore parmi les plus intrépides chevaliers d'Angleterre. On dirait qu'aujourd'hui, craignant que ses conseils de prudence aient jeté quelque ombre sur son courage personnel, il veut montrer à tous les yeux que la sagesse et la circonspection dans le conseil peuvent s'allier à l'audace et au mépris du danger sur le champ de bataille.

Encore quelques pas, et York touchera aux limites du camp où l'attendent, rangés en bataille, les guerriers de Marguerite. Salisbury s'arrête une seconde, debout sur ses étriers; il interroge d'un regard prompt et rapide les détours du sentier qui tourne la colline la plus proche, puis pressant les flancs de son cheval, il rejoint le duc d'York. — Ne faites pas un pas de plus, milord, s'écrie-t-il avec impétuosité, nous allons tomber dans une embuscade... les quinze mille hommes sortis ce matin du camp...

— Nous ont laissé bien à point le champ libre...

— Pour nous y préparer la défaite et la mort, à moins, milord, que nous ne retournions sur nos pas sans perdre une minute, car leur départ n'a été qu'une feinte, et les voici qui viennent à toute bride.

A ce moment, en effet, la petite armée dont parlait Salisbury, avide de prendre part au combat qui se préparait, et sans en attendre l'ordre, quittait l'abri qui l'avait jusqu'alors dérobée aux regards, et débouchait dans la plaine. — Ce mouvement trop précipité pouvait faire manquer le stratagème de Marguerite; il était temps encore pour York et les siens de regagner sans danger les murs de Sandal, Salisbury conjurait le duc de prendre ce parti, la prudence l'exigeait; mais la bouillante ardeur du prince ne le lui permettait pas.

— Le sort en est jeté, s'écria-t-il avec enthousiasme; mieux vaut la mort que la honte de fuir.

Et disposant sa petite troupe de façon à compenser le plus possible l'inégalité du nombre, il s'élança impétueusement contre ses ennemis.

A côté du duc d'York, un jeune cavalier au corps frêle et mince comme celui d'une femme, mais dont le courage et le sang-froid font l'étonnement, l'admiration des deux armées, vient prendre place, et combat dès lors toujours au premier rang; le noble Salisbury lui dispute seul le droit et l'honneur de partager la gloire et les dangers du prince; et tout le temps que dure la lutte, ils rivalisent tous trois de vaillance et de courage. — Cependant le nombre l'emporte. Après des efforts inouïs, York tombe percé de plusieurs coups mortels, Salisbury est fait prisonnier, et le jeune cavalier, grâce au dévouement d'un ami fidèle, qui avait semblé n'être occupé tout le jour qu'à veiller sur lui, est arraché aux horreurs de la défaite et entraîné à travers la plaine jonchée de morts, jusque sous les murs de Sandal.

Déjà les hommes d'armes qui du haut des remparts ont assisté à la cruelle issue de la journée, peuvent reconnaître

les deux cavaliers qui se dirigent vers eux à toute bride; déjà
une poterne s'est ouverte, et de fidèles serviteurs s'avancent
pour les recevoir, lorsque le sire de Cliffort, abandonnant
tout à coup la poursuite des fuyards, vient avec ses hommes
d'armes se placer entre les deux guerriers et l'asile qui les
attend.

Alors, soulevant la visière de son casque, le plus jeune des
deux cavaliers montre aux regards étonnés des soldats le
doux et pur visage d'un enfant d'une douzaine d'années. Les
hommes d'armes les plus farouches reculent avec respect.
Ils ont reconnu le plus jeune fils du duc d'York, le comte de
Rutland.

Cliffort lui-même semble hésiter un instant; le jeune prince
en profite pour solliciter avec instance la grâce de son compagnon, de son fidèle gouverneur qui l'a suivi au milieu du
danger et, après avoir combattu comme lui près de son père,
jusqu'au moment où le vaillant guerrier a succombé, a sacrifié sa propre sûreté à l'espoir de le sauver.

Ce généreux désintéressement est imité par celui qui a su
former l'âme de cet enfant à de si nobles sentiments, et le
gouverneur lui aussi, oubliant ses propres dangers pour ne
songer qu'à ceux du prince, s'humilie aux pieds de Cliffort et
lui demande avec larmes de sauver la vie à son élève.

Tous les cœurs se sentent attendris, tous les bras sont
prêts à déposer le glaive, seul Cliffort est inflexible; ni la jeunesse, ni la beauté du jeune prince, ni le souvenir du sang
royal qui coule dans ses veines et de la vaillance et du courage qui prouvent qu'il est digne de l'illustration de sa naissance ne peuvent lui faire trouver grâce devant le farouche
capitaine. Cliffort oublie qu'il est gentilhomme, qu'il est che-

valier, et s'attribuant froidement les fonctions abhorrées de bourreau, il tire son poignard et frappe le jeune comte dans les bras de son gouverneur qui s'est élancé pour le défendre et qui n'a pas même la triste consolation de mourir avec lui.

Quelques moments plus tard et grâce encore à l'acharnement de Cliffort, une scène étrange, horrible, se passait dans le camp.

— La tête informe d'York, placée au bout d'une lance et surmontée d'une couronne dérisoire en papier, était promenée parmi les injures et les quolibets des soldats, et placée jusque sous les yeux de la reine.

......Et Marguerite, la noble et magnanime fille de René, méconnaissant en ce moment tous les principes, tous les sentiments du passé, oublie sa dignité et sa générosité accoutumées jusqu'à permettre cette profanation, jusqu'à en repaître son regard avide.... Bien plus, elle veut, elle exige que le vieux comte de Salisbury, blessé et presque mourant, soit témoin de cet outrage fait à la mémoire du prince auquel il avait dévoué sa vie.

Enfin, pour mettre le comble aux excès de cette fatale journée, ni les blessures de Salisbury, ni son âge, ni sa réputation et les services qu'il a rendus à l'État ne le peuvent sauver de l'échafaud, et sa tête va bientôt rejoindre celle du duc sur les murailles d'York.

Ces cruautés inutiles purent sembler à Marguerite l'œuvre d'une prudente politique; aux yeux de l'histoire, à ceux du peuple, ce fut une tache sanglante qui ternira éternellement sa gloire. Aux yeux de l'éternelle justice ce fut un crime demandant réparation, et quelle réparation? .

V.

WARWICK LE FAISEUR DE ROIS.

Malgré l'issue de la bataille de Sandal et l'énivrement de la gloire et des succès, Marguerite comprenait bien qu'aussi longtemps que Londres serait au pouvoir de la rose blanche, qu'aussi longtemps surtout que le roi serait prisonnier de ses ennemis, le triomphe de la maison de Lancastre n'était pas assuré. Elle résolut donc de compléter la victoire en allant à Londres attaquer Warwick, délivrer Henri et réorganiser la puissance royale. Le duc de Sommerset l'engagea à différer ce projet afin d'essayer, avant d'en appeler à la chance des armes, de gagner Warwick à sa cause ou de l'entraîner dans une sorte d'embuscade.

La reine ayant accueilli cette idée, s'arrêta au château de Saint-Albans qui appartenait au duc de Sommerset, dont le plan réussit pleinement. Warwick stimulé par le désir de secourir des personnes chéries qu'il croyait en danger, quitta Londres et vint avec huit mille hommes seulement attaquer Saint-Albans. Sa déroute fut complète; il eut peine à se dégager après avoir perdu trois mille hommes, et se sauvant avec ceux qui purent le suivre, il abandonna le roi qui se trouva ainsi libre au milieu des vainqueurs.

Deux succès aussi éclatants éblouirent Marguerite. Son imagination et sa tendresse maternelle lui montraient déjà

Londres et l'Angleterre entière courbées sous ses lois, lorsqu'une nouvelle étrange, incroyable, vint tomber comme un coup de foudre sur ces chères et brillantes espérances.

Marguerite sachant que Warwick avait joint les débris de son armée aux fidèles Gallois conduits par le comte de la Marche, fils aîné du duc d'York et représentant de la rose rouge depuis la mort de ce prince, s'attendait à chaque instant à une nouvelle bataille qui achèverait d'écraser ses ennemis, car ses mesures étaient si bien prises qu'elle en prévoyait l'issue avec plus d'impatience que d'inquiétude.

Assise dans son oratoire, elle méditait sur le calme et la paix de sa pure jeunesse, auxquels avaient brusquement succédé les plus cruelles vicissitudes; elle priait Dieu de payer à son fils, en gloire et en bonheur, la compensation de tout ce qu'elle avait souffert, et son âme brisée se relevait grande et forte en songeant que ses épreuves pourraient servir à assurer l'avenir de ce fils si cher..... Sa méditation fut soudain interrompue par l'entrée d'Hanny qu'elle n'avait pas revue depuis la veille de la bataille de Sandal.

La bohémienne était pâle et agitée; ses vêtements froissés et en désordre, la poussière et la boue qui la souillaient et plus que tout cela la fatigue extrême répandue sur ses traits et faisant plier sa haute taille, indiquaient qu'elle arrivait à l'instant d'un rapide voyage. Marguerite, frappée de ces signes de précipitation et d'inquiétude, se leva vivement :

— Au nom du Ciel, s'écria-t-elle, qu'avez-vous, Hanny?..... Quel malheur nous menace?...

— Le Ciel, répondit Hanny avec une sombre exaltation, ne saurait protéger l'injustice et la cruauté. Il a horreur du sang innocent. Le meurtre de Rutland a appelé sur vous la vengeance céleste, l'ange du Seigneur s'est détourné...... Mais pardon, madame, j'oubliais que les oreilles des rois se blessent aisément lorsqu'on leur fait entendre la vérité, et d'ailleurs le moment est passé de récriminer...... Nous sommes arrivés à l'heure de la résignation et du courage.

Marguerite était altérée; le remords d'un crime inutile qu'elle n'avait pu empêcher et qu'elle n'avait osé blâmer, se mêlait dans son cœur aux regrets plus justes des cruautés qu'elle avait autorisées et surtout de la puérile vengeance à laquelle elle s'était complue, oubliant ainsi le soin de sa gloire et le respect dû à un ennemi vaincu. D'autre part, l'attitude, les paroles, le ton emphatique d'Hanny lui annonçaient une catastrophe dont elle n'osait sonder toute la profondeur.

Hanny contempla un instant en silence cette grande reine courbée sous le poids de la crainte et du repentir; à cette vue une triste et douce impression se répandit sur ses traits mobiles, et lorsqu'elle reprit la parole, ce fut d'un ton doux et consolateur :

— Que la fille du noble René s'arme de force et de courage, qu'elle se souvienne qu'aux contradictions et aux épreuves succèdent, au gré du Seigneur, la gloire et le triomphe... Qu'elle n'oublie pas surtout, ce que sa conduite a déjà prouvé au monde, que les grandes âmes se fortifient et s'épurent au creuset de la douleur.

Ainsi rappelée à elle-même, Marguerite était parvenue à dompter les sentiments qui bouleversaient son âme, et ce fut avec un calme apparent qu'elle supplia Hanny de lui faire connaître sans délai les nouvelles dont elle semblait être porteur.

— J'arrive de Londres et je ne sais, madame, comment

instruire Votre Grâce des événements dont je viens d'être témoin, reprit la bohémienne avec une hésitation et un tremblement dans la voix qui impressionna d'autant plus vivement Marguerite, qu'il contrastait davantage avec la puissance
sur elle-même que possédait habituellement Hanny. J'arrive
de Londres, où j'ai laissé dans tout l'enthousiasme du triomphe
et de la popularité le comte de la Marche, fait roi par Warwick et acclamé par le peuple....

Hanny s'arrêta, épouvantée de l'effet produit par cette
nouvelle sur la malheureuse reine; mais en n'entendant plus
le son de sa voix, Marguerite releva la tête et avec une fermeté presque surhumaine :

— Après?... dit-elle.

— Après, ou plutôt avant, j'avais vu Warwick rangeï en
bataille devant les murs de la ville l'armée du comte de la
Marche, s'avancer seul entre l'armée et le peuple et demander
à haute voix si l'on souhaitait pour maître Henr. de Lancastre.... J'avais entendu le peuple et les soldats, egarés par
le mensonge et la menace, méconnaître la consécration
royale et divine donnée à votre noble époux; et répondre
d'une seule voix : — Non! non !....

J'ai entendu enfin les acclamations, l'enthousiasme qui ont
accompagné l'élection au trône d'Édouard IV..... Et à cette
nouvelle preuve de l'instabilité des grandeurs de ce monde,
de la fluctuation des passions humaines; à la pensée surtout
de la nouvelle épreuve que vous préparait cette audace de
vos ennemis, je n'aurais point voulu, Madame, survivre à
une pareille déception si je n'avais espéré en amoindrir l'effet
en vous l'annonçant moi-même, si je n'avais eu surtout l'espoir, la certitude je pourrais dire, que le jour arrivera enfin

où vos ennemis, vaincus à leur tour, vous laisseront jouir en
paix d'un triomphe d'autant plus éclatant que vous aurez
déployé pour l'obtenir plus de patience, d'efforts et de grandeur d'âme.

Plongée dans ses réflexions, Marguerite fit un signe de la
main. Hanny, comprenant qu'elle désirait être seule, se retira
en silence. La reine se livra alors sans contrainte aux sentiments qui l'agitaient. Abandonnant l'appui qu'elle avait cherché sur la couronne souveraine qui surmontait le dossier de
son siége royal, elle arrêta quelques instants son regard sur
ce vain insigne de sa puissance.

— Non, non, s'écria-t-elle brusquement, le bonheur n'est
pas là.... le bonheur, il n'est ici-bas que dans la médiocrité
et l'obscurité. Le chercher dans le palais du roi c'est illusion
et folie, et cependant cette couronne qui a si cruellement
meurtri mon front, je n'ai pas le courage d'y renoncer pour
mon fils!.... Mais est-ce bien sa félicité que j'ai en vue, ou
mon amour maternel ne serait-il qu'un leurre avec lequel je
cherche à légitimer mon ambition?... Devoir ou ambition,
qu'importe après tout; la voie m'est tracée : naissance oblige
et le fils des rois doit mourir ou reconquérir sa puissance.
Je continuerai donc la lutte, et maintenant à nous deux,
Warwick le faiseur de rois!

VI.

TOWNTON.

Le lendemain, au point du jour et au moment où la fatale
nouvelle que Marguerite, grâce à la diligence et au dévoue-

17

ment de Hanny, connaissait seule depuis la veille, commençait à circuler dans le camp, la reine qui avait à peine pris quelques heures de repos pendant la longue et cruelle nuit qui venait de s'écouler, se promenait à grands pas dans son cabinet, donnant des signes non équivoques d'attente et d'impatience. Enfin un coup discret fut frappé à la porte de l'appartement et la reine, soulevant elle-même la lourde portière de damas, un gentilhomme à l'attitude respectueuse et martiale parut devant elle. Marguerite lui tendit une main tremblante que le chevalier baisa avec respect après avoir fléchi le genou.

Marguerite lui désigna un siége, et après s'être recueillie quelques instans, elle lui répéta le récit que lui avait fait la veille la bohémienne. Le duc de Sommerset, arraché au repos de la nuit par l'ordre qui le mandait près de la reine, ne savait rien des bruits vagues qui, ainsi que nous venons de le dire, commençaient à se répandre parmi les soldats. Transporté d'indignation et de fureur, il put à peine maîtriser ses pensées en présence de la reine, et lorsqu'elle eut achevé il n'eut ni consolations, ni encouragements à lui donner.

Mais Marguerite d'Anjou, cette fois comme toujours, plus forte que l'adversité, devait trouver dans sa propre énergie le courage d'envisager avec sang-froid sa position et d'y chercher un prompt remède.

Avant que Sommerset quittât l'appartement de la reine, il avait reçu ses instructions et ses ordres. Tout avait été prévu par elle, les difficultés et les obstacles, et lorsque la reine lui apprit le détail des événements de Londres, elle lui apprit en même temps que toutes les mesures étaient prises pour venger l'offense faite à la dignité royale et punir l'audace de Warwick et du comte de la Marche.

La reine et Sommerset agirent avec cette promptitude, ce secret qui caractérisent merveilleusement tous les actes de Marguerite d'Anjou. Tout à coup, au milieu des fêtes et des réjouissances du couronnement d'Edouard IV, on apprend que Marguerite vient de lever une armée de soixante mille combattants.

« Edouard et Warwick n'hésitent pas, ils abandonnent les plaisirs de Londres, les entraînements de la joie et du triomphe, pour voler à de nouveaux dangers, à de nouveaux combats. Ils rencontrent la reine à Townton, dans le Yorkshire; c'était la veille de Pâques fleuries. Malgré la sainteté du jour, les deux armées, telle est leur impétuosité et la rivalité réciproque qui les anime, les deux armées en viennent aux mains sur-le-champ. »

Jamais le sol de la vieille Angleterre, si souvent témoin de luttes sanglantes, n'avait vu plus d'acharnement, plus de vaillance, plus de courage indomptable. Le sang coulait à flots, le soleil était prêt de disparaître à l'horizon et on se battait avec une fureur toujours croissante.

« *Ni quartier, ni prisonnier!* » telle était la devise des deux partis, aussi l'une des deux armées fût-elle restée jusqu'au dernier homme sur le champ de bataille, si la nature ne s'était en quelque sorte interposée entre les combattants. Après le coucher du soleil et comme pour avertir ces fougueux guerriers que l'heure assignée, par la volonté de Dieu, à la paix et au repos était arrivée, un vent impétueux descendit tout à coup des montagnes, soulevant et chassant dans la plaine d'épais tourbillons de neige. Les défenseurs de la rose blanche, favorisés par leur position, veulent profiter de cette circonstance et redoublent d'ardeur. Les partisans

de Marguerite, au contraire, éblouis par la neige que le vent
leur pousse au visage, tremblants de froid et glacés par le
givre, sont forcés de plier devant la colère des éléments. Ils
ne fuient pas cependant sans essayer vaillamment de continuer le combat et savent acquérir autant de gloire dans l'insuccès qu'ils l'eussent pu faire par une victoire éclatante.

Marguerite, bravant les dangers de la bataille, les fureurs
de la nature et la faiblesse de son sexe, donne l'exemple de
la persistance et du courage. Sa voix calme la douleur, la
souffrance, et engendre des merveilles de bravoure, de dévouement. On voit alors des hommes, luttant contre les éléments en même temps que contre d'autres hommes, après
avoir reculé un instant, repoussés par une force indomptable
et surhumaine, revenir sur leurs pas, charger en masse et
en désespérés, afin de mourir tous plutôt que de fuir.

Lorsque l'armée de Marguerite eut enfin évacué le champ
de bataille et qu'à la lugubre clarté de torches agitées par le
vent, Edouard voulut visiter le théâtre de son triomphe, il
s'arrêta épouvanté et détourna la tête avec horreur : trente-
six mille soldats étaient couchés autour de lui; la neige,
fondue sous les pieds des combattants et mêlée au sang de
leurs blessures, formait une boue rougeâtre dans laquelle
entraient jusqu'aux genoux les chevaux de son escorte. Les
bruits de l'ouragan se mêlaient aux gémissements des blessés, au râle des mourants, aux cris lugubres des oiseaux de
proie attirés par cette destruction humaine, qui s'était chargée
de leur préparer une si abondante pâture.

Ah! si les rois et les conquérants, avant de céder à l'ambition, pouvaient méditer un instant au milieu d'une scène
semblable à celle que présentait en cette nuit la plaine de

Townton, d'ordinaire si paisible, que de guerres, que de désastres seraient épargnés au monde! et combien leur paraîtrait peu désirable cette gloire guerrière si vantée, si désirée!

Marguerite fugitive, sans armée, presque sans espérances,
ne trouvait plus dans son cœur ce qui l'avait jusqu'alors
grandie et soutenue : la conviction de travailler à une cause
juste et sans tache. Les paroles d'Hanny résonnaient à son
oreille comme un avertissement, un reproche du ciel, et il
n'était pas jusqu'à l'aide prêté par les éléments aux armes
d'Edouard, qui ne la confirmât dans la triste pensée que la
défaite de Townton était une céleste punition des cruautés
commises à Sandal. L'image du comte de Rutland errait sans
cesse autour d'elle; elle voyait son beau et doux visage, ses
blonds cheveux, son regard innocent et pur; elle l'entendait
lui demandant grâce au nom de son fils, de son fils à elle,
et alors les traits de la victime se changeaient soudain en
ceux de ce fils si cher; il lui semblait que ce n'était pas
Rutland qui était tombé sous le poignard de Cliffort, que
c'était Edouard, son bien-aimé Edouard, et de sanglantes visions que vainement elle cherchait à repousser, se dressaient
devant elle. York lui apparaissait réclamant sang pour sang,
et lui demandant de quel droit, elle qui avait profané le sang
des rois et le prestige de l'autorité en permettant que sa tête,
souillée de sang et d'outrages, reçût des insignes dérisoires;
de quel droit, dis-je, elle se plaignait des représailles exercées
sur elle et les siens.

Et cette souffrance morale était mille fois plus pénible à
supporter pour la grande âme de Marguerite, que toutes les
autres angoisses de sa position. Telle est la volonté rémunératrice du Dieu de toute justice, qui veut qu'un moment d'oubli

et d'erreur soit d'autant plus chèrement payé que celui qui s'y est abandonné possède une âme plus noble, plus généreuse et a été doué de qualités qui devaient le mettre mieux à l'abri de l'entraînement des passions.

VII.

EN FRANCE.

Le règne chevaleresque de Charles VII avait fait place à la politique de Louis XI; les fêtes brillantes, les tournois, la poésie des troubadours étaient remplacés par des habitudes mesquines, par des idées d'un ordre plus matériel, par la pensée fixe de diminuer la puissance de la féodalité, en lui ravissant son éclat et son prestige. Un esprit soupçonneux, cruel; une dévotion superstitieuse et dénuée de cette droiture, de cette pureté de cœur, attributs inséparables de la vraie piété, avaient transformé en un lieu de défiances, de craintes continuelles et d'ennuyeux silence cette cour de France naguère si élégante et si joyeuse. Le dévouement, le courage chevaleresques en étaient exilés et n'osaient s'y montrer. Lorsque Marguerite, désespérant de relever sans secours étrangers la fortune des Lancastre, arriva à Paris, elle eut peine à reconnaître ce même Louvre, où si peu d'années auparavant elle avait vu se donner rendez-vous l'élite de cette chevalerie de France, considérée alors comme la première chevalerie du monde.

Elle connaissait trop bien Louis pour avoir fait grand

fond sur son concours personnel, mais elle comptait sur l'élan
et l'enthousiasme des gentilshommes qu'elle avait vus dans des
temps meilleurs, briguer un de ses regards, un de ses sou-
rires comme la plus précieuse des faveurs, elle ne songeait
pas à l'influence toute puissante qu'exerce toujours le monarque sur ses sujets. — Glacés par l'égoïsme qui descendait
du trône, forcés de se replier sur eux-mêmes pour se garantir des soupçons et des vengeances qui les menaçaient, tremblants pour leur fortune et leur avenir, inquiets de cette
puissance nouvelle que Louis allait chercher dans la bourgeoisie et sur laquelle il s'étayait avec une sorte de bonhomie
emphatique, la noblesse de France avait perdu en quelques
années cet esprit aventureux et chevaleresque sur lequel s'appuyait la dernière espérance de Marguerite.

L'accueil qu'elle reçut de Louis eût cependant été de nature
à lui faire entièrement illusion à cet égard, si avec la péné-
tration qui lui était habituelle, elle n'eût promptement démêlé
sous le voile des protestations d'amitié et de dévouement, dont
l'accablait l'astucieux monarque, une extrême réserve à éviter
toute réponse positive.

La cour, veuve de fêtes et de splendeurs depuis la mort de
Charles, se réveilla un instant pour accueillir royalement la
malheureuse princesse. · La duchesse d'Orléans venait de
donner un nouveau prince à la France; Louis voulut le présenter au baptème avec Marguerite. Cette cérémonie donna
lieu à de grandes réjouissances. La royale marraine fut l'objet
de tous les honneurs, de tous les empressements. Singulière
destinée! Ce prince, qui entrait dans le sein de l'Église par
l'entremise d'une reine méconnue, détrônée, d'une épouse et
d'une mère malheureuses et d'un roi défiant, hypocrite, mau-

vais fils, mauvais père, devait s'appeler un jour le père du
peuple, et dans la postérité servir de type de loyauté, de
grandeur d'âme, de bonheur et de vertu.

Cependant, et quelque fût l'accueil qu'elle y reçut. Marguerite se sentait mal à l'aise dans cette cour qui lui rappelait
celle qu'elle n'avait plus, et où son esprit observateur ne lui
permettait pas de se faire illusion sur l'aide qu'elle devait en
attendre. Ces fêtes même que l'on donnait pour elle la frois-
saient et l'irritaient, et les seuls moments d'oubli et de bonheur que put lui donner cette France si regrettée, furent ceux
où s'arrachant à la dissimulation et aux fausses protestations
de Louis, elle pouvait se réfugier auprès du roi son père. Re-
devenant alors simple et confiante comme aux jours heureux
de sa première jeunesse, elle pleurait dans ses bras et lui
confiait ses douleurs et ses espérances.

Elle voulut visiter avec lui ses chers duchés de Provence
et de Lorraine; elle recueillit encore avec une douce mélancolie l'expression de l'amour, de la vénération du peuple; et
cette tendresse, cette admiration lui faisaient un instant oublier
la cruelle réalité.

— Pourquoi, se demandait-elle alors, pourquoi ai-je renoncé à un bonheur si calme et si sûr?

A cette pensée, une larme venait se balancer à sa paupière, et le bon René, devinant ce qui se passait dans ce
cœur où il n'avait pas oublié de lire, prenait la tête de sa
fille chérie dans ses mains, et comme au temps où il n'avait
à consoler que des peines d'enfant, il séchait ces larmes
sous ses baisers et ses caresses.

Mais quand Marguerite, plongée dans ses pensées, paraissait
étrangère à tout ce qui se passait autour d'elle, le bon roi

cessait de se contraindre et de feindre un sourire qui lui déchirait le cœur sans tromper l'œil clairvoyant de sa fille. Alors son front à son tour se chargeait de soucis et de tristesse, et il restait en contemplation devant cette beauté que le malheur, au lieu de détruire, avait augmentée, en lui imprimant un caractère de fierté et de majesté qui surpassait l'éclat des jours les plus brillants de sa jeunesse. Cette admiration, du reste, n'était pas particulière au bon René. Nul ne pouvait voir Marguerite sans en être fortement pénétré. « L'austérité de son costume, les robes de deuil qu'elle avait adoptées depuis son départ d'Angleterre, le son grave et triste de sa voix, l'énergie de sa parole accoutumée au commandement militaire, le développement de sa taille, tout faisait de la reine d'Angleterre une nouvelle femme, qui n'avait conservé de la jeune fille que ses manières bienveillantes et gracieuses, son esprit et sa douceur enchanteresse. »

Cependant, Marguerite trouvait dans son dévouement maternel, la force d'imposer silence à sa fierté et ne se laissait rebuter ni par les défaites continuelles de Louis, ni par son indifférence évidente; sollicitations, prières, elle n'épargnait aucun moyen d'arracher à la lassitude ce qu'elle savait qu'elle n'obtiendrait jamais de la sympathie réelle. Parfois elle se voyait près de réussir; mais le lendemain une spécieuse excuse détruisait l'espoir de la veille et les jours se succédaient ainsi sans amener d'autre résultat que de la fatigue et du découragement.

Marguerite allait se décider à quitter la France sans avoir rien obtenu du roi, lorsque sa position se trouva tout à coup changée, grâce à un concours d'événements que nous raconterons dans le prochain chapitre.

VIII.

LE SIRE DE LA VARENNE.

Au pied de cette tour de Rouen qui naguère avait retenu prisonnière l'héroïne, la libératrice de la France, une femme ou plutôt une ombre se tenait immobile depuis près d'une heure, malgré la pluie qui tombait avec violence et le vent d'ouest qui venait se briser en mugissant contre la vieille muraille. Chaque fois que la porte de la tour s'ouvrait, l'ombre faisait un mouvement comme pour examiner la personne qui sortait, et chaque fois, avec un mouvement d'impatience, elle reprenait son immobilité et son poste d'observation.

Enfin des bruits de voix se firent entendre à l'intérieur, le pas de plusieurs chevaux retentit sous la voûte sonore, et les clefs du guichetier ayant tourné avec fracas, dans la massive serrure de la grande porte, deux valets agitant leurs torches se montrèrent sur le seuil, suivis d'un gentilhomme de grande mine et de quelques hommes d'armes. L'ombre alors, se détachant de la muraille à laquelle elle était appuyée, vint se placer entre les valets porteurs de torches et le chevalier, dont le cheval se cabra, tandis que son maître tirait son épée et que les écuyers qui l'escortaient se rapprochaient vivement.

— Le sire de la Varenne aurait-il peur d'une femme? dit l'inconnue d'une voix railleuse, en ouvrant à demi le manteau qui la couvrait.

Henri de Brezé, sire de la Varenne et sénéchal de Normandie, fit alors un signe à ses écuyers et répondit gaiement :

— Et depuis quand une femme a-t-elle assez peu de soin de sa santé et de sa beauté pour affronter un temps pareil et s'exposer à arrêter un fringant palefroi comme celui-ci?

— Depuis qu'une noble femme en est réduite à douter de l'honneur des gentilshommes de France... depuis qu'une reine détrônée et fugitive fait en vain appel à la vaillance, à la bravoure de nos chevaliers... depuis, en un mot, que les hommes ont peur du danger, les femmes doivent apprendre à le braver.

Cette réponse faite de manière à n'être entendue que du sire de la Varenne, fut cependant exprimée d'une voix si ferme, si pénétrante, que le chevalier ne put maîtriser son étonnement, son émotion.

L'étrangère continua :

— Cependant le Ciel qui aime, qui protége la France, ne permettra pas que cette tache soit imprimée sur son écusson.

— Un simple gentilhomme rachètera l'égoïsme d'un roi, et cet homme, Henri de Brezé, ce sera toi... Mais ce n'est pas ici que je puis te faire connaître la volonté du Ciel; donne-moi donc le moyen de te revoir cette nuit même.

Tirant de son doigt un anneau armorié, Henri de Brezé le tendit à l'inconnue.

— A quelle heure que vous vous présentiez, lui dit-il, en montrant cette bague vous serez reçue sur-le-champ.

Et mettant son cheval au galop, il disparut bientôt dans les rues tortueuses et étroites de l'antique cité.

Bientôt après, assis au haut bout d'une table chargée a profusion de mets et de vins de toutes sortes, il présidait, à la chaleur hospitalière d'un vaste foyer, le banquet somptueux que ses fonctions de sénéchal avaient ce soir-là retardé de quelques instants, à la grande impatience de ses hôtes.

Soit que ce retard eût influé sur la joyeuse humeur de ses convives, soit plutôt que le sire de la Varenne eût perdu ce jour-là sa verve et son entrain ordinaires, le souper ne se prolongea pas aussi longtemps que de coutume, et, lorsque le beffroi de la ville sonna minuit, Henri de Brezé était depuis longtemps seul dans la vaste salle. La tête appuyée sur sa main, il suivait d'un œil ardent les étincelles du foyer et semblait chercher dans leurs capricieuses évolutions la clef de la mystérieuse apparition dont il attendait le retour avec toute l'impatience de sa jeune et brillante imagination.

Enfin au moment où la dernière vibration du beffroi se perdait dans l'air, le heurtoir retomba lourdement sur la porte extérieure. Henri se leva, prit lui-même une petite lampe d'argent qui brûlait sur une table près de lui, et se dirigea vers l'escalier au haut duquel il rencontra un page à demi-endormi, suivi de l'inconnue dont il désirait si vivement la présence.

Quelques instants plus tard, à l'ardente clarté du foyer et de plusieurs chandelles de cire, la sombre apparition rejetant ses voiles grossiers, montrait aux yeux éblouis du sénéchal Hanny, telle que nous avons essayé de la montrer à nos lecteurs dans le premier chapitre de ce récit. L'influence mystérieuse, l'heure, la tendance d'une imagination exaltée par l'attente et la solitude, le caractère particulier de la beauté d'Hanny, tout concourait à exercer une vive impression sur l'esprit du sire de la Varenne.

Hanny connaissait trop bien toutes les fibres, toutes les ressources du cœur humain, elle avait pris des renseignements trop exacts sur le caractère du sénéchal, pour ne pas mettre à profit tout ce qui pouvait faciliter son projet.

Elle esquissa avec une éloquence simple et entraînante les malheurs et la position de la reine d'Angleterre. Elle rappela en peu de mots les vertus, les talents et la popularité du roi René; elle dit l'indifférence du roi Louis, l'impuissance du duc de Calabre à venir en aide à sa sœur, absorbé qu'il était par ses propres affaires. — Elle vanta la beauté, le caractère, l'esprit de Marguerite, et la peignit avec des couleurs si brillantes et en même temps si vraies, qu'un esprit chevaleresque et enthousiaste comme celui d'Henri de Brezé, ne pouvait demeurer insensible.

Les voies ainsi préparées, Hanny eut recours pour achever son œuvre à un moyen tout puissant à cette époque. Son art mystérieux lui ayant appris, disait-elle, qu'il était réservé à un chevalier français de replacer Marguerite sur son trône, elle avait parcouru la France entière, cherchant le gentilhomme le plus digne de remplir cette glorieuse mission, et conduite par une voix surnaturelle elle était arrivée...

Le sénéchal ne la laissa point achever; mais en sa présence et sur la croix de son épée, il jura solennellement de consacrer ses armes, sa fortune et sa vie, à une cause désormais sainte et sacrée pour lui. Et à peine ce serment était-il prononcé, qu'il ne voulut plus songer qu'aux moyens de faciliter et de hâter l'exécution de son nouveau projet.

Après une conférence de plusieurs heures, passées à combiner avec Hanny les moyens d'action et de réussite, le sire de la Varenne, au lieu d'aller se livrer au repos, fit disposer ses équipages. Ses préparatifs furent si prompts, que le lever du soleil le trouva chevauchant déjà en toute hâte sur la route de Paris.

IX.

AU LOUVRE.

Louis devait quitter le lendemain le palais du Louvre où l'avait retenu, contre son habitude, le séjour de Marguerite d'Anjou en France, pour se rendre dans sa résidence favorite de Plessis-les-Tours; avant son départ une grande réception devait réunir autour de lui tout ce que la cour comptait de gentilshommes et d'officiers. — Il y avait donc foule nombreuse dans la salle des gardes, et tous les regards étaient partagés entre la porte à deux battants qui communiquait à l'appartement du roi, et l'entrée extérieure qui s'ouvrait de minute en minute devant les plus glorieux noms de France.

Depuis l'avénement de Louis au trône, les vieilles salles du Louvre n'avaient jamais vu un empressement aussi marqué; c'est qu'en outre de l'attrait qu'offre toujours aux courtisans une demeure royale, quelle que soit l'humeur ou la magnificence du maître qui l'habite, un prestige plus puissant que les habitudes mesquines et bourgeoises du roi, attirait ce jour-là les âmes *généreuses* et désintéressées, les derniers

soutiens des nobles tendances de l'antique noblesse de France,
que repoussaient d'ordinaire les nouvelles allures de la cour.

Marguerite d'Anjou, disait-on, devait en cette dernière réception du Louvre, faire ses adieux au roi, à la France, et
chacun voulait une fois encore admirer sa beauté majestueuse,
et à défaut de l'aide que la politique de Louis interdisait de
lui offrir, lui présenter du moins l'hommage d'une profonde
sympathie, d'une respectueuse admiration.

L'heure indiquée pour la réception royale allait sonner, les
courtisans pressés en foule dans la vaste salle, trop petite en
ce moment pour les contenir tous, comptaient les minutes
qui les séparaient encore d'un maître redouté, dont ils dési-
raient et craignaient en même temps la présence.

Au moment où l'horloge du palais sonna deux heures, la
porte de l'appartement royal s'ouvrit brusquement, un huissier annonça le roi, et Louis parut sur le seuil précédé de
son ministre inséparable, l'astucieux et hypocrite Olivier le
Dain, et suivi de la reine, des enfants de France et des princes du sang. La porte de la galerie s'ouvrit presque au même
instant pour laisser entrer Marguerite d'Anjou, donnant la
main à son fils. Un frémissement d'admiration succéda à son
aspect au respectueux silence amené par la présence du roi.
— Louis, heureux d'inspirer de la crainte et jaloux néanmoins de la sympathie accordée à des manières bienveillantes
qu'il ne se donnait pas la peine d'acquérir, ne put réprimer
un geste de mécontentement. Les habiles courtisans saisirent
ce signe au vol, et réprimant leur empressement, s'écartèrent
du passage de Marguerite; les chevaliers venus là exprès pour
la voir, affectèrent au contraire de s'incliner plus bas encore.

Cependant un sourire gracieux avait repris presque instantanément sa place sur les traits compassés du roi, qui, doublant le pas, se hâta d'offrir la main à Marguerite et la conduisit avec tous les dehors de la déférence et de l'amitié, jusqu'à la salle du trône où un fauteuil était disposé pour elle près de celui de la reine.

Après que les princes et les grands feudataires eurent offert leurs hommages au roi, Louis, avec ce mépris de l'étiquette qu'il se plaisait à affecter, circula parmi les groupes, s'adressant de préférence aux plus petits et aux plus humbles, comme s'il n'eût eu d'autre but que d'humilier la noblesse de France, en laissant dans l'ombre les deux grandes aristocraties de l'époque : le prestige de la naissance et de la position, et celui plus puissant encore de la vaillance et du mérite.

La réception touchait à son terme, Marguerite allait prendre publiquement congé du roi et de la famille royale, et sa dernière espérance, fondée sur une tardive sympathie, s'était évanouie, lorsque au grand étonnement de l'assemblée, l'huissier annonça à haute voix le sénéchal de Normandie que tout le monde croyait bien loin de Paris.

Henri de Brezé, sans répondre aux compliments empressés qui accueillaient sa présence, se dirigea vers le trône où venait de remonter le roi, et, s'agenouillant sur la première marche, sollicita, au nom de l'honneur de la chevalerie de France, la permission de présenter une humble requête à Sa Majesté.

Louis fronça le sourcil ; en outre de la prévention personnelle qu'il nourrissait contre le sénéchal de Normandie, il redoutait le caractère généreux et enthousiaste de ce seigneur, et son esprit soupçonneux lui faisait craindre que sa demande

ne renfermât quelque piége caché. D'autre part, tout ennemi de
l'étiquette et du cérémonial qu'il se montrât en ce qui con-
cernait sa tenue et ses habitudes personnelles, il ne dispen-
sait pas volontiers les seigneurs de sa cour de ce qu'il pensait qu'exigeait d'eux le respect dû à son rang et à sa
dignité royale, et la poussière qui couvrait les vêtements de
Henri de Brezé, le désordre qu'avait apporté dans sa mise la
précipitation d'une longue route, blessaient ses exigences à
cet égard. Ce fut donc d'une voix brève et mécontente qu'il
fit au sénéchal une réponse évasive qui l'invitait à s'expliquer
sans engager par avance sa parole royale.

Le sénéchal se releva et tirant son épée du fourreau, il
alla la déposer aux pieds de Marguerite.

— Je jure, madame, s'écria-t-il, de ne plus jamais reprendre cette fidèle lame avant qu'elle n'ait été trempée dans
le sang des ennemis de la maison de Lancastre. Et s'adressant au roi, il continua : — Je supplie Votre Majesté de ne
point s'opposer à l'exécution de mon vœu, et, au nom de toute
la chevalerie dont je crois exprimer ici le désir, la pensée
unanime, je vous conjure, sire, de me permettre de lever
dans votre fidèle duché de Normandie, une centaine de lances
pour les mettre au service de Sa Majesté la reine d'Angleterre.

Un murmure d'approbation circula dans la salle. Plusieurs
chevaliers se détachèrent des groupes et firent un mouvement
pour se rapprocher du sire de La Varenne. L'éclat de leurs
regards, leur contenance, tout disait qu'ils partageaient ses
sentiments et étaient prêts à se dévouer à la même cause.

L'œil rapide et observateur du roi ne s'y trompa point, et
prenant une brusque décision il feignit de partager lui-même
l'enthousiasme général.

Il releva avec bonté le sire de La Varenne qui s'était agenouillé une seconde fois au pied du trône, et avec une émotion qui contrastait avec la sécheresse railleuse de son ton
habituel, il le remercia au nom de sa fidèle noblesse des
sentiments généreux qu'il venait d'exprimer, sentiments qui
étaient les siens propres depuis le jour où il avait vu sa bien
aimée cousine et appris ses malheurs, mais auxquels il n'a-
vait pas dû céder, quoi qu'il lui en coûtât; attendu que la situation de la France ne permettait pas un armement en ce
moment. Néanmoins, ajouta-t-il, il ne voulait pas detourner
son fidèle sénéchal de sa glorieuse entreprise; bien plus, il
voulait s'y associer, y associer la France entière, et en conséquence, au lieu des levées que le sire de La Varenne proposait de faire en Normandie, il allait faire mettre sous ses
ordres un corps de deux mille hommes, tous armés et prêts
à mettre immédiatement à la voile.

Marguerite surprise, émue de cet incident sur lequel elle
comptait d'autant moins que n'ayant jamais vu Henri de
Brezé, elle ne pouvait comprendre par quelle voie merveilleuse la Providence l'avait envoyé à son secours, Marguerite,
oubliant et le lieu où elle se trouvait et la foule qui l'entourait, avait quitté son siége et pressait son fils dans ses bras.

Les chevaliers présents, exaltés par ce mouvement si
simple et si éloquent de la reine, n'avaient qu'un cri, qu'une
pensée : solliciter la faveur de faire partie des deux mille
hommes destinés à cette noble mission. Mais cet enthousiasme n'entrait nullement dans les vues de Louis XI. En ac-
cordant ce faible secours à Marguerite, ce n'était point une
aide réelle qu'il comptait lui prêter; c'était un sacrifice qu'il
faisait à l'opinion publique, trop vivement surexcitée par le

dévouement du sénéchal de Normandie pour qu'il crût prudent de la braver plus longtemps, et son but unique allait être de rendre ce sacrifice le moins onéreux possible, par le choix insignifiant des hommes qui seraient mis à la disposition d'Henri de Brezé. D'autre part les historiens prétendent que, dominé par la haine que lui inspirait ce gentilhomme, il avait cédé, en acceptant son offre, au désir et à l'espoir de se débarrasser de lui en l'envoyant à une mort certaine.

Quoi qu'il en soit de ces suppositions de l'histoire, suppositions entièrement en harmonie du reste avec le caractère bien connu de Louis, toujours est-il qu'il se montra inflexible à repousser les nombreuses demandes qui lui furent adressées, et que, sous le spécieux prétexte du besoin qu'avait en ce moment le trône de France, menacé par la maison de Bourgogne, de l'aide et du soutien de sa noblesse, il borna strictement le concours qu'il accordait à Marguerite au seul sire de La Varenne et à ses deux mille hommes d'armes, lui défendant formellement d'adjoindre à sa petite troupe aucun engagé volontaire.

Le lendemain de ce jour si important et si heureux pour Marguerite d'Anjou, un mouvement inaccoutumé agitait la bonne ville de Paris. Le roi et la famille royale, chacun avec un cortége distinct, quittaient le Louvre dès le matin pour se rendre, le premier à Plessis-les-Tours, le second dans ce beau, mais si triste château d'Amboise, où s'écoulait dans une sorte de continuel exil, la triste existence de la reine et de ses enfants. Quelques heures plus tard Marguerite, accompagnée des acclamations du peuple et d'une escorte presque triomphale, dont l'enthousiasme faisait un étrange contraste avec la froideur qui avait accueilli le passage du roi, s'éloignait à son tour, impatiente de faire partager au bon René sa joie et ses espérances. Le sire de La Varenne prit congé d'elle aux portes de la ville, et après avoir reçu ses ordres et ses remerciements, se hâta d'aller prendre toutes ses dispositions afin d'être exact, lui et sa petite armée, au rendez-vous qu'elle venait de lui assigner.

Un mois plus tard, jour pour jour, Marguerite et son fils s'embarquaient avec Henri de Brezé, dont le dévouement, elle le sentait, leur valait mieux dans leur position que des bataillons nombreux; quelques gentilshommes de Lorraine et de Provence l'accompagnaient, et les deux mille hommes fournis par le roi montaient les autres navires et composaient une petite flottille. En mettant le pied sur son bord, Marguerite y fut reçue par la bohémienne qu'elle n'avait pas revue depuis son arrivée en France.

Hanny avait fait promettre au sire de la Varenne de lui garder le secret de la part qu'elle avait prise à sa décision. Délicate et généreuse jusque dans ses bienfaits, bien loin de s'en faire un mérite, elle cherchait à les cacher.

Jamais elle n'avait paru plus imposante à Marguerite, et lorsque se croyant la messagère de la Providence elle l'assura avec cette emphase particulière au caractère oriental que le sang innocent était effacé et que l'heure du triomphe et de la gloire était proche, la reine crut entendre la décision du Ciel lui-même et ne douta plus du succès.

Confiante en Dieu et en la justice de sa cause, elle se dirigea vers Tinmout, où elle espérait être bien accueillie; mais loin d'y trouver les sympathies sur lesquelles elle avait droit de compter, elle y fut reçue à coups de canon et obligée de fuir à toute voile.

Sur ces entrefaites, et pendant qu'inquiète et étonnée de cette trahison Marguerite délibérait sur la route qu'elle devait suivre, la nature vint mêler sa voix irritée aux obstacles qui lui interdisaient l'entrée de son royaume; une de ces violentes tempêtes qui bouleversent souvent la Manche et rendent sa navigation si redoutable, s'abattit sur la petite flotte et sépara son vaisseau des autres voiles.

Ainsi isolée du plus grand nombre de ses défenseurs, Marguerite n'en persista pas moins à cingler vers l'Angleterre, malgré les prières et les instances de ses officiers qui la suppliaient de renoncer à aborder sur des côtes doublement dangereuses. Henri de Brezé surtout la conjura avec larmes; au nom de son époux, au nom de son fils, il lui demanda de remettre à un moment plus favorable la poursuite de son belliqueux projet. Il lui montra la réception de Tinmout comme un augure fâcheux... peut-être comme l'expression du sentiment populaire...

Marguerite vit ainsi un des plus braves chevaliers de son époque trembler pour elle, et elle ne trembla pas. Sa décision était prise; jamais elle n'avait reculé devant la crainte. Elle débarqua à Berwick.

X.

LA FORÊT D'EXHAM.

La bataille d'Exham, par sa fatale issue, vérifia les craintes des amis de Marguerite. Seule, sans armes, sans ressources, séparée du reste de ses défenseurs, de son mari et du sénéchal de Normandie, la reine, forcée de fuir, gagna à pied une forêt voisine; n'osant quitter cet abri tant que dura le jour, elle y fut surprise par la nuit.

« Loin de s'affliger de cette aventure, dit l'historien de la vie de cette princesse auquel nous empruntons le récit de cet épisode, loin de s'affliger de cette aventure, elle pénétra sous l'épaisseur des arbres et s'y livrant à toute l'amertume de ses réflexions, elle remercia le Ciel de lui avoir donné une retraite où les seuls ennemis qu'elle pût avoir à craindre lui semblaient bien moins redoutables que les hommes. — J'aurais peine à m'arrêter aux détails de cet incident si les meilleurs historiens de l'Angleterre n'en avaient rapporté toutes les circonstances, et si notre Monstrelet même n'en racontait les principales sans émettre le moindre doute sur leur exactitude... Il faut considérer d'ailleurs que ce qui fait regarder la vie de Marguerite d'Anjou comme une partie des plus curieuses et des plus intéressantes de l'histoire d'Angleterre, c'est la singularité même des aventures de cette reine et la multiplicité de faits ou tristes ou terribles que la fortune a pris comme plaisir à rassembler sous le règne de Henri.

« Au milieu des plus tristes réflexions, il s'en présenta une à l'esprit de la reine, dont son imagination fut d'autant plus flattée que l'année étant alors dans la plus belle saison, elle ne trouvait dans la douceur de l'air et dans la fraîcheur du feuillage, que des raisons de se familiariser tout d'un coup avec la solitude et d'admirer tout ce qui l'entourait. Il lui vint dans la pensée que la vie du prince, son fils, étant le fondement de toutes ses espérances, il n'y avait point de lieu où elle pût le dérober plus sûrement à la haine de ses ennemis que dans une forêt déserte où l'on ne pouvait soupçonner qu'elle fût entrée avec lui, et où elle n'avait pas même rencontré de routes qui pussent lui faire craindre les rencontres du hasard.

« Que n'avait-elle pas au contraire à redouter si elle tombait le lendemain dans les mains du vainqueur, et de quel côté devait-elle se diriger pour retrouver son mari? La crainte de manquer de nourriture pouvait-elle l'inquiéter?... Fallait-il d'autre soutien à la nature que celui dont les animaux tiraient leur santé et leurs forces? Elle se confirma si bien dans ces idées par les méditations d'une nuit entière, qu'elle se trouva déterminée le matin à passer du moins quelque temps dans la forêt d'Exham, jusqu'à ce que les mouvements de la guerre fussent apaisés dans les lieux voisins, et, si le Ciel ne lui offrait pas quelques moyens de regagner l'Écosse, jusqu'à ce que son fils, qui n'avait alors que dix ans, fût en état d'entreprendre une marche pénible et de traverser le Northumberland pour se rendre à Berwick. »

Un plan, avec Marguerite, ne restait pas longtemps à l'état de projet; rien n'effrayait son caractère énergique et courageux; ni la fatigue, ni les difficultés de son entreprise ne purent la rebuter. Son imagination ardente et un peu romanesque trouvait d'ailleurs un certain attrait aux positions exceptionnelles, et si ce n'eût été son inquiétude pour son enfant bien-aimé, elle eût trouvé un charme tout puissant à cette solitude, à cet isolement qui allait la livrer à ses propres forces, à ses seules ressources.

Elle songea tout d'abord à se procurer un abri contre les variations de l'atmosphère et le danger que pouvait lui faire courir l'attaque de quelque bête fauve, et déjà dans sa pensée elle avait créé une de ces huttes de feuillage, telles que les décrivaient les troubadours dans la peinture de leurs scènes pastorales, et elle cherchait quelque arbre séculaire contre lequel elle pût l'appuyer, lorsqu'en débouchant subitement dans une petite clairière, elle se trouva tout à coup en présence d'un spectacle qui la glaça d'épouvante.

Des hommes, dont le costume étrange et les traits farouches disaient la criminelle profession, réunis en groupes bruyants, semblaient se quereller au sujet de quelques questions de partage ou de prééminence. La cupidité, le mépris de toute loi humaine et divine étaient peints sur leurs physionomies sombres et rudes, et la reine comprit qu'elle ne devait attendre d'eux ni merci ni pitié. Son unique espérance était donc d'échapper à leur observation par une prompte retraite. Mais un cri échappé au petit prince trahit sa présence, et avant qu'elle eût pu se dérober au danger, elle était prisonnière au milieu d'un triple cercle d'ennemis.

La vue d'une femme qui était couverte d'habits fort riches, et celle d'un enfant qui portait mille marques d'une condition supérieure, parut leur inspirer d'abord quelque respect; mais leur profession étant de voler sur les grands chemins et dans les bois, la facilité de s'emparer d'une si belle proie chassa bientôt les sentiments qui les avaient arrêtés. Ils se jetèrent sur la reine qu'ils dépouillèrent de ce qu'elle avait de plus brillant; le jeune prince ne fut pas traité avec moins de barbarie.

On s'imagine aisément que dans les agitations continuelles où Marguerite avait vécu, elle était ornée d'une foule de joyaux précieux qui étaient le reste de sa grandeur et lui assuraient une ressource immédiate contre toute éventualité.

Aussi prétend-on que sa dépouille dut suffire pour enrichir cette troupe de brigands (1).

Cependant, éblouis par ces mêmes richesses, enivrés du bonheur qui leur avait envoyé une si abondante aubaine, ils ne purent s'entendre pour le partage et s'engagèrent dans les plus violentes querelles. Marguerite que n'abandonnait jamais le sang-froid et la promptitude d'action, profita de ce moment d'aveuglement et de fureur pour prendre la fuite, et, s'enfonçant dans la partie la plus épaisse de la forêt, elle ne cessa point de marcher aussi longtemps que le jeune prince en eut la force. Lorsque bientôt elle le vit prêt à tomber en faiblesse, elle le prit dans ses bras et elle continua sa marche avec une vigueur et une résolution incroyables. Elle se croyait délivrée de la plus grande partie du péril, lorsqu'elle rencontra un autre voleur qui était de la bande des premiers et qui allait les rejoindre après avoir achevé apparemment quelque crime dont il brûlait de leur rendre compte.

La reine ne songe à essayer ni de la lutte, ni de la fuite; ses forces épuisées ne le lui permettent pas. Faut-il qu'après avoir échappé par miracle à tant de périls, elle succombe sous les coups d'un seul ennemi!

Elle jette un regard sur son fils, et ce jeune et beau visage qu'altèrent en ce moment la souffrance et l'effroi, lui inspire une résolution soudaine; elle le prend par la main et s'avançant vers l'inconnu avec cette majestueuse dignité qui s'harmonisait si bien avec sa mâle beauté :

— Sauve le fils de ton roi, lui dit-elle d'un ton de com-

_____

(1) Toutes les citations de ce chapitre sont empruntées à l'*Histoire de Marguerite d'Anjou* de l'abbé Prévost.

mandement et de douceur qui pénétra le brigand d'un indicible respect.

A ces mots, devinant la reine, et sentant se réveiller dans son cœur des sentiments de générosité que devaient sembler y avoir détruit l'infamie et la cupidité de sa honteuse profession, le malheureux s'agenouille devant Marguerite, et après lui avoir promis de lui servir de guide, après avoir juré de mourir s'il le faut pour la défendre et la sauver, il attend ses ordres.

Marguerite, épuisée de fatigue, lui demande de se charger du jeune prince qu'elle ne peut plus soutenir elle-même. Il obéit sur-le-champ, et la reine se saisissant de l'épée qui vient d'échapper à sa main tremblante, se met ainsi en état de le punir sur-le-champ s'il songe à la trahir.

Mais bientôt la transformation opérée dans cette âme que le crime avait avilie et que régénère déjà le sentiment de la générosité et d'un devoir accompli, vient rassurer l'esprit observateur de la reine; tranquille désormais sur la sincérité de son guide, elle n'hésite pas à se confier entièrement à lui et à accepter l'asile qu'il lui offre, dans sa propre maison, située dans un village voisin.

Ce fut là que deux jours plus tard, le sénéchal de Normandie retrouva la reine qu'il cherchait au péril de sa vie depuis l'issue désastreuse de la bataille. Marguerite se laissa persuader par lui et par un gentilhomme anglais qui l'accompagnait, de renoncer pour le moment à aller rejoindre le roi en Écosse, entreprise difficile et hasardeuse, et à gagner les côtes de la mer d'Irlande, en traversant le Cumberland, où la surveillance était moins active.

Carlisle, où le chevalier anglais avait des amis sûrs, fut accepté par la reine comme lieu d'embarquement, et le secours du brigand devint plus nécessaire que jamais, pour régler une route dont il connaissait tous les détours. ‹ Les seigneurs voulurent acquitter la reconnaissance de la reine, en offrant à sa femme une partie de l'argent qu'ils avaient avec eux; mais, par une générosité digne d'une autre condition, il lui défendit de l'accepter, et témoigna même son affliction sincère. Marguerite éprouva alors un sentiment que les rois doivent peu connaître, quand ils savent user de leur puissance. ›

— De toute ma fortune, s'écria-t-elle, la seule chose que je regrette en ce moment, c'est le pouvoir de vous récompenser.

Grâce à l'intelligence et au zèle de ce guide fidèle, elle arriva heureusement à Carlisle, où les soins du gentilhomme anglais lui firent trouver une barque qui la transporta, elle et son fils, sur le territoire d'Ecosse.

XI.

NOUVELLES ÉPREUVES.

En débarquant à Kerkebridge, la reine se fit conduire dans une hôtellerie de la ville, où, grâce à son déguisement, elle se croyait sûre de passer inaperçue. Malheureusement l'hôte était Anglais, et ayant habité Londres quelques années auparavant, il reconnut aisément Marguerite, dont la beauté était trop frappante pour que d'humbles vêtements en dissimulassent l'imposante grandeur.

Partisan de la rose blanche, Cork, séduit par le double espoir d'abattre le parti de Lancastre dont Marguerite était l'âme et la vie, et de recevoir une récompense proportionnée au service que sa trahison rendrait au roi, Edouard résolut de livrer la reine et le prince de Galles à la cour de Londres.

C'était un homme hardi et déterminé; pour assurer le succès de son plan, il n'hésita pas à partager son secret avec quelques compatriotes établis comme lui à Kerkebridge, et ils combinèrent ensemble le prompt enlèvement de Marguerite, de son fils et de leurs deux défenseurs.

Après s'être assurés d'une barque qu'ils crurent suffisante pour traverser la Soldway, ils surprirent le sénéchal et son écuyer pendant leur sommeil, et les transportèrent garrottés et bâillonnés dans la petite embarcation, où ils n'eurent pas de peine à conduire ensuite Marguerite et le prince.

Maintes fois Marguerite avait vu la mort planer sur elle dans les dangers de la bataille; mille périls, mille déceptions avaient marqué les heures de sa vie; naguère encore, au pouvoir d'hommes cupides et sans frein, elle avait presque désespéré de son salut; jamais cependant l'horreur d'aucune angoisse n'avait surpassé l'inquiétude de cette mortelle nuit, passée sur les flots agités de l'Océan, prisonnière au milieu de ses derniers défenseurs, ignorant et la nature précise du danger qui la menaçait et les projets de ses ravisseurs.

Néanmoins la douleur, les angoisses de Marguerite n'étaient rien encore auprès du désespoir d'Henri de Brezé. Le noble chevalier inquiet et surpris de son propre danger, bénissait le Ciel d'avoir du moins épargné la reine, lorsque la vue de

cette princesse prisonnière aussi, et prisonnière, pensait-il,
par sa faute, en lui révélant le but du complot dont il avait
été la première victime, le remplit de crainte et d'épouvante.

Alors la grandeur du péril, la force du zèle qui l'attachait
à la reine, et le caractère particulier de force et d'adresse
qui était propre aux chevaliers, lui firent concevoir l'aventureuse pensée de se défaire de ses liens. Il y travailla toute la
nuit, et aux premiers rayons du jour il n'avait plus à faire
qu'un dernier effort pour être libre. Cork et ses amis croyant
n'avoir rien à redouter des deux guerriers enchaînés, avaient
cédé au sommeil; l'homme chargé du gouvernail, accablé de
lassitude, sommeillait à demi. Henri de Brezé s'approcha
doucement de son écuyer, le délivra à son tour, et alors s'ar-
mant tous deux de tout ce qui s'offrit à leurs regards, ils se
défirent en un moment des cinq traîtres qui les conduisaient
et qui n'eurent pas le courage de leur disputer longtemps la
victoire.

Cependant, pendant cette lutte passionnée, les avirons, la
voile et tout ce qui pouvait servir à la conduite du bateau,
avait été brisé dans l'effort du combat ou précipité dans la
mer et entraîné par les flots. Et pour obvier à cette perte, le
sénéchal et son écuyer n'étaient pas des marins bien expé-
rimentés.

Marguerite et son fils ne se confiant plus qu'en Dieu dans
un péril si imminent, priaient avec ferveur et bénissaient le
Ciel, s'ils étaient destinés à mourir, d'avoir du moins échappé
aux outrages et à la fureur des hommes. Henri de Brezé
et son compagnon faisaient pendant ce temps des efforts
inouïs pour maintenir la barque à flot. Un vent impétueux,
précurseur de la tempête, avait accompagné le lever du so-

leil, et chacune de ses raffales semblait prête à ouvrir sous les pieds des fugitifs les abîmes sans fond de l'Océan.

Ce fut justement de cet ouragan, qui, selon toute prévision humaine, devait précipiter leur perte, que la Providence se servit pour les sauver. — Le vent, qui les poussait avec violence vers les rives écossaises, porta le bateau sur une côte basse et sablonneuse, où il échoua sans danger pour les malheureux passagers.

La simplicité rustique des habitants à demi sauvages de cette partie du littoral, rassura Marguerite contre tout danger du genre de celui auquel elle venait d'échapper si miraculeusement, et malgré l'ardent désir qui la portait à se rapprocher de son mari et de ses amis, elle résolut d'attendre dans cette solitude des nouvelles d'Henri et de sa fortune. Dans ce but, elle dépêcha à Edimbourg l'écuyer du sénéchal.

De longs et pénibles jours s'écoulèrent dans l'attente de son retour. — Des privations de tout genre épuisaient les forces physiques de Marguerite sans ébranler son courage; incapable de sentir son propre malheur, elle ne souffrait que des souffrances de son fils; elle ne sentait que les privations qu'elle ne pouvait lui éviter. Et quand elle s'aperçut que l'air pur et fortifiant de la mer, que la liberté avec laquelle il profitait du grand air et se livrait à un exercice bienfaisant, développaient sa constitution, jusqu'alors faible et délicate, elle ne songea plus à se plaindre de l'isolement qui lui était imposé.

Avec ce tact et cette délicatesse infinie qu'inspire un dévouement vrai et profond, le sire de La Varenne savait d'ailleurs se multiplier avec tant de zèle que la reine trouvait en lui un serviteur, un ami, un conseiller dont la présence lui

semblait combler le vide de son âme et repousser bien loin
d'elle tout malheur, tout danger. En outre, elle ne savait rien
d'Henri, et son imagination lui créait à plaisir des motifs de
consolation et d'espoir!... Hélas! le retour de l'écuyer du sénéchal, cette arrivée si vivement désirée, si impatiemment
attendue, devait faire évanouir cette dernière illusion, et, tout
en amenant à la reine du secours et toutes les commodités
qui pouvaient adoucir sa position, lui ravir la seule espérance
qui lui restât.

Marguerite n'eut pas besoin d'explication pour deviner la
nature du récit qu'elle attendait; mais son âme se raidissant
contre toute disgrâce, il semblait qu'elle ne fût jamais plus
forte que dans les moments, où tout se déclarait contre elle
et où elle ne devait plus rien espérer que d'elle-même. Elle
ordonna à l'écuyer de ne point la ménager, et faisant appeler
son fils, elle voulut qu'il n'ignorât rien de ce qui pouvait
endurcir son courage et le former tout à la fois à la patience
et à la hardiesse.

Obéissant à regret aux ordres de sa souveraine, le gentilhomme commença un long, un pénible récit. Après avoir dit
comment les gens du sénéchal, après une défense courageuse, avaient enfin succombé sous le nombre de leurs ennemis et avaient été renvoyés en France; après avoir montré
Edouard cimentant son trône par le supplice de tout ce
qui restait de seigneurs attachés à la cause de Lancastre,
il dit comment le roi, en sûreté en Ecosse, n'avait pas hésité
à repasser la frontière, escorté de dix hommes seulement,
pour venir chercher et défendre la reine et son fils, ou mourir
avec eux; comment enfin cette courageuse et téméraire entreprise avait eu la seule issue possible : la captivité du roi

dans un des plus noirs cachots de la Tour et peut-être..... la
mort, car le secret de cette captivité était si bien gardé que
nul ne pouvait savoir quel avait été le sort du malheureux
monarque.

Marguerite fut consternée par cette nouvelle; la preuve de
tendresse que son mari venait de lui donner, l'incertitude
dans laquelle il était à son sujet et au sujet de son fils, lui
devaient être un affreux supplice si la mort et la vengeance
d'Edouard l'avaient épargné. Avant de se croire capable d'entrer dans quelque délibération, elle se tint retirée pendant
trois jours avec son fils, sans souffrir même la présence du
sénéchal.

« Le jeune prince, quoique privé par tant d'infortunes et
d'agitations de l'éducation qui convenait à sa naissance, avait
reçu d'assez riches présents de la nature pour faire espérer
qu'il joindrait un jour à la douceur et à la bonté, seules vertus que possédât son père, le courage et l'étendue du génie
que demandait, plus encore que le rang où il était né, le
triste état d'infortune qui ne pouvait être réparé que par deux
qualités si nécessaires. Sa mère qui les possédait au-delà des
bornes ordinaires de son sexe, en voyait avec plaisir les premières semences dans un enfant de cet âge et s'efforçait de
les cultiver par ses exhortations et ses exemples.

« Mais comme si elle eût prévu à quoi il était destiné par
la fatalité de sa naissance, elle ne lui inspirait rien avec tant
de force et de soin, que la constance dans la disgrâce et le
mépris de la mort, sous quelle face qu'elle pût se présenter.
Elle lui apprenait tout à la fois à ne rien négliger et à ne rien
craindre pour se remettre en possession d'une couronne dont
le Ciel avait fait son partage en naissant, et à se consoler avec

fermeté si la perte en devenait irréparable. Elle devait elle-même une partie de sa constance à la répétition qu'elle lui faisait continuellement de ces grandes maximes, et s'il y a quelque leçon éclatante à tirer de son histoire, c'est particulièrement de cette disposition d'esprit qui la faisait passer tout d'un coup du dernier degré d'abaissement et de consternation, aux plus nobles résolutions et aux entreprises les plus héroïques. ›

Mais sans aucun appui, sans moyens d'action, à quoi pouvait en ce moment lui servir son énergie, si ce n'est à se résigner à quitter une fois encore le sol anglais et à se réfugier en France.

Six années s'écoulèrent dans cet exil; quelquefois à Paris, où elle ne désespérait pas de gagner le roi à sa cause, et le plus souvent en Lorraine, où elle se dévouait avec un admirable génie à l'éducation de son fils, elle épuisait toutes les rigueurs de l'exil et de l'infortune, désespérant de voir jamais son fils et son époux rétablis sur le trône, lorsqu'un événement mystérieux, comme tous les décrets de la Providence, vint encore une fois lui ouvrir les portes de l'Angleterre. Mais avant de faire connaître à nos lecteurs les détails de cet incident, arrêtons-nous quelques instants encore à cette période d'exil et de douloureuse attente, pour les faire assister à un des épisodes les plus touchants de cette royale existence, marquée par tant de vicissitudes, d'héroïsme et de dévouement.

XII.

WILLIAM LE GEOLIER.

Sous prétexte de surveiller elle-même les événements qui se préparaient à Londres par suite de la rupture survenue entre Edouard et Warwick, événements en apparence étrangers à sa cause, puisque le duc de Clarence, frère du roi, gendre et allié de Warwick, ne pouvait évidemment travailler qu'en faveur de sa seule ambition et non pour favoriser le retour au pouvoir de la maison de Lancastre, rivale de sa propre famille, sous ce prétexte, disons-nous, mais en réalité afin de sortir de son incertitude à l'égard du roi Henri dont elle n'avait pu encore savoir au juste le sort, Marguerite résolut de faire avec son fils le voyage de Londres. Elle profita de la nomination du comte de Narbonne à l'ambassade d'Angleterre pour joindre à son cortége le prince de Galles, sous la robe ecclésiastique, et elle se cacha elle-même sous un déguisement parmi les gens de la suite. Nul doute que les ducs de Sommerset et d'Exester, le comte de Narbonne et Hanny ne fussent dans le secret de ce voyage. Marguerite n'avait pas d'autres amis, d'autres confidents depuis la mort du sénéchal, tué à la bataille de Montlhéry.

Hanny revendiquait l'honneur d'accompagner la reine; Marguerite insista pour la laisser en France où elle espérait qu'il serait bientôt temps de travailler utilement à lui créer des partisans, des défenseurs.

Cependant, le comte de Narbonne avait quitté la France et avec lui Marguerite et le prince de Galles avaient revu cette belle terre d'Albion, objet de leurs regrets et de leurs espérances. Mais comment y entraient-ils?...... Quelle différence entre ce voyage et celui qui, dix-huit ans plus tôt, y avait amené Marguerite rayonnante de jeunesse, de beauté et d'espoir!

A ces pensées si tristes vint se joindre, lors du débarquement, une émotion plus pénible encore. Comme Marguerite, sous ses humbles vêtements, descendait de la chaloupe sur le quai, un des bourgeois que la curiosité y avait conduits, fit remarquer à haute voix l'étrange ressemblance de cette femme avec la reine proscrite. La reine comprit que le moindre trouble, la moindre agitation la perdrait; elle vit tous les regards du groupe nombreux où le propos avait été tenu, se fixer curieusement sur elle, et sans trembler, sans pâlir, sans avoir même l'air de remarquer l'attention dont elle était l'objet, elle monta tranquillement les marches de l'escalier, et sans trouble, sans hâte imprudente, elle se perdit dans la foule.

Cet incident, néanmoins, lui prouvant le danger qu'il pouvait y avoir pour elle à se montrer en public, elle se retira dans une maison écartée, appartenant au duc de Sommerset et y vécut avec son fils dans une complète solitude, pendant que ses amis préparaient les voies à l'exécution de son projet.

Parmi les geôliers de la Tour, il en était un renommé entre tous par sa fidélité, son zèle et la douceur mêlée de fermeté avec laquelle il accomplissait les devoirs de sa charge. Pendant les cinquante années qui s'étaient écoulées depuis qu'il avait succédé à son père dans ces rudes fonctions, jamais un reproche ne lui avait été adressé, jamais une négligence n'avait été relevée dans son service. Il avait dû probablement à cette conduite exemplaire de conserver sa place à l'avénement d'Edouard, malgré son attachement et son zèle bien connus pour la maison d'York.

Marguerite avait conservé le souvenir de son nom, et dès qu'elle eut la certitude qu'il était encore à la Tour, ce fut sur lui seul qu'elle compta pour l'exécution de son projet. Mais William qui eût donné avec joie sa vie pour la reine, était incorruptible lorsqu'il s'agissait de son devoir. Le gagner devait donc être difficile... D'ailleurs, même avec l'aide d'un geôlier, arriver jusqu'à la personne d'un prisonnier comme Henri, ne devait pas être facile.

La reine s'était dit toutes ces choses et elle n'en persistait pas moins dans sa résolution. Après avoir tout fait pour la dissuader, le duc de Sommerset se décida enfin à lui procurer avec William le geôlier, l'entrevue qu'elle désirait.

Le couvre-feu venait de sonner, la nuit était noire et pluvieuse, les passants attardés glissaient comme des ombres le long des rues étroites, et l'on n'entendait plus dans la grande cité, que le cri lugubre des veilleurs de nuit, le cliquetis des armes et le mot d'ordre des patrouilles mêlés au sifflement du vent et au bruit lointain des flots. — Dans une petite pièce où brûlait un feu clair et ardent, deux personnes échangeaient de loin en loin, quelques mots à demi voix, et toutes deux semblaient attendre avec impatience, mais avec un sentiment opposé.

— Manquerait-il à sa promesse? se disait, en venant se rasseoir auprès du feu, après avoir écouté quelques instants avec attention derrière l'épais volet qui garantissait la fenêtre, une femme enveloppée dans une mante de couleur grise, comme en portaient à cette époque les femmes des classes pauvres.

— Dieu le voulut! murmura un beau jeune homme, en fermant sur la table le livre dans lequel son œil distrait se promenait depuis quelques instants sans que sa pensée et sa volonté pussent s'y arrêter. Et se levant à son tour, il s'approcha de sa compagne, et s'agenouillant près d'elle avec un indicible mélange de tendresse et de respect :

— Par pitié pour moi, ma mère, renoncez à ce projet, songez à ce que je deviendrai si je vous perdais...

— Songez à votre père, Edouard... interrompit Marguerite avec l'accent d'un doux reproche, à votre père, seul, captif, mourant de mille morts à chaque moment.

— Mais, ma mère, vous vous exposez sans espoir même de le sauver!

— Je ne puis arracher son corps à la prison, mais, s'écria Marguerite avec exaltation, je lui apporterai la vie du cœur, la vie de l'âme, je mettrai un terme à ces tortures morales dont on l'accable. D'un seul mot je lui rendrai l'espoir et le courage; il saura que vous vivez, Edouard, que vous êtes digne de la couronne qui vous attend. Il saura que nous le chérissons, que nous pensons à lui nuit et jour.

— Eh bien! ma mère, que du moins il embrasse le fils en même temps que l'épouse. — Laissez-moi partager les dangers de votre entreprise, laissez-m'en partager surtout les joies.

En prononçant ces mots, Edouard, comme s'il voulait lire la réponse dans les yeux de sa mère, s'était rejeté un peu en arrière, les rayons de la lumière tombaient en plein sur son beau visage, qu'une indicible expression de jeune énergie et d'exaltation guerrière semblait entourer d'une brillante auréole. Jamais Marguerite n'avait été frappée comme en ce moment de la beauté mélancolique et majestueuse de son fils, jamais l'éclair de son regard et le génie qui éclatait sur son large front ne s'étaient montrés à elle avec autant de puissance. Abîmée dans sa contemplation, elle ne songeait pas qu'il attendait une décision; elle ne songeait pas à sa propre inquiétude; tout autre sentiment était absorbé dans sa tendresse, dans son espérance maternelle; à ce moment la porte de l'appartement s'ouvrit, et le duc de Sommerset parut.

Rendue à elle-même, Marguerite s'arracha aux bras d'Edouard :

— Adieu, s'écria-t-elle, adieu !

Et fermant elle-même la porte sur le jeune prince qui voulait la suivre :

— Restez, mon fils, lui dit-elle, je vous en prie... je vous l'ordonne !

Accoutumé à respecter les moindres volontés de sa mère, Edouard n'essaya pas d'enfreindre cet ordre. Il s'arrêta immobile pour écouter les pas de la reine dans le long vestibule. Il entendit la porte extérieure se refermer sur elle, il distingua quelque temps le bruit de sa marche dans la rue, puis tout étant rentré dans le silence, il revint lentement reprendre sa place auprès du feu. Nous le laisserons livré aux plus cruelles angoisses et nous irons rejoindre Marguerite et son compagnon, engagés déjà dans les ruelles étroites et presque inhabitées qui avoisinaient la Tour de Londres.

Comme Marguerite et Sommerset débouchaient sur le quai couvert, que chaque jour à l'heure de la marée envahissaient les flots de la Tamise, et qu'ils approchaient de cette grille fameuse que tant d'hommes franchissaient dans toute la splendeur de la jeunesse et de la vie, pour ne plus jamais la voir se rouvrir devant eux, une petite poterne placée tout près s'ouvrit en silence, et un homme, après avoir regardé avec précaution autour de lui, fit quelques pas en avant. Sommerset siffla à voix basse le refrain d'une ballade populaire à cette époque, et l'inconnu s'approchant aussitôt, fit un mouvement pour s'agenouiller devant la reine.

Marguerite le retint d'un geste, et faisant signe à Sommerset de s'éloigner :

— Merci, s'écria-t-elle, merci, mon bon William, d'avoir entendu l'appel de votre reine proscrite, et d'être venu au péril....

— Ne parlez pas de danger, madame. Quel est celui de vos sujets qui pourrait éprouver de la crainte, lorsque Votre Grâce nous donne à tous l'exemple de tant de fermeté et de courage ?

— On vous a dit, William, le motif qui m'amène ici ; vous savez ?...

— Je sais que le projet de Votre Majesté est irréalisable.

— Irréalisable ! s'écria Marguerite ; vous refusez donc de me servir ?

— Mon sang, ma vie, l'avenir de ma famille, tout est au service de Votre Majesté. Mais pensez-vous, madame, qu'il soit possible à un humble guichetier de faire entrer un étranger dans des murailles que gardent les cent yeux d'Argus ?.... pensez-vous

surtout que si je parvenais à vous y introduire, elles s'eu-
vriraient aisément pour lâcher une prise aussi précieuse...
Le tenter, serait, madame, une folie. D'ailleurs, pénétrer dans
la Tour ne serait pas tout; une fois là, le plus difficile reste-
rait à faire; le cachot du roi!...

A ce nom, Marguerite oubliant tout, et son projet et ses
espérances, interrompit vivement le geôlier.

— Le roi, dit-elle, ah! parlez-moi de lui, William, dites-
moi qu'ils ne l'ont pas tué.

. — Sa Majesté vit, répondit William; mais la tristesse de
sa voix fit tressaillir la reine qui s'imagina qu'on lui dissimu-
lait une douloureuse vérité.

— Vous me trompez, s'écria-t-elle avec une véhémence
qui fit rapprocher Sommerset, tremblant aux éclats de cette
voix qui pouvait compromettre leur sûreté.

William ne se troubla point, et mettant la main sur son
cœur, avec une dignité dans le geste qui frappa Marguerite de
surprise et la convainquit mieux que n'auraient pu le faire les
serments les plus solennels :

— Je vous ai dit, madame, et je vous le répète en toute
vérité : le roi Henri vit... Mais, murmura-t-il dans son cœur,
quelle vie, mon Dieu!

Marguerite ne doutait plus de l'existence de son époux;
mais la crainte vague, l'inquiétude mortelle que le ton de
voix de William avait réveillées dans son âme, lui permettaient moins que jamais de renoncer à son projet.

— Il faut que je le voie, dit-elle, et prenant vivement la
main de William : Il le faut, te dis-je, il le faut, n'importe
à quel prix.

— Je l'ai dit à Votre Majesté, ma vie lui appartient, mais...

— Pas de mais! Ne sais-tu pas que Marguerite d'Anjou n'a jamais connu d'obstacle à sa volonté... Voyons, le temps presse, cherchons un moyen...... Sous aucun prétexte ne pénètre-t-il des étrangers à la Tour?... N'y a-t-il pas des femmes de service..... Ah! j'y suis; ta femme peut tomber malade; il peut te falloir, pour la soigner et la remplacer une fille de peine; tu me présentes; tu me fais agréer, et une fois là....

— Mais Votre Grâce ne songe pas aux difficultés de soutenir son rôle. Pour écarter tout soupçon, il faudra se soumettre à un dur labeur; il faudra endurer des familiarités....

— Que cela ne t'inquiète pas, mon brave William, l'adversité m'a appris l'humilité et la patience, et quoi qu'il m'arrive à la Tour de Londres, ce ne sera pas là que j'en ferai l'apprentissage. Ainsi donc c'est chose convenue.

— Puisque Votre Grâce veut bien descendre à ce déguisement que je n'aurais osé lui proposer, la chose devient plus facile. Je vais préparer les voies et si vous persistez, madame, après-demain, à midi, présentez-vous à la grande porte de la Tour et demandez-moi, en disant que vous êtes la personne que j'ai fait demander à John, mon neveu de Richemont. La Providence fera le reste.

XIII.

A LA TOUR DE LONDRES.

Le surlendemain, au moment où les cloches de toutes les églises de Londres sonnaient la prière du milieu du jour, une paysanne au teint brun et hâlé, au costume grossier et chargée d'un lourd panier, frappait à la principale porte de la Tour. La porte s'entr'ouvrit, et d'une voix rude et brève, un guichetier lui demanda ce qu'elle voulait.

— Je veux parler à William, le geôlier, répondit-elle d'une voix tremblante et en assez mauvais anglais.

Sans la questionner davantage, le guichetier la fit entrer avec empressement et presque aussitôt William vint l'introduire. A sa vue cependant il eut peine à contenir un mouvement de surprise et de désappointement; Marguerite s'était si complétement transformée, que le digne homme y fut trompé lui-même et pensa que la reine ayant changé d'avis lui envoyait quelqu'un à sa place. Un mot que Marguerite trouva moyen de lui dire à voix basse le tira de cette erreur; assuré désormais que toute reconnaissance était impossible, le bon guichetier entra sans crainte dans l'esprit de son rôle.

Ce ne fut néanmoins qu'après six longs jours, pendant lesquels Marguerite, la grande et noble reine, s'était pliée à toutes les exigences, à tous les travaux du rude métier qu'elle avait accepté, ce ne fut que le soir du sixième jour, disons-nous, que William, en l'absence d'un porte-clefs qui l'accompagnait chaque jour dans le cachot royal, put, sans exciter les soupçons, s'y faire accompagner par Marguerite.

Nous n'essayerons pas de peindre l'impatience, l'anxiété de notre héroïne, pendant les deux ou trois visites qu'elle dut faire, afin de ne déranger en rien l'ordre habituel, avant de s'arrêter devant la porte humide et basse, seul obstacle qui la séparât encore de cet époux pour lequel elle n'avait pu ressentir l'amour exalté et enthousiaste qu'elle avait rêvé

dans le mariage; mais dont la tendresse sincère avait excité
en elle une profonde reconnaissance, une affection dévouée
que l'abnégation irréfléchie qui avait perdu Henri, avait exci-
tées et grandies dans son cœur.

Les clefs grincèrent dans la serrure humide, la porte
tourna bruyamment sur ses gonds, et Marguerite, clouée sur
le seuil, demeura sans mouvement et sans voix.

Dans une petite pièce carrée, sans air et sans lumière, aux
murailles ruisselantes d'eau, un homme était accroupi sur le
grabat qui lui servait de lit et de siége; quelques vases de
terre qui avaient contenu la nourriture de la veille, étaient
posés près de lui sur une table formée par un bloc de bois
massif; un livre de prières et une lampe de fer à la clarté
fumeuse et vacillante étaient placés à côté.

Le front appuyé sur une de ses mains, et de l'autre égre-
nant un rosaire, le prisonnier ne fit pas un mouvement, en
entendant la porte s'ouvrir. Ses cheveux, sa barbe blanche
comme ceux d'un vieillard, tombaient en désordre sur ses
épaules et sa poitrine; ses vêtements sales et usés défendaient
à peine son corps du froid glacial de ce sépulcre anticipé;
son regard terne et sans vie était voilé en ce moment par ses
longues paupières baissées. Les formes amaigries de son
corps avaient la raideur du marbre, et si ce n'eût été le
mouvement machinal de ses lèvres que dessinait en se jouant
sur sa bouche, un pâle rayon de la lampe, Marguerite se
serait crue en présence de la statue de la souffrance ou du
malheur, sculptée par le ciseau magique d'un artiste de génie.

Après quelques instants de cette douloureuse contemplation, Marguerite se laissa tomber à genoux et cachant son
visage dans ses mains :

— Oh! mon Dieu, murmura-t-elle, cet homme se trompe, ce n'est pas, ce ne peut être lui.

William la fit relever sans qu'elle se rendît compte elle-même de ce qui se passait, et la poussant doucement dans la prison, il referma la porte sur elle et se retira.

Henri n'avait rien vu, rien entendu, et lorsque Marguerite vint s'asseoir près de lui, lorsqu'elle prit sa main et la serra dans les siennes, il ne sortit pas davantage de son immobilité. Marguerite alors ne pouvant plus dominer son émotion appuya sa tête sur l'épaule du malheureux prince et se prit à pleurer.

Henri fit un mouvement : — Pourquoi, pourquoi pleurer? dit-il d'une voix basse et sans expression; est-ce parce que le soleil est éteint, parce que cette nuit éternelle est froide et effrayante?.... Oh! qu'importe, qu'importe tout cela depuis que Marguerite, ma bien-aimée, et Edouard, mon fils, mon orgueil, ma joie, sont ensevelis sous les eaux!

Et comme à ces paroles les sanglots de Marguerite redoublaient, le pauvre roi ajouta plus doucement :

— Oh! ne pleure pas, ne pleure pas, mon pauvre ange gardien, la vie est courte. Encore quelques jours et je viendrai avec toi dans ce divin paradis où nous retrouverons Marguerite et Edouard.

— Mais avant d'aller les retrouver au ciel, ne veux-tu pas, s'écria Marguerite, se dressant tout-à-coup devant lui, ne veux-tu pas les voir, les embrasser ici-bas? Henri, cher Henri, reconnais ta femme, ta femme qui te presse dans ses bras, qui vient te porter des nouvelles d'Edouard, de ton Edouard qui est un digne fils, un noble prince.

Secouant la torpeur qui pesait sur lui depuis tant d'années, Henri à son tour s'était levé; un éclair brillait dans ses yeux :

— Edouard! Marguerite! Qui a prononcé vos noms? Qui a dit que vous viviez encore?... Quelle apparition céleste a illuminé cette sombre demeure?...... Serait-il possible que ce fût toi, Marguerite, ma bien-aimée?...

Et en parlant ainsi, Henri répondait aux caresses de Marguerite, il la pressait sur son cœur; et son cœur et ses yeux s'ouvraient tout-à-coup. — Ah! oui, s'écria-t-il avec une exaltation toujours croissante, oui, c'est bien toi; quelle autre aurait le pouvoir de faire encore battre ce cœur où tout était mort? Quelle autre m'aimerait comme tu m'aimes?.... Et cependant, ajouta-t-il avec hésitation, après l'avoir éloignée pour la considérer avec amour, cependant Marguerite est une puissante reine, tandis que tu n'es qu'une humble femme.... Ah! pourquoi m'avoir trompé; pourquoi réveiller des espérances depuis si longtemps perdues, pour me les arracher aussitôt?...

Les plus tendres caresses, les plus douces paroles convainquirent enfin Henri que le bonheur dont il jouissait n'était pas un rêve de son imagination trompée. En un instant la joie répara les funestes effets de six années de douleur; sa raison affaiblie reprit plus de vigueur qu'elle n'en avait jamais eu; son corps plié par la souffrance se releva sous l'effort de sa volonté; et, après avoir passé ces six années sans avoir voulu changer de vêtements ni se laisser couper les boucles de ses cheveux, il demanda lui-même à se laver le visage, à revêtir des habits nouveaux, promettant à Marguerite, se promettant à lui-même de vivre désormais et malgré sa captivité, en homme et en roi.

Marguerite lui communiqua ses plans, lui fit partager ses espérances, lui parla longuement d'Edouard, de ses qualités physiques et morales, de la tendresse passionnée qu'il lui portait. La nuit s'écoula tout entière dans cette douce causerie, et lorsqu'au lever du soleil, la clef grinça de nouveau dans la serrure, ce signal de séparation et d'adieu sembla aux deux époux avoir devancé le temps de plus de moitié. Les heures passent si vite quand on vient de se revoir après de semblables angoisses et qu'il va falloir se quitter... peut-être pour toujours !

XIV.

BARNET ET TENKESBURY.

L'événement important que nous indiquions à la fin de l'avant-dernier chapitre, n'était rien moins qu'une rupture éclatante entre Edouard VI et Warwick.

Warwick, le héros de l'Angleterre au XVe siècle, celui qui mérita d'être nommé le *faiseur de rois*, cédant au ressentiment d'un outrage, avait abandonné le parti d'York qu'i avait élevé au trône, et, entraînant avec lui le duc de Clarence, frère d'Edouard et époux de sa fille, il avait une fois encore ressuscité la lutte et la guerre civile en Angleterre. Arrêté cependant par le souvenir du passé et par le double sentiment de crainte et de haine que lui inspirait Marguerite, il s'était déclaré l'ennemi d'Edouard sans se proclamer l'ami des Lancastre, et la rose rouge semblait encore étrangère à ce conflit, lorsque Marguerite, après son séjour à Londres et sa visite à Henri, repassa en France.

Le hasard les réunit pendant la traversée; des relations intimes s'établirent entre eux pendant les quelques jours qu'ils passèrent ensemble à Dieppe, si bien qu'à leur arrivée à la cour de France, leurs préventions mutuelles étant dissipées déjà, Louis XI eut peu de chose à faire pour les réunir sous le même drapeau et dans les mêmes intérêts.

L'affection inspirée au jeune prince de Galles par la plus jeune fille du comte, affection payée d'un tendre retour par la jeune princesse, devint un lien de plus entre Warwick et la reine. Clarence cacha sous un semblant de joie et d'amitié, la peine secrète qu'il éprouva de ce mariage, et Marguerite put compter sur son dévouement aussi bien que sur celui de Warwick lui-même.

La première bataille fut un triomphe complet pour la rose rouge. Edouard prit la fuite, Warwick entra en triomphateur à Londres, y proclama Henri VI, que Marguerite et le prince de Galles se réservèrent le bonheur d'aller chercher eux-mêmes à la Tour. Un nouveau parlement fut convoqué, et Edouard, errant et fugitif en Hollande, put croire à son tour que c'en était fait à jamais des destinées de la rose blanche.

Cependant une entrevue entre Marguerite et Louis XI semblant nécessaire à cette princesse, elle se décida à passer en France et partit avec son fils, laissant Warwick et ses amis dans toute l'ivresse du triomphe.

Tout souriait à ses espérances; Louis, en querelle avec le duc de Bourgogne, se montrait ardent à la ruine d'Edouard, beau-frère et allié du duc. Satisfaite du résultat de sa visite,

Marguerite avait hâte d'aller revendiquer en Angleterre sa part de gloire et de triomphe. Elle pressait les apprêts de son départ; pour la première fois depuis la fatale époque de son mariage, elle allait débarquer en souveraine sur le sol anglais, et si son âme était déjà trop élevée au-dessus des pompes frivoles et des grandeurs humaines pour s'arrêter longtemps à cette pensée, son cœur ne pouvait se défendre d'une secrète joie en songeant aux honneurs qui attendaient Edouard ainsi que sa jeune et belle épouse. Au moment où tous ces beaux rêves allaient se réaliser, au moment de mettre à la voile, arrive jusqu'à elle une nouvelle inattendue, désespérante : Clarence et Edouard sont réconciliés; ils ont réuni leurs forces pour les tourner contre la rose rouge. Loin de changer les projets de la reine, cette trahison devient un motif de hâter son départ, elle s'embarque sur-le-champ avec son fils et les troupes mises à sa disposition par Louis XI.

« Elle arrive trop tard. L'impétueux Warwick avait accepté la bataille sans l'attendre; la fortune jusqu'alors si fidèle lui avait fait défaut, et il s'était glorieusement enseveli sous les ruines de son parti. Il était mort à côté de son frère Montaigu, mort en héros, accablé par le nombre et victime d'une méprise fatale qui lui fit croire à la trahison et causa sa perte. » Et avec lui, sur le champ de bataille de Barnet, étaient demeurés les plus braves défenseurs de la rose rouge. Henri VI était une fois encore prisonnier d'Edouard.

Marguerite, en apprenant cette catastrophe, se sentit accablée de crainte et de découragement. Pour la première fois elle désespéra du succès. La défaite de Warwick, de ce Warwick jusqu'alors si heureux dans toutes ses entreprises, la frappa d'une sorte de terreur superstitieuse. Anna Nevil, la jeune épouse du prince de Galles, partageait ces sentiments, et toutes deux se réunirent pour entraîner le prince dans le monastère de Beaulieu, où elles espéraient le cacher à tous les regards.

Le duc de Sommerset et les autres seigneurs encore fidèles à la rose rouge vinrent l'y trouver, lui représentant que la présence du prince de Galles pouvait seule ranimer et soutenir son parti.

— Souvenez-vous, madame, lui dirent-ils, de la maxime que vous nous avez apprise vous-même : « Un prince né pour régner ne peut choisir qu'entre le sceptre ou la mort. »

Marguerite ne se laissa pas convaincre. Assaillie par de funestes pressentiments, elle se disait que l'obscurité d'une vie humble et privée, au sein de douces affections, valait mieux encore pour son fils que la triste éventualité d'une lutte presque impossible; mais là encore elle devait rencontrer pour premier et invincible obstacle ses propres leçons.

— Eh! quoi, ma mère, disait le jeune prince, voudriez-vous donc que votre fils ternisse en un instant la gloire de votre noble vie? Voudriez-vous que, manquant à la fois à son honneur de chevalier et à ses devoirs de prince, il se retirât de l'arène au moment du péril et de la défaite? Ah! ma mère, connaissez mieux votre sang, et, à défaut de ce trône qui s'écroule sous mes pas, laissez-moi chercher une mort honorable..... Dieu m'est témoin que ce ne sont pas les honneurs et les pompes de la royauté auxquels j'aspire, j'ai trop souffert, trop vu souffrir surtout, pour me faire illusion sur la vanité des grandeurs de ce monde; mais ce à quoi je tiens, parce que vous m'avez appris à y tenir, c'est à ma dignité, à mon devoir. Laissez-moi donc partir, ma mère, ne me forcez pas à m'arracher de vos bras malgré vous, à méconnaître votre volonté pour la première fois. Et vous, Anna, souvenez-vous que vous êtes la fille d'un héros; cessez de me retenir loin du poste d'honneur où m'appelle mon devoir; ayez pitié de l'angoisse de mon cœur et allégez ma peine au lieu de la rendre plus amère.....

La reine et la duchesse durent céder; le jeune prince quitta Beaulieu, et Marguerite, qui n'avait tremblé que pour lui, se remit avec lui à la tête des derniers défenseurs de la rose rouge, et se dirigea avec eux vers le comté de Galles.

« A Tenkerbury elle fut rejointe par l'armée d'Edouard. Le duc de Glocester, qui commandait l'avant-garde, attaqua vivement; le duc de Sommerset sortit pour le repousser, mais, mal soutenu par ses soldats, il ne put l'empêcher de pénétrer dans le camp.

» Alors tout ce que la rose rouge comptait de défenseurs se serra autour du prince et de sa noble mère et se fit bravement tuer. Le carnage fut affreux. Lorsque le jeune prince eut vu tomber à ses pieds son dernier serviteur, il ne lui resta plus qu'à rendre son épée. Le gentilhomme qui la reçut se nommait Richard Craff. Un moment, en voyant la beauté, la jeunesse, la noble valeur du prince, il eut la loyale pensée de lui rendre la liberté, de l'aider à fuir; mais se souvenant tout à coup qu'Edouard avait promis une pension de mille livres sterling à quiconque le livrerait mort ou vif, toute générosité fut étouffée dans son cœur. »

Quelques instants plus tard le prince de Galles et Marguerite étaient prisonniers.

XV.

DOUBLE CATASTROPHE.

C'est encore dans la Tour de Londres que nous conduirons nos lecteurs; non pas dans le cachot de Henri VI, mais dans cette même chambre, où dès le début de ce récit nous avons visité la duchesse de Glocester. Cette fois c'est Marguerite qui l'occupe, et soit que la clémence se soit réveillée dans le cœur d'Edouard, soit que par ce semblant de bienveillance il veuille ranimer l'espoir dans le cœur de sa prisonnière pour le briser plus violemment ensuite, le prince, logé dans un petit cabinet attenant, n'est pas séparé de sa mère.

Les deux illustres prisonniers bénissent le Ciel de cette faveur; ils se consolent, ils se fortifient réciproquement, ils parlent d'avenir pour se faire illusion l'un à l'autre, et pris dans leurs propres piéges, ils finissent par croire eux-mêmes à ces rêves de leur cœur.

Un jour on vient, au nom du roi, chercher le prince de Galles. Demeurée seule, Marguerite compte les minutes, et le temps s'écoule, et la prière devient impossible àson â me oppressée, et ses larmes, taries sous ses paupières, retombent comme un horrible cauchemar sur sa poitrine, sans que l'heure qui passe, sans que le cri d'angoisse qu'elle élève vers le ciel, lui ramènent son fils!

Cependant le prince de Galles, conduit en présence d'Edouard, trouve ce prince au milieu de ses courtisans, le sourire aux lèvres, le triomphe et l'orgueil rayonnant dans le regard. Il semble au fils de Marguerite que s'il recevait, lui un ennemi vaincu, il lui épargnerait cet étalage d'orgueil provoquant; mais il se dit aussi que s'il était condamné, ce ne serait pas avec ces fronts aussi joyeux qu'on l'accueillerait, et à cette pensée, il sent renaître toute sa confiance.

Edouard lui adresse brusquement la parole :

— Comment, lui dit-il, avez-vous osé entrer dans mon royaume les armes à la main?

Le jeune prince avait toute la dignité du sang royal et toute l'énergie d'une âme courageuse.

— J'y venais réclamer les droits de mon père et venger ses injures, répond-il fièrement.

A cette réponse, que ne lui avait fait prévoir ni la jeunesse du prince, ni la douceur pleine de grâce et de timidité qui formait le caractère distinctif de ses traits, Edouard ne cherche point à maîtriser sa colère; il froisse d'abord son gantelet et bientôt, s'abandonnant à toute la violence de sa nature, le lui lance au visage!... « Le sang jaillit!... A cette vue Glocester, le comte de Hastings et Clarence, ce même Clarence qui naguère lui jurait fidélité et respect, se précipitent sur lui, le terrassent et le massacrent sous les yeux du roi qui ne fait aucun effort pour l'arracher à la fureur de ces bourreaux. »

Marguerite, seule et désolée dans sa prison, voyait les jours se succéder sans parvenir à éclaircir le mystère de la disparition de son fils. Vainement elle pria, elle supplia le geôlier de lui dire un mot, un seul mot qui pût changer ses angoisses en certitude. On lui avait donné pour gardien un ennemi personnel de sa famille habile à la vengeance et qui se délectait à voir les tourments de son âme; il demeura muet.

Cependant le troisième jour le silence de la prison fut soudain troublé par la voix aigre et perçante d'un crieur public. Marguerite prêta une oreille attentive; elle entendit que défense était faite au peuple et aux gentilshommes, sous peine de *la hart,* de saluer ou reconnaître le condamné dont l'exécution allait satisfaire la justice du roi. Éperdue, elle se cramponne aux barreaux de fer de la croisée, elle regarde.... ce n'est pas son fils, mais c'est Henri, c'est son époux! Elle le voit tourner autour d'un poteau en manière de pilori, elle le voit livré aux risées et aux insultes d'une vile populace. Puis le silence succède au tumulte et les portes de la Tour se referment sur leur victime, destinée à périr le lendemain de la main du bourreau.

Pendant un mois entier, Marguerite attendit d'une aube du jour à l'autre que la même voix, au risque de lui briser le cœur, lui apprît la condamnation de son fils, et pendant ces jours d'anxiété et d'horrible attente, sa beauté qui avait survécu au temps et au malheur, s'effaça si complétement que le geôlier lui-même, malgré sa haine, touché de cette horrible agonie morale, eut enfin pitié d'elle et lui apprit que son fils ne souffrait plus ici bas, et..... l'attendait au Ciel.

René était mort depuis peu. Marguerite n'avait plus rien à aimer sur la terre. Son ambition, qui n'avait jamais été pour elle qu'une passion d'emprunt ou plutôt la manifestation d'autres passions : son ambition, son orgueil d'épouse et de mère s'était évanoui. Il ne lui restait plus rien!.... rien que Dieu et sa divine charité.

XVI.

HÉROÏSME CHRÉTIEN.

La cupidité chez Edouard domina la haine; la vie de Marguerite fut épargnée; et après quatre longues années de captivité, la politique de Louis XI lui ouvrit sa prison, moyennant une rançon de cinquante mille écus qu'il paya à Edouard, à condition que la fille de René renoncerait en faveur de la France à ses droits éventuels sur la Lorraine, le Barrois, l'Anjou et la Provence. Il lui assura en outre une pension de six mille livres tournois.

Plusieurs fois, malgré la rigueur de sa captivité, un souvenir ami était parvenu jusqu'à elle et il ne lui avait pas été difficile de reconnaître, dans ces témoignages de dévouement et de respect, l'action d'Hanny. — Ainsi après avoir vu à ses pieds les hommes les plus illustres de son siècle, il ne lui restait plus qu'un seul ami qui s'occupât activement d'elle, et cet ami appartenait à une race proscrite, méprisée..... Elle avait eu des serviteurs qu'elle avait comblés de bienfaits, tous cependant s'étaient dispersés au souffle de l'adversité, et seule, une femme qui n'avait jamais rien accepté d'elle, lui demeurait fidèle... Certes, il y avait là une leçon frappante et elle ne fut point perdue pour l'esprit méditatif de Marguerite.

Cependant cette grille sinistre de la Tour de Londres qui ne s'ouvrait guère qu'une fois sur les têtes royales admises dans ce sombre édifice, va laisser échapper sa proie. Il fait presque nuit, un léger esquif se détache de l'ombre des murailles. Marguerite respire enfin l'air si pur de la liberté; l'esquif vole sur les flots paisibles, la captive délivrée entonne dans son cœur un hymne de reconnaissance qui se change aussitôt en un chant de deuil et de tristesse!,... Elle se souvient de tout ce qu'elle a perdu et plus que jamais elle comprend qu'il n'est qu'un seul asile, asile éternel et mystérieux, où une mère qui a perdu le fils de son amour, peut retrouver la seule liberté réelle et durable.

L'esquif s'approche d'un navire au pavillon de France, le gouverneur de la Tour remet en personne à l'envoyé du roi Louis, sa royale prisonnière. Marguerite tressaille en entendant pour la première fois, depuis tant d'années, la langue chérie de sa première, de sa seule patrie, et une larme cependant mouille ses paupières; on donne le signal du départ, elle va quitter sans retour la terre où elle fut épouse et mère, où reposent tous ceux qu'elle aima. Mais pourquoi ces regrets, Marguerite; lève ton regard vers le ciel, c'est là où vivent ceux qui ne sont plus; où que nous allions, leurs âmes nous suivent, car pour eux plus d'entraves, plus de distances; ils planent dans l'éternité! Ecoute les gémissements de la brise dans les voiles, c'est peut-être une voix amie qui murmure à ton oreille des paroles de consolation et d'espoir...... Et les yeux fixés sur les nuages, la fille du roi René, revenue aux poétiques contemplations de sa jeunesse, suivait dans le ciel la marche d'ombres mystérieuses qui parlaient à son cœur un langage inconnu et harmonieux.

Ainsi elle ne vit pas s'effacer à l'horizon le sol anglais; elle ne vit pas les montagnes brumeuses de l'Armorique sortir len-

tement des flots, mais lorsque la voix du matelot anronça la
terre, cette voix lui sembla un cri surnaturel et tout céleste;
elle tomba à genoux et pria.

Quelques heures plus tard, Marguerite abordait sur cette
généreuse et hospitalière Bretagne où, lui semblait-il aucun
ami n'attendait sa venue. Elle se trompait; depuis qu'on avait
signalé l'approche du navire qui portait Marguerite, deux personnes se promenaient sur l'extrémité de la jetée, attendant
avec impatience le débarquement. Un peu en arrière un
groupe de serviteurs entouraient une litière fermée et quelques fourgons de voyage.

Plus prompts que les officiers du roi chargés du soin
de faire à Marguerite une réception conforme à son rang et à
son titre de reine, les deux promeneurs s'élancèrent à sa rencontre, et, avant même qu'elle eût quitté son canot, à genoux sur la rive, ils lui souhaitaient bienvenue et bonheur.

Un de ces deux amis était connu de la reine, c'était
Hanny; l'autre, dont les traits nobles et fiers ne rappelaient à
sa pensée aucun souvenir, était un gentilhomme dans la force
de l'âge. Il s'appelait François de la Vignole et était arrivé
des environs de Saumur la veille au soir, exprès pour recueillir
le premier regard, les premières paroles de Marguerite, dont
il avait toujours admiré le grand et noble caractère et dont il
vénérait par dessus tout la fermeté et la résignation dans le
malheur.

Marguerite ne connaissait pas messire de la Vignole, mais
elle savait qu'attaché à René dans les dernières années de la
vie de ce prince, il avait adouci par son zèle l'angoisse et les
chagrins du bon roi; elle savait que son dévouement et ses
soins avaient fait oublier plus d'une fois à René l'absence de

ses enfants et leurs malheurs. Aussi son nom pénétra-t-il son cœur d'un double sentiment de reconnaissance et presque de respect. Doucement émue, elle pleura; ces larmes étaient les premières douces larmes qu'elle eût versées depuis sa captivité. Un sourire illumina son front si triste, et sans réfléchir, sans hésiter, elle accepta l'hospitalité que de la Vignole lui offrait dans son château de Dampierre.

Et comme elle s'étonnait que le duc de la Vignole eût été si bien informé du jour précis de son arrivée :

— C'est à elle, répondit le gentilhomme en désignant Hanny, que je dois l'honneur et le bonheur de n'avoir point été prévenu près de Votre Grâce; à elle qui est venue me prévenir de votre retour, sans que je puisse attribuer ce choix à autre chose qu'à une inspiration du Ciel qui m'a protégé.

Marguerite sourit tristement. L'expérience lui disait que nul peut-être n'eût accepté cette mission que le noble caractère de la Vignole lui faisait considérer comme la plus précieuse des faveurs. Cependant son regard demandait une explication à Hanny.

La bohémienne ne dit pas qu'avant de s'adresser à la Vignole elle avait fait plus d'un appel qu'on avait fait semblant de ne pas entendre; elle se borna à répondre simplement :

— J'ai pensé que le dernier, le plus dévoué des serviteurs du père, serait le meilleur et le plus sûr ami de la fille.

Ainsi que l'avaient prévu ses amis, Marguerite avait hâte de se dérober à la curiosité du monde et de jouir du calme de la retraite qui lui était offerte. Refusant donc l'hospitalité princière qu'on lui avait préparée chez le gouverneur, elle monta sur-le-champ dans la litière qu'on lui avait amenée et prit la route de Saumur.

Le sire de la Vignole avait tout disposé à Dampierre pour la recevoir en souveraine; Marguerite refusa les honneurs qui lui étaient destinés :

— Ce n'est pas un sujet, c'est un ami qui est venu à moi dans ma détresse; la femme accepte les soins de l'amitié, la reine n'existe plus; elle a laissé son titre et les vains honneurs qui l'accompagnent dans la tombe de'ceux pour qui seuls elle avait accepté les épines du diadème; ainsi donc. messire, oublions tous deux ce que je fus; ne me faites pas ressouvenir de mon titre, ce serait renouveler toutes mes douleurs.

Le respect véritable consiste dans la déférence et la scumission; la Vignole obéit, rien ne fut changé dans la vie des habitants du noble manoir, il compta seulement un hôte de plus, un hôte plus grand qu'aucune reine dans la pompe de sa gloire, un hôte qui attira sur lui toutes les bénédictions du Ciel: une chrétienne fervente et résignée!

« Désabusée en effet des grandeurs humaines, la plus malheureuse des épouses, des mères et des reines demanda à la prière de remplir les derniers jours de sa vie et s'adonna à l'exercice des bonnes œuvres. On vit la fière Marguerite aller de chaumière en chaumière visiter et consoler les malheureux; on entendit sur son passage s'élever des concerts de bénédictions et de reconnaissance. Certes, elle dut regretter en voyant la douceur que Dieu a mise au fond de toute œuvre de miséricorde, ces longues années passées à poursuivre un but incertain, à courir après une gloire passagère; but qu'elle n'avait pu atteindre, gloire qui n'avait su lui donner que déceptions et malheurs! » Et cependant elle ne se plaignait ni d'avoir souffert, ni de s'être fourvoyée dans ses voies; elle sentait que le malheur grandit et fortifie le courage, que l'épreuve donne la mesure de ses forces et conduit à se dévouer à Dieu seul.

Pendant les premiers mois du séjour de Marguerite à Dampierre, Hanny lui tint compagnie constante, et la conduite de cette femme étrange, toujours grande et noble jusque dans l'expression du plus profond respect et d'une complète déférence, excitait de plus en plus la curiosité de la reine qui n'osait néanmoins sonder les mystères d'une vie, dont les premiers souvenirs semblaient fort pénibles, autant qu'elle avait pu en juger par l'émotion d'Hanny chaque fois qu'elle y avait fait allusion. Un jour cependant, après un de ces épanchements si doux aux âmes qui ont longtemps souffert de l'isolement, Marguerite hasarda une affectueuse question.

Hanny se recueillit un instant :

— Vous avez raison, madame, dit-elle ensuite d'une voix basse et tremblante, c'est par la douleur que j'ai été initiée aux mystères du cœur humain et..... je n'étais pas née pour mentir à ma conscience et vivre de la crédulité publique. — Fille d'un prince puissant, j'ai été, moi aussi, élevée sur les marches d'un trône; j'ai vu les hommes les plus renommés du désert à genoux devant mon berceau d'enfant, briguer la faveur de se prêter à mon moindre caprice. Mon père, chef absolu, comme tout roi de l'Orient, n'avait que moi pour héritière de ses immenses richesses et de son pouvoir plus immense encore. D'un caractère noble et généreux, d'un esprit vaste et éclairé, il n'épargnait rien pour développer mon intelligence et me rendre digne de continuer un jour ses projets de civilisation et d'agrandissement. Je venais d'atteindre ma huitième année, mon père avait convoqué en conseil tous les grands de la nation afin de désigner au peuple l'époux qu'il avait choisi pour assurer plus tard mon bonheur et m'aider à gouverner glorieusement et, plein de sécurité et de joie, il rêvait de prospérité, de grandeur....... Insouciante enfant, je ne voyais dans la cérémonie qui s'apprêtait qu'un motif nouveau de jeux et de plaisir. Impuissance de la prévision humaine! Ce moment si impatiemment attendu, préparé avec tant de soin, devait être celui de notre ruine...

» Je me le rappelle encore : mon père était sur son trône dans toute la splendeur royale; j'étais assise sur un coussin à ses pieds, mon jeune front pliait sous le poids d'une couronne d'or, couronne brillante que je venais de ceindre pour la première fois, toute glorieuse de son éclat, mais que déjà je trouvais bien lourde.

» ......Cependant elle ne devait pas me fatiguer longtemps : une voix audacieuse s'éleva du milieu de la foule. Elle accusa mon père de violer la loi du Coran en se livrant à des études profanes. — Mille voix répondent à cette voix. — Mon père veut imposer silence au peuple, mais le fanatisme populaire habilement mis en jeu par des ennemis cachés, renverse la barrière de respect et d'amour qui devait nous protéger...... Je vis alors briller des sabres nus, j'entendis des cris déchirants dont l'écho résonne sans cesse à mon oreille; le sang coulait de toute part... Une main amie arracha de mon front la couronne accusatrice, jeta un voile sur mes riches vêtements et m'entraîna loin du tumulte.

» Accablée sous le poids de la frayeur et du désespoir, je m'endormis dans les bras de mon sauveur. Quand je me réveillai, ce sanglant tableau qui m'avait poursuivie jusque dans mon sommeil avait disparu. Nous étions seuls, seuls dans le silence et la solitude du désert.

» Après quelques jours d'anxiété et d'inquiétude, Yacoub, mon sauveur, me quitta dès l'aurore, résolu à savoir enfin ce que je devais redouter ou espérer. Sur le soir, je vis venir à moi un cavalier que son cheval emportait avec la rapidité de l'éclair; il dépassa l'oasis où j'étais assise et il me sembla qu'en passant, il avait jeté mon nom au vent du désert. A cent pas plus loin le cheval s'arrêta tout-à-coup et je vis avec effroi, le noble coursier et le cavalier s'affaisser et rouler ensemble sur le sable.

» Une voix secrète m'ordonnait d'aller vers le cavalier inconnu; mais j'avais peur et d'ailleurs Yacoub m'avait défendu de quitter sous aucun prétexte l'abri protecteur de l'oasis. Cependant la même voix me disait : Va!.. va... et entraînée par une influence mystérieuse j'obéis.

» Ah! madame, ce que je vis alors surpassa encore l'épouvante du jour du massacre : Yacoub, mon fidèle Yacoub, pâle, couvert de sang, les yeux fixes... en un mot l'image de la mort. Je me précipitai sur lui, je l'appelai à grands cris; mes caresses le ranimèrent un instant.

— Fuyez, fuyez, dit-il d'une voix entrecoupée, je leur ai échappé par miracle.... ils vous poursuivent.... Votre père...., tous vos amis sont morts et le.... dernier va les rejoindre !

» Il se tut, je l'appelai en vain.... alors je m'accroupis près de lui, je posai ma tête sur sa poitrine sanglante, et comprenant d'instinct que je n'avais plus d'espoir de salut, je n'essayai même pas de fuir.

» Le lendemain, comme j'allais mourir de faiblesse et de faim, une troupe de bohémiens vint se reposer sous l'ombrage

de l'oasis, et avant de dresser ses tentes envoya des éclai-
reurs reconnaître les environs. Un d'entre eux me rencontra.... La tribu m'adopta et depuis ce moment j'ai eu une
famille, des affections.... Et néanmoins je n'ai jamais été
heureuse; les pompes royales que j'avais entrevues sont restées comme un rêve attaché à ma vie.... Des aspirations que
je ne saurais définir.... une sorte d'ambition vague et sans
objet me poursuivent sans relâche.... Vainement j'ai obtenu
une immense renommée, vainement le respect, la vénération
de ma tribu m'ont créé un pouvoir supérieur à celui de plus
d'un souverain.... rien n'a pu satisfaire mon esprit et mon
cœur; une voix murmure sans cesse à mon oreille :

— Tu étais faite pour mieux que cela!

Hanny se tut; Marguerite pensive l'écoutait encore. Tout
à coup elle tressaillit et pressant vivement la main d'Hanny
dans les siennes :

— Etes-vous chrétienne? lui demanda-t-elle vivement.

Hanny rougit et baissa les yeux :

— Comme vous, dit-elle, je reconnais et j'adore un Dieu,
puissant créateur du monde : comme vous je bénis sa providence qui nous dirige et nous conduit, mais.... une pauvre
bohémienne ne saurait avoir ni culte ni église; nous sommes
des parias dans le monde....

— Vous vous trompez, Hanny; la loi de grâce, la loi du
divin Sauveur n'admet parmi les hommes d'autre distinction
que leurs vertus. Laissez à l'Orient et à ses fausses religions
la croyance impie des castes maudites. Qui plus que vous,
d'ailleurs, peut et doit comprendre les beautés et la vérité
de notre sainte foi!... Autrefois, Hanny, vous m'avez prédit,
vous m'avez presque donné un trône; aujourd'hui laissez-moi

prendre une revanche en vous assurant une couronne éternelle.

Le cœur d'Hanny était trop bien préparé déjà par les plus belles des vertus terrestres : le dévouement et l'abnégation, pour demeurer longtemps fermé à la parole éloquente et affectionnée de Marguerite. Son instruction religieuse fit des progrès rapides; jamais l'intelligence supérieure de la bohémienne n'avait entrevu rien de si sublime, de si grand que l'enseignement de l'Evangile; chaque mot du divin livre faisait tomber le voile qui couvrait ses yeux.

Ce fut un jour de pur et saint triomphe que celui où Marguerite vit courbée sous l'eau sainte du baptême la fille du roi de l'Orient, la magicienne du désert, la reine des bohémiens.

— Rien plus, lui dit-elle à l'issue de la cérémonie sainte, rien plus ne pourra désormais nous séparer; sœurs par la foi comme par le malheur, nous le serons encore par les œuvres.

Hanny l'interrompit.

— Vous oubliez, madame, qu'appartenant à une race nomade et méprisée, mon devoir est de partager son existence aventureuse, ses dangers et ses privations; vous oubliez que fille chrétienne d'une race infidèle, le premier, le plus impérieux besoin de mon cœur est de me dévouer au salut des miens.... J'irai donc, j'irai leur porter la bonne nouvelle de l'Evangile, et si le Ciel me vient en aide, ce ne sera plus seulement une humble femme, ce sera une population tout entière qui vous devra, madame, son salut et sa conversion.

Marguerite avait trop de générosité pour ne pas comprendre et approuver le dévouement d'Hanny. Bien loin donc de chercher à la retenir, elle l'affermit dans sa résolution.

Peu de jours après, Hanny partit pour aller rejoindre sa tribu qui bientôt quitta la France pour le beau ciel de l'Espagne. Plusieurs années s'écoulèrent ensuite sans que Marguerite, inquiète de ce silence, entendît parler de Hanny. Enfin dans les derniers jours de juillet 1482, un soir que la reine, malade et languissante, s'était fait porter sur une des galeries du manoir pour y respirer l'air frais et pur, une caravane nombreuse se déroula tout à coup au détour de la route et s'avança en deux files vers le château.

Le guetteur et les archers de garde crurent d'abord à une attaque et ils allaient donner l'alarme lorsque le sire de Dampierre, accouru lui-même sur le rempart, fit cesser toute inquiétude et accourant trouver Marguerite, lui annonça qu'il était sûr de reconnaître en tête des assistants la noble attitude et la taille majestueuse d'Hanny.

C'était Hanny en effet, Hanny à la tête de la moitié de sa tribu convertie, et qui venait supplier Marguerite de lui obtenir du duc de Bretagne l'autorisation de s'établir elle et les siens, sur ses terres et d'y bâtir un village, moyennant les conditions et redevances ordinaires, afin, ajouta-t-elle, qu'ils y puissent vivre honnêtement et élever chrétiennement leurs enfants.

Marguerite se fit avec bonheur l'interprète du vœu d'Hanny; elle renonça un instant à sa vie humble et cachée et, envoyant en son nom messire de la Vignole à Nantes, elle demanda et obtint les lettres patentes du duc.

Ce fut le dernier acte de la vie de cette grande reine; à peine le sire de la Vignole était-il arrivé de Nantes porteur de l'assentiment du duc, que Marguerite, tellement usée par la douleur que « son sang calciné par tant d'agitations avait desséché peu à peu tous ses organes; l'estomac s'était rétréci à un point incroyable, ses yeux s'étaient creusés jusqu'au fond de leur orbite, sa peau s'était séchée jusqu'à tomber en poussière blanchâtre, » Marguerite quitta ce monde, dont elle avait si cruellement épuisé les amertumes, pour entrer dans cette éternelle patrie, unique objet de ses désirs et de ses espérances.

Hanny et le sire de la Vignole recueillirent son dernier soupir, se partagèrent sa dernière pensée terrestre. Ces deux amis fidèles étaient tout ce qui lui restait des grandeurs et de la pompe de la royauté. Cependant après sa mort l'indifférence et l'oubli qui s'étaient étendus sur les dernières années de sa vie, furent soudainement remplacés par l'éclat et la magnificence des hommages rendus à sa mémoire et à ses restes mortels. Ainsi procède d'ordinaire la tardive justice des hommes !

Mais un hommage plus précieux aux yeux de Dieu et plus digne de l'illustre princesse, fut le tribut de larmes et de regrets que lui payèrent ceux dont elle avait soulagé le malheur. Le plus beau triomphe remporté pendant cette longue carrière de luttes, de gloire et de défaites, ce fut le concours d'une population nombreuse qui la proclamait sa mère, sa bienfaitrice, qui bénissait son indulgence, sa bonté, sa charité inépuisable. L'ombre immortelle du bon René dut tressaillir de joie dans l'éternel séjour; jamais sa fille ne s'était montrée aussi digne de lui qu'entourée de ce cortége glorieux de pauvres et de malheureux qui exaltaient sa mémoire et la proclamaient la *bonne reine!*

BERTHE ET MARIE.

LÉGENDE.

I.

AMBITION.

Après une longue fuite, après mille ruses, mille détours, le cerf épuisé s'est enfin rendu et le cor sonne la retraite. De toute part les chasseurs se hâtent, et à travers la feuillée on voit passer, comme de rapides apparitions, la blanche haquenée des nobles dames, le fier palefroi des chevaliers.

Deux ravissantes têtes de jeunes filles, encadrées dans une fraîche bordure de lierre et de clématites, regardent curieusement au loin, cherchant à suivre de l'œil ces ombres qui fuient et, recueillant comme une fête inaccoutumée, la brillante fanfare de l'hallali.

Tout entière à son admiration, la douce Marie jouit sans arrière-pensée de la distraction qui lui est offerte. — Plus ambitieuse, Berthe soupire. — Ah! que je voudrais, murmure-t-elle, partager ces jeux et ces plaisirs, dont l'écho seul parvient jusqu'à nous!

— Hé! quoi, ma sœur, ne pouvez-vous vous contenter du bonheur qui est notre partage? Ces beaux arbres qui nous entourent ne valent-ils pas de somptueux palais? La tendresse de notre aïeule n'est-elle pas plus affectueuse et plus sûre que les amitiés si peu constantes, dit-on, que l'on trouve au sein du monde?

— Heureuse enfant! soupire Berthe; et sa pensée oublie la chasse et l'hallali pour se perdre dans un rêve impossible. Jeune fille, prends garde : il en coûte souvent le bonheur de la vie entière, de laisser ainsi son cœur et son esprit se perdre loin des réalités du monde!

Cependant le pas rapide d'un cheval fait soudain grincer les cailloux du sentier. Une noble dame, séparée de la chasse, traverse le bois au galop, et sa course incertaine la conduit devant l'humble maisonnette. A l'aspect des deux sœurs, elle s'arrête et ne cherche point à réprimer son admiration.

Les jeunes filles rougissantes et émues accourent près de l'étrangère; elles attribuent à la fatigue, à un accident peut-être, l'immobilité causée par la vue de leur beauté, et elles lui offrent les soins d'une gracieuse hospitalité. Marguerite, la vieille aïeule, plus lente en sa marche, arrive et insiste à son tour.

Et alors, comme Berthe tout à l'heure, la noble dame oublie la chasse et ses bruits joyeux; appuyée au bras de la jeune fille, elle entre dans la chaumière et y passe de longues et douces heures.

Et quand vint le soir, Marie et son aïeule pleuraient, tandis que Berthe, l'heureuse Berthe, assise sur la belle haquenée de l'étrangère, s'éloignait avec elle. — Heureuse! avons-nous dit... Oh! non, pauvre Berthe!...

II.

COMME IL Y A DIX ANS.

Dans la paisible forêt, la maisonnette aux guirlandes de lierre s'élève toujours coquettement parée de son vêtement de fleurs et de verdure; sur la pelouse s'ébattent deux beaux enfants que surveille avec amour l'aïeule, maintenant plus qu'octogénaire.

Une jeune femme prépare dans l'intérieur de la maison le repas du soir. Elle montre de temps à autre son doux visage entre les clématites de la croisée, où elle vient sourire à sa vieille mère, à ses petits enfants. C'est un ravissant spectacle, un tableau digne du pinceau d'un grand maître.

Tout-à-coup au loin résonne le cor. A ces joyeuses fanfares, le visage de l'aïeule s'obscurcit, ses doigts tremblants abandonnent le fuseau et de grosses larmes sillonnent ses joues pâles. Immobile à la croisée, la jeune mère, elle aussi, a perdu son sourire. Ses mains se joignent, et son cœur et ses lèvres envoient au Ciel une ardente prière.

Les enfants surpris, craintifs d'abord, chassent bientôt toute alarme; ils devinent d'instinct dans ce bruit inaccoutumé, l'écho d'une fête, et leurs joyeux transports forment avec la silencieuse douleur des deux femmes un saisissant contraste.

— Qu'il ferait bon pouvoir aller là-bas entendre et voir de

plus près! s'écrient-ils dans leur joie enfantine. Marie entend ces mots et, épouvantée, elle s'élance près d'eux; il lui semble que ce vœu téméraire va lui enlever son cher trésor...

Jadis un souhait semblable ne se réalisa-t-il pas, comme par un mystérieux prodige, pour lui ravir une sœur bien-aimée? Elle embrasse les petits imprudents; elle les serre sur son cœur, et d'une voix tremblante elle leur dit tout bas : — Prenez garde de désirer jamais de vous éloigner de votre mère, car en la fuyant, vous fuiriez le bonheur!

Pendant que l'inquiétude maternelle domine ainsi dans l'âme de la jeune femme l'amertume du souvenir, l'aïeule, tout entière au passé, est tombée à genoux. Ses lèvres pressent la médaille bénite de son rosaire :

— Prions, s'écrie-t-elle, prions pour notre chère absente!

Les enfants obéissent et leurs douces voix répètent lentement les paroles de pardon et d'amour qu'elle prononce avec ferveur... Cette prière est tout-à-coup interrompue; dans l'étroit sentier, le pas d'un cheval retentit, les deux femmes se lèvent avec effroi : — « Comme il y a dix ans! murmurent-elles. »

III.

JOIES. — TRIOMPHE.

Elle a dû être belle, bien belle autrefois, cette femme recouverte de velours et d'hermine qui vient de s'arrêter sur la pelouse fleurie, et dont les regards émus contemplent la scène touchante que nous venons de décrire; mais le chagrin, les remords peut-être ont flétri la fraîcheur de son teint, ont terni l'éclat de son regard et traversé son front de rides profondes, ne laissant à ses traits fiers et majestueux que ce qu'il faut pour arracher à quiconque les voit le cri qui vient de nous échapper à nous-mêmes : — « Elle a dû être bien belle! »

Marie et sa mère la contemplent en silence. Leur est-elle enfin envoyée par Berthe?... ou seconde messagère de malheur, vient-elle leur imposer un nouveau sacrifice? Les regards inquiets de Marie ne quittent pas ses enfants que l'aspect majestueux de l'inconnue intimide et éblouit.

L'étrangère parvient enfin à dominer son émotion : — Ma mère! Marie! s'écrie-t-elle d'une voix brisée par des sanglots. — Berthe!.... Est-ce un miracle, Seigneur?....... Et les deux femmes tremblantes osent à peine répondre aux caresses qu'elles reçoivent. Il leur semble qu'un mouvement, un geste peut rompre le charme et leur ravir un bonheur attendu depuis dix ans.

C'était bien réellement Berthe ; mais non plus Berthe fraîche et rieuse paysanne. C'était une noble dame, à riche livrée, à vêtements magnifiques ; une noble dame vivant au milieu des splendeurs du luxe et des jouissances du plaisir.

Mais au prix de quels sacrifices a été acheté ce fastueux éclat? Que de gêne, que de contrainte échangée contre la liberté des champs! que de choses à oublier surtout, à commencer par les liens les plus sacrés, sa protectrice ne pouvant, malgré toute sa puissance, lui procurer une brillante alliance qu'en dérobant à tous les yeux son origine !

On imposa donc tout d'abord l'ingratitude à l'orgueilleuse jeune fille et cette âme fermée par l'ambition aux saintes aspirations de la tendresse et de la reconnaissance filiales, ne se révolta point contre l'apostasie de la famille. Celle qui avait quitté la meilleure des mères, la plus affectionnée des sœurs sans verser une larme, n'hésita pas à renoncer aux liens qui les unissaient.

— Quand je serai riche, se disait-elle pour s'excuser à ses propres yeux, quand je serai riche et puissante, je leur ferai part de mes richesses! — Elle oubliait que la fortune ne remplace pas l'affection, et que l'or, malgré tout son prestige, est impuissant à guérir les blessures de l'âme.

La richesse vint enfin, et elle amena à sa suite des plaisirs, des triomphes sans cesse renaissants. L'opulente châtelaine, proclamée la plus belle entre toutes, était la reine de toutes les fêtes, l'idole de la mode et du monde. Tout lui souriait, tout s'inclinait devant elle....

Et elle-même éblouie, entraînée, afin de se persuader qu'elle avait droit à cette position brillante, elle repoussait comme un hôte importun, la pensée de la chaumière isolée; elle étouffait dans son cœur le souvenir du tranquille bonheur dont elle y avait joui et des êtres chers qu'elle y avait laissés.

L'ambition et l'amour du plaisir n'aiment pas les entraves de la reconnaissance et des pures affections. Il leur faut l'égoïsme qui laisse toute liberté aux jouissances de la vanité ou de l'orgueil, l'indifférence qui permet de tout sacrifier au triomphe ou à la joie du moment.

IV.

IL EST TROP TARD!

Cependant après que des mois, des années se furent écoulés, emportant une à une illusions et beautés, tout changea soudainement autour de la fière châtelaine. Alors le monde n'étant plus dominé par l'admiration qu'elle imposait, lui demanda compte de son passé; on s'informa du nom et des services de ses aïeux, et cette origine dissimulée au prix de l'ingratitude, retomba sur elle comme une double accusation, comme une double honte.

Idole encensée la veille par une foule d'admirateurs, elle se réveilla un jour riche et puissante encore de la richesse et de la puissance que lui avait assurées une noble alliance, mais dédaignée, repoussée, méprisée presque par ceux-là même qui n'eussent osé naguère se nommer ses égaux.

Alors s'engagea entre elle et le monde une lutte opiniâtre dont elle sortit victorieuse, car elle força ses adversaires à reconnaître son énergie et sa puissance de volonté, mais qui la laissa brisée, anéantie. Elle avait voulu l'éclat du luxe, les émotions que donne la vanité satisfaite; le Ciel avait exaucé son désir, mais il lui avait refusé le bonheur!...

Tel fut le récit de Berthe, dont le cœur enfin désabusé eût

voulu à tout prix faire revivre le passé et effacer de sa brillante existence ces dix années de fêtes, de triomphes, et ensuite de luttes et de succès encore : — car, ajoutait-elle, je serais heureuse alors, je ne vous quitterais pas.

La vieille aïeule recueillant un cri du cœur dans ces dernières paroles, y vit une fugitive lueur d'espérance, et saisissant dans ses mains, les mains parfumées de la noble femme, appuyant sur sa poitrine cette tête courbée sous une couronne comtale, comme elle y appuyait celle de Berthe enfant :

— Abandonne, s'écria-t-elle, abandonne ce monde frivole et trompeur; reviens à nous! A force de tendresse et d'amour nous te ferons oublier les déceptions de ta vie, ou plutôt nous te ferons une vie si heureuse que tu te plairas à réveiller le souvenir des souffrances passées, pour mieux apprécier le présent.

Berthe baissa lentement la tête : — Il est trop tard, dit-elle. Le bonheur ressemble à ces plantes délicates qui ne se développent et fleurissent que sous le ciel où Dieu lui-même les plaça. A l'imprudent qui les transporte sous un climat étranger, non-seulement elles refusent leurs fleurs, mais encore elles s'étiolent et ne peuvent plus reprendre force et vie, même rendues au sol de la patrie.

Quelques larmes perlèrent aux paupières de la châtelaine, son beau front s'inclina plus bas encore, et ces mots qui étaient sa sentence : *Il est trop tard!* se pressèrent plusieurs fois sur ses lèvres tremblantes.

Mais tout à coup, au son à peine perceptible d'une lointaine fanfare, Berthe rendue au sentiment de sa vie factice, secoua toute trace d'émotion, et s'élançant sur son beau coursier :

— Voici le signal du départ, s'écria-t-elle; soyez heureuses....
Adieu, je vous reverrai!

Et pressant le galop de sa fringante haquenée, elle atteignit bientôt la limite de la clairière; on la vit se retourner comme pour jeter un dernier adieu à l'humble maisonnette et bientôt disparaître sous les voûtes sombres de la forêt.

V.

HEUREUSE ENFANT!

Quand elles eurent perdu de vue l'éblouissante hermine de son manteau, les deux femmes crurent entendre un écho mystérieux leur apporter comme dernière et suprême plainte ce cri de regret : — *Il est trop tard!* et toutes deux ensemble elles répétèrent le son de l'écho.

Marie était pensive : — Comment, dit-elle enfin, comment peut-il être trop tard pour revenir au bonheur, lorsque l'âme est ramenée à sa connaissance et que l'esprit ne se fait plus illusion sur la route qu'il faut tenir pour le rencontrer?

Et l'aïeule, comme Berthe autrefois, murmura à demi voix: *Heureuse enfant!* Heureuse en effet, bien heureuse la jeune fille qui ne se laisse point séduire par l'ambition et l'amour du plaisir! Heureuse celle qui impose silence à la voix de la vanité et qui sait apprécier la douceur des saintes joies de la famille! Heureuse celle qui, plaçant dans ces seules joies ses espérances de la vie, sait comprendre dès l'enfance que le

bonheur ne se trouve jamais dans le triomphe de l'amou-
propre et dans le déplacement de position!

Après avoir été heureuse enfant elle deviendra heureuse
épouse et heureuse mère; elle saura fixer les désirs de son
cœur et réaliser les rêves paisibles de sa sainte ambition;
elle saura plus encore que jouir d'une félicité réelle, elle la
fixera au foyer béni, dont elle sera l'ornement, la vie et la
gloire.

Un époux, des enfants, une famille entière proclameront
et béniront sa précieuse influence, et à son tour, en voyant
grandir ses filles dans l'innocence et la paix, elle redira comme
son aïeule : *Heureuse enfant!*

LE

JOUR DES ROIS

DE L'ANNÉE 1521.

Comme période historique, le moyen âge avait fini au moment de la découverte d'un monde nouveau et du suprême effort de la lutte des derniers Césars contre la puissance musulmane; mais comme expression de mœurs loyales et chevaleresques, ce temps héroïque vivait tout entier encore au cœur de François Ier. Ce prince devait, par le plus éloquent contraste, être à la fois le fondateur, le père de la renaissance en France et le dernier de ses chevaliers. Son nom peut donc être revendiqué avec une égale justice, et par le moyen âge et par notre histoire moderne. Ce préambule posé, passons au souvenir historique qui fait le sujet de ce récit.

I.

UNE ROYALE EXPÉDITION.

Le 6 janvier de l'année 1521, le soleil s'était levé aussi pur et radieux que dans un jour d'été, et ses rayons, en glissant sur les champs couverts de neige, y jetaient comme des paillettes de diamants qui éblouissaient l'œil. Les petits oiseaux secouaient leurs ailes engourdies et saluaient gaiement cette fête inattendue qui les ravissait; l'éclat de la lumière leur faisait oublier un instant et la rigueur du froid et la disette de nourriture. Pour ces pauvres petits êtres qui souffrent, un beau jour, au milieu des frimas, est une délicieuse consolation : n'est-ce pas l'avant-coureur, la promesse du bonheur?

Lorsque tous les êtres de la création se réjouissaient ainsi, l'homme ne pouvait, ne devait rester indifférent aux splendeurs qui l'entouraient : les croisées de la façade sud du royal manoir de Romorantin s'ouvrirent donc au soleil, et deux beaux enfants vinrent curieusement se placer à l'une d'elles. Derrière eux, les contemplant avec amour et leur donnant elle-même ces petits soins qui font la joie et le bonheur d'une mère, se tenait une jeune femme chez laquelle, à défaut de beauté, on admirait la dignité naturelle à une fille de France, et surtout cette gracieuse bonté « qui était répandue sur sa personne et se voyait en tout son air. » Ces enfants étaient les deux fils de François Ier, cette femme était Claude de France, la *bonne reine.*

Ce qui attirait surtout l'attention des petits princes, c'était les préparatifs qui se faisaient sous les croisées pour la chasse du roi ; les seigneurs invités, exacts au rendez-vous, attendaient, réprimant à grand'peine l'impatience de leurs chevaux ; les piqueurs laissaient deviner le mécontentement que leur donnait la perte de ces heures de riche soleil qui promettait un si beau début à la. poursuite, et la meute impatiente secouait les liens qui la retenaient captive. Une heure venait de sonner à l'horloge de la tour et François ne paraissait pas encore. C'est qu'en ces temps de guerre et de luttes incessantes, la chasse ne semblait plus au roi chevalier qu'un froid et ennuyeux passe-temps. Qu'il eût bien mieux aimé quelques-unes de ces joûtes féodales, quelques-uns de ces tournois brillants, dont le Camp du drap d'or lui avait fourni, quelques mois auparavant, un ressouvenir tellement splendide que *beaucoup de seigneurs,* assure un contemporain, *y avaient porté leurs moulins, leurs forêts et leurs prés, sur leurs épaules !*

Telle était la disposition d'esprit du roi, lorsque le grand-veneur vint lui annoncer que tout était prêt : — Il n'y aura pas de chasse aujourd'hui, répondit-il avec une légère teinte de mauvaise humeur et d'ennui, et, laissant la foule de ses courtisans surpris de ce brusque changement, il passa dans l'appartement de la reine où, après avoir embrassé avec tendresse les deux jeunes princes, il s'égaya en jouant avec eux sur le balcon.

Les dames de la reine, réunies un peu en arrière du groupe royal, devisaient à demi-voix ; l'attention de François Ier se partageait sans doute entre les caresses de ses enfants et ces conversations furtives, car au nom du comte de Saint-Pol, prononcé par une voix fraîche et rieuse, il se débarrassa du dauphin qu'il tenait dans ses bras, et faisant quelques pas dans l'appartement :

— En vérité, s'écria-t-il, messire de Saint-Pol est plus heureux que le roi. Il s'amuse, tandis que nous!....... Mais à quelle occasion cette fête à laquelle nous n'avons point été convié?

La même voix mutine se chargea de la réponse :

— Le comte de Saint-Pol n'eût point osé, sire, mettre votre Majesté en présence d'un rival.

Le roi répartit avec un éclat de rire joyeux :

— Un rival! Serait-ce par aventure l'empereur en personne ou notre frère d'Angleterre?

— Mieux que cela, sire.

— Mieux que Charles-Quint?..... Vive Dieu! madame, la chose me semble difficile!....

— Vous oubliez, sire, l'élu du sort, le roi de la Fève.

— Dont le règne d'un jour, interrompit la reine en souriant, s'il ne voit pas le soleil se lever sur son cours, du moins ne rencontre ni contradicteurs, ni ennemis.

— Ceci dépend de l'humeur de ses rivaux, répartit vivement le roi, et, pour cette fois, je vous jure, madame, que le roi de Saint-Pol n'abdiquera pas son pouvoir sans l'avoir bel et bien défendu.

Et François Ier ouvrant lui-même la porte de la galerie, où l'attendaient ses courtisans :

— En selle, messieurs, s'écria-t-il, et la lance au poing, car il s'agit d'emporter d'assaut une forteresse ennemie.

Quelques minutes suffirent pour transformer les préparatifs de la chasse en dispositions de guerre, et ce fut une vaillante troupe fièrement armée et en grande ordonnance que celle qui quitta bientôt après le château de Romorantin, conduite par un prince que sa beauté physique, sa taille avantageuse et bien prise, son adresse dans les armes et dans tous les exercices du corps, auraient suffi à désigner à l'admiration de tous, lors même que sa naissance ne l'eût pas fait roi.

La reine souriait à ce départ qui assurait un plaisir à son époux. Plût à Dieu, pensait-elle, que toutes les querelles entre souverains ressemblassent à celle-ci; plût à Dieu qu'aucune bataille ne fût plus dangereuse, ni plus sanglante!...

II.

LE DÉFI.

Les hôtes du comte de Saint-Pol s'inquiétaient peu et du soleil qui brillait sur la plaine et du voisinage du roi de France. Réunis autour d'un banquet splendide, ils fêtaient l'avénement du roi de la Fève, et jamais monarque n'a vu son règne s'ouvrir sous de plus gais, sous de plus heureux auspices. La joie était générale, car, pendant que dans les salles des chevaliers on arrosait la décision du sort avec les meilleurs vins de France, dans les offices et les cuisines, serviteurs et vassaux faisaient également honneur au vin du pays et aux provisions que le majordome avait ordre de ne point épargner.

Déjà le nouveau monarque avait choisi ses grands dignitaires, déjà il avait déposé aux pieds de la belle châtelaine de Saint-Pol la moitié de sa couronne et de son pouvoir, lorsque tout-à-coup un cri d'alarme, parti du rempart, changea toute cette joie en étonnement d'abord, en désordre et confusion bientôt. Les femmes, inquiètes, se demandent quel danger soudain peut les menacer; les hommes se pressent, se coudoient, cherchent leurs armes, appellent leurs pages, demandent des explications et s'irritent du trouble qui naît de leur empressement.

Seul, le seigneur de Saint-Pol paraît avoir gardé tout son sang-froid. Sans s'inquiéter de précautions et d'armures, il est déjà sur le rempart, faisant lever les ponts-levis, abaisser les herses, doubler les sentinelles, car au loin sur la neige il a vu briller l'éclat des armes, et son oreille exercée distingue déjà le son lointain des trompettes et le bruit sourd et régulier d'un corps de cavalerie en marche. Mais de quelle nature est ce danger qui le menace? se demande-t-il. A quelle attaque un loyal serviteur du roi peut-il donc être exposé?

Cependant le petit corps d'armée devient visible; le comte de Saint-Pol voit alors un homme s'en détacher et se diriger à toute bride vers le château; il le reconnaît aussitôt, c'est un sergent d'armes du roi. Un sourire remplace alors sur la noble figure du comte la préoccupation qui s'y peignait tout à l'heure, sa poitrine se soulève plus librement et néanmoins, bien loin de suspendre ses préparatifs de défense, il redouble d'activité, et, dépêchant des messagers à ceux de ses convives qui ne sont point encore à leur poste, il presse et excite leur ardeur.

Le sergent d'armes est auprès des murailles, transmettant

au roi de la Fève le défi du *roi de France*, et lui déclarant guerre à outrance. Le seigneur de Saint-Pol, tout fier d'avoir si bien deviné la pensée royale, se hâte de céder le commandement du manoir attaqué au souverain qui l'habite, et de lui prêter foi et hommage pour un jour.

Aux inquiétudes et à l'étonnement a succédé la joie la plus franche. Un passe-temps sur lequel on ne comptait pas vient compléter la fête des Rois. On se prépare à la résistance en bénissant l'heureuse idée de François Ier. Les dames prennent place à l'abri de toute atteinte, mais de manière à ne rien perdre du combat et à pouvoir juger de la vaillance des adversaires. Enfin le majordome reçoit ordre de préparer pour l'issue de la bataille un festin digne de deux monarques.

III.

ATTAQUE ET DÉFENSE.

Le roi a déployé sa petite armée sous les murs du château. Les plus nobles défenseurs de la France, les plus illustres guerriers de ce règne illustre se pressent près de lui; c'est le connétable de Bourbon, ce sont les maréchaux de Chabannes et de Trivulce, ce sont les ducs de Lorraine, d'Alençon et de Vendôme, le comte de Guise; c'est La Trémouille, Talmont, Imbercourt, Teligny, Bayard; en un mot on y voit la foule des vainqueurs de Marignan, les nobles gentilshommes du Camp du drap d'or.

Seul dans cette troupe de héros, Bayard semble soucieux
et préoccupé. De semblables jeux ne vont ni à son âge, ni
à son expérience de la guerre. — Les armes, dit-il, sont toujours dangereuses, et pour si prudente et expérimentée q1e
soit la main qui s'en sert, il peut advenir qu'elles traitent
un ami en ennemi véritable.

Ces paroles de prévoyance et de sagesse font sourire le
roi et ses compagnons, et François assure qu'il faut que ce
soit le *chevalier sans peur et sans reproche* qui les ait prononcées, pour qu'elles ne lui soient point imputées à mauvaise part.

D'ailleurs, il ne s'agit plus de conseils et de remonlrances;
de toutes parts l'action est engagée, et chacun paie de sa
personne, comme si de cet assaut dépendaient la fortune de
la France, le salut de la couronne. Mais si l'attaque est vive,
la défense ne l'est pas moins; elle tire un parti incroyable
des seules munitions de guerre qu'elle se permette d'employer : les boulets de neige pleuvent sur les assaillants, et
cette artillerie d'un nouveau genre est si merveilleusement
utilisée, que l'armée royale faiblit un instant.

Déjà les assiégés se croient victorieux; mais François Ier,
ralliant ses gentilshommes, revient à la charge avec une nouvelle ardeur, et cette fois c'est à la défense de faiblir à son
tour; car vainement a-t-on parcouru les plates-formes, visité
les meurtrières, il n'est pas un seul parapet, pas une seule
saillie de mur qui n'ait été dépouillé de son marteau de
neige.

Cependant la nuit était arrivée, de grands feux venaient
d'être allumés sur la plate-forme du château, pendant que le
roi de la Fève et le comte de Saint-Pol, jugeant que la passe

d'armes devait être close, et qu'il ne pouvait y avoir de honte
à se rendre au vainqueur de Marignan, choisissaient des par-
lementaires chargés d'aller régler les conditions de la capi-
tulation. Au moment où le signal de suspendre la lutte allait
être donné, un des défenseurs du manoir, entraîné par l'animation du combat, et, à défaut d'autres projectiles, saisit une
branche de chêne enflammée et la brandit au-dessus de sa
tête. Le comte de Saint-Pol, qui à l'instant même remontait
sur le rempart, s'élance, plus prompt que l'éclair, pour détourner le coup homicide; il n'était plus temps. Immobiles
de crainte et d'effroi, tous les spectateurs de cette scène
suivent d'un œil épouvanté la courbe rapide que décrit, dans
l'obscurité de la nuit, le charbon ardent, et une anxiété impossible à décrire saisit tous les cœurs, quand on le voit
tomber sur le groupe au milieu duquel se distingue la haute
taille de François Ier.

IV.

CATASTROPHE.

Aussitôt les ponts-levis s'abaissent; le comte de Saint-Pol
et ses compagnons d'armes, tremblants, éperdus, se précipitent vers le roi; leurs craintes n'étaient point vaines; c'est
bien lui, le monarque adoré, qui a été atteint en plein visage
et gravement blessé.

Le deuil, la tristesse remplacent l'allégresse et la joie, et
au lieu de la splendide hospitalité que préparait le vieux ma-

noir à son hôte royal, c'est devant un douloureux cortége qu'il ouvre ses portes. Toute pensée de joie a disparu ; le seigneur de Saint-Pol et ses hôtes se reprochent à eux-mêmes le funeste événement qui vient de mettre une fin soudaine à la fête de la journée, événement, disent-ils, qu'ils ne se pardonneront jamais.

En voyant les regrets de ses fidèles serviteurs, François oublie ses souffrances, secoue son accablement pour les consoler et les rassurer avec bonté sur les suites de sa blessure ; il pardonne à l'imprudent coupable, et défend qu'il soit recherché et inquiété.

Au château de Romorantin cependant, la fête des Rois, célébrée d'ordinaire si joyeusement, avait été bien froide et bien triste en l'absence de François Ier. La reine semblait attendre son retour avec sa douceur et sa patience accoutumées ; mais il était facile de voir qu'elle éprouvait une inquiétude douloureuse. Madame Louise de Savoie s'impatientait fort d'une absence qui lui ravissait l'occasion d'une joyeuse soirée, et elle cherchait à oublier, peut-être à dissimuler son mécontentement, en excitant les gais propos des demoiselles de sa cour.

La reine demeurait étrangère à ce qui se disait autour d'elle. Tout entière à ses craintes secrètes, elle écoutait avec anxiété les bruits du dehors. Elle fut donc la première à saisir les sons éloignés et confus de la petite armée ; mais aussitôt elle s'aperçut qu'au lieu d'être rapide et bruyant, ce retour était triste et silencieux. Elle posa sa main tremblante sur le bras de la duchesse d'Angoulême, et lui fit signe d'écouter.

Et les deux princesses, réunies en ce moment en une

même pensée de crainte et d'affection, se précipitèrent vers cette même fenêtre où, si joyeuse le matin, Claude de France avait salué le départ du roi. Elles écartèrent avec angoisse le rideau de brocard, et au moment où, sans crainte du froid de la nuit, elles ouvraient la croisée, une litière, escortée par la foule des seigneurs, s'offrit à leurs regards.....

Quelques instants plus tard, la reine et sa belle-mère, penchées au chevet du roi, interrogeaient avec larmes le chirurgien qui venait d'appliquer le premier appareil sur la blessure, et tout inquiètes, elles se demandaient si ce n'était point pour calmer leurs craintes qu'il leur affirmait que l'accident ne serait point grave.

Mais en dépit d'une fièvre violente qui sembla, dès les premiers jours, démentir les heureuses prévisions de la science, le chirurgien du roi eut raison : François Ier en fut quitte pour garder au bas du visage des cicatrices profondes, qu'il ne trouva d'autre moyen de cacher aux regards qu'en laissant croître sa barbe, mode qui fut bien vite suivie par les courtisans, et qui ne tarda pas à se répandre en France, d'où elle disparut ensuite pour y redevenir en honneur à notre époque. Combien, parmi ceux qui en ont adopté l'usage, ignorent sa première origine parmi nous?

Ce serait une curieuse histoire à faire que celle des origines, et un de ses moindres avantages ne serait pas assurément la preuve qu'elle nous donnerait, de la petitesse à leur point de départ de beaucoup de choses assurément respectables, et de l'importance au contraire de celui des choses les plus minimes, comme si la Providence se plaisait à se jouer des prévisions humaines, et, à l'opposé de notre science et de notre sagesse, à bâtir sur des bases invisibles les plus gigantesques édifices, et à donner pour contraste de larges assises à une œuvre presque futile.

Mais laissant toute digression, avant de poser la plume revenons avec Bayard sur le danger de jouer avec le feu. — Conclusion qui peut paraître tant soit peu vulgaire, mais qui nous semble trop réellement utile à méditer, pour l'omettre ici.

ALGER LA BIEN-GARDÉE!

I.

Alors comme aujourd'hui, Aix-la-Chapelle, la noble cité
de Charlemagne, conservait le type presqu'effacé partout ailleurs de cette austère et magnifique renaissance, née au contact du génie du grand empereur, œuvre sublime, mais qui
essayée avant le temps, ne devait briller que le moment précis où elle était inspirée et soutenue par cet homme de la
Providence, dont l'apparition nous semble, après tant de
siècles, un lumineux météore, éclairant un instant, pour
y jeter une étincelle de vie, les ténèbres profondes de la
barbarie des premières périodes de notre histoire. Plus fa-
vorisée alors que de nos jours, la fière cité n'avait point
abdiqué encore son titre mérité de capitale de l'Empire. Un
nouveau Charles-le-Grand, un digne continuateur du puis-

sant fondateur franc, Charles-Quint, en un mot, y faisait doublement revivre, et par sa gloire et par sa popularité, son souvenir toujours chéri et vénéré.

C'est par un soir d'hiver, que nous conduirons nos lecteurs non dans les vastes et magnifiques galeries du palais impérial, non pas même dans une de ces modestes, mais propres et commodes demeures — pour l'époque s'entend, — élevant dans la brume sombre son étroit pignon, comme pour annoncer à la face du ciel le droit de bourgeoisie de ses propriétaires, privilége revendiqué avec un naïf et légitime orgueil par les franches et loyales communes d'Allemagne; mais nous les guiderons à travers des ruelles étroites et silencieuses jusqu'à une petite porte, dont les vitres coupées en lozanges et enchâssées dans d'étroites bandelettes de plomb, brillent d'un éclat rougeâtre produit par la lumière de l'intérieur, passant à travers un rideau rouge. Cette porte ouverte nous montrera quelques marches de pierre noires et usées, donnant dans une vaste pièce à demi-souterraine, où, à la lueur d'une lampe et de plusieurs torches résineuses, fument et boivent plusieurs groupes d'hommes.

Que mes lectrices ne s'épouvantent pas néanmoins, ce n'est point dans l'asile du crime ou du mystère que je viens de les introduire; nous sommes tout simplement dans une taverne allemande, telle qu'elles étaient en l'an de grâce 1540, telles qu'elles sont à peu près encore de nos jours.

Autour d'une massive table de chêne, adossée au poêle énorme qui occupait le milieu de cette vaste pièce, cinq à six hommes, des habitués sans doute, buvaient paisiblement la double bière que nulle autre part aussi bien qu'à la taverne de l'Aigle couronnée, on n'aurait trouvé d'aussi excellente qualité et à un prix aussi consciencieux. C'était à en juger à leur costume et au calme placide répandu sur leurs traits, c'était de dignes bourgeois, qui venaient quotidiennement achever ensemble la soirée, après avoir donné les heures du jour à leur négoce.

Selon les mœurs allemandes, ils fumaient avec ardeur, approchaient souvent de leurs lèvres saillantes le bord du pot de grès posé devant chacun d'eux, et entremêlaient ce double exercice de quelques rares et paresseuses paroles, espaçant de plusieurs minutes la demande et la réponse, comme si la lumière eût eu besoin de se faire dans leurs cerveaux engourdis, chaque fois qu'ils voulaient parler.

Le feu ne grondait plus entre les parois à demi rougies du poèle, les torches pâlissaient, les chalands s'étaient retirés un à un; seuls, les cinq habitués du groupe ne semblaient pas songer encore à quitter la bière écumante et le foyer hospitalier. Un d'entre eux venait d'évoquer le souvenir national du grand Karl, et ces hommes si froids, si apathiques, semblait-il, réchauffés soudain au foyer ardent de l'orgueil patriotique, oubliaient maintenant et leur liquide bien aimé, et l'heure même de la retraite. C'est que Charlemagne n'est pas resté seulement un héros, un demi-dieu pour Aix-la-Chapelle, il a laissé mieux que cela à la noble cité, il lui a laissé son cœur et, avec lui, le souvenir bien aimé du père plus encore que du maître, du fondateur plus que du dominateur du monde....

Pendant cette conversation, la porte par laquelle nous avons tout à l'heure introduit nos lecteurs, s'était discrètement ouverte et un homme enveloppé soigneusement d'un grand manteau, était venu prendre place à l'extrémité de la

table de chêne. Une alerte et gracieuse servante avait posé
devant lui un pot de bière, non sans s'étonner de sa venue
tardive. Telle était l'animation de nos cinq bourgeois, que
nul d'entre eux ne remarqua l'entrée de l'étranger et ne
songea par conséquent, à modérer l'expression de ses sentiments et de ses idées.

De Karl-le-Grand, la conversation, par une transition en
quelque sorte naturelle, venait de tomber sur cet autre
Charles, presque aussi grand que le premier, et qui remplissait alors le monde de son nom et du bruit de sa gloire. On
parlait alors de Charles-Quint!..... on disait sa grandeur, sa
puissance... on disait combien il aimait son peuple, ses fidèles
sujets d'Aix-la-Chapelle surtout, et on se demandait si depuis
le grand empereur, aucun prince avait mieux mérité de porter sa couronne et le poids de sa puissance?... L'inconnu
écoutait et oubliait le pot placé devant lui, laissant s'éteindre
sans y porter les lèvres, la mousse blanche qui achevait de
pétiller doucement aux bords du vase. Il écoutait, disons-
nous, mais son œil ne quittait pas le noble et triste front
d'un vieillard au regard pensif et soucieux, aux lèvres silencieuses, et dont les traits de marbre n'avaient pas un tressail-
lement, un reflet, en échange des patriotiques paroles de
ses compagnons.

— François est un grand prince, dit un des assistants, et
ce n'est pas la moindre gloire de Charles de l'avoir vaincu à la
diète d'élection et sur le champ de bataille. Certes, l'homme
qui peut se dire son rival heureux est un grand homme, et
la nation qui peut s'honorer d'avoir combattu avec succès
les Français est une vaillante, une grande nation, rien plus
ne manque à sa gloire.

Un soupir interrompit cette patriotique exclamation, ce soupir sortait des lèvres contractées du vieillard silencieux, — et comme s'il eût trouvé un écho en tous les cœurs, il effaça comme par enchantement le sourire de triomphe qui brillait sur tous les visages. — L'enthousiasme le plus vrai, le plus ardent qu'exalterait une opposition nettement formulée, que pousserait jusqu'à l'abnégation du martyre la contradiction, ne tient pas contre une opposition silencieuse. Il faut ou qu'il s'alimente à sa propre exaltation, ou qu'il trouve un stimulant dans le mouvement de la discussion : une dénégation passive lui porte un coup mortel. Les assistants se turent soudain, et nul ne songea même à s'enquérir du motif de ce soupir réprobateur.

L'étranger releva alors la tête qu'il avait jusqu'à ce moment tenue appuyée sur sa main, et regardant plus fixement que jamais le viellard :

— La nation, l'empereur, ont donc fait à votre cœur une plaie bien profonde? murmura-t-il d'une voix douce et pénétrante, mais empreinte d'une telle autorité, que le vieillard tressaillit, et que ses yeux éteints par la douleur, brillèrent d'un rapide éclat.

— Du mal? dit-il lentement..., non, ils ne m'en ont pas fait... mais ne devraient-ils pas venger le malheur qui fera descendre au tombeau avant le temps, ma tête blanchie..... le malheur qui moissonne chaque jour tant de victimes?...

Un sanglot rendit presque inintelligibles ces derniers mots. Les assistants baissaient les yeux comme s'ils eussent voulu échapper au spectacle de cette déchirante douleur. L'étranger lui-même fit silence un instant, et lorsqu'il reprit la parole, sa voix tremblait.

— Et ce malheur?...

Le vieillard se leva comme s'il eût obéi à une impulsion mécanique :

— J'avais un fils, dit-il, un fils unique, il était mon bonheur et ma vie. Jeune et entreprenant, il voulut partir, voir de lointains pays; je pensai qu'il élargirait ainsi le cercle de nos relations, de nos affaires, afin d'échanger un jour mon humble négoce contre la richesse et les honneurs, et je le laissai s'éloigner... Fatale ambition! elle nous a perdus tous deux!... Loin, bien loin d'ici, de l'autre côté de la mer qui baigne les côtes de France, il est un repaire de mécréants et de pirates, Sarrasins maudits, qui s'intitulent rois de la mer et qui en vérité en sont les dominateurs. Ce sont ces infidèles dont l'Allemagne, dont Charles-Quint surtout, lui qui a de si puissants domaines exposés à leurs déprédations, tolèrent les excès, ce sont eux qui ont capturé le vaisseau qui portait mon fils vers les rivages de l'Italie... A chaque moment du jour et jusque dans le repos de la nuit je le vois esclave, dans les fers des infidèles, persécuté pour sa fidélité a la foi de ses pères, astreint à des travaux au-dessus de ses forces, maudissant ses bourreaux, maudissant surtout cette Europe qui n'a ni assez d'humanité, ni assez de courage pour attaquer le mal dans sa source, pour vaincre et détruire le nid des pirates! Nos pères, ajouta le vieillard en s'animant, nos pères, à l'appel de leurs frères d'Orient, ont quitté jadis patrie, famille, pour voler aux rivages syriens. — Aujourd'hui, plus près de nous, le même peuple opprime nos enfants; il fait plus, il vient chercher parmi eux des esclaves jusque sur nos côtes, et, descendants dégénérés des croisés, nous subissons leur domination, ou si nous voulons nous y dérober ce n'est point l'épée à la main, c'est en leur payant un humiliant tribut. Non, non, le monarque qui ne brisera pas cette infâme sujétion ne sera pas, ne pourra pas être aux yeux de l'impartiale histoire, un grand souverain!...

Le vieillard se rassit et retomba dans son apathique mélancolie. L'étranger lui aussi était pensif. Par degré cependant sa tête penchée se releva, et un observateur eût pu lire sur son front large et élevé la marche de la pensée qui faisait battre son cœur et mettait des éclairs dans son noble regard. Il se leva enfin, et s'approchant du vieillard il posa sa main sur son épaule :

— Courage et confiance, lui dit-il avec bonté, Dieu a eu pitié de votre douleur, il vous rendra votre fils, il vous le rendra, je vous le jure....

— Savez-vous, messire, s'écria le vieillard en se levant à son tour, savez-vous ce à quoi vous vous engagez?... Depuis que Barberousse, cet ennemi personnel des chrétiens, est chef de l'Etat d'Alger, les pères de la Merci eux-mêmes....

— Barberousse apprendra à connaître le poids de l'épée de Charles-Quint, et c'est au nom de Dieu que je vous répète : Courage et espoir ! Bientôt Alger la superbe, perdra son nom de *bien gardée*. Bientôt l'Europe affranchie ne se souviendra plus des déprédations des pirates que pour remercier le Ciel et bénir le nom de son libérateur. Vive Dieu, mon maître, la soirée d'aujourd'hui ne sera pas perdue pour l'humanité, car ici, ce soir, est juré guerre à mort aux pirates d'Afrique!

Ces paroles, le ton surtout avec lequel elles avaient été dites, la mâle assurance de l'inconnu, produisirent une vive impression sur les assistants. Pénétrés d'étonnement et d'admiration, ils se regardaient l'un l'autre comme pour se demander : quel est cet homme qui nous promet si simplement de si grandes choses? Lorsqu'après cette muette communication ils cherchèrent du regard l'inconnu pour le questionner lui-même ou l'admirer encore, il avait disparu.

Malgré l'heure déjà tardive de la nuit, les dignes bourgeois ne purent se décider à quitter sur-le-champ la taverne, ils y demeurèrent plusieurs heures, se demandant avec anxiété ce qu'était le noble étranger sur lequel chacun d'eux faisait quelque merveilleuse remarque. Un moment l'idée leur vint que ce pouvait être Charles-Quint en personne; mais ils se hâtèrent de repousser une pensée, absurde leur semblait-il; ils trouvèrent plus simple de s'arrêter à l'opinion merveilleuse qu'un être surnaturel avait passé au milieu d'eux, chargé par le Ciel de consoler la douleur d'un malheureux père, en lui révélant le châtiment des coupables et en lui promettant le salut de son fils.

II.

Mais on ne saurait parler des Turcs au XVe siècle sans que l'esprit évoque tout d'abord le souvenir de la gloire de Mahomet II, et de l'héroïsme du dernier des Constantin. En plaçant ici le récit de la prise de Constantinople, de ce grand événement qui marqua une ère nouvelle dans l'histoire européenne et renversa les derniers vestiges de l'empire des Césars, nous répondrons, ce nous semble, à l'attente de nos lecteurs, et sous la forme d'une apparente digression, nous leur offrirons un des plus magnifiques feuillets du sujet qui nous occupe : la grande lutte de l'Orient contre l'Occident, lutte sans cesse renouvelée sous toutes les formes, sur tous les points du monde, depuis le jour où Mahomet a placé sur la force de l'épée la base de sa doctrine, et prêché à un peuple guerrier et fanatique, la conquête du monde.

Nous empruntons notre récit à un célèbre écrivain allemand, l'historien Rotteck, dont nous traduisons pour nos lecteurs les lignes suivantes :

A l'endroit, dit-il, où l'Europe et l'Asie se rapprochent deux fois, et où le large miroir de l'Hellespont s'étend majestueusement entre les deux détroits; à cet endroit où le voyageur, entouré des souvenirs les plus gracieux de la poésie, admire dans une solennelle disposition d'esprit, la nature et les œuvres de l'homme; là, à l'entrée du détroit et comme l'ancienne Rome, sur sept collines, s'élève l'immense Constantinople, regardant les deux parties du monde.

De deux côtés baignée par les flots, et sur le troisième défendue par un hardi boulevard, Constantinople a résisté à la puissance de Chosroès, des Califes et de maints peuples barbares; mais le torrent des siècles, plus fort que le choc passager des armes, a sapé ses murs et ses tours gigantesques, et ce qui était imprenable par les simples machines des siéges d'autrefois, devra bientôt succomber sous les nouveaux instruments de destruction.

En présence d'une armée innombrable et d'une flotte puissante, Constantin, borné à son courage et à dix mille combattants, résiste avec un héroïsme digne d'une meilleure fortune. Les puissances de l'Europe admirent son courage et demeurent néanmoins indifférentes à sa détresse; la crainte retient les uns, l'aveuglement les autres, ou plutôt des passions haineuses et un égoïsme étroit empêchent de lui porter secours.

Une ressource personnelle reste encore cependant à Constantin; il peut sauver sa vie par une prompte soumission et peut-être même obtenir de la grâce du vainqueur une existence indépendante, dans un honorable exil. Mais, premier entre les Romains par le rang, la valeur et l'intelligence, il juge plus digne de son nom et du souvenir de Rome, de laisser à la postérité un grand exemple d'héroïsme.

Déjà cinquante-deux jours de siége se sont cruellement écoulés pour les habitants de Constantinople. Aux foudres de guerre se mêlent de tristes lamentations, des cris d'angoisse et d'effroi, les gémissements des blessés, les pleurs des orphelins et tous les bruits confus de la douleur et de la mort.... Et cependant la vaillance des assiégés ne se fatigue pas; mais à quoi sert que leur épée moissonne des phalanges turques? les vides se remplissent aussitôt qu'ils sont formés; leurs succès les plus brillants sont toujours payés trop cher au prix d'un sang déjà si rare et si précieux.

Lorsque les tours s'écroulent enfin sous le feu des canons, lorsque les murs présentent de toutes parts des brèches irréparables, alors Mahomet ordonne l'assaut général. Cet ordre est donné le soir et, pendant la nuit, les chrétiens voient s'allumer soudain des feux innombrables et, sur la mer, comme le reflet de mille étoiles, briller et se mouvoir les lumières des vaisseaux qui approchent. C'est un grand et magnifique spectacle, mais c'est en même temps le signal d'une terrible catastrophe!

Ce mouvement inaccoutumé et les bruits divers qui s'y

joignent, le cliquetis des armes, le roulement des canons et des chariots de guerre, le bourdonnement confus de ces cent mille guerriers avides de sang et de pillage, ne laissent aucun doute au vigilant Constantin. Au milieu de la nuit il réunit dans son palais ses parents, ses amis et les grands de la nation, afin d'inspirer à leur âme, par des paroles brûlantes, son mépris de la mort. Il les conjure, au nom sacré de Rome et par les grands souvenirs qui les entourent, de craindre les jugements du monde et ceux de la postérité. Il les avertit que l'heure va sonner qui décidera irrévocablement de leur existence, de leur liberté, de leur bonheur et de la ruine ou de la continuation de l'empire. Il leur expose enfin ce que la religion, le devoir et l'honneur attendent d'eux comme chrétiens, citoyens et hommes. Ils s'embrassent tous, et après avoir juré de mourir pour la patrie, chacun se rend à son poste, fermement résolu à se montrer digne du nom romain.

Cet espoir, qu'il venait de ranimer dans tous les cœurs, était éteint dans l'âme de Constantin; ne se faisant aucune illusion sur l'issue de la journée qui se préparait, il alla demander à l'église le saint viatique qui aplanit les voies de la mort; puis de Sainte-Sophie il vola sur le rempart le plus avancé, pour y remplir jusqu'au dernier moment, au milieu de ses concitoyens, les doubles devoirs de général et de soldat!

Déjà l'inégal combat a commencé, déjà la mort a sévi sous mille aspects. La terre et la mer se sont rougies de sang; mais qu'importe cette destruction au sultan? Il a assez de combattants pour remplir avec leurs cadavres les fossés de Constantinople et se frayer ensuite, sur ce pont humain, le chemin de la victoire. Cependant après un carnage de deux heures, et bien que les Grecs n'eussent encore cédé sur aucun point, il était facile de s'apercevoir que la lutte leur devenait de plus en plus difficile. A ce moment, Mahomet conduit lui-même à l'assaut l'élite de ses troupes, ses invincibles janissaires; à ce moment aussi, le vaillant Justiniani, guerrier habile, commandant les troupes auxiliaires et nommé par l'empereur, général en chef de l'armée, est atteint d'une flèche. Accoutumé à braver la mort sous tous les aspects, il ne sait pas dominer la douleur que lui cause sa blessure et il quitte le rempart pour aller se faire panser. L'empereur, dont l'œil vigilant était partout, voit ce mouvement de retraite et en prévoit le résultat :

— Ami, lui crie-t-il, ta blessure est légère; tu es nécessaire ici; où veux-tu fuir?... — Je veux me sauver par le chemin que vient de frayer la volonté divine aux Turcs victorieux, répond Justiniani égaré par la douleur, et il rentre dans la ville par la brèche ouverte par les canons de Mahomet. Un grand nombre de ses compatriotes se précipitent sur ses pas; Constantinople est perdue!

Repoussés des remparts extérieurs et entourés d'ennemis, les Grecs se replient sur l'enceinte intérieure. — Déja le turban apparaît sur plusieurs tours; déjà les citoyens tremblants entendent le nom d'Allah retentir en triomphe. Partout les Turcs sont vainqueurs, et là seulement où se trouve l'empereur le combat se continue vaillamment. Les plus braves et les plus nobles de la nation se pressent autour de lui. Il voit que tout est perdu et sa seule crainte personnelle est de tomber vivant aux mains de l'infidèle. Il rejette loin de lui la pourpre afin de succomber inconnu au milieu des combattants et il supplie ses amis, si le cimeterre turc veut l'épargner, de le tuer plutôt que de le voir captif. Le Ciel devait combler ce vœu suprême : tous moururent de la mort des héros, sans que nul ennemi pût se glorifier d'avoir frappé l'empereur ! Son corps même échappa à toutes les recherches ; il était enseveli sous ses compagnons morts en le défendant, et tout autour s'élevait, comme témoignage de leur vaillance et rempart humain, une colline de cadavres ennemis.

Dois-je retracer ici les scènes d'horreur qui suivirent : les cris d'angoisse des fuyards ; les coups d'une rage impitoyable ; les lamentations générales de l'effroi et du désespoir ? Les maisons étaient abandonnées ; tremblants, sans défense, comme un troupeau effrayé, les malheureux habitants se pressaient dans les rues et sur les places, encombraient les temples, comme pour y chercher un asile auprès des saints autels. Vain espoir ! Tout nagea dans le sang et ce qui échappa au glaive des Turcs devint victime de la captivité.

Dès avant le triomphe, Mahomet se réservant seulement les édifices publics, avait donné à ses soldats les trésors de Constantinople avec leurs propriétaires. Le pillage commença donc avant même que la lutte fût achevée ; tous les chefs-d'œuvre de l'art et de la magnificence grecque, tous les trésors amassés par l'industrie et le commerce, tous les objets précieux apportés de lointains climats par la conquête, furent enlevés en un instant et répandus dans le camp turc. Puis, le butin enlevé et mis à l'abri, vint le tour des malheureux vaincus : sans égard aux conditions et à l'âge, sans ménagement pour les liens les plus sacrés de la nature et du cœur, comme l'ordre de la première prise, où le droit du plus fort les distribuait, tous ceux qui avaient échappé au massacre, destinés à l'esclavage par des tyrans impitoyables, se virent enchaînés deux à deux et selon que le hasard les réunissait: la noble fille avec l'homme du peuple, le patricien avec le dernier des valets, la religieuse avec l'esclave des galères!..... Le fiancé fut séparé de sa fiancée en larmes, l'ami de son ami; on arracha le fils des bras de son vieux père et la tendre mère vit sa fille chérie enlevée pour être conduite dans des prisons lointaines et inconnues....

Le désordre qui accompagna cet immense pillage facilita cependant des moyens de fuite aux plus courageux. Un assez grand nombre de fuyards gagnèrent le rivage où, agenouillés et tout en larmes, ils imploraient tour à tour l'aide du Ciel et la pitié des patrons de barques qui s'approchaient de la rive. Quelques-uns inexorables s'éloignaient rapidement; d'autres attendris ou stimulés par la cupidité s'encombraient de passagers et bientôt sombraient sous le poids qu'ils avaient accepté.. Quelques fuyards cherchaient à gagner les montagnes et trouvaient la mort avant d'arriver à d'impénétrables asiles; les plus heureux se cachaient dans les solitudes qui environnent la ville, où ils devaient errer et souffrir pendant bien des jours avant de trouver des moyens de salut.... Dans ce moment solennel où il s'agissait de la liberté et de la vie, toutes les conditions étaient confondues, et au milieu d'hommes accoutumés dès longtemps à souffrir, des sénateurs, des heureux du siècle, arrachés à l'opulence et au bien-être, apprenaient eux aussi à connaître le tourment de la faim et les anxiétés de l'incertitude et de la crainte!...

Le massacre, le pillage et toutes les horreurs de la barbarie et du fanatisme, joints à la cupidité la plus effrénée, désolaient encore la malheureuse cité, lorsque Mahomet, dans un éclat triomphal, pénétra dans les rues ruisselantes de

sang. Soit pitié tardive, soit politique, le vainqueur fit aussitôt cesser le carnage. — Armé d'une massue de fer, pro-
menant autour de lui un regard farouche et irrité, le sultan,
à cheval et entouré de ses pachas et de ses émirs, parcourut
la noble capitale, s'arrêtant parfois pour briser lui-même une
statue qui lui semblait une idole, ou pour contempler avec
un frémissement de triomphe et d'envie ces palais et ces por-
tiques, superbes créations de la grandeur occidentale que les
Turcs savaient conquérir et détruire, mais qu'ils étaient inca-
pables d'édifier.

Son génie devinait la valeur de ces chefs-d'œuvre de
l'art et de la pensée humaine et cherchait les moyens de les
approprier aux mœurs et aux exigences religieuses de son
peuple. C'est ainsi qu'un signe de lui changea en mosquée
la magnifique basilique de Sainte-Sophie, monument impérissable du règne du grand Justinien; c'est ainsi que le palais
des Césars devint la demeure des sultans, et que les plus beaux
édifices publics et privés furent distribués à ses guerriers et
à ses esclaves dégradés, qui changèrent bientôt ces séjours
délicieux des grâces et des muses en séjours de désirs effrénés,
de tyrannie domestique, de despotisme brutal et odieux.

Rassasié enfin de destruction, Mahomet se rendit au palais
glorieux de Constantin. Là aussi avait passé la main rapide
et destructive du pillage et de la mort. — Ces vastes salles,
ces immenses galeries si animées naguère étaient désertes et
abandonnées; les murs et les appartements avaient été dépouillés de leurs riches ornements; çà et là seulement un
vieux portrait d'empereur, oublié ou dédaigné, semblait protester contre cette profanation et pleurer sur la ruine de son
peuple. Mahomet qu'avait laissé froid et insensible l'aspect

du sang et de la destruction se sentit ému; un effroi secret
pénétra son âme, et malgré lui un soupir souleva sa poitrine,
et ses lèvres murmurèrent ces paroles d'un vieux chant perse :

— « L'araignée a suspendu sa toile dans le château impérial et le chant nocturne du hibou retentit à travers le por-
tique déserts d'Afrasiab... »

Cependant cette immense catastrophe qui allait frapper d'é-
pouvante et d'effroi la chrétienté, par un de ces mystérieux
décrets de la Providence, qui fait surgir le bien du sein des
plus grands désastres, devait influer heureusement sur la
destinée de la civilisation européenne. Chassés, de Constantinople, leur dernier asile, les arts et les sciences de Rome
et d'Athènes vinrent chercher un abri en Italie d'où ils ne
tardèrent pas à s'étendre au reste de l'Europe. On sait le
magnifique rôle que le pape Léon X et François Ier s'arro-
gèrent dans cette œuvre magnifique qui prit et conserva le nom
significatif de Renaissance et plaça le XVIe siècle au nombre
des cinq grands siècles littéraires du monde!.... Mais reprenons
notre récit.

<h3 style="text-align:center">III.</h3>

Cette fois c'est le palais impérial qui nous ouvre ses vastes
salles, ses magnifiques galeries. Charles-Quint préside son
conseil. Dans toute la splendeur de la dignité souveraine,
l'empereur, roi des Espagnes et des Indes, est environné des
grands dignitaires de la couronne qu'il écrase tous par la majesté de sa personne comme il les domine du poids de son
génie. Il parle et tout se tait, non-seulement par respectueuse

étiquette ou crainte servile, mais par admiration vraie. Ecoutez; ne dirait-on pas que les paroles prononcées naguère dans l'humble taverne de l'Aigle-Couronnée, ont trouvé un écho sous les voûtes sculptées du palais des Césars?

— Des rives lointaines de nos provinces méridionales arrive sans cesse à notre oreille, dit le puissant monarque, un cri de douleur et d'effroi; cri suprême de malheureuses victimes qu'attendent le malheur, la persécution et peut-être l'apostasie. La mer n'est pas libre, et maîtres de lointains climats, nous voyons nos riches galions près d'atteindre le port, tomber aux mains d'avides écumeurs de mer. Sur la rive méditerranéenne enfin, sur la terre des Cyprien et des Augustin, le croissant règne en maître, la Croix de Jésus-Christ est outragée dans la personne de ces esclaves parmi lesquels l'Islam moissonne de si nombreux martyrs. Ah! si l'on nous disait que la persécution des Néron et des Domitien s'est réveillée près de nous, nous nous élancerions au secours de nos frères menacés, et cependant nous demeurons indifférents au triomphe d'Alger, de cette reine de la mer qui entend les gémissements de tant de victimes et qui se joue de l'impuissante colère de l'Europe. Barberousse, le héros musulman, le grand homme de guerre et le hardi marin, se croit le maître de la Méditerranée; prouvons-lui que le jour où l'Europe le voudra, elle secouera son joug. Ce sera une sainte et loyale guerre, et le souvenir du vaillant cri de gloire de nos ancêtres : Dieu le veut! Dieu le veut! n'est pas tellement effacé de nos cœurs qu'il n'y réveille bientôt de nombreux échos. Oui, Dieu le veut! plus d'esclaves chrétiens, plus d'entraves au commerce; Alger la bien gardée est condamnée; bientôt elle sera nôtre.

Descendant alors de son trône au milieu des acclamations et de l'enthousiasme général, Charles-Quint s'approche du légat du pape Paul III, présent au conseil, et tirant son épée, il la présente au prélat afin qu'il la bénisse et la consacre pour la guerre sainte. Tous les seigneurs présents suivent cet exemple, et bientôt sur tous les points de la cité impériale le peuple se réjouit et exalte la noble décision de son souverain.

Le soir, dans la taverne de l'Aigle-Couronnée, les mêmes bourgeois occupant la même table près du grand poêle où nos lecteurs ont déjà fait connaissance avec eux, se redisaient les incidents déjà populaires du conseil de l'empereur.

— C'est bien vraiment, ajoutaient-ils, un esprit céleste qui est descendu parmi nous, car quel autre eût pu faire entendre à l'empereur les mêmes paroles, et en amener si vite la réalisation?

Et tremblants à la pensée d'avoir vu de si près un être surnaturel et avides de rappeler ou même de créer au besoin le moindre détail de l'apparition merveilleuse, ils vantaient la majesté de l'étranger, la douceur et l'étrange autorité de sa voix et l'éclat éblouissant de son regard, lorsque la porte s'ouvrant avec la même lenteur que dans cette soirée dont le souvenir absorbait toute leur attention, le même inconnu vint prendre cette même place, où le cherchaient et le voyaient encore tous les regards.

L'étonnement, l'admiration, la crainte arrêtèrent sur chaque lèvre le mot commencé. L'étranger rejeta son manteau en arrière. — Ce n'est pas, dit-il en souriant, un ange du Ciel qui est venu parmi vous, c'est simplement un homme à qui vous avez inspiré une grande, une noble pensée. Charles-

Quint vous remercie, mes maîtres, de lui avoir indiqué un nouveau devoir, et il se fait gloire d'avouer qu'il vous devra une des œuvres les plus glorieuses de sa vie. Par notre couronne, ajouta-t-il en s'adressant au vieillard, le premier trophée de la victoire sera la liberté de votre fils, et au retour il rentrera le premier à notre côté, dans notre fidèle cité.

Et, ainsi que précédemment, l'empereur profita de l'émotion générale pour s'évanouir comme une ombre (1).

IV.

Peu de jours après Charles-Quint quittait Aix-la-Chapelle pour se rendre dans son beau royaume d'Espagne où devaient se faire les apprêts de l'expédition. Il hâta de tout son pouvoir ces préparatifs et choisit Mayorque pour rendez-vous général ; mais quel que fût son empressement, de longs mois s'écoulèrent à rassembler les forces nécessaires à son entreprise, car telle était l'importance qu'avait prise Alger, que pour attaquer cette puissance naguère considérée comme un petit nid de pirates, un des plus grands empereurs qu'ait eus l'Europe, ne dédaignait pas de réunir toutes ses forces en

(1) Les chroniques nous ont conservé de nombreux exemples de la prédilection de Charles-Quint pour ces courses nocturnes dans les villes où il séjournait. Il se plaisait à recueillir ainsi lui-même les opinions populaires, à prendre sur le fait les usages, les mœurs, les souffrances et les besoins de ses sujets ; grande et salutaire étude qui lui inspira plus d'une réforme utile, plus d'un acte généreux, et sans nul doute aussi plus d'une glorieuse décision. Cette tendance d'ailleurs semble être dans les mœurs du temps, témoin le souvenir de François Ier dans la cabane du charbonnier.

un des armements les plus redoutables qui soient jamais
sortis d'un port de la Méditerranée.

Cette formidable expédition comptait soixante-cinq galères et quatre cent trente navires de transport; les troupes
de débarquement composées d'Allemands, d'Italiens, d'Espagnols, de chevaliers de Malte, de volontaires et d'officiers
nobles, se portaient à vingt-cinq mille hommes. Parmi ceux
qui les commandaient on voyait Fernand Cortès, le conqué-
rant du Mexique et ses deux fils, le duc d'Albe, André Doria,
et enfin Charles-Quint lui-même! Mais le succès est moins
attaché à la vaillance des chefs et à celle des troupes qu'aux
mystérieux décrets de la Providence. Charles-Quint avait
peut-être trop présagé de la décision du Ciel, en appliquant à
sa glorieuse entreprise la devise des croisades : Dieu le veut!

« L'armée ne fut en état de partir qu'au mois d'octobre;
la saison était on ne peut plus mal choisie, les vents d'équi-
noxe désolant toujours à cette époque les parages de l'Algérie;
mais l'empereur l'avait décidé ainsi, il le fallait. Hassan-Aga,
lieutenant de Barberousse, qui n'avait pu supposer que toutes
ces dispositions fussent prises contre lui dans un moment aussi
inopportun pour la navigation en Afrique, fut pris au dépourvu :
il n'avait à sa disposition que huit cents Turcs; il se hâta de
former un corps de quinze cents Algériens ou Maures, et avec
ces seules forces il résolut de tenter de sauver Alger. Il s'attacha à encourager les esprits, leur répétant sans cesse la
prédiction d'une devineresse qui annonçait que trois expédi-
tions consécutives, dont une commandée par un grand prince,
viendraient échouer contre les remparts d'Alger. — « Or,
disait-il, il n'en faut pas douter, les deux premières ont été
celles de Francisco de Vero et de Moncade, la troisième est

celle-ci; le grand prince, c'est Charles-Quint. Ayons courage, il sera défait comme l'ont été avant lui ses généraux. Allah lui-même nous l'a révélé! »

« Le 21 octobre, l'armée impériale entra dans la rade; le 23 elle opéra son débarquement un peu à l'est de la ville, près de l'embouchure de l'Harrah. La plaine était couverte d'Arabes, et partout, sur les hauteurs, flottaient au vent leurs bournous. Ils voulurent en vain s'opposer au débarquement; un feu bien nourri, qui partait d'une ligne de galères embossées à portée d'artillerie, les tint en respect.

« Après que les troupes eurent pris terre, l'empereur envoya un parlementaire à Hassan-Aga qui, pour toute réponse, lui rappela le sort de Francisco de Vero et de Moncade. Cette sommation étant ainsi restée sans effet, l'armée, divisée en trois corps, se porta sur Alger. Ce ne fut qu'après une marche de deux jours, sans cesse harcelée par les Arabes, qu'elle gagna les hauteurs qui dominent la ville et put prendre position sur la même colline où avait campé le marquis de Moncade. La place était admirablement choisie, et il semblait impossible que la ville pût résister longtemps. En effet, ses murailles étaient faibles, son artillerie presque nulle, tandis que celle des Espagnols était nombreuse et bien servie. De plus, la marine devait seconder tous les mouvements de l'armée de terre.

« Dès le jour même où les troupes prirent position, le ciel se chargea subitement d'épais nuages; vers le soir la pluie tomba avec abondance, et dans la nuit la rafale éclata avec une violence inouïe : chefs, officiers, soldats, tout le monde était épouvanté; on attendait le matin avec anxiété; quand le jour arriva, la pluie n'avait pas cessé; le brouillard était tel qu'il était impossible de rien distinguer à une faible distance. Dans ce moment de cruelle inquiétude sur le sort de la flotte, les Turcs et les Arabes, familiarisés avec le climat africain, quittèrent la ville, franchirent les retranchements, et tombèrent sur les chrétiens en poussant de grands cris.

» Les munitions étaient mouillées : les armes étaient donc nulles aux mains des soldats de Charles-Quint, tandis que l'ennemi se servait d'arcs en fer et de flèches acérées qui portaient avec elles la confusion et la mort. Les chevaliers de Malte et les Italiens s'organisent les premiers et forcent à se replier sur Alger cette multitude effrénée qu'ils poursuivent avec vigueur, s'engageant avec elle dans les rues étroites du faubourg Bab-Azoun : un moment ils espèrent entrer sur ses pas dans Alger; Hassan-Aga voit le péril et fait fermer les portes sur une partie de ses soldats qu'il sacrifie. C'est alors que se passa ce trait célèbre dans l'histoire de Malte que nous aimons surtout à citer, nous Français, par ce qu'il fut accompli par un chevalier de France. Au moment où l'ordre de Hassan-Aga s'exécutait, Ponce de Balagner, qui tenait déployé au vent l'étendard de l'ordre, s'élança pour s'y opposer; mais la lourde porte était ébranlée, il ne put l'empêcher de se fermer. Furieux et irrité, malgré les traits qui pleuvent de toutes parts contre lui, il saisit son poignard, et d'une main vigoureuse enfonce son arme dans le bois en signe de protestation et de défi.

» Cependant les Espagnols regagnaient leurs retranchements. Toujours avides des postes les plus périlleux, les chevaliers de Malte formaient l'arrière-garde; tout-à-coup ils sont attaqués par Hassan-Aga qui venait d'opérer une nouvelle sortie. Épuisés par les fatigues de la journée, ayant contre eux le vent qui leur soufflait la pluie au visage, il leur était impossible de résister à cette attaque : néanmoins ils se retournèrent pour faire face au danger et moururent comme savent mourir les braves, en combattant jusqu'à la fin. Le lieu de ce combat a toujours porté depuis le nom de Tombeau des Chevaliers.

» A peine les troupes engagées dans cette affaire étaient-elles rentrées dans les limites du camp et tandis que les chefs mesuraient d'un regard effrayé l'étendue des pertes, le Ciel s'éclaircit et le plus affreux tableau se déroula à leurs yeux. Aussi loin que l'œil pouvait s'étendre, la plage était couverte de débris de navires brisés, de batteries entières ; des cadavres rejetés et ballottés par la mer se mêlaient à ces ruines informes ; d'autres, victimes des Arabes, gisaient sur la plage, dépouillés de leurs vêtements et baignés dans leur sang ; puis, au large, quelques navires, ceux qui avaient résisté à la tempête, ayant en tête le vaisseau amiral, s'éloignaient à toutes voiles..... Ce spectacle eût suffi pour glacer les cœurs les plus courageux, et cependant il faut y ajouter les craintes personnelles de ceux qui le contemplaient. Sans munitions et sans vivres, qu'allaient-ils devenir dans un pays ennemi que l'orage de la nuit avait couvert de ravins, de torrents et de fondrières. — Que faire ?..... Comment même se défendre ? toute l'artillerie du siége avait péri !

» Mieux que personne, Charles-Quint sentait les difficultés de sa position, et pas plus que les autres il ne comprenait la manœuvre d'André Doria, qui semblait les abandonner, lorsqu'il reçut un message de ce dernier conçu en ces termes :

« Mon cher empereur et fils, l'amour que je vous porte m'o-
» blige à vous annoncer que si vous ne profitez pour vous
» retirer de l'instant de calme que le Ciel vous accorde, l'armée

» navale et celle de terre, exposées à la faim, à la soif et à
» la fureur des ennemis, sont perdues sans ressources. Je
» vous donne cet avis parce que je le crois de la dernière
» importance. Vous êtes mon maître, continuez à me donner
» des ordres, et je perdrai avec joie, en vous obéissant, les
» restes d'une vie consacrée au service de vos ancêtres et
» de votre personne. »

» Le porteur de cette lettre prévenait en outre Charles-
Quint que la flotte allait l'attendre au cap Matifoux, seul endroit où un embarquement pût s'effectuer avec quelque sûreté.
Comme il est aisé de le supposer, ce fut la mort dans l'âme,
que l'empereur leva ce siége commencé avec tant de confiance. La retraite était difficile, et c'est peut-être une des
plus belles pages de l'histoire de ce prince que celle qui raconte la sollicitude qu'il montra pour le dernier de ses soldats, les précautions de toutes sortes, l'habileté des mouvements, le courage et la présence d'esprit qu'il déploya dans
cette circonstance. Et cependant, malgré tant d'efforts et de
génie, lorsqu'il remit le pied sur le sol européen, la moitié
seulement de son armée était avec lui; l'autre moitié était
ensevelie entre Alger et le cap Matifoux. Si la défaite du
marquis de Moncade avait exalté les espérances et l'audace
des Turcs, les résultats de celle-ci, qui est sans contredit
un des plus grands faits de l'histoire de l'Algérie, allèrent plus
loin encore. Non-seulement les Turcs se crurent les protégés
d'Allah, mais encore la chrétienté, saisie de terreur à la
nouvelle de cette défaite inouïe, se croisa les bras et n'osa
plus rien tenter contre eux (1). »

(1) Histoire de l'Algérie, du même auteur.

IV.

Chaque soir, dans la taverne de l'Aigle-Couronnée, les vœux les plus ardents, les plus sincères s'élevaient vers le Ciel pour le succès des armes de Charles-Quint. Jamais le patriotique orgueil des dignes bourgeois n'avait été si vivement en jeu, et certes ils avaient le droit de sentir dans leur âme une ardeur inaccoutumée, eux que le grand empereur avait jugés dignes de son attention.

Un jour que l'exaltation de tous les cœurs était si grande que le vieillard lui-même, confiant dans la promesse de Charles, souriait joyeusement à la certitude de gloire et de triomphe qu'évoquaient autour de lui les brillantes espérances de ses amis, un pèlerin apparut tout à coup à l'entrée de la taverne. Ce n'était pas chose rare, en ces temps de ferveur et de foi, que la vue d'un homme portant sur sa personne les insignes d'un vœu fait au Seigneur, et celui qui avait revêtu la sainte livrée était sûr de trouver empressement et accueil. Il savait d'avance aussi qu'il n'inspirerait aucune curiosité gênante.

La taverne ce soir-là était pleine; les cinq amis rapprochèrent leurs siéges pour faire place près du feu à l'étranger; mais celui-ci au lieu de s'asseoir, rejeta vivement en arrière son capuchon de bure, et découvrant un noble et jeune visage qu'avait bronzé le soleil du midi et pâli de laborieuses fatigues, il vint s'agenouiller près du vieillard qui se leva ému, indécis; appuyant ses mains sur les robustes épaules du jeune homme, il attacha son regard voilé de larmes sur le sien, comme s'il voulait y lire la confirmation d'une vague espérance.

— Mon père, murmura doucement le pèlerin.

Et ce simple mot dessilla les yeux du vieillard et effaça le changement inouï opéré par la souffrance sur ses traits chéris et méconnaissables. Quel autre, en effet, qu'un fils pourrait mettre toute son âme dans une seule parole; quel autre saurait dire ainsi : mon père!

— Charles a-t-il donc réussi, s'écrièrent toutes les voix; jeune homme nous apportez-vous la nouvelle du triomphe?

Mais le jeune homme n'entendait pas; il ne se lassait pas de répéter ce doux nom de père, qui en ce moment ineffable, était le monde pour lui. Et le vieillard promenait sa main dans les boucles de sa riche chevelure où se mêlaient, avant l'âge, — triste fruit du malheur! — de nombreux fils d'argent; il embrassait ce large front que traversaient de précoces sillons, et tout à la fois il riait de son immense bonheur et il pleurait sur ces traces éloquentes de la rigueur de l'esclavage.

— Que tu as souffert, pauvre enfant, que tu as souffert! disait-il; mais béni soit Dieu! l'heure du malheur est à jamais passée.... Ah! dis-moi, dis-moi que tu ne me quitteras plus?

A ces derniers mots le jeune homme tressaillit; à son tour; il prit entre ses deux mains la tête vénérable de son père et y déposa un long baiser.

— Oui, dit-il, Dieu est bien bon; il a permis que je vous revoie et que vos caresses effacent pour moi, en un instant, l'angoisse de longues douleurs; il a permis que je vienne puiser sur votre sein le courage....

Le vieillard pâlit et chancela; son cœur, ne recevant pas de réponse à sa chère question, devinait d'instinct qu'une nouvelle épreuve le menaçait.

— Tu veux donc me quitter? dit-il avec angoisse.

Le jeune homme ne répondit pas. Le pauvre père, dont toutes les forces s'étaient épuisées dans cette dernière émotion, retomba accablé sur son siége. Et ces mots glissèrent sur ses lèvres pâles : — Il veut me quitter... il veut me quitter!... Puis tout à coup s'arrachant à cet accablement léthargique, il se dressa devant son fils, et d'une voix où se mêlait l'autorité paternelle et l'accent de la prière :

— Et pour qui, s'écria-t-il, pour qui veux-tu abandonner ton vieux père?

— Pour le service du Seigneur qui m'appelle à une œuvre de magnifique dévouement, répondit avec douceur mais avec fermeté le pèlerin.

— Dieu soit loué! je te suivrai, mon fils, dans le monastère que tu choisiras; il n'est pas défendu au père de servir le Seigneur sous le même toit que son enfant.

— Ce n'est pas dans un monastère, c'est sous la voûte étoilée du ciel, c'est sur les flots agités de la mer ou sur des rivages inhospitaliers que je dois vivre désormais; vous ne sauriez, mon père, partager ce dur labeur, mais de loin comme de près nous serons ensemble : vous prierez pour moi, et un jour la même patrie éternelle nous ouvrira ses portes.

Le vieillard ne cherchait plus à retenir ses sanglots.

— Pitié, pitié, disait-il, j'ai tant souffert de ton absence!

— Parce que vous me saviez malheureux, mon père, tandis que maintenant vous n'aurez qu'à bénir le Ciel de m'avoir réservé la plus noble, la plus sainte des missions; vous me verrez par le cœur, souriant au milieu des privations, calme devant le danger, toujours et partout heureux, bien heureux du seul bonheur réel ici-bas, celui que donne la conscience d'une vie de dévouement et d'amour. Mais dès à présent, mon père, séchez vos larmes et chantons ensemble le cantique de la reconnaissance, car un grand honneur a été accordé à votre unique enfant : je suis enrôlé dans la milice sainte des religieux de la Merci.

Et se débarrassant de son manteau de pèlerin, le jeune homme montra aux regards étonnés des assistants la longue robe blanche et le large scapulaire des novices de cet ordre, dont le nom et le souvenir resteront à jamais bénis et populaires sur tout le littoral méditerranéen.

Les sentiments les plus opposés se partageaient la pensée du vieillard. Il s'énorgueillissait de ce dévouement évangélique qui lui montrait en son fils un héros, un saint; mais il s'épouvantait des dangers, des fatigues qui l'attendaient dans la carrière périlleuse où il s'engageait, et par dessus tout l'angoisse d'une nouvelle séparation oppressait son âme. Une nouvelle idée traversa tout à coup son esprit, et il s'écria avec un indicible élan de joie :

— Tu ne partiras pas, enfant, ton dévouement sera inutile. Bientôt il n'y aura plus de pirates, il n'y aura plus d'esclaves; l'empereur Charles nous l'a promis.

Le jeune religieux baissa la tête et un voile de tristesse passa sur son front.

— Puissiez-vous dire vrai, mon père, puisse cette terre

d'Afrique, si noblement chrétienne aux premiers siècles de l'Église, échapper à la domination de l'infidèle! mais.... je n'ose l'espérer. Les temps de l'épreuve, croyez-moi, ne sont pas achevés; ce n'est pas au moment où les Sarrazins d'Afrique obéissent à un des plus grands génies de notre époque, que le Mahgreb leur échappera. Nous ne pouvons pénétrer les mystérieux décrets de la Providence, mais si le Ciel destinait notre grand empereur à détruire en Afrique la puissance turque, il ne lui eût point donné pour l'étayer et la fortifier l'épée de Barberousse.... Que la piraterie et l'esclavage algérien soient un châtiment ou une épreuve, plus d'une génération de nos pères auront à exercer de par delà les mers leur saint apostolat.....

Cependant l'inquiétude du vieillard s'est calmée pour faire place à une ardente curiosité; il veut revenir en arrière et souffrir par la pensée toutes les souffrances passées de son cher enfant. Il lui faut des détails, de minutieux détails et, son cœur dût-il s'y briser, il veut suivre pas à pas et une à une toutes les douleurs, toutes les péripéties d'un long esclavage.

Et quand le jeune homme eut achevé de décrire la rude existence des galères, les caprices cruels des maîtres, les atteintes sans cesse portées contre la fidélité religieuse de l'esclave, les brillantes promesses faites à l'apostasie et les faveurs plus brillantes encore qui attendent le renégat; quand il eut dit les rigueurs brûlantes du climat, les regrets sans cesse donnés à la patrie et à la famille, le découragement amené par le manque de tout secours religieux, l'isolement de corps et d'âme et les défaillances d'esprit qui succèdent à l'énergie et à la résistance; et tout-à-coup, au moment

peut-être de faiblir, la force soudaine puisée dans la prière...
Alors il se tut, et une question vint se placer sur toutes les
lèvres.

— Barberousse, s'écria-t-on, qu'est-ce donc que ce corsaire dont le nom a trouvé un écho jusques aux extrémités
du monde?

VI.

— C'est, répondit le jeune homme, un vaillant homme de
guerre, auquel il ne manque peut-être que d'être chrétien pour
être un des plus grands génies dont l'histoire ait jusqu'à ce
jour enregistré la gloire.

« Natif de l'antique Lesbos, aujourd'hui Métélin, Barberousse ou plutôt Kaïr-ed-din appartient à ce peuple turc ap-
paru au monde il y a moins de deux siècles, et si puissant
déjà que ce n'est plus assez de l'Afrique et de l'Asie pour le
contenir et qu'il lui a fallu pour capitale la ville de Constantin et des derniers Césars. Ils étaient quatre frères, tous quatre
dressés dès l'enfance au rude métier de la mer. Elias et Isaac,
les deux aînés, n'ont rien à faire dans mon récit; seuls, les
plus jeunes, Aroudj et Kaïr-ed-din vinrent en Afrique où les
attirait la renommée des féeriques richesses portées en Espagne par les gallions américains.

» Ils abandonnèrent donc les parages qu'ils exploitaient et où
d'ailleurs les galères des chevaliers de Rhodes leur faisaient
une guerre à outrance, et vinrent se poster à portée de la
riche proie dont ils se promettaient d'autant plus de ne pas
laisser échapper la prise, qu'à l'avidité du corsaire ils joi-

gnaient la haine implacable du véritable musulman contre
tout ce qui ne s'incline pas devant le croissant.

· Depuis qu'âgé à peine de vingt-cinq ans, Aroudj était parvenu à s'enfuir de Rhodes où il était prisonnier, il n'avait
cessé, de concert avec Kaïr-ed-din, d'écumer les mers, et la
renommée des deux frères était déjà grande; aussi lorsqu'ils
arrivèrent à Tunis y furent-ils reçus avec empressement et
distinction par le bey, et purent-ils disposer du port de cette
ville. A ce moment ils possédaient quatre petits navires; à
leur première course ils s'emparèrent de deux galères romaines
dont l'équipage était trois fois plus nombreux que le leur. Ce
début était de bon augure; l'avenir ne le démentit pas.

· De l'embouchure du Guadalquivir au golfe du Lion, on
trouvait partout les terribles frères et partout ils étaient invincibles. Cinq ans plus tard, lorsque le bey leur donna les
îles de Gelves, où ils établirent un arsenal, leur escadre se
composait de douze voiles.

· Fiers de leurs succès et croyant tout possible à leur courage, ils attaquèrent deux fois les Espagnols, au centre même
de leurs forces en Afrique, à Bougie. Dans leur première attaque, Aroudj perdit un bras et dut se retirer. La seconde fut
également infructueuse. Les deux frères se portèrent alors
vers l'est et s'arrêtèrent dans une sorte de bourgade nommée
Gigel, dont les habitants les accueillirent avec enthousiasme.
Gigel fut la première ville africaine occupée par eux. Bientôt,
et après que d'un pauvre village ils eurent fait une riche
et somptueuse cité, elle leur offrit la souveraineté de son
territoire qu'ils acceptèrent plutôt comme le paiement d'une
dette que comme un don. Dans leur ambitieuse pensée, ils
se disaient qu'il leur fallait mieux que cela.

» Ce fut sur ces entrefaites que Ferdinand V étant mort, notre gracieux empereur, alors presque enfant, monta sur le trône d'Espagne; Alger était depuis des siècles en possession de son odieux privilége de piraterie, privilége entravé cependant, grâce à la puissance de Ferdinand, par la surveillance espagnole et son voisinage sur les côtes mêmes de l'Afrique. Le début d'un règne d'enfant sembla à Ectemy, souverain d'Alger, un moment propice pour secouer le joug; dans ce but il appela Aroudj et Kaïr-ed-din à son aide.

» Aroudj à la tête de sa flotte composée de dix-huit galères et de trois navires, entra dans le port d'Alger où l'avait déjà précédé le noyau de sa brave milice, douze cents renégats intrépides et dévoués. Reçu comme un libérateur, il fut logé au palais même du scheick et ses troupes chez les principaux habitants de la ville. La grande affaire des Algériens, c'était de se débarrasser du voisinage des Espagnols qui les gênaient; mais pour Aroudj ce n'était là qu'une question secondaire. La principale pour lui était de se substituer à ses amis et il lui importait bien plus encore d'écraser les Arabes que les chrétiens.

» Peu de jours lui suffirent pour mûrir son projet. Son seul moyen fut d'abord d'augmenter par ses discours, ses actions, sa manière de vivre la terreur qu'inspirait déjà son nom. Puis, un jour où tout était calme et confiant dans la ville, un mot sortit de sa bouche, et à ce mot Ectemy, saisi par quelques Turcs, fut étranglé, et ceux des habitants qui voulurent résister tombèrent sous le cimeterre de ses soldats. Quelques heures suffirent à l'accomplissement de cette révolution; Aroudj se fit proclamer souverain !

» A la nouvelle de cette usurpation, l'Espagne s'émut, et,

sous prétexte de remettre le fils d'Ectemy en possession de l'héritage de son père, elle équipa une flotte considérable qui partit de Carthagène, conduite par don Francisco de Vero, grand-maître de l'artillerie.

» Les troupes débarquèrent sans opposition sous les yeux d'un grand nombre d'Arabes postés sur les hauteurs voisines. Alger était sans fortifications; les Espagnols se croyant sûrs de la victoire négligèrent toute précaution. Ils n'avaient pas mis en ligne de compte le génie et la vaillance de Barberousse!

» Le soir de ce même jour, les Espagnols repoussés, vaincus, fuyaient en désordre vers le rivage; ceux qui purent y arriver s'embarquèrent, mais leurs malheurs ne devaient pas finir là. Après s'être dérobés à la rage des hommes, ils ne purent éviter la fureur des éléments. La nuit suivante une horrible tempête dispersa et brisa presque tous leurs vaisseaux; un quart seulement de l'armée revint en Espagne porter au cardinal Ximénès la nouvelle de ce désastre. Le malheureux et imprudent Francisco de Vero périt victime de la fureur populaire.

» Quant à Aroudj et à Kaïr-ed-din, doublement maîtres de la ville, puisqu'après l'avoir conquise par la force et la ruse ils avaient su la défendre par leur bravoure, ils étaient chefs d'un peuple et fondateurs d'un État : chefs des Turcs d'A-frique, fondateurs de l'odjeac d'Alger.

» Jusqu'alors la piraterie, ce fléau que le moyen âge expirant a légué à la période historique qui commence, n'avait présenté que des associations isolées; et les fameux Algériens eux-mêmes, bien qu'ils eussent fait trembler tous les rivages de la Méditerranée, n'étaient autre chose que la réunion de hardis brigands qu'un grand peuple pouvait espérer de châtier et de soumettre; mais aujourd'hui, grâce à Kaïr-ed-din que la mort de son frère a fait héritier de sa puissance, et qui porte sans fléchir ce lourd et glorieux héritage, cette œuvre de sang et de mort, qui n'est à tout prendre que la continuation, sur un nouveau point, de la longue et éternelle lutte de l'Orient contre l'Occcident, du croissant contre la croix, a pris les proportions d'une guerre de nation à nation. Aujourd'hui ce n'est plus seulement Alger et son territoire qu'il s'agit de soumettre, la politique habile de Barberousse a fait de l'odjeac un pachalec Turc. Ce simple point des côtes africaines est devenu ainsi un des anneaux de cette grande chaîne qui a enserré déjà dans son étreinte puissante l'Asie et l'Afrique.

» Mélange de génie, de grandeur, de cruauté et d'héroïsme, devant lequel ses plus vaillants ennemis se sentent pénétrés d'admiration, de terreur et de respect, cet homme parti de si bas, arrivé si haut qu'il est aujourd'hui, non-seulement pacha d'Alger, mais aussi grand-amiral de toutes les forces navales du sultan; cet homme jusqu'à présent toujours vainqueur, qui sait commander à la fortune et qui sait la dominer, se laissera-t-il arracher sa ville chérie, cette Alger, qu'il nomme fièrement la Bien-gardée?.....

— Non, non, ajouta le jeune homme d'une voix plus basse, la Providence n'aurait point tant fait pour lui, s'il n'entrait dans ses desseins que l'odjeac lui survive (1).

____

(1) Pour plus de développements consulter l'Histoire de l'Algérie du même auteur, à laquelle sont empruntés tous les détails historiques de ce récit.

VII.

Le pèlerin ne parlait plus que les assistants écoutaient encore cette parole convaincue, brillante, qui portait la conviction dans leur cœur, et pour la première fois leur faisait douter du triomphe des armes impériales. Ils baissaient la tête et se demandaient, si la prise d'Alger restait impossible à Charles-Quint, quel monarque, quel peuple l'accomplirait jamais? Ils interrogeaient l'avenir et l'avenir demeurait voilé et silencieux.

Et aucun prophète inspiré ne descendit tout à coup parmi eux pour leur dire : — Trois siècles s'écouleront encore pendant lesquels les plus grandes nations viendront tour à tour briser leurs efforts au pied d'Alger l'imprenable, trois siècles s'écouleront pendant lesquels l'Europe, courbée sous le joug des rois de la mer, se soumettra au tribut et subira néanmoins dans ses fils l'esclavage, la torture et la mort. Et au moment où nul ne croira plus possible que la puissance algérienne, traitant d'égal à égal avec les rois, soit abaissée; tout à coup, à la suite d'une offense qui atteindra l'honneur de son pavillon, un monarque se lèvera et montrant à sa vaillante armée ce but si souvent attaqué, mais toujours en vain, lui dira : — L'Europe a longtemps souffert, l'heure de la vengeance est venue, et c'est à vous, champions inébranlables de la chrétienté, c'est à vous qu'il appartient de frapper.

Et cette brave armée s'élancera à la victoire et elle fera

ce que n'a pu faire ni Charles-Quint, ni Louis XIV, ni Charles III d'Espagne, ni lord Exmouth et les forces de l'Angleterre, elle réduira sous la domination chrétienne l'orgueilleuse et riche cité, et anéantira sur tout le territoire algérien, la domination turque.

Aucun prophète, disons-nous, ne dévoila sur la terre ce secret du destin; mais aux célestes demeures, l'ange de la France, perçant le voile de l'avenir, vit la gloire réservée à notre noble patrie, et tressaillant d'une indicible joie, il bénit par avance le Très-Haut de la grande et sainte mission qu'il réservait au peuple de Clovis et à la race auguste de saint Louis!

VIII.

Cependant, confiante dans la vaillance de son grand empereur, la fidèle Allemagne continuait à ne point douter du succès de ses armes, et dans la loyale cité d'Aix-la-Chapelle les auditeurs du jeune religieux étaient les seuls peut-être qui n'eussent pleine et entière confiance dans l'issue de l'entreprise. Grand fut donc l'étonnement général lorsqu'arriva la nouvelle du désastre que nous avons déjà raconté. L'Europe entière s'émut, et acceptant ce triomphe de l'injustice et de l'erreur comme un châtiment divin, se courba résignée et craintive sous le joug de l'humiliation. Charles-Quint ne vint pas rendre un fils au vieillard de l'Aigle-Couronnée; Celui qui dispense la victoire et la défaite, l'avait relevé de sa promesse! Ce ne devait pas être du reste le dernier mot de sa lutte avec le croissant, et la terre d'Afrique était destinée à faire pâlir par plus d'un revers, les triomphes et la gloire de sa politique et de ses armes en Europe.

Théâtre plus heureux pour la charité et le dévouement chrétien que pour les succès militaires des armées européennes, ces mêmes rivages où avaient été déçus l'orgueil et l'espérance du prince, devaient en revanche être sanctifiés et bénis par le zèle et l'apostolat des dignes pères de la Merci, et parmi eux les échos africains ont conservé avec vénération le nom du pieux pèlerin dont le souvenir se trouve mêlé à ce récit.

Legs suprême de l'esprit du moyen âge, qui survécut à cette glorieuse période sans rien perdre du caractère particulier qui le distingue, parce que le besoin qui l'avait inspiré demeurait lui aussi en dehors des changements et des atteintes apportés à toutes les institutions par les grandes révolutions sociales et politiques qui séparèrent le moyen âge de l'histoire moderne, l'œuvre de Pierre de Nolasque, cet ordre de la *Miséricorde* ou *Merci,* qui avait pour but unique le rachat des captifs, puisa dans la défaite de Charles-Quint et dans la recrudescence de haine et de cruautés qui suivit, un aliment nouveau, un motif de plus de zèle et de persévérance.

La charité, dit saint Paul, peut tout, est bonne à tout; les annales chrétiennes sont là pour prouver la vérité de ces paroles, et, dans leurs innombrables feuillets, celui qui raconte l'histoire de l'œuvre de la Merci, n'est pas un des moins éloquents : recueillir les dons de tous les membres de la chrétienté, mendier au nom du Dieu qui a créé tous les hommes frères et libres, mendier l'aumône de la charité pour de pauvres esclaves, telle était la première, la plus facile partie de leur mission presque divine. Et lorsque cette tâche

de mendiants sublimes était achevée, alors de suppliants ils se
faisaient libérateurs.

Méprisant les dangers, dédaignant les fatigues, ils traversaient la mer, ils allaient au milieu d'ennemis redoutables
acheter la liberté avec l'or qu'avait sanctifié la charité. Leurs
richesses s'épuisaient toujours trop vite à leur gré, car
quelque abondantes qu'eussent été les aumônes, elles restaient toujours au-dessous des infortunes à secourir ; mais
alors même qu'ils n'avaient plus d'or, que de trésors enfou s
leur restaient à déverser sur ceux qu'ils ne pouvaient racheter, trésors de consolation, d'espérance, de pieuses et fortes
paroles ! Sublime et difficile apostolat auquel, pendant plus de
six siècles, ne faillit jamais aucun des fils de Pierre de Nolasque !

Certes si le moyen âge légua aux siècles qui suivirent
le fléau odieux de la piraterie algérienne, du moins à côté et
comme compensation magnifique, plaça-t-il un remède
qui devait durer aussi longtemps que lui : le zèle de la charité chrétienne. Notre civilisation si orgueilleuse de sa puissance et de ses merveilles, sait-elle cicatriser ainsi les plaies
cruelles que toute la science humaine ne parvient point à
écarter de son sein ?...

TABLE.

ANGERS, IMPRIMERIE DE COSNIER ET LACHÈSE.

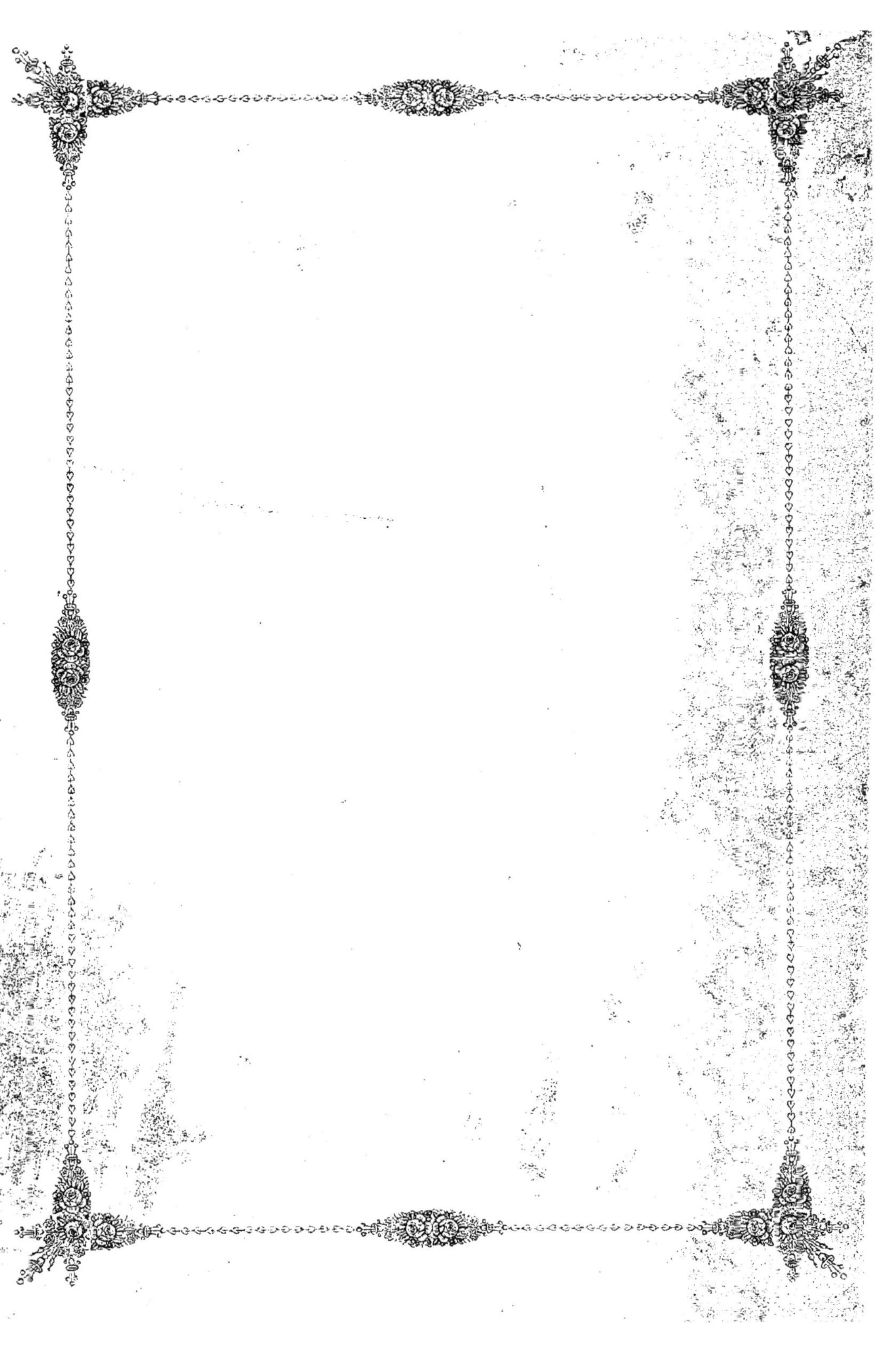